U0190426

编　委　会

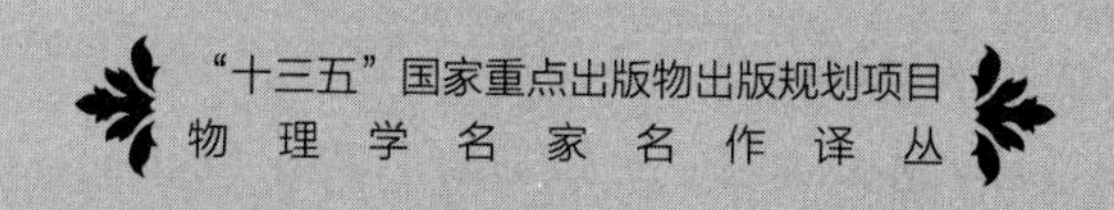

（美）布伦特·福尔兹　（美）詹姆斯·豪　著
吴自勤　石　磊　何　维　张庶元　译

材料的透射电子显微学与衍射学

Transmission Electron Microscopy and Diffractometry of Materials

中国科学技术大学出版社

安徽省版权局著作权合同登记号：第 12151484 号

Transmission Electron Microscopy and Diffractometry of Materials，First Edition was originally published in English in 2001. This translation is published by arrangement with Springer-Verlag Press.

图书在版编目（CIP）数据

材料的透射电子显微学与衍射学/（美）布伦特·福尔兹（Brent Fultz），（美）詹姆斯·豪（James Howe）著；吴自勤等译. —合肥：中国科学技术大学出版社，2017.1（2020.4 重印）
（物理学名家名作译丛）
"十三五"国家重点出版物出版规划项目
书名原文：Transmission Electron Microscopy and Diffractometry of Materials
ISBN 978-7-312-03749-8

Ⅰ.材… Ⅱ.①布… ②詹… ③吴… Ⅲ.①工程材料—透射电子显微术 ②工程材料—X 射线衍射 Ⅳ.TB302

中国版本图书馆 CIP 数据核字（2016）第 308945 号

出版 中国科学技术大学出版社
安徽省合肥市金寨路 96 号，230026
http：//press.ustc.edu.cn
https：//zgkxjsdxcbs.tmall.com
印刷 安徽国文彩印有限公司
发行 中国科学技术大学出版社
经销 全国新华书店
开本 710 mm×1000 mm 1/16
印张 42.25
字数 873 千
版次 2017 年 1 月第 1 版
印次 2020 年 4 月第 2 次印刷
定价 99.00 元

译 者 的 话

本书是 *Transmission Electron Microscopy and Diffractometry of Materials*（第4版）的中译本，介绍了表征物质材料的透射型电子显微镜（TEM）和X射线衍射仪（XRD）的技术、方法、理论。书中系统阐述了波与固体中的原子相互作用的基本原理，详细论述了TEM中电子衍射以及各种成像模式的物理基础和技术应用，并进行了严格的数学描述，探讨了对X射线、电子、中子衍射进行探测的异同，还对结晶序的衍射效应、缺陷和无序材料等进行了细致的讨论和阐释。原书每一章的章末都配备有习题，以便读者更好地领会和掌握相关知识。与第3版相比，这一版所有章节都进行了更新和修订，增加了与TEM有关的重要的新技术，如纳米束电子衍射、电子层析术和几何相位分析等等。本书是专门为具有美国物理学科背景的高年级大学生和新入学的研究生撰写的教材，是一本广受欢迎和深得好评的透射电子显微学和X射线衍射学的教材和参考书。本书也可供透射电子显微学工作者、X射线衍射技术工作者以及从事凝聚态物理和材料研究的学者参考。

原书第1版于2001年面世，由世界著名的出版社——德国Springer出版社出版，次年8月第2版问世。作者对原书进行修订之后，2005年发行了第2版的修订版。两年之后的2007年出版了第3版，2012年8月原书第4版与读者见面。目前该书已经有了俄文版。本书是根据2013年出版的原书英文第4版翻译而成的。

原书的两位作者Brent Fultz博士和James Howe博士分别是美国加州理工学院应用物理和材料科学系、弗吉尼亚大学材料科学与工程系的教授。Fultz教授早年毕业于麻省理工学院，1982年在加州大学伯克利分校获得博士学位。Fultz教授1988年获得"美国总统杰出青年科学家奖"，2010年获得"美国TMS Electronic, Magnetic & Photonic Materials Division（EMPMD，矿物、金属、材料学会，电子、磁学及光子材料分会）杰出科学家奖"，他还获得了"IBM学院发展奖"和Jacob Wallenberg基金会奖学金。Fultz教授利用非弹性中子散射，在材料热力学的基本理解方面作出了突出贡献。他是美国散裂中子源（Spallation Neutron Source）广角范围斩波器谱仪（Angular-Range Chopper Spectrometer, ARCS）项目的主要科学家，同时也是美国中子散射实验分散数据分析软件（Distributed Data Analysis for Neutron Scattering Experiments, DANSE）项目的主要科学家。

Howe 教授于 1987 年获得“美国总统杰出青年科学家奖”，1999 年获得德国马普金属研究所（Max-Planck-Institut für Metallforschung）的“洪堡高级研究员奖”（von Humboldt Senior Researcher），2000 年获“美国材料信息学会（ASM International）材料科学研究银奖”。

本书的翻译由中国科学技术大学和广西大学的四位老师共同完成。吴自勤教授负责筹划和制订出版计划，组织安排书稿的翻译和审阅工作。第 1，3，13 章由何维教授和吴自勤教授翻译，第 2 章由吴自勤教授和石磊博士翻译，第 4～7 章由石磊博士翻译，第 8，9，11，12 章由张庶元教授翻译，第 10 章由何维教授翻译。索引部分由石磊博士、何维教授和张庶元教授共同翻译。随着对外交流的增加，英语成为越来越重要的工具。在当前提倡阅读外文原文、使用外文原文教材的环境下，我们对原书的附录未做翻译，给读者保留一点阅读理解原著的空间。本书在翻译过程中力求做到准确、通顺，但限于译者的水平，缺憾和错谬在所难免，真诚地希望广大读者斧正。

本书的出版得到了原书出版社德国 Springer 出版社的支持和帮助，在此对他们表示诚挚的谢意。同时，中译本的筹划和出版得到了德国 Springer 出版社经理陈青先生、中国科学技术大学出版社编辑的大力支持和帮助，在此也一并致谢。

译　者

2016 年 6 月

序

本书的目标和范围

本教科书是为以物理科学为背景的高年级大学生和新入学的研究生而写的。其目标是使他们尽可能快地了解透射电子显微学(TEM)和X射线衍射学的基础概念和一些细节,它们对材料的表征是重要的。本书话题的发展过程是和大多数近代TEM和XRD研究材料的现代水平相协调的。本书的内容也提供了进一步研究先进的散射、衍射和显微学课题的基本准备。本书包括许多实际细节和实例,但不包含实验室工作中的一些重要课题,如TEM样品的制备方法等。

从2001年本书第1版发行以来,衍射学和显微学方法又有了快速的进展,它们部分地受纳米科学和材料技术成长的推动。在TEM中近期的重大进展是物镜球差的实际校正。它使图像的高分辨率(小于0.1 nm)可以常规地获得,电子能谱的能量分辨率亦有显著的改进。材料中单个原子定位和鉴定已经从50年来的一个梦想变成今天的实验方法。

X射线谱学和衍射学的整个领域得益于半导体探测技术的发展。另一方面的进展是广大学者(围绕同步辐射的常规用户)的交流团体的形成。强大的新中子源已经提高了中子散射研究的领域。大多数用于X射线束、中子束和电子束研究材料的现代仪器,通过国际科学交流愈来愈多地被用户团体按科学的价值被广泛地使用。

第4版增加了透射电子显微学的新进展,其中有层析成像(tomography)和应变分析等。中子散射在原有的一章基础上进行了补充,增加了相位、能量和散射因子等基础知识的概念。在第3版出版后,许多说明和习题使得本书的核心内容如散射、衍射和显微学的基础知识更加清晰。

在原理和实际知识的细节方面存在着波和波函数如何与物质相互作用形成的广泛概念,利用它们可以统一审视X射线、电子和中子。相干性和波的干涉对X射线波和电子波函数两者概念上是相似的。在探索材料的结构过程中,周期性波和波函数分享倒格子、晶体学、无序效应等概念。除了教学效益之外,积分处理更大的好处是其广度——它建立了一个以TEM和XRD两者为共同对象的应用傅里叶变换和卷积的强度。

内容

前三章是散射、衍射和成像的一般介绍以及 XRD,TEM 和中子散射仪器的结构。随后的第 4 章和第 5 章介绍了电子、X 射线和原子的相互作用。在电子的弹性散射中引入原子的形状因子,在电子的非弹性散射中专门引入截面概念,介绍的内容比实际需要深一些,以便理解第 6～8 章。这三章的重点是衍射、晶体学和衍射衬度。在倾向衍射和显微学的课程系统中,可以进一步改变第 4 章和第 5 章中准备进行高级研究的内容。

本书的核心部分是劳厄公式下的运动学衍射理论,可用来处理无序度逐步增加的晶态材料。在第 8 章中,重点利用相位-振幅图分析缺陷的 TEM 图像的衍射衬度。在第 9 章中处理完衍射线宽。随后,在第 10 章中利用帕特森(Patterson)函数处理短程序现象、热漫散射和非晶态材料。在第 11 章中介绍了高分辨 TEM 图像和像模拟。在第 12 章中介绍了多种现代显微学方法。在第 13 章中描述了电子衍射动力学理论的主体内容。

对动力学理论中有效消光长度和有效偏离参量进行讨论后,我们尽可能沿着电子衍射的方向扩展运动学理论。我们认为,对一本教科书来说这是一种正确的方法,因为运动学理论已经建立了衍射和材料结构间清楚、协调的关系。例如,相位-振幅图是解释缺陷衬度的实用图形,并且是实验室工作中顺手的、能启发新设想的工具。不仅如此,熟悉傅里叶变换在衍射学和显微学领域以外的一些应用也是有价值的。傅里叶变换在本书的前面就已提出,但它的认真推演却在第 5,6,8 章中。第 9 章讲述了卷积。第 10 章介绍了帕特森函数。建议读者在阅读第 11～13 章高分辨 TEM 和动力学理论之前熟悉本书中所涉及的傅里叶变换。高分辨 TEM 和动力学理论需要较高的数学水平,它们的基础是电子波函数的量子力学。

教学

本书由 1/4 学年课程“衍射理论及其应用”(MS/APh 122)的一组笔记扩展而成,是加州理工学院研究生和高年级大学生的教材,也是弗吉尼亚大学 1/2 学年研究生课程“透射电子显微学”(MSE 703)和“高等 TEM”(MSE 706)笔记的扩展。这些课程的大多数学生的专业是材料科学和应用物理,并且他们有一定的元素晶体学和量子力学基础。

讲课内容、深度、速度是课程教师尝试、判断的结果。为了帮助课程内容的选定,本书作者把比较专门的章节标上“*”号。带有双剑号“‡”的章节需要较高的数学、物理、晶体学知识水平。每一章有几个或多个习题用来阐明原理。一些习题的内容包含某些现象的解释(它们放在正文中显得有些特殊)。习题解是一个在线手册,它包含不少深入的背景知识。此手册只提供给上课教师,欢迎和作者联系(抱歉的是不能广泛提供给热心的同学)。

选择概念的讲解程度时我们也面临严格、透彻和清楚、简明之间的矛盾。我们的一般处理方案不是直接引用规则,而是提供这些概念包含的物理概念的解释。数学推导的各个步骤的高度是相当的,我们要把注意力集中于核心窍门,即使它们需要复习基本的概念。我们感谢过去的学生对一些解释和计算所做的澄清和修订。

在1/4学年,或者更长些的1/2学年内读完本书是不现实的。我们提出利用此书的建议如下:作为"材料物理"课程(内容为显微学和材料对波的散射理论),本书作者之一讲解的章节次序是:第1章,第2章,3.1~3.4节,第4章,5.1~5.4节,5.6节,第6章,7.1~7.3节,第8章,第9章,10.1~10.3节,11.1节,11.2节,12.1节,12.2节,13.1节,13.5节。用1周完成习题,用1周做TEM实验。这些内容在一共10周的1/4学年内完成。实验室的入门练习见本书附录A.12。

本书另一作者的1/2学年课程讲解的章节次序是:1.1节,1.2节,2.1节,2.8节,4.1节,4.3节,5.1~5.7节,6.1~6.9节,7.1~7.5节,8.1~8.14节。此课程包括附录A.12的实验,但其中的"用MoO_3进行电子束转动校正"改为"物镜像散的校正"。

致谢

C. C. Ahn, D. H. Pearson, H. Frase, U. Kriplani, N. R. Good, C. E. Krill 各位博士,L. Anthony, L. Nagel, M. Sarikaya 各位教授提出了建议和意见,P. S. Albertson 帮助准备了书稿,N. R. Good, J. Graetz 完成了许多数学公式的打印。我们感谢他们的细心工作。P. Rez 教授建议过一个统一处理动力学衍射的方法,感谢他和 A. Minor 教授对后来的版本增加的新内容的建议。感谢 R. Gronsky, O. A. Graeve 教授对习题解手册的更新。我们还要感谢 Springer-Verlag 出版社的物理编辑 C. Ascheron 博士的帮助。最后我们要感谢美国国家科学基金会对我们进行显微学和衍射研究的支持。

Brent Fultz
Pasadena
James Howe
Charlottesville

目　　录

第1章　衍射和X射线粉末衍射仪

1.1　衍　　射

1.1.1　衍射简介

材料由原子组成。原子如何组成晶体结构和微结构的知识是我们理解材料的合成、结构和性质的基础。有许多种测定材料化学成分的方法,其中有依赖内层电子谱的方法,我们将在本书中介绍。本书的重点内容是测定 $10^{-8}\sim10^{-4}$ cm 范围内的原子分布,即从晶体元胞到材料微结构的原子分布。测定距离如此广泛的结构的方法甚多,但有效的方法都包含衍射。目前,材料中原子空间排列的大量知识来自衍射实验。在每一个衍射实验中,一束入射波导向材料,同时一个按规则运动的探测器记录衍射波的方向和强度。

"相干散射"可以精确保持波的周期性。由不同位置、不同种类原子发射的散射波在各个方向上发生相长干涉或相消干涉。相长干涉的波方向组成的"衍射图样"和材料的晶体结构间存在深刻的几何关系。衍射图样反映的是材料中真实空间的周期性谱[1]。重复周期长的原子周期性使衍射角度小,重复周期短(如小的晶面间距)的引起的衍射角度大。不难理解衍射实验有利于测定材料的晶体结构。然而,衍射图样中包含多得多的材料信息。有长距离精确周期性的晶体有尖锐、清晰的衍射峰,有缺陷(如杂质、位错、堆垛层错、内应力或微沉淀)晶体的原子排列的周期性较差,但它们仍有清晰的衍射峰。它们的衍射峰变得宽化、弱化并有畸变。因此,"衍射线形分析"是研究晶体缺陷的一种重要方法。衍射实验还被用来研究非晶态材料的结构,虽然它们的衍射图样中缺乏尖锐的衍射峰。

衍射实验中的入射波的波长必须能和原子间的距离相比。对这些实验有效的有三种波。首先是劳厄(Laue)和布拉格(Bragg)父子提出的 X 射线衍射(XRD)。入射 X 射线的加速电场驱动原子的电子,它们的加速产生出射波。在电子衍射中根据 Davisson 和 Germer 的观点,入射电子的电荷作用于原子的正电荷芯而产生出射电子波函数。在中子衍射中,Shull 首先提出入射的中子波函数作用于原子核或未配对的电子自旋。这三种衍射过程包含非常不同的物理机制,所以它们常常可以互相补充,提供材料中值得称道的原子分布知识。1914 年、1915 年、1937 年和 1994 年的诺贝尔物理学奖证明了它们的重要性。只要有可能,我们将强调这三种衍射方法的相似性,首先是它们的布拉格定律的相似性。

1.1.2　布拉格定律

图 1.1 可用来推导布拉格定律。两束平行的入射波的入射角是 θ,可以证明:两个小直角三角形 ABC 和 ACD 的小角是相等的,都等于 θ。(提示:利用补角 $\phi = \pi/2 - \theta$。)

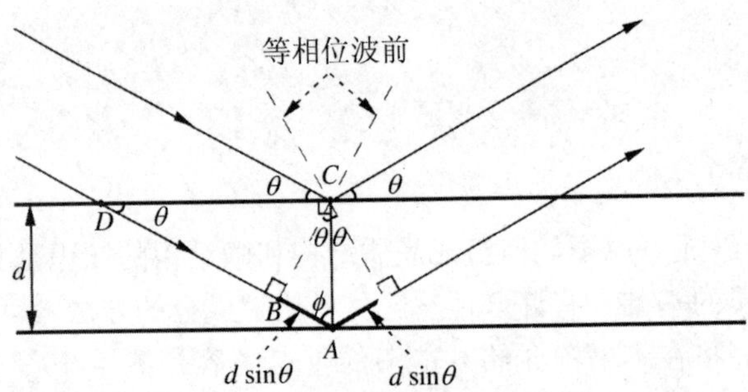

图 1.1　从相距为 d 的两晶面散射出来的波的干涉几何图形,虚线(等相位波前)平行于入射波前和散射波前的峰或谷,两束线之间重要的光程差等于两小段粗线段之和

---

[1] 精确且简明地说,衍射图样是散射因子分布的自相关函数的傅里叶变换。这句话在第 10 章得到了细致的解释。定性地说,晶体可以和音乐联系起来,衍射图样可以和音乐的频谱联系起来。从这样的类比可以得到如下的启发:只给出不同音乐频率的振幅是不可能重建音乐的,因为这里丢失了时序或"相位"信息。类似的结论是:孤立的衍射图样不足以重建材料中原子排列的所有细节。

晶面间距 d 引起从顶层和底层散射的两束光的程差。由图1.1得出,从顶层和底层散射的两束光的光程差是 $2d\sin\theta$。当光程差等于光的波长 λ 时,得到的是波的相长干涉(强衍射)。此时

$$2d\sin\theta = \lambda \tag{1.1}$$

上述公式的右边可以加上整数 n,因为加上后仍表示相长干涉。我们习惯上取 $n=1$。当相邻晶面引起的光程差为 $n\lambda$ 时,我们可以改变 d(即使新的 d 不符合实际的面间距)。例如,当衍射平面为立方晶体的(100)面,而且

$$2d_{100}\sin\theta = 2\lambda \tag{1.2}$$

时,我们可以说,从相距为 $d_{200}=d_{100}/2$ 的面得到(200)衍射。

从材料得出的衍射图通常含有许多分离的峰,每一个峰对应一个不同的面间距 d。对于晶格常数为 a_0 的立方晶体,其晶面间距 d_{hkl}((hkl)表示米勒(Miller)指数)可以表示为

$$d_{hkl} = \frac{a_0}{\sqrt{h^2+k^2+l^2}} \tag{1.3}$$

(此式可以用米勒指数的定义和三维的毕达哥拉斯定理证明)。从布拉格定律式(1.1)得出,(hkl)衍射峰出现在

$$2\theta_{hkl} = 2\arcsin\frac{\lambda\sqrt{h^2+k^2+l^2}}{2a_0} \tag{1.4}$$

通常样品由许多取向混乱的晶粒组成,因此"粉末图样"中的所有布拉格衍射都可以观察到。按常规方法,用(hkl)组合对图1.2中"粉末图样"的各个衍射峰进行标定或指标化①。图1.2是指标化的衍射图样的一例。不同衍射峰的强度变化显著,并且对某些(hkl)的组合,强度等于零。例如在多晶硅试样中,峰的 h,k,l 必须同时是奇数或偶数,而且 h,k,l(同时是偶数)的和必须被4除尽。这一"金刚石立方结构因子规则"将在6.3.2小节进一步讨论。

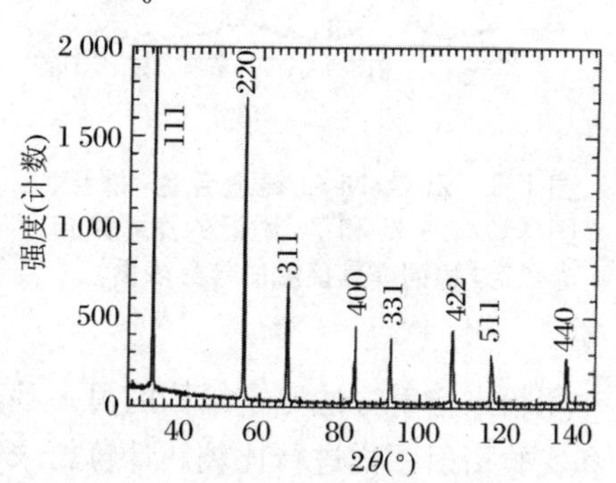

图1.2　已指标化的多晶硅的粉末衍射图样(用Co K_α 测得)

X射线粉末衍射方法的一个重要应用是鉴定样品中的未知晶体。其做法是:把实验测定的衍射峰的位置和强度与标准样品的已知峰或已计算得到的峰一一进行对比。对于图1.2中那样简单的衍射图样,通常可以在附录A.1中的图表的帮助下猜想出晶体结构。这种试探性指标化需要复核。此时从衍射峰得到 θ 角,再

① 单晶体衍射图样的指标化见第7章。

根据式(1.1)得出每个峰的面间距。在立方晶体条件下可以通过式(1.3)将各个面间距转化为晶格常数 a_0(对非立方晶体,需要通过晶格常数和衍射角间的反复迭代使数据得到优化)。如果所有峰提供同一组晶格常数,指标化就是成功的。

对于低对称晶体或晶胞中含有若干个原子的复杂晶体,手工指标化衍射图样变得愈来愈困难。此时,可以用一种古老的可靠的“指纹”方法。目前,美国国际衍射数据中心(International Centre for Diffraction Data,ICDD)可以提供几十万种无机化合物和有机化合物的衍射数据库[1]。每一种材料的数据范围包括:所有观察到的衍射峰及其面间距、相对强度,以及 hkl 指标。可利用软件包从实验衍射图样中鉴别峰,从 ICDD 数据库搜索可以参考的晶体结构。可以参考的结构的计算机搜索特别有价值,尤其是样品为未知晶体相的混合物时。化学成分和参考结构的信息有助于衍射图样的指标化。例如,可以从相图手册中,并利用它们在 ICDD 数据库中的衍射图样得出参考结构。

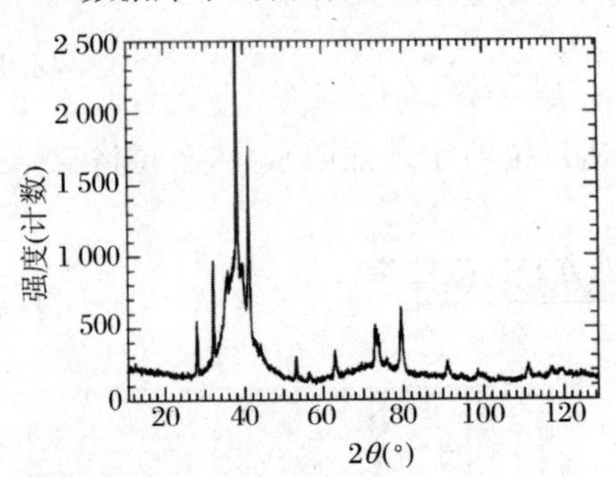

图 1.3　Zr-Cu-Ni-Al 铸造合金的衍射图样。$2\theta=38^\circ$ 和 74° 附近的宽峰来自非晶态(和铜模具接触的样品表面)

样品含几种相的时候,把一个衍射峰归于某一相的衍射图样会有困难,不同衍射图样的衍射峰还可能重叠。此时整个衍射图样的计算机拟合经常是有益的。然而有些场合容易区分开单个衍射图谱。例如,图 1.3 可以用来测定玻璃合金表面是否已经晶化。非晶相有两个很宽的峰(2θ 约为 38° 和 74°)。晶体相引起的锐衍射峰也容易分辨。即使这个衍射图样还没有指标化,但实验结果已经可以确定这种固化条件不适合用来制备完全的非晶态固体。

用粉末衍射方法测定结构的另一种途径是:从参考晶体结构计算出衍射图样,并和实验衍射图样进行比较。计算粉末衍射图样的关键是计算 6.3.2 小节中的结构因子,即晶体的特征量。简单衍射图样(图 1.2)可以用手工计算器计算,具有复杂晶胞的材料的结构因子的计算需要用计算机软件包。最直接使用的软件包需要输入文件的参数有原子位置、原子种类、X 射线波长,然后计算粉末衍射峰的位置以及强度。这种方法的重要进展是某些晶体结构特征(如晶格常数)被处理成可以调节的参数。软件包通过计算衍射图样和实验衍射图样间的最佳适配获得调整好的或精化的各个参数(见 1.5.14 小节)。

1.1.3　应变效应

材料中的内应变可以改变 X 射线衍射峰的位置和形状。应变的最简单类型是均匀伸长。如果样品的所有部分在所有方向上的形变相同(即各向同性),则其效应是晶格常数的细小变化。显然衍射峰的位置移动，但形状仍保持着尖锐。应变 $\varepsilon = \Delta d/d$ 引起每一个峰移动 $\Delta\theta_B$。对布拉格定律式(1.1)微分，求得

$$\frac{d}{dd}2d\sin\theta_B = \frac{d}{dd}\lambda \tag{1.5}$$

$$2\sin\theta_B + 2d\cos\theta_B\frac{d\theta_B}{dd} = 0 \tag{1.6}$$

$$\Delta\theta_B = -\varepsilon\tan\theta_B \tag{1.7}$$

当 θ_B 很小时，$\tan\theta_B \approx \theta_B$，所以应变近似等于衍射峰的分数移动(但数值的符号改变了)。当应变均匀伸长时，衍射峰在 θ 角范围内的绝对移动量随布拉格角 θ_B 迅速增大。

当所有晶粒中的应变相同时，衍射峰保持尖锐，但是在多晶样品中应变一般有一个分布。例如，一些晶粒被拉伸，另一些晶粒受挤压。于是不同晶粒具有稍微不同的晶格常数，它们的衍射峰偏离布拉格角按式(1.7)有一个分布。多晶样品的应变分布引起衍射峰角度的宽化。布拉格角大时，宽化也大一些。同样的论据可以用来解释化学成分引起原子距离的变化导致的衍射峰的宽化。

1.1.4　尺寸效应

衍射峰的宽度还受对衍射有贡献的晶面数目的影响。本小节的目标是说明：当更多的晶面参加衍射时，允许偏离 θ_B 的极大值较小。晶粒增大时在 θ 范围内的衍射峰变得更尖锐了。为了说明此原理，考虑小 θ_B 角度的衍射峰。此时我们利用 $\sin\theta \approx \theta$，并线性化式(1.1)①：

$$2d\theta_B \approx \lambda \tag{1.8}$$

如果我们只有图1.1上的两个晶面，即使它们离正确的布拉格角 θ_B 有大的 θ 偏差，仍可以发生部分相长干涉。如图1.4所示，两个散射波相位差达到 $\pm 2\pi/3$，仍有相长干涉。此相位差相当于图1.1中两束光的程差 $\pm\lambda/3$。线性化的布拉格公式(1.8)给出的部分相长干涉的 θ 角范围是

$$\lambda - \frac{\lambda}{3} < 2d(\theta_B + \Delta\theta) < \lambda + \frac{\lambda}{3} \tag{1.9}$$

利用式(1.9)允许的衍射角范围并将式(1.8)看成一个等式，我们得到相长干涉的最大 $\Delta\theta_{max}$ 角近似为

$$\Delta\theta_{max} = \pm\frac{\lambda}{6d} \tag{1.10}$$

图1.5(a)中两个相距为 a 的晶面的情况类似。衍射角的允许误差 $\Delta\theta_{max}$ 随大量衍射面的增多而变得较小。考虑图1.5(b)中四个衍射面的情况，顶层到底层的总距离增大至3倍，对图1.5(a)中同样路程差的情况，衍射角变为原来的1/3。对于相距 $d = a(N-1)$ 的 N 个衍射面，我们用下式取代式(1.10)：

---

① 此近似经常用于100 keV的高能电子，其波长只有0.0037 nm，θ_B 很小。

$$\Delta\theta_{\max} \approx \pm \frac{\lambda}{6(N-1)a} \tag{1.11}$$

利用式(1.8)，将公式 $\lambda/(2a)\approx\theta_{\mathrm{B}}$代入式(1.11)，我们得到

$$\frac{\Delta\theta_{\max}}{\theta_{\mathrm{B}}} \approx \frac{1}{3(N-1)} \tag{1.12}$$

一个单独的原子面的衍射很弱。对高能电子来说，衍射面的典型数目是几百；对 X 射线来说，衍射面的典型数目是几万。因此，用高质量晶体就可以得到精密的衍射角。

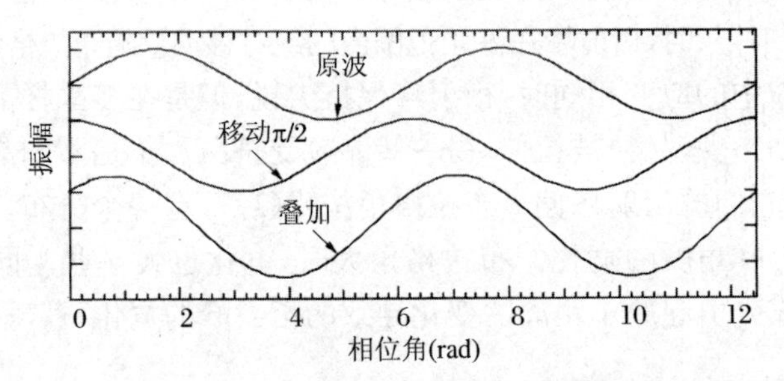

图 1.4　上面的两个波(相位移为 $\pi/2$)的叠加为下面的波。光程差 λ 对应相位角移动 2π，即 360°

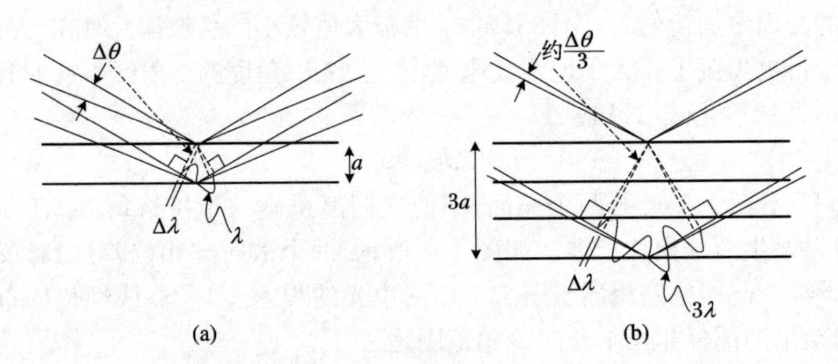

图 1.5　(a) 入射角偏差 $\Delta\theta$ 引起的路程差 $\Delta\lambda$；(b)和(a)有同样的路程偏差，由较小的 $\Delta\theta$ 和较长的垂直距离引起

然而由式(1.12)预言的 $\Delta\theta_{\max}$太小。实际上，最顶层和最底层的相移超过 $\lambda/3$ 时大多数晶面仍可以发生相长干涉，从而出现衍射峰。对晶体尺寸的测定来说，在小 θ 条件下更好地替代式(1.12)的是下面的近似式：

$$\frac{\Delta\theta}{\theta_{\mathrm{B}}} \approx \frac{0.9}{N} \tag{1.13}$$

这里，$\Delta\theta$ 是衍射峰的半宽度。应用近似式(1.13)时需要小心，它还是一个定性的值。它表明衍射面的数目近似等于衍射峰的角度对衍射峰的宽度之比。用 X 射线衍射峰的宽度能方便地测定几纳米范围内的微晶尺寸(9.1.1 小节)。

1.1.5　对称性考虑

图1.6显示的是以θ角入射但散射到θ'角(不等于θ角)的情况。这样的衍射是不会发生的。图1.6中两条虚线(代表波前)相截之后的两段路程(黑短线)是不相等的。当$\theta \neq \theta'$时,这两个路程的差和散射面上点O和点P间的距离成正比。沿着连续的平面,点O和点P间的分离范围是连续的,这样相消干涉和相长干涉一样多。因此,强衍射是不可能发生的。

后面将用含出射波矢$\boldsymbol{k}$和入射波矢$\boldsymbol{k}_0$(垂直于出射和入射波前的法线)的公式方便地推导、证明衍射问题。$\boldsymbol{k}$和$\boldsymbol{k}_0$具有相同的大小,$k = 2\pi/\lambda$,因为衍射中的散射是弹性的。具有特殊意义的衍射波矢为$\Delta \boldsymbol{k} \equiv \boldsymbol{k} - \boldsymbol{k}_0$。它在图1.6中被画成矢量之和。一个普遍的原理是:衍射材料在垂直$\Delta \boldsymbol{k}$的平面上必须具有平面内平移不变性。这个要求在图1.1中能够满足,但在图1.6中不能满足。衍射实验测定的是沿$\Delta \hat{\boldsymbol{k}}$的晶面间距①。

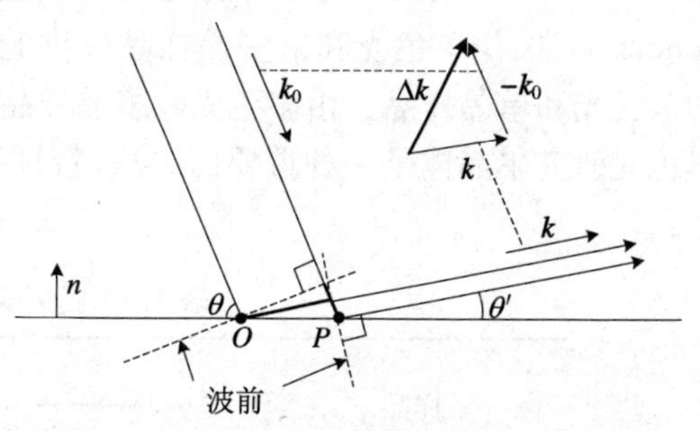

图1.6　$\theta \neq \theta'$的不妥当衍射几何。路程差来自端点为O或P的两段黑短线之差。波矢$\Delta \boldsymbol{k}$是出射波矢和入射波矢之差。$\boldsymbol{n}$是晶面的法线。产生衍射时,$\Delta \boldsymbol{k}$平行于$\boldsymbol{n}$

1.1.6　动量和能量

衍射波矢$\Delta \boldsymbol{k} = \boldsymbol{k} - \boldsymbol{k}_0$,乘上普朗克常数$\hbar$就是衍射X射线的动量的改变②:

$$\Delta \boldsymbol{p} = \hbar \Delta \boldsymbol{k} \tag{1.14}$$

引起衍射的晶体必然获得大小相等、方向相反的动量,动量始终是守恒的。这一部分动量将转移给地球,引起完全可以忽略的地球轨道的变化。

转移一些能量给晶体,意味着散射X射线的能量比入射能量略有降低。这使得衍射实验略为减弱。下面考虑两种能量转移。

(1) 按动量转移式(1.14)的能量转移,意味着反冲动能转化为晶体的运动。反冲动能可以表示为$E_{\text{recoil}} = p^2/(2M)$。如果$M$是一块晶体的质量,则$E_{\text{recoil}}$可以忽略(目前用天大的努力也探测不到其变化)。衍射发生时动能转移给晶体的所有原子,或者至少是1.1.4小节提到的空间范围内的原子。

(2) 能量转移给一个原子,例如移动了核(引起原子振动),或引起原子的一个电子逃离,即电离了原子。用量子力学处理时,这些事件发生在一些原子身上,而

① 戴帽的矢量是单位矢量,$\hat{\boldsymbol{x}} \equiv \boldsymbol{x}/x$ 其中 $x \equiv |\boldsymbol{x}|$。

② 这里和光子的动量公式 $p = \hat{k}E/c = \hat{k}\,\hbar\omega/c = \hbar\hat{k}$ 相符,c是光速,$E = \hbar\omega$是光子的能量。

不发生在另一些原子身上。一般情况下，发生这种“非弹性散射”①过程的 X 射线被原子合并了，不能和完整晶体发生衍射。

1.1.7　实验方法

布拉格条件式(1.1)并不是在任意的晶面相对于入射 X 射线取向下，或在任意的 X 射线的波长下都能成立。我们有三种观察衍射和进行衍射测量的实用方法(表 1.1)。所有的设计都保证布拉格定律得到满足。德拜-谢勒(Debye-Scherrer)法：用单色光和由多晶样品提供的一系列晶面。劳厄法：用一系列波长的多色光和单晶样品。由多色光和多晶样品给出的衍射太多，一般不用。相反，用单色光研究单晶体是一种重要的方法，特别是在测定矿物和大有机分子晶体时常用到。

表 1.1　衍射实验方法

样品	辐射源	
	单色光	白光
单晶	单晶方法	劳厄法
多晶	德拜-谢勒法	—

图 1.7　Si(110)晶带的背散射劳厄衍射图样，衍射图样具有明显的对称性

“劳厄法”利用一系列波长的多色光和单晶样品，常用来测定单晶体的取向。使用此法时，晶体和 X 射线的位置都是固定的。某些入射线的波长正好满足一些晶面的布拉格条件。在图 1.7 中的背散射劳厄衍射图样中，沿各行的各个衍射斑点来自 X 射线波长和相关晶面(投影法线分量沿此行)的组合。弄清楚这些组合并不容易(特别是样品中有几个不同取向的单晶时)，本书也不打算对劳厄法作进一步讨论。

德拜-谢勒方法利用单色的 X 射线和控制衍射 2θ 角的仪器，它是多晶试样衍射最重要的方法。即使 θ 角满足布拉格条件，对试样中大多数微晶来说，入射 X

① X 射线的非弹性散射在 4.2 节、第 5 章介绍，电子的非弹性散射在 1.2 节、第 5 章介绍，中子的非弹性散射在第 3 章和附录 A.10 介绍。

射线处于偏离的角度，也不满足布拉格公式(例如图1.6所示的位置，微晶的晶面不满足布拉格反射的条件)。然而当θ角是一个布拉格角时，大多数粉末试样中部分晶粒的取向对衍射来说是等效的。当有足够多的晶粒被X射线束线衍射时，晶粒的X射线衍射束线构成一个衍射锥体，如图1.8所示。衍射锥体顶点的锥角是$4\theta_B$，其中θ_B是某特定衍射的布拉格角。

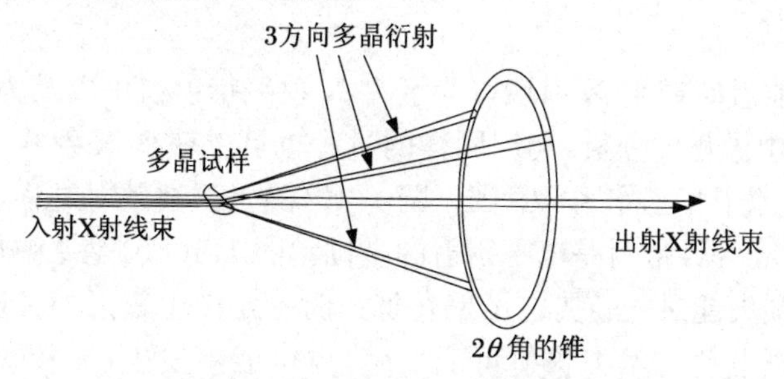

图1.8　多晶样品德拜-谢勒法衍射图样的形成

德拜-谢勒法衍射图样也可以用单色电子从多晶样品的衍射中获得。图1.9是两个电子衍射图样的叠加。样品是单晶NaCl上沉积的Ni-Zr合金薄膜。多晶Ni-Zr合金给出图1.8所示的系列衍射锥体。这些锥体将在透射电子显微镜中和底片相交而形成衍射环图样。图1.9上还有一套四方衍射斑点。它们来自样品上剩余的NaCl，这是单晶体的衍射图样。

用单色光得出多晶材料的衍射图样，即粉末衍射图样是需要德拜-谢勒衍射仪，它提供唯一一个改变衍射条件的自由度，即改变图1.1～图1.3中2θ的自由度。利用单晶进行单色光衍射实验时需要另外三个附加的改变单晶取向的自由度。虽然从单晶出射的衍射要强得多，但上述附加参数测量所需的时间要长得多。这种测量可以在小实验室中的仪器上进行。大型同步辐射装置的高亮度源有助于进行多种新型的单晶衍射实验。

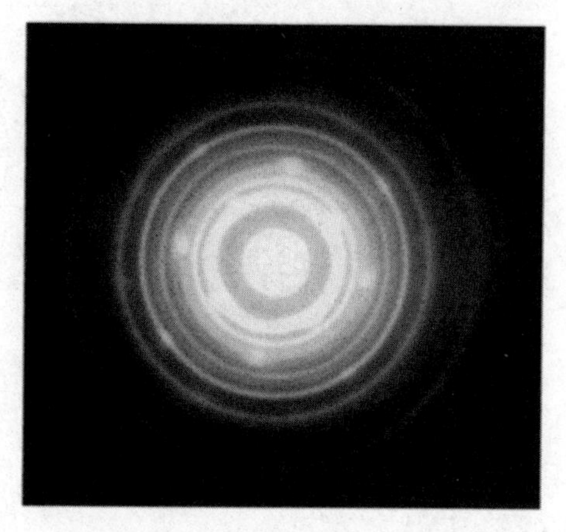

图1.9　多晶Ni-Zr合金和单晶NaCl的电子衍射图样的叠加

1.2　X 射线的产生

电子损失能量时产生 X 射线。为了在 X 射线衍射仪中以及为了在透射电子显微镜(TEM)中做化学分析,利用同样的过程也可以获得 X 射线。图 1.10 是几种相应的电子-原子相互作用示意图。图 1.10(a)是弹性散射过程,电子只发生偏转,不损失能量。弹性散射是电子衍射的基础。图 1.10(b)是非弹性散射过程,电子发生偏转时损失能量。经典电子偏转加速时一定产生辐射,此过程不可能是弹性散射。在量子电动力学中辐射可能发生,也可能不发生(比较图 1.10(a)和图 1.10(b))。许多电子散射,平均起来就会和经典辐射场对应。

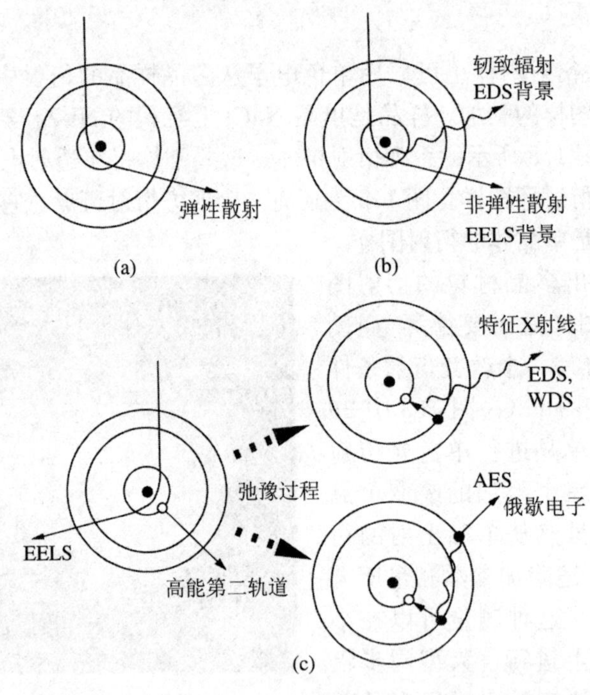

图 1.10　高能电子和原子的一些相互作用;(a) 引起衍射,(c)用于化学分析,其中两个粗虚线表示芯空穴的两种弛豫过程

图 1.10(c)显示了入射电子和原子中的电子之间的两种能量转移过程。图 1.10(c)中的两种过程都牵涉到一次电离,此时原子的一个芯电子被激发出原子。带有高的能量的外层电子跌入内层空穴,随之发生两种消耗能量的过程:① 从原子直接发出 X 射线;② 多余的能量用来激发出原子的另一个外层电子,即“俄歇电

子"。过程①中的"特征X射线"带出两个电子态之间的全部能量差。俄歇电子原来束缚在原子中，所以出射俄歇电子的动能等于这一能量差减去其束缚能。通过图1.10(c)中的弛豫过程，原子的外壳层中出现空电子态，这个过程可以向愈来愈低的能量状态过渡，直到空穴离开原子。

衍射实验中的X射线光子具有本征波长λ。在X射线谱或发生X射线中更常用它的能量E，两者有倒易关系。下面的式(1.16)的值应当记住：

$$E = h\nu = h\frac{c}{\lambda} \tag{1.15}$$

$$E(\mathrm{keV}) = 12.3984/\lambda(\text{Å}) \approx 12.4/\lambda(\text{Å}) \tag{1.16}$$

1.2.1　韧致辐射

连续谱辐射，即韧致辐射(不太恰当地被称为"刹车引起的辐射")是电子在强偏转时发射的，见图1.10(b)，偏转意味着出现了加速。这个加速产生的X射线的能量可以高到等于入射电子的全部动能E_0(等于电子的电荷e与它的加速电压V的积)。把$E_0 = eV$代入式(1.15)，我们得到关于从阳极发出的X射线最短波长$\lambda_{\min}$的杜安-亨特(Duane-Hunt)规则：

$$\frac{hc}{eV} = \lambda_{\min}(\text{Å}) = \frac{12.3984}{E_0(\mathrm{keV})} \tag{1.17}$$

韧致辐射谱的分布形状可以从下面量子电动力学的事实得到理解。虽然每一个X射线光子具有不同的能量，但光子的能量谱可以从电子加速度的时间函数$a(t)$的傅里叶变换得到。每一电子通过原子时得到一个简短的脉冲型加速度。许多电子-原子相互作用的平均形成一个宽带X射线能量谱。在原子核近处通过的电子出现较强的加速度而具有较高的辐射概率。但是它们的谱和通过原子外侧的电子的谱是相同的。在薄样品条件下，电子只发生一个尖锐的加速度峰，韧致辐射谱的能量分布如图1.11(a)所示。这是一个平坦的分布，在40 keV(入射电子的能量)截止。

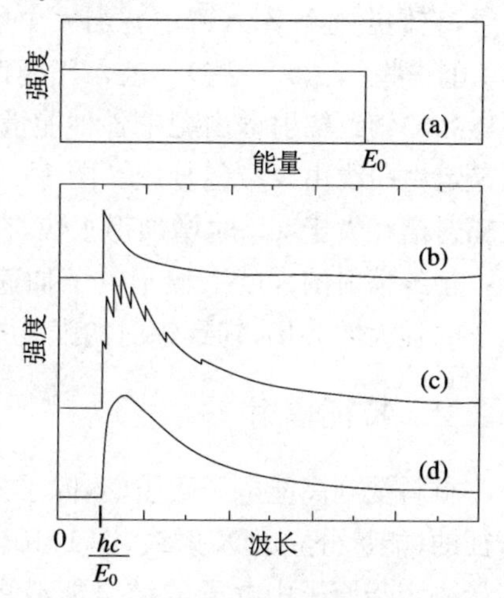

图1.11　(a) 一次韧致辐射过程的能量分布；(b) 和(a)对应的能量分布；(c) 粗晶粒厚靶样品多次韧致辐射过程贡献的波长分布；(d) 连续能量分布的各次韧致辐射过程贡献之和

波长分布的一般形状可以从下面的讨论中得到。X射线的能量-波长关系是

$$\nu = \frac{E}{h} = \frac{c}{\lambda} \tag{1.18}$$

因此,某段相应的波长和能量的关系是

$$\frac{dE}{d\lambda} = -ch\frac{1}{\lambda^2} \tag{1.19}$$

$$dE = -\frac{ch}{\lambda^2}d\lambda \tag{1.20}$$

对应的波长段和能量段中的光子数目必然是相同的,并可以表示为

$$I(\lambda)d\lambda = I(E)dE \tag{1.21}$$

把式(1.19)代入后,得到波长分布为

$$I(\lambda)d\lambda = -I(E)\frac{ch}{\lambda^2}d\lambda \tag{1.22}$$

式(1.22)中出现负号的原因是,能量的增大对应波长的减小。这样波长分布可以表示为下面的能量分布:

$$I(\lambda) = I(E)\frac{ch}{\lambda^2} \tag{1.23}$$

图1.11(b)是对应于图1.11(a)的波长分布式(1.23)。需要注意的是,韧致辐射X射线具有的波长在接近式(1.17)的λ_{min}处聚成小峰。

图1.11(b)中的曲线或对应的图1.11(a)中的能量分布曲线近似为很薄样品的韧致辐射背底,然而X射线管靶是相当厚的。大多数电子不会瞬间失去所有的能量,它们会继续深入靶中。当一个电子损失部分初始能量后,它将继续辐射,但E_{max}小一些(λ_{min}大一些)。进入靶越深,多次散射电子辐射的长波韧致辐射越多。厚样品的韧致辐射谱由靶中各种能量电子各个韧致辐射叠加而成。图1.11(c)的粗糙定性曲线由少数谱合成。图1.11(d)是精度较高的合成曲线。X射线管的韧致辐射谱在大于λ_{min}时增加得很快,在约为$1.5\lambda_{min}$处达到峰值①。

韧致辐射的强度依赖于电子加速度的大小。原子序数Z大的原子具有散射电子的强大的势场,韧致辐射的强度按V^2Z^2增大。

1.2.2 特征辐射

材料受到高能电子轰击时,除了发生韧致辐射之外,还会发射材料中各个元素特征的、能量分立的X射线,图1.10(c)(顶部)是其示意图。这些"特征X射线"的能量决定于原子中电子的结合能或更有特征的结合能之差。计算原子序数为Z的原子的这些能量并不困难,如果我们主要假设原子都是"类氢"原子并只有一个电子。我们可以从下面的时间相关的薛定谔方程求解电子的波函数:

$$-\frac{\hbar^2}{2m}\nabla^2\psi(r,\theta,\varphi) - \frac{Ze^2}{r}\psi(r,\theta,\varphi) = E\psi(r,\theta,\varphi) \tag{1.24}$$

为了使问题简化,我们先找出球对称的解。此时,球坐标系中的电子波函数

① 图1.11(d)的连续谱是定性正确的,定量分析需要电子散射和X射线吸收的更多细节。

$\psi(r,\theta,\varphi)$关于θ和φ的导数等于零。换句话说,我们考虑的电子波函数仅仅是r的函数$\psi(r)$。于是薛定谔方程中的拉普拉斯算符的解具有下面简单的形式:

$$-\frac{\hbar^2}{2m}\frac{1}{r^2}\frac{\partial}{\partial r}\left[r^2\frac{\partial}{\partial r}\psi(r)\right]-\frac{Ze^2}{r}\psi(r)=E\psi(r) \tag{1.25}$$

由于E是常量,令人满意的$\psi(r)$表达式必须给出一个和r无关的E的表达式。这样的两个解是

$$\psi_{1s}(r)=e^{-Zr/a_0} \tag{1.26}$$

$$\psi_{2s}(r)=\left(2-\frac{Zr}{a_0}\right)e^{-Zr/(2a_0)} \tag{1.27}$$

式中,玻尔半径a_0的定义是

$$a_0=\frac{\hbar^2}{me^2} \tag{1.28}$$

将式(1.26)或式(1.27)代入式(1.25),并对r求偏导数,发现与r相关的项抵消了,得到和r无关的式子(见习题1.7)为

$$E_n=-\frac{1}{n^2}Z^2\left(\frac{me^4}{2\hbar^2}\right)=-\frac{1}{n^2}Z^2E_R \tag{1.29}$$

在式(1.29)中,我们已定义了能量单位E_R(里德伯),它等于13.6 eV。式(1.29)中的整数n有时称为“主量子数”。对ψ_{1s},$n=1$,对ψ_{2s},$n=2$,等等。大家都知道还有其他的非球对称的ψ解,如ψ_{2p},ψ_{3p},ψ_{3d}等①。令人惊奇的是,对只有一个电子的离子,式(1.29)提供了其他电子波函数的准确能量值,如上面三个例子中n分别为2,3,3。这是大家知道的氢原子中薛定谔方程“偶然简并性”的例子。对原子外围的电子数超过1的情形,这是不正确的。

设$Z=3$的Li原子的两个1s内层的电子已被剥离,并设2p态电子发生能量向下的跃迁而到达两个1s空态之一。跃迁前后两个态的能量差转化为X射线的能量ΔE。这个单电子的ΔE可以表示为

$$\Delta E=E_2-E_1=-\left(\frac{1}{2^2}-\frac{1}{1^2}\right)Z^2E_R=\frac{3}{4}Z^2E_R \tag{1.30}$$

(1s态比2p态离原子核近,并具有更低的负能量,X射线具有正能量)。一部分n相同的电子壳层可用字母记号序列区别为K,L,M(对应$n=1,2,3$)。壳层L→K之间电子的跃迁(1.30)发射一个K_α X射线光子,M→K之间电子的跃迁发射K_β光子。类似的过程见表1.2和图1.12。

① 时间无关的薛定谔方程(1.24)可以由分离变量法获得,即把时间t从r,θ,ϕ分离后获得,分离常量是能量E。从r分离θ,ϕ后获得分离常数l。从θ分离ϕ后获得分离常数m。整数l和m是与角度变量θ,ϕ有关的。它们称为“角动量量子数”。量子数l和总角动量对应。量子数m和角动量沿给定方向的取向对应。电子的一套量子数是$\{n,l,m,s\}$,s表示自旋。自旋不能从薛定谔方程的分离变量中获得。分离变量法只能从$\{r,\theta,\phi,t\}$进行三项分离。自旋可以从相对论狄拉克(Dirac)方程获得。

表 1.2　一些 X 射线谱的记号

符号	跃迁	原子记号	Cu 线的能量 E(keV)
K_{α_1}	$L_3 \rightarrow K$	$2p^{3/2} \rightarrow 1s$	8.047 78
K_{α_2}	$L_2 \rightarrow K$	$2p^{1/2} \rightarrow 1s$	8.027 83
$K_{\beta_{1,3}}$	$M_{2,3} \rightarrow K$	$3p \rightarrow 1s$	8.905 29
K_{β_5}	$M_{4,5} \rightarrow K$	$3d \rightarrow 1s$	8.997 70
$L_{\alpha_{1,2}}$	$M_{4,5} \rightarrow L_3$	$3d \rightarrow 2p^{3/2}$	0.929 7
L_{β_1}	$M_4 \rightarrow L_2$	$3d \rightarrow 2p^{1/2}$	0.949 8
$L_{\beta_{3,4}}$	$M_{2,3} \rightarrow L_1$	$3p \rightarrow 2s$	1.022 8
L_η	$M_1 \rightarrow L_2$	$3s \rightarrow 2p^{1/2}$	0.832
L_l	$M_1 \rightarrow L_3$	$3s \rightarrow 2p^{3/2}$	0.811 1

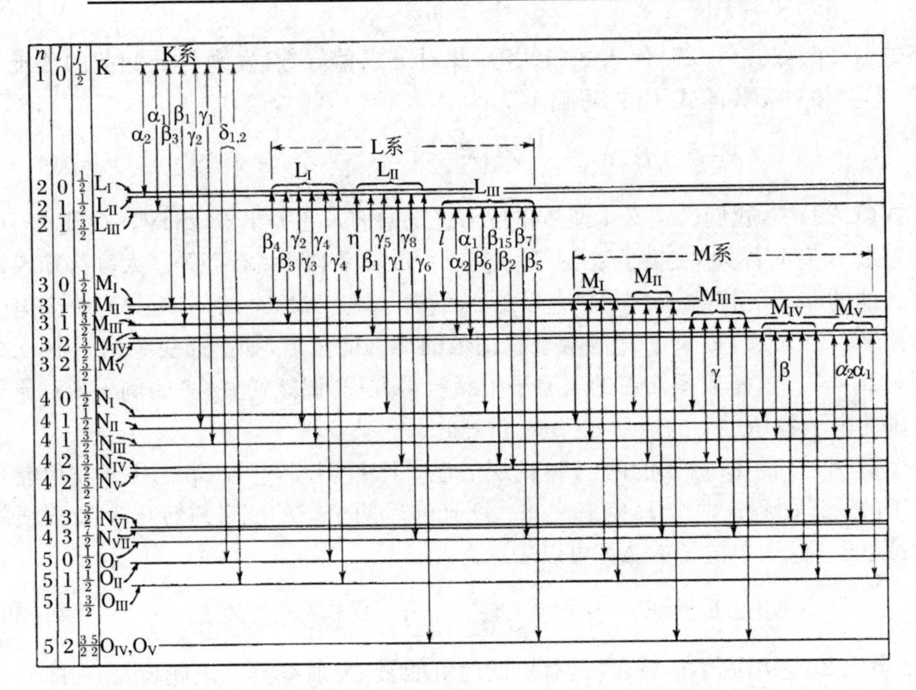

图 1.12　电子态和 X 射线的一些记号(此处以元素 U 为例)[3]

方程(1.30)很好地适用于仅有一个电子的原子或离子的 X 射线的发射。电子-电子的相互作用使大多数原子能级的计算复杂化①。图 1.13 给出了能带数据。它们来自不同壳层间电子的跃迁。这一原子序数- X 射线能量之间的关系曲线是莫塞莱(Moseley)定律的基础。莫塞莱定律改进了式(1.30)。对于 K_α 和 L_α 线,它们可以表述为

① 式(1.24)中需要附加电子-电子势能项,它们改变了能级。

$$E_{K_\alpha} = (Z-1)^2 E_R\left(\frac{1}{1^2}-\frac{1}{2^2}\right) = 10.204\,(Z-1)^2 \tag{1.31}$$

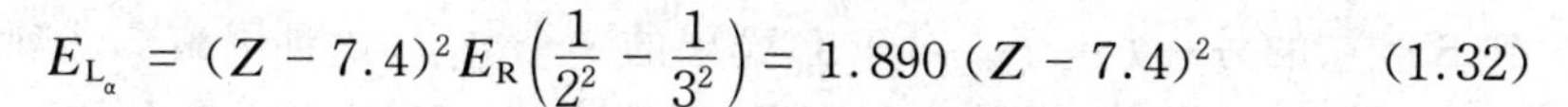

$$E_{L_\alpha} = (Z-7.4)^2 E_R\left(\frac{1}{2^2}-\frac{1}{3^2}\right) = 1.890\,(Z-7.4)^2 \tag{1.32}$$

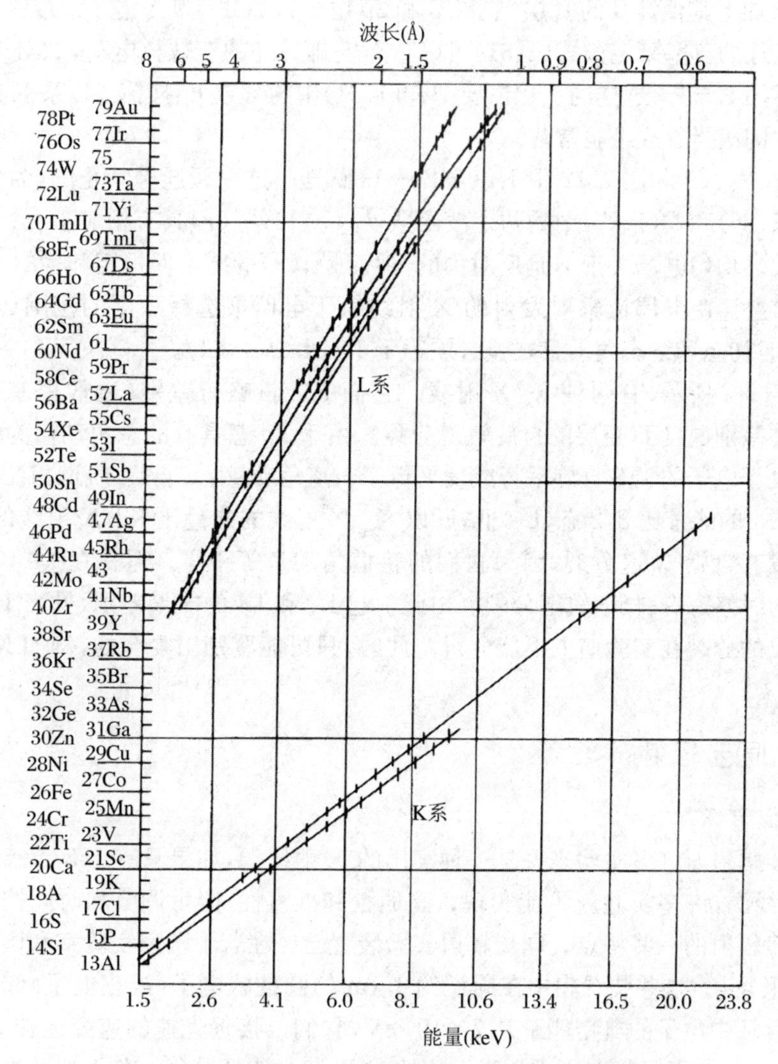

图 1.13 元素的特征 X 射线能量，x 坐标原来是频率的平方根(从 6 到 $24\times10^8\ \sqrt{\text{Hz}}$)[2]

式(1.31)和式(1.32)给出的结果很好，和能量为 3～10 keV 的 X 射线的实验数据的差别小于 1%①。

① 这个结果发表于 1914 年。H.莫塞莱于第一次世界大战期间的 1915 年在加里波底(Gallipoli)去世。英国把这种损失归咎于在第二次世界战争中科学家负有平民的责任。

莫塞莱正确解释了 Z 分支，即式(1.31)中的1和式(1.32)中的7.4。它们来自其他芯电子对核电荷的屏蔽(芯电子屏蔽)。对于K壳层的一个电子，屏蔽牵涉到K壳层的另一个电子。对于L壳层的一个电子，这种屏蔽牵涉到两个K电子(1s电子)加上其他涉及的L层电子(2s和2p电子)，一共有9个电子。或许对L→K之间跃迁的莫塞莱定律式(1.31)可以重新安排另外的有效核电荷，如对K和L电子都不用 $Z-1$。这样的变化需要把式(1.31)中的常数 E_R 换掉。L系X射线中的值7.4则应当看成经验常数。

注意，表1.2和图1.12中不包含2s→1s跃迁。这一跃迁是禁止的，为禁戒跃迁。式(1.26)和式(1.27)中的两个波函数 $\psi_{1s}(r)$ 和 $\psi_{2s}(r)$ 具有相对于 $r=0$ 的反演对称性。均匀电场关于 r 是反对称的，然而 $\psi_{2s}(r)$ 的感生偶极矩和 $\psi_{1s}(r)$ 具有净的零重叠。由电偶极辐射发射的X射线属于电偶极选择法则的范围(见习题1.12，此时初态和终态角动量之差必须等于1，即 $\Delta l=\pm 1$)。

如表1.2所示，有两种 K_α X射线。它们的能量略有差别(通常相差千分之几)，这种差别源自L壳层的自旋轨道分裂。由于2p态具有的总角动量为3/2或1/2(取决于电子的1/2自旋平行或反平行于轨道角动量 l)，自旋-轨道相互作用使1/2态(L_2)的能量比3/2态(L_3)低，所以 K_{α_1} X射线的能量比 K_{α_2} X射线的略大。K终态没有自旋-轨道分裂，因为它们的轨道角动量等于零。但是在M→L的X射线发射时终态有自旋-轨道分裂。由此引起 L_{α_1} 和 L_{β_1} 的能量差别，见表1.2。有些亚壳层的分裂在实验谱上不能分辨。此时，只可能鉴别出复合的，例如 K_β X射线峰。

1.2.3 同步辐射

1. 储存环

同步辐射对许多实验来说是一种实用的X射线源，如果只有1.3.1小节的常规X射线源，许多实验就不能实现。高通量和准直性、能量调节和时间控制能力等是同步辐射的一些特点。同步辐射实验装置已经在若干国家实验室和国际实验室提供服务①。这些装置集中在周长约1 km的圆柱状电子(或正电子)储存环周围。储存环中电子的典型能量是 7×10^9 eV，它们以接近光速的速度运转，电流约为100 mA。电子紧紧聚集成几厘米长的束团，每一束团分得一份上述总电流。束团在垂直和水平方向上的尺度是几十微米。

电子沿环弯转时损失的能量转化为发射出去的同步辐射。这些能量损失主要体现在电子的质量上，而不在它的速度上(它仍接近光速)。此时束团仍未触动。需要的电功率由射频电场供给。此圆周电场通过交替的吸引和排斥加速电子束团

---

① 三个主要装置是法国格勒诺布尔(Grenoble)欧洲同步辐射装置、美国伊利诺伊(Illinois)阿贡先进光源、日本哈利玛(Harima)高级光环8-GeV，SPring-8。[4]

(当它们通过储存环的特定线段时)。此时每个束团的相位必须和射频场匹配。储存环能够保持的光束数等于射频与绕环一周的时间的乘积。例如,射频为0.3 GHz时电子速度为3×10^5 km/s,环的周长为1 km,可以装束团约1 000“桶”。

虽然环内电子的能量是通过高功率射频系统维持的,但电子仍然由于和真空中的气体原子的偶然碰撞而丢失。束流经过若干小时的特征衰减后,需要把新的电子注入束团。

束团通过弯曲偏转磁铁或磁“插入件”时,它们的加速引起光子发射。因此X射线的发射成为脉冲式的冲击或“闪电”。闪电时间主要决定于电子加速的时间。这个时间还由于相对论效应而缩短。闪电时间主要依赖于电子束团的尺度,一般是0.1 ns。有一种情况是,在设想的环中每次注入50桶,闪电的间隔约为167 ns。一些快速实验采用这样的时间结构的同步辐射。

2. 波荡器

同步辐射的产生依靠环中控制电子轨道的偶极弯曲磁铁。但是,所有现代的“第三代”同步辐射装置都从“插入件”引出X射线光子。这些部件称为“扭摆器(wiggler)”或“波荡器(undulator)”。波荡器是沿电子路径排列的磁体。磁体磁场交替地向上和向下,但是都垂直于电子束运动方向。电子在成列的磁体的洛伦兹力的加速下产生同步辐射。电子加速时发射X射线的机制基本上和韧致辐射的机制(见图1.10和1.2.1小节)相同。由于电子的加速度处于一个平面内,与同步X射线的极化$\boldsymbol{E}$处于同一个平面内,并且垂直于X射线的方向(图1.26)。

波荡器的重要特征是:它的磁场定位准确,因此它的光子场是由成列加速器的相长干涉引起的。从波荡器出射的X射线图样和晶体的布拉格衍射图样同样紧密。在X射线前进方向,强度随相干磁场周期的数目(一般为几十)的平方增加。同样,和布拉格衍射类似,这里光子束的发散角度也相应地减小。GeV电子的相对论本质对波荡器的运作也很重要。在沿电子路径的视线上电子的振荡频率增加了相对论因子$2[1-(v/c)^2]^{-1}$,这里v是电子速度,c是光速。对于几吉电子伏(GeV)能量的电子,这个因子的值约为10^8。磁体的典型距离是3 cm,光通过的时间是10^{-10} s。相对论增强使频率增加到10^{18} Hz,对应的X射线能量$h\nu$达到几千电子伏(keV)。沿前进方向,相对论洛伦兹收缩进一步锐化辐射图样。从波荡器出射的X射线束角可以方便地达到微弧度(μrad),即经过几十米距离引起的角分散只有1 mm量级。小的束分散和小的X射线的有效发射面积使波荡器束成为优良的用于操作单色器的X射线源。

3. 亮度

有很多好优值可以用来描述X射线源提供的光子是否有效。用于操作单色器的好优值正比于每一发射面积(cm^{-2})的强度(光子数/s),但是它还必须包含其他因素。对于高度准直的X射线束,单色器单晶和它离光源的距离相比是很小的。此时重要的是使X射线集中在一个小的立体角内,使它有效地得到利用。单色器操作的总优值是“亮度”(常称为“耀度”),它被归一化于束的立体角。亮度的单位是个(光子)/(s · cm^2 · sr)。波荡器束的亮度可以是常规 X 射线管的 10^9 倍。对于把 X 射线束聚焦成微米尺寸细探针的特定光束线,亮度也是优值。最后要指出,在整个能量范围内 X 射线强度的分布是不均匀的。名词“谱耀度”用来表示每电子伏能量间隔 X 射线谱的亮度优值。

波荡器可以调节得使能量的广阔范围内有最佳输出。它们的功率密度达到 kW/mm^2 级,这些能量的一大部分作为热量沉积在被波荡器束照射的第一晶体上。已经有多种技术方案从第一晶体(“高热荷单色器”)导出热量。一个例子是,建立热导性能良好的水冷金刚石单色器。

4. 光束线和用户程序

同步辐射所需的单色器和测角仪位于“光束线”内。它沿插入件的外延方向伸展。其中的部件都按标准安放在铅防护罩内。后者可以避免用户受波荡器出射的致命辐射水平的伤害。

同步辐射用户程序一般按束线组织,各个程序具有自己的目标和研究人员。许多从插入件引出的束线专门进行 X 射线衍射实验,另外的许多束线进行其他类型的 X 射线实验。射线上的实验工作需要通过正式的申请。一般要和束线学者进行早期接触。这些学者常常可以迅速评估实验的合理性和原创性。成功的束线实验方案不牵涉常规 X 射线衍射仪可以完成的测量。辐射安全措施的训练、旅行日程的安排、操作方法的掌握和研究工作上的合作是同步辐射实验室的重要课题。由此可见,这里的研究气氛和小实验室衍射仪上的研究气氛有显著差别。

1.3 X 射线粉末衍射仪

本节将介绍在材料分析实验室中使用的典型 X 射线衍射仪的主要部件:

- X 射线源,它通常是一个密封的 X 射线管;
- 测角仪,它通常控制 X 射线管、试样和探测器的精确的机械运动;
- X 射线探测器;
- 与测角仪位置同步的、用于计数探测器脉冲的电子设备。

典型的数据是由探测到的计数与 2θ 角组成的表格,其图形就是衍射谱图。

1.3.1 X 射线的产生方法

常规的 X 射线管是真空二极管,其灯丝典型的偏压是 −40 kV,电子从热离子灯丝激发出来，并被加速到保持零电位的阳极①。类似的部件也用于分析透射电子显微镜中(见 2.4.1 小节)。这里电子的能量更高，电子束被精细聚焦成一个微探针，电子使试样发射 X 射线。

对于这样一个单色辐射源，比较典型的措施是选择 X 射线管的工作电压和电流以优化特征辐射的发射。对某一特定加速电压，所有辐射的强度都随 X 射线管内电流的增大而增强。加速电压对特征 X 射线发射的影响是复杂的，因为 X 射线谱受到影响。较高的加速电压 V 能更有效地激发特征 X 射线。实际上，特征辐射的强度取决于 V，有以下关系：

$$I_{\text{char}} \propto (V - V_c)^{1.5} \tag{1.33}$$

其中，V_c是特征 X 射线的能量。另一方面，轫致辐射强度的增大近似有以下关系：

$$I_{\text{brem}} \propto V^2 Z^2 \tag{1.34}$$

为了使特征 X 射线与连续谱的强度之比最大，我们设

$$\frac{d}{dV}\frac{I_{\text{char}}}{I_{\text{brem}}} = \frac{d}{dV}\frac{(V - V_c)^{1.5}}{V^2} = 0 \tag{1.35}$$

解上式得

$$V = 4V_c \tag{1.36}$$

实际上，激发特征 X 射线的最理想电压约为特征 X 射线能量的 3.5～4 倍。

图 1.14 为轫致辐射和特征 X 射线的强度与波长分布间的关系。以银阳极的 X 射线管为例，其特征 K_α 线(22.1 keV，0.56 Å)在管压低于 25.6 kV 时是不会被激发的，其对应的能量须要求把一个 K 壳层的电子从银原子中充分激发。特征银 K_α 线与轫致辐射的强度之比的最大值要求加速电压约为 100 kV，这个电压高得不切实际。单色辐射最常用的阳极材料是铜，它同时具有高热导率的优点。

一个现代的密封 X 射线管有一个薄的阳极，其后有冷却水流过。如果阳极和铜一样具备良好的热导率，可能使用 2 kW(加速电压乘以束流)功率，而不使因阳极升温过度而缩短 X 射线管寿命②。已经开发了另外一种类型的 X 射线管来处理更高的电流，从而相应地产生更强的 X 射线激发。方法是把阳极做成圆柱状，并且在开动时将阳极以 5 000 r/min 的转速旋转。利用这种阳极旋转的 X 射线源可以散发更高的热量，功率可以达到 20 kW。但是，阳极旋转的 X 射线源更贵、更复杂，由于它们要在旋转方面有更高的机械精密度要求，旋转部件与水冷部件密封在一起旋转需要高真空防漏，且需要连续的抽真空。旋转阳极和密封管的 X 射线源运行时都要求有正常的高压直流电源。这些高压发电机包括一个控制电流反馈

---

① 另一种设置是灯丝接地而阳极电位为 +40 kV，这与阳极水冷不兼容。水冷是必需的，因为一束典型的 25 mA 的电流就要求将处于高真空中的金属块产生的 1 kW 的热量散发出去。在 TEM 中，保持试样和大部分部件接地也方便。

② X 射线发射的效率，即发射的 X 射线源与管内消耗的电力 ε 之比是相当低的。其经验公式为 $\varepsilon = 1.4\times10^{-9}ZV$，其中 Z 为原子序数，V 为加速电压。

单元,可用于调节灯丝的热离子发射以保持管内的稳定电流。

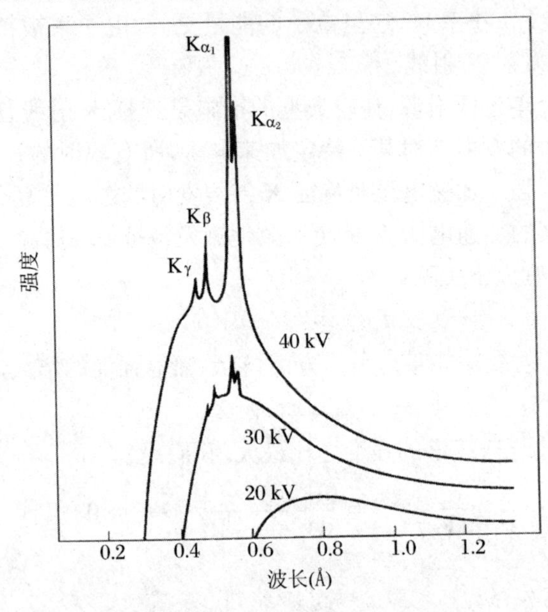

图 1.14　银阳极 X 射线管的强度谱(波长),电子能量 20,30,40 keV 对应的截止波长分别为 0.62,0.41,0.32 Å

利用一个直接的 X 射线束狭缝可以获得一束狭窄的 X 射线束,如图 1.15 所示。通过选择使这一线束成为以浅角射离阳极表面的 X 射线束,几何上缩小的阳极可以用来提供一条 X 射线的线源。X 射线管的这个浅的“取出角”一般是 3°～6°。

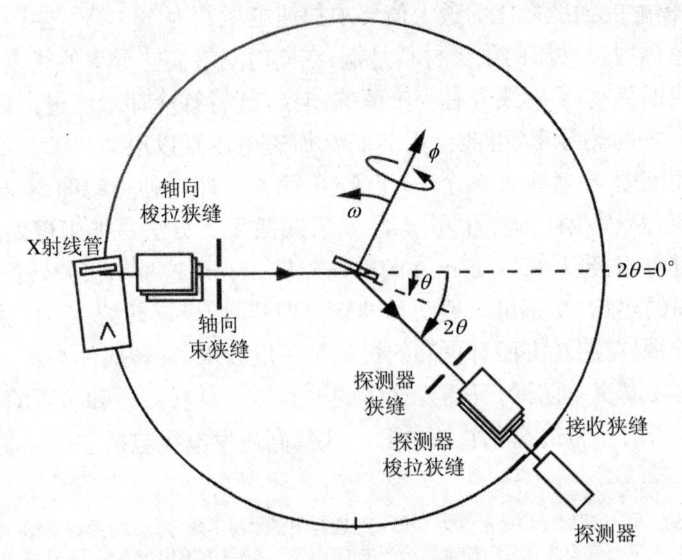

图 1.15　θ-2θ 型 X 射线衍射仪中测角仪的主要部件及角度示意图,平板试样放在测角仪圆的中央,典型的测角仪圆半径为 0.25～0.5 m

1.3.2　粉末衍射测角仪

德拜-谢勒方法要求有一个测角仪来实现探测器和样品相对于单色X射线源的精确的机械运动，如图1.15所示。事实上，最容易的做法是保持大体积的X射线管固定而让试样以θ角转动。为了确保散射的X射线以θ角射离试样，探测器必须精确地以2θ角转动①。测角仪也可以让试样在其表面的平面上以ϕ角转动，以及试样在测角仪的平面上以ω角转动。角ϕ和ω不影响一个随机取向的多晶试样的衍射图样，但这两个角度对有晶体结构的试样则很重要。

为了得到好的衍射强度，还要有确定的衍射角，X射线粉末衍射仪通常采用在测角仪平面上狭窄但与该平面垂直方向上大约高1 cm的“线源”。利用狭缝来对准入射束和衍射束。直接束光阑控制入射束“赤道发散度”(衍射仪的赤道平面是图1.15中的纸平面)。必须控制沿着测角仪轴向(垂直于纸平面)的入射束的发散以获得精度较好的衍射角。“轴向发散”的控制可以通过梭拉(Soller)狭缝来实现。梭拉狭缝是一组平行的金属薄片，它把入射束分割成大量的束，每束都是低轴向发散的。在样品和探测器之间是控制赤道发散的探测器狭缝以及控制轴向发散的一组梭拉狭缝。探测器的位置由接收狭缝界定。

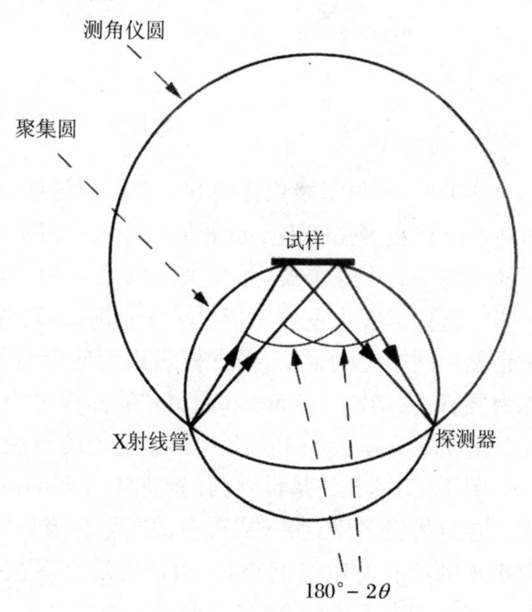

图1.16　布拉格-布伦塔诺衍射仪几何，试样上形成两个相同的$180^\circ-2\theta$角

发散的入射束是探测器获得合理强度X射线的实际需要。如果由于入射束的赤道发散度在某一角度引起衍射峰的宽化(通常为1°)，这就是一件不幸的事。值得庆幸的是，图1.15中的θ-2θ测角仪不会发生这种宽化，这种测角仪具有“布拉格-布伦塔诺(Bragg-Brentano)”几何。布拉格-布伦塔诺几何给出了有限狭缝宽度和有限束发散度下的精确界定的衍射角(详见图1.16和图1.17的说明)。在图1.16中，这种测角仪中的探测器和X射线管两者都位于“测角仪圆”的圆周上，而试样放在中心。图中线束的发散用两束从X射线管到探测器的路线表示。尽管从X射线管发出的两光束以不同的入射角入射到试样表面，

① 这种“θ-2θ型衍射仪”比“θ-θ型衍射仪”的功能差一些，但是后者要求精确的X射线管运动。

但如果这两束线通过接收狭缝，它们在试样表面形成相同的 $180^\circ-2\theta$ 角。布拉格-布伦塔诺几何照明了试样表面上一个合理的面积，许多光束的路径具有相同的散射角。粉末样品的高强度和高的仪器分辨率两者都是可以实现的。

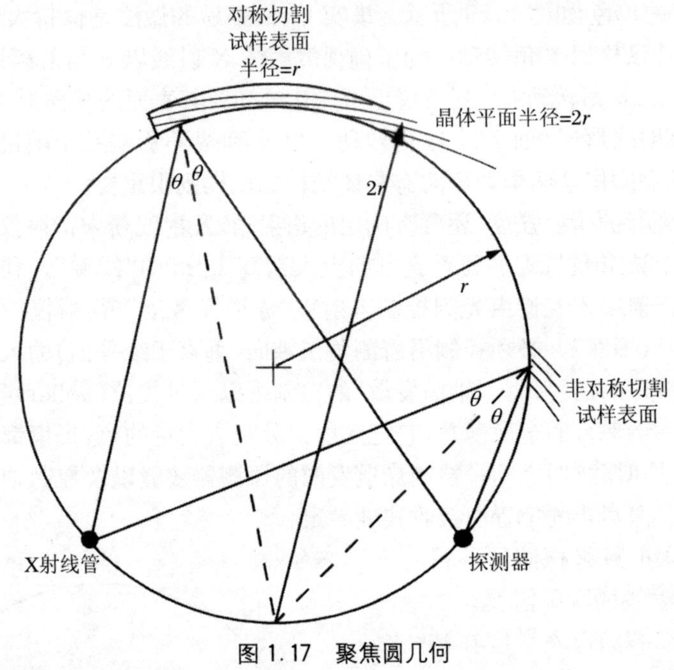

图 1.17　聚焦圆几何

图 1.17 画出了聚焦圆的细节。可以证明(见习题 1.6)，从 X 射线管到探测器的两条路径在聚焦圆上形成相同的角度(即图 1.16 中的角度 $180^\circ-2\theta$)。图 1.17 中的虚线平分了这个角，并与聚焦圆底部相交，且对称地位于 X 射线管和探测器之间。这条虚线也垂直于衍射平面。因此，对强的衍射，衍射平面的最佳曲率半径应是聚焦圆半径的 2 倍，而试样表面则应沿着聚焦圆弯曲，如图 1.17 所示。这种称为“约翰森切割(Johansson-cut)”的晶体是为 X 射线光学设备特别准备的晶体，尤其是 1.2.3 小节和 1.3.3 小节中讨论的单色器。

图 1.17 的几何是设计西门-波林(Seemann-Bohlin)衍射仪的高效率设备的基础。在这种设备中，粉末或薄膜试样撒在聚焦圆的大部分圆周上。从 X 射线管发射出来的所有发散线束经 2θ 角衍射后会聚在探测器上，如图 1.17 所示。不同的探测器位置有不同的 2θ 角。

在德拜-谢勒技术的最早时期，一条固定的照相薄带放在测角仪圆周上，以减少必要的精确机械运动。这种观念已经被推广到带数码技术的广角位置灵敏探测器(PSD)，获取的角度范围约为 120°(详见本章标题的图像)。用 PSD 可以同时探测约 120° 的全部衍射，而不是探测角度间隔约为 0.1° 的相继的 X 射线衍射。这些 PSD 衍射的显著优势是高效率地获取数据，其效率可能是常规衍射仪、运动式衍射仪的几百倍。

1.3.3　单色器、滤波片与反射镜

X射线的单色化最好是通过单晶的布拉格衍射获得。一个好的单色器可以用约翰森晶体(其聚焦圆如图1.17所示)和放在"X射线管"和"探测器"位置上的狭缝来制成。这一设计使得从X射线管发射出来的发散的X射线得到有效的利用。单色化的X射线形成了一束非平行的会聚线束,但非平行的线束可能成为某些应用的缺点。可以用"不对称切割"弯晶体产生一束比较平行的单色化的线束。这种非对称切割晶体具有与图1.17上部那些晶面排成直线的晶面。这个非对称切割晶体截取了入射角的宽广范围。从探测器看晶体的表面被缩短了,但其衍射线束却会聚得差一些。利用这种不对称切割晶体有可能把线束的发散缩小到1/10。

在图1.15中,在衍射束探测器位置安装单色器可以提高衍射图样的信噪比[①]。入射的韧致辐射和从X射线管发出的其他污染射线不再会被探测到,因为这些射线不具有通过衍射束单色器相应的波长。同样,也不会探测到试样受到入射束激发的X射线荧光。试样的荧光通常从试样前面的各个方向发生,造成测试试样衍射图样背底的增大。当试样中含有的原子序数Z比阳极材料的原子序数小2～5或当X射线管发生的韧致辐射有足够大的强度(当阳极由重元素做成时会发生这种情况)时,试样的荧光会引起一系列的背底问题。在入射束光路中安装单色器而不在衍射束光路中安装能够消除从衍射的韧致辐射和其他污染辐射源产生的问题,但是一个入射束单色器不能阻止试样发出的荧光被探测到。

有时在入射光路上安装滤波器(典型的是一种吸收材料的薄膜)会有帮助[②],如过滤掉从X射线管发出的K_β X射线。如果这种薄膜是用比阳极材料的原子序数小1的元素做成的,能量较大的K_β X射线将被削弱,因为这些K_β X射线引发了薄膜的荧光。希望得到的K_α辐射不会诱发荧光而减弱。最后,值得注意的是,由于可以通过电子的形式消除多余的辐射,具备高能分辨率的探测器不一定必须采用单色器或滤波片。不管怎么说,减少多余辐射量可以提高探测器的性能,尤其是在高计数率的情况下。

用弯曲反射镜会聚X射线的方法是1948年由Kirkpatrick和Baez提出的,由于改进了制备方法且有了更高强度的X射线源,"K-B反射镜"最近变得重要起来。其实质思想是在大多数材料中X射线的折射率略小于1,典型地约为0.999 99。如果X射线从真空入射到材料的入射角小于临界角,会发生全反射。这些临界角很小(数量级为1°),一个X射线束相对于镜面表面仅为很小的掠射角才能反射。这使得反射镜表面物质对某一波长有严格的要求。弯曲的K-B反射

① 更精确地说,图1.17中标注为"X射线管"的点位于图1.15(和顺时针旋转90°时的图1.17)中的"接收狭缝"的中央。

② 用4.2.3小节的方法可以计算滤波片的厚度。

镜对会聚发散窄和直径小的X射线束是很实用的，典型的如会聚同步辐射波荡器线束。通常使用两对反射镜，一个用来会聚水平方向的线束，另一个会聚竖直方向的线束，使线束在聚焦点产生一个约1 μm的光斑。

1.4　XRD和TEM的X射线探测器

1.4.1　探测原理

当探测器吸收到一个X射线光子时产生一个脉冲电流，可以用几个判据来表征探测器的性能。首先，一个理想的探测器对每个入射的X射线应产生一个输出脉冲。产生脉冲的光子分数是探测器的"量子效率"(QE)。另一方面，探测器及其电子系统不应产生伪脉冲或噪声脉冲。一个"可探测量子效率"(DQE)复合了量子效率与信噪比(SNR)作为一种量度，量度用探测器(相同的几何)需要多长时间计数以获得统计意义上质量相同的数据。DQE 定义为实际探测器的SNR 与理想SNR 之比的平方，即

$$DQE = \left(\frac{SNR_{\text{actual}}}{SNR_{\text{idea}}}\right)^2 \tag{1.37}$$

这里，假设实际探测器与理想探测器的计数时间相等①。

其次，探测器应产生一个脉冲电流，其净电荷正比于X射线光子的能量。当探测到相同能量的光子时，电子系统的电压脉冲应都有相同的高度，或者至少脉冲高度的分布是狭窄的。单色化的X射线的这一分布宽度称为探测器的能量分辨率，通常用X射线能量的百分比表示。当获得X射线的特征谱，如在TEM中的X射线能谱时，能量分辨率是一个核心问题。能量分辨率对X射线衍射仪不是那么重要，但仍然是有要求的，因为高的能量分辨率能够使后面的电子系统更好地消除噪声和多余的辐射。

再次，探测器脉冲的峰值应对于时间是稳定的，不应随入射的X射线通量的改变而改变。如果输出脉冲的峰值在高计数率时降低，能谱就会变模糊。在探测器探测到第一个光子之后，能够探测第二个光子之前存在一个不好的"死时间"。这个死时间要短。在高计数率时，死时间可能引起测量的计数率与实际的X射线通量呈亚线性关系(在极高流量时，某些探测器的计数甚至可能降为零)。

① 假设探测器本身不产生噪声，但其 $QE=1/2$。对相同的X射线通量，作为一个理想的探测器，将有一半的信号和一半的噪声。但 $SNR_{\text{actual}}/SNR_{\text{idea}} \neq 1.0$。考虑一半返回，计数统计把这个比率减少到 $\sqrt{1/2}$。式(1.37)中的 DQE 则变为1/2，因此，对不产生伪脉冲的探测器，有 $DQE=QE$。

最后，在TEM中的EDS谱测定技术中，最大化探测器对试样的立体张角是重要的。

表1.3归纳了部分X射线探测器的特征。所有这些探测器都取决于X射线的能量、探测器的材料或探测几何的高量子效率。充气正比计数器是最古老的，也是最简单的。探测器中的气体当吸收X射线能量时被电离。电子被吸引到带有正高偏电压的阳极导线上。在阳极导线附近的强电场中，这些电子在平均自由程中获得足够的动能，所以这些电子又电离出另外的气体原子，进而在这个“气体增益”过程中进一步产生更多的电子。充气正比计数器便宜而且具有适度的能量分辨率，但其气体增益随计数率增大而降低。

表1.3　X射线探测器的特征

探测器	10 keV时的分辨率	计数率	说　明
充气正比计数器	中等(15%)	<30 kHz	健全的
闪烁器	差(40%)	好，约100 kHz	健全的
Si[Li]	好(2%)	差，<10 kHz	液氮
内禀半导体Ge	好(2%)	<30 kHz	液氮
硅漂移	好(2%)	200 kHz	-50 ℃
波长色散	优(0.1%)	好，约100 kHz	机械精细窄接收
量热法	优(0.1%)	差，<10 kHz	研究阶段
雪崩光电二极管	中等(20%)	优，>10 MHz	复杂电子系统

闪烁器是吸收到X射线时产生短暂闪烁的一块材料，比如由掺杂Tl光学激活的NaI。光被导入到光电倍增管中，管的光阳极受到辐照时发射出电子。电子脉冲在光电倍增管中进一步被放大。闪烁探测器可以应用于非常高的计数率，但在典型的X射线能谱中的能量分辨率差。如果能量分辨率不太重要，或者如果能量分辨率可以用前置在探测器的单色器来探测，那么对常规的X射线衍射仪来说，闪烁计数探测器通常是最好的选择。闪烁器的厚度应该足够厚以便强烈吸收入射的光子。利用在4.2.3小节中讨论的质量吸收系数，可以计算出这一厚度。利用类似的方法可以得到大多数其他类型探测器所需激活区域的厚度。

有一种以X射线能量的量热探测为基础做成的新型X射线探测器。固定在其转变温度附近的一条超导导线对小的温度功率突增高度灵敏，可以用来探测由单个X射线管散发的热能，也可以足够精确地测量这个热量以获得0.1%的X射线能量分辨率，明显优于固态探测器。这种探测器的能量分辨率的限制是热噪声，这种噪声可在低于0.1 K的温度下工作时被压制。已经研发了低温恒温器和基于绝热退磁的冷却系统，使得高性能量热探测器可以在每次降温时工作数十小时。

目前,这种探测器的热响应时间有些长而限制了其最大计数率。人们正在研究如何缩短这种探测器的热响应时间和减小探测器几何。

1.4.2　固态探测器

固态探测器有良好的能量分辨率,可以设计成独立器件或阵列。它们是在反转偏压下工作的硅或锗。与半导体表面电接触的典型材料是金薄层。器件两端的接触层分别是 p 型和 n 型半导体,但探测器大部分元素未掺杂(称为“本征(内禀)”半导体)。商业用硅通常有一定的残余 p 型杂质,需要用 n 型杂质来补偿,锂通常用于这个目的。这种本征探测器就称为 Si[Li]探测器。其他本征探测器用纯 Ge,可以具有更好的性能。

本征半导体在其带隙中没有杂质能级,因而几乎不存在反相偏转的热激活电流,尤其是当探测器被液氮冷却时。一束入射 X 射线使电子受激从价带进入导带,每一对电子与空穴具有的平均能量略大于带隙。高压的反转偏压引起的电子与空穴向适合它们的电极漂移,向二极管输出了一个脉冲电流。电荷载流子的总数是 X 射线光子能量除以电子-空穴对平均能量的 2 倍。对典型的 X 射线能量,通过二极管的净电荷一般是几千个电子。如果产生每一对电子-空穴对所需的能量都是相同的,那么在 X 射线能量和电流脉冲之间存在一个确切的关系,所以探测器具有可观的能量分辨率。存在一种电子-空穴对产生能量的统计分布,造成同一 X 射线产生的电子-空穴对的数目不同。当单色 X 射线每产生几千对电子 - 空穴对时,其典型的能量分辨率约为 2%。只要计数率不超过范围,固态探测器的能量分辨率就保持良好。不同 X 射线产生的载流子之间不存在相互作用。

固态探测器引起某些谱的畸变和假象。当主要的电离发生在二极管接触点附近的非激活“死”层时,不是所有的电荷都被收集到。这造成了单色化辐射源发出的谱中低能尾的出现。最后,硅本身也可能被电离,其阈值为 1.74 keV。如果一个位于二极管深处的硅原子被电离,最终其大部分能量转化为电子-空穴对,这是没有问题的。但是,如果一个在探测器边缘附近的硅原子被电离,这 1.74 keV 的能量可以从探测器逸出。因此,二次“逃逸峰”出现在 Si[Li]探测器的能谱中。这些逃逸峰位于能谱中主峰能量以下 1.74 keV 的地方。

图 1.18 给出了一个固态探测器的典型实验配置。为了最小化二极管和前置放大电子系统的热噪声,并防止在反转偏压过程中由于 Li 的扩散造成 Si[Li]探测器的损坏,通常用液氮冷却探头。因而探头必须保存在真空中,以防止其表面结冰和凝固碳氢化合物。典型的铍窗口把探测器隔离在真空中,这个窗口必须要有足够的厚度以承受 1 atm 的压力差。遗憾的是这种铍窗口、半导体上的金层以及金接触附近硅的非激活(“死”)层全都会使入射的 X 射线衰减。这种衰减对能量低于 1 keV 的 X 射线特别重要。铍窗口限制了能谱(EDS)技术,它只能分辨原子序数 $Z=11$(钠)及以后的元素。即使是使用了聚合薄膜“超薄窗口的 EDS”或者是探

头与试样放在同一真空腔内的“无窗口 EDS”，通常它也不能探测轻于硼（Z = 5）的元素。正如 5.6.2 小节讨论的那样，对最轻的元素来说，X 射线荧光的产量非常小，这些原子的激发态通常因俄歇电子发射而衰减。

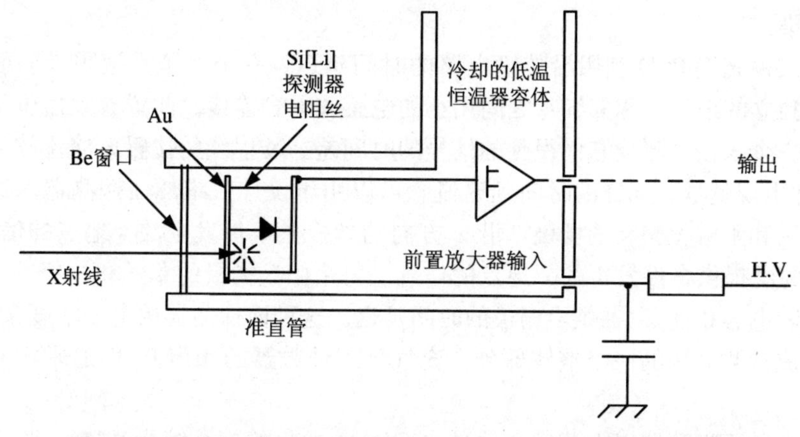

图 1.18 一个固态探测器的实验配置。冷却的低温恒温器容体内通常接近液氮的温度

硅漂移探测器（SDD）是一种新型的固态 X 射线探测器，这种固态 X 射线探测器拓广了在能谱分光技术中的应用。探测器的形状是一个厚度约为 300 μm、直径为 1 cm 的薄盘，电子集电极在扁平表面的中央。在电子集电极的表面有一个环状阳极模控制薄盘内的电势，引导电子向中央电流集电极漂移。这个漂移时间是可以预测的，在同一时间内，多于一簇的电子可能向电子集电极跃迁。在前置放大输入处的场效应晶体管可能被一体化放到探测器内以进一步降低电容。与 Si[Li]探测器相比，SDD 探测器的优点是：面积更大，低电容（亚 pF），计数率高，要求不高的冷却系统（通常是佩尔捷（Peltier）冷却系统）等。

X 射线能谱仪是分析透射电子显微镜（TEM）的部件。在分析型 TEM 中的绝大部分 X 射线谱仪是放置在试样室中的固态探测器。今天，SDD 探测器正在快速替代已经使用了几十年的 Si[Li]探测器。EDS 谱仪的能量分辨率可能面临一个试样中同时存在几种元素的挑战。当特征能很接近时，独立能量的峰可能无法分辨。在中、高原子序数 Z 元素的 L 和 M 线系中发生这样的重叠是常见的。谱仪软件的任务是帮助解决多重峰重叠的问题，通常采用将测量到的谱与各个元素峰拟合进行对比的方法。

1.4.3 位置灵敏探测器

通过位置灵敏探测器（PSD）制成了高性能的 X 射线衍射仪。一个 PSD 可以同时探测许多角度的 X 射线，可以显著缩短测量时间，并且改进数据的统计性。已经设计了多种 PSD，它们具有各自的特色。

一些 PSD 是充气计数器。其中的一种设计是利用电阻丝做阳极，在电阻丝两端各有一个前置放大器,X 射线的位置由两个前置放大器探测到的电荷的差确定。在管式探测器一端,X 射线使气体电离产生较大的脉冲而进入连接此末端的前置放大器。这种探测器要求阳极丝的电阻率长时间稳定,并且不会受到例如探测气体的污染。

第二种充气 PSD 利用沿传输电路的时间延迟。一个例子是把阴极表面分成几百个独立的细片。相邻细片之间用小的电感和电容连接。前置放大器位于阴极链的每一个末端。测量它们得到的信号的时间差。X 射线的位置离前置放大器越近,脉冲出现越早。同样的时间延迟概念可以用于设计二维的面探测器。这种探测器利用和阳极丝交叉的栅极。沿 x 方向的丝提供事件发生的 y 地点的信息,沿 y 方向的丝提供事件发生的 x 地点的信息。每个阳极栅极的单丝和相邻单丝用一个电感和电容相连,以提供沿栅极的时间延迟。这种面探测器的电子学复杂,并且要设计成探测系统的一个整体部分。充气延迟计数器的噪声低,但通常没有能量分辨。

另一种面探测器以电荷耦合器件(CCD)的视频相机系统为基础。CCD 芯片本身可以用作优越的小型探测器(假定它们的活性区的厚度足以吸收 X 射线)。它们在探测大量 X 射线后会形成辐射损伤,但是它们在低通量实验中表现良好。为了减小辐射损伤,可以用一薄层闪烁体阻止 X 射线。光子可以直接从闪烁体进入 CCD,或通过透镜或锥状光纤束把一个大闪烁体出射的光聚焦到 CCD。在 X 射线通量低时,热噪声和读出噪声有时成为 CCD 面探测器需要考虑的问题。在 X 射线通量低到可以鉴别单个事件时,CCD 面探测器可以具有能量分辨率。

半导体加工技术的发展使一系列以硅二极管或其他半导体材料(如 CdTe)为基础的新型 PSD 得以制成。一般情况是方形二极管探测器阵列覆盖在大片的半导体表面。每个二极管需要自己的前置放大器和脉冲处理器件。它们通常由定制的模拟集成电路提供。进一步的电子集成可以包括一个多通道分析器(见下一小节)。这是典型的若干二极管共享的线路(多路传输),可以用来限制数据收集的峰值速率。像数二极管 PSD 系统可以提供完整的数值输出,例如探测到的事件的警告、鉴别到的像数数目以及与事件的能量正比的数目等。

医学 X 射线成像设备巨大和竞争的市场正在引起一系列面探测器的发展。例如成像板就是一种不太贵重的部件,其处理方法在很大程度上和相片类似。成像板中有一层长效应的磷光体 BaFI,其中含 Eu 离子。X 射线激发 Eu^{2+} 成为 Eu^{3+},并且保持一天或几天。Eu^{3+} 的位置(探测到 X 射线的位置)提供成像板进入被导出部件可由 He-Ne 激光束的全屏扫描而被读出。Eu^{3+} 的位置由光激发蓝光确定。成像板可以擦干净重新使用。和照相底片不同,成像板的信号在 6 个量级或更多量级上保持线性,并且对低曝光度的 X 射线(和电子)十分敏感。能量分辨法不能实现。

虽然 PSD 在数据收集时间通常好得多,约可以缩短至 1/1 000,但它们还是有一些缺点。除了价格昂贵外，它们还需要细致的操作和维修技巧。但是，最近的若干产品可靠、方便。大多数充气 PSD 不提供能量分辨。样品具有强荧光时会有问题，见 1.3.3 小节的讨论。

1.4.4　电荷灵敏前置放大器

典型的电荷灵敏前置放大器的输入线路见图 1.19，这是一个充气正比计数器。电容器积分阳极丝收集的负电荷，导致通向场效应管的电阻迅速上升。一个低值的 C 可以给出显著增大的电压和优良的灵敏度。另一方面，探测器和前置放大器之间小的杂散电容对探测器的信号有害，因此探测器和前置放大器之间的连接保持得尽可能短。电阻 R 以特别长的时间常数降低通向电容的电压。典型的数据为 $RC = (10^7\ \Omega)\cdot(10^{-11}\ \mathrm{F}) = 10^{-4}\ \mathrm{s}$。具有高性能固态探测器的前置放大器的建立，使探测器直接输入 FET 操作放大器(图 1.18)。这样的操作放大器利用反馈回路中的一个电容构成积分器。这个电容的放电由通向它的固定电阻进行。电容的放电也可以通过活性电路进行，条件是积分电压超过设定值。

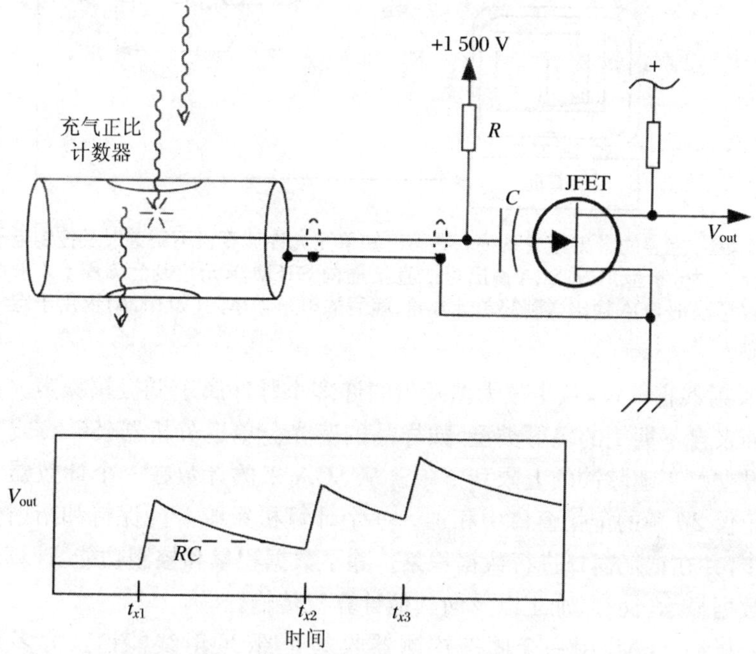

图 1.19　电荷灵敏前置放大器的简单输入线路。作用于充气正比记数管；通向场效应管(FET)的时间相关电压表示在探测到 X 射线的时间 t_{x1}，t_{x2}，和 t_{x3} 上

1.4.5　其他电子线路

探测 X 射线和 X 射线谱的完整系统见图 1.20。在前置放大器之后是主放大

器,它的主要功能是使脉冲达到方便的波形,如宽度为几微秒的高斯函数,同时使脉冲高度仍保持和前置放大器电容收集的电荷成正比。主放大器的一个重要功能是用来抵消前置放大器的 RC 引起的过慢的衰减。指数衰减已相当令人满意。主放大器抵消所谓"极零"相消过程中的衰减,该过程在每一个尖锐的高斯脉冲之后提供一个电压基线平台。主放大器不易把两个从前置放大器出来的时间上靠得太近的脉冲分开,这样的脉冲容易被加工成一个大脉冲。这些大脉冲在 X 射线谱上出现在两个实际峰的能量之和处。因此这一假象称为"和峰"。在计数率高时和峰数增多。

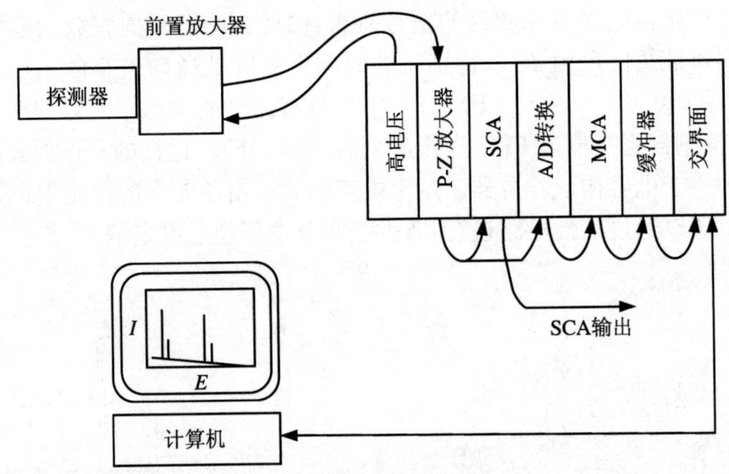

图 1.20　完整的 X 射线谱系统。界面已知单元允许计算机下载谱以及控制电子学单元。对分析型 TEM,SCA 输出可以直接通向 STEM 单元绘制元素图。X 射线衍射仪可以把 SCA 输出送到简单计数器,随后的电子学单元(如 MCA)仅用于定标和鉴别工作

对 X 射线衍射仪,从主放大器发出的许多小脉冲属于低振幅噪声。这些不必要的脉冲来自不期望的辐射类型,如样品的荧光。单道分析器(SCA)或"鉴窗"的任务是设立感兴趣脉冲的上限和下限。从 SCA 来的计数在一个计数器中或在设定的测角仪 2θ 角的记忆窗口中相加。一个计算机系统专门保持和衍射仪步进马达的同步,并在记忆窗口进行数据积累。除了数据积累和控制功能,计算机还常用来进行数据显示、储存、加工以及向其他计算机传输。

对分析型 TEM,用一个固态探测器收集全部 X 射线能谱。大多数分析型 TEM 获得工作需要的能谱的过程是:把主放大器中的成型脉冲转移到多道分析器(MCA)。在 MCA 中,脉冲首先由模拟-数值转换器将脉冲快速转化为一个数。在对应这个数的 MCA 记忆地址中进行简单计数。于是在时间过程中这些数据形成一个 MCA 记忆地址上的直方图。利用已知单色光子①进行能量鉴定确定记忆地

① 例如用一个放射性同位素源或已知原子的荧光。

址和光子能量之间的(线性)对应关系。这样的直方图就显示为X射线能谱。作元素面分布图时,SCA从一个选定的X射线能量规定计数,于是这个SCA的输出信号成为STEM屏显示的(图2.1)输入信号。

1.5 粉末X射线衍射实验数据

1.5.1 粉末衍射峰的强度*①

哪些晶体对粉末衍射图样中的布拉格峰有贡献?如果自然界要求衍射晶体必须处于严格的布拉格取向,那么含有有限数目晶体的粉末中将难于找到引起衍射的晶体。我们用单色辐射观察衍射时,明显地看到晶体不需要完美的取向。当晶体小时和衍射束宽时尤其如此。

在本节中我们考虑"适当"取向、引起衍射的小晶体数目。图1.21显示微晶相对于最好的衍射取向的不同取向。图中有三种取向不同的晶体:左边的晶体取向完美,它们的衍射强,但是这样的晶体很少;中间的晶体取向略差,它们的衍射不那么强,但是它们的数目多得多;右边的晶体取向差大,这样的晶体更多,但是它们对衍射强度的贡献小,因为它们显著偏离布拉格取向。通过粉末衍射我们可以测量取向差在设定小范围内晶粒的数目。

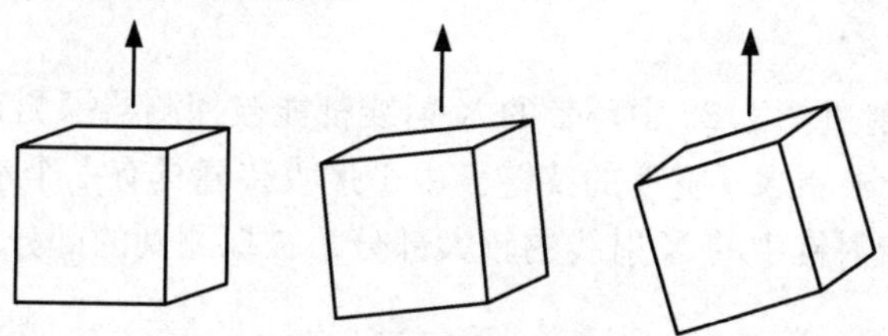

图1.21　微晶相对于最好衍射取向的不同取向

粉末衍射图样上的峰强度受衍射仪和样品之间几何关系的一定控制。我们的目的不是要计算粉末衍射峰的绝对值。因为材料的X射线衍射研究的大多数工作仅仅是进行定性的比较,此时绝对强度不重要。重要的是不同(hkl)衍射强度随衍射角2θ的系统变化趋势。我们将先考虑个别效应对强度因子的影响,再讨论两个组合因子的全面效应,即式(1.54)和式(1.55)表示的两个总修正因子。

① 在本书中,在前面标有星号(*)的节表示更专门的内容。例如本节的一些结果式(1.54)和式(1.55)是重要的,但初步阅读的读者可以不去推导它们的细节。偶尔在节首遇到的剑号(‡)表示需要高水平的数学知识。

1.5.2 衍射面的法线

从图 1.22 可见,入射箭头和出射箭头与样品平面形成 θ 角。对一个特定的 θ 角,我们希望知道取向适合衍射锥角度范围(图 1.8)的小晶体有多少。这些小晶体的法线指向图 1.22 中围绕球的带。假定小晶体的取向是各向同性的,我们就可以得到小晶体的数目和衍射强度满足下式:

$$I_1 \propto \sin\left(\frac{\pi}{2} - \theta\right) = \cos\theta \tag{1.38}$$

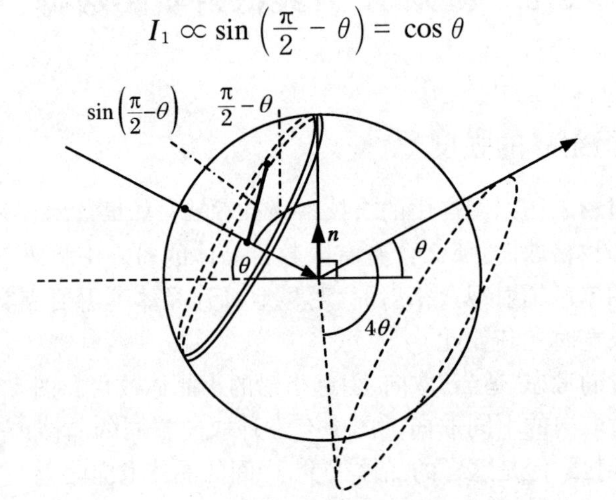

图 1.22　能够衍射的晶面法线的投影带

1.5.3 狭缝宽度

不是所有衍射进图 1.22 中环带的 X 射线都能被探测器探测到。如图 1.23 所示,探测器有一个限制水平宽度的狭缝。由于接收狭缝具有一个水平宽度,探测器收集较小 2θ 的衍射锥中的 X 射线的较大部分。被探测到的部分满足下式:

$$I_2 \propto \frac{1}{\sin 2\theta} \tag{1.39}$$

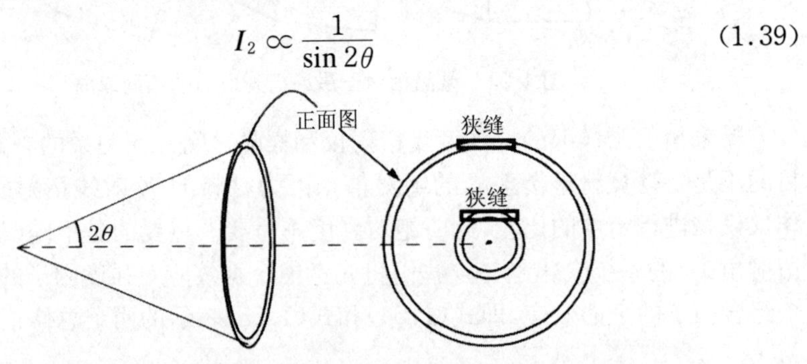

图 1.23　衍射锥中被探测器狭缝截出的部分

1.5.4　洛伦兹因子

即使晶体取向不严格符合布拉格条件，它也能衍射。稍为离开布拉格角是可以接受的，条件是光程差接近波长的整数倍。"洛伦兹因子"是下面两项几何因子的乘积：一是给定入射束和衍射束的角发散度下可以衍射的晶体数目；二是布拉格面法线的分布。洛伦兹因子改变图 1.2 中大的 2θ 范围内衍射峰的强度。图 1.24 表示一个不完美的实验，其中晶体偏离正确布拉格角的取向差为 ω。入射束的角发散度为 α，接收狭缝的衍射束收集角为 β。计算洛伦兹因子的过程如下：首先计算非零的 α，β 和 ω 对从晶体两个不同晶面散射的光程差的影响，得出 α，β 和 ω 均为零的两束光程差等于波长严格整数倍的条件；再找出峰强度的 θ 依赖关系，利用路程差边界得到 θ 允许范围的边界，分别处理（α，β）和 ω 的依赖关系，作为仪器的"可接受的发散因子"以及晶体的"倾斜灵敏度因子"。

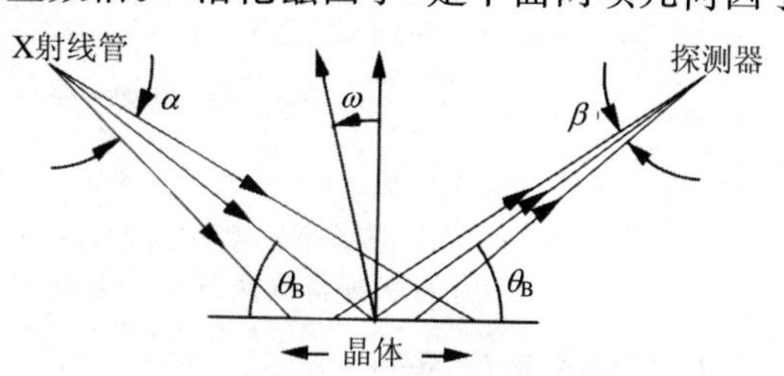

图 1.24　晶体偏离正确布拉格角取向的衍射

1. 可接受的发散度因子

为了得到"可接受的发散度因子"，先忽略晶体的倾斜（设 $\omega=0$）。考虑光束入射和/或离开的角度为 $\theta=\theta_B+\Delta\theta$（和布拉格角略有差别，参考图 1.1 中的倾斜入射束）时的光程误差。在任何两个距离为 d 的衍射面之间的光程长度不等于式(1.1)中的 λ，而是等于 $\lambda+\delta l$：

$$\lambda + \delta l = 2d\sin(\theta_B + \Delta\theta) \tag{1.40}$$

我们要找出路程改变 δl 随束发散引起的 θ 变化的灵敏度。我们利用式(1.40)的微商，得到

$$\frac{d}{d\theta}(\lambda + \delta l) = \frac{d}{d\theta}2d\sin(\theta_B + \Delta\theta)\Big|_{\theta=\theta_B} \tag{1.41}$$

$$\frac{d\delta l}{d\theta} = 2d\cos\theta \tag{1.42}$$

方程式(1.42)表明，路程差随束发散度按 $\cos\theta$ 变化。衍射角趋近 90°时，入射角的显著误差只引起小的路程误差①。此时有大量入射束可以产生衍射。同样的论据对入射束和衍射束都是正确的。但是有效的发散度来自两者中最窄的束。其强度随下式变化：

① 方程式(1.42)说明，在仪器发散固定条件下，最好的测定晶面距离的方法是，在尽可能大的衍射角下测定晶面间距（见 1.5.13 小节）。

$$I_3 \propto \frac{1}{\cos\theta} \tag{1.43}$$

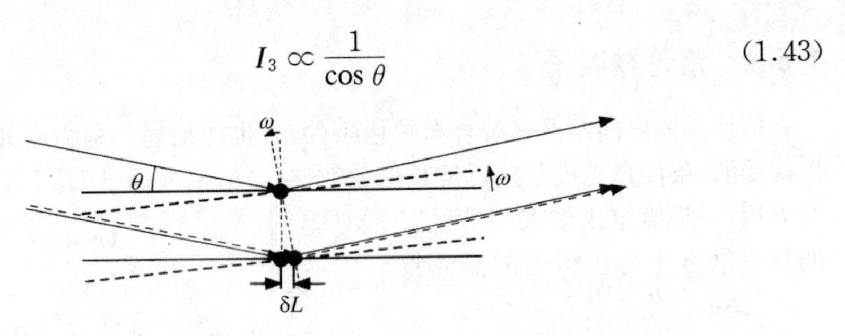

图 1.25　小角度 θ 入射，从两个面散射的 X 射线的路程差随样品倾斜 ω 的变化

2. 倾斜灵敏度因子

为了获得“倾斜灵敏度因子”，我们先忽略入射和衍射束的发散（设 $\alpha=\beta=0$）。换句话说，我们给定 2θ 角，并倾斜晶体使入射角不等于衍射角。这种倾斜引起相消干涉，见图 1.6，一定取向差（小于图 1.24 中的角 ω）的小晶体仍对探测器提供信号。我们并不关心 ω 的实际大小。我们要的是这种倾斜灵敏度随 2θ 的变化，方法是分析入射束和衍射束的总相移。

1.1.5 小节解释了晶体面（其法线错误地偏离衍射矢量 $\Delta\boldsymbol{k}\equiv\boldsymbol{k}-\boldsymbol{k}_0$）的倾斜如何引起图 1.6 上点 O 和点 P 散射的双束的不协调路径。对于从不同面上原子散射出来的波的干涉，图 1.25 显示，如果入射角小（即 θ 小），路径差随晶体倾斜角 ω 的变化就迟缓得多。实际上，当 θ 趋于 0 时，图 1.25 显示，相对底面入射路径只增加 δL，同时出射路径减小 δL，使总路径保持不变①。这一路程差按 $\sin\theta$ 增大，即强度因子 I_4 与 θ 具有以下关系：

$$I_4 \propto \frac{1}{\sin\theta} \tag{1.44}$$

3. 波长

从晶体得到更多相长干涉的另一途径是，简单地减小晶面间距。当衍射晶面数固定时，取向误差对晶面靠得较近时的相长干涉不太有损害，因为在顶面和底面之间 X 射线的路程差较小。增加 X 射线的波长有同样的效果，因为一个固定的路程上较长波的 X 射线的相位差小。同样的论据（1.1.3 小节）可以应用到衍射面的三个维度上，此时衍射强度按下式变化：

$$I_5 = \frac{\lambda^3}{V_c} \tag{1.45}$$

式中，V_c是晶体元胞的体积。

所有强度因子 I_3，I_4，I_5 独立发挥作用。洛伦兹因子 $I_{3,4,5}$ 是式（1.43）、式（1.44）和式（1.45）的乘积：

① 即使是非晶态固体，前进方向（$\theta=0$）的衍射也是相干的。此时路程误差按 $\sin\theta$ 增大。

$$I_{3,4,5} \propto \frac{\lambda^3}{V_c} \frac{1}{\cos\theta \sin\theta} \tag{1.46}$$

$$I_{3,4,5} \propto \frac{\lambda^3}{V_c \sin 2\theta} \tag{1.47}$$

1.5.5　吸收

X 射线光子经过样品时被个别地吸收，它们的数目按 $e^{-\mu\rho x}$ 而减少，这里的 x(cm)是材料中经过的路程，μ(cm^2/g)是质量吸收系数，ρ(g/cm^3)是材料的密度（见 4.2.3 小节）。衍射峰的强度正比于达到材料的各个体积，并能成功离开样品的光子的平均数目。在一些实验的几何条件下，吸收/衍射比随衍射角变化，从而改变布拉格峰的相对强度。幸运的是，厚而平的多晶样品在入射角和衍射角 θ 相等时（见习题 1.5)并不是如此。在 θ 满足浅入射条件时，X 射线进入样品不深，但照射样品相当大的宽度。对厚而平的样品，吸收校正没有净的角度依赖关系。吸收系数较大的样品不允许 X 射线的深入射，此时强度因子正比于$(\mu\rho)^{-1}$：

$$I_6 \propto \frac{1}{\mu\rho} \tag{1.48}$$

入射角不等于衍射角时以上论据都不对，此时需要一个平样品在给定入射角下用位置灵敏探测器进行衍射测量。所有入射束在 2θ 方向同样地穿透，但散射 X 射线的吸收随 2θ 而变。此时强度修正因子

$$I_{6psd} \propto \frac{1}{\mu\rho} \frac{\sin\zeta}{\sin\phi + \cos\zeta} \tag{1.49}$$

这里，ϕ 是相对样品平面的入射角，ζ 是出射角($2\theta = \phi + \zeta$)。

1.5.6　极化

4.2.1 小节将介绍 X 射线光子的电场如何引起原子的电子振动。这些电子的加速度引起散射波的再次辐射。考虑前后振动引起的偶极辐射。从图 1.26(a)可见，入射 X 射线的电场 $\boldsymbol{E}_{\perp}$ 的极化在纸面外；在图 1.26(b)中，$\boldsymbol{E}_{\parallel}$ 的极化在纸面之内。此时，图 1.26(a)中的 X 射线在纸面内的散射可以达到 90°角，但是图1.26(b)中的 X 射线，因为此时电子的加速度将平行于出射波矢，而这是不允许的。对入射 X 射线的这两种极化，图 1.26(a)中的波振幅和散射角无关，而图 1.26(b)中的波振幅正比于 $\cos 2\theta$，这里 2θ 是散射角。对于非极化的入射 X 射线束，散射强度依赖散射角的关系如下：

$$I_7(\theta) = |\boldsymbol{E}|^2 = |\boldsymbol{E}_{\perp}|^2 + |\boldsymbol{E}_{\parallel}|^2 \propto \frac{1 + \cos^2 2\theta}{2} \tag{1.50}$$

1.5.7　多重性和密度

不同晶面有不同的“多重性”或变式。例如，{200}面有 6 种变式：{(200),

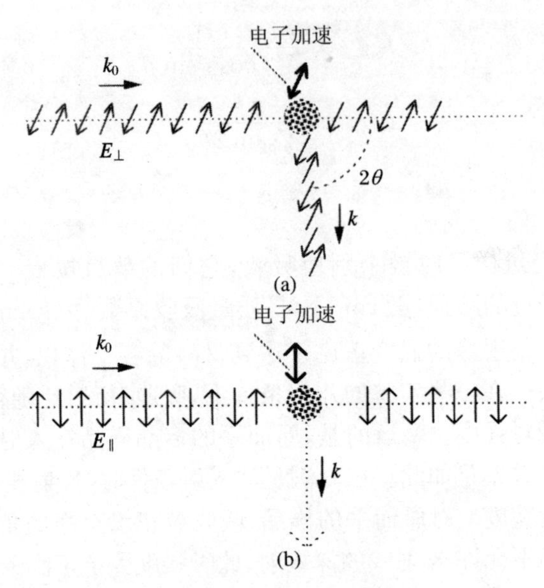

图 1.26　(a) 入射波的极化显著影响它的 90°角散射；
(b) 中没有 $2\theta=90°$ 的散射，因为此时 $\boldsymbol{E}$ 将平行 $\boldsymbol{k}$

$(\bar{2}00)$，(020)，$(0\bar{2}0)$，(002)，$(00\bar{2})$}，而{110}面有 12 种变式。在无织构的粉末中，入射 X 射线遇到适当取向的{110}面的机会是遇到适当取向的{200}面的 2 倍。衍射面的多重性使衍射峰的强度增强 m 倍。对{110}衍射，$m=12$；对{200}衍射，$m=6$。

每单位体积的衍射原子数反比于元胞的体积 V_c，元胞较小的给定体积的材料的衍射更强。多重性和密度一起提供以下的强度因子：

$$I_8 \propto \frac{m}{V_c} \tag{1.51}$$

1.5.8　测量强度

布拉格-布兰塔诺(Bragg-Brentano)衍射仪中，一个平板样品的测量结果(1.5 节，书中错标为 1.5.2 小节)放在一起得到多晶粉末样品的测量强度满足以下公式：

$$I(\theta) \propto I_1 I_2 I_{3,4,5} I_6 I_7 I_8 \tag{1.52}$$

$$I(\theta) \propto \frac{m\lambda^3 \mathscr{F}^*(\Delta k)\mathscr{F}(\Delta k)}{V_c^2 \mu\rho} \cos\theta \frac{1+\cos^2 2\theta}{\sin^2 2\theta} \tag{1.53}$$

$$I(\theta) \propto \frac{m\lambda^3 \mathscr{F}^*(\Delta k)\mathscr{F}(\Delta k)}{V_c^2 \mu\rho} \frac{1+\cos^2 2\theta}{\sin\theta \sin 2\theta} \tag{1.54}$$

如果入射束经过入射单色器或同步辐射源的极化，式(1.54)和下面式(1.55)中的因子 $1+\cos^2 2\theta$ 必须改变。一个位敏探测器(具有给定的入射角 ϕ 和出射角 ζ，$2\theta=\phi+\zeta$)测量的衍射强度满足下式：

$$I(\theta) \propto \frac{m\lambda^3 \mathscr{F}^*(\Delta k)\mathscr{F}(\Delta k)}{V_c^2 \mu\rho} \frac{1+\cos^2 2\theta}{\sin\theta \sin 2\theta} \frac{\sin\zeta}{\sin\phi + \sin\zeta} \tag{1.55}$$

式(1.53)～式(1.55)包含了一个新的因子,即元胞的结构因子 $\mathscr{F}(\Delta k)$(在第6章中将详细讨论)。结构因子决定一个元胞散射到各个方向的X射线有多强。$\mathscr{F}(\Delta k)$还依赖于6.3节中讨论的元胞的对称性。利用式(1.55)或式(1.54)时,需要注意的是,使用 $\mathscr{F}(\Delta k)$和 V_c的同一个元胞。

1.5.9　物相分量的测量

一些特定材料的物相分量的X射线定量测量方法已经得到广泛的发展。科学文献报道了许多数据分析方法。美国国家标准和技术研究所(NIST)出售少数已知物相分量的标准样品(Standard Reference Materials,SRM)[6]。需要进行定量物相分量测量时,用这些标准样品来鉴别是很值得肯定的。即使在没有NIST SRM时,其他SRM也有助于鉴别设备和数据分析的可靠性。下面将介绍一些定量相分析的例子。

1.5.10　峰比法

这里介绍一个利用式(1.54)和式(1.55)测定样品中物相体积分量的假设的例子。设有一个bcc纯Fe和fcc纯Al的混合物,我们要测出混合物中Fe相和Al相的体积分量 x_{Fe}和 x_{Al}。在布拉格-布兰塔诺衍射仪中用Mo K_α 测量。为了得到好的定量结果,必须注意一些实验细节。样品①要光滑、厚且平。否则吸收修正因子式(1.48)可能不正确。另一个重要的注意事项是,保证样品具有所有晶体取向。少数大晶体会显著夸大峰的局部强度,因此必须选择细的粉末。为了追求实验结果的平均效应(X射线衍射学的粉末平均效应),在数据积累过程中使样品绕 ϕ 轴转动(图1.15),还可以使样品绕 ω 轴轻微摆动。定量分析的重要条件是,最大计数率明显处于探测系统的能力范围之内,努力使最强的衍射峰不会由计数率的非线性而被抑制。

如果bcc Fe和fcc Al是仅有的两个相②,此时只需得出相分量之比,因为 $x_{Fe} + x_{Al} = 1$。设我们已测定Al的(111)衍射积分强度面积(峰面积减去背底)$I_{(111)Al}$和Fe的(110)衍射积分强度面积 $I_{(110)Fe}$,并且简单地设定两者严格相等。虽然它们的峰强度比是1.0,但是样品中Fe相和Al相的比值不是1.0。我们需要对(111)Al和(110)Fe的强度用式(1.54)进行计算:

$$\frac{x_{Fe}}{x_{Al}} = \left(\frac{8 \mid \mathscr{F}_{Al} \mid^2 V_{cFe}^2}{12 \mid \mathscr{F}_{Fe} \mid^2 V_{cAl}^2} \frac{1+\cos^2 2\theta_{Al}}{\sin\theta_{Al} \sin 2\theta_{Al}} \frac{\sin\theta_{Fe} \sin 2\theta_{Fe}}{1+\cos^2 2\theta_{Fe}} \right) \frac{I_{(110)Fe}}{I_{(111)Al}} \tag{1.56}$$

根据布拉格定律,我们得到Al(111)衍射峰的 $\theta = 8.75^\circ$,Fe(110)衍射峰的 $\theta =$

① 这里的一个好主意是,至少测量两个样品的衍射图样,而且两者都是独立准备和提供的。

② 对三个或更多个未知相的混合物仍可以用比较法进行分析,因为增加相的同时,峰比值的数据也增多了。

10.1°。对 Mo K_α 射线，Fe 和 Al 的原子散射因子 f 见附录 A.3 的表。为了得到元胞的结构因子 $\mathscr{F}$，这些数值还要乘上元胞的原子数，于是 $\mathscr{F}_{\text{fcc Al}} = 9.1\times4$，$\mathscr{F}_{\text{bcc Fe}} = 18.9\times2$。可以不考虑吸收因子（虽然这样会遇到下面一小节中提到的困难）。由式(1.56)，计算得出

$$\frac{x_{\text{Fe}}}{x_{\text{Al}}} = 0.29 \tag{1.57}$$

$$\frac{x_{\text{Fe}}}{1 - x_{\text{Fe}}} = 0.29 \tag{1.58}$$

$$x_{\text{Fe}} = 0.225 \tag{1.59}$$

由于观察得出 Fe(110)和 Al(111)衍射峰的强度相等，Fe 的量如此低令人感到奇怪。注意差异的主要原因是，一个 Fe 原子的散射因子比 Al 原子大得多。式(1.56)右侧的修正因子可以近似表示为元素的原子序数之比的平方。对这样的 $I_{(110)\text{Fe}} = I_{(111)\text{Al}}$的例子，有

$$\frac{x_{\text{Fe}}}{x_{\text{Al}}} \approx \left(\frac{13}{26}\right)^2 = 0.25 \tag{1.60}$$

在上面的简单分析中还设入射辐射没有极化，温度对衍射强度的效应也未考虑。Fe 和 Al 有相似的德拜温度，并且相对地高，我们不期望温度对室温下完成的低角度 X 射线衍射峰有显著影响(见 10.2.2 小节)。

1.5.11　吸收因子

在获得式(1.56)时，看来假设同样的吸收因子 $\mu_{\text{Fe}}\rho_{\text{Fe}} = \mu_{\text{Al}}\rho_{\text{Al}}$是错误的，因为目前的公式是不正确的。然而情况比上述更加复杂。相等吸收因子的假设在以下两种场合中是正确的。首先，当两个相的化学成分和密度近似相等时，吸收因子应该是相等的。

第二种场合是：当所有相的粒度（颗粒尺寸）比 X 射线穿透深度很小时，可适当地认为吸收系数等同。当基体可以设定为（非颗粒的）连续体时，铝和铁可以视为具有同样吸收系数的对象。对铁加铝样品，连续体的倒易吸收长度$\overline{\mu\rho}$可以表示为铝和铁分量(x_{Fe}和 x_{Al})的下列相函数：

$$\overline{\mu\rho} = x_{\text{Al}}\mu_{\text{Al}}\rho_{\text{Al}} + x_{\text{Fe}}\mu_{\text{Fe}}\rho_{\text{Fe}} \tag{1.61}$$

具有 N 个相的一般公式是

$$\overline{\mu\rho} = \sum_{j=1}^{N} x_j\mu_j\rho_j \tag{1.62}$$

由于在定量方案中 x_{Fe}和 x_{Al}是未知量，我们需要对它们的值做一定的合理猜测（我们或许知道材料的成分），如是否守恒，或设定$\overline{\mu\rho}$属于较强的 X 射线吸收体。对于我们用 Mo K_α 射线测量 bcc Fe 和 fcc Al 的例子，从表 A.1 查到 $\mu_{\text{Fe}}\rho_{\text{Fe}} = 296\ \text{cm}^{-1}$和 $\mu_{\text{Al}}\rho_{\text{Al}} = 14\ \text{cm}^{-1}$。铝的吸收可以忽略，除非它的量超过 0.9。设 $x_{\text{Fe}} = 0.225$，我

们的连续体的倒易吸收长度近似等于$\overline{\mu\rho}=0.225\mu_{Fe}\rho_{Fe}=67\ \mathrm{cm}^{-1}$。此时特征吸收长度为0.015 cm或150 μm。如果Fe和Al颗粒小于0.015 cm或150 μm，则忽略式(1.56)中的吸收因子是可以接受的。假如我们使用穿透性差一些的Cu K_α做这样的定量衍射测量，颗粒尺寸应当是1 μm或更小的量级。这是用Cu K_α辐射做铁合金相分析不方便之处。当各个相的$\mu_j\rho_j$的值相差不很大时，情况会得到改善。极限条件下各个相的吸收长度相等时，颗粒尺寸大于平均吸收长度就可以接受(但要保证样品表层能代表大块样品的组成相)。

公式(1.56)不需要我们把衍射峰强度和标准样品的绝对强度关联起来，因此这种方法有时称为"内标法"。原则上可以只测量(111)Al的衍射强度，并和Al的标准样品比较后估计出Al的分量。在这种定量方法中，吸收修正是一个严重问题。我们刚说过，样品中铁的存在显著减弱了Al的衍射图样。不对此效应进行重大的修正，而只用单独的(111)Al的衍射做Al分量x_{Al}的任何测定，都会引起巨大的误差。

1.5.12　例子：钢中的残留奥氏体

下面介绍测定"马氏体"钢(bct体心四方，有时接近bcc体心立方)中少量fcc奥氏体相的方法。NIST SRM标样具有可靠的鉴定组分，可以用来检查结果。残留奥氏体(γ相)和马氏体(α'相)具有典型的相似的化学组分，并有相近的密度。图1.27上部是含有一些奥氏体的9Ni钢的X射线衍射图样。本书作者之一已经成功地用下面的半经验关系测定了奥氏体的体积分量f_γ：

$$f_\gamma=\frac{0.65(I_{311\gamma}+I_{200\gamma})}{I_{211\alpha}+0.65(I_{331\gamma}+I_{220\gamma})}\tag{1.63}$$

这里的记号，例如$I_{311\gamma}$(译者注：原版误为331γ)表示311γ峰的积分面积。公式(1.63)可以通过式(1.56)检验。其中的因子0.65是若干学者精细调整的结果。

如图1.27所示，奥氏体相和马氏体相的衍射峰的积分面积是数值计数的结果。积分方法首先需要估计峰下面的背底，随后把背底从衍射图样中扣除，再对衍射图样进行积分。积分后在衍射峰位置处出现尖锐的变化。峰的面积等于锐变的量，条件是背底测定准确。背底估计的误差影响峰的面积。假定背底的剩余误差是常数。图1.27中的方法就可以用来修正背底。331γ，211α'，220γ峰测定的计数分别为2 530，38 350，4 260。利用式(1.63)得出体积分量$f_\gamma=0.103$。

1.5.13　晶格常数的测定

利用粉末衍射仪可以把晶格常数的测量精确度达到1/10 000或更好。但是，不能简单地把布拉格定律应用到衍射图样的一个峰上，这样是达不到高精确度的。这里有几个实际问题要解决。最严重的问题是，测角仪中心(即衍射中心)不是精确地位于衍射仪的中心。原因是，样品的定位不准，样品表面不规则，X射线在不同材料中的透射深度不同。问题表示在图 1.28 中，其中错位的样品平面用实线指明。

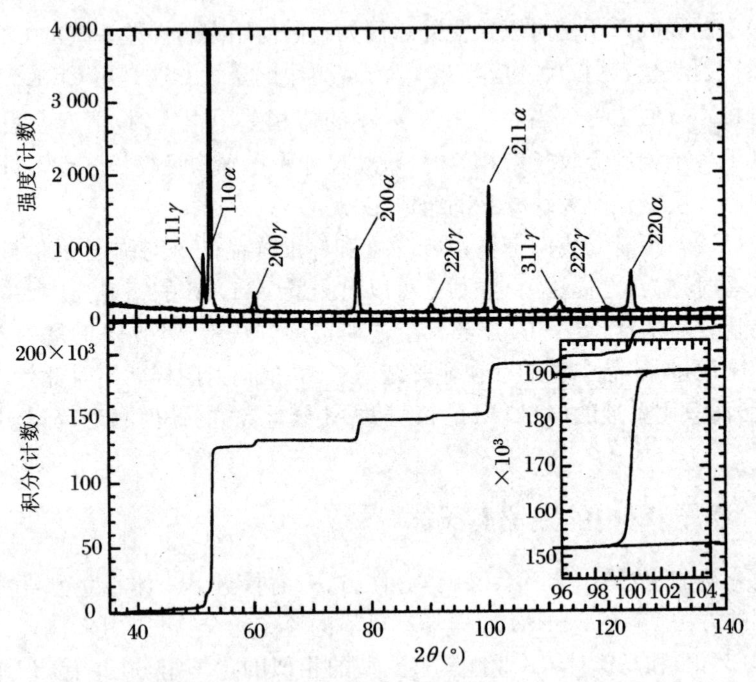

图 1.27　用背底扣除和积分测定峰面积的例子。此法同样可用来测定衍射图样和 EDS 能谱的峰。上图："Fe-9Ni 钢"，600 ℃退火，在回火马氏体(bct α′相)基体中形成奥氏体(fcc γ 相)，随后淬火到 77 K，将部分 γ 相转化为回火马氏体(bct α′相)。用近似的背底(线状函数加衰减的指数函数)适配实验数据。下图：模拟背底从数据中扣除，并对峰进行积分，给出图中的不定积分。如果背底是完善的，峰位之间的积分具有零斜率。为了调节背底的误差，放大 211α′峰(见右下角插图)显示等斜率的两条平行线，它们和背底区是适配的。这两条平行线的垂直分离量(计数：38 350)是 211α′峰的积分面积

图 1.28 中样品的位移使测定的衍射峰移向较高的角度 θ。探测器(还有 X 射线管)的位移是 $\varepsilon\cos\theta$。这样引起的衍射角的表观误差是

$$\Delta\theta = \frac{\varepsilon\cos\theta}{R} \tag{1.64}$$

这里，R 是衍射仪圆的半径。这一效应对晶格常数的影响可以通过对布拉格定律进行微商而获得，下面的 d_{m} 和 θ_{m} 是用移位样品测得的晶面距离和衍射角：

$$\frac{\mathrm{d}}{\mathrm{d}\varepsilon}2d_{\mathrm{m}}\sin\theta_{\mathrm{m}} = \frac{\mathrm{d}}{\mathrm{d}\varepsilon}\lambda \tag{1.65}$$

$$2\frac{\mathrm{d}d_{\mathrm{m}}}{\mathrm{d}\varepsilon}\sin\theta_{\mathrm{m}} + 2d_{\mathrm{m}}\cos\theta_{\mathrm{m}}\frac{\mathrm{d}\theta_{\mathrm{m}}}{\mathrm{d}\varepsilon} = 0 \tag{1.66}$$

$$\Delta d_{\mathrm{m}}\sin\theta_{\mathrm{m}} = -d_{\mathrm{m}}\cos\theta_{\mathrm{m}}\Delta\theta_{\mathrm{m}} \tag{1.67}$$

把式(1.64)代入式(1.67)，得到

$$\frac{\Delta d_m}{d_m}=\frac{\varepsilon}{R}\frac{\cos^2\theta}{\sin\theta} \tag{1.68}$$

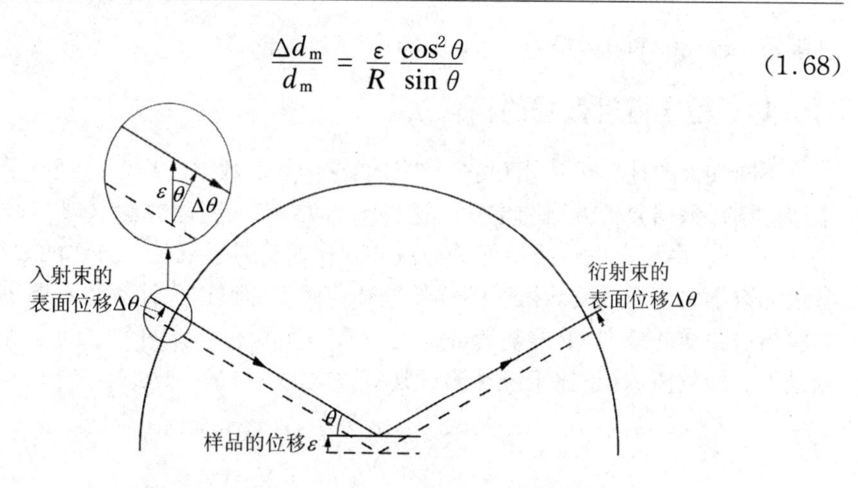

图 1.28　样品的位移 ε 对表观衍射角的影响

当样品位移的典型值为0.25 mm、测角仪圆的半径为250 mm时，可算出晶面间距的分数误差，从而得到晶格常数的分数误差的典型值是1/1 000。幸运的是，对立方对称晶体，我们可以进行精确的修正，即系统地从一系列布拉格峰获得晶格常数的具有变化趋势的系列数据。我们首先按以下公式从各个(hkl)面的衍射峰得到一系列晶格常数 $a_0(\theta_{hkl})$：

$$a_0(\theta_{hkl})=\frac{\lambda\sqrt{h^2+k^2+l^2}}{2\sin\theta_{hkl}} \tag{1.69}$$

把这些 $a_0(\theta_{hkl})$对由式(1.68)得出的函数 $\cos^2\theta/\sin\theta$ 作图。当我们把这些 $a_0(\theta)$ 得出的图外推到 y 截线(此处 $\cos^2\theta/\sin\theta=0$)，就消除了样品位移和X射线穿透深度引起的误差。(外推点对应于 $\theta=90^\circ$，从图1.28可见，各个布拉格峰距离最高衍射角至少有 ε 的误差)。

Nelson 和 Riley[7]对衍射仪产生的误差进行了实验研究，他们使用了一种略微不同的外推方案(即尼尔森-瑞利点阵参数测定)。他们不用式(1.68)中的 $\cos^2\theta/\sin\theta$ 外推晶格常数，而是利用下面的经验关系式：

$$\frac{\Delta a_0}{a_0}\propto\frac{\cos^2\theta}{\sin\theta}+\frac{\cos^2\theta}{\theta} \tag{1.70}$$

图1.29是他们的两个样品的结果，两者的厚度不同，从而使有效的衍射中心不同。注意两组外推给出了几乎同样的晶格常数的值。从这张图得到的晶格常数是8.686 kX，此单位

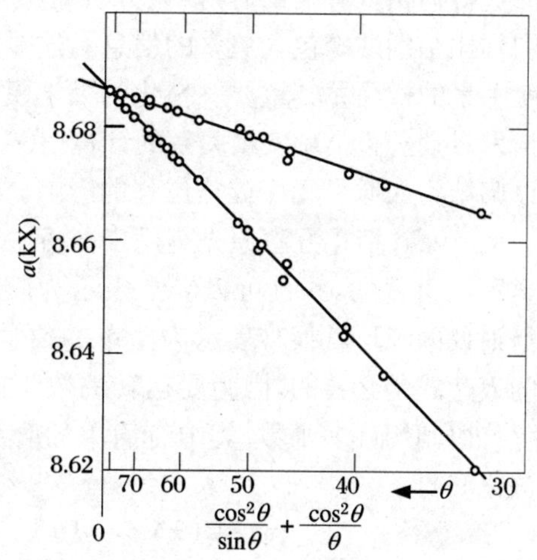

图 1.29　Nelson 和 Riley 对两种 Cu_9Al_{14} 粉末样品进行的外推法晶格常数的精密测定[8]

已废用,乘1.002 056后转为单位埃(Å),即 0.1 nm。

1.5.14　粉末衍射数据的精化法*

不断强大的计算机功能和它们的自然操作数值数据的程序已经导致一系列粉末衍射图样数据分析方法的建立。这种知名的“结构精化方法”(或 Rietveld 精化法)的开创者由于自由传播他们的方法和程序而获得了荣誉。方法的要点是,用多参量的数学模型表达实验衍射图样的峰和背底。通过迭代计算法不断缩小计算和实验衍射图样的差别,求得整套最佳的参数。实验和计算两者之间完美一致的判据是下面的数值 R(正比于统计测试整套数据的 χ^2)最小化:

$$R = \sum_{i=0}^{M} \frac{1}{\sqrt{N_i^{\mathrm{ex}}}}(N_i^{\mathrm{ex}} - N_i^{\mathrm{c}})^2 \tag{1.71}$$

这里,M 是衍射图样的数据通道数(或者至少是包括所有衍射峰的数据点),N_i^{ex} 和 N_i^{c} 是实验和计算数据点 i 上的计数,每一个数据点的统计误差假设正比于 $\sqrt{N_i^{\mathrm{ex}}}$(和理想的统计学一样)。计算衍射图样 $\{N_i^{\mathrm{c}}\}$ 由迭代后调整或“精化”的达到极小化 R 的多个参量决定。

可以精化的参量很多,包括晶格常数、晶体学原子位置占有率、样品位置误差等。对晶体结构一般不进行实际的精化计算,它必须作为输入信息提供给精化程序。另一方面,对晶体轴,如六角晶体的 a 轴和 c 轴(即晶格常数)几乎每次都进行精化。也经常对衍射峰的形状进行精化。峰形随衍射角 2θ 的变化可以用来确定样品的结构特征,如应变的分布和晶粒的尺寸。

Rietveld 精化方法利用晶体结构的整个衍射图样。它在获得样品某些类型信息方面比只分析衍射图样中一两个峰的方法优越。例如,对包含多种晶体结构的样品进行物相分量测量时,精化分析对衍射峰的重叠问题就不那么敏感。完整衍射图样比个别的峰包含更多的信息。这对具有特征的衍射角 2θ(或衍射矢量 $\Delta\boldsymbol{k}$)依赖关系的样品尤其重要。精化的数学模型可以从洛伦兹极化因子和原子形状因子出发自动进行 $\Delta\boldsymbol{k}$ 依赖关系的计算(在第 4 章中介绍)。余下来的 $\Delta\boldsymbol{k}$ 依赖关系可以归结为如原子无序或热位移的影响。

Rietveld 精化方法原先是用来分析中子粉末衍射图样的。那里的衍射峰的形状是可以重复的,并且可以经常表示为简单的数学公式,如高斯函数。一个 X 射线衍射仪的峰形就很难表示为简单的数学公式(将在 9.1 节讨论)。显然,某种峰形的表达式是必要的,因为要运转的数学模型需要用它来适配实验数据。目前的精化代码利用许多函数,其中有简单的赝沃伊特(Voigt)函数(高斯函数和洛伦兹函数之和):

$$PV(x) = \eta L(x) + (1 - \eta) G(x) \tag{1.72}$$

这里,$0<\eta<1$,高斯函数和洛伦兹函数见式(9.23)和式(9.25)。X 射线峰形的另一个常用的函数是“皮尔森(Pearson)Ⅶ函数”,它具有下面的正则形式:

$$P_{\mathrm{VII}}(x) = \frac{1}{[1 + (2^{1/m} - 1)x^2]^m} \tag{1.73}$$

这里，$x = (2\theta - 2\theta_0)/\Delta$，$2\theta_0$是峰中心，$\Delta$ 是峰宽。虽然皮尔森Ⅶ函数不是经过严格的物理论证得出的，但是 m 从1变化到∞时，这个函数可以保持为洛伦兹函数或近似于高斯函数。峰形状的实验检验是必需的。峰形函数的选择会影响精化计算是否成功——重要的是峰形状的差异并没有对计算的衍射图样引起显著的RMS误差。不幸的是，峰形状确实随样品而变，它们来自吸收、多次散射等效应。人们希望未来的精化代码的版本将包含"读入的峰形函数"（它们来自衍射仪中已知标准试样的运作）。

精化计算从背底、峰宽、晶体结构的晶胞常数的预测开始。通常不可能仅仅用一个初始参量的猜测从头到尾完成精化计算。参量通常不断更新，要用最好的参量开始。不同软件包运用不同的精化程序，一般是先进行背底和衍射图样的峰强度的尺度精化。下一步一般是晶格常数和样品位置误差的精化（见1.5.13小节）。再进一步是峰形状的精化。依赖于原子形状因子的差别，晶格位占有率的精化或早或晚会变得重要，通常先考虑重原子。温度因子一般在过程的后期考虑。个别原子的温度因子在相当后期进行或不进行精化。某些参量，特别是后期的参量可能对样品的制备细节敏感。样品的表面可能不平。后者可以引起吸收修正和非物理热参量的误差。

在上述过程中，通常需要审视衍射图样的全部计算过程，审视计算和实验衍射图样的差别（理想情况下全部是零）特别有用。计算已发散或进入一个错误的极小时的显示也可以目视观察。此外，可以发现初始观察实验数据时漏掉的第二相。

有许多条件可以进入精化计算。例如，可以引进硬性几何约束，如禁止两个大原子接近到一个最小距离以下。软性约束可以是：在式（1.71）中 R 的右边加一个不利函数，使精化加速收敛。使用精化软件的用户必要时可以改变自己的精化代码。例如，现有的程序不便于带织构的多晶样品（衍射峰相对强度之间有显著变化），用户就可以对数学模型加以改变，例如固定衍射峰之间的强度比，或加进一个精化参量。

1.6 拓展阅读

Azároff L V. Elements of X-Ray Crystallography. New York：McGraw-Hill，1968. Reprinted by TechBooks，Fairfax，VA.

Cullity B D. Elements of X-Ray Diffraction. Reading，MA：Addison-

Wesley, 1978.

International Tables for X-Ray Crystallography. Birmingham: Kynock Press, 1952.

Klug H P, Alexander L E. X-Ray Diffraction Procedures. New York: Wiley-Interscience, 1974.

Schwartz L H, Cohen J B. Diffraction from Materials. Berlin: Springer-Verlag, 1987.

Warren B E. X-Ray Diffraction. New York: Dover, 1990.

Crystal structure determination by single crystal X-ray diffraction methods is a large topic, and much of it is beyond the scope of the present book. This subject is covered in books by Ladd M F C, Palmer R A, *Structure Determination by X-ray Crystallography* (New York: Plenum Press, 1993), and Stout G H, Jensen L H, *X-ray Structure Determination: A Practical Guide* (New York: Wiley-Interscience, 1989).

习　题

1.1　下面是密集六角结构的粉末衍射图样的一些特征。我们用3-指数系统标记晶体的晶面($hk \cdot l$),其中,与指数 h 和 k 相关的矢量和基面上夹角为120°的两列原子的方向一致。与 l 方向相关的矢量垂直于基面。图1.30画出了这些单位矢量的方向。密集六角结构晶体的晶面间距 $d_{hk \cdot l}$ 与其最近邻原子间距 a 之间的关系为

$$d_{hk \cdot l} = \frac{a}{\sqrt{\frac{4}{3}(h^2 + hk + k^2) + (l/1.63)^2}} \tag{1.74}$$

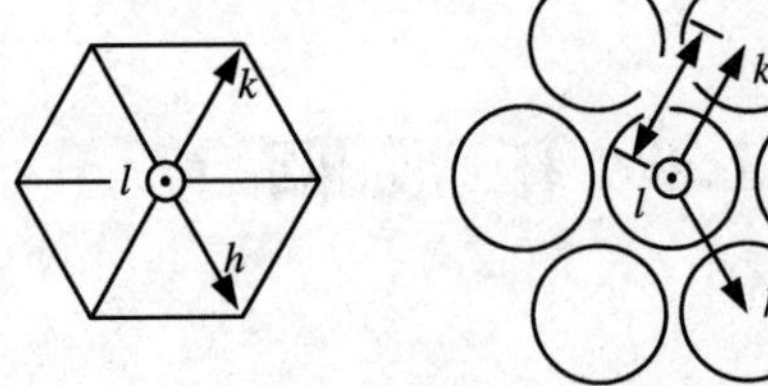

图1.30　hcp结构的底面(c 轴方向垂直纸面向外)

其中，a 表示沿着 h 轴或 k 轴方向的相邻原子间距，而 c 表示沿着 l 轴的原子间距。理想 hcp 晶体的 c/a 比为 1.63。hcp 晶格衍射消光的结构因子规律是

$$l \text{ 为奇数，并且 } h+2k=3n \text{ 或 } 2h+k=3n$$

找出 hcp 晶格的前六条非消光衍射，并画出它们与 $d_{hk\cdot l}$ 的倒数关系图。和附录 A.1 中的结果比较。

1.2　对 TEM 高能电子衍射来说，另一种判断衍射角精确度的方法是用不确定关系：

$$\Delta p \Delta x \approx \hbar \tag{1.75}$$

我们不知道散射电子的确切平面，设Δx 等于衍射的晶面数 N 乘以晶面间距 d：

$$\Delta x = Nd \tag{1.76}$$

衍射波在散射过程中动量改变。这里Δp 表示在这个动量改变中的不确定性。我们把这个问题说成“晶面做散射时具有不确定性，衍射电子的动量改变中的不确定性是什么”。

利用德布罗意(de Broglie)关系 $p=h/\lambda$，可以知道波长的小误差引起的衍射角发散与 N 的倒数成正比。

1.3　这一问题涉及从多晶元素散射的三个电子衍射图样，如图 1.31 所示。

(1) 请使用 6.3.2 小节的结构因子消光规律，判断衍射图样是 fcc 结构还是 bcc 结构。

对 fcc 晶体，h,k,l 必须全为偶数或奇数。

对 bcc 晶体，$h+k+l$ 必须为偶数。

(2) 通过估算环的宽度，判断晶粒尺寸的下限。假设点阵参数为 4.078×10^{-10} m。

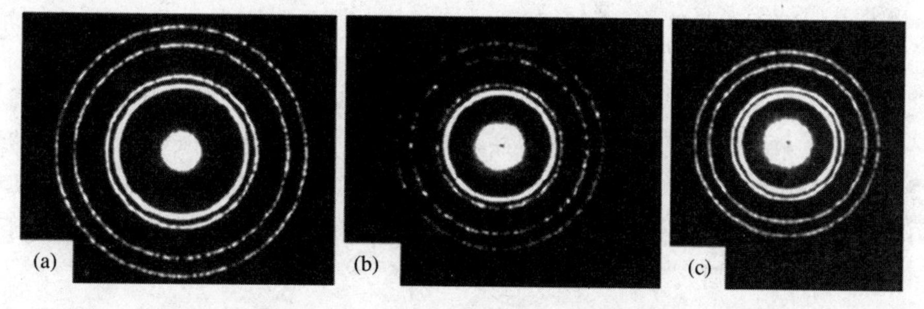

图 1.31　能量为(a) 60 keV，(b) 80 keV 和(c) 100 keV 的电子衍图样(Thomas G, Goringe M J. Transmission Electron Microscopy of Materials. New York：Wiley-Interscience, 1979).重印得到 John Wiley & Sons, Inc 的许可

1.4　比较应变引起的衍射峰宽化和体积效应引起的衍射峰宽化两者和 θ 不同的关系。为了做合理的比较，我们首先把式(1.7)线性化(适合 θ 角小的情况)，因此

$$\Delta\theta_{\text{strain}} = -\varepsilon\theta_{\text{B}} \tag{1.77}$$

利用式(1.13)得到，当 $N \gg 1$ 时体积效应引起的衍射峰宽化为

$$\Delta\theta_{\text{size}} = 0.9\frac{\theta_{\text{B}}}{N} \tag{1.78}$$

表面看起来式(1.77)和式(1.78)表示的体积和应变引起的宽化两者都随衍射的布拉格角的增大而宽化。应变引起的宽化确实是正确的，体积引起的宽化则不然。为什么？

1.5　考虑一个无限厚的多晶试样。通常，入射线、衍射线同试样表面的平面夹角均为 θ。一束X射线在经过光程 x 后，由于吸收强度衰减为 $I(x) = I_0 e^{-\mu\rho x}$。证明由同一截面 A_0 给定的入射束与衍射束，通过试样的平均衰减量与 θ 角无关。(提示：应该先计算深度的平均衰减量。光程 x' 达到的试样深度 z 时变为 $x' = z/\sin\theta$，而被照射的面积为 $A_0/\sin\theta$。)

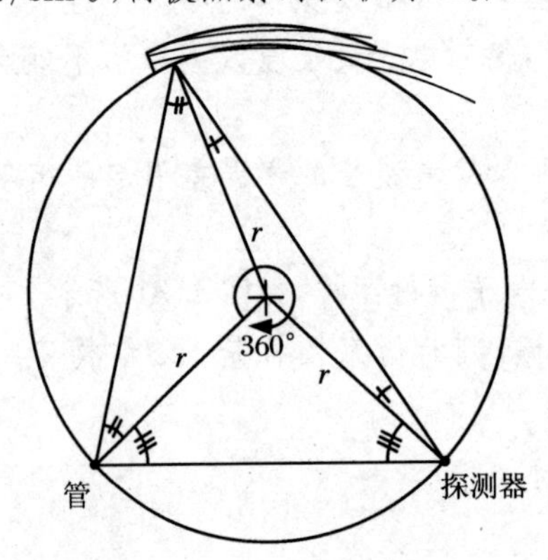

图 1.32　图 1.17 的聚焦圆

1.6　如图 1.17 所示，考虑两束从X射线管到探测器的光程。

(1) 证明：这两线束的入射角与衍射角之和(即在试样上的总角度)相等；

(2) 对半径为 $2r$ 且与一聚焦圆相切的弯晶体平面，证明这两线束的入射角与衍射角分别相等。

(提示：利用图 1.32 中聚焦圆半径构成的等腰三角形。)

1.7　(1) 证明：对氢原子的薛定谔方程 $\psi_{1s}(r)$，式(1.26)是可以接受的解。为了归一化，可将式(1.26)乘以 $\pi^{-1/2}(Z/a_0)^{3/2}$。

(2) 证明：当 $Z=1$ 时，1s 电子的 E 等于 1 Ry(里德伯)。

1.8　解释为什么精确测定点阵参数时最好利用大 2θ 角的衍射峰。

1.9　X射线衍射图样中的高背底会严重影响衍射数据的质量。这是弱衍射峰和漫射衍射峰中常见的问题。在图 1.33 中，注意，背底的计数率从 0 增加到 100，再增加到 400 是如何影响中心在 63 道的衍射峰的清晰度的(三种情况下衍射峰的强度和形状相同)。

这是概率论的结论，每个数据通道的统计涨落随 $\sqrt{N}$ 增加，其中，N 是该通道的计数值。在高背底时，数据涨落的主要贡献来自背底的计数率。

证明当峰背比小时，对信噪比(衍射峰峰高和衍射峰处的散射之比)：

(1) 背底计数率的一半(峰位也保持相同的计数率)等同于计数时间乘以因子 2；

(2) 衍射峰强度增加 1 倍(即计数率变为原来的 2 倍)等同于计数时间乘以因子 4；

(3) 衍射峰远远强于背底计数(如图1.33中较低的零背底数据)时,(1)和(2)的答案是什么?

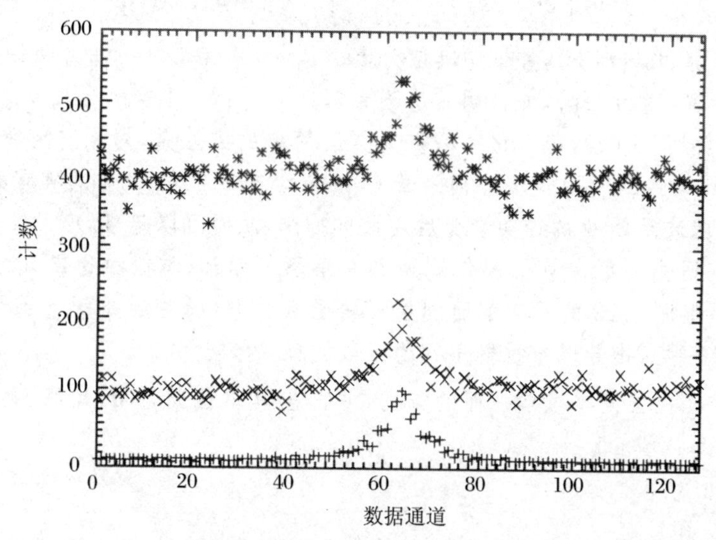

图1.33 相同衍射峰、不同噪声背底的三个衍射图样

1.10 当高能电子穿过周期性排列的原子时(图1.34)会发生"相干轫致辐射"。在高能电子穿入和穿出原子的离子核过程中,电子经历了与原子间距相同周期的振荡的静电势能。此时发生的高能电子加速可以引发辐射。在相干轫致辐射中,每次与离子核碰撞发射出的子波具有相干加强的相位。假设入射电子速度为 v,穿过一列间距为 a 的原子,参看图1.34。

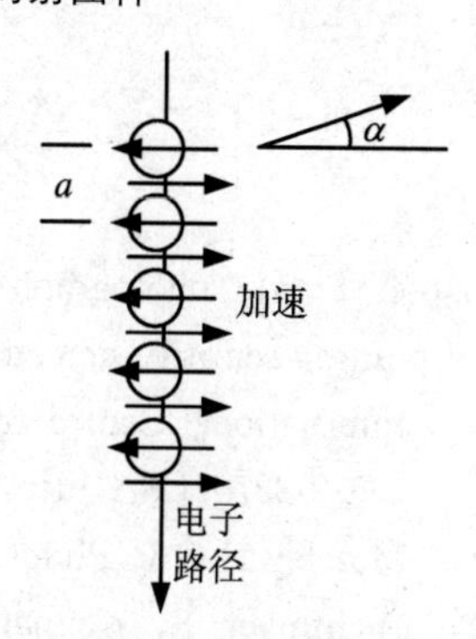

图1.34 穿过原子的高能电子的路径及其加速方向

(1) 与电子路径相垂直(近似)的X射线激发能量是多少?请用式(1.16)表示。

(2) 以高于或低于垂直平面,以 α 角发射的X射线的轫致辐射的能量比情况(1)的能量高还是低?

(3) 计算相干轫致辐射的能量与角度 α 的关系。

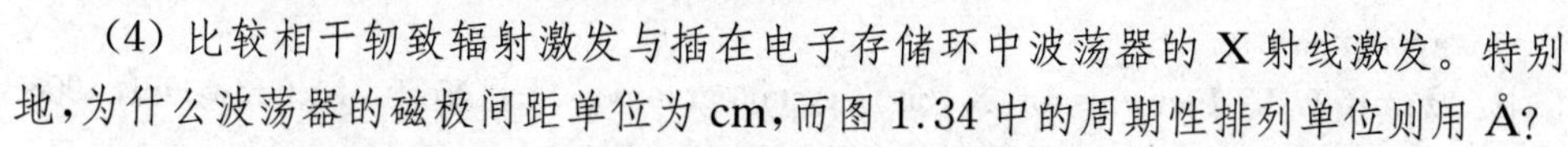

(4) 比较相干轫致辐射激发与插在电子存储环中波荡器的X射线激发。特别地,为什么波荡器的磁极间距单位为cm,而图1.34中的周期性排列单位则用Å?

1.11 当探测器的脉冲振幅随计数率增大而降低时在X射线衍射仪中会发生问题。在高计数率时,脉冲振幅可以下降到低于SCA设置的下限阈值。这个问题与探测器的"死时间"和"和峰"的产生类似,扭曲了衍射峰。这也成为在高计数率时的重要问题。定性地回答这些问题在测量X射线衍射图样时是如何影响衍射峰形的?

1.12 阐述s和p电子波函数的电偶极选择法则。电偶极的算符是 $\boldsymbol{er}$。例

如,2s→1s 跃迁的强度与下面的积分平方成正比:

$$\langle 1s \mid er \mid 2s \rangle = \int_{-\infty}^{\infty}\int_{-\infty}^{\infty}\int_{-\infty}^{\infty} \psi_{1s}^{*}\, er\psi_{2s}\mathrm{d}x\mathrm{d}y\mathrm{d}z \tag{1.79}$$

(1) 计算$\langle 1s|er|2s\rangle$,并证明其值为零;

(2) 计算$\langle 1s\ er|2p\rangle$,并证明其值不为零。

(提示:对问题(2),归一化并不重要。最简单的方法是,对 s 波函数用 1,对 p 波函数用 x,y 或 z,并且使 $\boldsymbol{r}$ 方向沿着 x,y 或 z 方向。对(2)尝试所有的 $\boldsymbol{r}$ 方向。最后,当考虑波函数 ψ 的径向衰变后发散被抑制,从而可以忽略。)

1.13　画出夹角为 ϕ 的波矢 $\boldsymbol{k}_{\mathrm{i}}$和 $\boldsymbol{k}_{\mathrm{f}}$的等腰三角形(类似图 6.22)。

(1) 不用图 6.22 的几何解而利用三角函数关系($c^2 = a^2 + b^2 - 2ab\cos\phi$,其中 $a = k_{\mathrm{i}}$,等等),推导以布拉格角 θ 为函数的Δk 的表达式。

(2) 在图上画出布拉格平面的方向,并画出其单位矢量 $\hat{\boldsymbol{n}}$,$\hat{\boldsymbol{n}}$ 和$\Delta\boldsymbol{k}$ 之间的夹角为多少?

参 考 文 献

Chapter 1 title photograph of Inel Corp. CPS-120 X-ray diffractometer with large-angle position-sensitive detector. Radiation shielding not shown.

[1] International Centre for Diffraction Data, 12 Campus Boulevard Newtown Square. PA 19073-3273. USA. http://www.icdd.com.

[2] Moseley H G J. Philos. Mag., 1914, 27:713.

[3] Richtmyer F, Kennard E. Introduction to Modern Physics. New York: McGraw-Hill, 1947.

[4] A partial list of web sites for synchrotron sources includes (prefixed with http://): aps.anl.gov/, www.esrf.eu/, www.spring8.or.jp/, www-hasylab.desy.de/, slac.stanford.edu/, www.srs.ac.uk/srs/, www.bessy.de/, www.nsls.bnl.gov/, www.als1.bl.gov/, ssrc.inp.nsk.su/.

[5] Azároff L V. Elements of X-Ray Crystallography. New York: McGraw-Hill, 1968. Figure reprinted with the courtesy of TechBooks, Fairfax, VA.

[6] National Institute of Standards and Technology, Standard Reference Materials Program. Bldg. 202, Rm 204, Gaithersburg, MD 20899. http://ts.nist.gov/srm.

[7] Nelson J, Riley D. Proc. Phys. Soc. (London), 1945, 57:160.

[8] Klug H R, Alexander L E. X-Ray Diffraction Procedures. New York: Wiley-Interscience, 1974. Figure reprinted with the courtesy of John Wiley-Interscience.

第 2 章　TEM 及其电子光学

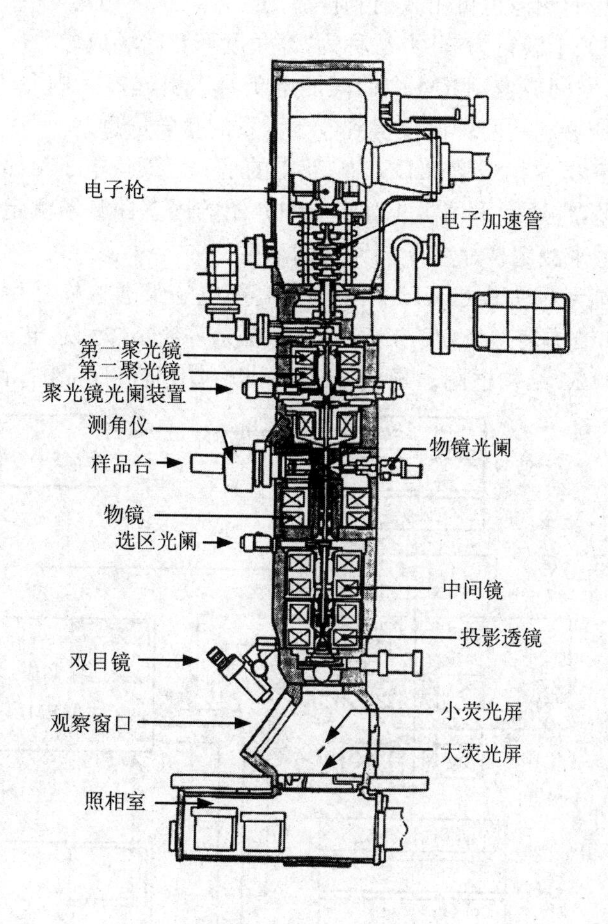

2.1　透射电子显微镜概述

透射电子显微镜(TEM)已经成为材料微结构表征的首要工具。实际上,用 X 射线方法测定的衍射花样比电子衍射花样更加定量,但是电子束具有超过 X 射线的重要优点在于电子可以非常容易地聚焦。如在第 1 章所讨论的那样,通过电子束的聚焦,经常可以在微观区域内选择一个小晶体测定其衍射花样。电子显微镜光学系统可用来形成整个薄样品的电子强度图像,例如通过薄样品的电子衍射强度的变化,即所谓的“衍射衬度”可以用来形成缺陷(位错、界面、第二相粒子等)。与衍射衬度显微学(它测定的是衍射波的强度)不同,在高分辨透射电子显微学(HRTEM 或 HREM)中衍射电子波的相位得到保持,并且衍射波相位与透射波相位之间相长或相消地干涉。“相位衬度成像”技术可用来形成原子柱的图像。另外,高分辨原子柱的图像也可由入射到样品的纳米束获得,而且利用高角度散射电子可减少电子间的干涉行为(此方法称为“高角度环状暗场成像”)。

除了衍射和空间成像,TEM 中的高能电子可以引起样品内原子电子的激发。“分析型 TEM”能够利用两种谱仪得到电子激发的化学信息。

· 在能量色散 X 射线谱(EDS)中,获得的是一束聚焦电子束照射下样品微区发出的 X 射线谱,它通常采用 1.4.2 小节中介绍的固态探测器测定。化学元素的特征 X 射线可用来测定样品中不同元素的浓度。

· 在电子能量损失谱(EELS)中,测定高能电子束通过样品后的电子能量损失。局域化学和结构信息来自于 EELS,其特征是等离子体和芯电子的激发。

图 2.1 是 TEM 结构框图。现代 TEM 可以利用通过样品的衍射强度变化成

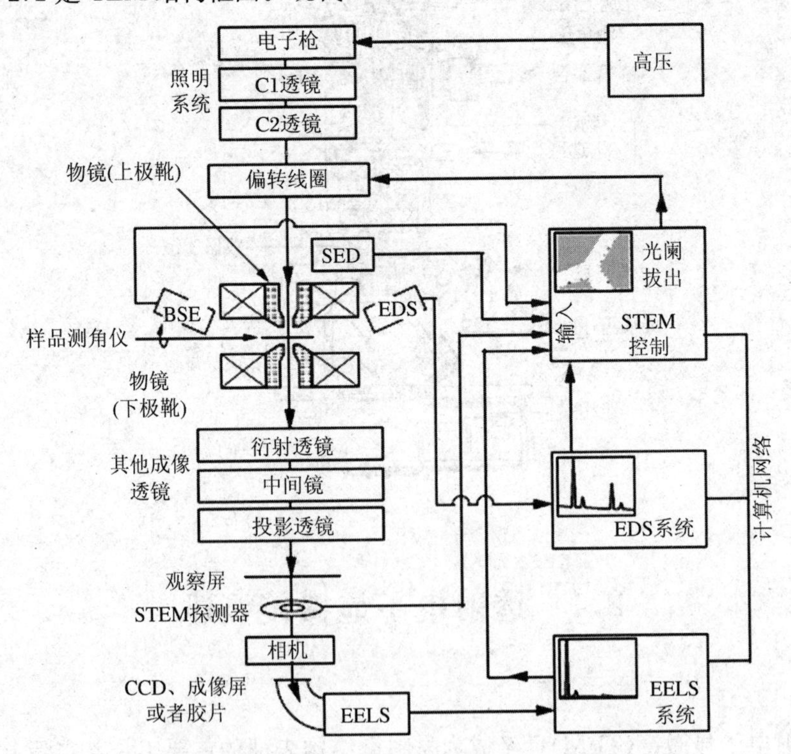

图 2.1　典型的带有 STEM 功能的 TEM 结构框图

像(衍射衬度成像),也可以利用样品的相位衬度成像(高分辨成像),也可以从样品的选定面积获得衍射花样,并且能够利用聚焦微电子束进行 EELS 和 EDS 谱的测量。一个熟练的电镜操作者可以在几秒或几分钟时间内从一种操作模式转向另一种模式,同时在 TEM 的短期训练中可提出并解答微结构的一些问题。

在扫描透射电子显微镜(STEM)中,微电子束(直径约 0.1～1 nm)以类似电视那样的形式在样品上做屏面扫描。在屏面扫描同步过程中,样品出射多种数据,如X射线、二次电子、背散射电子等。透射电子可被显微镜筒底部的可动探测器探测。STEM 操作模式对光谱工作特别有用,因为由它可以获得样品的"化学元素映射",比如我们可以在一个样品中得出 Fe 分布图。此时与得到的屏面图样同步,我们测定样品不同地点的 Fe K_α 出射强度(利用 EDS 谱仪),或者测定不同地点透射电子中由于激发 Fe 的 L 边能量损失刚好大于 L 边能量的数目(利用 EELS 谱仪)①。在 STEM 模式中,还可以利用一个高角度环状暗场探测器得出"Z 衬度像",这种 HAADF(高角度环形暗场)像利用的是电子的非相干散射,由此可以形成原子柱的图像。

除了以下 7 种主要方法:

- 常规成像(明场和暗场 TEM);
- 电子衍射(选区电子衍射 SAD);
- 会聚束电子衍射(CBED);
- 相位衬度成像(高分辨 TEM,HRTEM);
- 高角度环形暗场成像(HAADF 或 Z 衬度成像);
- 能量色散 X 射线谱(EDS);
- 电子能量损失谱(EELS),

在 TEM 中完成其他一些实验是完全可能的。在大家熟知的洛伦兹显微术中专门调节透镜电流,可以使磁性结构中的磁畴壁(磁化方向有显著变化的界面)成像。当电子通过磁性样品时,它们受到洛伦兹力而略有偏转,即电子经过磁畴壁改变了运动方向。图 2.2 给出了磁性样品中磁畴壁引起的 TEM 图像衬度的一些实例。

可以直接观察样品在显微镜中加热、冷却或形变时引起的相变和微结构变化。图 2.3 是 Al-Cu-Mg-Ag 合金的相位衬度像,图中富 Al 基体与沿界面垂直生长、圆盘状 θ 相(Al_2Cu)之间的界面可见。样品装在一个中等电压 TEM(400 kV),固-固相转变可以进行原位研究的加热样品台上。此图像是一幅视频记录,由图可见通过台阶运动的界面生长(图中箭头是台阶运动的方向),台阶生长机制的动力学可直接从视频记录中获得。

全息术是一种不用透镜的成像方法,因此在 TEM 中利用电子全息成像是一种不寻常的方法。TEM 中需要附加一个电子双棱镜,即利用一根微米直径的优良

① 也可以在屏面扫描的各个像素测定完整的 EDS 或 EELS,这样的数据称为"谱图像"。

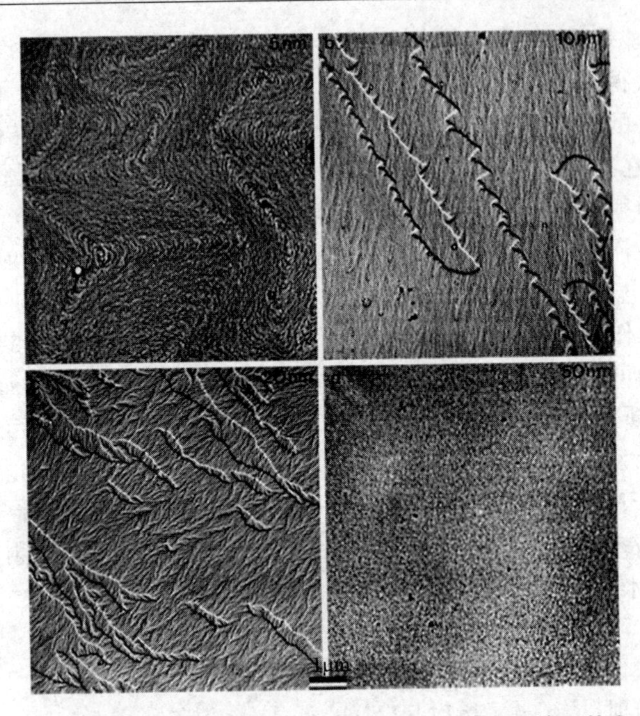

图 2.2　CoCr 薄膜样品中磁畴的洛伦兹 TEM 图像。样品厚度:(从左上起)5,10,20,50 nm。粗的线状形貌(有互补的明、暗衬度)是 180°磁畴壁,图像中的细条纹由磁畴内磁性波纹引起[1]

导线周围的电场。电子波函数通过导线的两侧,而且两边波函数的自我干涉在观察屏上产生一套条纹。位于导线一侧的样品使电子波函数畸变,因此自干涉图样也发生变化,即使样品很薄、厚度达原子尺寸,其效应也能测出。电子全息术同样可以证实著名的量子效应——阿哈罗诺夫-玻姆(Aharonov-Bohm)效应,此效应证明矢势比磁场更为基本,因为电子波函数即使不通过磁场地区,它的相位仍可以通过矢势改变。电子全息术是一种奇异的方法,但它绝不是材料表征的标准工具。

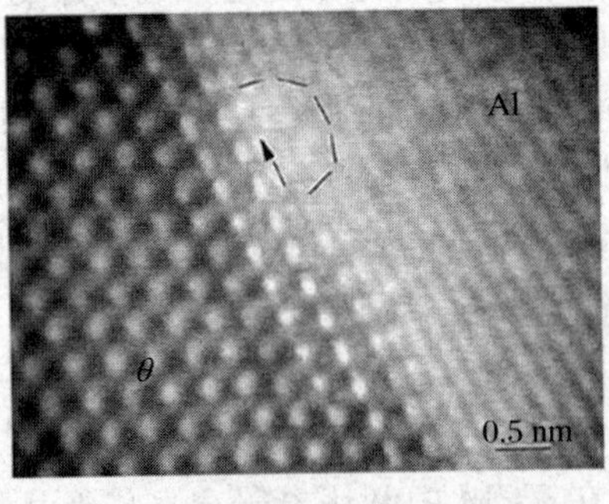

图 2.3　在 220 ℃下,HRTEM 视频记录的一帧富 Al 基体界面里一个 Al_2Cu θ 颗粒的台阶在生长[2]

TEM 是一种多功能的电子光学系统,本章题图给出了仪器的一部分实际部件。仪器中围绕样品的部分具有高级工程技术水平,详见图 2.4。材料科学家并不自己制造这些仪器,供应这些设备的是若干具备电子光学技术基础的现代 TEM 厂商[3]。要熟练操作这些设备,需要仪器设计和使用的坚实知识,这也是本章的主题。

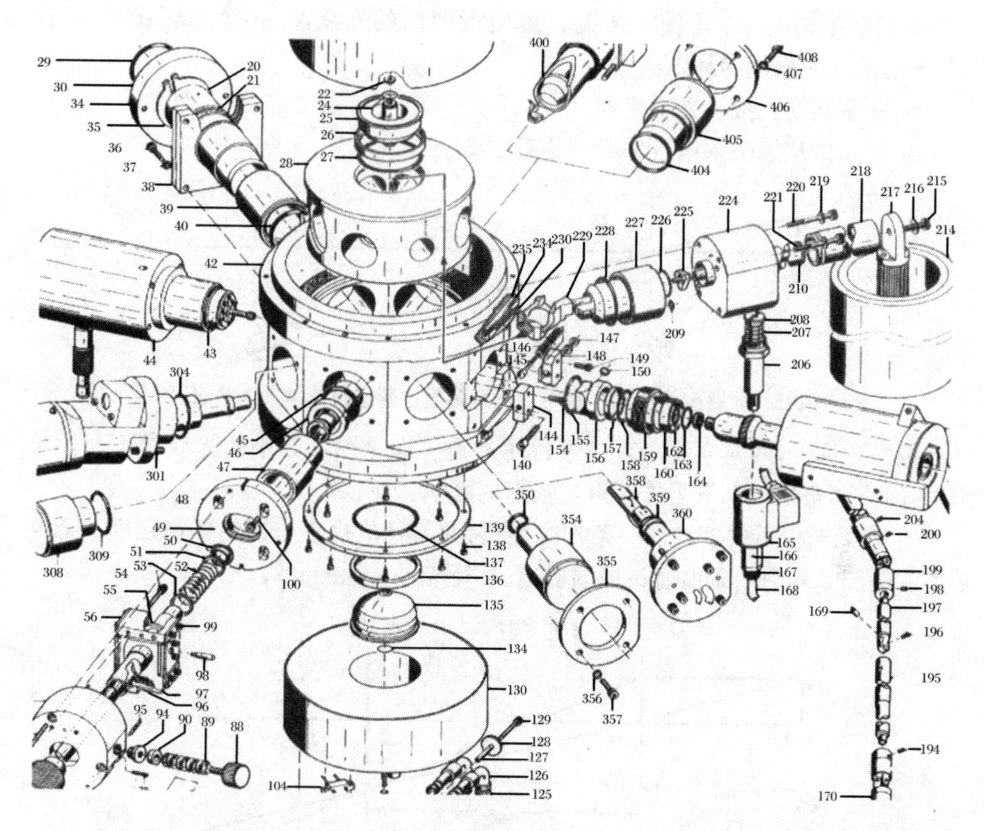

图 2.4　Philips EM 420 TEM 的测角样品台的分解视图。垂直镜筒包括物镜上下极靴；样品台杆(杆没有表示出来)等连接件的进出方向沿约 4 点钟方向(在 10 点钟方向有宝石轴承等，允许样品平移和转动)，物镜光阑定位机构沿 7 点钟方向，EDS 探测器约沿 1 点钟方向，真空系统冷指在 2 点钟方向，二次电子和背散射电子探测器分别在 8 点钟和 5 点钟方向，一个大真空口在 11 点钟方向[4]

2.2　利用透镜和光路图工作

2.2.1　单透镜

利用 TEM 成像需要使用磁透镜来聚焦电子，特别重要的是紧靠在样品下面(或围绕样品)的物镜。下面对它们的聚焦和其他一些行为用几何光学做简明的叙述。我们把“薄”透镜画成带有截面的直线，为了方便，物体用一个箭头代表，这样我们可以在光路图上追寻图像的方向。

我们期望构建一个可使得透镜右边出现图像的光路图(一个“实”像)。在图2.5中的两条光线很容易画出来:

- 一条光线直接沿光轴延伸;
- 另一条从箭头顶端延伸经过透镜中心。

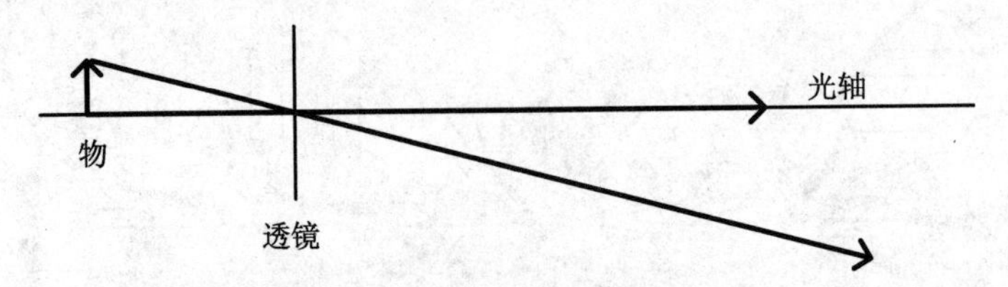

图2.5　光路图的结构。其中包含两条通过薄透镜的常规光线路径

根据对称性,两条光线都直接通过薄透镜。但是图2.5中的光线是不足以成像的,因为两条光线都不受透镜聚焦强度的影响。所以

- 我们至少需要多增加一条光线,使它的路径取决于透镜的聚焦强度。通常采用的是图2.6中一条由箭头顶端射出、平行光轴传播的光线。

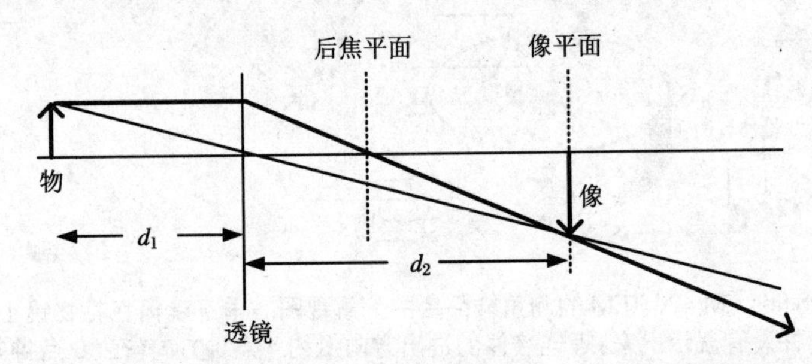

图2.6　增加了图2.5以外的第三条光线,后者取决于透镜的聚焦强度。在像平面上,由箭头顶端射出的光线会聚到图像顶端

所有光路图都以图2.6为基础,我们鼓励读者总结这样一种定位三条线的方法。我们还鼓励读者用铅笔、直尺和纸作光路图,例如改变第三条光线与透镜的角度以改变焦距。注意,如果透镜聚焦能力太弱,光线就不能与透镜形成大的角度,即不能成像。实际上这是正确的,如果物和透镜靠得太近,就不能形成实像。在物与透镜间距 d_1、像与透镜间距 d_2,以及透镜焦距 f 三者之间有一个知名的透镜公式(习题2.14):

$$\frac{1}{f} = \frac{1}{d_1} + \frac{1}{d_2} \tag{2.1}$$

记住以下几点是方便的:

- 如果 $d_1 = f$,则透镜间距 $d_2 = \infty$;
- 如果 $d_1 = d_2$,则 $d_1 = d_2 = 2f$;
- 如果 $d_1 < f$,则不能形成实像。

在图2.7中画出了更多光线,注意那些到达透镜边缘表面(距离光轴最远)的光线

弯曲程度最大。

图2.6和图2.7的后焦平面值得进一步讨论。在图2.6的后焦平面上，相交的两条光线由物作为平行光发出。在图2.7中，所有标记为“0”的光线在离开物时是平行的，并且在后焦平面上趋于一点。所有标记为“g_1”的光线在离开物时也是以同样的角度平行发出的，并在后焦平面上会聚。

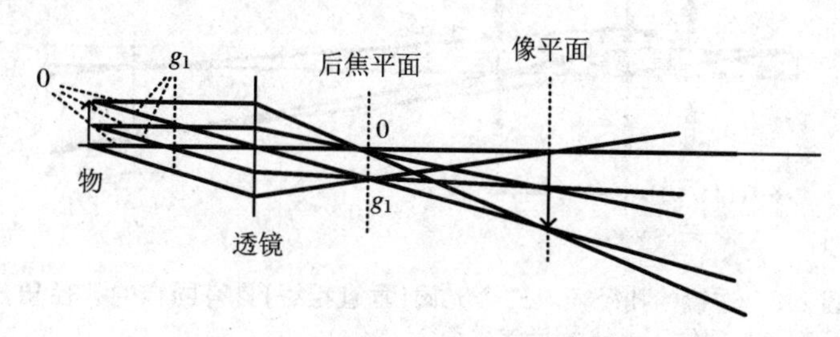

图2.7　较图2.6更为详细的光路图

在物镜的后焦平面上包含离开物的成组光线，这些光线以相同的角度离开物(即样品)，因此后焦平面包含样品的衍射花样。透射电子显微镜的后焦平面上放置有“物镜光阑”，这个光阑(平板上的一个小孔)用来在图2.7中形成像时，可以选择标记为“0”的光线或标记为“g_1”的光线。当“明场”(BF)像形成时，物镜光阑放置在选择标记为“0”的光线处；当“暗场”(DF)像形成时，物镜光阑放置在选择标记为“g_1”的光线处。在后焦平面的衍射花样可以在后续透镜的适当操作下自身成像，这些技术将在2.3节中详细讨论。

图2.7显示离开物的水平光线全部会聚到后焦平面的0点。结合透镜公式(2.1)，因此透镜到后焦平面的距离是f，因为这个距离是平行光会聚到焦点的距离。另一个有用的公式是放大率和物、像到透镜距离的关系：

$$M = d_2/d_1 \tag{2.2}$$

这是容易理解的，因为实物箭头和图像箭头的高度位于下面的直线上，这是一条通过透镜中心的直线。因此这些箭头的高度和它们到透镜的距离成正比。利用式(2.2)和式(2.1)，得到

$$\frac{1}{f} = \frac{1}{d_1} + \frac{1}{Md_1} \tag{2.3}$$

$$d_1 = f\left(1 + \frac{1}{M}\right) \tag{2.4}$$

注意当放大率较大时，d_1比f仅仅稍微大一些。

透镜的“孔径角”表示透镜能够接收的、倾向于光轴的光线角度范围，在图2.8中孔径角是接收范围的半角。在图2.8中画出了三个孔径光阑，所有三个孔径角限定相同的α。特别是透镜组后焦平面的光阑设置了相同的孔径角$\alpha_O = \arctan(r/f)$。由于$r' = f(1+1/M)\tan\alpha$，以及r'与r之间的相同因子，即$r' = r(1+1/M)$，我们可以在图2.8中得到$\alpha_O = \alpha$。

如果透镜是完美透镜，则分辨率能够利用一个大的孔径角获得提高，因为大的光阑能够减小光阑边缘的衍射效应。但是对于磁透镜，孔径角度必须非常小，以减小由透镜偏差引起的离轴光线的畸变。

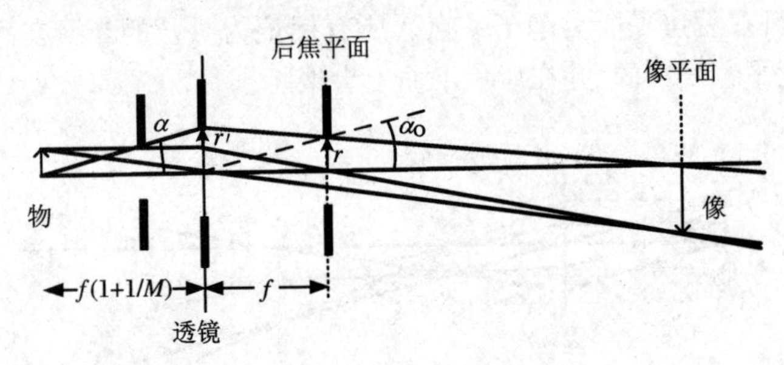

图 2.8　透镜的孔径角。三个光阑(垂直粗线)具有同样的孔径角，第三个光阑位于透镜的后焦平面

2.2.2　多透镜系统

可用同样的原理来构建多透镜系统的光路图。第一个实例是利用来自第一个透镜的图像作为第二个透镜的“物”，这就形成一个进一步放大的二次图像。注意图 2.9 中两透镜光路图的这些特征：

· 从透镜 1 到透镜 2，光线沿直线传播。

· 给定观察屏的位置，图像的高度可由透镜公式(2.1)获得，此处的 d_1 是透镜 1 的图像平面到透镜 2 的距离，d_2 是透镜 2 到观察屏的距离。作为透镜公式的对等图形，图 2.9 中从透镜 1 的图像平面穿过透镜 2 到观察屏，用虚线画出了两条人为光线。

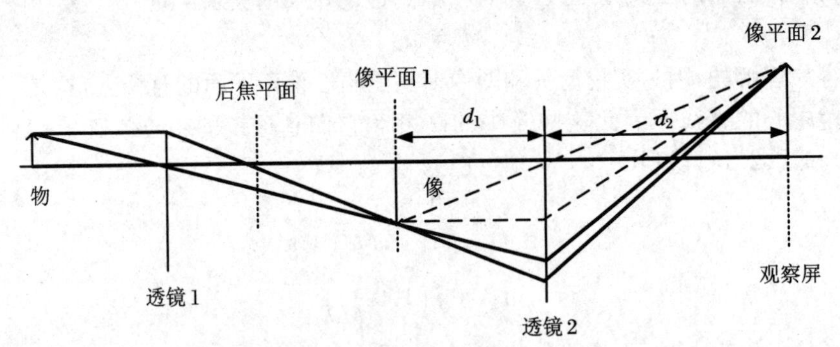

图 2.9　两透镜系统的光路图。注意每个透镜之后的箭头反转，以及为定义图像平面 2 的人为虚线的利用

图 2.10 中的第二个实例是利用透镜 2 得到一个实物衍射图案的图像，这能够通过将第二透镜的焦点调整到透镜 1 的后焦平面来实现。再次需要注意的是，用穿过透镜 2 的人为虚线对透镜公式替换。当对比图 2.9 和图 2.10 的光路图时，可

以看到直到透镜2光线是一样的,但是两幅图中透镜2具有不同的聚焦强度。在图2.9中,离开透镜2的光线较图2.10中的光线弯曲得更多,这表明获得图像需要一个更短的聚焦长度。在透射电子显微镜中,由"衍射模式"到"成像模式"的转变可以通过提高有时称为"中间镜"的透镜2的电流来进行。透镜1是物镜,其电流和聚焦强度将保持不变。更进一步的图像或衍射的放大可通过在图2.9和图2.10中所示的观察屏以中间镜和投影镜替换的方式来实现。

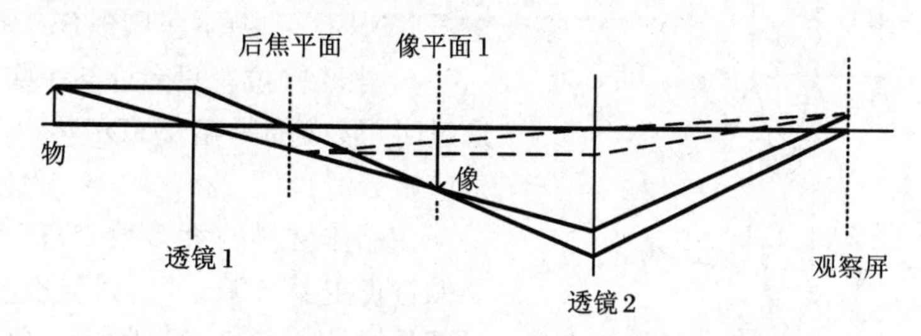

图2.10　为获得实物衍射图案的图像而配置的两透镜系统

有时使用第二透镜距第一透镜较近的成对透镜的布局是非常必要的,也就是第一透镜与像平面距离较近。此时,两透镜系统可以考虑成焦距为 f_{12} 的一个透镜。假设两个透镜的距离为 d,两个透镜的焦距分别是 f_1 和 f_2,则有

$$\frac{1}{f_{12}} = \frac{1}{f_1} + \frac{1}{f_2} - \frac{d}{f_1 f_2} \tag{2.5}$$

注意,在透镜靠在一起且 $d=0$ 时,f_{12} 是如何变成 f_1 和 f_2 的调和平均值的。随着透镜逐渐被分开,第二透镜对焦距的作用越来越小;并且在第二透镜严格处在第一透镜的像平面上时,它对焦距没有任何作用。

2.3　TEM操作模式

2.3.1　暗场和明场成像

图2.11是一个常用TEM(CTEM)形成像的光路图。如图2.9所示,假定照明系统提供的光线在轰击样品之前沿着显微镜直线向下(平行光轴)传播,中间镜聚焦在物镜的像平面上。在图2.11中,所有透射和衍射光线离开样品后,在观察屏上会聚形成一个像(非常类似于基础光学显微镜在视网膜上的成像)。在这种简单成像模式中,样品显示出微弱衬度。

追踪图2.11的单条光线时可以发现,物镜后焦平面上的每一点包含从样品的

所有部分发射出的光线①,因此并不需要后焦平面上的所有出射光线参与成像,一个完整的像只需要通过后焦平面上一个点的那些光线就够了。区分后焦平面上的点的依据是所有进入给定点的光线被样品散射到同一个方向。在后焦平面的特定位置设置"物镜光阑"后,一个像的形成只需要那些被散射到特定角度的电子。这样就定义了两个成像模式,见图 2.12(a)和(b)。

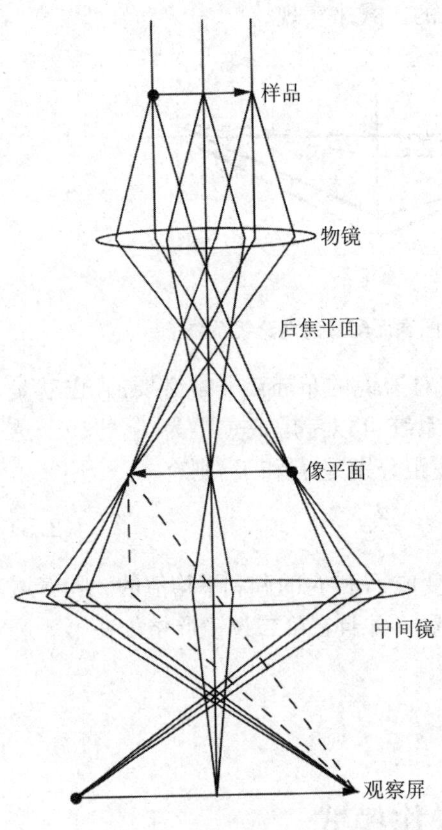

图 2.11　成像模式的光路图

- 当光阑位置只允许透射(未被衍射)电子通过时,形成的是明场(BF)像;
- 当光阑位置只允许某一些衍射电子通过时,形成的是暗场(DF)像(不同的衍射应该分清)。

在晶体材料的大多数 CTEM 研究中,图像特色主要来源于"衍射衬度"——衍射衬度是样品各点衍射强度的变化。通过在光束中放进一个物镜光阑可观察到衍射衬度。这样做之后,图像特色变得显著得多——没有物镜光阑的像显得相对灰暗、模糊。明场像或暗场像(图 2.12(a)或(b))如此优越于"无光阑图像"(图 2.11),其物理原因容易说明如下:在衍射束中存在大的强度时,在透射束就有一个互补的大的强度损失,因此明场像或暗场像单独显示时,衍射衬度都很强;但是不用物镜光阑时,衍射强度和透射强度在观察屏重合,这种重合压制了衍射衬度。

然而"无光阑图像" 通常显示"质量-厚度"衬度,它随材料的原子序数和材料厚度的增大而增大。质量-厚度衬度的主要来源是单个原子的弹性散射,此时入射电子通过原子时受到库仑互作用而偏转,散射的角分布将在 4.3.2 小节中仔细讨论,但是在这里我们已注意典型的散射角比物镜光阑设置的角度大得多。散射概率依赖于库仑互作用强度,并且以大约 Z^2 关系随着 Z 增大。质量-厚度衬度在生物学中特别有用,已经发展了针对不同细胞器选择各种重元素的染色技术。图 2.13 是显示这种技术的一个例子,此处一个动物细胞利用强的电子散射元素 Os 染色,Os 聚集在染色质中。图 2.13(b)是无物镜光阑的像,显示的衬度来自被远远散射离开光轴的电子,因此富 Os 区域显

① 请通过追踪样品上会聚在图 2.11 后焦平面上一点的全部三条光线来检验这个事实。

示暗黑。物镜光阑的作用进一步使散射电子被阻挡而不能成像,因此其衬度更强(图 2.13(a))。

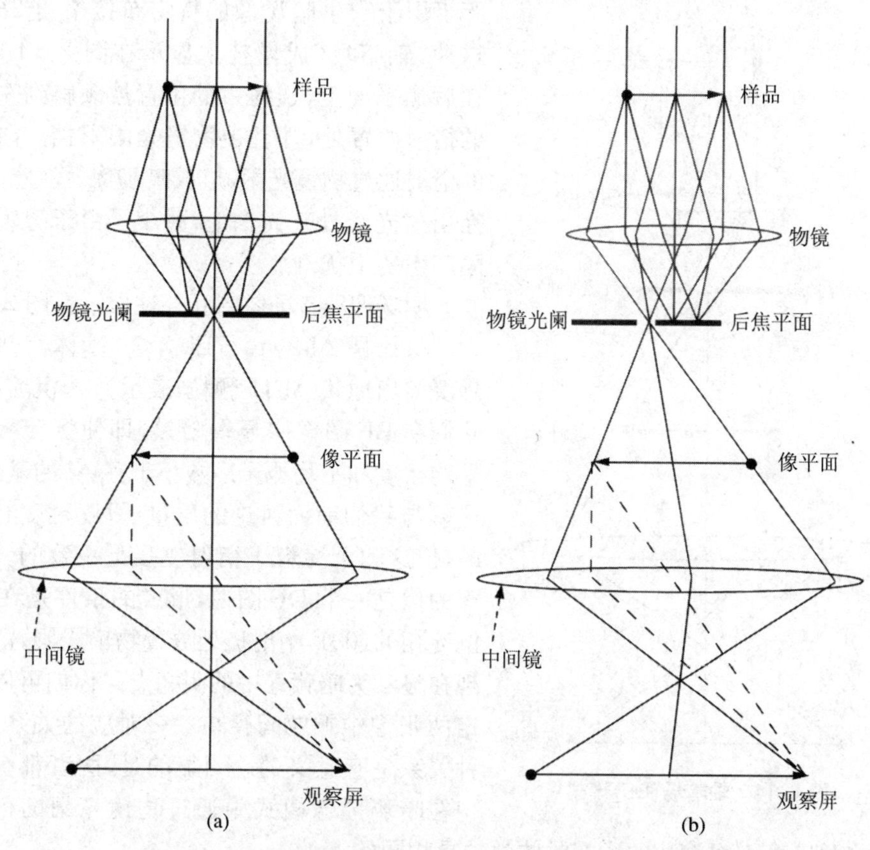

图 2.12　(a) 明场(BF)模式;(b) 非中心暗场(d-DF)模式

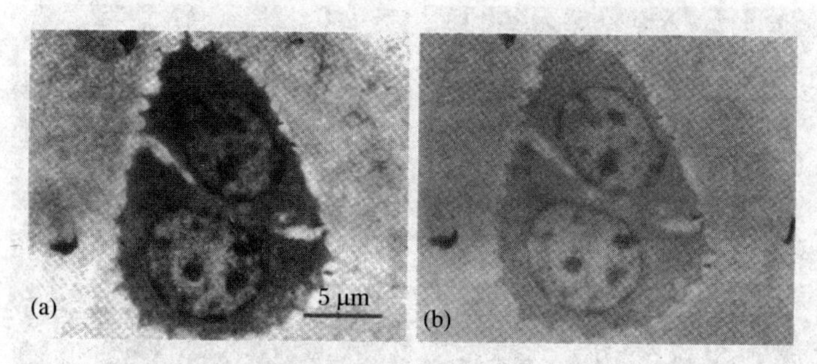

图 2.13　(a) 有物镜光阑的明场像;(b) 无物镜光阑

图 2.12(b)的暗场技术称为“非中心”暗场技术。磁透镜远非理想的薄透镜,光线倾斜离开光轴越远,电子射线被磁透镜弯曲的准确程度就越差(这是球差,将在 2.7.1 小节中讨论)。在任何情况下,最好的成像条件是保持光线接近光轴并且

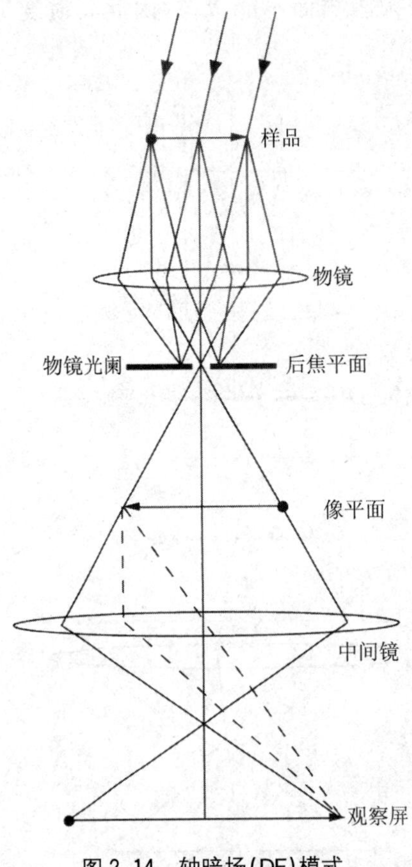

图 2.14　轴暗场(DF)模式

平行于光轴①。获得高分辨暗场像的方法是适当倾斜入射到样品上的光线，倾斜角应该等于用于产生暗场像的特定布拉格角 $2\theta_B$，这种“轴暗场”成像技术显示在图 2.14 中。在后焦平面上，透射束的位置被倾斜到左边的衍射位置处，并且被物镜光阑阻挡。向右的衍射通过物镜光阑，形成暗场像。注意，现在衍射光线处于光轴上，减小了由于透镜缺陷产生的干扰。

明场像和暗场像的互补性展示在图 2.15 中。材料是 Al-2wt.%Li 合金，基体经热处理沉淀出球状 Al_3Li 颗粒，表示为 δ' 沉淀相，它们在 BF 图像中显得暗黑，即使沉淀相的平均密度和平均原子序数小于富 Al 的基体。这就与我们前面讨论的质量-厚度衬度有分歧，但这和沉淀粒子衍射较强是一致的。右面的像是一个 DF 图像，形成的条件是在 δ' 沉淀相的(001)衍射斑处放置物镜光阑，沉淀现在显示为暗背景中的明亮点。你们可以肯定两张像中颗粒间存在一一对应的关系，这种关系是有意义的。明显的是，两者都会产生在暗场成像模式中通过物镜光阑的衍射束，这意味着 δ' 沉淀相的所有晶体学轴是相同的。

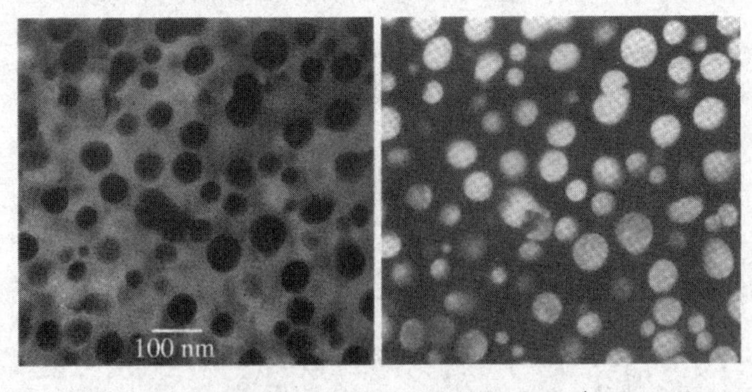

图 2.15　在 80 000× 放大倍率下 Al-Li 合金内的球形 δ' 沉淀相。(a) 明场像；(b) (100)衍射条件下的对应 δ' 沉淀相的 DF 图像

① 实际上，这两个要求基本是相同的。为了清楚起见，光路图已经水平放大。事实上，图 2.12 内的样品箭头约为 10^{-4} cm，从样品到物镜的距离约为 10^{-1} cm，衍射角度为 10^{-2} rad。

在显微镜中,典型的物镜光阑的直径是0.5~20 μm,光阑可以高精度地移动并且可以在后焦平面上选定的衍射点上放置。放置一个物镜光阑需要改变电镜的操作模式(在下节中介绍)。在衍射模式下,衍射花样和光阑的图像可以在观察屏上看到。物镜光阑随之可以移动到所需的位置,物镜光阑位置适当后显微镜切换到成像模式,形成暗场或明场像。

2.3.2 选区衍射

图2.16是利用我们简化的TEM得出的衍射花样的光路图,此时中间镜聚焦在物镜的后焦平面上,这可以利用人为的短划线和箭头来进行确定。透射束和所有衍射束全部参与成像。

第二个光阑,即位于物镜像平面的"中间镜光阑",是一种精化样品选区衍射花样的方法。这种选区衍射(SAD)通常以下述方法形成:首先在图像模式下检查样品,直到感兴趣的特征被发现(图2.16中的箭头),插入中间光阑并靠近它(由于球差可能需要使物镜略微欠焦以保证SAD来自感兴趣区,参见习题2.16)。随后将显微镜调整到衍射模式,在屏上出现的SAD图样来自于图像模式下的选定区域(实心箭头的顶端)。SAD可在约10^{-4} cm直径的区域内进行,但由于物镜球差的存在,此技术限制在略小于此直径的范围。对于实际的"纳米衍射"工作,则需要用到纳米光束技术,比如会聚束电子衍射(CBED),这将在随后以及第7章讨论。

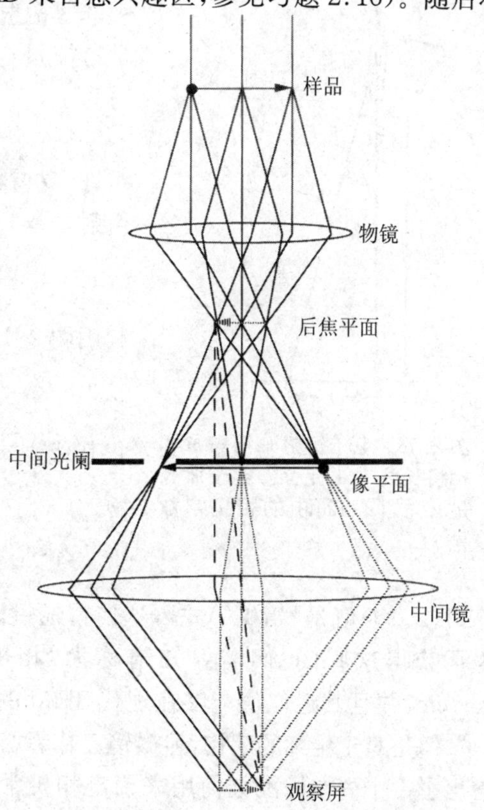

图2.16 选区衍射(SAD)模式。请跟踪射线以确定中间光阑提供取样的透射和所有衍射光线

图2.17中的一系列照片图示说明了BF,DF,SAD方法的互补性。左边的图像是一个从Coke™罐头的Al合金材料中电解提取出的小颗粒BF像。在同一显微照片中,位于颗粒周围的SAD光阑图像是两次曝光成像。显微镜随之切换回衍射模式以获得中间的SAD图样。物镜光阑放置在箭头所指的亮点周围,在入射照明适当倾斜之后,显微镜再切换到成像模式。如右边图像所示,颗粒显示为明亮斑点,证实了这个颗粒产生

了物镜光阑中的衍射斑点，对衍射花样的进一步分析说明这个颗粒是 $Al_{12}Mn$。

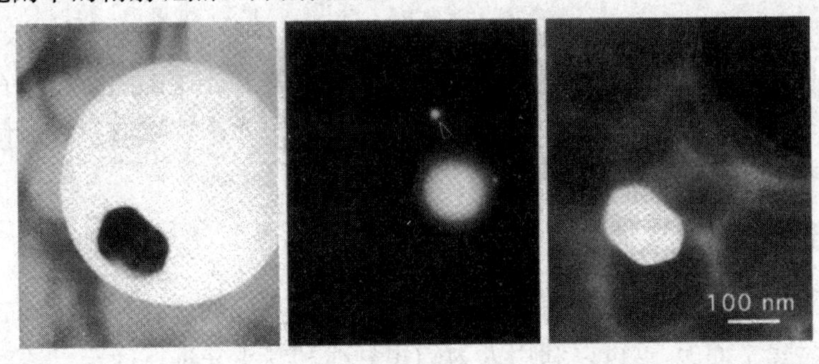

图 2.17　左图：电解提取获得，并由碳膜支撑的 $Al_{12}Mn$ 颗粒 BF 像（66 000×放大）；中间：在左图中放置一个 SAD 光阑，由明亮圆环区域获得的 SAD 图样；右图：来自于中间图像中用箭头标记颗粒的衍射斑点的 DF 像[6]

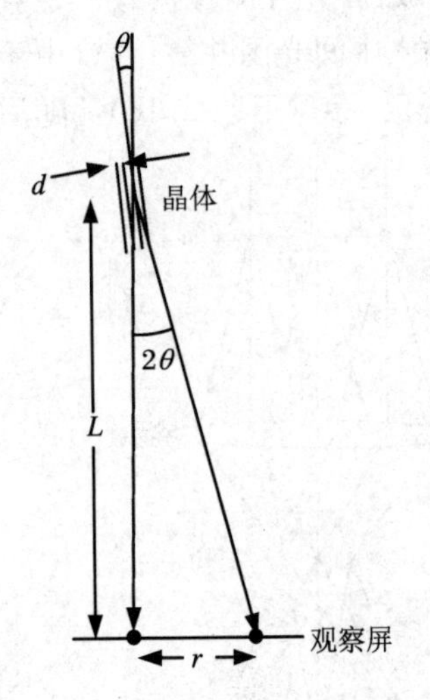

图 2.18　电子衍射几何关系和相机长度 L 的定义。电子波长是 λ，式（2.10）中的相机常数是 λL

我们可以利用观察屏上衍射斑点间的距离测定晶面间距，为此需要"相机等式"。考虑图 2.18 中选区衍射花样的几何关系，它给出了显微镜光学特征量——"相机长度"L，于是布拉格定律可写为

$$2d\sin\theta = \lambda \tag{2.6}$$

对许多材料的 100 keV 电子（$\lambda = 0.037$ Å）的低阶衍射，$\theta \approx 1^\circ$。对这样的小角，有

$$\sin\theta \approx \tan\theta \approx \frac{1}{2}\tan 2\theta \tag{2.7}$$

利用图 2.18 的几何关系，即

$$\tan 2\theta = \frac{r}{L} \tag{2.8}$$

将其代入式（2.7），于是式（2.6）为

$$2d\,\frac{1}{2}\,\frac{r}{L} = \lambda \tag{2.9}$$

$$rd = \lambda L \tag{2.10}$$

等式（2.10）就是"相机等式"，这使得通过测量斑点间距 r 可以确定晶面间距 d。为了获得这些，我们需要知道称为"相机常数"的乘积 λL，它的单位通常是 Å·cm，并且其近似值能够在现代 TEM 的控制台输出显示屏上读出。

但是对于精细的工作，显微镜工作者必须进行相机常数的校准。在图 2.19 中给出了一个内在标准如何用来确定相机常数的实例。在溶液中，一个 poly-DCH 聚合物薄晶体生长在非晶碳支持膜上。相机常数确定的内在标准是蒸镀到样品上的银薄层。图 2.19 给出了薄聚合物晶体的衍射花样（离散斑点）以及来自银的衍射圆环。既然我们知道银的晶面间距，我们就能够在衍射花样上测量圆环并利用

图 2.19　在通过蒸镀金属银润湿的研究中得到的 poly-DCH 薄晶体的位于[102]晶带轴的 SAD 衍射花样。银并没有润湿聚合物，但形成了在图像中适合产生衍射圆环的小液滴；注意这个图像与图 1.9 的相似性

式(2.10)得到 λL。在知道 λL 以后，我们能够测量从原点到聚合物的距离(r 值)以确定聚合物晶面间距。同样，我们可以测量斑点之间的角度来标定衍射花样，详细过程将在第 7 章中讨论。

总结：TEM 的常规模式

明场像(BF)

- 物镜光阑穿过透射光束；
- 中间镜光阑移出；
- 图像由物镜像平面构成。

暗场像(DF)

- 除了物镜光阑穿过衍射光束之外，其余与明场相同。

衍射衬度

- 在适当的 DF 内衍射的区域显示为亮的，在 BF 内是暗的；
- 在 DF 内没有衍射的区域是暗的，在 BF 内是亮的。

选区衍射(SAD)

- 物镜光阑移出；
- 中间镜光阑穿过选择区域图像；
- 图像由物镜后聚焦平面构成。

2.3.3　会聚束电子衍射

现代 TEM 的聚光镜系统使得样品辐照存在多样性成为可能。入射光束(角度发射及其有效截面)的形状可被精确控制，甚至能够随时间调制。会聚束电子衍射(CBED)技术体现了这些实际能力，并且成为一个对仅有几纳米的区域进行真正纳米衍射的重要技术。在 CBED 中，入射光束由在一起工作的聚光镜和物镜前场共同会聚(因此物镜焦距随着照明的改变而发生变化)，这如何协作的细节是特殊仪器的工作。

图 2.20 表示常用的平行照明和 CBED 照明的对比。在平行照明情形下，衍射光束形成了平行光线。在 CBED 中，入射光线以不同角度进入样品，但是这个角度范围是很小的，并且实际上在入射圆锥中所有的电子能够

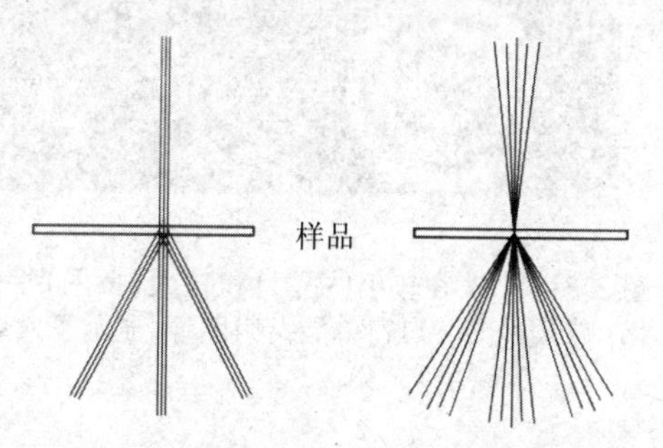

图 2.20　(a) 常用 TEM 图示；(b) 会聚光束图示

被衍射，至少是朝向某一角度。衍射光束以一些发散圆锥离开样品，非常典型的是在宽度上小于1°。这些圆锥截面随着它们沿着显微镜柱体向下运动而变大，并在观察屏上形成圆盘。这些在荧光屏上的圆盘排列与常规的衍射花样是相同的。

CBED 圆盘内的强度并不均匀。这些圆盘内的线和结构的细节在结晶学和 TEM 方面是非常有用的，这些深入的概念将在第 7 章中进一步解释，但在这里先给出一些作为铺垫。圆盘内图像的对称性可用来得到关于晶体结构点群对称性的信息。举个例子，图 2.21 给出了[111]晶带轴取向 Si 的 CBED 衍射花样。常规的[111]金刚石型立方衍射花样(图(b))具有六重旋转对称性，在 CBED 图像内白色圆盘的基本排列没有显示出六重对称性。另一方面，朝向图像外面的虚线、明亮圆环显示了三重旋转对称①。这个三重对称性是金刚石型立方晶体，在[111]取向上(或者任何一个在拐角平衡的立方体)具有真正的三维对称性，但是如果晶体结构投影到二维平面上，比如在图 2.21(b)所看到的常规衍射花样，这种对称性就消失了。图中的插图是利用一个较大相机长度获得的中心 000 圆盘的放大图像，强度条纹圆环与样品厚度相关。穿过 000 圆盘的完美黑色"缺陷 HOLZ 线"显示出晶体对称性信息，并能够被用来确定点阵常数。注意，它们同样可以展现三重对称性。显然，CBED 图像能够给出晶体第三维度的信息，并不仅仅是所期待的指向单个布拉格衍射的原子柱的二维投影图。

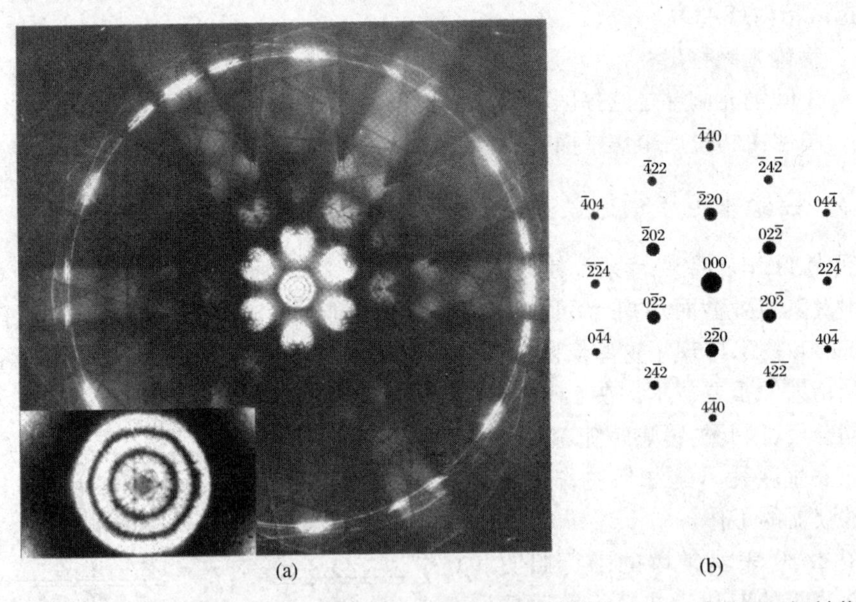

图 2.21　(a) 在较小(主图)和较大(插图)相机长度下获得的 Si [111] CBED 衍射花样；(b) 常规的 Si [111]单晶衍射图像，显示了六重对称性

① 请利用一分钟的时间在这个虚线外部圆环周围勾画出轨迹以确定其三重旋转对称性。

2.3.4 纳米束衍射

前面的部分说明了主要受探测尺寸限制的会聚光束，如何能用来获得材料在非常局部区域的晶体结构信息。对于典型的TEM或STEM聚光镜光阑尺寸，需要形成小探测尺寸以能够在衍射花样上产生圆盘而不是斑点的大会聚半角。现利用一个小的聚光镜光阑（直径大约5 μm），并且调整样品的前光轴，在样品上以典型的显微镜探测尺寸形成一个会聚角度小于1 mard、近似平行电子光束是可能的。在今天带有 C_s 校正器的TEM/STEM系统内，这意味着能够在直径小于0.5 nm的区域获得通常的衍射（斑点）图样。这个能力对于在材料小块体积上的衍射测量是非常重要的，比如有序的纳米颗粒（例如习题2.9）。同样，这个能力对于在金属玻璃中确定局部有序也是很重要的。图2.22给出了一个这样的实例，直径为0.36 nm的光束扫描过 $Zr_{66.7}Ni_{33.3}$ 金属玻璃，斑点图像记录在一个TV速率的CCD照相机上。实验获得的斑点图像与由局部Zr和Ni原子团簇的分子动力学模拟的计算衍射图像相比较，如图2.22所示。观察到的结果提供了表面上无序的金属玻璃局部原子有序的强有力证据，而且与金属玻璃具有短程和中程有序的最新团簇模型的早先预测是一致的。

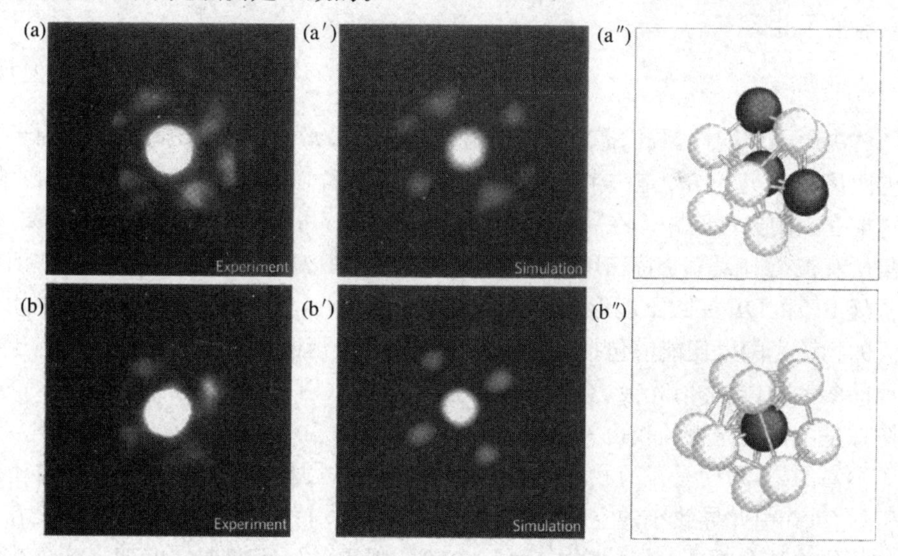

图2.22　由纳米束衍射和计算机模拟确定的玻璃态 $Zr_{66.7}Ni_{33.3}$ 局部原子结构。(a)(b) 实验纳米束衍射图像；(a′)(b′) 由显示在(a″)和(b″)中相应的原子团簇得到的模拟纳米束衍射图像

2.3.5 高分辨图像

明场和暗场技术不能用来形成图2.23内原子柱的“高分辨”TEM图像。高分辨TEM（HRTEM）是第11章的主题，但在这我们先预习一些相关概念，根据傅里

叶变换可以对高分辨图像有最好的理解。第 6 章将给出衍射电子波函数 $\psi(\Delta \boldsymbol{k})$是材料的散射因子分布 $f(\boldsymbol{r})$的傅里叶变换。函数 $f(\boldsymbol{r})$遵循材料内的原子排列,并且可证明 $\Delta \boldsymbol{k}$ 是图 1.6 中的衍射矢量。样品内原子的实空间排列傅里叶变换 $\boldsymbol{F}[f(\boldsymbol{r})]$是

$$\psi(\Delta \boldsymbol{k}) = \boldsymbol{F}[f(\boldsymbol{r})], \quad f(\boldsymbol{r}) = \boldsymbol{F}^{-1}[\psi(\Delta \boldsymbol{k})] \tag{2.11}$$

前向和反向傅里叶变换的清晰显式分别是

$$\psi(\Delta \boldsymbol{k}) = \frac{1}{\sqrt{2\pi}}\int_{-\infty}^{+\infty} f(\boldsymbol{r}) e^{-i\Delta \boldsymbol{k}\cdot \boldsymbol{r}} d^3 \boldsymbol{r} \tag{2.12}$$

$$f(\boldsymbol{r}) = \frac{1}{\sqrt{2\pi}}\int_{-\infty}^{+\infty} \psi(\Delta \boldsymbol{k}) e^{+i\Delta \boldsymbol{k}\cdot \boldsymbol{r}} d^3 \Delta \boldsymbol{k} \tag{2.13}$$

在这本书的整个篇幅中,读者应熟悉式(2.12)和式(2.13),但现在重要的一点是,式(2.13)显示了 $f(\boldsymbol{r})$的所有细节包含在应该存在于样品内的电子波函数 $\psi(\Delta \boldsymbol{k})$内。不幸的是,为获得完整的空间细节,对式(2.13)在($-\infty$,$+\infty$)范围的 $\Delta \boldsymbol{k}$ 积分界限内进行傅里叶变换是必要的。

尽管能够用在物镜后聚焦平面的物镜光阑对 $\Delta \boldsymbol{k}$ 的范围进行选择,但这个光阑同样会截断式(2.13)的傅里叶变换。一个 $\Delta \boldsymbol{k}$ 小范围形成的图像仅仅能够显示长程范围的空间特征。对于选择了一个 δk 范围的物镜光阑,图像内的最小空间特征具有的尺寸为

$$\delta x \approx \frac{2\pi}{\delta k} \tag{2.14}$$

为了解决原子周期性,我们需要一个合并范围 $\delta k \approx 2\pi/d$ 的光阑,此处 d 是原子之间的距离。事实上,δk 是一个“倒易空间矢量”,或者在 k 空间内第一衍射斑点距离透射光束的典型间距。在获取明场和暗场图像时,可利用一个比较小的光阑,以收集所有被衍射到一个特殊斑点的电子。在 k 空间内随后截断意味着 TEM 图像的常规 BF 和 DF 模式不能形成高分辨图像。实际上,获得高分辨图像需要利用足够大的物镜光阑以便能够包括透射光束和至少一个衍射光束。为提供一个电子波阵面的参考相位,透射光束(更准确地,应是“向前散射”)是必需的。事实上,高分辨图像是由衍射光束的相位关系形成的干涉图像①。

不幸的是,即使是没有物镜光阑,在观察屏上的图像对任意大的 Δk 也并不是非常适宜,并由此导致小的空间分辨率。尽管物镜保持着衍射波的强度,但是在它们的相位关系上总是存在畸变,并且这个畸变随着 Δk 的增加而增加。这个相位畸变 $W(\Delta k)$取决于物镜的球差,这些波更远地偏离光学轴(即较大的 Δk),这是非常糟糕的。实际上,较大数值的 Δk 对于图像形成是不可用的。本质上,物镜的缺陷删去了 k 空间的有用范围,随之而来的结果是,最为先进的 TEM 空间(点)分

① HRTEM 图像的辐射模拟比是合适的。向前光束充当载体,衍射光束作为调制频带。不以与参考相位相反的方向敲击频带,比如载体,则频带内的歌曲(相应于样品周期性信息)不能被听到。相应于常规的 BF 或 DF 图像,频带内的整体强度可通过横穿样品进行测量,但是没有向前光束的参考,相位信息是缺失的。

辨率在很多年内被限制在 1.5 Å 左右。但是在 2000～2005 年，在电子光学和计算机处理方面的进步使得物镜球差的校正得以实现，可获得的空间分辨率直线下降到 0.8 Å 左右，这对于 HRTEM 是一个显著的突破，对材料内原子排列的成像也是一个重要突破。

高分辨图像对于确定晶体内单个缺陷，以及研究界面处的原子排列是最有用的。例如在面心立方 Al 内，一个大家熟知的“弗兰克(Frank)填隙环”缺陷可在图 2.24 中看到。为了看到弗兰克填隙环，请利用近似平行于纸面的直线，沿原子水平行观察。在接近图片中心的区域会发现原子的额外晶面，并且这个额外晶面能够通过沿着缺陷边缘绘制的“伯格斯(Burgers)回路”进行量化。如果以垂直方向扫视这个图片，可以看到原子行在额外晶面区域位置是如何扭结的。因为这个密排{111}晶面的堆垛序列在缺陷位置被扰乱，这称为“堆垛层错”(其他堆垛层错能够通过沿着图 2.23 中 GaAs 的高分辨图像内原子行观察来识别)。许多年前就提出了这样缺陷的原子模型，但是就在最近，这些缺陷的原子结构才可以借助高分辨 TEM 直接观察到。

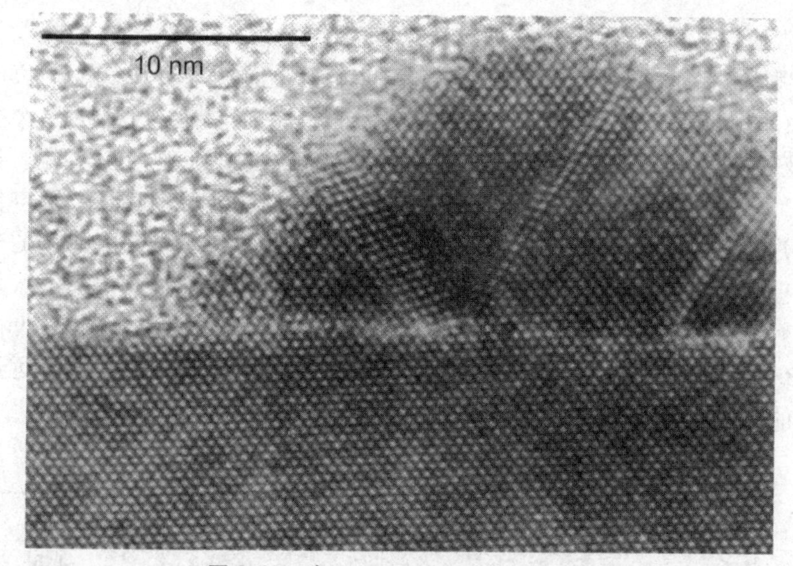

图 2.23　在 Si(100)基底上的 GaAs 岛

图 2.24　在面心立方 Al 内，沿(100)晶带轴观察到的弗兰克环

永远不要忘记高分辨图像是衍射和向前散射电子波函数之间的相互作用图

像，它们以非直观的方法受到聚焦和样品厚度的相互影响。高分辨图像的解释涉及样品和显微镜的计算机模拟，以及这些模型与实验图像的拟合。图 2.23 中黑色背景上的白色球体能够变成在白色背景上的黑色球体，并且当聚焦、光束倾转和样品厚度变化时，它们中的一部分甚至能够改变它们表观的间距。如果依据原子位置对图像进行解释，这些参数和显微镜的其他操作条件必须准确确定。没有高分辨图像的完整解释，也许可以明智地避开相差显微镜，并由电子衍射图像获得晶体学信息。

2.4　实际 TEM 光学

2.4.1　电子枪

通常放置在显微镜柱体接近顶部的照明系统提供入射电子，并控制电子在样品上的强度和角度的会聚。相对于显微镜柱体，电子源处于一个较大的负电势偏压(例如 − 100 000 kV)，并驱动电子离开其表面。许多年来，电子源是一个急剧弯曲的钨丝。当钨丝被电加热时，由于面积减小和较高的电阻率，在其尖端可达到最高温度。在较高温度的时候，部分电子接收到足够的热能，以克服钨/真空界面的功函数并离开金属，这是一个带有速率与玻尔兹曼因子 $e^{-\Phi/(k_B T)}$ 成比例的热电子发射过程，这里 Φ 为在表 2.1 中所列出的功函数。灯丝温度的提高将大大增加电子的发射，但是这也会导致灯丝材料的蒸发并减少灯丝的寿命。由于较低的功函数，LaB_6 成为热发射电子枪的较佳材料。相比于钨，LaB_6 的较低功函数远远胜过其较低的操作温度。

表 2.1　电子源的一些特征

发射材料	热电子 W	热电子 LaB_6	肖特基 ZrO/W	场发射 W
功函数(eV)	4.5	2.7	2.8	4.5
工作温度(K)	2 800	1 400～2 000	1 600～1 800	300
发射电流密度(A/cm^2)	1	10^2	10^3	10^5
电子枪亮度($A/(cm^2 \cdot sr)$)	10^5	10^6	10^8	10^9
截面直径(μm)	30	10	0.01	0.01
能量宽度(eV)	2	1.5	0.3～0.8	0.2～0.4
使用寿命(h)	约 50	约 1 000	约 10 000	约 1 000
真空要求(Pa)	10^{-2}～10^{-3}	10^{-3}～10^{-4}	10^{-7}～10^{-8}	10^{-8}～10^{-9}

在大部分TEM的热离子三极管电子枪的应用中,来源于灯丝的电子受到由韦内尔特(Wehnelt)电极提供的静电场强烈影响①。负偏压韦内尔特电极限制电子的发射,并且将那些向正极(处于接地电位)方向加速的电子聚焦到交叉截面(图2.25)。通常,韦内尔特电极是电"自偏压"的。图2.25显示了显微镜内电流穿过"偏压/发射电位器",电流越大,在韦内尔特电极上的负偏压越强,这进一步加大了电流的"阻塞"。例如,这个"自偏压"设计提供了校准发射电流的有利条件,相对于灯丝温度上的波动这能够保持稳定。这个设计对于可用灯丝加热最大可用电流设定了一个重要限制——一个在实际中可以观察到的限制。当开启电子枪操作时,在观察屏上能够获得一个灯丝图像。在灯丝随着电流增加被加热直到"饱和"时,可观察到这个图像会变亮。超过饱和后,自偏压行为抑制任何随着额外灯丝加热的亮度增加。超过饱和后继续加热灯丝会增加灯丝的温度,但这反而会缩短灯丝的寿命。

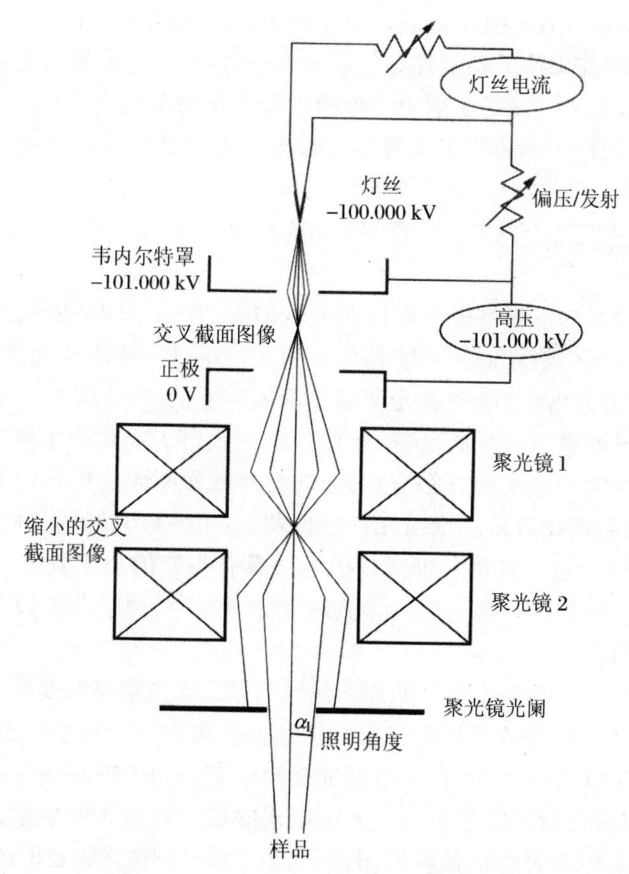

图2.25 一个包括热电子三极管枪和两个聚光透镜的TEM的照明系统

① 韦内尔特电极与三极管电子管的"栅极"(或者"电子阀门")相类似。

一些电子枪的特征列在表 2.1 内。在冷场发射电子枪(FEG)内,正电极放置在接近突出的场发射尖端,并且在尖端的强电场可使得一些电子克服金属尖端(通常由钨构成)的功函数。冷场发射电子枪是一个很好的照明点光源,而且不需要第一聚光透镜的缩小行为。冷场发射电子枪的另一个重要优势是热能量扩散的缺失,因此电子光束具有很高的单色性。尽管冷场发射电子枪在这些方面具有接近理想的性能,但是它需要一个超高的真空系统,借助被加速到尖端(尤其是在较高电场内)或者被吸收到尖端(使发射不稳定)的原子气体离子来抑制尖端的损害。

利用加热尖端,场发射电子枪的电场要求和苛刻的真空要求能够显著降低。然而由于在强电场存在的情形下功函数降低,因此尖端的温度低于热电子发射的温度,这个现象称为"肖特基(Schottky)效应"。热场发射电子枪,有时称为肖特基效应枪,典型地利用覆盖在金属 W 尖端上的 ZrO 薄层来降低功函数。相比于热电子枪,热场发射电子枪提供了一个较小的照明光源和较高的亮度,因此可用来在样品上形成非常小且强的电子光束。由于加热尖端"蒸发掉"任何被吸收的污染物或离子,因此可增加尖端的稳定性和污染的抵抗力,在这方面热场发射电子枪比冷场发射电子枪有优势。热场发射电子枪的性能特征使其成为现代分析型 TEM 的一个较好选择,而对于主要用于成像和衍射实验的 TEM,LaB_6灯丝是一个较为便宜的选择。

2.4.2 照明透镜系统

在电子通过韦内尔特电极下面的交叉截面后,它们以较高的速度穿过阳极并进入聚光镜组。第一聚光镜的功能是自韦内尔特罩进一步缩小交叉截面,形成一个更好的照明"点光源"。照明点光源总是令人满意的,当在样品上获得一个非常完美的聚焦电子光束时最明显,这对于 CBED 和光谱工作是非常典型的。这个缩小随着第一聚光镜的强度增加而增加,如同交叉截面图像的位置向靠近透镜方向移动(比较透镜公式(2.1))。目前在许多仪器上,第一聚光镜的控制称为"光斑尺寸"(spot size)键。进入到第一聚光镜的电子具有很宽的角度发散,因此这个"C1 透镜"通常需要像散补偿,这一般在检查饱和条件时,可通过调整以获得最尖锐的灯丝图像来进行。

第一聚光镜之后的缩小交叉截面图像作为第二聚光透镜的照明点光源。改变第二聚光透镜(C2)的强度可以使光束在样品上会聚到一个较小斑点,以扩展为一组平行光线入射到样品上,或者甚至形成会聚圆锥。为了控制在样品上会聚光束的数量,在第二聚光镜之后放置一个光阑以消除那些导致大部分聚光透射色差的离轴光线。光束的照明角 α_I能够根据图 2.27 中对于物镜光阑角的描述方法,在照相底片上进行测量。

离开电子枪的电子束流被聚光镜系统内的光阑进一步降低。样品上的典型电流在 10^{-8} A 量级,这大约是 10^{11} 个电子/s。100 keV 的电子大约以光速一半的速

度 10^{10} cm/s 行进，因此我们发现电子中心的平均间隔为 10^{-1} cm。然而电子并不是单纯的点，所以为了得到电子间的平均间距，我们必须要考虑电子波包的长度。电子波的能量扩散大约是 1 eV，因此 100 keV 的电子具有一个包含有 10^5 个波长的相干长度。利用 100 keV 电子的 0.037 Å 波长，我们能够得出电子波包的长度为 10^{-5}～10^{-4} cm，小于电子间的平均间距，因而我们需要考虑作为每次以一个电子出现的电子和样品之间的相互作用①。

2.4.3　成像透镜系统

1. 反演与光阑

在 TEM 仪器中的真实成像透镜系统远比图 2.11～图 2.16 的简单两透镜模型复杂得多。图 2.26 中显示了带有三个图像反演的真实成像透镜系统和有些复杂的光路图（同样也参见习题 2.4 的简图）。通常，物镜系统由两片极靴及位于其中的样品构成，因此在样品前面和后面都会出现聚焦行为。与中间镜连接的衍射透镜用于控制相机长度，投影镜（或镜组）对图像以 30 或更大的一个因子进行额外放大。穿过这些透镜的电流随着放大倍率而变化，并且根据放大倍率或者操作模式，这些透镜能够开启或关闭。图像和衍射花样之间的取向关系或许不是非常明显，为了理解一些特殊的显微镜光学，参考制造厂商操作手册的光路图是非常必要的。

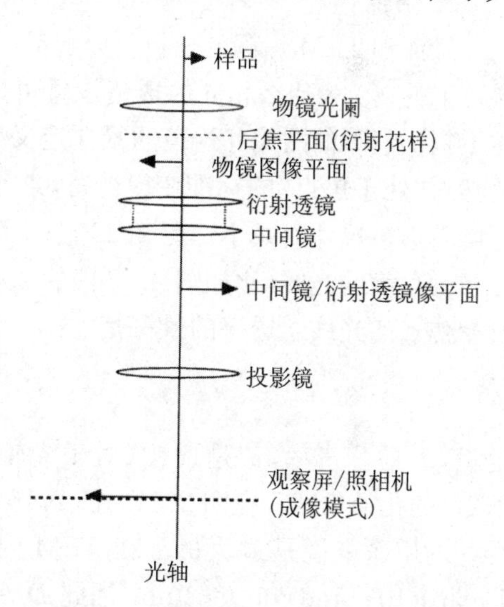

图 2.26　一个现代 TEM 可能的成像透镜构造。衍射透镜和中间镜协力地操作，并且能够用来在物镜的后聚焦平面或成像平面上获得图像。这里用来在成像平面获得图像

物镜光阑常常用在成像过程中，通常知道物镜孔径角度 α_{OA} 是非常必要的。在 2.2.1 小节中讨论的这个角度，可借助在标准样品的衍射图像上叠加一个光阑图像非常容易地测量，比如显示在图 2.27 中的 Au。物镜孔径角度 α_{OA} 与衍射圆环的布拉格角度 2θ 的比例与光阑半径 r_{OA} 和衍射圆环半径 r 相关，即有 $\alpha_{OA}/(2\theta)=r_{OA}/r$。

① 牢记电子衍射涉及单个电子波峰间的相互作用（即自相互作用）是非常重要的。如果两个或更多个高能电子同时出现在样品内，由于电子是费米子，因而彼此间没有波相互作用。我们可以由与样品发生作用的单个电子对强度进行测量。

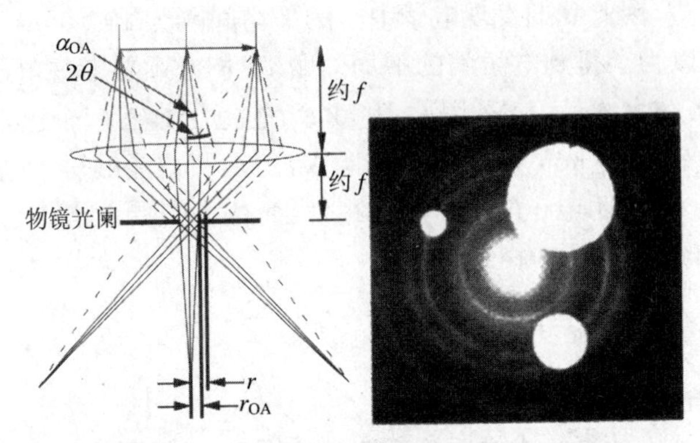

图 2.27　(a) 物镜孔径角度的几何关系；(b) 通过对比多晶金的 2θ 衍射角度来测量孔径角度[12]

2. 景深

景深和 TEM 焦深的分析可以解释：① 为什么在 TEM 样品的整个厚度上成像是可能的；② 为什么相同的透镜设置可以在间隔几厘米的观察屏、感光板和摄影机上提供清晰的图像。透镜的景深定义为在焦点位置上成像的物镜距离的范围。既然对“处于焦点”的标准变得严苛，景深 D_1 随着透镜分辨率改善而减小，同样景深随着透镜尺寸而减小。图 2.28 显示了 D_1 在物镜平面位置上存在误差，距离光轴较大角度的光线(比如图 2.28 内的 2α)是那些在成像平面上大部分偏离它们正常聚焦点的光线。透镜的景深是

$$D_1 = \frac{d}{\alpha} \tag{2.15}$$

这里，d 是分辨率，α 是透镜(对于光轴获得最大角度的入射光线，图 2.8 和图 2.27)的孔径角度。在图 2.11～图 2.16 和图 2.28 中，相对于光轴的电子角度，就照明的用途来说是过大的。在 TEM 内较小的光阑尺寸和电子波长，比如 $\alpha \approx$ 1 mard(10^{-3} rad)和 $d \approx 1$ nm，因此 $D_1 \approx 10^3$ nm 或 1 μm。通常 TEM 样品的厚度为100 nm量级，所以样品在物镜景深内是适当的。

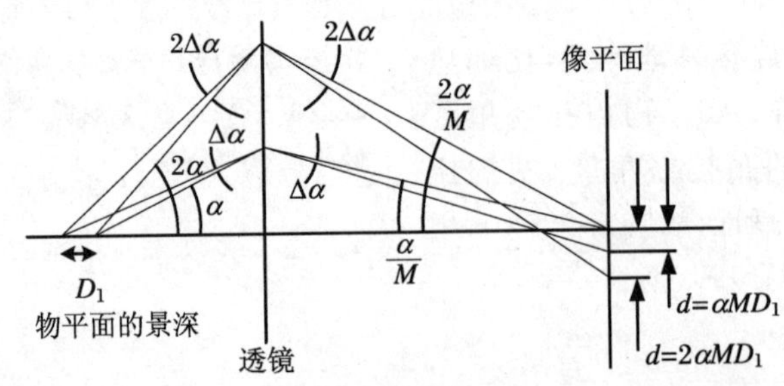

图 2.28　成倍的光阑角使得在像平面非锐焦点加倍。这幅图中假设采取小角度近似，为了清楚起见已在垂直方向上放大。这幅图证明了比例 $D_1 \propto 1/\alpha$，但是对于右边的表达式，参见习题 2.7

3. 焦距

同样,焦距是图像正焦出现在透镜图像平面上的距离范围。焦距 D_2 与式(2.15)中的景深,通过放大倍率 M 联系在一起:

$$D_2 = \frac{dM^2}{\alpha} = M^2 D_1 \tag{2.16}$$

与实物平面的景深相比,焦距的额外因子 M^2 变大,这是因为:① 图像以因子 M 放大,因此确定图像平面的光线交叉截面较在实物平面的交叉截面,随着 D_1 移动快 M^{-1} 倍;② 会聚在图像上同一个点、不同角度光线的共有角度小于它们离开实物平面时的 M 倍。图 2.29 中的光路图在几何学上证明了因子 M^2(同样参见习题 2.7)。对于典型的 10 000× 放大,$\alpha \approx 1$ mard 和 $d \approx 1$ nm,则可以得到 $D_2 \approx$ 100 m。处于正焦的清晰图像能够出现在观察屏和在其下面的照相机上。

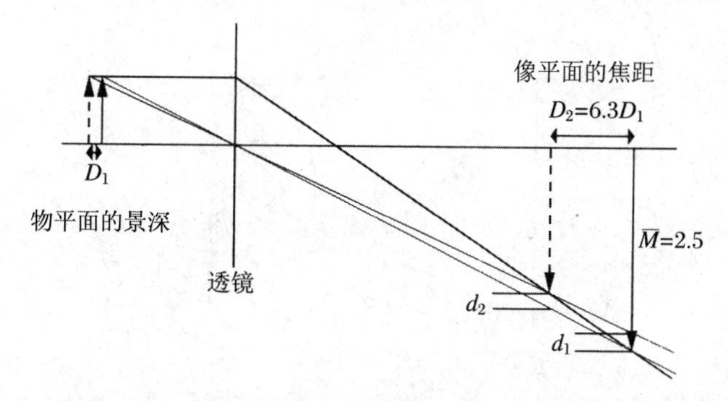

图 2.29　对于小角度和小的 D_1 和 D_2,间距 d_1 和 d_2(代表着非锐焦点)近似相等。间距 d_1 是由目标以 D_1(即景深)偏移引起的非锐焦点。间距 d_2 是来自于像平面的 D_2(即焦距)错位的非锐焦点。这个光路图具有约 2.5 倍的放大,并且焦距大约是景深的 $2.5^2 = 6.25$ 倍大

2.5 玻璃透镜

2.5.1 接触面

在讨论不熟悉的磁透镜之前,回顾一些玻璃透镜的事实是非常有帮助的。光波在材料内的速度以一个等于折射率倒数的因子而减小①。当一束光线穿过空气进入玻璃时,波前的速度以因子 n_1/n_2 而减弱,此处 $n_1(n_1 \approx 1)$ 是空气的折射率,$n_2(n_2 > 1)$ 是玻璃的折射率,但是光线的频率保持不变,因此在两种介质中的光线

① 11.1 节解释了波前是如何由材料内散射引起的相位延迟而减缓的。

波长一定以下面的关系式相联系：

$$\frac{\lambda_1}{\lambda_2} = \frac{n_2}{n_1} \tag{2.17}$$

并且在玻璃中光波波长要短一些。

空气中光波的电磁场驱动相邻玻璃内的电磁场，因此波矢间的间距在空气/玻璃接触面的两边一定是相同的。图 2.30 中显示了波矢的匹配——为了在玻璃内调和一个较短的波长，光线的方向 $\hat{\boldsymbol{k}}_2$ 朝着表面法线方向弯曲。沿空气/玻璃接触面两边的波前之间的间距 l 是相等的，因此角度 θ_1 和 θ_2 与波长的关系是

$$\lambda_1 = l\sin\theta_1 \tag{2.18}$$

$$\lambda_2 = l\sin\theta_2 \tag{2.19}$$

将式(2.18)和式(2.19)代入式(2.17)，得到斯涅耳(Snell)定律：

$$n_1\sin\theta_1 = n_2\sin\theta_2 \tag{2.20}$$

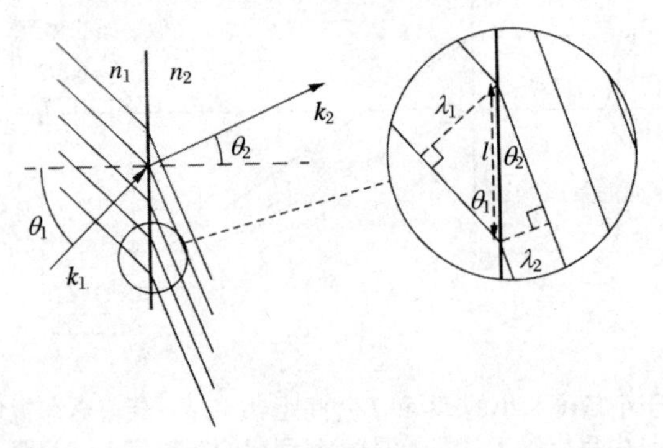

图 2.30　在 $n_1 < n_2$ 的两种介质接触面处的波矢匹配。这些波矢用在垂直的接触面处匹配的一组平行光线标出

2.5.2　透镜与光路

玻璃透镜借助弯曲表面聚焦光线。为了获得如图 2.6 或图 2.7 所示的功能的透镜，每一条入射到透镜的光线必须以一个依赖于它们距离光轴间距的角度弯曲。考虑图 2.31 中的对称性排列，这里小的实物和图像到透镜中心的距离是相等的。借助这个排列的对称性，在光线处于透镜之内时光线一定沿着平行于光轴方向传播。对于一条特殊的离轴光线，如果相对于光轴倾转接触面，我们就可以获得带有图 2.30 中平滑接触面的恰当弯曲。然而一个平滑接触面仅仅提供一个倾转角度，但是不能对所有角度的光线提供恰当弯曲。进一步从光轴倾斜的光线需要较大的角度弯曲，因此必须延伸透镜的一部分，使得其表面法线由光轴倾转的角度更大。我们需要一个弯曲的透镜以使得在远离透镜中心移动时，透镜表面的倾斜角度大一些。对于聚焦，玻璃透镜具有一个凸起的曲率，并且根据对称性，透镜的后边一定具有相反的曲率。沿着光轴传播的光线不会被弯曲，因此这类光线一定碰到法

线平行于光轴的表面。

为分析光线在弯曲表面的弯曲，我们可以从光线或波矢的相位着手。首先我们利用“光束径迹”和斯涅耳定律来计算透镜表面的形状。为简单起见，如图 2.31 所示，我们考虑带有距离透镜等距的实物和像平面的双凸透镜的对称性情形。这个情形是非常简单的，因为我们知道借助对称性，当光线穿过透镜时离轴光线沿着平行于光轴方向传播。

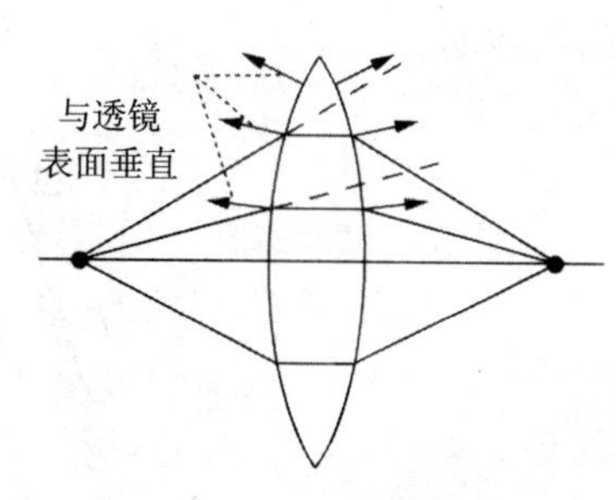

图 2.31　一个实物和图像对称放置的对称双凸透镜光路

在图 2.32 中，透镜表面的形状由未知函数 $x(R)$ 给出。作为参考，设定 $x(0)=0$（在透镜中心处），并且对于凸透镜，$x(R)$ 一定随着 R 的增大而增大，R 是透镜上的径向位置。在 R 处，透镜表面的法线产生一个相对于光轴的角度 ϕ。借助这个问题的对称性，当光线一进入透镜后光线就必须以角度 ϕ 弯曲以使得其平行于光轴。留意一下图 2.32 的放大图，应用斯涅耳定律，得到

$$n_1 \sin(\theta+\phi) = n_2 \sin\phi \tag{2.21}$$

这里，透镜内部的折射率为 n_2，外边的折射率为 n_1。对于较小的角度 θ 以及较薄的透镜（较小的 ϕ），式(2.21)可近似处理为

$$n_1(\theta+\phi) \approx n_2\phi \tag{2.22}$$

由图 2.32，可以得出角度 θ 和 ϕ 分别为

$$\theta = \frac{R}{2f} \tag{2.23}$$

$$\phi = \frac{\mathrm{d}x}{\mathrm{d}R} \tag{2.24}$$

将式(2.23)和式(2.24)代入斯涅耳定律的近似形式(2.22)，得

$$n_1\left(\frac{R}{2f}+\frac{\mathrm{d}x}{\mathrm{d}R}\right) \approx n_2\frac{\mathrm{d}x}{\mathrm{d}R} \tag{2.25}$$

$$\frac{n_1}{2f}R = \frac{\mathrm{d}x}{\mathrm{d}R}(n_2-n_1) \tag{2.26}$$

$$\frac{n_1}{2f}\int_0^R R'\mathrm{d}R' = (n_2-n_1)\int_0^x \mathrm{d}x \tag{2.27}$$

$$x = \frac{n_1}{n_2-n_1}\frac{R^2}{4f} \tag{2.28}$$

因为 $x \propto R^2$，式(2.28)预测了薄透镜的抛物线形状。在透镜如我们假设的一样薄时，抛物线形状与球形是没有区别的。同样，等式(2.28)显示出透镜的厚度与其焦距成反比，因此聚焦能力较强的透镜比较厚。在玻璃透镜具有一个大的折射率时，透镜有较小的厚度，因此 n_2-n_1 的差值很大。假设 $n_1=1$，这近似是空气的情形，

凸透镜一定由折射率大于 1 的材料制成。但是对于 $n_2 < n_1$，利用凹透镜聚焦是令人感兴趣的。

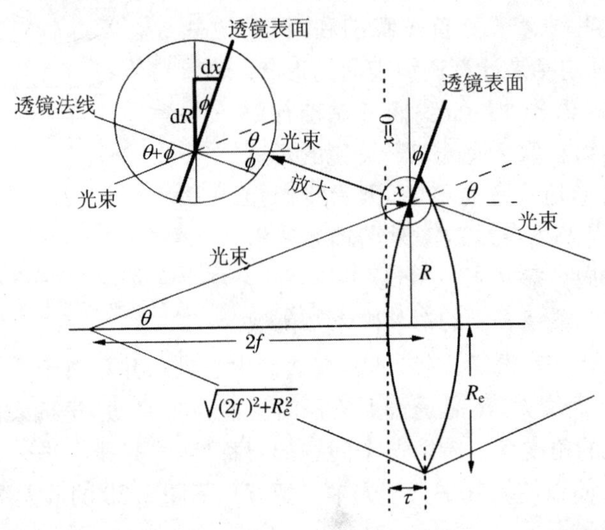

图 2.32　利用光线光学得到的透镜表面 $x(R)$ 设计的几何关系

2.5.3　透镜与相位移

作为前面 2.5.2 小节中光束径迹方法的替代，波矢相位移的分析提供了透镜设计的另外一条途径。根据光线的波矢，在图 2.33 中重新绘制了由实物平面向像平面传播的光线。透镜通过改变相位可以使得左边的发散波转变为右边的会聚波。如在图 2.33(a)采用箭头显示的那样，相对于沿着光轴直线传播的波，那些更倾向于光轴的光线借助于透镜在相位上能够超前。此外，通过延迟靠近光轴的光波相位能够得到右边的会聚光波波矢(这是空气中玻璃透镜的实际情形)，在提供相位移方面的透镜精度决定了其聚焦的准确性。

利用图 2.33，我们几乎能够立即看出聚焦玻璃透镜必须具有球形表面。图 2.33(b)的结构显示了穿过玻璃需要的相位延迟必须大于在透镜中心的相位延迟。因为相位延迟与玻璃的厚度成比例，所以由出射球面波阵面到会聚球面波阵面的转换需要一个球面透镜。

现在利用相位移方法来计算图 2.32 中的对称情形下，在球面透镜中心处所需要的厚度 2τ。我们在透镜中心处寻找一个垂直扁平的波阵面，也就是对于所有朝向透镜中心的光路(图 2.33 中的垂直虚线)，波周期的总数量必须是相同的。由于玻璃内每个单元长度具有较多的波周期，通过加厚玻璃，我们在正轴光路上增加波周期，补偿相对于离轴光线较短的光路。朝向透镜中心的正轴光路具有两个部分，透镜外部较长部分的长度为 $2f-\tau$，透镜内部较短部分的长度为 τ，提供波周期的总数目

$$\phi_{on} = (2f - \tau)\frac{n_1}{\lambda} + \tau\frac{n_2}{\lambda} \tag{2.29}$$

由于仅仅寻找具有球形表面的透镜总的厚度，因此我们仅考虑入射到透镜 R_e处(无穷薄的透镜离中心最远的边界)的一条离轴光线。这个光路的长度可从图2.32中的一个在透镜内正中心处直角的三角形关系获得，两个边界长度为 $2f$ 和 R_e。沿着这条离轴光路到透镜表面的波周期数目

$$\phi_{off} = \sqrt{(2f)^2 + R_e^2}\frac{n_1}{\lambda} \tag{2.30}$$

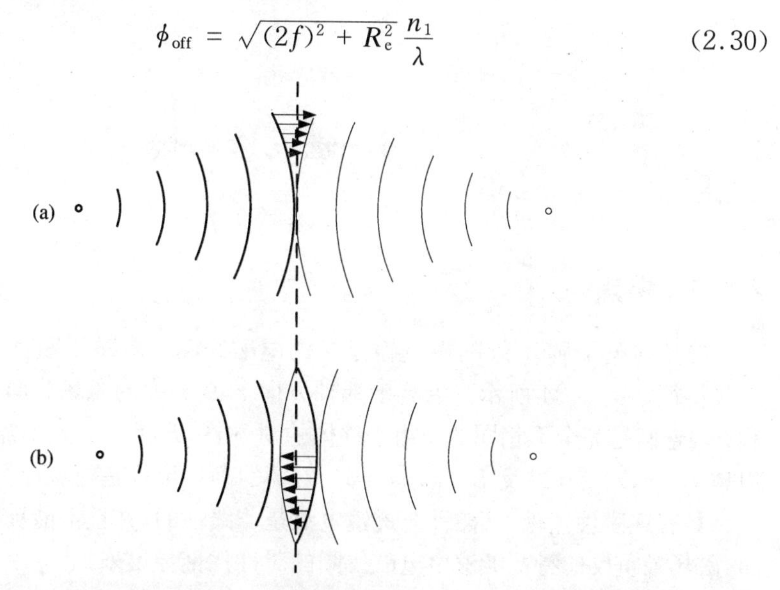

图 2.33　为进行聚焦，透镜必须能够对处在距离光轴不同位置的光线提供微分相位移(箭头)；(a) 离轴光线的相位超前聚焦；(b) 轴上光线的相位延迟聚焦

对于图 2.33 中的聚焦，我们要求到透镜中心的波周期数目与沿着光轴和在透镜 R_e处边界的波周期数目是相等的，因此

$$\phi_{on} = \phi_{off} \tag{2.31}$$

$$(2f - \tau)n_1 + \tau n_2 = \sqrt{(2f)^2 + R_e^2}\,n_1 \tag{2.32}$$

较为方便的方法是近似处理 $2f > R_e$，所以式(2.32)中根号内的部分变为 $2f[1 + R_e^2/(8f^2)]$，由此得到

$$\tau(n_2 - n_1) \approx n_1 2f\left(1 + \frac{R_e^2}{8f^2}\right) - 2fn_1 \tag{2.33}$$

$$\tau = \frac{n_1}{n_2 - n_1}\frac{R_e^2}{4f} \tag{2.34}$$

这是透镜在其中心的一半厚度，并不是式(2.28)的完全函数 $x(R)$。然而式(2.34)和式(2.28)预测了相同的透镜形状，因为在透镜的边界处 $\tau = x(R_e)$，并且我们已利用图 2.33 得出透镜的表面是球形的。

从相位移方法到透镜设计同样与费马(Fermat)原理是一致的。这个最小值原

理规定在两点之间，光线选择一条需要最短时间的路径。在理想化的图 2.33 中，从物点到像点沿着箭头方向，波阵面产生一个瞬间跳跃，因此从一个点到一个点的所有路径需要相同的时间。更为实际地，在利用相位移的实际透镜设计中，我们保证通过透镜的所有光线具有相等数目的波周期。由于波频率是一个常数，这确保了所有光线具有相同的在途时间。由物点到像点，所有通过透镜的光线需要相同的时间。

2.6 磁 透 镜

2.6.1 聚焦

在透射电子显微镜中，磁透镜是短的电磁线圈。电磁线圈里面和线圈附近的一些特征如图 2.34 所示。沿着坐标轴方向 $\hat{\boldsymbol{r}}$，$\hat{\boldsymbol{\theta}}$ 和 $\hat{z}$ 的磁场分向量定义为 B_r，B_θ 和 B_z，它们是完全不相同的。由于柱体的对称性，$B_\theta=0$ 并且不需要进一步考虑，但是 $B_r(r,z)\neq 0$ 以及 $B_z(r,z)\neq 0$。磁场的确切形状是很难计算的，这是因为磁透镜具有铁磁性极靴，其磁性与透镜电流是非线性的，并且不能被很好地模拟。然而，磁场最重要的特征能够由电磁线圈的对称性推导出来：

- 在 $z=0$ 的平面内 B_r 为零（在图 2.34 中，$z=0$ 处于电磁线圈的中心）；
- 穿过 $z=0$ 的平面，在反射条件下 B_r 是反对称的；
- 在某一远离电磁线圈距离处 B_r 达到其峰值；
- 由于 $r=0$ 处 $B_r=0$，对于一个 z 的给定值，接近光轴的 B_r 随着 r 的增大而增大；
- 在 $z=0$ 处 B_z 是最大的，并且随着 $|z|$ 的增大，有时以一个假定的高斯函数方式单调降低；
- 在较大 $|z|$ 值和适中 r 处，$B_r>B_z$。

磁透镜的聚焦作用可以通过分析运动电子上的洛伦兹力来理解：

$$\boldsymbol{F}=-e\boldsymbol{v}\times\boldsymbol{B} \tag{2.35}$$

根据电子速度 $\boldsymbol{v}=v_r\hat{\boldsymbol{r}}+v_\theta\hat{\boldsymbol{\theta}}+v_z\hat{z}$ 以及磁场 $\boldsymbol{B}=B_r\hat{\boldsymbol{r}}+B_\theta\hat{\boldsymbol{\theta}}+B_z\hat{z}$ 的分向量，电子的洛伦兹力 $\boldsymbol{F}$ 的分向量为（假设 $B_\theta=0$）

$$F_z=+ev_\theta B_r \tag{2.36}$$

$$F_\theta=-e(v_zB_r-B_zv_r) \tag{2.37}$$

$$F_r=-ev_\theta B_z \tag{2.38}$$

为了理解在这个洛伦兹力作用下的电子轨迹，我们必须利用以下各幅透视图作为一个三维图像的图2.35。随着光轴在纸面上由左向右运动，纸面以上的平面也轻微抬起。图中倾斜画出四个垂直于光轴的平面，假设图中的磁透镜相对于光轴是中心对称的(与图2.31类似)。

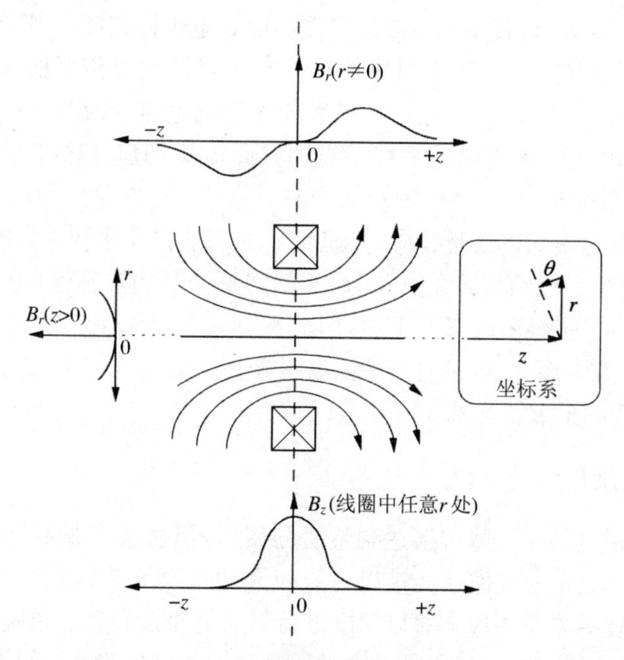

图2.34 中图：一个短的电磁线圈内部及其周围的磁场，同时也显示了B_z和B_r的分向量。圆柱体坐标系统显示在右面

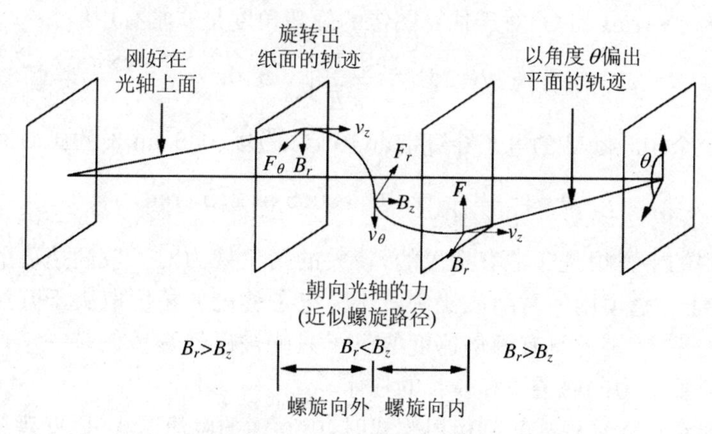

图2.35 穿过磁透镜的电子轨迹。参见文中的细节

我们追踪一个电子离开最左边平面(实物平面)上一点的路径，并到达聚焦到最右边平面(像平面)中心内一点。最初电子以一个角度向光轴方向传播，但是刚好在光轴上传播。在电子到达电磁线圈之前，电子受到几乎完全是放射状的前场，且$B_r\gg B_z$。由于B_z指向右边，在透镜中心左边的B_r朝向光轴(比较图2.34)。

速度(如今是 v_z)和 $\boldsymbol{B}_r$ 的向量积得到指向纸平面之外的一个力 $\boldsymbol{F}_\theta$(图 2.35),这样的一个力提供了引起电子轨迹螺旋朝向纸平面之外的新速度分向量 v_θ。然而电子仍然向着远离光轴方向运动,因此聚焦仍然没有出现。

新的速度分向量 v_θ 使得聚焦成为可能。随着电子以速度 v_θ 围绕着光轴旋转,电子进入 B_z 较强的区域。数量积 $v_\theta\hat{\boldsymbol{\theta}}$ 和 $B_z\hat{z}$ 提供了聚焦需要的、朝向光轴的力 $\boldsymbol{F}_r$。在对称性光学排列的假设里,电子远离光轴的速度 v_r 在磁透镜中心恰好为零。在这一点上,电子不再沿着平行于光轴方向传播,但其以速度分向量为 v_θ 和 v_z 以螺旋线方式运动。

随着电子穿过右边的磁透镜中心,速度 v_θ 进一步产生聚焦。同时 B_r 改变其符号,并且在透镜中心达到其最大值 v_θ 后开始降低。利用对称性,随着电子在透镜后场持续的时间,透镜将 v_θ 降低至零,因此螺旋式运动结束。现在电子直接沿着光轴方向运动,并在图 2.35 最右边平面获得聚焦。随着透镜电流的增长,由于 v_θ 和 B_z 变大,透镜的聚焦长度减少。

2.6.2　图像旋转

尽管电子通过某条直线传播达到最后的聚焦,但这条直线不再刚好处在作为初始轨迹的光轴之上。光路已经被以可能较大的角度 θ 旋转到纸平面之外,这个旋转的一个重要结果是图像本身以角度 θ 旋转。这个旋转随着透镜内的磁场强度增加而增加,而透镜内的磁场则随着穿过透镜线圈的电流的增加而增加(但是由于铁磁极靴材料的特征,并不是必定按照比例增长)。下面的近似公式(E,θ 和 B_z 的单位分别为 eV,rad 和 G)对于估算图像的旋转角度是非常有用的:

$$\theta(\mathrm{rad}) = \frac{0.15}{\sqrt{E}}\int_{\mathrm{axis}} B_z \mathrm{d}z \tag{2.39}$$

对于一个 100 keV 的电子穿过带有 10 kG 磁场、0.5 cm 长的典型透镜情形

$$\theta \approx \frac{0.15}{3\times 10^2}\times 10^4 \times 0.5 \approx 2.5\ (\mathrm{rad}) \tag{2.40}$$

式(2.39)中的平方根是非常有意思的,较大的洛伦兹力对于较高速度的电子施加影响,但电子在透镜内的时间成比例减小。电子移位的角度取决于其所受到洛伦兹力时间的平方,因此具有两倍速度的电子只能被磁性透镜偏转一半。高电压电子显微镜需要强力的磁透镜和较长的柱体。

当显微镜由图像模式转到衍射模式时,中间镜的电流减小,因此观察到的衍射花样与图像旋转存在差异。在利用 SAD 花样将晶体学取向和图像的取向联系起来时,知道不同放大倍率下的"图像旋转"是至关重要的,如同缺陷的对比分析。通过检查正交的,并沿着〈001〉取向延伸的 MoO_3 晶体来测量显微镜的图像旋转是一个传统的实验室训练,这样的一个晶体显示在图 2.36 中。为了展示关于 SAD 花样的图像旋转,图 2.36 中的图像是衍射花样和图像的二次曝光。六幅图像内的衍

射花样具有相同的取向，但是随着放大倍数的增大，我们看到放大的 MoO_3 颗粒图像顺时针方向旋转。由于图像旋转的差异，直线的 SAD 花样随着颗粒图像不再排成直线。利用这样的测量，图像旋转能够被校准(参见附录 A.12.1.3)。

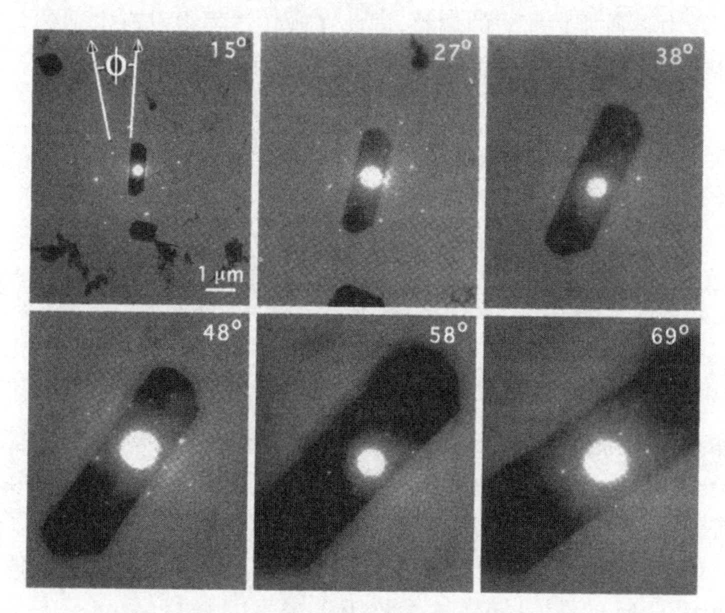

图 2.36　一个 MoO_3 晶体(通过在氧乙炔焊炬内燃烧 Mo 线并在一个多孔碳 TEM 栅格上收集一些烟灰获得)的 SAD 和 BF 图像二次曝光。衍射花样在六幅图像之间是没有变化的。图像的旋转角度 ϕ 相对于衍射花样测量分别为：10 k× 时，$\phi=15^\circ$；20 k× 时，$\phi=27^\circ$；30 k× 时，$\phi=38^\circ$；40 k× 时，$\phi=48^\circ$；50 k× 时，$\phi=58^\circ$；60 k× 时，$\phi=69^\circ$；显微镜是一个较老的 Siemens 1A，对于放大倍率的不同范围在透镜模式上没有变化；因此与大部分现代仪器不同，图像没有随着放大倍率的增加而出现突然的反转

在将 SAD 花样和图像联系起来时还有一点需要考虑，最好参见图 2.11 和图 2.16。相比于衍射花样，在获得图像时存在一个额外的交叉(光线穿过光轴的一点)，因此衍射花样关于图像发生反转(通过其中心)。当将 SAD 花样的照相底片和其相应图像联系起来时，在校正图像旋转之前底片必须以 180°旋转。在一些放大倍率范围，现代显微镜可以在图像模式里提供偶数个附加交叉截面，因此 180°旋转也许不是非常必要了。其他一些显微镜可能采用电子光学设计，使得磁透镜可以补偿其他透镜的图像旋转。在联系图像与 SAD 花样之前一定要了解所用显微镜的特征。

2.6.3　极靴间隙

为了减小物镜球差，在透镜的极靴之间仅能存在很小的间隙，这给处于物镜极靴之间的样品留有很小的空间，并且对于设计一个好的样品台是一个挑战(样品支

架和机械装置使其移动)。利用图 2.4 中所示的“侧插台”,样品放置在一个长的、非磁性杆的末端,杆的末端进入到两个物镜极靴之间的间隙。在这个杆的末端是一个与样品装置内匹配表面相接触的宝石轴承,提供了样品杆的旋转点。侧插台允许样品倾转中心到“同中心”的调整,因此在倾转过程中没有水平位移。对于侧插台,极靴内的间隙通常有些大,这使得为分析性工作接近样品而放置 EDS 探测器或电子探测器更加容易。样品漂移对于侧插式样品台设计已经成为一个挑战,但是侧插台的稳定性非常好,因此被应用在大部分现代显微镜中。

2.7 透镜像差和其他缺陷

TEM 的重要性能判据是能够在样品内解释的最小空间特征,或者能够在样品上形成的最小聚焦电子束。这些性能判据很大程度上是由显微镜的物镜性能决定的。与所有的磁透镜一样,TEM 的物镜具有削弱其性能的像差。为了了解显微镜的分辨率,首先我们必须了解透镜像差。随后在 2.8 节中解释了透镜像差和其他缺陷如何决定 TEM 的性能(同样参考 12.6.2 小节)。

2.7.1 球差

球差改变了离轴光线的聚焦,光线偏离光轴越远,其在聚焦长度上的误差越大。所有的磁透镜具有正的球差系数,距离光轴最远的光线受到最强烈聚焦。作为参考,我们定义真实的图像平面(有时称为“高斯图像平面”)为近轴①成像条件图像平面。进入透镜的照明角度定义为孔径角度 α(图 2.27),并且在近轴成像条件下 α 是非常小的。在图 2.37 的高斯图像平面内,球差引起点 P 的像变成为间距 QQ' 的放大。点 P 的最小放大出现在 QQ' 的前面,并称之为“最小模糊圆盘”。对一个磁透镜,球差引起的最小模糊圆盘的直径

$$d'_s = 0.5MC_s(\alpha_{OA})^3 \tag{2.41}$$

这里,C_s为球差系数(通常是 1～2 nm),α_{OA}是物镜的孔径角度(图 2.37),M 是放大倍率②。在样品本身处,相应的不确定性直径

$$d_s = 0.5C_s(\alpha_{OA})^3 \tag{2.42}$$

C_s的正值在相位衬度(高分辨)透射电子显微镜中是重要的问题③,这将在第 11 章

① 在近轴成像条件下,光线非常接近光轴,相对于光轴仅存在非常小的角度。

② 对于三阶球差,最小模糊圆盘在像平面处约为 QQ'的 1/4。不要混淆像平面半径$MC_s(\alpha_{OA})^3$和最小模糊圆环。

③ 在 12.6 节中讨论的球差校正器改变了这个情况,但付出了很高的代价。

中详细讨论，但现在利用图 2.37，了解在获得 HRTEM 图像时为什么物镜稍微散焦是可行的。散焦使得点 O 向更靠近透镜方向移动，因此图 2.37 中接近点 P 的光线交叉向右移动，图像平面上的模糊斑点变得小于 QQ'。这个散焦量是对于在实际最大衍射矢量 $\Delta \boldsymbol{k}$ 处（对应于一个大的 α_{OA}）获得最佳性能的折中。

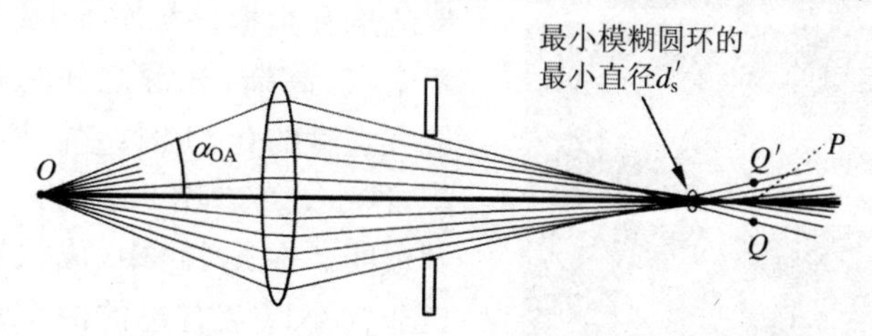

图 2.37　带有正球差的透镜，对于离轴光线显示出一个更近的焦点

在 HRTEM 中，根据相位移的误差，象征性地分析物镜的球差。图 2.33(a) 显示了完美聚焦需要的相位移。相对于这个图中的相位移，带有正球差的透镜过度提升了离轴光线电子波的相位。

2.7.2　色差

玻璃的折射率有些依赖于光的波长。同样，简单透镜的聚焦长度也依赖于波长，所以由白光和简单透镜不能获得准确的图像。磁透镜也存在色差，带有不同能量的电子在沿着相同的路径进入透镜时会聚到不同的焦点。聚焦长度的扩展与电子能量的扩展是成比例的，这种能量色散有两个主要原因。首先，电子枪不能产生单一色电子。典型地，小于 ±1 eV 的能量色散可认为是高压供给的不均匀性。由热灯丝热离激发出的电子速度具有麦克斯韦分布，这个速度分布提供了宽度范围约 1 eV 的能量分布。利用较高的光束束流，在聚光镜有效截面处的电子间相互作用产生了作为熟知现象的波尔施（Boersch）效应——±1 eV 的能量色散。样品自身是电子能量色散的另一个重要原因。等离子体激发的高能电子非弹性散射是电子损失 10～20 eV 能量的常见方式。薄的样品能够减小由色差引起的 TEM 图像模糊。色差的最小模糊圆盘对应于一个在样品上的直径

$$d_{\mathrm{c}} = \frac{\Delta E}{E} C_{\mathrm{c}} \alpha_{\mathrm{OA}} \tag{2.43}$$

这里，$\Delta E/E$ 是电子光束电压的变化，C_{c} 是色差系数（大约为 1 mm），α_{OA} 是物镜的孔径角度。

2.7.3　衍射

光阑截断了图像的 k 空间分量，这在利用式(2.14)的 HRTEM 的上下文中进行过讨论。在光学里这个效应被解释为源于光阑边界的“衍射”，并且产生了直径对应于一个在样品上间距为 d_{d} 的模糊圆盘，

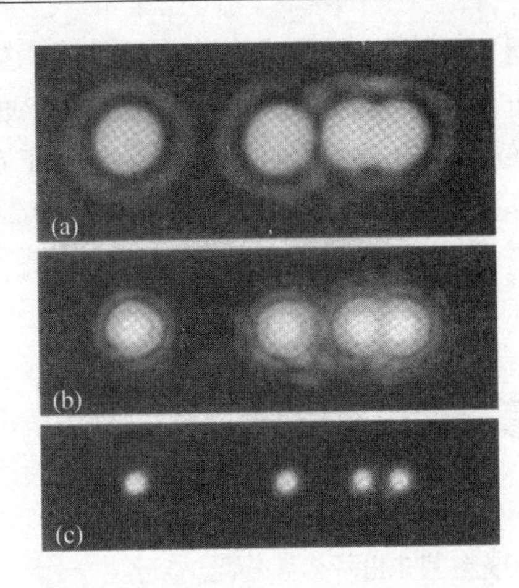

图 2.38　(a)小、(b)中和(c)大的光阑对光线点光源分辨率的影响[13]

$$d_{\mathrm{d}} = \frac{0.61\lambda}{\alpha_{\mathrm{OA}}} \qquad (2.44)$$

这里，λ 是电子波长，α_{OA}是物镜的孔径角度。等式(2.44)是光学中经典的对分辨率的瑞利判据。实质上，式(2.44)表明在两个点(高斯)光源之间的强度到达光源最大强度的0.81时，它们将不能够再被分辨，这个效应在图2.38的一系列图像中得到证明。在图(a)中，成像透镜的光阑开口非常小以至右边的两个点光源不能被瑞利判据分辨；如图2.38(b)和(c)所示，光阑开口尺寸的增大减小了衍射效应，提高了分辨率。

2.7.4　像散

当透镜不具有完美的柱体对称性时会出现像散现象。随后透镜的聚焦长度随着角度 θ 变化(图2.39)，再次导致聚焦的扩展和最小模糊圆盘。在涉及像散的图2.39～图2.41中，除从纸平面向上拉伸外，光轴的右边向下轻微倾斜。透镜被画成一个看上去倾斜的扁平圆盘，并因此作为一个椭圆形出现。这里采用一个沿着光轴 z 方向的$\{r,\theta,z\}$柱体坐标系统。图2.39中关于像散透镜的重要一点是焦距随着角度 θ 变化。对于在距光轴相同距离进入透镜的平行光线(相同的 r，不同的 θ)，相比于纸平面上下方的光线，透镜对于纸平面顶部和底部光线的聚焦能力要弱。这种对于磁透镜非常重要的像散类型可利用一个简单模型来描述。在图2.40中，图2.39的透镜像散以一个带有放射对称的完美透镜加上仅在一方向上带有弯曲的第二透镜来进行模拟。

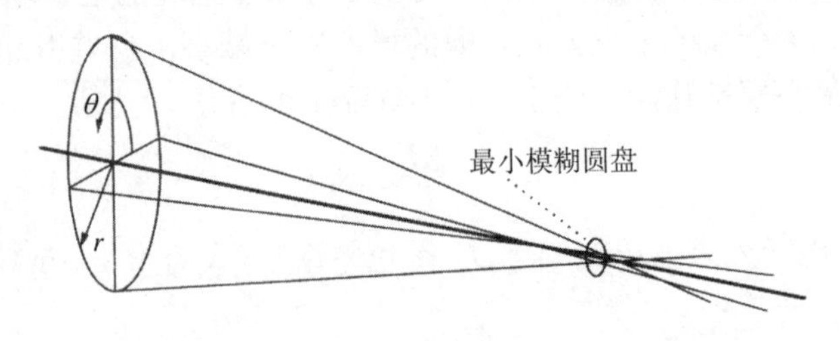

图 2.39　穿过像散透镜的不同光路

像散的校正，或者“消像散”通过一个角度和强度来确定。在图2.41中，消像散透镜已经校正了图2.39和图2.40中的透镜像散。消像散校正装置的光轴平行于第一非柱体透镜的光轴，并且二者的强度是近似相同的。然而，图2.41显示在校正像散时，我们同时也改变了透镜的聚焦。所有的光线会聚到相同的焦点，但是现在这个焦点有些更靠近透镜。

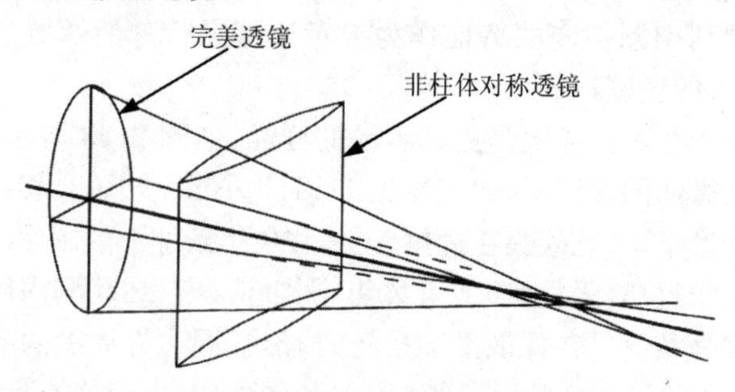

图 2.40　图 2.39 的像散透镜模型

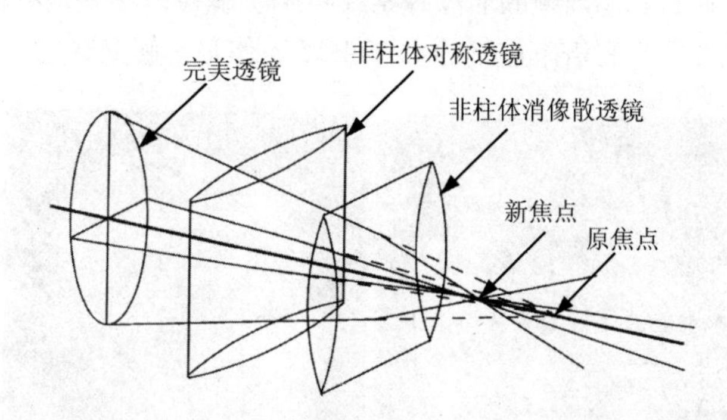

图 2.41　图 2.39 和图 2.40 中透镜的像散校正

TEM 的两个透镜需要消像散的修正程序。第一聚光透镜 C1 必须校正像散以在样品上形成一个圆形入射光束。同样，在获得高分辨图像时调整物镜消像散器是必要的。现代 TEM 中的消像散器是一对顺序排列的四极磁透镜①。对于来自纸面之上的电子，四极透镜的聚焦行为显示在图 2.42 内。洛伦兹力能够压缩和拉伸光束以使得椭圆形形成圆环。如果四极内的一个 N-S 极对的强度强于另外一对，就会出现光束偏斜。用于消像散的四极透镜同时能够用于光束偏斜。

与球差不同，在 TEM 内准确地校正物镜的像散是可能的。事实上，这个校正能够运行得非常好，因此在图像分辨率上像散是可以忽略的效应。然而物镜像散的校正是电子显微镜中一个非常难于学习的技巧②。这个校正过程在高分辨 TEM 中是极其严格的，高分辨 TEM 的图像细节取决于光束的相位，并因此

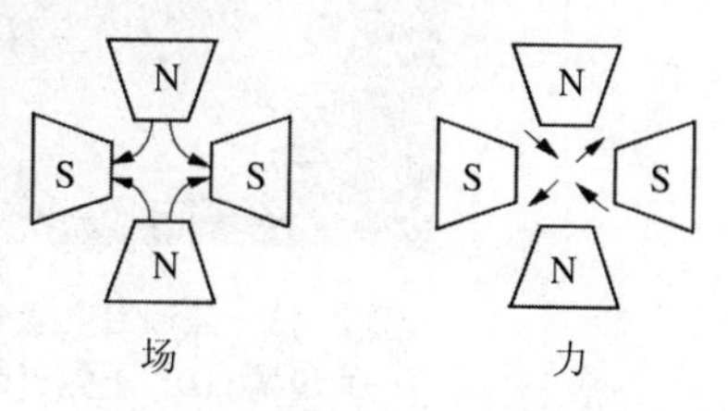

图 2.42　磁场和力对于沿磁性四极透镜传播的电子的影响

① 这对透镜彼此相差 45°，以允许垂直于 x 轴和 y 轴不同取向的光线透过。
② 另外一个是通过进行电压或者电流中心调整，使得光束准确位于物镜的光轴（11.5.3 小节）。

取决于物镜磁场的柱体对称性。像散校正过程是需要技巧的，因为这需要三个彼此依赖的调整：① 主聚焦；② x-消像散器的调整（聚焦）和③ y-消像散器的调整。这三个调整必须利用图像内的特征作为参考反复进行。消像散过程具有一点艺术，大概也是个人的偏好。

多孔碳膜对于练习消像散是比较容易的样品，如图 2.43 所示，可利用由孔洞边界衍射引起的微弱的菲涅耳条纹（参见 11.1.3 小节）。图 2.43(a)～(c)显示了在像散较小的情形下，多孔碳膜在过焦、正焦和欠焦条件下的图像。当物镜相对于高斯图像平面处于过焦（强电流）或者欠焦（弱电流）时，在孔洞内侧周围分别出现暗的与亮的菲涅耳条纹。在像散准确校正时，沿孔洞边界周围的菲涅耳条纹在厚度上是均一的。图 2.43(d)显示了在一个过焦图像内，由较差的像散校正引起的不均匀厚度条纹。调整孔洞周围的菲涅耳条纹对于了解像散调整是有帮助的，但是这些调整对于在仪器非常高倍率进行的 HRTEM 工作是不够充分的。

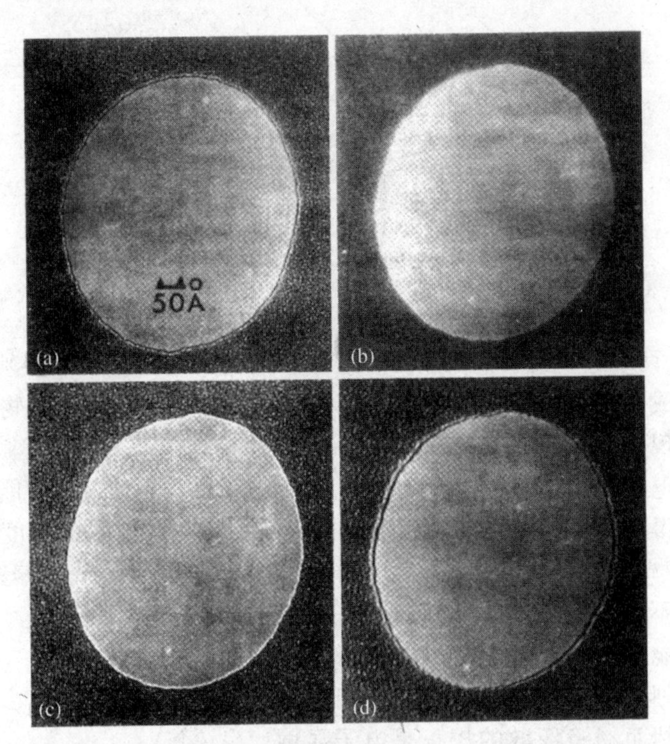

图 2.43 菲涅耳条纹随着聚焦和像散变化的小孔的图像。
(a) 过焦；(b) 正焦；(c) 欠焦；(d) 有像散

对 HRTEM 工作，消像散调整能够利用在样品表面和边界形成的非晶态碳膜的“沙粒状”或“黑白点间隔”衬度进行。在像散较小时，通过调整聚焦以获得图像内的最小衬度。在这个聚焦条件下，如果 x-和 y-消像散器是相互依赖进行调整的，非晶膜的“黑白点间隔”衬度将会在垂直于 x 或者 y 方向上增强和形成条纹拖尾。

为了完全消除像散，应调整消像散器以将非晶膜的衬度减至最小。这个“最小衬度条件”(接近“精确”或者“高斯”聚焦)可通过如下步骤获得：

(1) 寻找衬度最小以及图像呈现平滑和无特色处的聚焦；

(2) 调整 x-消像散器以进一步减小衬度；

(3) 调整 y-消像散器以进一步减小衬度；

(4) 重复上面的步骤(1)～(3)直到获得最小衬度。

在像散被消除时，由于最小衬度条件的稍微过焦或欠焦会在非晶薄膜上得到尖锐、放射状、对称的细节。随着焦点从样品上方到样品下方的改变，这个细节由黑色变为白色。如果通过最小衬度反复改变物镜的聚焦，细节倾向于在垂直方向形成拖尾，可能需要进一步像散校正。附带说一下，最小衬度聚焦条件是 HRTEM 工作中需要的重要参考点。

2.7.5　电子枪亮度

许多 TEM 测量要求在样品上形成一个小直径光束。聚焦电子光束的最小直径的决定因素为用于聚焦的透镜品质以及电子枪的性能。重要的电子枪参数是亮度 β，在图 2.44 中描述了三个光源。图 2.44 中所有三个光源发射出相同的电流，并且它们将相同的电流密度输送到在下面样品上用于聚焦光线的透镜。然而左边的光源具有较高的亮度，并且带有较高亮度的光源对于在样品上获得最小电子光束是较佳的，原因在于源于较亮光源的光线在相对于光轴形成的角度上具有更高的精确性——注意图 2.44(c)中由于光源较大尺寸引起的杂乱光路。如果进入透镜的光线来源于一个点光源，那么每一条在准确角度的光线应该聚焦到一个点图像。对于一个较低亮度的光源，在这个会聚到透镜的角度误差形成一个模糊的点。

事实上，样品上的聚焦斑点是光源自身的图像，因此在光源自身具有较小的尺寸时获得一个较小的斑点是最容易的。图 2.44(c)的光源具有最低亮度，然而图 2.44(b)和(c)中的聚焦光束具有相同的尺寸。但是为了利用图 2.44(c)中低亮度光源在样品上获得小的斑点，图(c)中的透镜必须提供较强的聚焦能力，也就是一个较大的会聚角度。带有较大会聚角度的优良聚焦需要带有较小球差的透镜，换句话说，聚焦电子光束到一个小斑点需要亮光源和高品质透镜。

更定量地，电子枪亮度 β 定义为每个固体角上的电流密度($\mathrm{A/(cm^2 \cdot sr)}$)，在光源处测得每个固体角上的电流密度($\mathrm{A/(cm^2 \cdot sr)}$)。在理想透镜条件下，亮度是一个恒量。举个例子，如图 2.44(c)所示，在透镜聚焦电子之后，聚焦的电子光束半径相对于光源减小 1/2，但会聚角度增大到 2 倍。换句话说，电流密度增大到 4 倍，并且为使得每个固体角上的电流密度不变，固体角增大到 4 倍。这里聚焦光束到达样品的数量为

$$\beta = \frac{j_0}{\pi \alpha_\mathrm{p}^2} \tag{2.45}$$

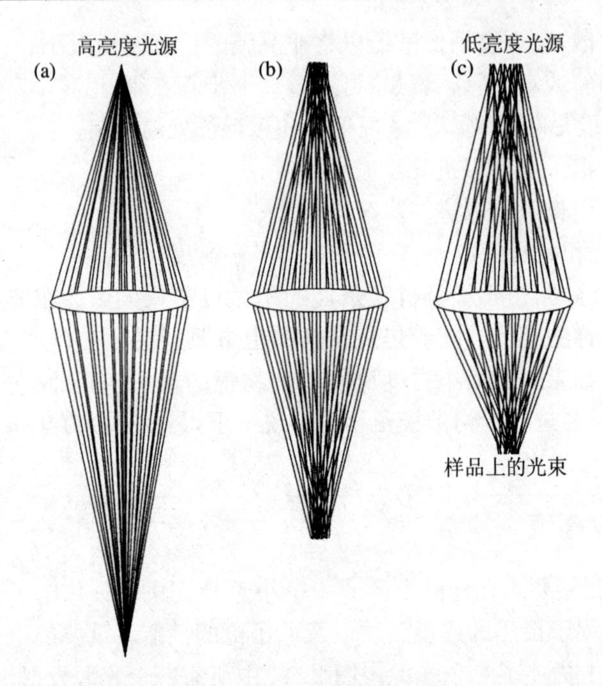

图 2.44　不同亮度光源的聚焦电子光束的形成。对于三个光源(在上部),电流(直线的数目)是相同的,并且白色圆盘上的电流密度也是相同的;由于在光源处的面积较大(或者较小的电流密度),由左至右光源的亮度减小

此处,j_0是样品上光束的电流密度(A/cm^2),α_p是光束会聚的半角。我们能够将光束尺寸和电子枪亮度与透镜(假设为完美透镜)的会聚角度联系起来。通过电流与电流密度间的关系,光束直径 d_0与总的光束电流 I_p相联系:

$$I_p = \pi\left(\frac{d_0}{2}\right)^2 j_0 \tag{2.46}$$

为求解 d_0,将式(2.45)代入式(2.46),并由下式定义 C_0:

$$d_0 = \frac{\sqrt{\frac{4I_p}{\beta}}}{\pi\alpha_p} \equiv \frac{C_0}{\alpha_p} \tag{2.47}$$

对于一个给定的光束电流 I_p,通过增加亮度 β 或会聚半角 α_p可以获得微小的光束直径 d_0。但由于透镜球差,α_p存在一个最大值,并且 β 受到电子枪设计的限制。如前面图 2.44 所讨论的那样,等式(2.47)表明光束直径 d_0的改善(变得较小)与数量积 $\alpha_p\sqrt{\beta}$成比例。

2.8　分　辨　率

现在我们汇集2.7节的所有结果,并为电子显微镜的两个重要操作模式得到分辨率的一般表达式。在STEM(或纳米束TEM)模式下,我们关心能够在样品上形成的电子探测最小直径;在高分辨成像中,我们关心能够分辨的最小特征。光束尺寸 d_p 和图像分辨率的一般表达式能够通过求积法[①]加和前面章节中最小模糊圆盘的所有直径 d_s,d_c,d_d 和 d_0 获得:

$$d_p^2 = d_s^2 + d_c^2 + d_d^2 + d_0^2 \tag{2.48}$$

将由式(2.42)～式(2.44)和式(2.47)得到的这些最小模糊圆盘直径代入:

$$d_p^2 = \frac{C_0^2 + (0.61\lambda)^2}{\alpha_p^2} + 0.25C_s^2\alpha_p^6 + \left(\alpha_p C_c \frac{\Delta E}{E}\right)^2 \tag{2.49}$$

对于一个低亮度的热离子枪,$C_0 \gg \lambda$,并且 d_d 和 d_c 的贡献可以忽略。图2.45显示了对于一个常数 I_p,在最佳的光阑角 α_{opt} 处直径 d_0 和 d_s 如何叠加产生最小光束直径 d_{min}。通过设定 $dd_p/dd_c = 0$,可以得到最佳光阑角:

$$\alpha_{opt} = \left(\frac{4}{3}\right)^{\frac{1}{8}}\left(\frac{C_0}{C_s}\right)^{\frac{1}{4}} \tag{2.50}$$

并代入式(2.49),得到

$$d_{min} = \left(\frac{4}{3}\right)^{\frac{3}{8}} C_0^{\frac{3}{4}} C_s^{\frac{1}{4}} \approx 1.11 C_0^{\frac{3}{4}} C_s^{\frac{1}{4}} \tag{2.51}$$

对于场发射枪,$C_0 \ll \lambda$,并且 d_0 和 d_c 的贡献可以忽略。这对于TEM内图像分辨率的重要情形也是正确的。如图2.45所示的那样,再次叠加剩余项产生一个最小值。在这种情形下,可获得 α_{opt} 和 d_{min}:

$$\alpha_{opt} = 0.9\left(\frac{\lambda}{C_s}\right)^{\frac{1}{4}} \tag{2.52}$$

$$d_{min} = 0.8\lambda^{\frac{3}{4}} C_s^{\frac{1}{4}} \tag{2.53}$$

这些表达式能够用来估算高分辨TEM的最佳孔径角度和分辨率极限。等式(2.53)对于评估不同TEM设备的能力是极其重要的。注意,相对于 C_s,分辨率对于 λ 的依赖更强,这就鼓励高加速电压(较小的 λ)的应用。物镜极靴内较小的间隙可用来减小 C_s。近来利用在12.6节中讨论的新技术,C_s 的接近消除变得成为

① 只有在所有的展宽为高斯形状时才是严格有效的,因此这些不同光束展宽的卷积具有一个高斯形式(参见9.1.3小节)。

可能。第11章和第12章将更加详细地讨论分辨率。

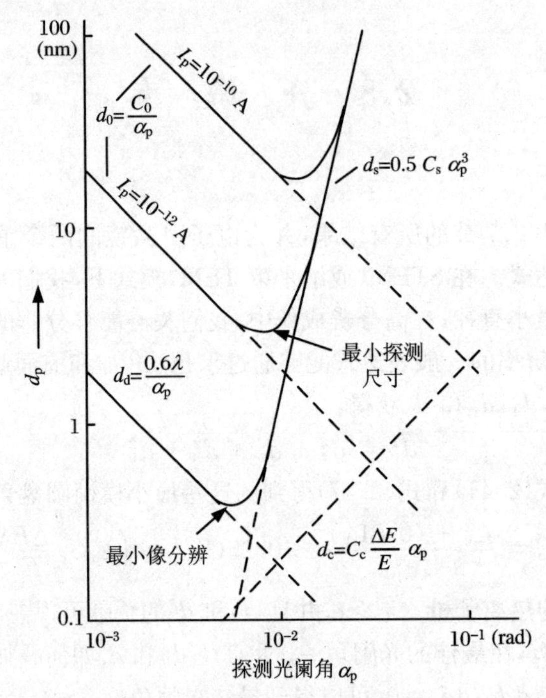

图2.45　最小光束尺寸与光束光阑的参数图表实例。较小的弯曲能够用于TEM的空间分辨率。E_0 = 100 eV, C_s = C_c = 2 mm, ΔE = 1 eV, $\beta = 10^5$ A · cm^{-2} · sR^{-1}

2.9　拓展阅读

De Graef M. Introduction to Conventional Transmission Electron Microscopy. Cambridge: Cambridge University Press, 2003.

Edington J W. Practical Electron Microscopy in Materials Science, 1. The Operation and Calibration of the Electron Microscope. Eindhoven: Philips Technical Library, 1974.

Goodhew P J, Humphreys F J. Electron Microscopy and Microanalysis. London: Taylor & Francis Ltd., 1988.

Grivet P. Electron Optics. Revised by Septier A. Translated by Hawkes P W. Oxford: Pergamon, 1965.

Hirsch P B, Howie A, Nicholson R B, et al. Electron Microscopy of Thin Crystals. Florida：R. E. Krieger，1977.

Joy D C, Romig A D, Jr.，Goldstein J I. Principles of Analytical Electron Microscopy. New York：Plenum Press，1986.

Keyse R J，Garratt-Reed A J，Goodhew P J，et al. Introduction to Scanning Transmission Electron Microscopy. New York：Springer BIOS Scientific Publishers Ltd.，1998.

Lorretto M H. Electron Beam Analysis of Materials. London：Chapman and Hall，1984.

Reimer L. Transmission Electron Microscopy：Physics of Image Formation and Microanalysis. 4th ed. New York：Springer-Verlag，1997.

Smith F G，Thomson J H. Optics. 2nd ed. New York：John Wiley & Sons，1988.

Thomas G，Goringe M J. Transmission Electron Microscopy of Materials. New York：Wiley-Interscience，1979.

Williams D B，Carter C B. Transmission Electron Microscopy：A Textbook for Materials Science. New York：Plenum Press，1996.

习　题

2.1 电子枪在光轴上亮度不变意味着我们可以获得聚焦在样品上的光束电流密度：

$$j_0 = \pi\beta\alpha_p^2 \tag{2.54}$$

其中，β 是电子枪亮度，α_p是聚焦电子束的会聚半角。电子枪亮度 β 的最大值可以如下估算：

$$\beta_{max} = \frac{j_c}{\pi}\left[1 + \frac{E}{k_B T_c}\left(1 + \frac{E}{2E_0}\right)\right] \tag{2.55}$$

式中，j_c为阴极（灯丝）处的电流密度，$j_c = AT_c^2 e^{-\phi/(kT_c)}$，$A$ 为 Richardson 常数，$A = 30\ A/(cm^2 \cdot K^2)$，$T_c$为阴极温度，$\phi$ 为功函数，k_B为玻尔兹曼常数，E 为电子动能 $E = eU$，e 为电子电荷，U 为加速势能，E_0为电子剩余能量 $E_0 = m_0c^2$，m_0为电子剩余质量，c 为光速。

(1) 假设为 LaB_6阴极，在 U 为 100，300 和 500 kV 以及 T_c为 1 500，1 750 和 2 000 K条件下，利用式(2.55)绘制 β_{max}与 E 的关系。

(2) 采用(1)中获得的 β_{max}，利用式(2.54)绘制在 10^{-2}～10^{-4} rad 范围内最大

电流密度 j_{max} 与会聚半角 α_p 之间的关系。

(3) 根据上面的结果,在样品上使得电流密度达到最大值的最佳方法是什么?

2.2　在均匀磁场 B 以及垂直于该磁场方向的速度分量 $v_\perp$ 的作用下,电子围绕光轴做圆周运动,轨道半径 r 为

$$r = m\frac{v_\perp}{eB} = \frac{\{2m_0E[1 + E/(2E_0)]\}^{1/2}}{eB} \tag{2.56}$$

这里,m 为电子相对质量,其余项目与习题 2.1 相同。

(1) 假设 $v_\perp$ 近似等于入射电子的速度,计算在一个 2.5 Wb/m^2 磁场内,电子分别在 100 和 400 kV 条件下穿过时围绕光轴的轨道半径。参见附录 A.13 不同电压下的电子速度。

(2) 由于极靴材料的饱和磁化,我们可以获得的最大磁场强度大约为 2.5 Wb/m^2,这个结果对于在更高加速电压下的电子聚焦会有什么影响?

2.3　(1) 由于电流、衍射、球差以及色差的影响,聚焦光束的最终尺寸可以认为与光束直径平方加和的平方根相等。由式(2.48)开始,推导出热电子枪的最佳光阑角度 α_{opt} 和最小聚焦光束尺寸 d_{min} 之间的关系。

(2) 参考 2.8 节,由式(2.48)开始推导在 d_d 和 d_s 不可忽略项时,d_{min} 和 α_{opt} 之间的关系式。

(3) 利用(2)中获得的结果,绘制出对于 $C_s = 1$ 和 3 mm,作为加速电压函数的 α_{opt}(rad)和 d_{min}(nm),分别在 100,200 和 400 kV 时的曲线。从这些图表中可以得出什么结论?

2.4　图 2.46 是在明场和衍射模式下 TEM 的光路图。如果样品的一个晶带轴指向右侧,在最后面的成像屏幕上这个方向会怎样?这组晶面的衍射斑点在成像屏上如何定向?除 180°交叉外,忽略掉所有光束旋转。

2.5　利用图 2.47 中电子显微镜的简化图形,画出光路图来观察不同模式下的区别:

(1) 明场成像;

(2) 暗场成像;

(3) 选区衍射。

(必须用直尺来画直线。)

2.6　(1) 假设圆环衍射花样是来源于 100 kV 下的 Au 样品,尝试确定图2.27 中三个物镜光阑的光阑角度。

(2) 假设安装一个上述(1)中最大尺寸的光阑,如果透镜的聚焦长度是 2.0 mm,那么光阑的实际半径(单位:μm)是多少?

2.7　(1) 利用透镜公式(2.1)来证明焦距是景深的 M^2 倍。

(2) 如图 2.28 中右边部分所示,利用透镜公式来证明聚焦偏差 $d = \alpha MD_1$。

(提示:对于电子透镜,假定较小的角度是可以接受的,因此电镜公式可以扩展

应用，比如 $1/(l_1+\delta)=(1/l_1)(1-\delta/l_1)$。)

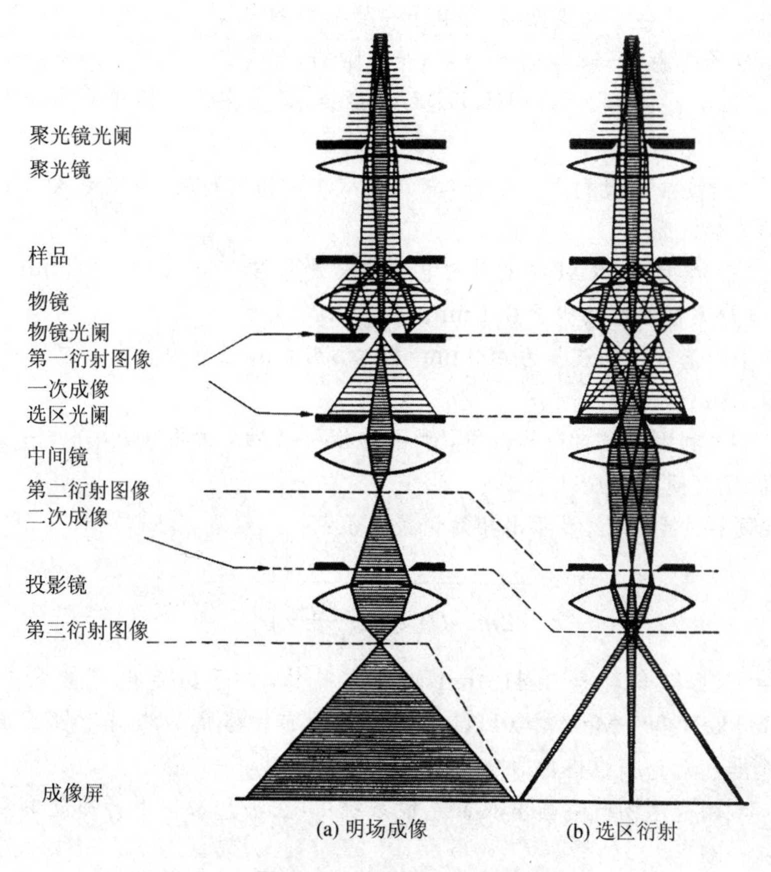

图 2.46　习题 2.4 中的光路图

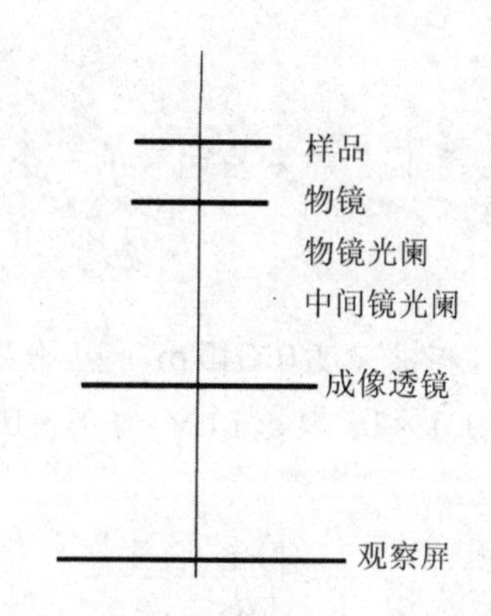

图 2.47　习题 2.5 的光路结构，为方便使用可将其放大

2.8　以 100 kV 电势加速的电子穿过一个平均内势能为 30 V 的晶体，利用下式来计算晶体的平均反射系数 n：

$$n = \lambda_0/\lambda_v \tag{2.57}$$

这里，λ_0是电子在真空中的波长，λ_v为电子在样品中的波长。

（提示：电子的能量——动能和势能，是守恒的）

2.9　(1) 什么是相位衬度（HRTEM）显微镜，以及在这种模式下哪些因素限制分辨率？

(2) 振幅衬度显微镜利用了 TEM 常规模式中的衍射衬度，在成像模式下分辨率受哪些因素影响呢？

2.10　(1) 尽管在 TEM 中采用的电子波长是非常小的（$\lambda < 0.003$ nm），但是 TEM 最佳分辨率仅仅略微优于 0.1 nm。为什么？

(2) 可见光范围内的波长为 400 nm$<\lambda<$800 nm，但是为什么光学显微镜的分辨率是 0.5 μm？

2.11　(1) 利用非相对论的数值，对于 50 kV～1 MV 的电子，作出电子波长 λ 与加速电压 U 之间的曲线。

(2) 在同样的曲线上，显示出相对论校正值：

$$\lambda = \frac{h}{\left[2m_e eU\left(1 + \frac{eU}{2m_e c^2}\right)\right]^{\frac{1}{2}}} \tag{2.58}$$

(3) 一个晶格参数为 0.415 nm 的立方晶体，对于给定电子能量分别为 100 keV、300 keV 和 1 MeV，其(111)晶面衍射的布拉格角的相对论校正值是多大？用一个非相对论布拉格角的分数来表示答案。

2.12　利用光路图概略画出双聚光镜系统中，在下列条件下样品处的灯丝最小模糊圆：

(1) 过焦；

(2) 聚焦；

(3) 欠焦。

2.13　这个问题涉及习题 1.3 中多晶元素的三个选区衍射花样，利用这些衍射花样，确定普朗克常数。

有用的数据：

晶格常数 4.078×10^{-10}，相机长度 0.345 m，高压分别为(a) 60 keV，(b) 80 keV，(c) 100 keV，电子剩余质量 9.1×10^{-28} g，1 eV$=1.6\times10^{-12}$ erg。

2.14　证明透镜公式(2.1)：

$$\frac{1}{f} = \frac{1}{d_1} + \frac{1}{d_2} \tag{2.59}$$

（提示：在图 2.48 中 f 取决于透镜，为固定值；随着常数 h_1 的确定，α 同样也是确定的。）

2.15　图 2.49 显示了一个绝大部分光线透过材料，而中间带有衍射晶体圆盘

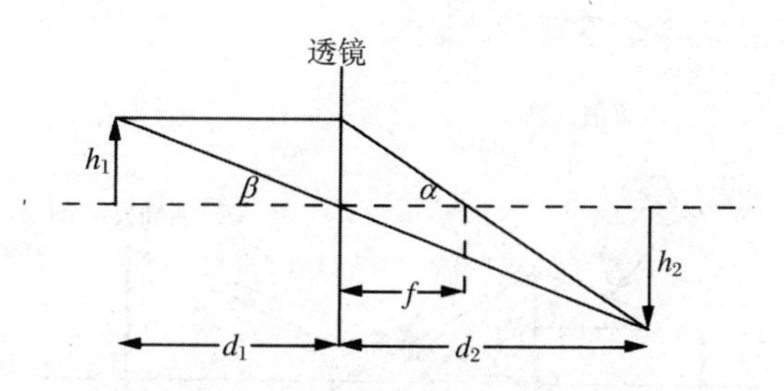

图2.48 习题2.14中透镜公式推导参考图

的样品。利用尺子画出STEM模式下操作(样品上为扫描光束)的光路图,以说明在暗场STEM模式下为什么材料的中心圆盘是亮的,而周围透过材料则显示为暗的。

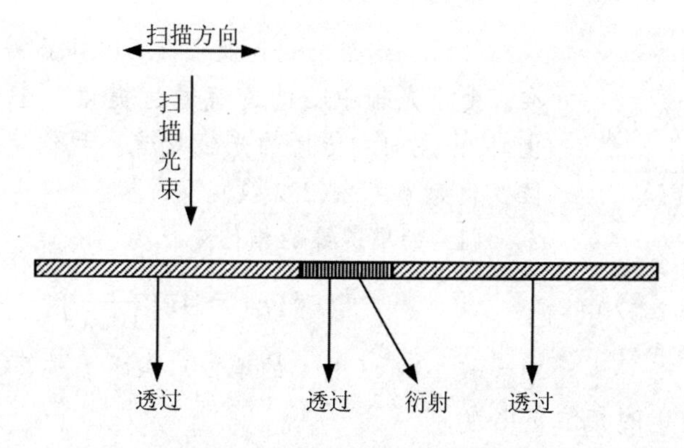

图2.49 STEM操作的示意图

2.16 实际操作上SAD技术限制在尺寸不小于0.5 μm的区域内才可以获得衍射花样,这个问题的根源在于物镜的正三阶球差。图2.50中的光路图可作为参考(M为放大倍率)。

透镜右边的实线是完美物镜,虚线显示了正球差的影响。注意由于球差的存在,物镜对衍射光线(并不是透射光线)的弯曲更加强烈,这个偏差取决于角度 α(单位:rad)的立方。如果中间光阑放置在右边的黑色垂线位置,那么这个光阑会允许衍射光线以及那些并非来源于样品上完全相同位置的透射光线通过,因此图表左边黑线上面的衍射光线就来自于样品上的同一区域。利用较小的光阑,这个误差会更糟,以至于选区内高阶衍射斑点并不能与所有选区内的透射光线重合。

已知100 keV显微镜的物镜球差 $C_s = 3$ mm。

(1) 样品上透射光束的选区与Fe的(600)衍射选区之间的位移是多少?(Fe的晶格常数为2.86 Å。)

(2) 对于(800)衍射回答(1)中的问题;

(3) 利用(1)和(2)的答案作为例子,解释为什么在SAD模式下,由非常小的颗粒获得完整的衍射花样是不可行的。

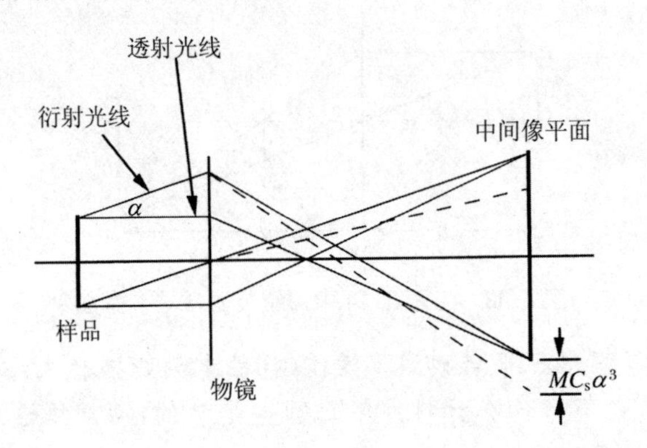

图 2.50　SAD 模式下球差对于区域选择准确性的影响

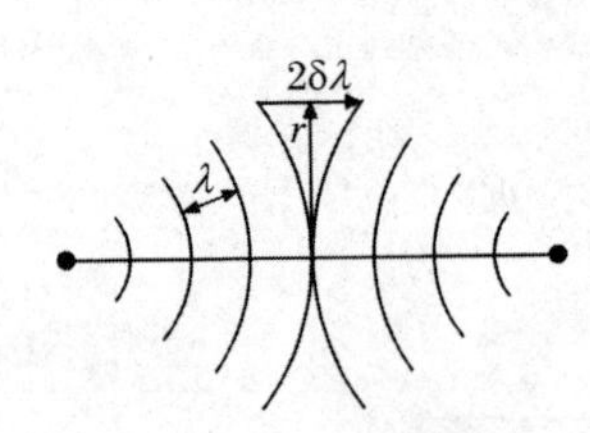

图 2.51　习题 2.17 中透镜的相位变化参数

2.17　这个问题涉及图 2.51,并不需要画得特别标准。处于光轴中心的透镜通过提供一个已知的相位变化,使由左向右传播的光线聚焦。我们定义无量纲的相位变化为 $\phi = 2\pi(2\delta\lambda/\lambda)$。

(1) 如果透镜的相位变化为

$$\phi(r) = 4\pi\left(\frac{r}{100\lambda}\right)^2 \tag{2.60}$$

对于较小的 r(用 λ 的单位),焦距 f 是怎样的?

(2) 如果透镜的相位变化为

$$\phi(r) = 4\pi\left(\frac{r}{100\lambda}\right)^2 + 4\pi\left(\frac{r}{100\lambda}\right)^4 \tag{2.61}$$

对于一束光线,如果在 $r = 100\lambda$ 时它可以到达透镜,此时焦距 f 是怎样的?

(3) 对于(2)中的相位变化,定性地概略画出图 2.51 中传播到透镜右侧的一些波矢。

(4) (2)的四次方项对透镜性能的定性影响是什么?

(5) 如果透镜具有圆柱对称性,$\phi(r)$能否具有一个立方项?

参 考 文 献

Chapter 2 title drawing of JEOL JEM-2010F. Figure reprinted with the courtesy of JEOL Ltd., Tokyo.

[1] Demczyk B. Ultramicroscopy, 1993, 47: 43. Figure reprinted with the courtesy of

Elsevier Science Publishing B. V.

[2] Howe J M, Benson W E, Garg A, et al. Mat. Sci. Forum, 1995, 189/190: 255. Figure reprinted with the courtesy of Trans. Tech. Publications Ltd.

[3] Near the year 2007, manufacturers of TEM instruments include JEOL, FEI. Hitachi and Zeiss. A partial list of web sites for manufacturers of TEM instruments includes: www.jeol.com/, www.fei.com/, www.hitachi-hta.com/. www.smt.zeiss.com/.

[4] Figure reprinted with the courtesy of FEI Company.

[5] Goodhew P J, Humphreys F J. Electron Microscopy and Analysis. 2nd ed. London: Taylor & Francis, Ltd., 1975. Figure reprinted with the courtesy of Taylor & Francis, Ltd.

[6] Figure reprinted with the courtesy of Prof. M. K. Hatalis.

[7] Bilaniuk M, Howe J M. Interface Sci., 1998, 6: 328. Figure reprinted with the courtesy of Kluwer Academic Publishers.

[8] Williams D B. Practical Analytical Electron Microscopy in Materials Science. Mahwah, NJ: Philips Electron Optics Publishing Group, 1984. Figure reprinted with the courtesy of FEI Company.

[9] Alloyeau D, et al. Nat. Mater., 2009, 8: 940.

[10] Hirata A, et al. Nat. Mater., 2011, 10: 28.

[11] Figure courtesy of Dr. Simon Nieh.

[12] Reimer L. Transmission Electron Microscopy: Physics of Image Formation and Microanalysis. 4th ed. New York: Springer-Verlag, 1997. Figure reprinted with the courtesy of Springer-Verlag.

[13] Sears F W, Zemansky M W. University Physics. 4th ed. Reading, MA: Addison-Wesley-Longman Publishing, 1973. Figure reprinted with the courtesy of Addison-Wesley-Longman Publishing.

[14] Edington J W. Practical Electron Microscopy in MateriaIs Scienee: 1. The Operation and Calibration of the Electron Microscope. Eindhoven: Philips Technical Library, 1975). Figure reprinted with the courtesy of FEI Company.

第3章　中子散射

3.1　中子和中子散射

3.1.1　中子散射

这一章的中子散射方法和前两章中的X射线和电子散射方法一起完整地介绍了用衍射术研究材料的主要实验方法。中子衍射术是“中子散射”的一种技术，它包括所有中子被材料偏转的实验测量。材料散射中子的机制和X射线、电子被材料散射的机制完全不同。因此中子衍射可以提供补充的知识。入射X射线的电场引起电子围绕原子振动，它们的加速产生出射波。在电子衍射中入射电子的电荷和带正电荷的原子芯作用，使电子波矢改变方向。前面已经简单地说过，中子的散射包括它和原子核的作用或和材料的磁矩的作用。X射线、电子和中子的衍射有一个共同的特点：它们一次一个波包地发生。在衍射中，一个中子波包只能和自身发生相长或相消的干涉。不同的中子之间没有相互作用。

中子散射实验用来研究材料的结构和动力学。这里可供研究的范围很广。本章介绍的内容是:可能的测量方法的类型以及可以完成这些测量的仪器类型。从本质上看,这些仪器测量的是中子对被研究的材料转移过去的中子动量和/或能量。和X射线衍射仪很类似,用中子的动量 $\boldsymbol{p}$ 和与它正比的波矢 $\boldsymbol{k}$($\boldsymbol{p}=\hbar\boldsymbol{k}$)来鉴别和理解中子衍射实验,因此我们先介绍中子衍射仪装置。

在波动力学中,位置 $\boldsymbol{x}$ 和波矢 $\boldsymbol{p}$ 之间存在互补性。它来源于波矢 k 和波长 λ 之间的倒易关系。测量衍射强度(作为波矢的函数)的衍射仪利用弹性散射测定晶体的晶面间距。小角中子散射(SANS)和中子反射仪测量较小角度的波矢,从而测定了较大的空间距离。测量得到的知识通过非弹性散射仪器扩展到另一维——时间。在波动力学中,时间 t 的互补变量是能量 E。用非弹性散射来测量材料的广泛的激发量子态的能量。通过垂直比较下面的式(3.1)和式(3.2),可以得到弹性散射和非弹性散射之间的类似关系,这里 τ 是周期,ω 是角频率。

$$\{p,x\}:\quad p=\hbar k,\quad k=\frac{2\pi}{\lambda},\quad \lambda\approx x \tag{3.1}$$

$$\{E,t\}:\quad E=\hbar\omega,\quad \omega=\frac{2\pi}{\tau},\quad \tau\approx t \tag{3.2}$$

用能量替代动量,时间替代位置就可以进行弹性散射和非弹性散射之间的类比。然而,还有更深刻的联系——时间和位置坐标常常是关联的。考虑一个波穿过一块材料的情形。在材料中波峰出现和消失的每一个位置,波峰依赖于波的频率(或 E)和波矢(k)。材料中类似波的激发的能量和波矢依赖关系图由中子相干非弹性散射测定。

3.1.2 中子的性质

和电子相比,中子的质量大,当然是不带电的。中子质量粗略地可以和一个原子的质量相比。虽然中子是电中性的,但它确有自旋和磁矩,因此它可以被外加磁场或磁性材料中的未配对电子的自旋极化或被磁场偏转。大多数实验测量得到的散射发生在材料中和中子密切接触的核的场合。一个中子和一个核之间的力仅仅在短程(和核的尺寸相比)中存在。由于核的半径大约是原子半径的1/10 000,通常一个核可以把一块材料看成几乎空的空间。中子在样品中、散射前一般穿透甚深。高能电子穿透材料的深度约为100 nm,X射线穿透深度约为10 μm,中子在散射前常常穿透几毫米。

中子衍射术和大多数其他中子散射术显示了中子的波动性。由德布罗意关系给出的中子波长(德布罗意波长)

$$\lambda=\frac{h}{p} \tag{3.3}$$

这里,h 是普朗克常数,$p=m_{\mathrm{n}}v$ 是中子的动量。再加上牵涉到的中子动能 E 的关系,例如

$$E = \frac{p^2}{2m_n} = k_B T \tag{3.4}$$

这里,k_B是玻尔兹曼常数,T 是特征温度,我们可以推导出表 3.1 第三列的一般表达式(它们对不同物理量之间的变换有用)。对于标度概念,这些物理性质的评估需要 0.18 nm 的波长(这是晶态材料衍射实验的典型波长,见表 3.1 的第二列)的中子。有意思的是,中子的这种速度相当于较快的典型子弹的速度,其重要性表现在这种动能的中子的特征温度是室温。大波矢(k 大相当于波长 λ 较短)的中子移动得相对快一些,并具有较大的能量、频率和特征温度。总而言之,适合于散射的中子具有以下一些性质:

- 特征温度近室温的中子具有的德布罗意波长接近原子间距。
- 由于中子不带电荷,并且主要的交互作用是核力,它一般能深入材料。
- 中子具有磁矩,它的散射实验可以用来测量磁性材料中未配对电子的自旋结构和动力学。
- 中子能量可以和材料的热激发能相比,中子散射可以用来测量振动或磁激发的能量和波长。
- 历史上中子散射实验受到低通量和小计数率的限制。样品上每平方厘米的入射中子数是同步辐射 X 射线束的 $1/10^{14}$,是 TEM 电子束(纳米束方法)的 $1/10^{17}$(中子散射样品的面积常常是 TEM 纳米法样品面积的 10^{14} 倍)。

表 3.1 典型热中子的性质

性 质	特征值	通 式
波长(λ)	1.80 Å	$\lambda(\text{Å}) = 9.044/\sqrt{E(\text{meV})}$
波矢(k)	3.49 Å^{-1}	$k(\text{Å}^{-1}) \equiv 2\pi/\lambda(\text{Å})$
能量(E)	25.3 meV	$E(\text{meV}) = 2.072k^2(\text{Å}^{-1})$
频率(ν)	6.12 THz	$\nu(\text{THz}) = 0.2418E(\text{meV})$
速率(v)	2.20 km/s	$v(\text{km/s}) = 0.6302k(\text{Å}^{-1})$
温度(T)	293 K	$T(\text{K}) = 11.605E(\text{meV})$

3.2 中 子 源

3.2.1 裂变和散裂

中子散射实验需要“自由中子”,即“离开核的”中子。自由中子源不如 X 射线源或电子源那么方便备用①。一个核反应堆的芯部是一个重要的中子源。一个 ^{235}U核的裂变提供约 2～5 个中子,即每一个裂变平均产生 2.5 个中子。约 1.5 个中子用来维持反应,于是每次裂变中有一个中子用于实验。反应堆芯部的较慢中子是中子散射最令人感兴趣的部分,这些中子的行为像稀薄的气体。把管子伸进反应堆芯部就可以引出连续的中子束进入实验大厅(有坚实的辐射屏蔽措施)进行实验。

散裂反应是第二种中子源②。中子散裂源用能量达 GeV 的脉冲质子束轰击重元素靶。脉冲过程中出射各种粒子,包括中子靶周围设计出中子的通道以及使 γ 射线和带电粒子衰竭的屏障。本章题图是美国散裂中子源的照片。其中上部分是直线加速器,它把 60 Hz 脉冲 H^- 离子束输入地下储存环。在储存环中 H^- 离子束的电子被剥离而形成了质子束。质子束绕环运转多次后形成尺度较短、历时 μs 量级的束团。束团离开环并被直接输入靶室。照片的物理中心是靶室,包括实验室。在此处接近 1 GeV、1 mA 的电流作用于流动的汞靶(质子束的功率相当大:$10^9\ \text{V}\times10^{-3}\ \text{A}=1\ \text{MW}$)。围绕实验室中心的 18 条束线好像车轮的辐条,它们将中子束线移动到各个实验设备以用来进行材料研究。

和同步辐射装置上的研究类似,学者竞相使用中子束线的申请时间周期一般为 4～6 个月,题目由评审委员会选定。被批准的项目会受到重大的基础性支持。为了一个项目的成功,一系列亚系统必须共同一起工作。显然,成功测量的前提是束线足够稳定的操作。仪器设备,例如一台衍射仪也应该处于良好的工作状态。许多样品需要同时控制其温度、压强和磁场。这些样品环境的设备也需要运转正常。最后,数据收集和数据分析软件也要准备好。各个工作环节都要可靠,并且和准备好的样品相容,这是任何中子散射实验方案的重要组成部分。

3.2.2　减速

裂变和散裂反应产生的中子的起始能量很高,通常处于 MeV 量级,适于进行核反应。衍射和大多数散射实验中中子的能量应当是表 3.1 中的典型值。这就是说,中子的动能必须减小至约 $1/10^8$。中子的这种"减速"伴随着轻原子的非弹性散射。在这种非弹性散射中中子约一半的能量转移给核③。近似地,中子能量约减小至 $1/10^8$ 需要的碰撞数为 $n\approx27$(即 $10^8\approx2^n$)。低能中子可以从与运动核或振动核的碰撞中获得能量。它们经过几十次碰撞后达到平衡,此时中子和减速剂中的核具有同样的特征温度。这些"热化"的中子的动能分布和气体的动能分布相同(即服从麦克斯韦分布)。散裂源的减速剂通常不热化所有的中子,它具有的局部热化("超热化")的超热中子可以提供较短波长和较高能量的中子做实验。

---

① 一个自由中子难免有不稳定性,它在 15 分钟内衰减为一个电子和一个质子。

② 名词"散裂"类似于用重锤(这里的质子)敲下硬石块(核靶)的碎片。

③ 减速对裂变反应堆的运转很重要,一个中子在核的近傍的时间愈长,中子和核的互作用愈显著。较慢的中子在各点的时间较长,它们的吸收和 $1/v$(v 为中子的速度)成比例。

3.3 中子粉末衍射仪

3.3.1 反应堆为基础的粉末衍射仪

核反应堆中的中子衍射仪具有宽的波长分布、连续的运转时间。为了选择入射样品的中子，单色化是重要步骤。图 3.1 中的单色器是高质量 Cu 单晶体(图中顶部附近)，它常处于(111)布拉格衍射位置。通过改变单色器和样品的角度，可以选择入射到样品的中子的波长。单色器有一个通向反应堆芯部的窗口，所以它的周围有很厚的保护实验人员的屏蔽墙。屏蔽墙包含富 H 的石蜡(用来使快中子减速)，并混合进来硼化物，如 B_4C(吸收减速后的中子)等。Cd 也是热中子的良好吸收剂。金属 Cd 用来制备限制中子束宽的准直器。它还被放在关键部位吸收杂散射中子。

中子探测器通常依靠高概率的核嬗变反应。广泛使用的是 ^{3}He，它吸收一个中子并发生裂变如下：

$$n + {}^3He \rightarrow {}^1H + {}^3H + 0.76\ MeV \tag{3.5}$$

这里，H(protium)和氚(tritium，^{3}H)是高能的正离子，自由电子被加速到计数管的高压电阻丝附近(见 1.4.1 小节)。比较电阻丝两端收集到的电子电荷后可以确定事件发生的地点。并排的 ^{3}He 线性位敏探测器管的阵列常常是最佳选择，这是一种二维的高效的中子探测器。这种探测器阵列可以用来构建图 3.1 的设备。绕样品转动的阵列可以覆盖一个大的角度，并有高的效率，虽然角分辨率不是最高。

3.3.2 脉冲源为基础的粉末衍射仪

对散裂源而言，最普通的粉末衍射仪没有运动部件(图 3.2)①。线性位敏探测器被用来组建这种仪器。除了中子的散射角，中子的到达时间也记录下来。这是中子从减速器到探测器像元的时间。它由中子的速度和它经过的总长度决定。近似地，① 所有中子同时离开减速器；以及②样品的所有散射是弹性的(即在样品中散射中子的速度不变)。根据这两个假设，下面证明每一个像元产生的一个“飞行时间谱”包含一个衍射图样。

为了了解脉冲中子源上的粉末衍射仪，我们重新写出以飞行时间为变量的布拉格公式。在时间 t_{tof} 能测定的中子必须已经具有速度 $v = L_{px}/t_{tof}$，这里 L_{px} 是中

---

① 热中子的速度是 km/s 量级，通过“快门”在正确的飞行时刻的开关，单色化也可以完成。通常，粉末衍射不用“快门”，除非是用来屏蔽不需要的快中子和质子轰击靶后产生的 γ 射线。

子从减速器到样品再到探测器像素的整个路程(图3.2画出的是 $L_{px} = L_1 + L_2$)。从德布罗意关系,得中子的波长为

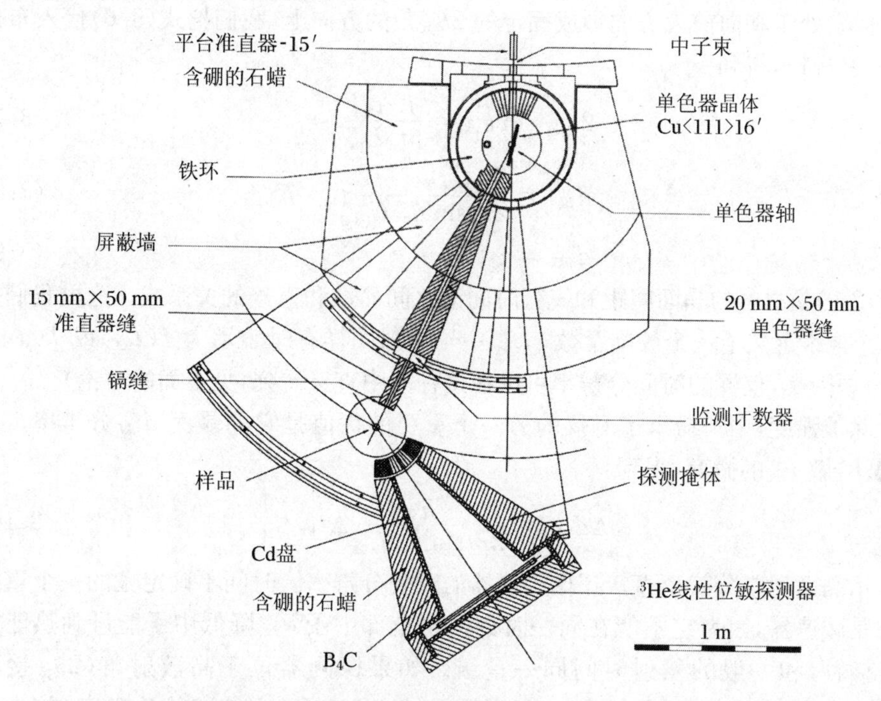

图3.1　布达佩斯研究反应堆的中子粉末衍射仪。中子衍射仪带有线性位敏探测器PSD系统。覆盖的角度范围达25°[1]

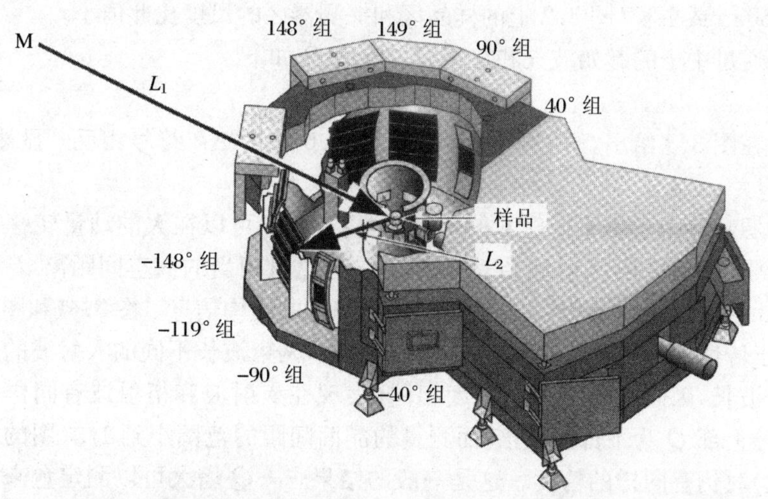

图3.2　洛斯阿拉莫斯中子散射中心的中子粉末衍射仪。在围绕样品的关键部位有固定成排的线性位敏探测器。从减速器(M)到样品的距离为 L_1,从探测器像元到样品的距离为 L_2[2]

$$\lambda = \frac{h}{p} = \frac{h}{mv} = \frac{h}{m}\frac{t_{\text{tof}}}{L_{\text{px}}} \tag{3.6}$$

这个像素处于和向前束方向形成固定的 $2\theta_{\text{px}}$ 角的方向上，我们把式(3.6)代入布拉格公式(1.1)，得到

$$2d_{hkl}\sin\theta_{\text{px}} = \frac{h}{m}\frac{t_{\text{tof}}}{L_{\text{px}}} \tag{3.7}$$

$$d_{hkl} = \frac{h}{2m\sin\theta_{\text{px}}L_{\text{px}}}t_{\text{tof}} \tag{3.8}$$

$$d_{hkl} = c_{\text{px}}t_{\text{tof}} \tag{3.9}$$

方程(3.9)是材料的晶面间距和飞行时间谱之间简洁和直接的关系式。这里我们为这一个像素定义了一个校准常数 c_{px}。中子衍射图样有时表示为 $I(t_{\text{tof}})$或 $I(d_{hkl})$(部分原因是，仪器的时间分辨率可以在这种图中直接看到，见下面的讨论)。

除了强度，中子粉末衍射仪的另一个重要的优值是它的晶面 d_{hkl} 分辨率。对式(3.8)做 t_{tof} 的微商，得到

$$\Delta d_{hkl} = \frac{h}{2m\sin\theta_{\text{px}}L_{\text{px}}}\Delta t_{\text{tof}} \tag{3.10}$$

它表示晶面间距分辨率直接正比于仪器的时间分辨率。时间不确定性的一个重要来源是减速器，因为它不能在同一时刻发出全部中子①。降低中子能量到热能需要几微秒，和一般的发射时间同一量级。如果探测器位于高散射角($2\theta_{\text{px}}$ 接近 180°)并且 L_{px} 大，设定减速器行为特征时，式(3.10)显示较高的分辨率(较小的 Δd_{hkl})是可能的。也许高分辨中子粉末衍射仪最明显的特征是它的中子飞行路程，例如 50 m 或更长(图 3.2 上的样品区和探测器区的尺度比此值小)。

我们通过中子的起始波矢和终止波矢定义 Q 如下：

$$\boldsymbol{Q} \equiv \boldsymbol{k}_{\text{i}} - \boldsymbol{k}_{\text{f}} \tag{3.11}$$

此式已经在图 3.3 给出，但需要注意，$\boldsymbol{Q}$ 和图 1.6 中的 $\Delta\boldsymbol{k}$ 符号相反。显然(或不幸的是)$\boldsymbol{Q} = -\Delta\boldsymbol{k}$。

脉冲源超热中子粉末衍射术的一个重要特征是，可以在大的动量转移条件下测量衍射强度，动量转移 Q 可以达 50 Å^{-1}。与此值相当的实空间距离 $d = 2\pi/Q = 0.12$ Å。如此小的距离允许获得材料的更细致的结构信息。图 3.4(和图 1.5 比较)有助于传达这种主要的想法。在这个例子中，两束波长不同的入射波的路程差都是三个波长，因此布拉格角的精度相同(表现在入射波和衍射波有同样的角发散)。图的上部 Q 为下部的 3 倍，而测量的晶面间距的范围小到 1/3(图的上部和下部相比)时仍有同样的精度。这是一般的结果——Q 增大可以测定愈来愈小范围内原子间的周期性。对于测定纳米结构材料的具体结构，如局域畸变或小空间

---

① 减速器的脉冲宽度可以缩短，如用能任性地吸收中子的材料 Gd 去"损害"它(要损失一些强度)。

尺度中的原子结构变化是重要的[①]。(对较大晶体,可惜只有几个小 Q 的锐峰可以测得,用来正确给出长程的平均周期性。)

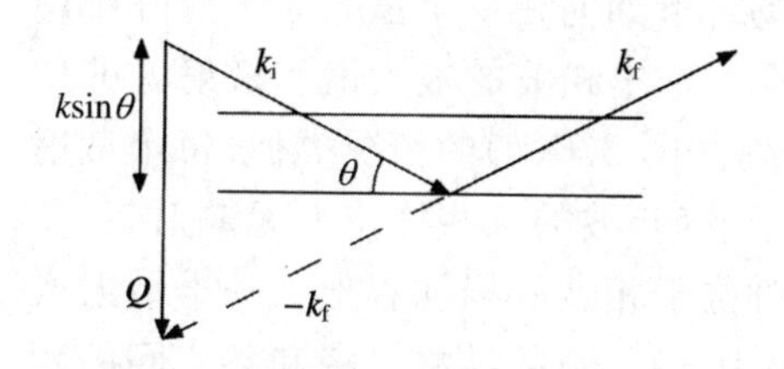

图 3.3　散射矢量 Q 的矢量定义:把 $-\boldsymbol{k}_f$ 尾对头加到 $\boldsymbol{k}_i$ 上。见图 1.6 或图 6.4,注意 $Q=2k\sin\theta=4\pi\sin\theta/\lambda$ 以及 $Q=-\Delta\boldsymbol{k}$

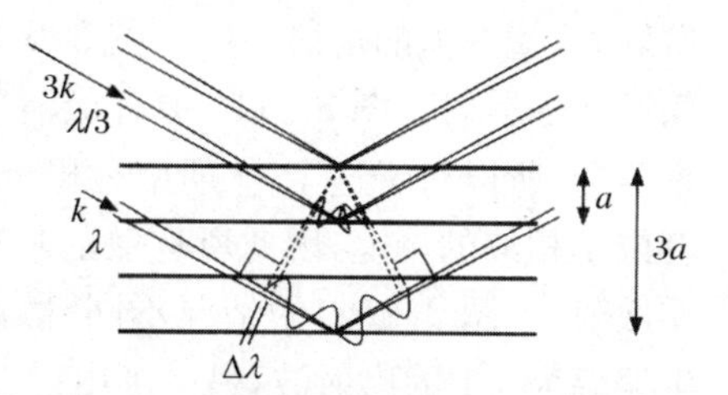

图 3.4　路程较短时路程误差小,衍射条件的精度可以保持,条件是波矢按比例增大,见图 1.5

3.4　相　　波

3.4.1　弹性散射中的相位

散射波的干涉将在第 6 章更正规地解释,在这里我们先介绍"相波"的概念,它可以用来探测样品中的周期性。相波本身不是物理波,它是入射中子波和散射中子波的关联[②]。过分使用这一概念是危险的[③]。但是,用波矢 Q 构筑一个波有时是有用的。这个波矢是两个真实波的波矢差(式(3.11))。如果我们定义坐标轴使 Q 沿 z 方向,就可用 $\cos Qz$ 的形式描述波。这里乘积 Qz 定义为波的"相位"。通过 z 的变化、相位的变化把波从峰变为谷。

图 3.5(a)和(b)画出了具有水平波矢的两个"相波"[④]。它们的峰画在入射波和散射波的峰的精确交叉点上。入射波和散射波的峰之间这些交叉点确定两个波具有同样相位的各个地点。技术上我们的相波是入射和散射波之间的相位差的一张图。第 6 章将证明:当原子在一个特定的 Q 下探测散射时,相长干涉(和高强度)发生在原子排列在相波的几何图样上。图 3.5 是某时刻的一次急射。在较后的时间内入射波和散射波将一起在图中向下移动,并且它们的交叉点也直接向下

---

① 对衍射图样的傅里叶分量提供的信息更完整的分析(对分布函数的分析)见第 10 章。

② 另一种相波有时类似于体育赛场上发生的事件,观众同步地站立起来("同相位"),并把"波"绕看台传递。对于有礼貌的观众,这个"波"没有传递物理能量。

③ 从探测器观察,一个相波给出从材料不同部分散射的中子波相位的差别。它具有和 $\exp(\mathrm{i}\boldsymbol{Q}\cdot\boldsymbol{r})$ 或 $\exp(-\mathrm{i}\Delta\boldsymbol{k}\cdot\boldsymbol{r})$ 等类似于波的数学形式。但这是模量为 1 的相位因子,而不是一个波。见 4.1.1 小节。

④ 我们的图给出实部 $\mathrm{Re}(e^{\mathrm{i}\boldsymbol{Q}\cdot\boldsymbol{r}})=\cos(\boldsymbol{Q}\cdot\boldsymbol{r})$。

移动。发生弹性散射时各个相波不会水平移动。

相波的有用之处还在于它们模拟了材料的周期性，当某一个 Q 和周期性匹配良好时，就有强的衍射强度。图 3.6 显示此场合下如何在一个正方原子点阵中用相波评估散射。图 3.6(b)中有最清楚的解释。这里相波的极大值和散射者的位置匹配，所以对于这个 Q 期望有相干的强散射。图 3.6(c)的情况类似，每个散射者位于相波的峰上，因此所有散射具有相长干涉(相波的某些峰位上无散射者，属零散射)。图 3.6(a)的情况不同，散射者同时位于相波的峰和谷上。一半散射产生振幅为 +1 的出射波，另一半出射波的振幅为 −1。总的结果是峰和谷之间的相消干涉。对于图 3.6(a)上的 Q，总散射为零。

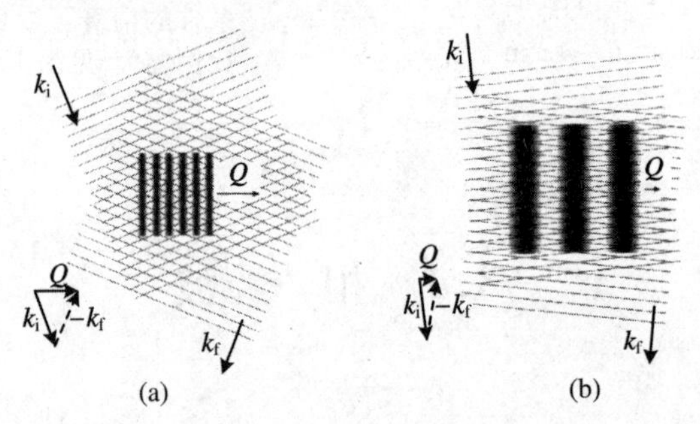

图 3.5　具有不同波矢的两个“相波”，显示波峰的交叉，(a) 较大角的散射，显示 Q 的值大，相波的周期小；(b) 较小角的散射，显示 Q 的值小，相波的周期大

构建图 3.6(b)的技巧是，把相波和散射者重叠。人们设想把相波扫过样品中的所有位置以寻找这种匹配，但部分匹配会使人迷惑。第 4 章和第 6 章说明如何把相位因子 $e^{iQ\cdot r}$(一个复数)在所有散射者位置上积分。这是一种系统理解衍射的相长干涉和相消干涉的方法。

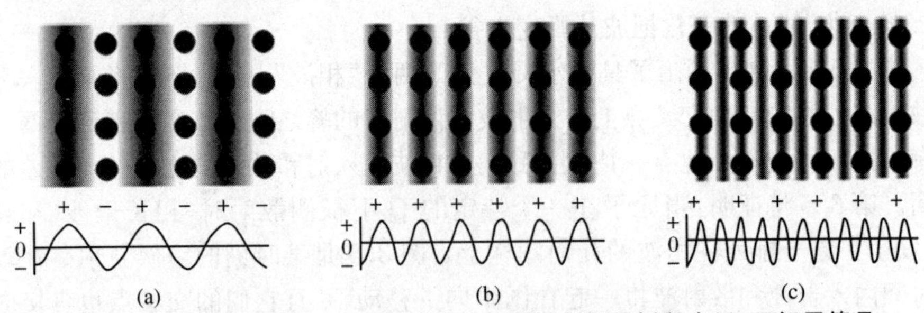

图 3.6　同一晶体结构和三个不同的相波重叠(上部用板条表示，下部用符号表示)。(a) 低 Q 相波，峰和谷位于原子位置；(b) 中等 Q 相波，只有峰位于原子位置；(c) 高 Q 相波，峰位于原子位置(多余峰对散射无贡献)

3.4.2　非弹性散射中的相位*

迄今为止，我们考虑的相波是一个起伏的空间结构，和时间没有任何关系。利

用**弹性**散射进行结构研究时这样做是合适的。此时的测量可以考虑为时间过程中的快照①。波行为的另一半是它的时间关系。一个移动相波可以用来理解**非弹性**中子散射。对于波 $\cos\phi$，峰发生在 $\phi=\{\cdots,-2\pi,0,2\pi,4\pi,\cdots\}$（给出 $\cos\phi=+1$）。对于一个移动的一维波，相位是 $\phi\equiv Qz-\omega t$。在 $\phi=2\pi$ 处的峰将改变它的相对于时间 t 的位置 z 如下：

$$2\pi = \phi \tag{3.12}$$

$$2\pi = Qz - \omega t \tag{3.13}$$

$$z = z_0 + vt \tag{3.14}$$

由于相波的波矢大小 Q 和频率 ω 是常数，式(3.14)中的位置偏置是 $z_0\equiv 2\pi/Q$，相波的速度是 $v\equiv\omega/Q$。条件式(3.13)意味着相波速度是正的——峰随时间 t 的延伸向 z 增加的方向移动。

虽然**弹性**散射时相波不移动，但**非弹性**散射时相波的移动是重要的。我们在非弹性散射中进行同样的处理，不同的仅仅是我们把移动的相波匹配到具有移动相位的散射者②。这一概念的另一个例子见图3.7。设起始的安排是，相波和散射中心重叠，如图3.6(b)所示（重画在图3.7的下部）。在较晚的时间，相波移动到右侧，在 τ 时间内移动一个波长 λ。在任一固定的位置观察相波的峰和谷可以得出频率 $\omega=2\pi/\tau$。在量子系统中，这和能量 $\hbar\omega$ 是相关的。类似地，一个动量 $\hbar Q'$ 与移动相波相关。假如某材料吸收相波的能量为 $h\omega$，且动量为 $\hbar\boldsymbol{Q}'$，则能量和动量守恒导致一种特殊的散射发生。激发一个 $\{\boldsymbol{Q}',\omega'\}$ 相波导致一个入射中子波(i)被散射为终止中子波(f)，其条件是

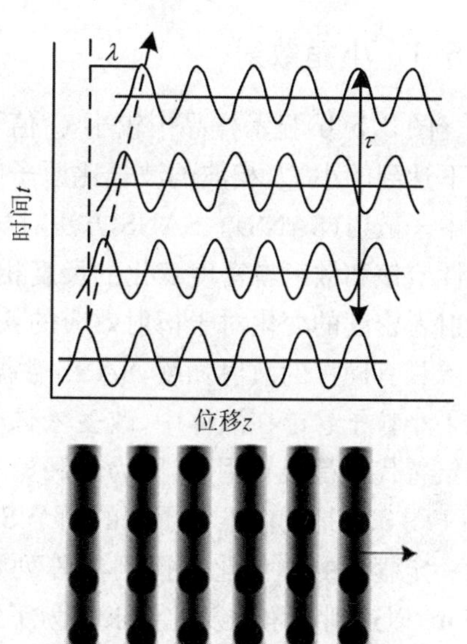

图3.7　图3.6(b)的晶体结构和向右移动的相波(下部)。上部的图显示较晚时间的相波的波峰。带有箭头的虚线的斜率是速度 λ/τ

$$\boldsymbol{Q}' = \boldsymbol{k}_{\mathrm{i}} - \boldsymbol{k}_{\mathrm{f}} \tag{3.15}$$

$$\omega' = \omega_{\mathrm{i}} - \omega_{\mathrm{f}} \tag{3.16}$$

这种非弹性散射的典型例子包括具有匹配的波矢和频率的声子（量子化振动波）或磁波子（量子化自旋波）的产生。不像衍射实验那样去测量 $I(Q)$ 或衍射实验

① 对于一个X射线光子的快散射（在短时间内经过许多波周期），通常物理上这是正确的。然而对于慢中子散射，弹性散射给出结构的时间平均图形。

② 在散射材料中的这个相位可以来自不同的类似波的激发，如声子中的原子位移、磁波子中的自旋。

中的$I(Q)$，非弹性散射测量二维的$I(Q,E)$、四维的$I(Q,E)$，或某些场合下一维的$I(E)$。材料中相波波矢和散射的Q的匹配是“相干”非弹性散射的需要。然而，仍然可能发生仅牵涉一个原子能量吸收的非弹性散射。这种所谓的“非相干”散射必须仍保持能量守恒，但它并不提供有关激发波矢的令人感兴趣的信息，也不显示$I(Q,E)$中平行Q轴的结构。

3.5　测量较大结构的仪器

3.5.1　小角散射

图3.5(b)显示样品中较小Q值下测定的周期性如何变得较大。对于小散射角下达到的小Q，相波的波长比原子间的距离大得多。原子尺度的特征不影响小角中子散射(SANS)。SANS方法对材料中散射者密度的变化是敏感的，相波的周期性应该和散射者密度变化的尺度相比。此尺度可以延伸到微米。记住正是这种散射者密度的变化对于衍射效应的获得是重要的——如果令人感兴趣的粒子及其周围具有同样的散射强度，SANS数据将不能显示与粒子尺寸和形状相关的特征。如果小粒子悬浮在液体中，改变液体介质以加强或减弱它相对于粒子的衬度。如用氘替代氢是很有用的，因为氘和氢对中子的散射强度很不相同。

图3.8是反应堆中子源的两个SANS仪器。它们需要对入射到样品的中子进行一定程度的单色化。探测器阵列装置在真空箱中，并且可以从样品开始移开15 m，以达到小角散射的要求。为了解释SANS数据，把Q值的范围取得大一些(而不是只有小的数值)常常是重要的。前后移动这些探测器到样品的距离，使它们可以在$0.002\ \text{Å}^{-1}<Q<1.0\ \text{Å}^{-1}$范围内测量材料的散射，相当于空间测量距离的范围是1 μm～10 Å。虽然上述距离的较大部分属于显微镜技术范围，但SANS通过不同的定量途径测量得出平均的空间特征。更特别的是，小角散射方法，如SANS和SAXS(小角X射线散射)测量的是不同密度区间之间的空间关联(在10.5节中说明)。

3.5.2　中子反射率*

1. 镜子

斯涅耳定律式(2.20)说明，一束射线穿过光密介质和较低密度介质的界面时，束线会从界面法线处进一步弯转。当弯转角达到90°或以上时，出现临界现象。此时束线不能离开密介质，而只能从界面全反射。中子以掠入射角度入射到平表面时发生同样的情况。在这种场合下，中子越过界面时的波长变化伴随着动能的变化。设中子从真空进入带排斥势的材料，它的势能的增加必然伴随动能的降低。如果中子不具备足够的垂直表面的动量，中子不能穿过界面，从而被反射①。

图 3.8　高通量同位素反应堆的两个 SANS 仪器。矩形箱围绕中子导板，圆柱箱围绕二维探测器阵列组成的1 m×1 m的活性区。探测器可以沿圆柱真空箱移动到不同位置测量不同角度的散射。样品位于导板和探测器箱之间[3]

利用全反射可以制成中子导板、镜子和聚焦元件。不幸的是，全反射的角度范围很小，它只发生在中子以掠入射角到达表面的场合。对镍来说，波长为0.1 nm的中子的全反射临界角约为0.099°。中子导板的工作很像光纤。光从壁的反射允许它在一定范围内保持更多的强度，即按典型的$1/r^2$在自由空间衰减。临界角随中子波长正比地增大。因此中子引导技术在长波中子条件下工作得最好。这是近来兴趣集中在“冷中子(从低温减速剂出射的低能量中子)”的原因之一。

2. 反射术

在中子反射术中，一束中子以小角入射到平样品表面。薄膜的反射率测量的角度范围通常超过临界角，给出的仅仅是部分反射。在常规场合，散射矢量 Q 垂直于样品表面，测量的是镜面反射，即入射角等于出射角($\theta_{in}=\theta_{out}$)时的反射。

此时可以近似表示为图3.5(b)，虽然对水平样品来说图样应该顺时针旋转90°(Q 指向纸背，沿着常规符号 $-\hat{z}$)。薄膜的令人感兴趣之处是，不同于图3.5(b)中一个相波有三个峰，它可以通过改变反射角使 Q_z 变化。改变 Q_z 的量意味着经过样品的不同厚度对相波的多重周期进行扫描。整数相波扫过样品时会出现特殊情况——在散射材料中峰和谷的数目相等。这种情况很像图3.6(a)中由于相波

① 在不同势能区的中子波函数的适当处理需要薛定谔方程，它将在12.2.2小节中以相对电子反射率很类似的问题进行讨论。本质上，薛定谔方程可以分为垂直界面和平行界面的分量。当垂直界面的中子速度在材料中下降到零时，中子从表面全反射。

的不同相位引起的散射的相消。在这些相波的个数是整数的场合，反射率曲线出现凹陷。在凹陷之间强度达到局域的极大。在典型的场合，一个在相波周期一半时不出现振幅相消。当角度增加到包含相波更多周期时，和半周期相关的材料的量变少，即随 Q_z^{-1} 变化。

其次要考虑的是，中子通过薄样品时路程的几何放大。在较浅角度下，它随 $1/\sin\theta \propto Q_z^{-1}$ 而变。这两个影响反射中子波函数振幅 ψ 的因子 Q_z^{-1} 变成散射强度 $I=\psi^*\psi$ 的一个因子 Q_z^{-4}。此时典型的中子反射率曲线 $I(Q)$ 包含较大 Q_z 下极大值降低的强度振荡。有时这些数据需要乘上因子 Q_z^4 或画成半对数图(图 3.9)才能看清。这是一种挑战，因为测量的反射率的动态覆盖范围超过 10^7。实际上，提高数据量、降低背底的方法也不能显著改善仪器的性能，例如显著改进图 3.9(b)的结果，因为散射强度随 Q_z^{-4} 降低的速度实在太快。

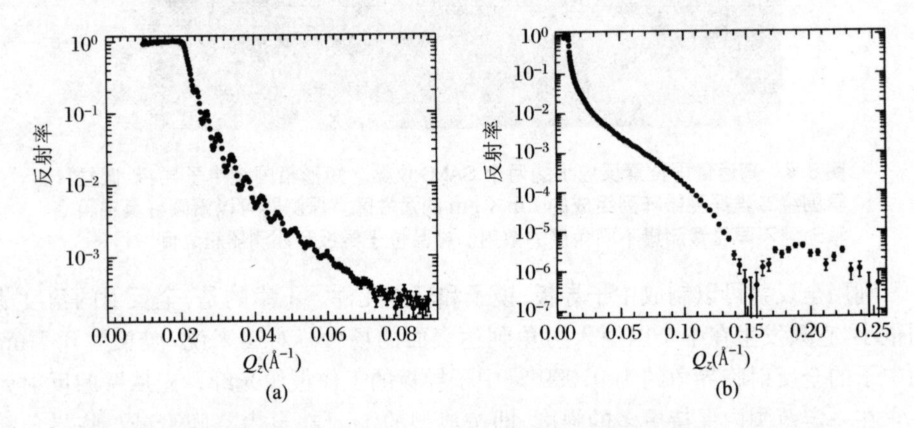

图 3.9　用洛斯阿拉莫斯 SPEAR 仪器得到的中子反射率曲线。(a) 硅芯片上的溅射镍薄膜；(b) 单晶石英上的 DPPC 磷脂双层，脂双层富 H，用 D_2O 增强相对于前者的散射衬度[4]

图 3.9(a)是金属镍薄膜的反射率曲线。图的左部显示入射波的一部分全反射数据，它可以用来校正实验结果。反射率通常表示为归一化的入射强度的分数。图 3.9(a)的若干个别的振荡显示的周期为 0.003 93 Å^{-1}，得出镍薄膜厚度 $d=2\pi/(0.003\,93\ \text{Å}^{-1})=1\,600\ \text{Å}$。图 3.9(b)给出的是类脂化物双层膜(常常作为细胞膜的模型)的结果。其中大振荡周期显示类脂化物双层膜的厚度是 $2\pi/(0.157\ \text{Å}^{-1})=40\ \text{Å}$，大多数样品复杂得难以分析，特别是由多层膜组成的界面粗糙的样品。分析结果时常常构筑一个样品的物理模型以符合测定的反射率。这种方法的唯一性受到一定的怀疑，因为反射率给出的是沿 Q_z 的，而不是沿实际样品密度的周期性。

3.6　非弹性散射*

3.6.1　三轴谱仪*

三轴谱仪是由伯特伦布·罗克豪斯(Bertram Brockhouse)发明的,它利用一束从核反应堆中心发出的连续热中子束,如图 3.10 所示。在束管的末端有一个单色器晶体,它选择波矢为 $\boldsymbol{k}_i$ 的中子作为入射波到达试样。试样是有代表性的单晶体,处在相对于入射束有不同取向的位置。仪器的两条轴是为了选取在单色器($\boldsymbol{k}_i'$ 到 $\boldsymbol{k}_i$)和在试样($\boldsymbol{k}_i$ 到 $\boldsymbol{k}_f$)处的束线方向①。第三条轴位于检偏振器晶体处($\boldsymbol{k}_f$ 到 $\boldsymbol{k}_i'$)。检偏振器晶体选择沿着 $\hat{\boldsymbol{k}}_f$ 方向离开试样的中子的某个能量,并且指引最终的线束进入测定强度的探测器。

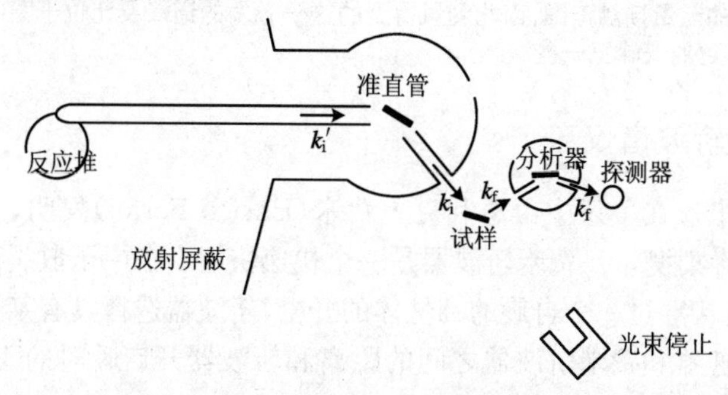

图 3.10　核反应堆中位于束线管中的三轴谱仪的配置。图中画出了在单色器(弹性布拉格)、试样(非弹性)和检偏振器(弹性布拉格)中的三种散射的四个波矢。用于界定波角度分布的准直管、梭拉狭缝和用于控制束线的快门没有画出

三轴谱仪有数种操作方式,但对测量沿选定晶体学方向激发的能量,有代表性的操作仪器的方式是采用固定的动量转换 Q。其最终能量利用设定检偏振器晶体的布拉格角来固定以选择 $|\boldsymbol{k}_f| = |\boldsymbol{k}_f'|$ 的量值,它选择了从试样散射出来的中子的能量。通过改变单色器晶体的取向改变能量的转换(这需要移动试样以保持处于入射束的位置上)。为了保持固定的动量转换,要求检偏振器系统绕着试样改变方向。在 Q 恒定时,用计算机控制对 E 的扫描,即恒定 Q 扫描。

三轴谱仪同时测量一个 E 和一个 Q 值的散射。这是对单晶体测量的仪器选择,用于测量在某一独立晶体学方向激发的色散。当衍射峰明显高出背底时,声子

① 在这一点上,三轴仪器和图 3.1 的衍射仪十分相似,但是对从试样出来的非弹性散射,$\boldsymbol{k}_i \neq \boldsymbol{k}_f$。

或磁子色散曲线的单晶测量可以直接解释。例如，对测量的衍射峰拟合给出一个单一的中心能量值，它可以用来画出与 Q_{hkl} 值对应的曲线图。有时也可能利用三轴仪器测量激发的线宽度。当有激发色散时，这种实验要求对这种仪器在空间 $\{E,Q\}$ 测量色散面的不同部分时的仪器分辨率有一定的理解①。即使是用同一个仪器，相同的散射也可以有不同的能量分辨率（见图 3.11 中的左侧和右侧）。

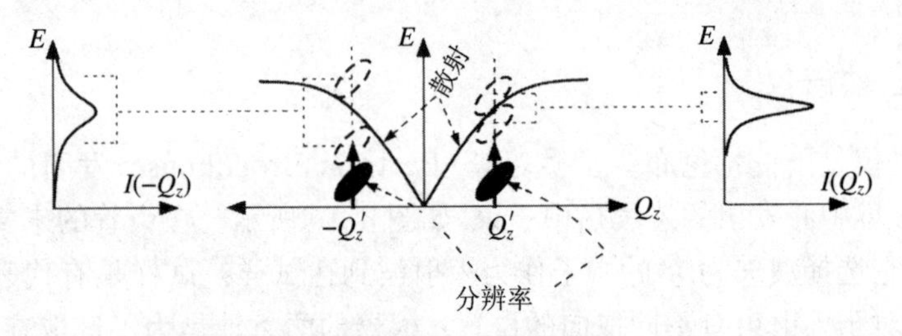

图 3.11　在 Q 恒定值时三轴仪器分别沿着竖直方向向上（$-Q_z'$）或向下（Q_z'）的两种能量扫描方式。在图中，左右两侧分别显示测定的能量分辨率，它们取决于近似椭球形的仪器分辨率如何截断试样的色散面。尽管在能量转换过程中色散是呈对称性的，但对位于左侧的 $-Q_z'$ 测量方式，其分辨率椭球与试样的色散面有一个较宽的能量接触范围，因此测量得到的这一激发的谱峰要比位于图中右侧的 Q_z' 测量得到的谱峰宽一些

3.6.2　费米斩波谱仪*

费米斩波谱仪在争议中由恩利克·费米（Enrico Fermi）发明，用于脉冲散裂中子源的弹性散射测量。费米斩波器是一个快速快门。在中子散裂离开减速器后的那一瞬间，直接穿过一个自旋的圆柱体的开槽，斩波器选择具有某一速度的一束中子。已知减速器和费米斩波器之间的距离和斩波器开启瞬时的飞行时间，这决定了中子的能量为 $E=\dfrac{1}{2}mv^2$。图 3.12 解释了这些时间和距离的关系，其中线的斜率就是中子的速度。具有多种速度的中子是从减速器中发射出来的。图中给出了从减速器发射出的有一个时间间隔（比如 1/60 s）的两个中子脉冲。费米斩波器选择了一个窄的速度范围，因此也选择了一个窄的能量范围。费米斩波器控制了入射到试样上中子的入射能量、强度和能量分辨率。

通常试样透射了大部分入射的中子而没有发生散射，而大部分散射的中子发生弹性散射。因此，在图 3.12 中试样的位置上，大多数中子线具有不变的斜率。这些线在试样处有扭折，这些中子发生非弹性散射。它们的斜率比入射线束或者陡些，或者缓些，取决于中子是否从试样获取能量或者失去能量。

图 3.13 是 ARCS 费米斩波谱仪的示意图。充满 ^{3}He、排成阵列的位敏探测器组成的大型探测器绕着试样，使散射角度范围达到 140°。仪器通过计时工作。通

① E 和 Q 的分辨率函数形式取决于单色器和检偏振器晶体的配置。

常每个探测器的像素在其飞行时间谱上有一个强度峰标记了弹性散射中子的到达。较先到达的中子从试样获得能量，而较晚到达的中子则失去能量给试样。经过校准之后，可以从这种效果最佳的信息中获得单独的能量谱。如果我们知道入射能量、能量转换和散射角，那么可以确定动量转换 Q（详见习题 3.7）。

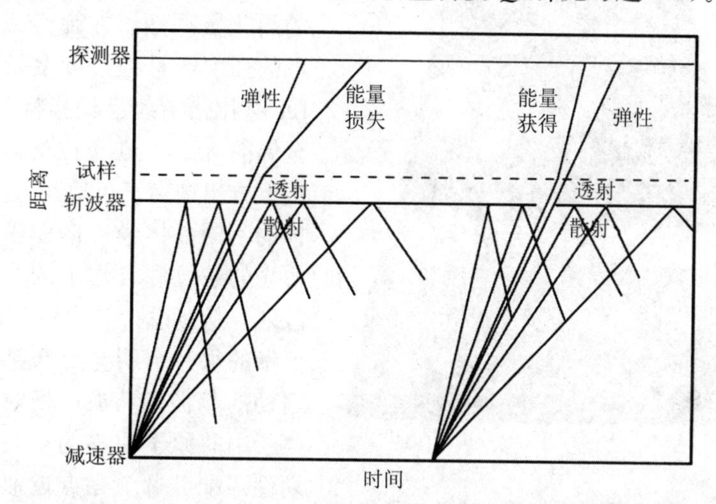

图 3.12　直接几何斩波谱仪中的非弹性散射的距离-时间关系图。减速器、斩波器、试样和探测器标在距离轴上。两个减速脉冲发生在时间轴上的不同点上（真实的脉冲是不连续的，这造成了中子在穿过斩波器时中子速度的附加分布）

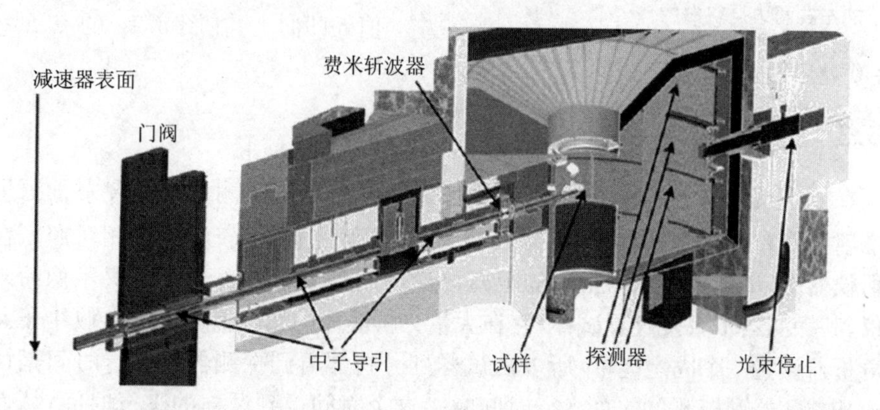

图 3.13　在橡树岭（Oak Ridge）散裂中子源的 ARCS 费米斩波谱仪的剖面图。试样离减速器表面的距离为 13.6 m，而探测器离试样的距离为 3 m。一个可移动的门阀把试样从放置有探测器阵列的主真空室中隔离出一个真空区。大多数块材是笨重的钢筋混凝土防辐射层

费米斩波谱仪的能量分辨率取决于其时间分辨率。关键的考虑是减速器的性能（中子散裂的持续时间）和斩波器的性能（斩波器开启的时间长度）。能量分辨率的计算使用了持续时间（理想地，它们应该是短暂的）和仪器的几何距离（理想地，它们应该是长的）。不像粉末衍射仪的配置，非弹性仪器得益于从试样到探测器之

间的长距离的二次飞行路径，因为这给出了中子离开样品之后中子速度改变的更好的定义。大多数费米斩波谱仪由于具有较短的二次飞行路径而面临一种能量分辨率上的折中处理(较长的飞行路径增加了探测器阵列的面积和费用)。

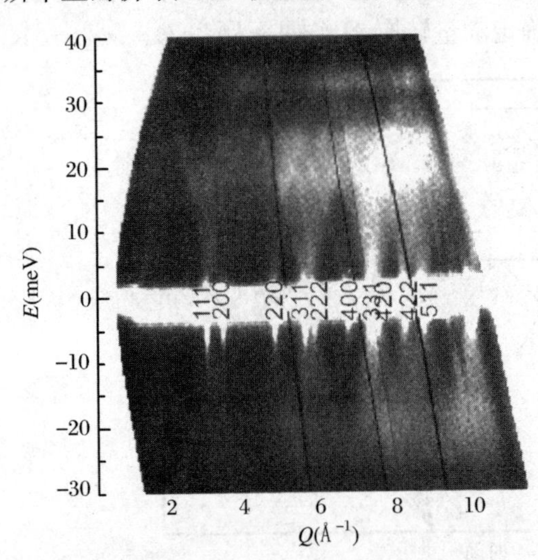

图 3.14　用洛斯阿拉莫斯国家实验室费米斩波谱仪"Pharos"获得的 fcc Fe-Ni 合金的约化数据。探测器涵盖了仪器某些不允许测量的组合$\{E,Q\}$，这些组合在这套数据的左右两边是空白的

图 3.14 是用费米斩波谱仪获得的约化数据图。在弹性线 $E=0$ 附近的强度严重地过度激发。图中的 fcc 布拉格衍射已经指标化(全奇或全偶的 hkl)。在布拉格衍射的上方或下方出现声子色散，在这个多晶试样的不同晶体学方向做平均。这些明亮的条纹源自相干的非弹性中子散射。从概念上说，图 3.14 中非零能量的每一个明亮点与某一特定的运动的相波$\{Q,\hbar\omega\}$相对应。它和声子中的原子位移的空间及时间周期性匹配。每个亮点近似地对应图 3.7 中的斜虚线，它从位置和时间$\{z,t\}$上追踪了波峰。不可避免地，一个非常暗的磁波子色散(在低 Q 值处凹向上)在图 3.14 的点 $E=0$，$Q=0$ 处出现。

3.6.3　其他非弹性仪器*

在 μeV 范围内非常低的能量激发可以用背散射谱仪测量。散裂中子源里的背散射谱仪有时称为"倒几何仪器"，与"直接几何"的费米斩波谱仪相对照。在背散射仪器中，试样离减速器很长的距离，与粉末衍射仪很像。然而它又不像粉末衍射仪，其探测器不直接查看试样，它在大量分析晶体的布拉格衍射后接收中子。这些分析器设置一个固定能量，所以从试样到分析器再到探测器的飞行时间是恒定的。从减速器到探测器的总飞行时间减去这个时间得到试样的飞行时间，从而得到入射能量。背散射仪器最好工作在物理上的长飞行距离，有时达到 80 m。

在很低能量范围(meV 量级)内的激发的测量可以用新的"自旋-回声"仪器族进行。极化中子进入自旋-回声谱仪时，它们的极化是有取向的，即它们具有一个外加磁场中的已知的自旋进动频率(拉莫(Larmor)频率)。中子通过样品前和样品后的两个进动匹配范围时，如果样品引起中子速度增加，通过样品后的范围中将出现较少进动。经过这两个范围的中子极化的改变可以用来测定传输给样品的能量。

3.7　准弹性散射*

在3.6节中描述的仪器也可以测量“准弹性散射”。准弹性散射的强度通常用$I(Q,E)$表示，它可以和从同一样品发出的非弹性散射重叠。区别是散射的起源。对非弹性散射，其散射过程涉及从中子向固体激发的能量转移。在声子产生的场合，中子能量驱动固体中的激发。对准弹性散射，材料中发生动力学运动时中子没有能量输入。中子仅仅是运动的观察者。

原子扩散是通常用中子准弹性散射来研究的一种现象。假设中子在完成整个中子波包散射前经历了一次瞬时的跃迁而到达一个新的位置。在这个新的位置原子继续散射中子波包，但这个新的原子位置是从原来位置发出的波长的任意分数。从这两个位置发出的散射波之间存在相消干涉。我们对扩散的典型分析假定原子停留在初始位置的平均时间是随机的Δt。根据不确定原理，有

$$\Delta E = \frac{\hbar}{\Delta t} \tag{3.17}$$

当原子扩散跃迁的时间标度短，而且Δt小时，由先前$E=0$处的尖锐弹性线在E处宽化。但不像非弹性散射那样，这里宽化的E相对于$E=0$是对称的。

准弹性散射通常用来测量扩散跃迁的时间标度。对原子位置上的滞留时间的随机分布形式$e^{-t/\tau}$，典型的准弹性散射的能量分布是洛伦兹函数，

$$I(E) \propto \frac{1}{1+(E\tau/\hbar)^2} \tag{3.18}$$

它具有能量半高宽$\hbar/\tau$。准弹性散射测量要求仪器的分辨率小于这个能量的半高宽。在3.6节讲述的非弹性仪器对测量的能量宽度范围为$10^{-8}\sim10^{-2}$ eV或特征扩散跃迁时间为$10^{-7}\sim10^{-13}$ s范围的准弹性散射很有用。精密的准弹性散射仪通常在上述范围的中间区域工作。在一个准弹性散射实验中，通常选择仪器和试样动力学都近似相容成立，而且随着试样的温度变化而改变。对热激活的动力学如扩散，温度升高将加快动力学过程并且增大能量的宽化。

更详细的分析可以说明准弹性散射的Q-依赖关系。某些动力学运动给出重要的Q-依赖关系，如在几个固定位置间的原子运动，其准弹性散射在与这些位置之间的空间距离相对应的Q上表现出宽化的特征。这种测量也许要求使用单晶体以避免捕获多重晶体学方向上的散射，这些散射会去平均所关心结构的Q值。已经设计使用单晶体的其他实验用沿不同晶体学方向的Q来修正准弹性的宽化。如果一次原子间的跃迁的方向垂直于Q（即沿着图3.6中相波峰的方向），那么从

原子新位置发出的散射波将不会与从原始位置发出的散射波有任何的相位差，因而也不再存在准弹性宽化的问题。有时，通过改变扩散跃迁相对于 Q 的方向来控制准弹性宽化，有可能用来测量单个晶体中的跃迁方向。

3.8 磁 散 射*

中子的磁偶极子磁矩 $\boldsymbol{\mu}$ 在磁场 $\boldsymbol{B}$ 中通常具有的能量为 $-\boldsymbol{\mu}\cdot\boldsymbol{B}$（与磁场 $\boldsymbol{B}$ 发生相互作用）。这种磁场可能源于不成对的电子自旋或电磁场，两种形式的相互作用都会使中子偏转。关于这种散射的计算已经超出了本书的范围，但有两个重要的结论需要说明：

- 对电子自旋散射，其相互作用的特征长度是“经典电子半径”

$$r_0 = e^2(m_e c^2)^{-1} = 2.82\ \text{fm} = 2.82\times10^{-15}\ \text{m}$$

- 可以证明，磁散射和散射矢量 $\boldsymbol{Q}$、磁化强度矢量 $\boldsymbol{M}$ 之间的乘积 $\boldsymbol{Q}\times\boldsymbol{M}\times\boldsymbol{Q}$ 有关。

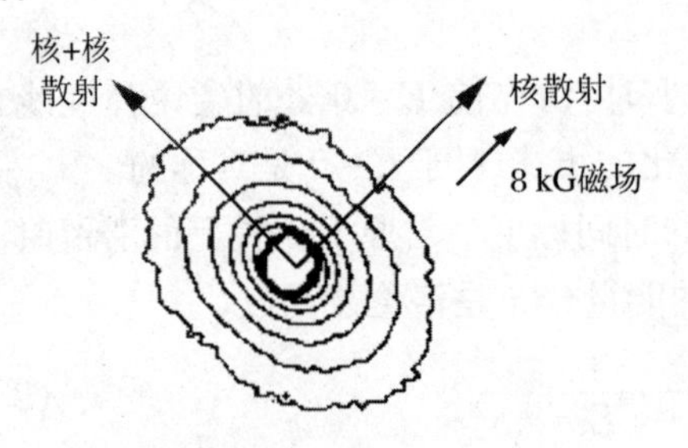

图 3.15　在外加磁场为 8 kG(磁场方向沿着纸平面)的情况下 fcc Ni-Fe 的小角中子散射(SANS)的实验强度等高线。入射束垂直于纸平面。强度随入射束角度降低，而沿着外加磁场的方向强度降低得更快

从第一个结论我们可以得到推论：磁散射长度可以和核散射长度相比。因此中子的磁散射近似地与核散射一样强。从关系式 $\boldsymbol{Q}\times\boldsymbol{M}\times\boldsymbol{Q}$ 我们可以得出，当不成对电子自旋方向 $\hat{\boldsymbol{M}}$（或外加磁场方向）垂直于 $\hat{\boldsymbol{Q}}$ 时发生的磁散射最大。这两个结论都可以用图 3.15 说明，图中给出了在 SANS 实验中测得的向前束的强度等高线。在测量中，使电磁场方向与试样中的不成对电子自旋方向一致。注意，等高线是垂直于外加磁场方向的。但是沿着磁场方向的散射是非零的，因为 Ni-Fe 具有很强的中子散射能力。

磁极化中子束可以用来做散射实验，而极化中子的中子衍射则是磁性晶体中自旋排列的强有力的探测器。例如，在反铁磁材料中存在一种在连续的原子位置上交变的磁排列。尽管原子在化学上是相同的，但磁结构的衍射证明这种磁排列的周期性大于原子重复周期。磁晶体的对称性包含一种在常规晶体学中不存在的操作——反对称性，它把向上自旋改变为向下自旋或者反之。利用反对称性，晶体

学中的230种空间群扩大到磁晶体的1 191种舒勃尼科夫(Shubnikov)群，它说明了晶体磁结构的丰富多样。

通常，要旋转块体中的磁自旋方向需要消耗一定的能量，而且这个能量是量子化的。磁激发可以发生在局域，单个原子的自旋重取向的情形可以用晶体场中不同能级之间的跃迁来表示，或者用在自旋波或磁子的激发中的集体自旋链来表示。更普遍的是，用磁化率函数 $\chi(\boldsymbol{q},\omega)$ 给出诱发材料自旋结构改变的能力，而这种磁化率函数的性质决定了非弹性磁中子散射的强度函数 $I(Q,E)$。

3.9 核 散 射

中子通过与原子核相互作用被非磁性原子散射。下面是值得注意的一些核散射的特征：

· 具有非零自旋的原子核有不同的初始自旋取向，并且这些自旋取向有不同的散射振幅。

· 大多数化学元素都具有不同散射振幅的同位素分布。

· 某些同位素具有负的散射长度，表示散射波相位有改变。这表明有“共振散射”，其中中子及其能量被原子核吸收，中子随后以其初始的能量被重新激发回来。就像一个共振腔，当能量从低于共振改变为高于共振时，散射的相位改变了180°。

· 在晶体的随机位置上排列的同位素(或类似的核自旋取向)引起散射波相位有点随机，但这种附加的非相干散射对衍射测量没有用处。

· 散射长度通常是复数，其虚部表示吸收。吸收与核嬗变如裂变或其他核反应有关。吸收通常取决于中子在原子核附近的时间，其概率与中子的速率成反比。

图3.16画出了元素的已知“相干散射长度”b。不像X射线或电子的散射因子，中子的散射因子随原子序数 Z 没有明显的趋势。该数据表示元素具有大量天然同位素，某种元素的同位素的中子散射长度的变化可以和元素之间的变化一样大。如果同位素是常规存在的，如氢的同位素氘和氚，这就变成了可利用的优势。例如，制备没有相干中子散射的同位素平衡水成为可能。在这种“无约束力的水”中测量小颗粒时，信号将完全从被测量粒子处产生，尽管从“无约束力的水”处也产生部分非相干散射的多余信号而成为不需要的数据背底。

由于原子核是实质的点，中子和X射线散射有一个重要的区别。中子波函数越过原子核相互作用的任何微小距离，本质上不存在任何变化。原子看到了中子升起和落下而没有任何方向意义的概率密度。因此散射波是各向同性的——向外发出的球面波。

有可能进行只有在偶然的时候考虑的相干性和非相干性的 X 射线衍射实验，但直到目前为止，还没有可能进行这样的中子衍射。中子散射可以是弹性或非弹性的、相干或非相干的，而一个试样可以有四种这些过程的组合（这些将在 4.1 节做进一步的讨论）。中子散射与 X 射线散射还有一个实质区别。含有吸收中子和经历核嬗变反应元素的试样在经过中子束照射之后变为有放射性的。它们成为实验室中由其他实际工作不可获得的试样。

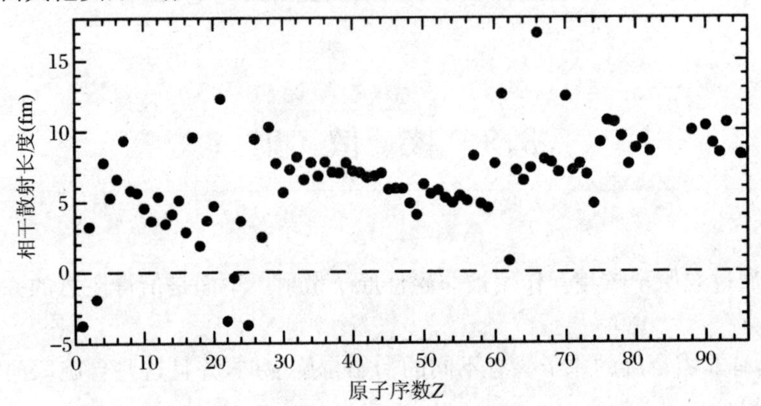

图 3.16　中子的相干散射长度，图中只画出了实部，单位为 fm，其中 1 fm = 10^{-15} m[5]

3.10　拓 展 阅 读

Lovesey S W. Theory of Neutron Scattering from Condensed Matter: Vols. 1 and 2. Oxford: Clarendon Press, 1984.

Pynn R. Neutron Scattering: A Prime. Summer: Los Alamos Science, 1990. http://neutrons.ornl.gov/science/ns_primer.pdf.

Sears V F. Neutron Optics. New York: Oxford University Press, 1989.

Shirane G, Shapiro S M, Tranquada J M. Neutron Scattering with a Triple-Axis Spectrometer. Cambridge: Cambridge University Press, 2002.

Squires G L. Introduction to the Theory of Thermal Neutron Scattering. New York: Dover, 1996.

Windsor C G. Pulsed Neutron Scattering. London: Taylor and Francis, 1981.

习　题

3.1　辐射可以被原子的电子或原子核散射。阐述下述概念对散射的重要性：

(1) 电子；

(2) X射线；

(3) 中子。

3.2　推导列在表3.1最后四行的表达通式。

3.3　构建等效于图3.3的一种情形的非弹性散射简图，注意使用 $\boldsymbol{k}_{\mathrm{f}}$ 的正确相关长度：

(1) 入射能量为25 meV的中子传递了12.5 meV的能量给试样；

(2) 入射能量为25 meV的中子从试样吸收了25 meV的能量；

(3) 画出情形(1)的图3.5形式的入射波和散射波。

3.4　图3.5(a)画出了当散射波波长是晶体周期的两倍时，散射波相位是如何产生相消干涉的。图中画出了相波波峰之间和原子位置之间的精确重叠。如果相波相对于原子位置水平地平移，是否还存在精确的淬熄？为什么？

3.5　对不同的量 Δk，$\Delta\boldsymbol{k}$，Q 和 $\boldsymbol{Q}$ 存在许多错误和误解。这些错误是混合的，因为部分作者定义 $k\equiv1/\lambda$，而另外一些作者则定义 $k\equiv2\pi/\lambda$。

做一个栏目标题分别为 Δk，$\Delta\boldsymbol{k}$，Q 和 $\boldsymbol{Q}$ 的四栏表。表的两行行首分别为 $k\equiv1/\lambda$ 和 $k\equiv2\pi/\lambda$。表中有关 Δk 和 Q 的四个格子分别填写用 λ 表示的 $\Delta\boldsymbol{k}$ 和 Q 的表达式，而有关 $\Delta\boldsymbol{k}$ 和 $\boldsymbol{Q}$ 的四个格子则分别填写用 $\boldsymbol{k}_{\mathrm{i}}$ 和 $\boldsymbol{k}_{\mathrm{f}}$ 表示的表达式。

3.6 (1) 如文中所述，当一个三轴谱仪用来做 Q 恒定时的能量扫描时，哪一个轴是需要旋转的？

(2) 假设图3.10给出的是测量从中子向试样传递正能量的配置简图。对一次较大能量传递的测量，分量将在哪个方向上移动？(不要忘记移动光斑。)

3.7　计算利用费米斩波谱仪测量的两个中子散射的动量转换 Q：

(1) 入射能量为50 meV，向试样传递的能量为25 meV，散射角为70.85°。

(2) 入射能量为500 meV，向试样传递的能量为250 meV，散射角为9.104°。把得到的结果与(1)的结果做比较。

(3) 磁激发具有相对大的能量，但是磁散射长度随 Q 增大快速减小。为什么低角度探测器用来测量磁激发？

(提示：对(1)和(2)的情形，可以利用表3.1以及余弦定理。)

3.8　尽管水要比纳米颗粒多很多，但假设你能够制备稠密适度的含Ni的纳米颗粒悬浮在水上。你有 D_2O 和无约束力的水两种。镍有几种具有不同符号散射长度的同位素，假设你能够制备形状相同的纳米颗粒，能给出零相干散射长度的各种同位素混合物。假设你对下面四个试样做 SANS 测量：

① 无约束力的水和无约束力的纳米颗粒；

② 无约束力的水和天然的纳米颗粒；

③ D_2O 和无约束力的纳米颗粒；

④ D_2O 和天然的纳米颗粒。

(1) 哪个试样的总强度最强？哪个试样会给出纳米颗粒形状最清晰的数据？为什么？

(2) 在考虑它们的强度差别之后，SANS 测量得到的试样②～④的强度 $I(Q)$ 的峰形会存在差别，为什么？

(3) 假设纳米颗粒自组装进入介观区，介观区内颗粒排列成 fcc 结构。设颗粒间最小的分离间距是 30 nm。在 SANS 数据中将会见证什么新特征？

(4) 你能列出试样①数据的一种用途吗？

3.9　(1) 有面积为 1 cm^2 的试样，要使试样散射具有相同面积入射束的 1%入射中子，所需要的 $LiFePO_4$ 质量是多少？表 3.2 列出了 $LiFePO_4$ 的中子学性质。

(提示：把问题转变为对所有原子的“横截面”面积求和，因此它们的和等于试样面积 1 cm^2 的 1%。)

(2) 有百分之多少的入射中子将会被(1)中的试样吸收？

表 3.2　$LiFePO_4$ 的中子学

	单位	Li	Fe	P	O
σ_{scat}	10^{-24} cm^2	1.37	11.62	3.312	4.232
σ_{abs}	10^{-24} cm^2	70.5	2.56	0.172	0.0

参考文献

Chapter 3 title image shows the Spallation Neutron Source at Oak Ridge National Laboratory, Tennessee. The lab and office module is in the foreground, the accelerator in the back. The target building with neutron instruments is in the middle of the image. Figure reprinted with the courtesy of the Oak Ridge National Laboratory.

[1] Svab E, Meszaros G, Deak F. Mat. Sci. Forum, 1996, 228: 247. www. bnc. hu/. Figure reprinted with the courtesy of Svab E.

[2] Figure reprinted with the courtesy of the Lujan Neutron Scattering Center.
[3] Figure reprinted with the courtesy of the Oak Ridge National Laboratory.
[4] Unpublished data courtesy of Smith H L.
[5] Data originally from Neutron News, 1992, 3: 29, compiled at www. ncnr. nist. gov/resources/n-lengths/.

第4章　散　　射

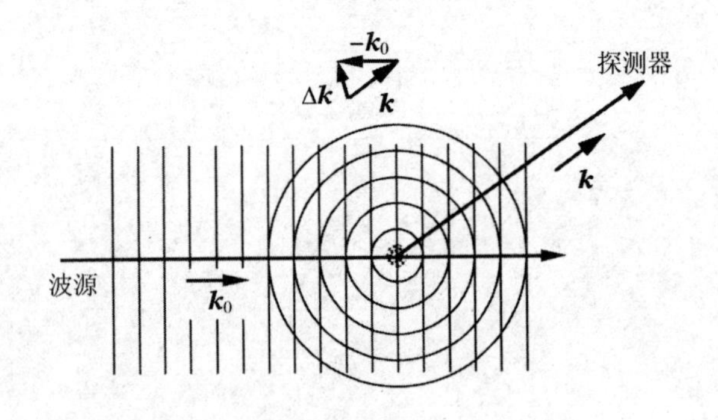

4.1　波与散射

本章解释了波(和粒子)是如何被单个原子散射的,重点在于弹性散射,而非弹性散射是第5章所讨论的内容。如在图1.1中用布拉格定律展示的那样,衍射是一个借助于一组原子的共同弹性散射的代表,并且这个问题会在第6章进一步讨论。衍射需要"相干散射",这可以通过入射波与散射波的相位之间精确的关系来表现。散射波是分波的组合,由样品中不同原子散射而来,通常我们称之为子波。在衍射中,这些出射子波之间的相位差会在样品周围不同的角度产生相长或相消的干涉,这就是布拉格衍射峰的出现。

4.1.1　波函数

1. 相位

波函数$\psi(x,t)$描述了沿着位置x,在任意时间t波的结构(它的波峰和波谷)。数学形式$\psi(kx-\omega t)$说明波的振幅是如何随着时间的增加而在位置上变化的。波函数的自变量$kx-\omega t$称作波的"相位",它包括两个常数:波矢大小k和角频率ω。相位$kx-\omega t$是标量,因此可以作为比如正弦函数或复指数的自变量。波函数的数学形式可以使波 $\psi(kx-\omega t)$的整个结构随着时间 t 的增加向位置x 轴的正向移动。如果我们认可波函数 ψ 特定的波峰出现在一个相位的特定值,则对于更大的 t,波的强度会移向具有相同 $kx-\omega t$ 的值、更大的 x 处,这是非常明确的①。

2. 一维波

一维波由于没有矢量特征而比较简单。假设波被限制在长度为 L 的区域,波函数和它的强度分别是

$$\psi_{1D}(x,t)=\frac{1}{\sqrt{L}}e^{+i(kx-\omega t)} \tag{4.1}$$

$$I_{1D}=\psi_{1D}(x,t)\psi_{1D}^{*}(x,t)=\frac{1}{\sqrt{L}}e^{+i(kx-\omega t)}\frac{1}{\sqrt{L}}e^{-i(kx-\omega t)} \tag{4.2}$$

$$I_{1D}=\frac{1}{L} \tag{4.3}$$

如果 $\psi_{1D}(x,t)$是电子波函数,强度 I_{1D}就是概率密度。式(4.1)中的前因子可以保证正确的归一化,给定在长度 L 的距离内发现电子的可能性为1:

$$P=\int_0^L I_{1D}\mathrm{d}x=\int_0^L\frac{1}{L}\mathrm{d}x=1 \tag{4.4}$$

3. 平面波

在三维空间内,平面波为

$$\psi_{3Dpl}(\boldsymbol{r},t)=\frac{1}{\sqrt{V}}e^{+i(\boldsymbol{k}\cdot\boldsymbol{r}-\omega t)} \tag{4.5}$$

与一维波函数相似,该式具有强度意义和归一化特征。相位的空间部分 $\boldsymbol{k}\cdot\boldsymbol{r}$,可利用图4.1中对 $\boldsymbol{r}$ 的两个方向在时间上的瞬态图说明,即 $\boldsymbol{k}\perp\boldsymbol{r}$ 和 $\boldsymbol{k}\parallel\boldsymbol{r}$。图4.1(a)中沿着 $\boldsymbol{r}$ 方向,这些波的相位没有变化(这里 $\psi_{3Dpl}(\boldsymbol{r},t)=1/\sqrt{V}e^{+i(0-\omega t)}$),而在图4.1(b)中,这些相位变化非常迅速($\psi_{3Dpl}(\boldsymbol{r},t)=1/\sqrt{V}e^{+i(kr-\omega t)}$)。式(4.5)对于相位的点乘 $\boldsymbol{k}\cdot\boldsymbol{r}$ 表明,在空间上平面波是各向异性的。

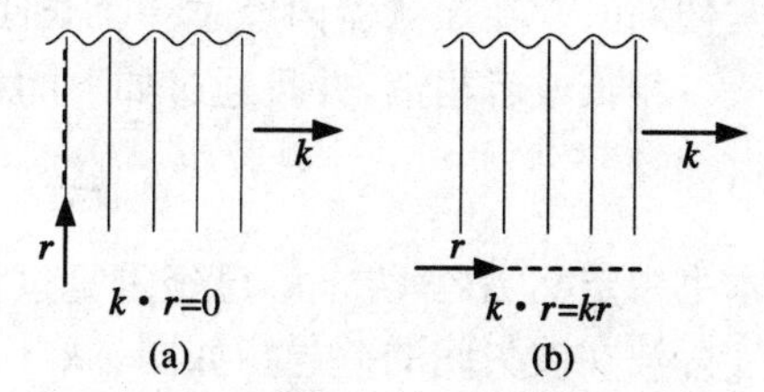

图4.1　$\boldsymbol{k}$ 方向向右的平面波,其 $\boldsymbol{r}$ 的方向是(a)沿着波峰方向,垂直于 $\boldsymbol{k}$;(b)平行于 $\boldsymbol{k}$

4. 球面波

通过在球面波的中心设定球面坐标系的原点,球面波有简化形式:

$$\psi_{3Dsph}(\boldsymbol{r},t)=\frac{1}{\sqrt{V}}\frac{e^{+i(kx-\omega t)}}{r} \tag{4.6}$$

---

① 我们说 $\psi(kx-\omega t)$向右以 ω/k 的"相位速度"传播,波 $\psi(kx+\omega t)$向左传播。

如果球面波的中心距离坐标系统原点的距离为 $\boldsymbol{r}'$，则

$$\psi_{\mathrm{3Dsph}}(\boldsymbol{r},t)=\frac{1}{\sqrt{V}}\frac{\mathrm{e}^{+\mathrm{i}(k|\boldsymbol{r}-\boldsymbol{r}'|-\omega t)}}{|\boldsymbol{r}-\boldsymbol{r}'|} \tag{4.7}$$

图 4.2 展示了矢量 $\boldsymbol{r}-\boldsymbol{r}'$的建立，其可以通过连接 $-\boldsymbol{r}'$的末端和 $\boldsymbol{r}$ 的顶端获得。在远离散射中心的区域，球面波的曲率并不是很重要，通常将球面波作为 $\boldsymbol{r}-\boldsymbol{r}'$指向 $\boldsymbol{k}$ 方向的平面波近似处理是很有用的[①]。

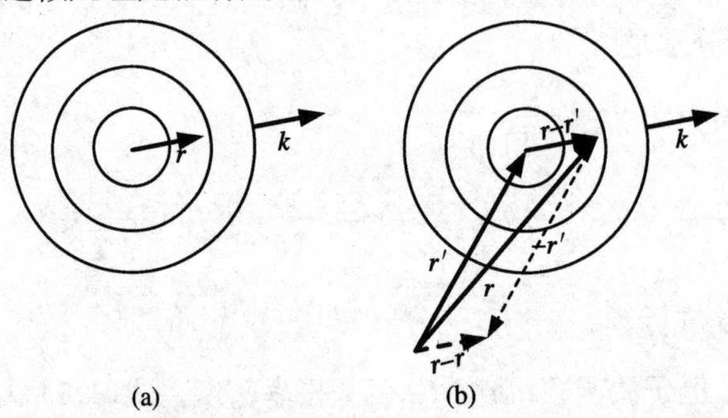

图 4.2 $\boldsymbol{k}$ 方向为远离波发射中心的球面波。(a) 采用 $\boldsymbol{r}$ 的原点在波发射中心的坐标系；(b) 采用 $\boldsymbol{r}$ 具有任意原点的坐标系

5. 相位因子

相位因子具有平面波式(4.5)的数学形式 $\mathrm{e}^{-\mathrm{i}\Delta\boldsymbol{k}\cdot\boldsymbol{R}}$ 或者 $\mathrm{e}^{-\mathrm{i}(\Delta\boldsymbol{k}\cdot\boldsymbol{R}+\omega t)}$，并且与特殊的子波存在联系，但是应该注意相位因子并不是一个波。当两个或多个子波在空间$\{\boldsymbol{R}_j\}$从不同的点(通常间隔为一些原子间距)被散射时，采用相位因子表征是非常便利的。在探测器内经过一个长距离后，子波之间如何相互干涉是非常重要的——相长或者相消，并且通过如下的相位因子加和可予以解释：

$$\psi_{\mathrm{phf}}(\Delta\boldsymbol{k})=\sum_{\{\boldsymbol{R}_j\}}\mathrm{e}^{-\mathrm{i}\Delta\boldsymbol{k}\cdot\boldsymbol{R}_j} \tag{4.8}$$

在本书中定义 $\Delta\boldsymbol{k}\equiv\boldsymbol{k}-\boldsymbol{k}_0$已经重复过多次(本章的标题图片中已阐明)，$\Delta\boldsymbol{k}$ 是两个实际波在波矢间的差异。如同 $\Delta\boldsymbol{k}\cdot\boldsymbol{R}_j$一样的数量积表明了不同子波间的相位差，但是 $\Delta\boldsymbol{k}$ 并不是一个实际的波矢。第 6 章发展了这些概念，但读者现在应注意包含 $\Delta\boldsymbol{k}$ 的指数不是波，而是相位因子。相位因子的空间周期在 3.4.1 小节中已阐明。

4.1.2 相干和非相干散射

相干散射保持了材料内从不同位置$\{\boldsymbol{r}_j\}$散射子波的相关相位$\{\psi_{\boldsymbol{r}_j}\}$。对于相干散射，总的散射波 Ψ_{coh}是通过散射子波的振幅叠加构成的：

$$\Psi_{\mathrm{coh}}=\sum_{\boldsymbol{r}_j}\psi_{\boldsymbol{r}_j} \tag{4.9}$$

① 通常这是非常有用的，因为典型的实际散射体发射出球面波，但是傅里叶变换需要平面波。

因此总的相干波取决于子波振幅间相长或相消的干涉。衍射实验测量出总的相干强度

$$I_{\mathrm{coh}} = \Psi_{\mathrm{coh}}^{*}\Psi_{\mathrm{coh}} = \left|\sum_{r_j}\psi_{r_j}\right|^2 \tag{4.10}$$

另一方面，"非相干散射"不能保持在入射波和散射子波之间的相位关系。对于非相干散射，叠加散射子波的振幅$\{\psi_{r_j}\}$是错误的。非相干散射不再保持相位关系，因此它们不能相长或者相消地干涉。非相干散射的总强度 I_{inc}是单个散射强度的加和：

$$I_{\mathrm{inc}} = \sum_{r_j} I_{r_j} = \sum_{r_j}\left|\psi_{r_j}\right|^2 \tag{4.11}$$

因为可测量的强度包含了非相干散射，不管这 N 个原子在空间内位于何处，来自 N 个同样的原子与单个原子具有一样的非相干散射角分布，总的散射强度是简单散射的 N 倍。一些非相干散射过程会伴随着能量从波向材料转移，而且这些过程有助于对材料原子类别的光谱分析。

在这里，重点强调式(4.10)和式(4.11)右边项的不同是非常重要的。在式(4.10)中，相干散射的强度首先包含波振幅的加入，相干散射取决于散射子波的相对相位以及基团内 N 个原子的相对位置。相干散射对于衍射实验是非常有用的，但非相干散射没有什么用。考虑到在材料中的衍射实验，本章随后将详述三种具有相干成分的散射：

- X 射线：当它们引起原子中电子振动或者再辐射时会被散射；
- 电子：当它们穿过正电荷原子中心时，由于库仑作用会被散射；
- 中子：可被原子核散射(或未配对的电子自旋)。

4.1.3　弹性和非弹性散射

无论散射波相干或非相干，散射过程是"弹性"的或"非弹性"的，散射后波的能量总存在着是否发生变化的情况，因此我们可以建立四个词语对：

（相干、弹性）　　（相干、非弹性）

（非相干、弹性）　（非相干、非弹性）

衍射实验需要相干弹性散射，而测量强度和能量关系的光谱学通常利用非相干非弹性散射。非相干弹性散射同样常见，例如因材料中无序结构的干扰引起的散射子波间的相位关系。非相干弹性散射强度不会显示出与晶体周期相关的尖锐衍射峰，但是具有显著的角度依赖性。最后，相干非弹性散射用于材料中激发的中子散射的研究，比如具有精确能量-波矢关系的声子(振动波)或磁子(自旋波)。在一些声子研究中，在产生声子时中子会损失能量(因而是非弹性的)，但是就中子波矢而言，散射振幅取决于在声子中原子运动的相位(因而是相干的)。

相干和非相干散射间更深入、更严格的区别涉及散射体内坐标的知识：

- 考虑一个简单的、被入射波驱动并再辐射的振子(例如一个被束缚的电

子)。从入射波到振子,然后再到出射波的过程存在一个能量转移。假设我们非常清楚同位振子是如何响应入射波的,因为散射过程已完全确定,所以所有出射子波与入射波的相位具有一个精确且已知的关系。此时散射是相干的。

· 另一方面,假设同位振子被材料内另一个系统耦合(例如一个不同的电子),并且进一步假设振子可以和这个系统的相互作用不受限制。由于能量转移通过一个不确定性的量子机制过程,通常从振子到其他系统可以转移不同的能量。如果对不同的散射,能量转移是不同的,那么我们不能准确地预知被散射子波的相位。从而散射是非相干的。

因此,既然非弹性散射涉及从散射体到材料另一组分的能量转移,那么非相干通常与非弹性散射相联系就不足为奇了。于是,非相干并不意味着非弹性散射,而非弹性散射并不一定是非相干的。

4.1.4 波振幅和散射截面

1. 散射截面

在散射实验中,X 射线、电子和中子依次被检测出。举例来说,X 射线的能量在越过许多位置后是不能被检测的,就像传播到池水边缘的波纹,要么全部 X 射线被探测到,要么 X 射线不在探测器的小空间内。对于下一节将要讲述的单个原子电子的 X 射线散射,散射的产生与否取决于 X 射线和电子相互作用的概率。

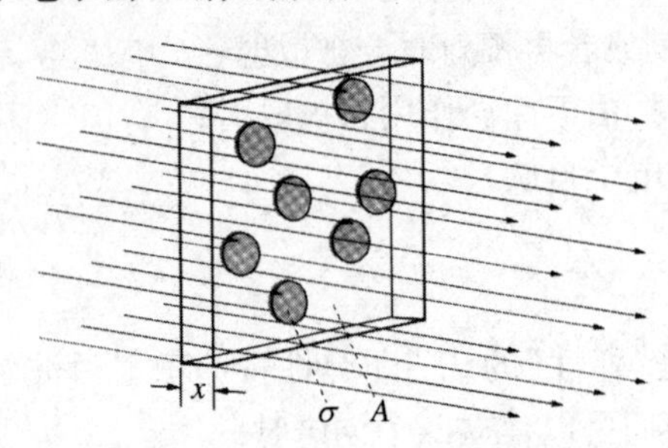

图 4.3　这 7 个散射体占据样品总面积 A 的分数是 0.2,因此从入射光束里移除分数为 0.2 的光线。由式(4.12),$\sigma = 0.2A/7$。在这个薄样品界限内,散射体的数量和散射数目与厚度 x 成比例,但是 σ 保持不变

散射问题中一个非常重要的参量是"散射截面"σ,这是每个散射器具有的有效"目标面积"。利用有效面积,如图 4.3 所示,在一个面积为 A 的样品内,考虑散射体的数量 N 是非常便利的。散射的概率等于被全部 N 个散射体"遮住"样品面积的小部分。对于薄样品,散射体不重叠时,N 个散射体遮住的面积等于 $N\sigma$。从入射光束中移除的小部分射线是被遮住面积与总面积的比:

$$N\frac{\sigma}{A} = N\frac{\sigma x}{Ax} = \rho\sigma x \tag{4.12}$$

这里,散射体密度 $\rho \equiv N/(Ax)$ 具有单位:个/cm^3。

假设我们知道一个原子的 σ,以及它周围被散射射线的特征,如式(4.11)后面所描述的,非相干散射的图形随后就完成了——通过对来自单个原子强度的叠加,可以获得散射强度的空间分布。这个简单的方法是适当的,例如,在 4.2.2 小节和 4.2.3 小节讨论的 X 射线的康普顿散射和吸收过程。式(4.9)中的相干散射在计算散射截面之前需要进一步考虑波的振幅和相互间的作用。散射强度的空间分布

可以非常大(比较图 1.2),但总的相干散射截面保持不变。倘若材料内原子的位置重新排布,相干散射相长或相消的相互作用可以发生变化,散射角度会被重新分配,但是对相同的入射通量,散射能量守恒(对 X 射线),或者被散射粒子的总数目保持相同(电子和中子)。

距散射体为 $\boldsymbol{r}$ 的被散射的 X 射线、电子或中子的通量,沿 $\hat{\boldsymbol{r}}$ 的方向按照 $1/r^2$ 减少。被散射的声子带有能量,因此辐射能量的通量同样按照 $1/r^2$ 自散射体减少。声子的能量是与 E^*E 成比例的,所以电场 E 具有从散射中心以 $1/r$ 减少的振幅。对于散射 X 射线,可以将沿 $\hat{\boldsymbol{r}}$ 方向的电场与散射体入射电场 E_0 联系起来:

$$E(\boldsymbol{r}) \propto \frac{E_0}{r} \tag{4.13}$$

这里,比例常数包括任意角度关系。在式(4.13)中,电场 $E(\boldsymbol{r})$ 和 E_0 具有相同的单位,因此比例常数具有长度单位。"散射长度"的平方是每球面度的散射截面,恰如下面将要讨论的电子散射(但讨论适合所有的波)。

2. 波散射的散射截面

这里讨论波散射的散射截面。想象一个围绕着散射体、半径为 R 的大球面,并且认为散射通过这个球面表面单位面积总的通量为 $J_{sc}(R)$,通过面积 A 的入射光束通量为 J_{in}。所有散射电子和入射电子的比例为

$$\frac{N_{sc}}{N_{in}} = \frac{J_{sc}(R)4\pi R^2}{J_{in}A} = \frac{v\mid \psi_{sc}(R)\mid^2 4\pi R^2}{v\mid \psi_{in}\mid^2 A} \tag{4.14}$$

我们认为对于弹性散射,入射电子和散射电子具有相同的速度 v,但是对于非弹性散射,这些因素不能消除。我们用球面波(4.6)和平面波(4.5)分别代表 $\psi_{sc}(R)$ 和 ψ_{in}。对于两个波,指数相位因子乘上它们的复数共轭得到因子 1。同样略去归一化因子,因此式(4.14)变为

$$\frac{N_{sc}}{N_{in}} = \frac{\mid f_{el}\mid^2 4\pi R^2}{r^2 A} \tag{4.15}$$

其中,f_{el}/R 是被散射到半径为 R 的球面、单位面积上入射电子振幅的分数。图 4.3帮助证明散射截面 σ 和入射电子束面积 A 的比率等于被散射电子与入射电子的比率 N_{sc}/N_{in}:

$$\frac{\sigma}{A} = \frac{N_{sc}}{N_{in}} = \frac{4\pi\mid f_{el}\mid^2}{A} \tag{4.16}$$

$$\sigma = 4\pi\mid f_{el}\mid^2 \tag{4.17}$$

对被单个原子电子散射的 X 射线,可以用同样的方法处理,但是需要考虑对 X 射线辐射的电子偶极模型,在散射截面上采用一个 2/3 因子:

$$\sigma_{x1e} = \frac{8\pi}{3}\mid f_{x1e}\mid^2 \tag{4.18}$$

其中,f_{x1e} 是散射长度,是将式(4.13)转换为等式的实际比例系数(比较后面的式(4.30))。

但是各向异性的散射是占主导地位的，而并非个例，因此如式(4.17)那样的简单散射截面通常是不恰当的，即使是类似用式(4.18)中的2/3因子加以改变。“微分散射截面”$d\sigma/d\Omega$ 则包含了总的散射截面 σ 丢失的角度细节。

微分散射截面 $d\sigma/d\Omega$ 是由散射体提供的一小块面积 $d\sigma$，它将入射X射线(或电子、中子)散射到固体角 $d\Omega$ 的一个特别的增量。

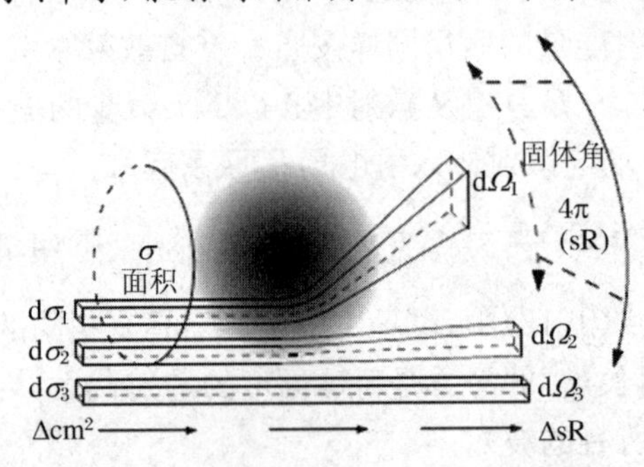

图4.4　三种路径越过散射体的微分散射截面 $d\sigma/d\Omega$。第三种路径 $d\sigma_3/d\Omega_3$ 避开了散射体，并且仅对向前的光束有贡献。面积为 $d\sigma_1$ 和 $d\sigma_2$ 的路径对散射的总散射截面 σ 作出贡献，当强度在整个微分固体角 $d\Omega_1$ 和 $d\Omega_2$ 上积分时这些贡献被包括在内

$d\sigma/d\Omega$ 的定义在图4.4中进行了描述。$d\sigma/d\Omega$ 将面积增量(左边)与固体角增量(右边)联系在一起。

对于各向同性散射的简单情况，

$$\frac{d\sigma}{d\Omega}=|f|^2 \tag{4.19}$$

$d\sigma/d\Omega$ 是一个常数。对于各向异性散射，式(4.19)采用更通用的散射长度 $f(\boldsymbol{k}_0,\boldsymbol{k})$，它分别取决于入射和出射波矢 $\boldsymbol{k}_0$ 和 $\boldsymbol{k}$ 的方向。

$$\frac{d\sigma}{d\Omega}=|f(\boldsymbol{k}_0,\boldsymbol{k})|^2 \tag{4.20}$$

通过在整个固体角上积分 $d\sigma/d\Omega$，重新获得总散射截面 σ，

$$\sigma=\int_{\text{sphere}}^{4\pi}\frac{d\sigma}{d\Omega}d\Omega \tag{4.21}$$

作为对照，将常数(4.19)代入式(4.21)，积分后得出预期的式(4.17)。

3．相干散射的特殊性质

比较位于 $\boldsymbol{r}_j$ 的单个电子和具有 Z 个电子的原子的相干X射线微分散射截面 $d\sigma_{\text{xle},r_j}/d\Omega$ 和 $d\sigma_{\text{atom}}/d\Omega$：

$$\frac{d\sigma_{\text{xle},r_j}}{d\Omega}(\boldsymbol{k}_0,\boldsymbol{k})=|f_{\text{xle},r_j}(\boldsymbol{k}_0,\boldsymbol{k})|^2 \tag{4.22}$$

$$\frac{d\sigma_{\text{atom}}}{d\Omega}(\boldsymbol{k}_0,\boldsymbol{k})=|f_{\text{atom}}(\boldsymbol{k}_0,\boldsymbol{k})|^2 \tag{4.23}$$

在相干散射中采用波振幅的叠加(比较式(4.9))，因此可以对所有 Z 个电子的散射长度进行叠加来获得一个原子的散射长度：

$$f_{\text{atom}}(\boldsymbol{k}_0,\boldsymbol{k})=\sum_{r_j}^{Z}f_{\text{xle},r_j}(\boldsymbol{k}_0,\boldsymbol{k}) \tag{4.24}$$

式(4.24)是散射长度 f_{xle,r_j} 的一个加和，而式(4.23)是这个加和的平方。式(4.23)可以预测来自带有 Z 个电子的原子散射的相干X射线强度是单个电子的 Z^2 倍，在接下来的讨论中将证明这是真实的。但总的相干散射截面肯定会随着散射体的数量线性增加(这里是电子的数量 Z)，因此假如一个 Z^2 的标度在特殊方向是许可

的,那么相干散射在其他方向则被抑制。对于原子和单个电子,相干散射的角度分布是不同的,也就是说,$f_{\text{x1e}}(\boldsymbol{k}_0,\boldsymbol{k})$和 $f_{\text{atom}}(\boldsymbol{k}_0,\boldsymbol{k})$一定具有不同的形状(它们一定不同地取决于 $\boldsymbol{k}_0$和 $\boldsymbol{k}$)。下面是相干散射的一个不等式(尽管非相干散射的类比式是一个等式):

$$\frac{\mathrm{d}\sigma_{\text{atom,coh}}}{\mathrm{d}\Omega}(\boldsymbol{k}_0,\boldsymbol{k}) \neq \sum_{r_j}^{Z} \frac{\mathrm{d}\sigma_{\text{x1e},r_j,\text{coh}}}{\mathrm{d}\Omega}(\boldsymbol{k}_0,\boldsymbol{k}) \tag{4.25}$$

积分式(4.25)得到相干(和非相干)散射的等式:

$$\int_{\text{sphere}}^{4\pi} \frac{\mathrm{d}\sigma_{\text{atom,coh}}}{\mathrm{d}\Omega}(\boldsymbol{k}_0,\boldsymbol{k})\mathrm{d}\Omega = \int_{\text{sphere}}^{4\pi} \sum_{r_j}^{Z} \frac{\mathrm{d}\sigma_{\text{x1e},r_j,\text{coh}}}{\mathrm{d}\Omega}(\boldsymbol{k}_0,\boldsymbol{k})\mathrm{d}\Omega \tag{4.26}$$

由式(4.21),我们可看到式(4.26)可以使单个电子的散射截面和原子的总散射截面相等:

$$\sigma_{\text{atom,coh}} = Z\sigma_{\text{x1e,coh}} \tag{4.27}$$

在式(4.24)的实际加和过程中,显然需要精细地考虑被散射到不同角度的 X 射线子波之间的相位关系,以及原子的电子密度知识。这是在 4.3.2 节～4.3.4 节中,关于散射强度 I 与入射和出射波矢 $\boldsymbol{k}_0$和 $\boldsymbol{k}$ 依赖关系的主题。

4.2　X 射线散射

4.2.1　X 射线散射电动力学

经典电动力学能够帮助解释来自原子的电偶极辐射是如何依赖于 X 射线频率 ω 的。当电子被入射波电场驱动时,我们试图寻求电子的 X 射线散射长度的频率 ω 关系曲线。电子是被原子束缚的,因此它的移位提供了一个简谐恢复力,以及由此而来的谐振频率 ω_{r}。电子的运动等式是

$$\frac{\mathrm{d}^2 x}{\mathrm{d}t^2} + \beta\frac{\mathrm{d}x}{\mathrm{d}t} + \omega_{\mathrm{r}}^2 x = \frac{eE_0}{m}\mathrm{e}^{\mathrm{i}\omega t} \tag{4.28}$$

x 沿着入射电场E_0的方向,变量 β 是内部阻尼常数除以电子质量m,ω 是入射波频率。下面的解 $x(t)$,通过代入式(4.28)能够得到证实:

$$x(t) = \frac{eE_0}{m}\frac{\mathrm{e}^{\mathrm{i}\omega t}}{\omega_{\mathrm{r}}^2 - \omega^2 + \mathrm{i}\beta\omega} \tag{4.29}$$

$x(t)$和电子电荷 e 的乘积是一个振荡偶极矩。经典电动力学预测了来自这个偶极振子的辐射强度——辐射电场 E 与偶极子的加速度成正比,加速度是式(4.29)乘以 $-\omega^2$。电场 E 在偶极子赤道平面的完整表达式是

$$E(r,t)=\frac{e^2}{mc^2}\frac{\omega^2}{\omega_r^2-\omega^2+i\beta\omega}\frac{E_0}{r}=f_{x1e}\frac{E_0}{r} \tag{4.30}$$

$$f_{x1e}\equiv\frac{e^2}{mc^2}\frac{\omega^2}{\omega_r^2-\omega^2+i\beta\omega} \tag{4.31}$$

式(4.31)中 f_{xle} 定义为原子电子的“X 射线散射因子”。在式(4.30)中,我们忽略了时间依赖关系 $e^{i\omega(t-r/c)}$(r 是到电子的距离),但若这样选择,我们可以用其与电场相乘进行随后的操作。

既然 X 射线具有与原子间电子跃迁差不多的能量,那么 ω 或可能,或不可能接近样品内一个特殊原子的共振频率 ω_r。现在依次讨论三种可能性:$\omega>\omega_r$,$\omega<\omega_r$,$\omega\approx\omega_r$。

(1) $\omega\gg\omega_r$　首先考虑的情况是入射辐射的频率非常高。对高能量 X 射线,弱的原子间的力不是很重要,因此以对自由电子相同的方法,电子的质量限制了它的加速度。ω^2 项在式(4.30)分母项中占主导地位(电子间的阻尼 β 同样被忽略),因此式(4.30)变为

$$E(r,t)=-\frac{e^2}{mc^2}\frac{E_0}{r}=-2.82\times10^{-13}\frac{E_0}{r} \tag{4.32}$$

r 的单位是 cm,$r_0=e^2/(mc^2)=2.82\times10^{-13}$ cm 是“经典电子半径”。负号告诉我们散射波电场是入射波电场的反相。散射波的强度是

$$I(r,t)=E^*E=\left(\frac{e^2}{mc^2}\right)^2\frac{E_0^2}{r^2}=\frac{e^4}{m^2c^4}\frac{I_0}{r^2}=7.94\times10^{-26}\frac{I_0}{r^2} \tag{4.33}$$

等式(4.33)给出了“汤姆森(Thompson)散射”的优势,这个结果可以通过乘上 $4\pi(2/3)$ 转变为总的散射截面来解释极化和所有固体角。利用数量级为 10^{-24} cm^2 $\equiv$1 b(靶恩)的那样一个小的散射截面,单个自由电子就是一个相当弱的 X 射线弹性散射体,但是 1 mol 电子则提供了相当数量的散射。

(2) $\omega\ll\omega_r$　现在考虑在入射辐射频率非常低时的式(4.30)。对于低能量 X 射线散射,原子间的力非常重要,因而连接电子和原子的恢复力刚度行为占主导地位:

$$E(r,t)=+\frac{e^2E_0}{mc^2r}\frac{\omega^2}{\omega_r^2} \tag{4.34}$$

在低频率时,因为简谐恢复力和散射波强度按 ω^4 变化①,需要的较大加速度(和强的辐射)不容易得到。散射波电场与入射波电场在相位上是一致的。

(3) $\omega\approx\omega_r$　最后考虑近共振的情况。我们非常仔细地利用式(4.30),并且将其实数部分和虚数部分分开:

$$E(r,t)=(f'_{xle}+if''_{xle})\frac{E_0}{r} \tag{4.35}$$

① 这就是为什么天空是蓝色的。相比于大气中分子的电子激发,可见光是低能量的。

其中

$$f'_{\mathrm{xle}} + \mathrm{i}f''_{\mathrm{xle}} = \frac{\omega^2}{\omega_\mathrm{r}^2 - \omega^2 - \mathrm{i}\beta\omega}\frac{e^2}{mc^2} \equiv f_{\mathrm{xle}} \tag{4.36}$$

将来自单个电子散射的实数部分 f'_{xle}和虚数部分 f''_{xle}分开(通过用分母的复数共轭乘以分子和分母):

$$f'_{\mathrm{xle}} \equiv \frac{\omega^2(\omega_\mathrm{r}^2 - \omega^2)}{(\omega_\mathrm{r}^2 - \omega^2)^2 + \beta^2\omega^2}\frac{e^2}{mc^2} \tag{4.37}$$

$$f''_{\mathrm{xle}} \equiv \frac{-\beta\omega^3}{(\omega_\mathrm{r}^2 - \omega^2)^2 + \beta^2\omega^2}\frac{e^2}{mc^2} \tag{4.38}$$

我们已经看到在主振频率远远大于谐振频率,即$|\omega - \omega_\mathrm{r}| \gg 0$时,实数部分 f'_{xle}占散射的主导地位。对非常低和非常高的 ω,虚数部分 f''_{xle}接近于零。这与散射波的次要组分是一致的,次要组分由于主要散射波存在而在相位上变化了 $\pi/2$。为了得到强度,我们做如下处理:

$$f^*_{\mathrm{xle}} f_{\mathrm{xle}} = (f'_{\mathrm{xle}} - \mathrm{i}f''_{\mathrm{xle}})(f'_{\mathrm{xle}} + \mathrm{i}f''_{\mathrm{xle}}) = f'^2_{\mathrm{xle}} + f''^2_{\mathrm{xle}}$$

因此次要散射波强度加到了主要散射波强度上面(这同样显示了 f''_{xle}的符号不会影响强度)。接近谐振频率($\omega \approx \omega_\mathrm{r}$)时,散射因子的虚数部分 f''_{xle}近似为$-(\omega/\beta)\cdot[e^2/(mc^2)]$。另一方面,散射因子的实数部分 f'_{xle}在单电子谐振频率时接近于零。举例来说,这就表示一个 K 电子总的散射强度在谐振频率时会降低,但是为了证明,我们必须知道更多的 β,并且必须考虑这个原子所有电子的散射波,其中大部分散射波频率是不接近谐振频率的。

从原子电子计算 X 射线散射强度更严格的方法是利用量子力学扰动理论。采用薛定谔方程计算不是很困难,但这会使我们有些偏题,在这里并不涉及。计算过程必要的步骤是:

- 首先每个原子电子处于它们的基态(原子波函数);
- 建立一个扰动哈密顿函数(正比于 $\boldsymbol{A} \cdot \mathrm{grad}$,这里 $\boldsymbol{A}$ 是矢量势);
- 计算运动电子的概率密度,由此可以获得偶极子强度;
- 由经典电动力学计算散射波场。

更加严格的方法(例如由 Hartree-Fock 波函数进行计算)提供的 f'_{xle}的结果与经典方法得到的相似,但对虚数部分 f''_{xle}明显的区别就出现了。当频率低于 ω_r时,f''_{xle}的数值就是零:

$$\omega_\mathrm{r} = \frac{E_{\alpha\beta}}{\hbar} \tag{4.39}$$

其中,$E_{\alpha\beta}$是标记为α 和β 的两个电子状态间的能量差异。换句话说,虚数部分f''_{xle}描述了 X 射线能量如何被从能量态 α 到更高能量态β 的激发原子电子吸收的。这仅仅在 $\omega \geqslant \omega_\mathrm{r}$时发生。

"X 射线原子散射因子"f_X是对某一特殊种类原子的 X 射线散射的振幅(例如式(4.30)),是前述的原子中单个电子振幅 f_{xle}的加和。我们现在可以理解一个特殊类型的 X 射线散射是如何取决于原子的原子数量的，如 Cu 的 K_α X 射线具有 8.05 keV 的能量。附录中包括高能 X 射线原子散射因子的表格和“离散度校正”的图表，这些是非常有用的资源，在随后的讨论中读者可以尝试查阅附录 A.3 和 A.4。

附录 A.4 中的一个惯例是将 X 射线散射因子写为

$$f_X = Z + f' + \mathrm{i}f'' \tag{4.40}$$

其中，Z 是原子序数。f'和 f''项是“Hönl 离散修正”，用于修正重元素和频率处于 $\omega \approx \omega_r$元素的 X 射线散射因子。等式(4.40)处于“电子单元”内，对于实际的散射强度，我们需要利用汤姆森截面与 $f_X^* f_X$的乘积，在下面的章节中很少有康普顿散射的讨论。

当我们沿着元素周期表向前移时，原子周围具有更多的电子（等于原子序数 Z）。对所有的元素，大部分电子被束缚在能量低于 Cu 的 K_α X 射线(8.05 keV)的范围。大致上，X 射线散射因子随着原子序数 Z 的增加而增加，散射强度按 Z^2 增加（为了近似得到一个绝对强度，我们可以用 Z^2 乘上式(4.33)）。在附录 A.3 中，这个趋势对最左边列比较明显，$s = 0$ 代表相干散射处于前进方向。中性原子由于带有较少的电子具有比正离子更大的形状因子。

随着原子序数的增加，原子电子的能量等级变得越来越呈负电性。对于轻元素，Cu 的 K_α X 射线具有可与所有电子特征谐振频率 ω_r相比较的高频率，并且既然 $f_X \approx Z f'_{xle}$且 f''不是很大，那么我们对情形①($\omega > \omega_r$)的分析是合理的。但是随着原子序数增大到 28(Ni)，我们接近了对于 K 层电子 $\omega \approx \omega_r$的情形。既然 Cu 的 K_α X 射线具有足够的能量移动 K 层电子，那么对于原子序数低于 Ni 的元素，就存在一个由 K 层电子“光电”发射而来的 X 射线吸收。对于 Co 元素（原子序数为 27），K 层电子的离子化是相当强的，在 Cu 的 K_α X 射线光束内会发出强烈的荧光。而对 Ni 和更重的元素，K 层电子离子化则没有吸收。附录 A.4 的 X 射线离散度校正图表显示在 Co 和 Ni 之间 f''急剧下降。此外，散射因子的实数部分由于 K 层电子在接近谐振频率($\omega \approx \omega_r$)时也发生了变化。超过谐振频率后，原子的 K 层电子因散射而改变相位，相位从与入射波反向振动变为同向振动。在 Ni 元素周围，K 层电子散射开始变为与来自其他原子散射的不同相位。式(4.37)表明在接近谐振频率时，Ni 的 K 层电子（和其周期表中相邻的元素）散射实数部分会有一个较大的降低，这称作“反常散射”（在附录 A.4 中，这被看作是在离散度校正曲线实数部分 f'的一个弛豫）。对于原子序数大于 28 的元素，式(4.34)显示了 K 层电子散射体与其他原子的不同相位，但随着 ω_r不断变弱而变得更加强烈。当沿元素周期表继续往前移时，在元素 Sm（原子序数等于 62）的周围，整个过程对于 L 层电子会重复。

在 4.3.2 小节中描述了 X 射线原子散射因子的另一个重要特征。f_x是 Δk 的一个函数（这里，$\Delta \boldsymbol{k} \equiv \boldsymbol{k} - \boldsymbol{k}_0$，见图 4.9），在附录 A.3 中高能 X 射线散射因子由图表的左边向右边降低（变量 $s = \Delta k/(4\pi)$）。对于电子和 X 射线散射，f 的 Δk 依赖

性源自于原子有限的尺寸。如果原子无限小,那么 f 将对 Δk 的依赖性非常弱,并且式(4.40)对所有的 Δk 都是正确的,但因为 X 射线波长相对于原子尺寸具有可比性,$f(\Delta k)$的 Δk 依赖性必须清楚地考虑。典型的做法是从式(4.40)中提取 f,由衍射角决定 Δk,然后乘以一个感兴趣原子的列表函数①。对于 X 射线和电子散射,函数 $f_X(\Delta k)$和 $f_{el}(\Delta k)$在附录 A.3 和 A.5 中列出。

4.2.2 非弹性康普顿散射*

除了中心电子激发后的 X 射线荧光,对 X 射线实验而言,另一个非弹性 X 射线散射过程也是非常重要的。1923 年发现的康普顿散射在阐明光的粒子本性方面是有帮助的,但在衍射工作中往往会造成干扰②。康普顿散射借助于一个自由电子的光子相对论散射,这里我们采用非相对论的、对碰撞后光子能量的变化不是非常大的普通情况进行适当的分析。在图 4.5 中,沿着 x 方向传播的入射光子具有初始能量 $E_{\text{photon}} = \hbar\nu_0$ 和动量$(\hbar\nu_0/c)\hat{\boldsymbol{x}}$(光子的动量是它的能量除以光的速度)。电子最初处于静止状态,动量和动能都是零。碰撞后,光子以 2θ 角度反射。

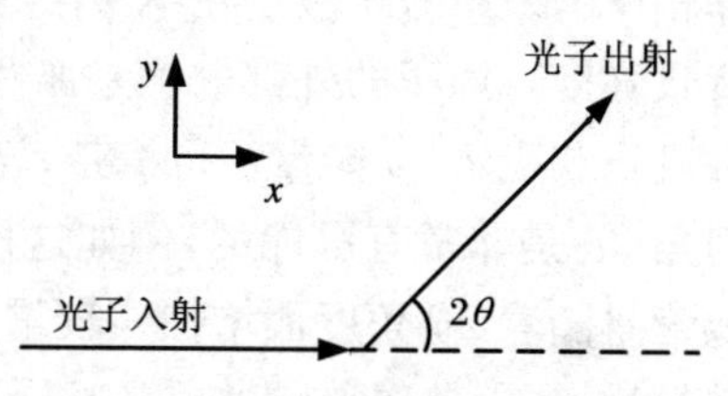

图 4.5 一个电子光子碰撞的康普顿散射的几何关系

碰撞后光子具有 $h\nu'$的能量,因为它转移给了电子一定的能量,即 $h\Delta\nu \equiv h\nu_0 - h\nu'$。现在电子具有 x 和 y 分量的动量,并且关于动量守恒还有两个等式。沿着 y 方向初始动量为零,因此电子和光子的动量在碰撞后是相等和反向的;在 $\hat{\boldsymbol{x}}$ 方向,电子的动量在光子动量的 x 分量方向发生变化。电子动量具有 x 和 y 分量的动量:

$$p_y^{\text{el}} = \frac{h\nu'}{c}\sin 2\theta \tag{4.41}$$

$$p_x^{\text{el}} = \frac{h}{c}(\nu_0 - \nu'\cos 2\theta) \tag{4.42}$$

我们现在利用非相对论的能量守恒,所有损失的能量通过光子变成电子的动能:

$$h\Delta\nu \equiv h\nu_0 - h\nu' = \frac{1}{2m_{\text{e}}}[(p_x^{\text{el}})^2 + (p_y^{\text{el}})^2] \tag{4.43}$$

$$h\Delta\nu = \frac{h^2}{2m_{\text{e}}c^2}[(\nu_0 - \nu'\cos 2\theta)^2 + (\nu'\sin 2\theta)^2] \tag{4.44}$$

$$h\Delta\nu = \frac{h^2}{2m_{\text{e}}c^2}(\nu_0^2 + \nu'^2 - 2\nu_0\nu'\sin 2\theta) \tag{4.45}$$

① 利用 $k \equiv 2\pi/\lambda$,$\Delta k = (4\pi\sin\theta)/\lambda$ 和 $s = \sin\theta/\lambda$。

② 康普顿散射是非相干、非弹性的。

近似地，在 $\Delta\nu$ 非常小时，$\nu_0 = \nu'$，

$$h\Delta\nu - \frac{h^2\nu_0^2}{m_e c^2}(1 - \cos 2\theta) \tag{4.46}$$

$$\frac{\Delta\nu}{\nu_0} = \frac{E_{\text{photon}}}{E_{\text{rest}_{e^-}}}(1 - \cos 2\theta) \tag{4.47}$$

这里，$E_{\text{rest}_{e^-}} = m_e c^2$是电子的静止质量能量当量(511 keV)，典型的 X 射线能量要比这个能量小很多——举个例子，Cu 的 K_α光子具有的能量大约是 8 keV，因此由式(4.47)预计的光子相对能量损失是很小的。

由于与原子电子相干的每个散射角度是自由的，所以 X 射线的康普顿散射是非相干的。康普顿散射在 X 射线衍射花样中提供了一个可按下面的方法理解的背景强度。原子的外部电子是那些因为脱离了原子束缚而可以参与康普顿散射，并且当获得 $h\Delta\nu$ 能量后可携带动量的电子。外部电子的康普顿散射在较高的衍射角 2θ 是非常有可能的，例如这里 Cu 的 K_α射线，$h\Delta\nu$ 可达到 125 eV，因而康普顿背景随着 2θ 角度而增加。较重元素的中心电子由于被束缚得太紧而不参与康普顿散射，因此康普顿散射和相干散射的相对数量随着元素原子序数的增加而减小。这证明了总的非弹性康普顿散射强度加上总的弹性强度正好等于汤姆森散射。

4.2.3　X 射线质量衰减系数

当一束 X 射线穿过物质时，每条 X 射线的能量保持不变，但是光束内 X 射线的数量减少了。在深度为 x 的地方，材料厚度增加 dx，散射的 X 射线为 dI，它们从光束中被移除。损失的 X 射线数量 $-dI(x)$等于① 厚度的增量 dx；② x 处 X 射线的数量 $I(x)$以及③物质系数 μ 的乘积：

$$-dI(x) = \mu I(x)dx \tag{4.48}$$

$$\frac{dI(x)}{dx} = -\mu I(x) \tag{4.49}$$

$$I(x) = I_0 e^{-\mu x} \tag{4.50}$$

指数上的乘积 μx 必须是无量纲的，因此 μ 具有量纲 cm^{-1}。在 μx 非常小的情况下，它等于从入射束中移除的 X 射线的部分。从图 4.3 我们知道这一部分也等于 $N\sigma/A$，因此

$$\mu = \frac{N\sigma}{Ax} = \frac{N}{V}\sigma \tag{4.51}$$

这里，N/V 的单位为个/cm^3，σ 是散射截面(cm^2)。由于密度随着材料类型而变化，在附录 4.2 中的表格提供了比例 μ/ρ 的“质量衰减系数”，此处密度 ρ 的单位是 g/cm^3，因此系数 μ/ρ 的单位为 $cm^{-1}/(g \cdot cm^{-3}) = cm^2/g$。在式(4.50)中的指数是$(\mu/\rho) \times \rho \times x$，当然是无量纲的。

作为附录 A.2 表格中质量衰减系数的典型应用，在一个金属铁样品里，需要考虑对 Cu K_α 射线的特征穿透深度。这很容易得到：质量衰减系数是 $302\ g^{-1}\cdot cm^2$，铁的密度是 $7.86\ g/cm^3$，它们乘积的倒数是 $4.2\ \mu m$。作为比较，表格同样表明能量较高的 Mo 的 K_α X 射线能更多地穿透到铁中，当距离超过 $34\ \mu m$ 后，强度衰减为 e^{-1}（$e^{-1}\approx 0.368$）。

一个化合物或合金的复合质量衰减系数是可以直接计算的（但是从式（1.62）我们得到一个不同的、包括了多个相位的表达式）。

在所有的吸收问题里，需要记住的一点是，有效的 X 射线散射取决于在光路中的原子数量和类型。复合质量衰减系数可以通过不同元素 i 的质量衰减系数 μ_i 在物质内的原子分数 f_i 加权得到：

$$\langle \mu \rangle = \sum_i f_i \mu_i \tag{4.52}$$

但是为了利用列表的数值 μ/ρ，我们必须采用质量分数。举个例子，考虑在 Fe-25 at.%，密度为 $6.8\ g/cm^3$ 的铝合金内 Cu K_α 射线的衰减。由于合金成分是 Fe 中含有质量百分比为 13.9% 的 Al，因此我们将 13.9% 的密度归因于 Al，86.1%的归因于 Fe。对 Cu K_α 射线，乘积 $\langle \mu\rho \rangle_{FeAl}$ 在方括号内：

$$\langle \mu\rho \rangle_{FeAl}\rho_{FeAl} = (0.139 \cdot 49.6 + 0.861 \cdot 302) \cdot 6.8 = 1\,815\ cm^{-1} \tag{4.53}$$

于是特征长度是 $5.5\ \mu m$。有趣的是，如果假设散射完全取决于铁，则得到的特征长度是 $5.7\ \mu m$。在这个例子中，质量衰减是由材料内的铁元素决定的，主要因为铁是较强的 X 射线衰减器（其次因为铁是主要成分）。图 4.6 是 Thomas Gainsborough 的一件重要艺术作品 *Blue Boy* 的 X 射线穿透图像。在油漆颜料中用了许多矿物，但是在 Gainsborough 的工作日里，矿石碳酸铅用来作为白颜色。元素铅决定了 X 射线的吸收，在这幅（负电性的）图画中亮的区域对应于高的铅密度①。

材料的物质系数 μ 来源于非弹性和弹性散射。但是对带有 1～20 keV 的 X 射线，这里的入射 X 射线由于激发原子外部电子而损失能量，质量衰减系数是由光电吸收控制的。光电吸收需要入射 X 射线的能量大于原子电子的结合能。对于 X 射线能量超过原子电子结合能的元素，质量吸收系数要大一些。举例来说，对于 Cu K_α 射线，它对 Co 引起的质量吸收系数是 Ni 的 7 倍。Cu K_α 射线的能量是 8.05 keV，而从 Co 元素激发一个 K 层电子的能量是 7.71 keV，Ni 的是 8.33 keV。

---

① 注意在较弱光线区域的小狗，明显的是 Gainsborough 决定其不适合这幅肖像画。上面 X 射线图像同样显示出另外一个人的精致项圈，表明这个画布本身曾用于前面一副肖像画。

图 4.6 (a) X 射线穿透 Thomas Gainsborough 的 *Blue Boy* 画布的负电性图像;(b) 用反射光拍摄的肖像表面[1]

4.3 相干弹性散射

4.3.1 电子的玻恩近似‡

几乎不用考虑,我们可用满足薛定谔波动方程的电子波函数,将电子散射作为波现象看待。如图 1.9 所示,带有一系列点或圆环的电子衍射花样毫无疑问是波行为的证据,但是电子波函数的相互作用与简单波是不同的。假设我们可以打开电子束,并通过记录单个电子的作用来观察图 1.9 中衍射花样的形成。当电子束打开的时候,在探测荧光屏的点上可以看到明亮的闪光。每个单独的事件发生在探测器上特殊的点,并且不会作为一个连续的圆环出现。随着时间的推移,一个明显的倾向性出现了,在圆环或者衍射花样斑点的位置可以非常频繁地探测到斑点。这个行为从概率方面促成了电子波函数的相互作用——电子的概率是电子波函数乘上它的复数共轭(这样得到一个实数)。通常当我们考虑来自许多电子的衍射花样时,这样的随机相互作用可以忽略,并且我们可以将电子的衍射看作其他任何类型的波的衍射。但是当考虑单个电子事件时,我们必须记得电子波函数的随机相互作用,因为单个电子探测看上去更像粒子而不像波。

另一点需要记住的是,波的行为具有单个电子的特征。在考虑包含多个电子的衍射花样时，我们无需增加多个波函数的振幅；而在观察屏上，我们增加单个电子的强度。另外，不同高能电子间的相互作用是不相干的。

我们的散射图像从波入射到原子上的一个电子开始，因为它来自一个遥远的源，这个波看上去像一个平面波。波与原子的原子核和电子云相互作用，并且产生一个出射波。出射波类似于一个源自于原子的球面波，尽管它的强度不是各向同性的。图4.7显示了电子散射波矢与位置矢量的几何关系，相对于散射体的尺寸，这里的 $\boldsymbol{r}$ 和 $\boldsymbol{r}'$ 要大得多。由于我们考虑弹性散射，因此入射和散射波矢的量值是相等的，也就是 $k = k_0$。从左边入射的平面波 Ψ_{inc} 具有式(4.5)的形式：

$$\Psi_{\text{inc}} = \mathrm{e}^{\mathrm{i}(\boldsymbol{k}_0 \cdot \boldsymbol{r}' - \omega t)} \tag{4.54}$$

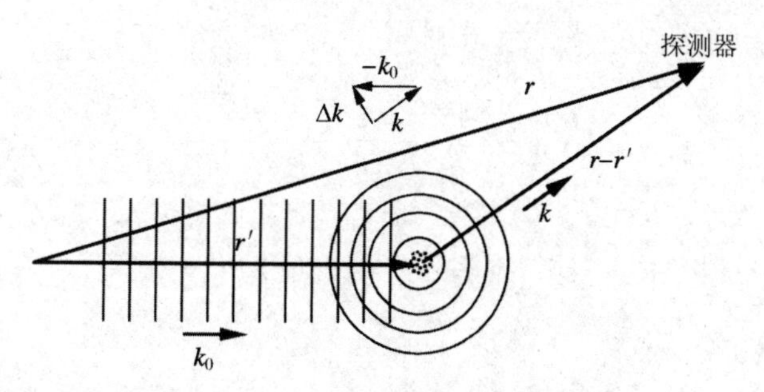

图4.7　电子散射的波矢与位置矢量

在下文中，我们忽略时间关系来强调空间坐标的处理。通过将结果乘上 $\mathrm{e}^{-\mathrm{i}\omega t}$，能够永远移除时间关系。球面波 Ψ_{scatt} 由散射中心向外传播，被散射的波具有式(4.7)的形式：

$$\Psi_{\text{scatt}} = f(\boldsymbol{k}_0, \boldsymbol{k}) \frac{\mathrm{e}^{\mathrm{i}k|\boldsymbol{r}-\boldsymbol{r}'|}}{|\boldsymbol{r} - \boldsymbol{r}'|} \tag{4.55}$$

4.1.4小节中的散射长度 $f(\boldsymbol{k}_0, \boldsymbol{k})$ 随着 $\boldsymbol{k}_0$ 和 $\boldsymbol{k}$ 的方向而变化，现在 $\boldsymbol{r}'$ 被用来确定散射体的中心，$|\boldsymbol{r} - \boldsymbol{r}'|$ 是从散射体到探测器的距离。与我们预期的一样，Ψ_{scatt} 的强度随着距离以 $1/r^2$ 降低：

$$I_{\text{scatt}} = \Psi_{\text{scatt}}^* \Psi_{\text{scatt}} = |f(\boldsymbol{k}_0, \boldsymbol{k})|^2 \frac{\mathrm{e}^{-\mathrm{i}k|\boldsymbol{r}-\boldsymbol{r}'|}}{|\boldsymbol{r} - \boldsymbol{r}'|} \frac{\mathrm{e}^{\mathrm{i}k|\boldsymbol{r}-\boldsymbol{r}'|}}{|\boldsymbol{r} - \boldsymbol{r}'|} \tag{4.56}$$

$$I_{\text{scatt}} = |f(\boldsymbol{k}_0, \boldsymbol{k})|^2 = \frac{1}{|\boldsymbol{r} - \boldsymbol{r}'|^2} \tag{4.57}$$

为了获得散射长度 $f(\boldsymbol{k}_0, \boldsymbol{k})$，我们必须解决在散射原子里入射电子的薛定谔方程(电子的质量是 m，在原子内的坐标是 $\boldsymbol{r}'$)：

$$-\frac{\hbar^2}{2m} \nabla^2 \Psi(\boldsymbol{r}') + V(\boldsymbol{r}') \Psi(\boldsymbol{r}') = E\Psi(\boldsymbol{r}') \tag{4.58}$$

$$\frac{\hbar^2}{2m} \nabla^2 \Psi(\boldsymbol{r}') + E\Psi(\boldsymbol{r}') = V(\boldsymbol{r}') \Psi(\boldsymbol{r}') \tag{4.59}$$

在完成式(4.61)与式(4.62)两个定义后，薛定谔方程可写为

$$(\nabla^2 + k_0^2)\Psi(\boldsymbol{r}') = U(\boldsymbol{r}')\Psi(\boldsymbol{r}') \tag{4.60}$$

$$k_0^2 \equiv \frac{2mE}{\hbar^2} \tag{4.61}$$

$$U(\boldsymbol{r}') \equiv \frac{2mV(\boldsymbol{r}')}{\hbar^2} \tag{4.62}$$

对于这个问题，寻找薛定谔方程解决方法的正规途径①是利用格林函数。格林函数 $G(\boldsymbol{r},\boldsymbol{r}')$ 在 $\boldsymbol{r}$ 处提供了一个对于 $\boldsymbol{r}'$ 处点散射体的响应：

$$(\nabla^2 + k_0^2)G(\boldsymbol{r},\boldsymbol{r}') = \delta(\boldsymbol{r}') \tag{4.64}$$

从一个恒等式开始，我们发现格林函数的一个简单方法：

$$\nabla^2 \frac{e^{ikr}}{r} = e^{ikr}\,\nabla^2 \frac{1}{r} - k^2 \frac{e^{ikr}}{r} \tag{4.65}$$

$$(\nabla^2 + k^2)\frac{e^{ikr}}{r} = e^{ikr}\,\nabla^2 \frac{1}{r} \tag{4.66}$$

因为

$$\nabla^2 \frac{1}{r} = -4\pi\delta(r) \tag{4.67}$$

所以

$$(\nabla^2 + k_0^2)\frac{e^{ikr}}{r} = -e^{ikr}4\pi\delta(r) \tag{4.68}$$

δ 函数简化了等式(4.64)右边，除了在 $r=0$ 处，其他任何地方都接近于零；但是在 $r=0$ 处，$e^{ikr}=1$。因此由等式(4.65)，得到

$$(\nabla^2 + k_0^2)\frac{e^{ikr}}{r} = -4\pi\delta(r) \tag{4.69}$$

我们做一个原点的变化：$\boldsymbol{r} \mapsto \boldsymbol{r} - \boldsymbol{r}'$（这样可以更容易地看见出射波是如何从散射体发出的，如图 4.7 所示）。于是，通过对比式(4.64)和式(4.69)能够确定格林函数：

$$G(\boldsymbol{r},\boldsymbol{r}') = -\frac{1}{4\pi}\frac{e^{ik|\boldsymbol{r}-\boldsymbol{r}'|}}{|\boldsymbol{r}-\boldsymbol{r}'|} \tag{4.70}$$

有了格林函数，可以通过积分来建立 $\Psi_{\text{scatt}}(\boldsymbol{r})$。重要的是为了得到在距离 $\boldsymbol{r}$ 处总的波振幅，我们需要将所有由距离 $\boldsymbol{r}'$（式(4.70)的每一个 $\boldsymbol{r}'$）散射出的球面子波的振幅叠加。这个分量是式(4.60)的右边项：

① 从式(4.64)到式(4.71)，一个直观的捷径是将 $\nabla^2 + k_0^2$ 看作为形成与 $U(\boldsymbol{r}')\Psi(\boldsymbol{r}')$ 成比例的散射子波的散射算子。散射子波同样也具有式(4.55)所示的振幅和相位相对于距离的关系性质。来自于距离为 $\boldsymbol{r}'$ 的一个小体积 $d^3\boldsymbol{r}'$ 的散射子波振幅是

$$d\Psi_{\text{scatt}}(\boldsymbol{r},\boldsymbol{r}') = U(\boldsymbol{r}')\Psi(\boldsymbol{r}')\frac{e^{ik|\boldsymbol{r}-\boldsymbol{r}'|}}{|\boldsymbol{r}-\boldsymbol{r}'|}d^3\boldsymbol{r}' \tag{4.63}$$

这是一个源自于 $\boldsymbol{r}'$、位于 $\boldsymbol{r}$ 处的球面波。这个方法对于与原子电子数量成正比的 X 射线散射更加直观，对于 X 射线，$U(\boldsymbol{r}')$ 变成电子密度 $\rho(\boldsymbol{r}')$。结果与下面的式(4.83)是一样的，但带有一个不同的前因子且用 $\rho(\boldsymbol{r}')$ 代替 $V(\boldsymbol{r}')$。

$$\Psi_{\text{scatt}}(\boldsymbol{r}) = \int U(\boldsymbol{r}')\Psi(\boldsymbol{r}')G(\boldsymbol{r},\boldsymbol{r}')\mathrm{d}^3\boldsymbol{r}' \tag{4.71}$$

形式上,积分的界限覆盖了所有空间,但事实上只有延伸到超过 $\boldsymbol{r}'$ 才重要,这里 $U(\boldsymbol{r}')$ 是非零的(大约是原子的体积)。在 $\boldsymbol{r}$ 处,总的波 $\Psi(\boldsymbol{r})$ 包括入射和散射成分:

$$\Psi = \Psi_{\text{inc}} + \Psi_{\text{scatt}} \tag{4.72}$$

$$\Psi(\boldsymbol{r}) = \mathrm{e}^{\mathrm{i}\boldsymbol{k}_0\cdot\boldsymbol{r}} + \frac{2m}{\hbar^2}\int V(\boldsymbol{r}')\Psi(\boldsymbol{r}')G(\boldsymbol{r},\boldsymbol{r}')\mathrm{d}^3\boldsymbol{r}' \tag{4.73}$$

直到这里我们的解决方案是正确的。事实上,薛定谔方程仅仅是从一个微分方程到一个适合于散射问题的积分方程的转变。利用积分等式(4.71)的问题在于 Ψ 既在积分里面也在积分外面,因此通常需做进一步的近似处理。所用的近似处理是"玻恩第一近似",它实际是在积分里对 Ψ 采用一个平面波——一个入射平面波:

$$\Psi(\boldsymbol{r}') \approx \mathrm{e}^{\mathrm{i}\boldsymbol{k}_0\cdot\boldsymbol{r}'} \tag{4.74}$$

玻恩第一近似假设波是没有衰减的,并且仅被物质散射一次。当散射非常弱的时候,这个假设是有效的①。

我们采用探测器距离散射体非常远的近似情形来简化式(4.70),这样在探测器处可将波视为平面波,而不是出射球面波。为进行这样的处理,如图 4.7 显示的那样,我们沿着 $\boldsymbol{r}-\boldsymbol{r}'$ 方向调整出射波矢 $\boldsymbol{k}$。从 $\boldsymbol{r}'$ 散射的球面波指数的标量乘积 $k|\boldsymbol{r}-\boldsymbol{r}'|$ 等于平面波的 $\boldsymbol{k}\cdot(\boldsymbol{r}-\boldsymbol{r}')$。

$$G(\boldsymbol{r},\boldsymbol{r}') \approx -\frac{1}{4\pi}\frac{\mathrm{e}^{\mathrm{i}\boldsymbol{k}\cdot(\boldsymbol{r}-\boldsymbol{r}')}}{|\boldsymbol{r}|} \tag{4.77}$$

在式(4.77)中同样假设原点在散射体附近,于是可得到 $|\boldsymbol{r}| \gg |\boldsymbol{r}'|$,这样就简化了格林函数的分母②。

返回到原来的等式(4.73),将式(4.74)和式(4.77)代入式(4.73),得到近似的散射波(对散射波的第一玻恩近似):

---

① 扩展玻恩近似到更高阶原则上不是很困难。我们采用仅被散射一次的 $\Psi(\boldsymbol{r}')$,而不是利用一个未被削弱的平面波。如果我们不对 $\Psi(\boldsymbol{r}')$ 采用式(4.74)所示的平面波,等式(4.73)给出了第二玻恩近似,但更合适的是

$$\Psi(\boldsymbol{r}') = \mathrm{e}^{\mathrm{i}\boldsymbol{k}_0\cdot\boldsymbol{r}'} + \frac{2m}{\hbar^2}\int V(\boldsymbol{r}'')\Psi(\boldsymbol{r}'')G(\boldsymbol{r}',\boldsymbol{r}'')\mathrm{d}^3\boldsymbol{r}'' \tag{4.75}$$

现在这里我们对 $\Psi(\boldsymbol{r}'')$ 采用一个平面波:

$$\Psi(\boldsymbol{r}'') \approx \mathrm{e}^{\mathrm{i}\boldsymbol{k}_0\cdot\boldsymbol{r}''} \tag{4.76}$$

第二玻恩近似涉及两个散射中心——第一个在 $\boldsymbol{r}''$ 处,第二个在 $\boldsymbol{r}'$ 处。在计算来自于较重原子、能量低于 30 keV的散射时,比如 Xe,有时会采用第二玻恩近似。但是对于固体,采用第二和更高阶玻恩近似不是很频繁。如果散射体足够强以至于影响应用在第一玻恩近似里的弱散射条件,这个散射也会影响第二玻恩近似的假设。

② 如果我们忽略常数前因子,$|\boldsymbol{r}-\boldsymbol{r}'| = |\boldsymbol{r}|$ 的假设就相当于假设与到探测器的距离相比,散射体是比较小的。

$$\Psi(\boldsymbol{r}) \approx \mathrm{e}^{\mathrm{i}\boldsymbol{k}_0 \cdot \boldsymbol{r}} - \frac{m}{2\pi \hbar^2} \int V(\boldsymbol{r}') \mathrm{e}^{\mathrm{i}\boldsymbol{k}_0 \cdot \boldsymbol{r}'} \frac{\mathrm{e}^{\mathrm{i}\boldsymbol{k} \cdot (\boldsymbol{r}-\boldsymbol{r}')}}{|\boldsymbol{r}|} \mathrm{d}^3 \boldsymbol{r}' \tag{4.78}$$

$$\Psi(\boldsymbol{r}) = \mathrm{e}^{\mathrm{i}\boldsymbol{k}_0 \cdot \boldsymbol{r}} - \frac{m}{2\pi \hbar^2} \frac{\mathrm{e}^{\mathrm{i}\boldsymbol{k} \cdot \boldsymbol{r}}}{|\boldsymbol{r}|} \int V(\boldsymbol{r}') \mathrm{e}^{\mathrm{i}(\boldsymbol{k}_0 - \boldsymbol{k}) \cdot \boldsymbol{r}'} \mathrm{d}^3 \boldsymbol{r}' \tag{4.79}$$

如果定义

$$\Delta \boldsymbol{k} \equiv \boldsymbol{k} - \boldsymbol{k}_0 \tag{4.80}$$

$$\Psi(\boldsymbol{r}) = \mathrm{e}^{\mathrm{i}\boldsymbol{k}_0 \cdot \boldsymbol{r}} - \frac{m}{2\pi \hbar^2} \frac{\mathrm{e}^{\mathrm{i}\boldsymbol{k} \cdot \boldsymbol{r}}}{|\boldsymbol{r}|} \int V(\boldsymbol{r}') \mathrm{e}^{-\mathrm{i}\Delta \boldsymbol{k} \cdot \boldsymbol{r}'} \mathrm{d}^3 \boldsymbol{r}' \tag{4.81}$$

则散射部分的波是

$$\Psi_{\mathrm{scatt}}(\Delta \boldsymbol{k}, \boldsymbol{r}) \frac{\mathrm{e}^{\mathrm{i}\boldsymbol{k} \cdot \boldsymbol{r}}}{|\boldsymbol{r}|} f(\Delta \boldsymbol{k}) \tag{4.82}$$

其中

$$f(\Delta \boldsymbol{k}) \equiv -\frac{m}{2\pi \hbar^2} \int V(\boldsymbol{r}') \mathrm{e}^{-\mathrm{i}\Delta \boldsymbol{k} \cdot \boldsymbol{r}'} \mathrm{d}^3 \boldsymbol{r}' \tag{4.83}$$

因子 $f(\Delta \boldsymbol{k})$是式(4.55)的散射因子,我们已经知道它取决于入射和出射波矢,因而可仅仅通过它们的差值 $\Delta \boldsymbol{k} \equiv \boldsymbol{k} - \boldsymbol{k}_0$来表征。我们将积分(4.83)考虑为当入射电子离开散射体时可观察到的势能的傅里叶变换。在第一玻恩近似中:

散射波与散射势能的傅里叶变换是成正比的。

式(4.83)中的因子 $f(\Delta \boldsymbol{k})$由于取决于势能 $V(\boldsymbol{r})$而被赋予不同的名称(这里改变了标记,$\boldsymbol{r}' \rightarrow \boldsymbol{r}$)。当 $V(\boldsymbol{r})$是单个原子势能 $V_{\mathrm{at}}(\boldsymbol{r})$时,我们定义 $f_{\mathrm{el}}(\Delta \boldsymbol{k})$为"原子散射因子"。

$$f_{\mathrm{el}}(\Delta \boldsymbol{k}) \equiv -\frac{m}{2\pi \hbar^2} \int V_{\mathrm{at}}(\boldsymbol{r}) \mathrm{e}^{-\mathrm{i}\Delta \boldsymbol{k} \cdot \boldsymbol{r}} \mathrm{d}^3 \boldsymbol{r} \tag{4.84}$$

或者,我们可以对整个晶体势能采用式(4.83)中的 $V(\boldsymbol{r})$(这在第 6 章中讨论)。但是当 $V(\boldsymbol{r})$涉及整个晶体时,因为多重散射会使得式(4.74)的假设无效,式(4.81)的第一玻恩近似通常是不可靠的。然而,这个假设是"衍射运动理论"的基础,发展这个理论是因为其形式清晰以及定性方面的成功。形式上超越单个散射近似和通过考虑更高阶玻恩近似来发展电子衍射的"动力学理论"是可能的,但是不能证明这是一个特别富有成效的方向。现代动力学理论则采取了一个完全不同的方法。

4.3.2 原子散射因子——物理图像

对于提供衍射度量基础的相干弹性散射,已经证明向前传播的散射波是最强的。"原子散射因子"描述了散射波在远离向前传播方向的角度上,散射波强度的减少,这是式(4.84)散射势形态的傅里叶转换。对于涉及原子电子的电子和 X 射线散射,散射势形态与"原子形状"是相对应的。对 X 射线和电子衍射实验的推理表明在高角度处布拉格衍射明显削弱,并且对于衍射强度任何定量的理解,角度依赖关系是非常重要的。目前本节考虑的原子散射因子的起源和特征适用于 X 射线和电子散射①。

图 4.8 给出了电子散射的原子散射因子 $f_{\mathrm{el}}(\Delta\boldsymbol{k})$依赖于 Δk 的物理解释,并把式(4.84)改写为

$$f_{\mathrm{el}}(\Delta\boldsymbol{k}) = \sum_j \Delta f_{\mathrm{el},j}\mathrm{e}^{-\mathrm{i}\Delta\boldsymbol{k}\cdot\boldsymbol{r}_j} \tag{4.85}$$

等式(4.85)描述了由许多在位置$\{\boldsymbol{r}_j\}$处的小亚体积$\{\Delta V_j\}$组成的原子,每一个亚体积可以发射出带有相位因子 $\mathrm{e}^{-\mathrm{i}\Delta\boldsymbol{k}\cdot\boldsymbol{r}_j}$ 的散射子波。来自第 j 个亚体积的子波强度 $\Delta f_{\mathrm{el},j}$是

$$\Delta f_{\mathrm{el},j} \equiv -\frac{m}{2\pi\hbar^2}V_{\mathrm{at}}(\boldsymbol{r}_j)\Delta V_j \tag{4.86}$$

同样的方法可以用来理解 X 射线原子散射因子——在式(4.85)中用 $\Delta f_{\mathrm{X},j}$代替 $\Delta f_{\mathrm{el},j}$。散射高能 X 射线子波的强度 $\Delta f_{\mathrm{X},j}$ 取决于原子的电子密度 $\rho(\boldsymbol{r}_j)$(比较式(4.32)):

$$\Delta f_{\mathrm{X},j} \equiv -\frac{e^2}{mc^2}\rho(\boldsymbol{r}_j)\Delta V_j \tag{4.87}$$

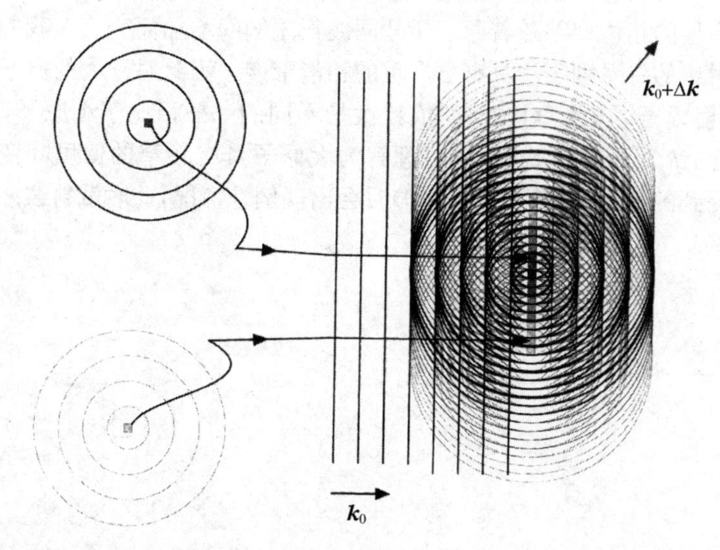

图 4.8　原子不同部分的散射如何在前进方向上相长,但在较大角度出现相消作用的说明。入射波从左边进入。左边的图显示了带有出射子波的孤立的散射亚体积

式(4.85)中每个散射子波的强度取决于在那个亚体积内的库仑势能(对电子散射),或者电子密度(对高能 X 射线散射)。在远离原子区域,沿 $\boldsymbol{k} = \boldsymbol{k}_0 + \Delta\boldsymbol{k}$ 方向散射波的强度是由来自不同亚体积$\{\Delta V_j\}$散射的子波之间相长和相消相互作用

① 但是对于中子散射,散射势起源于这些原子核微小体积(参见 3.9 节)。原子核散射因子在材料科学的能量范围内对于布拉格角度是没有依赖性的。

所决定的。等式(4.85)显示了这种相互作用是由适当的 $\Delta f_{\mathrm{el},j}$(式(4.86))或者 $\Delta f_{X,j}$(式(4.87))加权的相位因子 $\mathrm{e}^{-\mathrm{i}\Delta \boldsymbol{k} \cdot \boldsymbol{r}_j}$ 通过加和建立的。在 $\boldsymbol{k}=\boldsymbol{k}_0$ 和 $\Delta k=0$ 的前进方向,对所有的 $\boldsymbol{r}_j$,式(4.85)中的指数 $\mathrm{e}^{-\mathrm{i}0 \cdot \boldsymbol{r}}=1$,来自于所有亚体积散射的子波相长地加和。但是在其他 $\Delta k \neq 0$ 的方向,依据 $\boldsymbol{r}_j$,指数可在 $+1$ 到 -1 间变化,结果是在 $\Delta k \neq 0$ 时,抑制了 $f_{\mathrm{el}}(\Delta \boldsymbol{k})$ 和 $f_{\mathrm{X}}(\Delta \boldsymbol{k})$,抵消了它们在式(4.85)中的贡献。

图 4.8 说明了当入射波从左向右穿过原子时是如何在前进方向被相干散射的。这个图展示了一组从较小方形、具有不同密度($\boldsymbol{r}_j$)的亚体积散射出的子波。图 4.8 中左边是两个独立的亚体积,右边是一个几何构架,显示了来自所有一列元素散射出的波之间是如何在前进方向相长干涉的,但是在较大的角度下干涉则是越来越具有破坏性(在图 4.8 中仅显示了一列元素,但对于相连的多列可得到相似的结果)。

图 4.9 为另一幅插图,显示了在中等大小的散射角度或者中等大小的 Δk 下,来自原子的子波具有抑制相干散射强度的破坏性干扰,同时也显示了所有原子散射亚体积平均的相位误差随着原子尺寸同波长比例的增加而变大。我们预计由更大原子散射出的一系列子波具有更严重的相消干涉。因此对于大的原子和小的原子,原子散射因子 $f(\Delta \boldsymbol{k})$ 对 Δk 的依赖性是不同的——相比于小原子,大原子的 $f(\Delta \boldsymbol{k})$ 随着 Δk 下降得更快,这也可理解为大原子具有较窄的傅里叶变换。但如前面段落提到的,较小的散射角($\theta \approx 0$)时会出现例外情况,此时散射波之间存在很小的相位差。

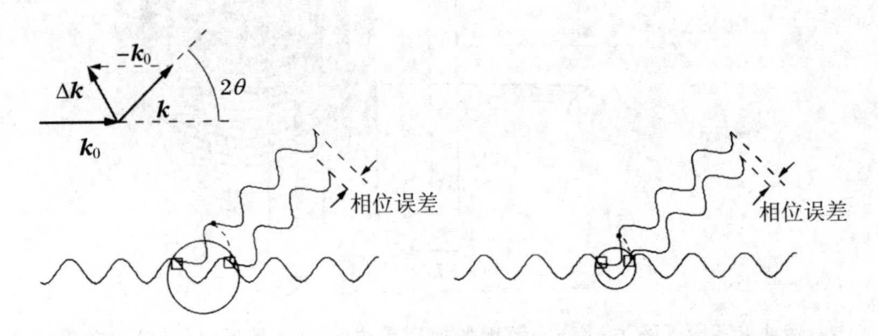

图 4.9　对大角度散射,由小原子散射的波相比于由大原子散射的波,相位保持得更好

在附录 A.3 和 A.5 中列出了对电子和 X 射线的原子散射因子,这些表提供的散射因子是一个标量变量 $s \equiv \Delta k/(4\pi)$,而不是一个矢量 $\Delta \boldsymbol{k}$。原子的大部分电子形成球形对称的闭合电子壳层,因此它们的相干弹性散射是各向同性的。在原子散射因子中探测到各向异性是很困难的,所以我们通常用 $f_{\mathrm{at}}(\Delta \boldsymbol{k})$ 代替 $f_{\mathrm{at}}(\Delta k)$(但是图 4.11 是一个特别的例外情况)。

4.3.3 模型势的电子散射‡

在式(4.81)或式(4.83)中引起电子散射的势能 $V(\boldsymbol{r})$在原点是库仑势。库仑作用是强有力的,并且在 TEM 中所用的电子散射强于用在 X 射线衍射中的 X 射线。正电性的原子核提供一个负电性(吸引力的)贡献,但由于原子电子提供了一个正电性(排斥力的)贡献而使原子核被屏蔽。既然原子是电中性的,在原子外部存在源自于原子核和原子电子的电场抵消,因此入射电子是不受这个中性原子影响的,直到它们间的距离变得非常接近。事实上,为使散射发生,高能电子必须有效地穿过原子的电子云。在原子内部,因为原子核电荷屏蔽是不完全的,所以高能电子感受到一个净的正电荷。散射的详细计算需要原子电子的准确密度。如果原子电子密度已知,在 4.3.4 小节中详细介绍了如何得到一个准确的 $f_{\text{el}}(\Delta\boldsymbol{k})$。

1. 屏蔽库仑势‡

在这一部分,我们利用一个简单的"屏蔽库仑"势来得到一个近似的分析结果。屏蔽库仑势

$$V(r) = -\frac{Ze^2}{r}\mathrm{e}^{-r/r_0} \tag{4.88}$$

指数因子说明了被原子电子屏蔽的原子核电荷,并且 r_0是原子的有效玻尔半径。有趣的是,指数衰减也使势能的数学处理变得方便,否则势能在非常远的地方是很强的。

现在我们利用第一玻恩近似式(4.83)来计算原子散射因子 $f(\Delta\boldsymbol{k})$。$V(\boldsymbol{r})$的傅里叶变换为

$$f_{\text{el}}(\Delta\boldsymbol{k}) = -\frac{m}{2\pi\hbar^2}\int_{\text{all space}}\mathrm{e}^{-\mathrm{i}\Delta\boldsymbol{k}\cdot\boldsymbol{r}}V(\boldsymbol{r})\mathrm{d}^3\boldsymbol{r} \tag{4.89}$$

将势能(4.88)代入式(4.89),得

$$f_{\text{el}}(\Delta\boldsymbol{k}) = \frac{mZe^2}{2\pi\hbar^2}\int_{\text{all space}}\mathrm{e}^{-\mathrm{i}\Delta\boldsymbol{k}\cdot\boldsymbol{r}}\frac{\mathrm{e}^{-r/r_0}}{r}\mathrm{d}^3\boldsymbol{r} \tag{4.90}$$

式(4.90)中的积分出现在其他条件里,因此我们暂时不解决这个问题。一些读者可能倾向于从前面转到式(4.101)的结果,或者直接到下一部分关于托马斯-费米(Thomas-Fermi)和卢瑟福(Rutherford)模型。

$$\mathscr{I}(\Delta\boldsymbol{k}, r_0) \equiv \int_{\text{all space}}\mathrm{e}^{-\mathrm{i}\Delta\boldsymbol{k}\cdot\boldsymbol{r}}\frac{\mathrm{e}^{-r/r_0}}{r}\mathrm{d}^3\boldsymbol{r} \tag{4.91}$$

这是一个三维的屏蔽库仑势的傅里叶变换,利用球形坐标是自然的:

$$\mathscr{I}(\Delta\boldsymbol{k}, r_0) = \int_{r=0}^{\infty}\int_{\theta=0}^{\pi}\int_{\phi=0}^{2\pi}\mathrm{e}^{-\mathrm{i}\Delta\boldsymbol{k}\cdot\boldsymbol{r}}\frac{\mathrm{e}^{-r/r_0}}{r}r^2\sin 2\theta\mathrm{d}\theta\mathrm{d}\phi\mathrm{d}r \tag{4.92}$$

使用式(4.92)中指数 $\mathrm{e}^{-\mathrm{i}\Delta\boldsymbol{k}\cdot\boldsymbol{r}}$ 的技巧是沿着 z 轴调整矢量 $\Delta\boldsymbol{k}$,以使得 $\Delta\boldsymbol{k}\cdot\boldsymbol{r} = \Delta kz$。同样,由 $z = r\cos\theta$,知

$$\mathrm{d}z = -r\sin\theta\mathrm{d}\theta \tag{4.93}$$

积分的界限则变换为

$$\theta = 0 \quad \rightarrow \quad z = r \tag{4.94}$$

$$\theta = \pi \quad \rightarrow \quad z = -r \tag{4.95}$$

将式(4.93)～式(4.95)代入式(4.92)，得

$$\mathscr{I}(\Delta \boldsymbol{k}, r_0) = \int_{r=0}^{\infty}\int_{z=r}^{-r}\int_{\phi=0}^{2\pi} \mathrm{e}^{-\mathrm{i}\Delta kz}\mathrm{e}^{-r/r_0}\,\mathrm{d}\phi(-\mathrm{d}z)\mathrm{d}r \tag{4.96}$$

$$\mathscr{I}(\Delta \boldsymbol{k}, r_0) = 2\pi\int_{r=0}^{\infty}\int_{z=-r}^{r} \mathrm{e}^{-\mathrm{i}\Delta kz}\mathrm{e}^{-r/r_0}\,\mathrm{d}z\mathrm{d}r \tag{4.97}$$

指数可写为 $\mathrm{e}^{-\mathrm{i}\Delta kz} = \cos(\Delta kz) - \mathrm{i}\sin(\Delta kz)$。在区间$(-r, +r)$内，由于对称性，$z$积分的正弦函数变为零，并且余弦积分是

$$\int_{z=-r}^{r}\cos(\Delta kz)\mathrm{d}z = \frac{+2}{\Delta k}\sin(\Delta kr) \tag{4.98}$$

这个积分并不依赖于 $\Delta\hat{\boldsymbol{k}}$ 的方向。在式(4.97)中，利用式(4.98)对 z 积分，得到

$$\mathscr{I}(\Delta k, r_0) = \frac{4\pi}{\Delta k}\int_{r=0}^{\infty}\sin(\Delta kr)\mathrm{e}^{-r/r_0}\,\mathrm{d}r \tag{4.99}$$

等式(4.99)是一个衰减指数的傅里叶变换。这个积分可以通过分步二次积分解决①，结果是一个洛伦兹函数：

$$\int_{r=0}^{\infty}\sin(\Delta kr)\mathrm{e}^{-r/r_0}\,\mathrm{d}r = \frac{\Delta k}{\Delta k^2 + \dfrac{1}{r_0^2}} \tag{4.100}$$

将结果式(4.100)代入式(4.99)，完成对式(4.91)的计算：

$$\mathscr{I}(\Delta \boldsymbol{k}, r_0) = \int_{\text{all space}} \mathrm{e}^{-\mathrm{i}\Delta \boldsymbol{k}\cdot\boldsymbol{r}}\,\frac{\mathrm{e}^{-r/r_0}}{r}\mathrm{d}^3\boldsymbol{r} = \frac{4\pi}{\Delta k^2 + \dfrac{1}{r_0^2}} \tag{4.101}$$

为了以后的方便，我们现在得到一个相关的结果。利用指数屏蔽因子来进行库仑势的傅里叶变换是一个非常有用的数学窍门。通过假设 $r_0 \rightarrow \infty$，我们可以抑制库仑势的屏蔽，于是在式(4.88)中，$\mathrm{e}^{-r/r_0} = 1$。这个裸库仑势的傅里叶变换，其数学形式记为 $1/r$，可从式(4.101)轻松地得到：

$$\int_{\text{all space}} \mathrm{e}^{-\mathrm{i}\Delta \boldsymbol{k}\cdot\boldsymbol{r}}\,\frac{1}{r}\mathrm{d}^3\boldsymbol{r} = \frac{4\pi}{\Delta k^2} \tag{4.102}$$

2. 托马斯-费米和卢瑟福模型

利用屏蔽的库仑势结果式(4.101)，我们能够在式(4.90)中继续 $f_{\mathrm{el}}(\Delta k)$ 的计算：

---

① 定义 $U \equiv \mathrm{e}^{-r/r_0}$ 和 $\mathrm{d}V \equiv \sin(\Delta kr)\mathrm{d}r$，我们分步积分：$\int U\mathrm{d}V = UV - \int V\mathrm{d}U$。右边的积分可被求值：$(\Delta kr_0)^{-1}\int_{r=0}^{\infty}\cos(\Delta kr)\mathrm{e}^{-r/r_0}\mathrm{d}r$，我们可再次通过分步得到 $-(\Delta kr_0)^{-2}\int_{r=0}^{\infty}\sin(\Delta kr)\mathrm{e}^{-r/r_0}\mathrm{d}r$。这个结果可以被加到左边$\int U\mathrm{d}V$ 得到式(4.100)。

$$f_{\mathrm{el}}(\Delta k) = \frac{2Ze^2 m}{\hbar^2}\frac{1}{\Delta k^2 + 1/r_0^2} \tag{4.103}$$

这里需要一个对多电子原子有效玻尔半径 r_0 的表达式。明确地说，我们需要 r_0 随着 Z 减小的事实。采用原子托马斯-费米模型的结果，可将氢的玻尔半径乘上 $Z^{-1/3}$ 近似作为 r_0：

$$r_0 = \frac{\hbar^2}{e^2 m_{\mathrm{e}}}Z^{-\frac{1}{3}} = a_0 Z^{-\frac{1}{3}} \tag{4.104}$$

利用这个结果代替式(4.103)中托马斯-费米原子的有效玻尔半径 r_0：

$$f_{\mathrm{el}}(\Delta k) = \frac{2Za_0}{\Delta k^2 a_0^2 + Z^{\frac{2}{3}}} \tag{4.105}$$

比较 $f_{\mathrm{el}}(\Delta k)$ 和 X 射线散射 $f_{\mathrm{X}}(\Delta k)$ 对原子序数 Z 的依赖性是非常有趣的。来自一个原子的 X 射线仅仅涉及原子电子(原子核由于太大而不能加速)，由于原子周围具有 Z 个电子，因此 $f_{\mathrm{X}}(\Delta k)$ 的量值近似地与 Z 成比例。对于原子的电子散射，等式(4.105)显示了一个不同的趋势。

对于 TEM 成像中通常的情况，$\Delta k a_0$ 是数量级单位，原子的电子散射因子(4.105)随着原子序数的增加稍微慢于 Z①。如果原子的有效玻尔半径 r_0 是与 Z 无关的(比如式(4.103))，则电子的散射因子将会随着 Z 线性增长。因为较重原子的原子核可将它们的核心电子吸引得更紧，所以有效玻尔半径 r_0 是随着 Z 的减小而减小的。对较重原子，入射高能电子在距离原子核相当近之前不会感受到很大一部分原子核的正电荷。这种"紧密轨迹"的概率较小，因此相比于轻元素，高 Z 元素强有力的原子核势经历的碰撞频率更低。

当高能电子靠近原子核时，电子会被大角度偏转。由于高能电子对原子核感知更直接，在这个情况下原子电子的屏蔽是不重要的。对于高角度散射，$f_{\mathrm{X}}(\Delta k)$ 近似与 Z 成比例(例如，假定式(4.105)中的 Δk 非常大，因此 $\Delta k^2 a_0^2 \gg Z^{2/3}$)。高能库仑散射的传统方法产生于一个相当异常但并不经典的例子——原子的高能粒子 α 粒子(He 核)散射。卢瑟福与其学生盖革(Geiger)和马斯登(Marsden)对他们所观察到的 α 粒子的大角度散射感到惊讶，卢瑟福正确地解释了这个作为发现原子核的现象——当粒子靠近原子核时可以引起 α 粒子的大角度偏转。他对大角度散射的分析假设了一个来自固定原子核的未屏蔽的库仑势，并且原子电子可以被忽略。在没有屏蔽的界限内(例如 $r_0 \to \infty$)，利用式(4.103)和式(4.20)，我们得到卢瑟福电子散射的微分散射截面

$$\frac{\mathrm{d}\sigma_{\mathrm{R}}}{\mathrm{d}\Omega} = |f_{\mathrm{el}}(\Delta k)|^2 = \frac{4Z^2 e^4 m^2}{\hbar^4 \Delta k^4} = \frac{4Z^2}{a_0^2 \Delta k^4} \tag{4.106}$$

卢瑟福利用经典力学计算得到了结果。直接将 $\Delta k = (4\pi\sin\theta)/\lambda$，$p = h/\lambda$(去除了量子力学)和 $E = p^2/(2m)$ 代入式(4.106)，可以得到"卢瑟福散射截面"的常见

① 因此来自所有贡献 $|f_{\mathrm{el}}(\Delta k)|^2$ 的有效截面有时比 Z^2 降低得慢。

形式：

$$\frac{\mathrm{d}\sigma_{\mathrm{R}}}{\mathrm{d}\Omega}=\frac{Z^2e^4}{16E^2\sin^4\theta} \tag{4.107}$$

等式(4.107)对于理解大角度电子散射的一些特征是有用的。入射电子被大角度散射的概率随着原子核电荷的平方(Z^2)的增加而增加,并随着入射电子动能的平方(E^2)的减少而减少。由于因子 $\sin^4\theta$ 在分母上,大角度散射绝不像在较小角度上的散射①。大角度散射对质量-厚度衬度有贡献,但是对材料成像研究的衍射衬度是无用的(第 8 章)。

4.3.4　原子散射因子——一般公式表达‡*

在 4.3.3 小节中,我们利用一个特殊的原子模型计算了电子散射的原子散射因子。由这个模型及其他后来在本书中提到的结果,可提供一个分析结果,但是这个“屏蔽库仑模型”不是一个非常准确的原子图像。这里我们对弹性电子散射的原子散射因子发展了一个严格但不太准确的表达。散射因子的重要关键点是原子的电子密度 $\rho(\boldsymbol{r})$,但这必须独立获得。组合的“莫特(Mott)公式”同样在电子散射和 X 射线散射的原子散射因子 $f_{\mathrm{el}}(\Delta k)$ 和 $f_{\mathrm{X}}(\Delta k)$ 之间提供了一个重要的纽带。正如在 4.3.3 小节中,对于电子散射,从式(4.84)开始：

$$f_{\mathrm{el}}(\Delta k)=-\frac{m}{2\pi\hbar^2}\int V_{\mathrm{at}}(\boldsymbol{r})\mathrm{e}^{-\mathrm{i}\Delta\boldsymbol{k}\cdot\boldsymbol{r}}\mathrm{d}^3\boldsymbol{r} \tag{4.108}$$

用源于原子核(原子序数 Z)的吸引力项和源于原子电子(采用电子密度 $\rho(\boldsymbol{r})$)的排斥力项组成的 $V_{\mathrm{at}}(\boldsymbol{r})$ 替代式(4.88)：

$$V_{\mathrm{at}}(\boldsymbol{r})=-\frac{Ze^2}{|\boldsymbol{r}|}+\int_{-\infty}^{+\infty}\frac{e^2\rho(\boldsymbol{r}')}{|\boldsymbol{r}-\boldsymbol{r}'|}\mathrm{d}^3\boldsymbol{r}' \tag{4.109}$$

再代入式(4.108),得到

$$f_{\mathrm{el}}(\Delta k)=-\frac{m}{2\pi\hbar^2}\int_{-\infty}^{+\infty}\left[-\frac{Ze^2}{|\boldsymbol{r}|}+\int_{-\infty}^{+\infty}\frac{e^2\rho(\boldsymbol{r}')}{|\boldsymbol{r}-\boldsymbol{r}'|}\mathrm{d}^3\boldsymbol{r}'\right]\mathrm{e}^{-\mathrm{i}\Delta\boldsymbol{k}\cdot\boldsymbol{r}}\mathrm{d}^3\boldsymbol{r} \tag{4.110}$$

定义一个新的变量 $\boldsymbol{R}\equiv\boldsymbol{r}-\boldsymbol{r}'$,因此 $\boldsymbol{r}=\boldsymbol{R}-\boldsymbol{r}'$,并且重新整理式(4.110)中的第二项：

$$\begin{aligned}f_{\mathrm{el}}(\Delta k)=&\frac{mZe^2}{2\pi\hbar^2}\int_{-\infty}^{+\infty}\frac{1}{|\boldsymbol{r}|}\mathrm{e}^{-\mathrm{i}\Delta\boldsymbol{k}\cdot\boldsymbol{r}}\mathrm{d}^3\boldsymbol{r}\\&-\frac{me^2}{2\pi\hbar^2}\int_{-\infty}^{+\infty}\frac{1}{|\boldsymbol{R}|}\mathrm{e}^{-\mathrm{i}\Delta\boldsymbol{k}\cdot\boldsymbol{R}}\mathrm{d}^3\boldsymbol{R}\int_{-\infty}^{+\infty}\rho(\boldsymbol{r}')\mathrm{e}^{-\mathrm{i}\Delta\boldsymbol{k}\cdot\boldsymbol{r}'}\mathrm{d}^3\boldsymbol{r}'\end{aligned} \tag{4.111}$$

式(4.111)中两个积分是 $1/r$ 的傅里叶变换,对此利用式(4.102)可得到

$$\int_{-\infty}^{+\infty}\frac{1}{|\boldsymbol{r}|}\mathrm{e}^{-\mathrm{i}\Delta\boldsymbol{k}\cdot\boldsymbol{r}}\mathrm{d}^3\boldsymbol{r}=\frac{4\pi}{\Delta k^2} \tag{4.112}$$

在式(4.111)中利用式(4.112)的结果,得到原子电子散射因子的一般表达式：

① 在目前的应用里,角度 θ 定义为总散射角度的一半,这与对布拉格角度的定义是一致的。

$$f_{\mathrm{el}}(\Delta k)=\frac{2me^2}{\hbar^2\Delta k^2}\left[Z-\int_{-\infty}^{+\infty}\rho(\boldsymbol{r})\mathrm{e}^{-\mathrm{i}\Delta\boldsymbol{k}\cdot\boldsymbol{r}}\mathrm{d}^3\boldsymbol{r}\right] \tag{4.113}$$

原子核和电子对于电子散射的贡献在式(4.113)中显示为两项,并且通过乘上$2/a_0=2m(e/\hbar)^2$,库仑势的$1/r$特征提供了因子$1/\Delta k^2$。在已知原子电子密度$\rho(\boldsymbol{r})$时,等式(4.113)对于电子散射的原子散射因子是一个重要的表达式,称作"莫特公式"。式(4.113)中简单的第一项是被原子核散射的电子波振幅,当乘上它的复数共轭时得到了式(4.106)中的卢瑟福散射截面。电子分布范围$\rho(\boldsymbol{r})$具有一个有限的尺寸,因此式(4.113)中的第二项解释了来自于电子云中不同部分的散射子波之间的相互作用。自然而然地,第二项$f_{\mathrm{el}}(\Delta k)$和X射线的散射因子$f_{\mathrm{X}}(\Delta k)$是相似的。

总的强度$f_{\mathrm{el}}^*f_{\mathrm{el}}$由于原子核和电子散射振幅的乘积而具有一个交叉项形式。这个交叉项提供了相干原子核和电子散射之间的相互作用。因此,如我们在式(4.25)讨论的那样,增加原子核和电子散射的强度是不正确的。

对于X射线散射,因为原子核太大而不能加速,所以核是不参与其中的。仅有原子电子参与X射线散射,如式(4.32)一样,每个电子对于散射的X射线都有贡献。因此如图4.8和图4.9所示,X射线的原子散射因子取决于原子电子电荷密度的空间范围$\rho(\boldsymbol{r})$。在式(4.87)中,对X射线的原子散射因子$f_{\mathrm{X}}(\Delta k)$,可以在物理上理解为相位因子$\mathrm{e}^{-\mathrm{i}\Delta\boldsymbol{k}\cdot\boldsymbol{r}_j}$的加和,每个相位因子与来自位置$r_j$的出射子波相关。由于X射线是被电子运动所散射的,因此从位置$\boldsymbol{r}_j$的出射子波振幅与电子密度$\rho(\boldsymbol{r}_j)$是成正比的。利用汤姆森散射前因子(4.32),得到下面对高能X射线有效的表达式:

$$f_{\mathrm{X}}(\Delta k)=\frac{e^2}{mc^2}\int_{-\infty}^{+\infty}\rho(\boldsymbol{r})\mathrm{e}^{-\mathrm{i}\Delta\boldsymbol{k}\cdot\boldsymbol{r}}\mathrm{d}^3\boldsymbol{r} \tag{4.114}$$

X射线原子散射因子$f_{\mathrm{X}}(\Delta k)$是电子密度$\rho(\boldsymbol{r})$的傅里叶变换①。对比式(4.114)的X射线散射和式(4.113)的电子散射,我们发现它们的关系如下:

$$f_{\mathrm{el}}(\Delta k)=\frac{2me^2}{\hbar^2\Delta k^2}\left[Z-\frac{mc^2}{e^2}f_{\mathrm{X}}(\Delta k)\right] \tag{4.115}$$

$$f_{\mathrm{el}}(\Delta k)=\frac{3.779}{\Delta k^2}[Z-3.54\times10^4 f_{\mathrm{X}}(\Delta k)] \tag{4.116}$$

这里,$f_{\mathrm{el}}(\Delta k)$和$f_{\mathrm{X}}(\Delta k)$的单位是Å,$\Delta k$的单位是$\text{Å}^{-1}$。由于在衍射问题中典型的$\Delta k$是几埃$^{-1}$,式(4.116)显示了电子散射因子是X射线散射因子的10^4倍。

由于电子散射$V(\boldsymbol{r})$和X射线散射$\rho(\boldsymbol{r})$的形状是不同的,所以$f_{\mathrm{el}}(\Delta k)$和$f_{\mathrm{X}}(\Delta k)$的$\Delta k$依赖性不同。因为库仑势的大作用范围,电子散射的$V(\boldsymbol{r})$(例如式(4.88)或式(4.109))在真实空间内是比电子电荷密度$\rho(\boldsymbol{r})$更平稳的势能,而后者在原子中心收缩得更厉害。库仑势的$1/r$依赖性在式(4.116)中给出了一个

① 这忽略了归因于原子共振的不规则X射线散射效应(4.2.1小节)。

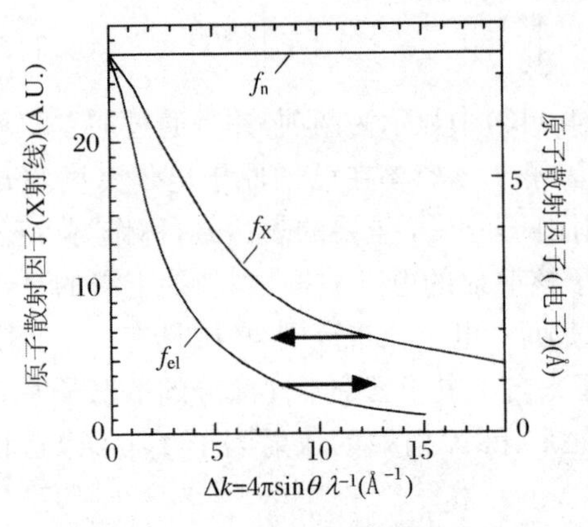

图 4.10　对于中子、X 射线和电子散射，Fe 的原子散射因子对 Δk 的依赖关系

$1/\Delta k^2$因子，因此电子散射因子随着 Δk 较 X 射线散射因子下降得更快。在图 4.10 中呈现了这些散射因子的示意性对比。作为对比，大部分中子散射涉及和原子核的相互作用(3.9 小节)，这是一个非常小的散射势能。真实空间内一个点的傅里叶变换在 k 空间内是一个常数，因此中子的散射因子随着 Δk 的变化几乎是不变的。来自原子未配对外部电子的磁性中子散射(3.8 节)涉及一个较大空间尺寸的势能，所以其散射因子与图 4.10 中的 X 射线散射的散射因子非常相似。

电子和 X 射线散射的原子散射因子 $f_{el}(\Delta \boldsymbol{k})$和 $f_X(\Delta \boldsymbol{k})$的具体形状是由原子的电子密度细节(式(4.113)和式(4.114))决定的。原子散射因子显示了清晰的原子壳层结构特征。随着 Z 从 21 增加到 30(Sc 到 Zn)，从周期表中仔细考虑 d 层的填充。d 电子壳层保持相似的形状，但是随着更多的 d 层电子加入而变成一个更强的散射体，由于半径相对于 d 层电子而言要大得多，因此这可归因于主要处于较小 Δk 区域的$f_{el}(\Delta \boldsymbol{k})$。另一方面，随着原子核电荷 Z 从 21 增加到 30，电子中心向原子核方向靠得更近，这对在较大 Δk 时增加的散射有很大贡献。由 Sc 到 Zn，$f_{el}(\Delta k)$具有一个细长的轨道，随着 Z 增加而移向更大的 Δk。Z 从 31 到 36(Ga 到 Kr)，d 层电子的外面加入了 4s 和 4p 电子。随着原子核电荷从 31 增加到 36，d 层电子与中心电子一样减小它们的半径，并因此对于在稍微较大 Δk 值的$f_{el}(\Delta \boldsymbol{k})$存在贡献。

利用 X 射线原子散射因子 $f_X(\Delta \boldsymbol{k})$的测量结果来绘制晶体内化学价键电子分布的形态图是有挑战性的，但也是可能的。化学价键通常仅仅涉及外部电子的变化，因此大部分 X 射线散射是不受影响的，并且键合的影响很小。确定化合价影响可能性最大的区域是在小的 Δk 处，因为这里原子的外部部分可最有效地取样。但是电子原子散射因子 $f_{el}(\Delta k)$对化合价的影响比 X 射线散射因子更为敏感。这可以通过在式(4.113)中取近似指数 $e^{-i\Delta \boldsymbol{k}\cdot \boldsymbol{r}}\approx 1-i\Delta \boldsymbol{k}\cdot \boldsymbol{r}-(1/2)(\Delta \boldsymbol{k}\cdot \boldsymbol{r})^2$ 做简单的理解：

$$f_{el}(\Delta \boldsymbol{k}\to \boldsymbol{0})\approx \frac{2me^2}{\hbar^2\Delta k^2}\Big[Z-\int_{-\infty}^{+\infty}\rho(\boldsymbol{r})\mathrm{d}^3\boldsymbol{r}+i\Delta \boldsymbol{k}\cdot\int_{-\infty}^{+\infty}\boldsymbol{r}\rho(\boldsymbol{r})\mathrm{d}^3\boldsymbol{r}$$
$$+\frac{1}{2}\int_{-\infty}^{+\infty}\rho(\boldsymbol{r})(\Delta \boldsymbol{k}\cdot \boldsymbol{r})^2\mathrm{d}^3\boldsymbol{r}\Big] \tag{4.117}$$

对于一个球形对称的原子或离子，在中括号中的第三项是零。对于中性原子，中括号内的第二项等于原子序数 Z，但我们首先考虑一个带有 Z' 个电子的离子：

$$f_{\mathrm{el}}(\Delta\boldsymbol{k}\to\boldsymbol{0})\approx\frac{2me^2}{\hbar^2\Delta k^2}\left[Z-Z'+\frac{1}{2}\int_{-\infty}^{+\infty}\rho(\boldsymbol{r})(\Delta kr)^2(\widehat{\Delta\boldsymbol{k}}\cdot\hat{\boldsymbol{r}})^2\mathrm{d}^3\boldsymbol{r}\right] \tag{4.118}$$

对于角平均 $(\widehat{\Delta\boldsymbol{k}}\cdot\hat{\boldsymbol{r}})^2$，利用式(10.166)和式(10.170)，

$$f_{\mathrm{el}}(\Delta\boldsymbol{k}\to\boldsymbol{0})\approx\frac{2me^2}{\hbar^2\Delta k^2}\left[Z-Z'+\frac{(\Delta k)^2}{6}\int_{-\infty}^{+\infty}\rho(\boldsymbol{r})r^2\mathrm{d}^3\boldsymbol{r}\right] \tag{4.119}$$

在图4.10中，对 $f_{\mathrm{el}}(\Delta\boldsymbol{k})$ 假设其中是一个中性原子。对于一个 $Z\neq Z'$ 的离子，在式(4.119)中较小的 Δk 区域(典型地，$\Delta k<0.1\ \text{Å}^{-1}$)可以显示出与图4.10中的曲线较大的背离。由于 Δk^2 在分母中，当 $Z\neq Z'$ 时 $f_{\mathrm{el}}(\Delta k\to 0)$ 的一个奇点是可以预期的，但这只有在离子没有被补偿电荷屏蔽的时候才出现①。在对中性固体的实际计算中，我们考虑一个平均情况，即 $Z=Z'$，散射势的变化可处理为

$$f_{\mathrm{el}}(\Delta\boldsymbol{k}\to\boldsymbol{0})\approx\frac{me^2}{3\hbar^2}\int_{-\infty}^{+\infty}\rho(\boldsymbol{r})r^2\mathrm{d}^3\boldsymbol{r} \tag{4.120}$$

在较小的 Δk 区域，f_{el} 的值依赖于对原子外部部分电子密度非常敏感的原子均方根半径。因此在较小的 Δk 区域的电子散射因子，是在晶体合金和化合物中测量结合电子变化的一个灵敏的方式。这证明了 $f_{\mathrm{el}}(\Delta\boldsymbol{k}\to\boldsymbol{0})$ 是与固体的“平均内势能”成正比的(见习题4.8和参考文献[2])。

有关电子电荷在化学价键(式(4.113)中的 $\rho(\boldsymbol{r})$)中的重新分布相当多的细节可以从 $f_{\mathrm{el}}(\Delta\boldsymbol{k})$ 的晶体学依赖性获得。例如，这可以通过HOLZ线分析以及在CBED衍射圆盘中的其他结构来进行。CBED方法的另一个优点是，它可以允许实验者用足够完美的小区域进行。在图4.11中证明了一个精确散射因子测量和计算的成功应用，显示了电子密度在 Cu_2O 晶体内和对孤立离子计算的不同。在Cu离子中可以清楚地看到围绕在 $3d_{3z^2-r^2}$ 轨道周围精美的圆环。

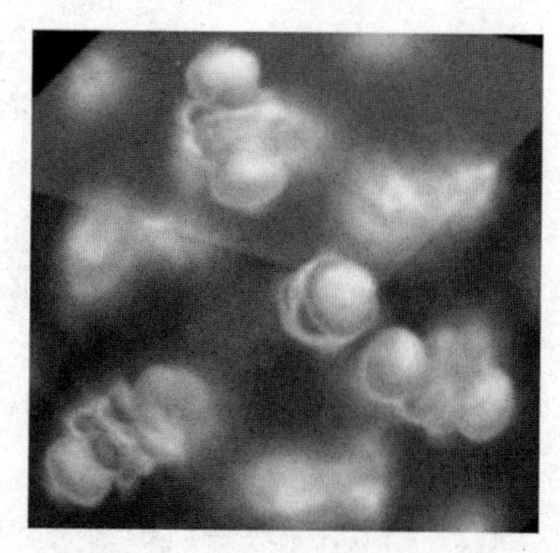

图4.11　电子密度在晶体 Cu_2O 以及孤立的 Cu^+ 和 O^{2-} 离子间的区别[3]

① 这是一个在非中性原子周围库仑作用长程特征的结果，但实际上晶体是电中性的。对于一对离子、一个正电荷和一个负电荷，可直接证明在式(4.118)中的前因子从 Δk^{-2} 变到 Δk^{-1}。此外，如果改变了+−+−和−+−+链，或直到 Δk 小到满足 $\Delta kL\approx 2\pi$，其中 L 是沿着 Δk 方向上的晶体尺寸，则 f_{el} 的 Δk^{-1} 发散受到抑制。

4.4 拓展阅读

Egerton R F. Electron Energy-Loss Spectroscopy in the Electron Microscope. 2nd ed. New York：Plenum Press，1969.

Hirsch P B，Howie A，Nicholson R B，et al. Electron Microscopy of Thin Crystals. Florida：R.E. Krieger，1977.

Reimer L. Transmission Electron Microscopy：Physics of Image Formation and Microanalysis. 4th ed. New York：Springer-Verlag，1997.

Squires G L. Introduction to the Theory of Thermal Neutron Scattering. New York：Dover，1996.

Spence J C H，Zuo J M. Electron Microdiffraction. New York：Plenum，1992.

Warren B E. X-Ray Diffraction. New York：Dover，1990.

习　题

4.1 辐射可被电子或原子核散射。请解释这对以下散射的影响：

(1) 电子；

(2) X 射线；

(3) 中子。

4.2 (1) 证明 $\psi=\psi_0 e^{-ikx}$ 是时间依赖的薛定谔方程在一维恒势情况下的解：

$$\frac{-\hbar^2}{2m_e}\frac{\partial^2\psi}{\partial x^2}+U_{00}\psi=E\psi \tag{4.121}$$

(2) 对于能量为 100 keV 的电子，当其势能 $U_{00}=0$ 时（自由空间），求它的波矢 k。

(3) 电子进入有效势为吸引的材料中，如果将电子的势能改变 10 eV，电子的波长为什么也改变？改变了多少？

（提示：首先可考虑电子动能的改变，然后考虑其相应速率和波长的改变。）

4.3 (1) 使用附录 A.5，估算在 Al 和 Ag(200) 衍射角度处，200 keV 电子的原子散射因子（振幅）。（使用 $a_{Al}=0.404$ nm 和 $a_{Ag}=0.409$ nm。）

(2) 同样估算高能X射线的原子散射因子(附录A.3)。

4.4 X射线透过0.6 cm的石英(SiO_2)窗,当X射线的能量为以下值时,计算X射线的透过比例:

(1) 5.4 keV;

(2) 17.4 keV。

(石英的密度为2.65 g/cm^3,使用附录A.2。)

4.5 从Al的总X射线散射因子开始,使用附录A.5中解释的步骤,当$s=0.1,0.5,1,2,3,5$ Å^{-1}时,计算Al的300 keV的电子散射因子。

4.6 为了使康普顿散射中X射线波长的最大改变量为1%,应该使用多大能量的X射线?

4.7 运用4.2.1小节的经典模型,考虑X射线的反常散射。在Cu的K边界(9 keV),两个电子在共振激发附近,而27号元素则不是。27号元素被以高于共振的频率驱动,但是由于X射线能量接近9 keV,两个1s电子的相位发生了改变。使用$\beta=0.15\omega_r$时的式(4.37)和式(4.38),回答该问题。此处$E_{ph}=\hbar\omega$。

(1) 画出$f_{Cu}(E_{ph})$的实部和虚部;

(2) 画出$|f_{Cu}(E_{ph})|^2$的强度;

(3) 取最小强度的平方根,并估算在近共振时Cu的有效散射因子的最大改变量;

(4) 描述$E_{ph}>9$ keV时经典模型的缺陷。

4.8 说明电子的散射因子在$\Delta\boldsymbol{k}\to\boldsymbol{0}$时,如何能用以测量晶体内部的势能、习题4.2中的$U_{00}$,将$U_{00}$用原子的电子电荷强度表示出来。

(提示:对于单原子晶体,假设结构因子$\mathscr{F}_g=f_{el}$,使用式(4.120)的$f_{el}(\Delta\boldsymbol{k}\to\boldsymbol{0})$和式(13.18)、式(13.41),并且$U_{\boldsymbol{g}-\boldsymbol{0}}=U_{00}$,$\xi_{\boldsymbol{g}-\boldsymbol{0}}=\xi_{00}$。)

4.9 屏蔽库仑势的傅里叶变换:

$$\mathscr{I}(\Delta\boldsymbol{k},r_0)\equiv\int_{\text{all space}}e^{-i\Delta\boldsymbol{k}\cdot\boldsymbol{r}}\,\frac{e^{-r/r_0}}{r}d^3\boldsymbol{r} \tag{4.122}$$

能够用不含正弦和余弦函数的式(4.98)和式(4.100)需要的部分积分来求值。

请通过直接对式(4.97)关于z积分着手,计算式(4.101)或式(4.122)。

(提示:与处理实部自变量一样,用复数自变量处理指数积分。通过复数共轭相乘获得实部的分母。)

4.10 从一个指数势(4.123)开始,使用玻恩第一近似,计算散射因子$f(\Delta\boldsymbol{k})$,该指数势的具体形式为

$$V(r)=V_0e^{-r/r_0} \tag{4.123}$$

(提示:这是一个三维问题,并且不只是一个衰减指数的简单傅里叶转换。如式(4.92)那样,沿球坐标系的z轴调整$\Delta\boldsymbol{k}$,并注意习题4.9的提示。)

4.11 (难)使用玻恩第一近似,证明一个按r^{-n}下降的实势的总散射,当且仅

当 $n>2$ 时，是有限的。

（提示：注意“下降”一词。小心奇点——前散射可能需要分别处理。）

参考文献

Chapter 4 title image conveys the important concept of Fig. 4.7.

[1] The Huntington Library, Art Collections, and Botanical Gardens, San Marino, CA.

[2] Acta Crystallogr, 1993, A49: 231.

[3] Nature, 1999, 401: 49. Figure reproduced with the courtesy of Nature and Spence J C H.

第 5 章　非弹性电子散射和谱学

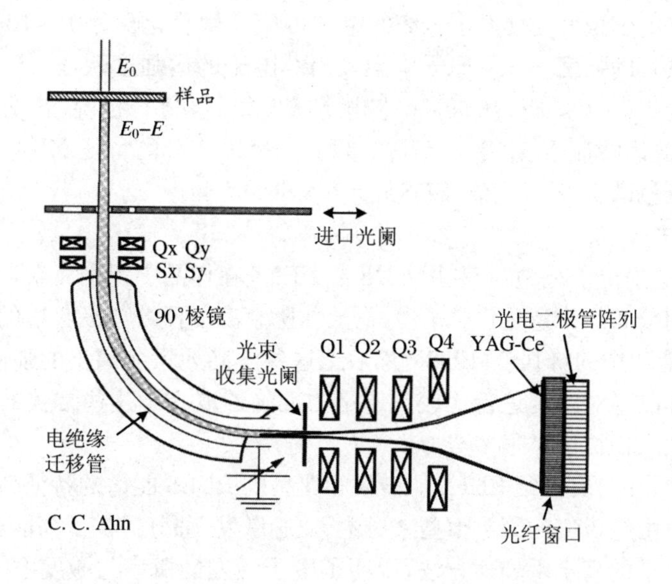

5.1　非弹性电子散射

1. 原理

本章首先介绍了高能电子是如何被材料非弹性散射的，然后解释了如何在材料研究中利用电子能量损失谱(EELS)。非弹性散射通过随后的过程(以能量损失 E 增加的方式)依次出现。尽管散射称作“非弹性的”，但是总能量是守恒的——样品获得的能量和高能电子损失的能量是对等的。

引起晶体振动而损失能量的电子，其能量损失表现为量子化声子，其能量 $E \approx 10^{-2}$ eV，是很难与弹性散射电子相区别的，并且在 TEM 中以具有艺术美感的 EELS 来呈现。

利用现代的仪器设备，测量半导体和绝缘体电子由填满的价带向未填满的导带的带间跃迁是可能的。但是这些带有 $E \approx 2$ eV 的能谱特征的跃迁,在能量上非常接近来自弹性散射强的零损失峰,因此分辨它们是一个挑战。

在许多固体,尤其是金属中,键合电子可理解为自由电子气。当高能电子突然穿过这个电子气时,可能会产生等离子体。等离子体是自由电子的主要振动,它们在 EELS 谱中表现为一个展宽的尖峰。等离子体能量($E \approx 10$ eV)随着电子密度的增加而增加,因此等离子体谱可以用来估计自由电子的密度。当电子穿过一个较厚的样品时,由于较多的等离子体会被激发,因此等离子体谱对测量 TEM 样品的厚度也是有帮助的。

引起芯电子激发而使原子电离的电子可用于微量化学分析。EELS 谱测量材料中"吸收边"的强度——从原子中激发出芯电子的谱强度跃迁,其中芯电子阈值能量范围为 10^2 eV$<E<10^4$ eV。芯电子激发以后,剩下的"芯空洞" 非常快地衰减,通常释放出特征 X 射线。带有能量($10^2 \sim 10^4$ eV)的特征 X 射线用于化学分析中的能量色散 X 射线光谱(EDS)。

2. 方法

"分析透射电子显微镜"利用 EDS 或 EELS 在样品中识别元素,并且测量元素浓度或空间分布。为量化化学浓度,需要扣除背底以便分离吸收边的高度(EELS)或 X 射线能谱中的峰强度(EDS),然后把这些不同元素分离出的强度以适当的比例常数与样品绝对浓度进行比较。定量的准确性取决于这些常数的可靠性,为获知这些常数人们付出了很多努力。

本章中,在简要介绍 EELS 能谱仪和典型的 EELS 能谱的特征后,等离子体能量将采用自由电子气的简单模型来讨论。"芯激发"部分提供了高能电子如何引起电子脱离原子的高水平处理方法,说明了电子激发的概率与激发电子的初始和最终波函数乘积的傅里叶变换的平方成正比。在利用 EELS 进行定量测量时,必须考虑非弹性散射截面也具有角度依赖关系。同时本章也介绍了一些 EELS 测量的实验内容,包括能量过滤 TEM 图像。

本章随后解释了 TEM 中的 EDS 原理,较之于 EELS,它包含了更多的物理过程。有趣的是,芯离子化截面随着原子序数的增加而减小,但是用一个近似补偿方法得出,X 射线发射截面随着原子序数的增加而增加,这给予了 EDS 能谱(除了非常轻的元素外)对大部分元素的平衡灵敏度。

5.2　电子能量损失谱(EELS)

5.2.1　使用仪器

1. 谱仪

当电子穿过 TEM 样品后，它们中的一小部分损失能量而成为等离子体或芯激发，并带有小于入射电子能量 E_0 的能量离开样品（比如，E_0 可能是(200 000 ± 0.5) eV）。为测量电子损失的能谱，在 TEM 的投影镜后面可以安装一个 EELS 谱仪。透射 EELS 谱仪的核心是一个磁性扇区，它作为一个棱镜可以根据能量来分散电子。在扇区协调一致的磁场内，洛伦兹力使具有相同能量的电子以相同曲率的弧度偏转。图 5.1 显示了电子的轨迹。

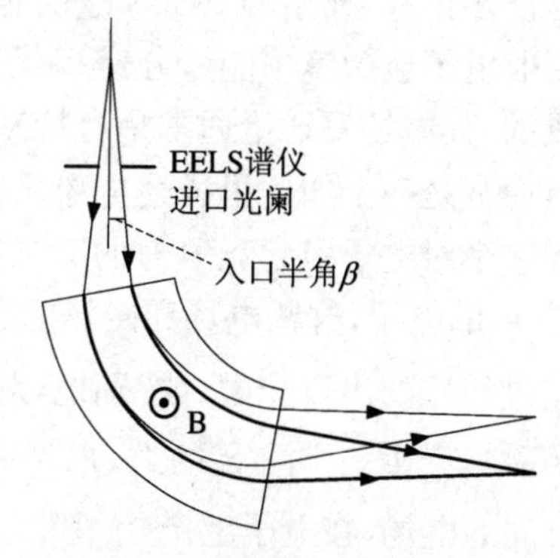

图 5.1　通过带有均匀磁场 B 的磁性扇区的电子轨迹。细线是较低能量的电子的轨迹(具有较大能量损失)，粗线是较高能量的电子轨迹，谱仪的收集半角是 β

为了使电子进入磁性扇区，谱仪必须允许一个角度范围，这既是为了强度原因，也是为了测量散射角 ϕ 的选择如何影响谱图（比较式(5.44)）。一个设计合理的磁性扇区可以提供很好的聚焦作用。在纸的水平面（赤道平面）聚焦可由图 5.1 的磁性扇区提供，外侧轨迹的路径长度要大于内侧轨迹的路径长度。在扇区的入口和出口边界的散射场具有轴向聚焦作用，这不是非常明显但却是真实的。利用好的电子光学设计，磁性扇区可以是“双聚焦的”，赤道和轴向的聚焦在图 5.1 右边相同的点上。由于能量损失与入射电子能量相比是很小的，因此典型的磁性扇区在聚焦平面的能量色散每电子伏只有几微米。

向样品损失能量的电子通过磁性扇区的速度更慢，并在图 5.1 中向上弯曲得更远①。在“串行谱仪”中，磁性扇区的聚焦平面前放置一个狭缝，并在狭缝后面放置闪烁计数器（参见 1.4.1 小节），仅有那些通过正确角度弯曲穿过狭缝的电子的强度可被记录。通过改变谱仪的磁场，一定范围的能量损失能够被扫描下来。显示在本章开头图片中的“并行谱仪”，包括带有闪烁体的磁性扇区焦平面和位置敏

① 在磁场内的较长时间会克服一些较弱的洛伦兹力。

感光子探测器(比如二极管阵列),后场透镜 Q1～Q4 在电子到达闪烁器前能够放大能量色散。平行谱仪在数据获取方面具有比串行谱仪更多的优点,但需要对像素灵敏度的变化进行校准。

电子显微镜的磁性扇区光学耦合通常将谱仪目标平面移动到投影镜的后聚焦平面(图 2.46)。当电子显微镜处于图像模式时,这个后聚焦平面包含样品的衍射图案,因此当电子显微镜在图像模式下操作时,谱仪被认为是电子显微镜的"衍射耦合"。对于衍射耦合,谱仪收集角 β 是由电子显微镜的物镜光阑控制的。另外,当电子显微镜在衍射模型下操作时,投影镜的后聚焦平面包含一个图像,谱仪被认为是电子显微镜的"图像耦合"。对于图像耦合,收集角 β 是由在谱仪入口处的光阑控制的(图 5.1 上部)。

2. 单色器

许多年来,典型的 EELS 谱仪能量分辨率都大约为 1 eV,但最近的发展已允许在商业电子显微镜中能量分辨率优于 0.1 eV。这是由场发射枪和电子单色器来完成的,其中场发射枪通常是肖特基(Schottky)效应枪(参见 2.4.1 小节),电子单色器通常是一个如这里描述的维恩过滤器(Wien filter),穿过维恩过滤器的电子碰到一个对电子引起竞争力的交叉电场和磁场的区域。在维恩过滤器内,对具有速度 v_0 的电子,这些电场和磁场的力可相互抵消,以避免电子偏转,并可保证电子通过过滤器的出口光阑。特别地,对沿光轴 $\hat{\boldsymbol{z}}$ 具有速度 v_z 而向下运行的电子,$\hat{\boldsymbol{y}}$ 方向的磁场产生一个沿 $\hat{\boldsymbol{x}}$ 的力,$\boldsymbol{F}_x^{\mathrm{mag}} = ev_zB_y$。维恩过滤器在同样区域内存在一个沿 $\hat{\boldsymbol{x}}$ 方向的电场,在电子上产生一个力 $\boldsymbol{F}_x^{\mathrm{el}} = -eE_x$。对仅有速度 v_0 的电子,两个力相互抵消的特殊条件 $\boldsymbol{F}_x^{\mathrm{mag}} = -\boldsymbol{F}_x^{\mathrm{el}}$ 是可以存在的:

$$ev_0B_y = eE_x \quad \Rightarrow \quad v_0 = \frac{E_x}{B_y} \tag{5.1}$$

具有不同于速度 v_0 的电子被偏转,不能通过维恩过滤器的出口光阑。事实上,通常是在接近电子枪本身的电压下操作维恩过滤器,因此穿过过滤器的电子速度足够慢,利用合理的电场和磁场数值以及光阑尺寸,亚 eV 分辨率是可能的。然而,对维恩过滤器装置施加接近 −100 eV 或 −200 eV 的偏压是有挑战的。

首先维恩过滤器以不同角度分散不同能量的电子,然后只允许一个选定能量的电子通过它的出口光阑。单色化作用放弃了很大一部分电子——当单色化到 0.1 eV 时,可能 80%的电子会损失。在 STEM 模式操作时,形成最小电子束探测时电子电流同样被大大地减弱。在图像的亮度、电子单色化作用和探测尺寸之间取得折中是非常典型的处理方式——通常一个参数的增长需要另外一个参数的减少,因而各制造商不懈地在努力寻找方法来改善电子显微镜这些方面的不足。

5.2.2　EELS 谱图的一般特征

在图 5.2 中展示了一个典型的 EELS 谱图。巨大的"零损失峰"是来自穿过样品而没有任何能量损失的200 000 eV电子，这个峰的锐度表明能量分辨率大约是1.5 eV。下一个特征的能量损失 $E=25$ eV，来源于带有199 975 eV的电子，这是由样品中的等离子体激发而引起的"第一等离子体峰"。对于较厚的样品，可能也会在25 eV的倍数位置处出现峰，这些峰来自样品中激发两个或更多的等离子体的电子。在68 eV处小的凸起不是等离子峰，而是芯电子激发引起的损耗，特别地这是由Ni原子外层3p电子激发引起的Ni $M_{2,3}$ 吸收边。一个大的特征在能量损失约为375 eV时可看到，这是序列数据获取方式的一个假象，并不是材料的特征(在375 eV时，探测器的操作由测量模拟电流转变为计算单个电子事件)。

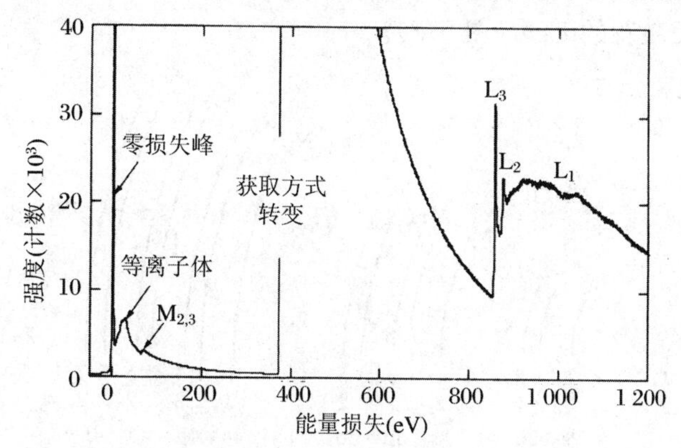

图5.2　金属Ni的EELS谱。显示了零损失峰、等离子体峰和在边界处带有白线的L边[1]

EELS谱图的背底随着能量快速地下降(式(5.28)分母中的 Δk^2 对此有部分影响)，并且图5.2中Ni谱的下一个特征是在855 eV时的芯损失边，这个特征是由Ni原子外层的 $2p^{3/2}$ 电子激发引起的，因此称作"L_3 边"；在872 eV时的 L_2 边是由原子外部的 $2p^{1/2}$ 电子激发引起的；在 L_2 和 L_3 边的右边是"白线"，它来源于Ni原子的2p电子到空3d态的非常尖锐、强烈的激发峰，这样的特征在5.2.3小节中阐述，典型的是过渡金属和它们的合金。更广泛地，未满态通常与中心边的尖峰有关，例如反键轨道。

与等离子体激发相比，内层离子化的截面相对很小，并在较大能量损失时变得更小。为了得到较好的强度，对许多元素在较低的能量损失处(例如L和M)利用吸收边是优选的。一些电子跃迁命名在前面的1.2.2小节中已经给出，图5.3给出了一个轨道的图示以及EELS边的相关命名。

5.2.3　精细结构*

1. 近边精细结构

EELS谱图中芯电子损失边区域常用来辨别局部的化学环境并重现结构。"电子能量损失近边精细结构"(ELNES)取决于被激发原子未满态的数量和能量。

化学家们将这些低水平的未满状态称为“最低未满分子轨道”，并且包含反键轨道；物理学家们称它们为“费米能级以上状态”，也包括导带。芯电子可被激发到这些未满的状态，并且在跃迁过程中，芯电子获得的能量在高能电子能量损失谱中可反映出来。带有近似自由电子的简单金属的EELS谱图的芯边是平滑的且没有明显的特征；另一方面，高于费米能级的高密度态材料，例如过渡金属和稀土金属，在它们的吸收边分别具有向空d态和f态跃迁的明显特征。由于偶极子选择规则，角动量必须以±1变化，因此这些特征并不是在所有的吸收边都出现。这个选择规则允许空d态过渡金属可在它们的$L_{2,3}$边具有芯电子激发引起的强烈的白线，但不影响到s电子激发的L_1边(图5.2)。

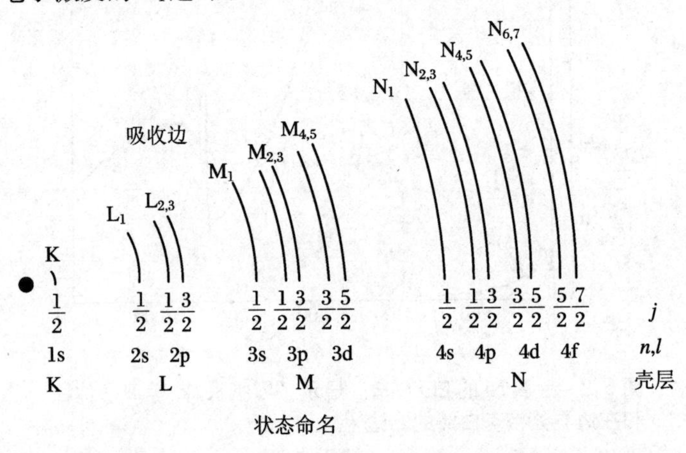

图5.3　内层离子化作用的可能吸收边及其命名

在图5.2中，Ni元素在$L_{2,3}$边的白线强度可用芯壳层离子化式(5.37)的非弹性截面来理解，这里ψ_β是一个空3d态，ψ_α是一个满的2p芯态，两者都在Ni原子的中心。当存在更多空3d态时，白线的强度会更大(式(5.37)中的因子$\rho(E)$)。如果式(5.37)的积分可以计算出，则白线的积分强度能够用来确定$\rho(E)$、Ni原子空3d态的数量以及这个数目随着加入的合金成分或化学成键的变化。同样，带有空f态的稀土金属在它们的$M_{4,5}$边具有芯d电子的明显特征(但不涉及芯p电子的M_2或M_3边)。由于芯电子激发进入高于导带的空态，因此半导体和绝缘体通常在它们的吸收边显示出独特的结构。

由于空态的数量对被激发原子周围的化学和结构的环境是非常敏感的，ELNES可用作局部环境的“指纹”，甚至在实验系统并不简单，或者电子结构的计算不可能时。图5.4显示了O元素K边的ELNES对多种锰氧化物O原子周围的局部环境是非常敏感的。在527～532 eV周围的结构是由O原子电子态密度的化学键合作用控制的，但537～545 eV的峰对O原子周围Mn原子的局部位置更敏感——这是后面要介绍的“扩展精细结构”的一部分。

原子周围化学环境的变化改变最低空态的能量，并因此移动芯边的起始能量，所以吸收边的化学位移能够反映出空态在能量上的变化。更为敏锐地，它们同样反映芯态在能量上的变化。原子外层电子的任何变化，例如化学价键的变化，会改变内层电子间的相互作用，因此芯电子的能量被外层电子改变。举个例子，如果 Li 原子的外层电子被转移到邻近的 F 原子，可以期望在 Li 周围较低能量的空态和 Li 的 K 边向较低能量的偏移。但是事实上，在 Li^+ 内这个电子的损失降低了中心 1s 电子的屏蔽，使它们被原子核束缚得更紧，这样就使吸收边向更高的能量移动。锂只带有三个电子，所以这个影响是不规则的，但是所有元素的吸收边化学位移部分取决于由原子内屏蔽引起的芯电子能量变化。

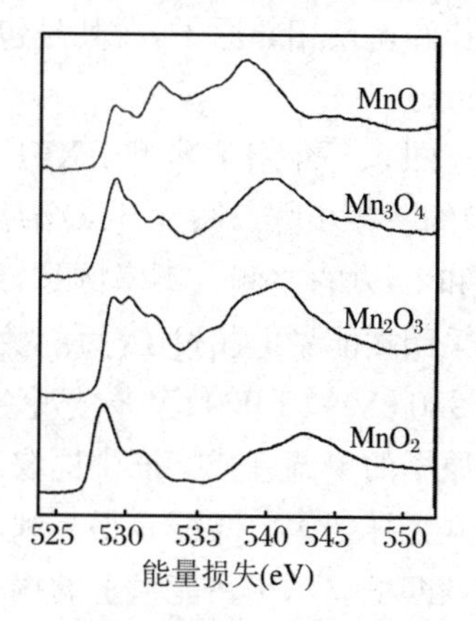

图5.4 不同锰氧化物的 O 元素 K 边。显示了一些 ELNES 能谱的特征[2]

最后，我们注意到中心空穴本身改变原子电子的能量，有时假设芯电子的移除起到增加有效原子核电荷(从 Z 到 Z+1)的作用，但是芯空穴对不稳定原子的能量水平影响是不容易理解的。

2. 扩展精细结构

扩展电子能量损失精细结构(EXELFS)的能量起始于刚离开原子约束的出射电子态，超过吸收边大约 30 eV 处。离开“中心原子”的出射电子态受到周围原子的影响，并且被最近邻的原子壳层背散射后自相干涉，这个过程示意在图 5.5 中。随着出射电子在波长上的变化，EXELFS 信号 χ 的振动出现了相长和相消的互作用：

$$\chi(k) = \sum_j \frac{N_j f_j(k)}{r_j^2 k} N_j f_j(k) e^{-2r_j/\lambda} e^{-2\sigma_j^2 k^2} \sin(2kr_j + \delta_0 + \delta_j) \qquad (5.2)$$

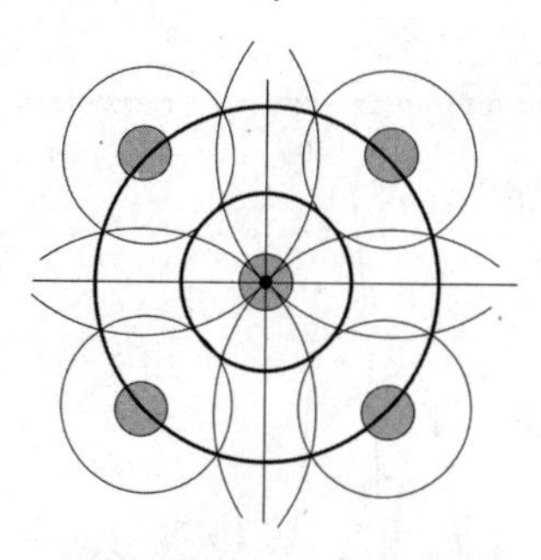

图5.5 电子相互作用引起 EXELFS 的示意图。从中心原子出射的电子波函数的峰值随着距离的增大而减小；对于这个特殊的波矢和相位，四个相邻原子背散射的电子波峰(原来从中心原子发射的)是同相位的，表明了相长的干涉和增大的电子发射概率

等式(5.2)包括许多不同的影响，各个因子是容易逐个证明的。正弦函数描述出射电子波函数从中心原子经过 $2r_j$ 距离(到达位置为 r_j 的相邻原子然后再回来)的过程中，振动的相干作用。电子波的相位被距离 r_j 的相邻原子的散射总量移动了 δ_j，同时来源于中心原子的散射使其移动了 δ_0。这些相位变化通常取决于电子波矢量，并且 k 依赖性对于定量工作必须是已知的。式(5.2)中另外的因子是：近邻原子的数目 N_j、背散射的强度 $f_j(k)$、出射电子态有限寿命的定性衰减因子 $e^{-2r_j/\lambda}$(这里 λ 是电子平均自由程)以及

削弱 $\chi(k)$的德拜-沃勒(Debye-Waller)因子 $e^{-2\sigma_j^2k^2}$。这里,σ_j^2是一个中心原子相对于它的相邻原子位移的均方根,通常来源于温度或局部结构内的无序。式(5.2)的加和遍及相邻原子,尤其是包括中心原子周围的第一和第二最近邻壳层(1 nn和2 nn)。

图 5.6 介绍了典型 EXELFS 分析(轻微氧化的体心立方 Fe 样品的 $L_{2,3}$吸收边)的一些步骤。图 5.6(a)给出了边前背底修正后的吸收边,感兴趣区域起始于 L_3和 L_2边的左侧。不幸的是,L_1边(2s 激发)作为感兴趣区域的一个特征出现,因此采用在能量上超过 L_1边的数据进行工作是最好的。有用的数值范围包括大约在 920 eV 和 1 000 eV 有宽化尖峰的振动(在图 5.6 中勉强可以看到)。从一个孤立原子的单调衰减特征中提取出这些小的振动通常通过 EXELFS 振动,可借助一个立方样条函数匹配获得。利用在吸收边 E_a以上波矢对能量的依赖性,减去这个样条匹配显示了在能量上的振动,这就转变为图 5.6(b)的 k 空间(这里 k 的单位为 $Å^{-1}$)的曲线:

$$E - E_a = \frac{\hbar^2 k^2}{2m_e} = 3.81k^2 \ (\mathrm{eV}) \tag{5.3}$$

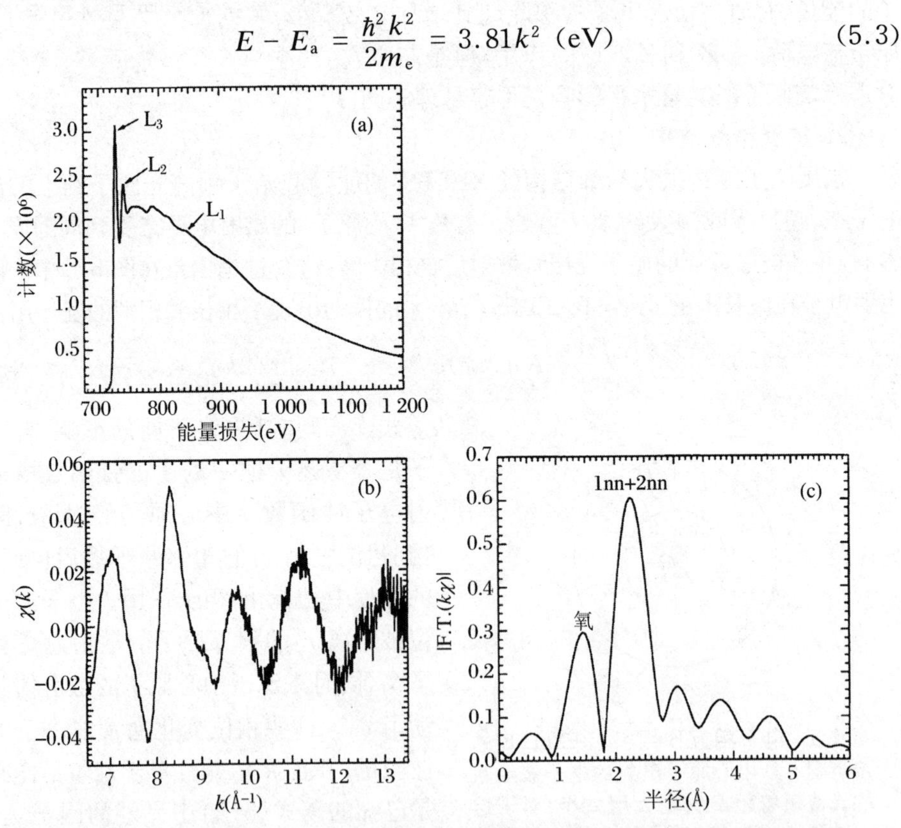

图 5.6　(a) 纯 Fe 在 97 K 时的 L 吸收边,吸收边前背底已被扣除,但是对等离子体激发没有进行校正,这不会影响倾斜缓和的 EXELFS 结构;(b) 从图(a)中提取出的 Fe $L_{2,3}$边的 EXELFS;(c) 图(b)中数据的傅里叶变换的幅度[3]

实空间的周期性可由图5.6(b)中的数据进行傅里叶变换获得①。如果 $\chi(k)$ 乘上一个 k 次幂,实空间的周期性不会被明显地影响,而且这样做可帮助在实空间数据里的峰尖锐化。图5.6(c)中实空间函数是通过对 $k\chi(k)$ 进行傅里叶变换获得的,称为"赝"或者"原始"径向分布函数。在2.25 Å处的尖峰近似对应于体心立方中Fe原子的1 nn壳层的位置(2.02 Å),但是由于式(5.2)中相位移 δ_j 和 δ_0 没有包含在数据分析内,偏差是可以预见的。然而对于相似样品的比较工作,简单的傅里叶变换可能是足够的。

比EXELFS更为人熟知的是利用可调的同步辐射获得的EXAFS能谱(扩展X射线吸收精细结构)。除了中心原子的激发由光子引起外,EXAFS和EXELFS是一样的。入射光子的能量可从低于吸收边到大大高于吸收边进行调整。背散射光电子的自我干涉,可在数据中随着穿透过样品减少或增加的光子观察到(在另一个不同的EXAFS技术中是电子的产生)。$\chi(k)$ 数据的分析与EXELFS是一样的,并且式(5.2)最初是针对EXAFS提出的。

相比于EXAFS谱图,EXELFS具有更强的电场 E 依赖性,这就使得EXELFS谱图在能量低于2 keV时比EXAFS更实用,然而EXAFS在较高的能量更加实用,并且较高的能量具有两个优点。较高能量的原子能级在能量上可较好地分离,这会在没有其他吸收边干扰下,扩展精细结构的测量比较容易获得宽的能量范围。EXAFS的第二个优点是对于许多元素K层激发的工作能力,较简单的结构给予它们的 $\chi(k)$ 的解释更可靠。另一方面,EXELFS可在TEM图像中确定的材料局部区域非常容易地进行。然而,同步加速器光束系统,包括目前的X射线镜和菲涅耳波带片,允许EXAFS测量的面积约小于1 μm的区域。

5.3　等离子激发

5.3.1　等离子原理

当快速电子穿过材料时会引起自由电子的振动,移动的电荷引发一个电场,促使电子重新恢复平衡分布,但是电荷的分布会在平衡和振动之间多次循环,这些称为"等离子体"的电荷振动在能量上是量子化的。较大的能量对应于多次等离子激发,而不是对应于等离子体能量的增长。在大部分EELS谱图中,多数非弹性散射事件是等离子体激发。

---

① 忽略 L_1 和 L_2 EXELFS振动间微弱相位差是一种近似处理,同样忽略 L_1 EXELFS也是一种近似处理,但这个近似并不太坏。

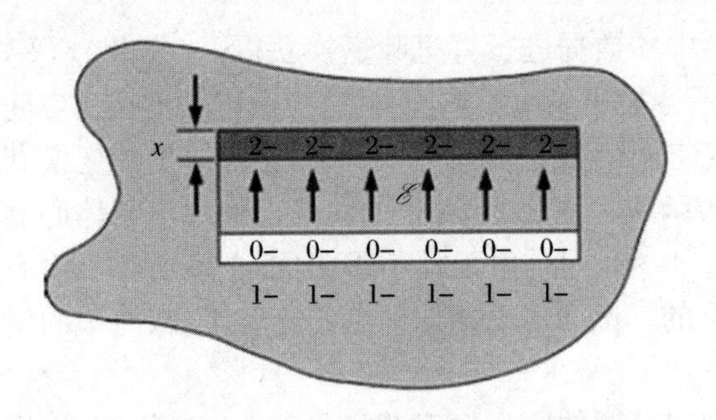

图 5.7　电子电荷薄片的移动，导致在薄片顶部、厚度为 x 的区域电荷密度变为 2 倍，在底部则缺少电荷。宽而平的薄片使得作为一维空间的问题理想化

为了找出等离子体的特征振动频率，如图 5.7 所示，考虑一块宽的电子密度薄片，有一个较小量 x 的刚性平移。在薄片底部表面，所有的电子都被移动，在顶部电子密度则变成了 2 倍。因此电荷的干扰建立了平行板电容器电场 $\mathscr{E}$：

$$\mathscr{E} = 4\pi\sigma_s \tag{5.4}$$

这里，σ_s 是表面电荷密度，等于电子电荷 e 乘上每个单元体积的电子数量 ρ，再乘上位移 x：

$$\sigma_s = e\rho x \tag{5.5}$$

电场 $\mathscr{E}$ 提供了一个使电子平板回到它的最初位置的回复力。平板的每个单元体积静电回复力是

$$F = -e\rho\mathscr{E} \tag{5.6}$$

将式(5.5)代入式(5.4)，然后再代入式(5.6)，得到一个回复力对位移的线性关系：

$$F = -e^2\rho^2 4\pi x \tag{5.7}$$

电子平板每个单位体积的运动牛顿力学方程是

$$F = \rho m_e \frac{d^2 x}{dt^2} \tag{5.8}$$

将式(5.7)代入式(5.8)，得到

$$\frac{d^2 x}{dt^2} = -\frac{4\pi e^2 \rho}{m_e} x \tag{5.9}$$

等式(5.9)是一个带有特征频率、无衰减的简谐振子的运动方程：

$$\omega_p = \sqrt{\frac{4\pi e^2 \rho}{m_e}} = 5.64 \times 10^4 \sqrt{\rho} \tag{5.10}$$

这里，ρ 的单位是个/cm^3，ω_p的单位是 Hz。与机械振动器相比，电子密度则提供了刚性——电子密度越高，等离子体频率越高。对于金属，假设近似自由电子的密度为 $\rho = 10^{23}$ 个/cm^3，$\omega_p \approx 2 \times 10^{16}$ Hz①，这样一个简谐振子的特征能量是等离子体能量，可由下式给出：

$$E_p = \hbar\omega_p \tag{5.11}$$

对于上述例子，$E_p = (6.6 \times 10^{-16}\ \text{eV} \cdot \text{s})(2 \times 10^{16}\ \text{s}^{-1}) \approx 13\ \text{eV}$。

在 EELS 中，强等离子体峰在能量损失为 10～20 eV 处最为显著。等离子体的寿命不是很长，因为它们常常促使费米能级附近的电子激发，所以等离子体在能

① 目前一维空间的方法将自由电子密度和等离子体能量联系起来并不是必然可靠的，更为普遍的方法是利用材料的介电常数的虚数部分，以及采用在习题 5.6 中讨论的数学理论。

量上趋向于展宽①。在费米能级处，具有高密度态的自由电子金属具有比过渡金属更尖锐的等离子体峰，例如铝。和芯电子激发相比，等离子体激发不能提供关于材料内单独原子种类的非常详细的信息。

5.3.2　等离子体和样品厚度*

对于 100 keV 电子激发的等离子体，特征长度或“平均自由程”λ 在金属和半导体中大约是 100 nm。这是一个平均长度，在一个刚好 50 nm 的 TEM 样品中，少量电子可以激发一个、两个或更多个等离子体。在一个厚度为 t 的样品内，n 个等离子体激发的概率 P_n 是由泊松(Poisson)过程统计决定的：

$$P_n = \frac{1}{n!}\left(\frac{t}{\bar{\lambda}}\right)^n e^{-t/\bar{\lambda}} = \frac{I_n}{I_t} \tag{5.12}$$

这里，I_n 是激发 n 个等离子体的透射电子出现的计数，I_t 是激发所有 $n \geqslant 0$ 等离子体峰出现的次数(I_t 包括 $n = 0$ 的零损失峰)。在图 5.8 中的 EELS 谱图显示了明显的透射电子激发等离子体的峰。在扣除源于其他非弹性散射过程的背底后(源于 Al 的 L 边和来源于氧化物、衬底的贡献)，作为激发第 n 个等离子体峰的透射电子计数的小部分面积的 P_n 就得到了。

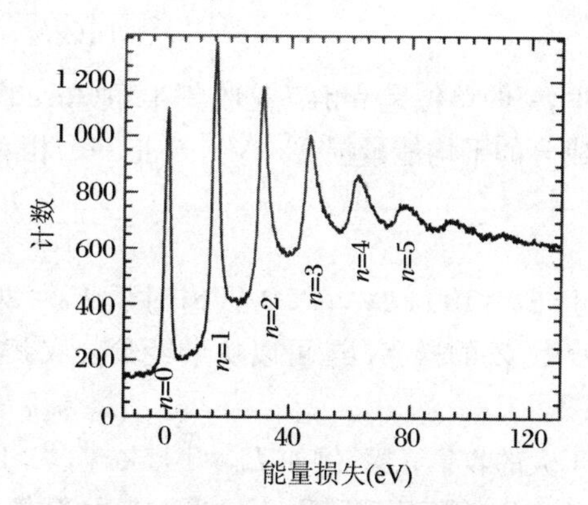

图 5.8　利用 120 keV 电子和 β = 100 mard，由覆在 C 上、约 120 nm 的 Al 元素样品得到的低损失能谱，等离子体峰可在能量为 $n \times 15$ eV 处看到，这里 n 表示样品内激发的等离子体数目[4]

适合 TEM 成像的优良样品比用在图 5.8 中的样品要薄很多，但是等离子体峰面积仍可提供一个确定薄样品厚度的实用方法。按式(5.12)中的设定，厚度 t 是

$$\frac{r}{\bar{\lambda}} = \ln\frac{I_t}{I_0} \tag{5.13}$$

I_t 和 I_0(零损失峰或 $n = 0$ 的等离子体峰)的测量涉及能量 ε，δ 和 Δ 的选择，可以按图 5.9 所示的那样确定积分的范围②。零损失区域下限($-\varepsilon$)可从强度已降低到零的零损失峰左边的任何位置选取，零损失区域和非弹性区域之间的分离点可以选取强度的第一个极小值，图中 $\Delta \approx 100$ 通常对较薄、低原子序数 Z 材料中大多

① 从不确定原理可以理解“寿命展宽”：$\Delta E \Delta t \approx \hbar$。短的寿命 Δt 伴随能量上大的不确定性 ΔE。

② 如果收集光阑限制了被能谱仪记录为最大角度 β 的角度，式(5.13)中 $\bar{\lambda}$ 必须被认为是有效平均自由程 $\bar{\lambda}(\beta)$。

数非弹性散射是足够的(对较高原子序数 Z 和/或厚样品,移动到较高的能量损失需要几百电子伏)。等式(5.13)显示相对样品厚度 $t=5\bar{\lambda}$,厚度的测量给出了10%的精确度。当电子束穿过非均匀厚度或成分样品区域,以及在低损失谱图中有其他贡献出现时,强度式(5.12)的一些偏差当然是可以预期的。

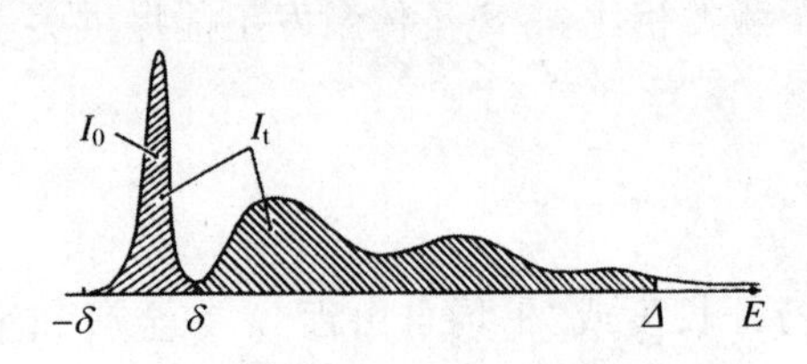

图 5.9　通过对数比方法测量样品厚度中的积分和涉及的能量[5]

样品厚度的完全确定需要总的非弹性平均自由程数值。对于已知成分的材料,根据半经验公式[5]计算平均自由程数值是可能的:

$$\bar{\lambda} \approx \frac{106F}{\ln(2\beta E_0/E_m)}\frac{E_0}{E_m} \tag{5.14}$$

这里,$\bar{\lambda}$ 的单位是 nm,β 是收集半角(mrad),E_0是入射能量(keV),E_m是取决于样品成分的平均能量损失(eV),F 是一个相对论因子:

$$F = \frac{1+E_0/1\,022}{(1+E_0/511)^2} \tag{5.15}$$

对于 $E_0=100$ keV,$F=0.768$;对于 $E_0=200$ keV,$F=0.618$。对一个带有平均原子序数 Z 的样品,E_m可以从半经验公式获得:

$$E_m \approx 7.6Z^{0.36} \tag{5.16}$$

对于大的收集光阑,例如 $E_0=100$ keV,$\beta>20$ mrad 或者 $E_0=200$ keV,$\beta>10$ mrad,式(5.14)变得不再适用,而且平均自由程在一个不依赖于 β 的数值时达到饱和。

采用这个 EELS 等离子体技术来进行样品厚度测量具有超过其他一些技术的优势(例如会聚束电子衍射(CBED)),因为这个技术可用于一个广泛的样品厚度范围,包括非常薄的样品和非常无序或非晶态样品。表 5.1 列出了计算(利用式(5.10)和式(5.11))和测量的等离子体能量 E_p、等离子体峰的宽度 ΔE_p、等离子体的特征散射角 ϕ_{E_p} 和对 100 keV 入射电子计算的平均自由程 $\bar{\lambda}$ 的一些数值。

表 5.1　部分材料的等离子体数据[5]

材料	E_p(计算)(eV)	E_p(实验)(eV)	ΔE_p(eV)	ϕ_{E_p}(mard)	$\bar{\lambda}$(nm)
Li	8.0	7.1	2.3	0.039	233
Be	18.4	18.7	4.8	0.102	102
Al	15.8	15.0	0.5	0.082	119
Si	16.6	16.5	3.7	0.090	115

5.4 芯 激 发

5.4.1 散射角度和能量——定性结果

高能电子经过非弹性散射，它的能量损失 E 实际上是向样品的一个能量转移。当这个能量被转移到原子电子时，原子电子可以寻找到相同原子的空态，或者可以完全离开原子(也就是原子被离子化)。总能量和总动量是守恒的，但是散射重新分配高能电子和原子电子间的能量和动量，这两个电子具有耦合行为。特别地，原子电子被激发的概率和能量在高能电子能量损失谱中被反映出来。有关的能量和它们的符号在表 5.2 中列出。

表 5.2　能量的符号

变量	定　义
E	从入射电子到原子电子的能量转移
E_0	入射电子能量(T + 质量能量)，例如 100.00 keV
T	入射动能(E_0 较低时，$T \approx E_0$；E_0 较高时，$T = mv^2/2 < E_0$)
E_α	原子束缚电子的能量
$E_{\alpha\beta}$	原子态 α 和 β 间的能量差
E_a	原子吸收边的能量(例如 E_K)，$E_a \approx -E_\alpha$
E_p	等离子体能量
E_m	平均能量损失
符号	除 E_α 外，所有变量都为正

当高能电子向芯电子转移能量时，高能电子的波矢在数量和方向上都会发生变化。能量的变化可从波矢的变化获得，动量的变化可由波矢的方向和数量的变化获得，总动量是守恒的，而且散射前入射电子的总动量 $\boldsymbol{p}_0 = m_e \boldsymbol{v}_0 = \hbar \boldsymbol{k}_0$。散射之后，转移到原子电子的动量一定是 $\hbar\Delta\boldsymbol{k} = \hbar(\boldsymbol{k} - \boldsymbol{k}_0)$。对于弹性散射，可利用相同的 $\Delta\boldsymbol{k} \equiv \boldsymbol{k} - \boldsymbol{k}_0$(图 1.6)；但是非弹性散射，由于 $k \neq k_0$ 而具有一个额外的自由度。图 5.10(a)显示，散射角 ϕ 的增长(对于相同的 E)提供了更大的 Δk 值。动量守恒需要矢量 $\Delta\boldsymbol{k}$ 的顶点位于半径为 k 的圆环上。只有在 $\phi = 0$ 和 $E = 0$ 时，散射

矢量 Δk 才是零①；当 $E=0$ 但 $\phi\neq0$ 时，Δk 不会是零——这是在衍射实验中弹性散射的情况。

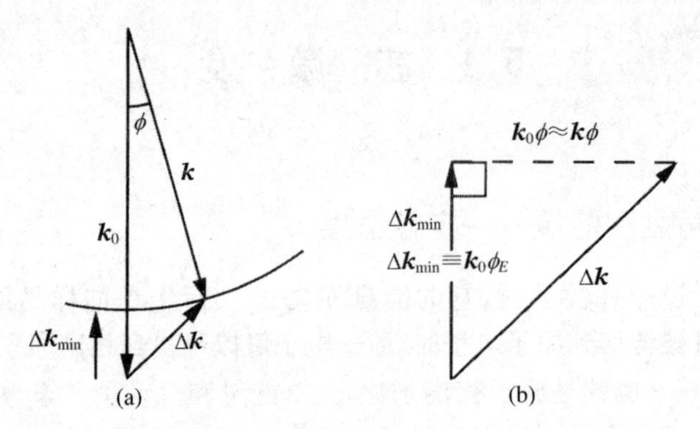

图 5.10　非弹性电子散射运动学。(a) 定义，具有常数 E 的球；(b)对于较小的 ϕ，或者等效的较小的 Δk 的有效放大

下面考虑非弹性散射如何依赖于 E 和 $\Delta\boldsymbol{k}$ 的一般特征。对于 E 稍大于吸收边能量 E_a 的情形，在最小 Δk 时，非弹性散射向前的峰具有最大强度。图 5.10(a) 显示当 $E\neq0$ 但 $\phi=0$ 时，存在一个 Δk 非零的最小值，即前进方向的非弹性散射 $\Delta\boldsymbol{k}_{\min}\equiv(|k|-|k_0|)\hat{\boldsymbol{k}}_0$。在粒子模型中，这些低角度散射对应于大冲量参数下的软碰撞(意味着高能电子没有接近原子中心)。与大多数经典的软碰撞不同②，能量转移仍然很大，$E\approx E_a$，但是出射的芯电子携带的动能可忽略，并且 Δk 很小。对于很小的 Δk，散射对散射势的大 r(长程)特征非常敏感。

另一方面，在较大的能量损失($E\gg E_a$)的情形下，较高角度散射对应于带有较小的冲量参数的硬碰撞。出射的芯电子携带相当数量的动能(等于 $E-E_a$)，并且动量转移使得高能电子发生偏转。对足够大的 E，利用碰撞运动学，我们期望带有很少原子特征影响的动量转移和能量转移是可理解的，比如 E_a。事实上，对较大的能量转移，非弹性强度集中到一个 Δk 的特殊数值附近，例如

$$\Delta k_B=\frac{\sqrt{2mE}}{\hbar}\tag{5.17}$$

这个在 Δk 上的尖峰，对应于一个运动球(电子)经过另一个最初静止球的典型“弹性”散射内的动量转移。这个尖峰称为“贝特(Bethe)尖峰”，并且在非弹性散射强度与 Δk 和 E 的二维关系曲线中，这些尖峰成为一个“贝特脊”(比较图 5.11)。将一个包含玻尔半径 a_0 和里德伯(Rydberg)能量 $E_R=\hbar^2(2ma_0^2)^{-1}$ 的简单表达式代

① 这是没有散射的情况，或涉及相位变化的弹性向前散射。

② 一个经典的类比可以设计出来。假设一个快速的弹子球经过位于凹坑里面的另一个球，并且快速球的一部分动能用于将另一个球带出凹坑。如果第二个球以最小速度离开凹坑，在快速球速度慢下来的时候，动量守恒允许其方向有小的变化。量子机制采用同样的能量和动量讨论，但是 5.4.2 小节中提供了“将球带出凹坑”的概率机制，这个机制提供了对 E 和 Δk 的附加依赖性。

入式(5.17),得到 Δk_B:

$$(\Delta k_B a_0)^2 \approx \frac{E}{E_R} \tag{5.18}$$

对贝特尖峰的等效散射角度

$$\phi_r = \sqrt{\frac{E}{E_0}} \tag{5.19}$$

式(5.17)~式(5.19)中的结果对于较小的 f 和非相对论性电子是有效的。

在实验上,我们计算电子数。这些电子的能谱 $\rho(E)\mathrm{d}E$ 随着固体角度 Ω 而变化。考虑图4.4,三个不同的 $\mathrm{d}\Omega_j$ 具有不同的能谱。最为详细的实验测量方法将会在每个微分固体角度 $\mathrm{d}\Omega$ 提供一个能谱。在 Ω 附近的 $\mathrm{d}\Omega$ 和在 E 附近的 $\mathrm{d}E$ 范围内,探测到的电子数目与"二重微分截面"$\mathrm{d}^2\sigma/(\mathrm{d}\Omega\ \mathrm{d}E)$成正比。实际上,向前光束周围通常是柱形对称的,因此仅需要知道 ϕ 角度的依赖性(在散射角中,$\phi = 2\theta$)。实验EELS谱图是在一个有限的散射角 ϕ 范围内,对强度相对于能量损失 $I(E)$的测量。

在理论上,我们计算发生在高能电子和原子电子之间能量 E 和动量$\hbar\Delta \boldsymbol{k}$ 转移的概率。为了使理论和测量的EELS谱图联系起来,我们需要:

· 在变量空间(ϕ, E)内非弹性散射的变化。这由在5.4.3小节中描述的双重微分截面 $\mathrm{d}^2\sigma_{in}/(\mathrm{d}\phi\ \mathrm{d}E)$得出($\mathrm{d}\phi$ 指的是固体角圆环),这个 $\mathrm{d}^2\sigma_{in}/(\mathrm{d}\phi\ \mathrm{d}E)$包括特殊原子"广义的振子强度"。

· EELS能谱 $I(E)$,可在一个 ϕ 的范围内测量。因此需要在整个角度内积分 $\mathrm{d}^2\sigma_{in}/(\mathrm{d}\phi\ \mathrm{d}E)$来得到在5.4.5小节中所述的微分截面 $\mathrm{d}\sigma_{in}/\mathrm{d}E$。

· EELS成分分析所使用的总强度,由总截面 σ 给出(或者更典型的是对应于能量有限范围的部分截面),如5.4.6小节所述。对于理解EDS能谱,离子化一个原子的总概率也是需要的,这可在原子被离子化后测量X射线的发射。

5.4.2　非弹性散射因子‡

现在计算一个芯原子激发的非弹性散射过程的概率。在这个过程中,高能电子激发另外一个电子,从被束缚的原子态进入到更高能量状态。既然涉及了两个电子,为力求简洁我们采用狄拉克(Dirac)左矢和右矢符号①。高能"电子1",最初处于平面波状态$|\boldsymbol{k}_0\rangle$,散射后处于状态$|\boldsymbol{k}\rangle$。原子"电子2"最初处于束缚态$|\alpha\rangle$,散射后电子2处于状态$|\beta\rangle$,后者可以是未被占据的束缚态,或者是由原子发射的电子球面(或平面)波。对于非弹性散射,$|\boldsymbol{k}| \neq |\boldsymbol{k}_0|$且 $\alpha \neq \beta$。初态的薛定谔方程

① 狄拉克记号命名是不受空间坐标约束的,并且是波函数显示的函数形式,但这些是由坐标集1和 $\boldsymbol{r}_1$ 的位置算子作为 $\boldsymbol{r}_1 \mid k\rangle = \psi(\boldsymbol{r}_1)$ 得到的。实际积分计算需要如下的表达式:$\langle\alpha \mid H \mid \alpha\rangle = \int \psi_\alpha^* H \psi_\alpha \mathrm{d}^3 \boldsymbol{r}$。当$|\alpha\rangle$是 H 的本征态时,既然状态函数已经归一化了,那么$\langle\alpha \mid H \mid \alpha\rangle = E_\alpha\langle\alpha \mid \alpha\rangle = E_\alpha$。状态函数是正交的,因此有$\langle\alpha \mid \beta\rangle = 0$ 和$\langle\alpha \mid \alpha\rangle = 1$。

可写为

$$H_0 \mid k_0, \alpha \rangle = (E_0 + E_\alpha) \mid \boldsymbol{k}_0, \alpha \rangle \tag{5.20}$$

只要两个电子离得很远，没有相互作用，这个两电子系统便遵守无干扰的哈密顿函数：

$$H_0 = -\frac{\hbar^2}{2m_e}\nabla_1^2 - \frac{\hbar^2}{2m_e}\nabla_2^2 + V(\boldsymbol{r}_2) \tag{5.21}$$

高能电子 1 的坐标是 $\boldsymbol{r}_1$，原子电子 2 的坐标是 $\boldsymbol{r}_2$。利用不同的坐标，式(5.21)中每一个拉普拉斯算子仅对两个电子中的一个起作用，并且势能项仅涉及电子 2。在这样的问题中，我们可以将初态表示为单电子波函数的乘积，$|\boldsymbol{k}_0, \alpha\rangle = |\boldsymbol{k}_0\rangle|\alpha\rangle$，终态表示为 $|\boldsymbol{k}, \beta\rangle = |\boldsymbol{k}\rangle|\beta\rangle$。当式(5.21)中利用一个乘积波函数时，电子 2 的因子在 ∇_1^2 操作下是一个常数，并且在 ∇_1^2 和 $V(\boldsymbol{r}_2)$ 操作下 $|\boldsymbol{k}\rangle$ 也是一个常数。“常数因子”不会影响薛定谔方程对其他乘积波函数的求解，因此式(5.21)中的哈密顿函数对两个独立电子是两个等价的独立哈密顿函数，两个电子没有相互作用时这是可以预期的。

当高能电子接近原子时，必须要考虑两电子系统的两个微扰。一个微扰是电子 2 与电子 1 的库仑相互作用，即 $+e^2/|\boldsymbol{r}_1 - \boldsymbol{r}_2|$；第二个微扰是高能电子 1 与其余原子势之间的相互作用 $V(\boldsymbol{r}_1)$①。微扰哈密顿函数为

$$H' = \frac{e^2}{|r_1 - r_2|} + V(\boldsymbol{r}_1) \tag{5.22}$$

这个微扰 H' 将系统的最初和最终状态结合起来。结合得越强，从最初状态 $|\boldsymbol{k}_0, \alpha\rangle$ 到最终状态 $|\boldsymbol{k}, \beta\rangle$ 跃迁的可能性越大。这是一个源于时间依赖微扰理论的结果，被散射电子 1 的波函数是出射球面波乘上散射因子 $f(\boldsymbol{k}, \boldsymbol{k}_0)$（比较式(4.55)）：

$$f(\boldsymbol{k}, \boldsymbol{k}_0) = \frac{-m_e}{2\pi\hbar^2}\langle\beta \mid \langle \boldsymbol{k} \mid H' \mid \boldsymbol{k}_0\rangle \mid \alpha\rangle \tag{5.23}$$

将式(5.22)代入式(5.23)，得到

$$f(\boldsymbol{k}, \boldsymbol{k}_0) = \frac{-m_e}{2\pi\hbar^2}\left(e^2\langle\beta \mid \langle \boldsymbol{k} \mid \frac{1}{|r_1 - r_2|} \mid \boldsymbol{k}_0\rangle \mid \alpha\rangle + \langle\beta \mid \langle \boldsymbol{k} \mid V(r_1) \mid \boldsymbol{k}_0\rangle \mid \alpha\rangle\right) \tag{5.24}$$

当求解式(5.24)中第二项的数值时，电子 2 的坐标仅仅出现在原子波函数 $|\alpha\rangle$ 和 $|\beta\rangle$ 内，因此从这些波函数中移出涉及电子 1 坐标的积分：

$$f(\boldsymbol{k}, \boldsymbol{k}_0) = \frac{-m_e}{2\pi\hbar^2}\left(e^2\langle\beta \mid \langle \boldsymbol{k} \mid \frac{1}{|r_1 - r_2|} \mid \boldsymbol{k}_0\rangle \mid \alpha\rangle + \langle\beta \mid \alpha\rangle\langle \boldsymbol{k} \mid V(r_1) \mid \boldsymbol{k}_0\rangle\right) \tag{5.25}$$

① 对于来自原子其他部分的势，由于单独考虑电子 2，我们可采用没有芯电子的原子的势。

对于非弹性散射有 $\alpha \neq \beta$，因此依据原子波函数的正交性，第二项是零①。为在定义中更加清楚，我们将非弹性散射对 $f(\boldsymbol{k}, \boldsymbol{k}_0)$ 的贡献表示为 $f_{\text{in}}(\boldsymbol{k}, \boldsymbol{k}_0)$，并称之为“非弹性散射因子”；并且为了计算 $f_{\text{in}}(\boldsymbol{k}, \boldsymbol{k}_0)$，我们对波函数采用空间坐标表示法。式(5.25)中非零的第一项是

$$f_{\text{in}}(\boldsymbol{k}, \boldsymbol{k}_0) = \frac{-m_{\text{e}} e^2}{2\pi \hbar^2} \int_{-\infty}^{+\infty} \int_{-\infty}^{+\infty} \mathrm{e}^{\mathrm{i}\boldsymbol{k} \cdot \boldsymbol{r}_1} \mathrm{e}^{\mathrm{i}\boldsymbol{k}_0 \cdot \boldsymbol{r}_1} \frac{1}{|\boldsymbol{r}_1 - \boldsymbol{r}_2|} \psi_\beta^*(\boldsymbol{r}_2) \psi_\alpha(\boldsymbol{r}_2) \mathrm{d}^3 \boldsymbol{r}_2 \mathrm{d}^3 \boldsymbol{r}_1 \tag{5.26}$$

改变变量，令 $\boldsymbol{r} \equiv \boldsymbol{r}_1 - \boldsymbol{r}_2$（因此 $\boldsymbol{r}_1 = \boldsymbol{r} + \boldsymbol{r}_2$），$\Delta \boldsymbol{k} \equiv \boldsymbol{k} - \boldsymbol{k}_0$，并且分离积分：

$$f_{\text{in}}(\boldsymbol{k}, \boldsymbol{k}_0) = \frac{-m_{\text{e}} e^2}{2\pi \hbar^2} \int_{-\infty}^{+\infty} \mathrm{e}^{-\mathrm{i}\Delta\boldsymbol{k} \cdot \boldsymbol{r}} \frac{1}{|\boldsymbol{r}|} \mathrm{d}^3 \boldsymbol{r} \int_{-\infty}^{+\infty} \mathrm{e}^{-\mathrm{i}\Delta\boldsymbol{k} \cdot \boldsymbol{r}_2} \psi_\beta^*(\boldsymbol{r}_2) \psi_\alpha(\boldsymbol{r}_2) \mathrm{d}^3 \boldsymbol{r}_2 \tag{5.27}$$

方程(5.27)显示了 f_{in}对于 $\boldsymbol{k}$ 和 $\boldsymbol{k}_0$的依赖性仅仅是通过它们的差值 $\Delta \boldsymbol{k}$。对整个 r 的积分是 $4\pi/\Delta k^2$（式(4.102)）：

$$f_{\text{in}}(\Delta \boldsymbol{k}) = \frac{-2m_{\text{e}} e^2}{\hbar^2 \Delta k^2} \int_{-\infty}^{+\infty} \mathrm{e}^{-\mathrm{i}\Delta\boldsymbol{k} \cdot \boldsymbol{r}_2} \psi_\beta^*(\boldsymbol{r}_2) \psi_\alpha(\boldsymbol{r}_2) \mathrm{d}^3 \boldsymbol{r}_2 \tag{5.28}$$

这个非弹性散射因子 $f_{\text{in}}(\Delta \boldsymbol{k})$是当高能电子激发原子跃迁 $\psi_\alpha \to \psi_\beta$时，出射高能电子波函数沿着 $\boldsymbol{k} = \boldsymbol{k}_0 + \Delta \boldsymbol{k}$ 方向的振幅。非弹性散射因子与式(4.84)中的弹性散射因子具有许多相似之处。特别地，式(4.113)的 $f_{\text{el}}(\Delta \boldsymbol{k})$中描述源于原子密度 $\rho(\boldsymbol{r})$的第二项，具有和式(5.28)相似的形式。以共同的方法考虑非弹性和弹性散射因子是非常方便的。沿着 $\boldsymbol{k} = \boldsymbol{k}_0 + \Delta \boldsymbol{k}$ 方向，子波从原子所有的亚体积 $\mathrm{d}^3 \boldsymbol{r}_2$ 散射出来。每个子波具有一个相关相位 $\mathrm{e}^{-\mathrm{i}\Delta\boldsymbol{k} \cdot \boldsymbol{r}_2}$，并且弹性散射的强度与电子密度是成正比的。完整的波来源于原子所有体积的子波，以电子密度为权重相干求和的连贯加和（积分）。对于弹性散射，电子密度是通常的电子密度 $\rho(\boldsymbol{r}) = \psi_\alpha^*(\boldsymbol{r}) \psi_\alpha(\boldsymbol{r})$；但是对于非弹性散射，这个“密度”是初始波函数与最终波函数的乘积，$\rho'(\boldsymbol{r}) = \psi_\beta^*(\boldsymbol{r}) \psi_\alpha(\boldsymbol{r})$。

注意式(4.113)中 $f_{\text{el}}(\Delta \boldsymbol{k})$和式(5.28)中 $f_{\text{in}}(\Delta \boldsymbol{k})$共同的前因子。回顾源于式(4.112)库仑势的傅里叶变换因子 Δk^{-2}，利用玻尔半径的定义 $a_0 = \hbar^2/(m_{\text{e}} e^2)$，这个前因子是 $2/(a_0 \Delta k^2)$，具有长度量纲。现在我们得到非弹性散射微分截面 $\mathrm{d}\sigma_{\text{in}}/\mathrm{d}\Omega$ 作为式(4.20)中的 $f_{\text{in}}^* f_{\text{in}}$②：

$$\frac{\mathrm{d}\sigma_{\text{in}}(\Delta \boldsymbol{k})}{\mathrm{d}\Omega} = \frac{4}{a_0^2 \Delta k^4} \left| \int_{-\infty}^{+\infty} \mathrm{e}^{-\mathrm{i}\Delta\boldsymbol{k} \cdot \boldsymbol{r}_2} \psi_\beta^*(\boldsymbol{r}_2) \psi_\alpha(\boldsymbol{r}_2) \mathrm{d}^3 \boldsymbol{r}_2 \right|^2 \tag{5.29}$$

尽管能量从高能电子 1 转移到原子电子 2，但是总能量是守恒的。在$|\boldsymbol{k}_0\rangle|\alpha\rangle$

---

① 对于弹性散射，从高能电子（电子 1）到原子电子（电子 2）没有能量转移，因此 $\alpha = \beta$。借助原子波函数的正交性，我们知道$\langle\alpha|\alpha\rangle = 1$，因此第二项近似等于式(4.84)右边的项。不同之处在于，源于电子 2 的散射势在式(5.25)中单独作为第一项，但是式(5.25)两项一起解释了整个原子的散射。

② 高能损失的校正因子解释了当电子减速时（比较式(4.14)），散射电子出射通量是如何被减弱的，但对于几电子伏的能量损失确实忽略了这个影响。

$\rightarrow|\boldsymbol{k}\rangle|\beta\rangle$的跃迁中，散射前的总能量与散射后的总能量是相等的：

$$E_0 + E_\alpha = (E_0 - E) + E_\beta \tag{5.30}$$

$$E = E_\beta - E_\alpha \equiv E_{\alpha\beta} \tag{5.31}$$

在 $E = E_{\alpha\beta}$时，电子能量损失谱显示了增强的强度。由于泡利(Pauli)原理，状态 ψ_β 最初必须是空的，以便可作为电子 2 的最终状态。当 $E_{\alpha\beta} = E_a$时，这里的 E_a对应于未占据状态 ψ_β的最低能量。EELS 谱通常显示一个强度上的跃变，或者“边跃变”。因为其他一些较高能量的未被占据状态对原子电子 2 是可利用的，所以增强强度扩展到 $E > E_a$。

利用 ψ_α 和 ψ_β的实际波函数，可借助于式(5.29)来计算非弹性散射的强度①，并测量在不同能量($E_{\alpha\beta} > E_a$)下电子能量损失谱的强度。为了实现这些，首先必须将实验条件与式(5.29)中的截面联系起来，特别是需要知道实验探测角度 ϕ，在不同 E 下如何选择 Δk。这将是下一部分要讨论的内容。

5.4.3　二重积分截面 $\mathrm{d}^2\sigma_{\mathrm{in}}/(\mathrm{d}\phi\ \mathrm{d}E)$‡ *

在 EELS 中，设定光阑收集角为 β(图 5.1)，我们测量来源于一些 Δk 范围内电子的能量损失谱。为了解芯损失光谱的强度，需要知道非弹性散射是如何依赖于散射角 ϕ 和能量损失 E 的。强度对于 ϕ 和 E 的依赖性由一个二重积分截面 $\mathrm{d}^2\sigma_{\mathrm{in}}/(\mathrm{d}\Omega\ \mathrm{d}E)$提供。我们以固定 E 的 ϕ 依赖性开始，对于较小的 Δk 可以如图 5.10(b)所示的那样做近似：

$$\Delta k^2 = k^2\phi^2 + \Delta k_{\min}^2 \tag{5.32}$$

在 ϕ 增长的范围内，固体角的增长(围绕在 $\boldsymbol{k}_0$周围做一个圆环)为

$$\mathrm{d}\Omega = 2\pi\sin\phi\,\mathrm{d}\phi \tag{5.33}$$

对式(5.32)微分(对于固定的 E，$\Delta k_{\min}$是一个常数)，得

$$\phi\,\mathrm{d}\phi = \frac{\Delta k}{k^2}\mathrm{d}\Delta k \tag{5.34}$$

因此对于令人感兴趣的小 ϕ，

$$\mathrm{d}\Omega = 2\pi\frac{\Delta k}{k^2}\mathrm{d}\Delta k \tag{5.35}$$

将式(5.35)代入式(5.29)，并重新定义 $\boldsymbol{r}_2 \rightarrow \boldsymbol{r}$，得到

$$\frac{\mathrm{d}\sigma_{\mathrm{in}}(\Delta k)}{\mathrm{d}\Delta k} = \frac{\mathrm{d}\sigma_{\mathrm{in}}}{\mathrm{d}\Omega}\frac{\mathrm{d}\Omega}{\mathrm{d}\Delta k} = \frac{8\pi}{a_0^2 k^2 \Delta k^3}\left|\int_{-\infty}^{+\infty} \mathrm{e}^{-\mathrm{i}\Delta\boldsymbol{k}\cdot\boldsymbol{r}}\psi_\beta^*(\boldsymbol{r})\psi_\alpha(\boldsymbol{r})\mathrm{d}^3\boldsymbol{r}\right| \tag{5.36}$$

---

① 这是式(5.28)和式(5.29)的非常细微的不足。芯电子的激发改变了原子的电子结构，当芯空穴存在时，原子波函数适合 ψ_α或 ψ_β不是必然真实的。原子电子改变它们的位置有些是对芯空穴的回应，因此式(5.25)中第二项，根据正交性不是严格为零。

这里,右边项是对探测到所有电子的全部 $\Delta \boldsymbol{k}$ 的平均。

当 ψ_β 是原子的紧束缚状态时,式(5.36)可被直接用来获得一个在能量上对应于 $\alpha \to \beta$ 跃迁的 EELS 强度。更为典型的情况是,ψ_β 处于一个能态的连续区域,例如当原子电子带有可观的能量离开原子时的自由电子能态,或者靠近吸收边能量 E_a、能量为 E 的未被占据的反键状态能带。然后我们需要通过在连续区域的能量区间内能态 $\rho(E)\mathrm{d}E$ 的数量来估算式(5.36)的结果,这里 $\rho(E)$ 是被激发的原子电子可利用的"未占据态的密度"。ψ_β 态密度的计算给出了一个二重微分截面:

$$\frac{\mathrm{d}^2\sigma_{\mathrm{in}}(\Delta k, E)}{\mathrm{d}\Delta k\,\mathrm{d}E} = \frac{8\pi}{a_0^2 k^2 \Delta k^3}\rho(E)\left|\int_{-\infty}^{+\infty} \mathrm{e}^{-\mathrm{i}\Delta \boldsymbol{k}\cdot\boldsymbol{r}}\psi_\beta^*(\boldsymbol{r})\psi_\alpha(\boldsymbol{r})\mathrm{d}^3\boldsymbol{r}\right|^2 \tag{5.37}$$

依照惯例,改写式(5.37)以分立原子的散射性质,这可以通过定义"广义振动强度"GOS 或 $G_{\alpha\beta}(\Delta k, E)$来实现:

$$G_{\alpha\beta}(\Delta k, E) \equiv E_{\alpha\beta}\frac{2m_\mathrm{e}}{\hbar^2\Delta k^2}\left|\int_{-\infty}^{+\infty} \mathrm{e}^{-\mathrm{i}\Delta \boldsymbol{k}\cdot\boldsymbol{r}}\psi_\beta^*(r)\psi_\alpha(r)\mathrm{d}^3\boldsymbol{r}\right|^2 \tag{5.38}$$

这里,$E_{\alpha\beta}$是能态 ψ_α 和 ψ_β 之间的能量差值。在式(5.37)中利用式(5.38),可得到①

$$\frac{\mathrm{d}^2\sigma_{\mathrm{in}}(\Delta k, E)}{\mathrm{d}\Delta k\,\mathrm{d}E} = \frac{2\pi\hbar^4}{a_0^2 m_\mathrm{e}^2 E_{\alpha\beta} T}\frac{1}{\Delta k}\rho(E)G_{\alpha\beta}(\Delta k, E) \tag{5.41}$$

为与实验的 EELS 谱建立联系,将式(5.41)的 Δk 依赖关系转变为图 5.10 中散射角 ϕ 的依赖关系。通过约定式(5.34)作为 $\mathrm{d}\Delta k$ 和 $\mathrm{d}\phi$ 之间的关联,并将其代入式(5.41),得到

$$\frac{\mathrm{d}^2\sigma_{\mathrm{in}}(\Delta k, E)}{\mathrm{d}\phi\,\mathrm{d}E} = \frac{2\pi\hbar^4}{a_0^2 m_\mathrm{e}^2 E_{\alpha\beta} T}\frac{k_0^2\phi}{\Delta k^2}\rho(E)G_{\alpha\beta}(\Delta k, E) \tag{5.42}$$

图 5.10(b)给出了 $\phi_E \equiv \Delta k_{\min}/k_0$的定义和近似值:

$$\Delta k^2 \approx k_0^2(\phi^2 + \phi_E^2) \tag{5.43}$$

由此我们可以获得一个有用的表达式:

$$\frac{\mathrm{d}^2\sigma_{\mathrm{in}}(\phi, E)}{\mathrm{d}\phi\,\mathrm{d}E} = \frac{2\pi\hbar^4}{a_0^2 m_\mathrm{e}^2 E_{\alpha\beta} T}\frac{\phi}{\phi^2 + \phi_E^2}\rho(E)G_{\alpha\beta}(\Delta k, E) \tag{5.44}$$

根据牛顿力学,我们期望作为 k 矢量的一个比值的 ϕ_E,取决于在碰撞问题上的 $\sqrt{E/T}$ 能量,但是散射后高能电子的质量能量当量出现了变化。来自质量变化的能量损失是相对明显的,因此波长变化相比于非相对论预期要小很多。相对论动力学的结果为

---

① 为了准确性,我们用不同于入射能量 E_0 的入射动能 T 把式(5.41)改写为

$$T \equiv \frac{1}{2}m_\mathrm{e}v^2 = \frac{E_0}{2}\frac{1+\gamma}{\gamma^2} \tag{5.39}$$

这是由于相对论校正:

$$\gamma \equiv \frac{1}{\sqrt{1-(v/c)^2}} = 1 + \frac{E_0}{mc^2} \tag{5.40}$$

(对 200 keV 的电子,$\gamma \approx 1.4$)

$$\phi_E = \frac{E}{2\gamma T} \approx \frac{E}{2E_0} \tag{5.45}$$

例如在 200 kV 的显微镜中，对于在 284 eV 下 C 的 K 边，$\phi_E = 0.7$ mrad。

5.4.4 散射角和能量——定量结果*

我们再回到非弹性散射的角度依赖关系。在较低的能量损失（E 比 E_a 稍大一点）和较小的散射角度下，式(5.44)中主要的角度依赖关系来源于洛伦兹因子 $(\phi^2+\phi_E^2)^{-1}$，在 $\phi=0$ 时为其峰值，式(5.45)中的 ϕ_E 作为角度分布的半峰宽。（在式(5.44)分子中，因子 ϕ 仅仅说明在较大 ϕ 处具有较大的圆环半径。）

首先，比较非弹性散射的特征角度 ϕ_E 和弹性散射的特征角度 ϕ_0。弹性角度 ϕ_0 与原子散射因子有关，这是一个对原子尺寸的测量。为了简便起见，选择托马斯-费米(Thomas-Fermi)原子的玻尔半径 r_0 作为这个尺寸（式(4.104)），因此得到

$$\phi_0 = \frac{1}{k_0 r_0} \tag{5.46}$$

对式(5.45)和式(5.46)赋予一些典型的数值，发现当 ϕ_0 是数十毫弧度时，ϕ_E 通常是一毫弧度的百分之几，也就是说，$\phi_0 \approx 100\phi_E$。相比于弹性散射，尤其是当 $E \approx E_a$ 时，非弹性散射会集中到光束前进方向非常小的角度范围。5.4.1 小节讨论了 $E \geqslant E_a$ 的其他一些极端情况，并且碰撞动力学对原子的形状不是非常敏感——强度变成束状形成经典“撞球”碰撞的角度特征。

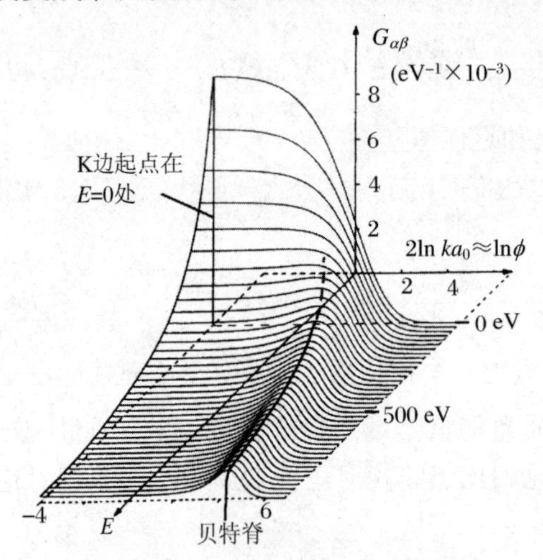

图 5.11　采用类氢模型计算 C 的 K 层离子化贝特表面。当能量损失低于电离阈值 $E_K = E_{\alpha\beta}$ 或 $E<0$ 时，GOS 是零。水平方向坐标随着散射角增大。贝特脊在图前大 E 值区域最明显[5]

式(5.38)中的广义振动强度 $G_{\alpha\beta}(\Delta k, E)$ 帮助完成了在 $E \approx E_a$ 和 $E \geqslant E_a$ 两种极端情况下非弹性强度变化的图像。广义振动强度 $G_{\alpha\beta}(\Delta k, E)$ 是从 α 到 β 跃迁的概率，通过一个与能量和动量转移的因子归一化。图 5.11 显示了称为“贝特表面”的 GOS 在二维空间 $\{\ln\phi, E\}$ 的曲线关系，图中的单个曲线显示了每个能量损失高于 C 的 K 边的非弹性散射角度依赖关系。同样，GOS 的能量依赖关系可以通过在连续的散射角度，提取通过贝特表面的截面来获得。图 5.11 中贝特脊已经标记出来了，尽管在大的 E 区域非常明显，但是贝特尖峰在能量转移靠近 E_a 时不是那么好

界定(图5.11中C的K边起点是0 eV)。

在EELS测量中,具有接收半角为β的入口光阑放置在前进光束的周围(图5.1),这个光阑阻断超过一定ϕ角度的散射,因此测量的光谱强度与能量的曲线关系是散射强度对在这个截止值之下E和$\Delta \boldsymbol{k}$组合的一个积分。在能量明显高于吸收边的区域,图5.11表明很大一部分强度在较大散射角度集中在贝特脊附近。为了在EELS谱中包含这个强度,一个相对大的物镜光阑(>10 mrad)是必要的。另一方面,在能量刚刚高于吸收边时,一个小的光阑会收集到大部分的强度。对于扣除来自较低E_a的其他元素尾部的背底强度(大Δk区域),这个小光阑或许是有用的。

5.4.5　微分截面 $\mathrm{d}\sigma_{\mathrm{in}}/\mathrm{d}E$‡ *

忽略所有谱仪入口光阑角β引起的非弹性散射强度的截断,我们对所有从0到π可能的散射角度ϕ进行积分(式(5.44))。这对激发原子电子从$|\alpha\rangle$态到$|\beta\rangle$态提供了所有非弹性微分截面$\mathrm{d}\sigma_{\mathrm{in},\alpha\beta}(E)/\mathrm{d}E$:

$$\frac{\mathrm{d}\sigma_{\mathrm{in},\alpha\beta}(E)}{\mathrm{d}E}=\frac{2\pi\hbar^4}{a_0^2 m_e^2 E_{\alpha\beta}T}\rho(E)G_{\alpha\beta}(\Delta k,E)\int_0^{\pi}\frac{\phi}{\phi^2+\phi_E^2}\mathrm{d}\phi \tag{5.47}$$

这里已经忽略GOS即$G_{\alpha\beta}(\Delta k,E)$的$\phi$依赖关系。利用合理的近似$\phi_E\leqslant\pi$,对式(5.47)积分,得到

$$\frac{\mathrm{d}\sigma_{\mathrm{in},\alpha\beta}(E)}{\mathrm{d}E}=\frac{\pi\hbar^4}{a_0^2 m_e^2 E_{\alpha\beta}T}\rho(E)G_{\alpha\beta}(\Delta k,E)\ln\frac{\pi^2}{\phi_E^2} \tag{5.48}$$

利用式(5.48)和式(5.45),得到非弹性微分截面:

$$\frac{\mathrm{d}\sigma_{\mathrm{in},\alpha\beta}(E)}{\mathrm{d}E}=\frac{2\pi\hbar^4}{a_0^2 m_e^2 E_{\alpha\beta}T}\rho(E)G_{\alpha\beta}(\Delta k,E)\ln\frac{2\pi\gamma T}{E} \tag{5.49}$$

图5.12给出了利用类氢原子的波函数,对不同收集半角β计算的C层电离($E_a=284$ eV)的能量——微分截面曲线关系①。对数坐标轴用来阐明近似行为

$$\frac{\mathrm{d}\sigma_{\mathrm{in},\alpha\beta}(E)}{\mathrm{d}E}\propto E^{-r} \tag{5.50}$$

此处,r是图5.12中下降的斜率,并且在能量损失不同范围内是不变的,r的数值取决于收集光阑的尺寸。

对于较大的β角,当大部分内层散射对能量损失谱有贡献时,在电离边r通常接近于3,随着能量损失的增加而减小到2。由于$E\geqslant E_a$,实际上所有的散射都处于贝特脊范围内,出现了E^{-2}渐近行为,这与式(4.106)自由电子的卢瑟福散射近似,于是可以得出$\mathrm{d}\sigma_{\mathrm{in},\alpha\beta}(E)/\mathrm{d}E\propto\Delta k^{-4}\propto E^{-2}$。

对于较小的β角,r随着能量损失的增加而增加,最大的数值(仅仅超过6)对应于大的E和小的β角。图5.12中在斜率上的突变对应于当E足够大时,贝特

① 类氢原子利用氢原子的波函数,但是采用径向坐标,用一个较大的原子核电荷重新调整。对于一个类氢原子,没有电子与电子间的相互作用,但波函数的分析表达式是可用的。

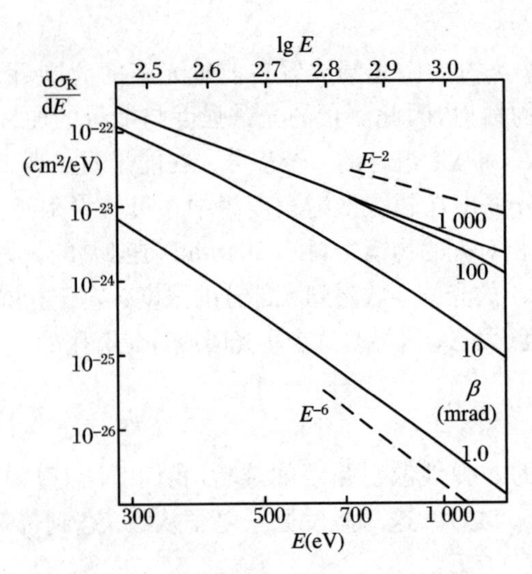

图 5.12　对于不同收集半角 β 所计算的 C 的 K 壳层电离($E_{\alpha\beta}=E_K=284$ eV)能量微分截面[5]

脊移动到收集光阑的角度之外。实验操作中避免这种转折点通常是十分重要的，因为这使测量强度对 E 的依赖关系变得复杂。如式(5.53)所示，采用式(5.19)来计算 ϕ_r 以及利用大几倍的收集角 β 是一个不错的想法。

5.4.6　部分和总截面 σ_{in}‡

在定量元素分析中，利用光阑角 β 测量的非弹性强度是对在吸收边之外，整个宽度为 δ 能量范围内的积分。假设一个可忽略多重散射的薄样品，在 E_a之上的积分强度为

$$I_a(E_a,\delta,\beta)=NI_0\sigma_{in,a}(E_a,\delta,\beta) \tag{5.51}$$

这里，N 是单位样品面积内的原子数目，I_0是积分的零损失强度。在式(5.51)中，“部分截面”$\sigma_{in,a}(E_a,\delta,\beta)$是式(5.44)在整个收集角和能量范围内的积分：

$$\sigma_{in,a}(E_a,\delta,\beta)=\int_0^\beta\int_{E_a}^{E_a+\delta}\frac{d^2\sigma_{in}(\phi,E)}{d\phi dE}dEd\phi \tag{5.52}$$

对数值积分 $d^2\sigma_{in}(\phi,E)/(dE\ d\phi)$，有时利用式(5.50)的幂律特性是非常方便的。

图 5.13 显示了计算的第一行(第二周期)元素 K 壳层部分截面的角度依赖关系。该图说明了对于连续积分宽度 δ，截面对于收集角 β、入射电子能量 E_0和电离能量 E_K的依赖关系。由于在较大 Δk 处 $G_{\alpha\beta}(\Delta k,E)$减少，截面在大的 β 角度值时达到饱和，也就是高于贝特脊角度 ϕ_r。这相当于饱和数值一半的中间散射角度(对于能量损失在 E_a到 $E_a+\delta$ 范围)对应于部分截面，通常是 $5\langle\phi_E\rangle$：

$$\langle\phi_E\rangle=\frac{E_K+\delta/2}{2\gamma T} \tag{5.53}$$

其中，$\gamma\equiv(1-v^2/c^2)^{-1/2}$。图 5.13 显示出饱和截面随着入射电子能量的增加而减小，但低角度时数值增加。这是因为当入射能量较高并且散射向前峰值更强时，小的收集光阑接收了较大的散射部分。

对于一个非常大范围 δ 的能量积分，以及直到 β 的内层散射和所有能量损失的允许值，部分截面变成“积分截面”$\sigma_{in,K}(E_K,\beta)$。通过设定 $\beta=\pi$，对于 K 壳层非弹性散射，积分截面成为“总截面”$\sigma_{in,K}(E_K)$。$\sigma_{in,K}(E_K)$的一个近似表达是“贝特渐近截面”：

$$\sigma_{in,K}(E_K)=4\pi a_0^2N_Kb_K\frac{E_R^2}{TE_K}\ln\frac{c_KT}{E_K} \tag{5.54}$$

此处,N_K是K层内的电子数目(2,但对于L和M层分别是8和18),$E_R \equiv \hbar^2(2m_e a_0^2)^{-1}$,$b_K \approx f_K/N_K$,$c_K \approx 4E_K/\langle E \rangle$,这里,$f_K \approx 2.1 - Z/27$是K壳层电离偶极振动强度,并且典型的是$\langle E \rangle \approx 1.5E_K$。为便于计算以收集角度$\beta$为函数的积分截面,一个非常有用的相似表达式在习题5.10中给出。

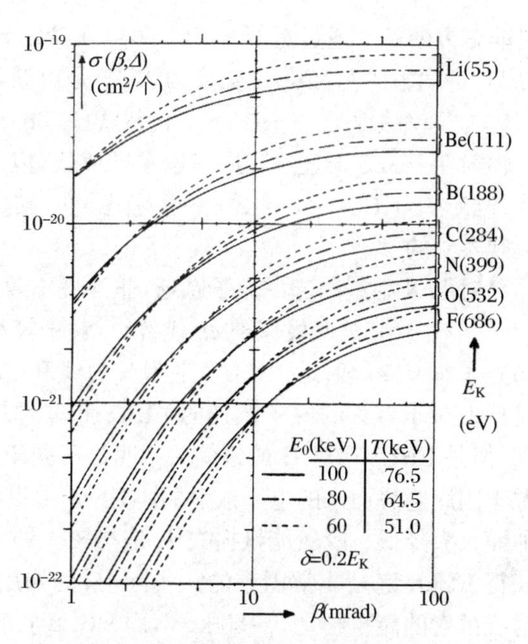

图5.13 假定元素适用类氢波函数和非相对论动力学,对于积分宽度δ等于边界能量1/5进行计算得到的第二周期元素的K壳层电离部分截面[5]

在以不同原子模型来计算K,L和M壳层电离微分截面时,计算机程序是可利用的。图5.14(a)和(b)对比了实验获得的N K边和Cr L边与广泛应用Egerton的SIGMAK和SIGMAL程序计算的结果,这些程序对于单个的孤立原子采用类氢波函数来计算非弹性截面。如图5.14所示,积分强度通常是可靠的,但是这些程序并不能提供如在5.2.3小节中所讨论的,关于在能谱近边区域局部化学影响的信息。图5.14(b)说明了利用SIGMAL程序的L壳层计算平均是非常好的,但是它不能模拟在吸收边开始区域的白线峰。然而基于元素空d态的数量,这的确可以估算平均强度。

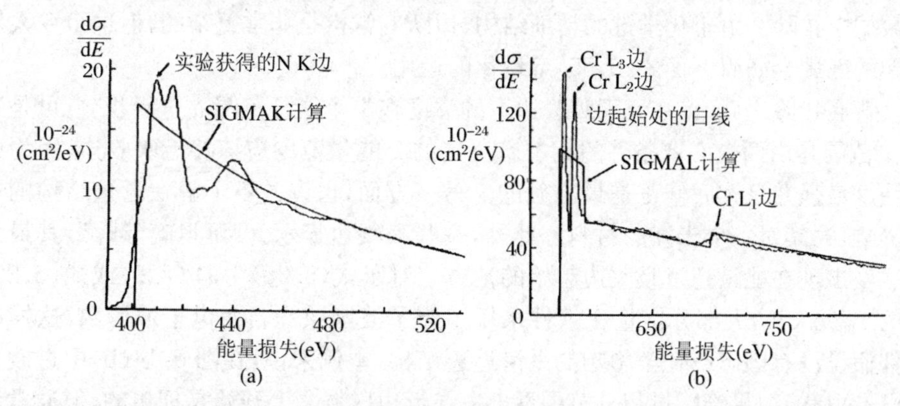

图5.14 (a) 实验获得的N K边和采用SIGMAK程序类氢相配边的比较;(b) 实验获得的Cr $L_{2,3}$边和采用SIGMAL程序校正类氢近似边的比较[6]

偶极近似和*X*射线吸收边* 对于能量损失接近于大部分强度出现在较小ϕ和Δk的吸收边(小的$E-E_a$)的情形,有时在式(5.38)的积分中利用“偶极近似”

是非常方便的。通过近似 $e^{-i\Delta\boldsymbol{k}\cdot\boldsymbol{r}}\approx 1-i\Delta\boldsymbol{k}\cdot\boldsymbol{r}$,并且认可第一项 1 的积分,也就是 $\langle\beta|1|\alpha\rangle$,由于 ψ_α 和 ψ_β 正交而为零,于是可获得偶极近似。偶极近似实际上就是用较为简单的因子——$i\Delta\boldsymbol{k}\cdot\boldsymbol{r}$ 代替式(5.38)中被积分函数的因子 $e^{-i\Delta\boldsymbol{k}\cdot\boldsymbol{r}}$。电偶极辐射在 EELS 跃迁过程中占据主导地位,但当高阶项必须要在表达式 $e^{-i\Delta\boldsymbol{k}\cdot\boldsymbol{r}}\approx 1-i\Delta\boldsymbol{k}\cdot\boldsymbol{r}-(\Delta\boldsymbol{k}\cdot\boldsymbol{r})^2/2+\cdots$ 中考虑的时候,非偶极子跃迁在较大的 $\Delta\boldsymbol{k}$ 处是可以观察到的。

对由 X 射线引起的原子跃迁,非弹性 X 射线散射 GOS 与式(5.38)中的指数 $e^{-i\Delta\boldsymbol{k}\cdot\boldsymbol{r}}$ 不同(其被偶极算子 $e\boldsymbol{r}$ 代替)。对于较小的 Δk 值,式(5.38)的积分对电子和光子非弹性散射是一样的,并且 X 射线和电子吸收边看上去非常相似。尽管偶极近似对于容许的原子跃迁的 EELS 和非弹性 X 射线散射提供了相同的选择规则,但是 EELS 谱对 E 的依赖关系明显不同于光子的非弹性散射光谱。这个不同源于因库仑势而来的电子散射的本性,其傅里叶变换引起式(5.28)随着 Δk 的增加而大大降低。既然能量损失 E 是与较大的 Δk 值有关的,那么在 $E>4$ keV 时获得 EELS 谱是非常困难的。实际上,例如用一个同步加速器辐射源,非弹性 X 射线散射的能量约是 5～50 keV,而 EELS 实验测量的能量损失则低于 5 keV。

5.4.7 EELS 芯吸收边的定量化

EELS 谱中的能量吸收边是材料中元素的快速和可靠的指示器,但是确定这些化学成分的量需要更多的努力。首先吸收边必须从背底中剥离,事实上,背底主要来源于其他芯边,有时是等离子体峰高能量的尾部,偶尔来源于谱仪的人为结果。吸收边下面的背底通常以一个简单的函数通过拟合边前背底获得,例如用 AE^{-r} 来模拟,此处 A 和 r 是常数。这个背底函数是在吸收边之下外推的,并且要从数据中扣除。由于化学键的精细结构,边跃变常常是非常复杂的,但这个令人感兴趣的区域会妨碍下面式(5.55)定量化的运用。

背底扣除之后,将在元素吸收边上的强度在整个能量范围 δ 进行积分,可是这个 δ 范围是由两个必要条件的竞争所决定的。能量范围应该接近吸收边,因为此时强度最强并且背底修正是最准确的。另一方面,也许并不了解在近边结构的化学影响,尤其对一个未知的材料。此外,一些吸收边显示为"延迟畸形峰",其最大谱强度出现在能量超过吸收边起始的地方。对于式(5.38)中的 GOS(或式(5.28)中的 $f_{in}(\Delta\boldsymbol{k})$),大部分定量化软件采用了原子波函数和自由电子波函数,这样的软件假设没有固态或化学影响的平滑近边结构(举例来说,在图 5.14(b)中过渡金属没有白线)。尽管能量积分范围看上去在近边区域之上开始是理想的,但通常的做法是在吸收边处开始,并忽略固态影响。一些固态影响在它们的峰值和谷值在整个能量区间内平均后到达一个平衡。在图 5.15 中呈现了一个 BN 化学分析的例子。利用式(5.52)计算得出的部分电离截面,硼和氮的部分 c_B 和 c_N 从积分强度 $I_{BK}(E_K,\delta,\beta)$ 和 $I_{NK}(E_K,\delta,\beta)$ 中获得,在图 5.15 中采用阴影线面积标出。式

(5.38)中对于 ψ_α 和出射平面波 ψ_β 采用 1s 波函数,利用一个软件包(利用式(5.44)和式(5.52))来获得一个测量强度的修正因子:

$$\frac{c_B}{c_N} = \frac{I_{BK}(E_K,\delta,\beta)}{I_{NK}(E_K,\delta,\beta)} \frac{\sigma_{in,NK}(E_K,\delta,\beta)}{\sigma_{in,BK}(E_K,\delta,\beta)} \tag{5.55}$$

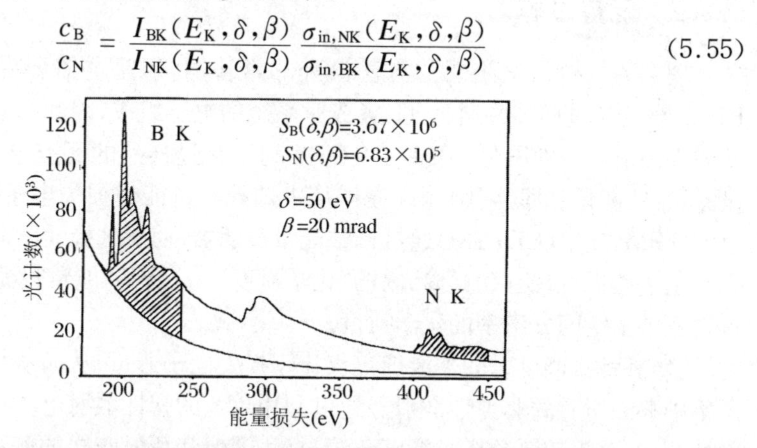

图 5.15　BN 的化学成分测定。能量积分范围 δ 为 50 eV 的背底拟合。采用 20 mrad 的收集光阑角,部分电离截面用式(5.52)计算得出。与已知成分 B-50 at%N 的在 4%以内符合[7]

对于中等厚度的样品,EELS 谱的芯吸收边由于多重散射的作用而变形。在高能电子经过芯激发(非弹性散射)加上等离子体激发(共两次非弹性散射)时,问题就出现了(两个芯激发是相对不太可能的)。等离子体激发的概率可以通过检查等离子体区域的 EELS 谱低损失部分决定(在图 5.2 中能量从 0 到 30 eV)。通过将这个低损失区域作为"仪器函数",利用 9.2 节中相似的过程,从芯损失谱中解卷多重散射影响是可能的。如果在 EELS 谱中等离子体峰是可见的,并且其高度相对于零损失峰非常小,那么样品可能是足够薄以至于多重散射可以忽略。

5.5　能量过滤 TEM 成像(EFTEM)

5.5.1　谱成像

当 EELS 在 STEM 模式下操作时,可以对样品中元素分布进行化学绘图(图 2.1)。电子束被聚焦到一个小的探测器,EELS 谱从穿过样品的二维栅格点获得。在图像中,每个"像素"都包含一个完整的 EELS 谱,称为"谱成像"的数据集合包含样品化学变化的丰富信息。在 5.3 节和 5.4 节中详细描述了在获取 EELS 谱过程之后,对于化学信息的分析。不幸的是,获取一个完整的谱图像需要耗费数小时,将样品暴露在高强度探测光束下很长时间通常会引起污染和辐射损伤;而且经过一段时间后样品也会在位置上偏移，使图像模糊。

5.5.2 能量过滤

现在另一种化学绘图的方法已经非常普遍，但是这需要专门的设备。由于EELS谱由穿过样品并通过TEM光学系统的电子组成，因此光学系统可用来形成非弹性散射电子的图像。传统的TEM利用穿过样品的所有电子，而我们熟知的设备组件"能量过滤器"则允许在样品中选择经过能量损失电子形成图像。"能量过滤TEM"技术（EFTEM）通过调整能量过滤器，使所选择元素芯电离损失能量的那些电子通过，以此探测样品内的"化学衬度"①。这些"能量过滤图像"（EFI）可以展现亚纳米空间分辨率的化学衬度。

换句话说，能量过滤器能够仅仅让零损失电子通过，从而从传统的图像或衍射图案中移除所有的非弹性散射。通过利用单纯的弹性散射电子可以消除色差和非弹性背底，对于较厚的样品能够改善衬度，图像和衍射花样的解释就更为可靠。无论如何，能量过滤器使得可能在接近原子尺度上的化学分析得到更广泛的应用，因此这是目前讨论的焦点。

图5.16(a)显示了对前面在图5.1中磁棱镜EELS谱仪的一个改进。在5.2.1小节中详述了磁性扇区是如何作为聚焦透镜工作的，它的光学相似体展现在图5.16(b)中。通过对比图5.16(a)和(b)中的光路，磁性扇区有效地弯曲了图5.16(b)中的光线图。如图5.1那样，在图5.16(a)中较细的曲线对应于经历过能量损失的电子轨迹，粗的曲线则对应于能量零损失的电子，细的和粗的曲线具有相同的图形，但是细的曲线被弯曲了一个额外的角度。放置在图5.16(a)中图像平面处的光阑用来移除能量零损失的电子。在图5.16(a)中，能量选择狭缝右边附加的透镜（比如在第5章标题图片中的Q1～Q4）可用来将能量过滤图像（EFI）投影到目标探测器上，例如带有CCD照相机的闪烁体。

第2章讲述了透镜如何产生位置信息（图像）色散和角度信息（衍射花样）色散。图5.16中的能量过滤器将一个物平面的箭头（或最后投影镜的后焦平面的衍射花样或图像）聚焦为像平面的一个箭头。在这种情形下，像平面正好是与能量色散面相同的平面（图5.1），因此选择一个窄的能量范围限制图像的视场，在能量选择狭缝位置正好形成一个低放大倍数的图像（或者一个小的衍射花样），并利用随后的透镜放大这个图像。

保证好的Δk分辨率、空间分辨率和高能量选择性对能量过滤器是一个挑战，因为这同样必须允许仪器覆盖这些变量（Δk，x和E）很大的范围，它的性能由于不同类型的像差而降低。回忆（2.7.1小节）球差混合了角度和空间信息——对以不同角度（Δk）离开样品的光线，球差在焦平面位置（x）上的引起误差。能量过滤器

① 等离子体图像同样是有用的。

具有混合能量、角度和空间信息的像差，例如，并非所有在 EFI 上的位置可以对应于同样的能量损失。类似于用来抑制球差问题的光阑，能量过滤器同样需要用于限制视场、接收角度，或接收能量损失的窗口。

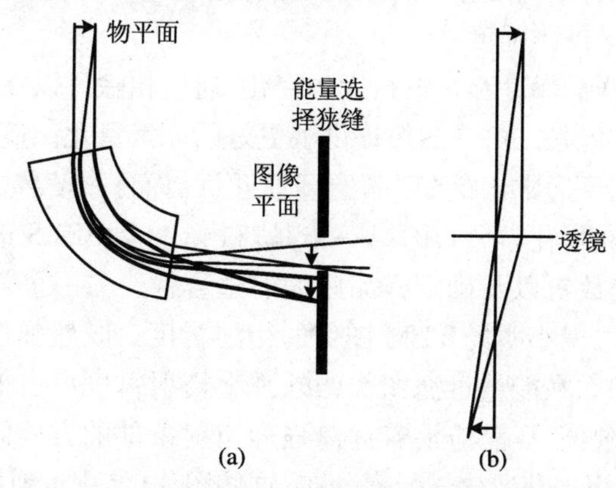

图 5.16　(a) 如图 5.1 所示的基于磁性扇区的能量过滤器；(b) 单色电子的光学模拟

为了优化成像性能，最好仅有同一能量的电子穿过物镜。能量过滤器可被集成到显微镜电子设备中，通过能量过滤系统来控制电子枪的高压，使得仅仅具有同一能量的电子能穿过物镜。利用能量损失为 $e\Delta V$ 的电子形成图像时，高压增长 ΔV。对整个高压系统采用这样的控制，那么聚焦可以仅调整一次，并且在样品中可以保持不同能量损失的电子图像的聚焦。入射电子能量的变化要求聚光透镜电流同样可通过能量过滤系统的电子设备进行调整，这保证了在样品中照明强度的连续，并且对于定量工作是重要的。

通常 EFTEM 的化学分析利用芯损失谱识别元素。但是 EFTEM 需要薄样品，仅有一小部分入射电子能够电离样品中的原子，因此一个核心问题是，在尽可能短的时间内收集许多非弹性散射电子来减小样品漂移、污染或者辐射损伤的影响。这就促使使用大的光阑和宽的能量窗口，加大了过滤器性能的限制。例如，较宽的能量窗口提供了更大的强度，但是较宽的能量范围加重了色差，导致空间分辨率的损失。幸运的是，尽管有这些挑战，现在许多类型的亚纳米分辨率的化学分析采用 EFTEM 还是可能的。

5.5.3　利用能量过滤图像进行化学分布

在接近原子尺度上，量化化学信息的能力使得 EFTEM 成为材料表征的重要手段（包括轻元素如 C，O 和 N）。化学信息通常从吸收边 EELS 谱的增长（或“跃变”）获得。不幸的是吸收边常常位于等离子体或其他元素吸收边的巨大且有坡度的背底上，因此化学分布需要 EFI 的能量损失选取必须包括吸收边前后的一定范围。数据处理过程需要从背底中剥离出化学信息，例如，在高于吸收边获得的图像化学衬度“边后”图像，通过减去或除以“边前”的 EFI 背底图像，可以更好地对图像进行观察①。两种类型的元素分布可用于：

- “跃变比图像”，边后图像除以边前背底图像；
- “三窗口图像”，两个边前图像的强度外推至边后图像的能量处，并从边后图像的强度扣除这个外推强度。

跃变比图像中样品厚度和衍射衬度的变化，通过相除可以在很大程度上消除，这是它具有的优势；但是三窗口图像提供了更好的元素量化。遗憾的是，在背底扣除过程中，三窗口图像通常比跃变比图像干扰更大，而且测量需要更多的时间。

采用 EFTEM 获得化学分布的第一步是，得到一个 EELS 谱来定位感兴趣的边，决定能量窗口的放置以及确定样品厚度的适合性。另一个需要准备的步骤是倾斜样品或入射束以减小明场 TEM 图像的衍射衬度。既然弹性散射的强度比非弹性散射强得多，那么在能量过滤图像的外观上衍射衬度可占据主导地位。为增强化学衬度的相对数值，样品应沿着远离强烈衍射条件的方向倾斜。同样区域的六种 EFI 图像可以用来获取化学元素分布，这些图像（使用近似能量窗口）是：

- 未过滤（明场）图像（所有能量）；
- 零损失图像（5～10 eV）；
- 低能损失（等离子体）图像（20 eV）；
- 边前图像 1（10～20 eV）；
- 边前图像 2（10～20 eV）；
- 边后图像（10～20 eV）。

对薄样品，非弹性散射强度与样品厚度成正比。如果利用不同元素边图像的比例，则样品厚度的变化不会影响元素浓度的比例。但是，当检测一个元素的化学分布时，了解整个样品的厚度变化是非常重要的。既然未过滤图像包括弹性和非弹性散射电子，而零损失图像仅仅包含弹性散射电子，那么通过零损失图像除以一个未过滤图像，然后对这个结果取对数来获得单元内厚度分布 t/λ（在 5.3.2 小节中讨论）是可能的。这个厚度分布可用来识别不规则样品表面，而且允许从原子面积密度到绝对浓度的换算。同样，三窗口图像通过除以低损失图像对厚度影响加以修正。

对于 EFI，最佳的样品和显微镜参数通常与 EELS 相似。例如对于 EELS，样品应该非常薄，即 $t/\lambda<0.5$，并且理想的厚度大约是这个厚度的一半②。经验的方法是等离子峰高度应不高于零损失峰的 1/5。同样，一个小的收集角（5～10 mard）是优选的，因为这通常会增加吸收边的信号/背底比（见习题 5.9）。原子序数大于 12 的元素可对元素分析的能量边进行选择，最好是利用主边和起始能量为 100～1 000 eV的边。在较低能量区域，衍射衬度和陡峭的背底使定量化变得复杂。能

① 例如，背底图像每个像素内的计数能够从边后 EFI 每一个相应的像素内的计数提取出来。

② 因为完整谱没有得到，所以在 EFTEM 中多重散射的解卷是不可能的。

量损失低于 50 eV 时空间分辨率同样被削弱，因为此时并不一定出现在最接近高能电子的原子的电离作用使得电子移位。能量高于 1 000 eV 时强度变得非常低，通常需要一个更宽的能量选择窗口，但这也会导致色差问题。色差的影响可以通过利用较小的物镜光阑来减弱，但这限制了 Δk 的范围，并因此影响了空间分辨率(比较式(2.14))。

5.5.4　高空间分辨率的化学分析

图 5.17 和图 5.18 说明了用 EFTEM 图像获取化学分布的几个方面。实验证实了 Ag 的富集是 Ω 沉淀相和富 Al 基体界面间两个平面的常规衬度的来源。Ag $M_{4,5}$边具有一个延迟的极大，最高点位于边起始处以上大约 50 eV(图 5.17)。为获得最好的强度，边后窗口应该包括吸收边强度的最大值，但是这需要边前 2 图像和边后图像(要以一个相对大的能量间隔进行记录)。这对于 EFTEM 图像不是最理想的。较好的探测能力和空间分辨率可在标记为"边前 2"和"边后"窗口(一起紧靠在陡峭的吸收边起始处)获得，陡峭的 K 边或过渡金属 L 边处强烈、尖锐的白线提供了这个可能。此外，在有足够信号可利用的情况下，空间分辨率可利用能量窗口窄于示例中 30 eV 的窗口来改善。对于 Ag，能量窗口的选择如图 5.17 所示。

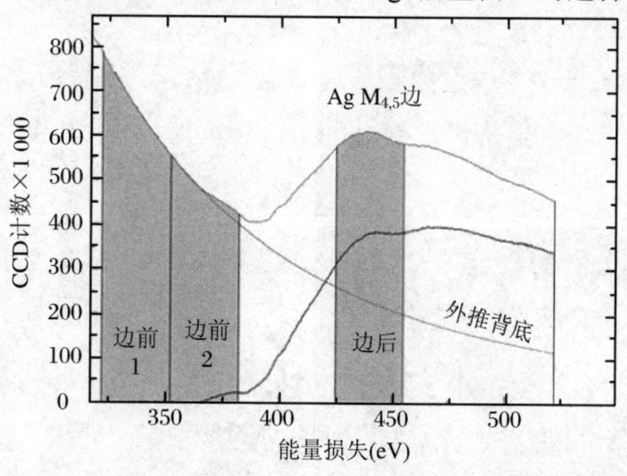

图 5.17　部分 EELS 谱显示了 Ag $M_{4,5}$ 吸收边和用于图 5.18 中 EFI 的边前 1、边前 2 和边后能量窗口的放置，同时也显示了外推背底和经吸收过背底扣除的 Ag $M_{4,5}$ 边[8]

图 5.18 显示了一组在 Al-Cu-Mg-Ag 合金中 Ω 沉淀相金属片的 EFTEM 图像。为了抑制衍射衬度，倾转样品远离 α 相基体精确的[011]晶带轴，但是 $\alpha|\Omega$ 界面仍然平行于电子束。在零损失图像中，两条黑色的晶体条纹在 Ω 金属片两边的 $\alpha|\Omega$ 界面处可看到(图 5.18(a)和(b))，这些晶体条纹有两个 Al{111}面的宽度(0.46 nm)。在每个界面处，Ag 的跃变比图像和三窗口图像都显示高强度白线。三窗口图像比跃变比图像噪声更大，但它提供了 Ag 高度富集的更好的判断。在两个图像中背底无特色，这表明衍射衬度和厚度影响可以忽略。由图(e)和(f)中

的方框获得的两个 Ag 线轮廓图(显示在跃变比和三窗口图(e)和(f)下面),两者都展现出 Ag 对沉淀相的偏析。这些 Ag 层仅有 0.46 nm 宽,说明了这个技术突出的空间分辨率。内部界面的平滑对于在高空间分辨率下探测化学对比度是有帮助的。

图 5.18　一组在 Al-Cu-Mg-Ag 合金(α 相)中侧面 Ω 沉淀相金属片的 EFI,样品倾转至惯习面界面平行于电子光束,但样品并不是直接处于晶带轴,在图 5.17 中显示了一些能量窗口。(a)零损失图像;(b) 部分的放大;(c) 边前 2 图像;(d) 边后图像;(e) Ag $M_{4,5}$ 跃变比图;(f) Ag $M_{4,5}$ 三窗口化学分布;在(e)和(f)下面的 Ag 线轮廓图应该沿着围绕 $\alpha|\Omega$ 界面方框的短边移动($\beta = 18$ mard)[8]

5.6　X射线能量色散谱(EDS)

5.6.1　电子穿过材料的轨迹

本节解释高能电子是如何穿过薄的TEM样品以及如何从原子产生X射线，并且讨论一些仪器设备和人为因素问题。随后的5.7节描述X射线谱的定量分析过程，以获得样品中化学浓度。首先我们考虑高能电子穿过样品的轨迹，因为这些路径决定X射线来源于哪里。对于薄样品，大部分电子直接穿过。一些电子经过弹性卢瑟福散射的大角度偏转，随着电子穿过样品，电子束变宽。我们需要知道沿着电子轨迹，不同类型原子电离的概率(至少是相对概率)——这是5.4节的主题。原子被电离后，了解原子发射X射线的概率和X射线离开样品并被探测器计数的概率是非常重要的。

电子的大角度散射主要是在原点的弹性散射①，并且发生在高能电子靠近原子核的时候。在这些散射里，原子电子的屏蔽影响可以忽略，结果是卢瑟福散射截面 $\mathrm{d}\sigma_{\mathrm{R}}/\mathrm{d}\Omega$。令 $2\theta\equiv\phi$，则

$$\frac{\mathrm{d}\sigma_{\mathrm{R}}}{\mathrm{d}\Omega}=\frac{Z^2e^4}{16T^2}\frac{1}{\sin^4(\phi/2)} \tag{5.56}$$

等式(5.56)对于理解样品中的电子背散射的产生也是有帮助的。"背散射电子"的定义是电子被散射的角度很大以至于它们反转方向，通过它们进入的相同表面反向运动出去。由于式(5.56)中 T^{-2} 的依赖关系，对于带有几千万电子伏的电子穿过薄样品，电子背散射是相对较少的②。

典型的电子轨迹可利用蒙特卡罗算法单独计算，用户统一指定式(5.56)中原子核电荷 Ze 的密度、电子能量和卢瑟福截面。计算机程序允许散射事件的随机发生，电子在弹性碰撞之间沿着直线路径运动，路径长度和散射角度也是随机发生的。

沿着卢瑟福散射间的直线路径，假设电子随机地损失能量到非弹性过程——芯激发和等离子体。芯激发是电离作用的结果，可使得随后X射线发射成为可能。在5.4.1～5.4.6小节中描述了一个原子电离的概率如何依赖于散射角度

① 在5.4.4小节中对电离截面的讨论说明了由于式(5.44)中 ϕ 的依赖关系，电子能量损失谱趋向于向前成峰，尤其是在小的能量损失区域。

② 背散射电子在扫描电子显微镜中是非常普遍的，采用的入射电子能量是几千电子伏，尽管这些电子倾向于多重散射。背散射电子对SEM图像提供了一些化学分析能力，式(5.56)中的 Z^2 因子使得在含有较重元素的区域背散射电子像(BEI)较为明亮。

ϕ 和入射电子能量损失 E。为计算 X 射线发射，我们需要对所有的 ϕ 和 E 进行积分来获得一个芯电子电离作用的非弹性散射的总截面 σ_{in}。这可如式(5.49)和式(5.54)那样得到，其取决于入射电子能量，即通过公式 $1/(\tau \ln \tau)$，此处 $\tau \approx 2\pi\gamma T/E_{\alpha\beta} \gg 1$。因此我们期望如同高能电子在厚样品中一样不断损失能量，非弹性散射事件变得更加频繁，至少直到动能 T 变得非常小的时候。现在蒙特卡罗程序已发展到可以模拟在本节中提到的所有物理现象中的电子轨迹，图 5.19 中展示了蒙特卡罗模拟的典型结果。

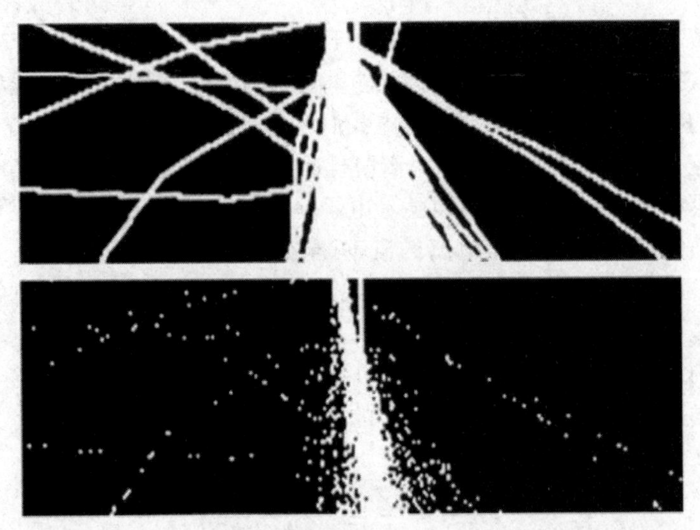

图 5.19　蒙特卡罗模拟的电子轨迹(上图)和 X 射线发射的假定位置(下图)(实际上，大部分单个路径不产生 X 射线)[9]

图 5.20(a)中显示了一个厚块体样品中的电子轨迹。高能电子在块体材料内纵深穿透和侧面展宽引起一个直径大约为 1 μm 的 X 射线发射区域，这是电子显微镜一种典型的空间分辨率。但是在 TEM 中采用的样品只有几十纳米厚，如在图 5.20(b)中的薄样品，即缺少大部分出现电子束展宽的材料。因此，分析型 TEM 的空间分辨率比电子显微镜要好很多①。作为一个经验公式，空间分辨率明显地小于探测束的宽度和样品厚度的和。实现本节中描述的弹性-非弹性散射模型的蒙特卡罗模拟对于束展宽 b 提供了一个近似(cm)：

$$b = 6.25 \times 10^5 \frac{Z}{E_0} \sqrt{\frac{\rho t^3}{A}} \tag{5.57}$$

此处，A 是元素的原子质量(g)，ρ 是密度($\mathrm{g/cm^3}$)，t 是厚度(cm)，E_0 是入射能量(eV)。

① 另一方面，在图 5.20(a)中从大量体积中发射出的 X 射线提供了更大的强度。这个高的强度和较高的入射电子束电流允许电子显微镜使用具有低收集效率但极好能量分辨率的波长色散 X 射线光谱仪。

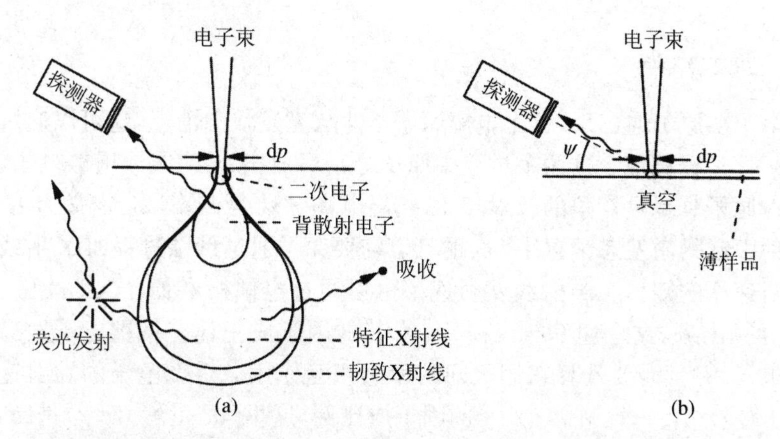

图5.20　束展宽在块体样品(a)和薄膜(b)的不同。(a)部分显示了电子穿透、电子逸出和X射线发射。对于高能电子，X射线发射区域的尺度典型的是几微米，背散射电子区域是几十微米，二次电子区域是几埃。对于在(b)中的薄样品，较大的尺寸是不存在的

在扫描电子显微镜(SEM)中，"二次电子"发射是特别重要的。二次电子是与样品结合较弱，并可被几电子伏特能量(最多几十电子伏特)逐出的电子。既然这些电子具有很小的能量，那么它们仅仅能穿过材料很短的距离(大约低于100 Å)，因而起源于表面区域附近。探测到的二次电子对表面形貌非常敏感，如图5.21所展现的那样，从表面尖峰处比凹坑处更容易显现出来。二次电子成像(SEI)是SEM的主要技术，并可以在TEM中以大部分相同的方法进行，这个设备如图5.22所示连接在显微镜柱体的二次电子探测器，在扫描模式下进行操作。每个入射电子发射出的二次电子数目定义为"二次电子产率"，并可以小于或者大于1。对于带有能量小于1 keV的入射电子，二次电子产率随着入射能量增加而增加，但在1 keV的能量级别达到一个最大值(1～3个二次电子/入射电子)。在较高能量处，产率较低是因为入射电子穿入到材料内太深，二次电子不能逸出。

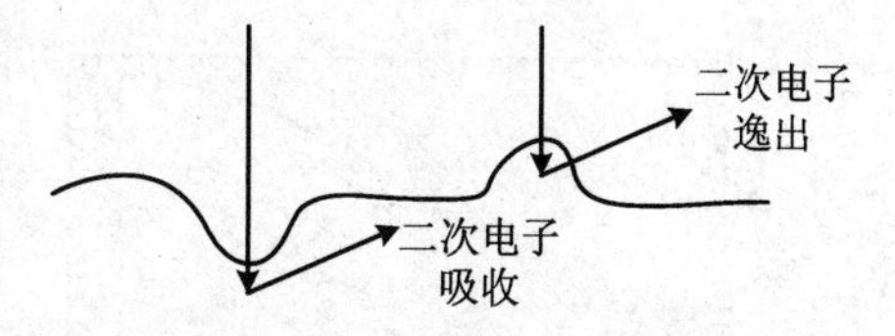

图5.21　二次电子的逸出概率取决于表面形貌

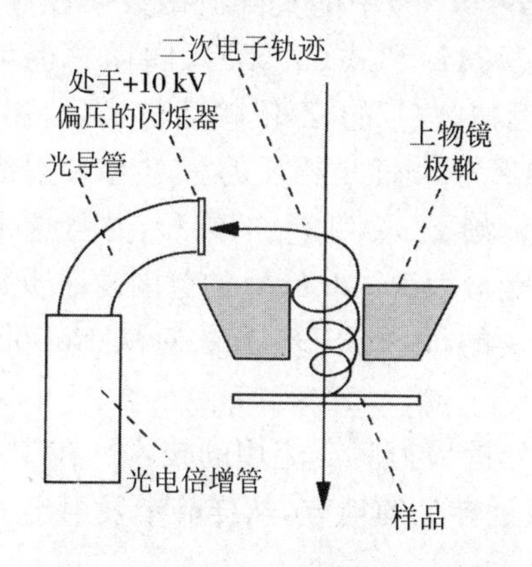

图5.22　在TEM内的埃弗哈特-萨恩利(Everhart-Thornley)探测器及其构造。典型的二次电子遵循一个沿着通过上物镜极靴磁场的螺旋路径

5.6.2 荧光产率

芯电子从原子逸出后，这个电离原子迅速从激发状态消退，这可以通过“辐射”或“非辐射”过程实现。这两个过程中原子分别释放出 X 射线或俄歇电子，并且两个过程对原子衰减是竞争的。对于 K 壳层电离，“荧光产率”ω_K定义为 K 壳层 X 射线发射引起的激发态消退率，ω_K的计算需要原子通过俄歇过程和 X 射线发生过程的相对速率的知识。X 射线发射速率可以通过电偶极在原子态$|\alpha\rangle$和$|\beta\rangle$之间的跃迁计算出来，这个速率与$|\langle\alpha|e\boldsymbol{r}|\beta\rangle|^2$的因子成正比。俄歇电子发射速率涉及两个电子，并且需要计算它们之间的库仑相互作用。俄歇电子的发射速率与因子$|\langle k|\langle\beta|e^2/(\boldsymbol{r}_1-\boldsymbol{r}_2)|\alpha\rangle|\gamma\rangle|^2$的因子成比例，这里$|\alpha\rangle$，$|\beta\rangle$和$|\gamma\rangle$是原子状态，状态$|k\rangle$是一个带有俄歇能量(状态$|\alpha\rangle$和$|\beta\rangle$之间的能量差值减去$|\gamma\rangle$|状态的结合能)的自由电子。荧光产率是 X 射线产率与总产率的比值，总的产率是 X 射线产率和俄歇产率之和。根据经验，对于 K 壳层发射，ω_K近似地依赖于原子序数 Z：

$$\bar{\omega}_K = \frac{Z^4}{10^6 + Z^4} \tag{5.58}$$

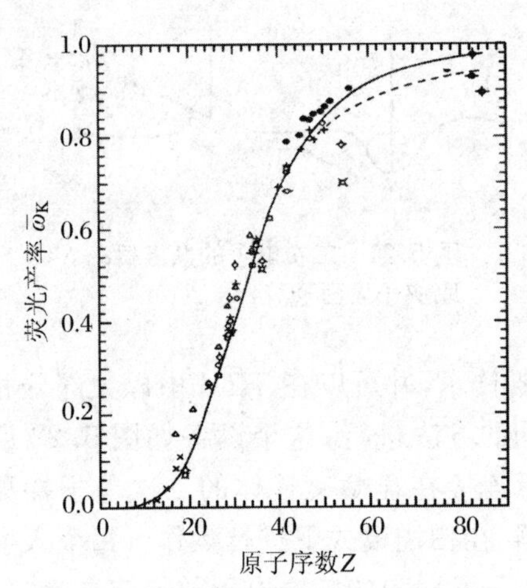

图 5.23　元素的 K 壳层荧光产率。差值$1-\omega_K$是俄歇电子的产率[10]

较重的元素倾向于发出 X 射线，较轻的元素倾向于发出俄歇电子①。元素的 K 壳层荧光产率展示在图 5.23 中，荧光产率快速地随着 Z 增加而增加。另一方面，K 壳层电离截面随着 Z 增加而强烈地减小，这个表示为 Q_K(等于 5.4.6 小节中的总截面σ_{in})的减小量可从式(5.54)中得到，或者利用式(5.38)中的实际波函数来计算(代入式(5.44)和式(5.52))，同样它也可用Z^{-4}近似。Q_K的 Z 依赖性与式(5.58)中ω_K的 Z 依赖性是相反的。产生 X 射线的概率依赖于 ω_K和 Q_K的乘积，并且这个乘积在能量为 1～20 keV 的范围内证明是相对不变的，因此 EDS 方法对从 Na 到 Rh 的元素具有均匀的灵敏度。

X 射线荧光的探测是 TEM 中微量化学分析最为广泛应用的技术。在 1.4.1 小节中(图 1.18)描述的固态探测器放置在接近样品的地方，从样品中发射出的 X

① 近似地，俄歇发射概率不依赖于 Z，而 X 射线的发射概率则随着 Z 强烈地增加。不幸的是，利用 TEM 通过测量俄歇电子能量来进行化学分析通常是不切实际的。俄歇电子通过材料内几纳米距离会损失大部分能量，原子跃迁的俄歇能量特征仅仅在样品表面几个原子层才能获得。TEM 内的真空度不是特别好，并且在电子束照射下样品会被加热，TEM 样品的表面会快速污染，甚至还没有完全氧化。

射线谱可以在多通道分析器中得出(1.4.5小节,图1.20)。图5.24给出了一个SiC的典型的EDS谱,峰的宽度可通过探测器的能量分辨率设定,但这并不决定于样品内的原子,探测器的特征同样影响峰的强度。例如,等原子计量比的SiC的谱中C峰强度比Si峰要小很多。

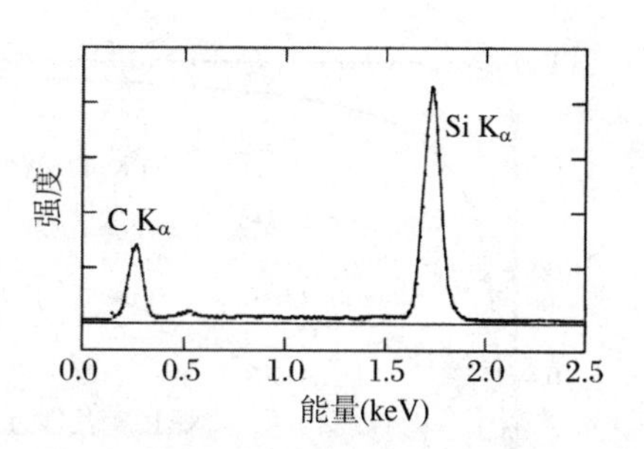

图5.24 SiC的EDS谱。由超薄窗口Si[Li]探测器获得[11]

把X射线强度因子转换为元素浓度是定量EDS测试的一个必要部分。幸运的是,TEM样品的薄度简化了转换过程——对于特定的样品几何形状,这些转换因子通常可被认为是一组常数(5.7.1小节)。如图5.20(a)所示的那样,当样品中有明显的X射线吸收和二次X射线荧光发生时(这是在电子微探针或扫描电子显微镜中块体样品测量的非常典型的情况),简单的常数转换是不合适的。TEM样品的薄度减少了X射线吸收和荧光的问题(图5.20(b)),而且量化通常是非常简单的。

5.6.3 EDS仪器设备需考虑的因素

1. 电子束-样品-探测器的几何形状

通常位于距离样品尽可能近的最大探测器,具有对有效X射线探测的最佳几何条件。另一个重要的几何参数是取出角 ψ,这是样品表面和X射线出射线(X射线产生点到探测器中心的连线)之间的夹角(图5.20(b))。由式(4.50),有时可表示为比尔(Beer)定律:

$$\frac{I}{I_0} = \mathrm{e}^{-(\mu/\rho)\rho x} \tag{5.59}$$

这里,I/I_0是X射线穿过一个厚度为 x、密度为 ρ 的材料的份额。μ/ρ 是质量吸收系数,它们已作为一个 Z 和X射线能量的函数制成表格(附录A.2)。样品中X射线的吸收性取决于"逸出路径",或者穿过样品的"吸收路径"。吸收路径依赖于另外两个因素:① 样品中X射线产生的深度 t;② 取出角 ψ(ψ 越大,吸收路径越短)。等式(5.59)变为

$$\frac{I}{I_0} = \mathrm{e}^{-(\mu/\rho)\rho t \csc\psi} \tag{5.60}$$

X射线逸出可能性的几何因子与不同的实际 μt 之间的曲线关系如图5.25所示。作为经验公式可能与图5.25是一致的,X射线发射从0°到30°增加,然后停止①。在大部分显微镜中,样品向X射线探测器方向典型的倾斜角大约为30°,或者探测

① 电子束和样品表面之间的入射角影响相互作用体积的平均深度,非常厚的样品采用较高的倾斜角度可产生更多的X射线。入射角度越小,相互作用体积到表面的距离越近,对于发生的X射线吸收路径越短。

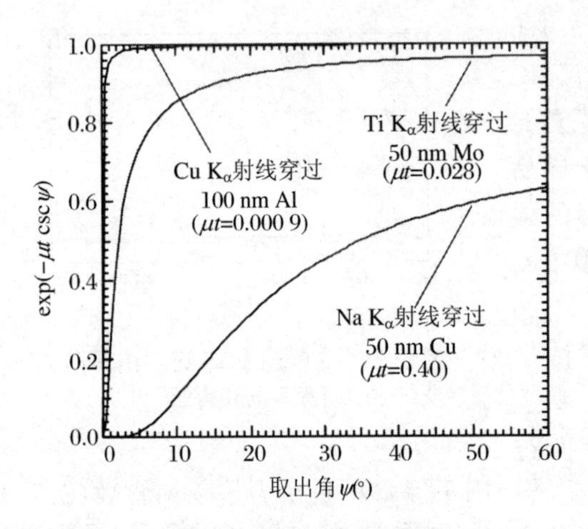

图 5.25　离开样品的 X 射线份额 I/I_0 与探测器取出角 ψ，对样品内不同特征深度 μt 的曲线关系。这里，t 是原电子离化深度。总的强度是来源于所有深度 X 射线的积分

器可安放在一个很大角度位置。对于一些水平探测器，Si[Li]探测器向样品倾斜 20°～30°，因此样品倾斜是必需的。

2. 探测直径、电流和会聚角

探测直径 $d_{\min}$、电流 i 和会聚角 α 都会影响 X 射线的发射过程，EDS 精确的定量工作通常需要了解这些参数。下面讲述一些确定这些参数的技术。如在 2.3.3 小节中建议的那样（并在 7.5.1 小节中分析），α 可通过衍射花样的圆盘直径直接测量。一个直接测量入射电流 i 的方法是利用法拉第杯（图5.26）。对一些 TEM，法拉第杯安装在一个可拆装的样品杆上。每当用法拉第杯测量进行标定时，束电流可通过仪器控制台的发射电流表近似地确定。另外一个测量探测电流的方法是利用 EELS 谱仪，通过记录在一定时间内获取的谱的总电子数，并将它们转换为安培。

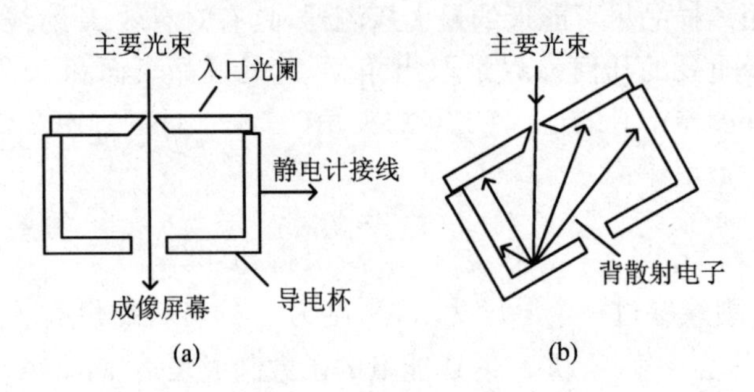

图 5.26　法拉第杯。(a) 零流量校准和定位电子束位置的方向；(b) 电流测量的方向[9]

测量探测尺寸 $d_{\min}$ 常用方法是：在高放大倍率下，通过在共焦高度形成一个聚焦的图像来记录探测图像（较佳的是选用一个线性探测器，比如电荷耦合装置（CCD）照相机），然后在观察屏上利用第二个聚光镜 C2 聚焦这个探测器。如果探测器假定是高斯的，那么尺寸可被任意地定义为包含有 75% 电流的半高宽（FWHM）（在图 5.27 中以 $I_p/2$ 标出），或者十分之一最大峰值的全高宽度（FWTH）（在图 5.27 中以 $I_p/10$ 标出）。FWTH 的定义可能是较好的标准，这部分光束包含了大部分电流，并且和非常小的探测尺寸相关的边缘光束可能是非高斯的并且是相当宽的。

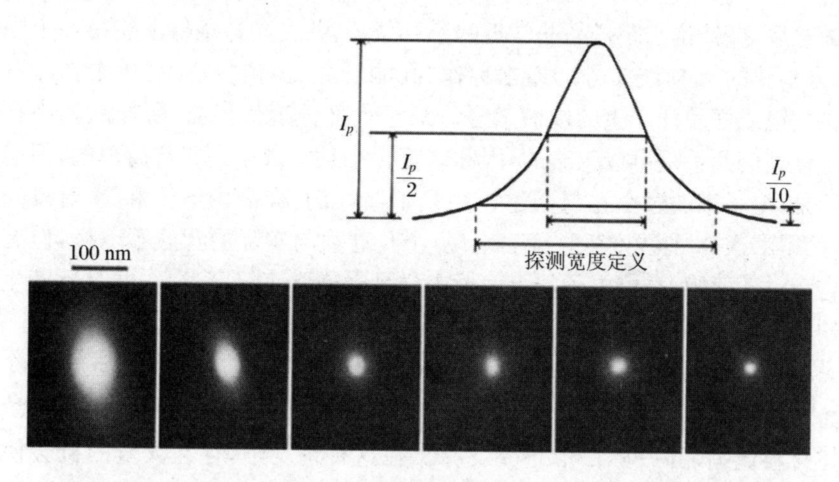

图5.27　利用 LaB_6 灯丝的 Philips EM400 T(用六个不同的束尺寸设置 100 000×),在 TEM 荧光屏上获得的不同电子强度分布的一系列图像。从这些图像中计算出的 FWHM 分别是 200,100,40,20,10 和 10 nm[9]

在 TEM 中,探测尺寸是由通过第一聚光镜 C1 的电流决定的(通常称作“光斑尺寸”控制),会聚角度主要是由 C2 光阑的尺寸决定的(对一些显微镜,采用物镜前场或聚光镜“小镜”额外调整)。典型的 TEM 中,样品上依赖于探测尺寸的探测电流能够有超过两个数量级的变化。如果空间分辨率不是主要考虑的问题,那么带有较高电流的大探测尺寸提供了最好的 X 射线计数统计;但是如果需要高的空间分辨率,在分辨率和探测电流之间有个折中的办法。理论上,探测尺寸应该不依赖于 C2 的光阑尺寸。但实际上,C2 的光阑影响探测尺寸,因为典型的高收集角度($>10^{-2}$ rad)可以用来形成非常小的探测尺寸,并且这也会导致在被光阑截去的光束里出现宽的边缘光束。

5.6.4　EDS 仪器中的人为因素

理想的情况是,当电子探针聚焦到样品上进行化学分析时,X 射线仅仅来自于电子束和样品之间的基本相互作用。不幸的是,TEM 中存在两个虚假的 X 射线源:一是源于显微镜照明系统内柱体组件和电子相互作用产生的 X 射线。如果不能通过屏蔽或设计进行消除,这些 X 射线(和/或偏离的电子)通过上物镜极靴“如下雨般”落在样品上。二是因样品散射出电子或 X 射线,再撞击到物镜组件或样品杆上而产生的 X 射线。在进行定量 X 射线分析时,这些虚假的 X 射线信号必须从测量谱中扣除。依据样品的不同,有不同的方法认识和处理这些影响。下面介绍三种典型的情况。TEM 设备制造者很好地意识到这些问题,并在显微镜柱体和样品杆的设计上增大长度以减小这些影响,但这并不意味着虚假 X 射线对一些测量不再是一个问题。

就一个电抛光薄片而言,吸收和荧光可被忽略,情况很简单。在样品感兴趣区域测量之后，探针位于距样品非常近的小孔位置，并在同样条件下获得一个“孔洞”谱(来自小孔的 X 射线信号)，通常称作“孔洞计数”，将它从样品谱中扣除以有效消除显微镜或样品杆产生的虚假信号。对于大部分现代仪器，薄样品的小孔计数相对于样品谱几乎是可以忽略的，因此修正很小且定量化是非常简单的，但必须要记住的是，电子束通过小孔与通过样品是不一样的，样品内电子和 X 射线同时释放出，使得二次 X 射线产生。确切地说，小孔计数与实际的背底不一样，但有希望接近它。对于薄膜，高能电子从上面撞击样品时通常直接穿过它，并且不产生任何明显的背底。

另外一个极端情况是由聚焦离子束制备的典型样品。这类样品包含一个大约 30 μm 宽并向样品内延伸 10 μm 的表层，外面被剩余的、厚度大约为 20 μm 或更厚的块体材料包围，由一个 C 形垫圈支撑。在这种情况下，存在大量的机会使得 X 射线落在样品上以及由样品产生散射电子和 X 射线，并撞击块状样品和支撑材料产生许多赝 X 射线。如果这些赝 X 射线来自照明系统，元素的 K_α X 射线和 L_α X 射线的比例是非常高的，比如 Cu 元素，这是因为高能电子会使得比 L_α X 射线更多的 K_α X 射线发出荧光。作为一个规则，对源于像 Cu 和 Ni 这种中等原子序数原子 X 射线电子激发，通常 L_α峰与 K_α峰一样高或者比 K_α 峰更高，因此一个反常的比例是 X 射线荧光的迹象。从这样的样品中获得小孔计数是一个好的想法，但是当探针位于表层而并非在小孔内时，这种类型的样品内散射电子和 X 射线产生的信号可明显变大，因此孔洞计数的扣除不像对薄膜样品那样可靠。认识到这一点也是非常重要的。将探针位于样品边缘的 C 层，或涂层上(举个例子，在制备过程中 Pt 被用来保护表面)，并且对比这些谱和小孔计数与样品谱以使得定量过程尽可能精确通常是很有帮助的。

两种极端情况之间的普通情况是一层薄的碳膜支撑的小粒子，碳膜是由金属栅格支撑(通常是 Cu)。来自栅格的赝 X 射线可通过采用 Be 或聚合物栅格来消除，因为这些材料不产生明显的 X 射线信号。如果小粒子远离金属栅格条，样品上方杂散辐射的 X 射线一般不是问题，但是赝 X 射线仍然会从电子与样品的相互作用中产生(通常会在 X 射线谱中见到 Cu 峰，假设用了 Cu 栅格)。将探针位于刚刚贴近被分析颗粒的 C 支撑膜，并从样品谱中扣除是常见的做法。显然，C 薄膜中的电子散射和 X 射线产生与被分析颗粒中是不同的，这也是一个近似。对于最好的实验工作，总是必须进行思考和判断。

5.7　定量 EDS

5.7.1　薄膜近似

1. 克里夫-罗瑞莫(Cliff-Lorimer)因子

EDS 微化学分析始于从测得的 X 射线谱中扣除背底。背底主要来自韧致辐射,在 1.2.1 小节的讨论中发现它对能量的依赖非常弱,尤其是在不可能存在高能电子多重散射的薄样品中。如图 5.28 所示的 EDS 谱分析,通常用一个 E 的幂级数来模拟背底。利用两个或多个可调参数,背底可以被很好地模拟。从谱中扣除背底后进行数字积分(利用图 1.27 的过程),或拟合到分析函数,比如高斯函数尖峰。峰面积可以单独处理,并且在图 5.28 中的简单情况下是可接受的。当峰发生重叠时,最好是从每个期望元素(包括 EDS 谱仪的灵敏度)的能量和相对强度的成套峰(比如 K_α,K_β,L 系列等等)开始。任一个方法都能够提供一系列峰强度$\{I_j\}$,其中 j 表示某个特定的化学元素。这些$\{I_j\}$可以转换成一组元素浓度$\{c_j\}$,这将在下面讲述。

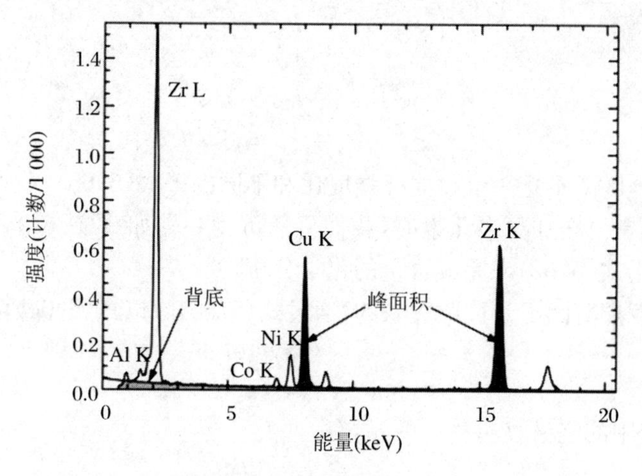

图 5.28　Zr 基金属玻璃的 EDS 谱。显示了一个拟合的背底和两个背底之上的峰面积[12]

在薄膜样品中,从一个原子释放出的 X 射线被第二个原子吸收是不太可能的(比较图 5.20),这样的双重散射过程在“薄膜近似”中已经被忽略,这大大简化了从$\{I_j\}$中确定$\{c_j\}$的工作。在薄膜近似中,来源于元素 A 和 B 的 X 射线峰强度比 I_A/I_B与相应的质量分数比 c_A/c_B成简单的比例关系:

$$\frac{c_{\mathrm{A}}}{c_{\mathrm{B}}} = k_{\mathrm{AB}} \frac{I_{\mathrm{A}}}{I_{\mathrm{B}}} \tag{5.61}$$

这里，k_{AB}对于给定的加速电压和特殊的 EDS 谱仪是一个常数，并且不依赖于样品厚度和组成。通常这个常数 k_{AB}称作克里夫-罗瑞莫因子，它解释了不同加速电压下 X 射线产生的效率和探测器在相应 X 射线能量下的探测效率。

EDS 的方便之处是，对于大部分元素的 K_{α} X 射线峰，k_{AB}因子近似是 1，因此峰强度(或者甚至是峰高度)的比例给出了样品成分的一个很好近似，有利于样品的半定量 EDS 分析。这个近似对大约从 Mg 到 Zn 的元素有效，不在这个原子序数范围内，k_{AB}因子逐渐地增加，但是对于具有相似原子序数的元素，通过比较它们的 K_{α} 峰的强度来估算其浓度是合理的。

归一化过程

$$\sum_{j} c_{j} = 1 \tag{5.62}$$

可用来将质量分数比转换成质量百分比(或者另一种选择，原子分数转换成原子百分比)。也就是说，在一个二元体系里对元素 A 和 B，k_{AB}是已知的，定量是基于式(5.61)中强度 I_{A}和 I_{B}的测量比例的，并利用式(5.62)：

$$c_{\mathrm{A}} + c_{\mathrm{B}} = 1 \tag{5.63}$$

对一个带有元素 A，B 和 C 的三元体系，可用下面的等式：

$$\frac{c_{\mathrm{C}}}{c_{\mathrm{A}}} = k_{\mathrm{CA}} \frac{I_{\mathrm{C}}}{I_{\mathrm{A}}} \tag{5.64}$$

$$\frac{c_{\mathrm{C}}}{c_{\mathrm{B}}} = k_{\mathrm{CB}} \frac{I_{\mathrm{C}}}{I_{\mathrm{B}}} \tag{5.65}$$

$$c_{\mathrm{A}} + c_{\mathrm{B}} + c_{\mathrm{C}} = 1 \tag{5.66}$$

对于三元合金，除了不止一个独立峰强度比和不同的等式(5.65)，我们还有很多未知的因素。通常当增加更多元素时，我们仍然可用一套如式(5.64)和式(5.65)的线性等式，加上式(5.62)来完成合金的化学分析。

克里夫-罗瑞莫因子是彼此关联的，通过式(5.65)除以式(5.64)可以得到

$$\frac{c_{\mathrm{A}}}{c_{\mathrm{C}}} \frac{c_{\mathrm{C}}}{c_{\mathrm{B}}} = \frac{k_{\mathrm{CB}}}{k_{\mathrm{CA}}} \frac{I_{\mathrm{C}}}{I_{\mathrm{B}}} \frac{I_{\mathrm{A}}}{I_{\mathrm{C}}} \tag{5.67}$$

借助式(5.61)中的定义，$k_{\mathrm{CA}} = 1/k_{\mathrm{AC}}$，有

$$\frac{c_{\mathrm{A}}}{c_{\mathrm{B}}} = k_{\mathrm{AC}} k_{\mathrm{CB}} \frac{I_{\mathrm{A}}}{I_{\mathrm{B}}} \tag{5.68}$$

比较式(5.61)和式(5.68)，我们获得一个克里夫-罗瑞莫因子之间的一般关系：

$$k_{\mathrm{AB}} = k_{\mathrm{AC}} k_{\mathrm{CB}} \tag{5.69}$$

克里夫-罗瑞莫因子或“k 因子”，通常储存在 EDS 软件的查询表格里。

2. k 因子的确定

为获得准确的克里夫-罗瑞莫因子，人们付出了大量的努力，因为 EDS 分析的

准确性取决于这些因子的准确性。k因子是样品和探测器性质的结合。考虑元素A和B的K_α X射线发射的k_{AB}系数，薄膜近似假定两种类型的X射线起源于同一区域，并且采用直接路径穿过样品，因此我们希望k_{AB}系数是这样一个比例：

$$k_{AB} = \frac{A_A \overline{\omega}_B a_B Q_{KB}}{A_B \overline{\omega}_A a_A Q_{KA}} \exp[(\mu_{Be}^{A} - \mu_{Be}^{B})t] \tag{5.70}$$

其中，A_i是元素i的原子质量（当k_{AB}用来确定质量分数时需要），ω_i是荧光产率，a_i是K_α发射的分数（这里存在K_β发射的竞争，但是当$Z<19$时，$a_i=1$），μ_{Be}^{i}是对于元素i的X射线以及经过探测器窗口的有效厚度t（包括例如Be窗口、Si失效层和Au导电薄膜）的“有效”质量吸收系数，Q_{Ki}是K层电离截面（原则上可从式(5.54)中的总截面获得，但是有更好的结果可利用）。

有三种基本的方法可以确定k_{AB}：① 利用标准实验；② 利用文献中可利用的数值；③ 用第一性原理计算。第一个方法是最为可靠的，实验的k_{AB}数值是由特定的显微镜、探测器和操作条件决定的。利用文献中计算和/或实验k_{AB}数值也是可能的，但是由于样品的特征，以及显微镜、探测器和实验构造（包括样品的倾斜）方面的不同，误差是可以预见的。对于$Z>14$的元素，在实验和计算k_{AB}数值间的符合到5%是非常好的，对于这些元素，通常对给定的探测器和加速电压计算k_{AB}数值是足够的。对于较低Z元素，理论和实验间不协调可能是理论不适当、样品内低能X射线的吸收、探测器窗口的污染或电子辐射中轻元素的损失等这些因素的结合。对于常规分析，普遍的是利用EDS谱仪系统提供的k_{AB}数值。进行相似的已知成分的标准测量能够得出校正过程，用来改善相似组分样品的定量化。

5.7.2 *ZAF* 校正*

在EDS谱中，来源于不同元素的X射线峰强度依赖于：① 高能电子穿过样品的路径和能量；② 元素的电离截面；③ 荧光产率；④ 释放出的X射线被探测器检测到的概率。薄膜近似将这些影响全部汇集到一个适用于每种特征X射线的常数因子。在薄膜样品界限内，EDS谱内所有峰强度随着样品厚度的增加而增加，但是峰强度的比例保持不变。对于所有厚度样品允许使用式(5.61)，但是对较厚样品，峰强度比例会改变。在TEM中，源于不同元素的特征X射线的产生，不会因穿过中等厚度样品的入射束的变化而改变。厚度影响源于样品内不同元素对特征X射线的散射，随着样品变厚和X射线穿过样品离开路径变长，这些非弹性X射线散射过程涉及更大一部分的X射线，从而改变了峰强度的比例。对这些元素内相互作用的校正通过考虑原子序数Z、吸收A和荧光F来进行，这个过程称作“*ZAF*校正”。

1. 样品内X射线吸收*

X射线吸收遵循式(5.59)的比尔定律。既然X射线的产生遍及整个薄片厚度，通常评价平均吸收需要将式(5.60)对整个样品厚度进行积分。幸运的是，对于薄膜可以使式(5.60)中的指数线性化,即 $e^{-x} \approx 1 - x$,并且取 X 射线发射的平均深度为 $t/2$,这里 t 是样品厚度。在这种情况下,对于一个无限薄样品记录的比例 I_{A0}/I_{B0},吸收改变了 X 射线强度比 I_A/I_B:

$$\frac{I_A}{I_B} \approx \frac{I_{A0}}{I_{B0}} \frac{1 - \frac{\mu_A}{\rho_A} \frac{t}{2} \rho_A \csc \psi}{1 - \frac{\mu_B}{\rho_B} \frac{t}{2} \rho_B \csc \psi} \tag{5.71}$$

$$\frac{I_A}{I_B} \approx \frac{I_{A0}}{I_{B0}} \left[1 + (\mu_B - \mu_A) \frac{t}{2} \csc \psi \right] \tag{5.72}$$

方程(5.72)显示了元素 A 和 B 对 X 射线吸收系数不同的重要性——如果两种元素具有相似的 μ,那么强度比例 I_A/I_B是不受影响的。表 5.3 给出了由于在特定材料内吸收的影响,薄膜近似不再适用的厚度①。

表 5.3　由吸收引起的薄膜近似界限。厚度限制在 k_{AB}因子有 3%的误差[9]

材料	厚度(nm)	被吸收的 X 射线
Al-7%Zn	94	Al K_α
NiAl	9	Al K_α
Ag_2Al	10	Al K_α, Ag L_α
FeS	50	S K_α
FeP	34	P K_α
Fe-5%Ni	89	Ni K_α
CuAu	11	Cu K_α, Au M_α
MgO	25	Mg K_α, O K_α
Al_2O_3	14	Al K_α, O K_α
SiO_2	14	Si K_α, O K_α
SiC	3	Si K_α, C K_α

2. 特征荧光校正

源于较重元素的特征 X 射线能够使较轻元素的原子光致电离,致使它们发出荧光。这提高了对于来源于轻元素的 X 射线数量的探测,并且抑制了源于较重元素的 X 射线的数量。薄膜内荧光效应较块体样品内要弱很多(图 5.20),然而当较强的荧光发生时,举例来说,在 Fe 的 K_α 辐射下 Cr 的 K_α 荧光,TEM 样品的定量微化学分析需要荧光校正(图 5.29)。对于薄膜已经发展了几种荧光校正方法,一

① 但是为了吸收校正,知道样品内平均 X 射线路程长度是必需的,然而从楔形或不规则样品确定这个长度是非常困难的。

个比较成功的模型[13]利用了一个经过荧光过程的元素A的增强因子 X_A:

$$X_A = c_B \bar{\omega}_{KB} \frac{r_A - 1}{r_A} \frac{A_A}{A_B} \mu_{BA} \frac{U_B \ln U_B}{U_A \ln U_A} \frac{t}{2} \mid 0.923 - \ln \mu_B t \mid \tag{5.73}$$

此处,U_i 是元素 i 的过电势比(入射电子能量与K边能量的比),A_i 是元素 i 的原子质量,c_i 是质量分数,r_i 是吸收边的跃变比(穿过EELS吸收边计数率变化的分数),ω_i 是荧光产率,μ_{BA} 是元素B在元素A内的质量吸收系数。对于元素B引起元素A发出荧光的样品,测量成分采用下式进行校正:

$$\frac{c_B}{c_A} = k_{BA} \frac{I_B}{I_A}(1 + X_A) \tag{5.74}$$

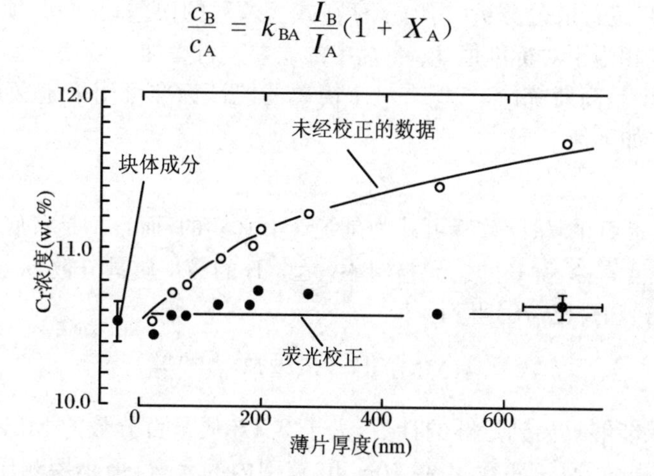

图5.29 实验数据显示了在一个Fe-10% Cr合金厚样品中,由于Fe K_α X射线引起Cr K_α 荧光,在表观上Cr浓度随着厚度增加[9]

5.7.3 微分析的限制*

微分析有三个计量方面的限制:① 定量化的绝对准确性;② 最小探测质量(分数);③ 空间分辨率。当然还有一些其他实际的限制,包括污染、EDS中对低 Z 元素的低灵敏度和样品制备以及放置等,在此我们仅讨论前两个限制。空间分辨率的限制在2.8节和5.6.3小节中讨论。

定量化的准确性受到X射线谱的计数统计限制。对于在弱背底上的强峰,标准偏差 σ 是

$$\sigma = \sqrt{N} \tag{5.75}$$

这里,N 是背底扣除后峰上面的计数①。一旦标准偏差已知,对数值 N 就可以设置不同的置信度,例如,68%信任度下 N 位于 $N \pm \sigma$,95%信任度下位于 $N \pm 2\sigma$,信任度99%下位于 $N \pm 3\sigma$。对数值 I_A,99%信任水平提取的 3σ 数值通常可用来估计峰强度的误差:

① 当背底是峰的主要部分时,这个讨论由于在习题1.9中提到的原因而是无效的。对于较弱的峰,为获得在式(5.75)中的 $\sigma = \sqrt{N_b}$,利用整个峰宽度上的背底计数 N_b 更加准确。

$$Error(\%) = \pm \frac{3\sigma}{N} \times 100 = \pm \frac{3}{\sqrt{N}} \times 100 \tag{5.76}$$

数值 N 越大，在分析中的误差越小。对 99%置信水平上的 1%准确性，在尖峰上需要有 10^5 个计数，或者在 68%置信水平上的 1%准确性需要 10^4 个计数。I_A/I_B 的误差是

$$Error(\%) = \pm \left(\frac{3}{\sqrt{N_A}} + \frac{3}{\sqrt{N_B}}\right) \times 100 \tag{5.77}$$

利用式(5.61)进行成分分析时，由于存在式(5.77)的误差，我们必须使 k_{AB} 的误差增加一些，这相当于对标准值 I_A 和 I_B 中的误差进行叠加。

如果假定是高斯统计，这里有一个简单的统计标准可用来定义最小质量分数(MMF)。在如下情况下：

$$I_B \geqslant 3\sqrt{2I_B^b} \tag{5.78}$$

基体 A 内元素 B 的 I_B 计数峰可认为是统计上真实的，而且不是背底强度上的随机涨落 I_B^b。在元素 A 和 B 的二元材料中，元素 B 的最小质量分数 c_B(MMF)(%)可通过式(5.61)和式(5.78)得到：

$$c_B(\text{MMF}) = 3\sqrt{2I_B^b}\,\frac{c_A k_{BA}}{I_A - I_A^b} \tag{5.79}$$

实际上，如果能够收集到足够的计数，大于 0.1%质量百分数的 MMF 能够在 EDS 中获得。同样，对原子序数 Z 在 10～40 范围内的元素，最小探测质量(MDM)预计为 10^{-20} g 左右。

这些统计分析提供了一个简单测量的定量准确性。在许多情况下，由于一些因素比如光束损伤或样品漂移，在光谱中仅仅获得有限的一些计数是可能的。在这样的条件下，通过结合 n 种不同强度比 I_A/I_B 的测量结果来减小(或至少评估)定量分析的误差是可能的。在给定信任数值后，I_A/I_B 总的绝对误差可用 t 分布获得，这个方法中估值 E 的误差可通过下式给出：

$$E < \frac{t_{\alpha/2}S}{\sqrt{N}} \tag{5.80}$$

这里，$t_{\alpha/2}$ 是一个 Student-t 值，其右边正态曲线面积等于 $\alpha/2$ 的概率为 $1-\alpha$，S 是 n 次测量强度 N_i 的标准偏差：

$$S = \sqrt{\sum_{i=1}^{n} \frac{(N_i - \langle N_i \rangle)^2}{n-1}} \tag{5.81}$$

这平均包含有 $\langle N_i \rangle$ 个计数。通过增加测量次数，可以减小测量误差。换句话说，如果依靠任意样品尺寸 n 来估计 μ，我们可用 $1-\alpha$ 的概率(举例来说，对 95%的置信水平，这里 $1-\alpha=0.95$)断言测量 $E = |\langle N_i \rangle - \mu|$ 的误差小于 $(t_{\alpha/2}S)/\sqrt{n}$，至少是对于足够大的数值 n。同样，等式(5.80)可被重排并可用来求解 n 以确定测量次数，使其可获得一个在误差中小于 E 的平均 $\langle N_i \rangle$。

5.8 拓展阅读

Ahn C C. Transmission Electron Energy Loss Spectrometry in Materials Science and the EELS Atlas. 2nd ed. Weinheim: Wiley-VCH, 2004.

Ahn C C, Krivanek O L. EELS Atlas. Pleasanton: Gatan, Inc., 1983.

Disko M M, Ahn C C, Fultz B. Transmission Electron Energy Loss Spectroscopy in Materials Science. Warrendale: Minerals, Metals & Materials Society, 1992.

Egerton R F. Electron Energy-Loss Spectroscopy in the Electron Microscope. 2nd ed. New York: Plenum Press, 1996.

Hren J J, Goldstein J I, Joy D C. Introduction to Analytical Electron Microscopy. New York: Plenum Press, 1979.

Joy D C, Romig A D, Jr., Goldstein J I. Principles of Analytical Electron Microscopy. New York: Plenum Press, 1986.

Raether H. Excitations of Plasmons and Interband Transitions by Electrons. Berlin: Springer-Verlag, 1980.

Reimer L. Energy-Filtering Transmission Electron Microscopy. Berlin: Springer-Verlag, 1995.

Reimer L. Transmission Electron Microscopy: Physics of Image Formation and Microanalysis. 4th ed. New York: Springer-Verlag, 1997.

Schattschneider P. Fundamentals of Inelastic Electron Scattering. New York: Springer-Verlag, 1986.

Williams D B. Practical Analytical Electron Microscopy in Materials Science. Mahwah: Philips Electron Instruments, Inc., 1984.

Williams D B, Carter C B. Transmission Electron Microscopy: A Textbook for Materials Science. New York: Plenum Press, 1996.

习　题

5.1　利用莫塞莱定律(1.2.2 小节)来确定元素 Cu,Al,Mg,Zn,Be,Li 和 Ni 的 K_α 和 K_β X 射线能量。这些元素中哪一个可被一个典型的 Be 窗口 EDS 探测器检测到？解释一下原因。

5.2　(1) 利用文中提供的等式,对在 200 kV 加速电压下,元素 Cu 的非弹性散射的电子平均自由程 λ 作为收集角 β 的函数,从 0.1 到 20 mrad 作图。

(2) 利用相同的等式,非弹性平均自由程 λ 作为材料平均原子序数 Z 的函数作图,并对这个图做解释。

5.3　用 K,L,α,β 等符号来命名由下面电子跃迁产生的 X 射线：

(1) K 层的一个空穴被一个来自 $L_{Ⅲ}$ 层的电子填满；

(2) K 层的一个空穴被一个来自 $M_{Ⅱ}$ 层的电子填满；

(3) K 层的一个空穴被一个来自 $O_{Ⅲ}$ 层的电子填满；

(4) $L_{Ⅲ}$ 层的一个空穴被一个来自 $M_{Ⅰ}$ 层的电子填满；

(5) $L_{Ⅱ}$ 层的一个空穴被一个来自 $N_{Ⅳ}$ 层的电子填满；

(6) $L_{Ⅰ}$ 层的一个空穴被一个来自 $O_{Ⅲ}$ 层的电子填满。

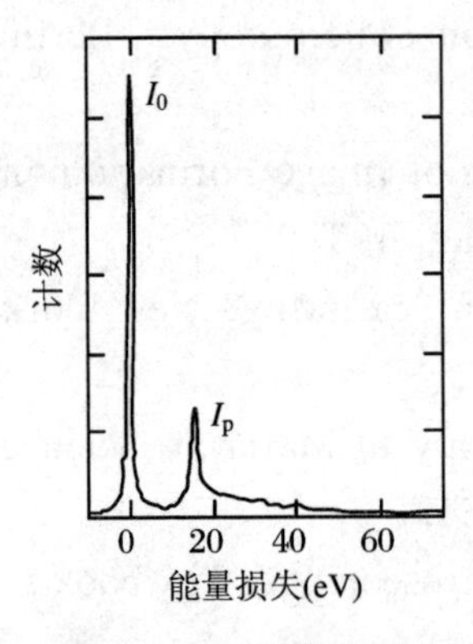

图 5.30　Al 薄膜的 EELS 低损失谱。假设零损失峰是在半高宽处宽度为 2.0 eV 的三角形

5.4　在图 5.30 中的 EELS 谱中寻找 Al 样品的厚度(nm)。假设电子能量为 100 keV。

5.5　高能电子转移足够的能量给一个原子并将其从晶格位置移置出来,TEM 样品经历的这种类型的辐射损伤称为“撞击损伤”。对于一个给定的电子能量,撞击损伤倾向于对低原子序数元素更严重。

(1) 在高能电子和原子的直接(“迎面”)碰撞中显示了能量转移与原子的原子质量成反比例。(为了简单起见,可以假设入射电子以一个 180°的角度发生弹性散射。)

(2) 如果 Li 原子需要 10 eV 离开其晶格位置,计算入射电子导致撞击损伤的阈值能量。对于 Al,Cu 和 Au 做同样的计算。

5.6　这个问题提供了用狄拉克 δ 函数工作的两个数学技巧。电子能量或散射强度的计算通常使用狄拉克 δ 函数的加和,因为 δ 函数对描述能量特征值非常方便。举个例子,对于能谱 $n(E)$ 编写一个分布函数是可能的：

$$n(E) = \frac{1}{N}\sum_{\alpha}^{N}\delta(E - \varepsilon_{\alpha}) \tag{5.82}$$

等式背后的要领是，如果 N 非常大而存在许多状态(或跃迁)，即每一个能量 ε_{α}，则右边离散的加和变成一个连续能谱。对某一能量 E' 积分所有的状态数量，在 $E' > \varepsilon_{\alpha}$ 时，每一个右边的 δ 函数对加和的贡献是1。但是这个类型的直接计算是非常不合适的。δ 函数的两个表达式能够在数学计算中提供帮助：

$$\delta(E - \varepsilon_{\alpha}) = -\lim_{\delta_{\varepsilon}\to 0}\frac{1}{\pi}\mathrm{Im}\left(\frac{1}{E + \mathrm{i}\delta\varepsilon - \varepsilon_{\alpha}}\right) \tag{5.83}$$

$$\delta(E - \varepsilon_{\alpha}) = \frac{1}{2\pi}\int_{-\infty}^{\infty}\mathrm{e}^{\mathrm{i}(E-\varepsilon_{\alpha})t}\,\mathrm{d}t \tag{5.84}$$

证明或是使自己确信，这两个表达式是描绘 δ 函数适当的方式。

5.7　假设含有元素A，B和C的混合物样品用来获得克里夫-罗瑞莫因子 k_{AB} 和 k_{AC}。与样品成分独立确定相关的元素C的X射线强度不是很可靠，并且 k_{AB} 的误差估计为1%，而 k_{AC} 的误差估计为10%。

(1) 估计计算值 k_{BC} 的误差。

(2) 估计在一个A和B元素的材料内，名义成分分别是10%B、50%B和90%B，元素B的绝对浓度的误差。

5.8　显示在图5.31(b)～(d)中的EDS数据来自于图(a)中的Al-Ag沉淀物。图(d)中元素谱峰及峰下面背底的计数率分别是

Al K_{α}：谱峰 14 986　　背底 1 969

Ag K_{α}：谱峰 10 633　　背底 1 401

已知显微镜条件采用的 $k_{\alpha\mathrm{AgAl}} = 2.3$，并且薄膜近似是有效的，沉淀物的成分是什么？

5.9　在EELS实验中，假设我们试图测量样品内较低浓度元素的近边区域。为优化边跃迁与背底的比例，对于EELS谱仪是利用一个大的还是利用一个小的接收角度比较好？为什么？

(提示：假设背底的角度依赖关系是位于较低能量的单个吸收边，而不是弱的元素边。进一步的提示：参考贝特脊表面。)

5.10　K边的积分非弹性截面 $\sigma_{\mathrm{in,K}(\beta)}$ 作为一个收集角 β 的函数，可利用公式[5]进行中等准确性的预测：

$$\sigma_{\mathrm{in,K}}(\beta) = 4\pi a_0^2\,\frac{E_{\mathrm{R}}^2}{T\langle E\rangle}f_{\mathrm{K}}\ln\left[1 + \left(\frac{\beta}{\langle\phi E\rangle}\right)\right] \tag{5.85}$$

这里，$\langle\phi_E\rangle = \langle E\rangle/(2\gamma T)$，$T = m_{\mathrm{e}}v^2/2$，$\gamma = (1 - v^2/c^2)^{-1/2}$，$f_{\mathrm{K}} \approx 2.1 - Z/27$，里德伯能量 $E_{\mathrm{R}} = \hbar^2/(2m_{\mathrm{e}}a_0^2) = 13.6\ \mathrm{eV}$，$\langle E\rangle = 1.5E_{\mathrm{K}}$，$E_{\mathrm{K}}$ 是K边的能量，玻尔半径 $a_0 = 52.92\times 10^{-12}\ \mathrm{m}$，$m_{\mathrm{e}}$ 是电子的剩余质量，v 是电子速度，c 是光速，Z 是原

子序数。利用这个等式，假设加速电势为 200 kV，对于 C 的 K 边能量284 eV和收集角度 β 在 0.1～20 mrad 范围以 $\sigma_{\text{in},K(\beta)}$ 对 β 作图。

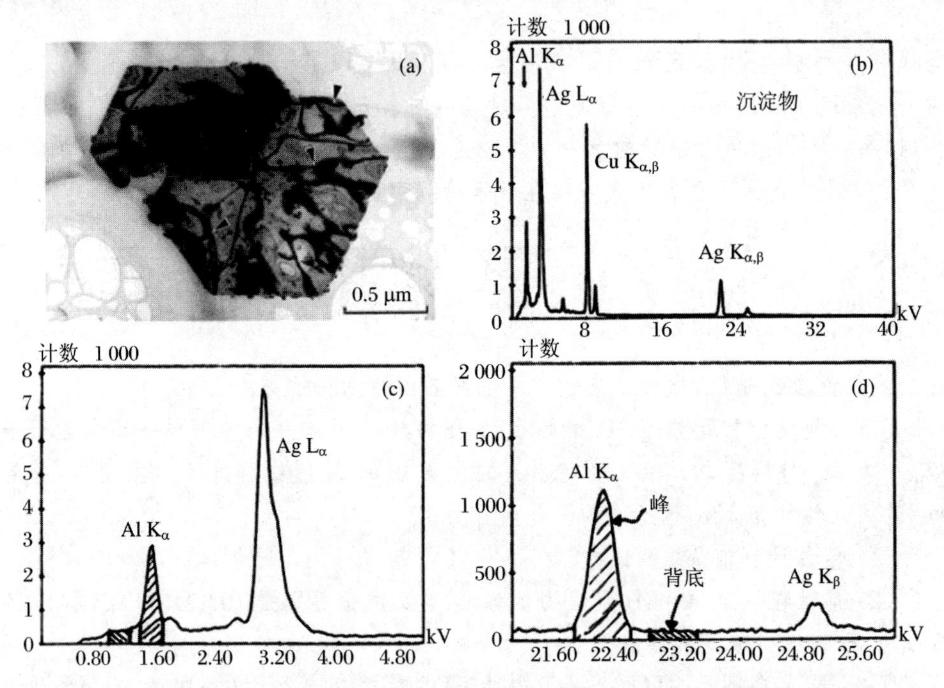

图 5.31　EDS 数据(b)～(d)来自于(a)图中在有孔 C 支撑薄膜上提取出的沉淀物[14]

5.11　通过材料的一个薄层，考虑非弹性散射的概率 p_i 和弹性散射概率 p_e。设定 $p_e + p_i = p$，其中 p 是入射光束总的散射概率。

(1) 对于具有 n 层的薄样品，显示 X 射线质量吸收因子 $\mu = (n/x)p$，此处 x 是一层的厚度。后面的各层具有相同的概率，因此对于 n 个薄层，我们期望

$$(p_e + p_i)^n = p^n \tag{5.86}$$

(2) 对于薄样品，显示二次非弹性散射概率 p_{2i} 与单次非弹性散射概率 p_i 的比例是 $p_{2i}/p_i = (n/2)p_i$。

(提示：对式(5.86)进行一个二次项展开式，并考虑单独项目的物理意义。)

5.12　当原子芯中心层内一个空穴以俄歇过程衰退时，一个电子落入芯中心空穴并且一个二次电子带着能量离开这个原子。俄歇效应恰当的处理考虑了两个电子的无差别性。对于具有相似自旋的电子，这涉及两个电子波函数初始状态的反对称性：

$$\psi_{\alpha\gamma} = \frac{1}{\sqrt{2}}[\psi_\alpha(\boldsymbol{r}_1)\psi_\gamma(\boldsymbol{r}_2) - \psi_\gamma(\boldsymbol{r}_1)\psi_\alpha(\boldsymbol{r}_2)] \tag{5.87}$$

(1) 利用式(5.87)对 $\psi_{\alpha\gamma}$ 和对 $\psi_{\beta k}^*$ 相似的表达式，对于矩阵元素 $\langle\beta k|H'|\alpha\gamma\rangle$ 写出积分表达式，其中 $H' = e/(|\boldsymbol{r}_1 - \boldsymbol{r}_2|)$。

(2) 俄歇跃迁的速度为

$$\Gamma = \frac{2\pi}{\hbar}\int \psi_{\beta k}^{*} \frac{e}{|\boldsymbol{r}_1 - \boldsymbol{r}_2|} \psi_{\alpha\gamma} \mathrm{d}^3 \boldsymbol{r}_1 \mathrm{d}^3 \boldsymbol{r}_2 \tag{5.88}$$

涉及两个基本元素的区别，一个是跃迁$|\alpha\gamma\rangle \rightarrow |\beta k\rangle$，另一个是“交换跃迁”$|\alpha\gamma\rangle \rightarrow |k\beta\rangle$。

(3) 高能电子的非弹性散射通过一个芯中心电子跃迁涉及两个电子，微扰$H' = e/(|\boldsymbol{r}_1 - \boldsymbol{r}_2|)$以及如在(1)和(2)中一样的相似计算(比较式(5.24)和式(5.88))。交换跃迁对高能电子的散射非常重要吗？为什么？

参考文献

Chapter 5 title drawing of Gatan 666 EELS spectrometer. Figure reprinted with the courtesy of Dr. Ahn C C.

[1] Pearson D H. Measurements of white lines in transition metals and alloys using electron energy loss spectrometry. Ph. D. Thesis. California: California Institute of Technology, 1991. Figure reprinted with the courtesy of Dr. Pearson D H.

[2] Disko M M. Transmission electron energy-loss spectrometry in materials science//Disko M M, Ahn C C, Fultz B. Transmission Electron Energy Loss Spectroscopy in Materials Science. Warrendale, PA: Minerals, Metals & Materials Society, 1992. Reprinted with courtesy of the Minerals, Metals & Materials Society.

[3] Okamoto J K. Temperature-dependent extended electron energy loss fine structure measurements from K, L_{23}, and M_{45} edges in metals, Intermetallic alloys, and nanocrystalline materials. Ph. D. Thesis. California: California Institute of Technology, 1993. Figure reprinted with the Courtesy of Dr. Okamoto J K.

[4] Hightower A. Lithium electronic environments in rechargeable battery electrodes. Ph. D. Thesis. California: California Institute of Technology, 2000.

[5] Egerton R F. Electron Energy-Loss Spectroscopy in the Electron Microscope. 2nd ed. New York: Plenum Press, 1996. Figures reprinted with the courtesy of Plenum Press.

[6] Williams D B, Carter C B. Transmission Electron Microscopy: A Textbook for Materials Science. New York: Plenum Press, 1996. Figure reprinted with the courtesy of Plenum Press.

[7] Leapman R D. EELS quantitative analysis//Disko M M, Ahn C C, Fultz B. Transmission Electron Energy Loss Spectroscopy in Materials Science. Warrendale, PA: Minerals, Metals & Materials Society, 1992. Reprinted with courtesy of the Minerals, Metals & Materials Society.

[8] Figure reprinted with the courtesy of Moore K T.

[9] Williams D B. Practical Analytical Electron Microscopy in Materials Science. Mahwah, NJ: Philips Electron Optics Publishing Group, 1984. Figure reprinted with the courtesy of FEI Company.

[10] Burhop E H S. The Auger Effect and Other Radiationless Transitions. Cambridge: Cambridge University Press, 1952. Figure reprinted with the permission of Cambridge University Press.

[11] Figure reprinted with the courtesy of Dr. Krishnan K M.

[12] Figure reprinted with the courtesy of Garland C M.

[13] Nockolds C, Nasir M J, Cliif G, et al.//Mulvey. Electron Microscopy and Analvsis 1979. Bristol and London: The Institute of Physics, 1980: 417.

[14] Howe J M, Gronsky R. Scripta Metall 1986, 20: 1168. Figure reprinted with the courtesy of Elsevier Science Ltd.

第6章　晶体衍射

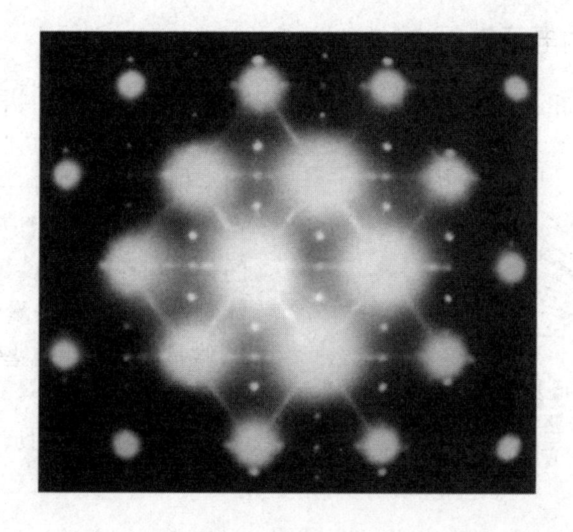

6.1　原子子波的叠加

第6～8章关注的是由原子不同排列出射的衍射波 $\psi(\Delta \boldsymbol{k})$ 的角度依赖关系，其根本的机制是来自单个原子的相干弹性散射，这是第4章讨论的主题。但是，衍射本身是基于单个原子相干散射的子波[1]之间相位关系的协同现象。本章解释了晶体内原子的平移周期排列如何容许单个子波间强的相长性相互作用，并产生常见的布拉格衍射。

本章中利用的衍射理论是"运动学理论"，如在第4章中所讨论的那样，动力学理论对电子衍射的有效性需要根据玻恩第一近似的有效性来确定（表现为式

① 我们称源于单个原子的出射波为"子波"，以区分它们的相干叠加——被探测器测量的总的衍射波。事实上，"子波"是完整波函数，但每个子波对总的波贡献一个小的振幅。

(4.74),并衍生出式(4.82))。在发展X射线和中子衍射的运动学理论时,材料对于入射波散射较弱的假设同样可被采用,然而对于入射电子和原子之间很强的库仑相互作用,运动学理论则必须要格外小心。计算晶包的结构因子通常是可靠的,但对于来自较大特征的电子衍射衬度,例如晶体形状和晶体缺陷,运动学理论通常是定性的。由于X射线散射比电子散射弱很多,所以运动学理论对于X射线衍射更加定量;同时运动学计算对于中子衍射可靠性则更高。对于电子衍射,如8.3节中那样处理而重新定义消光距离,运动学理论可明显改善,但定量的结果通常需要第13章中发展的动力学理论或者第11章中的物理光学方法。

6.1.1　材料的电子衍射

衍射是波的相互作用现象,为了形成衍射花样必须有多个衍射中心。仔细考虑图6.1中散射中心的几何排列,我们采用与图4.7中一样的坐标,但现在存在一组可以标记材料内原子中心的矢量$\{\boldsymbol{R}_j\}$。在6.2节中,我们将晶体对称性施加到矢量$\{\boldsymbol{R}_j\}$上(特别地,平移周期性),这些内容将在稍后涉及。

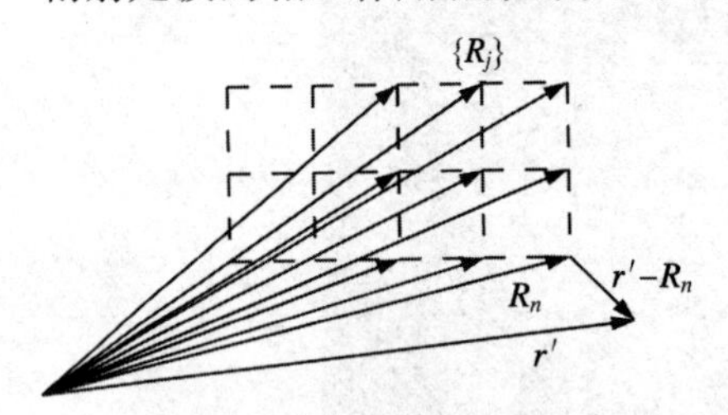

图6.1　原子中心位于固定的坐标系$\{\boldsymbol{R}_j\}$。独立矢量$\boldsymbol{r}'$覆盖整个空间,并且$|\boldsymbol{r}'-\boldsymbol{R}_n|$是自第$n$个原子中心到$\boldsymbol{r}'$的距离

散射电子波的玻恩第一近似为式(4.82):

$$\psi_{\text{scatt}}(\Delta \boldsymbol{k},\boldsymbol{r}) = \frac{-m}{2\pi\hbar^2}\frac{\mathrm{e}^{\mathrm{i}\boldsymbol{k}\cdot\boldsymbol{r}}}{|\boldsymbol{r}|}\int V(\boldsymbol{r}')\mathrm{e}^{-\mathrm{i}\Delta\boldsymbol{k}\cdot\boldsymbol{r}'}\mathrm{d}^3\boldsymbol{r}' \tag{6.1}$$

从一组原子中计算衍射波的重要步骤是选择一个适合的散射势$V(\boldsymbol{r}')$。对于一组原子我们采用原子势的加和,每个中心位于$\boldsymbol{R}_j$处的原子为

$$V(\boldsymbol{r}') = \sum_{\boldsymbol{R}_j} V_{\text{at}}(\boldsymbol{r}'-\boldsymbol{R}_j) \tag{6.2}$$

注意当$\boldsymbol{r}'=\boldsymbol{R}_j$时,式(6.2)内的一项是$V_{\text{at}}(\boldsymbol{0})$,并且势能$V(\boldsymbol{r}')$具有来自中心在$\boldsymbol{R}_j$处原子较大的贡献。将式(6.2)代入式(6.1),

$$\psi_{\text{scatt}}(\Delta \boldsymbol{k},\boldsymbol{r}) = \frac{-m}{2\pi\hbar^2}\frac{\mathrm{e}^{\mathrm{i}\boldsymbol{k}\cdot\boldsymbol{r}}}{|\boldsymbol{r}|}\int \sum_{\boldsymbol{R}_j} V_{\text{at}}(\boldsymbol{r}'-\boldsymbol{R}_j)\mathrm{e}^{-\mathrm{i}\Delta\boldsymbol{k}\cdot\boldsymbol{r}'}\mathrm{d}^3\boldsymbol{r}' \tag{6.3}$$

因为我们不关心强度对$1/r^2$的依赖关系(比较式(4.56)和式(4.57)),所以可略去式(6.3)积分前面出射波对于$\boldsymbol{r}$的依赖关系。巧妙的处理是定义一个新的坐标系$\boldsymbol{r}\equiv\boldsymbol{r}'-\boldsymbol{R}_j$(因此$\boldsymbol{r}'=\boldsymbol{r}+\boldsymbol{R}_j$)①:

① 这个替换改变了从独立子波的完全相位因子到源于不同原子的子波相关相位因子的指数。

$$\psi(\Delta \boldsymbol{k}) = \frac{-m}{2\pi \hbar^2}\int \sum_{R_j} V_{\mathrm{at},\boldsymbol{R}_j}(\boldsymbol{r}) \mathrm{e}^{-\mathrm{i}\Delta \boldsymbol{k}\cdot(\boldsymbol{r}+\boldsymbol{R}_j)} \mathrm{d}^3 \boldsymbol{r}' \tag{6.4}$$

既然矢量 $\boldsymbol{r}$ 和$\{\boldsymbol{R}_j\}$是独立的,那么可以从积分中提取出各自的相位因子 $\mathrm{e}^{-\mathrm{i}\Delta \boldsymbol{k}\cdot \boldsymbol{R}_j}$:

$$\psi(\Delta \boldsymbol{k}) = \sum_{\boldsymbol{R}_j}\left[\frac{-m}{2\pi \hbar^2}\int V_{\mathrm{at},\boldsymbol{R}_j}(\boldsymbol{r}) \mathrm{e}^{-\mathrm{i}\Delta \boldsymbol{k}\cdot \boldsymbol{r}} \mathrm{d}^3 \boldsymbol{r}\right] \mathrm{e}^{-\mathrm{i}\Delta \boldsymbol{k}\cdot \boldsymbol{R}_j} \tag{6.5}$$

式中,中括号内的积分涉及单个原子的散射势,这是在 4.3.2～4.3.4 小节中讨论的式(4.84)中电子散射的原子散射因子 $f_{\mathrm{el}}(\boldsymbol{R}_j,\Delta \boldsymbol{k})$。利用下标来提示在位置 $\boldsymbol{r}' = \boldsymbol{R}_j$处的特殊类型原子,将电子散射的原子势表示为 $V_{\mathrm{at},\boldsymbol{R}_j(\boldsymbol{r})}$。如式(4.84)那样,我们定义

$$f_{\mathrm{el}}(\boldsymbol{R}_j,\Delta \boldsymbol{k}) \equiv \frac{-m}{2\pi \hbar^2}\int V_{\mathrm{at},\boldsymbol{R}_j}(\boldsymbol{r}) \mathrm{e}^{-\mathrm{i}\Delta \boldsymbol{k}\cdot \boldsymbol{r}} \mathrm{d}^3 \boldsymbol{r} \tag{6.6}$$

因为原子相对于周期性晶体的长度通常是非常小的,所以晶体的衍射效应比原子形状效应涉及的 $\Delta \boldsymbol{k}$ 的范围要小很多。通常我们关注晶体衍射效应,而不太关心 $f_{\mathrm{el}}(\boldsymbol{R}_j,\Delta \boldsymbol{k})$如何依赖于 $\Delta \boldsymbol{k}$。为了最大简化,有时将 f_{el}看作为仅仅取决于 $\boldsymbol{R}_j$处原子类型的一个数值。N 个原子的散射波式(6.5)可最简化地写为

$$\psi(\Delta \boldsymbol{k}) = \sum_{j=1}^{N} f_{\mathrm{el}}(\boldsymbol{R}_j) \mathrm{e}^{-\mathrm{i}\Delta \boldsymbol{k}\cdot \boldsymbol{R}_j} \tag{6.7}$$

衍射波是从所有位于$\{\boldsymbol{R}_j\}$处原子出射、带有各自振幅 $f_{\mathrm{el}}(\boldsymbol{R}_j)$的子波的叠加。式(6.7)中指数 $\mathrm{e}^{-\mathrm{i}\Delta \boldsymbol{k}\cdot \boldsymbol{R}_j}$并不是实际的出射子波(需要式(6.3)中的前因子,可比较式(4.8)),但是这个指数给出了从位于 $\boldsymbol{R}_j$处的原子出射子波的相关相位。单个子波间的相位关系是我们关注的中心,因为这决定了相长或相消的相互作用。为了在探测器处得到散射波的绝对强度 $I_{\mathrm{scatt}}(\Delta \boldsymbol{k},\boldsymbol{r})$,必须利用式(6.3)中的完全前因子,并取波函数与其复数共轭的乘积:

$$I_{\mathrm{scatt}}(\Delta \boldsymbol{k},\boldsymbol{r}) = \psi^*_{\mathrm{scatt}}(\Delta \boldsymbol{k},\boldsymbol{r})\psi_{\mathrm{scatt}}(\Delta \boldsymbol{k},\boldsymbol{r}) \tag{6.8}$$

$$I_{\mathrm{scatt}}(\Delta \boldsymbol{k},\boldsymbol{r}) = \frac{m^2}{4\pi^2 \hbar^2}\frac{1}{|\boldsymbol{r}-\boldsymbol{r}'|^2}|\psi(\Delta \boldsymbol{k})|^2 \tag{6.9}$$

6.1.2　材料的波衍射

目前在材料的 X 射线衍射强度的公式推导里,我们隐藏了散射机制以及出射波对 r^{-2}强度的依赖①。假设每一个原子对散射 X 射线波有一些与其散射因子 f 相称的贡献,图 6.2 中显示了物理构图,图 6.3 在本质上与图 6.2 是一样的,并且采用了图 6.1 的坐标系,其中:

- $\boldsymbol{k}_0$是入射波矢;
- $\boldsymbol{k}$ 是散射波矢;

① 本部分的推导公式适合借助于一组原子的任何波衍射。与 6.1.1 小节相比较开始部分非常不同,因为 6.1.1 小节以式(4.82)为起点,已经考虑了入射和出射电子波间的相位关系。

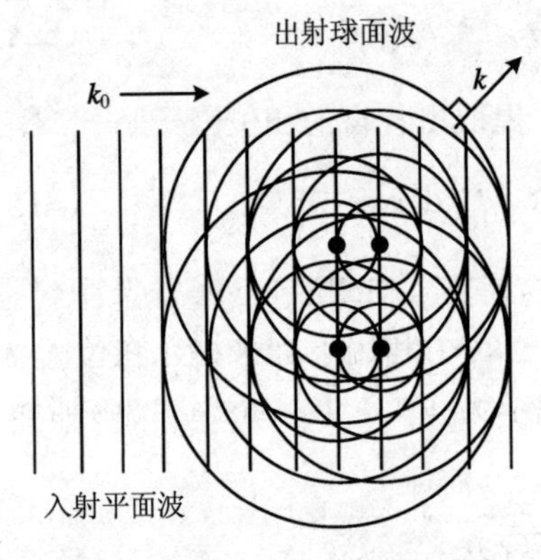

图 6.2　一束 9 个波峰的瞬时图。入射波从左边入射，从最左边的原子产生三个子波，从最右边的原子产生两个子波

- $\{\boldsymbol{R}_j\}$是材料内原子的位置；
- $\boldsymbol{r}$ 是 X 射线探测器的位置。

首先考虑一个位于 $\boldsymbol{R}_i$ 处原子的相干弹性散射，对于这样的原子，有两个波需要考虑。在时间 t'，到达位于 $\boldsymbol{R}_i$ 处原子的入射平面波 ψ_0（比较式(4.5)）为

$$\Psi_0(\boldsymbol{R}_i, t') = A\mathrm{e}^{\mathrm{i}(\boldsymbol{k}_0\cdot\boldsymbol{R}_i-\omega t')} \tag{6.10}$$

并且在探测器内的相干散射波为 ψ_i，它与入射波振幅 A 和在 $\boldsymbol{R}_i$ 处原子的散射因子 $f(\boldsymbol{R}_i)$ 的乘积成正比。当然我们也不得不考虑 ψ_i 在时间 t 内，从 $\boldsymbol{R}_i$ 处的原子传播到探测器时的附加相位：

$$\Psi_i(r, \boldsymbol{R}_i, t) = f(\boldsymbol{R}_i)\Psi_0(\boldsymbol{R}_i, t')\mathrm{e}^{\mathrm{i}[\boldsymbol{k}\cdot(\boldsymbol{r}-\boldsymbol{R}_i)-\omega(t-t')]} \tag{6.11}$$

将式(6.10)中 Ψ_0 的表达式代入式(6.11)，

$$\Psi_i(r, \boldsymbol{R}_i, t) = f(\boldsymbol{R}_i)A\mathrm{e}^{\mathrm{i}(\boldsymbol{k}_0\cdot\boldsymbol{R}_i-\omega t')}\mathrm{e}^{\mathrm{i}[\boldsymbol{k}\cdot(\boldsymbol{r}-\boldsymbol{R}_i)-\omega(t-t')]} \tag{6.12}$$

$$\Psi_i(r, \boldsymbol{R}_i, t) = f(\boldsymbol{R}_i)A\mathrm{e}^{\mathrm{i}[-(\boldsymbol{k}-\boldsymbol{k}_0)\cdot\boldsymbol{R}_i+\boldsymbol{k}\cdot\boldsymbol{r}-\omega t]} \tag{6.13}$$

仅用空间坐标系处理时，可以省略波的频率 ω 和时间 t①。利用这些简化以及散射矢量 Δk 的定义：

$$\Delta\boldsymbol{k} \equiv \boldsymbol{k} - \boldsymbol{k}_0 \tag{6.14}$$

式(6.13)变为

$$\psi_i(\boldsymbol{r}, \boldsymbol{R}_i) = Af(\boldsymbol{R}_i)\mathrm{e}^{\mathrm{i}(-\Delta\boldsymbol{k}\cdot\boldsymbol{R}_i+\boldsymbol{k}\cdot\boldsymbol{r})} \tag{6.15}$$

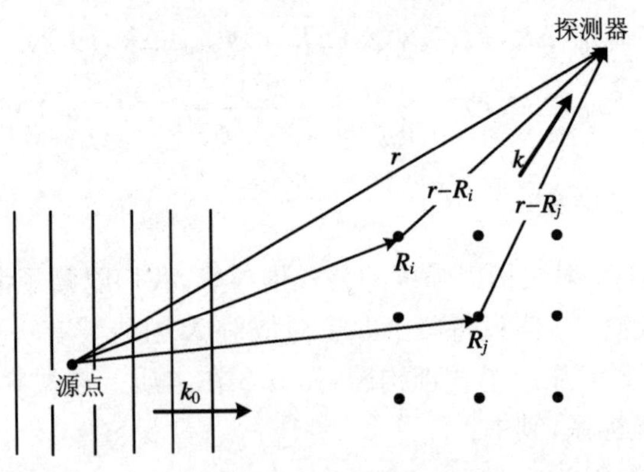

图 6.3　X 射线(或波)散射问题的坐标系

① 如果我们非常需要，最终结果可以乘上 $\mathrm{e}^{-\mathrm{i}\omega t}$，或者比较普遍地，乘上 $\mathrm{e}^{-\mathrm{i}(\omega t-\delta)}$ 来解释散射和入射波间的任何相位延迟 δ。

借助一个同样的辐角，可以在探测器处得到由任意 $\boldsymbol{R}_i$ 处的原子相干散射的子波：

$$\psi_i(\boldsymbol{r},\boldsymbol{R}_j) = Af(\boldsymbol{R}_i)\mathrm{e}^{\mathrm{i}(-\Delta\boldsymbol{k}\cdot\boldsymbol{R}_i+\boldsymbol{k}\cdot\boldsymbol{r})} \tag{6.16}$$

现在，我们对材料内所有原子的相干散射子波振幅进行叠加（比较式(4.9)）。探测器内总的衍射波 $\psi(\boldsymbol{r}')$ 刚好是所有 N 个原子的叠加：

$$\psi(\boldsymbol{r}') = A\sum_{j=1}^{N}f(\boldsymbol{R}_j)\mathrm{e}^{\mathrm{i}(-\Delta\boldsymbol{k}\cdot\boldsymbol{R}_j+\boldsymbol{k}\cdot\boldsymbol{r})} \tag{6.17}$$

实际上，我们从来不知道 X 射线源的位置，以及探测器处于某一 X 射线波长内的位置，因而我们略去涉及 $\boldsymbol{r}$ 的相位因子①。同样绝对强度是很难测量的，因此同样不再讨论 A。那么来自于材料的衍射波是

$$\psi(\Delta\boldsymbol{k}) = \sum_{j=1}^{N}f(\boldsymbol{R}_i)\mathrm{e}^{-\mathrm{i}\Delta\boldsymbol{k}\cdot\boldsymbol{R}_i} \tag{6.18}$$

我们将 ψ 写为 $\Delta\boldsymbol{k}$ 的函数，这是因为原子位置 $\{\boldsymbol{R}_j\}$ 是不可调整的，而式(6.14)中“散射矢量”$\Delta\boldsymbol{k}$ 是由探测器的角度控制的。等式(6.18)表明：

衍射波正比于材料内散射因子分布的傅里叶变换。

将这一论述与 4.3.1 小节中最后讨论部分的楷体字句进行比较，也可与式(6.18)和式(6.7)进行比较。

再次参考图 6.3，注意到从两个矢量 $\boldsymbol{k}$ 和 $\boldsymbol{k}_0$ 开始，但结果是式(6.18)仅涉及一个 $\Delta\boldsymbol{k}$。关于这个变量的改变，这里有一些判断。对于弹性散射，波矢 $\boldsymbol{k}$ 和 $\boldsymbol{k}_0$ 具有相同的长度 $|\boldsymbol{k}| = 2\pi/\lambda$，因此波矢在长度上的不同并不令人感兴趣。我们更感兴趣的是 $\boldsymbol{k}$ 和 $\boldsymbol{k}_0$ 间的角度，因为这是图 1.1 中布拉格定律构建的 2θ，这个角度包含在差值 $\Delta\boldsymbol{k} = \boldsymbol{k} - \boldsymbol{k}_0$ 里，同样是关于 $\boldsymbol{k}_0$ 长度的信息。参考图 6.4，得到如下关系：

$$\Delta\boldsymbol{k} = |\boldsymbol{k} - \boldsymbol{k}_0| = 2|\boldsymbol{k}|\sin\theta \tag{6.19}$$

$$\Delta\boldsymbol{k} = \frac{4\pi}{\lambda}\sin\theta \tag{6.20}$$

$\Delta\boldsymbol{k}$ 的方向是与衍射平面垂直的。

图 6.5 描述了这个物理现象，即四个原子瞬时响应入射波的波峰，以相同的波长发射出相同的一组圆环形波峰。水平排列的原子间距离是波长的 $1/\sqrt{2}$，这提供了一个 45° 的布拉格角度 θ_B。注意出射波的相长干涉相对于入射波方向成 $2\theta_B$ 角。

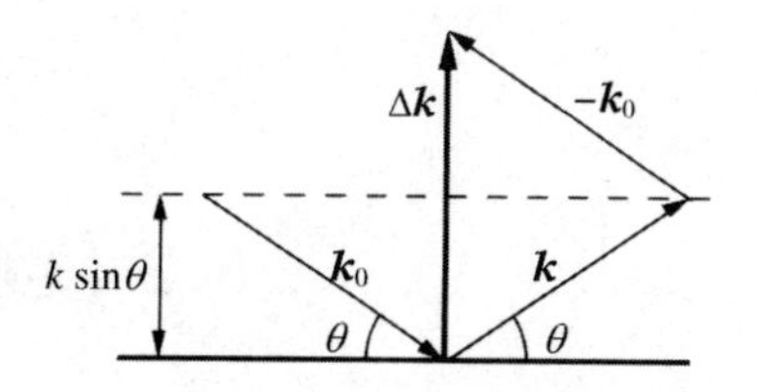

图 6.4　弹性散射 $\Delta\boldsymbol{k}$ 和 θ 间的关系

每个 X 射线可假设为一个平面波，但是它并不能覆盖非常宽的样品。来自 X 射线管的入射 X 射线球面波在样品边沿和中心之间引起相位差。当平面波波峰

① 但是首先我们知道 $\boldsymbol{r}$ 比 $\{\boldsymbol{R}_j\}$ 大非常多是绝对的假设。这个方法可以对所有的原子采用相同的衍射波矢 $\boldsymbol{k}$，而不用考虑来自不同原子的射线如何在探测器内产生不同的角度。同样的考虑可应用于 $\boldsymbol{k}_0$——X 射线源的距离相对于样品的尺寸非常大的情形。

与球面波的差距小于 1 Å 时,出现相干性损失。对于 1 m 长的设备,这个"空间非相干性"出现的宽度超过 10 μm。其他一些非相干性源会更严重。在 X 射线衍射中,射线源具有一个有限的尺寸,可在样品上形成 $10^{-4}\sim10^{-3}$ rad 的收集角度。这将样品上的横向相干性限制在 0.1~1.0 μm。由于特征 X 射线列的波长扩展也会出现相干性损失,通常是万分之一。尽管密封管源的这些缺陷通常是可接受的,但需要指出的是同步加速器源具有相当出众的相干性。

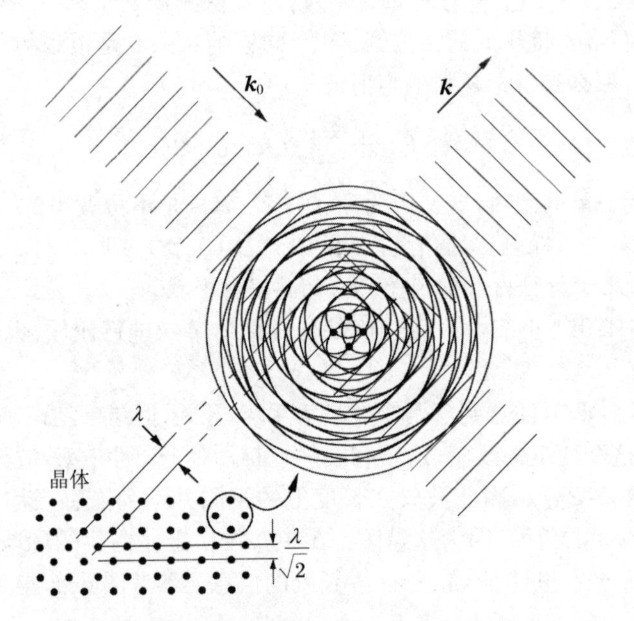

图 6.5　多个波周期的波相互干涉。相长干涉出现在 $\pm\boldsymbol{k}$ 和 $\pm\boldsymbol{k}_0$ 方向;波长和原子间距的匹配显示在左下区域;$\lambda/\sqrt{2}$的晶面间距提供了一个 45°的布拉格角,因此 $2\theta_B=90°$

6.2　倒格子和劳厄条件

6.2.1　简单晶格的衍射

由布拉格定律式(1.1)可知晶体能够提供很强的衍射,因此现在我们寻求子波间相互作用的类似定律。晶格单胞的平移对称性,是使得许多原子出射的子波相长性干涉成为可能的基本晶体特征。考虑仅有一种原子的简单晶体,晶格的每个单胞放置一个原子。在任何点阵平移情形下,散射因子是不变的:$f(\boldsymbol{r})=$

$f(\boldsymbol{r}+\boldsymbol{R})$。我们寻找式(6.7)和式(6.18)中复指数加和的最大值：

$$\psi_{\max} \propto \max\left(\sum_{\boldsymbol{R}} e^{-i\Delta \boldsymbol{k}\cdot\boldsymbol{R}}\right) \tag{6.21}$$

稍后我们讨论 $\psi(\Delta \boldsymbol{k})$的详细形状，但是现在仅仅寻找 ψ 的最大值条件。“基本”(也就是可能最短的)点阵平移矢量是

$$\boldsymbol{a}_1, \boldsymbol{a}_2, \boldsymbol{a}_3$$

由原点一个基准位置，利用平移$\{\boldsymbol{R}\}$得到所有晶格位置：

$$\boldsymbol{R} = m\boldsymbol{a}_1 + n\boldsymbol{a}_2 + o\boldsymbol{a}_3 \tag{6.22}$$

这里，$\{m,n,o\}$是独立的整数。在每个点阵位置存在一个原子以及基准原子在原点处的简单晶体，一组所有的 $\boldsymbol{R}$ 与所有原子的位置是相同的。式(6.21)的加和是

$$\sum_{\boldsymbol{R}} e^{-i\Delta \boldsymbol{k}\cdot\boldsymbol{R}} = \sum_{\boldsymbol{R}} e^{-i\Delta \boldsymbol{k}\cdot(m\boldsymbol{a}_1+n\boldsymbol{a}_2+o\boldsymbol{a}_3)} \tag{6.23}$$

$$\sum_{\boldsymbol{R}} e^{-i\Delta \boldsymbol{k}\cdot\boldsymbol{R}} = \sum_{m}\sum_{n}\sum_{o} e^{-i\Delta \boldsymbol{k}\cdot(m\boldsymbol{a}_1+n\boldsymbol{a}_2+o\boldsymbol{a}_3)} \tag{6.24}$$

每个指数的相位因子(比较式(4.8))都是模为1的复数。当所有的相位因子具有相同的实部和虚部时，出现这些相位因子加和的预期最大值——这个方法使得所有实部和虚部加和在一起而没有消除符号的贡献。加和的第一项是指 $m=0, n=0, o=0$。这一项是 $e^0=+1$，因此当所有其他项是等于1的纯实数时，出现加和的最大值。因为 $e^{i2\pi n}=1$(n 为整数)，波强度最大值出现在

$$\Delta \boldsymbol{k}\cdot(m\boldsymbol{a}_1+n\boldsymbol{a}_2+o\boldsymbol{a}_3) = 2\pi\cdot n \quad (n\ \text{为整数}) \tag{6.25}$$

对所有可能整数$\{m,n,o\}$组合。

当这个条件满足时，式(6.24)的所有项都是1，因此加和等于 N——晶体内的原子数目。这提供了式(6.7)和式(6.18)中散射波最大可能的强度：

$$I_{\text{scatt}} = \psi^*\psi = |f_{\text{at}}|^2 N^2 \tag{6.26}$$

或许看上去比较奇怪，在最佳 $\Delta \boldsymbol{k}$ 处的强度以N^2方式增长，而不是以晶体内原子数目 N。这并不意味着当单个原子嵌入到一个较大晶体时，其散射能力得到增强。实际出现的是随着 N 的增加，函数 $\psi(\Delta \boldsymbol{k})$变得更尖锐(在 $\Delta \boldsymbol{k}$ 上宽度更窄)，于是对整个 Δk 范围积分的总衍射强度随着N 增加，而并不是随着 N^2增加。每个原子的总衍射强度保持不变，因为这很可能是由于相干散射截面是原子的属性。强度峰变窄与“形状因子”有关，这将在6.5节中进行定量讨论。

6.2.2　倒格子

假设式(6.25)对于下面三个 m,n,o 的选择是正确的：(1,0,0)，(0,1,0)，(0,0,1)。在这种情况下，既然 m,n,o 是整数，那么式(6.25)对任何 $\boldsymbol{R}$ 都是正确的。因此为保证式(6.25)对晶体内所有原子都正确，我们仅需要保证三个小的、“基本”的点阵平移矢量 $\boldsymbol{a}_1, \boldsymbol{a}_2, \boldsymbol{a}_3$正确便可。也就是说，为保证式(6.25)正确，不需要考虑所有可能的 m,n,o，仅需保证一个合适的 $\Delta \boldsymbol{k}'$：

$$\Delta \boldsymbol{k}' \cdot \boldsymbol{a}_1 = 2\pi \cdot n$$
$$\Delta \boldsymbol{k}' \cdot \boldsymbol{a}_2 = 2\pi \cdot n \tag{6.27}$$
$$\Delta \boldsymbol{k}' \cdot \boldsymbol{a}_3 = 2\pi \cdot n \quad (n\ 为整数)$$

如同式(6.22)，三个晶格平移矢量的整数组合$\{\boldsymbol{a}_1,\boldsymbol{a}_2,\boldsymbol{a}_3\}$考虑了晶体内所有的原子①。

对于强衍射条件，变成寻求三个矢量，以列举满足式(6.27)的那些$\{\Delta \boldsymbol{k}\}$，记为$\Delta \boldsymbol{k}'$。也就是，如果知道晶体晶格的基本平移矢量$\{\boldsymbol{a}_1,\boldsymbol{a}_2,\boldsymbol{a}_3\}$，设计一个自动生成我们所期望的强衍射所有$\{\Delta \boldsymbol{k}'\}$数值的方案是非常容易的。我们需要一个含有三个较小平移矢量$\boldsymbol{a}_1^*,\boldsymbol{a}_2^*,\boldsymbol{a}_3^*$，并从中可得到任何满足式(6.27)的$\Delta \boldsymbol{k}'$的"倒格子"：

$$\Delta \boldsymbol{k}' = h\boldsymbol{a}_1^* + k\boldsymbol{a}_2^* + l\boldsymbol{a}_3^* \tag{6.28}$$

这里，h，k和l是整数，我们称这组可能最短的k空间矢量为倒格子的基本平移矢量$\{\boldsymbol{a}_1^*,\boldsymbol{a}_2^*,\boldsymbol{a}_3^*\}$(即倒格矢)。如果每个单独的$\boldsymbol{a}_1^*$，$\boldsymbol{a}_2^*$和$\boldsymbol{a}_3^*$都满足式(6.27)，则同样产生强衍射的这三个矢量(如式(6.28)那样)的整数组合可满足式(6.27)。

基本倒格矢具有最短可能长度是非常重要的，于是当三个矢量形成线性组合时，我们不会遗漏任何满足式(6.27)的$\Delta \boldsymbol{k}'$。为了保持$\{\boldsymbol{a}_1^*,\boldsymbol{a}_2^*,\boldsymbol{a}_3^*\}$较小，最好的方法是对于一个矢量，比如$\boldsymbol{a}_1^*$，在沿着实空间点阵矢量$\boldsymbol{a}_2$或$\boldsymbol{a}_3$方向没有分量。假如存在这样一个分量，或者将不会在式(6.27)第二式或第三式中获得一个2π的整数倍，导致事情复杂的乘积，或者如果给出一个2π的整数倍或更大的乘积，应该能够使得$\boldsymbol{a}_1^*$更小。既然在矢量积内，一个矢量积与两个矢量是垂直的，那么这样一个可接受的$\boldsymbol{a}_1^*$，$\boldsymbol{a}_2^*$和$\boldsymbol{a}_3^*$选择可用矢量积来构造：

$$\boldsymbol{a}_1^* = 2\pi \frac{\boldsymbol{a}_2 \times \boldsymbol{a}_3}{\boldsymbol{a}_1 \cdot \boldsymbol{a}_2 \times \boldsymbol{a}_3} \tag{6.29}$$

$$\boldsymbol{a}_2^* = 2\pi \frac{\boldsymbol{a}_3 \times \boldsymbol{a}_1}{\boldsymbol{a}_2 \cdot \boldsymbol{a}_3 \times \boldsymbol{a}_1} \tag{6.30}$$

$$\boldsymbol{a}_3^* = 2\pi \frac{\boldsymbol{a}_1 \times \boldsymbol{a}_2}{\boldsymbol{a}_3 \cdot \boldsymbol{a}_1 \times \boldsymbol{a}_2} \tag{6.31}$$

定义在式(6.29)～式(6.31)中的$\boldsymbol{a}_1^*$，$\boldsymbol{a}_2^*$和$\boldsymbol{a}_3^*$是倒格子的基本平移矢量。这些倒格矢和基本晶格平移矢量的标量积是

$$\boldsymbol{a}_i^* \cdot \boldsymbol{a}_j = 2\pi\delta_{ij} \tag{6.32}$$

对于克罗内克δ函数，当$i=j$时$\delta_{ij}=1$；当$i\neq j$时$\delta_{ij}=0$。倒格子的基本平移矢量具有长度倒数的量纲。顺带提及，这三个公式的分母是相等的。它们是标量(或赝标量)，并且是以三个边界为$\boldsymbol{a}_1$，$\boldsymbol{a}_2$，$\boldsymbol{a}_3$构成的平行六面体的体积。这显示在图6.6中，面积矢量$\boldsymbol{A}=\boldsymbol{a}_1^*\times\boldsymbol{a}_2^*$是与$\boldsymbol{a}_1^*$和$\boldsymbol{a}_2^*$垂直的，并且$\boldsymbol{a}_3^*$在沿着$\boldsymbol{A}$的方向给

① 再次注意我们假设晶体在每个晶格位置只有一个原子(也就是除(0,0,0)外没有基矢)。

出了体积。

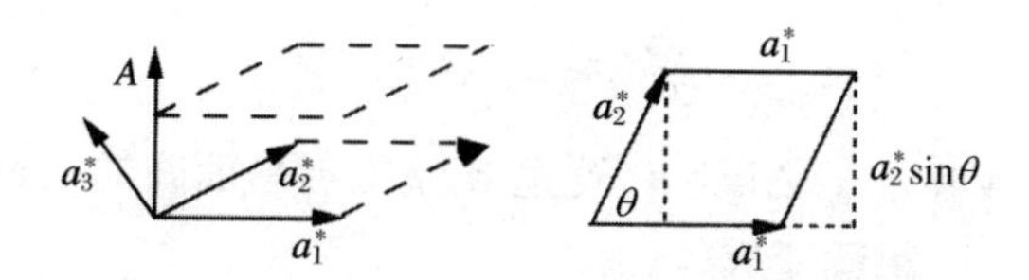

图 6.6　由三个倒格矢构成的平行六面体，其基本面积 $\boldsymbol{A}=\boldsymbol{a}_1^*\times\boldsymbol{a}_2^*=a_1^*a_2^*\sin\theta\,\boldsymbol{z}$，体积为 $\boldsymbol{A}\cdot\boldsymbol{a}_3^*$

在式(6.29)～式(6.31)中的规定提供了一组基本倒格矢，但是这仍然存在一个唯一性的问题。我们不得不用这种方法来定义它们吗？答案是否定的，但是其他替代的定义却没有这么方便。例如，我们总能在立方晶体的各个轴中循环替代 $\boldsymbol{a}_1^*$，$\boldsymbol{a}_2^*$ 和 $\boldsymbol{a}_3^*$。六角点阵在其基本平面内具有不同的平移矢量并不很常见，但通过矢量交换，我们失去了式(6.32)的方便性（尽管等价关系存在）。然而，我们不能对倒格矢挑选任意长度或方向，期望其可以和来自物质晶体的衍射相联系，并且与衍射的联系首先是促成了倒格子的概念。

在式(6.29)～式(6.31)中有两个采用 2π 来处理的惯例，这里 2π 是自己加入到倒格矢中的。不幸的是，这个惯例产生不合适的表达，比如“(4π 2π 2π)衍射强度”，而不是“(211)衍射强度”。为此，我们从倒格矢定义中删去 2π，并且仅仅在指数中保留它，这样就从 $e^{-i\Delta\boldsymbol{k}\cdot\boldsymbol{R}}$ 转变成 $e^{-i2\pi\Delta\boldsymbol{k}\cdot\boldsymbol{R}}$。同时必须重新定义 $k\equiv1/\lambda$，而不是 $k\equiv2\pi/\lambda$。注意两种惯例都是常用的①。

6.2.3　劳厄条件

基于式(6.27)和式(6.32)的对比，我们看到式(6.29)～式(6.31)中的倒格矢可以满足式(6.27)中的 $\Delta\boldsymbol{k}$，如同式(6.28)，这对于$\{\boldsymbol{a}_1^*,\boldsymbol{a}_2^*,\boldsymbol{a}_3^*\}$的任意整数组合也都是正确的。我们得到了满足式(6.27)的条件，称为劳厄条件：

当 $\Delta\boldsymbol{k}$ 是倒格子中的一个矢量时，将会出现衍射。

记任一个倒格矢为 $\boldsymbol{g}$，$\boldsymbol{g}=h\boldsymbol{a}_1^*+k\boldsymbol{a}_2^*+l\boldsymbol{a}_3^*$（因此 $\boldsymbol{g}$ 是式(6.27)和式(6.28)中我们想要得到的 $\Delta\boldsymbol{k}'$），衍射的劳厄条件是

$$\Delta\boldsymbol{k}=\boldsymbol{g} \tag{6.33}$$

6.2.4　等价劳厄条件和布拉格定律

劳厄条件等价于布拉格条件，这很容易利用图 6.4 中的构造图得到证明。图 6.4 中的波矢 $\boldsymbol{k}$ 和 $\boldsymbol{k}_0$ 沿着图 1.1 中的光线方向，因此两个图中的角度 θ 是一样的。由图 6.4 得到

① 通常通过查看 2π 是否出现在指数上来决定作者的惯例是可能的。物理学家倾向于 $e^{-i\Delta\boldsymbol{k}\cdot\boldsymbol{R}}$，而晶体学者则倾向于 $e^{-i2\pi\Delta\boldsymbol{k}\cdot\boldsymbol{R}}$。

$$\Delta k = 2k\sin\theta \tag{6.34}$$

$$\Delta k = 2\frac{1}{\lambda}\sin\theta \tag{6.35}$$

既然图 1.1 和图 6.4 显示了 $\Delta \boldsymbol{k} \parallel \boldsymbol{d}$(这里 $\boldsymbol{d}$ 是衍射平面间的距离矢量)，式(6.33)的劳厄条件采用 $g=1/d$ 就变成

$$\Delta k = \frac{1}{d} \tag{6.36}$$

使式(6.35)和式(6.36)的右边相等，得到布拉格定律式(1.1)：

$$2d\sin\theta = \lambda \tag{6.37}$$

顺带提一下，式(6.35)转变为 2θ 和 Δk 间的关系，但惯例是保持 2π，因此如式(6.20)那样，$k\equiv 2\pi/\lambda$ 和 $\Delta k=(4\pi/\lambda)\sin\theta$。

6.2.5　立方晶体的倒格子

式(6.33)中劳厄条件的功能强大，为了有效地进行利用，下面几个关于倒格子的事实是非常有帮助的。在立方、四方和正交点阵中，实空间和倒格矢的关系为

$$\boldsymbol{a}_i \parallel \boldsymbol{a}_i^* \tag{6.38}$$

$$\boldsymbol{a}_i = \frac{\hat{\boldsymbol{i}}}{|\boldsymbol{a}_i^*|} \tag{6.39}$$

$$\boldsymbol{a}_i \perp \boldsymbol{a}_i^*,\quad i \neq j \tag{6.40}$$

了解面心立方点阵的倒格子是体心立方非常重要，反之亦然。我们利用显示在图 6.7 中一组面心立方点阵短的平移矢量予以证明：

$$\boldsymbol{a}_1 = a[100],\quad \boldsymbol{a}_2 = a[010],\quad \boldsymbol{a}_3 = a\left[\frac{1}{2}\,\frac{1}{2}\,\frac{1}{2}\right] \tag{6.41}$$

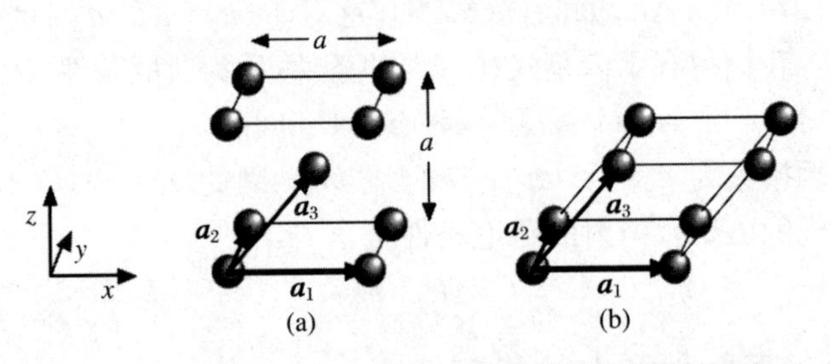

图 6.7　(a) 笛卡儿轴；(b) 标准的面心立方单胞。平移矢量 $\boldsymbol{a}_1$，$\boldsymbol{a}_2$ 和 $\boldsymbol{a}_3$ 选取面心立方点阵所有原子，并且在右边形成单胞；右边的晶胞是中间晶胞体积的一半，并且它的体积等于由通常的面心立方基本平移矢量而建立的基本晶胞：$a/2\ (11\bar{1})$，$a/2\ (1\bar{1}1)$，$a/2\ (\bar{1}11)$

为了得到倒格矢，应用矢量积公式。等式(6.29)变为

$$\boldsymbol{a}_1^* = \frac{2\pi a^2[010]\times\left[\frac{1}{2}\ \frac{1}{2}\ \frac{1}{2}\right]}{a^3[100]\cdot[010]\times\left[\frac{1}{2}\ \frac{1}{2}\ \frac{1}{2}\right]} \tag{6.42}$$

求值：$[010]\times\left[\frac{1}{2}\ \frac{1}{2}\ \frac{1}{2}\right]=\hat{\boldsymbol{x}}\left(\frac{1}{2}-0\right)+\hat{\boldsymbol{y}}(0-0)+\hat{\boldsymbol{z}}\left(0-\frac{1}{2}\right)$，因此可以得到

$$\boldsymbol{a}_1^* = \frac{2\pi}{a}\frac{\left[\frac{1}{2}\ 0\ \frac{\bar{1}}{2}\right]}{[100]\cdot\left[\frac{1}{2}\ 0\ \frac{\bar{1}}{2}\right]} = \frac{4\pi}{a}\left[\frac{1}{2}\ 0\ \frac{\bar{1}}{2}\right] \tag{6.43}$$

并对式(6.30)和式(6.31)进行相似处理：

$$\boldsymbol{a}_2^* = \frac{4\pi}{a}\left[0\ \frac{1}{2}\ \frac{\bar{1}}{2}\right] \tag{6.44}$$

$$\boldsymbol{a}_3^* = \frac{4\pi}{a}[001] \tag{6.45}$$

这些矢量$\{\boldsymbol{a}_1^*,\boldsymbol{a}_2^*,\boldsymbol{a}_3^*\}$在图6.8中绘出，注意$\boldsymbol{a}_1^*$和$\boldsymbol{a}_2^*$是指向立方体面中心的矢量。这些矢量的结合可扩展到面心立方倒格子中所有原子的位置，因此面心立方点阵是体心立方点阵的倒格子，反之亦然(这个特殊面心立方倒格子标准的基本平移矢量是$\{\boldsymbol{a}_1^*,\boldsymbol{a}_2^*,\boldsymbol{a}_1^*+\boldsymbol{a}_2^*+\boldsymbol{a}_3^*\}$)。

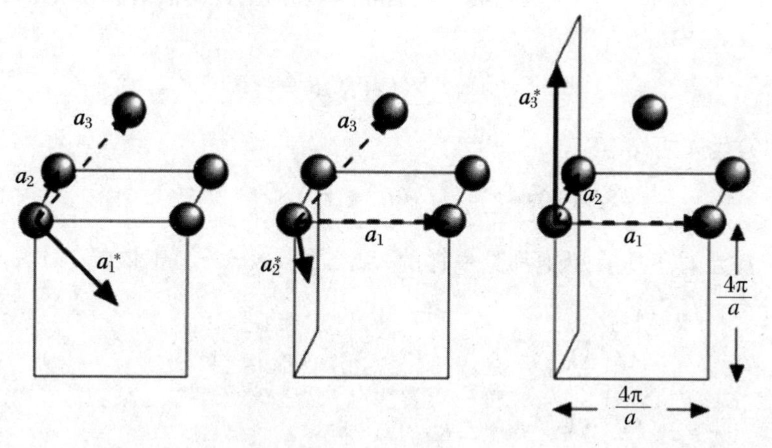

图6.8 面心立方单胞倒格矢的建立，利用式(6.29)～式(6.31)的关系和图6.7中的矢量；矢量$\boldsymbol{a}_1^*$和$\boldsymbol{a}_2^*$触及到立方体面的中心

6.3 点阵衍射基础

6.3.1 结构因子和形状因子

在实空间和倒空间里，将位于$\{\boldsymbol{r}\}$处原子组成的晶体按照规定划分为多个部分是非常有用的：

$$晶体 = 单胞矢量 + 原子基元 + 缺陷位移 \tag{6.46}$$

$$\boldsymbol{r} = \boldsymbol{r}_g + \boldsymbol{r}_k + \delta\boldsymbol{r}_{g,k} \tag{6.47}$$

但对于一个无缺陷的晶体，原子位置 $\boldsymbol{R}$ 由每个单胞矢量$\{\boldsymbol{r}_g\}$和在单胞内的原子基元矢量$\{\boldsymbol{r}_k\}$来提供：

$$\boldsymbol{R} = \boldsymbol{r}_g + \boldsymbol{r}_k \tag{6.48}$$

点阵是 14 种布拉菲(Bravais)格子类型中的一种(晶体通常在它的点阵中具有无数个单胞和无数个 $\boldsymbol{r}_g$)，基元是与每个点阵位置相联系的原子集团(单胞通常有几 $\boldsymbol{r}_k$)。对于一个无限大、带有基元的无缺陷晶体，我们来计算散射波 $\psi(\Delta\boldsymbol{k})$。从式(6.7)或式(6.18)开始，

$$\psi(\Delta\boldsymbol{k}) = \sum_{\boldsymbol{R}} f_{\mathrm{at}}(\boldsymbol{R})\mathrm{e}^{-\mathrm{i}2\pi\Delta\boldsymbol{k}\cdot\boldsymbol{R}} \tag{6.49}$$

将式(6.49)代入式(6.48)，

$$\psi(\Delta\boldsymbol{k}) = \sum_{\boldsymbol{r}_g}\sum_{\boldsymbol{r}_k} f_{\mathrm{at}}(\boldsymbol{r}_g + \boldsymbol{r}_k)\mathrm{e}^{-\mathrm{i}2\pi\Delta\boldsymbol{k}\cdot(\boldsymbol{r}_g+\boldsymbol{r}_k)} \tag{6.50}$$

既然原子基元对于所有单胞都是一样的，那么 $f_{\mathrm{at}}(\boldsymbol{r}_g + \boldsymbol{r}_k)$不依赖于 $\boldsymbol{r}_g$，所以有 $f_{\mathrm{at}}(\boldsymbol{r}_g + \boldsymbol{r}_k) = f_{\mathrm{at}}(\boldsymbol{r}_k)$：

$$\psi(\Delta\boldsymbol{k}) = \sum_{\boldsymbol{r}_g}\mathrm{e}^{-\mathrm{i}2\pi\Delta\boldsymbol{k}\cdot\boldsymbol{r}_g}\sum_{\boldsymbol{r}_k} f_{\mathrm{at}}(\boldsymbol{r}_k)\mathrm{e}^{-\mathrm{i}2\pi\Delta\boldsymbol{k}\cdot\boldsymbol{r}_k} \tag{6.51}$$

$$\psi(\Delta\boldsymbol{k}) = \mathscr{S}(\Delta\boldsymbol{k})\mathscr{F}(\Delta\boldsymbol{k}) \tag{6.52}$$

在得到式(6.52)时，我们对式(6.51)中的两个总和给出了正式定义。第一个加和覆盖晶体所有点阵位置(所有单胞)，称为“形状因子”$\mathscr{S}$；第二个加和覆盖基元上的所有原子(单胞内所有原子)，称为“结构因子”$\mathscr{F}$：

$$\mathscr{S}(\Delta\boldsymbol{k}) \equiv \sum_{\boldsymbol{r}_g}\mathrm{e}^{-\mathrm{i}2\pi\Delta\boldsymbol{k}\cdot\boldsymbol{r}_g} \quad (形状因子) \tag{6.53}$$

$$\mathscr{F}(\Delta\boldsymbol{k}) \equiv \sum_{\boldsymbol{r}_k} f_{\mathrm{at}}(\boldsymbol{r}_k)\mathrm{e}^{-\mathrm{i}2\pi\Delta\boldsymbol{k}\cdot\boldsymbol{r}_k} \quad (结构因子) \tag{6.54}$$

由于单胞的结构因子对所有点阵的点是一样的，为了方便通常将衍射波写为

$$\psi(\Delta \boldsymbol{k}) \equiv \sum_{r_g} \mathscr{F}(\Delta \boldsymbol{k}) \mathrm{e}^{-\mathrm{i}2\pi\Delta \boldsymbol{k}\cdot \boldsymbol{r}_g} \tag{6.55}$$

衍射波分解成形状因子和结构因子与晶体分解成点阵和基元是相似的。一个是选择基元包含许多原子的大单胞，但点阵位置相隔很远；另一个选择是基元包含很少原子的小单胞，而点阵位置相距很近。对于许多问题，选择最小可能的、具有正交笛卡儿平移矢量的单胞更为实用。这个选择非常方便，因为采用正交点阵平移操作简化了整个指数上 $\boldsymbol{R}$ 的加和。例如，常见的做法是将一个体心立方晶体表示为一个两原子的基元（一个原子在拐角上，另一个原子在立方体中心）的简单立方点阵，但这不是体心立方结构的基本单胞。体心立方结构本身是一个含有一个原子的基本单胞（相关的一个原子体心立方单胞显示在图 6.7 的右边）的布拉菲点阵。由于标准体心立方的体积是基本体心立方单胞的两倍，因此出现在实际的体心立方结构中并不存在的标准立方长周期并不令人吃惊。同样，许多简单立方晶体的衍射在体心立方衍射图谱中也不存在，而这些非体心立方衍射的系统消失将在下面“体心立方结构因子规则”中进行讨论。

6.3.2　结构因子规则

1. 简单立方点阵结构因子

对于简单立方点阵，很容易得到式(6.28)中强衍射出现的(h,k,l)任意整数组合。一般的简单立方倒格矢 $\boldsymbol{g}$ 是

$$\boldsymbol{g} = h\boldsymbol{a}_1^* + k\boldsymbol{a}_2^* + l\boldsymbol{a}_3^* \tag{6.56}$$

对位于简单立方点阵位置上的原子，

$$\{\boldsymbol{r}_g\} = \{m\boldsymbol{a}_1 + n\boldsymbol{a}_2 + o\boldsymbol{a}_3\} \quad (\text{这里 } m,n,o \text{ 是所有整数组合}) \tag{6.57}$$

$$\{\boldsymbol{r}_k\} = \{0\boldsymbol{a}_1 + 0\boldsymbol{a}_2 + 0\boldsymbol{a}_3\} \quad (\text{一个基矢(长度为零)}) \tag{6.58}$$

利用劳厄条件 $\Delta\boldsymbol{k} = \boldsymbol{g}$ 和式(6.56)中 $\boldsymbol{g}$ 的表达式，可求得式(6.53)和式(6.54)中的结构因子和形状因子。在式(6.53)和式(6.54)中的指数自变量是

$$\boldsymbol{g}\cdot\boldsymbol{r}_g = (h\boldsymbol{a}_1^* + k\boldsymbol{a}_2^* + l\boldsymbol{a}_3^*)\cdot(m\boldsymbol{a}_1 + n\boldsymbol{a}_2 + o\boldsymbol{a}_3) \tag{6.59}$$

$$\boldsymbol{g}\cdot\boldsymbol{r}_k = (h\boldsymbol{a}_1^* + k\boldsymbol{a}_2^* + l\boldsymbol{a}_3^*)\cdot(0\boldsymbol{a}_1 + 0\boldsymbol{a}_2 + 0\boldsymbol{a}_3) \tag{6.60}$$

利用式(6.32)（不带 2π）

$$\begin{aligned}\boldsymbol{g}\cdot\boldsymbol{r}_g &= hm + kn + lo \\ &= \text{整数} \quad (\text{对于任意整数 } h,k,l)\end{aligned} \tag{6.61}$$

$$\boldsymbol{g}\cdot\boldsymbol{r}_k = 0 \tag{6.62}$$

因此，当劳厄条件 $\Delta\boldsymbol{k} = \boldsymbol{g}$ 满足简单立方点阵时，

$$\mathscr{S}_{\mathrm{sc}}(\Delta\boldsymbol{k}) = \sum_{r_g=0}^{N-1} \mathrm{e}^{-\mathrm{i}2\pi n} = \sum_{r_g=0}^{N-1} 1 = N \quad (n \text{ 为整数}) \tag{6.63}$$

$$\mathscr{F}_{\mathrm{sc}}(\Delta\boldsymbol{k}) = \sum_{r_k=(000)}^{1\text{项}} f_{\mathrm{at}}(\boldsymbol{r}_k)\mathrm{e}^{-\mathrm{i}2\pi\Delta\boldsymbol{k}\cdot\boldsymbol{r}_k}$$

$$= f_{\text{at}}(0)\mathrm{e}^{-0} = f_{\text{at}}(\Delta \boldsymbol{k}) \tag{6.64}$$

这里清楚地表示出式(6.64)中散射因子的 $\Delta \boldsymbol{k}$ 依赖性,并且在 $\Delta \boldsymbol{k} = \boldsymbol{g}$ 的情况下,

$$\psi_{\text{sc}}(\Delta \boldsymbol{k}) = \mathscr{S}_{\text{sc}}(\Delta \boldsymbol{k})\mathscr{F}_{\text{sc}}(\Delta \boldsymbol{k}) = N f_{\text{at}}(\Delta \boldsymbol{k}) \tag{6.65}$$

因为简单立方晶体内每个单胞只有一个原子,所以简单立方点阵的结构因子 $\mathscr{F}_{\text{sc}}(\Delta \boldsymbol{k})$是对于任意 h,k 和 l 所有整数组合的原子散射因子 $f_{\text{at}}(\Delta \boldsymbol{k})$。同样的结果对任何基本点阵都有效——式(6.61)和式(6.62)不要求 $\boldsymbol{a}_1,\boldsymbol{a}_2,\boldsymbol{a}_3$ 具有相同的长度或沿着笛卡儿轴。

2. 其他点阵的结构因子规则

当单胞的基元内有不止一个原子时,结构因子更为有趣。基元内原子散射的子波间相互干涉导致一些衍射明确地消失,禁止某些 h,k 和 l 组合在衍射图案中出现。列举允许衍射的规定是"结构因子规则"。

在推导出体心立方晶体的结构因子规则之前,利用一个详细的物理实例——体心立方(001)衍射的消失阐明其成因。图 6.9 比较了简单立方和体心立方点阵。在简单立方中,顶部平面的原子对衍射波(6.49)贡献了一个相位因子 $\mathrm{e}^0 = 1$,位于下方距离为 a 的原子面的贡献是 $\mathrm{e}^{\mathrm{i}2\pi} = +1$。相继地,更低的晶面以 $\mathrm{e}^{\mathrm{i}4\pi}$,$\mathrm{e}^{\mathrm{i}6\pi}$,…相长地贡献到相位因子加和,所有这些都等于 +1。现在,对比体心立方晶体的相位因子加和。这些在单胞中心的原子正好处在单胞内上下原子中间 $a/2$ 距离处,因此从这些中心散射出的波相对于来自每个单胞顶端原子的波具有 180°的相位差。它们对式(6.49)中相位因子的贡献等于上述这样的平面波乘上 $\mathrm{e}^{-\mathrm{i}\pi} = -1$。由于每个单胞顶端和中心散射的波相消干涉,并且对所有单胞成对地抵消,因此在体心立方结构中(001)是禁止衍射的。物理的讨论可归纳为:

位于两个平面中间的相同原子面引起相消干涉,衍射消失。

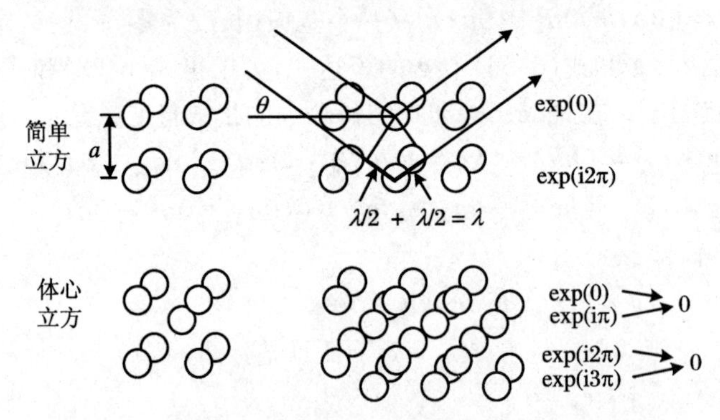

图 6.9　(001)衍射,相长干涉出现在简单立方单胞的上下原子面之间,但体心立方单胞中心原子的散射相对于上部原子的散射有 π 的相位差

一般的体心立方结构因子规则是通过将这行推理扩展到所有的(h,k,l)组合和晶体内所有原子而获得的。为了从简单立方中的位置获得体心立方点阵中所有

的原子位置，利用式(6.48)，有

$$\{\boldsymbol{r}_g\} = \{m\boldsymbol{a}_1 + n\boldsymbol{a}_2 + o\boldsymbol{a}_3\} \quad (m,n,o \text{ 在所有组合里都是整数}) \tag{6.66}$$

$$\{\boldsymbol{r}_k\} = \left\{0\boldsymbol{a}_1 + 0\boldsymbol{a}_2 + 0\boldsymbol{a}_3, \frac{1}{2}\boldsymbol{a}_1 + \frac{1}{2}\boldsymbol{a}_2 + \frac{1}{2}\boldsymbol{a}_3\right\} \quad (\text{两个基矢 } \boldsymbol{r}_{k1} \text{ 和 } \boldsymbol{r}_{k2}) \tag{6.67}$$

我们利用一个带有两个原子的基矢(式(6.67)与式(6.58)不同)将体心立方晶体分解为一个简单立方点阵(式(6.66)与式(6.57)是相同的)。体心立方晶体新的基矢是原子位置在简单立方单胞的中心。体心立方晶体的形状因子是对所有$\{\boldsymbol{r}_g\}$的一个加和，与式(6.63)简单立方晶体的 $\mathscr{S}_{sc}(\Delta\boldsymbol{k})$是一样的。但是体心立方结构因子 $\mathscr{F}_{bcc}(\Delta\boldsymbol{k})$与简单立方结构因子 $\mathscr{F}_{sc}(\Delta\boldsymbol{k})$是不同的。为了计算 $\mathscr{F}_{bcc}(\Delta\boldsymbol{k})$，在 $\Delta\boldsymbol{k}=\boldsymbol{g}$ 时，我们来评价一个两原子基元对简单立方点阵不同(h,k,l)衍射的影响：

$$\mathscr{F}_{bcc}(\Delta\boldsymbol{k}) = \sum_{r_{k1},r_{k2}}^{2\text{项}} f_{at}(\boldsymbol{r}_k)\mathrm{e}^{-\mathrm{i}2\pi\Delta\boldsymbol{k}\cdot\boldsymbol{r}_k} \tag{6.68}$$

对于 k 空间矢量 $\Delta\boldsymbol{k}$，采用式(6.56)或式(6.66)中给出的那些简单立方点阵。当劳厄条件满足简单立方点阵时，也就是 $\Delta\boldsymbol{k}=\boldsymbol{g}$ 时，在式(6.67)基元内两个原子的数量积是(采用式(6.32)后)

$$\Delta\boldsymbol{k}\cdot\boldsymbol{r}_{k1} = \boldsymbol{g}\cdot\boldsymbol{r}_{k1} = h0 + k0 + l0 = 0 \tag{6.69}$$

$$\Delta\boldsymbol{k}\cdot\boldsymbol{r}_{k2} = \boldsymbol{g}\cdot\boldsymbol{r}_{k2} = h\frac{1}{2} + k\frac{1}{2} + l\frac{1}{2} \tag{6.70}$$

两项加和的结构因子式(6.68)是

$$\mathscr{F}_{bcc}(\Delta\boldsymbol{k}) = f_{at}(0)\mathrm{e}^0 + f_{at}\left(\frac{1}{2},\frac{1}{2},\frac{1}{2}\right)\mathrm{e}^{-\mathrm{i}2\pi\left(h\frac{1}{2}+k\frac{1}{2}+l\frac{1}{2}\right)} \tag{6.71}$$

结构因子具有两个值，这取决于 $h+k+l$ 的和是奇数或偶数：

$$\begin{aligned}\mathscr{F}_{bcc}(\Delta\boldsymbol{k}) &= f_{at}(0) + f_{at}\left(\frac{1}{2},\frac{1}{2},\frac{1}{2}\right)\mathrm{e}^{-\mathrm{i}2\pi\frac{n}{2}} \\ &= f_{at}(0) - f_{at}\left(\frac{1}{2},\frac{1}{2},\frac{1}{2}\right) \quad (h+k+l = \text{奇数}, n\text{ 为整数})\end{aligned} \tag{6.72}$$

$$\begin{aligned}\mathscr{F}_{bcc}(\Delta\boldsymbol{k}) &= f_{at}(0) + f_{at}\left(\frac{1}{2},\frac{1}{2},\frac{1}{2}\right)\mathrm{e}^{-\mathrm{i}2\pi n} \\ &= f_{at}(0) + f_{at}\left(\frac{1}{2},\frac{1}{2},\frac{1}{2}\right) \quad (h+k+l = \text{偶数}, n\text{ 为整数})\end{aligned} \tag{6.73}$$

体心立方晶体在两个基矢处具有相同类型的原子($f_{at}(0)=f_{at}(1/2,1/2,1/2)$)，因此当 $h+k+l=$奇数时，由式(6.72)得到结构因子等于零。与简单晶体的情况不同，当增加基矢 $\boldsymbol{a}_1/2+\boldsymbol{a}_2/2+\boldsymbol{a}_3/2$，将简单立方转变为体心立方，我们获得：

体心立方结构因子规则：h,k,l 三个整数的和必须是一个偶数。

因此如体心立方 W，允许衍射(关于简单立方单胞)的最低指数是

(110),(200),(211),(220),(310),(222)

(321),(400),(330),(411),(420)

但其他一些衍射是禁止的,例如(110),(111),(210)。同样的规则应用于其他一些有中心的点阵(表示为“I”):体心正交和体心四方(注意式(6.69)~式(6.70)并不要求 $\boldsymbol{a}_1,\boldsymbol{a}_2,\boldsymbol{a}_3$形成立方体的边界)。

一个带四个原子基元的简单立方点阵提供了面心立方晶体所有的原子位置:

$$\{\boldsymbol{r}_g\} = \{m\boldsymbol{a}_1 + n\boldsymbol{a}_2 + o\boldsymbol{a}_3\}\quad (m,n,o\text{ 在所有组合里都是整数})\tag{6.74}$$

$$\{\boldsymbol{r}_k\} = \left\{0\boldsymbol{a}_1 + 0\boldsymbol{a}_2 + 0\boldsymbol{a}_3, 0\boldsymbol{a}_1 + \frac{1}{2}\boldsymbol{a}_2 + \frac{1}{2}\boldsymbol{a}_3,\right.$$
$$\left.\frac{1}{2}\boldsymbol{a}_1 + 0\boldsymbol{a}_2 + \frac{1}{2}\boldsymbol{a}_3, \frac{1}{2}\boldsymbol{a}_1 + \frac{1}{2}\boldsymbol{a}_2 + 0\boldsymbol{a}_3\right\}\tag{6.75}$$

这组四个 $\boldsymbol{r}_k$ 提供了面心立方结构因子的规则如下:

面心立方结构因子规则:h,k,l 三个整数必须全部为偶数,或全部为奇数。

例如,面心立方 Cu 最低指数的衍射是

(111),(200),(220),(311),(222),(400),(331),(420)

但其余的衍射,如(100),(110),(210),(211)是禁止的。这个规则可用于其他面心点阵(表示为“F”):面心正交。

对于金刚石立方晶体,利用简单立方点阵和八原子基元设置,可以得到:

金刚石结构因子规则:如果 h,k,l 全为偶数,且 $h+k+l=4n$,或 h,k,l 全为奇数。(这与面心立方规则是一样的,除了 h,k,l 全为偶数时,只有少量衍射是允许的。)

举例来说,对于金刚石结构 Si,最低衍射指数是

(111),(220),(311),(400),(331)

3. 结构因子规则的范围和利用

我们刚刚看到如何系统地利用一个非基本单胞引起衍射的系统消光。通过结构因子规则列举的这些消光适于所有尺寸的点阵。例如,若几个原子的同一集团处于一个大的体心立方点阵的位置,则体心立方结构因子规则使得大的、隐含的简单立方点阵 h,k,l 奇偶混合指数的系统消光。(然而,在这些集团内原子的系统位置能够产生额外的衍射系统消光。)表 6.1 总结了当单胞由两个或更多个、具有在第二栏中表示的笛卡儿基矢的原子构成时,布拉菲点阵①的系统消光。

① 晶体系统符号:(a) 三斜;(m) 单斜;(o) 正交;(t) 四方;(h) 三角;(h) 六角;(c) 立方。对于基于这些晶体系统倒格子的 *hkl* 标定指数,14 种布拉菲点阵的衍射的系统消光出现列在随后的行表中:第 1 行(1 个原子):aP,mP,oP,tP,hP,cP;第 2,3,4 行(2 个原子):mC,oC;第 5 行(4 个原子):oF,cF;第 6 行(2 个原子):oI,tI,cI;第 7,8 行(3 个原子,1 个原子):hR。

表6.1　点阵类型的系统消光

点阵类型	适合的基矢	系统消失
P(如简单立方)	0,0,0	无消光现象
A	0,0,0;0,1/2,1/2	$k+l=2n+1$
B	0,0,0;1/2,0,1/2	$h+l=2n+1$
C	0,0,0;1/2,1/2,0	$h+k=2n+1$
F(如面心立方)	0,0,0;0,1/2,1/2;1/2,0,1/2;1/2,1/2,0	h,k,l 既有奇数也有偶数
I(如体心立方)	0,0,0;1/2,1/2,1/2	$h+k+l=2n+1$
R(六角形轴)	0,0,0;2/3,1/3,1/3;1/3,2/3,2/3	$-h+k+l=3n\pm1$
R(菱形轴)	0,0,0	无消光现象

最后我们重点强调结构因子规则是点阵的性质,并且不依赖于原子在单胞体积内是如何放置的。举例来说,我们并不需要选择在标准立方体的拐角和中心位置(如式(6.67))两个体心立方基矢。假设这两个基矢是从潜在的简单立方点阵的原点通过任意平移的偏移:$\Delta\boldsymbol{R}=A\boldsymbol{a}_1+B\boldsymbol{a}_2+C\boldsymbol{a}_3$。原子的新位置(用素数表示)现在是

$$\{\boldsymbol{r}'_{k1},\boldsymbol{r}'_{k2}\}=\{\boldsymbol{r}_{k1}+\boldsymbol{R},\boldsymbol{r}_{k2}+\boldsymbol{R}\}$$

这与式(6.67)是不同的:

$$\{\boldsymbol{r}'_{k1},\boldsymbol{r}'_{k2}\}=\left\{A\boldsymbol{a}_1+B\boldsymbol{a}_2+C\boldsymbol{a}_3,\left(A+\frac{1}{2}\right)\boldsymbol{a}_1+\left(B+\frac{1}{2}\right)\boldsymbol{a}_2+\left(C+\frac{1}{2}\right)\boldsymbol{a}_3\right\} \tag{6.76}$$

并且现在结构因子是 $\mathscr{F}'_{\text{bcc}}$,而不是式(6.71)中的 $\mathscr{F}_{\text{bcc}}$:

$$\mathscr{F}'_{\text{bcc}}(\Delta\boldsymbol{k})=f_{\text{at}}\mathrm{e}^{-\mathrm{i}2\pi(Ah+Bk+Cl)}+f_{\text{at}}\mathrm{e}^{-\mathrm{i}2\pi[(A+\frac{1}{2})h+(B+\frac{1}{2})k+(C+\frac{1}{2})l)]} \tag{6.77}$$

$$\mathscr{F}'_{\text{bcc}}(\Delta\boldsymbol{k})=\mathrm{e}^{-\mathrm{i}2\pi(Ah+Bk+Cl)}+[f_{\text{at}}\mathrm{e}^{0}+f_{\text{at}}\mathrm{e}^{-\mathrm{i}2\pi(h\frac{1}{2}+k\frac{1}{2}+l\frac{1}{2})}] \tag{6.78}$$

(当晶体具有体心立方结构时,f_{at}对所有原子位置都是相同的。)因此式(6.78)中的结构因子 $\mathscr{F}'_{\text{bcc}}$仅仅因一个具有模为1的常数因子而与式(6.71)中的 $\mathscr{F}_{\text{bcc}}$不同:

$$\mathscr{F}'_{\text{bcc}}(\Delta\boldsymbol{k})=\mathrm{e}^{-\mathrm{i}2\pi(Ah+Bk+Cl)}\mathscr{F}_{\text{bcc}}(\Delta k) \tag{6.79}$$

常数相位因子 $\mathrm{e}^{-\mathrm{i}2\pi(Ah+Bk+Cl)}$ 并不改变衍射波的强度,它与 $\mathscr{F}'_{\text{bcc}}$乘上其复数共轭成正比:

$$\mathscr{F}'^{*}_{\text{bcc}}\mathscr{F}'_{\text{bcc}}=\mathrm{e}^{-\mathrm{i}2\pi(Ah+Bk+Cl)}\mathscr{F}^{*}_{\text{bcc}}(\Delta k)\mathrm{e}^{-\mathrm{i}2\pi(Ah+Bk+Cl)}\mathscr{F}_{\text{bcc}}(\Delta k) \tag{6.80}$$

$$\boldsymbol{I}(\Delta k)\propto\mathscr{F}'^{*}_{\text{bcc}}\mathscr{F}'_{\text{bcc}}=\mathscr{F}^{*}_{\text{bcc}}\mathscr{F}_{\text{bcc}} \tag{6.81}$$

等式(6.81)显示,如果从式(6.67)中简单立方单胞顶角和中心位置的两个基矢$\{\boldsymbol{r}'_{k1},\boldsymbol{r}'_{k2}\}$开始,或者如式(6.76)中这些基矢由简单立方点阵的位置通过任意位移

代替,衍射波的强度不会改变,但是式(6.81)要求两个基矢要以相同的矢量 $\Delta\boldsymbol{R}$ 平移。不相等的平移会破坏体心立方的对称性,这对于 $h+k+l=$ 奇数的衍射会引起不完全的相位消失,由此产生一些衍射强度。

6.3.3 对称操作和禁止衍射

当存在平移对称性元素时,特殊的衍射能够被消除,比如晶体空间群内的滑移面和螺旋轴。在滑移面存在的情况下,这样的衍射消光会被限制在一个平面区域①,或者在螺旋轴的情况下被限制在一组平面内。例如,一个穿过原点、平行于(001)方向的"a 滑移面"的存在引起位置在 $m\boldsymbol{a}_1+n\boldsymbol{a}_2+o\boldsymbol{a}_3$ 的原子移动到 $(m+1/2)\boldsymbol{a}_1+n\boldsymbol{a}_2-o\boldsymbol{a}_3$,这是一个在滑移面之下 $\boldsymbol{a}_1/2$ 的原子移位。在滑移面下原子的结构因子项中包含因子:

$$e^{i[2\pi(\frac{1}{2}h+hm+kn+lo)-2\pi(hm+kn+lo)]}=e^{i\pi h} \tag{6.82}$$

当 h 是奇数时,$e^{i\pi h}=-1$,并且这个因子在 $hk0$ 衍射上产生消光。这是由于对 $\Delta\boldsymbol{k}$ 垂直于(001)的衍射,这个滑移面有效地平分平行于 x 轴的点阵间距。全部的滑移面导致晶带轴与滑移面垂直的区域衍射消失。所有可能类型的(001)滑移面产生的禁止衍射在表 6.2 中列出。常规滑移面及其系统消光的完整列表可在 *International Tables for X-ray Crystallography*[1] 中查到。

晶体内螺旋轴的存在同样会导致禁止衍射。举个例子,一个通过原点平行于 z 轴的二次螺旋轴可使得位置在 $m\boldsymbol{a}_1+n\boldsymbol{a}_2+o\boldsymbol{a}_3$ 的原子旋转到 $-m\boldsymbol{a}_1-n\boldsymbol{a}_2-(o+1/2)\boldsymbol{a}_3$。结构因子的表达式与上面考虑的 a 滑移面是相似的,并且当 l 是奇数时在$(00l)$衍射上产生消光。与利用滑移面一样,对于$(00l)$衍射二次螺旋轴有效地平分了平行于 z 轴的点阵间距。采用不同平移、平行于其他晶体学轴的螺旋轴可以产生类似的消光。所有平行于[001]方向的类似螺旋轴产生的消光在表 6.3 中列出。

表 6.2 平行于(001)的滑移面产生的系统消光

滑移面类型	平移	在 $hk0$ 衍射内的系统消光
a	$a/2$	$h=2n+1$
b	$b/2$	$k=2n+1$
n	$(a+b)/2$	$h+k=2n+1$
d	$(a\pm b)/4$	$h+k=4n+2$,其中 $h=2n,k=2n$

① 平面区域由垂直于已知方向的所有晶面组成,这个方向是"晶带轴"。

表6.3　平行于[001]的旋转轴产生的系统消光

螺旋轴	平移	在 $00l$ 衍射内的系统消光
2_1	$c/2$	$l=2n+1$
$4_1,4_3$	$\pm c/4$	$l\neq 4n$
4_2	$c/2$	$l=2n+1$
$3_1,3_2$	$\pm c/3$	$l\neq 3n$
$6_1,6_5$	$\pm c/6$	$l\neq 6n$
$6_2,6_4$	$\pm c/3$	$l\neq 3n$
6_3	$c/2$	$l=2n+1$

6.4　化学有序结构

6.4.1　超晶格衍射

考虑对图6.9左边最下端的体心立方单胞做一些更改，这里单胞中心的原子类型与立方体顶角是不同类型的原子。在更改过的晶体里，(100)衍射波不会像图6.9中右下端那样成对地消失。但是这样一个晶体不再具有体心立方点阵，它具有简单立方点阵和Strukturbericht命名的“B2”结构（显示在图6.11的中间上方）。B2结构是CsCl的有序相。利用对原子A和B不同的原子散射因子，式(6.72)变为

$$f_A(0)-f_B\left(\frac{1}{2}\ \frac{1}{2}\ \frac{1}{2}\right)\neq 0 \tag{6.83}$$

不是零衍射强度，B2有序FeCo的(001)衍射的强度为

$$I(100)\propto|\ f_{Co}-f_{Fe}\ |^2\quad（弱） \tag{6.84}$$

(100)衍射称为“超晶格衍射”，这反映了利用两个不同原子的基矢而建立的B2结构简单立方点阵的周期性。另一方面，由式(6.73)中体心立方晶体允许的衍射——“基本衍射”（例如(200)）的强度为

$$I(200)\propto|\ f_{Co}+f_{Fe}\ |^2\quad（强） \tag{6.85}$$

如在4.2.1小节中对X射线散射所讨论的那样，f_{at}近似地与原子序数Z成正比。同样，如在4.3.3小节中所讨论的电子散射，f_{at}与Z是亚线性的。对于X射线衍射，我们有$f_{Fe}/f_{Co}\approx 26/27$。源于B2 FeCo式(6.85)较强的“体心立方基本”强度非常接近于相应的纯体心立方Fe的强度（大约强4%），而且式(6.84)中较弱的

“B2 超晶格”强度则非常弱(约为 1/2 700)。表 6.4 列出了这些峰及其强度,这些 FeCo 的 B2 超晶格衍射事实上是非常弱的,以至于大部分常规 X 射线衍射仪很少探测到①。

表 6.4　B2 结构的衍射

(hkl)	$h^2+k^2+l^2$	类型	强度
(100)	1	超晶格	弱
(110)	2	基本晶格	强
(111)	3	超晶格	弱
(200)	4	基本晶格	强
(210)	5	超晶格	弱
(211)	6	基本晶格	强
(220)	8	基本晶格	强
(221)	9	超晶格	弱
(300)	9	超晶格	弱

图 6.10 中显示了带有 B2 结构的 Ti 基合金 SAD 图像。晶带轴是(001),即垂直于衍射平面。体心立方的三个基本衍射标记为(110),($\bar{1}$10)和(020),几个超晶格衍射是可见的,例如中心斑点(000)和衍射斑(020)中间的位置存在一个弱的衍射,这是(010)超晶格衍射。在图 6.10 中一些弱的{210}超晶格衍射同样可见。

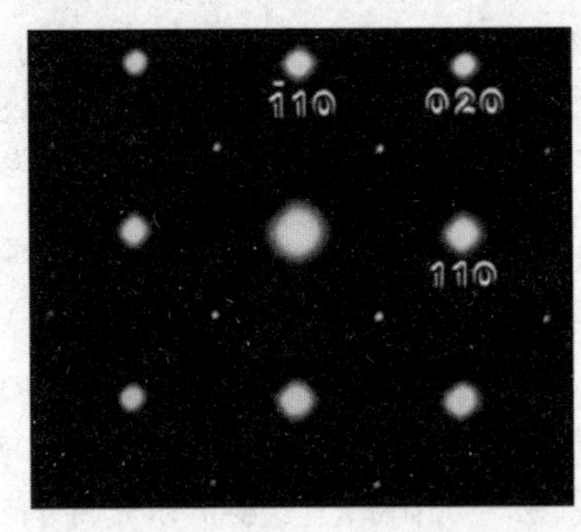

图 6.10　具有 B2 化学有序的 Ti 合金 SAD 图像。在标定的体心立方基本衍射之间的超晶格衍射是弱的斑点,比如(010)和(120)

对于 B2(CsCl)结构,考查实空间和倒空间的结构是有益的。B2 结构的倒空间结构是 B1(NaCl)结构,这可以在随后的讨论中展示。图 6.11 显示了 B2 结构作为一个有序结构,在体心立方点阵中是如何获得的。由此,我们所要表达的意思是所有的原子都位于体心立方点阵位置,但是与拐角位置相比,中心位置上是不同类型的原子(同样,图 6.11 从其右边显示了 B1 结构来源于一个简单立方点阵)。虽然 B2 结构是体心立方点阵上的一个有序结构,但将 B2 结构看作为一个具有两个原子基矢

① 增大 Fe 和 Co 散射因子差别的方法是,采用 Co 的 K_α 辐射以使 Fe 的异常散射抑制 f_{Fe},而增加式(6.84)中的 $I(100)$。

的简单立方点阵却是正确的(相似地,B1 结构可看作一个具有两原子基矢的面心立方点阵)。为了理解衍射强度,考虑将 B2 结构作为体心立方结构和简单立方结构之间的中间结构,如图 6.11 上面一行中间根据其位置所给出的示意:

· 在一个受限的情形下,中心原子的散射强度消失——实空间点阵是简单立方,因此倒空间也是简单立方。所有(h,k,l)衍射是允许的。

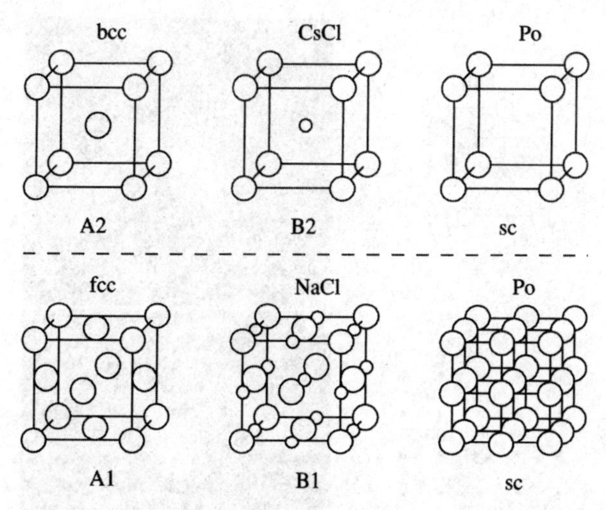

图 6.11　上部:实空间结构;下部:它们相应的倒空间结构

· 在其他一些受限情形下,中心原子和拐角原子一样具有相同的散射强度——实空间点阵是体心立方,因此倒格子是面心立方。一些简单立方衍射消失(当 $h+k+l$ =奇数时)。

· 对处于中间的情况,与拐角原子相比,中心原子具有不同的散射强度。真实结构是 B2,不是体心立方,因此严格的 $h+k+l$ =奇数的衍射消光不再是正确的。对于这些(h,k,l),仅有部分消光出现,显示为 B1 结构的小圆环,因为在 B2 结构内中心原子的散射强度与拐角原子的强度不同,所以出现这些超晶格衍射。

我们能对这个方法进行概括。为了获得一个有序结构的超晶格衍射,首先确定潜在点阵的基本衍射(忽略原子类型),然后要确定移除一种原子后修改点阵的衍射。现在单胞是比较大的,因此存在很多衍射,超晶格衍射出现在修改点阵的新衍射处。

图 6.12(a)显示了由面心立方点阵导出的 $L1_0$ 有序结构,图 6.12(b)展示了具有 $L1_0$ 有序结构的 TiAl 合金的两张衍射花样。$L1_0$ 结构对于所有〈001〉方向是非对称的。我们仅仅期望(001)超晶格衍射,而不是(100)或(010)衍射。在上面的衍射花样中显示了(001)衍射,但不是(010)。在下面的图中,(100)和(010)两个衍射都不可见(靠近中心的斑点是{110}衍射)。大多数具有 $L1_0$ 有序结构的沉淀相样品中,不同沉淀相的 c 轴平行于基体所有的[001],[010]和[100]三个方向,形成 $L1_0$ 结构的三个变量。如果所有三个变量是同时存在的,那么倒格子的$(001)^*$ 截

面看上去与图 6.12(c)中的花样是相似的。不幸的是，这张衍射花样类似于带有选择性 $L1_2$ 结构的(001)* 衍射花样，但我们可以利用图像中标定为(010)，(110)和(100)的斑点获得暗场图像来区分这两种情况。对每一个暗场图像，如果它们具有 $L1_2$ 结构，所有的沉淀相会“明亮起来”，而如果具有 $L1_0$ 结构，则三个变量中仅有一个会亮起来。

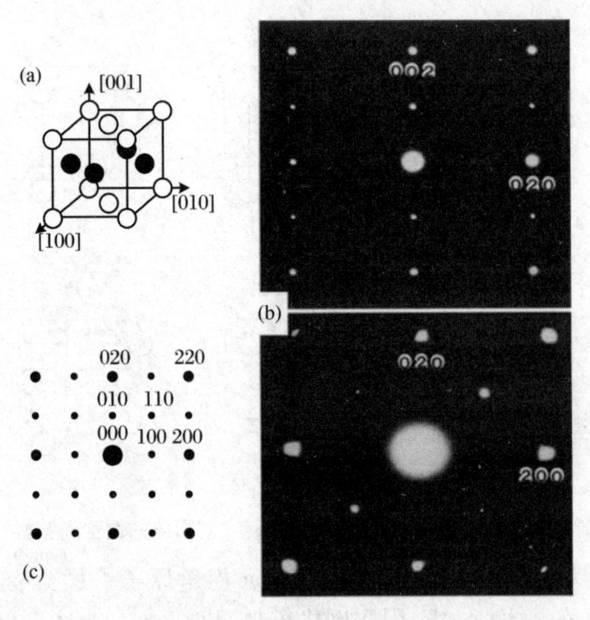

图 6.12　(a) $L1_0$ 结构；(b) 从两个晶带轴获得的 $L1_0$ TiAl 衍射花样，上面是(100)，下面是(001)，对应于(a)内单胞的指数；(c) $L1_0$ 结构三个晶带轴的重合[2]

6.4.2　序列参量

离子性键合的材料通常具有高度的化学有序，例如，氯化铯具有相对严格的 B2 结构，Cs 离子在顶角位置而 Cl 离子在中心位置(图 6.11 的上中部)。由此形成了化学纯的亚点阵，在图 6.13(a)中标记为“α”和“β”。另一方面，对于在不适当的亚点阵放置“反位”原子，金属通常具有较小的能量代价，尤其在原子种类是化学相似时。例如，Fe-Co 合金具有较大范围的超晶格偏析和相当的 B2 有序。

对于变量，我们首先定义：

- 合金内 A 原子的数目 N_A；
- B 原子的浓度是 $c \equiv N_B/N$；
- 晶体具有总的原子数目 N，等于原子位置的数目。

对于富 A 的合金，$c < 1/2$。

B2 序列的数量利用一个长程有序(LRO)的参数 L 来定量表示。作为参考，图 6.13(b)描述了一种体心立方固溶体，A 原子在任意亚点阵上没有优先选择。

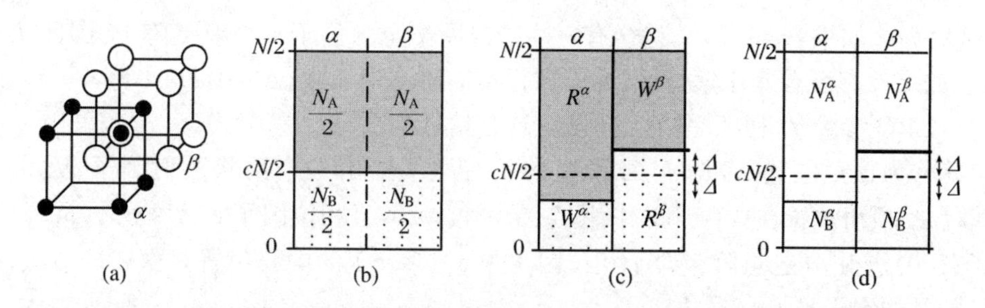

图6.13　(a) 16个原子的B2结构，显示了 α 和 β 亚点阵的相互渗透；(b) 具有A和B两种原子的富A固溶体，没有亚点阵偏析；(c) 较(b)中任意固溶体 α 亚点阵上有更多A原子的合金(而在 β 亚点阵有更多B原子)；(d) 对于(c)中合金亚点阵浓度变量的定义

图6.13(c)则显示了在 α 亚点阵上A原子的一个额外的 Δ，取代 β 亚点阵上相等数量的B原子。利用标准记忆符号，将亚点阵上"正确的"原子数量表示为"R"(对于"右边"而言)，其他种类"错误的"原子表示为"W"。LRO参数 L 定义为在两个亚点阵上正确和错误原子的差额：

$$L \equiv \frac{(R^{\alpha} - W^{\alpha}) + (R^{\beta} - W^{\beta})}{N} \tag{6.86}$$

图6.13(d)定义两个亚点阵上物质的浓度为

$$L = \frac{(N_{\mathrm{A}}^{\alpha} - N_{\mathrm{B}}^{\alpha}) + (N_{\mathrm{B}}^{\beta} - N_{\mathrm{A}}^{\beta})}{N} \tag{6.87}$$

L 的关键在于亚点阵浓度从任意固溶体浓度值偏离了 Δ。原子和点阵位置的守恒要求(图6.13(c)和(d)有助于形象化)α 亚点阵的 Δ 与 β 亚点阵的 Δ 相同。最后，确认A原子的浓度是 $1-c$，图6.13(d)有助于确定所有浓度变量的表达式：

$$N_{\mathrm{A}}^{\alpha} = (1-c)\frac{N}{2} + \Delta \tag{6.88}$$

$$N_{\mathrm{B}}^{\alpha} = c\frac{N}{2} - \Delta \tag{6.89}$$

$$N_{\mathrm{B}}^{\beta} = c\frac{N}{2} + \Delta \tag{6.90}$$

$$N_{\mathrm{A}}^{\beta} = (1-c)\frac{N}{2} - \Delta \tag{6.91}$$

将式(6.88)～式(6.91)代入式(6.87)，得到

$$L = \frac{(1-c)\frac{N}{2} + \Delta - c\frac{N}{2} + \Delta + c\frac{N}{2} + \Delta - (1-c)\frac{N}{2} + \Delta}{N} \tag{6.92}$$

$$L = \frac{4\Delta}{N} \tag{6.93}$$

LRO参数与任意固溶体的亚点阵浓度偏离 Δ 成正比，反过来被 c 的数值所限制。事实上，图6.13帮助显示了 Δ 能够不大于 $cN/2$(或$(1-c)N/2$，无论哪个都是最小的)。当 $c=1/2$ 时，$\Delta = N/4$ 的最大值是可能的，这给出 $L=1$ 和理想的

B2 序列。如果 $c \neq 1/2$,总是会有一些错误原子至少位于一个亚点阵上,因此 $L < 1$。如果没有亚点阵化学择优,如同在任意固溶体中一样,$\Delta = 0, L = 0$。

LRO 参数 L 和超晶格衍射强度具有精妙的关系。参考式(6.72),采用 α 亚点阵作为顶角位置,占据 $N/2$ 位置的所有原子给出一个网状散射因子 $N_A^\alpha f_A + N_B^\beta f_B$。顶角位置在式(6.69)中满足 $\Delta \boldsymbol{k} \cdot \boldsymbol{r}_{k1} = 0$,且相位因子 $e^{-i0} = +1$。同样,对于(100)衍射,β 亚点阵包含了相位因子为 $e^{-i\pi} = -1$ 的中心位置。由式(6.72),得到的结构因子是

$$\mathscr{F}(100) = \frac{(N_A^\alpha f_A + N_B^\alpha f_B)e^{-i0}}{N/2} + \frac{(N_A^\beta f_A + N_B^\beta f_B)e^{-i\pi}}{N/2} \tag{6.94}$$

$$\mathscr{F}(100) = \frac{2(N_A^\alpha - N_A^\beta)f_A + 2(N_B^\alpha - N_B^\beta)f_B}{N} \tag{6.95}$$

$$\mathscr{F}(100) = \frac{4\Delta}{N}(f_A - f_B) \tag{6.96}$$

$$\mathscr{F}(100) = L(f_A - f_B) \tag{6.97}$$

图 6.13(d)简化了式(6.96)中的 $2\Delta = N_A^\alpha - N_A^\beta = -(N_B^\alpha - N_B^\beta)$,而式(6.93)可用于最终步骤。

直接的比例 $\mathscr{F}(100) \propto L$ 对于从衍射图测量中确定 L 是非常有用的。作为参考,我们利用(200)衍射的强度。这个体心立方基本衍射不依赖于亚点阵的偏析,因为式(6.73)表明体心立方点阵上的所有原子对于(200)衍射是同相位散射。两种衍射的强度之比为

$$\frac{|\mathscr{F}(100)|^2}{|\mathscr{F}(200)|^2} = L^2 \frac{|f_A - f_B|^2}{|2\langle f \rangle|^2} \tag{6.98}$$

其中①

$$\langle f \rangle \equiv (1 - c)f_A + cf_B \tag{6.99}$$

注意,若 $f_B = 0, L = 1$ 且 $c = 1/2$,则式(6.98)的比率等于 1,在这种情况下我们拥有一个 A 原子的简单立方晶体。

对于 B2 有序,在 L 的实验确定中,(100)和(200)衍射被累计,并且对随着 θ 角度变化的已知强度进行校正(如式(1.54))。从这些修正的强度得到 LRO 参数为

$$L = \sqrt{\frac{I^{corr}(100)}{I^{corr}(200)} \frac{|2\langle f \rangle|^2}{|f_A - f_B|^2}} \tag{6.100}$$

在超晶格衍射的尾部对所有强度积分是非常重要的,但如果强度非常宽,考虑 10.3.2 小节中讨论的短程有序分析是较为适当的。B2 有序地存在于体心立方结构的单个晶体内,因此超晶格衍射的峰总是至少与基本体心立方衍射宽度一样。

---

① 可以通过在式(6.94)中用 $e^{-i2\pi}$ 代替 $e^{-i\pi}$,并认可 $N_A^\alpha + N_A^\beta = N_A = (1-c)N$(并对 B 原子浓度进行相似的工作)来检验式(6.99)。

超晶格衍射的额外形状因子展宽(6.5 节)有时能够被用来估算有序畴的尺寸。

对于除 B2 的有序结构,可发现等价于式(6.100)的表达式。对于化学纯亚点阵的化学计量成分,通常重新排布以使得 $L=1$。而对于任意成分 c,所有亚点阵具有相同的化学成分时,$L=0$。

6.5　晶体形状因子

6.5.1　直角棱柱的形状因子

现在讨论式(6.53)的形状因子 $\mathcal{S}(\Delta k)$:

$$\mathcal{S}(\Delta \boldsymbol{k}) = \sum_{\boldsymbol{r}_g} \mathrm{e}^{-\mathrm{i}2\pi\Delta \boldsymbol{k}\cdot \boldsymbol{r}_g} \tag{6.101}$$

对于非常大的晶体,形状因子不能提供关于晶体形状的信息,难以令人感兴趣。在 6.2.1 小节中最后的讨论表明,非常大的晶体的形状因子强度变得无限高和无限窄——这实际上是一组以不同 $\Delta \boldsymbol{k}$ 值为中心的 δ 函数(这里 $\Delta \boldsymbol{k}=\boldsymbol{g}$,$\boldsymbol{g}$ 是一个倒格矢),因而形状因子对于小晶体最令人感兴趣。设定一个简单的特殊情况,小晶体是一个沿着 $\hat{\boldsymbol{x}}$,$\hat{\boldsymbol{y}}$ 和 $\hat{\boldsymbol{z}}$ 方向有 N_x,N_y 和 N_z 单胞的长方体。考虑一组能够表征立方、正方或正交单胞点阵的短平移矢量($a_x\hat{\boldsymbol{x}}, a_y\hat{\boldsymbol{y}}, a_z\hat{\boldsymbol{z}}$):

$$\boldsymbol{r}_g = m a_x \hat{\boldsymbol{x}} + n a_y \hat{\boldsymbol{y}} + o a_z \hat{\boldsymbol{z}} \tag{6.102}$$

$$\Delta \boldsymbol{k} = \Delta k_x \hat{\boldsymbol{x}} + \Delta k_y \hat{\boldsymbol{y}} + \Delta k_z \hat{\boldsymbol{z}} \tag{6.103}$$

$$\mathcal{S}(\Delta \boldsymbol{k}) = \sum_{m=0}^{N_x-1}\sum_{n=0}^{N_y-1}\sum_{o=0}^{N_z-1} \mathrm{e}^{-\mathrm{i}2\pi(\Delta k_x a_x m + \Delta k_y a_y n + \Delta k_z a_z o)} \tag{6.104}$$

$$\mathcal{S}(\Delta \boldsymbol{k}) = \sum_{m=0}^{N_x-1} \mathrm{e}^{-\mathrm{i}2\pi\Delta k_x a_x m} \sum_{n=0}^{N_y-1} \mathrm{e}^{-\mathrm{i}2\pi\Delta k_y a_y n} \sum_{o=0}^{N_z-1} \mathrm{e}^{-\mathrm{i}2\pi\Delta k_z a_z o} \tag{6.105}$$

式(6.105)中每个和是一个不完全几何序列的形式:

$$\mathcal{S} = 1 + \boldsymbol{r} + \boldsymbol{r}^2 + \boldsymbol{r}^3 + \boldsymbol{r}^4 + \cdots + \boldsymbol{r}^{N-1} \tag{6.106}$$

为了对这样一个序列求值,注意作为两个无限几何序列的差值是如何表示的:

$$\mathcal{S} = \sum_{j=0}^{\infty} \boldsymbol{r}^j - \sum_{j=N}^{\infty} \boldsymbol{r}^j \tag{6.107}$$

$$\mathcal{S} = \sum_{j=0}^{\infty} \boldsymbol{r}^j - \boldsymbol{r}^N \sum_{j=0}^{\infty} \boldsymbol{r}^j \tag{6.108}$$

$$\mathcal{S} = (1 - \boldsymbol{r}^N) \sum_{j=0}^{\infty} \boldsymbol{r}^j \tag{6.109}$$

$$\mathscr{S} = \frac{1 - r^N}{1 - r} \tag{6.110}$$

无限几何序列最后一步的计算是一个标准结果①。式(6.110)的形式可用来计算式(6.105)中的每一个和,例如 $r = e^{-i2\pi\Delta k_x a_x}$,则有

$$\sum_{m=0}^{N_x-1} (e^{-i2\pi\Delta k_x a_x})^m = \frac{1 - e^{-i2\pi\Delta k_x a_x N_x}}{1 - e^{-i2\pi\Delta k_x a_x}} \tag{6.111}$$

与形状因子 $\mathscr{S}$相联系的衍射强度是 $\mathscr{S}^*\mathscr{S}$:

$$\mathscr{S}^*\mathscr{S}(\Delta k_x) = \frac{1 - e^{+i2\pi\Delta k_x a_x N_x}}{1 - e^{+i2\pi\Delta k_x a_x}} \frac{1 - e^{-i2\pi\Delta k_x a_x N_x}}{1 - e^{-i2\pi\Delta k_x a_x}} \tag{6.112}$$

乘上分子和分母:

$$\mathscr{S}^*\mathscr{S}(\Delta k_x) = \frac{2 - e^{-i2\pi\Delta k_x a_x N_x} - e^{+i2\pi\Delta k_x a_x N_x}}{2 - e^{-i2\pi\Delta k_x a_x} - e^{+i2\pi\Delta k_x a_x}} \tag{6.113}$$

利用欧拉关系 $e^{i\theta} = \cos\theta + i\sin\theta$,并且由 $\sin(-\theta) = -\sin\theta$,得到

$$\mathscr{S}^*\mathscr{S}(\Delta k_x) = \frac{2 - 2\cos(2\pi\Delta k_x a_x N_x)}{2 - 2\cos(2\pi\Delta k_x a_x)} \tag{6.114}$$

结合 $\cos 2\theta = 1 - 2\sin^2\theta$,有

$$\mathscr{S}^*\mathscr{S}(\Delta k_x) = \frac{2 - 2[1 - 2\sin^2(\pi\Delta k_x a_x N_x)]}{2 - 2[1 - 2\sin^2(\pi\Delta k_x a_x)]} \tag{6.115}$$

$$\mathscr{S}^*\mathscr{S}(\Delta k_x) = \frac{\sin^2(\pi\Delta k_x a_x N_x)}{\sin^2(\pi\Delta k_x a_x)} \tag{6.116}$$

式(6.116)中的函数是一列长度为 N_x 的原子运动衍射强度②。首先我们需要确定 $\mathscr{S}^*\mathscr{S}(\Delta k_x)$非常大的条件——当分母变成零时,这个值非常大,因为此时正弦函数的自变量等于 π 或 π 的整数倍。这对应于

$$\Delta k_x a_x = 整数 \tag{6.117}$$

由于相似的条件对于 y 和 z 的和是可以预期的,这个条件要求 $\Delta \boldsymbol{k}$ 是一个倒格矢。换句话说,当满足劳厄条件时,就如同预期的那样,运动学强度 $\mathscr{S}^*\mathscr{S}$是非常大的。但是这里有个细微的区别,当 $\Delta k_x a_x = 整数$时,式(6.116)中的分子同样是零,因此为了求值需要应用两次洛必达法则。作为替代的方法是当 $\Delta k_x a_x = 整数$时,通过返回到衍射波对强度求值比较容易。考虑式(6.105)中的第一项和与其相关的强度:

$$\mathscr{S}^*\mathscr{S}(\Delta k_x a_x = n) = \sum_{m=0}^{N_x-1} e^{+i2\pi nm} \sum_{m'=0}^{N_x-1} e^{-i2\pi nm'} \tag{6.118}$$

$$= \sum_{m=0}^{N_x-1} 1 \sum_{m'=0}^{N_x-1} 1 \tag{6.119}$$

---

① 可以用长除法结构来确认:$1/(1-r)$。

② 如果小晶体的厚度在 x 方向是均一的,则这个结果可应用于沿 $\hat{\boldsymbol{x}}$ 方向的衍射强度(举例来说,式(6.116)不适用于球面)。

$$= N_x^2 \quad (n \text{ 为整数}) \tag{6.120}$$

当 $\Delta \boldsymbol{k}$ 严格地满足劳厄条件时，衍射强度随着衍射晶面的数量呈二阶收敛性。在衍射晶面的数目变成两倍时，有效的衍射强度增加到四倍。但是正如下面所显示的，当相干衍射晶面的数目 N 变为两倍时，Δk 的宽度减半，因此衍射布拉格峰的有效强度随着衍射晶面的数量线性减小。

图 6.14 是函数

$$\mathscr{S}^* \mathscr{S}(\Delta k) = \frac{\sin^2(\pi \Delta k a N)}{\sin^2(\pi \Delta k a)} \tag{6.121}$$

对于 $N = 4, 8$ 和 12 的曲线。这个函数的主峰中心位置是由分母控制的，并且不依赖于 N。相对于分子，分母变化较慢，因此可做一个近似，在主峰中心附近有效：

$$\mathscr{S}^* \mathscr{S}(\Delta k) \approx \frac{\sin^2(\pi \Delta k a N)}{(\pi \Delta k a)^2} = \sin^2(\pi \Delta k a N)\mathscr{E}(\Delta k) \tag{6.122}$$

这里定义包络函数 $\mathscr{E}(\Delta k)$ 为

$$\mathscr{E}(\Delta k) \equiv \frac{1}{(\pi \Delta k a)^2} \tag{6.123}$$

函数 $\mathscr{E}(\Delta k)$ 是位于主峰附近的附属峰包络，附属峰的包络不依赖于 N。然而由于主峰的高度以 N^2 增长，附属峰的相对高度则随着 N 的增大而减小。通过检查分数中的分子，可以看到附属峰以比例 $(Na)^{-1}$ 向主峰靠近，并且强度的第一个最小值位置在主峰任意一侧的 $\Delta k = (Na)^{-1}$ 处。类似地，主峰和附属峰的宽度同样以 $(Na)^{-1}$ 减少。

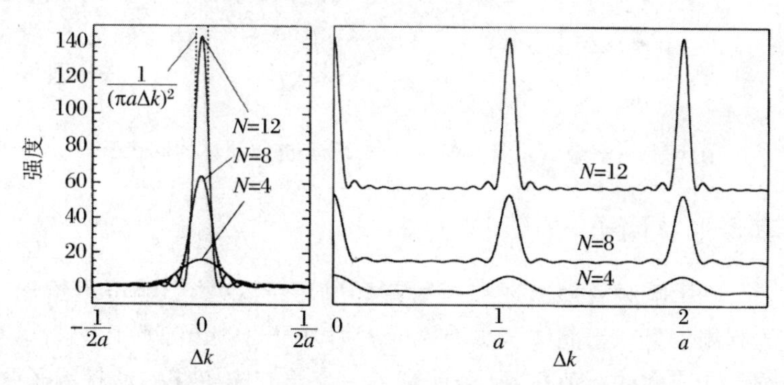

图 6.14　式(6.121)对于 $N = 4, 8$ 和 12 的曲线

对于棱柱晶体的运动学形状因子，完整的三维表达式为

$$\mathscr{S}^* \mathscr{S}(\Delta k) = \frac{\sin^2(\pi \Delta k_x a_x N_x)}{\sin^2(\pi \Delta k_x a_x)} \frac{\sin^2(\pi \Delta k_y a_y N_y)}{\sin^2(\pi \Delta k_y a_y)} \frac{\sin^2(\pi \Delta k_z a_z N_z)}{\sin^2(\pi \Delta k_z a_z)} \tag{6.124}$$

于是可以利用式(6.52)写出衍射强度：

$$\begin{aligned} \boldsymbol{I}(\Delta \boldsymbol{k}) &= |\psi(\Delta \boldsymbol{k})|^2 \\ &= |\mathscr{F}(\Delta \boldsymbol{k})|^2 \frac{\sin^2(\pi \Delta k_x a_x N_x)}{\sin^2(\pi \Delta k_x a_x)} \end{aligned}$$

$$\times \frac{\sin^2(\pi\Delta k_y a_y N_y)}{\sin^2(\pi\Delta k_y a_y)} \frac{\sin^2(\pi\Delta k_z a_z N_z)}{\sin^2(\pi\Delta k_z a_z)} \tag{6.125}$$

对于 X 射线衍射的实验强度，我们需要像式(1.54)和式(1.55)一样增加洛伦兹极化和其他一些因子。特别地，式(6.125)的 $|\psi(\Delta \boldsymbol{k})|^2$ 应该取代式(1.54)和式(1.55)中的 $\mathscr{F}^*(\Delta \boldsymbol{k})\mathscr{F}(\Delta \boldsymbol{k})$。

图 6.15 中显示了一个 $N_x = 12, N_y = 6$ 的 2D 长方体晶体的 $\mathscr{S}^*\mathscr{S}(\Delta \boldsymbol{k})$ 的实例。四个主峰周围的衍射强度不是很均一，但沿 x 和 y 方向局域极大值的线被延长。这里沿 x 方向有 10 个次极大值(以及 11 个极小值)，沿 y 方向有 4 个次极大值(以及 5 个极小值)，沿 y 方向的次极大值要强一些。长方体晶体沿 $\boldsymbol{x}+\boldsymbol{y}$ 的对角线方向具有最小强度。主极大值的非对称性源自长方体晶体的形状。

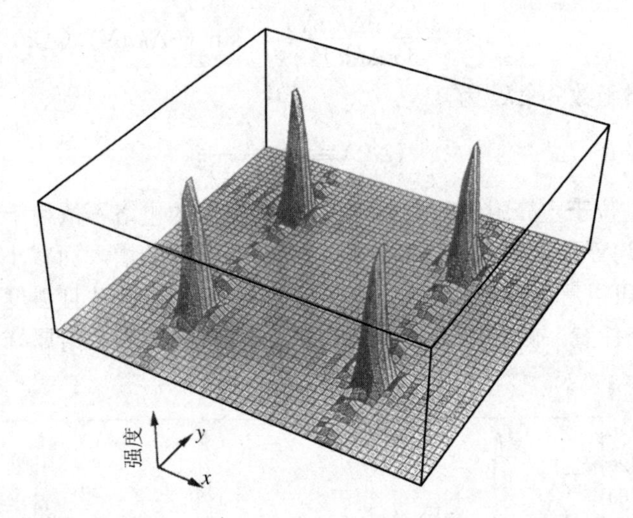

图 6.15　一个 $N_x = 12, N_y = 6$ 的 2D 长方体晶体的形状因子

6.5.2　其他形状因子

形状因子的影响频繁地出现在衍射花样里，并且这些影响可以给出一些关于晶体尺寸的有用信息。当晶体至少有一个尺寸小于 10 nm 时，其衍射可被形状因子充分展宽。在前面的章节里，已经计算了一个长方体棱柱的形状因子强度 $|\mathscr{S}|^2$，这个分析是非常有用的，但棱柱仅仅是一种几何形状。对于仅有一维尺寸较薄的晶体，式(6.116)的结果可近似为沿着这个较薄方向的衍射强度。对于图 6.16 中圆盘下的强度，这样的展宽和附属峰可在水平方向上看到。其他形状的分析结果是可利用的，但这里不做详细描述。例如，一个圆环颗粒的二维形状因子强度具有强度振动环特征，振动环以贝塞尔(Bessel)函数的平方衰减。在三维结构里，长圆柱体具有如图 6.16 右边所示的圆环形状因子强度。球体的形状因子强度也显示在左边。

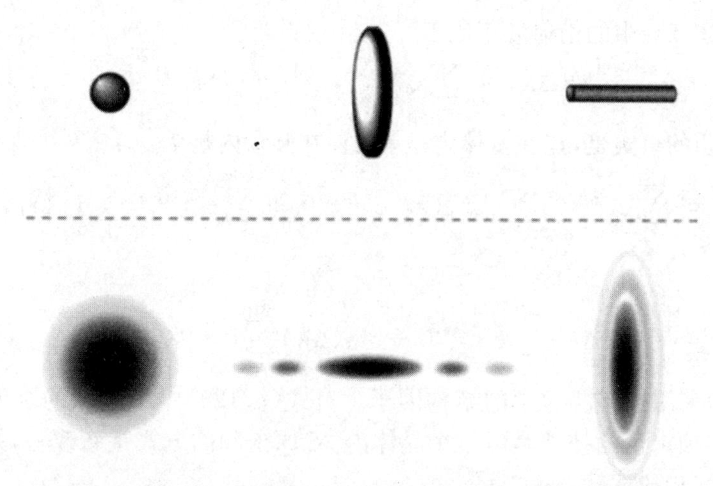

图6.16　不同晶体形状的近似形状因子强度分布。上图:晶体形状——球形、圆盘形、棒形;下图:相应的衍射强度。圆盘看上去是倾斜的

在固态相变过程中,新相频繁成核,并以球状、圆盘状或棒状小颗粒的方式生长。通常,这些微晶在母晶里有着特殊的结晶方向,因此所有微晶可沿相同的方向(或一组方向)排列。图6.17左边是一个大的简单立方晶体的衍射花样,右边是同类型晶体的衍射强度,但现在是形状为薄片状且取向沿薄片方向。更通常的是,衍射强度源于许多具有相同取向的相似微晶。衍射强度一般不受约束地增加,虽然保持形状因子展宽,但仍具有足够强度。通过寻找熟知的"倒易杆"(倒格子杆)椭圆形的形状因子强度,估计这个盘状样品的宽度是厚度的5倍,倒易杆的长度大约是倒格子点之间距离的1/5。于是粗略地推断,盘状样品的厚度大约是5个点阵间距,而它们的宽度近似为25个点阵间距。

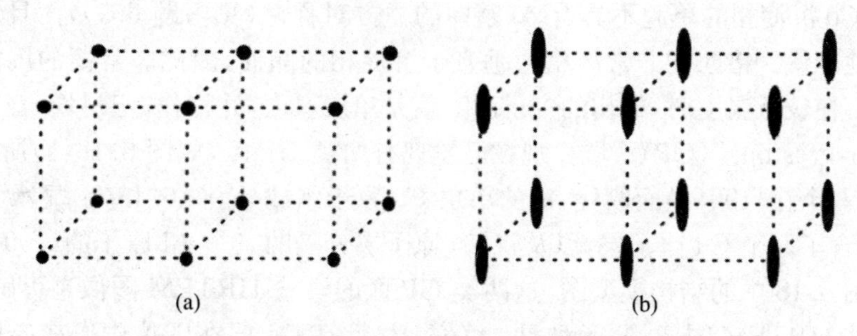

图6.17　(a) 大的简单立方晶体的形状因子强度修正倒格子;(b) 带有薄而宽且法线朝上的圆盘的简单立方晶体的形状因子强度修正

6.5.3　大基体中的小颗粒

现在计算在小晶粒嵌入晶体基体中时形状因子的影响,Al-Cu合金是经典范例。Al基体内形成非常薄的富Cu沉淀相,这些沉淀相形如圆盘,其法线沿〈100〉

方向。式(6.51)中的衍射波正比于

$$\psi(\Delta \boldsymbol{k}) = \sum_{\boldsymbol{r}_g} \mathrm{e}^{-\mathrm{i}2\pi\Delta \boldsymbol{k}\cdot \boldsymbol{r}_g} \sum_{\boldsymbol{r}_k} f_{\mathrm{at}}(\boldsymbol{r}_k)\mathrm{e}^{-\mathrm{i}2\pi\Delta \boldsymbol{k}\cdot \boldsymbol{r}_k} \tag{6.126}$$

但必须说明的事实是,f_{at}在基体内是 f_{Al},而在圆盘内是 $f_{\mathrm{Al\text{-}Cu}}$:

$$\psi(\Delta \boldsymbol{k}) = \sum_{\boldsymbol{r}_g}^{\text{圆盘}} \mathrm{e}^{-\mathrm{i}2\pi\Delta \boldsymbol{k}\cdot \boldsymbol{r}_g} \sum_{\boldsymbol{r}_k} f_{\mathrm{Al\text{-}Cu}}(\boldsymbol{r}_k)\mathrm{e}^{-\mathrm{i}2\pi\Delta \boldsymbol{k}\cdot \boldsymbol{r}_k} + \sum_{\boldsymbol{r}_g}^{\text{整体}} \mathrm{e}^{-\mathrm{i}2\pi\Delta \boldsymbol{k}\cdot \boldsymbol{r}_g} \sum_{\boldsymbol{r}_k} f_{\mathrm{Al}}(\boldsymbol{r}_k)\mathrm{e}^{-\mathrm{i}2\pi\Delta \boldsymbol{k}\cdot \boldsymbol{r}_k} \tag{6.127}$$

$$\psi(\Delta \boldsymbol{k}) = \mathscr{F}_{\mathrm{Al\text{-}Cu}}(\Delta \boldsymbol{k}) \sum_{\boldsymbol{r}_g}^{\text{圆盘}} \mathrm{e}^{-\mathrm{i}2\pi\Delta \boldsymbol{k}\cdot \boldsymbol{r}_g} + \mathscr{F}_{\mathrm{Al}}(\Delta \boldsymbol{k}) \sum_{\boldsymbol{r}_g}^{\text{整体}} \mathrm{e}^{-\mathrm{i}2\pi\Delta \boldsymbol{k}\cdot \boldsymbol{r}_g} \tag{6.128}$$

式(6.128)采用式(6.54)中的结构因子。对式(6.128)中第一项的求值不是很困难;而第二项求值的技巧是以整个晶体内 Al 原子和的方式重新改写,并扣除来自圆盘形沉淀相的贡献:

$$\mathscr{F}_{\mathrm{Al}}(\Delta \boldsymbol{k}) \sum_{\boldsymbol{r}_g}^{\text{基体}} \mathrm{e}^{-\mathrm{i}2\pi\Delta \boldsymbol{k}\cdot \boldsymbol{r}_g} = \mathscr{F}_{\mathrm{Al}}(\Delta \boldsymbol{k}) \sum_{\boldsymbol{r}_g}^{\text{整体}} \mathrm{e}^{-\mathrm{i}2\pi\Delta \boldsymbol{k}\cdot \boldsymbol{r}_g} - \mathscr{F}_{\mathrm{Al}}(\Delta \boldsymbol{k}) \sum_{\boldsymbol{r}_g}^{\text{圆盘}} \mathrm{e}^{-\mathrm{i}2\pi\Delta \boldsymbol{k}\cdot \boldsymbol{r}_g} \tag{6.129}$$

将式(6.129)代入式(6.128),并结合式(6.129)的第二项和式(6.128)的第一项:

$$\psi(\Delta \boldsymbol{k}) = [\mathscr{F}_{\mathrm{Al\text{-}Cu}}(\Delta \boldsymbol{k}) - \mathscr{F}_{\mathrm{Al}}(\Delta \boldsymbol{k})] \sum_{\boldsymbol{r}_g}^{\text{圆盘}} \mathrm{e}^{-\mathrm{i}2\pi\Delta \boldsymbol{k}\cdot \boldsymbol{r}_g} + \mathscr{F}_{\mathrm{Al}}(\Delta \boldsymbol{k}) \sum_{\boldsymbol{r}_g}^{\text{整体}} \mathrm{e}^{-\mathrm{i}2\pi\Delta \boldsymbol{k}\cdot \boldsymbol{r}_g} \tag{6.130}$$

当小沉淀相以低丰度存在时①,式(6.130)预期 Al 基体会产生强烈、尖锐的衍射斑点,其强度正比于基体内原子数量的$|f_{\mathrm{Al}}|^2$倍。圆盘形沉淀相显示出展宽的衍射斑点,强度正比于沉淀相内原子数量的$|f_{\mathrm{Al\text{-}Cu}} - f_{\mathrm{Al}}|^2$倍,这里与沉淀相中 Cu 的数量成正比的 $f_{\mathrm{Al\text{-}Cu}}$(纯 Cu 沉淀相 $f_{\mathrm{Cu}} - f_{\mathrm{Al}}$达到最大值)大于 f_{Al}。

Al-Cu 沉淀相的单胞不具有 Al 基体的立方对称性(见习题 6.9),而且错匹配引起弹性能量。错匹配非常严格地垂直于沉淀相的晶面,因此非常薄的沉淀相能量占优。在较低温度时,最初的"沉淀相"仅是单层厚度,并称作"纪尼埃-普雷斯顿(Guinier-Preston)"(GP)区域。现在已发现有两类 GP 区,如图 6.18(a)所示,GP(1)区由一个在{100}晶面取代 Al 的单层 Cu 原子组成,而图 6.18(b)显示 GP(2)区,它包含了两个 Cu 原子层,以及将 Cu 原子层分隔的三个 Al 原子的{100}晶面。借助于图 6.18 中的结构模型图,这两类 GP 区的实验 HRTEM 图像是可解释的。对于这些 HRTEM 图像,原子列是白色的,并且富 Cu 层在图像中以较暗的晶面出现。

如图 6.19 所示,当沉淀相圆盘仅有 1～2 个原子厚度时,沉淀相的衍射出现条痕,而不是分立的斑点。在图 6.19(a)中,来自样品 GP(1)区的条痕沿着图像晶面

① 在这种情形下,式(6.130)中两个项的交叉项 $\psi^* \psi$ 仅对基体衍射贡献很少的强度。

内两个〈100〉方向几乎是连续的，这是因为沉淀相本质上就是一个 Cu 原子单层。在图 6.19(b)中，沿着〈100〉方向的条痕不再连续，但是在衍射花样的 1/4〈100〉处具有最大值。这个周期性的出现是由于在 GP(2)区内，Cu 晶面相互隔开四个{100}晶面。这阐明了非常重要的一点：样品内每一个实空间的周期性，都有一个相应的倒空间强度。

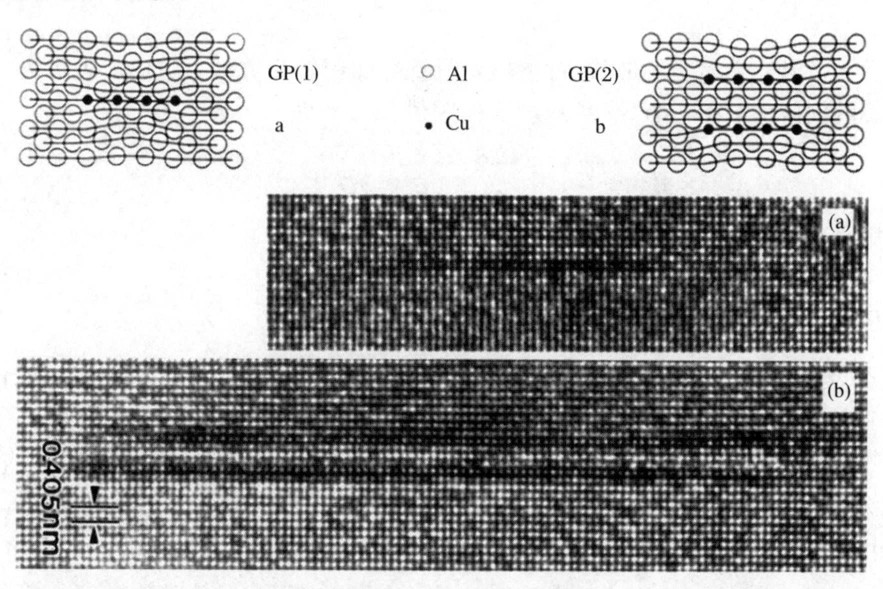

图 6.18　在 Al-4wt%Cu 合金内，沿基体〈100〉方向的纪尼埃-普雷斯顿区的结构模型图和 HRTEM 图像：(a) GP(1)区；(b) GP(2)区[3]

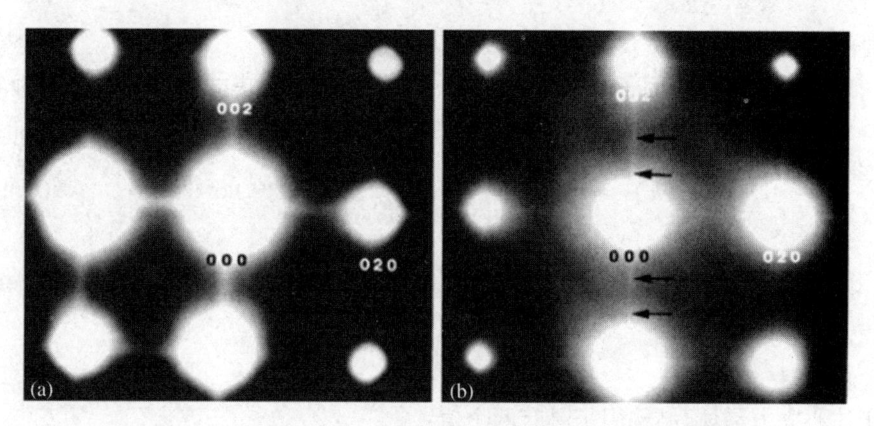

图 6.19　图 6.18 中的 Al-Cu 合金的 SAD 图像：(a)GP(1)区；(b)GP(2)区[4]

6.6　偏离矢量(偏离参量)

为了考察衍射峰的形状,对 $\Delta\boldsymbol{k}$ 采用新的标记较为方便。将 $\Delta\boldsymbol{k}$ 表示为一个准确的倒格矢 $\boldsymbol{g}$ 和一个"偏离矢量"$\boldsymbol{s}$ 的差值:

$$\Delta\boldsymbol{k} = \boldsymbol{g} - \boldsymbol{s} \tag{6.131}$$

$$\boldsymbol{g} = \Delta\boldsymbol{k} + \boldsymbol{s} \tag{6.132}$$

这里,偏离矢量 $\boldsymbol{s}$ 具有分向量:

$$\boldsymbol{s} = s_x\hat{\boldsymbol{x}} + s_y\hat{\boldsymbol{y}} + s_z\hat{\boldsymbol{z}} \tag{6.133}$$

利用式(6.53)中形状因子的定义:

$$\mathscr{S}(\Delta\boldsymbol{k}) = \sum_{\boldsymbol{r}_g}^{\text{格子}} \mathrm{e}^{-\mathrm{i}2\pi\Delta\boldsymbol{k}\cdot\boldsymbol{r}_g} \tag{6.134}$$

$$\mathscr{S}(\Delta\boldsymbol{k}) = \sum_{\boldsymbol{r}_g}^{\text{格子}} \mathrm{e}^{-\mathrm{i}2\pi(\boldsymbol{g}-\boldsymbol{s})\cdot\boldsymbol{r}_g} \tag{6.135}$$

并且注意 $\boldsymbol{g}\cdot\boldsymbol{r}_g$ = 整数:

$$\mathscr{S}(\Delta\boldsymbol{k}) = \sum_{\boldsymbol{r}_g}^{\text{格子}} \mathrm{e}^{-\mathrm{i}2\pi n}\mathrm{e}^{+\mathrm{i}2\pi\boldsymbol{s}\cdot\boldsymbol{r}_g} = \sum_{\boldsymbol{r}_g}^{\text{格子}} \mathrm{e}^{+\mathrm{i}2\pi\boldsymbol{s}\cdot\boldsymbol{r}_g} \quad (n\ \text{为整数}) \tag{6.136}$$

$$\mathscr{S}(\Delta\boldsymbol{k}) = \mathscr{S}(-\boldsymbol{s}) \tag{6.137}$$

重要的结果是形状因子仅仅取决于 $\boldsymbol{s}$,而不是 $\boldsymbol{g}$。

现在来考察结构因子 $\mathscr{F}(\Delta\boldsymbol{k})$对 $\boldsymbol{g}$ 和 $\boldsymbol{s}$ 的依赖性。考虑式(6.68)内含有两个原子基元的体心立方晶体的特殊例子:

$$\mathscr{F}(\Delta\boldsymbol{k}) = \sum_{a(000),\,a\left(\frac{1}{2}\frac{1}{2}\frac{1}{2}\right)}^{2\text{项}} f_{\mathrm{at}}(\boldsymbol{r}_k, \Delta\boldsymbol{k})\mathrm{e}^{-\mathrm{i}2\pi\boldsymbol{g}\cdot\boldsymbol{r}_k}\mathrm{e}^{\mathrm{i}2\pi\boldsymbol{s}\cdot\boldsymbol{r}_k} \tag{6.138}$$

利用式(6.69)和式(6.70),

$$\mathscr{F}(\Delta\boldsymbol{k}) = f_{\mathrm{at}}(0,\boldsymbol{g})\mathrm{e}^0\mathrm{e}^0 + f_{\mathrm{at}}\left(\frac{1}{2}\ \frac{1}{2}\ \frac{1}{2},\boldsymbol{g}\right)\mathrm{e}^{-\mathrm{i}2\pi(h+k+l)/2}\mathrm{e}^{\mathrm{i}2\pi(s_x a_x + s_y a_y + s_z a_z)/2} \tag{6.139}$$

对于体心立方晶体,结构因子具有两个值:

$$\begin{aligned}\mathscr{F}(\Delta\boldsymbol{k}) &= f_{\mathrm{at}}(\boldsymbol{g})\left[1 - \mathrm{e}^{\mathrm{i}\pi(s_x a_x + s_y a_y + s_z a_z)}\right] \\ &\approx 0 \quad (h+k+l = \text{奇数})\end{aligned} \tag{6.140}$$

$$\begin{aligned}\mathscr{F}(\Delta\boldsymbol{k}) &= f_{\mathrm{at}}(\boldsymbol{g})\left[1 + \mathrm{e}^{\mathrm{i}\pi(s_x a_x + s_y a_y + s_z a_z)}\right] \\ &\approx 2f_{\mathrm{at}}(\boldsymbol{g}) \quad (h+k+l = \text{偶数})\end{aligned} \tag{6.141}$$

$$\mathscr{F}(\Delta\boldsymbol{k}) \approx \mathscr{F}(\boldsymbol{g}) \tag{6.142}$$

因为 $\boldsymbol{s}\cdot\boldsymbol{r}_k$ 是非常小的①，式(6.140)～式(6.142)是极好的近似。由式(6.137)和式(6.142)，

形状因子 $\mathscr{S}(\boldsymbol{s})$ 仅仅依赖于 $\boldsymbol{s}$，结构因子 $\mathscr{F}(\boldsymbol{g})$ 仅仅依赖于 $\boldsymbol{g}$。

衍射强度可采用式(6.136)，以式(6.101)用来求得式(6.125)的相同方式进行计算。对比式(6.101)和式(6.136)的形式，我们不过是利用 $\boldsymbol{s}$ 代替了 $\Delta\boldsymbol{k}$，并且注意到 $\sin^2 x$ 是 x 的偶函数，这样处理后得到

$$\begin{aligned}\boldsymbol{I}(\Delta\boldsymbol{k}) &= |\psi(\Delta\boldsymbol{k})|^2\\ &= |\mathscr{F}(\Delta\boldsymbol{k})|^2 \frac{\sin^2(\pi s_x a_x N_x)}{\sin^2(\pi s_x a_x)}\frac{\sin^2(\pi s_y a_y N_y)}{\sin^2(\pi s_y a_y)}\frac{\sin^2(\pi s_z a_z N_z)}{\sin^2(\pi s_z a_z)}\end{aligned}\qquad(6.143)$$

方程(6.143)表明，任意倒易阵点的运动学强度分布与原点位置的分布是相同的，这是非常重要的结果。当 $\boldsymbol{s}=\boldsymbol{0}$(图6.14)时，$\mathscr{S}^*\mathscr{S}$ 的强度是 N^2。如果晶体具有均一厚度(例如，在 N_x 方向没有变化)，式(6.143)也可以预期，随着 $|\boldsymbol{s}|^2$ 值的增大，衍射强度会出现极大值和极小值。

6.7　埃瓦尔德球

6.7.1　埃瓦尔德球的构建

衍射的劳厄条件 $\Delta\boldsymbol{k}=\boldsymbol{g}$ 可在埃瓦尔德(Ewald)的几何构造中实现。为形成这样一个构造(图6.20)，首先从倒格子(一组$\{\boldsymbol{g}\}$)的构图开始。以下内容的绝大部分，假设倒格子是简单立方、四方或正交。“埃瓦尔德球”描绘了入射波矢 $\boldsymbol{k}_0$ 和所有可能的衍射波矢 $\boldsymbol{k}$。

波矢 $\boldsymbol{k}_0$ 的顶端总是位于作为原点的倒格子阵点②。为了得到 $\Delta\boldsymbol{k}=\boldsymbol{k}-\boldsymbol{k}_0$，我们通常反转 $\boldsymbol{k}_0$ 的方向，使得 $\boldsymbol{k}_0$ 与 $\boldsymbol{k}$ 头尾相连。但在图6.20埃瓦尔德球的构建中，我们尾尾相连绘制矢量 $\boldsymbol{k}$ 和 $\boldsymbol{k}_0$。在弹性散射中，$\boldsymbol{k}$ 的长度等于 $\boldsymbol{k}_0$ 的长度，所有可能的矢量 $\boldsymbol{k}$ 的尖端都位于埃瓦尔德球上，球的中心在 $\boldsymbol{k}$ 和 $\boldsymbol{k}_0$ 的尾部。矢量 $\Delta\boldsymbol{k}$ 是从 $\boldsymbol{k}_0$ 头部到 $\boldsymbol{k}$ 头部的矢量，如果 $\boldsymbol{k}$ 的头部触及到倒格子中任意的点，劳厄条件($\Delta\boldsymbol{k}=\boldsymbol{g}$)将得到满足并且出现衍射。我们用几何学重新改述劳厄条件：

只要埃瓦尔德球与倒易阵点相截，就会出现衍射。

---

① 假设我们定义完整晶体为单胞。因为有一些较大矢量 $\boldsymbol{r}_k$，我们不再用 $e^{i2\pi\boldsymbol{s}\cdot\boldsymbol{r}_k}=1$ 近似来计算 F。但是在下文中，我们假设一个小的单胞和小的 $\boldsymbol{s}$。

② 条件 $\Delta\boldsymbol{k}=\boldsymbol{0}$ 总是满足劳厄条件，因此在衍射图像中总是有一个向前散射的光束。

对于 X 射线衍射，埃瓦尔德球被强烈地弯曲成弧，因为 $|\boldsymbol{g}|$ 与 $|\boldsymbol{k}_0|$ 是可比较的。另一方面，电子波矢比倒格子内的间距大很多（100 keV 电子的波长是 0.037 Å，而晶体内原子间距大约是 2 Å）。对于高能电子衍射，三维埃瓦尔德球的构建与在伞下面放置一个小的分子模型（具有厘米尺度）是类似的。对高能电子，埃瓦尔德球是相当“平直”的，因此 $\Delta\boldsymbol{k}$ 几乎与 $\boldsymbol{k}_0$ 垂直。实际上，衍射强度在倒易阵点周围分布在一个有限的体积内（6.5 节），正如式（6.125）中所示的衍射强度，因此衍射的发生不需要 $\Delta\boldsymbol{k}$ 与 $\boldsymbol{g}$ 严格相等。形状因子强度 $|\boldsymbol{s}|^2$ 有序地展宽了倒格子的点。利用一个适当取向的晶体，埃瓦尔德球穿过倒易阵点周围的许多小体积，出现许多衍射。图 6.21 描述了两个取向的样品和埃瓦尔德球的构建，以及相应的衍射花样。

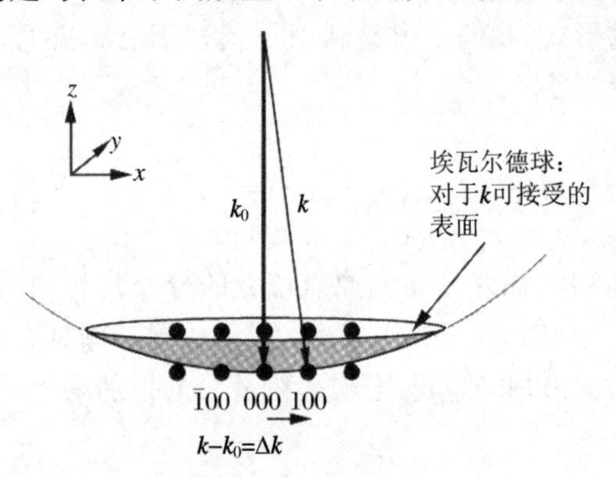

图 6.20　埃瓦尔德球的构建。劳厄条件近似地满足(100)和($\bar{1}$00)衍射

图 6.21 的上部为图 6.20 的一个二维片段（xz 平面），右侧的晶体正好沿着某个晶带轴，但左边的晶体则不然。

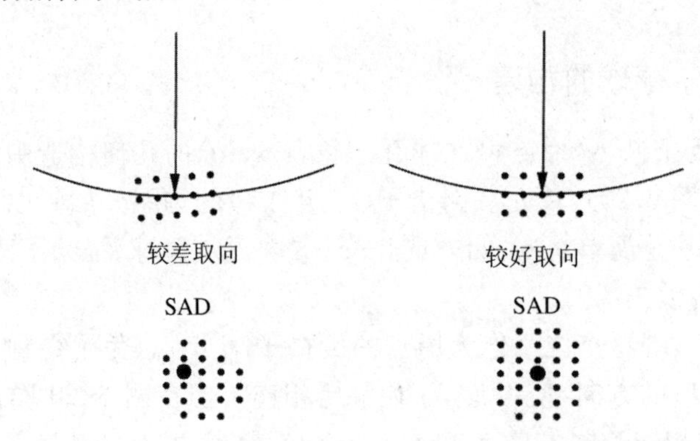

图 6.21　倒格子两个方向的埃瓦尔德球及相应的衍射花样

关于埃瓦尔德球和电子衍射，需要记住的两个关键事实：

· 当埃瓦尔德球触及倒易阵点时，出现衍射 $\boldsymbol{g}$（由于衍射强度的形状因子展宽，不需要 $\Delta\boldsymbol{k}$ 与 $\boldsymbol{g}$ 严格相等，但应比较接近）；

· 对于高能电子，由于 $\boldsymbol{k}_0$ 比 $\Delta\boldsymbol{k}$ 大很多（并且 $|\boldsymbol{k}|=|\boldsymbol{k}_0|$），因此近似有 $\Delta\boldsymbol{k}\perp\boldsymbol{k}_0$（相当于 θ_{Bragg} 很小）。

6.7.2 埃瓦尔德球和布拉格定律

埃瓦尔德球的构建是劳厄条件的一个图形实现，因此它必须等效于前面6.2.4小节中提到的布拉格定律。这个等效是非常容易证明的。由图6.22内的埃瓦尔德球的几何关系：

$$\sin\theta = \frac{g/2}{k} \tag{6.144}$$

通过定义倒格矢和波矢①：

$$g \equiv \frac{1}{d}, \quad k \equiv \frac{1}{\lambda} \tag{6.145}$$

由式(6.144)，布拉格定律可改写为

$$2d\sin\theta = \lambda \tag{6.146}$$

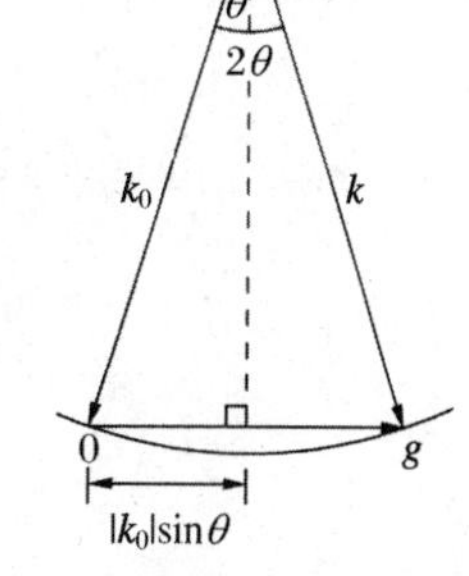

图6.22　布拉格角和埃瓦尔德球构建之间的关系。矢量 $+g$ 对应于图6.20内的斑点(100)

6.7.3 样品倾转和电子束倾转

1. 使用埃瓦尔德球的规则

许多衍射的几何问题可用埃瓦尔德球和倒格子来解决。在处理问题时，需要注意：

· 埃瓦尔德球和倒格子在倒格子的原点位置是相连接的，倾转埃瓦尔德球或倒格子可围绕这个固定的支点进行；

· 倒格子依附于晶体(对于立方晶体，倒格子是沿实空间方向的)，倾转样品可以相同的角度和方向倾转倒格子来进行；

· 埃瓦尔德球围绕着入射束，并依附于它，倾转入射束的方向可通过以相同的量倾转埃瓦尔德球完成。

在TEM的实际工作中，这三个事实是容易取得的。将观察屏想象为埃瓦尔德球的一部分是非常有用的，其显示为样品倒空间的一个圆盘形薄片。当倾转样品时，埃瓦尔德球和观察屏保持固定，而样品倒格子上不同的点移动到观察屏内。对样品进行微小的倾转，衍射图样在观察屏上并不移动，但是衍射斑点的强度发生变化；同样，在倾转入射光束时，可以旋转埃瓦尔德球上的透射光束。你可以认为这个操作好像是围绕埃瓦尔德球表面移动盘状观察屏，但将其考虑为透射束在固定观察屏上的移动或许更简单一些。

2. 倾转照明和衍射：如何操作轴向暗场成像

如在2.3节以及图2.14中展示的那样，当衍射光束直接通过光轴时②，可以得到具有最佳分辨率的暗场图像。这就要求入射光束的方向($\boldsymbol{k}_0$)以 2θ 角度倾转至远离光轴，如图6.23所示。倾转照明改变了衍射斑点的位置和强度，通过倾转照

---

① 或者可以定义 $g\equiv 2\pi/d$ 和 $k\equiv 2\pi/\lambda$，只要与 2π 是一致的。

② 另外，在“不清晰的”暗场技术里，强烈的离轴光线遭受到物镜的球差，并且聚焦不精确。

明,我们沿着倒格子的原点倾转埃瓦尔德球——注意图 6.23 下部 $\boldsymbol{k}_0$ 的倾转。沿逆时针方向倾转埃瓦尔德球引起其触及到 $-\boldsymbol{g}$ 光束。$-\boldsymbol{g}$ 衍射变得活跃,并且其光束直接沿光轴向下,这是轴向暗场图像所需要的。这个倾转引起衍射 $\boldsymbol{g}$ 向远离光轴方向移动,并且强度变得较弱。

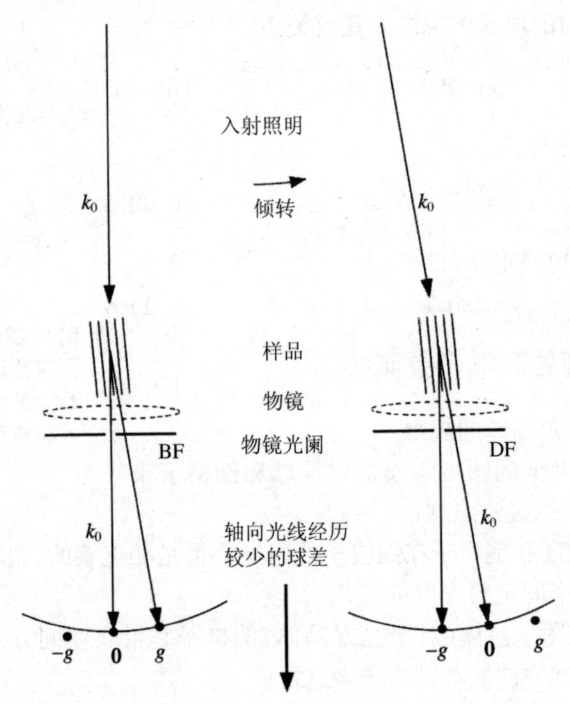

图 6.23　轴向明场(BF)图像和轴向暗场(DF)的光路图。在左边的图里,光路是"晶面上部的反射",而右边图里为"晶面下部的反射"。如在观察屏上所看到的——移动透过的 0 光束到衍射 $\boldsymbol{g}$ 的位置,因此 $-\boldsymbol{g}$ 衍射变强。在底部的图中,注意球面和两个矢量对于左右两幅图处于相同的取向,但是矢量 $\boldsymbol{k}_0$ 从左到右发生改变

这个过程在观察屏上看上去是违反直觉的。在倾转之前,图 6.23 在右边显示了一个明亮的斑点 $\boldsymbol{g}$。在操作上,逆时针倾转透射光束,在观察屏上移动透射斑点到最初的亮斑点 $\boldsymbol{g}$ 的位置。我们不将亮斑点 $\boldsymbol{g}$ 移动到观察屏中心以获得一个轴向光束,这个选择不起作用。如果衍射 $\boldsymbol{g}$ 被逆时针倾转到光学轴,衍射 $\boldsymbol{g}$ 将变弱,而衍射 $3\boldsymbol{g}$ 将会变强①。由于衍射 $\boldsymbol{g}$ 变弱,利用它来获得一个暗场图像是很困难的。我们说后面的过程是"业余错误",尽管这种操作可用在先进的"弱束暗场图像"技术中。

① 见图 8.36。

6.8 劳 厄 区

由于电子波矢 $\boldsymbol{k}_0$ 比通常的倒格矢 $\boldsymbol{g}$ 大得多,埃瓦尔德球的表面在几个倒格矢的范畴通常接近扁平。然而,它的弯曲越过许多倒格矢而引起高阶"劳厄区"衍射。劳厄区在图 6.24 中的上部分标出,显示了一个垂直于[001]晶带轴方向的面心立方倒格子。在电子衍射花样中的大多数衍射来源于标记为"0"的平面,这个平面包括倒格子的原点(和透射光束),来自这个平面的衍射由"零阶劳厄区"(ZOLZ)组成。但由于弯曲,埃瓦尔德球能够在较高阶劳厄区(HOLZ)触及到更多的倒易阵点,这在图 6.24 的下面部分图示说明,显示出简单立方晶体的零阶劳厄区和一阶劳厄区(FOLZ)。注意在图 6.24 最下面的部分(观察屏上的"俯视图"),在 FOLZ 和 ZOLZ 之间有个间隙,并且这个间隙在选区电子衍射斑点图像里是可见的。间隙的中心可在图 6.24 的中间看到(样品倒格子的"侧视图"),此时埃瓦尔德球处于倒格子的零阶和一阶点层的中间。图 2.21 和图 7.33 显示了更高阶劳厄区的例子。对于一个特定的晶体,在 ZOLZ 上点的数量随着电子波长的减小和埃瓦尔德球的"平滑度"而增加。HOLZ 的半径不是等距分隔的——这些半径间的差值随着区域的阶数的增大而减小。

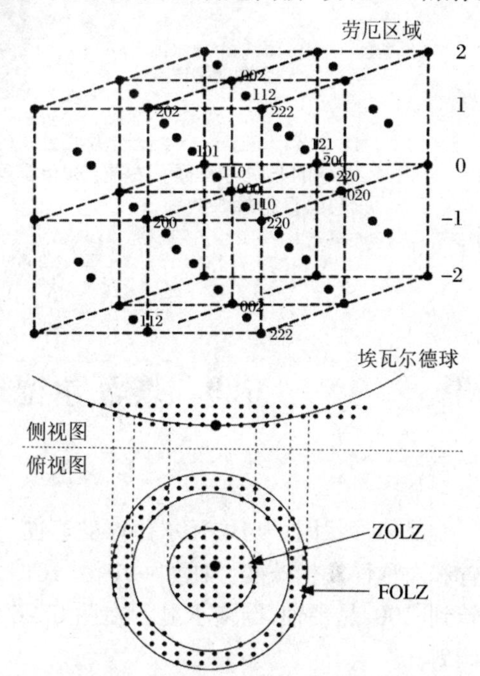

图 6.24 上图:显示劳厄区,体心立方晶体的倒格子。中间和下图:简单立方的埃瓦尔德球和倒格子的交截和两个衍射亮斑点的区域

透射束劳厄区的对称性能够用来准确地反映电子束内晶体样品的倾转。设想从图 6.24 的对称情形开始,然后倾转样品,倒格子绕着原点旋转,借助图 6.24 的"侧视图"可更好地想象。倾转样品以后,FOLZ 的一个边界更接近透射束,这产生一个亮斑点的圆弧,比如在图 6.25 内的情形。这个圆弧的中心与透射光束的斑点是不一致的,样品方向可通过倾转样品而对称,以"推动"这个亮斑点圆弧远离透射

光束。当获得对称取向时(对应于一个精确的晶带轴方向),圆弧的中心与透射光束的亮斑点取得一致。如何通过图 6.25 的 Si 样品确定偏离精确的晶带轴角度?

图 6.25　左图:一个低阶劳厄区取向错误的样品导致劳厄区与埃瓦尔德球的非对称交截。右图:Si 单晶亮斑衍射图的非对称性,轻微偏离⟨110⟩晶带轴[5]

6.9　埃瓦尔德球弯曲的影响*

晶体形状因子与埃瓦尔德球的弯曲一起,会使选区电子衍射中衍射斑点的位置和对称性发生畸变。比如一个沿[101]方向的简单立方晶体的圆盘,假设晶体倾转到[100]晶带轴,倒格子显示在图 6.26 的上部,[101]方向的直立棒沿面对角线倾斜。

图 6.26 下部的结构显示了与埃瓦尔德球相交的两个衍射斑点。由于埃瓦尔德球的弯曲,与球的实际交截(固体线)移动到右边它们期待的位置,选区电子衍射斑点图同样移向右边。注意 + $\boldsymbol{g}$(001)衍射斑点的移动大于 − $\boldsymbol{g}$(00$\bar{1}$)斑点的移动。由埃瓦尔德球弯曲引起的衍射斑点位置的变形,可能导致采用选区衍射测量点阵参数的误差。一个不错的方法是,通过测量 + $\boldsymbol{g}$ 和 − $\boldsymbol{g}$ 两个斑点之间的距离并除以 2 来获得选区电子衍射中衍射斑点的间距(与测量从原点到一个斑点的距离,或两个相邻斑点间的距离相对比)。然而即便如此,这些结果可能因两个衍射斑点移动不相等而存在畸变。

图 6.27(a)内的衍射花样来自于含有 γ'沉淀相 Al-Ag 合金的[001]晶带轴。这些薄的密排六方沉淀相位于全部四个{111}晶面,并且它们的斑点沿⟨111⟩方向被拉长。如图 6.27(b)所示,每个倒易阵点的形状因子强度是一组形状有点像儿童游戏的六足状棒,源于形状因子拉长的六足状棒的一足指向⟨111⟩方向。对于远

离中心光束的衍射,埃瓦尔德球的弯曲使其位于六足状棒的中心的上面,并且与四个足交截,倾转样品可以增强这个影响。在图6.27(a)内的衍射图中,我们能够辨别围绕如(200)和(220)衍射斑的四斑点组,这些四斑点组相对于主衍射图像旋转了45°,如图6.27(b)中绘示的那样。

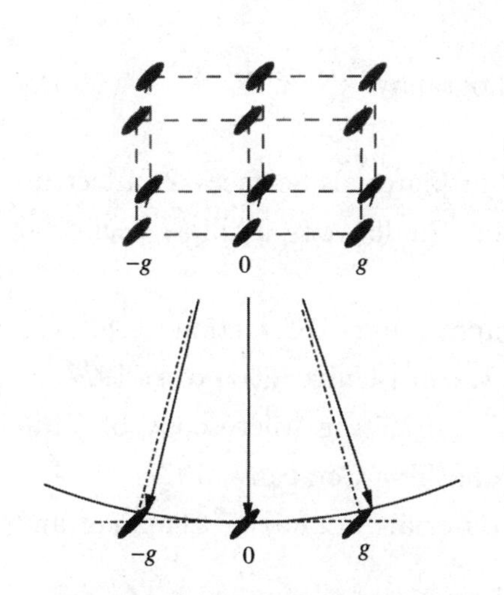

图6.26 简单立方倒格子的形状因子强度修正,直立棒沿[101]方向。直立棒和埃瓦尔德球的非对称交截导致(00$\bar{1}$)衍射斑点比(001)衍射斑点距离(000)更近

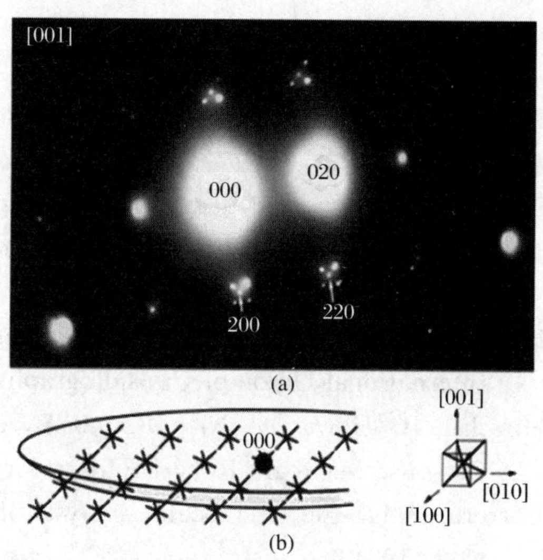

图6.27 (a) 面心立方Al-Ag合金的选区电子衍射花样,其带有的密排六方γ′沉淀相位于所有四个{111}晶面。[001]方向衍射花样显示了几组四个斑点围绕着一个更高阶衍射斑点的精细结构。(b) 精细结构的来源。注意四个不同的⟨111⟩棒在(001)* 倒格子平面内的位置

长棒形的沉淀相在衍射花样上产生有趣的特征。通过类比上面实空间圆盘和倒易空间长棒的组合,我们可以预期由细棒形成圆盘状的形状因子强度(图6.16),这称作"倒易圆盘"(倒格子圆盘)。当长棒的轴准确地沿 z 轴时,衍射斑点呈现为扁圆盘状。当长棒的轴偏离 z 轴时,像图6.28中表现的那样,奇特的事情就出现了。利用一些三维可视化来理解,倾转长棒观察到的选区电子衍射花样是如何通过倾转衍射圆盘和埃瓦尔德球交截来获得的,并且读者可尝试分析这个例子。

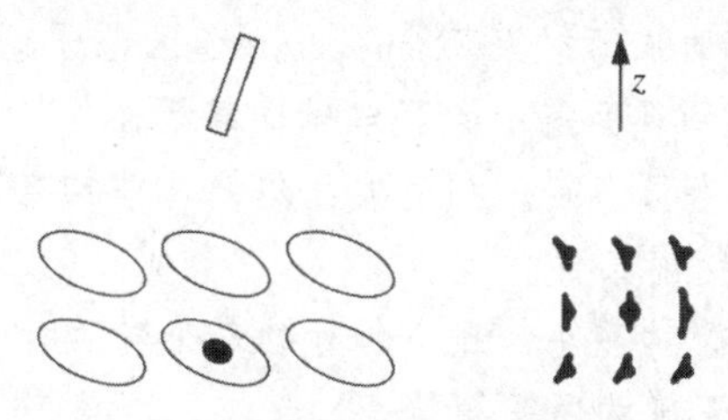

图6.28 通过棒形沉淀相倾斜到晶带轴(左上)引起的衍射花样拉长(右下),形成直立圆盘(左下)

6.10 拓展阅读

Azároff L V. Elements of X-Ray Crystallography. New York：McGraw-Hill，1968.

Edington J W. Practical Electron Microscopy in Materials Science：2. Electron Diffraction in the Electron Microscope. Eindhoven：Philips Technical Library，1975.

Hammond C. The Basics of Crystallography and Diffraction. Oxford：International Union of Crystallography，Oxford University Press，1977.

Hirsch P B，Howie A，Nicholson R B，et al. Electron Microscopy of Thin Crystals. Malabar：Robert E. Krieger Publishing Company，1977.

Lorretto M H. Electron Beam Analysis of Materials. London：Chapman and Hall，1984.

Thomas G，Goringe M J. Transmission Electron Microscopy of Materials. New York：John Wiley & Sons，1979.

Williams D B，Carter C B. Transmission Electron Microscopy：A Textbook for Materials Science. New York：Plenum Press，1996.

习　题

6.1　假如你与一个没有经验的显微镜工作者合作，他采用一个强的透射光束和一个具有衍射矢量 $\boldsymbol{g}$ 的强衍射束获得了一个选区电子衍射，并准备通过倾转照明以便衍射斑点 $\boldsymbol{g}$ 移动到观察屏中心获取轴向暗场图像。他看到斑点强度变弱并且另一个斑点变强而变得很沮丧。利用埃瓦尔德球结构来说明：

(1) 倾转照明前的衍射条件。

(2) 倾转照明后的衍射条件。哪一个衍射束变得活跃了？

(3) 预期暗场工作正确的照明倾转。

6.2　假设图6.29是100 keV电子的示意图。晶体是简单立方，倒格子平面是(100)。形状因子展宽对于每一个衍射极大值大约是1/4 g_{100}(形状因子展宽的范围在图6.29中用虚线标出)。

(1) 晶体的晶格常数是什么?

(2) 画出零阶劳厄区域的衍射图像范围。同样简要说明斑点的相对强度。

(3) 必须通过什么角度倾转入射光束,使得透射光束回到图像中心,产生对称的劳厄区域?(这是非常普通的——不过是测量图6.29的角度,如果你喜欢。)

(4) 在(3)部分倾转实现后,画出零阶劳厄区域的衍射图像。

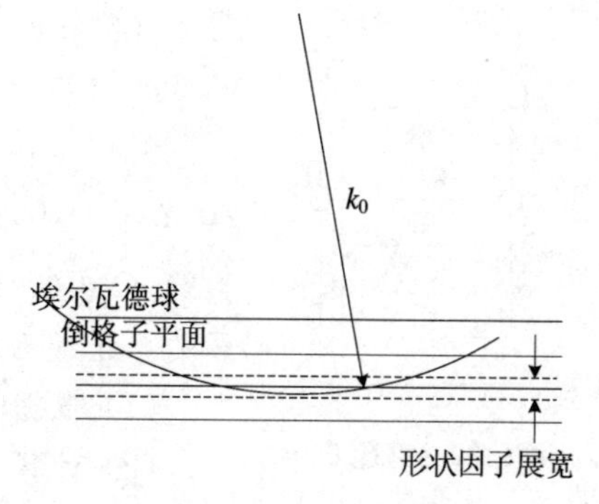

图6.29　习题6.2

6.3　计算NaCl的结构因子,并绘制没有衍射消光的倒空间结构(制作一个合乎比例的3D图。是否使用尺子是随意的,但建议使用)。说明衍射强度的相对强度。

(提示:见图6.11。)

6.4　取面心立方布拉菲(Bravis)点阵的原点为金刚石结构的对称中心,确定结构因子的表达式。

6.5　当$k+l$是奇数时,在衍射图像上正交相仅仅对于$0kl$衍射存在系统消光。这个结构可能的空间群是哪个?

6.6　对下列实空间布拉菲点阵,勾画$(112)^*$倒易平面的比例:

(1) 简单立方;

(2) 体心立方;

(3) 面心立方。

6.7　绘制下列实空间结构的$(112)^*$倒易结构的截面:

(1) $L1_2$(Cu_3Au,$Pm\bar{3}m$,cP4);

(2) $L1_0$(CuAu,P4/mmm,tP2);

(3) B2(CsCl,$Pm\bar{3}m$,cP2)。

6.8　简要说明在下列情况下哪个光束是强衍射:

(1) 在明场下,(200)处于布拉格条件,在暗场下,(200)移动到光学轴中心;

(2) 在明场下,(200)处于布拉格条件,在暗场下,$(\bar{2}00)$移动到光学轴中心;

(3) 在明场下,(400)处于布拉格条件,在暗场下,(200)移动到光学轴中心;

(4) 在明场下,(600)处于布拉格条件,在暗场下,(200)移动到光学轴中心。

6.9　在Al-Cu合金中发现的θ'相结构显示在图6.30中,空心圆表示Al,实心圆表示Cu。

(1) 计算这个相所有结构因子的值,直至$h^2+k^2+l^2=16$。根据f_{Al}和f_{Cu}来计算。

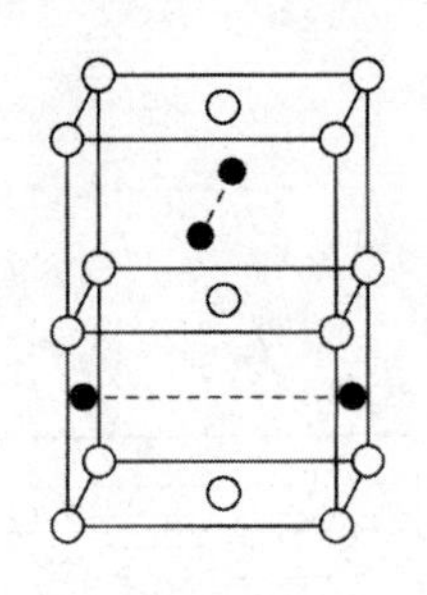

图 6.30　习题 6.9

(2) 假设在这个结构内所有原子是一样的，这会如何影响结构因子？请解释。

6.10　在 Fe-C-Al 系统内某一个相具有下面的结构：Al 在(0,0,0)，Fe 在(1/2,1/2,0)，(1/2,0,1/2)，(0,1/2,1/2)，C 在(1/2,1/2,1/2)，空间群是 $Pm\bar{3}m$。三个元素对电子的原子散射强度显示在图 6.31 中。

(1) 根据 f_{Al}，f_{Fel} 和 f_C 推导出结构因子的表达式。

(2) 计算电子衍射图像内下列衍射的相对强度比例：I_{001}/I_{002} 和 I_{011}/I_{002}。

(3) 绘制 Fe_3AlC 相倒易结构$(100)^*$截面(强度分量的倒格子)，标明低指数衍射，并说明相对强度。

6.11　(1) 绘制图 6.32 中体心立方结构派生的实空间结构的倒易结构$(010)^*$截面。

(2) 根据点阵的平移矢量 $\boldsymbol{a}$，$\boldsymbol{b}$，$\boldsymbol{c}$ 标定衍射，指出哪个是体心立方点阵的基本衍射(平移矢量 $\boldsymbol{a}$，$\boldsymbol{b}$，$\boldsymbol{c}/2$)，以及哪个是体心立方点阵的超晶格衍射。

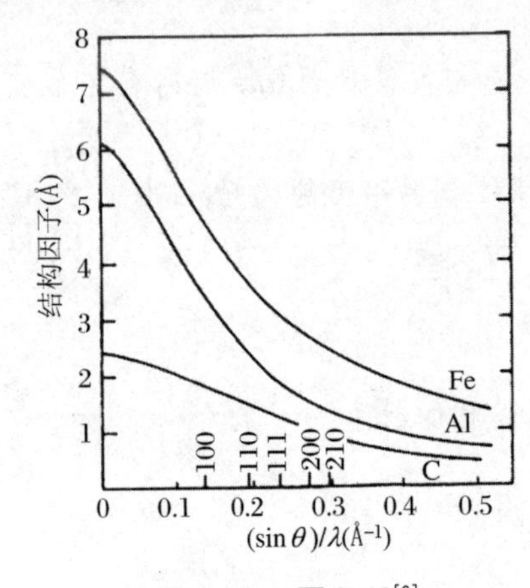

图 6.31　习题 6.10[6]

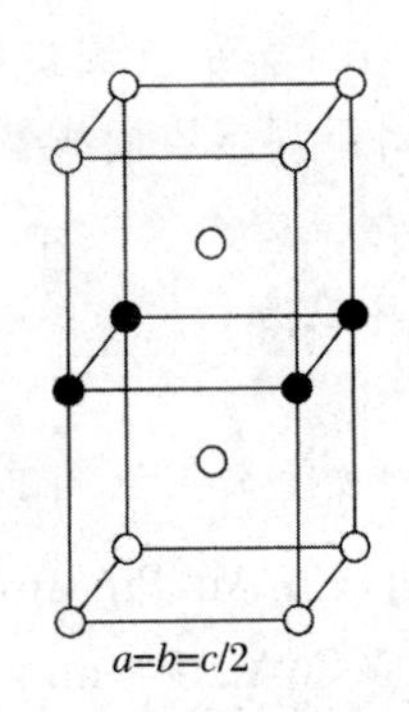

图 6.32　习题 6.11[6]

6.12　在高温下，一个具有面心立方结构的三元合金(A_2BC)显示在图 6.33(a)中。随着温度降低，如图 6.33(b)显示的那样，当 A 和 B 原子随意占据表面中心时，所有的 C 原子转到点阵的拐角。在更低的温度下，图 6.33(c)显示 B 原子占据(1/2，1/2，0)位置。对每一个结构绘制$(100)^*$和$(001)^*$的衍射图像，注意不同衍射的位置和相对强度。

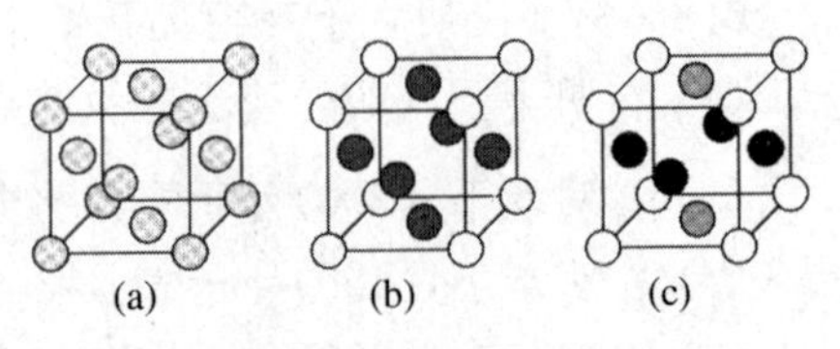

图 6.33　习题 6.12[6]

6.13　不同晶体形状的强度分布表示在图 6.16 中。利用一张绘图纸，根据下列指示，构造一个含有针状沉淀相样品的二维倒易空间图像。

(1) 样品具有 $a=0.4$ nm 的简单立方晶体结构(与 Al 相似)。对这个结构绘制一个二维倒格子。

(2) TEM 薄片的厚度为 50 nm，绘制倒格子点对这个厚度的强度分布。如果需要，利用一个点的放大图以保持比例正确。

(3) 薄片含有黏性针状、直径为 2 nm 和 20 nm 沿〈100〉方向的沉淀相。假设沉淀相具有和基体一样的晶体结构。绘制在相同图像内的强度分布。

(4) 绘制对于 120 keV 电子倒空间点阵内的波矢和埃瓦尔德球，保持图像内的波矢垂直。

(5) 通过增加一个波矢，利用这个夹角表示 15 mrad(0.85°)的光束收集半角。

6.14 图 6.34 显示了一个侧面中心的正方布拉菲点阵。由这个倒格子的定义，根据矢量 $a\hat{\mathbf{x}}$，$b\hat{\mathbf{y}}$和 $c\hat{\mathbf{z}}$得到这个实空间点阵的倒格矢的三个基矢表达式。

6.15 在 Al 里面的 Ag 颗粒可以成一个十四面体的形状(如图 6.35 所示，14 个面)。在基础衍射周围会有什么样的扩散散射形状？尽可能详细地描述。

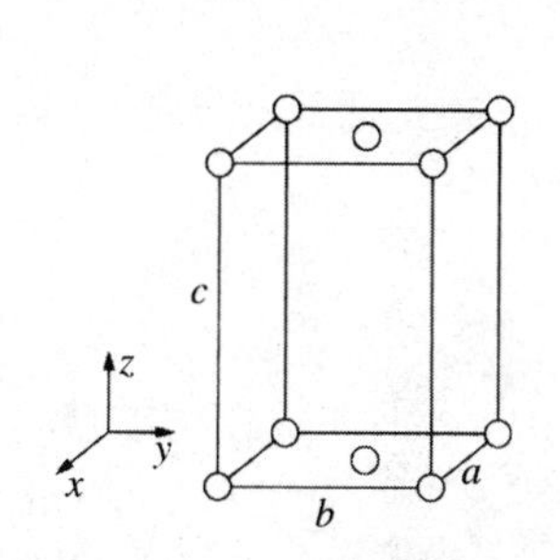

图 6.34 习题 6.14

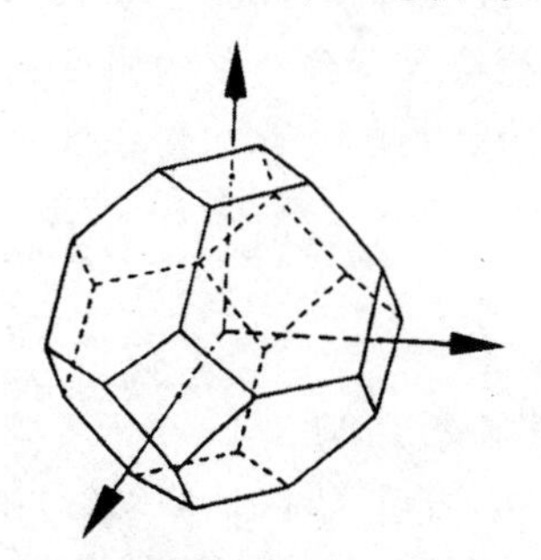
图 6.35 习题 6.15[7]

6.16 一个三元相在立方单包内的原子位置如下：A 在(0,0,0)，B 在(1/2, 1/2,0)，C 在(1/2, 0, 1/2)和(0, 1/2, 1/2)。根据 f_A，f_B和 f_C计算下列结构因子：

(a) (001)和(002)；

(b) (100)和(200)。

6.17 根据说明画出图 6.36 中三个晶体结构的倒格子。在图 6.36 中的单包以相同比例绘制。在绘制倒格子的过程中，没有绝对的比例因子使实空间和倒空间内的距离相联系。不过对全部三个倒格子采用相同的比例因子，并在绘图中尽量准确。

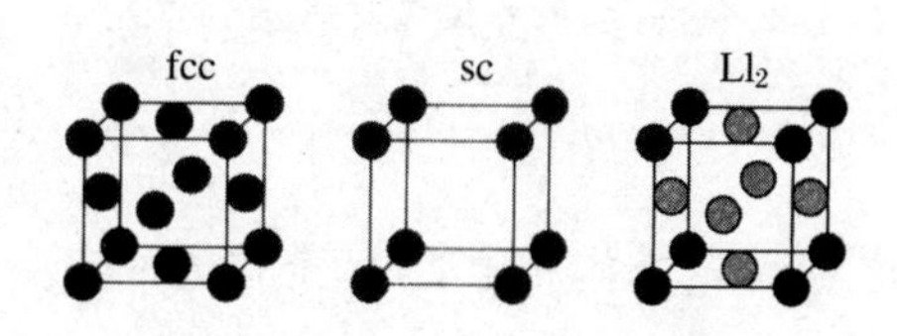

图 6.36 习题 6.17

(提示：对最后 $L1_2$结构绘制倒易结构，假设面心原子散射非常弱。)

6.18 在一个体心立方合金的晶体内，B2 有序的增长是一致的，此时相同的

局部值 L 存在于整个晶体。对于均一的有序，L 随着时间增长。一个可替代的机制是均一的有序，这里固定 L 的有序畴界在体心立方晶体内成核，并且随着时间增加填满整个晶体。假设对于相等原子比的 Fe-Co 合金，由 X 射线衍射得到的下面强度比例：$I^{\text{corr}}(100)/I^{\text{corr}}(200)=8.9\times10^{-5}$。

(1) 对于 X 射线衍射，以原子序数 Z 的比例利用 f_{Fe} 和 f_{Co}，计算均一有序的 L。

(2) 假设已知均一有序在 $L=1$ 时发生，体心立方 Fe-Co 固溶体的什么比例具有 B2 有序？

(3) 带有小体心立方微晶的退火材料在低温退火过程中产生 B2 有序。首先看到超晶格衍射峰具有一个大的宽度，但是随着时间增加强度增长而峰变窄。体心立方基本衍射保持不变。你认为这个材料是正在经历均一有序化还是不均匀有序化？并解释。

(4) 确定 Fe 和 Co 的中子"相干散射长度"的数值(这与 f_{Fe} 和 f_{Co} 成比例)。估算来自 $L=1$，相等原子比的 FeCo 合金的中子衍射的(100)和(200)强度比例。对比相同材料 X 射线衍射的强度比例。

6.19　来自原子位置在 $x=ma$ 的一维晶体衍射波的运动加和(m 是一个整数)：

$$\psi(s)=\sum_{m=1}^{N}f\mathrm{e}^{\mathrm{i}2\pi sma}\tag{6.147}$$

在 $s=0$ 时等于 Nf。

(1) 对于小的 s，计算 $\psi(s)$ 的一阶校正。

(2) 对一阶校正为什么是虚数给出物理解释。

(3) 对于小的 s，衍射强度不随(1)部分的修正而增加。通过减少多少 ψ 的实数部分可使其实现？

6.20　中子衍射采用相对低速度的中子，因此通过相对于中子光束移动晶体，衍射条件能够改变。对一个波矢为 $\boldsymbol{k}$ 的中子，在晶体内经过一个原子间距离 $\boldsymbol{R}'$ 的相变化不再是 $\boldsymbol{k}\cdot\boldsymbol{R}'$，而现在是

$$\boldsymbol{k}\cdot\boldsymbol{R}'\left(1-\frac{\boldsymbol{v}\cdot\hat{\boldsymbol{k}}}{v_{\text{n}}}\right)\tag{6.148}$$

这里，$\boldsymbol{v}$ 是晶体的速度，$\boldsymbol{v}_{\text{n}}$ 是中子的速度。

(a) 当 $\boldsymbol{v}\cdot\hat{\boldsymbol{k}}=-\boldsymbol{v}_{\text{n}}$ 时，在原子位置的中子相位好像中子具有一个两倍于静止晶体的波矢。为什么？

(b) 当 $\boldsymbol{v}\cdot\hat{\boldsymbol{k}}>+\boldsymbol{v}_{\text{n}}$ 时，相位变化是负的，但这个条件在物理上不重要。为什么？

(c) 通过进行如 6.1.2 小节一样的分析(从式(6.11)开始)，得到一个应用于

移动晶体中子衍射的式(6.18)的新形式。

(d) 被称为“相空间转换”断路器的装置,通过利用移动多晶样品的衍射用来在能量上会聚中子。讨论这个操作的概念。

参考文献

Chapter 6 title image of electron diffraction pattern from precipitates in an Al-Cu-Li alloy.

[1] The International Union of Crystallography. International Tablesfor X-ray Crystallography. Birmingham: Kynock Press, England, 1952.

[2] Figure reprinted with the Courtesy of Dr. Singh S R.

[3] Chang Y C. Crystal structure and nucleation behavior of {111} Precipitates in an Al-3.9Cu-0.5Mg-0.5Ag alloy. Ph. D. Thesis. Pittsburgh, PA: Carnegie Mellon University, 1993. Figure reprinted with the courtesy of Dr. Chang Y C.

[4] Rioja R J, Laughlin D E. Metall. Trans., 1977, 8A: 1259. Figure reprinted with the courtesy of The Minerals, Metals and Materials Society.

[5] Thomas G, Goringe M J. Transmission Electron Microscopy of Materials. New York: Wiley-Interscience, 1979. Figure reprinted with the courtesy of Wiley-Interscience.

[6] Figure and problem reprinted with the courtesy of Prof. Laughlin D E.

[7] LeGoues F K, Aaronson H I, Lee Y W, et al//Aaronson H I, Laughlin D E, Sekerka R F, et al. Proceedings of the International Conference on Solid-Solid Phase Transformations. Warrendale, PA: TMS-AIME, 1982: 427. Figure reprinted with the courtesy of The Minerals, Metals and Materials Society.

第7章　电子衍射和结晶学

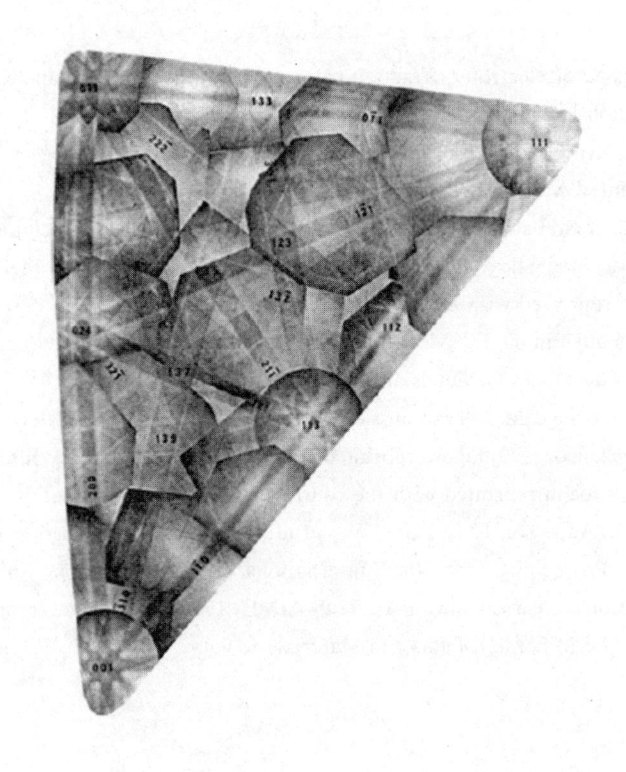

7.1　衍射花样的标定

晶体的倒易点阵通过三个倒格矢持续延伸，因此材料的衍射花样本质上是三维的。为获得所有可利用的衍射信息，对所有三维衍射矢量 $\Delta \boldsymbol{k}$ 的大小以及各方向的衍射强度都需要测量。在 k 空间内，适合的球形坐标是 Δk，θ 和 ϕ。对于这个相当复杂的问题，一个较为实际的方法是分别控制相对于样品取向的 Δk 以及 θ 和 ϕ 的大小。在1.3.2小节中描述的测角仪提供了在维持样品$\widehat{\Delta \boldsymbol{k}}$方向恒定的同时，控制 Δk 的大小需求。对于各向异性的多晶样品，由于所有晶体方向都被采样，因此单张粉末衍射花样可以提供有代表性的衍射数据。但对于单晶样品，必须提供样品的取向自由度（例如纬度和经度角），然后在倒空间选择的固体角（$\sin\theta d\theta d\phi$）内对每一个取向获得一张衍射花样（变化的 Δk）。单晶衍射实验需要适合样品取向的附加设备，以及将三维晶体倒空间的这些数据联系起来的软件。但是为了公布和显示这些数据，通常借助于三维数据，以二维截面来呈现衍射强度。

TEM 的衍射数据在 k 空间近二维的截面获得。较大的电子波矢提供了一个接近扁平的埃瓦尔德球，这就容许了单晶电子衍射是倒空间内一个平面图形的简单假设①。衍射矢量 $\Delta \boldsymbol{k}$ 的大小由透射束和衍射束之间的角度得到。对于 TEM 中的样品，两个取向自由度是必需的，这通常由一个“双倾样品台”提供——样品台具有两个相互垂直的倾转轴，且垂直于入射电子束。

对于单个微晶，现代 TEM 提供了两种获得衍射花样的模式。最成熟的是选区电子衍射（SAD），在直径为 0.5 μm 的区域获得衍射花样是非常有用的（参见习题 2.16）。第二种方式是纳米束衍射，或会聚束电子衍射（CBED），这种方式采用聚焦电子束从一个如 10 Å 小的区域得到衍射花样。两种技术提供了一个二维衍射斑点花样，当单晶取向严格地沿一个结晶方向时，衍射花样是高度对称的。CBED 图像内可利用的额外三维信息将在 7.5 节中讨论。

7.1.1　标定的问题

现在我们描述如何“标定”单晶衍射花样的二维截面，也就是说，用合适的 h，k 和 l 数值来标记单个衍射斑点。标定从确定透射束，或者从（000）向前的衍射开始——这通常在衍射花样中心，是最明亮的斑点。然后我们需要标定距离（000）斑点最近的两个独立（即不共线）的衍射斑点。一旦这两个（短的）矢量确定下来，它们的线性组合就提供了所有其他衍射斑点的位置和指数。为了完成一张衍射花样的标定，需要确定斑点花样平面的法线。这个法线称为“晶带轴”。按照惯例，晶带轴指向电子枪（即在大部分 TEM 内是朝上的）。衍射花样的指数是不唯一的，如果晶体具有很高的对称性，倒易点阵也是这样。高的对称性会导致不同的但等价的衍射花样标定方式。举例来说，一个立方晶体的轴矢量可称为[100]，[010]或[001]，然而一旦某个轴矢量被确定，则所有其他方向的指数必须与此一致。

有两种不同标定单晶衍射花样的方法。首先可以猜测晶带轴（方法 1），或者在标定两个或更多衍射斑点后确定晶带轴（方法 2）②，后面将会示范这两种方法。在两种方法中，大部分工作涉及测量衍射斑点之间的角度和距离，然后对比这些角

① 但是因为衍射花样测量的是衍射波的强度，而不是波本身，因此这完全不是一个完整图片。

② 快速确定晶带轴通常是很重要的。有经验的电镜操作者倾向于从斑点图像的对称性来辨认晶带轴。在附录 A.6 中标定的衍射花样是可利用的，将其复制或在实验中携带是非常不错的。

度和距离的测量值与几何计算值。在标定衍射花样时，必须记住消除特定衍射斑点的结构因子规则。为了一致性，同样必须要满足“右手定则”，这由一个差乘关系 $\hat{\boldsymbol{x}} \times \hat{\boldsymbol{y}} \parallel \hat{\boldsymbol{z}}$ 给出，或者如图 7.1 所示，用右手更实际。对于简单晶体结构，这个过程对低指数晶带轴非常直接，但是对于低对称性和高指数晶带轴的晶体结构则变得愈加困难，因为此时许多不同晶面间距和角度组合给出了看上去非常相似的衍射花样。在这种情形下，利用计算机程序来计算衍射花样是非常有帮助的。

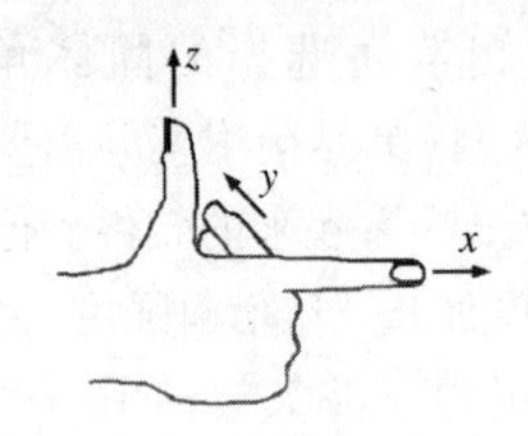

图 7.1　右手坐标系统(不要忘记右手和左手不同)

眼睛可以判断的距离大约是 0.1 mm，特别是利用一个 10 倍的校准放大器，因此这是通常的测量衍射花样上斑点间距的精度。如果衍射斑点距图像中心 10 mm，可预期到一个百分之几的测量误差。为了确定斑点间距的最高精度，较为可取的方法是测量比较尖锐、高阶斑点间的距离，然后除以它们之间的斑点数目(加上 1)。不过令人遗憾的是，如果埃瓦尔德球以某一角度横截斑点(如 6.9 节所述)，或者如果存在由显微镜投影镜引起衍射花样轻微的畸变，这个过程会导致误差。因而，了解这个显微镜的变形和假象是非常重要的，这可以通过测量一个已知的、结构完整的微晶的衍射花样来估算。照相复制会使斑点间距变形，因此如果数字光学系统不合适，那么测量工作需直接在底片上进行。

7.1.2　方法 1：从晶带轴开始

通过实例能够最好地说明指数标定及其系统消光。现在标定图 7.2 中的衍射花样，并假定已知图像来自于一个面心立方晶体。

标定衍射花样较为简单的方法是查阅本书的附录 A.6。但这里，我们“用手”来标定图像。在第一种方法中，以一个有经验的显微镜操作者的风格(上页的脚注)，我们“猜测”晶轴及其衍射花样。当衍射花样呈现出明显的对称性时，比如立方晶体的正方形或六角形阵列，这个方法是非常有用的①。应该记住列在表 7.1 中的面心立方和体心立方衍射花样的对称性。

表 7.1　立方晶体衍射图像的一些对称性

晶带轴	[100]	[110]	[111]
对称性	正方形	长方形	六角形
纵横比	1∶1	对体心立方、简单立方 (对面心立方差不多是六角形)，1∶$\sqrt{2}$	等边

① 如在实例中呈现的，在不知道显微镜相机长度时这同样有用。

斑点的密度相当高，因此可以期望一个适当低阶的晶带轴。最低阶的晶带轴是①

[100][110][111][210][211][310]
[200][220][222]
[300]

注意：在定义晶带轴过程中，由于斑点指向同一方向，[100]，[200]和[300]方向是一样的，因此仅仅需要考虑最低阶指数[100]方向作为代表晶带轴。我们排除前三个晶带轴，因为图像不具有表7.1列出的对称性。

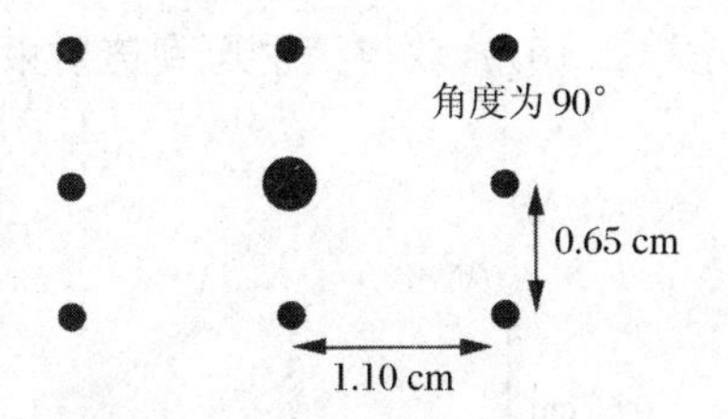

图7.2 准备标定的一个面心立方衍射花样

此时我们做一个猜测，并尝试晶带轴[210]。现在对比图7.2内的角度和距离与附录A.6中的[210]衍射花样，但这里举例说明核对衍射花样的一个系统过程。在面心立方晶体的[210]衍射花样内寻找最低阶衍射，已知面心立方晶体的允许衍射（h，k 和 l 全部为奇数或全部为偶数）是

(111)(200)(220)(311)(331)(420)
(222)(400)
(333)

允许衍射斑点必须垂直于[210]晶带轴②。为了用[210]测试垂直性，我们寻找为零的数量积③：

$$[210]\cdot[111]\neq 0,\quad [210]\cdot[002]=0,\quad [210]\cdot[220]\neq 0$$

$$[210]\cdot[113]\neq 0,\quad [210]\cdot[133]\neq 0,\quad [210]\cdot[\bar{2}40]=0$$

因此，在衍射花样内我们期待的最低阶斑点是(002)和($2\bar{4}0$)。

接着需要确定由斑点(000)到斑点(002)和($2\bar{4}0$)两条直线间的确切夹角。首先需要用因子 $1/\sqrt{h^2+k^2+l^2}$ 来矢量归一化，做完这些以后，核对归一化过程：

$$\frac{1}{2}[002]\cdot\frac{1}{2}[002]=1 \tag{7.1}$$

$$\frac{1}{\sqrt{20}}[2\bar{4}0]\cdot\frac{1}{\sqrt{20}}[2\bar{4}0]=1 \tag{7.2}$$

两个归一化矢量的数量积等于矢量间角度的余弦。此处，对于[002]和[$2\bar{4}0$]，由于

① 记住，面心立方结构因子规则（h，k 和 l 全部为奇数或全部为偶数）不适合晶带轴的选择。举个例子，我们总是可以倾转样品到其[001]所指的方向。

② 记住，对于较小布拉格角的高能电子，$\Delta\boldsymbol{k}$ 几乎垂直于 $\boldsymbol{k}_0$。

③ 在这样做的过程中，尝试衍射的所有方向是有必要的（举例来说，[210]·[200]，[210]·[020]，[210]·[002]）。

它们之间的数量积的确是零,我们可以跳过归一化过程。这与衍射花样上的 90°角度是一致的。

到目前为止,还是非常不错的——(002)和($2\bar{4}0$)衍射看上去是有希望的,因为它们相互垂直,能够满足斑点之间的角度是 90°的要求。最后的步骤是在合适的位置安排斑点,以获得[210]面心立方带轴的衍射花样。再次利用相机等式 $rd = \lambda L$(式(2.10)),获得衍射斑到透射束的测量距离 r:

$$r = \frac{\lambda L}{a}\sqrt{h^2 + k^2 + l^2} \tag{7.3}$$

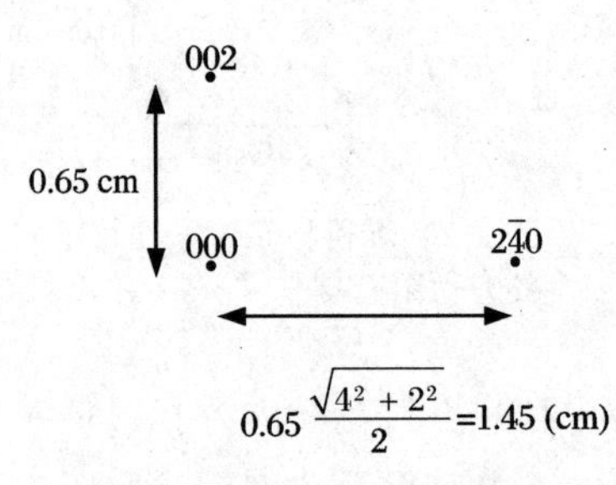

图 7.3　对图 7.2 中衍射花样标定的拙劣尝试

如果已知相机常数 λL,则采用斑点间距的绝对距离是适合的,在这里采用相对间距替代。等式(7.3)表明了斑点距离之比必须等于因子 $\sqrt{h^2+k^2+l^2}$ 之比。取斑点(002)的垂直间距作为参考距离(由图 7.2 得出是 0.65 cm),这样做之后,预测显示在图 7.3 中斑点($2\bar{4}0$)的间距为

$$0.65\ \text{cm}\,\frac{\sqrt{2^2+4^2+0^2}}{\sqrt{2^2+0^2+0^2}} \approx 1.45\ \text{cm} \tag{7.4}$$

由于这个答案应该非常接近图 7.2 的 1.10 cm 间距,故[210]晶带轴一定是错误的。这非常糟糕,我们不得不重新尝试。

我们采用另一个猜测——[211]晶带轴。以简表形式重复上述相同的过程,如表 7.2 所示。

表 7.2

期望的衍射	矢量归一化	$\cos\theta$	θ
$[211]\cdot[\bar{1}11]=0$	$\frac{1}{\sqrt{6}}[211]\cdot\frac{1}{\sqrt{3}}[\bar{1}11]$	$\frac{0}{\sqrt{18}}$	90°
$[211]\cdot[002]\neq 0$	$\frac{1}{\sqrt{6}}[211]\cdot\frac{1}{\sqrt{4}}[002]$	$\frac{1}{\sqrt{6}}$	65.9°
$[211]\cdot[02\bar{2}]=0$	$\frac{1}{\sqrt{6}}[211]\cdot\frac{1}{\sqrt{8}}[02\bar{2}]$	$\frac{0}{\sqrt{48}}$	90°
$[211]\cdot[11\bar{3}]=0$	$\frac{1}{\sqrt{6}}[211]\cdot\frac{1}{\sqrt{11}}[11\bar{3}]$	$\frac{0}{\sqrt{66}}$	90°
$[211]\cdot[133]\neq 0$	$\frac{1}{\sqrt{6}}[211]\cdot\frac{1}{\sqrt{19}}[133]$	$\frac{8}{\sqrt{114}}$	41.5°
$[211]\cdot[2\bar{4}0]=0$	$\frac{1}{\sqrt{6}}[211]\cdot\frac{1}{\sqrt{20}}[2\bar{4}0]$	$\frac{0}{\sqrt{120}}$	90°

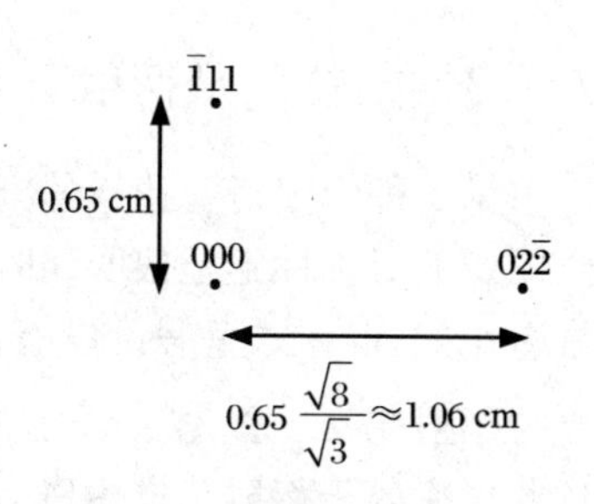

图 7.4　对图 7.2 中衍射花样的成功标定

在图 7.4 中，用最近的衍射斑点($\bar{1}11$)和($0\bar{2}2$)构建了一个衍射花样，并计算了距离的比率。

不错，我们成功了。3.5%的准确率看上去还可以，尽管对于这种工作有一些偏高。或许应重新测量斑点间距，如果我们近一些观察衍射花样，也许会看到斑点是非对称的，并可能存在由埃瓦尔德球弯曲和非对称形状因子引起的衍射斑点变形。

连续标定是一个优点。一旦确定了衍射花样，我们必须保证全部倒格矢的线性组合能够得出衍射花样内所有其他斑点的指数。图像内两个最短矢量是[$\bar{1}11$]和[$0\bar{2}2$]。因此如图 7.5 所示，当沿斑点的垂直列时，h，k 和 l 指数按照[$\bar{1}11$]增长，而当沿斑点的水平列时，h，k 和 l 指数按照[$0\bar{2}2$]增长。例如，当沿着图 7.5 中斑点上面一行移动时，第一个指数保持 -2 不变，第二个指数依照 0,2,4,…，第三个指数依照 4,2,0,…。在进行核查时，应确定没有遗漏或增加任何斑点。

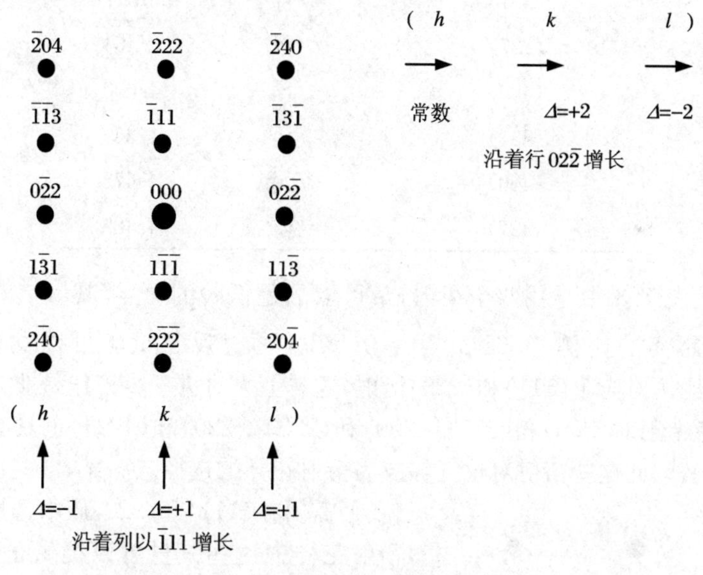

图 7.5　完整衍射花样的行和列的校验，注意单个指数在箭头的方向是如何变化的

晶带轴应与右手坐标系统一致。利用矢量向量积确定晶带轴指向电子枪：

$$[02\bar{2}]\times[\bar{1}11]=(2+2)\hat{\boldsymbol{x}}+(2-0)\hat{\boldsymbol{y}}+(0+2)\hat{\boldsymbol{z}}=[422]\parallel[211]$$

我们非常幸运——矢量[422]平行于晶带轴[211]。由于最初猜测晶带轴[211]，我们知道将由这个矢量积得到[211]或[$\bar{2}\bar{1}\bar{1}$]。如果得到[$\bar{2}\bar{1}\bar{1}$]的结果，我们可以反转矢量[$\bar{1}11$]的方向(得到[$1\bar{1}\bar{1}$])，并重新标定衍射花样。

7.1.3　方法 2:从衍射斑点开始

第二种标定衍射花样的方法是首先标定斑点,在这个过程的最后得到晶带轴。当图像的对称性不是很明显时,这个方法是首选,尤其知道显微镜的相机常数是非常有用的,但在这里假设没有这样的信息。我们采用与前面(图 7.2)相同的面心立方衍射花样。首先从面心立方晶体允许的(hkl)尝试出 $\sqrt{h^2+k^2+l^2}$ 的比率,这些比率等于衍射花样内斑点间距之比(式(7.3))。首先制作一张这些比率的列表,如表 7.3 所示。

表 7.3　面心立方晶体倒空间中的距离

面心立方允许的 hkl	$\sqrt{h^2+k^2+l^2}$	相对间距
(111)	$\sqrt{3}$	1.732
(200)	$\sqrt{4}$	2.000
(220)	$\sqrt{8}$	2.828
(311)	$\sqrt{11}$	3.317
(222)	$\sqrt{12}$	3.464
(400)	$\sqrt{16}$	4.000
(331)	$\sqrt{19}$	4.359
(420)	$\sqrt{20}$	4.472
(422)	$\sqrt{24}$	4.489

现在从表 7.3 中寻找两个衍射,最可取的是低阶的斑点,其斑点间距符合图 7.2 中测量距离的比例:0.65/1.10≈0.591。通过反复试验可以发现 $\sqrt{3}/\sqrt{8}\approx$ 0.61,这个比例对应于(111)和(220)衍射,这看上去对进一步工作是非常有希望的选择。注意衍射对(200)和(311),(200)和(222),(220)和(422),也具有斑点间距类似的比例,因此这些衍射对也能够成为衍射花样的选择。

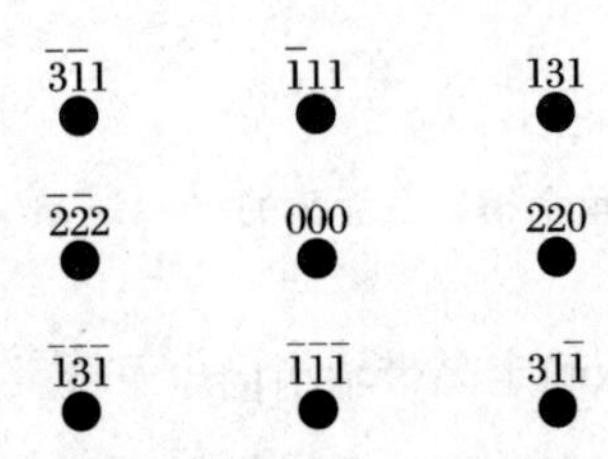

图 7.6　图 7.2 衍射花样的成功标定,可与图 7.5 的标定对比

我们需要在⟨111⟩和⟨220⟩族中选择特殊的矢量,衍射花样中这些矢量可以提供正确的角度。这里采用$[\bar{1}11]$和[220],尽管其他矢量也可以操作。注意$[\bar{1}11]\cdot[220]=0$,因此这些斑点与观察到的 90°角度是一致的。我们可以在三个选择中排除两个衍射对(200)和(311),以及(200)和(222),因为这些晶面族内没有矢量是 90°角。现在,通过如图 7.5 中所显示的矢量叠加来标定其他衍射斑点,完成衍射花样的标定(图 7.6)。

由矢量的向量积得到晶带轴：

$$[220]\times[\bar{1}11]=(2-0)\hat{\boldsymbol{x}}+(0-2)\hat{\boldsymbol{y}}+(2+2)\hat{\boldsymbol{z}}=[2\bar{2}4]\parallel[1\bar{1}2]$$

这次发现晶带轴是$[1\bar{1}2]$,它是与方法 1 发现的晶带轴对称性相关的等价变化。但以美学观点来看,晶带轴$[1\bar{1}2]$并不如晶带轴[211]那样令人满意,因此在结果发表之前或许应该改变第二次的标定。

机敏的读者可能想知道选择的衍射对(220)和(422)会发生什么,这个衍射对同样具有很好的斑点间距比例,并在[220]和$[2\bar{2}4]$间形成 90°角。我们可以继续进行后面的工作,并利用这些衍射矢量构建一个候选的衍射花样。晶带轴是

$$[220]\times[2\bar{2}4]=(8-0)\hat{\boldsymbol{x}}+(0-8)\hat{\boldsymbol{y}}+(-4-4)\hat{z}=[8\bar{8}\bar{8}]\parallel[1\bar{1}\bar{1}]$$

这看上去是令人怀疑的,因为晶带轴〈111〉提供了一个六角形对称的衍射花样,与图 7.2 的长方形对称性非常不一样。问题在于方法 2 的途径对失去其他斑点很敏感,这是$[1\bar{1}\bar{1}]$晶带轴所预期的,比如[202]和$[02\bar{2}]$,这些{220}衍射围绕透射光束形成一个六角形图像。一旦晶带轴确定,则所有预期斑点的重新核查是非常重要的,并且保证衍射花样可以完全解释。基于此,衍射(220)和(422)不适合对图 7.2 进行标定是十分明显的。

通过标定图 7.2 中简单衍射花样的训练,你能够意识到对于非正交矢量,低对称衍射花样的实际标定是多么乏味。几个极好的计算机程序可用来简化这个任务,但输出的一致性核查仍然是必要的。作者倾向于利用这样的程序来标定图 2.19中的衍射花样,结果是单斜晶体 $a=12.865$ Å, $b=4.907$ Å, $c=17.403$ Å 和 $\beta=108.3°$。当然鼓励那些有毅力的读者尝试人工完成这个工作(请与我们交流结果)。

7.2　极射赤面投影及操作

7.2.1　极射赤面投影的构建

极射赤面投影是不同晶体学取向之间位向关系的二维示意图。极射赤面投影对于衍射中的问题是非常有用的,特别是电子衍射,但它并不是起源于衍射理论。极射赤面投影现已发展用来解决三维晶体学方面的问题。

为构建一个极射赤面投影,应该首先从位于一个大球体中心的微小晶体开始(图 7.7)。传统的术语将晶体学平面的法线①称为"极"。通过规定指向球面"北

① 对于立方晶体,(100)晶面的法线平行于[100]方向,因此晶体学方向和极点是可互换的。

极”的极点来表征晶体的方向，这就是图 7.7 中的 001 极点。

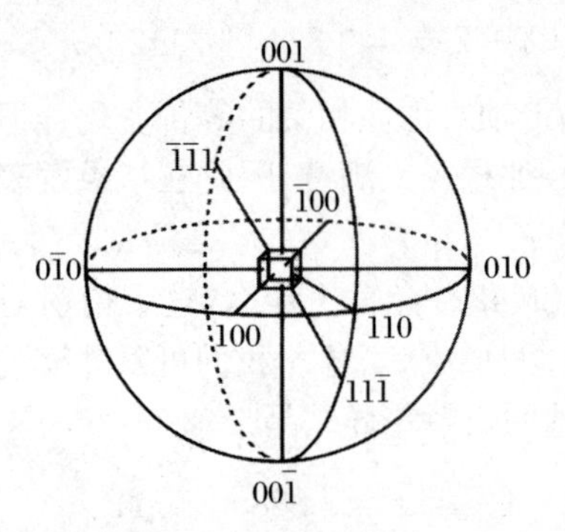

图 7.7　在球体表面上的一些投影，这是构建一个[001]极射赤面投影图的第一步

图 7.7 显示了由晶体延伸到与球面相交截的 9 个极。我们利用这个“球形投影图”上的交截点建立一个[001]极射赤面投影。为将这些交截点投影到一个二维平面，首先从这些交截点到南极画一条直线(图 7.8)。接下来，在球体的赤道平面上用“×”标出这些线的交截点。

极射赤面投影是带有这些标记的交截点的球体赤道平面。图 7.8 展示了圆环中心两个极点和圆周上五个极点的投影。极射赤面投影(图 7.9)包含了关于与球体北面半球更多个交截极点的取向信息，例如在图 7.7 内的 $1\bar{1}1$ 和 $00\bar{1}$ 极点，它们与球体的南面半球相交，不包括在[001]极射赤面投影内①。特别的极射赤面投影可由在中心的点确定，这是指向球面北极的极点投影。

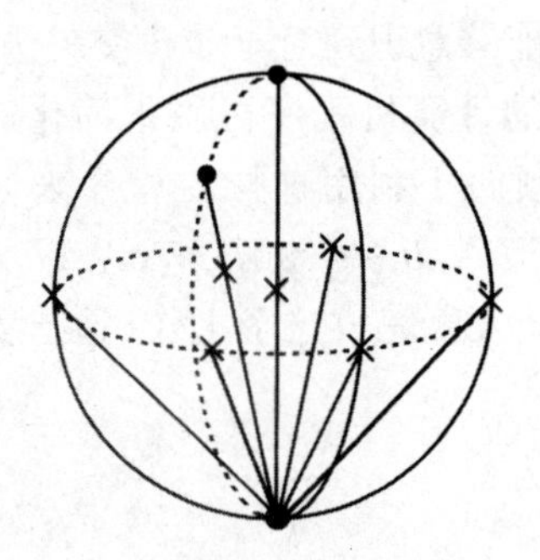

图 7.8　极点投影与图 7.7 中球形投影赤道平面的交截点(×)

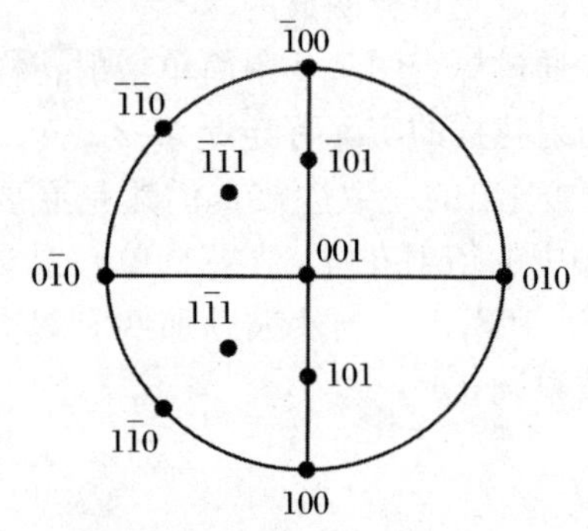

图 7.9　在图 7.8 内已标定极点交截点的球体赤道平面，这是一个[001]极射赤面投影

7.2.2　极射赤面投影和电子衍射花样之间的关系

在高能电子衍射中，由于布拉格角非常小，大约为 1°，因此 $\Delta \boldsymbol{k}$ 接近垂直于 $\boldsymbol{k}_0$，入射电子几乎平行于衍射平面传播。当电子从球形投影图的北极传播到晶体下端(图 7.8)时，衍射出现在极点与球形赤道交截的平面，约在 1°以内。显示在图 7.10 中的实例是一个[110]方向的体心立方晶体，我们期望衍射来源于极点位于[110]极射赤面投影圆周上的平面。在将极射赤面投影和衍射花样联系的过程中，牢记极射赤面投影不包含衍射斑点之间的距离和结构因子规则的信息是非常重要的，

① 然而，立方晶体的完整南面半球可以通过旋转极射赤面投影 180°，并改变所有极点指数的符号获得。

然而衍射花样和极射赤面投影内矢量之间的角度是相同的。例如，尽管体心立方晶体的{111}衍射是消光的，但图 7.10 显示出体心立方($\bar{2}22$)衍射出现在[$\bar{1}11$]方向的角度上。

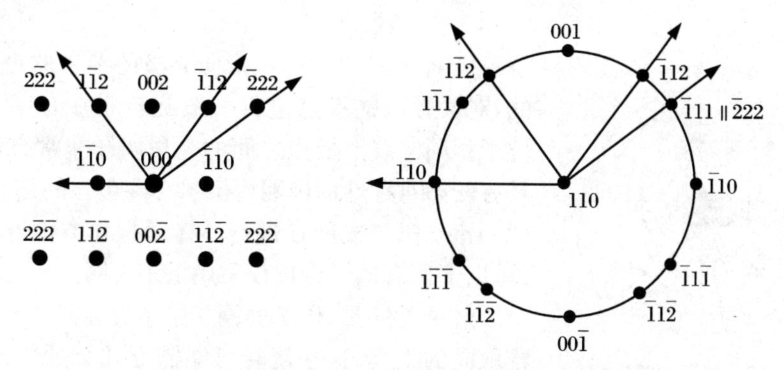

图 7.10　左边[110]衍射花样和右边[110]极射赤面投影之间的取向关系。在左右两幅图内矢量之间的角度是相同的

7.2.3　极射赤面投影的操作

1. 规则

极射赤面投影对于解决涉及两个不同晶体之间的相对取向问题是一个强有力的工具。当然这些问题可以用旋转矩阵来解决，但是如果获得了利用极射赤面投影的诀窍，则极射赤面投影是非常快速和简单的。对于测量极射赤面投影上的角度，需要一个类似测角仪的工具，这称为“伍尔夫(Wulff)网”，并展示在图 7.11 中(图(a))①。伍尔夫网是一个由标准参考球(图 7.11(b))获得的纬线和经线②的投

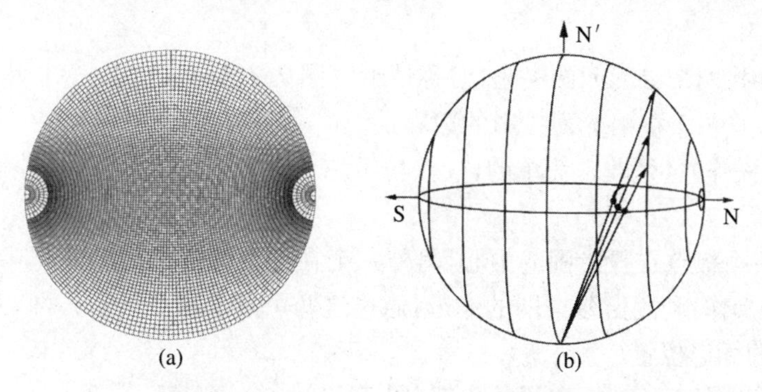

图 7.11　左图：伍尔夫网(2°分度)。右图：由标准球构建的伍尔夫网，显示了沿一个共同经线投影的三个交截点

① 对与附录 A.7 内极射赤面投影相匹配的工作，在附录 A.7 内的伍尔夫网应当放大影印在一个透明片上。

② 纬线测量南北位置，经线测量东西位置。

影图。了解这个投影图的绘制，使用位于一边的标准球，以及它的北极位于球极平面投影的赤道上是非常重要的。图 7.11(b)显示了这样一个参考球纬线的极射赤面投影，在极射赤面投影内纬线是一个个圆弧（同样是经线，但经线是向内凹的）。

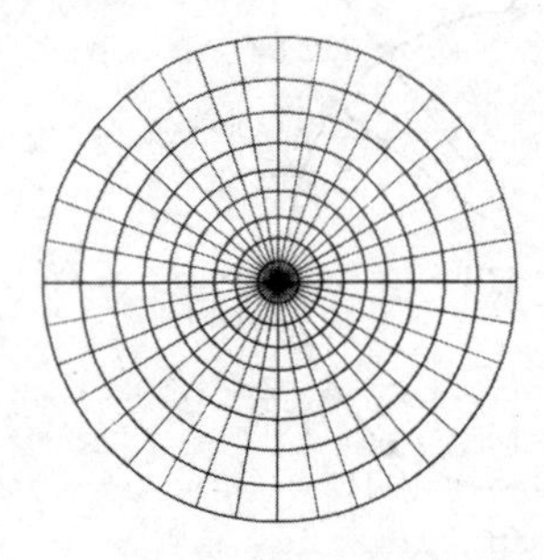

图 7.12　极网(10°分度)

极网(图 7.12)是用指向北极的参考球投影构建的，对投影图的极点进行一般旋转非常有用①，测量位于相同经线上极点之间的夹角同样非常方便②，但具有较高对称性的极网比伍尔夫网包含的信息少，因此相比于伍尔夫网在进行晶体学操作方面通用性较差，以下所有的讨论仅仅采用伍尔夫网。

最重要的是，伍尔夫网是一个旋转晶体到任意三维取向的工具，这些旋转可能需要几个独立的操作。我们采用了极射赤面投影的两类选择操作：

· 第一个允许的操作是围绕极射赤面投影北极的简单旋转(投影图中心)。

· 第二个允许的操作是围绕着伍尔夫网北极的简单旋转，这涉及沿着纬线移动极点。

我们同样可用伍尔夫网对一个晶面进行镜面反映：

· 反射平面首先是作为伍尔夫网的经线来安排的。通过沿着任一条纬线移动极点越过反射平面，极点被反射在这个平面的对面。(图示说明在下面的实例(6)中。)

下文中是典型的、复杂性渐增的应用实例，展现了这些操作是如何应用于解决晶体学方面问题的。

2. 实例

(1) 寻找两个晶面间的夹角(对称情形)(图 7.13)

(a) 极点位于极射赤面投影的边界上。

(一个操作)这是非常简单的，仅仅与伍尔夫网叠放(任意方向)，并计算边界上的标记位置。

(b) 一个极点在投影图的中心，另外一个在任意位置。

(一个操作)利用伍尔夫网的赤道，通过这两个点来调准伍尔夫网，并沿着赤道计算经线的标记位置。

(2) 寻找两个任意极点间的角度(图 7.14)

(一个操作)调整伍尔夫网的方向，以使得两个点与一条普通的经线相交，并沿着经线计算纬线的标记位置。注意：因为它们不是球的大圆环，故纬线将不起

① 对于投影图极点的旋转，同样需要利用伍尔夫网圆周上的标记进行。

② 在伍尔夫网的赤道上做标记同样可用于这些测量。

作用。

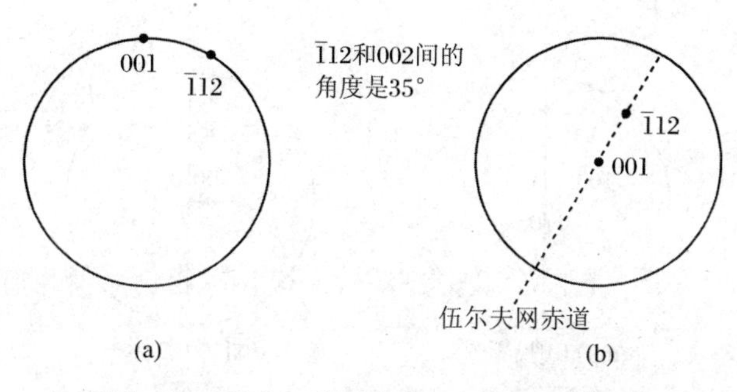

图 7.13　(a) [110]投影图;(b) [001]投影图

(3) 由[001]极射赤面投影得到[010]极射赤面投影

(一个操作)当新的极射赤面投影的指数由旧的指数通过循环置换获得时,右手坐标系统是可以保持的。对于这个实例,我们进行 *xyz* 到 *yzx* 的转换。在旧的[001]投影图边界上的 100 和 010 极点变成新的[010]投影图内的 001 和 100 极点。读者可以利用图 7.1 来确定[001]×[100]=[010]。

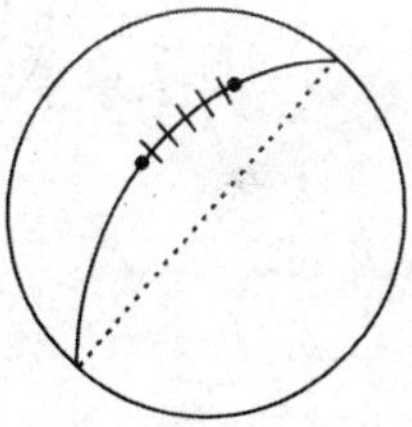

图 7.14　与伍尔夫网的一条经线相交的两个任意极点

相同的循环置换的诀窍对重新标定衍射花样是非常容易的。

(4) 由[001]极射赤面投影得到新的[113]极射赤面投影(图 7.15)

(一个操作)调整伍尔夫网的方向,以便在[001]投影图内其赤道通过 113 极点。然后移动 113 极点到中心(沿着赤道),并以相同的角度沿纬线方向移动[001]投影图的所有其他极点。注意在投影图底部 *hkl* 极点的出现,以及在上部 $\bar{h}\bar{k}\bar{l}$ 极点的出现。可将这个操作想象为图 7.11 中的伍尔夫网球形投影图围绕南北极轴旋转。

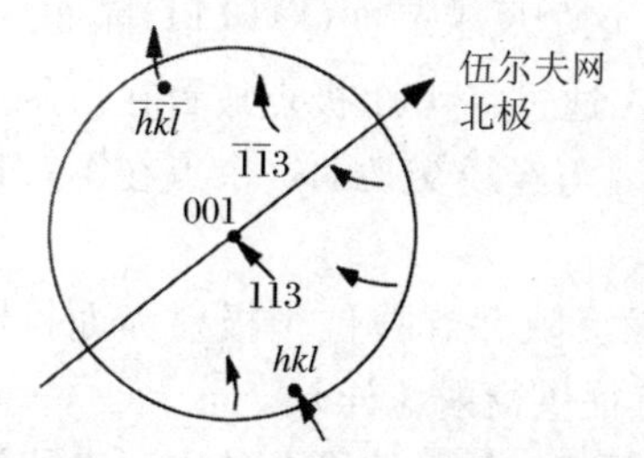

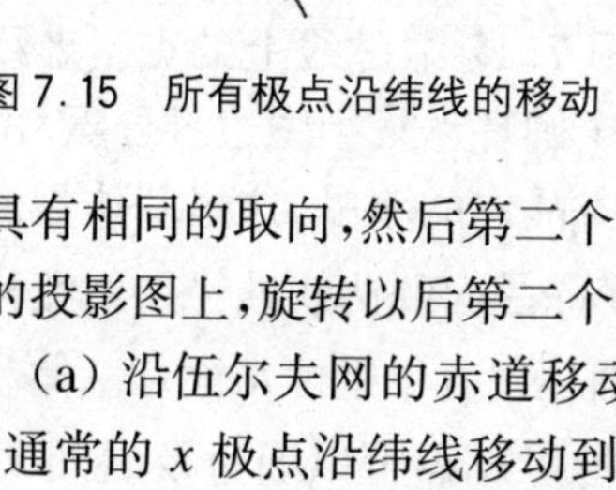

图 7.15　所有极点沿纬线的移动

(5) 围绕任意一个极点旋转晶体(图 7.16)

已知一个晶体的[110]投影图,第二个晶体最初具有相同的取向,然后第二个晶体围绕其 100 极点做一个 10°旋转。在第一个晶体的投影图上,旋转以后第二个晶体的极点在哪里?(三个操作)

(a) 沿伍尔夫网的赤道移动 100 极点到投影图的中心,形成一个[100]投影图,通常的 x 极点沿纬线移动到位置 x'(更为实际地,可以得到又一个[100]类型的极射赤面投影,并在保持 110 极点在赤道时将其叠放在第一个投影图上)。

(b) 围绕中心旋转[100]投影图 10°,点 x' 移动到位置 x''。

(c) 沿着伍尔夫网的赤道移动,反向旋转 100 极点到其初始位置,点 x''沿纬线移动到点 x'''。

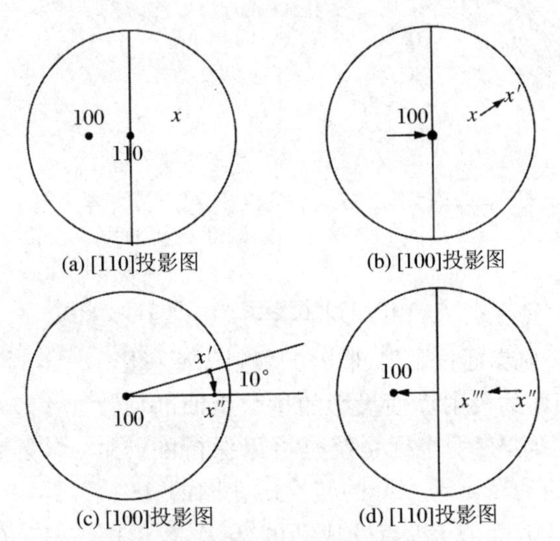

(a) [110]投影图　(b) [100]投影图

(c) [100]投影图　(d) [110]投影图

图 7.16　在极射赤面投影内,围绕任意一个极点进行晶体旋转的步骤

(6) 在面心立方晶体内形成孪晶(图 7.17)

在面心立方晶体内,{111}晶面的堆垛可以是…ABCABC…或…CBACBA…(见附录 A.11,图 A.7),后一种类型堆垛的晶体是前一类型的"孪晶"。这里,我们的目的是找出母晶的[001]衍射花样中是否包含孪晶特有的衍射斑点。

(a) 为从孪晶里找出衍射斑点,利用这样的事实,即在($\bar{1}\bar{1}1$)情形下,孪晶上所有的极点是原始晶体中被{111}晶面反映的极点。这个反映晶面(对($\bar{1}\bar{1}1$)晶面)在图 7.17 的[001]投影图内投射出一个较大的圆环。通过将 $\bar{1}\bar{1}1$ 极点放置在伍尔夫网的赤道上并减去 90°,我们发现了这个大的圆环。与经线交叉的这个点在图7.17 中标记为"孪晶晶面圆环"。

(b) 通过提取原始晶体的极点,经过孪晶晶面反映并寻找位于极射赤面投影圆周上的极点可以获得孪晶衍射(在圆周上的极点提供衍射花样)。

(c) 反映后出现在圆周上的极点是那些位于图 7.17 中虚线上的点。虚线被孪晶晶面圆环上相同数目的纬线标记分隔,如同这个圆环从投影图边界分隔。

图 7.18 中的电子衍射花样显示了一个面心立方晶体的孪晶,这里基体是沿着[110]晶带轴的,孪晶面是($1\bar{1}1$)。在这种情况下,孪晶晶面的法线处于衍射花样平面内(见标记为 $1\bar{1}1$ 的斑点),并且孪晶面($1\bar{1}1$)的圆环垂直于纸面平面。基体和孪晶衍射通过($1\bar{1}1$)孪晶面镜面反映相互联系,孪晶衍射斑点可以通过反映图 7.18 左边的基体斑点指数到右边孪晶斑点简单地标定,并且反之亦然。作为对比,图 7.17 的伍尔夫网的构建应当逆时针旋转约 40°,因此孪晶晶面的圆环(在这里是

$(1\bar{1}1)$)，沿着伍尔夫网的南北极轴穿过正中心（图 7.18 的伍尔夫网南北极轴应当是垂直取向）。

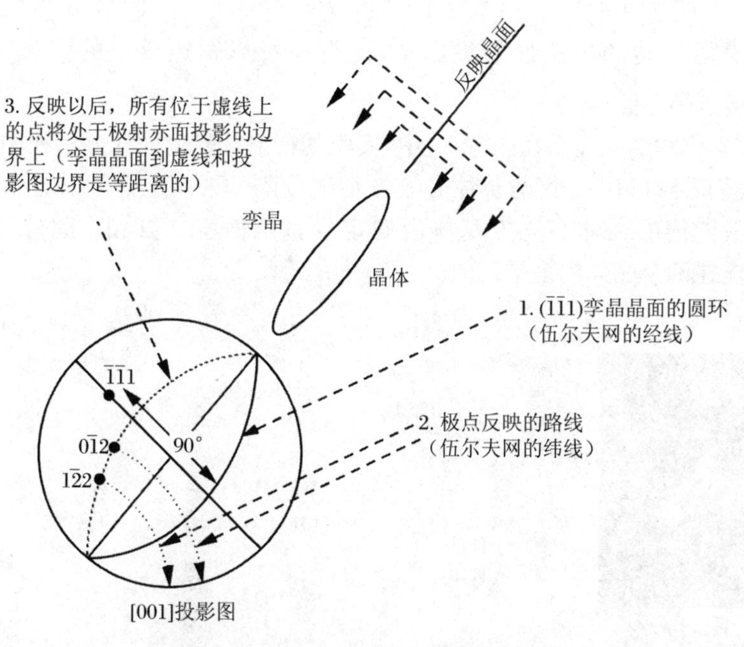

图 7.17　上图：$(\bar{1}\bar{1}1)$孪晶晶面两边的面心立方堆垛序列。下图：孪晶晶面圆环到虚线和投影图的边界是等距离的。通过孪晶圆环反映以后，所有位于虚线上的点沿着伍尔夫网纬线移动，并出现在极射赤面投影的边界上

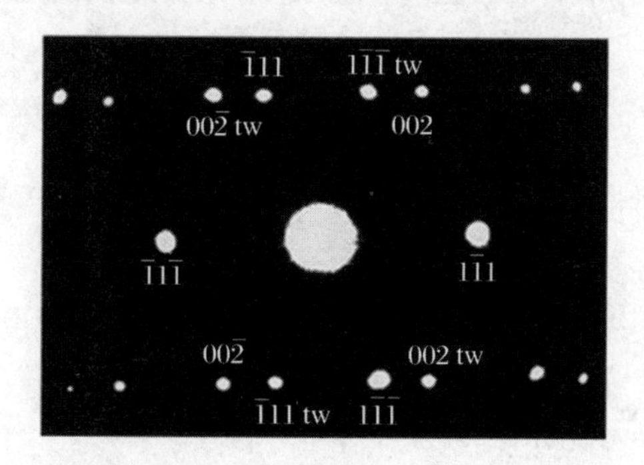

图 7.18　带有[110]晶带轴和$(1\bar{1}1)$孪晶面的面心立方晶体的衍射花样[1-2]

(7) 体心立方和面心立方晶体之间的库局莫夫-萨克斯（Kurdjumov-Sachs，K-S）取向关系（图 7.19）

K-S 取向关系特指平行平面：$(1\bar{1}0)_{bcc} \parallel (\bar{1}11)_{fcc}$，以及这些平面中的平行方向：$[111]_{bcc} \parallel [110]_{fcc}$（三个操作）。

(a) 利用[110]极射赤面投影朝上方指向$[110]_{fcc}$方向。

(b) 采用[111]极射赤面投影叠放在它上面,这样$[111]_{bcc}$方向同样向上,并且与$[110]_{fcc}$方向平行。

(c) 现在旋转两个叠加的投影图,使得在投影图边界上的$[\bar{1}11]_{fcc}$极点在$[1\bar{1}0]_{bcc}$极点的上面。

这些操作的结果显示在图 7.19 中,实验的衍射花样也同样显示在图中。由这些结果我们看到$(110)_{fcc}$衍射被体心立方衍射分隔。采用这个衍射斑点得到的暗场图像,我们能够在体心立方基体内确定少量的面心立方相。此外,我们看到⟨112⟩方向在两个晶体内是平行的。

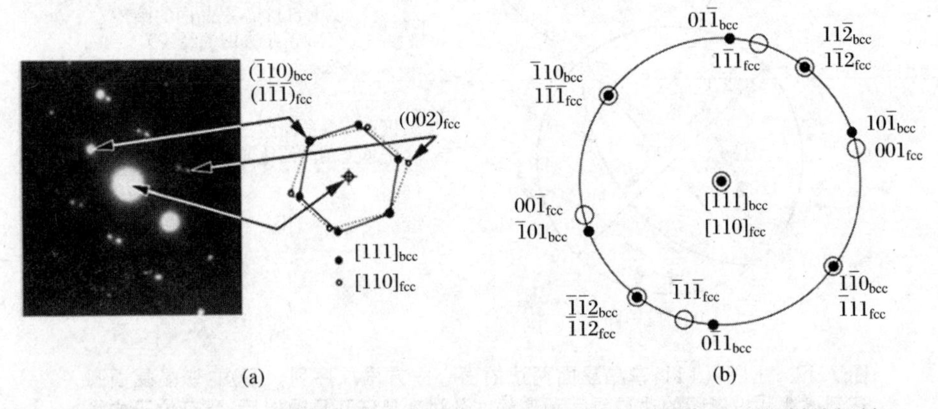

图 7.19　面心立方和体心立方晶体间的 K-S 取向关系。(a) Fe-9Ni 钢材的衍射花样,标定显示在中间;(b) 一些$[111]_{bcc}$和$[110]_{fcc}$极射赤面投影叠加的极点

7.3　菊池线与样品取向

7.3.1　菊池线的产生

较厚的样品除具有通常的布拉格衍射和完美的结构之外,还具有其他衍射特征。当样品不是很薄而大部分电子仍可以透过时,非相干散射对衍射花样贡献了弥散的背景。更有趣的是,多套交叉的直线出现在背景弥散的上部。这些"菊池(Kikuchi)线"可能是亮或暗的,非常直且排列规则,它们提供了有关样品的重要的晶体学信息。菊池线来源于两种电子散射:首先是非相干散射(有时是非弹性),其次是相干(弹性)布拉格衍射。

1. 电子漫散射

图7.20是非相干散射在衍射花样内如何提供一个弥散的、向前成峰的背景示意图。非弹性电子散射是非相干的，等离子体是非弹性电子散射的主要形式。由于能量和动量转移非常小，因此这个非弹性散射倾向于向前成峰，但是大部分弥散背景源于弹性非相干散射，并且温度也是一个重要的来源。通过快速高能电子可以看到一个热振动原子被从时间平均位置瞬间取代，尽管微波被单个原子相干散射，然而热取代的随机性破坏了不同原子散射微波的相位关系，这就减小了造成布拉格峰的相长性相互作用。布拉格峰强度的损失在 k 空间的广泛范围内"随机"地扩展(10.2节)，但基于原子散射因子的角度依赖关系有些向前成峰(图4.8)。弥散背景，有些如图7.20所示，源自于非相干弹性(和非弹性)电子散射的混合，同时背景会随着样品厚度的增加而增长，至少到电子的穿透性消失。

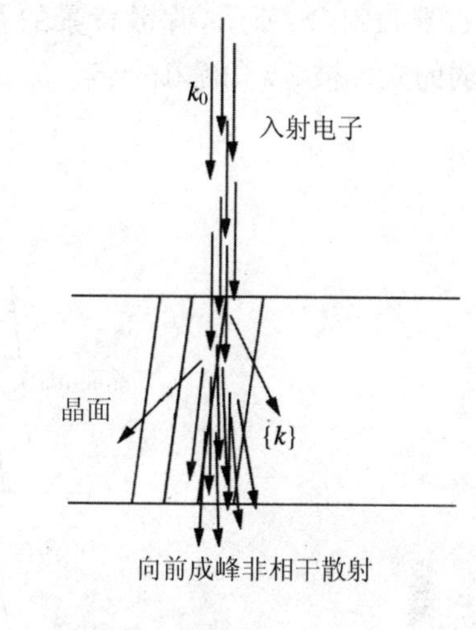

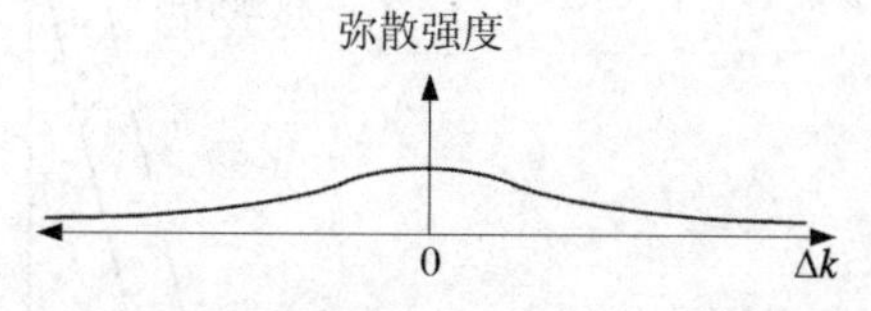

图7.20　上图：被样品非相干散射之前和之后的电子波矢。甚至在非弹性散射之后，波矢具有近似相同的长度。下图：源于向前成峰的非相干散射在电子衍射图像内的弥散强度

2. 晶体的多重散射

为了产生菊池线，许多非相干散射电子必须经历二次散射——布拉格衍射[①]。图7.21中标记为"两种非相干散射光线"的两种光束是比较特殊的，纸平面的光束准确地满足(hkl)晶面的布拉格衍射。考虑电子从晶体出射的两个方向，在图7.21中将其分别标记为 K_{hkl} 和 $K_{\bar{h}\bar{k}\bar{l}}$。光束 K_{hkl} 是正向偏置的非相干光束之外的布拉格反射电子，加上那些以 θ 角散射的非相干电子，尽管它们没有被晶面反射(这些是图7.21中 K_{hkl} 光束内的两种电子)。另一个光束 $K_{\bar{h}\bar{k}\bar{l}}$ 由向前散射的电子加上布拉格衍射到前进方向(在第一次被非相干散射到左边之后)的电子构成[②]。重要的一点是非相干散射正向较强，因此正向光束 $K_{\bar{h}\bar{k}\bar{l}}$ 较 K_{hkl} 的第二次布拉格衍射失去的电子更多，这些来自正向光

① 甚至是可能性最低的非弹性散射电子损失相对很少的能量到声子和等离子体，波长经过一个很小的变化。

② 请通过跟踪图7.21中的两对光束 K_{hkl} 和 $K_{\bar{h}\bar{k}\bar{l}}$ 的路径，确定这两句话。

束二次布拉格衍射的电子被附加到光束 K_{hkl} 内，较少的电子以其他方式从 K_{hkl} 转移到 $K_{\bar{h}\bar{k}\bar{l}}$ 内，因此在弥散背景内纯电子强度由光束 $K_{\bar{h}\bar{k}\bar{l}}$ 转移并附加到光束 K_{hkl} 内。如图 7.21(b)所示，弥散背景的右边光束强度减弱，左边光束强度增强，增强和减弱的光束被 2θ 角精确分隔。

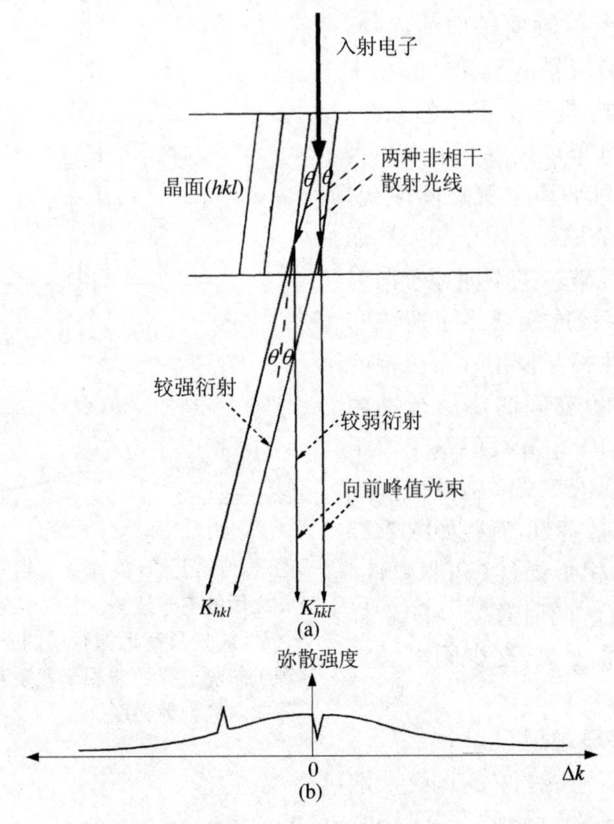

图 7.21　菊池线的起源。(a) 穿过样品的电子受到非相干散射，随后受到二次布拉格衍射的电子路径；(b) 在由布拉格衍射引起的弥散强度内显示出明显调制的散射强度图像

弥散背景强度的增强和减弱出现在对晶体平面产生布拉格角的任意方向。在三维空间内，来自几对圆锥体的这样的光线称为考塞尔(Kossel)锥，其围绕衍射晶面对称分布。从这些圆锥顶点产生的所有光线形成关于衍射晶面的布拉格衍射角度为 θ(图 7.22)，两个圆锥体表面之间的最小角度是 2θ。这两个圆锥体和显微镜观察屏的交叉近似双曲线，由于 θ 很小并且观察屏距离非常远，这些双曲线是称为“菊池线”的近似直线。靠近透射光束的直线比背景要暗一些(减弱线)，并且另外一条要亮一些(增强线)。

当衍射花样内存在更多的弥散强度时，菊池线会变得更明显。在非常薄的样品区域，衍射花样中弥散强度很小，菊池线非常弱或者不存在。若在TEM中移动样品观察更厚的区域，菊池线会变得较为明显，通常变得比衍射斑点更显著。当样品变厚以至电子不能透过时，菊池线的强度降低。

最后注意图7.21的解释，菊池线跨越透射光束两边时，由于对称情况而不应存在增强或减弱线，但事实上菊池线是可观察的(举例来说，如图7.29所示)，表明菊池线的简单解释并不恰当。基于考虑吸收的衍射动力学理论，对于菊池线强度的更深入解释是非常必要的，而且最初的非相干散射可能有更多的来源。尽管这更加复杂，但是我们可以继续并且好好利用菊池线的晶体学特征以确定精确的样品取向。

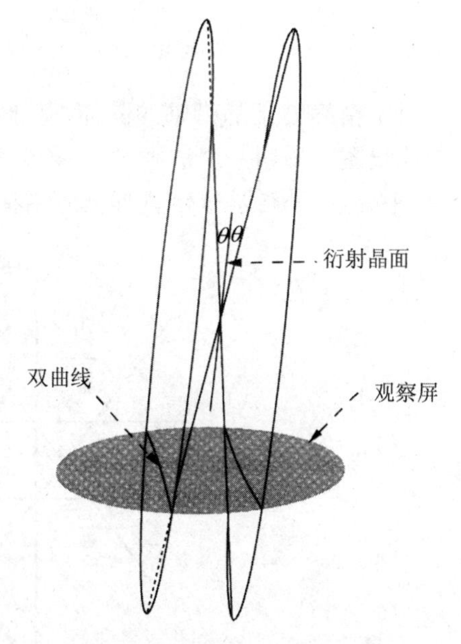

图7.22　考塞尔圆锥和TEM观察屏的交叉

7.3.2　菊池线的标定

对于一组特定的晶面(hkl)，考塞尔锥两个顶点角度的余角与透射光束和衍射光束之间的角度同样是2θ(图7.22)，因此观察屏上两条菊池线之间的间隔与衍射斑点(hkl)和(000)之间的间隔是相同的。我们可以利用与标定衍射斑点相同的方法，测量间距来标定菊池线。考虑来自晶面($h_1k_1l_1$)和($h_2k_2l_2$)的两对不同的菊池线，这对增强线和减弱线之间的间距p_1和p_2的比例是

$$\frac{p_1}{p_2}=\frac{\sqrt{h_1^2+k_1^2+l_1^2}}{\sqrt{h_2^2+k_2^2+l_2^2}} \tag{7.5}$$

图7.23显示了标定为(211)，(200)和(110)菊池线对的比例为$\sqrt{6}$，2和$\sqrt{2}$。

菊池线对之间的角度可以精确测量。对于考塞尔锥(较小的2θ)，高能电子具有非常钝的顶点角度，因此图7.22中的双曲线接近于直线。将考塞尔锥看作晶面在观察屏上的延伸是非常方便的。同时，认为这些衍射斑点沿衍射晶面的法向，并将这些法线投影到水平观察屏上也是非常方便的。显然，只要菊池线距离观察屏的中心不是非常远，相交的菊池线对之间的角度与相应的衍射斑点之间的角度是相同的。衍射斑点之间的角度对于标定衍射花样很有帮助，以相似的方法，相交菊池线对之间的角度对于标定菊池线也很有帮助。例如，在图7.23中($1\bar{1}2$)和($\bar{1}10$)菊池线之间的角度ϕ为

$$\phi = \arccos\left(\frac{1}{\sqrt{6}}[1\bar{1}2]\cdot\frac{1}{\sqrt{2}}[\bar{1}10]\right) = 54.7^\circ \tag{7.6}$$

对于精确处于晶带轴的晶体，基于标定的衍射花样(附录 A.6)可以快速地标定菊池线图。采用一个法则，每一条菊池线(hkl)垂直于(000)和(hkl)斑点间的直线，且平分这条直线，这个过程已应用在图 7.23 中。

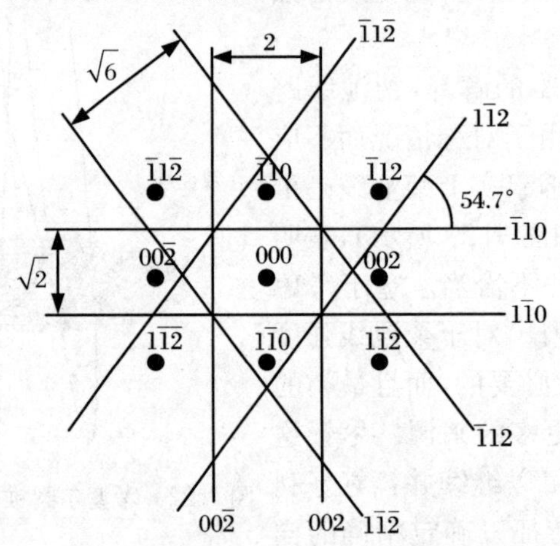

图 7.23　当晶体精确地沿着[110]晶带轴时，$[110]_{bcc}$ 衍射花样的一些菊池线的标定

7.3.3　样品取向和偏离参量

菊池线对于在 TEM 内精确确定样品取向是非要有用的。当倾转样品时，实为倾转其倒点阵。相对于静态的埃瓦尔德球，倒点阵的倾转不会引起衍射斑点在位置上显著的变化，单个衍射斑点的强度会出现增强或减弱①。而另一方面，菊池线的位置对于样品的倾转却是极度敏感的。从图 7.22 可以看出，随着衍射晶面的倾转，考塞尔锥以相同的角度移动。在倾转过程中，菊池线好像依附在晶体的底部移动。由于衍射操作中相机的长度通常较大，可在观察屏上看到菊池线存在明显的移动。

图 7.24 显示了菊池线如何用于确定偏离参量的符号和大小，这可以定量地确定劳厄条件如何精确满足(6.6 节)。如图 7.24 所示(上图)，$\boldsymbol{g}$ 阶菊池线间的距离是 r，可表示为

$$r = 2\theta L \tag{7.7}$$

这里，r 与衍射斑点 $\mathbf{0}$ 和 $\boldsymbol{g}$ 之间距离的值是相同的。

---

① 斑点强度不会提供来源于透射光束周围劳厄区域对称性的样品取向信息(如在 6.8 节描述的)。在样品较厚或者劳厄区边界不是很明显时，由斑点强度确定样品的取向是非常困难的。

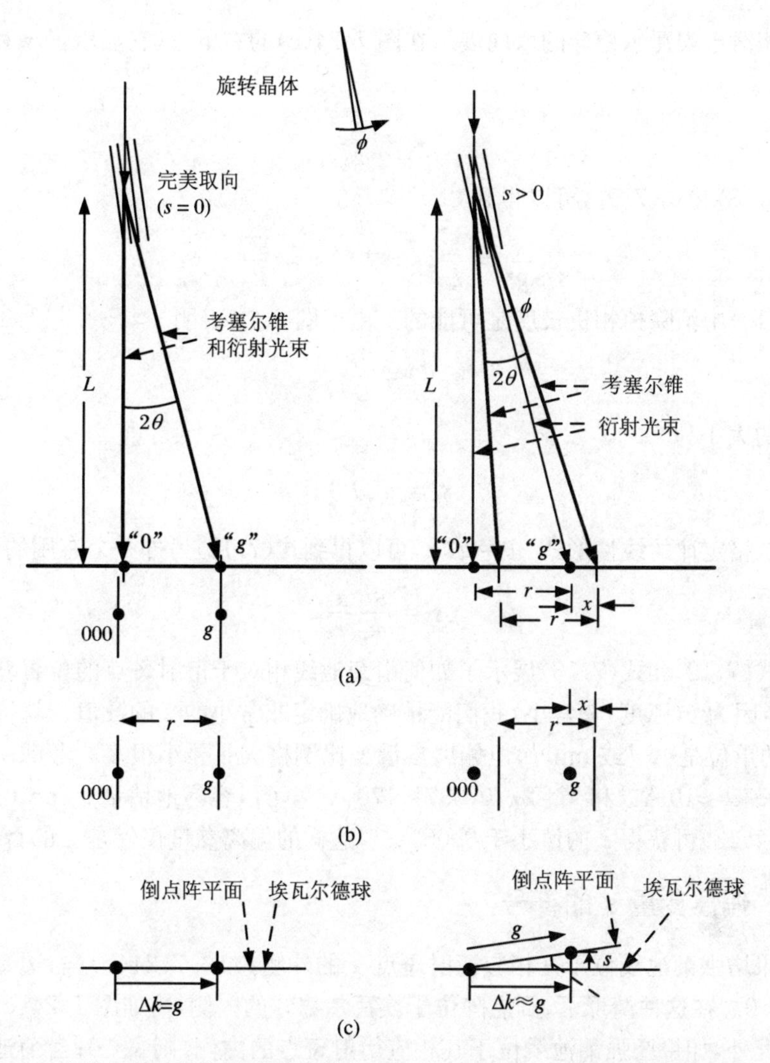

图 7.24　(a) 晶体在旋转 ϕ 角度之前和之后的对称性，以及菊池线相对于衍射斑点的位置；(b) 当样品位于精确的布拉格取向时(左边)，菊池线与 $\boldsymbol{g}$ 衍射斑点相交，但是当偏离精确取向时(右边)被 x 代替；(c) 旋转晶体(右边)和精确布拉格取向(左边)的偏离矢量 $\boldsymbol{s}$ 之间的关系

首先考虑菊池线与透射光束和衍射斑点 $\boldsymbol{g}$ 相交的特殊情况，显示在图 7.24 的左边。这个特殊情况对应于精确的劳厄条件，因为透射光束指向相对于衍射晶面角度为 θ 的方向，在这个特殊情况下，$s = 0$。现在逆时针倾转图 7.24 中的晶体至右边的排列，倾转的角度为

$$\phi = \frac{x}{L} \tag{7.8}$$

这里，x 是衍射斑点与相应明亮的菊池线间的距离。当以角度 ϕ 旋转晶体时，同样以相对于埃瓦尔德球的角度 ϕ 旋转倒点阵。由于埃瓦尔德球接近于扁平，旋转后

的晶体相对于埃瓦尔德球的取向展示在图 7.24(c)的右下方，它显示了 s 和 g 之间的关系：

$$\phi = \frac{s}{g} \tag{7.9}$$

结合式(7.8)和式(7.9)，可以得到

$$\frac{s}{g} = \frac{x}{L}, \quad 或 \quad s = \frac{gx}{L} \tag{7.10}$$

在式(7.10)中消除掉相机长度是可能的。由于图 2.18 表明

$$L = \frac{r}{2\theta} \tag{7.11}$$

因此 s 的大小为

$$s = g2\theta \frac{x}{r} \tag{7.12}$$

利用布拉格定律的线性形式 $2\theta = g/k$，可以得到式(7.12)另外一个有用的形式：

$$s = \frac{g^2}{k} \frac{x}{r} \tag{7.13}$$

等式(7.12)和式(7.13)展示了如何由菊池线相对于衍射斑点的位置获得偏离参量 s。因为 θ(弧度)非常小，我们能精确地确定非常小的 s 的数值。就 $|\boldsymbol{g}|$ 而言，s 通常的单位是 Å^{-1} 或 nm^{-1}，但偏离参量 s 比倒格矢 $\boldsymbol{g}$ 要小很多。考虑一个典型的 $g = 2\pi/d \approx 10\ \text{Å}^{-1}$ 和 $k = 2\pi/0.037 \approx 170\ \text{Å}^{-1}$，可以容易地估量 $x/r < 0.1$，因此利用式(7.13)可获得 s 的值小于 $0.06\ \text{Å}^{-1}$，这样的偏离参量仅仅是 g 的百分之几。

7.3.4　偏离参量 s 的符号

如果增强菊池线位于其相应衍射斑点 $\boldsymbol{g}$ 的外侧，如图 7.24(b)(右边)所示，称之为 $s>0$。在这种情形下，倒点阵位于埃瓦尔德球的内侧，恰如图 7.24(c)(右边)所示。此外，如果增强菊池线位于其相应衍射斑点的内侧，则 $s<0$；当菊池线正好通过其相应衍射斑点时，$s=0$。因此惯例是：

s 由埃瓦尔德球指向倒易阵点。

若 $\boldsymbol{s}$ 的指向沿 z 轴的正向，s 为正值。这与前面式(6.132)定义的关系是一致的：

$$\Delta \boldsymbol{k} + \boldsymbol{s} = \boldsymbol{g}$$

并显示在图 7.25 埃瓦尔德球的结构中。图 7.26(a)～(c)展示了 s 是负值、零和正值的实验实例，注意每幅图右边菊池线相对于衍射斑点的位置。为了计算因缺陷而在图像中的显现(或“衬度”)，比如位错，偏离参量 s 必须是已知的。而图像的解释是 s 的一个重要应用，这将在第 8 章中做进一步讨论。

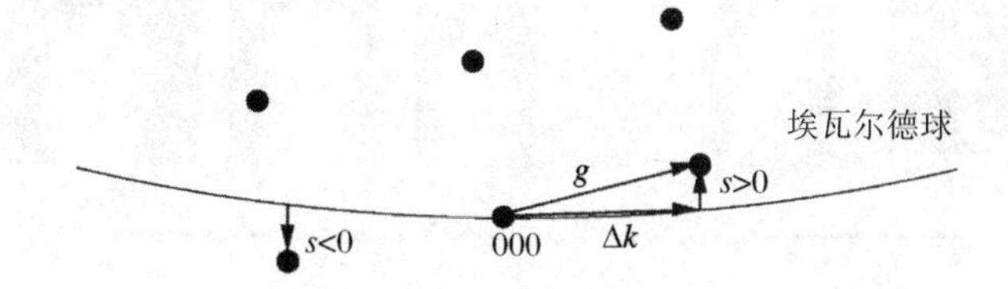

图 7.25　对于偏离矢量 $\boldsymbol{s}$ 和偏离参量 s 定义的惯例

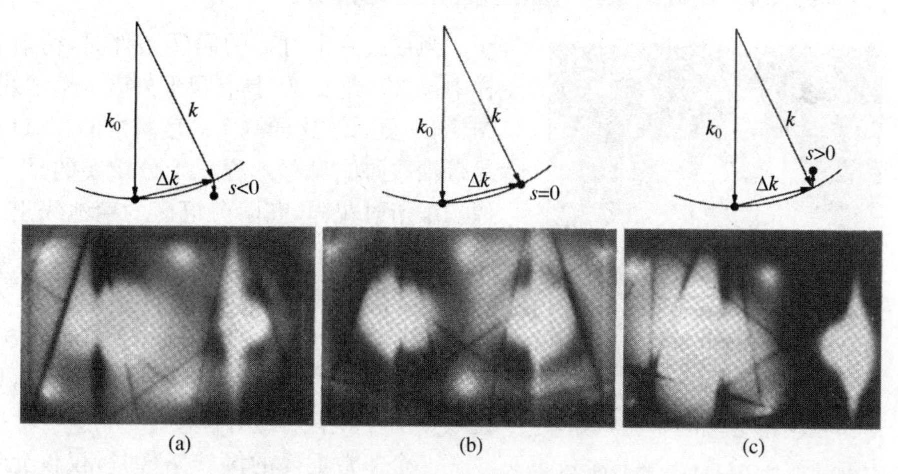

图 7.26　面心立方 Al 中，埃瓦尔德球的构建、强衍射斑点及其菊池线的衍射花样。(a) $s<0$；(b) $s=0$；(a) $s>0$[2]

7.3.5　菊池图

如果菊池线绘制在倒空间的一个较大区域上，这些菊池线就形成一个花样，如本章标题页和图 7.27 所示。在 TEM 中，每次仅能看到一小片菊池图，可能是图 7.27 中圆形“视场”的尺寸。当倾转样品时，衍射斑的强度总是在原有位置上出现或消失，而(000)透射束总是位于荧光屏中心。然而，菊池线会随着倾转移动，似乎被固定在样品的晶面上，因此菊池线的移动可用于控制样品较大的倾转。如果知道哪一根菊池线位于荧光屏上，则可以利用菊池线作为“路径”来“驱动”倾转由一个斑点花样(晶带轴)到另外一个斑点花样。这对于图 7.28 所示的沿特殊晶体学取向的样品非常有用，图中(200)菊池带被用来将面心立方晶体 Al 由[001]晶带轴倾转到[013]晶带轴。

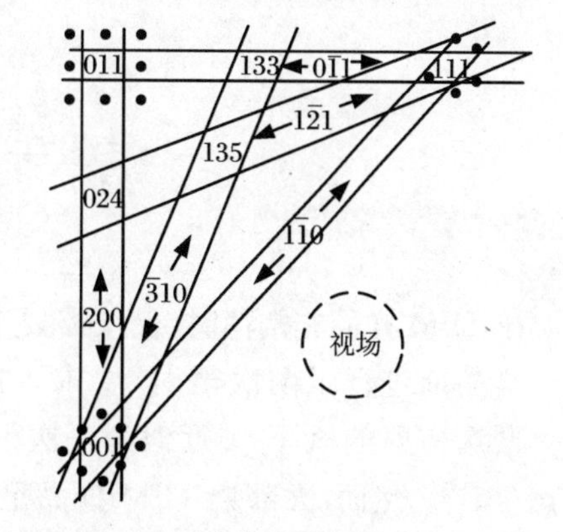

图 7.27　TEM 中典型视场的体心立方示意菊池图。线对的间距较本章标题图像中的要大，可以设想具有较大的电子波长

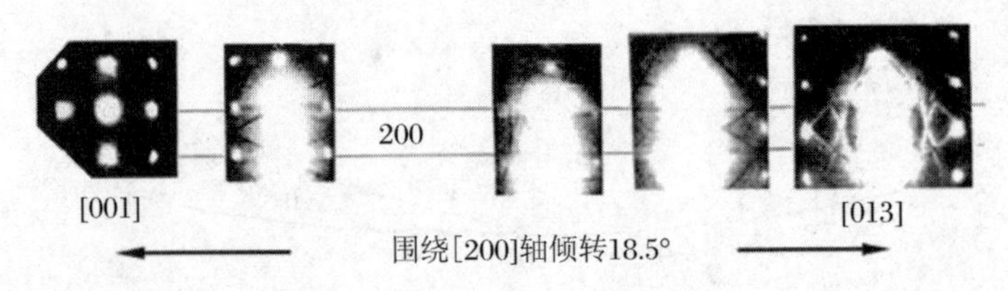

图 7.28　当倾转样品，保持一个低阶菊池带在视场内时(此处为[200])，样品经过一系列低阶晶带轴。右边的四幅图显示了双光束衍射条件[2]

图 7.29　对处于⟨111⟩晶带轴的 Si，接近透射光束的菊池带显示了晶体准确的三重对称性，并不是衍射斑点虚假的六重对称性

当接近一个对称的倾转条件时，衍射花样中包含一组交叉、具有星形外观的菊池线。图 7.29 显示了这样一个高度精准的 Si⟨111⟩晶带轴取向的对称图样。十分重要的是，不像二维衍射花样，高阶劳厄区的菊池线出现在有一定厚度的衍射花样内，提供了关于晶体对称性的三维信息。这在图 7.29 中是显而易见的，距中心斑点非常近的微弱暗线三角形表明，晶体沿⟨111⟩具有一个三重轴，即使斑点图样具有六重对称性。

一个非常重要的倾转条件是，仅仅允许一个倒点阵与埃瓦尔德球相截，故仅仅存在一条衍射光束(加上透射光束)，这个“双光束”衍射条件是对晶体缺陷 TEM 图像进行解释的最佳方法。对于 $s>0$ 的面心立方晶体，适合于形成缺陷结构图像(第 8 章)的一系列双束衍射花样显示在图 7.28 中。

7.4　二次衍射

在 TEM 样品非常薄时，仅仅需要考虑一次衍射。二次衍射，是指一个电子离开样品前进行了两次衍射，要求一次衍射的电子束作为第二次衍射的入射束。两次衍射的概率 p_2 近似为一次衍射概率 p_1 的平方，如果 $p_1<1$，那么 $p_2\approx p_1^2\ll 1$①。然而，大部分 TEM 样品足够厚以至于电子可能经历多次衍射，特别是在 $s\approx 0$ 时，通常需要动力学理论来仔细分析这些问题。然而通过直观的对称性

① 也见习题 5.11。

考虑和运动学理论,可理解多次衍射的一些特点。本节描述了一些弹性二次衍射的典型效应,主要思想是衍射电子作为二次衍射的入射束。

7.4.1 禁止衍射的出现

当样品厚度合适时,通常可以观察到低对称性晶体的禁止衍射。图 7.30 可用来理解这些禁止衍射的一个重要原因,图中两个禁止衍射斑点的位置用"×"标记出来。一个薄的晶体应具有左边的衍射花样,在圆点位置存在较弱的斑点,但两个禁止的位置不应该存在斑点。随着晶体变厚,衍射光束变强,对于TEM衍射中非常小的布拉格角度,这些衍射光束在方向上接近入射布拉格角度,因此这些衍射光束可以作为产生相同类型衍射花样的入射光束。如果新的衍射斑点出现在每个强衍射周围,那么最后得到的衍射花样在禁止衍射位置将存在强度。

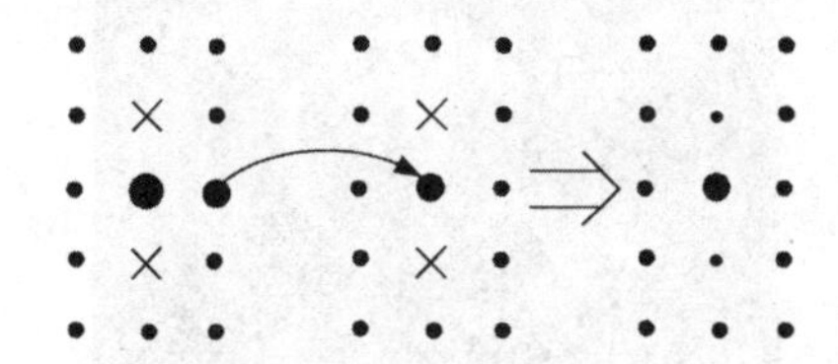

图 7.30 强衍射可以作为下一个衍射的主要光束,在其周围激发一个衍射花样。利用二次衍射,在禁止衍射位置可能会存在强度

有时,可以通过一个倾转实验来检验二次衍射是否发生。图 7.31 中的两个衍射花样来自$[11\bar{2}0]$取向的密排六方 Ag_2Al 晶体。对于密排六方晶体,l 是奇数时,$(000l)$衍射是禁止的,但是图 7.31(a)中的箭头处显示了在禁止的(0003)衍射位置存在强度。或许这是由基本平面的化学有序引起的,但倾转实验表明这可能是由二次衍射引起的。在图 7.31(b)的衍射花样内,晶体衍射沿着平行于含有可疑(0003)衍射行的轴进行倾转。这样一个倾转应不会影响沿着这一行的衍射强度,但是我们看到(0003)衍射变得相当地弱。大部分其他奇数衍射已经消失,然而 l 为偶数的$(000l)$衍射仍然很强。因而,(0003)衍射源于二次衍射是可能的,这涉及主衍射束进入到位于$(000l)$一列之外的衍射束。如图 7.30 所示,主衍射束作为

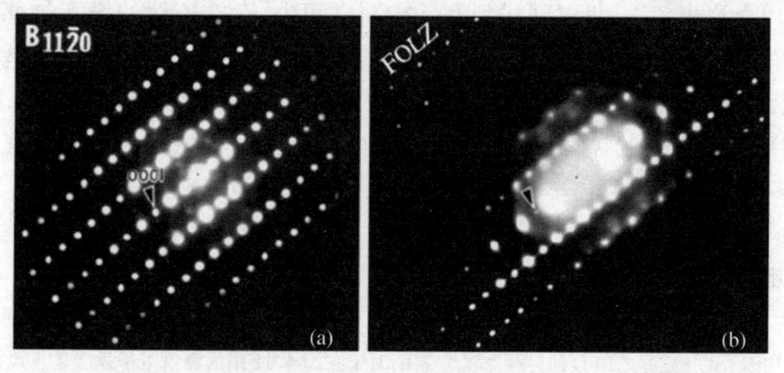

图 7.31 当主要衍射强度被样品倾转所抑制时,禁止位置上的二次衍射变弱的实例

产生图 7.31(a)中(0003)斑点的入射束。

图 7.32　单晶 β-SiC 的强衍射如何激发来自多晶 Re 的二次衍射实例(指示器放置在 000 光束之上以抑制其强度)[3]

7.4.2　晶体间的相互作用

当样品在其厚度方向上存在不止一个晶体时，上部晶体的衍射束有时能导致下部晶体进一步衍射。当“大的”晶粒包含在非晶中或细小颗粒构成的基体内时，会出现一个有趣的情形。非晶或细小颗粒是各向同性的，并且能够反射来自任何方向的入射束。图 7.32 的衍射花样由一个位于多晶 Re 薄膜中的单晶 β-SiC 获得。大的 SiC 晶体的衍射束随后被小的 Re 晶粒所衍射，形成围绕在 SiC 衍射斑点周围的圆环图样。注意最强的衍射斑点在其周围具有最强的圆环。

7.5　会聚束电子衍射*

讨论衍射至此，我们一直将入射电子波看作为沿一个方向传播的平面波，通常平行于光轴，这可以用半径为 $1/\lambda$ 的埃瓦尔德球的单个波矢 $\boldsymbol{k}_0$ 来表示。本节将讨论会聚束电子衍射(CBED)，入射电子束如图 7.33(a)所示，它是一个入射电子波圆锥，以“会聚半角”α_i投射到样品上。在倒空间中，存在连续的埃瓦尔德球，在相同的 α_i 角度范围之内围绕原点。电子在入射角范围内进入样品的特点是，某些散射矢量沿 z 方向具有较大分量，这导致衍射花样中可见到高阶劳厄区(HOLZ)(图 7.33(b)和(c))。当包含了高阶劳厄区衍射时，衍射过程变成一个三维现象，可以获得更多关于样品的信息。本节的目的是介绍 CBED 一些有用的技术①，包括如何确定：

- 电子束的会聚角；

① 结构因子的确定是 CBED 的另一个现代应用，对于在图 4.11 中的测量电子强度是非常有用的。如式(4.120)后面所讨论的，由于在莫特(Mott)公式中较小 Δk 处的较大贡献，相比于 X 射线结构因子，电子结构因子对于原子之间的电荷转移更加敏感。此外，由 CBED 探测的样品小体积，允许在不带有晶体缺陷或者不同“嵌入体”之间取向差的完美晶体区域进行测量。

- 样品厚度；
- 晶体的单包；
- 点阵参数；
- 晶体的点群；
- 空间群。

对于测量点阵参数和对称性，CBED 的另一个优点是其具有可以在直径仅有几纳米的区域获得信息的能力。

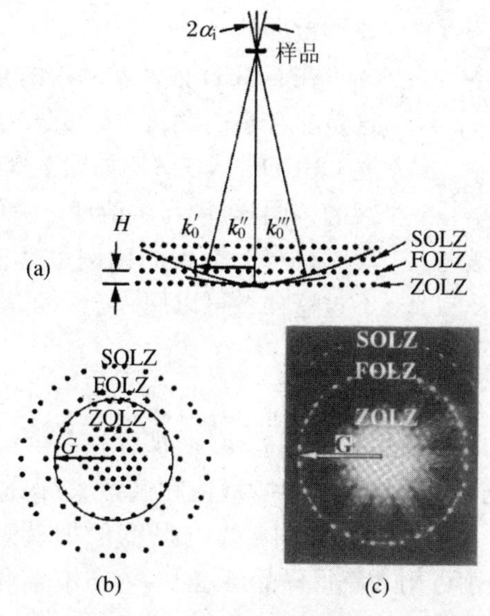

图 7.33　(a) 一个埃瓦尔德球的构建，入射电子束的角度范围为 $2\alpha_i$；(b) 显示 HOLZ 存在的 CBED 图像的实例；(c) α-Ti 的实验 CBED 可以直接与(b)中的示意图进行比较。倒格点之间的间距平行于电子束 H，而且一阶劳厄区(FOLZ)圆环的半径 G 也显示在图像内

7.5.1　入射电子束的会聚角

确定样品上入射电子束的会聚半角 α_i 非常简单。这个过程与测量物镜光阑的收集角(图 2.27)是一样的，此时光阑的图像重叠在已知样品的衍射花样上。图 7.34中暗淡的线代表入射平面波的波矢和明亮的 000 和 hkl 衍射。如 6.7.3 小节所讨论的，当电子束在实空间相对于光轴倾转时，倒空间中的相应位置也以相同的角度偏离光轴，因此入射角的范围导致出现了一个衍射斑点的范围，发光的圆锥体在观察屏上提供了衍射圆盘。通过相机等式(2.10)，衍射花样内 000 和 hkl 斑点之间的线性距离 Y 与斑点之间的角度间隔 2θ 成正比。这与圆盘直径 X 和会聚角 $2\alpha_i$ 的比例相同，因此

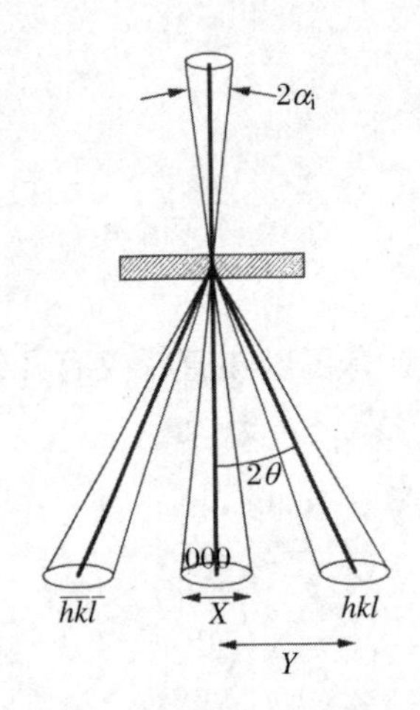

图 7.34　某一入射角范围的会聚束在衍射花样内产生一个相同角度范围圆盘的示意图

$$\frac{2\theta}{Y} = \frac{2\alpha_i}{X} \tag{7.14}$$

利用布拉格定律的小角度近似 $2d_{hkl}\theta = \lambda$，将 $2\theta = \lambda/d_{hkl}$ 代入式(7.14)，得到

$$2\alpha_i = \frac{X}{Y}\frac{\lambda}{d_{hkl}} \tag{7.15}$$

由于晶面间距 d_{hkl} 和电子波长 λ 是已知的，仅仅通过衍射花样测量间距 X 和 Y 以确定电子束会聚角是非常重要的。

在 CBED 内通常利用的会聚角是 1～10 mard，这是非常小的角度，大部分光路图中绘制的用来描述 CBED 的角度(比如图 7.33 和图 7.34)是非常夸大的。同样，埃瓦尔德球——倒点阵结构图的绘制，球半径与倒格矢的比例也是很小而且不真实的，只不过这样做可以用一个页面来绘图。

7.5.2　样品厚度的确定

每个 CBED 圆盘都存在衍射条件的范围，即存在一个偏离矢量 $\boldsymbol{s}$ 的范围。在圆盘斑点位置，严格满足劳厄条件($s=0$)，但在圆盘大部分的点，s 是非零的。对于适当厚度的样品，s 的变化引起圆盘内强度的振荡(如图 7.35、图 7.45、图 7.51)，这些强度振荡可用来获得样品厚度①。在 6.5 节和 6.6 节中讨论了运动学衍射条件下，厚度为常数 t 的晶体的衍射束强度 $I_g(s)$(例如，参阅式(6.143))。衍射束处于准确布拉格位置的两束条件下，也就是 $\boldsymbol{s}=\boldsymbol{0}$，会产生强烈的动力学衍射，并且对于大多数样品运动学理论是不适用的。然而，如在 8.3 节中所讨论的，I_g类似的表达式可写成有效偏离参数 s_{eff} 的函数：

$$I_g(\text{seff}) = \left(\frac{\pi}{\xi_g}\right)^2 \frac{\sin^2(\pi s_{\text{eff}} t)}{(\pi s_{\text{eff}})^2} \tag{7.16}$$

此处，ξ_g是衍射 $\boldsymbol{g}$ 的消光距离，并且

$$s_{\text{eff}} = \sqrt{s^2 + \frac{1}{\xi_g^2}} \tag{7.17}$$

式(7.16)的最小强度位置出现在 $s_{\text{eff}}t =$ 整数的时候，对应于条件

$$t^2\left(s_i^2 + \frac{1}{\xi_g^2}\right) = n_i^2 \tag{7.18}$$

这里，s_i 是准确布拉格条件第 i 个最小偏差，n_i 是一个正整数。等式(7.18)可以改

① 这些来源非常像来自凹凸样品的条纹(8.6 节)，尽管在 CBED 内，入射光束在方向上存在变化，而不是局部的样品取向在发生变化。

写为

$$\left(\frac{s_i}{n_i}\right)^2 + \frac{1}{n_i^2}\frac{1}{\xi_g^2} = \frac{1}{t^2} \tag{7.19}$$

等式(7.19)促成了绘制$(s_i/n_i)^2$相对于$(1/n_i)^2$关系曲线。曲线在 y 轴上的截距提供了样品的厚度$(1/t)^2$，直线斜率是$(1/\xi_g^2)$，这提供了消光距离 ξ_g。为了绘制$(s_i/n_i)^2$关系曲线，s_i的值是必需的。这可以通过改写式(7.13)来获得：

$$s_i = g^2\lambda\frac{\Delta\theta_i}{2\theta} \tag{7.20}$$

这里，g 是 $\mathbf{g}$ 的量值(也就是$1/d_{hkl}$)，θ 是衍射 $\mathbf{g}$ 的布拉格角，$\Delta\theta_i$是第 i 个极小值距离 $s=0$ 衍射圆盘位置的距离。图 7.35 显示了这些极小值的位置，这阐明了当设定为布拉格位置时出现在衍射圆盘 $\mathbf{g}$ 上的强度振动，以及由式(7.16)，I_g作为 s 的函数计算得到的典型强度曲线，这个曲线与沿 $\mathbf{g}$ 方向穿过 $\mathbf{g}$ 圆盘中心的强度轨迹是相同的，并且两幅图中的$\Delta\theta_i$都已经指明。

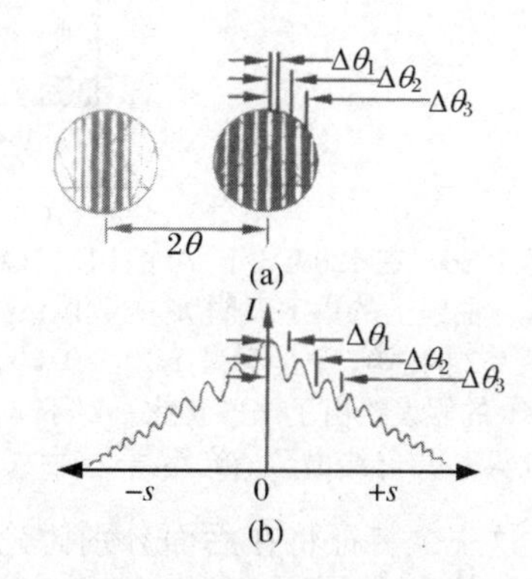

图 7.35　(a) 两束 CBED 圆盘内强度条纹示意图；(b) I_g作为 s 函数的计算强度曲线，也就是“摇摆曲线”，这与穿过 $\mathbf{g}$ 圆盘的强度轨迹是相同的

既然 $\mathbf{g}$，λ 和 θ 是已知的，那么利用式(7.20)，每个最小值的 s_i数值可由每个 $\Delta\theta_i$的值获得。然后由式(7.19)得到的$(s_i/n_i)^2$相对于$(1/n_i)^2$关系曲线可以通过猜测 n_i的数值来构建。图 7.36 中的曲线开始于 $n_1=1$(上端曲线)，这里 x 坐标是1/1，1/4，1/9，1/16。其他曲线相继开始于较大的 n_1的数值，直至发现一条曲线数据点落在一条直线上。对于一个厚度处于 $m\xi_g$到$(m+1)\xi_g$之间的薄片，n_1合适的数值是 $m+1$，并且接下来的数值是 $m+2$，$m+3$ 等等，这里 m 是一个整数。

采用这种方法得到的厚度具有 2%的准确性，这个准确性可通过对比由直线斜率以及计算的两束数值得到的 ξ_g来核对，比如 8.3 节中的表 8.1。Tanaka 和 Terauchi 给出了这个过程一个完整工作的实例①。

7.5.3　单胞参数的测量

由一个小的相机长度得到的 CBED 图像(比如图 7.33(c))可提供三方面信息用于确定材料的单胞：

- 如图 7.33 所示的高阶劳厄区(HOLZ)半径 G；
- 比较 HOLZ 中的衍射与零阶劳厄区(ZOLZ)中相应衍射的间距；

① 建议在尝试自己的计算之前，先完成这个实例。

· 比较 HOLZ 中的衍射与零阶劳厄区(ZOLZ)中衍射的相应位置。

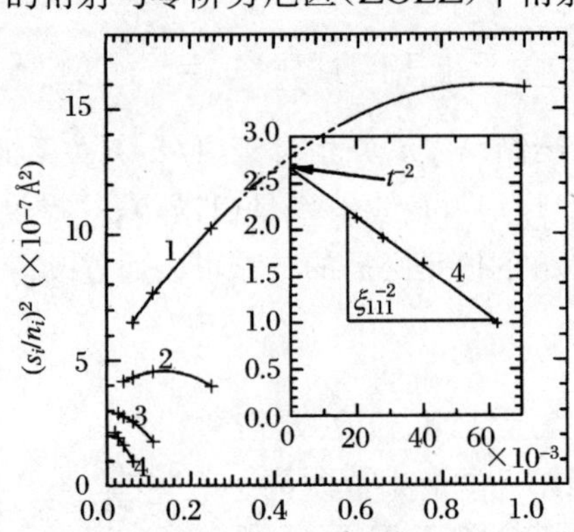

图 7.36　在 120 kV 下,Al 的(111)CBED 圆盘条纹的$(s_i/n_i)^2$相对于$(1/n_i)^2$的关系曲线。曲线上的数字表明 n_1的数值,这提供了每条曲线最右边的数据点。举个例子,对于 $n_1=2$ 的曲线,x 坐标是 $1/2^2=0.25, 1/3^2=0.111, 1/4^2=0.0625, 1/5^2=0.04$,只有 $n_1=4$ 的假设给出了一条直线。对于 $n_1=4$,y 的截距 $1/t^2$ 提供了一个厚度 $t=1924$ Å,并且斜率 $1/\xi_g^2$ 给出了消光距离 $\xi_{111}=611$ Å

这三个特征将在后面分别讨论。了解它们的可见度取决于哪些因素是非常重要的,包括结构因子、垂直于光束方向的倒点阵平面的间距、相机长度(必须足够小以使得在衍射花样内得到一个足够的环形视场),以及高角散射的强度。一些尝试可以帮助优化 CBED 图像,比如通过冷却样品到液氮温度来抑制热量的 Debye-Waller 因子和热扩散散射,HOLZ 的可见度能够得到改善;小的相机长度可提供一个较大的环形视场范围;平行于电子束方向具有小晶面间距的晶体取向可以使 HOLZ 圆环更接近光轴。大的聚光镜光阑,也就是大的会聚角会增加高角度散射。较低的加速电压可以增大埃瓦尔德球的曲率,高角度散射也会提升。对于 CBED,较佳的样品厚度通常处于(3～8)ξ_g范围。

1. HOLZ 的半径

图 7.33(a)的几何图形可以表明,通过 HOLZ 定义的圆环半径为

$$G_n = \sqrt{\frac{2nH}{\lambda} - n^2H^2} \tag{7.21}$$

此处,n 是劳厄区的阶数,H 是垂直于电子光束的倒点阵平面的间距。忽略二次项,由这个等式可以重新整理得到

$$H = \frac{G_n^2\lambda}{2n} \tag{7.22}$$

距离 H 由倒空间单位(例如 nm^{-1})给定,通过取倒数它可以转换为实空间量纲,即 $1/H$。利用 ZOLZ 内一个已知的衍射间距,或由相机常数,可以校准并确定以 nm^{-1}为单位的 HOLZ 半径。既然相机常数的任何误差对于 CBED 的所有衍射具有相同的影响,那么这个误差仅仅改变了单胞尺寸的绝对值,但它们的比例是可

靠的。

平行于电子束的倒点阵面间距 H，与一个沿着 uvw 晶带轴的实空间矢量绝对值的倒数 $|[uvw]|$ 是有关联的，因此

$$H = \frac{p}{|[uvw]|} \tag{7.23}$$

此处，$[uvw]$是其最小整数形式。例如对于简单立方点阵，整数 p 是 1。然而，如 6.3.2 小节中讨论的那些情形，由于有心(原子位于单胞内的中心位置)，结构的系统消光禁止周期性倒易层内的所有衍射，因此 H 或许会大于 $1/|[uvw]|$。对于面心立方晶体，当 $u+v+w$ 是奇数时，$p=1$；当 $u+v+w$ 是偶数时，$p=2$。对于体心立方晶体，如果 u，v 和 w 全部是奇数，$p=2$；对于其他所有组合，$p=1$。

CBED 图像能够区别体心立方和面心立方晶体。沿[001]方向的立方晶体，间距 H 等于在 ZOLZ 内斑点间距的整数倍①。对面心立方和体心立方点阵，⟨100⟩晶带轴给出了一个正方形的 ZOLZ 花样，而 FOLZ 投影到零层正方形的中心。通过测量 FOLZ 的半径，点阵可以区分开。对面心立方点阵(实空间)，与零层面间距 $2/a$ 相比，FOLZ 位于 $1/a$ 处(这里，a 是点阵常数)。而对于体心立方，FOLZ 同样出现在 $1/a$ 处，但 ZOLZ 中圆盘的间距是$\sqrt{2}/a$。

2. HOLZ 上的衍射间距

FOLZ 或 HOLZ 上的衍射可以通过 7.1 节的步骤进行标定。对于特殊的晶带轴$[uvw]$，每一个在 HOLZ 内的(hkl)衍射必须满足条件：

$$hu + kv + lw = n \tag{7.24}$$

此处，n 是与式(7.21)一样的劳厄区的阶数。对于 FOLZ，$n=1$；而对于二阶劳厄区，$n=2$。以此类推②。正如随后的讨论，在解释了任意点阵的有心结构之后，HOLZ 上最低阶的斑点能够被标定，然后通过矢量叠加标定区域内其他所有斑点。

由于结构因子在 HOLZ 内允许(或者禁止)多套衍射，因此两个劳厄区域的衍射间距可能会不同。例如，与电子束正交的滑移面禁止 ZOLZ 内的一半衍射(参见 6.3.2 小节)，而允许其出现在 FOLZ 上。在出现这种情形时，核对 FOLZ 上的间距可帮助正确地标定 ZOLZ，还可以帮助确定滑移面的存在，这对于晶体对称性的确定是非常有用的(参见 7.5.5 小节)。

3. HOLZ 上的衍射位置

当沿着晶体的主要晶带轴观察晶体时，在基本点阵内 FOLZ 衍射叠加在 ZOLZ 衍射上(6.3.2 小节中表示为 P)。然而，若点阵中存在有心(即侧面额外位置或单胞中心)，FOLZ 衍射将被替代并且出现在 ZOLZ 衍射的中间。作为一个

---

① 如果在 ZOLZ 内斑点是均匀间隔的，并且这个间距与 H 没有联系，那么点阵是四方晶系。

② 对于 $n=0$ 的 ZOLZ，式(7.24)说明衍射矢量垂直于晶带轴，并且在 $n>0$ 的 HOLZ 上，每一个衍射矢量具有沿着晶带轴的$[hkl]\cdot[uvw]$的分向量。

例子，图 7.37 中说明了对于简单的 A 中心、B 中心和 I 中心的正交晶体，沿[001]晶带轴方向观察的 FOLZ 衍射位置①。最下面的一行显示了由两个劳厄区观察到的斑点，上面的一行则显示了这些相同的斑点叠加在一排长方形、采用 FOLZ 衍射记录的较小斑点上。对比不同的图像，可以说明如何利用 FOLZ 来确定简单情形下的有心单胞。重点应注意的是，在确定 HOLZ 上斑点的位置和间距时，最好利用一个小的聚光镜光阑以避免同一劳厄区中布拉格衍射的叠加。这与优先选择大的聚光镜光阑以获得连续 HOLZ 圆环，以及容易精确测量 HOLZ 圆环半径形成对照。

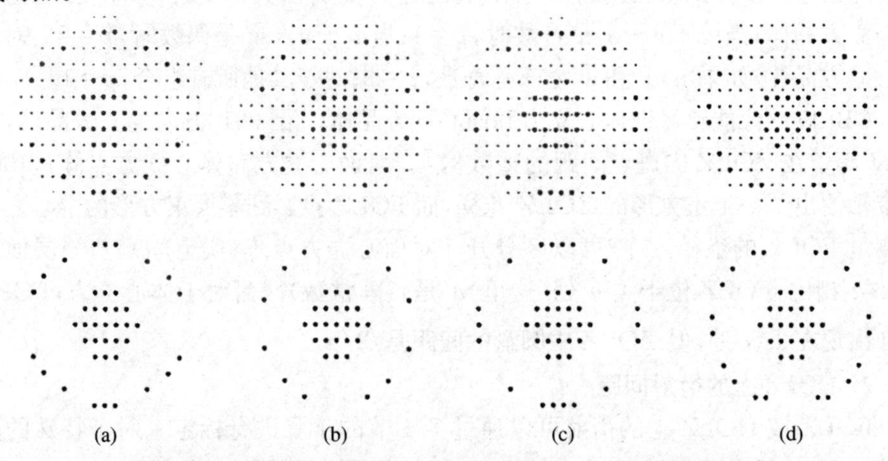

图 7.37　图示说明对于一个方向沿着[001]轴的正交单包，FOLZ 叠加在 ZOLZ 上显示出 FOLZ 衍射在位置上的不同：(a) 简单点阵；(b) A 中心点阵；(c) B 中心点阵；(d) I 中心点阵。下面一排显示了 FOLZ 上斑点的排列，上面一排显示了这些相同的斑点叠加在一个代表 FOLZ 衍射的较小斑点的长方形图像上

4. 由 HOLZ 线确定点阵参数

在严格满足布拉格定律时，CBED 图像的圆盘内形成"HOLZ 线"。HOLZ 线的晶体学来源在许多方面类似于菊池线，但存在一些细微区别。一个区别是，菊池线需要初始非相干散射在不同布拉格面上形成一个入射角度范围；HOLZ 线涉及一个简单的相干散射——入射角度范围由高度会聚的入射束提供。构建菊池线的图 7.20～图 7.22 与理解 HOLZ 线是相关联的，但另一个区别是 HOLZ 线的 $2\theta_B$角度间隔，与到目前为止我们所讨论的菊池线的间隔相比要大得多。会聚入射束中电子的角度不足以满足 ZOLZ 区域外衍射的劳厄条件，因此电子强度的转移基本以一种方式出现——由 ZOLZ 到 HOLZ。因此，通过 000 衍射圆盘的 HOLZ 线是暗的亏损线，而高角度的 HOLZ 线是亮的过剩线。如图 7.33(c)所示，亮的过剩线形成了实际的 HOLZ 圆环。

由于 HOLZ 线源于弹性衍射，因此它们一定位于 CBED 图像的圆环内部。但

① F 中心和 C 中心的点阵没有展示，因为在 ZOLZ 长方形的中心其引入了额外的衍射。

在这些圆环的外面,可能观察到由较小 $\boldsymbol{g}$ 和较大 $\boldsymbol{g}$ 考塞尔锥形成的菊池线。事实上,源于相同衍射 $\boldsymbol{g}$ 圆环内 HOLZ 线是具有来自菊池线的延续。就菊池线对而言,HOLZ 线对与它们的 $\boldsymbol{g}$ 在观察屏上的投影正交,且具有 $2\theta_B$的角度间隔。亮的过剩线与 HOLZ 内适当的衍射圆盘相联系,而亏损线,或暗线靠近或者穿过 CBED 图像中心的 000 圆盘。图 7.38 展示了 FOLZ 衍射的几何关系,一个实际的例子显示在图 7.39 中。在图 7.38 中,从图中心到亏损线沿平行于 $\boldsymbol{g}$ 方向测量的距离为

$$x = 2(\theta - \phi)/\lambda \qquad (7.25)$$

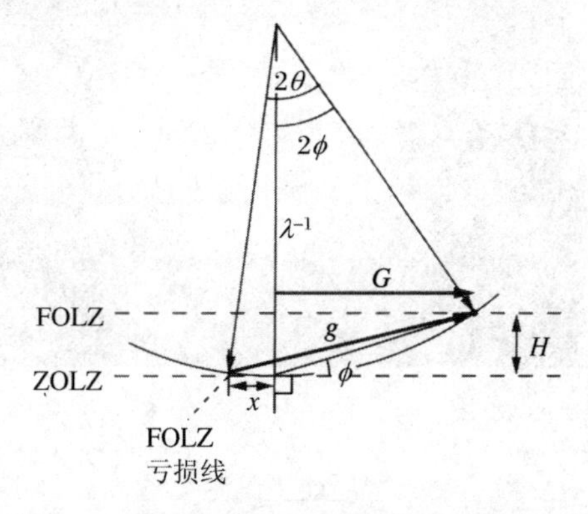

图 7.38　显示与 FOLZ 衍射相联系的过剩和亏损线几何关系的埃瓦尔德球的结构。同样的结构可用于 HOLZ

其中,$\phi = \arctan(H/G)$ 是定义 FOLZ 环半径的角度。距离 x 取决于两个大角度 ϕ 和 θ 的差值,这两个角度依赖于点阵参数和电子波长。因此在 000 圆盘亏损线的位置是一个晶体点阵参数和加速电压非常敏感的测量区域。利用对小角度的布拉格定律:

$$\Delta\theta/\theta \approx \Delta g/g \approx - \Delta a/a \approx \Delta E/(2E) \qquad (7.26)$$

这里,a 是立方结构材料的点阵参数,E 是显微镜的加速电压,ΔE 是加速电压的变化。对于给定的点阵参数变化 Δa,大的布拉格角 HOLZ 线的位置变化(正比于 $\Delta\theta$)是较大的,如同它们与 HOLZ 相联系一样。作为一般规则,θ 变得越大,其 HOLZ 线变得越窄,且位置能更精确地确定。

在适当 HOLZ 衍射内,"明场"000 圆盘内的亏损 HOLZ 线可以直接与一个平行的过剩 HOLZ 线相联系进行标定。例如,图 7.39(a)和(c)显示了在 −160 ℃下,由高纯度 Al 得到的[114]CBED 图像内 SOLZ(面心立方 Al 的[001]FOLZ 是禁止的)和 ZOLZ 圆盘的过剩线和亏损线。图 7.39(c)中,放大的 000 圆盘内所有亏损 SOLZ 线垂直于适当的矢量 $\boldsymbol{g}$。此外,矢量 $\boldsymbol{g}$ 是从 000 圆盘的中心到图 7.39(a)所标定的 SOLZ 圆盘。例如,对于 $77\bar{3}$SOLZ 衍射,在图 7.39(b)中矢量 $\boldsymbol{g}$ 垂直指向 000 圆盘,而在图 7.39(c)和(d)中相应的 $77\bar{3}$SOLZ 线是水平的,且垂直于矢量 $\boldsymbol{g}$。现在已有计算机程序来计算 000 圆盘内的 HOLZ 线花样,如图 7.39(d)中提供的线形花样,这对于实验 CBED 图像中 HOLZ 线的标定非常有用。在图7.39(a)中标定的 SOLZ 衍射花样,且在图 7.39(b)中标明为空心圆和阴影圆,并没有叠加在图 7.39(b)中由实心圆①表明的 ZOLZ 衍射上。

① 如图 7.39(a)所示,ZOLZ 图像具有 $2mm$ 图像对称性,但 ZOLZ 和 SOLZ 叠加的投影仅仅具有 m 对称性。这举例说明了三维效应对于将在下一节讨论的点群确定是非常重要的。

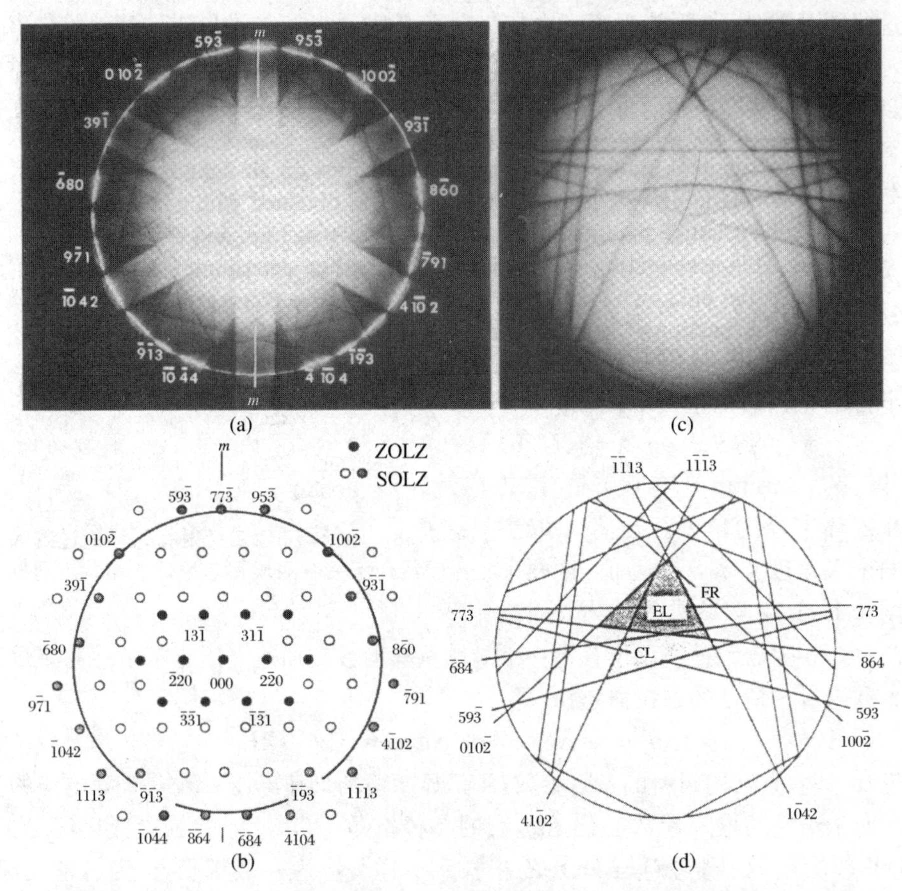

图 7.39 (a) 由高纯 Al 在 −160 ℃下得到的实验[114]CBED 花样,显示了 ZOLZ 和 SOLZ。整个花样的镜面对称性由一个垂直直线表明。(b) 图(a)中描述的 ZOLZ 和 SOLZ 衍射指数的示意图。圆圈代表埃瓦尔德球与 SOLZ 的交截面。(c) 显示了亏损 SOLZ 线的实验[114]CBED 花样中的明场 000 圆盘。(d) 由运动学模型产生的指数计算机模拟,输入参数为 $a=b=c=0.40344\ \text{nm}$,$\alpha=\beta=\gamma=90.00^\circ$,加速电压为 119.56 kV

对于未知晶体的实验点阵参数的确定,采用一个具有已知点阵参数、相似的晶体结构和原子势能的可控样品,并获得显微镜的有效加速电压,这个加速电压可用于确定未知试样的点阵参数。然而,只有当期望获得点阵参数的相对变化作为样品位置的函数时,比如随着远离界面距离的变化,样品的无缺陷区域才可用来作为标准。在测量点阵参数相对变化时,利用一个高对称性的晶带轴以确定无缺陷标准区确确实实代表完整晶体非常重要。这些对比通常需要计算机程序来模拟在明场圆盘内,作为点阵参数和加速电压函数的 HOLZ 线。许多程序采用运动学理论来计算 HOLZ 线的位置(如图 7.39(d)所采用的),而且为简单的模拟,这些程序对于确定点阵参数相对变化通常是足够的。对于更加复杂的情形,例如当几个或所有六个可能的点阵参数同时变化时,当应力场三维方向上发生变化时,当需要知道确定的点阵参数，或材料处于动力学效应非常强的晶带轴时，就需要利用动力学CBED程序。在所有这些对照中，尽可能准确地测量HOLZ线的位置非常重要，建议对于这样的工作利用CCD照相机或成像屏数字记录CBED图像。

7.5.4　点群的确定‡

定义　由于以下两个主要原因，CBED已经成为一个确定晶体点群最为普遍的技术：

- 从试样内非常小的区域得到对称性信息是可能的；
- 与每个晶体都呈现中心对称的运动学衍射的通常情况不同（参见10.1.4小节中的费里德（Friedel）定律），动力学电子衍射能够区别晶体的中心对称与非中心对称。

利用CBED确定晶体对称性时，只有当HOLZ效应包括在动力学强度里面，也就是强的三维动力学衍射时，记住第二点的应用是非常重要的。了解点群分析是建立在一个无限厚、边缘平行的晶体样品的假定之上也是非常重要的。然而，假如对于强的HOLZ相互作用样品已经足够厚，这些分析对于楔形和倾转过的样品似乎也是可靠的。由于最后得到的CBED图像可以反映样品的对称性，而不是晶体结构的对称性，因此在分析薄样品的时候必须要格外小心！

确定衍射群，也就是晶体的点群，已经发展了几种运用CBED的方法。这些方法是互补的，基于它们的使用，可大致分为三类：

- 一个高对称性晶带轴和暗场（G）圆盘对称性；
- 一个高对称性晶带轴和对称多束（SMB）花样；
- 由几个高对称性晶带轴得到的ZOLZ和整个花样对称性。

这些方法是相似的，因为它们都是通过考察CBED圆盘内的强度分布和HOLZ线来确定晶体的对称性，它们的区别在于这些特征的考察和使用。由于CBED文献里一些术语存在变化，我们首先做一些定义：

投影衍射群——ZOLZ圆盘的排布和晶带轴花样中圆盘内强度变化（摇摆曲线）的对称性，不包括HOLZ线（或者HOLZ效应）。这些是10个二维点群的衍射对称性。

全图像（WP）对称性——除了明场圆盘内的HOLZ线外，晶带CBED花样中所有衬度的对称性，包括HOLZ线以及在ZOLZ和HOLZ中的强度分布。这些特征提供了三维的对称性信息①。

明场（BF）圆盘——000圆盘内HOLZ线和强度变化的对称性。BF圆盘可以展现出在WP对称性中没有被发现的额外对称性。这与晶体的三维对称性相

---

① 注意在ZOLZ圆盘内HOLZ效应是存在的，因此WP对称性不要求HOLZ在图像内存在。然而，HOLZ提供了WP对称性的进一步证实，并且当HOLZ线在ZOLZ圆盘内非常弱的时候是非常有用的。

关联。

暗场(DF)圆盘——一个 $hkl(G)$圆盘内的对称性,包括 HOLZ 线和强度振荡。“一般”系指任意一个 hkl 圆盘,不位于晶体主对称元素中某一位置上。“特殊”指的是一个处于准确布拉格位置的 hkl 圆盘的对称性,准确布拉格位置是一个衍射群内主对称元素之一的位置,比如一个镜面。

$\pm G$ 圆盘——当两个衍射 hkl 和 $\bar{h}\bar{k}\bar{l}$ 都处于布拉格位置时,两个圆盘的 HOLZ 线和强度变化的对称性。这是基于动力学衍射条件下费里德定律失效的中心对称性测试。

衍射群——通过 CBED 能够得到的 31 个可能的三维衍射花样对称性。这些图像包括所有可能的点对称元素的组合,并与 32 个晶体学点群直接相关。

一个晶面平行且在两个方向上(x 和 y)无限延伸的完整晶体样品具有 10 个对称性元素,由 6 个二维对称元素和 4 个三维对称元素组成。前面的对称元素从任意坐标 x,y 和 z 转换到x',y'和 z,而后面的对称元素由坐标系 x,y 和 z 转换到 x',y'和 z',这里 $z' \neq z$。平行于表面法线以及包含表面法线的镜面 m(即垂直镜面)的 1,2,3,4 和 6 次旋转轴,是二维对称性元素。三维对称性元素①包括水平镜面(Buxton 等命名为 1_R,Tanaka 等命名为 m')、反演中心(Buxton 等命名为 2_R,Tanaka 等命名为 i)、二次水平轴(Buxton 等命名为 m_R,Tanaka 等命名为 $2'$),以及轴平行于表面法线的四次旋转反演轴(Buxton 等命名为 4_R,Tanaka 等命名为 $\bar{4}$)。通过将二维对称性元素及其组合标注为表格的水平标题,三维对称性元素标记为垂直标题可以形成 31 个衍射群。表格内的条目是这些水平与垂直元素的组合,这些结果就是表 7.4,其中圆括号“()”表明元素是重复的,并且每行衍射群的数字显示在最右边一列。

图 7.40 显示了 CBED 图像衍射圆盘内的对称性是如何与晶体对称性相联系的。这些图利用小的圆环来说明在单个衍射圆盘 G 内观察到的对称性,以及衍射圆盘对 $\pm G$ 对称性。在这些图像内,圆盘内的十字符号表示准确的布拉格位置,而圆盘外的十字符号则表示晶带轴,也就是光学轴的位置。圆盘上和圆盘对之间的符号表示了晶体对称性元素,圆盘下面的符号表示相应 CBED 图像的对称性。对称性元素的下标 R 代表在进行前述的对称操作之后,圆盘绕其中心做了 180°旋转。当一幅图像内出现两个垂直镜面时,第一个镜面记为 m_v,而第二个记为 m'_v。由于是水平二次轴,镜面对称记为 m_2。

---

① 不同的群有时采用不同的命名来描述三维对称性元素和 CBED 图像对称性。本节介绍并利用了从事最初始分析的 Buxton 等人的命名方法[7],以及对这个方法进行进一步改善的 Tanaka 等人的命名方法。

表7.4　晶面平行样品的对称性元素和衍射群

	1	2	3	4	6	No.
1	I	2	3	4	6	5
$(m')1_R$	1_R	21_R	31_R	41_R	61_R	5
$(i)2_R$	2_R	(21_R)	6_R	(41_R)	(61_R)	2
$(2')m_R$	m_R	$2m_R(m_R)$	$3m_R$	$4m_R(m_R)$	$6m_R(m_R)$	5
$(\bar{4})4_R$		4_R		(41_R)		1

	m	$2m(m)$	$3m$	$4m(m)$	$6m(m)$	No.
1	m	$2m(m)$	$3m$	$4m(m)$	$6m(m)$	5
$(m')1_R$	$m1_R$	$2m(m)1_R$	$3m1_R$	$4m(m)_R$	$6m(m)_R$	5
$(i)2_R$	$2_Rm(m_R)$	$(2m(m)1_R)$	$6_Rm(m_R)$	$(4m(m)1_R)$	$(6m(m)1_R)$	2
$(2')m_R$	$(2_Rm(m_R))$	$(2m(m)1_R)$	$(3m1_R)$	$(4m(m)1_R)$	$(6m(m)1_R)$	5
	$(m1_R)$	$(4_R(m)m_R)$	$(6_Rm(m_R))$			
$(\bar{4})4_R$	$4_Rm(m_R)$	$(4_Rm(m_R))$		$(4m(m)1_R)$		1
						共31

$1_R \cdot 2_R = 2, 2_R \cdot 2_R = 1, m_R \cdot 2_R = m, 4_R \cdot 2_R = 4, 1_R \cdot m_R = m \cdot m_R, 1_R \cdot 4_R = 4$, $1_R \cdot m_R \cdot 4_R = m \cdot 4R$。

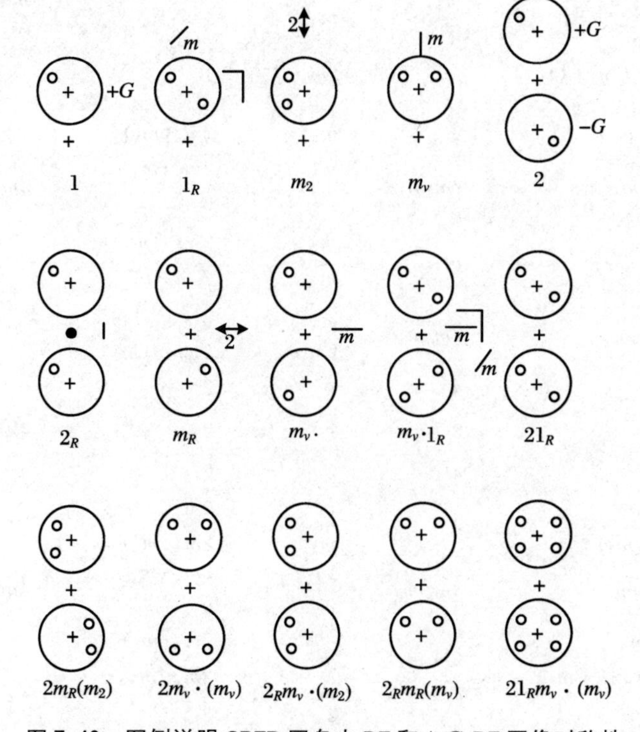

图7.40　图例说明CBED圆盘内DF和 $\pm G$ DF图像对称性

1. 衍射群的判定

表 7.5 给出了对于列在第Ⅰ栏内的 31 个衍射群的 BF,DF,WP 和 $\pm G$ CBED 图像所有可能的对称性。在 BF 图像具有较 WP 更高的对称性时,形成更高对称性的对称性元素记录在表格第Ⅱ栏的圆括号内,符号 m_v 和 m_2 表示图像内镜面 m 的来源。这些对称性的引自参考文献[7,9]。

表 7.5　晶带轴和两光束 CBED 图像的对称性,各栏分别是:Ⅰ. 衍射群;Ⅱ. BF 对称性;Ⅲ. WP 对称性;Ⅳ. DF 对称性;Ⅴ. $\pm G$ DF 对称性以及Ⅵ. 衍射群投影。DF 和 $\pm G$ DF 图像的所有可能对称性都列出。用这个表格内符号表示的对称性可由图 7.40 内的图例表明

Ⅰ	Ⅱ	Ⅲ	Ⅳ	Ⅴ	Ⅵ
1	1	1	1	1	
1_R	2 (1_R)	1	$2=1_R$	1	1_R
2	2	2	1	2	
2_R	1	1	1	2_R	21_R
21_R	2	2	2	21_R	
m_R	m (m_2)	1	1 m_2	1 m_R 1	
m	m_v	m_v	1 m_v	1 m_v 1	$m1_R$
$m1_R$	$2mm$ $[m_v+m_2+(1_R)]$	m_v	2 $2m_vm_2$	m_v1_R 1	
$2m_Rm_R$	$2mm$ $(2+m_2)$	2	1 m_2	2 $2m_R(m_2)$	
$2mm$	$2m_vm_{v'}$	$2m_vm_{v'}$	m_v 1	$2m_{v'}(m_v)$ 2_R	$2mm1_R$
2_Rmm_R	m_v	m_v	m_2 m_v	$2_Rm_{v'}(m_2)$ $2_Rm_R(m_v)$	
$2mm1_R$	$2_Rm_vm_{v'}$	$2m_vm_{v'}$	2 $2m_vm_2$	21_R $21_Rm_{v'}(m_v)$	
4	4	4	1	2	
4_R	4	2	1	2	41_R
41_R	4	4	2	21_R	
$4m_Rm_R$	$4mm$ $(4+m_2)$	4	1 m_2	2 $2m_R(m_2)$	
$4mm$	$4m_vm_{v'}$	$4m_vm_{v'}$	1 m_v	$2m_{v'}(m_v)$ 2	$4mm1_R$
4_Rmm_R	$4mm$ $(2m_vm_{v'}+m_2)$	$2m_vm_{v'}$	1 m_2 m_v	$2m_R(m_2)$ $2m_{v'}(m_v)$	
$4mm1_R$	$4m_vm_{v'}$	$4m_vm_{v'}$	2 $2m_vm_2$	21_R $21_Rm_{v'}(m_v)$	

续表

Ⅰ	Ⅱ	Ⅲ	Ⅳ	Ⅴ	Ⅵ
3	3	3	1	1	
31_R	6 $(3+1_R)$	3	2	1	31_R
$3m_R$	$3m$ $(3+m_2)$	3	1 m_2	1 m_R 1	
$3m$	$3m_v$	$3m_v$	1 m_v	1 m_v 1	$3m1_R$
$3m1_R$	$6mm$ $[3m_v+m_2+(1_R)]$	$3m_v$	2 $2m_vm_2$	1 m_v1_R 1	
6	6	6	1	2	
6_R	3	3	1	2_R	61_R
61_R	6	6	2	21_R	
$6m_Rm_R$	$6mm$ $(6+m_2)$	6	1 m_2	2 $2m_R(m_2)$	
$6mm$	$6m_vm_{v'}$	$6m_vm_{v'}$	1 m_v	2 $2m_{v'}(m_v)$	$6mm1_R$
6_Rmm_R	$3m_v$	$3m_v$	1 m_2 m_v	2_R $2_Rm_{v'}(m_2)$ $2_Rm_R(m_v)$	
$6mm1_R$	$6m_vm_{v'}$	$6m_vm_{v'}$	2 $2m_vm_2$	21_R $21_Rm_{v'}(m_v)$	

作为利用表7.5获得衍射群的实例，图7.41显示了一个沿着α-Ti的[0001]晶带轴得到的CBED图像，其空间群为$P6_3/mmc$。在图7.41(a)和(b)的ZOLZ内，WP和BF圆盘都显示出$6mm$对称性。也就是，围绕着位于BF圆盘中心（在图上用*标出）的轴它们具有六次旋转对称性，并且这个轴与图像平面正交（即沿着电子束方向），而且在图内它们显示出水平和垂直指向的两条镜面线，这个对称性的评估包括在BF圆盘内来自于HOLZ效应的细节。图7.41(c)的FOLZ同样显示了$6mm$对称性，给出了对于WP $6mm$对称性的补充确认。圆盘的六边形排列及其内部较宽的强度条纹，即忽略了HOLZ效应，同样显示了$6mm$对称性，表明衍射投影对称性是$6mm\ 1_R$。表7.5的第Ⅱ和Ⅲ栏说明BF圆盘和WP显示为$6mm$对称性的仅有两个衍射群$6mm$和$6mm\ 1_R$，这些衍射群与显示在表7.4第Ⅳ栏$6mm\ 1_R$的衍射投影群都是相一致的。到目前为止，所采用的过程与本部分开端列出的方法1和3相比是相同的。接下来的步骤适用于方法1，但不适用于方法3。

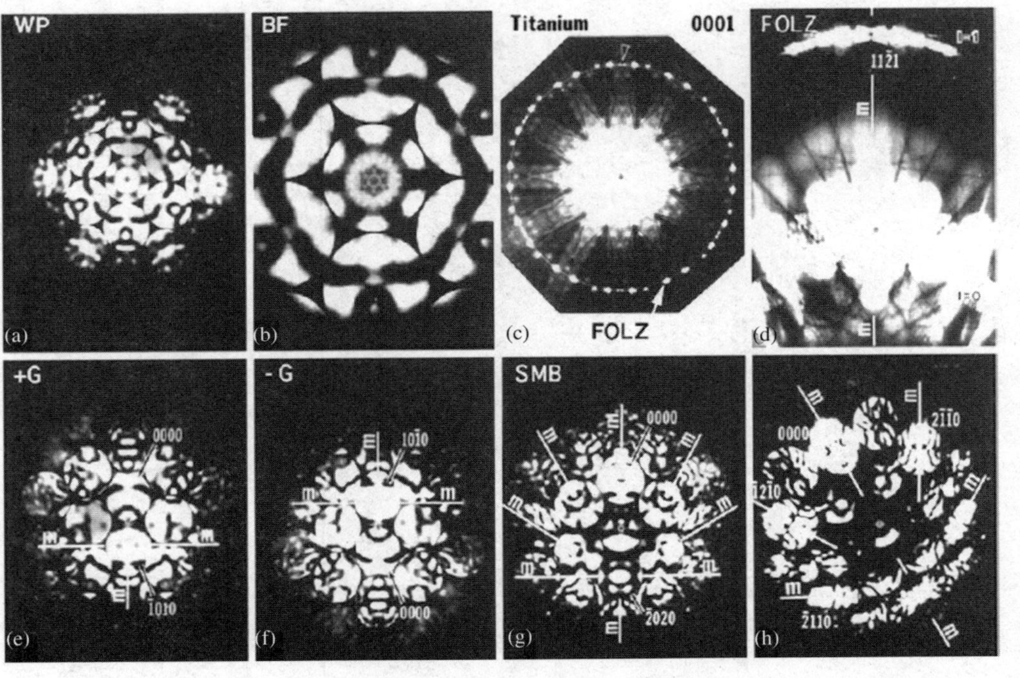

图 7.41　由 α-Ti 的[0001]得到的 CBED 图像。(a) 在 ZOLZ 内的 WP 对称性；(b) BF 圆盘的对称性；(c) 包括 FOLZ 的 WP 对称性；(d) 在 $11\bar{2}1$ 衍射 FOLZ 内可见的 Gjϕnnes-Moodie 线，其在图(c)中用箭头标出；(e) $+G(\bar{1}010)$圆盘内的对称性；(f) $-G(10\bar{1}0)$圆盘内的对称性；(g) 利用在 $\bar{1}010$ 圆盘上的光学轴得到的 SMB 图像；(h)在 $11\bar{2}0$ 衍射上显示镜面线和 $22\bar{4}0$ 圆盘对称性的光学轴

表7.5的第Ⅳ和Ⅴ栏表明，当DF圆盘位于CBED图像的特殊位置时，通过DF圆盘内的对称性来区别衍射群6*mm*和6*mm* 1_R是可能的。在我们的实例中，$\bar{1}010$圆盘位于图像内一个镜面上的布拉格位置，这是一个特别的位置。如果衍射群是6*mm*，这个圆盘仅具有*m*对称性；若衍射群是6*mm* 1_R，圆盘则具有2*mm*对称性。第Ⅴ栏也表明，当$\bar{1}010$圆盘的±*G*对处于各自布拉格位置时，通过比较它们的强度分布可进一步区别这两个衍射群。若衍射群是6*mm*，圆盘对是经180°旋转（即两次对称操作）相关联的，如果衍射群是6*mm* 1_R，圆盘对同样与180°旋转（即一个21_R操作）相联系，而每个圆盘内的细节还包含了完美的反演对称性。后面的这一操作与±*G*圆盘内细节之间的完美平移是等价的。图7.41(e)和(f)显示出在$\bar{1}010$和$10\bar{1}0$圆盘位于它们各自布拉格位置时，其内部的细节。在这个晶带轴情形下，圆盘内的HOLZ相互作用是非常弱的，但两个圆盘内的细节都显示出近于完美的2*mm*对称性。这意味着圆盘是与一个21_R操作相联系的，即完美平移，因此衍射群是6*mm* 1_R。

2. 点群的判定

由CBED图像的对称性确定了样品的衍射群后，表7.6可用来进一步寻找晶体的点群①。衍射群位于表7.5的左边一栏，沿着相应的横行平移到×，然后沿着竖列向下就可以得到相应的点群。在上面的α-Ti实例中，表7.5显示出点群6/*mmm*是唯一一个对应于衍射群6*mm* 1_R的点群，因此这就是α-Ti的点群。（这个点群与真正的空间群$P6_3/mmc$是一致的，在*International Tables for X-Ray Crystallography*[11]内号码是194。）

表7.6显示许多情况下，多个点群对应于一个衍射群，如$2_R mm_R$。因此，利用最高的对称带轴来分析，以减少可能的点群数目是非常重要的。沿着不同类型带轴、各种等级点群的衍射花样对称性显示在表7.7中，这可以用于选择最优晶带轴或晶带轴组合，从而唯一确定点群。在某些情形下，由单个晶带轴确定点群或许是可能的，比如6*mm* 1_R。类似地，若已知结构的有关情况，譬如说它是六角形，能够再一次从单张图像中确定点群，即便可能性不止一个，例如，2*mm* 1_R必须对应于6/*mmm*，尽管沿〈100〉或〈110〉晶带轴，*mmm*，4/*mmm*，*m*3和*m*3*m*同样展示出这种衍射对称性。对于一个完全未知的结构，考查几个高对称性晶带轴图像内的BF和WP对称性来唯一确定点群是必要或值得做的，这是本节开始部分给出的方法3所用的基本策略。沿电子束方向测量晶体重复距离*H*的式(7.21)～式(7.23)，对于显示相同衍射对称性的点群进行识别也是一个有用的方法。例如，HOLZ可用于区别都展示了$2m_Rm_R$衍射对称性的正交、四方、立方或六角晶体。Steeds和Vincent[12]的一篇文章，对如何获得和利用高对称性晶带轴来确定晶体结构给出了详细总结，在这篇文章中强调的策略对于确定未知样品的点群是非常

① 当确定衍射群的不同过程发展出来时，所有方法利用Buxton等人的表7.6以便从衍射群中确定点群。

有帮助的。

表 7.6　衍射群和晶体点群间的关系

衍射群	衍射群和晶体点群间的关系																															
$6mm1_R$																											×					
$3m1_R$																										×						
$6mm$																									×							
$6m_Rm_R$																								×								
61_R																							×									
31_R																						×										
6																					×											
6_Rmm_R																				×												×
$3m$																			×												×	
$3m_R$																		×												×		
6_R																	×												×			
3																×												×				
$4mm1_R$															×																	×
4_Rmm_R														×																	×	
$4mm$													×																			
$4m_Rm_R$												×																		×		
41_R											×																					
4_R										×																						
4									×																							
$2mm1_R$								×							×												×		×			×
2_Rmm_R					×			×			×				×					×			×				×		×			×
$2mm$							×																			×						
$2m_Rm_R$						×						×		×										×				×		×		
$m1_R$							×						×	×											×	×					×	
m				×			×						×	×					×			×			×	×					×	
m_R			×			×	×		×	×		×	×	×				×			×			×	×	×		×		×	×	
21_R					×															×												
2_R		×			×			×			×				×		×			×			×				×		×			×
2			×															×														
1_R				×															×													
1	×		×	×		×	×		×	×		×	×	×		×		×	×		×	×		×	×	×		×		×	×	
点群	1	$\bar{1}$	2	m	$2/m$	222	$mm2$	mmm	4	$\bar{4}$	$4/m$	422	$4mm$	$\bar{4}2m$	$4/mmm$	3	$\bar{3}$	32	$3m$	$\bar{3}m$	6	$\bar{6}$	$6/m$	622	$6mm$	$\bar{6}m2$	$6/mmm$	23	$m3$	432	$\bar{4}3m$	$m3m$

3. 衍射群判定的可选方案

Tanaka 等[8]介绍了一个确定晶体衍射群的略微不同的过程。他们利用一个或一对对称的多束(SMB)CBED 图像的细节来获得衍射群(方法 2)。作为一个实例,图 7.42 展示了六角衍射群 SMB 图像的对称性,光轴的位置用一个十字交叉标出。对于这个方法,光轴位于一阶布拉格斑点的中心(图中并未绘出)。在实验操作上,入射电子束必须进行一个 2θ 角度的倾转,以使得 000 和 $2G$ 圆盘(即二阶布拉格衍射,分别以 0 和 G 标记在 Tanaka 等人的图上)对称地置于光轴周围。一个 2θ 角度的倾转引起埃瓦尔德球在衍射花样内同时交截过所有六个衍射中心,使得全部衍射位于“特殊位置”并揭示它们完全的对称性。图 7.41(b)显示了一个由 α-Ti 的[0001] SMB 激发的实例。在这个六束图像中,入射束被倾转,因此 $\bar{1}010$ 圆盘位于光轴中心。围绕六个圆盘的对称性对比,表明 $\bar{2}020$ 圆盘具有 $2mm$ 对称性,而所有其他圆盘,包括 0000 圆盘,显示了与 $\bar{2}020$ 圆盘中心相交的镜面线,这个图像对称性对应于图 7.42 右下角的衍射群 $6mm1_R$。在这个例子中,单个 SMB 图

表7.7　晶带轴CBED图像对称性[7]

点群	⟨111⟩	⟨100⟩	⟨110⟩	⟨uvo⟩	⟨uuw⟩	[uvw]
$m3m$	6_Rmm_R	$4mm1_R$	$2mm1_R$	2_Rmm_R	2_Rmm_R	2_R
$43m$	$3m$	4_Rmm_R	$m1_R$	m_R	m	1
432	$3m_R$	$4m_Rm_R$	$2m_Rm_R$	m_R	m	1

点群	⟨111⟩	⟨100⟩	⟨uvo⟩	[uvw]
$m3$	6_R	$2mm1_R$	2_Rmm_R	2_R
23	2	$2m_Rm_R$	m_R	1

点群	[0001]	$\langle 11\bar{2}0\rangle$	$\langle 1\bar{1}00\rangle$	⟨uv.o⟩	[uu.w]	$[u\bar{u}.w]$	[uv.w]
$6/mmm$	$6mm1_R$	$2mm1_R$	$2mm1_R$	2_Rmm_R	2_Rmm	2_Rmm_R	2_R
$6m2$	$3m1_R$	$m1_R$	$2mm$	m	m_R	m	1
$6mm$	$6mm$	$m1_R$	$m1_R$	m_R	m	m	1
622	$6m_Rm_R$	$2m_Rm_R$	$2m_Rm_R$	m_R	m_R	m_R	1

点群	[0001]	⟨uv.o⟩	[uv.w]
$6/m$	61_R	2_Rmm_R	2_R
$\bar{6}$	31_R	m	1
6	6	m_R	1

点群	[001]	$\langle 11\bar{2}0\rangle$	$\langle u\bar{u}.w\rangle$	[uv.w]
$\bar{3}m$	6_Rmm_R	21_R	2_Rmm_R	2_R
$3m$	$3m$	1_R	m	1
32	$3m_R$	2	m_R	1

点群	[0001]	[uv.w]
$\bar{3}$	6_R	2_R
3	3	1

续表

点群	[001]	⟨100⟩	⟨110⟩	⟨uvw⟩	[uvo]	[uuw]	[uvw]
$4/mmm$	$4mm1_R$	$2mm1_R$	$2mm1_R$	2_Rmm_R	2_Rmm_R	2_Rmm_R	2_R
$\bar{4}2m$	4_Rmm_R	$2m_Rm_R$	$m1_R$	m_R	m_R	m	1
$4mm$	$4mm$	$m1_R$	$m1_R$	m	m_R	m	1
422	$4m_Rm_R$	$2m_Rm_R$	$2m_Rm_R$	m_R	m_R	m_R	1

点群	[001]	⟨uvo⟩	[uvw]
$4/m$	41_R	2_Rmm_R	2_R
$\bar{4}$	4_R	m_R	1
4	4	m_R	1

点群	[001]	⟨100⟩	[uow]	[uvo]	[uvw]
mmm	$2mm1_R$	$2mm1_R$	2_Rmm_R	2_Rmm_R	2_R
$mm2$	$2mm$	$m1_R$	m	m_R	1
222	$2m_Rm_R$	$2m_Rm_R$	m_R	m_R	1

点群	[010]	[uow]	[uvw]
$2/m$	21_R	2_Rmm_R	2_R
m	1_R	m	1
2	2	m_R	1

点群	[uvw]
1	2_R
1	1

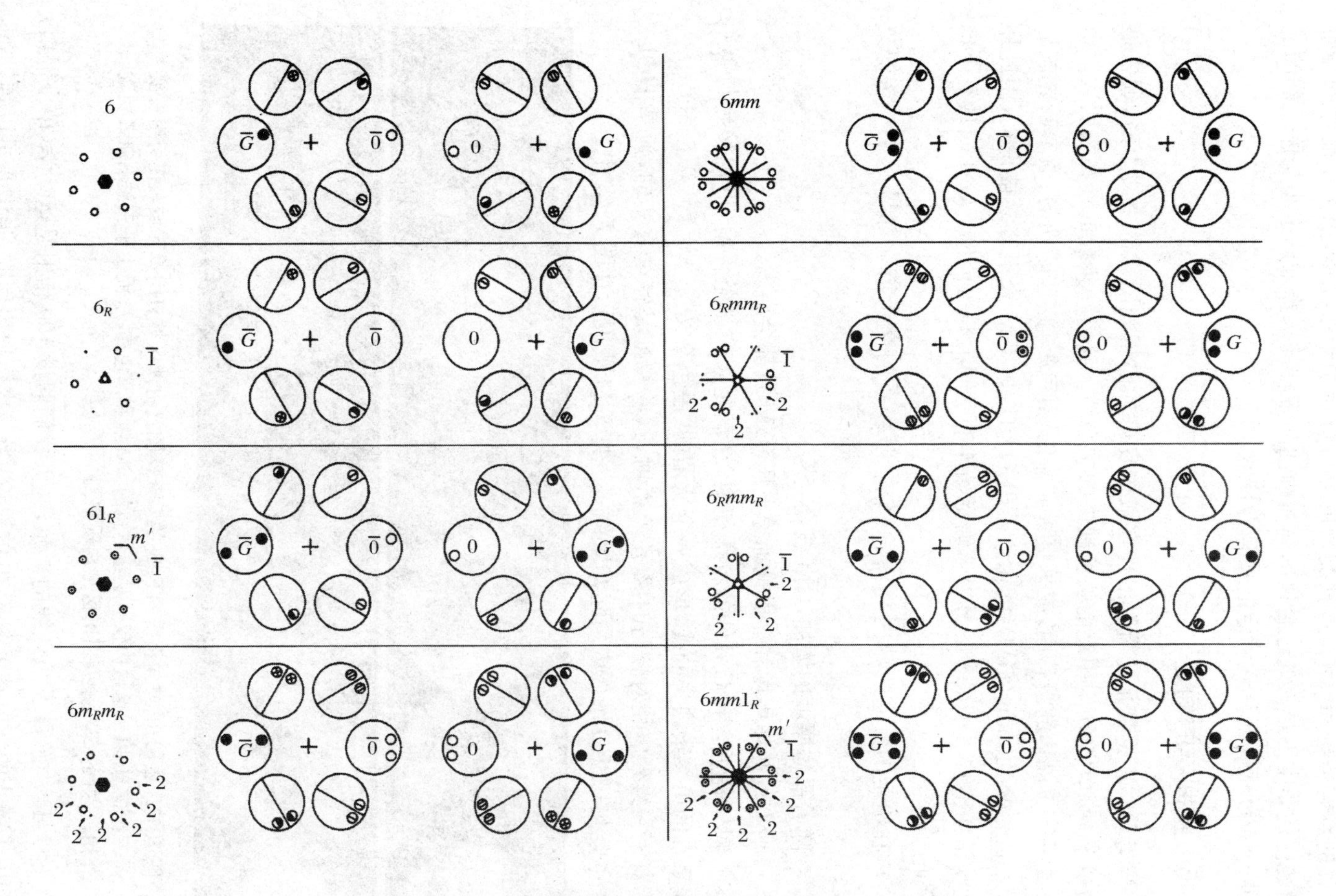

图 7.42　对于点群确定的六角形六光束图像的对称性[9]

像是确定衍射群所必需的。在这种情形下，正如前面所介绍的，利用表 7.6 可以发现晶体的点群是 6/*mmm*。这种类型的分析可运用于小晶体，因为小晶体的晶带轴倾转往往非常困难。通过合适的高对称性晶带轴的选择来确定小晶体点群的能力，使 CBED 成为对称性确定的强有力技术。

7.5.5　空间群的确定‡

当运动学理论禁止的衍射出现在取向良好的晶带轴图像的主线上时，通常展现为一个由动力学衍射引起的强度缺失的中心线。这样一条线的存在表明入射电子束或平行于晶体的滑移面，或垂直于晶体的螺旋轴。这些暗淡的、通常较宽的线称作 Gjϕnnes-Moodie（GM）线，由于 CBED 图像内 GM 线很容易被识别，因此用比运动学衍射技术小很多的努力来确定晶体的空间群是可能的。GM 线具有下面的特征：

- 在给定的劳厄区域内，沿着一个衍射线系的交错衍射都显示了一条缺失的线；
- 随着晶体厚度的增加，GM 线会变窄；
- 所有的晶体厚度和显微镜加速电压，GM 线都会出现；
- 对于任意含有 GM 线的特殊衍射，在满足布拉格条件时，可观察到与第一条线垂直的第二条缺失的线，形成一个所谓的“黑色交叉”。

对于三维效应相对较弱的 ZOLZ 衍射，这些特征是完全真实的，但是 HOLZ 同样也会在 CBED 图像内引起 GM 线。一些 GM 线展示在图 7.43 中。

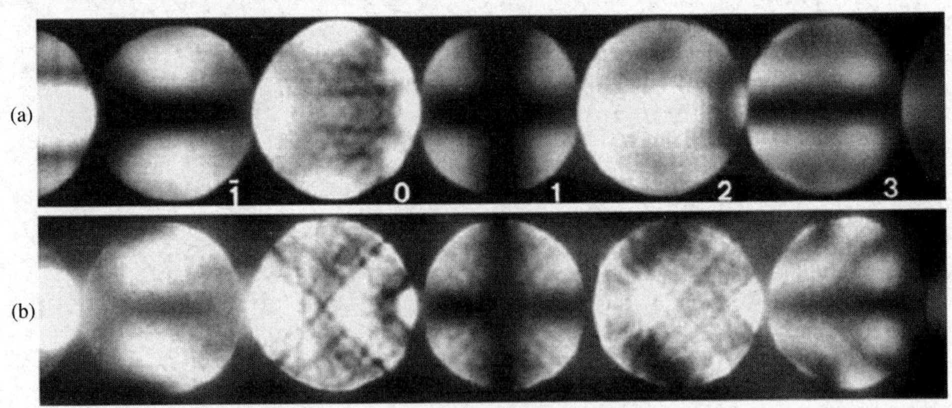

图 7.43　由[010]方向获得的 FeS_2 的 CBED 图：(a)薄区域；(b)厚区域。在衍射主要是二维信息的(a)区域内仅可观察到宽的 GM 线和黑色交叉，而由于三维 HOLZ 相互作用，较好的 GM 线可在(b)区域内观察到

图 7.44 中解释了 GM 线的来源，这里我们假设 100 衍射是运动学（单个散射）结构因子禁止的。但基于图 7.30 的讨论，当二次衍射出现时，强度是可以预期的，因此在 CBED 图像中可能出现一个均匀的 100 圆盘。如果晶体的空间群中存在一

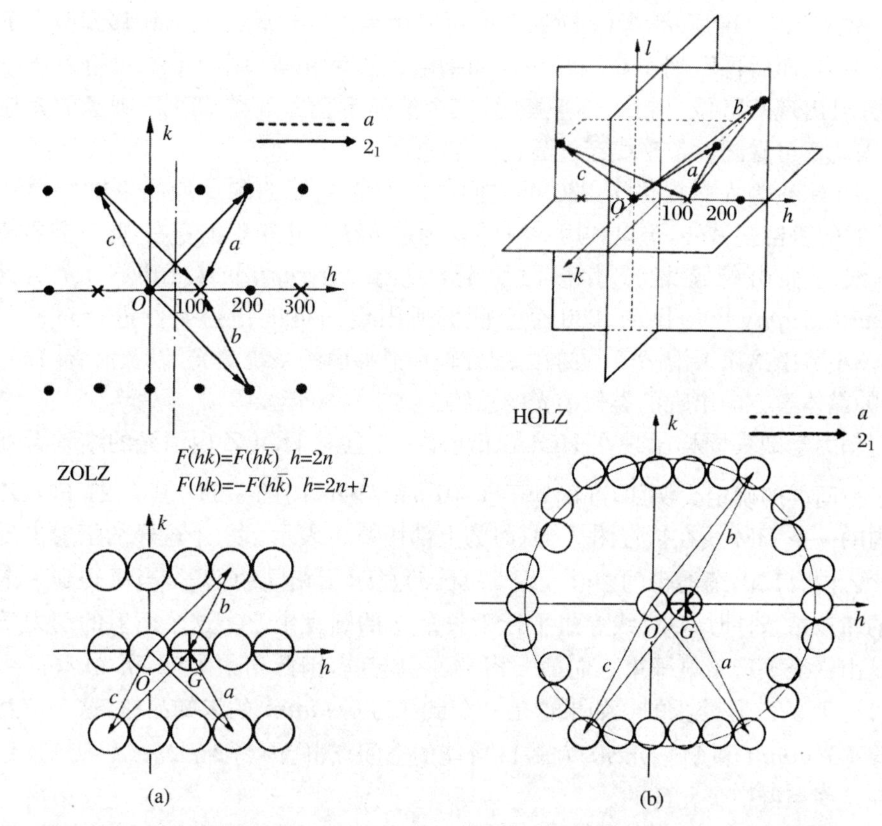

图 7.44 (a)当位于布拉格位置时,在(a)ZOLZ 和(b)HOLZ 内,对于取向如显示在上边左右两图内的 2_1 旋转轴和 a-滑移面,由于二次衍射动力学消光出现在衍射 G 内的图示说明

个 2_1 螺旋轴或 a-滑移面,GM 线会出现在这个圆盘内。这个想法是出于相位相消的出现,体现在图 7.44(a)上部的衍射过程"a"和"b"到 100 衍射。这源于衍射分量在 k 方向上具有相反的符号,于是在 a-滑移面的情况下它们的相位因子 $e^{-i\pi k}$(式(6.82))不一致,例如图 7.44(a)上部所显示的。这对于在 h 轴上的每一个点都是正确的——包含"a"和"b"的两个衍射过程在 k 空间内是对称的,因此这两个二次衍射是严格地相差相位 π,并且没有强度出现①。倘若 s 是沿着 h 轴方向,这个消光甚至对于非零的偏离矢量也会出现。然而,若沿 k 方向离开 h 轴,衍射分量"a"和"b"变得不相等,精确的消光不见了,由于二次衍射,运动学禁止的 100 衍射的强度出现了。CBED 圆盘包括了沿 k 和 h 方向精确的布拉格条件的偏离。由于对称性,衍射的精确消光沿着 h 轴出现,留下一条穿过 100 CBED 圆盘的暗线,强度出现在圆盘内的其他地方。

① 同样,沿"a"和"c"二次衍射恰好抵消,因此强度消光也出现在垂直于旋转轴和滑移面的方向,在运动学禁止的 100 衍射内产生一个黑色交叉。

如图 7.44(b)所示,考虑 HOLZ 时可采用相同的讨论。强度转移到两个更高阶衍射内,而后再回到 100 圆盘中。如果路径长度相等,则两个二次衍射严格相消,并且出现 GM 线。当 $\boldsymbol{s}$ 不平衡时,完全消光不会出现在 CBED 圆盘的其他区域,因此仅可看到一条暗线穿过圆盘。

Tanaka 等人[8] 提供了 230 个空间群的所有主要的和一般晶带轴所得到的 GM 线的表格。另外,可以利用 GM 线来确定 hkl 禁止衍射的存在,此时需要注意 GM 线是否由螺旋轴或滑移面引起,并与 *International Tables for X-Ray Crystallography*[11] 提供的、230 个空间群所限定的可能衍射条件进行对比。在 6.3.3小节中给出了沿[001]方向的螺旋轴和滑移面的系统消光,以及沿着[100]和[010]晶体学方向出现的类似消光的总结。

动力学缺失同样出现在 HOLZ 衍射内,并且对 HOLZ 内消光的细致考查可用于空间群的确定。例如,准确处于[0001]晶带轴取向的 α-Ti ,其 $11\bar{2}1$ FOLZ 衍射内的一条 GM 线在接近图 7.41(c)的上部用箭头表示。六个这样的衍射出现在 FOLZ 内$\langle 11\bar{2}0\rangle$菊池带的中心。图 7.41(d)显示了相同的衍射,当倾转到一个准确的布拉格条件时,GM 线穿过平行于矢量 $\boldsymbol{g}$ 的圆盘中心。这个衍射的动力学缺失是由一个平行于电子束方向的 c 滑移面引起的,因此衍射类型 $hh\,\overline{2h}l$($l=2n+1$)对于 α-Ti 是禁止的。如果这是一个点群为 $6/mmm$ 的未知晶体,这个信息可排除 $P6/mmm$ 和 $P6_3/mcm$ 为 α-Ti 可能的空间点群,因为 $hh\,\overline{2h}l$($l=2n+1$)衍射在这些点群中是允许的。

为了区分具有 $6/mmm$ 点群对称性的 α-Ti 剩余的两个可能的空间点群,即在 $P6/mcc$ 和 $P6_3/mmc$ 之间进行区分,样品必须倾转到一个晶带轴,这时 $h\bar{h}0l$($l=2n+1$)衍射能够被检测是否有动力学缺失。这个类型的衍射出现在$[3\bar{3}02]$晶带轴,可以通过沿$\langle 11\bar{2}0\rangle$菊池带倾转样品得到。一个精确的$[3\bar{3}02]$晶带轴 CBED 图像显示在图 7.45(a)中,并且在图 7.45(b)和(c)中显示了处于布拉格条件下相对的 $\bar{1}103$ 类型的衍射。由于沿电子束方向晶体重复距离较短(注意在 BF 圆盘内明显的 HOLZ 线),HOLZ 相互作用在这个方向上较强。两个 $\bar{1}103$ 类型的衍射在其布拉格位置都显示出较强的条纹和 HOLZ 效应,但没有 GM 线的迹象。这就表示 $1\bar{1}03$ 衍射不是运动学禁止的(即 $h\bar{h}0l$($l=2n+1$)类型衍射是允许的)。由于这些衍射对于 $P6/mcc$ 空间群是被禁止的,但对于 $P6_3/mmc$ 则是允许的,因此如预期的,α-Ti 唯一可能的空间群是 $P6_3/mmc$。也应注意 $\bar{1}103$ 和 $1\bar{1}0\bar{3}$ 之间的细节与一个完美的平移操作(21_R)相关,这进一步确定了晶体的中心对称性特征。这是一个在 ZOLZ 和 HOLZ 衍射内 GM 线的存在(或缺失)如何能用于确定空间群的相对简单的实例,但它却阐释了原理和推论。

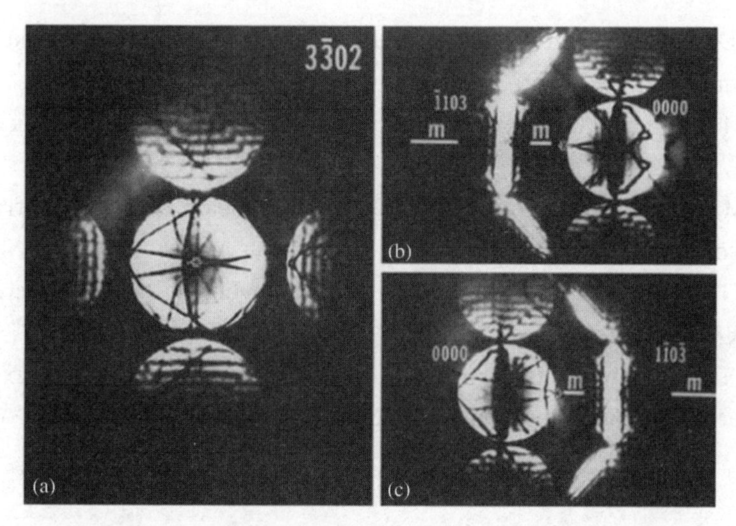

图7.45　(a) α-Ti的[3$\bar{3}$02] CBED图像；(b) 处于布拉格位置时在相应的$\bar{1}$103圆盘的细节

7.6　拓展阅读

Eades J A. Convergent-beam Diffraction//Cowley J M. Electron Diffraction Techniques：Volume 1. Oxford：Oxford University Press，1992.

Edington J W. Practical Electron Microscopy in Materials Science：2. Electron Diffraction in the Electron Microscope. Eindhoven：Philips Technical Library，1975.

Hammond C. The Basics of Crystallography and Diffraction. Oxford：Oxford University Press，1977.

Johari O，Thomas G. The Stereographic Projection and Its Applications. New York：Interscience Publishers，1969.

Spence J C H，Zuo J M. Electron Microdiffraction. New York：Plenum Press，1992.

Steeds J W，Vincent R. Use of high-symmetry zone axes in electron diffraction in determining crystal point and space groups. J. Appl. Crystallogr.，1983，16：317.

Steeds J W. Convergent Beam Electron Diffraction//Hren J J，Goldstein J I，

Joy D C. Introduction to Analytical Electron Microscopy. New York: Plenum Press, 1979: 401.

Tanaka M, Terauchi M. Convergent-Beam Electron Diffraction. Tokyo: JEOL Ltd., 1985.

Tanaka M, Terauchi M, Kaneyama T. Convergent-Beam Electron Diffraction II. Tokyo: JEOL Ltd., 1988.

Thomas G, Goringe M J. Transmission Electron Microscopy of Materials. New York: John Wiley & Sons, 1979.

Williams D B, Carter C B. Transmission Electron Microscopy: A Textbook for Materials Science. New York: Plenum Press, 1996.

习　题

7.1　图7.46显示一个面心立方晶体的三个最窄菊池带相交于一个菊池极，确定它们是否已经正确指标化。

(提示:这里是不是缺少了低阶带?)

7.2　如图7.47所示,旋转晶体仅有一排衍射斑点,并且出现了菊池线。假设埃瓦尔德球是扁平的,对于衍射 $2\boldsymbol{g}$ 和 $-2\boldsymbol{g}$,尝试求得关于 s 值的表达式。

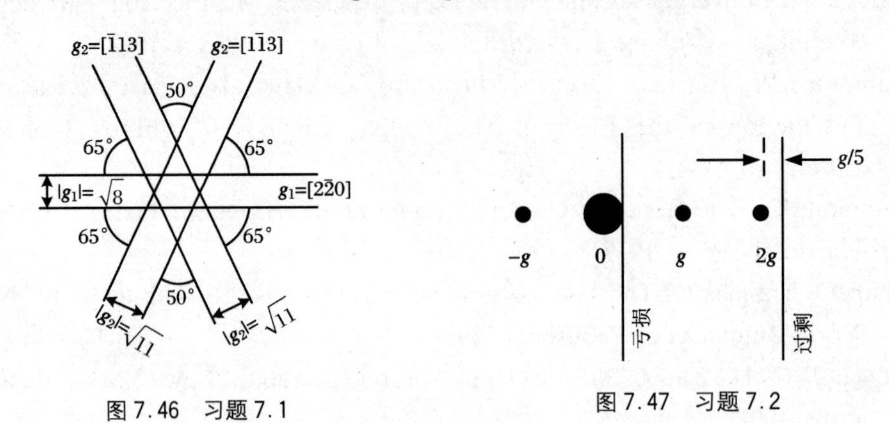

图7.46　习题7.1　　图7.47　习题7.2

7.3　利用两个伍尔夫网来解决这个问题:

洛杉矶位于北纬34°,西经118°;东京位于北纬35°,东经139°。沿着地球巨大的球面,1海里定义为弧度的1分(即1弧分),那么东京距离洛杉矶多少海里?

(简略地描述一下你是如何进行这个操作的。)

7.4　晶体A的[001]方向平行于晶体B的[014]方向，两个晶体（面心立方）的(100)晶面也是平行的。

(1) 晶体B中哪个方向近似平行于晶体A中的[$\bar{5}\bar{1}5$]和[$0\bar{3}2$]方向？

(2) 如果晶体B是面心立方，那么在电子束平行于[014]方向时，我们能够获得的最低阶的衍射是什么？

(3) 假设晶体B的[014]方向平行于电子束，那么需要将样品倾转多少度才可以获得[111]方向？

(4) 经过(3)中的倾转，在[011]方向下的一个新位置与其在[$2\bar{1}1$]方向下的旧位置存在多少度的偏离？

7.5　利用附录A.7中[001]的极射赤面投影图，概略画出并标注面心立方和体心立方实空间布拉菲晶格的$(221)^*$倒空间平面。

7.6　将图7.48中的理想衍射花样进行标定：(1) 面心立方和(2) 体心立方。在每种情况下，晶体适合的晶带轴是什么？

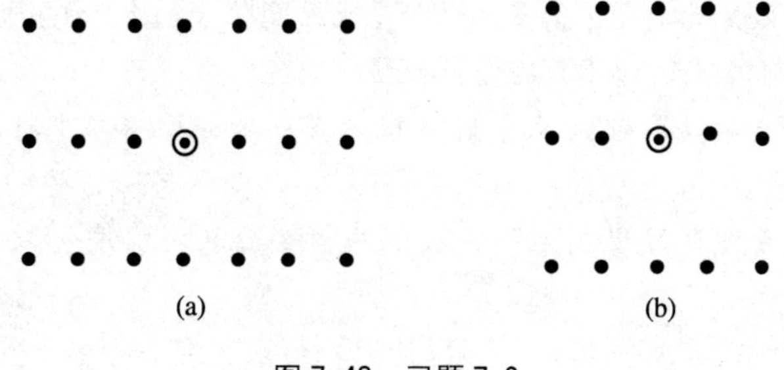

图7.48　习题7.6

7.7　图7.49给出了一个立方合金（面心立方或者体心立方）的衍射花样。

(1) 对这个衍射花样进行标定，标示出低阶衍射并计算出晶体的晶格常数。已知相机常数为61.75 mm·Å。

(2) 假设晶体在晶带轴上存在精确的定向，试画出图7.49中衍射花样的三个菊池线对，并将这六条线进行标定。

图7.49　习题7.7

7.8　图7.50中的衍射花样来源于一个立方材料，尽管不知道这个材料是面心立方、体心立方或简单立方。

(1) 标定这个衍射花样，即$(hkl)^*$是什么？

(2) 有条理地标定距离中心斑点最近的六个衍射斑点。

（提示：记住这些比例可能并不非常严格地与理想衍射一致，以符合最佳来进行标定。）

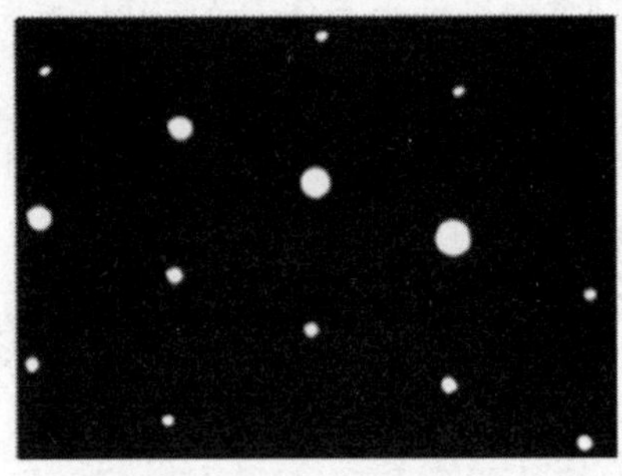

图7.50　习题7.8

7.9　对于晶体Au($a = 0.408$ nm)，诸如衍射(200)和($\bar{2}$00)在衍射花样中具有相同的强度。假定显微镜在100 keV下操作($\lambda = 0.0037$ nm)，计算在衍射(200)处的偏离参量。

7.10　(1) 假设 $\boldsymbol{g}$=(200)，概略画出 $\boldsymbol{g}$-3$\boldsymbol{g}$ 衍射条件下的埃瓦尔德球(倒易点阵)结构。

(2) 在100 keV和 $\boldsymbol{g}$-3$\boldsymbol{g}$ 衍射条件下，计算晶体Ag($a = 0.4086$ nm)在接近⟨001⟩方向时衍射(200)和(400)的偏离参量 s。

7.11　(1) 绘制与附录A.7中极射投影图一致的面心立方材料的[112]衍射花样，并对其进行标定。

(2) 哪一条菊池带可以利用？并且薄片需要旋转多少度可以获得[011]薄片法线方向？

(3) 绘制并标定与前面(2)相一致的[011]衍射花样。

(4) 如果现在薄片沿着(200)菊池带旋转了45°，那么薄片新的法线是什么？绘制并标定这个衍射花样。

(5) 在[112]极射投影图上画出上述的每个旋转。

7.12　(1) 在(400)处于光轴中心，并且埃瓦尔德球穿过(10 0 0)倒易阵点的情形下，计算(400)处的偏移参量(假设为晶体Cu，$a = 0.36$ nm)。

(2) 在下列各种情形下，推导出与 m，n 和 l 相关的等式：

(a) $n\boldsymbol{g}$ 是在明场下满足的衍射；

(b) $m\boldsymbol{g}$ 是在暗场下满足的衍射；

(c) $l\boldsymbol{g}$ 是在暗场下光轴中心的衍射或位置。

(3) 如上述(2)中的定义，推导出作为 m 和 l 函数的偏移参量 s 的一般性等式。代入适当数值的 m 和 l，看看是否得到与(1)中相同的答案。

7.13　(1) 绘制出体心立方金属的[110]衍射花样。

(2) 假设晶体内存在沿着(11$\bar{2}$)晶面的[110]取向的孪晶，那么孪晶的晶带轴是哪个方向？画出这个衍射花样并适当地标定这个晶面。

(3) 把这个孪晶的衍射花样叠加在[110]衍射图上，是否存在额外的衍射斑点？

(4) 对于$(12\bar{1})$晶面，是否存在相同的情况？

7.14　绘制出面心立方晶体的[001]取向衍射花样，合理地标定低阶衍射斑点。

(1) 假设晶体沿着(020)菊池带倾转45°，得到一个110极。画出这个衍射花样，标示出晶带轴并标定出低阶衍射。

(2) 假设晶体沿着(111)菊池带倾转40°54′，现在哪个是极？并加以解释。

(3) 在一个适当的极射投影图上，画出上述旋转。

(提示：利用“标准三角”，即以001，110和111极定义的区域。)

7.15　图7.51的CBED图像显示了晶体Si在100 keV两束近似的条件下，沿着[111]晶带轴方向获得的$2\bar{2}0$强度分布。

(1) 电子束的会聚半角是多少？

(2) 样品厚度是多少？

(3) 确定$2\bar{2}0$衍射的消光距离，并与晶体Si内220衍射的计算值进行比较。

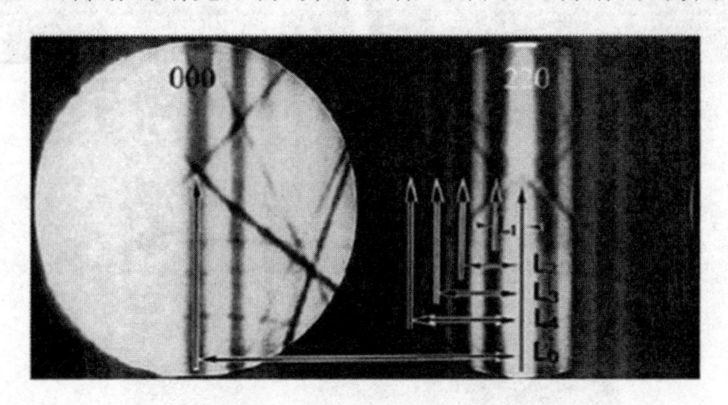

图7.51　习题7.15

7.16　利用图7.33(a)中的几何图形推导出式(7.21)。

7.17　确定一个与ZOLZ内衍射(图7.37)相联系的正交F中心点阵，在FOLZ中衍射的位置，并给以标定。

7.18　(1) 图7.52显示了FeS_2晶体[111]取向的晶带轴以及六角形六束花样，利用这些花样来确定FeS_2晶体的点群。如果现有信息不足以得出准确判断，解释一下哪些额外信息是必要的。

(2) 如果图7.43为FeS_2晶体的补充信息，那么确定晶体空间群是否可能？如果不能，需要哪些额外信息？

7.19　在120 kV条件下，由晶体Al的[111]晶带轴，利用一个较小的相机长度获得图7.53中的CBED花样。

(1) 以220菊池带的宽度为基准，确定沿着电子束方向晶体的层间距H。

(2) 将得到的数值与沿着[111]方向计算的间距对比。

图 7.52　习题 7.18

图 7.53　习题 7.19

7.20　图 7.54 中轴向 CBED 花样来源于一个 Al-36%Ge 合金片亚稳相。假设样品中没有其他更高对称性晶带轴，比如没有 6 次轴等。

利用这些花样的信息以及本章中的表来确定这个相的点群。

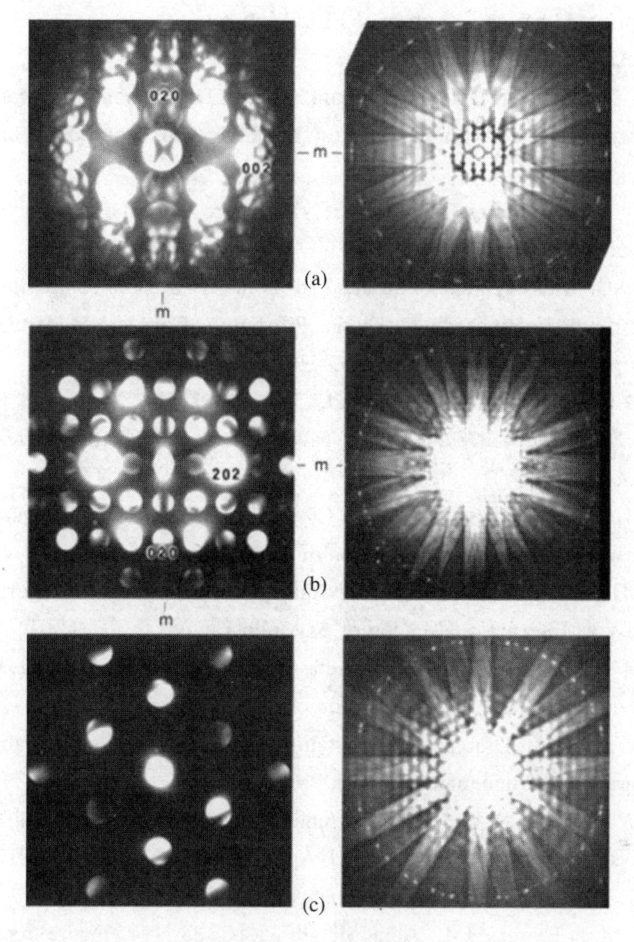

图7.54　习题7.20

参考文献

Chapter 7 title image of Kikuchi map of bcc crystal. Thomas G, Goringe M J. Transmission Electron Microscopy of Materials. New York: Wiley-Interscience. 1979. Figure reprinted with the courtesy of Wiley-Interscience.

[1] Thomas G, Goringe M J. Transmission Electron Microscopy of Materials. New York: Wiley-Interscience, 1979. Figure reprinted with the courtesy of Wiley-Interscience.

[2] Edington J W. Practical Electron Microscopy in Materials Science: 2. Electron Diffraction in the Electron Microscope. Eindhoven: Philips Technical Library, 1975.

Figure reprinted with the courtesy of FEI Company.

[3] Chen J S. Unpublished results.

[4] Tanaka M, Terauchi M. Convergent-Beam Electron Diffraction. Nakagami: JEOL Ltd., 1985. Figures reprinted with the courtesy of JEOL. Ltd. Worked thickness example on pp. 38-39.

[5] Ayer R J. Electron Micros. Tech, 1989, 13: 16. Figure reprinted with the courtesy of Alan R. Liss, Inc.

[6] Rozeveld S J. Measurement of residual stress in an Al-SiCw composite by convergent-beam electron difiraction. Ph. D. Thesis. Pittsburgh: Carnegie-Mellon University, 1991. Figure reprinted with the courtesy of Dr. Rozeveld S J.

[7] Buxton B F, et al. Proc. R. Soc. Lond., 1976, A281: 188. Buxton B F, et al. Philos. Trans. R. Soc. Lond., 1976, A28l: 171. Tables reprinted with the courtesy of The Royal Society, London.

[8] Tanaka M, Sekii H, Nagasawa T. Acta Crystallogr. 1983, A39: 825. Figure reprinted with the courtesy of the International Union of Crystallography.

[9] Tanaka M, Saito R, Sekii H. Acta Crystallogr., 1983, A39: 359. Figure reprinted with the courtesy of International Union of Crystallography.

[10] Howe J M, Sarikaya M, Gronsky R. Acta Crystallogr., 1986, A42: 371. Figure reprinted with the courtesy of International Union of Crystallography.

[11] The International Union of Crystallography. International Tables for X-ray Crystallography. Birmingham: Kynock Press, 1952.

[12] Steeds J W, Vincent R. Use of high-symmetry zone axes in electron diffraction in deter mining crystal point and space groups. J. Appl. Crystallogr., 1983, 16: 317.

[13] Gjϕnnes J, Moodie A F. Acta Crystallogr., 1965, 19: 65.

[14] Kaufman M J, Fraser H L. Acta Metall., 1985, 33: 194. Figure reprinted with the courtesy of Elsevier Science Ltd.

第 8 章　TEM 衍射衬度像

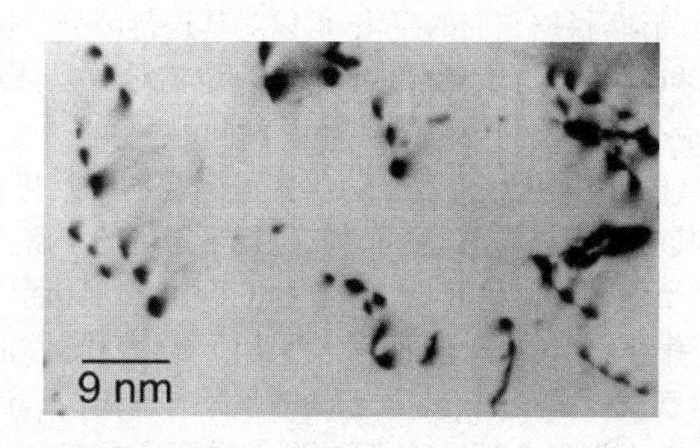

8.1　TEM 像中的衬度

本章对晶体材料 TEM 像中结构特征的来源进行解释。这些微结构特征，其尺度在纳米到微米范畴，决定了材料的许多重要性质。TEM 提供的有关微结构特征的信息，通常比其他实验技术更详细、更清晰。然而，像的解释是很微妙的，例如上图中由上而下的位错线段。位错本身不能对像中的线宽进行调制，而且位错像从位错中心的实际位置存在一个水平方向的偏离。通过改变入射束在晶体布拉格晶面上的倾角，即改变“衍射条件”，位错像的位置可以发生移动，分裂成两个，或完全消失。

“衬度”是像中结构特征的直接显现。明场(BF)和暗场(DF)TEM 像中的衬度通常称为“衍射衬度”，或是试样各部位衍射强度的变化。第 6 章讨论了劳厄条件，写作 $\Delta \boldsymbol{k} = \boldsymbol{g} - \boldsymbol{s}$，其中 $\Delta \boldsymbol{k}$ 的方位由倾转调节，$\boldsymbol{g}$ 是晶体的倒易矢量。衍射衬度和 BF，DF 像中结构特征的显现敏感地依赖于劳厄条件是否被满足——特别地，衍射起主导作用，同时取决于偏离参量 s 的特殊值。“质厚衬度”一般较弱，因强衍射效应可以被忽略，只有在原子序数存在很大差异，或衍射很弱的情况下可予考虑。在第 11 章和第 12 章中描述的高分辨成像的“相位衬度”和“Z-衬度”方法，比常规的

TEM 成像技术提供了更高的空间分辨率，但 HRTEM 方法明显地要求更高端的仪器、更熟练的操作，以及通常更多的解释。

本章的焦点是晶体材料中单个的“缺陷”。“缺陷”之名略欠尊贵，但它意味着材料中的微结构特征，对材料学中许多结构与性能之间的关系式是至关重要的。三维缺陷衍射花样的某些形态，例如 6.5.3 小节中显示的二相粒子，它们的 BF 和 DF TEM 像是通常的二维区域，与周围基体具有不同的衬度（亮度）。本章对这类缺陷的像进行了透彻的讨论，同时讨论了晶体之间和畴区之间的二维界面。晶体界面的衍射衬度经常出现多排的一维条带或“条纹”，这些是几种不同类别的条纹，通过倾转电子束或晶体，根据它们的变化，可以对其进行区分。位错是重要的一维晶体缺陷，其结构和应变在附录 A.11 中讲述。位错导致晶体严重的局域畸变。事实上，晶体中的应变使观测到的位错衬度并不是位错中心。零维点缺陷，例如空位和杂质，在常规 TEM 中一般是观测不到的，但围绕纳米尺度的化学区域，如原子或空位的团簇，其应变能被成像，并可对其进行半定量的了解。

本章从运动学衍射理论讨论开始，在常规电镜中，许多衍射效应源于动力学，但动力学理论留待第 13 章讨论。然而，我们采用了 13 章中的“消光距离”来表明，运动学衍射强度对于试样厚度和衍射误差的依赖是有理由的。运动学强度的数学形式与没有吸收的动力学理论相同，而且预测的衬度通常基本是正确的，然而，对于动力学理论和运动学理论，衍射衬度的物理机制却不相同。

利用运动学理论，对于完整晶体的散射波 ψ 可以获得简单的分析表达式，这仅仅需要少许的几何学。本章解释了如何用“振幅-相位图”对运动学衍射衬度进行半定量分析。振幅-相位图是复杂的傅里叶变换的图解构形，绘制在一个复平面上。振幅-相位图也是对式(6.7)的图解评估，它对衍射子波的相位因子进行矢量求和，给定总衍射波的振幅。一旦读者掌握了振幅-相位图的方法，便能够快速地分析各类傅里叶变换分析无效的衍射衬度。最重要的是，对于预测不同类别的晶体缺陷，振幅-相位图非常有价值。

在实际工作中，运动学理论在几种重要情况下对像衬的理解被证明是完全不合适的，甚至当它形式上延伸到无“吸收”的动力学理论时也是如此。具有吸收的动力学理论结果是需要的，用以定量分析堆垛层错的本质，以及粘连在一起的小颗粒的“Ashby-Brown 衬度”。本章将提出这些分析方法，但很大程度上无正当理由。深透的解释超出了本书的范畴，包括细节的处理和对计算机的依赖两个方面。具有吸收的动力学理论的定量讨论将在 13.7.3 小节中进行。

8.2　含有缺陷晶体的衍射

8.2.1　偏离参量 *s* 的回顾

首先回顾 6.6 节引入的偏离矢量 $\boldsymbol{s}$ 和它对衍射强度的影响。按照定义，$\boldsymbol{s}$ 是衍射矢量 $\Delta\boldsymbol{k}$ 相对于倒易矢量 $\boldsymbol{g}$ 的偏离：

$$\boldsymbol{g} = \Delta\boldsymbol{k} + \boldsymbol{s} \tag{8.1}$$

$\Delta\boldsymbol{k}$ 位于埃瓦尔德球面上（图 6.20）。对于高能电子，埃瓦尔德球和倒易阵点 $\boldsymbol{g}$ 之间的最短距离，与 $\hat{z}$ 方向几乎平行，所以，常将偏离矢量 $\boldsymbol{s}$ 的 $\hat{z}$ 分量称为“偏离参量”s（参阅 7.3.4 小节）：

s 是从埃瓦尔德球到倒易阵点的最小距离。

s 为正值意味着矢量 $\boldsymbol{s}$ 沿 z 的正方向[①]。图 7.25 表明，当倒易阵点位于埃瓦尔德球内时，s 为正，而位于球外时，s 为负。依照我们的符号习惯，s 为正对应菊池线相对衍射点向外的偏移（图 7.24）。6.6 节已经说明，s 是一个有用的参量，对于有限尺寸的完整晶体，它提供了计算运动学形状因子的条件。甚至在研究包含缺陷的非完整晶体的衍射衬度时，调控 s 也总是重要的，或者至少应对它有所了解。

8.2.2　原子的位移 δ*r*

在 TEM 像中，晶体缺陷附近的原子位移导致了许多重要类别的衍射衬度。通常，原子位移和衍射误差一起控制了衍射衬度。这里，对于原子位于 $\boldsymbol{r}$ 的非完整晶体的衍射波 $\psi(\Delta\boldsymbol{k})$（参阅式(6.49)）的振幅，我们发展了一种更一般的处理方法：

$$\psi(\Delta\boldsymbol{k}) = \sum_{r} f_{\mathrm{at}}(\boldsymbol{r},\Delta\boldsymbol{k})\mathrm{e}^{-\mathrm{i}2\pi\Delta\boldsymbol{k}\cdot\boldsymbol{r}} \tag{8.2}$$

与式(8.1)相同，$\Delta\boldsymbol{k}$ 可表示为完整晶体的倒易矢量与衍射偏离之差：

$$\Delta\boldsymbol{k} = \boldsymbol{g} - \boldsymbol{s} \tag{8.3}$$

作为一般处理，原子的位置 $\boldsymbol{r}$ 可写成点阵矢量 $\boldsymbol{r}_g$、基矢 $\boldsymbol{r}_k$ 与畸变矢量 $\delta\boldsymbol{r}_g$（式(6.47)）之和：

$$\boldsymbol{r} = \boldsymbol{r}_g + \boldsymbol{r}_k + \delta\boldsymbol{r}_g \tag{8.4}$$

① $\hat{z}$ 通常取电子枪方向为正，这方便衍射花样和投影图像的分析。另一方面，当对试样的子波振幅由上到下叠加时，可以令 $\hat{z}$ 向下为正。在这种情况下，必须小心处理相位 $2\pi sz$ 的符号，正如在 8.9 节中所描述的。

其中，$\delta \boldsymbol{r}_g$ 是一个完整的、具有周期性的晶体中一个单胞的位移①。为了计算 $\psi(\Delta \boldsymbol{k})$，式(8.2)指数中要计算式(8.3)和式(8.4)的点乘：

$$\Delta \boldsymbol{k} \cdot \boldsymbol{r} = \boldsymbol{g} \cdot \boldsymbol{r}_g + \boldsymbol{g} \cdot \boldsymbol{r}_k + \boldsymbol{g} \cdot \delta \boldsymbol{r}_g - \boldsymbol{s} \cdot \boldsymbol{r}_g - \boldsymbol{s} \cdot \boldsymbol{r}_k - \boldsymbol{s} \cdot \delta \boldsymbol{r}_g \tag{8.5}$$

现在，可以略去式(8.5)右边六项中的三项。

- 首先，$\boldsymbol{g} \cdot \boldsymbol{r}_g = 2\pi n$（$n$ 为整数，于是，指数 $e^{-i\boldsymbol{g} \cdot \boldsymbol{r}_g} = e^{-i2\pi n} = 1$，由于因子 1 不影响 $\psi(\Delta \boldsymbol{k})$，因此可以忽略 $\boldsymbol{g} \cdot \boldsymbol{r}$ 项。
- 基于因子 g/k，$|\boldsymbol{s}|$ 远小于 $|\boldsymbol{g}|$，其中 $\boldsymbol{k}$ 是高能电子的波矢（参阅式(7.13)），这允许令 $\boldsymbol{g} \cdot \delta \boldsymbol{r}_g \approx 0$；
- 同样基于 $|\boldsymbol{s}|$ 是小量的理由，也可令 $\boldsymbol{s} \cdot \boldsymbol{r}_k \approx 0$。

式(8.5)右边保留了第 2～4 项，于是，将式(8.5)代入式(8.2)，有

$$\psi(\Delta \boldsymbol{k}) = \sum_{\boldsymbol{r}_g}^{\text{lattice}} \sum_{\boldsymbol{r}_k}^{\text{basis}} f_{\text{at}}(\boldsymbol{r}_k, \Delta \boldsymbol{k}) e^{-i2\pi \boldsymbol{g} \cdot \boldsymbol{r}_k} e^{-i2\pi(\boldsymbol{g} \cdot \delta \boldsymbol{r}_g - \boldsymbol{s} \cdot \boldsymbol{r}_g)} \tag{8.6}$$

$$\psi(\Delta \boldsymbol{k}) = \mathscr{F}_g \sum_{\boldsymbol{r}_g} e^{i2\pi(\boldsymbol{s} \cdot \boldsymbol{r}_g - \boldsymbol{g} \cdot \delta \boldsymbol{r}_g)} \tag{8.7}$$

这里，在式(8.6)中采用了单胞的结构因子 $\boldsymbol{F}(\boldsymbol{g})$（式(6.54)）：

$$\mathscr{F}_g = \sum_{\boldsymbol{r}_k} f_{\text{at}}(\boldsymbol{r}_k, \Delta \boldsymbol{k}) e^{-i2\pi \boldsymbol{g} \cdot \boldsymbol{r}_k} \tag{8.8}$$

为了从式(8.2)得到式(8.6)，才用了 $f_{\text{at}}(\boldsymbol{r}, \Delta \boldsymbol{k}) = f_{\text{at}}(\boldsymbol{r}_k, \boldsymbol{k})$，因为原子的类别仅仅取决于它在单胞中的坐标 $\boldsymbol{r}_k$（所有单胞包含了同类原子的相同排列，参阅式(6.51)）。

8.2.3　形状因子和(晶体厚度) t

当 $\delta \boldsymbol{r}_g = \boldsymbol{0}$ 时，式(8.7)变成晶体的形状因子 $\mathscr{S}(\boldsymbol{s})$，正如式(6.53)的定义：

$$\mathscr{S}(\boldsymbol{s}) = \sum_{n}^{N_z} e^{+i2\pi \boldsymbol{s} \cdot \boldsymbol{r}_g} \tag{8.9}$$

在对电子衍射式(8.1)讨论时，已经注意到 s 位于 $\hat{z}$ 方向，特别地，$\boldsymbol{s} = s\hat{z}$。如果 $\boldsymbol{r}_g$ 的 $\hat{z}$ 分量由 $na_z\hat{z}$ 表示，其中，n 为整数，a_z 是 $\hat{z}$ 方向的点阵参数，于是 $\boldsymbol{s} \cdot \boldsymbol{r}_g = sa_z n$，形状因子为

$$\mathscr{S}(s) = \sum_{n}^{N_z} e^{i2\pi s a_z n} \tag{8.10}$$

方程(8.10)是一个有限的几何级数，6.5.1 小节中已对其求和，而形状因子的强度也在式(6.143)中计算：

$$\mathscr{S}^* \mathscr{S}(s) = \frac{\sin^2(\pi s_z a_z N_z)}{\sin^2(\pi s_z a_z)} \tag{8.11}$$

---

① 由于晶体中内部应变变化的距离远大于单胞尺寸，因此 $\delta \boldsymbol{r}_g$ 被处理为单胞的畸变位移，而非原子的位移。

正如式(6.123)所描述的，分母近似为$(\pi s_z a_z)^2$，而参量 $a_z N_z$ 是晶体厚度 t。运用式(8.7)和式(8.11)，对于有限厚度的完整晶体，其衍射强度为

$$I_g = |\psi(\boldsymbol{g},s)|^2 = |\mathscr{F}_g|^2 \frac{\sin^2(\pi st)}{(\pi sa_z)^2} \tag{8.12}$$

8.2.4　衍射衬度和$\{s,\delta\boldsymbol{r},t\}$

遗憾的是，当原子位移 δr_g 在晶体中随位置发生变化时，像式(8.12)这样清晰的分析结果是极少可能的。若 $\delta \boldsymbol{r}_g$ 随 TEM 试样厚度而发生变化，没有如式(8.10)中那样简单的几何级数求和，对于衍射波，需要更完整地表达为

$$\psi(\Delta \boldsymbol{k}) = \mathscr{F}_g \sum_{n}^{N_z} \mathrm{e}^{\mathrm{i}2\pi(sa_z n - \boldsymbol{g}\cdot\delta r_n)} \tag{8.13}$$

其中，单胞在沿 $\hat{z}$ 方向的晶柱中用 n 来指示。

本章大部分内容涉及衍射强度 I_g 如何依赖于偏离参量 $\boldsymbol{s}$、原子畸变 $\delta \boldsymbol{r}_g$ 和试样厚度 t。结合 s 和 t，由 $\delta r(x,y,z)$所描述的晶体缺陷周围的应变场，导致了 BF 或 DF 像的衍射衬度，这被分析为试样 x,y 平面上不同晶柱 I_g 的变化。

BF 像宁可选择的衍射条件是仅仅具有一个衍射束和透射束。这个“两束”条件在本章中被假定用于许多缺陷衬度的分析。在两束条件下，透射束强度 I_0 与衍射束强度 I_g 在运动学理论中是严格互补的，将入射束强度归一化，则有

$$I_0 = 1 - I_g \tag{8.14}$$

式(8.12)和式(8.14)表明，透射束和衍射束强度会随试样的深度 t 而变化，而且这个深度变化的周期等于 s^{-1}。偏离参量 s 越大，强度振荡的距离越短。

当衍射束强度远小于入射束强度，即 $I_g \ll I_0$ 时，运动学理论是有效的。在 s 较大，而透过试样的衍射较弱时，这个条件近似于实际情况。然而，对缺陷结构进行 TEM 成像时，通常具有较小 s 的衍射条件。当 $s \approx 0$ 时，式(8.12)的运动学结果对大多数实际厚度材料是不正确的，这种情况下，需采用第 13 章中发展的动力学理论进行处理。

8.3　消 光 距 离

利用动力学理论方程(13.161)可以把式(8.12)改写成一个更一般的形式：

$$I_g = \left(\frac{\pi}{\xi_g}\right)^2 \frac{\sin^2(\pi s_{\mathrm{eff}} t)}{(\pi s_{\mathrm{eff}})^2} \tag{8.15}$$

这个方程是有效的，甚至当衍射束很强、运动学理论本身不适合时也有效。（试样

不很薄且 $s\approx 0$ 是一个通常的情况。)方程(8.15)中采用了修改后的偏离参量 s,称之为有效偏离参量 s_{eff},定义如下:

$$s_{\mathrm{eff}} \equiv \sqrt{s^2 + \xi_g^{-2}} \tag{8.16}$$

方程(8.16)使用了动力学理论中的一个参量,称为“消光距离”ξ_g,在第 13 章式(13.41)中定义为

$$\xi_g \equiv \frac{\pi V}{\lambda \mathscr{F}_g} \tag{8.17}$$

其中,V 是单胞的体积,λ 是电子波长,$\mathscr{F}_g$ 是衍射 $\boldsymbol{g}$ 的结构因子。ξ_g 的值随 $\mathscr{F}_g$ 的增加而减小——散射越强,ξ_g 越短。表 8.1 提供了一些具有面心立方结构纯金属的不同衍射的 ξ_g 值。值得注意的是,ξ_g 如何随衍射指数(hkl)的增大而增大,以及随原子序数的增大而减小①。ξ_g 的值一般在几百到几千埃的范围。

表 8.1　$s=0$ 时,两束条件下,不同元素的消光距离 ξ_g(Å)(100 kV 电子)[1]

衍射	Al	Cu	Ni	Ag	Pt	Au	Pb	Fe	Nb	Si	Ge
110								270	261		
111	556	242	236	224	147	159	240			602	430
200	673	281	275	255	166	179	266	395	367		
211								503	457		
220	1 057	416	409	363	232	248	359	606	539	757	452
310								712	619		
311	1 300	505	499	433	274	292	418			1 349	757
222	1 377	535	529	455	288	307	436	820	699		
321								927	4 781		
400	1 672	654	652	544	343	363	505	1 032	863	1 268	659
411								1 134	944		
331	1 877	745	745	611	385	406	555			2 046	1 028
420	1 943	776	776	634	398	420	572	1 231	1 024		
332								1 324	1 102		
422	2 190	897	896	724	453	477	638	1 414	1 178		

① 这两种观测都可以理解为 ξ_g 多么依赖于 $\mathscr{F}_g$ 的倒数。附录 A.5 解释了不同能量的电子如何使电子散射因子(或 $\mathscr{F}_g$)的值发生变化。附录 A.5 中相对因子的反转,加上式(8.17),容许表 8.1 中其他能量电子消光距离 ξ_g 的改变。

续表

衍射	Al	Cu	Ni	Ag	Pt	Au	Pb	Fe	Nb	Si	Ge
510								1 500	1 251		
431								1 500	1 251		
511	2 363	985	983	792	494	519	688			2 645	1 273
333	2 363	985	983	792	494	519	688			2 645	1 273
521								1 663	1 390		
440	2 637	1 126	1 120	901	558	587	772			2 093	1 008
531	2 798	1 206	1 196	964	594	626	822				
600	2 851	1 232	1 221	984	606	638	838				
442	2 851	1 232	1 221	984	606	638	838				

在精确的布拉格条件下，对单个衍射 $\boldsymbol{g}$，$s=0$，式(8.16)显示 $s_{\mathrm{eff}}=1/\xi_g$。在这种情况下，式(8.15)表明，I_g 随试样深度周期性地变化，周期的距离为 ξ_g。换句话说，当 $s=0$ 时，大于 ξ_g 的距离，电子强度在透射束和衍射束之间来回转换一次。注意到运动学理论的式(8.12)不能预期 $s=0$ 时，透射束和衍射束之间的电子强度任何的周期转换。当 $s=0$ 时，试样深度周期性的现象是纯粹的动力学过程。另一方面，当 $s\gg 0$ 时，s 主导了强度的深度周期性，式(8.16)中 $s_{\mathrm{eff}}=s$，恢复了运动学理论的式(8.12)。两个终端之间，深度周期是 s_{eff}^{-1}，它取决于式(8.16)中的 s 和 ξ_g。图 8.1 显示了这个周期，也显示了“有效消光距离”ξ_g^{eff}，定义为

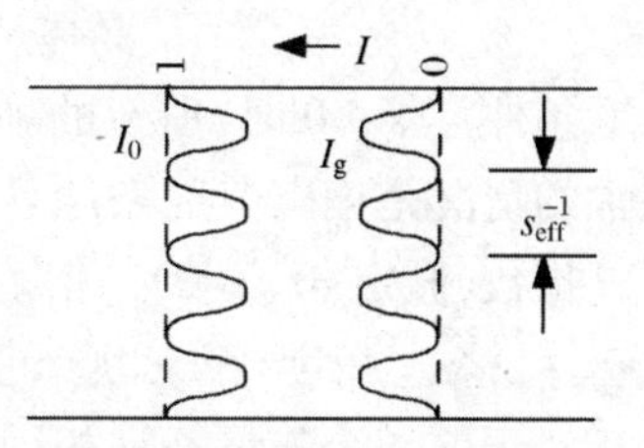

图 8.1　有效消光距离，$\xi_g^{\mathrm{eff}}\equiv s_{\mathrm{eff}}^{-1}$，以及厚试样中两束条件下透射束和衍射束的强度

$$\xi_g^{\mathrm{eff}}\equiv\frac{1}{s_{\mathrm{eff}}}\tag{8.18}$$

比较式(8.16)和式(8.18)，可以发现

$$\xi_g^{\mathrm{eff}}=\frac{\xi_g}{\sqrt{1+s^2\xi_g^2}}\tag{8.19}$$

方程(8.19)表明，当 $s=0$ 时，有效消光距离 $\xi_g^{\mathrm{eff}}=\xi_g$，但 ξ_g^{eff} 随精确的布拉格位置偏离的增加而变小，当 s 很大时近似为 $1/s$。

8.4　振幅-相位图

一个模数单元的复数的极坐标表示显示在图 8.2 中，采用极坐标发展了一种几何图解，称为“振幅-相位图”，以估算式(8.13)中的衍射波。考察式(8.13)，求和中的每一项 $e^{i2\pi(sa_z n-g\cdot\delta r)}$ 都是一个模数单元的复数。每一项可以视为二维复数平面上的一个矢量，矢量的 x 分量和 y 分量分别是实数部分和虚数部分。矢量是随试样深度 r_g 逐渐增大时源于单胞衍射子波的相位因子(图 8.3)。

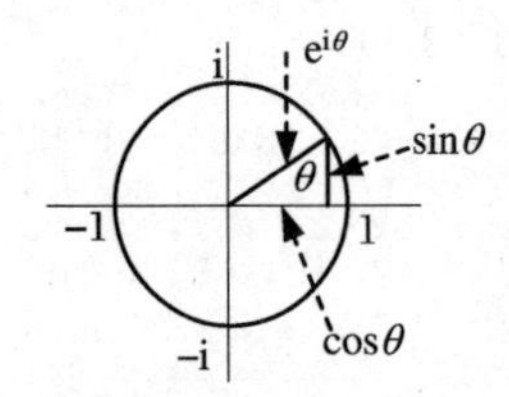

图 8.2　单位圆上复数 $e^{i\theta}$ 的极坐标表示

对于第一个振幅-相位图的例子，考虑 $\delta \boldsymbol{r}_g=\mathbf{0}$ 的完整晶体，于是，式(8.13)中的相位因子是 $e^{i2\pi sa_z n}$。当严格满足劳厄条件且 $\boldsymbol{s}=\mathbf{0}$ 时，所有的项为 $e^{i2\pi sa_z n}=+1$，因此，所有矢量都在实数轴上。更通常的情况是偏离劳厄条件且 $\boldsymbol{s}\neq\mathbf{0}$。图 8.4 显示了式(8.7)中所有衍射波的前五项复指数(假定 $\delta \boldsymbol{r}_g=\mathbf{0}$)。衍射波中的第一项 $\mathscr{F}e^{i0}$ 在实轴上，第二项 $\mathscr{F}e^{i2\pi sa_z}$ 与实轴成 $\theta_1=2\pi sa_z$ 角度，第三项 $\mathscr{F}e^{i2\pi sa_z 2}$ 与实轴的夹角是 θ_1 的两倍。求和式中每一个矢量相对于前一个矢量增加相同的角度，因为指数相继增大 $i2\pi sa_z$。

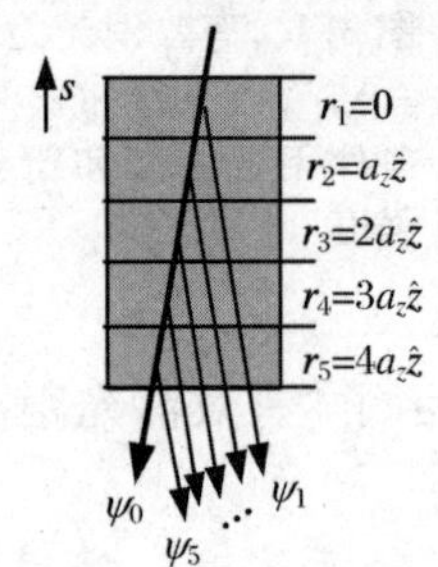

图 8.3　表达式 $\psi(s)=\sum_n \mathscr{F}_g e^{i2\pi sa_z n}$ 当深度 r_g 逐渐增大时，由单胞衍射的子波，注意 s 与 $\hat{z}$ 方向一致

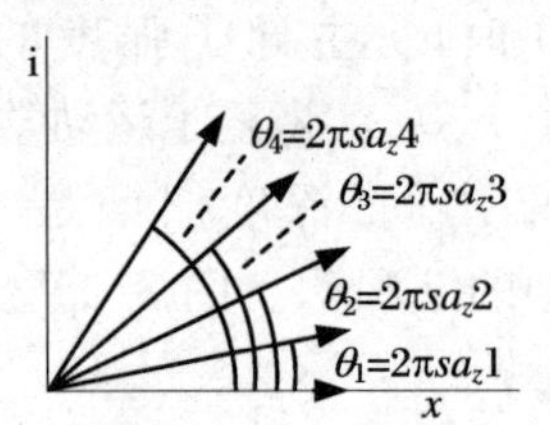

图 8.4　求和式 $\psi(s)=\mathscr{F}_g\sum_n e^{i2\pi sa_z n}$ 中每一项的矢量表示

图 8.5 是一张“振幅-相位图”，由图 8.4 中的矢量首尾相连构成，这是总衍射波 ψ 的几何构形，等价于求和式(8.7)。总衍射波 ψ，在图 8.5 中表示为单个矢量之和。求和式中连续矢量之间的角度是 $2\pi sa_z$。当 $s=0$ 时，出现一种特殊情况，所有矢量位于实轴上而线性求和，这可给出 ψ 的振幅极大值。物理上，对于 $s=0$，通过晶体被散射的子波，相互之间具有相同相位。

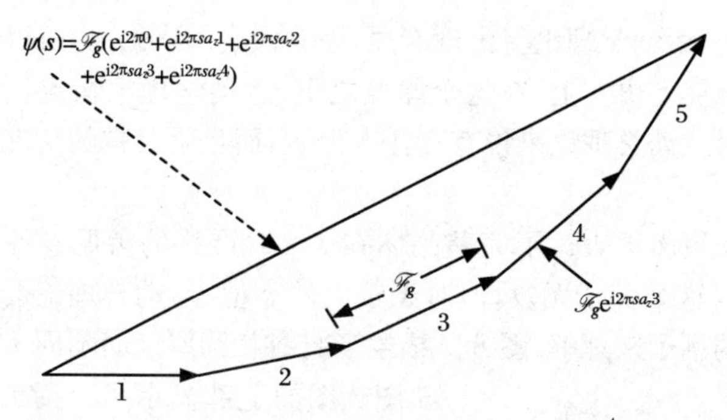

图 8.5　图 8.4 中五项之和而构造出 $\psi(s) = \mathscr{F}_g \sum_{n=0}^{4} \mathrm{e}^{+\mathrm{i}2\pi a_z n}$

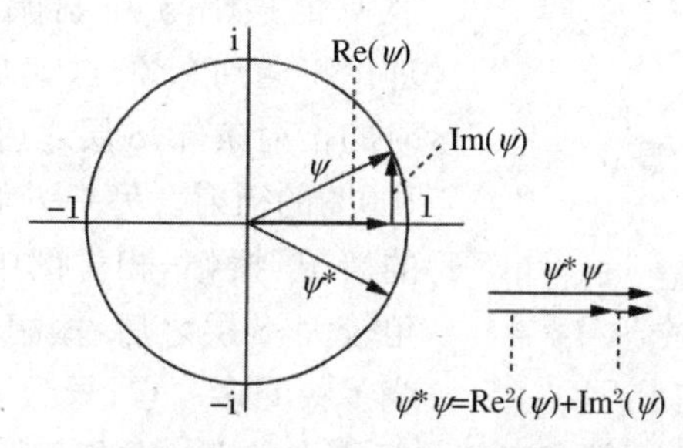

图 8.6　ψ 的实部和虚部分量，强度 $\psi^* \psi$ 是实数且为一个单位

因为 $\hat{z}$ 沿电子枪方向，z 将随试样深度的增加而减小。然而，通常情况下，可令试样上表面为 $z=0$，改变 z 的符号使它随试样深度的增加而增加①。图 8.6 对 ψ 和 ψ^* 及其乘积即强度，当它们的模数为 1 个单位时进行了图解。强度 $\psi^* \psi = \mathrm{Re}(\psi)^2 + \mathrm{Im}(\psi)^2$ 是实数，它不依赖于复空间中波的取向，而仅仅取决于它的模数。

8.5　试样的厚度条纹

8.5.1　厚度和振幅-相位图

考虑一种似乎合理的情况，一个晶体处于严格的布拉格位置，入射电子进入试样后，沿试样纵深的每一个单胞使 1% 的入射电子发生衍射。当入射束进入试样

① 这将对每一个相位因子变换到它的共轭复数 $\mathrm{e}^{\mathrm{i}2\pi sz} \to \mathrm{e}^{-\mathrm{i}2\pi sz}$，而衍射强度维持不变。然而，当衍射子波的相位存在其他依赖于 z 的贡献时，确保 z 坐标与 s 的定义一致性是十分重要的。

约 100 个单胞时，运动学理论将出现麻烦，因为假定了入射束在试样较深层与表面层具有相同的强度。事实上，在这个厚度之下，运动学理论在定量上是不可靠的。尽管这个例子对运动学理论来说有点让人沮丧，而且是通常的情况，但存在维持其有效性的方式。

前面的例子更多地表达了完整晶体在 $s=0$（严格的劳厄条件）时的情况。尽管运动学理论对这个例子无效，但对于较大的 s 值，运动学理论会越来越适用，这可以用图 8.7 的例子来理解，图 8.7 描绘了具有相同厚度而不同 s 值的振幅-相位图。图的上部显示了入射波 ψ 的振幅。假定试样材料的消光距离约为 8 层单胞大小，则每层的衍射波约为 1/8 ψ_0 振幅。当衍射波 ψ 的振幅与 ψ_0 振幅大小相近时，运动学理论将遇到麻烦，这就是图 8.7 左边 s 很小时的衍射条件，8 层之后，ψ 的强度几乎达到 100%的衍射。另一方面，对于图右边 $s\gg0$ 的情况，振幅-相位图中相邻矢量之间的夹角较大，8 层之后，振幅-相位图中的矢量环绕了一圈多一点，导致一个弱的衍射波。从本质上看，这意味着试样上部和底部之间存在较大的非相干性，抑制了衍射波的强度。对于 $s\gg0$ 的情况，试样厚度进一步增加，会使振幅-相位图产生额外的卷曲，但 ψ 的振幅绝不会变得与 ψ_0 相比拟。当 $|s|\gg0$ 时，运动学理论对厚度试样更加适用。

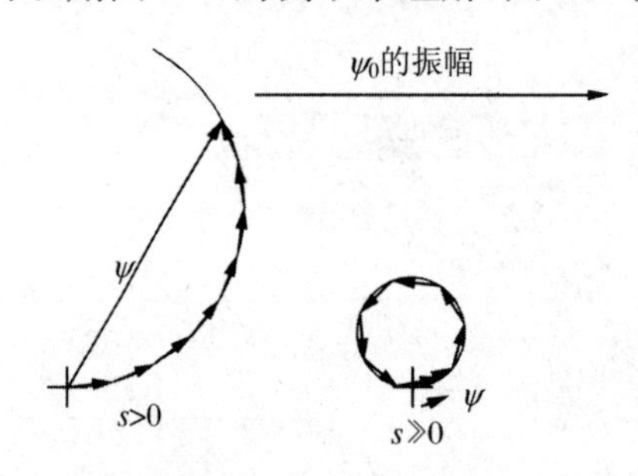

图 8.7　不同偏离参量 s 时衍射强度的振幅-相位图。八个短矢量长度相同，但取向不同

当 s 较小而试样较厚时，由振幅-相位图有时能作出一些有用的预测，但这要求如式(8.16)中对 s 值的改变。最显著的变化是即使 $s=0$，新的 s_{eff} 也不会为零。于是，在严格的劳厄条件下，厚度条纹也确实被观测到，条纹的周期可以利用 s_{eff} 获得（尽管第 13 章表明，描述它们的动力学现象在本质上不同于运动学理论的波的干涉）。一个更微妙的差别是“吸收”效应，或非相干过程中电子的损失（例如高角卢瑟福散射），由于 8.3 节已修改而在此不做处理。

8.5.2　TEM 像中的厚度条纹

对于理解 TEM 像中较大范围变化的衍射衬度特征，振幅-相位图是很方便的方法。首先，考查一个 $s\gg0$ 取向的楔形晶体，在这种情况下，振幅-相位图中的矢量卷曲成一个近轴的圆圈（参见图 8.8）。在紧靠楔形端部，衍射波振幅 ψ_g 和强度 I_g 分别随试样厚度的增大而线性增大和平方增强。然而，在离端部不太远处，衍射强度 I_g 将减弱，因为较深区域处衍射子波具有不同的相位。TEM DF 像的强度，是由衍射强度 I_g 的分布构成的，在楔形端部处为暗区，而在图 8.8 中有两个亮度极大值。BF 像的强度显示在图 8.8 的底部，与 DF 像互补，在楔形端部处是亮区。

假如楔形扩展到纸平面外部，这些亮区和暗区将在纸平面外形成带状，称之为“厚度条纹”或“厚度轮廓线”，由于试样的空洞边缘常呈楔形，因此，TEM 试样中常能观察到厚度条纹。

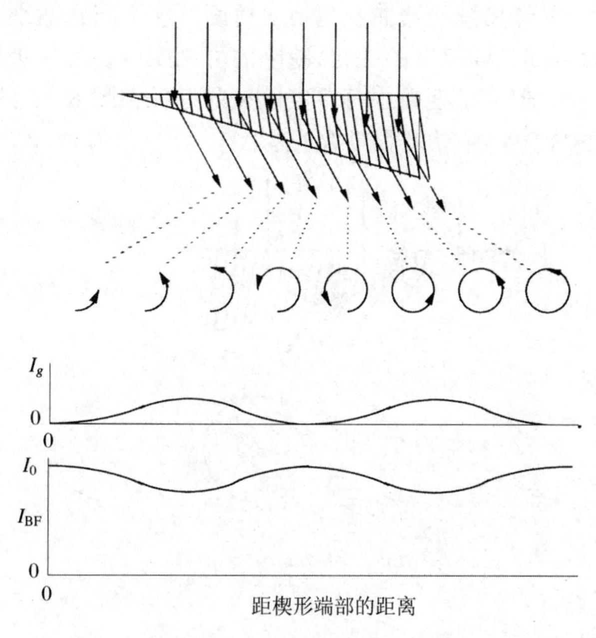

图 8.8　楔形晶体中随厚度增大的振幅-相位图，呈现了衍射衬度中厚度条纹的起因

试样的其他特征也能产生明暗条带的衍射衬度，有时，可以通过倾转晶体改变 s_{eff} 的值而识别厚度条纹和其他缺陷的差异。例如，若倾转楔形试样使其具有较小的 s_{eff} 值（但仍有 $s_{eff}>0$），明暗条纹会移动而相距更远，正如图 8.9 所示。图 8.9 与图 8.8 的差别是 s_{eff} 的值减小为 1/2，于是振幅-相位圆圈的直径增大为两倍，明暗条带的距离也增大为两倍，而衬度变化的强度则 4 倍于先前试样的取向。倾转试样使其从 $s\gg0$ 到 $s>0$ 直至 $s\approx0$，厚度条纹开始较暗且相距紧密，随着 s 的减小，条纹宽度的距离明显扩展，变得更加明亮，而且明显地从试样空洞边缘处偏离。

图 8.10 显示了在动力学条件（$s\approx0$）和运动学条件（$|s|\gg0$）下的厚度条纹。当 ξ_g^{eff} 为整数时，多数电子的振幅在透射束中，而当 ξ_g^{eff} 为 1/2 的奇数倍，即 1/2，3/2，5/2，…时，电子的强度在衍射束中有极值。与式（8.19）相符，厚度条纹的间距与动力学条件中的 ξ_g 和运动学条件中的 s^{-1} 是可比较的。在运动学 BF 成像条件下，由于强度的变化（深度振荡）相对于总强度很小，厚度条纹显得很弱。而在 DF 成像模式下，厚度条纹更明显些。也应注意到，厚度条纹在图 8.10 的 BF 像中刚刚消失之处，最容易观察到位错。

在图 8.11 中，可看到楔形薄膜试样的厚度轮廓如一组相互交替的明暗带。这幅图是铝合金的 BF 像,材料中充满了被称为空位型位错环的很小的缺陷结构。(材料由高温淬灭而形成过量的空位,在{111}面上凝聚成小的圆盘。)一个空位环在其周围区域使晶体发生畸变,导致原子的位移随位置而发生变化,可用式(8.4)中非零的 δr_g 表示,晶体局域的弯曲产生衍射衬度。这个问题的细节将在以后讨论,但这里可以指出,随试样厚度的变化,缺陷的可见度也在发生怎样的变化。空位环在亮带中最明显,但可见度在中等厚度区域最好。在图 8.11 的低放大像中,左上的薄区和右下的厚区,空位环很难看清楚。

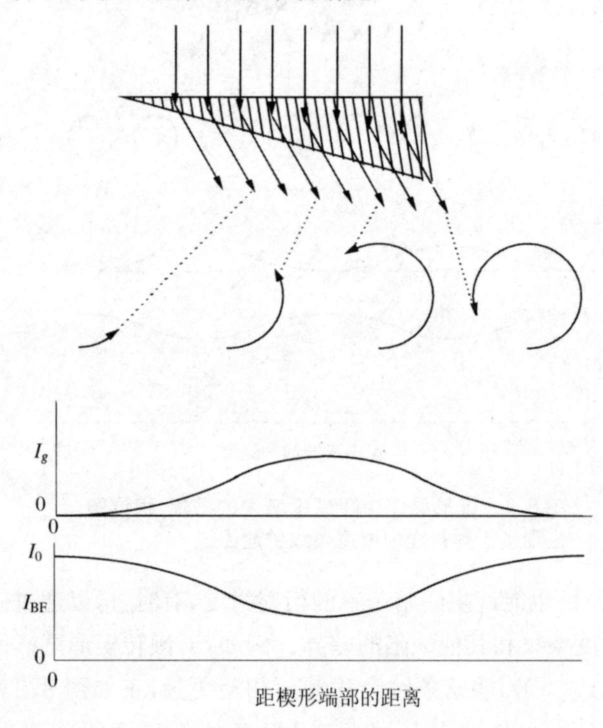

图 8.9 图 8.8 中同一楔形晶体,但 s 值仅有 1/2 大小的振幅-相位图

在试样较厚区域,厚度条纹越来越模糊,例如,图 8.11 中右下角试样较厚的区域,明暗带之间的强度变化逐渐消失,这可被理解为试样较厚区域的吸收效应,或相干电子的损失。试样表面之下较深处的单胞,只接收较弱的入射束,减少了它们的平均散射。对振幅-相位图做定性的处理,使较深处的衍射矢量稍短,但相对于前一个矢量仍成相同角度,于是,经历同样数量单胞散射的 ψ_g 的局域最大值和最小值在图中被分开,矢量连续地缩短导致图 8.7 中圆圈变成螺旋形,如图 8.12 所示。透射束仍呈现互补行为:$I_0 = 1 - I_g$,然而透射束和衍射束也都被强度的衰减所调制,因为晶体上部的子波到达底部时实际上已经减弱(当然,在很厚的试样中,BF 和 DF 都将变暗)。

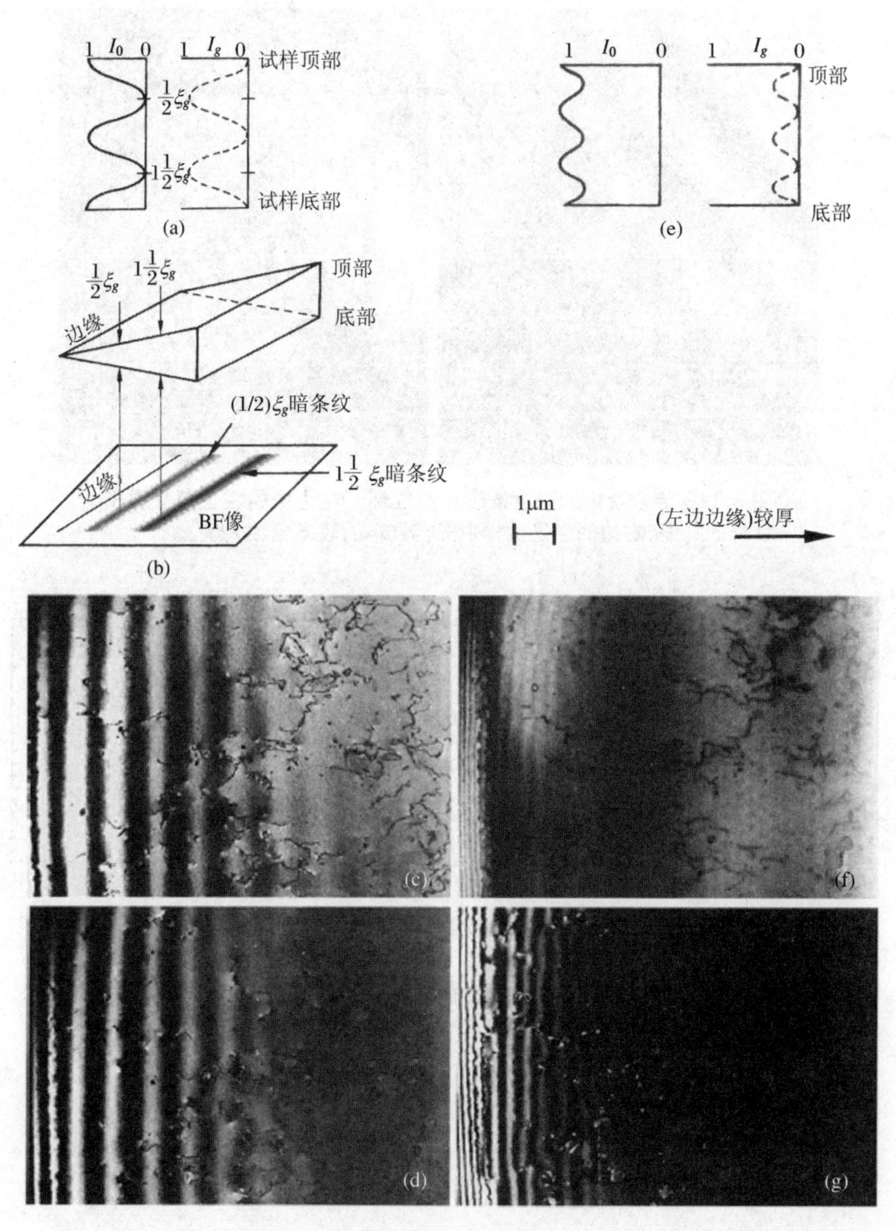

图 8.10　(a)动力学条件下随试样深度变化透射束(BF,I_0)和衍射束(DF,I_g)平均强度的分布。(b)一个楔形的、没有缺陷的试样和图像中厚度条纹位置的示意图。(c)(d)楔形 Al 薄膜中同样区域的 BF 和 DF 动力学像,显示了位错和厚度条纹。(e)运动学条件下透射束和衍射束随试样深度的强度分布。(f)(g) 与(c)和(d)同样区域的 BF 和 DF 运动学像,显示了位错但在 BF 像中仅呈现模糊的厚度条纹[2]

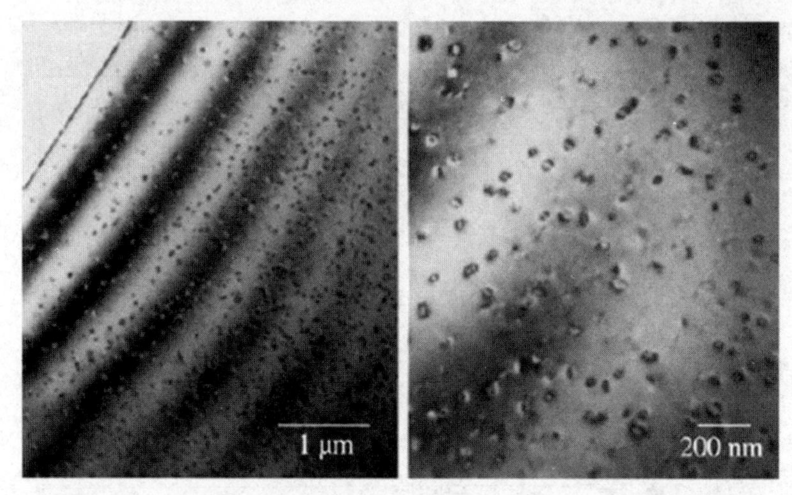

图 8.11　铝合金中的厚度条纹和空位环。左边像的左上部呈现了试样的孔洞,右边的像是试样中部空位环的较高倍放大像

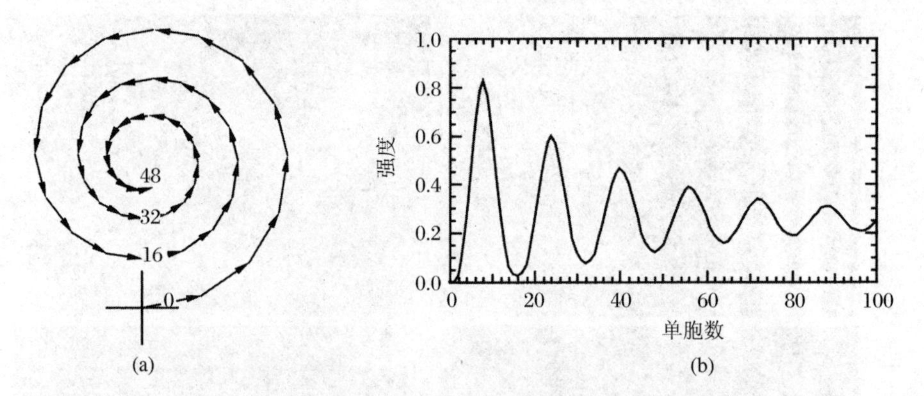

图 8.12　(a) 在振幅-相位图中,通过缩短每一个连接的矢量而保持它们之间的角度来处理吸收;(b) 随试样厚度增加衍射强度呈现出模糊的衬度

8.6　TEM 像中的弯曲轮廓线

上一节表明,当 s 恒定时,条纹在晶体像中出现是因为试样厚度的变化。当厚度一定而试样发生了弯曲或变形时,就产生了一个有趣的情况。此时,s 随试样位置发生变化,在明场像中出现模糊的“弯曲轮廓线”。弯曲轮廓线是衍衬效应,采用振幅-相位图很容易解释。考虑一个曾是完整扁平的单晶试样,用一对镊子将它轻

压成图 8.13(a)的形状①横跨试样将出现一组扭曲的布拉格晶面，于是，试样的所有区域不可能在同一时间出现相同的衍射条件。假定试样中心处于严格的衍射条件($s=0$)，则 s 将随偏离中心的距离而增大。图 8.13(b)的埃瓦尔德球构形表明，右边的 s 值为正增长，左边的 s 值为负增长。图 8.13(c)描绘了这个扭曲试样的振幅-相位图，从图中可以看到，由这些布拉格面获得的图 8.13(d)暗场像在试样中心区域很明亮，亮度随偏离中心而减弱。亮度可发生振荡，在 s 的某些特殊值处，振幅-相位图完成一个闭合圆圈，衍射强度出现交点。若试样是圆柱形的，DF 像的亮区(图 8.13(d)中大 I_g 值处)将沿着垂直于纸平面的方向扩展。当试样被倾转时，"弯曲轮廓线"通常会移动，除非转动轴垂直于弯曲轮廓线。

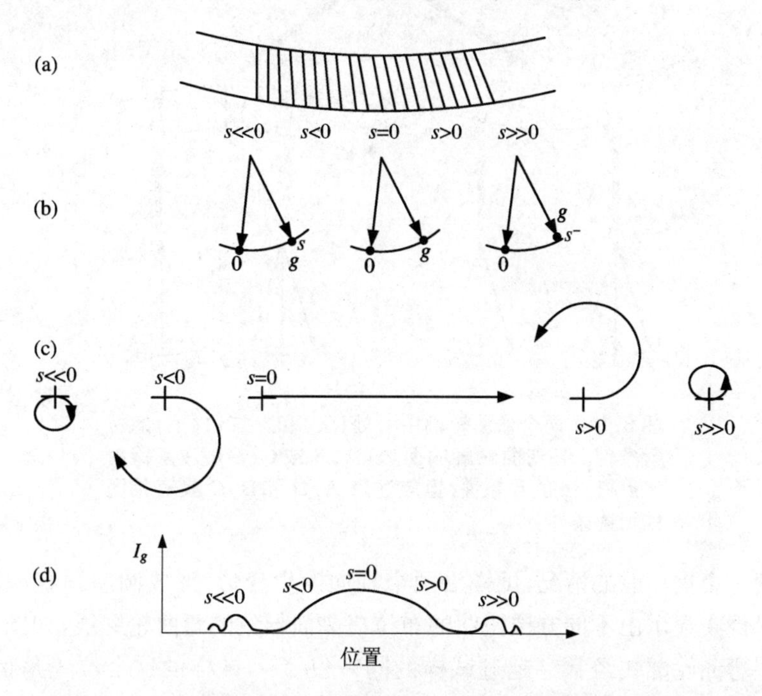

图 8.13　(a) 弯曲试样中晶面的扭曲；(b) 埃瓦尔德球构形表明，若试样中心处 $s=0$，则左边 $s<0$，而右边 $s>0$；(c) 不同区域的振幅-相位图；(d) 衍射强度。由于动力学理论的吸收效应，较厚晶体中实际的弯曲轮廓线不要求强度对称(参阅图 13.15)

如同菊池线一样，弯曲轮廓线成对出现，与 $+\boldsymbol{g}$ 和 $-\boldsymbol{g}$ 衍射相关联，如(002)和(00$\bar{2}$)，尽管这两个条带一起趋向于模糊。对于向上和向下弯曲的两种情况，用图 8.14 来阐明它们的衍射条件。注意到在弯曲轮廓线中心处，若 $s<0$ 对应于一个特殊的衍射，例如 $+\boldsymbol{g}$，则在中心任意一边，s 值或更大，或为更小负值。对于 $-\boldsymbol{g}$ 衍射，s 将遵循相反的趋势。结果，若位置 A 处 $s=0$ 对应于衍射 $-\boldsymbol{g}$，则位置 B 处

① 不要笑话，你的试样也可能发生这种情况。

$s=0$ 对应于 $\boldsymbol{g}$。因此，相对于图的中心，DF 像是反对称的，而 BF 像是对称的。图 8.14 显示，如何通过比较 BF 和 DF 像，有可能识别试样是向上弯曲或者向下弯曲。弯曲轮廓线提供了一种实际的方法，以了解 s 如何随试样位置而变化，或者至少是了解试样中何处 s 较小的方法。

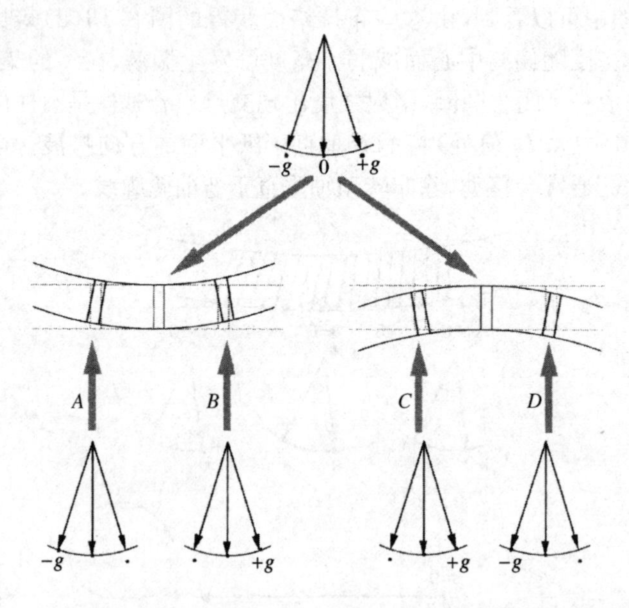

图 8.14　两个弯曲轮廓中心处(上)和左右边(下)的衍射条件。在弯曲轮廓的两边(A,B 或 C,D)，注意衍射 $+g$ 和 $-g$ 的互补性，也应注意 A,D 和 B,C 具有相同的衍射条件

考察一个更一般的情况，试样沿两个轴向发生变形，形成圆屋顶状或圆盘状，这时，BF 像将显示由不同方位扭曲的布拉格晶面导致的弯曲轮廓线，如图 8.15 所示。这些弯曲轮廓线经常穿越过试样的同一位置①，试样的这个位置是衍射的精确取向，对许多衍射有 $s\approx0$，因而在 SAD 中有许多衍射斑点是预期的晶带轴取向。因此，弯曲轮廓线对确定晶体取向是很有用的。在倾转操作过程中，BF 像会展现出不同弯曲轮廓线的移动。如果弯曲轮廓线衍射指标化，通过观察弯曲轮廓线便可将试样从一个带轴倾转到另一个带轴，而无需观察衍射花样，倘若样品台不能完美地对中倾转，诚如通常的情况，这种技术是相当方便的。(你可以对试样在成像模式下的位移进行更容易的补充，因为你能观察到它的移动。)例如，若一个试样取向为[100]带轴，拟倾转到[310]带轴，通过倾转试样(必要时移动试样)，只要在感兴趣区域保持(002)弯曲轮廓线可见。(因为[002]衍射同时出现在[100]和

① 因为在(002)和(020)弯曲轮廓线的相交处，(002)和(020)衍射的 $s\approx0$，我们预期对于(011)衍射也有 $s\approx0$，则(011)弯曲轮廓线必穿越相同的位置。

[310]衍射花样中，故需保持(002)弯曲轮廓线。)稍微倾转一点后，除(002)外，其他所有弯曲轮廓线都消失，进一步倾转，将看见一组新的弯曲轮廓线会聚在令人感兴趣的区域，这可能是试样的[310]带轴。换句话说，可以用弯曲轮廓线作为倒空间的一个路线图，很像菊池线的使用。利用弯曲轮廓线，可在成像模式下倾转，而菊池线是在衍射模式下倾转的。

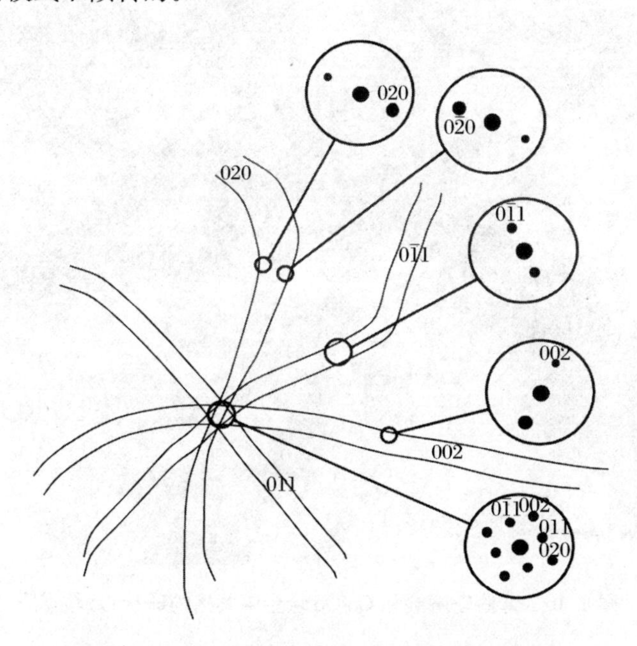

图 8.15　两个方向都有形变的试样，其弯曲轮廓线的明场像，以及指定区域的 SAD 花样

后面将表明，具有长程应变场的晶体缺陷的衬度对 s 是多么敏感。因此，缺陷的出现会改变附近的弯曲轮廓线，具有 $\boldsymbol{g}$ 和 s 的这种缺陷衬度的变化有助于确定试样缺陷的类别。图 8.16 阐明了 Cu-Co 合金中共格 Co 粒子的情况。Co 粒子为球形，产生一个径向的应变场，这个应变场对 BF TEM 像中精细尺度的衍射衬度十分重要，沉淀物像将在 8.14.2 小节中详细解释，这里仅说明一般概念。式(8.4)中描述的原子的位移 $\delta \boldsymbol{r}_g$ 随试样位置而变化，这个畸变矢量 $\delta \boldsymbol{r}_g$ 对单胞在 $\boldsymbol{g}$ 方向衍射的子波的相位有贡献，但因具有 s，其相位因子为式(8.7)的 $e^{i2\pi(s \cdot r_g - g \cdot \delta r_g)}$。因此，缺陷周围原子位移的衍射衬度取决于 s 的值。注意到在主要的弯曲轮廓线边缘，深色沉淀物的衬度最强，在此位置 s 接近于零，最弱的衬度会进一步偏离。因此，这张图像提供了 $\boldsymbol{g}$ 和 s 所有必然的结论，以了解 Co 沉淀物周围的应变场。

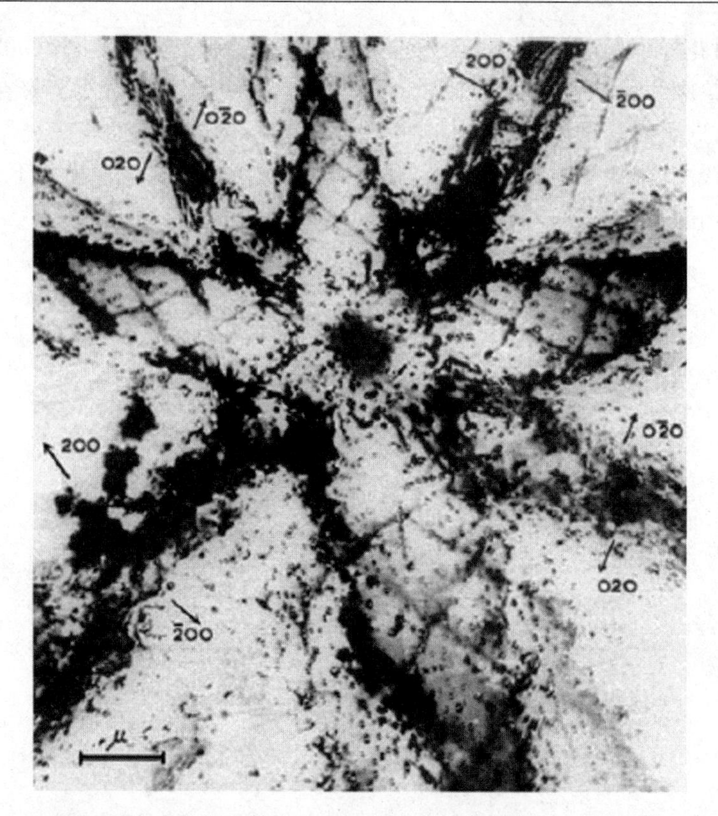

图 8.16　弯曲轮廓线和 Cu-Co 合金中共格的球状 Co 粒子[1]

8.7　应力场的衍射衬度

现在我们来讨论运动学理论中衍射衬度的主要问题，为此，需涉及式(8.4)中原子的位移 $\delta \boldsymbol{r}_g$，以及位移与衍射偏差 s 的相互作用，以确定 DF 像的衍射衬度。这些分析要求对式(8.7)进行求和，常采用振幅-相位图来处理。下面列出了一些变量，它们在运动学和动力学衍射理论中都很重要。

- $\mathscr{F}(\boldsymbol{g})$≡单胞的结构因子(振幅-相位图中矢量的长度)；
- ξ_g≡消光距离(或 $\mathscr{F}(\boldsymbol{g})^{-1}$，见式(8.17))；
- t≡试样厚度(振幅-相位图中矢量的数量)；
- $\Delta \boldsymbol{k}$≡衍射矢量(注：$\boldsymbol{g} = \Delta \boldsymbol{k} + \boldsymbol{s}$，对 TEM，$\boldsymbol{s} = s\hat{z}$)；
- $\boldsymbol{g}$≡倒易点阵矢量；
- s≡偏离参量(在振幅-相位图中影响矢量的角度)；

- $\boldsymbol{r}$≡原子的中心位置(在振幅-相位图中影响矢量的角度);
- $\boldsymbol{R}$≡完整晶体中原子的中心位置($\boldsymbol{R}=\boldsymbol{r}_g+\boldsymbol{r}_k$,其中,$\boldsymbol{r}_g$ 和 $\boldsymbol{r}_k$ 分别是点阵和基矢);
- $\delta\boldsymbol{r}$≡偏离原子中心的位移(注:$\boldsymbol{r}=\boldsymbol{R}+\delta\boldsymbol{r}$)。

这些变量中的空间变量(即依赖于 x)在像中产生衍射衬度,实例包括:

- $\mathscr{F}$:$\mathrm{d}\mathscr{F}/\mathrm{d}x$ 导致化学(成分)衬度;
- t:$\mathrm{d}t/\mathrm{d}x$ 引起厚度条纹;
- s:$\mathrm{d}s/\mathrm{d}x$ 引起弯曲轮廓线;
- $\delta\boldsymbol{r}$:$\mathrm{d}\delta\boldsymbol{r}/\mathrm{d}x$ 导致应变衬度。

回顾式(8.7)的结果:

$$\psi_g = \mathscr{F}_g\sum_{\boldsymbol{r}_g}\mathrm{e}^{+\mathrm{i}2\pi(\boldsymbol{s}\cdot\boldsymbol{r}_g-\boldsymbol{g}\cdot\delta\boldsymbol{r}_g)} \tag{8.20}$$

把这个求和转换成积分形式通常更加方便,特别是用弹性理论计算时,局域的位移矢量 $\delta\boldsymbol{r}(x,y,z)$ 是位置的连续函数,而不是单个单胞的位移 $\delta\boldsymbol{r}_g$。当对试样深度 z 用连续变量表达时,将式(8.17)中的 $\mathscr{F}_g^{-1}$ 转变成消光距离 ξ_g。简化一些前置常数因子,并确定从试样上表面,即 $z=0$ 处,到试样下表面 z 的增加为负的,则式(8.20)的积分形式为

$$\psi_g = \frac{\psi_0}{\xi_g}\int_0^{-t}\mathrm{e}^{\mathrm{i}2\pi(\boldsymbol{s}\cdot\boldsymbol{r}_g-\boldsymbol{g}\cdot\delta\boldsymbol{r})}(-\mathrm{d}z) \tag{8.21}$$

式(8.21)中的积分限和方向有点笨拙,为后面讨论方便,定义 $z=0$ 在试样中心位置,这用作缺陷的深度,整理后有

$$\psi_g = \frac{\psi_0}{\xi_g}\int_{-t/2}^{t/2}\mathrm{e}^{\mathrm{i}2\pi(\boldsymbol{s}\cdot\boldsymbol{r}_g-\boldsymbol{g}\cdot\delta\boldsymbol{r})}\mathrm{d}z \tag{8.22}$$

对于高能电子衍射,可以将方程(8.22)简化,因为 $\boldsymbol{s}=s\hat{\boldsymbol{z}}$,$\boldsymbol{r}_g=x\hat{\boldsymbol{x}}+y\hat{\boldsymbol{y}}+z\hat{\boldsymbol{z}}$,所以 $\boldsymbol{s}\cdot\boldsymbol{r}_g=s\hat{z}$:

$$\psi_g = \frac{\psi_0}{\xi_g}\int_{-t/2}^{t/2}\mathrm{e}^{\mathrm{i}2\pi(sz-\boldsymbol{g}\cdot\delta\boldsymbol{r})}\mathrm{d}z \tag{8.23}$$

方程(8.23)对计算位错等缺陷的衍射衬度是很有用的,因为缺陷周围的应变场提供了 TEM 像的衍射衬度。特别地,缺陷附近单胞的局域位移 $\delta\boldsymbol{r}(x,y,z)$,引起相位 $2\pi\boldsymbol{g}\cdot\delta\boldsymbol{r}$ 随 z 变化,改变了式(8.23)中的被积函数,因而改变了衍射强度。进而,对于试样平面中不同位置 (x,y) 的晶柱,被积函数也是不同的,因此,在由局域位移矢量 $\delta\boldsymbol{r}(x,y,z)$ 确定的图像中,缺陷的衍射衬度也在发生变化。

方程(8.23)表明,除了局域位移 $\delta\boldsymbol{r}(x,y,z)$ 外,缺陷的衍射衬度也依赖于偏离矢量 $\boldsymbol{s}$。电子束或试样的倾转,给衍射衬度和缺陷图像带来很大影响,在 8.8 节中采用了不同的方法,甚至可能将衍射衬度问题完全纳入 $\boldsymbol{s}$ 的变化来处理,而忽略 $\delta\boldsymbol{r}$ 的变化。

用一个完整晶体作为参考,于是,s 是常数,$\boldsymbol{g}\cdot\delta\boldsymbol{r}=0$ 的衍射条件是研究缺陷

衍射衬度的重要方面。

条件 $\boldsymbol{g}\cdot\delta\boldsymbol{r}=0$ 提供了零衬度。

当 $\boldsymbol{g}\cdot\delta\boldsymbol{r}=0$ 时，没有衍衬源于位移 $\delta\boldsymbol{r}$，因为衍射波式(8.20)或式(8.23)不受 $\delta\boldsymbol{r}$ 的影响，缺陷周围区域显得如完整晶体。这是一个严格的判据，甚至适用于动力学理论和各向异性弹性常数的晶体。实际上，$\boldsymbol{g}\cdot\delta\boldsymbol{r}$ 必须足够大，以改变背底的局域强度，使衬度在像中是可见的，这通常要求强度改变约10%。一个经验是，若 $|\boldsymbol{g}\cdot\delta\boldsymbol{r}|\leqslant 1/3$，与 $\delta\boldsymbol{r}$ 相关联的衬度不可见。从许多材料缺陷，诸如位错、位错环、沉淀相、层错、畴界、晶粒间界和相界来看，这个判据对于衍衬分析是适当的。

8.8 位错和伯格斯矢量的确定

8.8.1 位错应变场的衍射衬度

在衍射衬度分析中，面临一个基本参考坐标的选择，或用变量 $\delta\boldsymbol{r}$，或用变量 $\boldsymbol{s}$。参考坐标是完整点阵上的一组坐标，可以考虑为单胞偏离正常位置的位移 $\delta\boldsymbol{r}$，也可以假设所有的 $\delta\boldsymbol{r}$ 为零，以缺陷附近晶面弯曲引起的空间变量 s 来替代。这种替代的方法更符合埃瓦尔德球构形和振幅-相位图来做定性分析，而且是理解位错衍衬最容易的方法。

要了解位错如何影响电子的衍射，首先应知道衍射面在位错附近的畸变情况。附录A.11中介绍(不熟悉位错的读者，在阅读本章之前，最好先浏览附录A.11)可以用来确定偏离参量 s 在位错附近变化的状况。这里，我们先确定试样从顶部到底部晶柱中的变量 s，然后，对偏离位错中心不同位置晶柱的振幅-相位图进行构造，这些振幅-相位图提供了通常的BF和DF像中衍衬的定性信息。

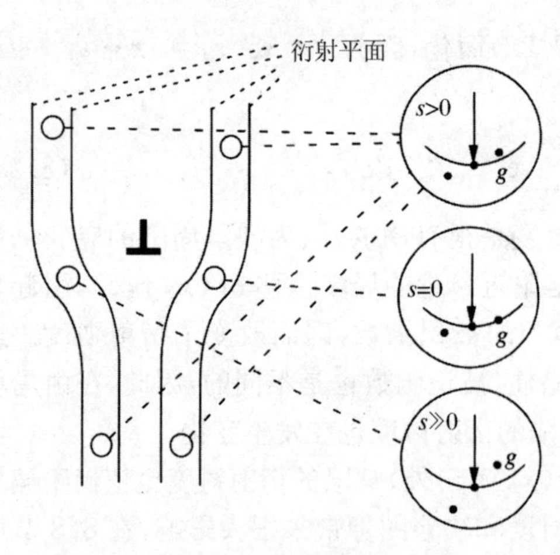

图8.17　刃型位错附近晶面的畸变，以及相应的埃瓦尔德球构形

假设一个刃型位错位于试样中部并扩展到纸平面以外，如图8.17所示。现在，假如在远离位错线的区域，从试样顶部延伸到底部的晶体，其衍射取向具有一个稍大于零的 s，

而在位错线附近，衍射平面或向劳厄条件弯曲（朝向更小的 s），或偏离劳厄条件弯曲（更大的 s）。图 8.17 比较了远离位错区域的 s 值，在位错两边，s 的变化值符号相反（比较右边的三个插入图）。

对于图 8.17 中位错线左边的晶柱，在接近位错处 $s \gg 0$，振幅-相位图中的矢量形成一段紧缩的圆弧。而另一方面，对于位错线右边的晶柱，其晶面弯曲朝向劳厄条件，振幅-相位图中的矢量在位错线区域是共线的叠加。图 8.18(a) 显示了位错线左边、右边和较远处的三个有代表性的振幅-相位图。基于选择的 s 值和试样厚度，最强的衍射束来自位错线右边的晶柱。距位错中心右边（或左边）很远的晶柱，s 变量接近于完整晶体。相应于各晶柱的位置，衍射强度被定性地显示在图 8.18(b) 中。

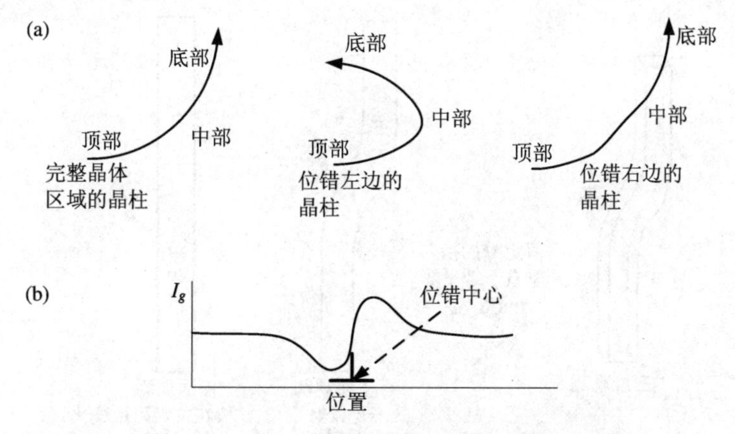

图 8.18　(a) 图 8.17 中试样完整晶体区域和两个竖直晶柱的振幅-相位图；(b) 图 8.17 中刃型位错的衍射衬度

其他衍射条件对位错会提供不同的衍射衬度，图 8.18(b) 中的 DF 曲线（I_g）肯定不是唯一的。然而，即使采用不同的衍射条件，只要 $s \neq 0$[①]，位错衬度的非对称性就将保持。通过改变 s 的符号，如同跨越弯曲轮廓两边时出现的情况，衍射衬度将转换到位错中心的另一边。实际上，DF 像中位错线低强度的一边几乎不可见，因此，最终的像是位于位错中心一边的一条线。位错像的位置可能距位错中心真实位置约 30～300 Å 的距离，这取决于衍射条件，在倾转试样或倾转入射束的过程中，像的位置将会在这个范围内移动。现在，假定你想用细小的探针做 EDS，来探测位错中心化学成分的偏析，这是一个非常实际的情况，你将会如何考虑位错像衬度的特性而进行这个实验？

① 对于获得一幅位错像来说，条件 $s=0$ 不好，因为衍射衬度会在围绕位错中心的很大区域内出现，这样的位错像既宽又模糊。

8.8.2 衬度为零的 $g \cdot b$ 法则

1. 刃位错

仔细观察图 8.19 中弯曲晶柱的形状，即图 8.17 中位错中心附近的情况。考虑这个晶柱的弯曲边和平坦边上晶面的衍射。图 8.19 显示了倒易点阵矢量，即垂直于纸平面的操作衍射 $\Delta \boldsymbol{k} = \boldsymbol{g}$ 与伯格斯矢量 $\boldsymbol{b}$ 之间的关系。从晶柱正面观测，晶面平坦，而 $\boldsymbol{g}$ 和 $\boldsymbol{b}$ 相互垂直，则位错线附近没有衍射衬度。这是"$\boldsymbol{g} \cdot \boldsymbol{b}$ 法则"的一个实例：

"$\boldsymbol{g} \cdot \boldsymbol{b}$ 法则"——如果位错的伯格斯矢量垂直于操作衍射矢量，即 $\boldsymbol{g} \cdot \boldsymbol{b} = 0$，则位错没有衍射衬度，位错不可见。

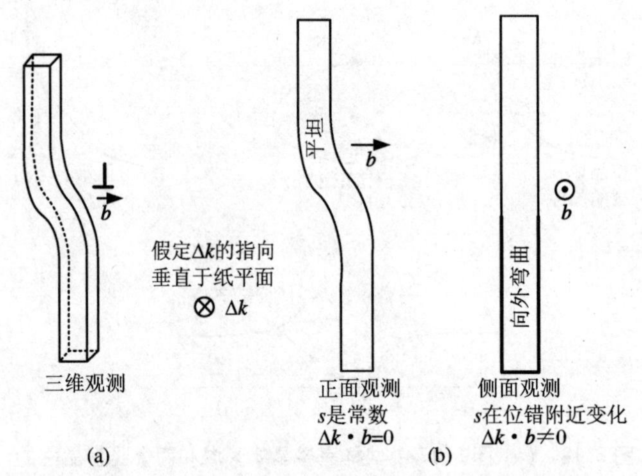

图 8.19 (a) 图 8.17 中刃型位错左边的晶柱；(b) 同一晶柱的两个表面

$\boldsymbol{g} \cdot \boldsymbol{b}$ 法则可用于测定位错的伯格斯矢量。在对图像和衍射花样因磁透镜造成的旋转进行较正后，对于 BF 像中可见的刃型位错，采用几个操作衍射使它们在 DF 像中衬度消失(变得不可见)，如图 8.20 所示。SAD 花样中的圆圈表示了物镜光阑的位置。实际上，通过倾转晶体，在某一时刻只让一个斑点 $\boldsymbol{g}$ 最强，同样可获得上述结果。在这种情况下，将物镜光阑置于中心透射斑，形成两束近似的 BF 像，图 8.20 底部的图表示了这种操作。两束 BF 像与同一衍射的 DF 像类似且具有互补的衬度。图 8.20 中的这组像是一个很好的例证，该位错就是刃型位错，它的 $\boldsymbol{b}$ 与位错线方向垂直。注意到当所有衍射都起作用时，两对刃型位错在 BF 像中都是可见的。

实际上，当 $\boldsymbol{g} \cdot \boldsymbol{b}$ 很小但不为零时，位错也不可见。经验规律是，若 $|\boldsymbol{g} \cdot \boldsymbol{b}| \leqslant 1/3$，则位错是不可见的。因此，位错线的不可见性不是伯格斯矢量的确切证据，但它设定了 $\boldsymbol{b}$ 取向的范围。采用高阶衍射矢量可改善 $\boldsymbol{b}$ 的估值。位错像衬度是否真正消失了往往会有争议，因此，寻求多余一个衬度为零的衍射条件，以确保 $\boldsymbol{b}$ 取

向的可信，是十分重要的。

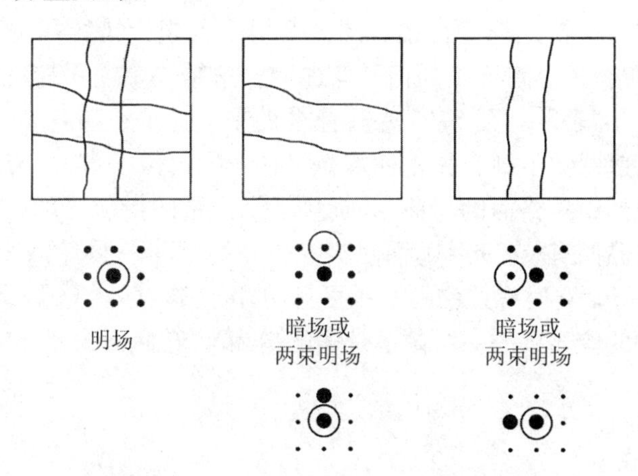

图8.20 试样平面中刃型位错衍射衬度的图解

已经指出，条件 $\boldsymbol{g}\cdot\boldsymbol{b}=0$ 不能充分保证刃型位错的不可见性。对于一个刃型位错，$\delta\boldsymbol{r}$ 的主要分量是 $\delta\boldsymbol{r}_b$ 和 $\delta\boldsymbol{r}_n$，分别是平行和垂直于 $\boldsymbol{b}$ 的位移。刚才已经考虑了平行分量，垂直分量则更加微妙，它起源于平行于位错滑移面的稍稍弯曲的点阵平面。（对于在附录A.11图A.2中水平方向的平面，它是可见的）。因为 $\Delta\boldsymbol{k}$ 和操作衍射 $\boldsymbol{g}$ 接近垂直于 $\hat{z}$，$\boldsymbol{g}\cdot\boldsymbol{b}_z=0$，其中 $\boldsymbol{b}_z$ 是伯格斯矢量的 z 分量。只有薄膜面上的位移（更精确说是衍射平面上的位移）才引起衍射衬度。图8.17中的刃型位错的一半晶面平行于入射束，$\boldsymbol{g}\cdot\boldsymbol{b}=n$（包括零）①，且 $\boldsymbol{g}\cdot\delta\boldsymbol{r}_n=0$。然而，当位错和它的一半晶面的取向都垂直于电子束时，$\boldsymbol{g}\cdot\boldsymbol{b}_z=0$，但 $\boldsymbol{g}\cdot\delta\boldsymbol{r}_n$ 可以不为零。这样，因位移 $\delta\boldsymbol{r}_n$ 的存在，当 $\boldsymbol{g}\cdot\boldsymbol{b}=0$ 时，刃型位错的衬度不能完全消失，除非 $\boldsymbol{g}\cdot\delta\boldsymbol{r}_n$ 也为零。基于这一个效应，纯粹的刃型棱柱形位错环当平行于薄膜时，因“残余衬度”而可见。一个参与衬度的实例是图8.21中的六角弗兰克（Frank）位错环。这里，只有当 $\boldsymbol{g}$ 平行于位错线方向时，即使 $\boldsymbol{g}\cdot\boldsymbol{b}=0$，对整个位错环而言，它的边也是不可见的。要使位错环完全消失需 $\boldsymbol{g}\cdot\boldsymbol{b}=0$ 且 $\boldsymbol{g}\cdot(\boldsymbol{b}\times\hat{\boldsymbol{u}})=0$，$\hat{\boldsymbol{u}}$ 是沿位错线方向的单位矢量。对于合金中的球形和片状的沉淀相，类似的残余衬度也可能出现。

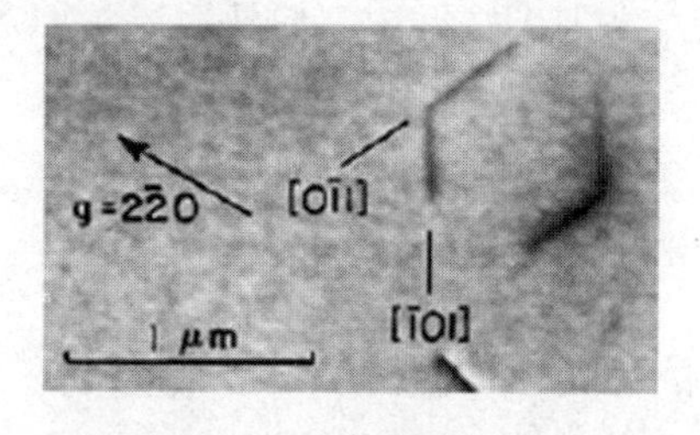

图8.21 一个六角弗兰克位错环在两束衍射条件下的明场像；这里，$\boldsymbol{b}$ 垂直于纸平面；围绕六角弗兰克位错环的路径，右边的刃型位错可见，$\delta\boldsymbol{r}_n$ 仅对平行于 $\boldsymbol{g}$ 的部分为零——其他部分因“残余衬度”而可见

① 一个完全位于衍射平面上的全位错的伯格斯矢量，相位因子 $2\pi\Delta\boldsymbol{k}\cdot\boldsymbol{b}$ 被预计为 $2\pi n$，其中 n 是整数，因为 $\boldsymbol{b}$ 是点阵平移矢量，且 $\Delta\boldsymbol{k}=\boldsymbol{g}$。当 $\boldsymbol{b}$ 垂直于 $\boldsymbol{g}$ 时，整数 n 当然可能为零。

2. 螺型位错

另一类“纯”的位错是螺型位错。图 8.22 显示，当位错线几乎垂直于纸平面时，单胞晶柱在位错核心附近是如何被弯曲的。这是一个左手螺旋的螺位错——位错线用一个反“S”表示。图 8.22 左边晶柱的平面显示在图 8.23 中。从晶柱侧边晶面产生的衍射感觉不到布拉格面有意义的弯曲。另一方面，与纸平面平行的晶面的衍射感受到布拉格面的弯曲，并提供了螺位错的衍射衬度。注意到对不产生衬度的前一组晶面有 $\boldsymbol{g}\cdot\boldsymbol{b}=0$，而对具有衬度的点阵平面有 $|\boldsymbol{g}\cdot\boldsymbol{b}|>0$。不像刃型位错，当 $\boldsymbol{g}\cdot\boldsymbol{b}=0$ 时螺位错总是不可见的，因为位移 $\delta\boldsymbol{r}$ 总平行于伯格斯矢量 $\boldsymbol{b}$。若图 8.24 中的像显示的一对位错是螺位错，请将它们与图 8.20 中的刃位错进行比较。

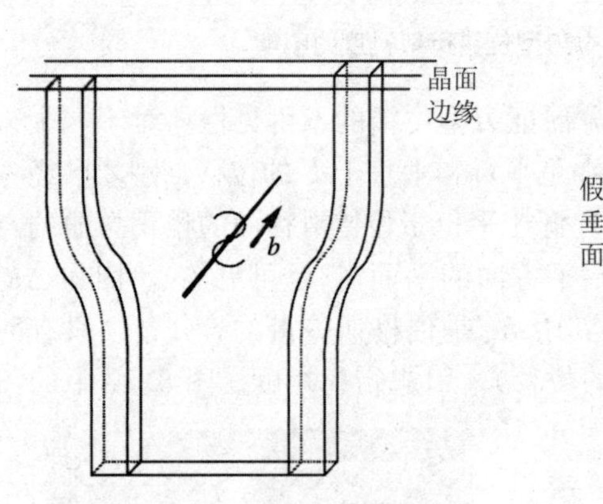

图 8.22　靠近一个螺位错核心区域晶体的晶柱

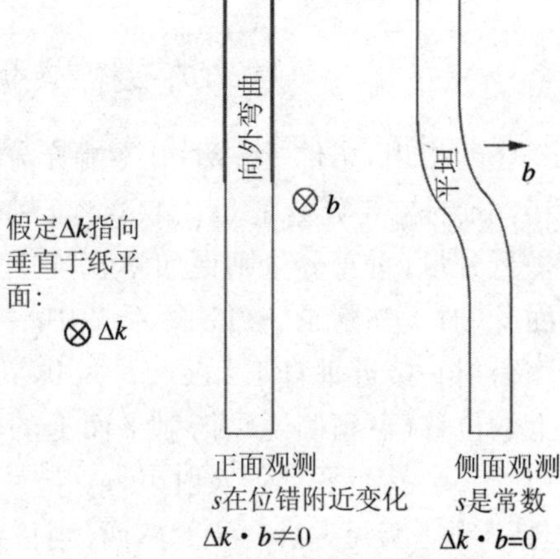

图 8.23　图 8.22 左边晶柱的表面

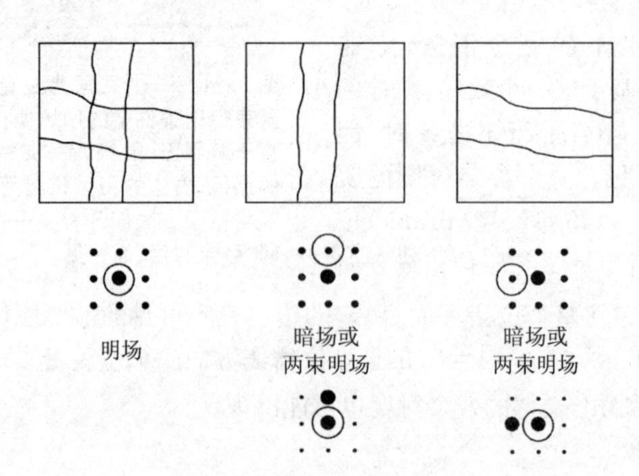

图 8.24　螺位错衍射衬度的示意图

3. $\boldsymbol{g}\cdot\boldsymbol{b}$ 分析的实例

图 8.25 显示了 TiAl 合金[110]取向的三幅 BF 像，它们分别在$(00\bar{2})$,$(\bar{1}0\bar{1})$和$(\bar{1}13)$操作衍射的两束条件下获得。已知位错具有 $a/2\langle110\rangle$型伯格斯矢量。注意到图 8.25 上图中所有的位错都可见，而在下面的两个图中，平行于操作衍射的位错线不再是可见的。很显然，这些位错具有刃型特征。

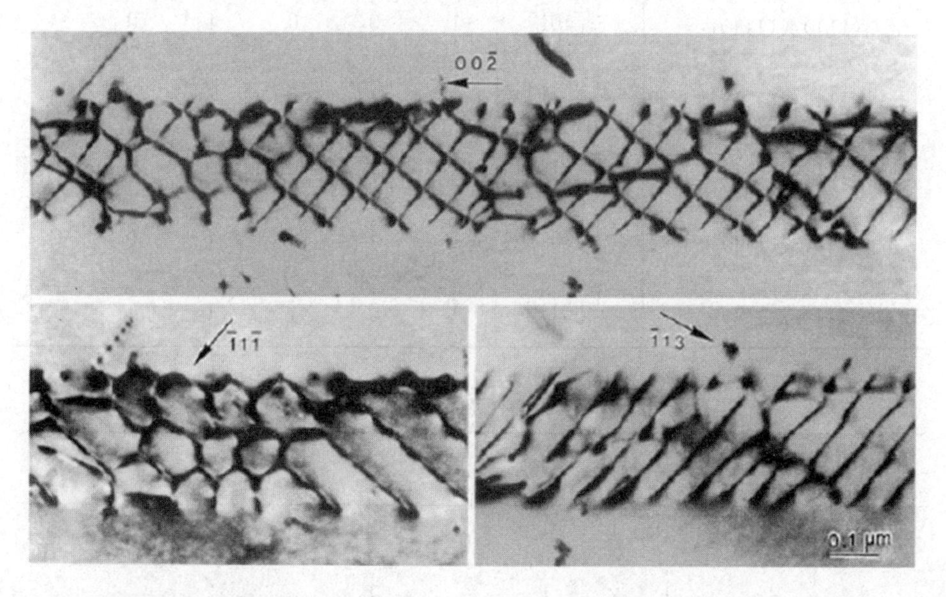

图 8.25　TiAl 合金中刃型位错的两束 BF 像，下图左边和右边的像分别对应上图的左右两部分[5]

4. fcc 晶体伯格斯矢量分析

表 8.2 和表 8.3 列出了 fcc 晶体中全位错和偏位错的各种 $\boldsymbol{g}\cdot\boldsymbol{b}$ 结合的例子。如前所述，经验法则是，若$|\boldsymbol{g}\cdot\boldsymbol{b}|\leqslant1/3$，则位错不可见且不在像中出现。一般而言，至少存在两个非共线的 $\boldsymbol{g}$ 值，使 $\boldsymbol{g}\cdot\boldsymbol{b}=0$，便可充分确定 $\boldsymbol{b}$ 的方向。通过考虑表中 $\boldsymbol{g}\cdot\boldsymbol{b}$ 的各种值，可以选择晶体的取向和衍射矢量，用来唯一确定 $\boldsymbol{b}$①。在 fcc 结构中，[110]取向特别有用，因为容易获得的 $\boldsymbol{g}$ 矢量包括(002),$(1\bar{1}1)$,$(1\bar{1}\bar{1})$,$(2\bar{2}0)$和$(1\bar{1}3)$，以及与它们符号相反的 $\boldsymbol{g}$ 矢量，而缺陷常常位于{111}平面内。若缺陷是刃型的且与[110]方向相交，则会出现较宽范围的衬度。

① 在尝试进行 $\boldsymbol{g}\cdot\boldsymbol{b}$ 的实验前，最好先拟定计划。

表 8.2　fcc 晶体中全位错 $\boldsymbol{g}\cdot\boldsymbol{b}$ 的值[4]

位错平面	$\boldsymbol{b}$ \ $\boldsymbol{g}$	$1\bar{1}1$	$\bar{1}11$	$11\bar{1}$	002	$0\bar{2}0$	$2\bar{2}0$
$(1\bar{1}1)$或$(1\bar{1}\bar{1})$	$\frac{1}{2}[110]$	0	0	1	1	$\bar{1}$	0
$(1\bar{1}\bar{1})$或$(11\bar{1})$	$\frac{1}{2}[101]$	1	0	0	1	0	1
$(1\bar{1}1)$或$(11\bar{1})$	$\frac{1}{2}[011]$	0	1	0	1	$\bar{1}$	$\bar{1}$
(111)或$(11\bar{1})$	$\frac{1}{2}[1\bar{1}0]$	1	$\bar{1}$	0	0	1	2
(111)或$(1\bar{1}1)$	$\frac{1}{2}[10\bar{1}]$	0	$\bar{1}$	1	$\bar{1}$	0	1
(111)或$(\bar{1}11)$	$\frac{1}{2}[0\bar{1}1]$	1	0	$\bar{1}$	1	1	1

表 8.3　fcc 晶体中偏位移的 $\boldsymbol{g}\cdot\boldsymbol{b}$ 的值[4]

位错平面	$\boldsymbol{b}$ \ $\boldsymbol{g}$	200	$0\bar{2}0$	$2\bar{2}0$	220	111	$1\bar{1}\bar{1}$	$4\bar{2}\bar{2}$	311
(111)	$\frac{1}{6}[\bar{1}\bar{1}2]$	$-\frac{1}{3}$	$\frac{1}{3}$	0	$-\frac{2}{3}$	0	$-\frac{1}{3}$	-1	$-\frac{1}{3}$
	$\frac{1}{6}[\bar{2}\bar{1}1]$	$\frac{2}{3}$	$\frac{1}{3}$	1	$\frac{1}{3}$	0	$\frac{2}{3}$	2	$\frac{2}{3}$
	$\frac{1}{6}[\bar{1}2\bar{1}]$	$-\frac{1}{3}$	$-\frac{2}{3}$	-1	$\frac{1}{3}$	0	$-\frac{1}{3}$	-1	$-\frac{1}{3}$
$(11\bar{1})$	$\frac{1}{6}[2\bar{1}1]$	$\frac{2}{3}$	$\frac{1}{3}$	1	$\frac{1}{3}$	$\frac{1}{3}$	$\frac{1}{3}$	$\frac{4}{3}$	1
	$\frac{1}{6}[\bar{1}\bar{1}\bar{2}]$	$-\frac{1}{3}$	$\frac{1}{3}$	0	$-\frac{2}{3}$	$-\frac{2}{3}$	$\frac{1}{3}$	$\frac{1}{3}$	-1
	$\frac{1}{6}[\bar{1}21]$	$-\frac{1}{3}$	$-\frac{2}{3}$	$-\frac{1}{3}$	$\frac{1}{3}$	$\frac{1}{3}$	$-\frac{2}{3}$	$-\frac{5}{3}$	0
$(1\bar{1}1)$	$\frac{1}{6}[\bar{1}\bar{2}\bar{1}]$	$-\frac{1}{3}$	$\frac{2}{3}$	$\frac{1}{3}$	-1	$-\frac{2}{3}$	$\frac{1}{3}$	$\frac{1}{3}$	-1
	$\frac{1}{6}[\bar{1}12]$	$-\frac{1}{3}$	$-\frac{1}{3}$	$-\frac{2}{3}$	0	$\frac{1}{3}$	$-\frac{2}{3}$	$-\frac{5}{3}$	0
	$\frac{1}{6}[21\bar{1}]$	$\frac{2}{3}$	$-\frac{1}{3}$	$\frac{1}{3}$	1	$\frac{1}{3}$	0	$\frac{4}{3}$	1
$(\bar{1}11)$	$\frac{1}{6}[\bar{2}\bar{1}\bar{1}]$	$-\frac{2}{3}$	$\frac{1}{3}$	$-\frac{1}{3}$	-1	$-\frac{2}{3}$	0	$-\frac{2}{3}$	$-\frac{4}{3}$
	$\frac{1}{6}[1\bar{1}2]$	$\frac{1}{3}$	$\frac{1}{3}$	$\frac{2}{3}$	0	$\frac{1}{3}$	0	$\frac{1}{3}$	$\frac{2}{3}$

续表

位错平面	g \ b	200	$0\bar{2}0$	$2\bar{2}0$	220	111	$1\bar{1}\bar{1}$	$4\bar{2}\bar{2}$	311
	$\frac{1}{6}[12\bar{1}]$	$\frac{1}{3}$	$-\frac{2}{3}$	$-\frac{1}{3}$	1	$\frac{1}{3}$	0	$\frac{1}{3}$	$\frac{2}{3}$
(111)	$\frac{1}{3}[111]$	$\frac{2}{3}$	$-\frac{2}{3}$	0	$\frac{4}{3}$	1	$-\frac{1}{3}$	0	$\frac{5}{3}$
$(11\bar{1})$	$\frac{1}{3}[11\bar{1}]$	$\frac{2}{3}$	$-\frac{2}{3}$	0	$\frac{4}{3}$	$\frac{1}{3}$	$-\frac{1}{3}$	$\frac{4}{3}$	1
$(1\bar{1}1)$	$\frac{1}{3}[1\bar{1}1]$	$\frac{2}{3}$	$\frac{2}{3}$	$\frac{4}{3}$	0	$\frac{1}{3}$	$\frac{1}{3}$	$\frac{4}{3}$	1
$(\bar{1}11)$	$\frac{1}{3}[\bar{1}11]$	$-\frac{2}{3}$	$-\frac{2}{3}$	$-\frac{4}{3}$	0	$\frac{1}{3}$	-1	$-\frac{8}{3}$	$-\frac{1}{3}$
(111)	$\frac{1}{6}[1\bar{1}0]$	$\frac{1}{3}$	$\frac{1}{3}$	$\frac{2}{3}$	0	0	$\frac{1}{3}$	1	$\frac{1}{3}$
	$\frac{1}{6}[01\bar{1}]$	0	$-\frac{1}{3}$	$-\frac{1}{3}$	$\frac{1}{3}$	0	0	0	0
	$\frac{1}{6}[10\bar{1}]$	$\frac{1}{3}$	0	$\frac{1}{3}$	$\frac{1}{3}$	0	$\frac{1}{3}$	1	$\frac{1}{3}$
$(1\bar{1}1)$	$\frac{1}{6}[\bar{1}01]$	$-\frac{1}{3}$	0	$-\frac{1}{3}$	$-\frac{1}{3}$	0	$\frac{1}{3}$	-1	$\frac{1}{3}$
	$\frac{1}{6}[110]$	$\frac{1}{3}$	$-\frac{1}{3}$	0	$\frac{2}{3}$	$\frac{1}{3}$	0	$\frac{1}{3}$	$\frac{2}{3}$
	$\frac{1}{6}[011]$	0	$-\frac{1}{3}$	$-\frac{1}{3}$	$\frac{1}{3}$	$\frac{1}{3}$	$-\frac{1}{3}$	$-\frac{2}{3}$	$\frac{1}{3}$
$(11\bar{1})$	$\frac{1}{6}[101]$	$\frac{1}{3}$	0	$\frac{1}{3}$	$\frac{1}{3}$	$\frac{1}{3}$	0	$\frac{1}{3}$	$\frac{2}{3}$
	$\frac{1}{6}[1\bar{1}0]$	$\frac{1}{3}$	$\frac{1}{3}$	$\frac{2}{3}$	0	0	$\frac{1}{3}$	1	$\frac{1}{3}$
	$\frac{1}{6}[011]$	0	$-\frac{1}{3}$	$-\frac{1}{3}$	$\frac{1}{3}$	$\frac{1}{3}$	$-\frac{1}{3}$	$-\frac{2}{3}$	$\frac{1}{3}$
$(\bar{1}11)$	$\frac{1}{6}[110]$	$\frac{1}{3}$	$-\frac{1}{3}$	0	$\frac{2}{3}$	$\frac{1}{3}$	0	$\frac{1}{3}$	$\frac{2}{3}$
	$\frac{1}{6}[0\bar{1}1]$	0	$\frac{1}{3}$	$\frac{1}{3}$	$-\frac{1}{3}$	0	0	0	0
	$\frac{1}{6}[101]$	$\frac{1}{3}$	0	$\frac{1}{3}$	$\frac{1}{3}$	$\frac{1}{3}$	0	$\frac{1}{3}$	$\frac{2}{3}$

$\frac{1}{6}\langle 112\rangle$是肖克莱(Shockley)偏位错；$\frac{1}{3}\langle 111\rangle$是弗兰克偏位错；$\frac{1}{6}\langle 110\rangle$是星形棒状位错。

8.8.3　像的位置和位错对或位错环

在图 8.17 和图 8.18 的例子中，对于晶体中的一个刃型位错，当它的 $s>0$，$\boldsymbol{g}$

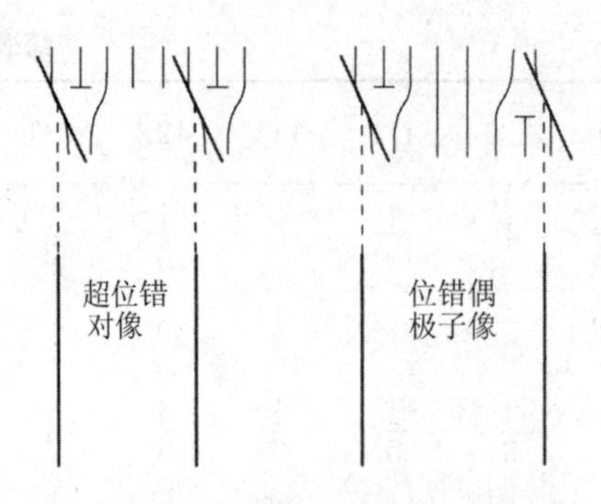

图 8.26　超位错对或位错偶极子的倾转实验。当入射束或试样被倾转使 s 发生改变时，超位错对的像的位置移动一致，而位错偶极子两位错像沿相反的方向移动

指向右边时，位错右边会出现最强的衍射衬度（BF 像或 DF 像中都是这样）。然而，当同一个薄片被稍微倾转使 $s<0$ 时，类似的分析表明，像衬会翻转到位错的左边。因此，当位错横跨弯曲形态的区域后，因 s 改变符号，位错线像的位置会发生翻转。同样的情况也在 g 改变符号时出现。这个结果可用于分析位错对。位错对有两类：位错偶极子，两个位错的 $\boldsymbol{b}$ 符号相反；超位错，两个位错的 $\boldsymbol{b}$ 具有相同的符号。通过 s 或 $\boldsymbol{g}$ 的符号变化而改变像衬可以区分这两类位错对，正如图 8.26 所示。无论 s 和 $\boldsymbol{g}$ 的符号如何改变，超位错对的间距保持恒定，而当 $(\boldsymbol{g}\cdot\boldsymbol{b})s<0$ 时，位错偶极子的宽度会变小。

图 8.27 和图 8.28 显示了一个位错偶极子，沿 Al 基体中一个片状 hcp γ 沉淀相的中心成环。片状面垂直于观测方向，位错偶极子从盘面的左下部跨越到右上部。大多数像都是具有不同 $\boldsymbol{g}$ 和 s 值的两束 BF 像。片状沉淀相位于(111)面，位错偶极子是全位错，其伯格斯矢量在(111)面上。特别令人感兴趣的是图 8.27(a)和(b)，图 8.28(b)和(d)，以及图 8.28(e)和(g)中的像对。这些像对中的每一组都具有相同的 $\boldsymbol{g}$，但 s 由正到负改变符号。相应地，位错像发生变化，从几乎单一的位错像到两个明显分开的位错像，因此是位错偶极子。如果 s 的符号（和大小）保持恒定而 $\boldsymbol{g}$ 反向，例如图 8.28(b)和(g)，像看起来是相同的（由图8.26可预知）。在图 8.28(c)中，当 $s=0$ 时，由于沉淀相和基体衍射很强，位错的衬度降低，但可以看到，在沉淀相的中心部位，位错的衬度发生反转，因该部位的 s 值正好由正变到负。对 fcc 晶体（111）面上全位错的伯格斯矢量有 $a/2\ [1\bar{1}0]$，$a/2\ [10\bar{1}]$ 和 $a/2\ [0\bar{1}1]$——它们都垂直于[111]。在 fcc[111]带轴的衍射花样中，不存在一个衍射 $\boldsymbol{g}$，有 $\boldsymbol{g}\cdot\boldsymbol{b}\leqslant 1/3$，于是，采用 $\boldsymbol{g}\cdot\boldsymbol{b}=0$ 的法则，不可能唯一地确定位错的伯格斯矢量。（后面将表明位错双像能用于辨别伯格斯矢量。）

位错环周围的应变衬度和围绕片状沉淀相粒子的应变衬度具有相似性。注意，片状沉淀物的边缘显示的残余应变衬度与图 8.21 中六角弗兰克位错环的衬度很相似，也就是说，片状物周边有衬度，除非该边与 $\boldsymbol{g}$ 平行。对于图 8.27(a)中六个被标识的晶面，以及各面中间的弯曲部分，这个现象已被观察到。这个衬度的显现，是因为垂直于惯习面的沉淀相片有一个小的收缩，应变集中在边缘，因此，它们的衬度类似于(111)面上一个 $\boldsymbol{b}$ 平行于电子束的空位型位错环。于是，对于图 8.27 和图 8.28 中的所有条件，$\boldsymbol{g}\cdot\boldsymbol{b}=0$，但一个“无衬度线”会沿着垂直于 $\boldsymbol{g}$ 的边缘产生，这里有 $\boldsymbol{g}\cdot\delta\boldsymbol{r}_{\mathrm{n}}=0$。在图8.27和图 8.28 中，衬度出现在边缘的内部，表现出“空位特征”。

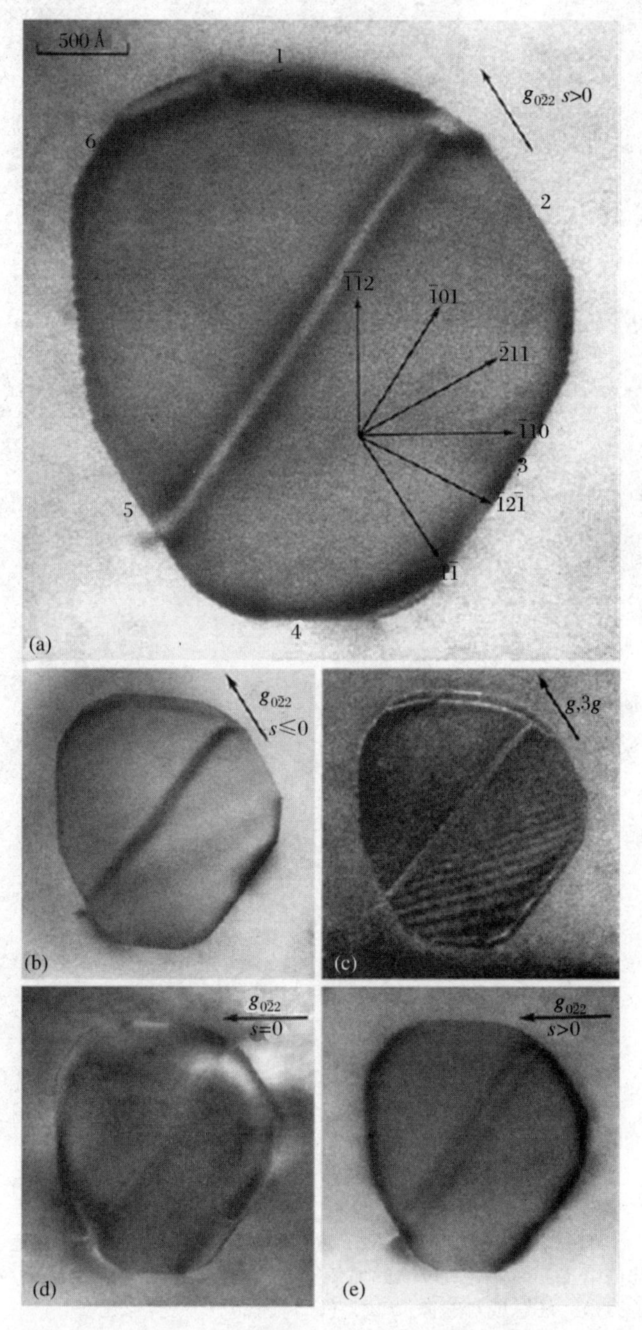

图 8.27 (a)～(e) 一个垂直于电子束且与基体共格的 γ Ag_2Al 沉淀相的两束 BF 像(除(c) DF 像外)。重要的结晶学方向和相关的 $\boldsymbol{g}\cdot\boldsymbol{b}$ 值已被标示，带轴是[111][6]

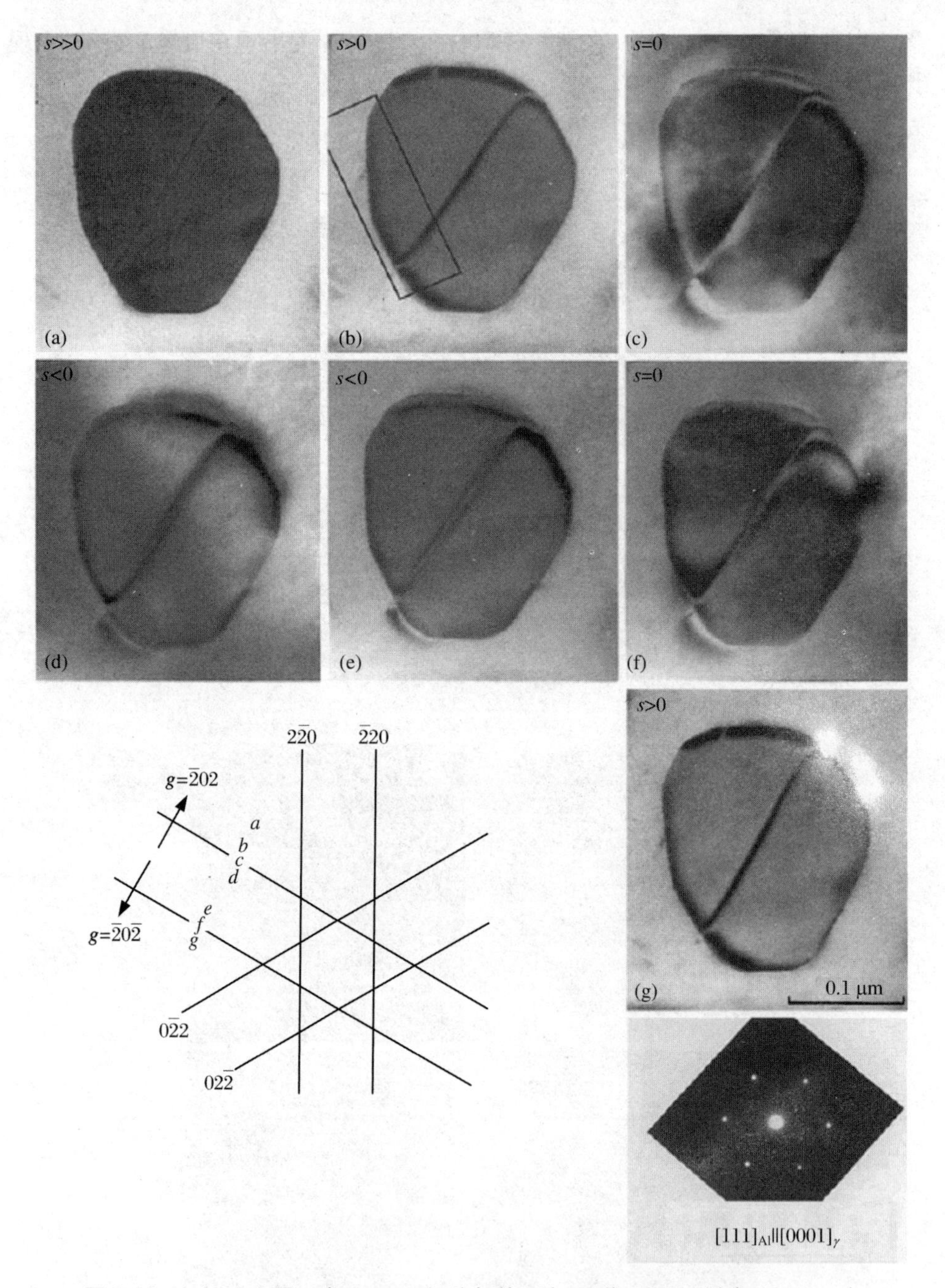

图 8.28　(a)～(g) 同一个 γ Ag_2Al 沉淀相的两束 BF 像，显示了衬度随 g 和 s 改变而变化的情况。(a)～(g)中 s 的值依据 BF 像中的弯曲轮廓线确定，如 8.6 节所讨论的方法。注意成对的像(b,g),(c,f)和(d,c)的类似性[6]

8.9　位错的半定量衍射衬度

使用计算机对位错附近晶柱的振幅-相位图进行计算是很容易的，特别是螺位错，因其应变场具有对称性，更容易计算。考察图 8.29 所示的一个位于薄试样中间深度处的螺位错，围绕位错中心做一个伯格斯环形回路（在 yz 平面），环绕回路，随 θ 角增大，会在 $\hat{\boldsymbol{x}}$ 方向提供一个位移，由于对称，这个位移沿 $\hat{\boldsymbol{x}}$ 方向正比于 θ 角。这就是需要获得的螺位错周围的位移场——沿 $\hat{\boldsymbol{x}}$ 方向的原子位移，它仅仅依赖于环绕位错线旋转的 θ 角。

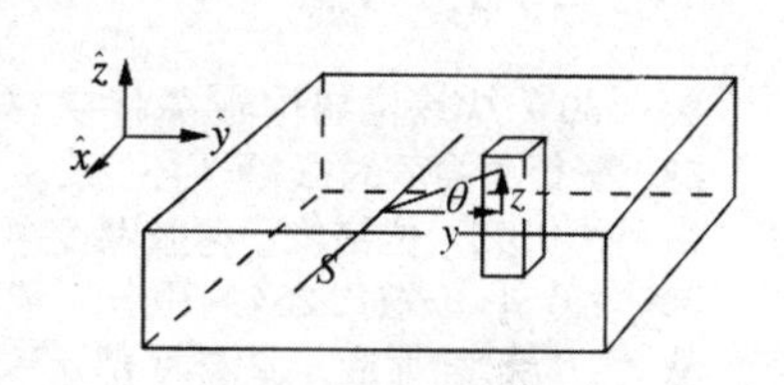

图 8.29　一个位错线沿 $\hat{\boldsymbol{x}}$ 方向的螺位错

$$\delta \boldsymbol{r} = \frac{b}{2\pi}\theta\hat{\boldsymbol{x}} \tag{8.24}$$

前置因子 $b/(2\pi)$ 引起伯格斯回路（2π 旋转）提供一个向前的位移，即伯格斯矢量 $\boldsymbol{b} = b\hat{\boldsymbol{x}}$，这对应一个右旋的螺位错。考虑距位错中心 y 的晶柱中原子的位移，θ 角是 $\arctan(z/y)$，于是在晶柱中任意 z 位置，沿 $\hat{\boldsymbol{x}}$ 方向的位移 $\delta \boldsymbol{r}_x$ 是

$$\delta \boldsymbol{r}_x(y,z) = \frac{b}{2\pi}\arctan\frac{z}{y} \tag{8.25}$$

计算某一时刻一个晶柱的衍射波，每一个竖直晶柱中的畸变取决于距位错的距离 y。设操作衍射矢量 $\boldsymbol{g}$ 有非零的 x 分量 g_x，于是，对螺位错有 $\boldsymbol{g}\cdot\delta\boldsymbol{r} = g_x\delta r_x$，这简化了式(8.23)中的相因子①：

$$\psi_g = \frac{\psi_0}{\xi_g}\int_{-t/2}^{t/2} \mathrm{e}^{\mathrm{i}2\pi[sz - g_x\delta r_x(y,z)]}\mathrm{d}z \tag{8.26}$$

$$\psi_g = \frac{\psi_0}{\xi_g}\int_{-t/2}^{t/2} \mathrm{e}^{\mathrm{i}[2\pi sz - g_x b\arctan(z/y)]}\mathrm{d}z \tag{8.27}$$

式(8.27)的积分提供了一组有趣的振幅-相位图，其中之一显示在图 8.30 中②。在这个选择中，$s = +1g_x$，$g_x b = +1$，可以看到，由 $y = +0.45/g_x$ 位置的晶柱计算出衍射波的振幅为 $-0.24\psi_0/\xi_g$。$s = +1g_x$ 是一个不合理的高值 s，然而，式(8.27)的尺度分析表明，取决于乘积 $g_x b$ 和乘积 sy 的位错的衍射衬度——定义了一个新的

---

① 方程(8.23)与试样厚度 t 中间位置的缺陷相关联。

② 对于 $sy = 0.45$，数学编码是

```
RealA = Integrate[Cos[2 * Pi * z - ArcTan[2.2 * z]], {z, -2, depth}
ImagA = Integrate[Sin[2 * Pi * z - ArcTan[2.2 * z]], {z, -2, depth}
ParametricPlot{{RealA, ImagA}, {depth, -2, 2}}
```

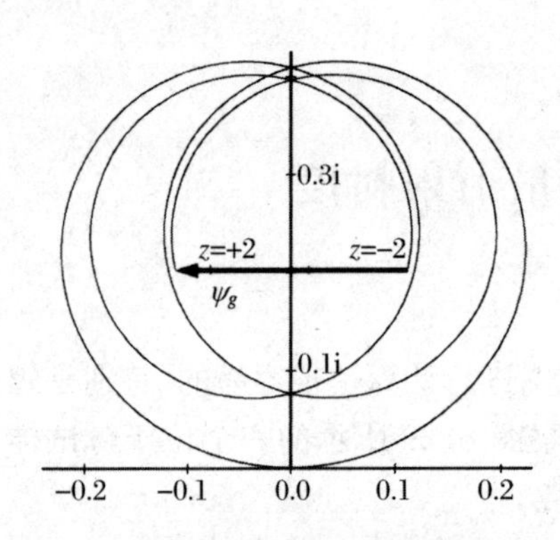

图 8.30　从螺位错附近晶柱获得的一张衍射强度的振幅-相位图，其中 $sy = 0.45$。位错位于薄膜深度中部 $z = 0$ 处。式(8.26)的积分不能从 $z = 0$ 开始，而应从试样底部 $z = -4.4$ 起，到顶部 $z = +4.4$

变量 $Z \equiv z/y$，于是指数为 $\mathrm{i}[2\pi syZ - g_x b\arctan Z]$。根据单胞尺寸，这一分析等价于更实际的情况，重新标度距离位错的位置，为 $y = 0.45/s = 45/g_x$。

为计算图 8.29 中位错完整的像，需要位错线附近 y 的某一范围一系列的振幅-相位图。式(8.27)指数中的两项关于 y 是不对称的。考虑 $s>0$ 的情况，在位错 $y>0$ 的一边，式(8.27)中相位因子中的项 $2\pi sz$ 和 $g_x b\arctan(z/y)$ 是相减关系，振幅-相位是一个曲率较小的展开的曲线，而在位错的另一边($y<0$)，$2\pi sz$ 和 $g_x b\arctan(z/y)$ 是相加关系，随试样深度相位更迅速地改变，振幅-相位图卷曲更紧密而具有较大的曲率。对于较大的 z(上下远离位错)和较大的 y(远离位错)，振幅-相位图渐近地形成一个半径为 $(2\pi s)^{-1}$ 的圆。图 8.31 显示了几个这样的振幅-相位图，这些图在相同衍射条件下源自于同一个位错的一边($y<0$，当 $s>0$ 时，曲线松展开)。当 $sy \approx +1.25$ 时，衍射波将出现最大的振幅。假定 $s = +0.01\ \text{Å}^{-1}$，原子面间距为 2 Å 的操作衍射，且 $b = 2$ Å，相应的极大衍射强度位于离位错中心约 250 Å 的距离。

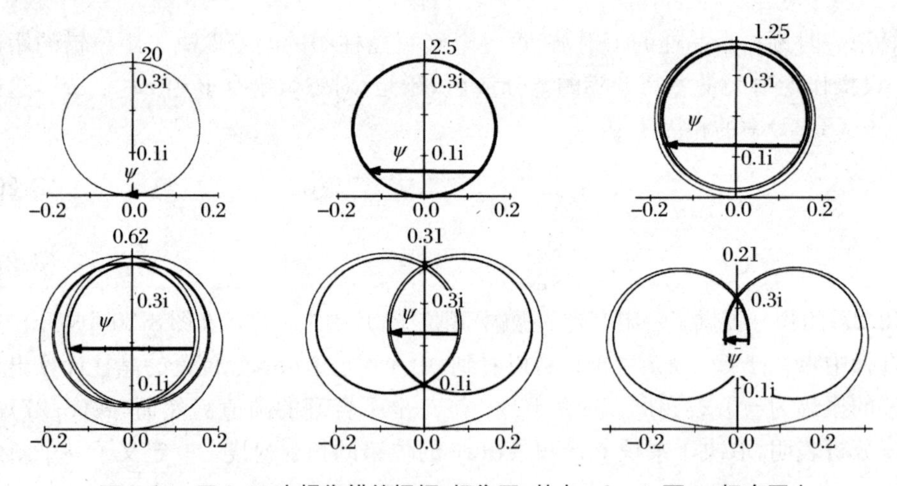

图 8.31　图 8.29 中螺位错的振幅-相位图，其中，$gb = 1$，而 sy 标在图上

图 8.32 显示了由同一位错(如图 8.29～图 8.31 所示①)获得的衍射强度 $\psi^* \psi$ 相对于位置 y 的分布。位错线的双像是被预期的,这种情况下,$y = -\infty, 0, +\infty$ 时 $\psi = 0$。(s 和试样厚度相结合在完整晶体区域提供了精确的四圈振幅-相位图。)实际上,有时能观察到位错双像,特别是当 $\boldsymbol{g} \cdot \boldsymbol{b} = 2$ 且 s 接近 0 时,图 8.33(c)是这样的实例。也注意到,图 8.27(e)中当 $\boldsymbol{g} = [2\bar{2}0]$时,环绕沉淀相的位错环双像的出现,表明 $\boldsymbol{b} = 1/2\ [1\bar{1}0]$,这时 $\boldsymbol{g} \cdot \boldsymbol{b} = 2$。

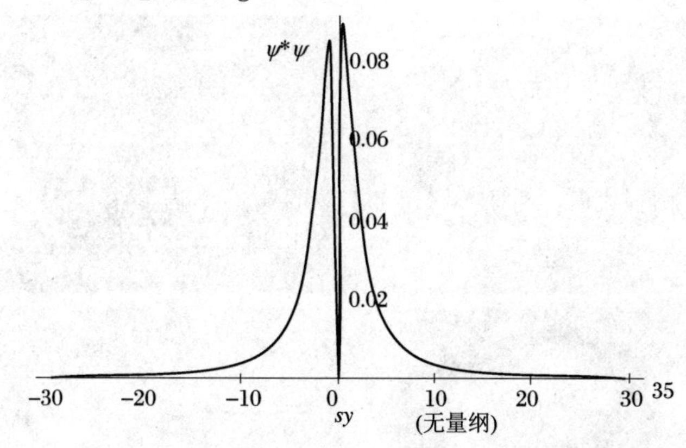

图 8.32　螺位错附近沿 $\hat{y}$ 方向晶柱的衍射强度,由式(8.27)积分获得。位错位于薄片一半深度处,$z = 0$

图 8.34 显示了刃型位错和螺型位错在各种 n 值($n = \boldsymbol{g} \cdot \boldsymbol{b}$)时的衍射衬度作为位置 y 的函数,这里,s 被假定为常数②。位错的衍射衬度的运动学计算有几个更重要的特征:

· 刃型位错的衬度比螺型位错的衬度稍宽。

· 位错的像宽随 n 的增大而增宽($n = \boldsymbol{g} \cdot \boldsymbol{b}$),采用较小的衍射矢量 $\boldsymbol{g}$,会导致较窄的位错像。

· 对于 $n = 3, 4$,当 $s \neq 0$ 时期望获得双像,但实验观测困难。

· 对于 $n = 1, 2$,位错像的宽度 Δy 是 $\Delta y \approx (\pi s)^{-1} = \xi_g / \pi$。

· 若位置 y 保持恒定,强度随 s 变化,对于 $n = 1$,像宽和强度随 s 减小而增大,即晶体朝衍射条件倾转。

位错的双像,如图 8.27(e)、图 8.32、图 8.33(c)和图 8.34 所示,是被偶然观察到的。位错双像是否出现,常常不是立刻明了的,因为可能是两个位错,即超位错

---

① 当 $s = +0.01 g_x$, $\boldsymbol{b} = b\hat{\boldsymbol{x}}$, $\boldsymbol{g} \cdot \boldsymbol{b} = 1$ 和 $y = 100/g_x$ 时,数学编码是

```
RealA = NIntegrate[Cos[2 * Pi * z - ArcTan[z/y]], {z, -2, z}
ImagA = NIntegrate[Sin[2 * Pi * z - ArcTan[z/y]], {z, -2, z}
Plot[RealA * RealA + ImagA * ImagA, {y, -30, 30}]
```

② 这些计算未考虑试样的厚度,因忽略了图 8.31 中曲线左、右两边绕反对称圆环时 ψ 的变化。

或位错偶极子，但也可能是单个位错的双像①。倾转试样（改变 s）能够帮助说明位错双像的原由。通过倾转试样，得到低阶衍射矢量和 $s>0$ 的条件，常常能获得较明锐的位错像。采用大角度倾转偏离对称的衍射花样，使仅靠近位错中心的严重弯曲的布拉格面对像衬有贡献。若单个位错在 s 较小的情况下产生双像（或较宽的像），随倾转加大，这对线会逐渐靠近而合成一条线，且变得更加细锐。遗憾的是，因只有少数单胞对衍衬有贡献，且 BF 像中背底太强（由于试样没有强行操作

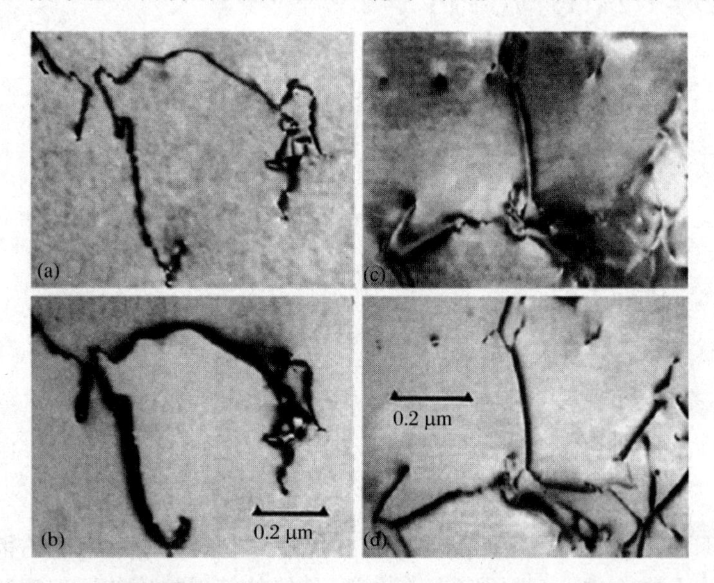

图 8.33　Al 中位错的 BF 像显示：(a) 两束 BF 条件中的单位错像；(b) 用两个很强的操作衍射束获得的同一位错的双像；(c) 具有 $\boldsymbol{g}\cdot\boldsymbol{b}=2, s=0$ 时位错的双像；(d) 对同一位错，$\boldsymbol{g}\cdot\boldsymbol{b}=2$ 而 $s\neq0$ 时的单位错像[2]

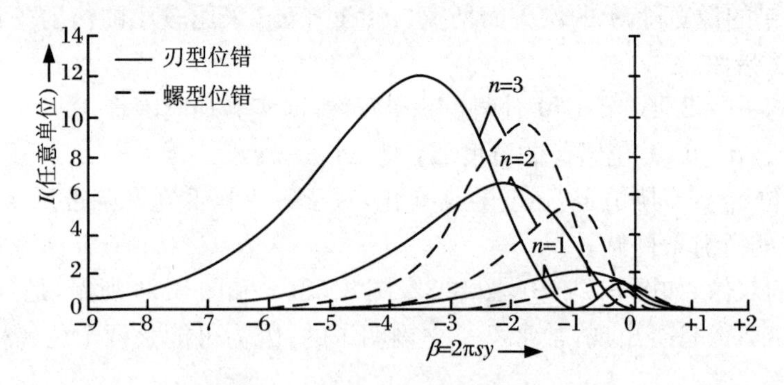

图 8.34　由位错计算的衍射衬度[1]

① 当两个或更多的衍射被激发，以及两个不同衍射条件存在时，双像也能够出现，正如图 8.33(b)所示，但这是很糟糕的实验技术。本节中，如果像可以通过某种方法获得解释，很好定义的两束运动学衍射条件是重要的。

低阶衍射)，在两束 BF 像中，位错变得几乎不可见。像变细锐了，但衬度太弱①。一个实例是图 8.28(a)中显示的位错偶极子，那里 $s \gg 0$，将这幅像与图 8.27(c)中的弱束 DF 像进行比较也是十分有趣的。

甚至在最佳条件下，使用低阶衍射时位错对的像宽是在 $\xi_g/3$ 或 10～20 nm 的量级，比这个间隔更密的位错无法分辨。在分析有序合金中的位错或分析界面处间隔很小的错匹配位错时，这是一个判据。遗憾的是衍射条件很少被充分地了解，以便用运动学或动力学理论来预测位错衬度的形态。下节将描述的弱束 DF 成像技术利用了一个很好定义的衍射条件，有可能进行定量解释。

要理解图 8.35 和本章题图中的摇摆位错衬度，需要动力学理论。位错没有实际弯曲，但在像中看到强烈的摇摆，摇摆周期是有效消光距离(式(8.19))。透射束和衍射束在试样不同深度处，以不同的振幅到达位错，于是位错使透射束和衍射束之间以不同的振幅量相互转换。"吸收"导致摇摆曲线的清晰度增加，在试样表面具有最大强度。这些解释的细节将放在 13.7.3 小节。

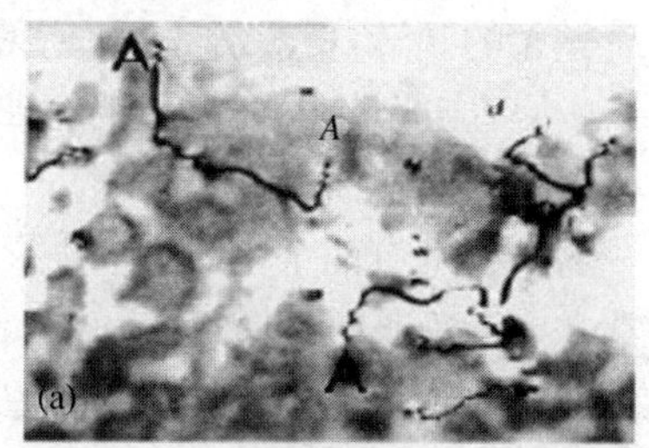

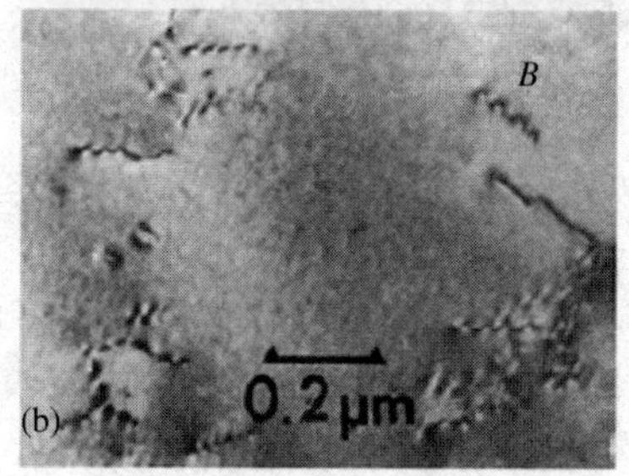

图 8.35　Al 中位错的 BF 像显示：(a) 接近薄膜表面的三个"A"位置处的点状衬度；(b) 由于动力学效应在陡斜的位错 B 处的摇摆衬度[2]

将位错衬度的理论扩展到各向异性介质中是重要的，但却是困难的。例如在 W 或近似在 Al 中，弹性常数是各向同性的，但在 Fe 中却强烈依赖于结晶学取向。当 $\boldsymbol{g} \cdot \delta \boldsymbol{r} = 0$ 时出现零衬度，其中，$\delta \boldsymbol{r}$ 是单胞偏离点阵坐标的距离。在弹性的各向异性介质中的问题是，$\delta \boldsymbol{r}$ 或平行于 $\boldsymbol{b}$，或许不平行。存在位错线和伯格斯矢量都沿着合适的结晶学方向这种对称情况，这时 $\boldsymbol{g} \cdot \boldsymbol{b}$ 法则仍保持有效(例如，[100]对于 Fe 中的螺位错)。对于一般的各向异性介质，当 $\boldsymbol{g} \cdot \boldsymbol{b} = 0$ 时，存在有弱的但并非完全为零的衬度，这似乎是合理的。但遗憾的是，在各向异性很强的介质中，位错周边(或其他缺陷)的原子位移不容易被预测，像的解释可能要求对衍射衬度更细致的计算机计算，并与观测到的像进行比较。

① 位错在弯曲轮廓线附近时最容易被观测。当试样被倾转而使弯曲轮廓线偏离位错时，位错衬度将变弱。

8.10　位错的弱束暗场成像

弱束暗场(WBDF)成像技术用于获得位错线的明锐像、求解位错对,以及对相关像的衬度的计算[8],后者对于位错中心的定位很有价值。为获得 WBDF 像,晶体需做大的倾转,使 s 为正值,衍射很弱,整个晶体的 DF 像相当阴暗。只有靠近位错中心,应变足够大,晶面的弯曲导致衍射条件 $s\approx0$,WBDF 像才能显示出位错中心附近严重弯曲晶面的衍射。

弱束技术有两个困难:① 要求对试样和电子束进行精准的倾转;② 电镜工作者常常要面临长时间曝光(min 量级,或许更长),在相当暗的荧光屏上,可见信息很少,甚至什么都看不见。在这段时间内,试样可能漂移而给出一幅模糊的图像①。以下,将先提出获得 WBDF 像的方法,然后用振幅-相位图对 WBDF 像予以阐释。

8.10.1　获得 WBDF 像的过程

· 步骤 1　使试样取向在良好的两束条件下,激发合适的衍射矢量 $+\boldsymbol{g}$,选择条件 $\boldsymbol{g}\cdot\boldsymbol{b}>0$ 或 $\boldsymbol{g}\cdot\boldsymbol{b}=0$,这取决于是否要观察位错。

· 步骤 2　倾转入射电子束,直到矢量 $+\boldsymbol{g}$ 移到透射束的位置。(回顾在获取轴向 DF 像时,这种做法是"业余错误"。)在这种情况下,衍射矢量 $+\boldsymbol{g}$ 变得很弱,故称为"弱束"。入射束被这样倾转后,透射束已被移走(到图 8.36 中左图位置),强衍射斑现位于 $3\boldsymbol{g}$ 点,这称为"$\boldsymbol{g}$-$3\boldsymbol{g}$WBDF"条件。

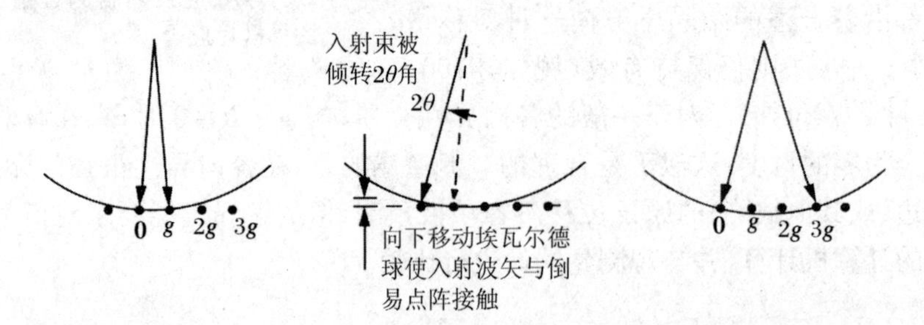

图 8.36　相应于 $\boldsymbol{g}$-$3\boldsymbol{g}$WBDF 衍射条件对埃瓦尔德球进行的巧妙操作

· 步骤 3　将物镜光阑套住 $+\boldsymbol{g}$ 点形成 DF 像。该衍射束沿光轴运行,于是,会获得一幅高质量的轴向暗场像。然而,由于是弱衍射,荧光屏上只能呈现暗淡的

① 采用成像板和 CCD 相机在敏感度上的改善,有助于克服这个问题。

像。幸运的是，像在 BF 模式下也能聚焦，进行 DF 倾转操作时，焦距仍维持相同，不需要对 WBDF 像重新聚焦。

8.10.2　WBDF 像的衍射条件

为计算 $\boldsymbol{g}$-3$\boldsymbol{g}$WBDF 像中衍射 $\boldsymbol{g}$ 的偏离参量 s，由图 8.36 所示的埃瓦尔德球的操作开始。当倾转入射束（WBDF 成像过程中的步骤 2）时，埃瓦尔德球也绕中心发生了转动。经过图 8.36 中这一自然转动后，入射波矢的端点处于倒易点阵之上，这是不可能的，埃瓦尔德球必须向下做一点移动，使入射波矢触及倒易点阵的原点。（因总存在一个向前的散射束。）这样做后的对称性表明，球与倒易点阵可以完全接触，但倒易阵点原来应是 2$\boldsymbol{g}$，现在却变成了 3$\boldsymbol{g}$ 矢量。

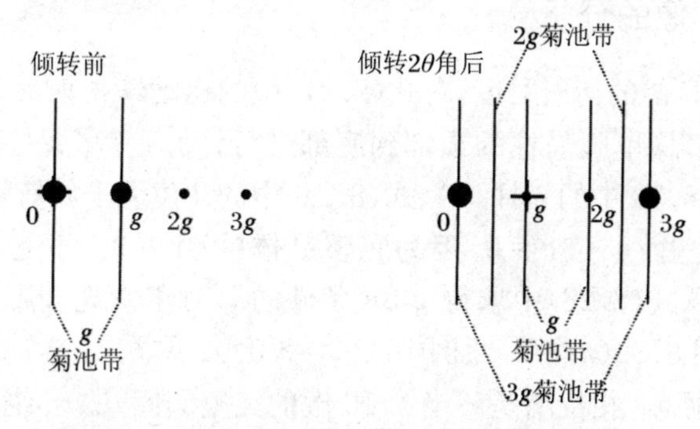

图 8.37　在强两束条件(左)和试样倾转到 $\boldsymbol{g}$-3$\boldsymbol{g}$ WBDF 条件(右)后菊池线的位置

通过考察图 8.37 中的菊池线，有助于计算 $\boldsymbol{g}$ 衍射的 s 值。作为参考，荧光屏中心（即光轴）用"＋"表示，WBDF 程序仅涉及光束倾转而不包括试样，荧光屏上，衍射斑点移动但菊池线不会动。倾转后，衍射花样中的一排斑点和菊池线位于图 8.37 的右边。使用式(7.13)，对于 $\boldsymbol{g}$-3$\boldsymbol{g}$ WBDF 条件，得到衍射 $\boldsymbol{g}$ 的 $s_{g\text{-}3g}$ 为

$$s_{g\text{-}3g} = \frac{g^2}{k_0} \tag{8.28}$$

一般表达式可由此推出：

$$s_{g\text{-}ng} = \frac{n-1}{2}\frac{g^2}{k_0} \tag{8.29}$$

其中，n 是衍射的级数。

已经表明[8]，对于高质量的 WBDF 像，$\boldsymbol{g}\cdot\boldsymbol{b}\leqslant 2$，位错像半宽为 1.5 nm，$s\geqslant 2\times10^{-2}\,\text{Å}^{-1}$。要获得 $s\geqslant 2\times10^{-2}\,\text{Å}^{-1}$，这取决于材料的点阵参数，可能需要采用高级操作衍射，例如 $\boldsymbol{g}$-5$\boldsymbol{g}$ 衍射条件。元素 Al，Au 和 Ag，以及 Cu，Ni 和 Fe 等的这些参数被列在表 8.4 中。采用大的 s 值，适合用运动学理论和振幅-相位图对衍射衬度进行计算。

表 8.4　100 keV 条件下，WBDF 的成像参数

晶　体	光　源	$s_{g\text{-}3g}(\text{Å}^{-1})$	$s_{g\text{-}5g}(\text{Å}^{-1})$
Al, Au, Ag($a = 4.05$ Å)	$\boldsymbol{g} = 200$	0.9×10^{-2}	1.8×10^{-2}
	$\boldsymbol{g} = 220$	1.8×10^{-2}	3.6×10^{-2}
Cu, Ni, Fe($a = 3.6$ Å)	$\boldsymbol{g} = 200$	1.1×10^{-2}	2.3×10^{-2}
	$\boldsymbol{g} = 220$	2.3×10^{-2}	4.6×10^{-2}

8.10.3　WBDF 像的分析

为计算 WBDF 像的衍射衬度，对式(8.21)中的运动学衍射波 $\psi_g(x, y)$，在试样平面(x, y)位置，从单胞晶柱的顶部到底部进行计算。考虑在远离位错的完整晶体区域(例如图 8.38 中的晶柱 A)，式(8.21)中的相位因子如何随晶柱向下的距离而发生变化。这里，$\boldsymbol{g}\cdot\delta\boldsymbol{r} = 0$，因为完整晶体的 $\delta\boldsymbol{r} = \boldsymbol{0}$。于是，指数是 $+\mathrm{i}2\pi s\cdot r_g = +\mathrm{i}2\pi sz$。从式(8.28)中求得 $\boldsymbol{g}$-3$\boldsymbol{g}$ 条件的 s，对于常规金属的低指数衍射，相位因子显示在图 8.39(a)中。此例中取 $s = +0.01$ Å^{-1}，对于 1 000 Å 厚的完整晶体区域，晶柱的振幅-相位图是环绕了 10 次的完整圆圈①。环绕次数多不意外，因为 $\boldsymbol{g}$-3$\boldsymbol{g}$ 条件下的 s 值较大②。

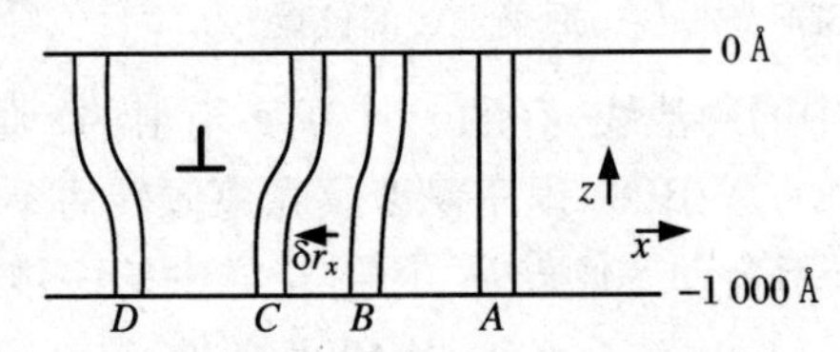

图 8.38　刃形位错附近的 4 个晶柱

现在，考虑式(8.21)相位因子中的其他项，$\boldsymbol{g}\cdot\delta\boldsymbol{r} = g\cdot\delta r_\perp$，$\delta r_\perp$是垂直于 z 轴(在试样平面中但平行于 $\boldsymbol{g}$)的位移。$\delta r_\perp$的值依赖于晶柱相对于位错线的位置。图 8.38 中考虑了四个晶柱：A，B，C，D，靠近试样中心的一个刃型位错。假定位置右边 $g_x>0$，$\delta r_\perp<0$，$g\delta r_\perp$沿晶柱向下的变化显示在图 8.39 中。最后，若扣除两项 $sz - g\delta r_\perp$，则得到式(8.21)中总相位，四个晶柱的相位显示在图 8.39(c)中。

图 8.40 表明，晶柱 A 的振幅-相位图卷曲成一个封闭的圆圈。图 3.39(c)则显示出，接近试样中心处 D 的衍射波具有更大曲率。晶柱 C 是很有趣的，因

① 因试样顶部在 $z = 0$，故 $z<0$，由于 $s>0$，图 8.39(a)的斜率为负值。

② 利用动力学理论，采用通常的消光距离 500 Å，式(8.16)中的有效偏离参量是 0.010 2 Å^{-1}，这预期环绕 9.8 圈，因此，动力学理论给出了类似的结果。

为靠近位错处它的衍射平面被弯曲而超过条件 $s=0$ 而变成 $s<0$，于是，晶柱 C 的振幅-相位图有一个曲率范围将历经反转。晶柱 B 有可能产生极大的衍射波。注意到在图 8.39(c)中晶柱 B 在最大距离范围内有一个“稳定相位”。（晶柱 B 的振幅-相位图近似描绘于图 8.39(c)中，它类似于图 8.31 右下的曲线，但在晶柱中部呈一直线。）图 8.39(d)对图 8.38 位错的衍射结果提供了一种检验，它表明，晶柱 B 中晶体平面的倾斜导致 $\boldsymbol{g}$ 矢量落在埃瓦尔德球面上。

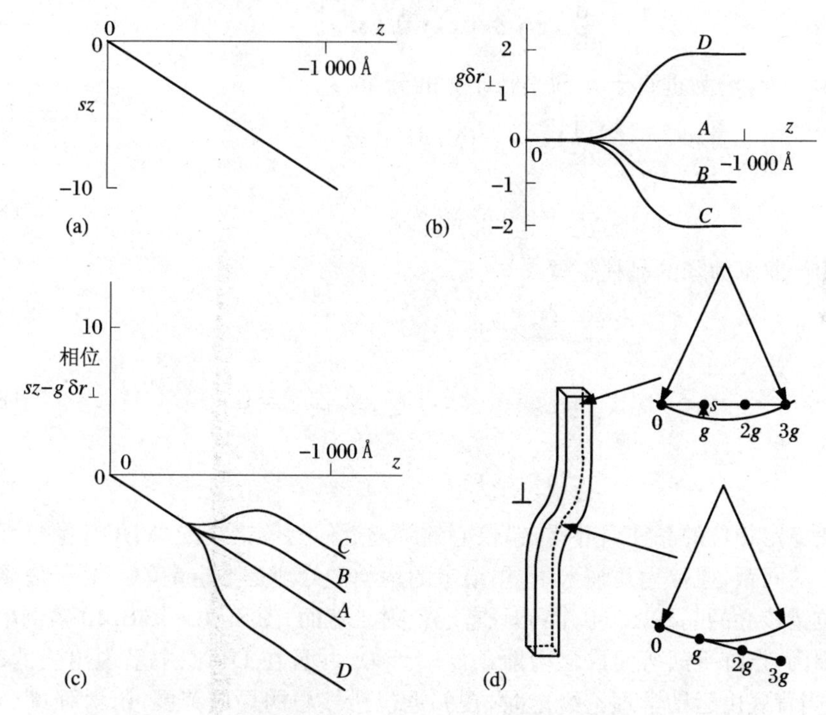

图 8.39　(a) 在完整晶体区域，当 $s=+0.01\ \text{Å}^{-1}$ 时式(8.21)的相位因子；(b) 图 8.38 中四个晶柱的相位贡献 $g\delta r_{\perp}$；(c) 图 8.38 中四个晶柱的总相位，即 $sz-g\delta r_{\perp}$，相位中的项部分显示在(a)和(b)中；(d) 晶柱 B 的埃瓦尔德球构型

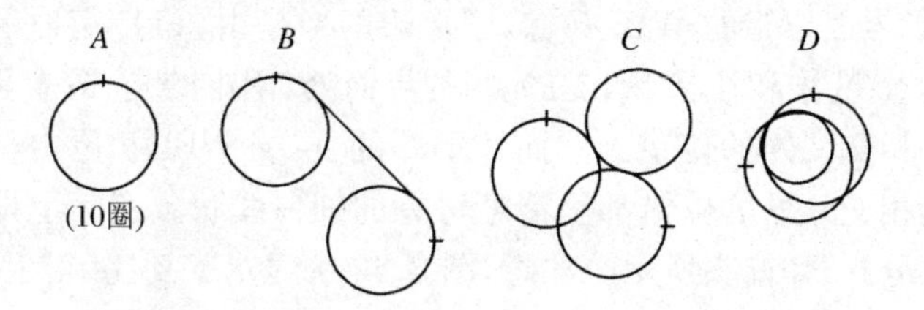

图 8.40　图 8.39(c)中显示的相位变化的振幅-相位示意图。图的端点用“+”标注

在晶柱 B 位置附近，位错的DF像最明亮，像中这个最亮线的位置相对于位错核心的距离是可以被计算的。由式(8.28)可知 s 的值，因为要使 $\boldsymbol{g}$-3$\boldsymbol{g}$ 条件达到一定的精确性，位错周围原子的位移 $\delta\boldsymbol{r}(x,y)$ 也需要了解。假定这些数据可以从位错理论中获得，利用 $\delta\boldsymbol{r}(x,y)$ 的信息，通过一组数值运算可求得晶柱的位置。为此，在位错深度 z' 处，以下的方程是令人满意的。方程(8.30)～(8.35)定义了"最稳定相位"的条件：

$$\frac{\mathrm{d}}{\mathrm{d}z}[\boldsymbol{g}\cdot\delta\boldsymbol{r}(x,y)-sz]\Big|_{z'}=0 \tag{8.30}$$

定义 $\delta\boldsymbol{r}_{\perp}(x,y)$ 为垂直于 $\hat{\boldsymbol{z}}$ 而平行于 $\boldsymbol{g}$ 的分量

$$\frac{\mathrm{d}}{\mathrm{d}z}[g\delta r_{\perp}(x,y)-sz]\Big|_{z'}=0 \tag{8.31}$$

$$\frac{\mathrm{d}}{\mathrm{d}z}\delta r_{\perp}(x,y)\Big|_{z'}=\frac{s}{g} \tag{8.32}$$

求解相位曲率为零的晶柱位置

$$\frac{\mathrm{d}^2}{\mathrm{d}z^2}[\boldsymbol{g}\cdot\delta\boldsymbol{r}(x,y)-sz]\Big|_{z'}=0 \tag{8.33}$$

$$\frac{\mathrm{d}^2}{\mathrm{d}z^2}[g\delta r_{\perp}(x,y)-sz]\Big|_{z'}=0 \tag{8.34}$$

$$\frac{\mathrm{d}^2}{\mathrm{d}z^2}\delta r_{\perp}(x,y)\Big|_{z'}=0 \tag{8.35}$$

最稳定相位的晶柱，相距位错核心的距离近似为位错线的WBDF像与真实位错核心的间距，通常为几纳米，这里给定的运动学处理是半定量的。对于最靠近和远离位错核心的晶柱，$s\gg0$，晶体只有弱衍射。然而，图8.38～图8.40实例中的 B 晶柱周围，点阵平面弯曲成强衍射条件($s\approx0$)，并且在DF像中呈现出强的衬度，于是，当背底由运动学理论给定时，在邻近位错核心的局域范围，衍射强度会明显高于背底，而强度的精确计算要求用动力学理论。可是，这种情况仅出现在一个非常狭窄的恒定相位区域，产生一个宽度很窄的高衬度像，遍及像的大部分区域，运动学理论是适合的。

图8.41展示了WBDF技术在分辨率和衬度上超越相应BF像的显著改善。图8.42呈现了界面位错的WBDF像，图上边的像是由$(\bar{1}11)$衍射形成的位错BF像，位错位于fcc基体和片状hcp沉淀相的界面处，困难的是，既看不清位错网络，也看不清沉淀相交叉处的位错。然而在下图的 $\boldsymbol{g}$-3$\boldsymbol{g}$ WBDF像中，排成阵列的单个位错和沉淀相交叉处的位错都呈清晰可见的细白线状。实际上，相隔几纳米的位错已经被区分开，如箭头所示。注意，图8.42中显示了 $\boldsymbol{g}$-3$\boldsymbol{g}$ 衍射花样。

图 8.41　Si 中的位错。(a) 两束条件下用强衍射($\bar{2}20$)获得的 BF 像；(b) 用弱衍射($2\bar{2}0$)获得的 g-3g WBDF 像；比较操作衍射(插图中的圆圈)的强度[9]

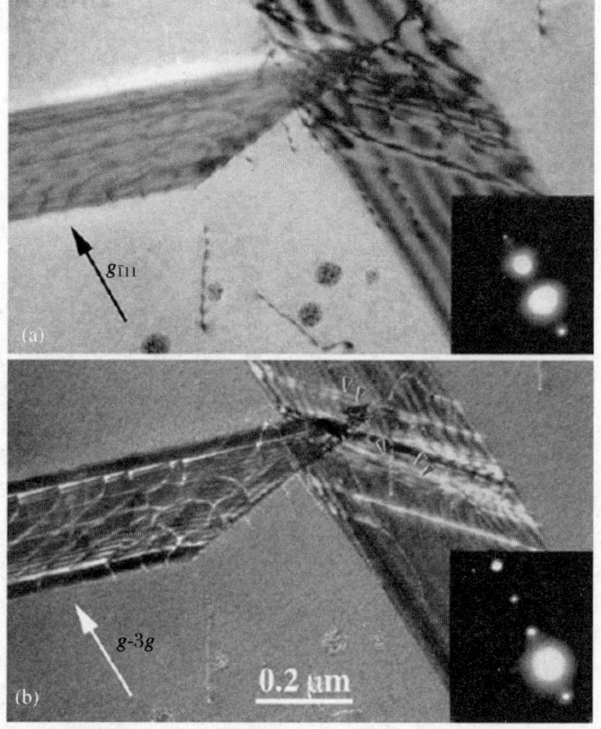

图 8.42　Al fcc 占优的 Al-Ag 合金基体中的 Ag_2Al hcp 沉淀相。(a) 用强($\bar{1}11$)衍射获得的 BF 像；(b) 用($\bar{1}11$)衍射获得的 g-3g WBDF 像。($\bar{1}11$)衍射是插图中靠近透射束(最亮)上面的一个衍射斑点[6]

8.11　界面处的条纹

8.11.1　电子波跨越界面的相位移

尽管位错是材料中仅有的一维缺陷类型，但大量不同材料之间的界面仍存在许多类型的二维缺陷。一个块状材料内部界面的范例是层错、晶界和相界。在所有这些界面处，被界面上下散射的子波的相位关系发生了突变。振幅-相位图特别适合理解源于突变界面的衍射衬度。使用振幅-相位图的技巧，包括在界面深度处矢量方向上突然但精确的改变。晶界类型之一可由图 8.43(a)阐明，界面上下的晶体是相同的，除了界面下部的晶体位移了一个非点阵基矢的平移矢量 $\delta\boldsymbol{r}$。图 8.43(b)是晶体从上到下的一个晶柱被放大了的图示，每个单胞的相位因子被标注于图中，通过考虑界面下部原子的位移而获得这些相位因子。界面下部每个单胞的位置对于晶体上部的位移是

$$\boldsymbol{r}_g \rightarrow \boldsymbol{r}_g + \delta\boldsymbol{r} \tag{8.36}$$

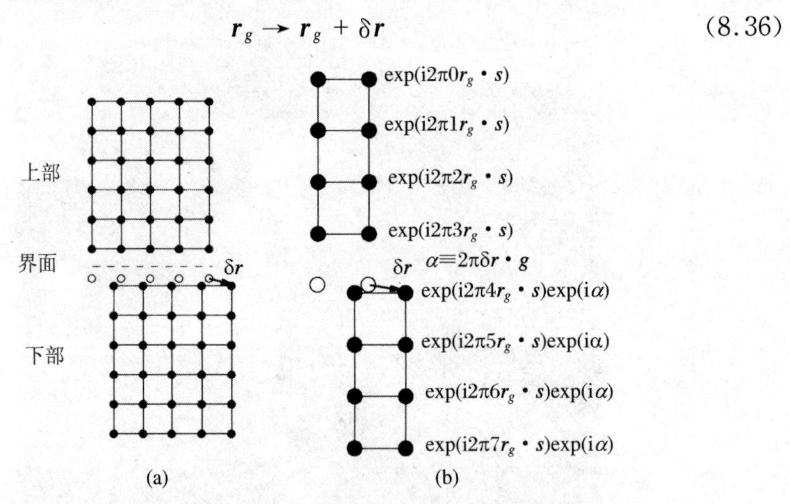

图 8.43　(a) 具有界面的完整晶体的例子。若没有界面，白圈表示晶体上部接下来的原子位置。跨越界面的位移是 $\delta\boldsymbol{r}$。(b) 界面附近区域的一个竖直晶柱，具有如式(8.40)确定的相位因子

界面下面单胞的相位因子(在式(8.7)中)经历了一个相应的变化：

$$e^{-i2\pi\boldsymbol{r}_g\cdot(\boldsymbol{g}-\boldsymbol{s})} \rightarrow e^{-i2\pi[(\boldsymbol{r}_g+\delta\boldsymbol{r})\cdot(\boldsymbol{g}-\boldsymbol{s})]} \tag{8.37}$$

正如在式(8.5)中所运算的，将界面下部单胞相位因子指数中的乘积展开，有

$$e^{-i2\pi(\boldsymbol{r}_g+\delta\boldsymbol{r})\cdot(\boldsymbol{g}-\boldsymbol{s})} = e^{-i2\pi\boldsymbol{r}_g\cdot\boldsymbol{g}}e^{+i2\pi\boldsymbol{r}_g\cdot\boldsymbol{s}}e^{-i2\pi\delta\boldsymbol{r}\cdot\boldsymbol{g}}e^{+i2\pi\delta\boldsymbol{r}\cdot\boldsymbol{s}} \tag{8.38}$$

式中,第一个因子 $e^{-i2\pi \boldsymbol{r}_g \cdot \boldsymbol{g}}$ 是+1,因为 $\boldsymbol{r}_g \cdot \boldsymbol{g}$ = 整数。式(8.38)中最后一项因子 $e^{+i2\pi\delta \boldsymbol{r} \cdot \boldsymbol{s}}$ 为 $e^0 = +1$,因为 $\delta \boldsymbol{r} \cdot \boldsymbol{s}$ 是一个二阶小量①。

式(8.38)右边中间两个相位因子是

$$e^{-i2\pi(\boldsymbol{r}_g+\delta \boldsymbol{r})\cdot(\boldsymbol{g}-\boldsymbol{s})} \approx e^{+i2\pi \boldsymbol{r}_g \cdot \boldsymbol{s}} e^{-i2\pi\delta \boldsymbol{r} \cdot \boldsymbol{g}} \tag{8.39}$$

定义

$$\alpha \equiv 2\pi\delta \boldsymbol{r} \cdot \boldsymbol{g} \tag{8.40}$$

有

$$e^{-i2\pi(\boldsymbol{r}_g+\delta \boldsymbol{r})\cdot(\boldsymbol{g}-\boldsymbol{s})} \approx e^{+i2\pi \boldsymbol{r}_g \cdot \boldsymbol{s}} e^{-i\alpha} \tag{8.41}$$

式(8.41)中的第一个因子 $e^{+i2\pi \boldsymbol{r}_g \cdot \boldsymbol{s}}$ 通常是单胞取向的衍射误差 s,也包括界面上部的单胞。表征界面的重要物理参数是式(8.41)中第二个指数项 $e^{-i\alpha}$,它与界面下部每一个单胞的相位因子相乘,但与界面上部的单胞无关。相位 α 经常用于说明界面的衍射效应。式(8.40)定义的相位既取决于界面处的原子位移,也有赖于操作衍射。

现在考虑一个特殊的实例,界面下部所有单胞的原子位移 $\delta \boldsymbol{r} = (a/2)\hat{\boldsymbol{x}}$,采用(100)为操作衍射,于是式(8.40)的相位因子 α 为 π。假定界面位于图 8.44(a)中水平线的位置,考察有 N 个单胞的晶柱中两个相邻单胞的衍射。一个单胞在 $Na/2$ 深度处,恰好在界面之上,另一个单胞位于$(N/2+1)a$ 深度处,恰好在界面之下。图 8.44(b)左边是一种熟悉的情况——正值的 s 使两个连续的矢量在振幅-相位图中稍微不一致。右边的不一致则具有一个突变的分量。界面以下的晶体相对于界面上部晶体有一个 $a/2$ 的水平位移,相位 π 提供了一个相位因子 $e^{-i\pi} = -1$。这表明,界面以下单胞的衍射严格地脱离了界面之上单胞衍射的范畴②。倘若 $s>0$,只要有这个相位 π,界面之下矢量的取向就会有一个小的额外的转折。显示在图 8.44(b)中的两个矢量用于图 8.44(c)中通常的振幅-相位图。正如图 8.44(b)和(c)的右图所示,对应于界面的深度,这两个矢量在振幅-相位图中导致了一个纽结点。于是,界面以下的晶体提供另一个圆弧,与上部晶体圆弧的曲率相同,因为两部分晶体的 s 是相同的。

注意,若此例中选择衍射 $\boldsymbol{g} = (200)$,且有 $\delta \boldsymbol{r} = a/2\ \hat{\boldsymbol{x}}$,式(8.40)中的相位因子将是

$$\alpha = 2\pi[200] \cdot \left[\frac{1}{2}00\right] = 2\pi$$

而式(8.41)中的第二个因子是 $e^{i2\pi} = 1$。对于所有的 $\boldsymbol{g} = (hkl)$,只要 h 是偶数,界

---

① 再次注意这一假定,界面下部所有单胞的 $\delta \boldsymbol{r}$ 是相同的,即所有单胞经历了一个简单的平移 $\delta \boldsymbol{r}$。界面下部晶体的旋转会导致 $\delta \boldsymbol{r}$ 随界面下部的深度增加而增加,在 8.13.2 小节中,这被解析为 δ 晶界处 s 的不连续性。

② 这很像在两个原子面之间一半的位置放置了一个相同原子面而对波进行的干涉,正如 bcc 晶体中的中心原子对(100)的衍射(图 5.9)。

面就不显示衬度。

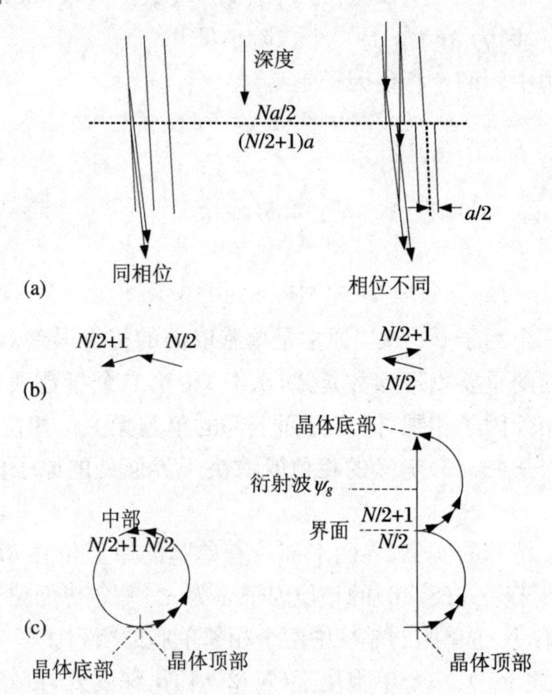

图 8.44　(a) 无界面(左)和有界面(右)的衍射光路;(b) 无界面(左)和有界面(右)相位因子矢量的相应取向;(c) 没有界面(左)和包含界面(右)时晶体的整个振幅-相位图

8.11.2　波纹图条纹

图 8.45 显示了一种经常出现的界面情况,即两晶体具有接近的、差别不很大而又成比例关系的晶面间距。两晶体的点阵平面沿界面有一个匹配周期,这个周期显示在图 8.45 的上部。该实例中,匹配区域对应于相同的衍射条件和图 8.44 左边的振幅-相位图。在图 8.45 中晶面完全匹配的一半距离,界面处上下晶面相互有 $a/2\ \hat{\boldsymbol{x}}$ 的位移,如同图 8.44 右边的情况。因此,对于(100)衍射,振幅-相位图将出现纽结。介于这两种极端情况之间的是中间状态,振幅-相位图在 $N/2$ 层和 $N/2+1$ 层间改变了 α 角,取决于式(8.40)中衍射 $\boldsymbol{g}$ 和界面处位移 $\delta\boldsymbol{r}$。选择衍射条件,当晶面完全匹配时衍射强度为零①,而在晶面位移为晶面间距一半位置处时具有最大强度值。由于晶面匹配在位置上具有周期性,因而衍射强度的调制也具有周期性。更重要的是,期望这两个周期性要精确地一致。这样一组条纹,通常命名为平行的波纹图条纹,在 DF 和 BF 像中都可以被观测到,像中

① 在构造图 8.45 中,对界面上下的层厚(上下层厚假定为相同的——$N/2$ 个单胞)和 s 值(能在界面上部或下部的振幅-相位图中产生半个圆环)做了几个假定。

也包括了界面。

若倾转试样(改变 s)或改变衍射的级数(改变 $\boldsymbol{g}$),波纹图条纹将会发生什么变化？当改变 s 时,晶体中各部分的振幅-相位矢量的夹角变化,导致了圆弧半径改变,尽管条纹位置会移动,但条纹间距不变。这是一个重要的结果,因为它表明,当界面平行于试样表面时,通过测量波纹图条纹的间距,可能定量地确定两晶体点阵平面的错匹配。另一方面,若使操作衍射矢量的大小增加到 3 倍(从(100)到(300)),图 8.45 中一半位置处的相位移由 3π 取代了 π(注:$\alpha = 2\pi \boldsymbol{g} \cdot \delta \boldsymbol{r} = 2\pi(300) \cdot \left[\frac{1}{2}00\right] = 3\pi$),因此,波纹图条纹之间的间距将减小为原来的三分之一。条纹间距对 $\boldsymbol{g}$ 的依赖可用于确认条纹的波纹图特性。

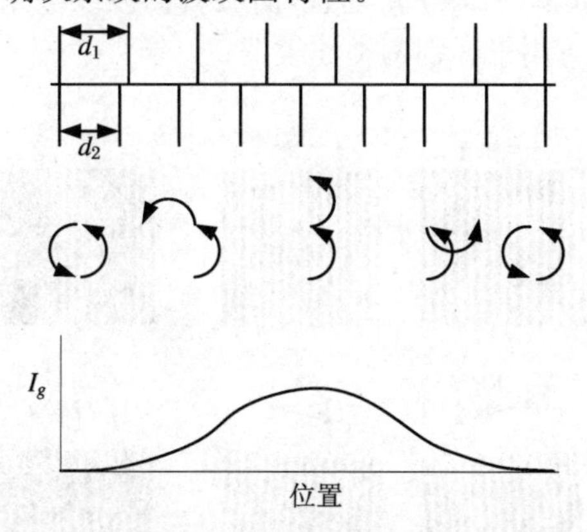

图 8.45　上部:稍微不匹配的晶面;中部:通过两晶体不同晶柱的振幅-相位图;下部:试样相应位置的衍射强度

现考查波纹图条纹的间距 D 与两晶体的晶面间距 d_1 和 d_2 的关联。利用这样一个事实:D 等于两晶体晶面一致时的水平距离。从图 8.45 左边开始,将一个晶面向右移动,分数错匹配是

$$\delta = \frac{d_1 - d_2}{d_1} \tag{8.42}$$

对每一个晶面的分数错匹配求和,直到求和值达到完整的晶面间距 d_2 时,需要的晶面数是分数错匹配的倒数,则平行于这组晶面的波纹图条纹的间距是

$$D = \frac{d_2}{\delta} = \frac{d_1 d_2}{d_1 - d_2} \tag{8.43}$$

当两个相邻晶体发生相对旋转时,会出现旋转的波纹图条纹。假定 $d_1 = d_2 = d$,旋转的波纹图条纹间距是

$$D = \frac{d}{\theta} \tag{8.44}$$

其中,θ 是旋转角度的值(rad)。

对于波纹图条纹间距,包括平行和旋转的贡献,其一般的表达式是

$$D = \frac{d_1 d_2}{\sqrt{d_1 d_2 \theta^2 + (d_1 - d_2)^2}} \tag{8.45}$$

波纹图条纹的间距有时称为放大 M 倍的条纹。平行波纹图条纹的放大倍率是$d/(d_1 - d_2)$，其中 $d \approx (d_1 + d_2)/2$，而旋转波纹图条纹的放大倍率为 $M = 1/\theta$。

产生波纹图条纹的两个重叠晶体的衍射花样包含两套衍射斑，这两套衍射斑在倒空间中相隔一个小的距离 $\Delta \boldsymbol{g}$，$\Delta \boldsymbol{g}$ 是连接两晶体操作矢量的线段。这个 $\Delta \boldsymbol{g}$ 源于点阵参数的微小差异和/或两晶体之间的旋转。两套衍射斑发出的电子波干涉是波纹图条纹形成的原因，而这两套衍射斑必须被套入物镜光阑才能在像中获得波纹图。平行的波纹图条纹与 $\boldsymbol{g}$ 垂直，而旋转的波纹图条纹与 $\boldsymbol{g}$ 平行，正如图 8.46 所示。这个差别可用于区别两类波纹图。

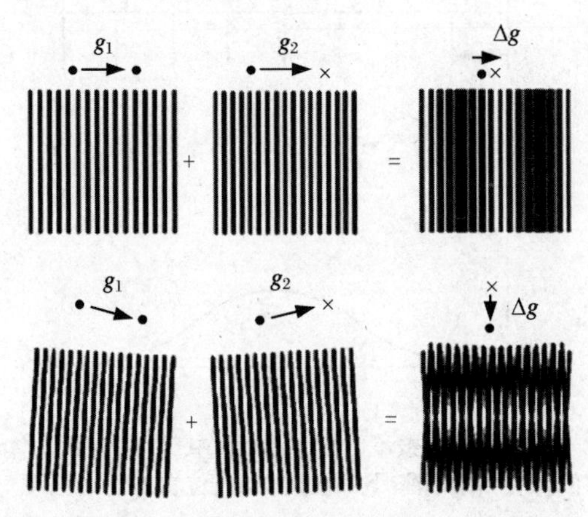

图 8.46　晶面、衍射矢量和波纹图条纹间的相互关系

薄试样中微小的半共格沉淀相（Ω 相）之间的取向关系是，基体(111)面（沉积相的惯习面）平行于沉淀相的(001)面。这两个晶面的错匹配约为 9%。在两束 BF 条件下（仅用(220)和(000)束操作），当沿界面的侧面来观测沉淀相时，在基体与沉淀相界面处可观察到平行的波纹图条纹。BF 像中的条纹间距约为 2.5 nm。图 8.47 显示了一幅由侧面观测的类似的沉淀相的高分辨 TEM 像。像中(001)面的近似位置用箭头标注。这些箭头的间距，表示了“错配位错”，约为 2.5 nm，与波纹图中观察的错配相吻合。

图 8.48 呈示了一组线条，它们可以被照相复制，通过旋转两幅复制的透明图，可以阐释波纹图条纹的行为。

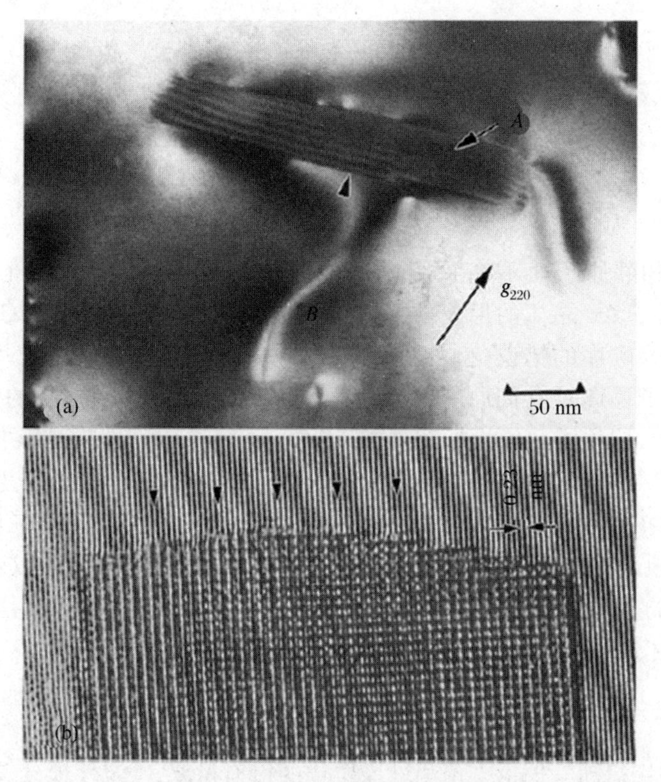

图8.47 (a)在Al-Cu-Mg-Ag合金中由侧面观察得到的 Ω 沉淀相的BF TEM像;(b)由平行于界面方位观察获得的类似于沉淀相的高分辨像[10]

图8.48 通过照相复制这张像成两幅透明图,你可以制作旋转波纹图;如果能改变照相复制的放大倍数,也能制作平行波纹图;试试看——这是很有趣的事

8.12 堆垛层错的衍射衬度

当两个相邻原子面不在它们合适的晶体学位置时,将出现堆垛层错。附录A.11显示了 fcc 晶体的原子如何相继地在(111)面上以…ABCABC…进行堆垛的。堆垛顺序的错误(例如…ABCAB|ABCABC…)称为“堆垛层错”。跨越层错的原子偏离了它们原有的位置,位移量等于一个“偏位错”的伯格斯矢量。在 fcc 晶体中,偏位错的伯格斯矢量或为 $\boldsymbol{b}=a/6\ \langle 112\rangle$,即肖克莱偏位错;或为 $\boldsymbol{b}=a/3\ \langle 111\rangle$,即弗兰克偏位错。尽管厚度只有一个原子面,但堆垛层错可以是很宽的,常常扩展到整个晶体。若 TEM 试样的一个区域包含一个晶体,堆垛层错经常从试样顶部延伸到底部。堆垛层错的 TEM 像通常是一组条纹,平行于试样表面与层错的交线。现在我们将说明,为什么堆垛层错的 TEM 像是条纹和沿着条纹方向的宽带。这些像是非常漂亮的。

8.12.1 运动学处理

首先,采用运动学理论来预测堆垛层错的衍射衬度。(定性地计算像衬是合适的,对于适当的运动学处理,应了解更多的结构信息。)例如,考虑经过十分有利于全位错分解反应后,试样(111)面上一个堆垛层错的信息,如图 8.49 所示:

$$\frac{a}{2}[1\bar{1}0] \rightarrow \frac{a}{6}[2\bar{1}\bar{1}] + \frac{a}{6}[1\bar{2}1] \tag{8.46}$$

图 8.50 是薄试样中堆垛层错通常的取向。亮原子在密排面$(1\bar{1}1)$上,而且在纸平面上;暗原子稍微向纸平面下位移。试样表面的法线方向是带轴$[1\bar{1}\bar{2}]$(朝向电子枪),堆垛层错在$(11\bar{1})$面上。层错与纸平面相交但与纸平面不垂直。[110]矢量由右到左经过一排原子中心,这是一个密排方向,且第一近邻位移是图中标示的 $a/2\ [110]$。采用(220)衍射获得一幅 DF 像,这幅像在纸平面上。为了预测堆垛层错的衍射衬度,找到层错位移沿[110]方向的分量很容易,用归一化的单位矢量 $a/\sqrt{2}\ [110]$与层错位移矢量 $a/6\ [112]$点乘,便得到层错沿[110]方向的投影,长度为 $a/(3\sqrt{2})$,是第一近邻位移的三分之一大小①。最后,确认 $\boldsymbol{g}\cdot\boldsymbol{b}\neq 2\pi\cdot$整数,于是堆垛层错可见:$a/6\ [112]\cdot 1/a\ [220]=(1/6)(2+2+0)=2/3$。

① 用类似的方法,找到第一个近邻位移为 $1/\sqrt{2}\ [110]\cdot a/2\ [110]=a/2$。

在(220)衍射的振幅-相位图中，关键的特征是矢量方向随层错深度的变化，这借助于式(8.41)的相位角 α 来表征。对于两相邻单胞之间的第一近邻位移，相位角变化是 $4\pi(\alpha=2\pi\boldsymbol{g}\cdot\delta\boldsymbol{r}_{1nn}=2\pi/a\ (220)\cdot a/2\ (110)=4\pi)$。振幅-相位图中跨越层错的相邻矢量的位移为第一近邻位移的三分之一，即 $a/(3\sqrt{2})$，所成相位角是 $\alpha=4\pi/3$。

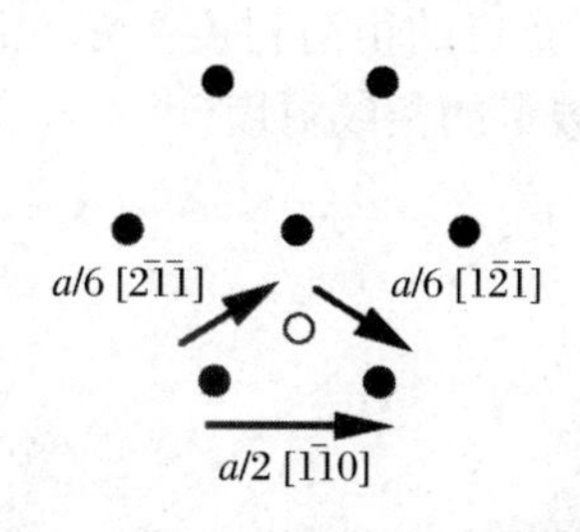

图 8.49　fcc 晶体(111)面上的全位错和偏位错；全位错的伯格斯矢量是由 A 位置到另一个 A 位置，而偏位错的伯格斯矢量是由 A 位置(黑点)到 B 位置(圆圈)

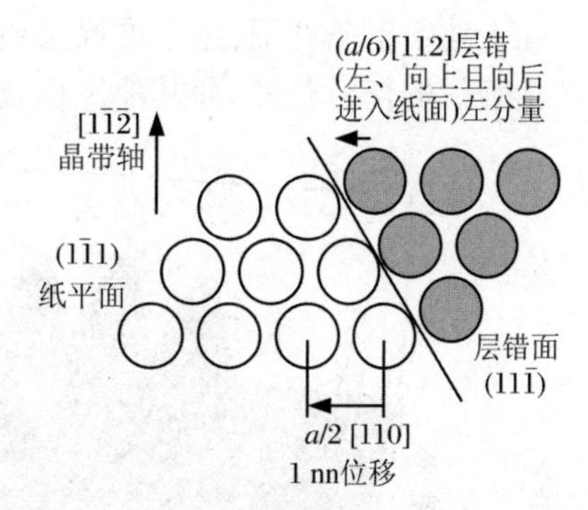

图 8.50　在两块完整晶体之间一个堆垛层错通常的排布(对角线)形态

作为一个典型实例，考虑图 8.50 中远离层错的完整晶体区域。若衍射条件是 $s>0$，振幅-相位图几乎绕了四圈，相应的振幅-相位图显示在图 8.51 的左边。在图 8.50 的右边，一个竖直晶柱与试样顶部附近的层错交截，第二个振幅-相位图包含了层错深度处相邻矢量之间的连接线，$\alpha=4\pi/3$，因为这个层错接近晶柱顶部，连接线出现在图起始点附近。第三个振幅-相位图对应于层错在一个特定深度处与晶柱交截，连接线出现在虚线的中部位置，这样，图中的上圆环缺少了一段长度，而下圆环增加了这段长度，致使下图圆环准确地终止于起始点处。在这种特殊情

+　振幅-相位图起点
►　振幅-相位图终点
┄　完整晶体中使圆圈闭合需附加的长度
↶　层错处 240° 相位移

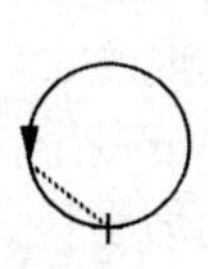

完整晶体(接近四全圈)

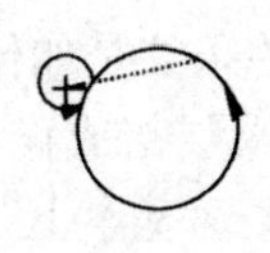

接近晶体顶部的层错；初期的240° 位移，比完整晶体更强的衍射

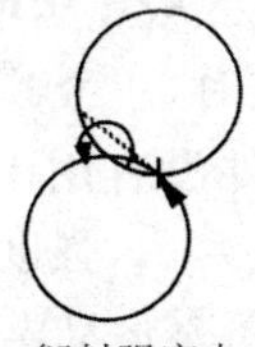

衍射强度中三个节点

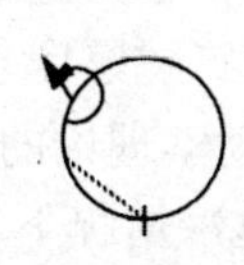

接近晶体底部的层错；比完整晶体区域更强的衍射

图 8.51　图 8.50 中穿过倾斜层错的晶柱的振幅-相位图

况下，没有衍射强度。因为振幅-相位图几乎环绕了四圈，环绕着上圆环，这种特殊情况可能出现在接近1,2或3圈的位置，因此，预期由堆垛层错获得的DF像有三个节点。最后，图8.51中第四张振幅-相位图显示了一种常见的情况，连接线产生了向最后一圈终点处的相位移，于是，晶体的最下部分没有形成不利的子波(即矢量在接近图终端处偏离起始点)。这表明层错接近试样底部时，会出现一个衍射峰。在上述衍射条件下，这个堆垛层错暗场像计算获得的衍射衬度显示在图8.52中。由其他的衍射条件，即其他 s 值，会产生不同数量的条纹衬度。

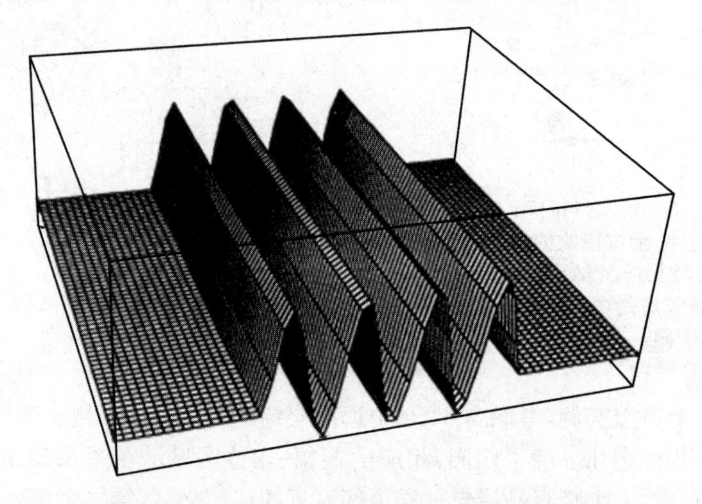

图8.52　近似图8.51振幅-相位图所示的堆垛层错的衍射。高度正比于衍射强度，盒子底部表示衍射强度为零

在图8.52中，层错约处于纸平面的内外，层错的顶部和底部投影分别位于条纹的左右边。层错两边恒定的衬度是完整晶体的衍射强度。衍射强度条纹出现在试样表面下特定深度处，条纹平行于层错与上下表面的交截线。在试样较厚的区域，像中会有更多的条纹。

图8.51中的分析条件仅仅是一个例子。然而，一般情况下，衍射强度将随试样深度周期性地变化，甚至在特定深度处不为零。条纹的数量大致是完整晶体区域振幅-相位图的圈数，或是以有效消光距离 s_{eff} 单位数表示的晶体厚度。图8.53显示了由试样的楔形薄边沿进入较厚区域，且跨越厚度条纹的层错像。注意，每个堆垛层错带每次跨越厚度条纹时，一个额外的条纹是如何出现的。

实际上，运动学理论的条件没有用于堆垛层错成像，对于一个衍射 $\boldsymbol{g}$，成像采用了 $s_g \approx 0$，在这种情况下，$s_{\mathrm{eff}} = \xi_g$，强度的振荡基本上是动力学特征。因此，衍射波的振幅具有不同的阐述，而不是运动学振幅-相位图相位干涉的理由，但由振幅-相位图获得的强度和 ξ_g 取代 s，不考虑吸收时动力学理论的结果是相同的。然而，甚至对考虑吸收的动力学理论①,堆垛层错衬度的本质和特征在振幅-相位图中也是如图8.51所示的连接线。

图8.53 Ta-C楔形试样中堆垛层错的明场像。试样厚度因偏离边缘而增大,四个层错也呈现出楔形状

基于运动学理论,图8.51和图8.52表明堆垛层错像在试样顶部和底部附近是相同的。然而,考虑吸收的动力学理论,则预测顶部和底部是反对称的。对于鉴别层错的原子结构,这个反对称十分重要,因此,我们将放弃运动学理论而采用动力学理论来讨论层错的衬度,利用13.7.2小节描述的方法和13.7.3小节中的概念容易获得这样的结果。

8.12.2 动力学理论的结果

图8.54是一幅TEM薄膜试样中堆垛层错的示意图,其中,层错下面和上面的晶体相同,但有一个平移矢量$\delta\boldsymbol{r}$。层错的衬度由式(8.40)的相位因子α确定,它使层错上的$\alpha=0$突变到层错下的$\alpha=2\pi\boldsymbol{g}\cdot\delta\boldsymbol{r}$。若$\delta\boldsymbol{r}$是点阵平移矢量$a/2\langle 110\rangle$,则对所有操作衍射,层错都是不可见的,因为$\alpha$由0变成$2\pi n$,而$n$是整数。然而,当$\delta\boldsymbol{r}$是部分的点阵平移矢量时,对于确定的$\boldsymbol{g}$值层错可见,正如前一节所表明的,层错是平行于层错面与试样表面交截面的一组条纹。$\boldsymbol{g}$和条纹之间相关的取向提供了解释层错结构的方法。

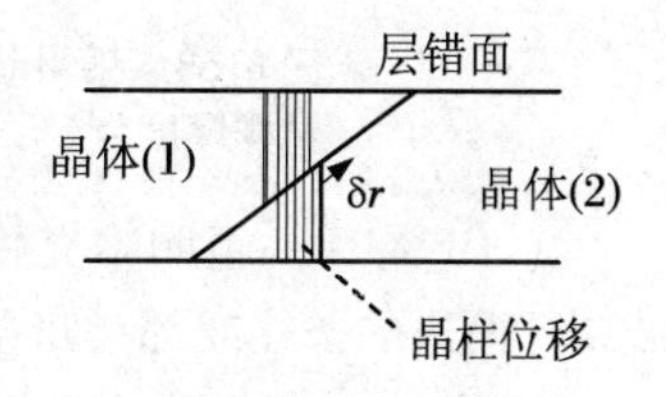

图8.54 薄试样中倾斜层错的几何构图

图8.49的偏位错导致层错平面的平移,例如,提供了从B层进入C层在平面中的位移。采用另一种

① 要进行堆垛层错衬度的动力学计算,需将动力学"布洛赫波"在层错深度处转换成衍射束表示。于是,层错下的衍射束要乘上相位因子$\exp(i4\pi/3)$。这个乘积等价于几何振幅-相位图中的连接线。

方法，例如移除 B 层，原子位置也能通过一个垂直位移跨越层错。这里，A 层的原子位移数值向上接触到 C 层。因此，两种类型的部分点阵平移在 fcc 晶体中应被考虑为 $\delta\boldsymbol{r}=1/6\langle 112\rangle$ 和 $\delta\boldsymbol{r}=1/3\langle 111\rangle$。因为 α 是相位移因子，若 α 改变 2π，衬度不会变化，于是，$\alpha\equiv 2\pi\boldsymbol{g}\cdot\delta\boldsymbol{r}$ 只能被限定在 $-\pi<\alpha<\pi$ 的范围内。fcc 晶体中，$\delta\boldsymbol{r}=1/6\langle 112\rangle$ 或 $1/3\langle 111\rangle$，则 α 可能的值为

$$\alpha = 2\pi\frac{h+k+2l}{6},\quad 对\frac{1}{6}\langle 111\rangle \tag{8.47}$$

$$\alpha = 2\pi\frac{h+k+l}{3},\quad 对\frac{1}{3}\langle 111\rangle \tag{8.48}$$

在任何一种情况下，$\alpha=\pm 2\pi/3$，层错都是可见的。当 $\alpha=2\pi n$，而 n 是整数时，层错不可见，所以，对于 $h+k+l=3n$ 的衍射，层错不可见。仅仅根据条纹的衬度，不可能区别 $1/6\langle 112\rangle$ 和 $1/3\langle 111\rangle$ 层错——它们看起来是相同的。为了区分这两类层错，必须采用 8.8 节和 8.9 节中讨论的 $\boldsymbol{g}\cdot\boldsymbol{b}$ 分析，辨别限定层错的偏位错。另一方面，它到底是哪种层错类型，是通过移除一个原子面形成的内禀层错（堆垛序列为…ABCAB|ABC…，$\delta\boldsymbol{r}=-1/3\langle 111\rangle$），还是插入一个原子平面的外禀层错，通过动力学理论给定的某些结论，可以由层错的 BF 和 DF 像容易地确定。

适当考虑吸收，由动力学理论对堆垛层错衬度进行的计算（13.7.3 小节）表明：层错呈现出如下衬度特征[4]（图 8.55）：

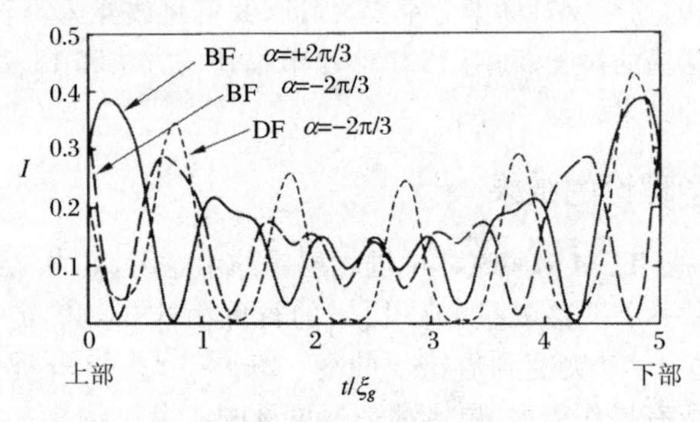

图 8.55　采用动力学理论计算的层错衬度。条件是 $s=0$，试样厚度为 $5\xi_g$，每个消光距离有一定的吸收[4]

· BF 像由一组明暗交替的条纹构成，条纹平行于层错平面与试样表面的交截线。两边的条纹或都是暗条纹，或都是亮条纹，即像相对于试样中心对称，这由图 8.55 中 $\alpha=\pm 2\pi/3$ 的两条曲线阐明。吸收使试样中心的条纹衬度受到抑制。

· DF 像也显示了一组条纹，但两边的条纹不相同，即像是反对称的。若采用轴向 DF 技术形成图像，相对 BF 像中的操作衍射，$\boldsymbol{g}$ 的符号相反，于是，试样顶部的条纹在 BF 和 DF 像中将呈现相反衬度。如果在 DF 像中采用 BF 像同样的 $\boldsymbol{g}$，这个反转确实存在。合适的实验像要求与图 8.55 一致。如果使用反向 $\boldsymbol{g}$ 得到中心 DF 像，对于 $\alpha=2\pi/3$ 的 BF 像，它的曲线可与 DF 像相比拟，$\alpha=-2\pi/3$ 的 BF

像将用于比较是不是同样的 $\boldsymbol{g}$ 适用于 BF 和 DF 像。这个行为使层错面倾斜的敏感性有可能从像中被确定。

· 在一张正片上，当 $\boldsymbol{g}\cdot\delta\boldsymbol{r}$ 为正值，即 $+2\pi/3$ 时，BF 像中两边是亮条纹，而 $\boldsymbol{g}\cdot\delta\boldsymbol{r}$ 为负值，即 $-2\pi/3$ 时，BF 像两边呈暗条纹。因此，相位角 α 的符号可以由 BF 像简单地确定。

· 当 $\boldsymbol{g}\cdot\delta\boldsymbol{r}=0,1,2,\cdots$ 时，层错不可见。

· 当 $s=0$ 时，BF 像中的暗条纹数 n 满足关系 $(n-1)\xi_g=t$，t 为薄试样厚度。然而，当 $s\neq0$ 时，条纹数与 t 没有简单的关系。

8.12.3　堆垛层错的内禀和外禀性质的确定

根据 BF 和 DF 像，已提出了大量确定内禀或外禀堆垛层错的方法。其中的一些方法，采用了 BF 像中薄试样顶部条纹的衬度，因为它直接给定了相位角的符号。这里，给出了可能最简单的方法，它仅仅依据 DF 像中的衬度。鉴别堆垛层错类别的原则是[11]：

在轴向对中的 DF 像中，若 $\boldsymbol{g}$ 矢量原点位于层错中心(通过将弱束 $\boldsymbol{g}$ 倾转到光轴而形成，于是它与 BF 像中的 $\boldsymbol{g}$ 是相反的)，对于符号有 $\{111\}$，$\{400\}$ 和 $\{220\}$ 等类别的衍射，不管层错的倾斜方向如何，$\boldsymbol{g}$ 矢量由外侧亮条纹向外为内禀层错 ($\delta\boldsymbol{r}=-1/3\langle111\rangle$)，$\boldsymbol{g}$ 矢量指向亮条纹则为外禀层错 ($\delta\boldsymbol{r}=1/3\langle111\rangle$)。如果操作衍射是 $\{200\}$，$\{222\}$ 或 $\{440\}$ 类型，情况正好相反。

在使用衍射衬度来确定堆垛层错类别时，精确地控制 s 的值极其重要。s 值的微小变化将影响 BF 像中第一个条纹特征的辨别，或 DF 像中反对称性质辨认。必须仔细地确保偏离参量为零或为极小的正值。

8.12.4　约束层错的偏位移

堆垛层错以及约束这个堆垛层错的偏位错并不一定能同时被观测到。进而，若两个偏位错的伯格斯矢量不共线，则当一个偏位错可见时，另一个不可见。用 $(2\bar{2}0)$ 衍射继续前述例子的讨论，若两个约束偏位错的伯格斯矢量分别为 $\boldsymbol{b}_1$ 和 $\boldsymbol{b}_2$，运用“$\boldsymbol{g}\cdot\boldsymbol{b}$ 法则”，有

$$\boldsymbol{g}\cdot\boldsymbol{b}_1=\frac{(2\bar{2}0)}{a}\frac{a}{6}(1\bar{2}1)=\frac{1}{6}(2+4+0)=1\quad\Rightarrow\quad\text{可见}\tag{8.49}$$

$$\boldsymbol{g}\cdot\boldsymbol{b}_2=\frac{(2\bar{2}0)}{a}\frac{a}{6}(2\bar{1}\bar{1})=\frac{1}{6}(4+2+0)=1\quad\Rightarrow\quad\text{可见}\tag{8.50}$$

另一方面，若用 fcc 晶体[110]带轴衍射花样中出现的(002)衍射，则两个偏位错都是不可见的：

$$\boldsymbol{g}\cdot\boldsymbol{b}_1=\frac{(002)}{a}\frac{a}{6}(1\bar{2}1)=\frac{1}{6}(0+0+2)=\frac{1}{3}\quad\Rightarrow\quad\text{不可见}\tag{8.51}$$

$$\boldsymbol{g}\cdot\boldsymbol{b}_2=\frac{(002)}{a}\frac{a}{6}(2\bar{1}\bar{1})=\frac{1}{6}(0+0-2)=-\frac{1}{3}\quad\Rightarrow\quad\text{不可见}\tag{8.52}$$

因为$|\boldsymbol{g}\cdot\boldsymbol{b}|$都不大于1/3。对于某些衍射矢量，譬如$(1\bar{1}1)$，一个偏位错可见，而另一个则不可见。表8.3已表明，肖克莱和弗兰克偏位错会呈现出不同的衬度，因此，这种分析方法可用于确定层错是源于1/6〈112〉位移，还是1/3〈111〉类型。

8.12.5　堆垛层错分析的一个实例

这里是一个堆垛层错分析的实例。图8.56显示了fcc 304不锈钢中堆垛层错的BF和轴向DF TEM像，以及相应的选区衍射(SAD)花样。像上都标注了透射束和$\boldsymbol{g}$衍射束——注意DF像中使用了反向的$\boldsymbol{g}$矢量。像和衍射都是正面朝上洗

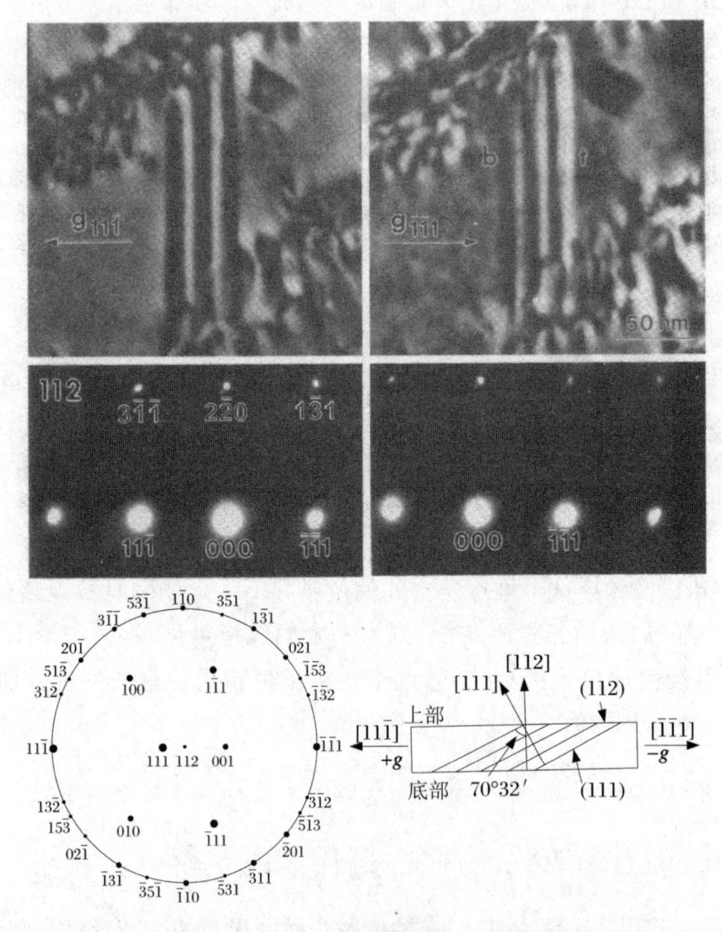

图8.56　AISI 304不锈钢中的层错像。左上：操作衍射$\boldsymbol{g}=(11\bar{1})$时的BF像；右上：操作衍射$\boldsymbol{g}=(\bar{1}\bar{1}1)$时的DF像；左下：极射赤面投影图；右下：晶体中层错的几何结构

印的，像相对于 SAD 花样顺时针转动了 40°，使像和 SAD 花样保持相同方向。问题的第一部分是对衍射花样指标化使之与像保持一致，这可以采用[112]极射赤面投影图来进行，如图 8.56 所示。位于投影圆周上的极点包括$(11\bar{1})$，$(2\bar{2}0)$，$(3\bar{1}\bar{1})$，这些衍射出现在[112]SAD 花样中。基于堆垛层错外侧条纹的衬度，可以确定试样的上表面(t)和下表面(b)(8.12.2 小节)，因为 DF 像使用了反向 $\boldsymbol{g}$ 矢量，薄膜(位于层错像的右边)上表面外侧条纹的衬度改变。现在，因层错的倾角已知，有可能旋转极射赤面投影图，使 BF 和 DF 像中的 $\boldsymbol{g}$ 矢量与投影一致。鉴于(111)面的极点在[112]和$[11\bar{1}]$极点之间，层错的惯习面必定是接近极图中心的(111)面。极图的非对称性，要求旋转 180°使其与层错倾角相吻合，这需要重新标定衍射花样，但 SAD 花样已被适当地指标化。层错和薄膜表面的交截线平行于 $\pm[1\bar{1}0]$ 方向，正是层错的位移条纹。试样的完整几何关系用图 8.56 中右下的构图表示。

现在有可能确定层错是内禀还是外禀特征了。因为 BF 和 DF 像中外侧条纹是暗的，层错的相位角是 $-2\pi/3$。用于成像的 $\boldsymbol{g}$ 矢量标注在显微图像和试样示意图中。在 DF 像中，当 $g=(\bar{1}\bar{1}1)$ 的原点位于层错中心时，它指向外侧亮条纹。因为操作衍射是{111}类型，依据层错原则(8.12.3 小节)，这是外禀层错，因此 $\delta \boldsymbol{r}=1/3[111]$，而横跨层错(111)面的堆垛顺序是…ABCAB|A|CABC…。

8.12.6　TEM 像中的堆垛层错组

fcc 晶体中有四对{111}面：$(111)=(\bar{1}\bar{1}\bar{1})$，$(11\bar{1})=(\bar{1}\bar{1}1)$，$(1\bar{1}\bar{1})=(\bar{1}11)$，$(\bar{1}1\bar{1})=(1\bar{1}1)$。这四个面的堆垛层错很可能同时存在，而且在 TEM 像中同时显现。图 8.57(a)中显示了不锈钢中的堆垛层错，这幅像仅仅由一个强操作衍射获得(具有(000)和(002)的两束条件)。衍射花样标定后求得带轴为[013]。

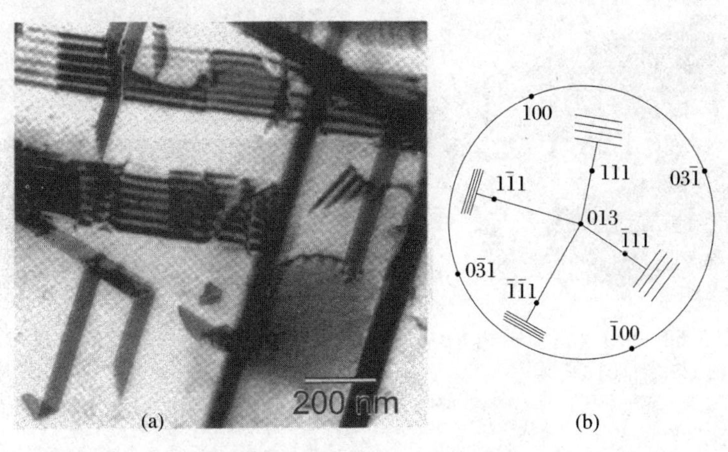

图 8.57　(a) AISI 304 不锈钢中的一组层错；(b) [013]极射赤面投影图上层错面的极点，以及(a)中层错的相关取向

图 8.57(a)显示了四种不同的堆垛层错。这里将表明，观察到的层错的宽度和取向如何与图 8.57(b)中的极射赤面投影图相关联。极图的取向相对层错像已经做了适当调整。注意层错$(\bar{1}11)$和(111)，它们具有最大的明显的宽度，对应于最接近投影中心的极点。而层错$(\bar{1}\bar{1}1)$和$(1\bar{1}1)$具有最窄的宽度，对应于投影中心最远的极点。(作为极端情况，如果层错面对应的极点在投影面非常边缘的地方，层错只能被看见“边缘”，呈现为一条线。)也请注意层错之间的夹角，这些夹角能由极射赤面投影图确定，即通过沿伍尔夫网的赤道平面，测量从极点到投影中心之间的角度(7.2.3 小节)。层错条纹垂直于这些线，如图 8.57(b)所示。

从图 8.57(a)中堆垛层错的像宽和长度标识，可以估算薄膜的厚度。宽条纹层错像约为 1 700 Å，采用伍尔夫网和[013]极射赤面投影图，可以求得(111)和$(\bar{1}11)$面的法线与电子束入射方向成 22°角，于是，沿电子束方向试样的厚度为 $t=(1\,700\ \text{Å})\tan 22^\circ \approx 690\ \text{Å}$，而窄条纹层错像宽很难精确测量，厚度大约是 $t=(570\ \text{Å})\tan 45^\circ \approx 570\ \text{Å}$。这些是沿电子束方向的厚度，如果试样已相对入射电子束发生了倾转，则试样的厚度便被过高估算了。

8.12.7　相关的条纹衬度

片状沉淀相常常呈现出与层错类似的条纹衬度。图 8.58 显示了 fcc Al-Ag 合金中 γ 沉淀相的 BF 和 DF 像，类似于图 8.27 和图 8.42 的条纹像。这个沉淀相很薄(<10 nm)，具有 hcp 结构，它可以在 fcc 晶体中交替的{111}面上通过 $a/6\langle 112\rangle$的位移而形成。用振幅-相位图可以分析 hcp 沉淀相和 fcc 基体之间的界面，类同于堆垛层错分析(8.12.1 小节)；或通过运动学处理，表明 BF 和 DF 像的互补性(参阅图 8.55 和图 8.56)。

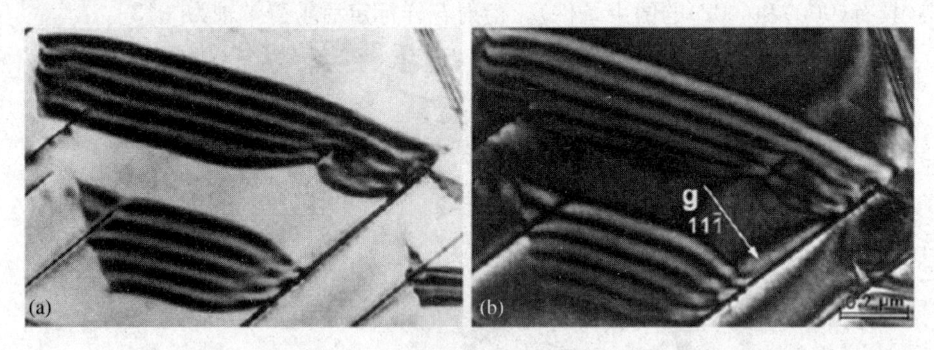

图 8.58　hcp γ 沉淀相和 fcc 富 Al 基体界面处因位移而形成的条纹衬度。(a) BF 像；(b) DF 像[12]

8.13　反相(π)边界和 δ 边界

8.13.1　反相边界

图 8.59 显示了 B2(CsCl)结构的有序合金中(010)面上的一个反相边界(APB)。当一个给定的应是阵点处原子的类别发生改变而向下延伸的阵点没有变化时,常出现反相边界。图 8.59 中 B2 结构的实例表明,右边晶体相对于左边晶体发生 $\delta \boldsymbol{r} = a/2\langle 111\rangle$位移,从而导致了界面两边相同原子成为最近邻关系。通过对堆垛层错的类似处理,可以确定 APB 的衬度。如果横跨 APB 晶体的位移是 $\delta \boldsymbol{r} = [uvw]$,则相位移为

$$\alpha = 2\pi \boldsymbol{g} \cdot \delta \boldsymbol{r} = 2\pi(hu + kv + lw) \tag{8.53}$$

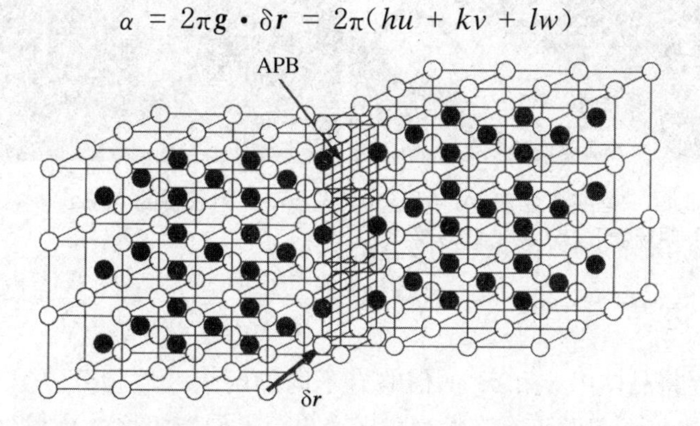

图 8.59　B2 结构中一个具有 $\delta \boldsymbol{r} = a/2\langle 111\rangle$的 APB 示意图

有序合金往往具有原始的对称性,其中所有的(*hkl*)值都是被允许的——超点阵是那些在无序合金中不存在的(*hkl*)值。6.4.1 小节已表明,B2 的结构因子取两个值:

$$\mathscr{F}(\Delta \boldsymbol{k}) = f_{\mathrm{at}}(\boldsymbol{0}) + f_{\mathrm{at}}\left(\frac{1}{2},\frac{1}{2},\frac{1}{2}\right) \quad (h + k + l \text{ 为偶数,基本衍射}) \tag{8.54}$$

$$\mathscr{F}(\Delta \boldsymbol{k}) = f_{\mathrm{at}}(\boldsymbol{0}) - f_{\mathrm{at}}\left(\frac{1}{2},\frac{1}{2},\frac{1}{2}\right) \quad (h + k + l \text{ 为奇数,超点阵衍射}) \tag{8.55}$$

因为 $\delta \boldsymbol{r} = a/2\langle 111\rangle$是点阵位移矢量,对于基本衍射 $\boldsymbol{g} \cdot \delta \boldsymbol{r}$ 的值为 0,1,2 等等,而对于超点阵衍射,$\boldsymbol{g} \cdot \delta \boldsymbol{r}$ 为 1/2,3/2 等等。相位因子、模数 2π 只能取以下两个值之一:

$$\alpha = \pi(h + k + l) = 0 \quad (h + k + l = \text{偶数}) \tag{8.56}$$

$$\alpha = \pm \pi \quad (h + k + l = \text{奇数}) \tag{8.57}$$

这意味着，只有超点阵衍射，例如(100)和(111)，才能形成 APB 的衬度。本质上讲，因有序排列的改变，相位角 α 源于 APB 两边导致的原子散射因子的差异。在 APB 情况下(经常称为 π 边界)，由于 $s>0$，第一个条纹在明场像中总是暗的。$s=0$ 时，在薄膜中心处，明暗场像堆垛层错的衬度严格相反和对称。另外，APB 中条纹的周期性与层错条纹不同，因为超点阵衍射的消光距离远远大于基体衍射的消光距离。这种情况的出现，是由于超点阵衍射的 $\mathscr{F}(\Delta \boldsymbol{k})$ 正比于两个原子散射振幅之差，而基体衍射的 $\mathscr{F}(\Delta \boldsymbol{k})$ 正比于两原子散射振幅之和。结果，在 APB 情况下，只有少数条纹可见。最简单的测试表明，仅仅用超点阵衍射才能观察到 APB，而且与 DF 像是对称和互补的，图 8.60 显示了 Fe_3Al 中 APB 的一个实例。

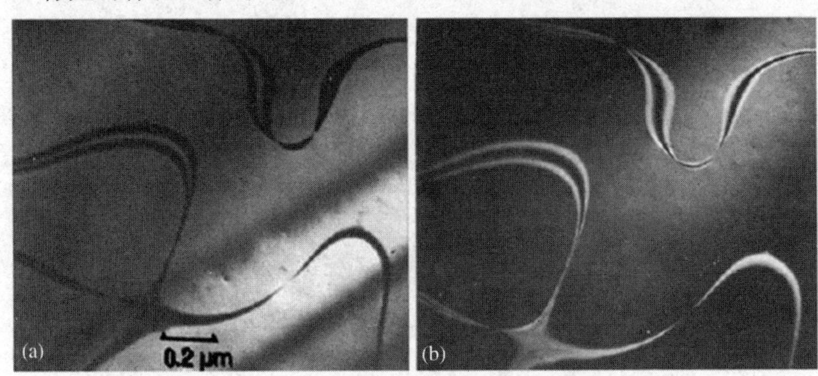

图 8.60　有序合金 Fe_3Al 中用(100)超点阵衍射获得的 APBs 的(a) 明场像和(b) 中心暗场像

8.13.2　δ 边界

这种边界将晶体中 s 和 ξ_g 的值略有不同的两个区域相分隔。在四方或非立方晶体中，δ 边界常起源于有序排列或者孪生。人们期望将 δ 边界与前面讨论的 α(层错)或 π(APB)边界区别开来，以获得 δ 边界的晶体学信息。因为 δ 边界两边的畸变很小，尽管它们的畸变参数 s_1 和 s_2 有差别，晶体的两个区域仍可以贡献同一个操作衍射。由于差别的存在，$\delta \equiv \omega_1 - \omega_2$，其中，$\omega \equiv s\xi_g$(因此命名为"$\delta$ 边界")，边界处会出现条纹衬度，δ 边界的条纹花样取决于晶体两区域的 s 和 ξ_g 的值。

运用 8.11.1 小节中的运动学理论，能够理解 δ 边界的条纹衬度。与式(8.37)和式(8.41)类似，考虑 δ 边界两边相位因子的变化。若边界两边的晶面有点取向差，或稍微有点"扭曲"，包括了从 s_1 到 s_2 变化的相位因子为

$$e^{i2\pi r_g \cdot s_1} \rightarrow e^{i2\pi r_g \cdot s_2} e^{-i\alpha} \tag{8.58}$$

数值不等的 s_1 和 s_2 在振幅-相位图中的影响，如同图 8.44 和图 8.45 一样，在界面以下改变了圆弧的半径。

在两个晶体的 ξ_g 相同，$s_1 \equiv -s_2$ 的对称情况下，动力学理论的一些结果阐明

了一些最重要的特征，可将 δ 边界与层错和 APB 区别开来。

· 由平行于边界与表面的交截线且交替变化的黑白条纹所构成的 δ 边界像，与层错和 APB 类似。

· BF 像是非对称的，即外侧条纹显示相反的衬度，而 DF 像是对称的。

· 薄膜顶端条纹的性质仅仅取决于 $\Delta s \equiv s_1 - s_2$ 的符号，顶端条纹的 BF 和 DF 像，当 $\Delta s < 0$ 时，呈暗条纹。

· 像仅仅是 Δs 的函数，与 s_1 和 s_2 的绝对值无关，一旦两束条件建立，即使稍微倾转晶体也不会影响衬度，因为 Δs 保持不变。

· 若反向 $\boldsymbol{g}$ 用于成像，Δs 改变符号，条纹衬度发生反转。（这值得一试，使自己确信这一效应。）

当两晶体的 $|s_1| \neq |s_2|$ 和/或 ξ_g 不相同时，会出现更复杂的衬度，但以上描述的特性，在仔细控制的衍射条件下，δ 边界仅呈现唯一的像衬，仍可将它们辨认出来。

存在一些其他类型的平面缺陷，诸如孪晶晶界和晶粒间界。在两束衍射条件下，这些界面也能展现交替变化的明暗条纹，且平行于界面与试样表面的交截线，类似于 δ 条纹或层错条纹(图 8.53)。另外，边界经常包含台阶、位错，或位错的排布，它们都在边界处产生衬度而附加在条纹上(参阅图 8.42)。

8.14　沉淀相和其他缺陷的衬度

8.14.1　空位

单个空位在 TEM 中是不可见的，尽管将来具有更高衬度的仪器可能对单个空位成像，然而，TEM 可以观察到聚集的空位。有三种空位聚集结构：空位环、空位四面体和空洞。

如果大量空位聚集在一个单原子平面上，它们可使平面的一部分被消除。最常见的聚集平面是 fcc 晶体的{111}面。考虑一个{111}面被部分消除的过程，很像层错序列的改变：…ABCAB(C)ABCABC…，其中，括号中的 C 平面被消除。因此，近邻的 B 和 A 平面相互接触(即聚合)，形成一个内禀层错。当空位环太小而不能显示一组条纹时，不能预期获得层错衬度，而替代的是，空位边缘附近的点阵平面弯曲，可以导致应变衬度。在图 8.61 中，用短而粗的虚线标示了具有最强衍射的竖直平面的部分。请注意，围绕空位环衍射区域的投影像是在空位环真实投影像的内部(类似于图 8.27 和图 8.28)。空位环的表观宽度会随 s 的改变而发生变化。

一个相关的缺陷是空隙环,即一个额外的{111}面将点阵平面推开到一边。类似图 8.61 中空位环取向的一个空隙环,其应变衬度在真实投影像的外面。已经有几个不同的程序来确定各种尺度位错环的空位特征或空隙特征。绝大多数方法要求在 $s>0$ 时 $\boldsymbol{g}\cdot\boldsymbol{b}$ 的符号信息,以及环的倾斜角度,这可以通过倾转试样和 $\pm\boldsymbol{g}$ 的图像来确定。

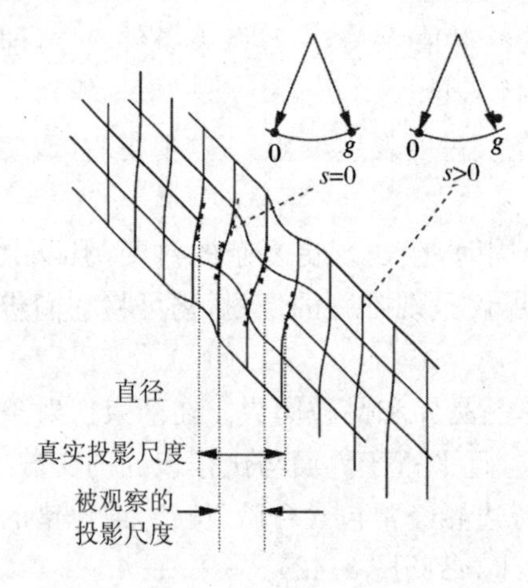

图 8.61　一个小的、倾斜的空位环衍射衬度的示意图;在这种情况下,像的衬度位于实际空位环投影的内部

有可能出现空位聚焦到 fcc 晶体中所有四个{111}面,而不仅仅是一个特定面的情况。在这种情况下,四个{111}面的交接处会形成层错四面体。这些小的四面体表现为三角形或四边形,取决于这些四面体被如何倾转和观察。

大量空位的聚集会形成空洞,因涉及的空位数量很大,以至于空洞通常不能一次形成,而要通过连续不断的聚集。例如,不锈钢曾用于核反应堆芯,一段时间后,观察到不锈钢"隆起",隆起的原因是空位聚集而形成空洞。空洞在 TEM 中不能导致特别强的衍射。另外,对于长程应变场,它们通常也不起作用,除非空洞内填充了气体,尽管当空洞在弯曲轮廓附近时,它们周边基体的畸变可以被观察到。几个特征可用于对空洞进行成像和识别。首先,在厚度小于 2 个或 3 个消光距离的试样薄区,空洞通常展示出最强的衬度。第二,当 $s=0$ 时,空洞在暗背景下显得明亮,除非空洞非常小,以至应变衬度对像的贡献太大而掩盖了它们的衬度。第三,可能是最重要的,在运动学条件下观察时,使成像稍稍失焦,小空洞更容易被看到。在欠焦条件下导致了菲涅耳效应,相对于背底,空洞显得明亮,而且带有一个暗的边缘。在过焦条件下,衬度发生反转。在欠焦条件下,空洞的实际尺寸包含在边缘之内。

8.14.2　共格沉淀相

镶嵌在基体中的二相粒子可以根据晶面匹配的程度进行分类。对于日益增多的界面两边晶面匹配不良的情况,确定了如下专用术语:① 共格粒子;② 半共格粒子;③ 非共格粒子。本小节中,我们讨论了这些不同类别粒子成像时某些参数的重要性。这类粒子衬度的几个实例已经被讨论过,例如图 8.16、图 8.27、图 8.42 和图 8.47。

一个共格粒子的晶面与周围基体的晶面具有一对一的匹配。图 8.62 为一个球形共格粒子的示意图。在这种情况下,粒子的点阵参数比基体点阵参数小。注意粒子附近竖直晶面的畸变,这些晶面的取向会对基体的应变衬度有贡献,如粒子下方给出的强度曲线示意图。然而,存在一个没有畸变的竖直平面恰好经过粒子中心,畸变的缺失导致一根"零衬度线",这根线穿过粒子的像且垂直于操作衍射 $\boldsymbol{g}$ 矢量。改变 $\boldsymbol{g}$ 的反向,零衬度线的方位也随之改变,这个效应显示在图 8.16 中 Co 沉淀相与 Cu-Co 合金错配的图像中,因为这个错配由 Ashby 和 Brown[13] 进行了定量处理,故它常称为 Ashby-Brown 衬度。这是一个重要的衬度机制,特别是对于类似于 Cu 中的 Co 这类粒子(图 8.16 和下面的图 8.63),由于原子散射因子的差异,像中也显示出一点化学衬度。

在一个无限大的各向同性的基体中,镶嵌了一个各向同性但有轻微错配度的球形粒子,位移 $\boldsymbol{u}$ 沿径向,取决于相距中心的距离 r:

$$u = u_r\hat{\boldsymbol{r}} = \frac{\varepsilon r_0^3}{r^2}\hat{\boldsymbol{r}} \quad (\text{粒子外部}) \tag{8.59}$$

$$u = u_r\hat{\boldsymbol{r}} = \varepsilon r\hat{\boldsymbol{r}} \quad (\text{粒子内部}) \tag{8.60}$$

式中,r_0 是粒子的半径,ε 是描述弹性应变场强度的参数。对于一个共格粒子,ε 与无约束的沉淀相点阵和基体点阵之间的错匹度有关:

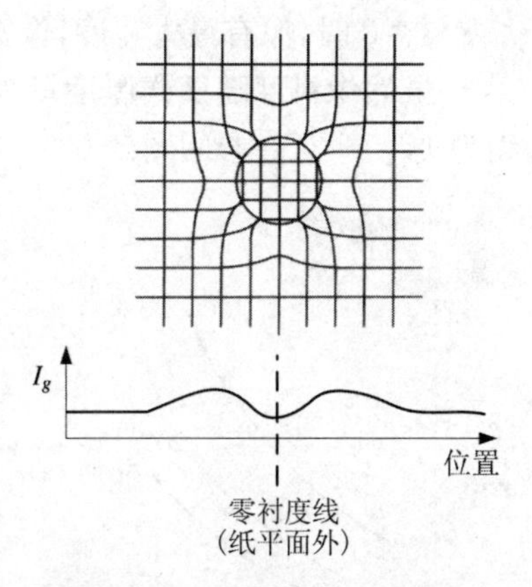

图 8.62　球形共格粒子的弹性模数大大高于基体时,占阵平面弯曲的示意图。下面的图形是从竖直晶面获得的衍射强度曲线

$$\varepsilon = \frac{3\kappa\delta}{3\kappa + \dfrac{2E}{1+\nu}} \tag{8.61}$$

式中,κ 是粒子的体积模量,E 和 ν 分别是基体的杨氏模量和泊松比,错配参数是

$$\delta = \frac{2(a_{\mathrm{p}} - a_{\mathrm{m}})}{a_{\mathrm{p}} + a_{\mathrm{m}}} \tag{8.62}$$

式中,a_{p} 是沉淀相的点阵参数,a_{m} 是基体点阵参数。当粒子的原子体积大于基体的原子体积时,ε 和 δ 都是正值。

在忽略吸收且 $s\xi_g \gg 1$ 时的运动学近似中,球形粒子的衍射强度作为晶体试样深度 z 的函数由式(8.23)给定,这可以写成

$$\psi_g = \frac{\psi_0}{\xi_g}\int_{-t/2}^{t/2} \mathrm{e}^{\mathrm{i}2\pi(sz - \boldsymbol{g}\cdot\boldsymbol{u})}\mathrm{d}z \tag{8.63}$$

式中,t 是试样的厚度。与式(8.27)比较,很显然,$\boldsymbol{g}\cdot\boldsymbol{u}$ 的作用与处理位错时 $\boldsymbol{g}\cdot\boldsymbol{b}$ 的作用相同。因为 $\boldsymbol{u}$ 是纯径向的,存在一个对称的蝶形应变和图 8.62 所示的垂直于 $\boldsymbol{b}$ 的零衬度线。运动学衍射理论预测,球形共格粒子的暗场像相对于零衬度线是对称的,而实际的衬度常常被发现为不对称,有时一边暗而另一边亮。必须采用有吸收的动力学理论来预测这一衬度效应,如 Ashby 和 Brown 的处理。这项工作

的另一个重要结果是，不对称性依赖于沉淀相在试样中不同高度上基体的应变衬度，这个顶部/底部的不对称性不能由运动学理论来预测。

在错配球形粒子的动力学理论中，描述错配粒子的无量纲参数是 $P = \varepsilon g r_0^3 \xi_g^{-2}$。若 P 很小，即小到约 0.2，粒子的衬度是较小的黑/白叶瓣状，这个叶瓣状会随试样的深度增加而改变符号，在试样中间位置呈现为一个黑点。当 $P>0.2$ 时，像由较大的黑/黑叶瓣状构成，并带有由运动学理论预测的一根垂直于 $\boldsymbol{g}$ 的零衬度线(例如涉及图 8.16 和图 8.62)，除非沉淀相位于距试样表面不足 ξ_g 的深度，在这个位置，黑/白叶瓣状呈现。对于 $P>0.2$，像作为试样和衍射条件函数的一些重要特征是：

- $s=0$ 时，像有最大宽度，像宽随 s 增大而减小。
- 虽然像衬度随试样厚度增加而减弱，但整个像宽对试样厚度相当敏感，直径约为 $1\xi_g$ 到 $2\xi_g$(参阅图 8.63)。

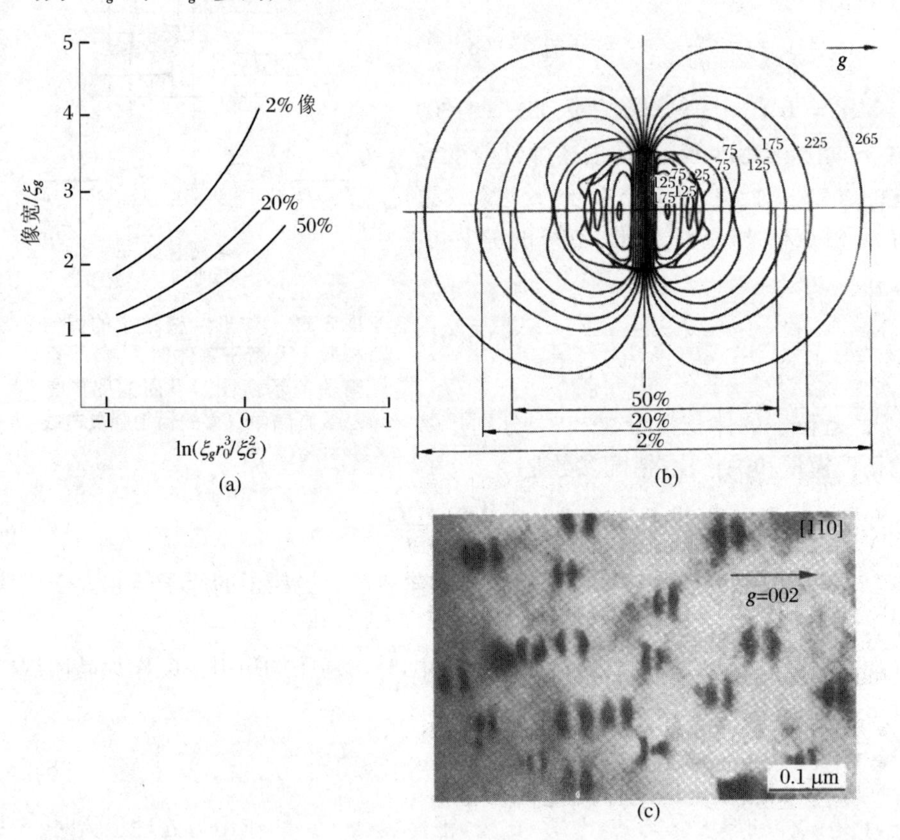

图 8.63　(a) 预测衬度为 2%，20% 和 50% 时像宽作为错配参数 $P=\varepsilon g r_0^3 \xi_g^{-2}$ 的函数；(b) 具有球形对称错配粒子衬度为 2%，20% 和 50% 时的像宽，图中的数字是强度值，而背底强度为 272；(c) Cu-Co 中错配粒子的实验像，显示了垂直于 g 的零衬度线[14]

- 像宽与吸收参数的值无关，尽管像中的细节不是如此。

· 像的形状和对称性都依赖于沉淀相在试样中的深度：

——沉淀相在试样中心时，BF 像是对称的。

——沉淀相靠近试样顶部时，BF 像和 DF 像几乎是相同的，而接近底部时，BF 像和 DF 像是互补的。

——沉淀相距试样表面小于 ξ_g 时，BF 像和 DF 像不是对称的，DF 像的不对称性仅仅取决于 ε 和 $\boldsymbol{g}$ 的符号，因为它能用来确定沉淀相是具有间隙型还是空位型特征。如果在中心暗场像中 $\boldsymbol{g}$ 指向暗叶瓣状，沉淀相即为间隙型；若 $\boldsymbol{g}$ 指向亮叶瓣状，它便是空位型。

· 像宽标度为 $\varepsilon g r_0^3 \xi_g^{-2}$，即它随 ε，r_0 和衍射级数的增大而增宽，但随 ξ_g 的增大而变小(参阅图 8.63(a))。

· 当应变场的像宽小于粒子宽度时，粒子不可见。达到最大应变衬度的一般判据是：

——具有大应变的小粒子最好采用低指数衍射和小 ξ_g 成像，例如，当 $\varepsilon = 0.1$ 和 $\boldsymbol{g} = (111)$时，粒子的半径 $r_0 \approx 1$ nm，这时粒子可见。

——具有小应变的粒子仅能通过使用高阶衍射 $\boldsymbol{g}$ 和大 ξ_g 成像。例如，当 $\varepsilon = 0.0009$和 $\boldsymbol{g} = (422)$时，粒子不可见。而当 $\varepsilon = 0.05$ 时，对同样的 $\boldsymbol{g}$，粒子半径 $r_0 \approx 2.5$ nm，这时粒子可见。

——如果已知 r_0，错配度 ε 可以利用图 8.63(a)进行估算(因为 $\boldsymbol{g}$ 和 ξ_g 也是已知的)。这幅图应用于球状对称的应变场，并且假定弹性形变是各向同性的，倘若沉淀相的中心暗场像不能精确测量 r_0，或 ξ_g 不准确，或基体各向异性，那么会出现偏差。

上述理论假定的是球形粒子，但许多共格沉淀相是薄片状。特别实际的情况是，粒子和基体的点阵平面在两个方向匹配很好，而在第三个方向错配。一个典型的实例出现在 Al-Cu 合金中的 GP(1)和 GP(2)区，如第 6 章图 6.18 所示。在片状沉淀相周围的基体畸变区域，通常可以观察到应变衬度，然而，这个衬度会扩展很长的距离(约 100 Å)，比只有几个原子间隔实际厚度的沉淀相大很多。测定小沉淀相尺寸更精确的方法是，用一个衍射斑(图 6.19)成暗场像获得 GP(2)区的结构因子衬度。(当然测定这类沉淀相尺寸最好的方法是 HRTEM，如图 6.18 所示。)

包含有共格沉淀相的基体的衍射花样显示了基体中应变分布的证据。基于第 9 章中的详细讨论，衍射花样中有因应变而宽化的斑点，宽化的尺度为 $\boldsymbol{g}$ 的大小。

8.14.3　半共格和非共格粒子

很小的粒子通常是共格的，甚至它们的点阵与基体点阵基本上不相同，然而，当这些小粒子长大时，增加的畸变量要求界面两边的晶面匹配(图 8.64)，这个畸变增加了粒子和基体的弹性应变能，最终引起基体中共格界面破坏，在界面处引发位错，于是，沉淀相称为“半共格”粒子。这些界面位错遵循常规位错相同的衬度原

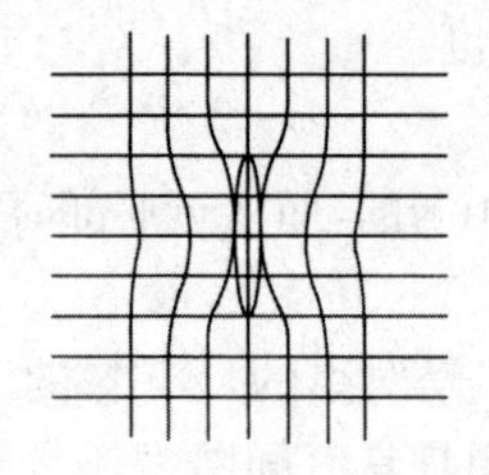

图 8.64　片状共格沉淀相在片状面(水平线)与基体完全匹配,而垂直于该方向错配(竖直线),周围基体则明显畸变。当竖直面为衍射平面时,错配导致的畸变垂直于惯习面而产生宽的蝶形应变(图 8.63(b))

则,如同纯经验法则,当$|\boldsymbol{g}\cdot\boldsymbol{b}|<1/3$时能成像。这类位错的一个实例显示在前述的图 8.42 中。半共格沉淀相也呈现出α或δ条纹(例如图 8.58 中的沉淀相),或波纹图(如图 8.47(a)中的片状物)。另外,利用沉淀相的衍射(就图 A.14 中θ'薄片而论),或通过取向衬度,即通过倾转试样,使粒子有衍射而基体没有衍射的方式,常常可以获得半共格粒子的像。本章讨论的几乎所有衬度机制都可以呈现半共格粒子。

非共格粒子的晶面与基体的匹配程度很差,或许没有简单的取向关系。对于这类粒子成像,基体的应变衬度不是可靠的方法。非共格粒子通常相当大,因此常常可以观察到非共格粒子本身一套单独的衍射花样,由这套衍射花样,可以获得粒子的 DF 像。倘若一个大的非共格粒子具有平滑的界面,则粒子的衍射衬度可以显示条纹,类似于厚度条纹。

8.15　拓展阅读

Amelinckx S, Gevers R, Van Landuyt J. Diffraction and Imaging Techniques in Materials Science. Amsterdam: North-Holland, 1978.

De Graef M. Introduction to Conventional Transmission Electron Microscopy. Cambridge: University Press, 2003.

Edington J W. Practical Electron Microscopy in Materials Science: 3. Interpretation of Transmission Electron Micrographs. Eindhoven: Philips Technical Library, 1975.

Edington J W. Practical Electron Microscopy in Materials Science: 4. Typical Electron Microscope Investigations. Eindhoven: Philips Technical Library, 1976.

Forwood C T, Clarebrough L M. Electron Microscopy of Interfaces in Metals and Alloys. Bristol: Adam Hilger IOP Publishing Ltd., 1991.

Head A K, Humble P, Clarebrough L M, et al. Computed Electron Micrographs and Defect Identification. Amsterdam: North-Holland Publishing Company, 1973.

Hirsch P B, Howie A, Nicholson R B, et al. Electron Microscopy of Thin Crystals. Florida：R. E. Krieger，1977.

Reimer L. Transmission Electron Microscopy：Physics of Image Formation and Microanalysis. 4th ed. New York：Springer-Verlag，1997.

Thomas G，Goringe M J. Transmission Electron Microscopy of Materials. New York：Wiley-Interscience，1979.

Williams D B，Carter C B. Transmission Electron Microscopy：A Textbook for Materials Science. New York：Plenum Press，1996.

习　题

8.1　由于石墨晶体沿 c 方向具有弱键而通常存在缺陷，位错 $\boldsymbol{b}=a/3\langle 11\bar{2}0\rangle$ 在基面上会分裂成 $\boldsymbol{b}=a/3\langle 11\bar{1}0\rangle$ 的偏位错。若采用8.65图中的 A，B，C 衍射斑分别成像，则偏位错的衬度将有如图所示的变化。确定这些位错的伯格斯矢量，并确定点 x 处的位错是刃型、螺型，还是混合型。衍射花样的方位已相对于图像做了校正。

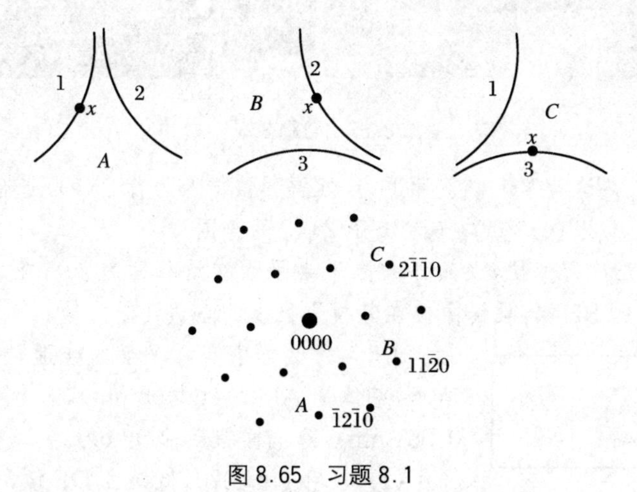

图8.65　习题8.1

8.2　图8.66是Al〈100〉取向的明场像，显示了弯曲消光条纹。

(1) 解释BF像衬度的来源。

(2) 尽可能精确显示BF像中各对弯曲消光条纹 $\pm\boldsymbol{g}$ 对的位置。

(3) 对于一组 $\pm\boldsymbol{g}$ 弯曲消光条纹，说明 $s=0$，$s>0$ 和 $s<0$ 的位置。

8.3　图 8.67 是 Al-Cu 合金的 BF 像和 DF 像，分别对应于 $\theta'(Al_2Cu)$沉淀相(100)面上的突起部位，生长有 $\boldsymbol{b}=a/2[001]$的位错。

(1) 解释 BF 像中宽强度条纹的来源。

(提示：注意跨越各边缘条纹衬度的变化。)

(2) 解释 DF 像中沉淀相面上的衬度起因(例如中心附近的椭圆形特征)。

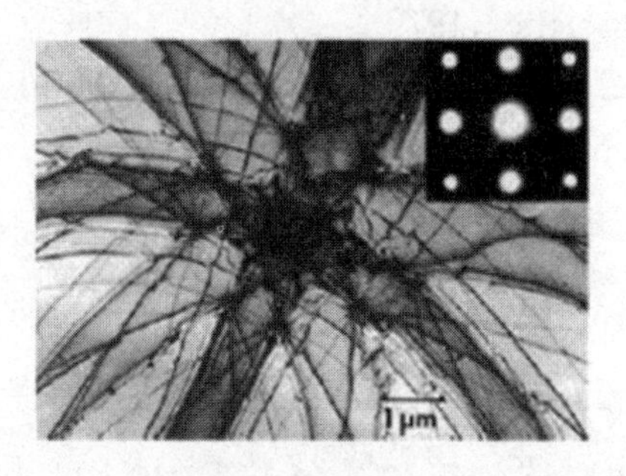

图 8.66　习题 8.2[2]

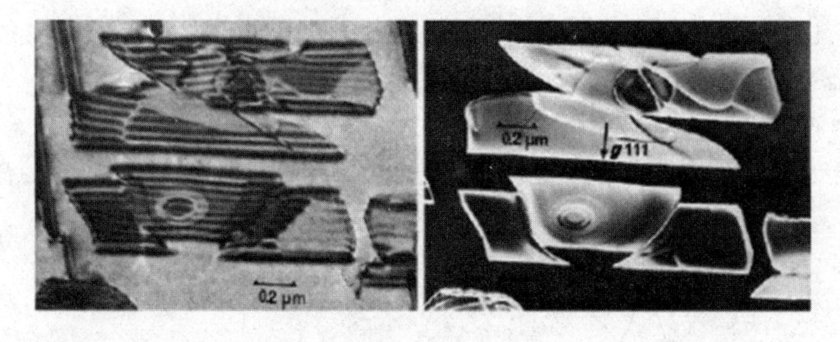

图 8.67　习题 8.3[2]

8.4　(1) 在运动学近似条件下，定性解释位错像为什么(a) 是暗线，(b) 不直接在位错下方，以及(c)宽度在(1/3～1/2)ξ_g 的范围。

(2) 对于正的刃型位错(额外的原子半平面在滑移面之上)，在 $\boldsymbol{g}>\mathbf{0}$ 和 $s<0$ 的条件下获得的 BF 像，位错像应在其投影位置的左边还是右边？请解释。

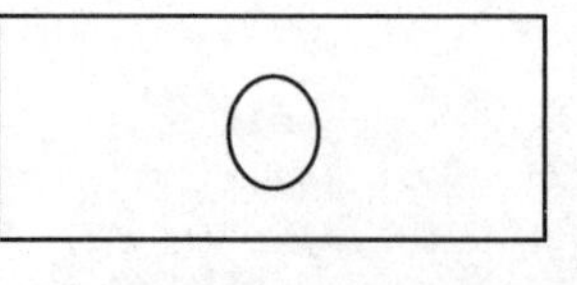

图 8.68　习题 8.5

8.5　薄试样中有一个大的球形颗粒，如图 8.68 所示，基体是 Al($a=0.405$ nm)，颗粒是纯 Cu($a=0.361$ nm)，薄试样晶带轴为⟨100⟩。

(1) 若用 $\boldsymbol{g}=(020)$衍射成 DF 像，呈现出垂直于 $\boldsymbol{g}$、间距为 6 nm 的条纹，这些条纹是波纹图条纹吗？解释并展示你的计算过程。

(2) 波纹图条纹的间距取决于 s 还是 g？请解释。

(3) 波纹图条纹的准确位置取决于 s 吗？请解释。

8.6　一个未知厚度的 fcc 晶体 Cu，取向为⟨001⟩，平行于{111}面存在一个“孪晶”。

(1) 如果“孪晶”的投影宽度是50 nm,试计算晶体的厚度。

(2) 若弱束DF像采用 $s=0.01\ \text{Å}^{-1}$,在“孪晶”中能观察到多少条纹?

(3) 为表明“孪晶”不是一个非共格沉淀相,你将进行什么样的实验?

8.7 图8.69中显示的条纹被认为是波纹图条纹。如果它们是波纹图条纹,它们的间距可以依据伴随转动的衍射花样进行计算(对Au,$a=0.408$ nm)。

(1) 测量条纹间距并与计算结果比较,给出计算过程。

(2) 它们是波纹图条纹吗?如果是,是哪种波纹图条纹?若不是,为什么不是?

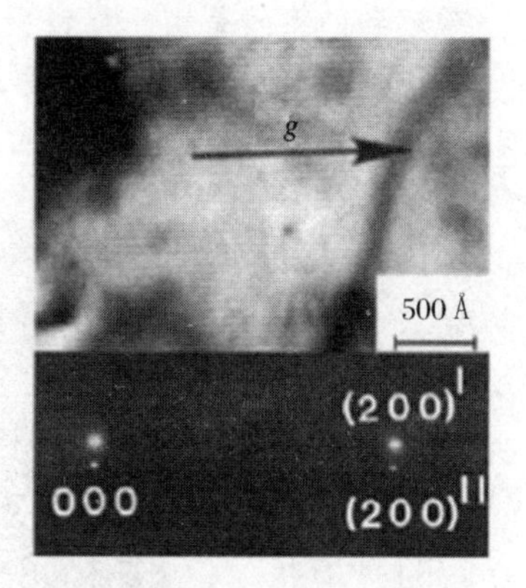

图8.69 习题8.7[5]

8.8 在TEM中,典型的衍射角约为0.02 rad。

(1) 采用简单的示意图,解释为什么刃型位错的衬度相对于位错中心是反对称的。

(2) 如果晶体相对于平行于位错线的轴倾转,会出现什么现象?

8.9 图8.70显示了fcc晶体中的位错,这些位错或为纯刃型,或为纯螺型,都位于(111)面内,确定位错 A 和 B 分别是刃型还是螺型?以及它们的柏格斯矢量b。

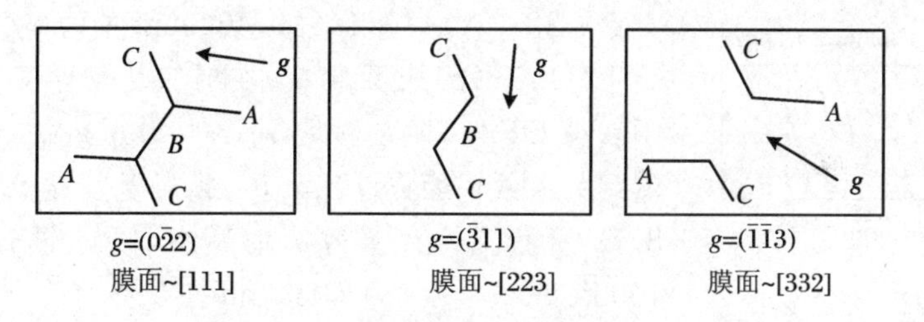

图8.70 习题8.9

8.10 图8.71显示了从Au/Ag双层膜中获得的TEM BF像和适当取向的SAD花样,Au和Ag膜的法向都是[001],且假定两种晶体的 $a=0.408$ nm。

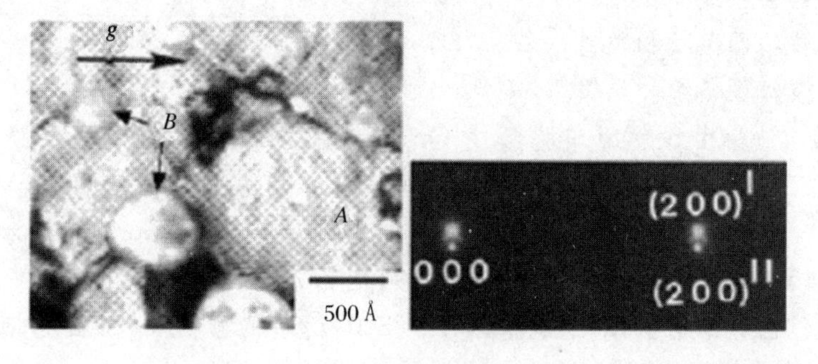

图8.71 习题8.10[15]

(1) 讨论 BF 像中标注为 A 和 B 的各种特征。

(2) 讨论衍射花样中每一个斑点的来源。

8.11　图 8.72 显示了一个 fcc 合金的 WBDF(弱束暗场)像。一位研究者认为,观察到的条纹是由于层错引起的,而另一位研究者却声称,条纹的出现是倾斜于样品薄膜平面的沉淀相所导致的。为确定哪一种说法正确,说明应该如何做。假定沉淀相平行于{111}面的迹线。

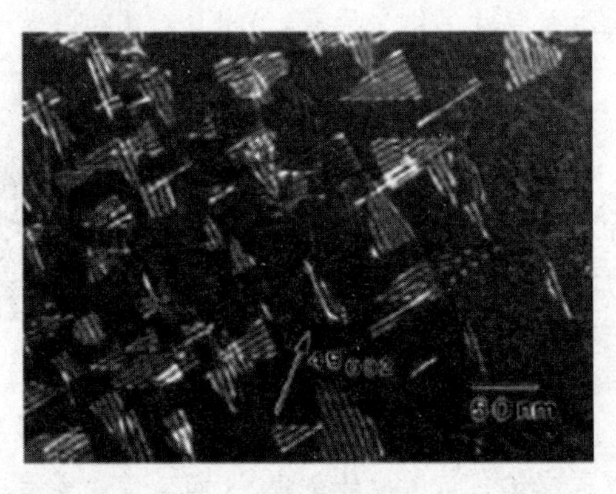

图 8.72　习题 8.11[16]

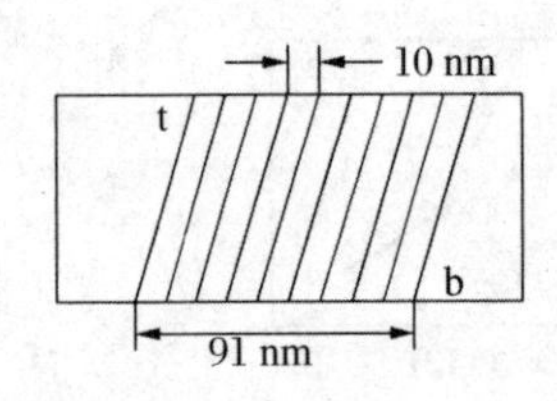

图 8.73　习题 8.12

8.12　Au 薄膜($a = 0.408$ nm)中的一个层错与试样上(t)、下(b)表面相截,在弱束运动学条件 $\boldsymbol{g}_{200}$-$3\boldsymbol{g}$ 下获得 DF 像,即在满足 $3\boldsymbol{g}$ 条件时用 $\boldsymbol{g}_{200}$ 成像,这时观测到的条纹间距是 10 nm,总投影宽度是 91 nm,如图 8.73 所示。试计算薄膜的厚度,假定电子的能量为 100 keV,波长 $\lambda = 0.0037$ nm。

8.13　怎样辨别如下缺陷类别的衬度?你的辨别方法为什么有效?

(1) 波纹图条纹和楔型薄膜的厚度条纹;

(2) 弯曲条纹和位错;

(3) 波纹图条纹和位错;

(4) 波纹图条纹和层错。

8.14　一个由 5 个 Si 单胞、5 个 Ge 单胞重复构成且共格的多层膜结构,各层的[001]方向近似平行于电子束,电子束垂直于多层膜平面。在 100 keV 下激发了 $\boldsymbol{g} = (200)$,但不严格满足布拉格条件,$\boldsymbol{s} = 0.03g\hat{z}$。Si 和 Ge 的点阵参数分别是 5.43 Å和 5.66 Å,其(220)的消光距离分别是 757 和 453 Å,

(1) 作出该结构前 20 个单胞(4 层)(220)衍射的振幅-相位图,一定要极其小心地正确画出相位和振幅。

(2) 对于这个衍射条件,运动学理论失效吗?大约什么厚度时运动学理论会失效?

8.15　考虑 Cu 晶体中{111}面上形成的位错。

(1) 通过制作衬度分析表,确定衍射条件,区别晶体中(111)面上伯格斯矢量为 $\boldsymbol{b}=a/2[10\bar{1}]$ 的全位错和 $\boldsymbol{b}=a/6[11\bar{2}]$ 的肖克莱偏位错。

(2) 对应于每种衍射条件,画出示意图像。

(3) 电子束的哪个取向最有利于分析? 请解释。

8.16　用运动学理论和柱体近似,计算图 8.74 所示的作为 x 的函数的两晶体界面 BF 像的强度。应采用相位因子求和(或积分),而不用振幅-相位图求解。对计算的相对于 x 的强度变化作图表示。

左边晶体的取向满足 $s=0$,界面的角度 $\phi=45°$,第二个晶体中衍射面的取向失配度是 $0.04|\boldsymbol{g}|$,而 $\boldsymbol{g}$ 是操作衍射矢量。为了方便,假定层间距是 $1/g\ (=a)$,晶体厚度为 100 个层间距,操作衍射的消光距离是 200 个层间距。

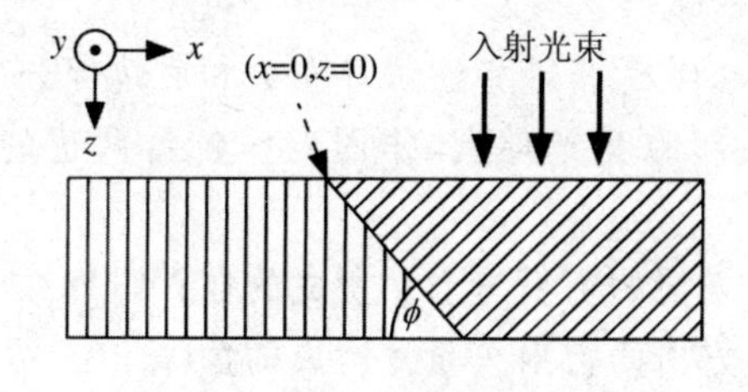

图 8.74　习题 8.16

8.17　考察 fcc 薄膜试样中一个在$(\bar{1}\bar{1}1)$面的层错,其取向为[012](试样表面法线),操作衍射 $\boldsymbol{g}=(200)$。构造这种情况的几何示意图,其 BF 像展示的是内禀层错还是外禀层错?

8.18　当以 $\boldsymbol{g}$ 为操作反射成像时,一个 fcc 晶体中 $\boldsymbol{b}=1/2[110]$ 的位错是不可见的,如果这个位错分裂成 2 个偏位错 1/6[121]和 $1/6[21\bar{1}]$,在$(11\bar{1})$面上位于层错两边,试问以下哪种情况是可能的?

(1) 两个偏位错和层错都是可见的;

(2) 两个偏位错和层错都是不可见的;

(3) 一个偏位错和层错是可见的;

(4) 一个偏位错和层错是不可见的;

(5) 两个偏位错是可见的,而层错不可见;

(6) 两个偏位错是不可见的,而层错可见。

(提示:使用表 8.3。)

8.19　在一些 fcc 合金中具有长程有序的结构,试问:

(1) 观测超点阵位错和反相畴界需要什么条件?

(2) 如何区别反相界面和层错界面?

(3) 在反相界面的情况下，如何确定条纹间距的周期性？在 Cu_3Au 或 Ni_3Fe 中，你认为是一个较宽的条纹间距吗？为什么？

8.20 图 8.75 显示了一个弯曲晶体中的刃型位错，该位错满足 $\boldsymbol{b} = a/2[110]$，晶体仅沿着如图所示的一个轴弯曲（一个柱状晶体的轴沿 y 方向），晶体的带轴是[001]，柱体的上部和底部都位于晶体的中心，精确地位于带轴上。位错中心在观察屏上的投影用虚线表示。

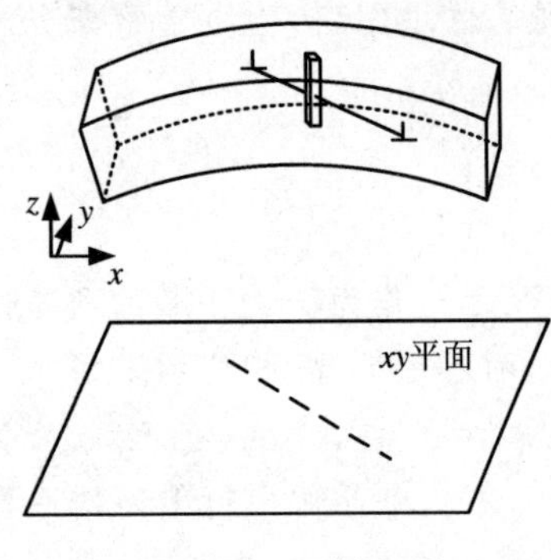

图 8.75　习题 8.20

(1) 当柱体处于 $s = 0$，$\boldsymbol{g}$ 平行于 x 方向时，作出三个埃瓦尔德球的构图：

- 对于柱体本身；
- 对于柱体左边的试样区域；
- 对于柱体右边的试样区域；
- 用“$s>0$”和“$s<0$”适当地标注试样左边和右边部分。

(2) 在图 8.75 下部的荧光屏上，作图表明位错两边的 DF 像和弯曲消光轮廓线：

- 使用平行于 y 方向的衍射矢量 $\boldsymbol{g}$ 所成的像；
- 使用平行于 x 方向的衍射矢量 $\boldsymbol{g}$ 所成的像。

(3) 当位错像跨越弯曲消光轮廓线时，为什么位错像出现弯曲？为什么这种弯曲会随着试样的倾转而发生移动？

参 考 文 献

Chapter 8 title image of dislocations in aluminum.

[1] Hirsch P B, Howie A, Nicholson R B, et al. Electron Microscopy of Thin Crystals. Malabar, Florida: R. E. Krieger, 1977. Figure reprinted with the courtesy of R. E. Krieger.

[2] Edington J W. Practical Electron Microscopy in Materials Science: 3. Interpretation of Transmission Electron Micrographs. Eindhoven: Philips Technical Library 1975. Figure reprinted with the courtesy of FEI Company.

[3] Figure reprinted with the courtesy of Dr. Chang Y C.

[4] Thomas G, Goringe M J. Transmission Electron Microscopy of Materials. New York: Wiley-Interscience, 1979. Figure reprinted with the courtesy of Wiley-Interscience.

[5] Figure reprinted with the courtesy of Singh D S R.

[6] Howe J M, Aaronson H I, Gronsky R. Acta Metall., 1985, 33: 641. Figure reprinted with

the courtesy of Elsevier Science Ltd.

[7] Hirsch P B, Howie A, Whelan M J. Philos. Trans. R. Soc. (London) A, 1960, 252: 499.

[8] Cockayne D J H, Ray I L F, Whelan M J. Philos. Mag., 1969, 20: 1265. Cockayne D J H, Jenkins M L, Ray I L F. Philos. Mag., 1971, 24: 1383.

[9] Reimer L. Transmission Electron Microscopy: Physics of Image Formation and Microanalysis [M]. 4th ed. New York: Springer-Verlag, 1997. Figure reprinted with the courtesy of Springer-Verlag

[10] Garg A, Howe J M. ActaMetall. Mater., 1991, 39: 1934. Garg A, Chang Y C, Howe J M. Acta Metall. Mater., 1993, 41: 240. Figures reprinted with the courtesy of Elsevier Science Ltd.

[11] Edington J W. Practical Electron Microscopy in Materials Science: 3. Interpretation of Transmission Electron Micrographs. Eindhoven: Philips Technical Library, 1975: 40. Gevers R, Art A, Amelinckx S. Phys. Stat. Sol., 1963, 3: 1563.

[12] Prabhu N, Howe J M. Philos. Mag., 1993, A63: 650. Figure reprinted with the courtesy of Taylor & Francis, Ltd.

[13] Ashby M E. Brown, Philos. Mag., 1963, 8: 1083.

[14] Degischer H P. Philos. Mag., 1972, 26: 1147. Figure reprinted with the courtesy of Taylor & Francis, Ltd.

[15] Hwang M, Laughlin D E, Bernstein I. M. Acta Metall., 1980, 28, 629. Figure reprinted with the courtesy of Elsevier Science Ltd.

[16] Figure reprinted with the courtesy of Dr. Garg A.

第9章　衍射线形

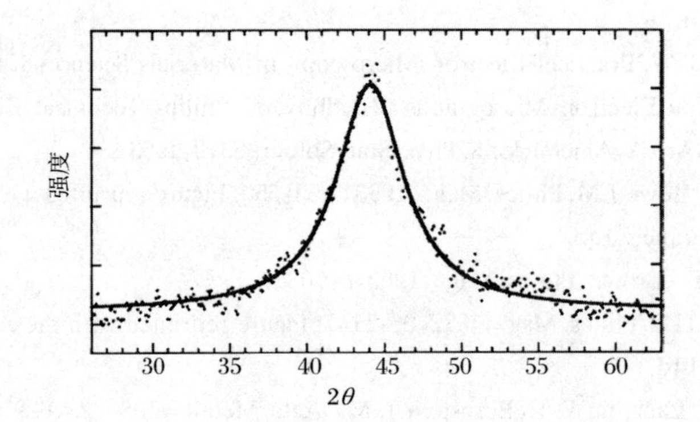

9.1　衍射线宽化和卷积

本章将从引起晶体材料衍射峰三类宽化的物理来源讲起：① 微晶的小尺寸；② 微晶中的应变分布；③ 衍射仪本身。这些峰宽化的来源适用于电子衍射，但是因为X射线和中子衍射数据也适用于运动学衍射理论的线形分析，本章中的概念以X射线粉末衍射的背景来呈现。

在基本的应变和尺寸宽化介绍之后，本章以仪器线形导致测量衍射峰宽化为背景，解释卷积的概念。卷积与傅里叶变换乘积的关系，也就是"卷积定律"将在9.2.1小节给出。这个重要的关系将在本书余下的部分经常被提起。本章还介绍同时存在尺寸和应变效应导致衍射线形宽化时，将这两个效应分离的方法。这些方法利用了应变和尺寸导致衍射中 Δk 不同的依赖①。

衍射线形的分析能够提供块材中多个区域单胞的统计信息。晶体中不同区域

① 更多基于Rietveld拟合的复杂方法（1.5.14小节）在现在的研究中已是标准的实践，然而，Warren和Averbach的更老的方法要比这里描述的更为复杂。

单胞的位置相关性是很重要的,这是第10章最关注的主题。考虑到位置信息的统计平均,"应变宽化"和"颗粒尺寸宽化"的微结构来源通常无法从单独的衍射线形中知晓。本章以这样的结论结束,即X射线线形分析可以成为TEM微结构特征成像的补充。

9.1.1 晶粒尺寸宽化

回忆矩形棱柱小晶粒衍射线形的运动学理论结果即式(6.143)。在偏离矢量中,$\boldsymbol{s}=s_x\hat{\boldsymbol{x}}+s_y\hat{\boldsymbol{y}}+s_z\hat{\boldsymbol{z}}$(即倒格矢量和衍射矢量的差值,$\boldsymbol{s}\equiv\boldsymbol{g}-\Delta\boldsymbol{k}$),忽略结构因子,线形是

$$I(\boldsymbol{s}) = I_x(s_x)I_y(s_y)I_z(s_z) \tag{9.1}$$

其中,这三个因子具有同样的数学形式:

$$I_x(s_x) = \frac{\sin^2(\pi N_x a_x s_x)}{\sin^2(\pi a_x s_x)} \tag{9.2}$$

其中,a_x 是与沿着 $\hat{\boldsymbol{x}}$ 方向的相关晶面间距,N_x 是晶体中这些晶面的数目。该函数的一个维度在图9.1画出。可以看出,完全相同的峰位在每个倒易点出现(例如,在倒易点 $g=1/a,2/a,3/a,\cdots$处,此时 $s=0$)。在 k 空间的衍射峰宽度与特定的衍射不相关。

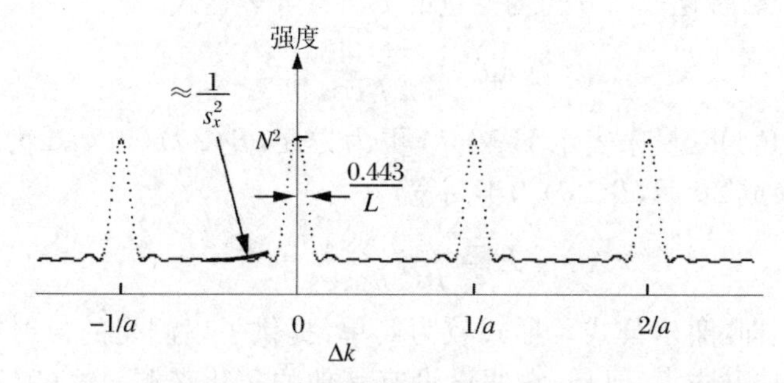

图9.1 式(9.2)中的运动学形状因子强度(参考图5.13)

现寻求晶粒尺寸与衍射峰的 s_x 宽度之间的关系,例如与半高宽(HWHM)的关系。在最大峰高处,$s_x=0$,$I_x=N_x^2$(式(6.120))。根据定义,HWHM是强度为一半时的 s_x' 值:

$$I_x(s_x') = \frac{1}{2}N_x^2 \tag{9.3}$$

s_x'的值一般较小,因此式(9.2)中的分母近似为

$$\sin^2(\pi a_x s_x) \approx (\pi a_x s_x)^2 \tag{9.4}$$

将式(9.3)写成

$$\frac{1}{2}N_x^2 = \frac{\sin^2(\pi N_x a_x s_x')}{(\pi a_x s_x')^2} \tag{9.5}$$

整理并取平方根,得

$$\pi N_x a_x s_x' = \sqrt{2}\sin(\pi N_x a_x s_x') \tag{9.6}$$

方程(9.6)满足以下条件时成立：

$$\pi N_x a_x s'_x \approx 0.443\pi \tag{9.7}$$

于是衍射峰的 HWHM 为

$$s'_x = \frac{0.443}{a_x N_x} = \frac{0.443}{L} \tag{9.8}$$

方程(9.8)表明，对于尺寸宽化，峰宽与 $1/L$ 成正比。此处，L 为晶粒尺寸，更精确地说是晶粒中 N_x 相干面衍射阵列的长度。

为方便起见，将(9.8)转换成一个更适于实验数据分析，以 2θ 角的函数获得的形式。当定义 $k \equiv 1/\lambda$ 时(不包含 2π 因子，因为它已包含在式(9.2)的讨论中)，可获得图 6.4 或式(6.20)：

$$\Delta k = \frac{2\sin\theta}{\lambda} \tag{9.9}$$

对式(9.9)取微分，获得 θ 小量和 Δk 小量的关系：

$$\mathrm{d}\theta = \frac{\lambda}{2\cos\theta}\mathrm{d}\Delta k \tag{9.10}$$

峰的半高宽 s_x'是 k 空间中的一个小距离(一个特定的 $\mathrm{d}\Delta k$)，于是我们利用式(9.10)将式(9.8)转化成以 θ 角为变量的 HWHM 表达式

$$\Delta\theta' = \frac{0.443\lambda}{2L\cos\theta} \tag{9.11}$$

事实上，以 2θ 角为变量来表示 HWHM 更为方便，$B(2\theta)$(以 rad 为单位)是 $\Delta\theta'$ 的四倍(在转换成 2θ 后，$B(2\theta)$为半高宽)：

$$L = \frac{0.89\lambda}{B(2\theta)\cos\theta} \tag{9.12}$$

式(9.12)，即"谢乐公式"，形式较为简单，提供了以测得的衍射峰的 FWHM 计算晶粒尺寸的方法。(但是，它假设没有其他的宽化来源。)式(9.12)中的常数 0.89 对于具有恒定厚度 L 的扁平微晶是唯一的，有时，这是结构的一种更精确的表达，例如用薄膜沉积技术制备金属或半导体薄层的情况。但是，扁平微晶的假定不能应用到大部分粉末衍射的测量中。更普适的几何学考虑需要我们将式(9.12)写成

$$L = \frac{K\lambda}{B(2\theta)\cos\theta} \tag{9.13}$$

谢乐常数 K 依赖于晶粒的形状，因为 X 射线衍射测量的是晶面柱列衍射长度的平均值①[1]。如果晶粒是球形的，X 射线衍射将会测得峰的宽化，比式(9.12)中所表示的晶粒直径 L 的值更大。具体来说，谢乐常数依赖于晶粒形状，通常情况下取

① 这个平均值是散射因子平方的密度$|\mathscr{F}|^2/V$ 乘以柱列的体积。在一个同质材料中，该平均值是衍射柱列的体积平均值。

$K \approx 0.9$ 都是对的，然而，K 值的变动范围在20%的量级也是可能的。

对于很多材料，更详尽的分析需要假定一个晶粒尺寸的分布。当具有晶粒尺寸的分布时，衍射峰的形状就和式(9.2)的描述不同了。然而，如果在不同材料中的晶粒尺寸分布是自相似的（例如，它们的尺寸分布与常数尺度因子相联系），它们在 k 空间中的峰宽正比于 $1/\langle L \rangle$。因此在获取一系列相似样品的晶粒尺寸变化趋势上，谢乐公式(9.12)或(9.13)有很大用处。不能完全相信由谢乐公式得到的晶粒尺寸，尤其是存在应变的时候。从暗场 TEM 获得确定的晶粒尺寸信息会很有用，这将在9.5节中描述。

9.1.2 应变宽化

1. 应变宽化的来源

最简单的应变类型为均一的膨胀。如果样品中所有的晶粒应变相同且各向同性，则衍射峰会均一地移动并保持峰形。晶格参数改变时也会是同样效果。布拉格角 θ 对于晶面间距 d 的敏感度已经在式(1.7)中获得。这里，采用劳厄条件去计算应变 ε 的影响，ε 使晶面间距从 d_0 改变为 $d_0(1+\varepsilon)$。沿着垂直于衍射面的方向，劳厄条件变为

$$\Delta k = g = \frac{1}{d_0(1+\varepsilon)} \approx \frac{1}{d_0}(1-\varepsilon) \tag{9.14}$$

$$\frac{\mathrm{d}\Delta k}{\mathrm{d}\varepsilon} \approx -\frac{1}{d_0} \approx -g \tag{9.15}$$

$$\mathrm{d}\Delta k \approx -g\mathrm{d}\varepsilon \tag{9.16}$$

对于均一的膨胀，式(9.16)表明衍射峰在 k 空间的移动正比于 g。这个相应的移动与 θ 角的关系可将式(9.10)代入式(9.16)中获得：

$$\frac{2\cos\theta}{\lambda}\mathrm{d}\theta \approx -g\mathrm{d}\varepsilon \tag{9.17}$$

$$\frac{\mathrm{d}\theta}{\mathrm{d}\varepsilon} \approx -\frac{\lambda g}{2\cos\theta} \tag{9.18}$$

将式(9.9)用 $g(g=\Delta k)$ 替代，我们又可从式(9.18)得到式(1.7)。式(9.18)显示在均一膨胀的情况下，所有的衍射峰都会有移动，并且越高阶的衍射峰位移越大。在应变均一的情况下，峰位保持尖锐。

通常试样中都会分布有应变。应变分布导致衍射峰的宽化，并且对于越高阶的衍射峰，其宽化越大。为了理解该宽化过程，考虑图9.2和式(9.16)。图9.2给出了材料五个区域的三阶衍射峰，每个区域具有不同的应变。其中少部分材料具有最大的 $|\varepsilon|$，但是绝大部分材料是没有应变的（使得峰位精确地出现在 $1/a$ 的倍数位置）。当然，现实中的应变分布并不会如此分立，典型的应变分布一般会有连续的范围。将图9.2中的衍射峰平滑后，可以得到三个峰位，其中在 $3/a$ 处的峰位特别低和宽。对于连续的应变分布，我们可以将均方应变 $\langle \varepsilon^2 \rangle$ 与衍射峰近似按照

以下公式联系起来：

$$\sqrt{\langle \varepsilon^2 \rangle} \approx \frac{s'_x}{|\boldsymbol{g}|} \tag{9.19}$$

其中，s'_x是衍射的 HWHM，$\boldsymbol{g}$ 沿着 $\hat{\boldsymbol{x}}$ 方向。注意到，由于源自均一应变，式(9.19)中应变分布引起的展宽与式(9.16)中的位移 $\mathrm{d}\Delta k$ 是一致的。

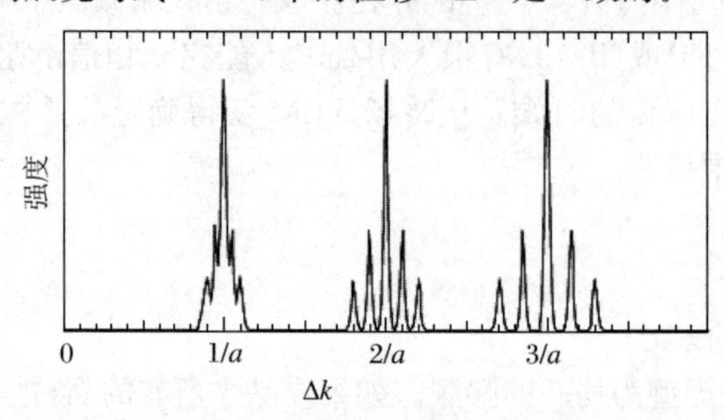

图 9.2　具有五个不同内应变的假想材料的衍射花样

概括而言，对于应变均一的材料，每个衍射峰的位移与 g 成正比，但是每个峰依然保持尖锐。对于应变具有一定分布的材料，应变分布的平均值导致的峰位移动与 g 成比例，同时还会有一个峰的展宽与 g 和 $\sqrt{\langle \varepsilon^2 \rangle}$ 成比例。宽化的衍射峰的形状反映了应变分布的性质，因此峰的形状是多种多样的。但是，对于冷处理过的金属，高斯函数一般就能很好地用于描述应变分布。高斯函数的尾部有一个迅速的下降。高斯分布对于应变分布是合理的，因为一般认为应变不会比屈服应变大很多。对于没有外加应力的多晶材料，我们预期，压力和张力引起的平均应变或峰位移动一般很小，且程度相当。

2. 内应力的测量

X 射线(和中子)衍射是测量材料中内应力的重要方法。X 射线衍射可测量应变，而应力则需要通过材料的固体力学推导出来。如图 9.2 所示，沿着某个结晶学方向的衍射峰能给出一个平均的面间距；可能也可给出其分布。但这个给出的信息只包含衍射平面的法向应变。只有在晶面间距改变的情况下，单个衍射峰的形状和位置对于切应变才是敏感的。然而，弹性理论指出，当切应变为零时，三个正交平面总是能够被找到。垂直于这些平面的"主应变"能够用于计算其他平面的切应变，大体的图像显示在图 9.3 中。对于大多数笛卡儿坐标系(例如图 9.3 左边的)，法向应力 σ_{11}，σ_{22}和 σ_{33}与切应力 σ_{ij}是相伴而生的，其中拉应力的方向 $\hat{\boldsymbol{j}}$ 不同于与平面垂直的方向 $\hat{\boldsymbol{i}}$。第二个坐标系统显示在图的中间，代表了仅有法向应力存在时的主应力系统。

多个残余应力测量是为了获得在样品平面内特定方向 $\hat{\boldsymbol{\phi}}$ 上法向应力 σ_ϕ，其与 x 轴成 ϕ 角。获得 σ_ϕ 的部分驱动力是基于这样一个假设：在不存在外应力的情况

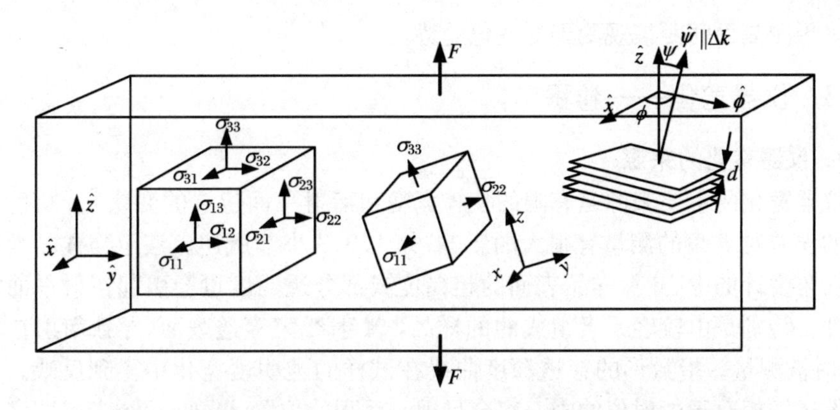

图9.3　在同样应力下的同质材料。显示在中间的主应力系统，不需要与左边笛卡儿坐标系的方位相同。角度 $\hat{\psi}$ 和 $\hat{\phi}$ 遵循右边定义的坐标系；$\hat{\boldsymbol{\psi}}$ 和 $\hat{\boldsymbol{\phi}}$ 沿着箭头的方向

下，样品中垂直于自由面的方向无应力存在①。假设材料的弹性是各向同性的，为了获得 σ_ϕ 需要进行两个测量。在第一个测量中矢量 $\Delta\boldsymbol{k}$ 被调整为与样品表面垂直(沿 $\hat{\boldsymbol{z}}$ 方向)，给出晶面间距 d_z(和一个合适的参考)和法向的应力 ε_3。该应力通过杨氏模量 E 而随法向应力 σ_3 变化，且通过泊松比 ν 依赖于垂直于样品平面 1 和 2 的法向应力：

$$\varepsilon_3 = \frac{1}{E}[\sigma_3 - \nu(\sigma_1 + \sigma_2)] \tag{9.20}$$

第二个测量在矢量 $\Delta\boldsymbol{k}$ 沿着 $\hat{\boldsymbol{\psi}}$ 方向进行，通过相对于表面法向倾转角度 ψ 实现。另一个晶面间距 d_ψ 通过衍射花样获得。对于各向同性的材料，可以证明，样品平面的法向应力 σ_ϕ 近似为

$$\sigma_\phi \approx \frac{d_\psi - d_z}{d_z}\frac{E}{(1+\nu)\sin^2\psi} \tag{9.21}$$

如果应力状态是均一的，那么当 $\hat{\boldsymbol{\psi}}$ 和 $\hat{\boldsymbol{\phi}}$ 的六个组合最小时，有可能确定各向同性材料的主轴和应力状态。弹性且各向异性而无晶体织构的多晶样品，称为“准弹性”，可使用同样的分析方法，但相关的模是“X 射线模”，而不是各向异性晶体的实际模。

内应力的测量深度有赖于样品对入射辐射的吸收②。这个深度随着入射角的变化而变化，或者说随角度 ψ 而变。当应力随着测量深度发生变化时就产生问题了。公式(9.21)是在样品中应力状态均一的假设下获得的，但这实际上往往并不真实。更加严密的工作需要用不同的 $\hat{\boldsymbol{\psi}}$ 和 $\hat{\boldsymbol{\phi}}$进行多元测量，通常依赖于固体力学

① 该假设对于探测亚表面区域是有风险的。
② 为了使深度最大化，一些近期的工作采用了中子粉末衍射或同步辐射光源产生的高能 X 射线衍射。

模型来预测晶面间距被观测到的变化趋势。

9.1.3 仪器宽化——卷积

1. 仪器宽化的来源

仪器宽化的主要来源是有限的狭缝宽度和衍射平面位置的变化①。衍射平面位置的误差对 θ 角的测量有很大的影响，如 1.5.3 小节所述。甚至当样品被精确摆放在角度计的中心时，样品表面的粗糙度或部分透明度也会引起衍射平面的不确定性。特别是由较轻元素组成的的样品，X 射线束穿透表面，导致衍射在小于 2θ 角时被测量。指数形的穿透深度曲线在试样的透明度宽化中得到反映。任何不平的试样相对于衍射仪的中心都会呈现一系列的位置，譬如，一个带有凹穴的试样会有一些位置导致衍射平移到低一些的角度。而试样的粗糙是较难建立模型的，所以一般认为平整的样品较好。

角度计平面上的探测器狭缝宽度导致了一些线宽化，并且在轴向还有脱离衍射仪平面的 X 射线发散。这个轴向发散由一系列"梭拉狭缝"控制，这些梭拉狭缝其实是分层堆垛的平板(图 1.15)，但是残余的轴向发散依然导致一些线形宽化。一些单独的 2θ 角宽化来源在图 9.4 中进行了定性的描述。基于下文将要介绍的"卷积"，结合所有这些宽化，能够提供最终的非对称的仪器函数 $f(2\theta)$，如图 9.4 所示。使用图 9.4 中的衍射仪，一个应该具有尖锐衍射峰的完整晶体的试样，实际上的衍射峰形则是函数 $f(2\theta)$ 的峰形。

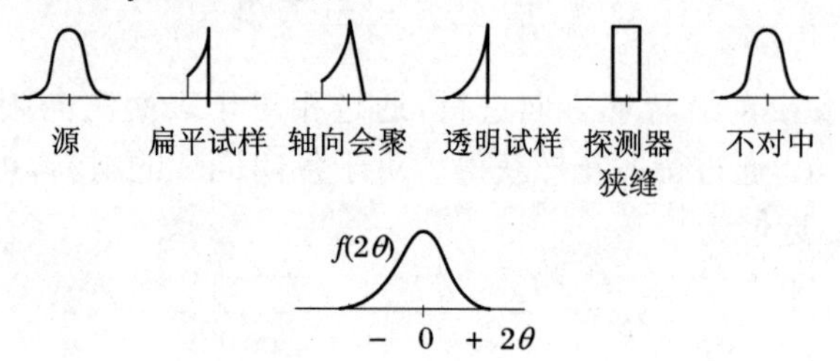

图 9.4　θ 角内各种宽化来源的形状(上)和典型的仪器函数(下)

2. 卷积步骤

仪器函数(比如图 9.4 中的 $f(2\theta)$)在 2θ 角度范围内使衍射峰的测量变得模糊。为了通过实例分析模糊化的过程，考虑图 9.5(a)中一对简单的函数。在测量过程中，我们获得试样函数 $g(x)$ 和仪器函数 $f(x)$。当 $f(x)$ 通过位移 χ 扫过 $g(x)$ 时，测量的 $g(x)$ 强度落在仪器函数 $f(x)$ 的窗口内。对于每一个位移 χ，记录总的强度 $h(x)$，该 $h(x)$ 是 $h\times g$ 的积分结果。例如，对于图 9.5(b)中的位移 $\chi=-1$，

---

① 由 K_{α_1} 和 K_{α_2} 波长辐射引起的峰宽化是一个附加的问题，但这个宽化的来源可以通过单色化进行消除，或通过拟合将其分成两个峰。

$f(x)$仅与$g(x)$的最左边部分重叠，对于该位移，$h\times g$在$0<x<1$区间之外为零，在此区间之内χ可从0到-1改变，积分值为$+1$，将该$+1$值画在图9.5(c)中。其余三个χ值的图像显示在图9.5(b)中。观察到的函数$h(x)$与真实的样品函数$g(x)$的形状是不一样的。例如，观察到(图9.5(c)中$h(x)$)的轮廓总宽度为5，而真实样品函数(图9.5(a)中的$g(x)$)的总宽度为3。

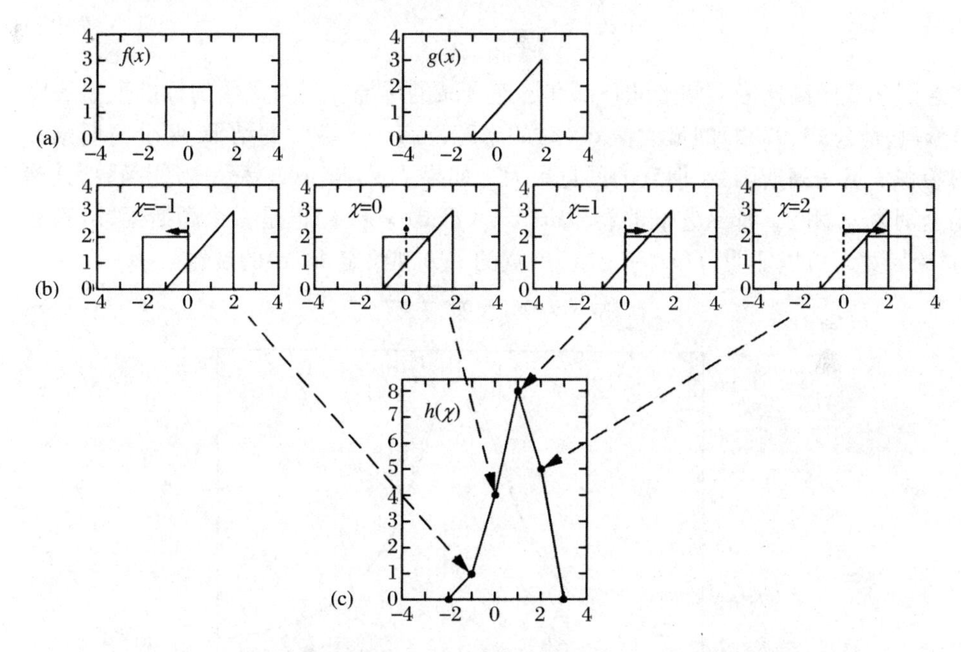

图9.5 (a) 对称的仪器函数$f(x)$和试样函数$g(x)$；(b) 四个位移χ的$f(x)$和$g(x)$的交叠，以实心箭头表示；(c) 四个位移χ的$f\times g$的积分

在图9.5的例子中，仪器函数是对称的，但在其移动穿过样品函数前，通常需翻转仪器函数。假设转换$f(x)$与$g(x)$的角色，将$g(x)$移动穿过$f(x)$，当$g(x)$放置在$\chi=-3$上时，它刚好与$f(x)$接触，同样，当$g(x)$放置在$\chi=+2$上时，刚好接触$f(x)$的另一侧。这些接触条件与图9.5中原始情况正好相反(在$\chi=-2$和$\chi=+3$时)。为了恢复图9.5中$h(x)$的形状，必须在χ位移前翻转$g(x)\to g(-x)$。

在"叠合"仪器函数$f(x)$与样品函数$g(x)$过程中，为了产生观测函数$h(x)$，执行了以下步骤：

- 翻转：$f(x)\to f(-x)$；
- 相对于$g(x)$将$f(-x)$平移χ：$f(-x)\to f(\chi-x)$；
- 将f和g相乘：$f(\chi-x)g(x)$；
- 对于x进行积分：$\int_{-\infty}^{\infty} f(\chi-x)g(x)\mathrm{d}x = h(\chi)$。

该过程的数学名称叫"卷积"。在卷积操作(以$*$表示)中，我们从仪器函数$f(x)$产生一个观测函数$h(x)$和样品的真实函数：

$$h(\chi) = \int_{-\infty}^{\infty} f(\chi - x) g(x) \mathrm{d}x \equiv f(x) * g(x) \tag{9.22}$$

3. 高斯卷积

如果大自然合作的话，她将为我们提供高斯或洛伦兹函数的 f，g 和 h，因为这两种函数的卷积分析是直接明了的。一个单位面积归一化的高斯函数是

$$G(x) = \frac{1}{\sigma\sqrt{\pi}} \mathrm{e}^{-x^2/\sigma^2} \tag{9.23}$$

注意图 9.6 中高斯函数圆形的顶部和迅速衰减的尾部。高斯函数的标准度量展宽是 σ，它是公式(9.23)的最大值 e^{-1}时的半宽。有一个数学的结果：两个高斯函数的卷积依然是高斯函数，但它的展宽更大。如果 $f(x)$与 $g(x)$都是高斯函数，其展宽分别为 σ_f 和 σ_g，那么它们的卷积 $h(x) = f(x) * g(x)$也是一个高斯函数，具有 σ_h 的展宽。可以证明，$f(x)$和 $g(x)$展宽的平方和给定 $h(x)$的展宽：

$$\text{高斯：} \sigma_h^2 = \sigma_f^2 + \sigma_g^2 \tag{9.24}$$

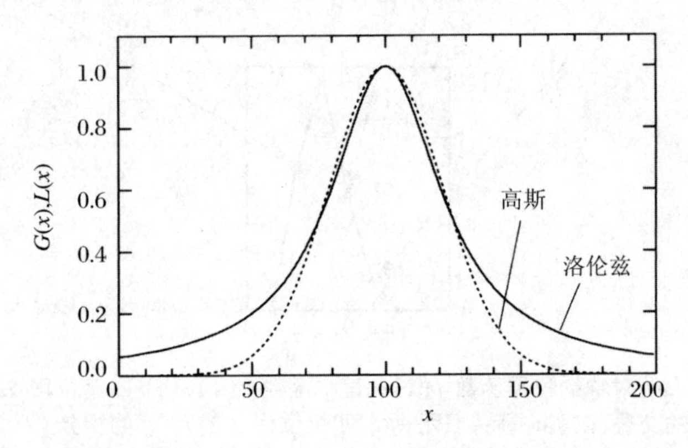

图 9.6　高斯函数 $G(x) = \exp[-(x-100)^2/\sigma^2]$，其中 $\sigma^2 = 25^2/\ln 2$，与一个洛伦兹函数 $L(x) = [1 + (x-100)^2/25^2]^{-1}$ 交叠，两者的 HWHM 均为 25

4. 洛伦兹卷积

一个洛伦兹函数(有时也叫柯西函数)，归一化到单位面积为

$$L(x) = \frac{1}{\Gamma\pi} \frac{1}{1 + x^2/\Gamma^2} \tag{9.25}$$

注意图 9.6 中洛伦兹函数尖锐的峰和缓慢衰减的尾部①。一个方便的洛伦兹函数展宽的测量方法是半高宽(HWHM)。由公式(9.25)，HWHM② 为 Γ。如果 $f(x)$与 $g(x)$是展宽分别为 Γ_f 和 Γ_g 的洛伦兹函数，在数学上可以证明 $h(x) = f(x) * g(x)$是一个具有 Γ_h 展宽的洛伦兹函数。对两个洛伦兹函数的卷积，其峰宽线性相加：

---

① 图 9.6 中，在 $x = 0$ 和 $x = 200$ 处拖尾的强度依然很明显。

② 作为比较，图 9.6 中高斯函数和洛伦兹函数的 HWHM 是一样的，均为 25。

$$洛伦兹：\Gamma_h = \Gamma_f + \Gamma_g \tag{9.26}$$

5. 沃伊特函数

遗憾的是，在X射线衍射中，$f(2\theta)$与$g(2\theta)$既不是单纯的高斯函数，也不是单纯的洛伦兹函数。通常，数值计算比解析技术更加需要去执行卷积或解卷。如果一个衍射峰是以2θ对称的，通常可以精确建立模型作为高斯函数和洛伦兹函数的卷积，也就是"沃伊特(Voigt)函数"。这会在进行解卷时带来方便，因为一旦独立的洛伦兹和高斯组分被确定，它们就可以通过式(9.24)和式(9.26)被独立地解卷。更简单地，一个"赝沃伊特"函数经常被用到，它被定义为一个高斯函数和洛伦兹函数之和(1.5.14小节)。

9.2 傅里叶变换解卷

9.2.1 数学特征

上一章节展示了X射线衍射峰如何被仪器函数卷积而变得模糊。这里，我们展示如何通过"解卷"过程来消除模糊化[①]。

1. 卷积定理

仪器宽化函数是$f(k)$。我们寻求真实样品的衍射曲线$g(k)$。事实上，用衍射仪测量的是$f(k)$和$g(k)$的卷积，以$h(K)$表示(其中K是探测器穿过衍射强度时的移动)。解卷需要$f(k)$，$g(k)$和$h(K)$的傅里叶变换：

$$f(k) = \sum_n F(n)e^{i2\pi nk/l} \quad （仪器） \tag{9.27}$$

$$g(k) = \sum_{n'} G(n')e^{i2\pi n'k/l} \quad （样品） \tag{9.28}$$

$$h(K) = \sum_{n''} H(n'')e^{i2\pi n''K/l} \quad （测量） \tag{9.29}$$

注意l是距离的倒易单位，所以n/l是真实空间的变量。k的傅里叶级数范围是$-l/2$到$+l/2$的区间，它包含了一个衍射峰的所有特征[②]。f和g的卷积式(9.22)为

$$h(K) = \int_{-\infty}^{\infty} f(K-k)g(k)\mathrm{d}k \tag{9.30}$$

---

① 有时也称为"斯托克斯校正"。

② 我们不关心在该区间外的$f(k)$和$g(k)$，但是结合式(9.27)～式(9.29)，这些傅里叶变换使它们以l的周期重复本身，将自己限制在一个周期内，并且需要令f和g在各自端点消失。

我们必须选择一个区间，这样 f 和 g 在 $\pm l/2$ 范围之外会消失，于是可以把积分限 $\pm\infty$ 改为 $\pm l/2$。将式(9.27)和式(9.28)代入式(9.30)，得

$$h(K) = \int_{-l/2}^{l/2} \sum_n F(n) \mathrm{e}^{\mathrm{i}2\pi n(K-k)/l} \sum_{n'} G(n') \mathrm{e}^{\mathrm{i}2\pi n' k/l} \mathrm{d}k \tag{9.31}$$

对于独立变量 n 和 n' 重新进行加和整理，将与 k 不相关的所有因子移出，积分得

$$h(K) = \sum_{n'} \sum_n G(n') F(n) \mathrm{e}^{\mathrm{i}2\pi nK/l} \int_{-l/2}^{l/2} \mathrm{e}^{\mathrm{i}2\pi(n'-n)k/l} \mathrm{d}k \tag{9.32}$$

现采用正交条件①

$$\int_{-l/2}^{l/2} \mathrm{e}^{\mathrm{i}2\pi(n'-n)k/l} \mathrm{d}k = \begin{cases} l, & n' = n \\ 0, & n' \neq n \end{cases} \tag{9.33}$$

结合正交条件式(9.33)，式(9.32)中的双求和降为单求和，因为 $n = n'$，故

$$h(K) = l \sum_n G(n) F(n) \mathrm{e}^{\mathrm{i}2\pi nK/l} \tag{9.34}$$

将式(9.34)和式(9.29)中的 $n = n'$ 进行比较，发现傅里叶系数 $H(n'')$ 与 $G(n)$ 和 $F(n)$ 的乘积成正比：

$$lG(n)F(n) = H(n) \tag{9.35}$$

比较式(9.30)和式(9.35)，可以看到 k 空间的卷积等价于实空间的乘法(具有变量 n/l)。逆过程依然成立；实空间的卷积等价于 k 空间的乘法。这个重要的结论就是卷积定理。

2. 解卷

方程(9.35)显示了如何从 $h(K)$ 解卷得到 $f(k)$；在 n 空间做除法。特别地，当获得全组的傅里叶系数 $\{F(n)\}$ 和 $\{H(n)\}$ 时，在 n 空间对每个傅里叶系数做除法：

$$G(n) = \frac{1}{l} \frac{H(n)}{F(n)} \tag{9.36}$$

将式(9.27)两边都乘以 $\exp(-\mathrm{i}2\pi n'k/l)$ 并对 k 积分，可以得到每个 $F(n')$：

$$\int_{-l/2}^{l/2} f(k) \mathrm{e}^{-\mathrm{i}2\pi n'k/l} \mathrm{d}k = \sum_n F(n) \int_{-l/2}^{l/2} \mathrm{e}^{\mathrm{i}2\pi(n-n')k/l} \mathrm{d}k \tag{9.37}$$

除了 $n = n'$ 时，式(9.33)的正交性导致式(9.37)的右边都为零。于是方程(9.37)变为

$$\frac{1}{l} \int_{-l/2}^{l/2} f(k) \mathrm{e}^{-\mathrm{i}2\pi n'k/l} \mathrm{d}k = F(n') \tag{9.38}$$

傅里叶系数 $H(n)$ 可以用同样的方法得到。式(9.36)中，用傅里叶系数简单相除便得到真实样品轮廓的一组傅里叶系数 $\{G(n)\}$。如果采用式(9.28)从式(9.36)

---

① 可以将指数写成 $\cos[2\pi(n'-n)k/l] + \mathrm{i}\sin[2\pi(n'-n)k/l]$ 的形式加以证实。正弦积分由于对称性而消失。当 $n'-n \neq 0$ 时，余弦积分结果变为 $l[2\pi(n'-n)]^{-1}\{\sin[\pi(n'-n)] - \sin[\pi(n'-n)]\}$ 为零。当 $n'-n=0$ 时，式(9.33)的被积函数等于 1，于是积分结果为 l。

对$\{G(n)\}$进行傅里叶变换，则可以得到 $g(k)$，也就是真实的样品衍射轮廓，它不包含仪器的宽化。

那么，我们如何得到仪器函数 $f(k)$或它的傅里叶变换 $F(n)$呢？$f(k)$的形式随着 2θ 角而变化，所以对于每一个衍射峰需要一个不同的 $f(k)$。计算一个 X 射线衍射仪的 $f(k)$，工作量很大，有时是不可能的。仪器函数 $f(k)$的获得，最好是对没有尺度或应力宽化样品的衍射花样进行测量。这个"完美"的标样应该具有和感兴趣样品相似的化学成分、形状和密度，样品的粗糙度和透明度宽化也是相似的。这个样品的制备对于每种材料都是独一无二的。例如，对于多晶合金，这个样品通常通过退火得到。

除非 $f(k)$，$g(k)$和 $h(K)$是对称的且位于区间的中心，否则它们的傅里叶变换是复杂的。我们将其写为实部和虚部之和：

$$G_r(n) + iG_i(n) = \frac{1}{l}\frac{H_r(n) + iH_i(n)}{F_r(n) + iF_i(n)} \tag{9.39}$$

为了简化，将上式乘以一个单位：

$$G_r(n) + iG_i(n) = \frac{1}{l}\frac{H_r(n) + iH_i(n)}{F_r(n) + iF_i(n)}\frac{F_r(n) - iF_i(n)}{F_r(n) - iF_i(n)} \tag{9.40}$$

分子中的两项是实数，另两项是复数，于是

$$G_r(n) = \frac{1}{l}\frac{H_r(n)F_r(n) + H_i(n)F_i(n)}{F_r^2(n) + F_i^2(n)} \tag{9.41}$$

$$G_i(n) = \frac{1}{l}\frac{H_i(n)F_r(n) - H_r(n)F_i(n)}{F_r^2(n) + F_i^2(n)} \tag{9.42}$$

从复数傅里叶变换可以重构 $g(k)$如下：

$$g(k) = \sum_n\left[G_r(n)\cos\frac{2\pi nk}{l} + G_i(n)\sin\frac{2\pi nk}{l}\right] \tag{9.43}$$

9.2.2 傅里叶变换解卷过程中的噪声效应*

1. 白噪声谱

上一节讲述了解卷的标准数学结果。不幸的是，这些结果很少能够被直接使用，因为数据中的噪声对数值解卷引发了严重的问题。在任何一个实验中，每个 2θ 角的步长都会存在统计上的散射。请看图 9.7 中的统计散射，它显示了在每一个通道上都会有一个平均为 100 个计数的扁平背底。具有代表性的是，噪声-信号的比值随计数的平方根而降低，在图 9.7 中每个通道有 100 个计数，噪声的频率范围大约为 ± 10。

随机噪声函数为 $r(k)$，会附加到信号中。在 N 个不连续的点获得的数字数据中，$r(k)$经常具有以下性质：

(1) 噪声函数由一组 N 个不连续的值组成，每个值对应 k 的N 值。k 值被通道区间 k_0 分隔：

$$r(k) \rightarrow r(mk_0)$$

其中，$m(0 \leqslant m < N)$是一个与数据通道编号对应的整数。

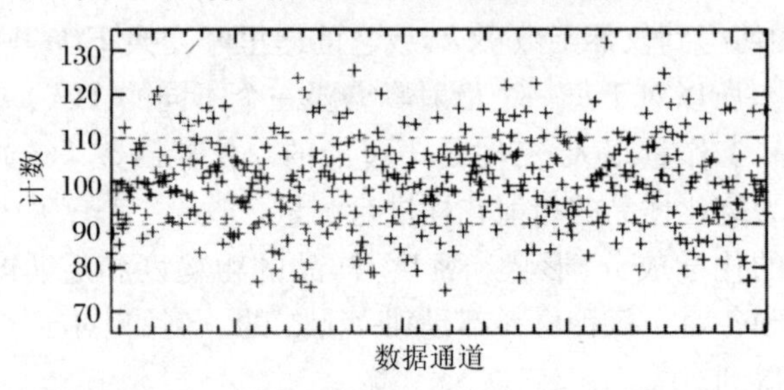

图 9.7　平均值约为 100 的统计散射。不要被愚弄了，这些数据中并没有峰位存在

(2) $r(k)$的平均值为零。(事实上，由于涨落现象，只有当数据点为无穷多个时才为零。)

$$0 = \frac{1}{k_{\max}} \int_0^{k_{\max}} r(k) \mathrm{d}k \tag{9.44}$$

(3) 当 $m \neq m'$时，$r(mk_0)$和 $r(m'k_0)$之间具有良好的统计独立性(即数字数据具有“通道-通道的独立性”)。

$r(mk_0)$的傅里叶反变换是噪声的傅里叶变换 $R(n)$：

$$R(n) = \sum_{m=0}^{N-1} \mathrm{e}^{-\mathrm{i}2\pi nmk_0/l} r(mk_0) \tag{9.45}$$

其中，l 是区间长度，它必须等于 Nk_0：

$$R(n) = \sum_{m=0}^{N-1} \mathrm{e}^{-\mathrm{i}2\pi nm/N} r(mk_0) \tag{9.46}$$

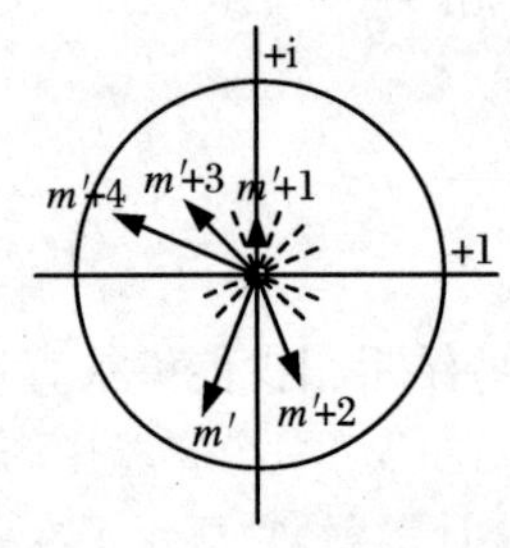

图 9.8　式(9.46)中的五个连续矢量。连续矢量具有任意的长度和符号，但角度是按照逆时针方向有规律地增大。对于这 N 个矢量，这个角度贯穿单位圆恰好 n 次

因为 $r(mk_0)$对于 m 具有统计独立性(性质(3))，对于任意一个 n，式(9.46)中的 $R(n)$是复平面中具有随机振幅的 N 项之和。甚至求和中的邻近项也具有非相关的振幅，尽管它们在复平面中的角度是通过因子 $\exp(-\mathrm{i}2\pi nm/N)$而相联系的。

为了理解 $R(n)$，使用 8.4 节中振幅-相位图的方法比较方便。$R(n)$求和中五个相邻项可能如图 9.8 所示。式(9.46)的求和中，相邻项之间的角度是常数，而所有的 N 项均匀地分布在复平面上。N 项的和在复平面内并不倾向于任何一个方向[①]。因此，$R(n)$的平均值不依赖于 n。函数$|R(n)|^2$ 相

① 例如，尽管 $n=0$ 时所有 N 项都落在实轴上，它们的符号却在正负之间频繁地转换。

应于 n 应有一个恒定的包络。一个具有恒定包络的噪声函数称为"白噪声"。它看起来像图 9.7 中的噪声。

2. 噪声问题

为考查解卷过程中数据如何因统计噪声而受到损害,考虑仪器函数不包含噪声时的温和情况下,式(9.36)中的 $G(n)$为

$$G(n) = \frac{1}{l}\frac{H(n) + R(n)}{F(n)} \tag{9.47}$$

图 9.9 给出了可能的 $H(n)$和 $F(n)$,它们是高斯函数和洛伦兹函数的傅里叶变换形式:

$$\text{高斯:} F(\mathrm{e}^{-bk^2}) = \frac{1}{2}\sqrt{\pi/b}\,\mathrm{e}^{-\pi^2/(4b)} \tag{9.48}$$

$$\text{洛伦兹:} F\left(\frac{1}{k^2 + b^2}\right) = \frac{\pi \mathrm{e}^{-b|n|}}{b} \tag{9.49}$$

从图 9.9 可以看到,当 n 较大时,$H(n)$可能小于 $R(n)$的标准偏差。对于较大的 n 值,式(9.47)的分母很小,而分子则由噪声的傅里叶变换主导。对于大的 n,$G(n)$会在较大的正值和负值之间随机变化,这对解卷过程而言,是数值上的灾难。

3. 噪声过滤

关于噪声问题,唯一的办法是过滤傅里叶变换 $G(n)$,从而抑制大 n 时噪声占主导的情况。请看图 9.9 中的傅里叶变换,高斯函数和洛伦兹函数的 $H(n)$,以及噪声的 $R(n)$。噪声的傅里叶变换和数据轮廓在 n 值处有一个交叉,用图 9.9 下部的箭头标出。高傅里叶组分应该在箭头附近处被去除。(若噪声交叉砍掉了过多的数据,那就只剩一个源了,还是去找更好的数据吧!)

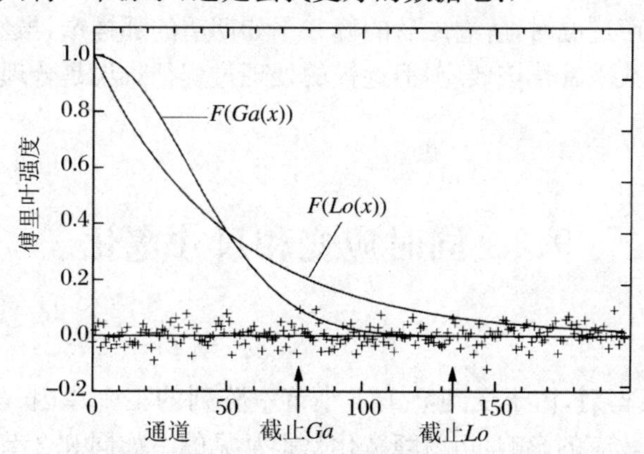

图 9.9 数据和噪声的傅里叶变换比较;高斯函数为 $Ga(x)$,洛伦兹函数为 $Lo(x)$;零强度则作为水平线展示

不幸的是,傅里叶变换的锐截止导致振荡具有截止频率确定的周期。这与一种情况是相似的,即小晶粒的衍射情况,此时晶体长度的截止导致了主衍射峰的振荡。一个平缓滑离的傅里叶变换能够抑制这些振荡。"最好"的滤波器是未知的,

因为这部分依赖于衍射峰的形状。一个惯用的方法是使用包含图 9.10 中两个部分的滤波器。对于 $0 \leqslant n < n_1$，滤波函数等于一个单位。在大于 n_1 时，则会使用一个高斯滑离去抑制高频。滑离的平滑程度控制了截止振荡。

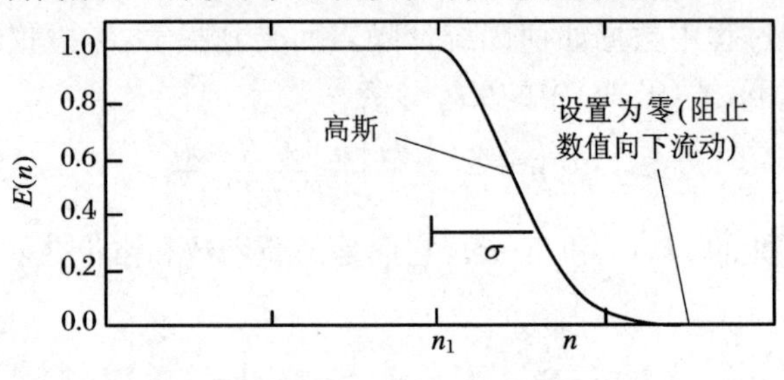

图 9.10　一个低通滤波函数 $E(n)$

滤波导致了它们自己的一些麻烦。用 $E(n)$ 来表示傅里叶空间过滤函数，由于过滤的存在，解卷过程为

$$G(n) = \frac{1}{l}\frac{H(n)}{F(n)}E(n) \tag{9.50}$$

$G(n)$ 与式(9.36)不同。该过滤显然将有效仪器函数的傅里叶变换从 $F(n)$ 变为 $F(n)/E(n)$。这意味着有效仪器函数不是 $f(k)$，而是

$$f_{\text{eff}}(k) = \sum_n e^{i2\pi nk/l}\frac{F(n)}{E(n)} \tag{9.51}$$

并且很不幸的是，$f_{\text{eff}}(k)$ 与 $f(k)$ 具有不同的形状。因为当 n 值较大时，$E(n)$ 为零，有效的仪器函数 $f_{\text{eff}}(k)$ 在大 n 时具有更大的傅里叶组分，这使得 $f_{\text{eff}}(k)$ 比 $f(k)$ 成为一个更窄的函数——更尖锐的峰具有更高阶的傅里叶组分。因此，当解卷过程使用了噪声过滤时，解卷之后的峰并不如期望的那样窄，虽然可通过解卷一个更宽的仪器函数来补偿该效应，但这样的处理过程很难说是合理的。

9.3　同时应变和尺寸宽化

对于 X 射线衍射，由于受到 9.1.1 小节中陈列的三个原因——应变分布、小晶粒尺寸和仪器效应的影响，衍射峰宽化是很常见的。如同 9.2 节所描述的，解卷过程能够校正仪器引起的 X 射线衍射峰宽化。该校正所需要的关键信息是仪器函数，通常通过独立的“完美”试样测量而得。与此相似，如果能理解特定衍射峰的张力宽化或尺寸宽化，就能将形状从衍射峰中解卷出来，从而获得不含形状宽化效应的衍射峰。例如，已经了解，通过某种途径可以制备无内应变的材料。对于这些无应变的材料，能直接使用式(9.12)或式(9.13)去分析数据，因为仪器函数已经被

校正了(或被证明其非常小)。在另一种情况下,晶粒尺寸分布可以通过 TEM 暗场研究得知,所以尺寸效应分布可以计算并且从每一个 X 射线衍射峰解卷,只剩下由应变分布引起的宽化的峰。但通常情况下,我们既不知道应变分布宽化也不知道晶粒尺寸宽化,所以,必须假设两者都是存在的。

同时分析平均晶粒尺寸和均方应变,要使用衍射峰线形如何随衍射级数①变化的信息。回忆式(9.8),晶粒尺寸宽化导致的 k 空间衍射线宽与 g 是不相关的,而另一方面,应变宽化(式(9.16)、式(9.18)和图 9.2)则线性地依赖于 g。如果能分析不同 g 衍射峰的线形,就能设计一个推断过程,获得 $g=0$ 时假想的衍射峰线形,它仅仅由于尺寸效应而宽化②。甚至,线宽随 g 的变化提供了一个获得材料中应力分布的测量方法。

1. 峰宽随 g 的外推法

一个"峰宽随 g"的外推法常常是决定均方应变和均方根晶粒尺寸的最容易的方法[2]。这个方法需要一个关于衍射峰形状的假设(仪器宽化校正后的形状)。假设衍射峰的形状随衍射误差 s 呈如下变化:

$$I(s) = \frac{\sin^2(\pi Nas)}{\sin^2(\pi as)} * \left(\frac{1}{g}\mathrm{e}^{-s^2/\bar{s}_g^2}\right) \tag{9.52}$$

它是一维运动学晶体形状因子强度(式(9.2))和应变宽化高斯函数特征的卷积。当然,一般很难精确确定 $I(s)$。同样值得注意的是,式(9.52)的卷积依赖于一个假设,即尺寸宽化对于材料的所有部分都是相同的。实际材料中,应变和尺寸是相关联的(比如,大的晶粒可能具有小的应力)。

式(9.52)中的尺寸宽化因子在 9.1.1 小节和 9.1.2 小节中进行了讨论,结果显示,式(9.52)中的高斯函数能够为应变宽化提供一个合理的描述。(大多数材料都会存在应变分布,但很少区域的应变会超过屈服应变——高斯函数的快速下降和很小的拖尾使大应变截止。)高斯应变分布 $\rho(s)$ 为

$$\rho(\varepsilon)\mathrm{d}\varepsilon = \mathrm{e}^{-\varepsilon^2/\langle\varepsilon^2\rangle}\mathrm{d}\varepsilon \tag{9.53}$$

需要将式(9.53)中的应变分布的特征宽度 $\langle\varepsilon^2\rangle$ 与式(9.52)中高斯函数的宽度 $\bar{s}_g^2$ 联系起来。从式(9.14),知

$$\Delta k = \frac{1}{d_0(1+\varepsilon)} \approx g_0(1-\varepsilon) \tag{9.54}$$

其中,使用了定义 $g_0 \equiv 1/d_0$,结合定义 $s \equiv g_0 - \Delta k$。由式(9.54)给出

$$\varepsilon = \frac{s}{g_0} \approx \frac{s}{g} \tag{9.55}$$

$$\mathrm{d}\varepsilon = \frac{1}{g}\mathrm{d}s \tag{9.56}$$

---

① 衍射峰的级数就是它在序列中的数值,例如(100),(200),(300),…。

② 小角散射(10.5 节)测量 $g=0$ 附近的线形。小角散射中强度的宽度受到材料中应力的影响。然而,不同仪器通常要求小角散射的测量。

将式(9.55)和式(9.56)代入式(9.53)，得到

$$\rho(\varepsilon)\mathrm{d}\varepsilon = \rho(\varepsilon)\mathrm{d}s = \frac{1}{g}\exp\left(-\frac{\varepsilon^2}{g^2\langle\varepsilon\rangle^2}\right)\mathrm{d}\varepsilon \tag{9.57}$$

方程(9.57)是式(9.52)中高斯函数的详细形式①。特征宽度为

$$\bar{s}_g = g\sqrt{\langle\varepsilon\rangle^2} \tag{9.58}$$

它同时正比于 g 和特征均方根应变$\sqrt{\langle\varepsilon^2\rangle}$。

为了理解测得的 X 射线峰的总宽度(已校正仪器宽化)，需要知道式(9.58)中应变宽化的特征宽度 $\bar{s}_g$ 是如何累加到尺寸宽化式(9.8)的特征宽度上的。式(9.52)中的卷积没有简单的分析形式，所以应变宽化和尺寸宽化函数如何相加就显得不明显。第一个方法是用具有特征宽度$(\sqrt{\pi}Na)^{-1}$的高斯函数去近似式(9.2)，当应变宽化比尺寸宽化大时，这个近似通常是合理的。将式(9.52)重新写为

$$I(s) \approx N^2[\mathrm{e}^{-(\pi Nas)^2/\pi}] * \left(\frac{1}{g_0}\mathrm{e}^{-s^2/\bar{s}_g^2}\right) \tag{9.59}$$

式(9.59)中两个高斯函数的卷积是另一个具有更大宽度的高斯函数，可以写成

$$I(s) \approx \frac{N^2}{g_0}\mathrm{e}^{-s^2/(\delta k)^2} \tag{9.60}$$

其宽度由两个高斯函数宽度的平方和决定(式(9.24))：

$$(\delta k)^2 = \frac{1}{\pi N^2 a^2} + \langle\varepsilon^2\rangle g^2 \tag{9.61}$$

因为 $Na = L$，其中 L 为晶粒长度，所以

$$(\delta k)^2 = \frac{1}{\pi L^2} + \langle\varepsilon^2\rangle g^2 \tag{9.62}$$

为从一系列衍射峰中获取特征晶粒尺寸和均方应变，方程(9.62)给出了一个简明的方法。这个方法需要对测量峰绘制出$(\delta k)^2$ 随 g^2 变化的图。第一步，应获得衍射峰的平均 Δk：

$$\Delta k = 2\frac{\sin\theta}{\lambda} \tag{9.63}$$

或等价为

$$\Delta k = g = \frac{1}{d_{hkl}} \tag{9.64}$$

下一步，需要校正峰的仪器宽化。然后，将校正过的峰拟合成高斯函数，便可得到高斯函数的特征宽度 δk(在 e^{-1}处的半宽)。如果已经从 θ 角数据中拟合了特征宽度(在 2θ 中以 rad 为单位的半宽)，那么 k 空间的宽度可以通过对式(9.63)取微分获得：

① 在没有颗粒尺寸效应的展宽时，函数 $\rho(s)$能够提供衍射峰线形。

$$\delta k = 2\frac{\cos\theta}{\lambda}\mathrm{d}\theta \tag{9.65}$$

使用式(9.64)和式(9.65)，每个衍射峰提供了一对($\delta k, g$)。根据式(9.62)，使用所测得的峰，可以绘制 δk^2 随 g^2 变化的图，图中的数据点可以拟合成一条直线，并且外推到 $g^2=0$。y 轴的截距可根据式(9.62)中的第一项转换成长度，直线的斜率为特征$\langle\varepsilon^2\rangle$。在第一种方法中，绘制 δk^2 随 g^2 的变化图起源于这样一个假设，即尺寸和应变的宽化都是高斯函数(参见式(9.59))。

在第二种方法中，假设尺寸和应变宽化都是洛伦兹函数①。例如，图 9.11 中衍射峰的形状更接近洛伦兹函数而非高斯函数。两个洛伦兹函数的卷积是另一个洛伦兹函数，新的洛伦兹函数的宽度是原来两个宽度的和(式(9.26))。对于 HWHM，使用式(9.8)，可以证明

$$\delta k = \frac{0.443}{L} + 1.18g\sqrt{\langle\varepsilon^2\rangle} \tag{9.66}$$

其中，δk 是洛伦兹形状衍射峰的 HWHM。方程(9.66)表明，对于洛伦兹形状的峰，描绘峰的 HWHM δk 随 g 衍射的变化是合适的(再次采用式(9.63)～式(9.65)的表达式转换至 k 空间)。对数据点线形拟合，然后外推至 $g=0$，可得到 y 截距为 $0.443/L$。当峰宽化主要由晶粒尺寸分布主导时，绘制 δk 随 Δk 的第二种方法通常是合理的。当晶粒尺寸小于 10 nm 或为 10 nm 左右时，这个方法是最好的，此时，衍射峰会像图 9.11 或本章标题图中显示的那样显著宽化。

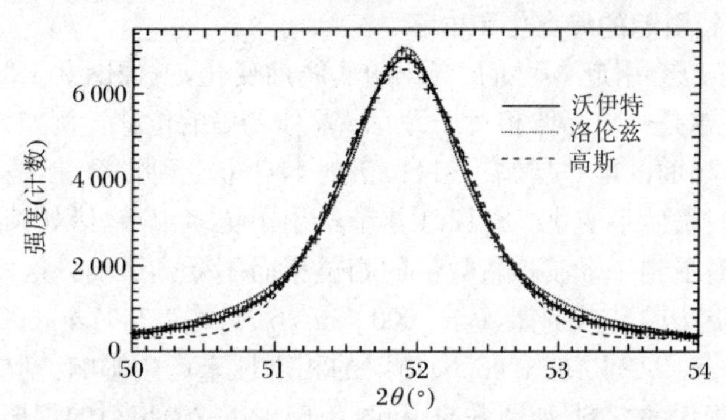

图 9.11　十字线：面心立方 Ni-Fe 球磨纳米晶的(220)衍射峰。在显示的角度范围内，最优拟合的洛伦兹、高斯和沃伊特函数曲线。背底为自由参数，不像图 9.6 的情况

2. 形状或弹性常数的各向异性

我们要提醒读者，有很多问题需要用到基于式(9.62)或式(9.66)的外推方法。绘制 δk^2 随 g^2 或 δk 随 g 变化的曲线时，数据点一般很少落在直线上。非线性经

① 9.4.2 小节解释了当样品包含尺寸宽度分布时，为什么洛伦兹函数可以表征衍射峰宽化的形状。洛伦兹函数或高斯函数的选择最好是通过考查单个衍射峰来进行，尤其是它们的拖尾(请看图 9.6)。

常会变得严重，因为应变或尺寸并非在所有晶体学方向上都相同。晶体的弹性常数或形状或两者同时都可能存在各向异性。因此，最好是在 k 空间沿同一方向绘制一系列衍射图，如(200)和(400)衍射，然后将这些点拟合到一条直线上。(不幸的是，(600)与(442)衍射交叠了，尽管它们是沿着不同的晶体学取向的。)这个步骤可以提供每个晶体学取向的特征尺寸和特征均方应变。

图 9.12 给出了典型的 δk 随 g 变化的曲线。十字线给出了峰宽，已近似地校正了仪器宽化。所有点的线形拟合给出了 0.046 nm^{-1} 的截距和 0.009 0 的斜率。由式(9.66)，可以得到 $L=9.6$ nm 和特征 $\sqrt{\langle\varepsilon^2\rangle}=0.0076$。作为一个典型的情况，当晶粒尺寸为 10 nm 或更大时，这些结果会出现一些问题。当仪器的宽化与测量的峰宽相当时，仪器宽化校正就不具备可靠性，如同本例所述。

体心立方 Fe 的弹性常数随着晶体学取向而显著变化，所以与不同晶面正交的应力产生不同的应变。可以尝试通过杨氏模量将单轴应变与应力相联系，因为对于孤立的晶体它们是相关的模量。图 9.12 中的实心圈为每个晶体学取向对应的峰宽化与杨氏模量 E 的乘积。实心圈比十字更符合线性，这表明主要因材料弹性的各向异性，峰宽 δk 随 g 的增大而偏离了线性①。所以，还不清楚哪个特征均方根应变 $\sqrt{\langle\varepsilon^2\rangle}$ 与 δk-g 拟合的一条简单直线相关。虚线是乘积 $E\delta k$ 相对于 g 的最好拟合，但它在 δk-g 直线的下面，说明按 0.21 GPa 设定的右边轴坐标上，数据的平均模量比多晶的 E 值要小。

3. 堆叠层错引起的峰宽化和位移

堆叠层错②也会引起 δk 随 g 变化的非线性变化，就像图 9.12 中那样。从本质上讲，堆叠层错是一块晶体相对于另一块晶体精确的位移。例如，考虑一个在面心立方晶体(111)面的堆叠层错。(111)衍射本身未受到影响，但是某些衍射的相位移穿过层错时发生了变化。8.12.1 小节给出了更多细节，诸如某些高阶衍射如何在历经层错时受到一个波长整数倍的相位移而不受到影响。这发生在(600)衍射和层错矢量 $a/6[112]$，例如，$1/a[600]\cdot a/6[112]=1$，$1/a[600]\cdot a/6[112]=2$。因此该 $a/6[112]$ 层错对(600)衍射的相干性未产生影响。但是层错可能对其他衍射产生很大的影响，如图 8.50 和图 8.51 中(220)衍射的相振幅图所示。粉末衍射的问题进一步变得复杂，因为在某一簇中(如(220)对(202))的单个衍射可能独自地与特定的层错相互作用。评估所有层错和衍射是冗长的，但是这已经很详细地被研究过了[3]。一些分析结果很有用且容易描述。面心立方晶体的(111)面的层错导致(200)和(400)的粉末衍射比(111)和(222)宽化了 2.3 倍。体心立方晶体在(112)面的层错导致了(200)和(400)粉末衍射峰比(110)和(220)宽化了1.4 倍，体心立方(310)则更加强烈地宽化，而(211)和(222)的宽化则小一些。密排六

① 一个高 g 值的散射是不足为怪的，因为更高阶的峰用一般的实验室衍射仪很难精确测量。

② 堆叠层错在 8.12 节和附录 A.11 中有描述。

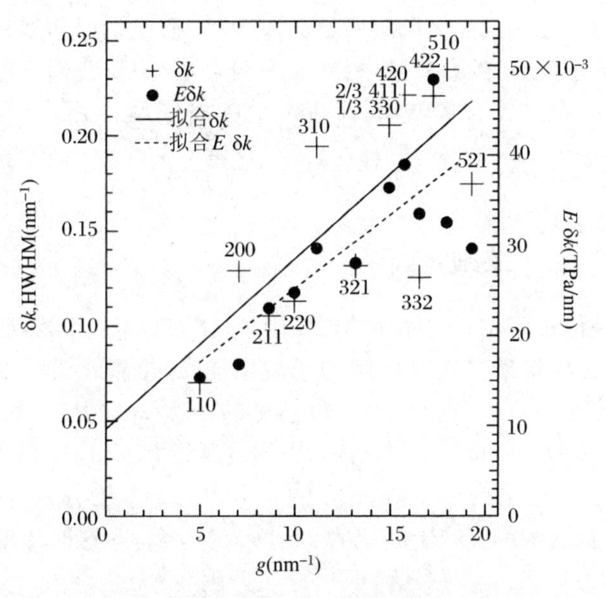

图 9.12 体心立方 Fe-20% Cu 球磨纳米晶的 X 射线衍射峰,用钼 K_α 射线得到;右边轴的尺度等于左边尺度乘以 0.211 TPa(多晶铁的平均杨氏模量)

方晶体在(002)的层错导致了(102)和(103)粉末衍射峰的宽化,但(110)和(102)则未宽化。

对于面心立方和密排六方晶体,层错也导致了衍射峰位置的移动。例如,面心立方晶体(111)平面的层错导致了(111)衍射移动到更大的 2θ 角位置,而(200)则移动到角小的位置。(222)和(400)峰却有相反方向的移动。这些峰位的移动是很小的,而体心立方晶体(112)面的层错则未引起这样的峰位移动。

9.4 晶体柱列引起的衍射线形

在 6.5 节中,我们获得了形状因子宽化的强度。通过叠加单独子波得到衍射波 Ψ,强度则按 $\Psi^*\Psi$ 计算。本节将用不同的重点展示一个等效的方法,这里,将通过晶体中单胞对衍射子波之间干涉的计算,对它们的强度贡献求和,尺寸宽化的分析算出单胞对的数目,依据它们之间的距离将其分类。这个方法将在第 10 章提到,运用于晶体单胞之间的相互关联①。

① 称作"帕特森函数"的相关函数,被证明是包含在衍射强度中的空间信息。

这个分析方法使用了晶体单胞的单个柱体①。假设衍射强度是对于某个特定Δk_z测定的，定义为$\Delta \boldsymbol{k}$的$\hat{z}$分量，忽略$\hat{\boldsymbol{x}}$分量和$\hat{\boldsymbol{y}}$分量，我们可以对一维的单胞柱列进行研究。例如，在6.5节中，将衍射强度的$\hat{\boldsymbol{x}}$分量和$\hat{z}$分量分离，并以式(6.124)中的独立因子出现，这种"柱体近似"在第8章TEM的像衬分析中多次被用到。

9.4.1　一个柱体中单胞对的子波

为了计算柱体长度相同的晶体的形状因子，比如对于一个形状为扁平的晶体，其法线平行于$\Delta \boldsymbol{k}$，将来自四个单胞的子波相加，其位置在沿$\hat{z}$方向的$\{0,1a_z,2a_z,3a_z\}$：

$$\psi(\Delta k_z) = \psi(\Delta k_z,0a_z) + \psi(\Delta k_z,1a_z) + \psi(\Delta k_z,2a_z) + \psi(\Delta k_z,3a_z) \tag{9.67}$$

为了方便，将来自这些单胞的子波记为$\{\psi_0,\psi_1,\psi_2,\psi_3\}$。这四个单胞柱体的衍射强度为$I(\Delta k_z)=\psi^*(\Delta k_z)\psi(\Delta k_z)$：

$$\begin{aligned} I(\Delta k_z) = & \psi_0^*\psi_0 + \psi_0^*\psi_1 + \psi_0^*\psi_2 + \psi_0^*\psi_3 \\ & + \psi_1^*\psi_0 + \psi_1^*\psi_1 + \psi_1^*\psi_2 + \psi_1^*\psi_3 \\ & + \psi_2^*\psi_0 + \psi_2^*\psi_1 + \psi_2^*\psi_2 + \psi_2^*\psi_3 \\ & + \psi_3^*\psi_0 + \psi_3^*\psi_1 + \psi_3^*\psi_2 + \psi_3^*\psi_3 \end{aligned} \tag{9.68}$$

每个子波ψ_m都有一个振幅$\mathscr{F}$(单胞的结构因子)和相位因子$\exp(-\mathrm{i}2\pi\Delta k_z a_z m)$，其中$m$是表示单胞位置的整数(对于$\{0,1,2,3,\}$为$\{0,1a_z,2a_z,3a_z\}$)。式(9.68)中的每一项都为复共轭的乘积，由此可得到相位因子的差值，比如

$$\psi_m^*\psi_{m'} = |\mathscr{F}|^2\mathrm{e}^{+\mathrm{i}2\pi\Delta k_z a_z m}\mathrm{e}^{-\mathrm{i}2\pi\Delta k_z a_z m'} = |\mathscr{F}|^2\mathrm{e}^{\mathrm{i}2\pi\Delta k_z a_z(m-m')} \equiv \mathscr{I}_{m-m'} \tag{9.69}$$

其中每一项都表示对强度$\mathscr{I}_{m-m'}$的贡献。用$m-m'$表示柱体中单胞的距离将会很有帮助。使用式(9.69)，重写式(9.68)：

$$\begin{aligned} I(\Delta k) = & \mathscr{I}_0 + \mathscr{I}_{-1} + \mathscr{I}_{-2} + \mathscr{I}_{-3} \\ & + \mathscr{I}_{+1} + \mathscr{I}_0 + \mathscr{I}_{-1} + \mathscr{I}_{-2} \\ & + \mathscr{I}_{+2} + \mathscr{I}_{+1} + \mathscr{I}_0 + \mathscr{I}_{-1} \\ & + \mathscr{I}_{+3} + \mathscr{I}_{+2} + \mathscr{I}_{+1} + \mathscr{I}_0 \end{aligned} \tag{9.70}$$

考查式(9.70)可知，很少具有大数值的$|m-m'|$项。每个单胞与它自己配成一对，所以$\mathscr{I}_0$共有四项。另一方面，对于长度为4个柱体的晶体，只有一项间隔为$+3$的单胞，而间隔为4或更大间隔的有0项。

方程(9.69)显示，式(9.70)中的项会以它们的复共轭出现——既得到$\psi_{m'}^*\psi_m$又得到其复共轭$[\psi_{m'}^*\psi_m]^*=\psi_m^*\psi_{m'}$，因为当我们朝上和朝下看柱列时，同样的单

① 通常将一块薄晶体视为众多柱体(或称晶柱)的集合，每个柱体的底面积为一个单胞大小，整个晶体也可以视为众多柱体构成的柱列。——译者注

胞对被计算了两次。(这减缓了一个关注,即强度必须是实数),比如,$\mathscr{I}_{+2}^{*}=\mathscr{I}_{-2}$,因为

$$\mathscr{I}_{+2}=|\mathscr{F}|^{2}e^{i2\pi\Delta k_z a_z 2},\quad \mathscr{I}_{-2}=|\mathscr{F}|^{2}e^{-i2\pi\Delta k_z a_z 2} \tag{9.71}$$

通过从左上方到右下方计算式(9.70)的对角线,得到

$$\begin{aligned} I(\Delta k_z) = |\mathscr{F}|^{2}(4e^{i0} &+ 3e^{i2\pi\Delta k_z a_z 1} + 3e^{-i2\pi\Delta k_z a_z 1}) \\ &+ 2e^{i2\pi\Delta k_z a_z 2} + 2e^{-i2\pi\Delta k_z a_z 2} + 1e^{i2\pi\Delta k_z a_z 3} + 1e^{-i2\pi\Delta k_z a_z 3} \end{aligned} \tag{9.72}$$

使用结果 $e^{i\theta}+e^{-i\theta}=2\cos\theta$,得

$$\begin{aligned} I(\Delta k_z) = |\mathscr{F}|^{2}[&4\cos 0 + 3\cdot 2\cos(2\pi\Delta k_z a_z 1) \\ &+ 2\cdot 2\cos(2\pi\Delta k_z a_z 2) + 1\cdot 2\cos(2\pi\Delta k_z a_z 3)] \end{aligned} \tag{9.73}$$

通常而言,对于 $\mathscr{N}$ 个单胞的柱列,结果为[①]

$$I(\Delta k_z) = |\mathscr{F}|^{2}\sum_{n=-\mathscr{N}}^{\mathscr{N}}(\mathscr{N}-|n|)\cos(2\pi\Delta k_z a_z n) \tag{9.74}$$

方程(9.74)是柱体高度为 N 从 $-\mathscr{N}$ 到 $\mathscr{N}$ 的傅里叶三角余弦变换形式。它评估的是式(6.122),如同现在所展示的。当转换为积分时,式(9.74)中的指数 n 变成一个空间变量 z,因被积函数关于 z 是偶函数,将积分限改为从 0 到 $\mathscr{N}$,并将其乘以 2:

$$I(\Delta k_z) = 2|\mathscr{F}|^{2}\int_{n=0}^{N}(\mathscr{N}-z)\cos(2\pi\Delta k_z a_z z)\,dz \tag{9.75}$$

式(9.75)中涉及 $-z$ 的项可以被单独求积[②],于是给出三个积分项:

$$\begin{aligned} I(\Delta k_z) = 2|\mathscr{F}|^{2}\Big[&\mathscr{N}\int_{n=0}^{\mathscr{N}}\cos(2\pi\Delta k_z a_z z)\,dz - \mathscr{N}\frac{\sin(2\pi\Delta k_z a_z\mathscr{N})}{2\pi\Delta k_z a_z} \\ &+ \frac{1}{2\pi\Delta k_z a_z}\int_{n=0}^{\mathscr{N}}\sin(2\pi\Delta k_z a_z z)\,dz\Big] \end{aligned} \tag{9.76}$$

前两项可以被证明是相等的,故可消去。第三项变为

$$I(\Delta k_z) = 2|\mathscr{F}|^{2}\frac{-1}{(2\pi\Delta k_z a_z)^{2}}[\cos(2\pi\Delta k_z a_z\mathscr{N})-1] \tag{9.77}$$

如同 6.5.1 小节,使用三角恒等式 $\cos 2\theta = 1-2\sin^{2}\theta$,可得

$$I(\Delta k_z) = |\mathscr{F}|^{2}\frac{\sin^{2}(\pi\Delta k_z a_z\mathscr{N})}{(\pi\Delta k_z a_z)^{2}} \tag{9.78}$$

这就是式(6.122)。我们可以用三角函数的傅里叶变换获得该结果,该三角函数可以通过沿柱列所有可能的间隔计算单胞对来获得。这个三角函数是"帕特森(Patterson)函数"的一个例子。第 10 章中将进一步讨论,帕特森函数的傅里叶变换给出了衍射强度。(附带地,此处的结果会在 10.1.5 小节中手算证明。)

---

① 注意柱体中单胞之间,强度 $I(\Delta k_z)$ 是如何在距离 $n=m-m'$ 上对称的,这给出了菲涅耳定律的暗示,菲涅耳定律的表述是,衍射无法区分结构和它的反演(第 10 章)。

② 取 $U=z$ 和 $dV=\cos(2\pi\Delta k_z a_z z)\,dz$,这样有 $dU=dz$,$V=(2\pi\Delta k_z a_z)^{-1}\sin(2\pi\Delta k_z a_z)$。对于式(9.75)中的第二项,通过 $\int U\,dV = UV - \int V\,dU$ 的替代得到式(9.76)。

9.4.2　柱体长度分布

当小晶粒具有尺寸分布时，粉末衍射峰经常像洛伦兹函数。本小节和下一小节都表明，柱体长度分布的指数函数与洛伦兹函数的线形是一致的。总之，洛伦兹线形是通过衰减指数函数的傅里叶变换而获得的，但该指数不简单地是柱体长度分布。柱体长度分布 $\rho(L)\mathrm{d}L$，是单胞长度介于 L 和 $\mathrm{d}L$ 之间的柱体数。为了获得洛伦兹衍射线形，结果显示这必须是一个指数：

$$\rho(L) = \frac{1}{\langle L\rangle}\mathrm{e}^{-L/\langle L\rangle} \tag{9.79}$$

（已做合适的归一化，例如$\int_0^\infty \rho(L)\mathrm{d}L = 1$）。我们首先说明式(9.79)的来源。

假设把所有单胞柱体从小到大排列，然后按以下方式分类，柱体将分成“活跃”和“终止”两种类型。我们以活跃类型开始排列所有的柱体，并且增加长度指数。当长度指数超过一个特定柱体的长度时，就转移到终止类型。重点是，柱体从活跃转移到终止状态的比率是柱体长度分布。例如，如果有很多长度为 50 个单胞的柱体，那么长度指数从 50 改变到 51 会发生很多转移，如同我们期望 $\rho(L)$在 50 时是否存在一个峰一样。$\rho(L)$和函数 $P(L)$具有一个基本的关系，其中 $P(L)$是柱体长度为 L 或比 L 更小的概率(如长度指数为 L 属于活跃类型的柱体)：

$$\rho(L)\mathrm{d}L = -\frac{\mathrm{d}P(L)}{\mathrm{d}L}\mathrm{d}L \tag{9.80}$$

它是发生在长度区间 L 到 $L+\mathrm{d}L$ 内活跃柱体数的(负)变化。

在距离 $L+\mathrm{d}L$ 前，非终止柱体的概率 $P(L+\mathrm{d}L)$，取决于未被 L 终止柱体的概率 $P(L)$乘以额外长度 $\mathrm{d}L$ 中非终止柱体的概率：

$$P(L+\mathrm{d}L) = P(L)[1-\alpha(L)\mathrm{d}L] \tag{9.81}$$

其中，$\alpha(L)$为每单位长度终止的概率。重新整理得

$$P(L+\mathrm{d}L) - P(L) = -P(L)\alpha(L)\mathrm{d}L \tag{9.82}$$

$$\frac{\mathrm{d}P(L)}{\mathrm{d}L} = -\alpha(L)P(L) \tag{9.83}$$

现在利用随机终止概率的假设，例如，假设 $\alpha(L)$是一个常数(这是洛伦兹衍射线形后的关键假设)。长度 $\mathrm{d}L$ 中的终止部分必须等于 $1/\langle L\rangle$，其中$\langle L\rangle$是终止的特征长度，这样可以对式(9.83)进行积分：

$$P(L) = \mathrm{e}^{-L/\langle L\rangle} \tag{9.84}$$

遵循式(9.80)的方式，可以获得柱体长度分布 $\rho(L)$。对式(9.84)求导，便恢复式(9.79)，包括合适的归一化。知道柱体长度的分布仅是重要的第一步，下一个步骤是计算所有柱体不同单胞散射的子波对强度的贡献。

9.4.3　来自柱体长度分布的强度‡

此处的讨论与之前发展的关于单个柱体中单胞对的讨论有所不同。这里寻求

所有柱体长度的单胞对数。我们做以下定义：

$$n \equiv m - m' = \text{两个单胞的间距(以 } a_z \text{ 为单位)} \tag{9.85}$$

$$N \equiv \text{单胞总数} \tag{9.86}$$

$$\mathcal{N} \equiv \text{每个柱体的平均单胞数} \tag{9.87}$$

$$\mathcal{N}_n \equiv \text{每个柱体第 } n \text{ 个相邻平均单胞对数} \tag{9.88}$$

柱体中的每个单胞本身作为第0个邻胞，于是，结合式(9.88)和式(9.87)的定义，

$$\mathcal{N}_0 = \sum_{i=0}^{\infty} i\rho(i) = \mathcal{N} \tag{9.89}$$

其求和覆盖长度从0到∞的所有柱体，并且 $\rho(i)$ 是柱体长度为 i 的部分。对于长度为 i 的柱体，柱体中第一近邻的单胞对数是 $i-1$。因此

$$\mathcal{N}_1 = \sum_{i=1}^{\infty} (i-1)\rho(i) \tag{9.90}$$

同理①，第2近邻比第0近邻要少两个。因此，长度为 $i=0$ 和 $i=1$ 的这些柱体对 $\mathcal{N}_2$ 没有贡献：

$$\mathcal{N}_2 = \sum_{i=2}^{\infty} (i-2)\rho(i) \tag{9.91}$$

通常

$$\mathcal{N}_n = \sum_{i=|n|}^{\infty} (i-|n|)\rho(i) \tag{9.92}$$

假设柱体长度终止的概率是常数，以及 $\langle i \rangle$ 单胞的柱体长度为平均值，使用式(9.79)关于 $\rho(i)$ 的结果，式(9.92)变成

$$\mathcal{N}_n = \sum_{i=|n|}^{\infty} (i-|n|) \frac{1}{\langle i \rangle} \mathrm{e}^{-i/\langle i \rangle} \tag{9.93}$$

将求和转换成积分：

$$\mathcal{N}_n = \int_{|n|}^{\infty} (i-|n|) \frac{1}{\langle i \rangle} \mathrm{e}^{-i/\langle i \rangle} \mathrm{d}i \tag{9.94}$$

通过分部积分的方法将第一项积分后，消除符号相反的项，得到②

$$\mathcal{N}_n = \langle i \rangle \mathrm{e}^{-|n|/\langle i \rangle} \tag{9.95}$$

在式(9.74)中，我们对柱体中所有单胞间的距离求和，但现在，我们采用柱体中单胞间的平均间距来处理，然后对所有柱体求和。因为在式(9.72)中，间距为 $+n$ 和 $-n$ 单胞的强度贡献已被获得，这样，我们便可获得衍射峰的余弦因子 $I(\Delta k_z)$，如同式(9.74)：

$$I(\Delta k_z) = |\mathcal{F}|^2 N \sum_{n=-\infty}^{\infty} \frac{\mathcal{N}_n}{\mathcal{N}} \cos(2\pi \Delta k_z a_z n) \tag{9.96}$$

---

① 注意 $i=1$ 柱体对式(9.90)没有贡献，因为在长度为1的柱体中没有第1近邻对。

② 请看习题9.5的提示。

$$I(\Delta k_z) = |\mathscr{F}|^2 N \sum_{n=-\infty}^{\infty} \frac{\langle i \rangle}{\mathscr{N}} e^{-|n|/\langle i \rangle} \cos(2\pi \Delta k_z a_z n) \tag{9.97}$$

指数的傅里叶余弦变换给出了洛伦兹线形(参考式(4.100))：

$$I(\Delta k_z) \propto |\mathscr{F}|^2 \frac{N}{\mathscr{N}} \frac{1}{\langle i \rangle^{-2} + (2\pi \Delta k_z a_z)^2} \tag{9.98}$$

方程(9.98)告诉我们,如果晶粒尺寸分布由柱体长度随机截止表征,其衍射峰具有洛伦兹形状。尺寸分布不均的纳米结构晶粒常常具有像洛伦兹形状的衍射峰。洛伦兹形状最容易通过衰减缓慢的峰尾来辨认,如$(2\theta - 2\theta_0)^{-2}$,峰中心为$2\theta_0$。这与应力分布的情况截然不同,应力分布的情况会倾向于高斯函数。(较长的尾部对于应力分布是不合理的,因为相对来说,比较少的材料应变能够超过屈服应变。)

9.5　衍射线形的评论

我们可以对同时具有应变和尺寸宽化的多晶金属衍射峰峰形做一个合理的猜想。如果小晶粒和大晶粒具有相同的应变分布,则衍射峰峰形可能是一个洛伦兹函数(来自尺寸分布)和一个高斯函数(来自应变分布)的卷积：

$$P(2\theta) = \int_{-\infty}^{\infty} L(2\theta') G(2\theta - 2\theta') \mathrm{d}(2\theta') \tag{9.99}$$

即大家熟知的“沃伊特函数”。这种方法对于冷加工的金属是半定量的。在实践中,对衍射峰,尤其是峰的尾部的观察,能够表明峰宽化主要源于尺寸效应还是应变效应。指数柱体长度分布的衍射峰一般被认为是洛伦兹形的,如 9.4.3 小节所示。在纳米晶样品上经常观察到洛伦兹线形,但是洛伦兹线形不能证明柱体长度分布是指数的,尤其是仅仅分析了一个衍射峰时。

那么晶粒尺寸和应变分布的物理意义是什么呢？回答通常不能是简单的“小晶粒”或“其中有应变”。在冷处理金属中,尺寸效应和应变效应都由位错和堆叠层错主导。均一分布的位错能够导致宽的应变分布。位错之间会相互作用,但是在密度适当时,它们并不是均一的。位错有时会聚集在一起成为“位错墙”,将无位错材料的单胞束缚在一起。单胞壁破坏了衍射的相干性,所以单胞的角色就像小晶粒。均一分布的位错能导致衍射峰的尺寸宽化,错位或孪晶也能破坏某些衍射的相干性而导致尺寸宽化。

X 射线峰的宽化提供了平均的微结构定量信息,TEM 研究能够进一步解释尺寸和应变宽化的物理起源。结合“应变”和“尺寸”的微结构意义,X 射线峰宽化的测量可用于系列样品的系统研究。图 9.13 表明,TEM 暗场像是如何有助于对 X

射线线形信息的补充。图 9.13(a)显示了经高能球磨制备的可塑形变金属合金(220)的衍射峰,该峰用洛伦兹函数适当拟合①,显示了一个宽的晶粒尺寸分布,这样的宽化分布也确实在图 9.13(b)的 TEM 暗场像中被观察到。数字化的图像,恰如图 9.13(b)所示,被用于获得晶粒尺寸分布。

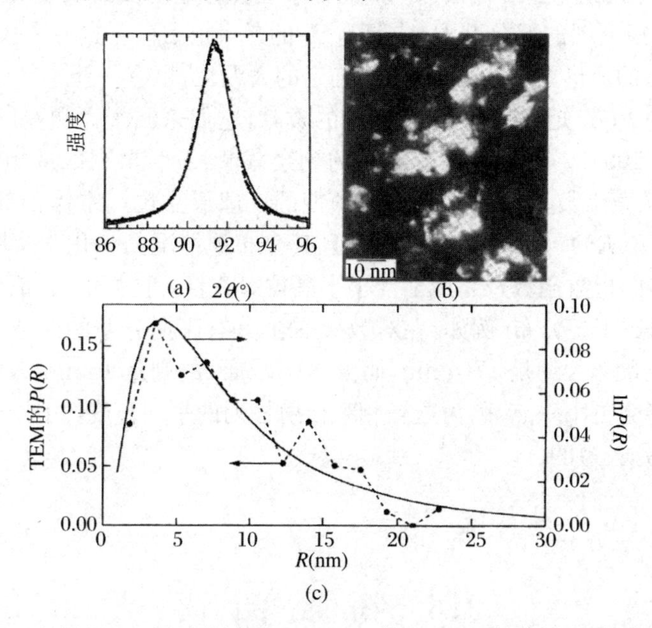

图 9.13 (a) 15 mm 尺寸的球磨 fcc Ni-Fe 的(220)衍射峰;(b) 相同粉粒的(111)TEM暗场像;(c) 利用式(9.100)得到的 $\boldsymbol{b}$ 的像的概率分布 $P(R)$

需要进行一些分析去比较 XRD 和 TEM 两种方法获得的晶粒尺寸。暗场像显示了晶体的二维投影轮廓,而 X 射线衍射提供的是衍射柱体长度的体积平均。在很多情况下,TEM 给出的晶粒尺寸会大于 X 射线的衍射分析。例如,考虑 X 射线方法如何通过直径为 D 的球形颗粒柱体进行了对平均。尽管最长的柱体具有长度 D,更多的柱列则要短一些。几何学的讨论表明,X 射线方法测得的平均长度是球的体积除以它的投影横截面,等于 $2D/3$。例如,对于用球磨法制备的扁平纳米晶,可能会进行更大的较正。

当存在晶粒尺寸的分布时,需要进一步的工作从二维 TEM 图像上获得尺寸分布。图 9.13(c)显示了从 TEM 暗场像测得的尺寸分布的一种转换,从 $\rho(L)$转换成球形晶粒 $P(R)$。$P(R)\mathrm{d}R$ 是半径为 R 的球形晶粒的体积部分,$\rho(L)\mathrm{d}L$ 是截断长度分布,L 为通过二维 TEM 暗场像随机作出的线。(截断长度 L 是图中从颗粒的一边到另一边的线段。)该转换假设晶粒是球形的(有风险),并且也假设最大的球在 TEM 试样的厚度范围之内(对于纳米晶是可以接受的)。$\rho(L)$和 $P(R)$

① 注意,指数形衍射峰是不对称的,这可能是由于原子位移的无序,将在 10.2.3 小节中讨论。

的关系可如下表示：

$$\rho(L) \propto \sum_{2R=L}^{\infty} \frac{1}{\sqrt{(2R/L)^2 - 1}} P'(R)\Delta R \tag{9.100}$$

方程(9.100)考虑到了这样的事实，即大的球也会有短的截断长度。式(9.100)的使用从 $\rho(L)$ 矩形图的部分开始，它具有 L 的最大值 L_{max}。这些考虑也用在 $R = L_{max}$ 时 $P'(R)$ 的矩形图中。然而，对已确定的大颗粒，也有一些小 L 截断出现，有必要在剩余的 $\rho(L)$ 矩形图中删除小 L 的贡献，它们来源于大颗粒的较短的截断长度(用式(9.100))。紧接着考虑最大的剩余截断长度，再一次从矩形图 $\rho(L)$ 中删除小 L 值的贡献数，如式(9.100)所预期的。球形晶粒三维体积部分的贡献可以从 $P'(R)$ ($P(R) = RP'(R)$)获得，并且其分布视情况归一化。从图 9.13(c)可以看出，$\rho(L)$ 的指数函数过高地估计了小晶粒的数目。更好的分布函数似乎应该是 $P(R)$ 的对数正态分布(例如，在对数 x 轴上具有高斯分布的函数。)由 TEM 得到的平均晶粒尺寸大约是 17.4 nm，而由 XRD 得到的则是 15 nm，XRD 结果在某种程度上可能会更小一点，因为这是相干衍射柱列的平均长度，相比于暗场像中的亮区，它可能是较短的。

9.6 拓展阅读

Azároff L V. Elements of X-Ray Crystallography. New York：McGraw-Hill，1968.

Cullity B D. Elements of X-Ray Diffraction. MA：Addison-Wesley，1978.

Klug H P，Alexander L E. X-Ray Diffraction Procedures. New York：Wiley-Interscience，1974.

Noyan I C，Cohen J B. Residual Stress. New York：Springer-Verlag，1987.

Schwartz L H，Cohen J B. Diffractionfrom Materials. Berlin：Springer-Verlag，1987.

Warren B E. X-Ray Diffraction. New York：Dover，1990.

习 题

9.1 (1) 采用图9.5(a)中的函数 $f(x)$和 $g(x)$，当 $\chi=0,1,2,3$ 时，计算 $h(\chi)$，将计算结果与图9.5(c)的曲线进行比较。

(2) 在图9.5(c)中的点之间，能否精确地画出 $h(\chi)$的形状？

9.2 一个快速傅里叶变换(FFT)解卷软件包能示范本章陈述的许多原理，如果有一个合适的X射线数据软件XRAY.DAT，建议进行如下的练习：

(1) 作图表示XRAY.DAT中的原始数据。FFT算法要求有 2^n 个点的大量数据，其中，n 为整数。若数据没有 2^n 个点，用平滑曲线来扩展数据，例如，使其跨度从0到255，或0到511，对于最好的结果，终点(如0和511)应具有相同的计数。

(2) 作图表示数据的正弦和余弦变换。在这些图上，对傅里叶变换画出一个大致的包络函数，并选择截止高频和合理的转移频率。

(3) 使用在(2)中获得的过滤函数，对具有半高宽为0.1和0.5的X射线峰的洛伦兹函数进行解卷，将结果作图表示。

(4) 如(3)一样进行操作，至少使用较大和较小高频截止值中的一个，也像(2)一样维持频率转移，为什么在(2)中获得的频率截止是最好的选择？

(5) 如果数据采用洛伦兹函数 $\text{FWHM}=3\Gamma$，则一个洛伦兹函数 $\text{FWHM}=\Gamma$ 的解卷，被预期为洛伦兹函数 $\text{FWHM}=2\Gamma$。然而，对于噪声数据结果是 $\text{FWHM}>2\Gamma$，为什么？

(6) 关于在(3)中获得的结果，用数据对较宽函数解卷时，出现了什么明显的问题？为什么？

9.3 用一台不能采集数字化数据的陈旧的X射线衍射仪来进行工作，仪器装备一个“卡纸记录仪”，其上的卷纸与 2θ 角同步地以恒定速度移动，给出 x 轴方向的衍射数据，探测器信号被转换到与纸交叉的一支笔的位置，绘出 y 方向的衍射图。

若有两个相同材料的试样，一个是较大且无应变的晶体，另一个是已受到重物冲击的试样，第二个试样比第一个具有更宽的衍射峰。

利用小颗粒尺度分布和非均匀的应变，编制一个程序来分析第二个试样的模拟数据。

(无需数字化数据，因为数值解卷是不可能的。)

9.4 一种具有简单立方的多晶材料受到均匀的应变，其单胞的各个维度都有相同的增量 ε(任意的晶面间距 d'改变成 $d'(1+\varepsilon)$。)

(1)它的(100)和(200)X射线峰作为θ角的函数,将沿哪个方向移动？移动的大小如何？(借助于λ,给出解析表达式。)

(2) 现在,假定应变从晶粒到晶粒发生变化,试样中存在一个应变分布$p(\varepsilon)$,晶粒的应变分量在ε和$\varepsilon+\mathrm{d}\varepsilon$区间是$p(\varepsilon)\mathrm{d}\varepsilon$,写出试样函数$g(\theta)$的解析表达式。

(提示:需要将适配范畴内两种分布的晶粒数视为相同,即:$g(\theta)\mathrm{d}\theta = p(\varepsilon)\mathrm{d}\varepsilon$。)

(3) 在无应变的材料中,一个特定X射线峰的形状是$f(\theta)$,若$f(\theta)$完全源于仪器的宽化,采用(2)中的结果,对有应变的材料,写出被观测的X射线峰作为θ角函数的解析表达式,假定所有晶粒尺度较大,且受到均匀的应变。

9.5　证明:对于一个柱体长度分布为指数形的尺寸系数是

$$\mathcal{N}_n = \int_{|n|}^{\infty} (i - |n|) \frac{1}{\langle i \rangle} \mathrm{e}^{-l/\langle l \rangle} \mathrm{d}l = \langle i \rangle \mathrm{e}^{-n/\langle l \rangle} \tag{9.101}$$

(提示:采用逐项积分法,对被积函数中的第一项进行积分(涉及i),第二项(涉及$|n|$)将抵消由第一项获得的部分积分。)

9.6　线形分析的一种方法是计算它们的瞬时值。峰的第一个瞬时$\langle\theta\rangle$恰好是它的平均位置,而第二个瞬时与它的宽度有关(通常表达为$\langle\theta^2\rangle-\langle\theta\rangle^2$)。

(1) 计算高斯和洛伦兹函数的第二个瞬时值$\langle\theta^2\rangle$:

$$G(\theta) = \frac{a}{\sqrt{\pi}} \mathrm{e}^{-a^2\theta^2} \tag{9.102}$$

$$L(\theta) = \frac{a}{\pi} \frac{1}{1 + a^2\theta^2} \tag{9.103}$$

(提示:在洛伦兹函数的第二个瞬时情况下存在一些问题。)

(2) 你是否预期沃伊特函数的第二个瞬时与洛伦兹函数第二个瞬时存在类似的问题?

9.7　推导式(9.100)。

(提示:在投影中看到的球,圆周半径为R,你需要对半径为R'的每个球作出柱体截断长度分布,然后过所有R'求和。为从函数$y(x)$获得高度分布,注意$p(y)\propto 1/(\mathrm{d}y/\mathrm{d}x)$.)

参考文献

Chapter 9 title figure of (400) fcc diffraction from a nanocrystalline iron alloy (Mo K_α radiation).

[1]　Klug H P, Alexander L E. X-Ray Diffraction Procedures. New York: Wiley-Interscience,

1974:687-692.
[2] Klug H E, Alexander L E. X-Ray Diffraction Procedures . New York: Wiley-Interscience, 1974:655-665.
[3] Warren B E. X-Ray Diffraction. New York:Dover,1990:251-275.
[4] Frase H. Vibrational and magnetic properties of mechanically attrited Ni_3Fe nanocrystals. California:California Institute of Technology, 1998.

第 10 章　帕特森函数和漫散射

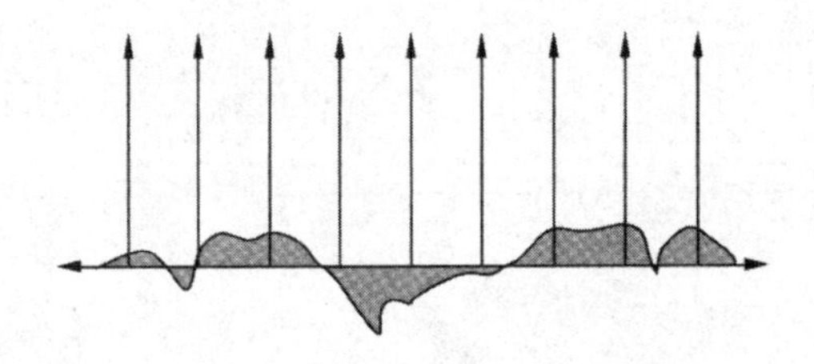

10.1　帕特森函数

10.1.1　本章综述

从第 4 章开始讲述，晶体无序量不断地增大，衍射运动学理论从计算晶体发出的衍射波中发展而来。衍射波的振幅 ψ 是单个原子激发出的子波的相因子的总和。我们已经用分析方法(例如几何级数)、图解法(相位-振幅图)以及数值分析等方法求出了这个总和。对 $\psi(\Delta \boldsymbol{k})$ 的这些计算，晶体仅仅有一点偏离理想状况，例如小尺寸的晶体、有应力分布的晶体或用 TEM 观察到的孤立缺陷等。在许多方面，这些计算是理想晶体原子发出的波的干涉计算的扩充。回顾一下，当 $\psi(\Delta \boldsymbol{k})$ 中有精确的相位信息时，傅里叶逆变换 $F^{-1}\psi(\Delta \boldsymbol{k})$ 给出了 $f(\boldsymbol{r})$，即散射因子的分布。$f(\boldsymbol{r})$ 已知相当于材料中所有原子的位置已知。

本章将用另外的方法直接计算衍射强度 $I(\Delta \boldsymbol{k})$，而不把它归结为计算 $\psi^{*}\psi$。在新方法中，实空间的信息是通过傅里叶反演 $F^{-1}I$ 得到，而不是从 $F^{-1}\psi$ 获得。强度是衍射实验测量的物理量，因此这个新方法对能够从衍射测量得到什么样的结构信息给出了更严格的理解。这个新方法还有其他的优点：可以处理严重无序的材料(没有简单的方法获得计算 $\psi(\Delta \boldsymbol{k})$ 所需要的原子位置)。对涉及结构严重无序的问题，直接运算 $I(\Delta \boldsymbol{k})$ 的另一个优点是：常规的参考状态是散射体均匀分布的或者是非关联散射体，如同在理想气体中一样。

计算材料衍射强度的一种新的强有力工具是 10.1.3 小节中定义的“帕特森函数”，它为散射因子分布的自关联函数。

由于衍射波 $\psi(\Delta\boldsymbol{k})$是散射因子分布 $f(\boldsymbol{r})$的傅里叶变换，衍射强度 $I(\Delta\boldsymbol{k})$就是帕特森函数 $P(\boldsymbol{r})$的傅里叶变换。$P(\boldsymbol{r})$是从 $f(\boldsymbol{r})$产生的一个关联函数，但不是 $f(\boldsymbol{r})$自身。

帕特森函数是实空间中自变量 $\boldsymbol{r}$ 的函数。它是一个卷积。因此，在阅读本章之前，读者应当具备卷积及其理论知识(见 9.1.3 节)①。

我们从证明上述所强调的论断开始。随后的各节将用帕特森函数来解释下面的衍射现象，它涉及由温度或原子尺寸的差异引起原子产生的位移、离开周期性的位置；详细解释由化学无序产生的漫散射；用一个径向平均的帕特森函数，即“径向分布函数”来描述非晶材料。在章末，用衍射波和帕特森函数来解释小角散射。

帕特森函数适合抽象的运算。本章不再侧重强调晶体学，而更多地强调正规的运算。我们回顾第 4、第 5 章中用的记号 $k\equiv2\pi/\lambda$ 和 $g\equiv2\pi/d$。在第 10 章里，用 $\exp(\mathrm{i}\Delta\boldsymbol{k}\cdot\boldsymbol{r})$表示相因子，而不用 $\exp(\mathrm{i}2\pi\Delta\boldsymbol{k}\cdot\boldsymbol{r})$。为简单明了起见，当衍射强度的绝对值不重要时，忽略傅里叶变换的前缀因子 $1/\sqrt{2\pi}$。

10.1.2　空间点上的原子中心

本章最重要的结果是建立在假设散射体是一些点之上的②。在每一个点 $\boldsymbol{r}_j$，存在某个原子(或单胞)的散射强度 f_{r_j}。可以证明这样做是方便的：考虑有连续变量 $\boldsymbol{r}$ 的散射体分布函数$f(\boldsymbol{r})$，而不是考虑分立点的总和$\{\boldsymbol{r}_j\}$。我们改变变量：

$$\psi(\Delta\boldsymbol{k}) = \sum_{r_j}^{N} f_{r_j}\mathrm{e}^{-\mathrm{i}\Delta\boldsymbol{k}\cdot\boldsymbol{r}_j} = \int_{-\infty}^{\infty} f(\boldsymbol{r})\mathrm{e}^{-\mathrm{i}\Delta\boldsymbol{k}\cdot\boldsymbol{r}_j}\mathrm{d}^3\boldsymbol{r} \tag{10.1}$$

把一个连续积分等效于一个离散的总和，要求 $f(\boldsymbol{r})$不是位置的光滑的函数。对大部空间 $f(\boldsymbol{r})$为零，但在原子中心(如 $\boldsymbol{r}=\boldsymbol{r}_i$)$f(\boldsymbol{r}_i)$等于狄拉克 δ 函数乘以常数 f_{r_j}：

$$f(\boldsymbol{r}_i) = f_{r_i}\delta(\boldsymbol{r}-\boldsymbol{r}_i) \tag{10.2}$$

狄拉克 δ 函数最重要的性质是

$$y(x') = \int_{-\infty}^{\infty}\delta(x'-x)y(x)\mathrm{d}x \tag{10.3}$$

方程(10.3)要求：除在点 $x'=x$ 外，$\delta(x'-x)$处处为零。在点 $x'=x$，$\delta(0)$为无限高的(具有单位面积)。所以方程(10.3)的积分仅在 x'处取得仅有的值 $y(x)$③。扩展式(10.2)到许多个原子中心的情形，我们对$\{\boldsymbol{r}_j\}$求和：

---

① 本章有关卷积的讨论将有利于帮助读者理解第 11～13 章。

② 原子的实际形状将在后面的卷积中考虑，但这不改变由点原子导出的关键结果。

③ 注意：与式(9.22)比较，方程(10.3)是一个卷积。自变量的跃变 $x\to -x$ 并不重要，因为 $\delta(x'-x)=\delta(x-x')$。

$$f(\boldsymbol{r}) = \sum_{\boldsymbol{r}_j}^{N} f_{\boldsymbol{r}_j} \delta(\boldsymbol{r} - \boldsymbol{r}_j) \tag{10.4}$$

因此，我们满足了式(10.1)的要求：空间点$\{\boldsymbol{r}_j\}$和$\boldsymbol{r}$的连续函数的等效。我们将在10.1.5小节介绍考虑了原子形状的形状因子$f_{at}(\boldsymbol{r})$。

10.1.3　帕特森函数的定义

定义“帕特森函数”$P(\boldsymbol{r})$为

$$P(\boldsymbol{r}) \equiv \int_{-\infty}^{\infty} f^*(\boldsymbol{r}')f(\boldsymbol{r}+\boldsymbol{r}')\mathrm{d}^3\boldsymbol{r}' \tag{10.5}$$

方程(10.5)是一个卷积(参看式(9.22))。对卷积，由于函数$f(\boldsymbol{r})$不能用通常的方法倒转，把帕特森函数写成

$$P(\boldsymbol{r}) = f^*(\boldsymbol{r}) * f(-\boldsymbol{r}) \tag{10.6}$$

这种特殊形式的卷积称为“自关联函数”，有时用特殊的符号来标记：

$$P(\boldsymbol{r}) = f(\boldsymbol{r}) \circledast f(\boldsymbol{r}) \tag{10.7}$$

帕特森函数一个最重要的性质是：它的傅里叶变换是运动学理论中的衍射强度。为了说明这一点，我们用式(10.1)把$I(\Delta\boldsymbol{k}) = \psi^*\psi$写成

$$I(\Delta\boldsymbol{k}) \equiv \int_{-\infty}^{\infty} f^*(\boldsymbol{r}')\mathrm{e}^{\mathrm{i}\Delta\boldsymbol{k}\cdot\boldsymbol{r}'}\mathrm{d}^3\boldsymbol{r}' \int_{-\infty}^{\infty} f(\boldsymbol{r}'')\mathrm{e}^{-\mathrm{i}\Delta\boldsymbol{k}\cdot\boldsymbol{r}''}\mathrm{d}^3\boldsymbol{r}'' \tag{10.8}$$

由于$\boldsymbol{r}'$和$\boldsymbol{r}''$都是独立变量，故有

$$I(\Delta\boldsymbol{k}) \equiv \int_{-\infty}^{\infty}\int_{-\infty}^{\infty} f^*(\boldsymbol{r}')f(\boldsymbol{r}'')\mathrm{e}^{-\mathrm{i}\Delta\boldsymbol{k}\cdot(\boldsymbol{r}''-\boldsymbol{r}')}\mathrm{d}^3\boldsymbol{r}'\mathrm{d}^3\boldsymbol{r}'' \tag{10.9}$$

定义$\boldsymbol{r} \equiv \boldsymbol{r}'' - \boldsymbol{r}'$并改变变量$\boldsymbol{r}'' \to \boldsymbol{r} + \boldsymbol{r}'$。这样，对$\boldsymbol{r}$的积分限就改变了$-\boldsymbol{r}'$，但是这对整个空间的积分没有什么影响：

$$I(\Delta\boldsymbol{k}) = \int_{-\infty}^{\infty}\int_{-\infty}^{\infty} f^*(\boldsymbol{r}')f(\boldsymbol{r}+\boldsymbol{r}')\mathrm{e}^{-\mathrm{i}\Delta\boldsymbol{k}\cdot\boldsymbol{r}}\mathrm{d}^3\boldsymbol{r}'\mathrm{d}^3\boldsymbol{r} \tag{10.10}$$

$$I(\Delta\boldsymbol{k}) = \int_{-\infty}^{\infty}\left[\int_{-\infty}^{\infty} f^*(\boldsymbol{r}')f(\boldsymbol{r}+\boldsymbol{r}')\mathrm{d}^3\boldsymbol{r}'\right]\mathrm{e}^{-\mathrm{i}\Delta\boldsymbol{k}\cdot\boldsymbol{r}}\mathrm{d}^3\boldsymbol{r} \tag{10.11}$$

利用定义式(10.5)改写式(10.11)：

$$I(\Delta\boldsymbol{k}) = \int_{-\infty}^{\infty} P(\boldsymbol{r})\mathrm{e}^{-\mathrm{i}\Delta\boldsymbol{k}\cdot\boldsymbol{r}}\mathrm{d}^3\boldsymbol{r} \tag{10.12}$$

方程(10.12)说明了衍射强度是帕特森函数的傅里叶变换：

$$I(\Delta\boldsymbol{k}) = FP(\boldsymbol{r}) \tag{10.13}$$

并且利用逆变换，我们得到

$$P(\boldsymbol{r}) = F^{-1}I(\Delta\boldsymbol{k}) \tag{10.14}$$

为了比较，衍射波即式(10.1)的$\psi(\Delta\boldsymbol{k})$是散射因子分布$f(\boldsymbol{r})$的傅里叶变换。因此，$I(\Delta\boldsymbol{k})$和$f(\boldsymbol{r})$之间有另一个关系：

$$I(\Delta\boldsymbol{k}) = \psi^*(\Delta\boldsymbol{k})\psi(\Delta\boldsymbol{k}) \tag{10.15}$$

$$I(\Delta\boldsymbol{k}) = [Ff(\boldsymbol{r})]^* Ff(\boldsymbol{r}) = |Ff(\boldsymbol{r})|^2 \tag{10.16}$$

比较式(10.13)和式(10.16),得

$$FP(\boldsymbol{r}) = |Ff(\boldsymbol{r})|^2 \tag{10.17}$$

方程(10.17)与 9.2.1 小节的卷积定理相符,即实空间的卷积(式(10.5)的帕特森函数)与傅里叶空间的乘法(式(10.17)的右边)相对应。注意,式(10.16)给出了轻碰效应和式(10.5)中卷积的 $f(\boldsymbol{r})$ 的复共轭:

$$F[f^*(\boldsymbol{r}) * f(-\boldsymbol{r})] = [Ff(\boldsymbol{r})]^* Ff(\boldsymbol{r}) = |f(\Delta\boldsymbol{k})|^2 = I(\Delta\boldsymbol{k}) \tag{10.18}$$

相比我们不太常用的关系

$$F[f(\boldsymbol{r}) * f(\boldsymbol{r})] = Ff[\boldsymbol{r}]Ff(\boldsymbol{r}) = f(\Delta\boldsymbol{k})^2 \neq I(\Delta\boldsymbol{k}) \tag{10.19}$$

我们将发现这没什么用。

10.1.4　帕特森函数的性质

介绍构建帕特森函数(10.5)的步骤是有意义的。其步骤分为:移动、乘积、积分,如图 10.1 所示(与图 9.5 比较)。图 10.1(a)画出了函数相对原来位置移动了间距 r 的交叠,如图中的虚线部分。为得到图 10.1(b)中的帕特森函数,在每一次移动时,函数乘以其移动的对应部分,然后再积分。

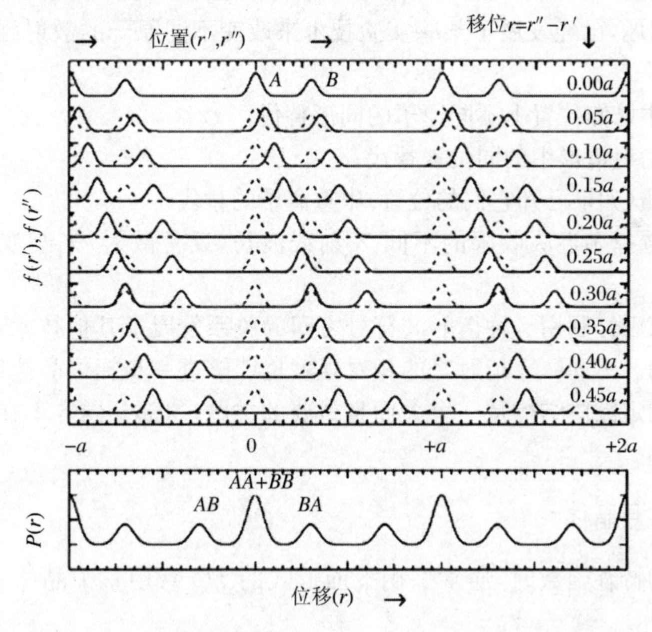

图 10.1　(a) 函数移动了其本身周期 a,移位 $r=r''-r'$(单位为 a)标在右边;(b) 帕特森函数(所有移位 r 的实线和虚线的乘积的积分)

注意,图 10.1(b)中的帕特森函数的峰要比图 10.1(a)中散射因子分布的峰宽。因为图 10.1(a)中的峰是等宽的高斯函数,帕特森函数的峰被宽化了$\sqrt{2}$倍。其次,帕特森函数的周期是一个晶格常数 a。这是可预期到的,因为图 10.1(a)中函数的峰每一次重叠都最大化了,移动等于晶格常数的一个积分值。这些主最大

值的强度正比于 A^2+B^2。在移动 ±0.3 处，当大峰与小峰重叠时存在次极大值。这些次极大值的强度与 AB 成正比。重要的是，帕特森函数在图 10.1(a)中的峰与峰之间对应的每个间距有一个峰。

图 10.1(b)中的帕特森函数 $P(\boldsymbol{r})$ 比图 10.1(a)中的 $f(\boldsymbol{r})$ 具有更高的对称性。当大峰向右移动 $+0.3a$，与小峰重叠时，或者当小峰向左移动 $-0.3a$，与大峰重叠时，$P(\boldsymbol{r})$ 中存在相同的第二强峰。正因为这个理由，即使 $f(\boldsymbol{r})$ 不存在反演中心，$P(\boldsymbol{r})$ 也具有反演对称性。即使将初始函数倒转，帕特森函数也是不变的①。方程(10.14)说明，测量的衍射强度给出的是帕特森函数，而不是散射因子分布。因此，我们得到“Friedel 定律”：

衍射实验不能区分一种原子排列及其倒转了的原子排列。

在结构测定中，有时这也称为“相位问题”，因为实验中没有测量衍射波 $\psi(\Delta\boldsymbol{k})$ 的相位，而仅仅测量了衍射强度 $\psi^*\psi$。$P(\boldsymbol{r})$ 的反演对称性与 $I(\Delta\boldsymbol{k})$ 是实函数相一致，即式(10.12)说明了，当 $P(\boldsymbol{r})=P(-\boldsymbol{r})$ 时 $I^*(\Delta\boldsymbol{k})=I(\Delta\boldsymbol{k})$。已知帕特森函数或已知实际的散射因子分布，对研究纯组元的简单晶体不会增加什么困难。然而，对许多晶体，其衍射花样可能没有足够的信息解出真实空间的原子结构。为了绕开相位问题，已经发展了某些实验技术来改变不同原子的散射强度。这些技术包括：

- 单胞中已知位置上不同原子的同形替代；
- 中子衍射情形中的同位素替代；
- 蛋白质(如果已知它们的位置)中重离子的替代；
- 通过选择靠近吸收限的不同 X 射线波长(反常散射)来改变原子的形状因子。

晶体学家已经利用各种衍射波符号之间的关系发展了其他技术，因为散射强度不能是负的。不同顺序衍射峰的相对强度也能够进一步提供晶体结构的信息。利用单晶法测定晶体结构是一个大而且重要的主题，这部分内容不在本书讨论的范围。

10.1.5　理想晶体‡

在使用帕特森函数时，通常采用下面形式的 $f(r)$(用整个晶体散射因子)更方便：

$$f(\boldsymbol{r}) = f_{\mathrm{at}}(\boldsymbol{r}) * \sum_{\boldsymbol{R}_n} \delta(\boldsymbol{r}-\boldsymbol{R}_n) \tag{10.20}$$

这里，$f_{\mathrm{at}}(\boldsymbol{r})$ 是一个原子的形状因子。在式(10.20)中，原子的形状因子是对每个中心在不同原子位置 $\boldsymbol{R}_n$ 上的 δ 函数之和的卷积。首先写出卷积式(9.22)，再对式

① 利用图 10.1(a)中 $f(\boldsymbol{r})$ 的镜像(用左边紧挨着大峰的小峰)可以得到相同的 $P(\boldsymbol{r})$，然后再重复构建。

(10.20)求值：

$$f(\boldsymbol{r}) = \int_{-\infty}^{\infty} f_{\mathrm{at}}(\boldsymbol{r} - \boldsymbol{r}') \sum_{\boldsymbol{R}_n} \delta(\boldsymbol{r}' - \boldsymbol{R}_n) \mathrm{d}^3 \boldsymbol{r}' \tag{10.21}$$

重新安排独立变量的运算符号：

$$f(\boldsymbol{r}) = \sum_{\boldsymbol{R}_n} \int_{-\infty}^{\infty} f_{\mathrm{at}}(\boldsymbol{r} - \boldsymbol{r}') \delta(\boldsymbol{r}' - \boldsymbol{R}_n) \mathrm{d}^3 \boldsymbol{r}' \tag{10.22}$$

式(10.22)的积分用作选取 $f_{\mathrm{at}}(\boldsymbol{r}')$在 δ 函数(见式(10.3))处的值。把 δ 函数连续移动 $\boldsymbol{r}'$,产生的 $f_{\mathrm{at}}(\boldsymbol{r})$的形状以每个 δ 函数为中心。这些中心就是每个原子位置 $\boldsymbol{R}_n$,因此式(10.22)积分后,有

$$f(\boldsymbol{r}) = \sum_{\boldsymbol{R}_n} f_{\mathrm{at}}(\boldsymbol{r} - \boldsymbol{R}_n) \tag{10.23}$$

请比较式(10.20)和式(10.23)。

一维理想晶体的帕特森函数是

$$P_0(x) = f^*(x) * f(-x) \tag{10.24}$$

利用式(10.20)得到 N 个原子的帕特森函数：

$$P_0(x) = \left[f_{\mathrm{at}}^*(x) * \sum_{n'=-N/2}^{+N/2} \delta(x - n'a)\right] * \left[f_{\mathrm{at}}(-x) * \sum_{n''=+N/2}^{-N/2} \delta(n''a - x)\right] \tag{10.25}$$

卷积服从交换律和结合律,因此我们把式(10.25)改写为

$$P_0(x) = [f_{\mathrm{at}}^*(x) * f_{\mathrm{at}}(-x)] * \left[\sum_{n'=-N/2}^{+N/2} \delta(x - n'a)\right] * \left[\sum_{n''=-N/2}^{+N/2} \delta(x - n''a)\right] \tag{10.26}$$

其中,最后的求和利用了 $\delta(x - n''a) = \delta(n''a - x)$。

1. 无限大的晶体

事实证明,用无限 δ 函数级数要比 N 项的有限级数方便。为简单起见,我们假设 $N \to \infty$。计算两个函数的卷积,要求先做一个移动,再交叠、相乘,然后积分。因为 δ 函数是无限窄小的,δ 函数的两个级数存在零重叠,除非移动 x 满足条件 $x = na$(n 为整数),因此

$$\left[\sum_{n'=-\infty}^{\infty} \delta(x - n'a)\right] * \left[\sum_{n''=-\infty}^{\infty} \delta(x - n''a)\right] = N \sum_{n=-\infty}^{\infty} \delta(x - na) \tag{10.27}$$

这里,$N \to \infty$。这正是期望的一串无限长原子链的无限次重叠。方程(10.26)变为

$$P_0(x) = N[f_{\mathrm{at}}^*(x) * f_{\mathrm{at}}(-x)] * \left[\sum_{n=-\infty}^{\infty} \delta(x - na)\right] \tag{10.28}$$

为了获得 $I(\Delta k)$,我们利用 $P_0(x)$(式(10.28))的傅里叶变换。下面是涉及式(10.28)中三部分的关键步骤：

· 式(10.28)中的因子 N 是一个含 x 的恒量。因此,它的傅里叶变换是一个高度为 N 的、用Δk 表达的 δ 函数。式(10.28)中的 N 是一个倍增因子,所以,利用

卷积定理(详见 9.2.1 小节),经过傅里叶变换之后它将当作卷积运算。用δ函数求卷积是容易的,式(10.3)说明 $I(\Delta k)$的其他部分是不变的,而因子 N 保留了下来。

· 求得式(10.28)中的 $f_{\text{at}}^*(x) * f_{\text{at}}(-x)$傅里叶变换的值$|f_{\text{at}}(\Delta k)|^2$(见式(10.18))。注意,$P_0(x)$中 f_{at}的卷积变成$I(\Delta k)$的乘积。

· 式(10.28)中的δ函数级数的傅里叶变换是衍射物理中最重要的。它给出了一套布拉格峰,后面我们将讲到。与 $P_0(x)$中的δ函数级数的卷积又一次变成$I(\Delta k)$的乘积。

在式(10.28)的δ函数级数的傅里叶变换中,由每个δ函数得出了一个指数的 $x = na$ 的值:

$$F\left[\sum_{n=-\infty}^{\infty} \delta(x - na)\right] = \int_{-\infty}^{\infty} \sum_{n=-\infty}^{\infty} \delta(x - na) \mathrm{e}^{-\mathrm{i}\Delta kx} \mathrm{d}x$$

$$= \sum_{n=-\infty}^{\infty} \mathrm{e}^{-\mathrm{i}\Delta kan} \tag{10.29}$$

在 6.2.1 小节中,首先对式(10.29)演算、求值,这里也一样。简而言之,当满足条件 $\Delta ka = 2\pi h$(h 是整数)时,式(10.29)中的所有指数的值等于 +1(当然,hn 也是整数)。如果不是,n 在无限大的范围内,这个求和的实部和虚部都存在相互抵消项,其值为零。仅当 $\Delta k = 2\pi h/a = g$ 时,式(10.29)的傅里叶变换是非零的(其中,g 是熟知的倒格子矢量(见式(6.27))):

$$F\left[\sum_{n=-\infty}^{\infty} \delta(x - na)\right] = N \sum_{h=-\infty}^{\infty} \delta(\Delta k - 2\pi h/a)$$

$$= N \sum_{n=-\infty}^{\infty} \delta(\Delta k - g) \tag{10.30}$$

方程(10.30)是在式(10.28)后面所列的求强度 $I(\Delta k)$的三个步骤的最后一个部分。其结果是

$$I(\Delta k) = N \mid f_{\text{at}} I(\Delta k) \mid^2 \sum_{h=-\infty}^{\infty} \delta(\Delta k - 2\pi h/a) \quad (\text{无限晶体}) \tag{10.31}$$

$$I(\Delta k) = N \mid f_{\text{at}} I(\Delta k) \mid^2 \sum_{g=-\infty}^{\infty} \delta(\Delta k - g) \quad (\text{无限晶体}) \tag{10.32}$$

方程(10.32)是我们所熟知结果的另外一种新的表达形式。δ函数给出了晶体布拉格峰的中心,其强度与原子个数 N 成正比,并且在较大 Δk 处,峰按 $1/|f_{\text{at}}(\Delta k)|^2$衰减。假设晶体的尺寸是无限大的,这对随后的许多论述更方便,并且证明式(10.32)非常方便。

2. 有限尺寸晶体

我们从 6.5 节知道,形状因子强度引起衍射峰宽化。对有限晶体,我们回到式(10.26)并推导 N 为有限值时的场合。一个有限级数等于一个无限级数乘以一个

形状函数。在这种场合,一个矩形 $R_N(x)$ 在 $-Na/2 \leqslant x \leqslant +Na/2$ 内为1,其余地方为0。对式(10.26)中的两个级数,

$$\sum_{n'=-N/2}^{+N/2} \delta(x-n'a) = R_N(x) \sum_{n'=-\infty}^{\infty} \delta(x-n'a) \tag{10.33}$$

因此,式(10.26)变为

$$P_0(x) = [f_{at}^*(x) * f_{at}(-x)] * \left[R_N(x) \sum_{n'=-\infty}^{\infty} \delta(x-n'a)\right] * \left[R_N(x) \sum_{n''=-\infty}^{\infty} \delta(x-n''a)\right] \tag{10.34}$$

考虑两个矩形函数 $R_N(x)$ 的卷积。如果两个函数的移动大于 $\pm Na$,那么它们处处都不重叠,且其卷积为零。当移动变得较小时,重叠随移动的变小而呈线性增大,在移动为零处达到最大值。两个矩形的卷积是 $R_N(x) * R_N(x) = T_{2N}(x)$,即卷积是一个总宽度为两倍的三角形。这个三角形乘以 δ 函数级数,因此,它压制了较大 n 值时的 δ 函数①。方程(10.34)即一个有限晶体(其他方面理想)的帕特森函数变为

$$P_0(x) = [f_{at}^*(x) * f_{at}(-x)] * \left[T_{2N}(x) \sum_{n=-\infty}^{\infty} \delta(x-na)\right] \tag{10.35}$$

$P_0(x)$ 的傅里叶变换给出了衍射强度 $I(\Delta k)$。根据9.2.1小节的卷积定理,经过傅里叶变换之后,两个卷积和式(10.35)的一个乘积变为两个乘积和一个卷积:

$$I(\Delta k) = |f_{at}(\Delta k)|^2 F\left[\sum_{n'=-\infty}^{\infty} \delta(x-n'a)\right] * F[T_{2N}(x)] \tag{10.36}$$

式(10.30)是 δ 函数级数的傅里叶变换。在第9章中,已经利用式(9.74)算出式(10.36)中的因子 $F[T_{2N}(x)]$。它给出了一个扁平晶体的"形状因子强度" $|\mathcal{S}(s)|^2$ (见式(9.78)或式(6.122)),因为一个有取向的平面晶体具有相同长度的衍射柱,就像这里考虑的一维柱。利用这个总的形状因子强度和式(10.30),式(10.36)的衍射强度是

$$I(\Delta k) = |f_{at}(\Delta k)|^2 \left[\sum_{h=-\infty}^{\infty} \delta(\Delta k - 2\pi h/a)\right] * |\mathcal{S}(s)|^2 \quad (\text{有限晶体}) \tag{10.37}$$

比较式(10.37)和式(10.31)可知:除了式(10.37)中有限尺寸引起的形状因子宽化外,两者是相同的。通过与函数如式(6.122)做卷积,每个衍射峰被宽化。这个函数具有积分面积 N(高 N^2,宽约 N)。

---

① 对 N 个原子链,允许重叠的移动数目为 $2N$,在一个移动中的平均重叠数目是这个数值的一半,即 N。因此,对很大的晶体,我们恢复式(10.30)中的因子 N。

3. 二维中小晶体的例子

图 10.2 是一个二维帕特森函数的例子。图 10.2(a)中晶体画了两次，第一次画在其原始位置，第二次画成一个被平移了矢量 $\boldsymbol{r}'$ 的相同孪晶，用以帮助解释卷积。图 10.2(b)中的帕特森函数 $P(\boldsymbol{r})$ 给出了晶体与其相同孪晶的重叠程度（孪晶的所有移动 $\boldsymbol{r}$）。注意，对图 10.2(a)中的某一特定 $\boldsymbol{r}'$，重叠并不强，在图10.2(b)中 $\boldsymbol{r}'$ 的尖端没有精确落在最暗的点。通过检查图 10.2(b)中生成相同孪晶的所有平移 $\boldsymbol{r}$，我们看到：实空间函数 $P(\boldsymbol{r})$ 给出了原子排列的周期性，$P(\boldsymbol{r})$ 在两种尺度的晶格空间的整数处有衍射峰。这些周期性给出了布拉格峰 $\sum_{\boldsymbol{g}}\delta(\Delta k - \boldsymbol{g})$（见式(10.37)）。

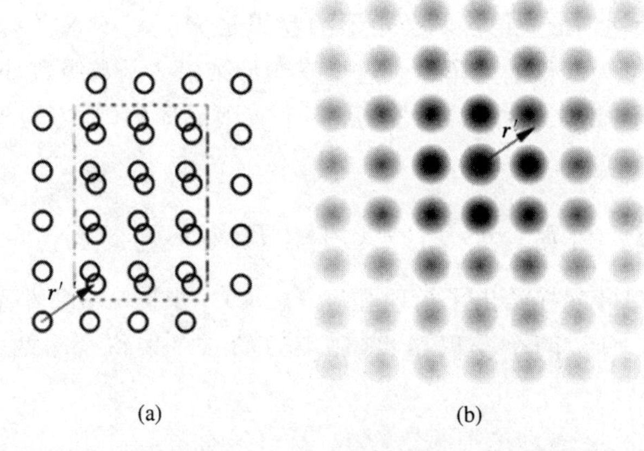

图 10.2　(a) 晶体结构及其平移了 $\boldsymbol{r}'$ 的相同孪晶，虚线框内是重叠区域，但净重叠不强；平移 $\boldsymbol{r}'$ 的重叠总量用浅灰色画在(b)中（箭头尖端）；(b)(a)的帕特森函数，用灰度表示强度（即积分重叠的量）

注意，$P(\boldsymbol{r})$ 的延伸约为图 10.2(a)中晶体结构的宽和高的两倍，但靠近边缘处 $P(\boldsymbol{r})$ 相当弱。$P(\boldsymbol{r})$ 的有限空间延伸造成了周期性精确度的不确定性，因此，形状因子被与式(10.37)的 $|\mathcal{S}(s)|^2$ 卷积宽化了。图 10.2(a)中有限尺寸的圆圈引起图 10.2(b)中圆圈的模糊，这是帕特森函数 $P(\boldsymbol{r})$ 的另一个特征。这种在短空间尺度的扩展引起了高频率周期性的部分抵消，在式(10.37)中的衍射强度按 $1/|f(\Delta k)|^2$ 衰减。

10.1.6　周期性和漫散射产生的偏差

现在，我们考虑帕特森函数有价值的场合。在许多重要的问题中，散射因子分布 $f(\boldsymbol{r})$ 可以表示成理想周期函数 $\langle f(\boldsymbol{r})\rangle$ 与偏差函数 $\Delta f(\boldsymbol{r})$（描述随机或半随机偏离理想周期性）之和：

$$f(\boldsymbol{r}) = \langle f(\boldsymbol{r})\rangle + \Delta f(\boldsymbol{r}) \tag{10.38}$$

我们知道,理想周期函数$\langle f(\boldsymbol{r})\rangle$提供了清晰的布拉格衍射,但偏差函数$\Delta f(\boldsymbol{r})$是如何影响衍射强度的呢?为了找出答案,我们计算式(10.38)中$f(\boldsymbol{r})$的帕特森函数:

$$P(\boldsymbol{r}) \equiv f^*(\boldsymbol{r}) * f(-\boldsymbol{r}) \tag{10.39}$$

$$P(\boldsymbol{r}) = \langle f^*(\boldsymbol{r})\rangle * \langle f(-\boldsymbol{r})\rangle + \langle f^*(\boldsymbol{r})\rangle * \Delta f(-\boldsymbol{r}) + \Delta f^*(\boldsymbol{r}) * \langle f(-\boldsymbol{r})\rangle + \Delta f^*(\boldsymbol{r}) * \Delta f(-\boldsymbol{r}) \tag{10.40}$$

注意式(10.40)中的第二项,利用式(10.20)可改写为

$$\langle f^*(\boldsymbol{r})\rangle * \Delta f(-\boldsymbol{r}) = \left[\langle f_{\mathrm{at}}^*(\boldsymbol{r})\rangle * \sum_{\boldsymbol{R}_n}\delta(\boldsymbol{r}-\boldsymbol{R}_n)\right] * \Delta f(-\boldsymbol{r}) \tag{10.41}$$

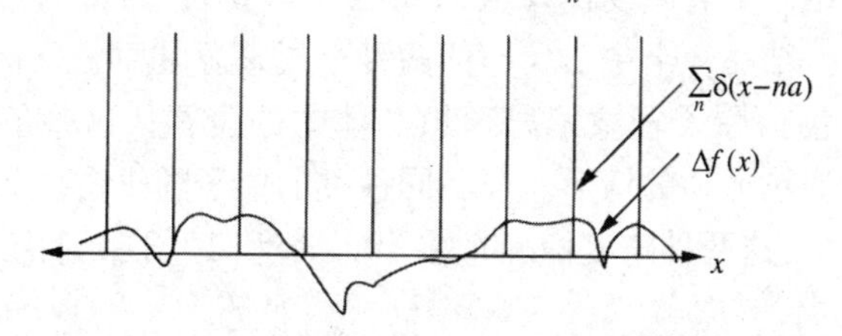

图 10.3 周期 δ 函数 $\sum_n \delta(x-na)$ 与平均值为零的随机函数 $\Delta f(x)$的交叠;由于偏差函数 $\Delta f(\boldsymbol{r})$的平均值为零并且是非周期性的,周期性 δ 函数与 $\Delta f(-\boldsymbol{r})$重叠之处的正值与负值一样,如式(10.43)所给出的

卷积满足结合律,把式(10.41)中的第二、第三个因子组合,并考虑新的卷积:

$$\sum_{\boldsymbol{R}_n}\delta(\boldsymbol{r}-\boldsymbol{R}_n) * \Delta f(-\boldsymbol{r}) = \sum_{\boldsymbol{R}_n}\Delta f(-\boldsymbol{R}_n) \tag{10.42}$$

这里,对式(10.22)、式(10.23)用了与式(10.3)相同的处理方法。假设偏差函数的平均值为零①:

$$\sum_{\boldsymbol{R}_n}\Delta f(-\boldsymbol{R}_n) = 0 \tag{10.43}$$

那么,式(10.40)中$P(\boldsymbol{r})$的第二项也是零(参见图 10.3)。因为$\boldsymbol{R}_n$在无限长的距离内具有精确的周期性,当$\Delta f(\boldsymbol{r})$具有短程结构时式(10.43)也成立。同理,式(10.40)中的第三项也是零。方程(10.40)变为

$$P(\boldsymbol{r}) = \langle f^*(\boldsymbol{r})\rangle * \langle f(-\boldsymbol{r})\rangle + \Delta f^*(\boldsymbol{r}) * \Delta f(-\boldsymbol{r}) \tag{10.44}$$

对一块有畸变的合金,帕特森函数约简为式(10.44)中的两项:① 平均晶体的帕特森函数$P_{\mathrm{avge}}(\boldsymbol{r})$;② 偏差晶体的帕特森函数$P_{\mathrm{devs}}(\boldsymbol{r})$:

$$P(\boldsymbol{r}) = P_{\mathrm{avge}}(\boldsymbol{r}) + P_{\mathrm{devs}}(\boldsymbol{r}) \tag{10.45}$$

衍射强度是合金帕特森函数的傅里叶变换:

$$I(\Delta \boldsymbol{k}) = F[P_{\mathrm{avge}}(\boldsymbol{r}) + P_{\mathrm{devs}}(\boldsymbol{r})] \tag{10.46}$$

由于傅里叶变换服从分配律:

① 这没有严格的普遍性,因为任何非零的平均值都可以变换为式(10.38)中的$\langle f(\boldsymbol{r})\rangle$。

$$I(\Delta \boldsymbol{k}) = F[P_{\text{avge}}(\boldsymbol{r})] + F[P_{\text{devs}}(\boldsymbol{r})] \tag{10.47}$$

方程(10.47)给出了平均晶体的衍射花样$\langle f(\boldsymbol{r})\rangle$,而偏差晶体的衍射花样$\Delta f(\boldsymbol{r})$是附加项。用这些平均晶体和偏差晶体的衍射波来表示(参见式(10.17)):

$$I(\Delta \boldsymbol{k}) = |F[\langle f(\boldsymbol{r})\rangle]|^2 + |F[\Delta f(\boldsymbol{r})]|^2 \tag{10.48}$$

对于式(10.48)中的第一项$|F[\langle f(\boldsymbol{r})\rangle]|^2$,我们是熟悉的。它给出了平均晶体的尖锐的布拉格衍射。

式(10.48)中的第二项$|F[\Delta f(\boldsymbol{r})]|^2$是新的。它通常是一个宽的漫散射强度,将在后一小节中介绍。随着畸变的增大以及$\Delta f(\boldsymbol{r})$变大,尖锐的布拉格衍射变弱而漫散射强度变强。结晶合金中$\Delta f(\boldsymbol{r})$的两种重要来源是原子位移无序和化学无序。原子位移无序包括原子轻微偏离理想晶体中的位置。这些位移可以是静态的,或者是动态的,如热运动的情形。当不同种类的原子随机占据晶体中的原子位置时,存在化学无序。这两种畸变情况将在10.2节和10.3节讨论。

10.2 原子位移的漫散射

10.2.1 非关联位移——均匀无序

当原子不是精确地落在晶体的周期性晶格位置上时,存在原子位移无序。一块合金中,原子大小的差异引起静态的偏离晶格位置的位移,而热振动则引起动态的位移无序。这两种无序都会引起漫散射。这里,我们考虑一种简单类型的位移无序,每个原子随机移动δ,略微偏离其周期性晶格位置,如图10.4所示。

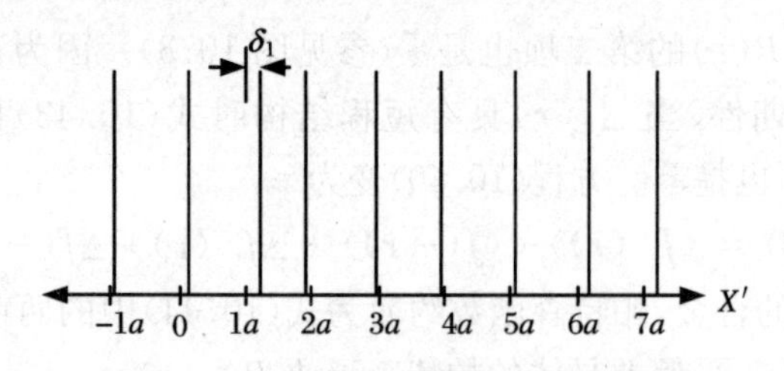

图10.4 一维晶体的原子位移无序

现在,我们假设相邻原子的位移δ_j之间不存在关联性①。图10.5(a)画出了这种位移分布的帕特森函数$f(x) * f(-x)$。为了方便理解这个帕特森函数,考虑原子中心经过移动$x = na + \xi$之后原子中心分布的重叠。这里,a是晶格常数,n是

① 例如,我们假设如果一个原子放左边,它右边的相邻的原子可能等效地放在它的左边或右边。

整数，ξ 是一段小距离(通常，$\xi < a$)。相邻原子的位移之间不存在关联性：

- 对移动了很多个晶格常数 $na + \xi$ 的晶体来说，两原子中心重叠的概率是相同的，就像它移动了一个晶格常数 $1a + \xi$。

- 在 $x = 0$ 附近，即当 $n = 0$ 时，有一个重要的例外。当 ξ 精确地等于零时，所有原子中心完全与其自身重叠，但即使当 ξ 为无限小时，也不存在原子中心的重叠。

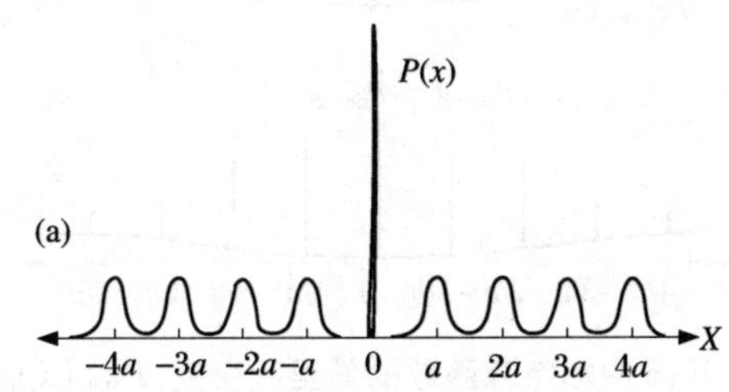

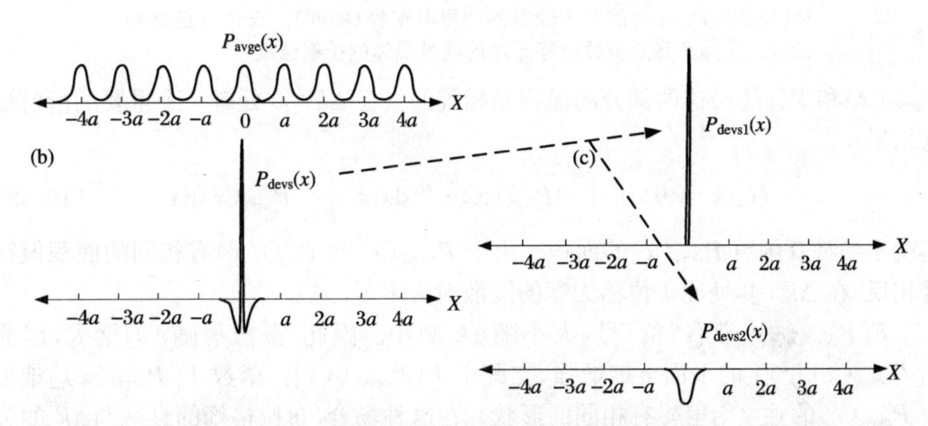

图 10.5　(a)图 10.4 和式(10.45)的原子无规位移的帕特森函数；(b) 顶部的帕特森函数是 $P_{avge}(x)$与 $P_{devs}(x)$之和；(c) $P_{devs}(x)$是 $P_{devs1}(x)$与 $P_{devs2}(x)$之和

使用图 10.5(a)中帕特森函数的最好方法是把它分成周期性和非周期性两部分，即式(10.45)，如图 10.5(b)中的两个部分。有位移无序的晶体发出的衍射强度可从式(10.47)计算得到，即 $P_{avge}(x)$和 $P_{devs}(x)$这两个函数的傅里叶变换之和。$P_{avge}(x)$的傅里叶变换就是熟知的布拉格峰的级数。由于位移无序(见图 10.6 的上部分)引起 $P_{avge}(x)$峰的宽化，这些峰在较大Δk 处被压制。布拉格峰在较大的Δk处被压制，类似于原子形状因子引起的压制，也造成了原子散射中心的宽化。

对我们来说，$P_{devs}(x)$的傅里叶变换是新事物。为了理解它对衍射强度的贡献，我们把 $P_{devs}(x)$分成 $P_{devs1}(x)$和 $P_{devs2}(x)$两部分(图 10.5(c))。第一部分 $P_{devs1}(x)$是一个狄拉克 δ 函数，其傅里叶变换在 k 空间是一个常数(图 10.6 中的 $F[P_{devs1}(x)]$)。第二部分 $P_{devs2}(x)$是带负号的简短而展宽的函数(10.2.2 小节中将把它看作高斯函数)。它的傅里叶变换 $F[P_{devs2}(x)]$也显示在图 10.6 中。由于 $P_{devs1}(x)$和 $P_{devs2}(x)$两者都来自相同的原子-原子重叠的总数(等于原子数 N)，

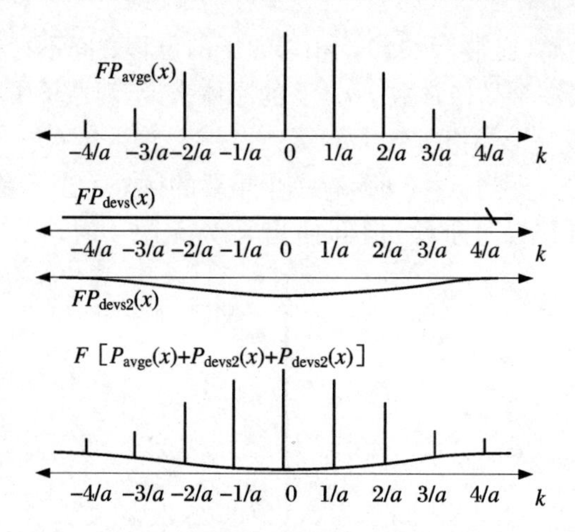

图 10.6　图 10.5 中帕特森函数的傅里叶变换：$P_{avge}(x)$的傅里叶变换(顶部)，$P_{devs}(x)$的两个分量的傅里叶变换(中间)。三个分量之和(底部)是具有高斯函数位移无序的线性晶体的衍射强度

$P_{devs1}(x)$和 $P_{devs2}(x)$这两部分的面积是相等的。在 $\Delta k=0$ 处有一个重要的衍射强度结果：

$$I(\Delta k = 0) = \int_{-\infty}^{\infty} P_{devs}(x) e^{-i0x} dx = \int_{-\infty}^{\infty} P_{devs}(x) dx \tag{10.49}$$

这就是帕特森函数 $P_{devs}(x)$的面积。由于 $P_{devs1}(x)$和 $P_{devs2}(x)$有相同的面积但符号相反，在 $\Delta k=0$ 处原子位移无序的漫散射为零。

$F[P_{devs2}(x)]$带有“负”号，大小随Δk 减小。因此，漫散射随Δk 增大，因为 $F[P_{devs1}(x)]$产生的平面贡献增强，支配了 $F[P_{devs2}(x)]$。函数 $F[P_{devs2}(x)]$难免与 $P_{avge}(x)$的独立衍射峰有相同的形状。在这种场合，布拉格峰的衰减与Δk 的关系和漫散射与Δk 的关系相同。位移无序的效应随特征位移量 δ_j 增大。特征位移量 δ_j 越大，布拉格峰随Δk 衰减得越快，漫散射强度越大。

10.2.2　温度‡

在热振动过程中，原子间距随时间发生小而快的变化。可以这样想象：每一个 X 射线散射就像对原子位置连续拍照一样。测量的衍射花样是位移原子的许多不同瞬间组态的加权平均。前一小节中原子位移无序的、同样的自变量，就可以应用到由原子位置的热无序引起的衍射效应。本小节用简单的原子振动模型计算温度的两种效应：

- 造成布拉格峰强度损失的德拜-沃勒因子；
- “损失”的强度再重现的热漫散射①。

热振动使得散射因子分布的帕特森函数 $P_{therm}(x)$宽化。为了提出一个有效的

① 总的相干横截面保持恒定。

分析模型,假设每个原子中心在其晶体位置附近有一个热分布,该分布是一个特征宽为 σ 的高斯函数①。为了产生帕特森函数,需要运动原子对间距的分布。它们的平均位置是固定的,间距为 na,其中 n 为整数,而 a 为晶格常数。

图 10.7 描述了一种找出 $P_{\text{therm}}(x)$ 的方法。图 10.7(a)是第一个原子的热分布函数 $p_1(x)$。考虑第一个原子位于其中心左边时的瞬间,图中用黑色点表示。它的第一个相邻原子随机地位于其中心附近,如图 10.7(b)所示。找出这两个原子之间间距的分布 $a+\chi$,把三种典型的原子间距画在图 10.7(a)和 10.7(b)之间。对某个特定的 x(图 10.7(a)中的点),这些间距的数目是第二个原子中心处于位置 $a+\chi$ 的概率的加权,即 $p_2(x-(a+\chi))$。当第一个原子处于位置 x 时,间距 $a+\chi$ 的净概率是 $p_1(x)\times p_2(x-(a+\chi))$。对第一个原子的所有位置 x 进行积分:

$$P_{\text{therm}}(a+\chi)=\int_{-\infty}^{\infty}p_1(x)p_2(x-(a+\chi))\mathrm{d}x \tag{10.50}$$

得到 p_1 和 p_2 的卷积。

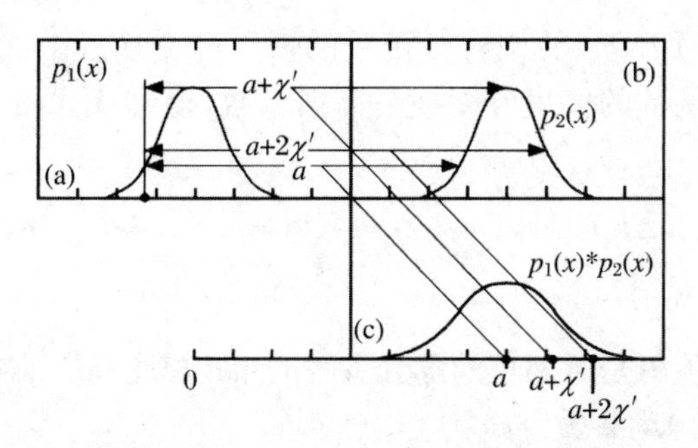

图 10.7　(a) 原子 1 和(b) 原子 2 的中心位置的热分布。
(c) 原子 1 相对于原子 2 的所有间距的分布

更加方便的做法是:考虑原子中心的平均间距为 na 的 δ 函数级数,并求它们与 $P_{\text{therm}}(x)$的卷积,作为以 $x=0$ 为中心的宽化函数。假设 $p_1(x)$和 $p_2(x)$是高斯函数(式(9.23)):

$$P_{\text{therm}}(x)=\left(\frac{1}{\sqrt{\pi}\sigma}\mathrm{e}^{-x^2/\sigma^2}\right)*\left(\frac{1}{\sqrt{\pi}\sigma}\mathrm{e}^{-x^2/\sigma^2}\right),\quad n\neq 0 \tag{10.51}$$

$$P_{\text{therm}}(x)=\frac{1}{\sqrt{2\pi}\sigma}\mathrm{e}^{-x^2/(2\sigma^2)},\quad n\neq 0 \tag{10.52}$$

通常处理邻近原子对的方法不同于远距离的原子对(间距为 na 且 n 大)的方法。这里,我们忽略这种差别($n=0$ 的场合除外)。在 $n=0$ 的特殊场合,我们考虑独立原子与其自身位置间的自关联函数。每个原子看它自己是静止的,因此,热分布的

---

① 附录 A.9 给出了高斯函数的一个自变量。另一个是关于谐振块体的自变量,其中每一个独立原子位移 x 的势能为 $U=(1/2)kx^2$。每个位移的概率为 $p(x)=\exp[-U/(k_{\mathrm{B}}T)]=\exp[-(k/2k_{\mathrm{B}}T)x^2]$,是以 x 为自变量的高斯函数,其特征宽 $\sigma\propto\sqrt{T}$。

帕特森函数为

$$P_{\text{therm}}(x) = N\delta(x), \quad n = 0 \tag{10.53}$$

现在,对热分布函数 $P_{\text{therm}}(x)$和理想晶体的帕特森函数(10.28)求卷积,构建整个晶体的帕特森函数。带有热位移无序的晶体的帕特森 $P(x)$是式(10.28)的下面变形(注意,对 $n=0$ 项的特殊处理给出了 δ 函数):

$$P(x) = N[f_{\text{at}}^*(x) * f_{\text{at}}(-x)] * \left\{\delta(x) + \left[\sum_{n\neq 0;n=-\infty}^{n=\infty} \delta(x - na)\right] * \left[\frac{1}{\sqrt{2\pi}\sigma}\mathrm{e}^{-x^2/(2\sigma^2)}\right]\right\} \tag{10.54}$$

将式(10.54)的求和加上和减去 $n=0$ 的项(用图 10.5 中的相同技巧①):

$$P(x) = N[f_{\text{at}}^*(x) * f_{\text{at}}(-x)] * \left\{\delta(x) - \frac{1}{\sqrt{2\pi}\sigma}\mathrm{e}^{-x^2/(2\sigma^2)} + \left[\sum_{n=-\infty}^{\infty} \delta(x - na)\right] * \left[\frac{1}{\sqrt{2\pi}\sigma}\mathrm{e}^{-x^2/(2\sigma^2)}\right]\right\} \tag{10.55}$$

衍射强度是式(10.55)的帕特森函数的傅里叶变换。由式(10.28)转换到式(10.32),且由高斯函数的傅里叶变换是高斯函数,得到从式(10.55)到式(10.56)的变换:

$$I(\Delta k) = N \mid f_{\text{at}}(\Delta k) \mid^2 \{[1 - \mathrm{e}^{-\sigma^2(\Delta k)^2/2}] + \mathrm{e}^{-\sigma^2(\Delta k)^2/2}\sum_h \delta(\Delta k - 2\pi h/a)\} \tag{10.56}$$

大括号中的最后一项就是所期望的那套尖锐的布拉格衍峰。它在Δk 较大处以"德拜-沃勒因子"$D(\Delta k)$为系数衰减:

$$D(\sigma,\Delta k) = \mathrm{e}^{-\sigma^2(\Delta k)^2/2} \tag{10.57}$$

德拜-沃勒因子压制了在高Δk 处的布拉格峰强度,就像在 4.3.2～4.3.4 小节中通过因子$|f_{\text{at}}\Delta k|^2$ 影响原子尺寸一样,所以德拜-沃勒因子源自于"原子的热增大"。因为式(10.56)大括号中的第一项 $1-\mathrm{e}^{-\sigma^2(\Delta k)^2/2}$是"热漫散射",布拉格强度的损失再现②。热漫散射没有明显的峰,但随Δk 增大,有时是逐渐的调制,如图 10.6 所示。

德拜-沃勒因子能够提供原子热运动过程中均方位移$\langle x^2\rangle$的定量信息。$\langle x^2\rangle$越大,德拜-沃勒因子越小,布拉格衍射越被压制。我们首先把$\langle x^2\rangle$与独立原子的热分布函数中的 σ^2 关联。这就是高斯函数的第二动量:

$$\langle x^2\rangle = \int_{-\infty}^{\infty} x^2 \frac{1}{\sqrt{\pi}\sigma}\mathrm{e}^{-x^2/\sigma^2}\mathrm{d}x = \frac{1}{2}\sigma^2 \tag{10.58}$$

因此,从式(10.57)和式(6.20)得

---

① 比较式(10.54)的第二行和图 10.5(a)的 $P(x)$,然后再把式(10.55)方括号里的三项与图 10.5 的 $P_{\text{devs1}}(x)$,$P_{\text{devs2}}(x)$和 $P_{\text{avge}}(x)$一一做比较。

② 不要忘记相干散射的总横截面是恒定的。

$$D(\sigma, \Delta k) = \mathrm{e}^{-\langle x^2 \rangle (\Delta k)^2} = \mathrm{e}^{-\langle x^2 \rangle (4\pi \sin\theta / \lambda)^2} \tag{10.59}$$

在适当的温度和小的Δk 时，通常可以把指数项线性化，以预测布拉格峰的压制（为Δk 的二次方）：

$$D(\sigma, \Delta k) \approx 1 - \langle x^2 \rangle \left(\frac{4\pi \sin\theta}{\lambda} \right)^2 \tag{10.60}$$

在物理上，当原子的均方位移可以和 X 射线波长相比较时，德拜-沃勒因子解释了衍射中相长干涉的损失。德拜-沃勒因子总是压制布拉格峰的强度。

可以利用方程（10.59）或（10.60）从衍射强度的实验数据中测定$\langle x^2 \rangle$①。相反，预测某一温度时材料的德拜-沃勒因子通常是重要的。本质上，$\langle x^2 \rangle$与谐振子的势能成正比，与温度 T 呈线性关系。尽管单一谐振子的$\langle x^2 \rangle$容易从爱因斯坦模型中计算得到，但是用德拜温度 θ_D 来表示德拜-沃勒特因子更加方便，因为用 θ_D 的微扰方便有效。已经算出德拜模型的德拜-沃勒因子。在德拜温度附近或更高的温度，德拜-沃勒因子为

$$D(T, \Delta k) \approx \exp\left[\frac{-12 h^2 T}{m k_B \theta_D^2} \left(\frac{\sin\theta}{\lambda} \right)^2 \right] \tag{10.61}$$

$$D(T, \theta) \approx 1 - \frac{22\,800\, T}{m \theta_D^2} \left(\frac{\sin\theta}{\lambda} \right)^2 \tag{10.62}$$

这里，质量的单位是原子量（例如，Fe 的质量为 55.847），T 和θ_D 的单位是 K，而 λ 的单位是 Å。应用到式（10.59）和式（10.60），在德拜模型中，

$$\langle x^2 \rangle = 144.38 \frac{T}{m \theta_D^2} \tag{10.63}$$

尽管德拜-沃勒因子属于原子对间距的热分布，但一个德拜-沃勒因子通常归因于单个原子的散射。利用这个近似，每个原子的形状因子 f 用$f\exp(-M)$代替。因此，强度的德拜-沃勒因子是 $\exp(-2M)$。定义参数 B 与$\langle x^2 \rangle$关联。其标准关系式是

$$2M = \langle x^2 \rangle \left(\frac{4\pi \sin\theta}{\lambda} \right)^2 \tag{10.64}$$

$$M = B \left(\frac{\sin\theta}{\lambda} \right)^2 \tag{10.65}$$

对一块合金的情形，通常每一种原子，如 A 或 B，都有不同的德拜-沃勒因子，分别写成 e^{-M_A}和 e^{-M_B}：

$$\psi(\Delta \boldsymbol{k}) = \sum_{r} \left[\mathrm{e}^{-M_A} f_A \delta_A(\boldsymbol{r}) + \mathrm{e}^{-M_B} f_B \delta_B(\boldsymbol{r}) \right] \mathrm{e}^{\mathrm{i}\Delta \boldsymbol{k} \cdot \boldsymbol{r}} \tag{10.66}$$

这里，δ 函数是克罗内克（Kronceker）δ 函数，表示在 $\boldsymbol{r}$ 处存在一个 A 原子或 B 原子。

到目前为止，有时分析过于简单。一个块体具有宽广的振动状态谱（称为“声

① 注意：$\langle x^2 \rangle$沿着Δk 方向。在各向同性材料中，$\langle x^2 \rangle$应等于原子均方位移的 1/3（参见式（10.170））。

子”)，其能量是量子化的[1]。在温度低于德拜温度的 1/2 时，特别是低于德拜温度的 1/4 时，用式(10.61)计算德拜因子不再可靠。在低温时，有两种量子效应变得重要。首先，由于声子数的玻色－爱因斯坦统计，较高频率的声子的激发与比率 kT/ε 不是简单的正比关系，其中 ε 是声子的能量。其次，当温度低于德拜温度的 1/2 时，该块体的“零点”振动占了不断增加的原子位移的大部分。由于零点振动，即使冷却到绝对的低温，热漫散射远也不会被抵消。

式(10.56)的推导是完整的，因为我们假设所有原子间的关联有相同的高斯函数热分布。但对长波长声子，相邻原子倾向于以团簇方式一起运动。因此，和相距较远的原子对关联相比，最近邻原子的对关联宽化少。当原子位移具有长波长时，热漫散射强度集中在倒易晶格点附近。相反，具有最短波长的声子强烈影响相邻原子间的相互位移。对热振动的完整分析不是简单的。这要求知道块体中每个声子对每个原子对的相对间距的贡献①。不同的声子有各种各样的“极化”，意味着原子位移相对于声子波矢 $\Delta\boldsymbol{k}$ 存在不同的方向。这些声子极化是重要的，例如近似垂直于 $\Delta\boldsymbol{k}$ 的原子运动对散射的作用较弱。通过考虑不同声子及其极化计算帕特森函数的内容已经超出了本书的范围。

10.2.3　关联位移——原子尺寸效应*

1. 原子位移的类型

存在几种类型的原子位移无序，它们有一个共同的特征，即其衍射效应在前进方向趋向于零($\Delta\boldsymbol{k}\to\boldsymbol{0}$)，见 9.3 节。对不同空间长度，某些类型的原子位移对衍射线形状的影响如下所示：

· 在整块材料中的均匀应变造成了衍射峰的简单移动，如预期的晶格参数改变。

· 均匀应变附近的应变分布造成了衍射峰的宽化。当存在的压缩应变 $-\varepsilon'$ 的晶粒和拉伸应变 $+\varepsilon'$ 的晶粒一样多时，可以预期看到对称峰。这就是图 9.2 中讲到的场合。

· 声子和结晶缺陷(比如杂质、位错和小的相干沉积物等)引起邻近原子偏离它们的晶格位置。

——10.2.1 小节和 10.2.2 小节的分析适合于非关联的随机原子位移。这一结果是一种广泛的漫散射，像 Δk^2 一样，随与倒易空间原点的距离增加。

——对关联的原子位移(比如一个杂质原子附近的原子的位移大于远离杂质的原子的位移)，在短距离的原子对处，帕特森函数中的峰将会变宽；而在原子间距较大处，峰变宽的幅度要小一些。对孤立杂质，这种关联的原子位移引起黄昆散

① 问题的另一个方面是晶体的长波长振动状态比短波长的少。然而，长波长振动状态的低能量意味着它们的占有率在所有温度都是较高的，尤其在低温时。

射，在布拉格峰附近强度增大。

2. 原子尺寸效应——定性的效应

不同的原子具有不同的尺寸。一般来说，当大原子与其他大原子相近时，畸变合金的局域原子间距较大；而当局部区域小原子较多时，原子间距较小。这是能量优势：合金中不同原子偏离理想周期性晶体的位置。这个“弛豫能量”对合金热力学来说是重要的[2]。在衍射花样中，原子位移的效应是明显的。在畸变合金的布拉格峰附近不对称地出现变宽的强度。一种简单的解释是：在大的杂质原子附近，原子中心的偏离比平均值大。因此，和平均晶体的布拉格峰的位置相比，其衍射强度向低布拉格角移动。这个强度是宽的，因为在每个杂质附近的小区域内，大的原子位移是局域的。

在衍射花样中，原子尺寸的效应是错综复杂的，我们可以参考图10.8来理解。在图10.8中，上部 $f(x)$ 的图显示了相邻原子被推离位于 $x=0$ 处的大杂质原子。另一方面，在杂质原子右边的相邻两个原子的实际间距比平均晶格参数 a 小。图10.8也画出了同一函数移动了 $2a$ 时，即 $f(x-2a)$ 的情形。就在 $f(x-2a)$ 图的下面标出了额外的移动，使得 $f(x-2a)$ 的每个原子与 $f(x)$ 对应的原子重叠。注意，这些额外的原子位移既有正的也有负的，最大的原子位移（中央杂质左右两边的原子）是正的。但是平均原子位移为零而且必须为零，因为在 x 范围内，大杂质原子引起的原子位移不改变单位长度的平均原子数目，如图10.8所示①。

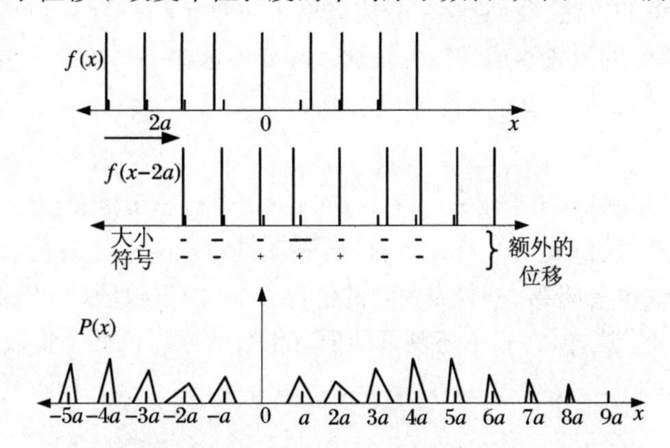

图10.8　有原子位移无序 $f(x)$ 的小合金中，原子中心移动了2个晶格常数。图中，要实现重叠的独立峰的移动的大小和符号画在地 $f(x-2a)$ 下面。底部是帕特森函数 $P(x)$

帕特森函数 $P(x)=f(x)*f(-x)$ 画在图10.8的底部。$P(x)$ 中峰的宽化引起前面介绍的效应（与非关联位移有关），即漫散射强度增强，布拉格峰降低。不像

① 已经考虑了由晶格参数的单一改变而引起平均原子位移的变化。当晶格参数的变化与杂质浓度呈线性关系时，合金服从“费伽德（Vegard）定律”。然而在这里，原子尺寸效应并不重要。

非关联位移的情形,在较大 x 处,$P(x)$中的峰比较狭窄。在比较简单的非关联位移场合,布拉格峰仍然保持尖锐,因为图 10.5 中 $P_{avge}(x)$的所有峰是相同的。图 10.8 的衍射花样包括一个宽化的分量(将在下面讨论)。

3. 黄昆散射

下面对黄昆散射的分析是以晶体中错配的杂质原子为例展开的。基体中的弹性场延伸到离杂质原子适当距离的范围,基体中的原子偏离它们的周期性位置。结果是:在离布拉格峰适当距离或小距离处,存在散射的一个宽化的分量,称为"黄昆漫散射"。即使是杂质引起的各向同性膨胀,黄昆漫散射在 k 空间里也是各向异性的,延伸进入沿着衍射矢量 $\boldsymbol{g}$ 方向排列的耳垂部分。

为了计算黄昆漫散射,我们回顾弹性连续介质中一个错合球体的结果。方程(8.59)说明了基体中的位移 $\boldsymbol{u}$ 是径向的,它有以下形式:

$$\boldsymbol{u} = u_r\hat{\boldsymbol{r}} = \frac{\varepsilon r_0^3}{r^2}\hat{\boldsymbol{r}} \tag{10.67}$$

由于位移有局域的特征,我们发现,计算第 8 章形式的衍射波要比计算帕特森函数更容易:

$$\psi(\Delta\boldsymbol{k}) = \sum_{\text{cells}}\mathscr{F}(\boldsymbol{g})\mathrm{e}^{-\mathrm{i}\Delta\boldsymbol{k}\cdot\boldsymbol{r}} \tag{10.68}$$

其中,$\mathscr{F}(\boldsymbol{g})$是单胞的结构因子。

根据第 8 章的方法,我们把$\Delta\boldsymbol{k}$ 分成倒格子矢量 $\boldsymbol{g}$ 和矢量 $\boldsymbol{s}$,以说明衍射误差。同样,我们把单胞的位置写成理想位置加上畸变。这些关系给出了乘积 $\Delta\boldsymbol{k}\cdot\boldsymbol{r}$:

$$\Delta\boldsymbol{k} = \boldsymbol{g} - \boldsymbol{s} \tag{10.69}$$

$$\boldsymbol{r} = \boldsymbol{r}_g + u_r\hat{\boldsymbol{r}} \tag{10.70}$$

$$\Delta\boldsymbol{k}\cdot\boldsymbol{r} = \boldsymbol{g}\cdot\boldsymbol{r}_g + u_r\boldsymbol{g}\cdot\hat{\boldsymbol{r}} - \boldsymbol{s}\cdot\boldsymbol{r}_g - u_r\boldsymbol{s}\cdot\hat{\boldsymbol{r}} \tag{10.71}$$

类似 8.2.2 小节,假设式(10.71)中的最后一项是可以忽略不计的,因为这两个因子都很小。我们也忽略第一项,因为它的值等于 2π 的整数倍,使得式(10.68)中的指数等于因子 1。这样,在式中还剩下两项有指数的或者说两个指数项:

$$\psi(\Delta\boldsymbol{k}) = \sum_{\text{cells}}\mathscr{F}(\boldsymbol{g})\mathrm{e}^{\mathrm{i}\boldsymbol{s}\cdot\boldsymbol{r}_g}\mathrm{e}^{-\mathrm{i}\boldsymbol{g}\cdot\hat{\boldsymbol{r}}u_r} \tag{10.72}$$

$$\psi(\Delta\boldsymbol{k}) = \sum_{\text{cells}}\mathscr{F}(\boldsymbol{g})\mathrm{e}^{\mathrm{i}\boldsymbol{s}\cdot\boldsymbol{r}_g}(1 - \mathrm{i}\boldsymbol{g}\cdot\hat{\boldsymbol{r}}u_r) \tag{10.73}$$

$$\psi(\Delta\boldsymbol{k}) = \psi_{\text{Bragg}} - \mathrm{i}\boldsymbol{g}\cdot\hat{\boldsymbol{r}}\mathscr{F}(\boldsymbol{g})\sum_{\text{cells}}\mathrm{e}^{\mathrm{i}\boldsymbol{s}\cdot\boldsymbol{r}}gu_r \tag{10.74}$$

这里,式(10.72)中的第二个指数项的展开是合理的,因为 u_r 通常是小的。我们认识式(10.73)的第一项,它是通常的布拉格衍射波,把它定义为 ψ_{Bragg}。这个位移场延伸到错配原子周围很长的距离,而其结果证明该问题的原子学特征不是主要的。可以证明这样更方便:把式(10.74)中的求和转换成对全部空间的积分,并且把它归一化为单胞体积 V_0。把式(10.67)代入式(10.74)的积分形式:

$$\psi(\Delta \boldsymbol{k}) = \psi_{\text{Bragg}} - \mathrm{i}\boldsymbol{g} \cdot \hat{\boldsymbol{r}} \frac{\mathscr{F}(\boldsymbol{g})}{V_0} \varepsilon r_0^3 \int_{-\infty}^{\infty} \mathrm{e}^{\mathrm{i}\boldsymbol{s}\cdot\boldsymbol{r}} \frac{1}{r^2} \mathrm{d}^3 \boldsymbol{r} \tag{10.75}$$

式(10.75)中的积分出现在 4.3.3 小节不同的环境中。查看式(4.102)可知，式(10.75)中的积分是库仑电势的逆傅里叶变换(在交换 $\boldsymbol{r}$ 和$\Delta\boldsymbol{k}$(现在的 $\boldsymbol{s}$)后)。$1/r^2$的这一逆傅里叶变换随 $1/s$ 变化。我们得到

$$\psi(\Delta \boldsymbol{k}) = \psi_{\text{Bragg}} - \mathrm{i}\boldsymbol{g} \cdot \hat{\boldsymbol{r}} \frac{\mathscr{F}(\boldsymbol{g})}{V_0} \varepsilon r_0^3 \frac{2\pi^2}{s} \tag{10.76}$$

对某一晶体，ψ_{Bragg}是一组以倒易晶格点为中心的 δ 函数。因此，当 $s \neq 0$ 时，不存在与式(10.76)中的两种波振幅相关的相干项。从式(10.76)的第二项中得到黄昆漫散射的强度

$$I_{\text{Huang}} = (\boldsymbol{g} \cdot \hat{\boldsymbol{r}})^2 \frac{|\mathscr{F}(\boldsymbol{g})|^2}{V_0} (\varepsilon r_0^3)^2 \frac{4\pi^4}{s^2} \tag{10.77}$$

黄昆漫散射的强度与杂质原子的错配成比例，用量 ε 表示。随着离开布拉格峰中心，黄昆漫散射的强度按 $1/s^2$ 急剧下降。式(10.77)的第一个因子说明，黄昆漫散射是径向的。存在一条没有强度的直线垂直于这个径向方向，因此黄昆漫散射有两个波瓣，分别从倒空间原点发出和指向倒空间原点。图 10.9 是一个单晶体的黄昆漫散射。显然它是各向异性的，尽管在这种场合它相对于原点不是单纯的径向。

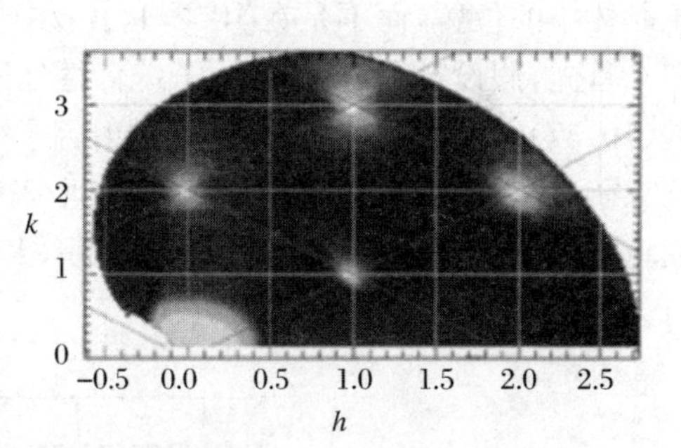

图 10.9　$Ni_{0.52}Pt_{0.48}$ 晶体的$(1\bar{1}0)$面的中子衍射强度。数据处理时只保留了布拉格散射和黄昆漫散射。重印得到了许可[3]。美国物理学会版权所有(2006)

利用式(10.77)做定量分析时要注意以下几点：第一，大多数晶体中的畸变是各向异性的，因此，式(10.77)中的第一个因子通常太过简单。第二，错配杂质原子的散射的形状因子和基体原子的不同，其激发的化学漫散射将在下一节中介绍。这种化学漫散射和式(10.76)的黄昆波振幅发生相干干涉，通常造成附加的不对称漫散射。一般的情况不简单，但利用黄昆漫散射分析的方法和技巧，可以获得合金中局域原子位移和有效原子尺寸的细节。

10.3　化学无序的漫散射

10.3.1　非关联化学无序——随机合金

由 A 原子和 B 原子组成的晶体中，当 A 原子或 B 原子随机占据某一特定位置时，该晶体具有“化学无序”。本小节讲述由完全化学无序引起的漫衍射强度。在下一小节中将进一步分析包括化学短程有序(SRO)在内的情形，例如 A 原子倾向有更多的 B 原子作为其局域的近邻原子。在这两种分析中，假设原子精确位于理想晶体中的位置，而不是在 10.2.1 小节中的情形。

首先，假设 A 原子和 B 原子统计性地随机占据合金中的每一个位置。利用方程(10.47)得到它的衍射强度，其散射因子分布 $f(x)$ 如图 10.10(a)所示，寻找其帕特森函数。假设 $f(x)$ 包含 δ 函数，每个函数的权重为独立原子的散射强度。(后面将用原子的形状求这个 $f(x)$ 的卷积，和式(10.20)一样，或者将衍射花样乘以 $|f_{\mathrm{at}}(\Delta k)|^2$)。

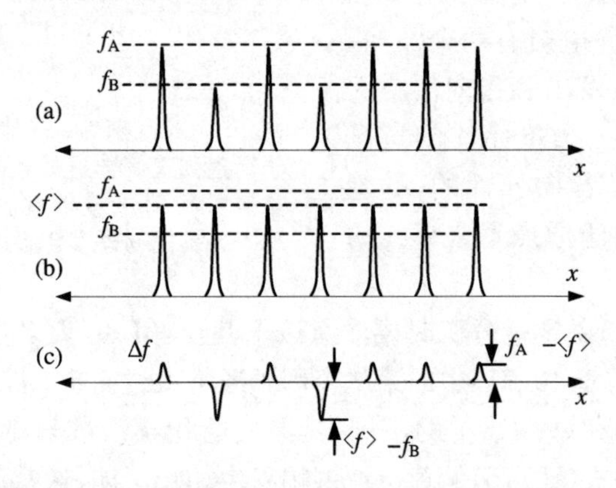

图 10.10　(a) 带有化学无序的一维结晶合金的散射因子分布 $f(x)$；(b) 同一合金的平均散射因子 $\langle f\rangle(x)$；(c) 同一合金的偏差晶体 $\Delta f(x)$

假设 A 原子的浓度 c_A 大于 B 原子的浓度 c_B。因此，平均散射因子 $\langle f\rangle(x)$ 的峰在高度上更接近 f_A(见图 10.10(b))。用实际的散射因子分布减去平均散射因子分布得到散射因子分布的偏差 $\Delta f(x)$，如图 10.10(c)所示。较大的(负的)散射因子偏差位于 B 原子(原子数目少的种类)的位置。$\Delta f(x)$ 的平均值是零。

当偏差晶体没有移动时，偏差晶体和它自身完全重叠，零移动的偏差晶体的帕特森函数是最大的。当位移不是晶格或者基元平移时，偏差晶体的帕特森函数为零，因为δ函数不重叠。但是，当位移等于晶格或者基元矢量时，偏差晶体的正峰和负峰随机重叠，如图10.11所示。当乘积$\Delta f^*(x')\Delta f(x-x')$对$x'$求和时，正峰的贡献比负峰的大，但大多数正峰都是小的。因此，除了零移动外，偏差晶体的帕特森函数是零。

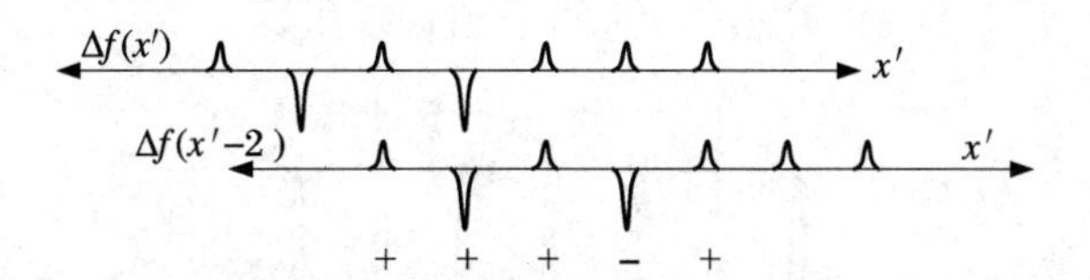

图 10.11 图 10.10(c)移动了两个晶格常数($x=2$)的偏差晶体与其自身的重叠，乘积强度的正、负标在底部

10.3.3小节介绍了一种更为普遍的推导帕特森函数的方法，以式(10.110)结尾。它直接计算在$x=0$情形下的$P_{\text{devs}}(x)$。在图10.12的上部画出了与图10.10相同的$\Delta f(x)$。峰的高度标在较低一点的$|\Delta f(x)|^2$的图中。对零移动情形，将$\Delta f(x)$乘以其自身时，乘积中所有的峰都是正的，但是存在两种不同面积的峰。第一种峰来自于数量较多的A原子。$|\Delta f(x)|^2$共有$c_A N$个这样的峰，每个峰的强度为$|f_A-\langle f\rangle|^2$。第二种峰来自于B原子，其强度为$|\langle f\rangle-f_B|^2$，共有$c_B N$个。为了得到相应的帕特森函数，将$|\Delta f(x)|^2$所有的峰相加：

$$P_{\text{devs}}(x)=(c_A N\,|\,f_A-\langle f\rangle\,|^2+c_B N\,|\,\langle f\rangle-f_B\,|^2)\delta(0) \tag{10.78}$$

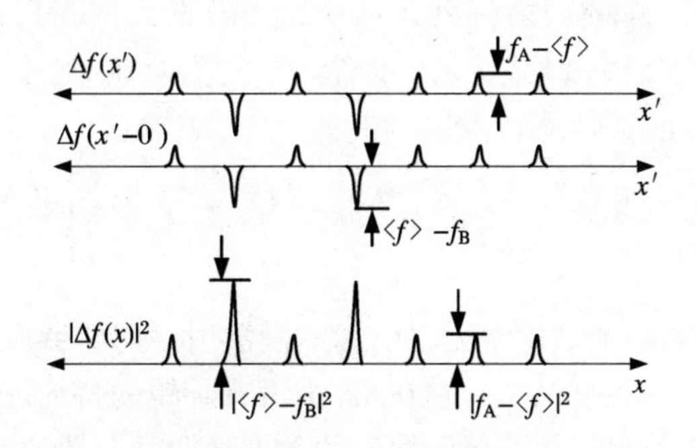

图 10.12 零移动情形下，图10.10(c)的偏差晶体与其自身的重叠；$|\Delta f(x)|^2$中的所有峰都是正的

平均散射因子为

$$\langle f\rangle=c_A f_A+c_B f_B \tag{10.79}$$

所以

$$P_{\text{devs}}(x)=(c_A N\,|\,f_A-c_A f_A-c_B f_B\,|^2+c_B N\,|\,c_A f_A+c_B f_B-f_B\,|^2)\delta(0) \tag{10.80}$$

$$P_{\text{devs}}(x)=[c_A N\,|\,(1-c_A)f_A-c_B f_B\,|^2+c_B N\,|\,c_A f_A-(1-c_B)f_B\,|^2]\delta(0) \tag{10.81}$$

利用关系式 $c_B = 1 - c_A$ 和 $c_A = 1 - c_B$，得

$$P_{devs}(x) = (c_A N c_B^2 \mid f_A - f_B \mid^2 + c_B N c_A^2 \mid f_A - f_B \mid^2)\delta(0) \tag{10.82}$$

而再次利用关系式 $c_A + c_B = 1$，得

$$P_{devs}(x) = N c_A c_B \mid f_A - f_B \mid^2 \delta(0) \tag{10.83}$$

图 10.13 比较了 $P_{avge}(x)$和 $P_{devs}(x)$这两个帕特森函数。

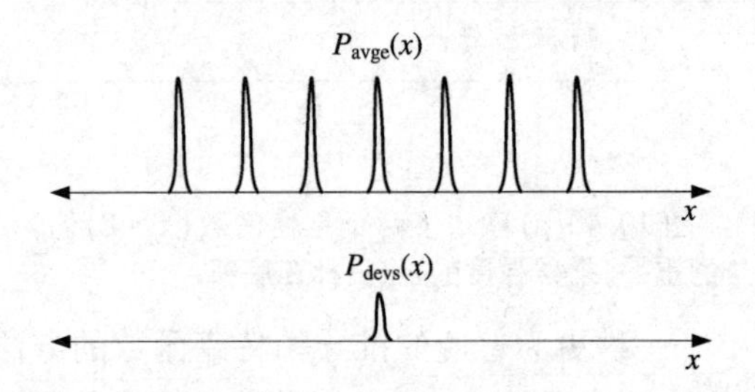

图 10.13　化学无序的线性晶体中平均晶体的帕特森函数和偏差晶体的帕特森函数

一个 δ 函数的傅里叶变换是恒量，所以从 $P_{devs}(x)$得到的衍射强度在 k 空间是一个恒量：

$$I_{devs}(\Delta k) = F[N c_A c_B \mid f_A - f_B \mid^2 \delta(0)] \tag{10.84}$$

$$I_{devs}(\Delta k) = N c_A c_B \mid f_A - f_B \mid^2 \tag{10.85}$$

我们从式(10.47)得到总的衍射强度。从 $P_{avge}(x)$得到的衍射强度是熟悉的、式(10.31)的布拉格峰级数，但式中用$\langle f\rangle$替代了 $f_{at}(\Delta k)$。总的衍射强度是式(10.31)和式(10.85)的贡献之和：

$$I_{total}(\Delta k) = N c_A c_B \mid f_A - f_B \mid^2 + N \mid \langle f\rangle(\Delta k) \mid^2 \sum_h \delta(\Delta k - 2\pi h/a) \tag{10.86}$$

式(10.86)中的第一项是化学无序引起的漫散射，称为“劳厄单调散射”。不像布拉格峰(式(10.86)中的第二项)，它在Δk 中没有尖锐的特征，因为这种漫散射不涉及长程周期性。这种宽的劳厄单调散射的强度随两种原子的散射因子之差增大而增强。这种增强牺牲了尖锐的布拉格峰。它可从相干横截面的守恒中计算得到，也就是，漫散射强度必定是来自所有原子的总强度和布拉格峰的强度 $N|\langle f\rangle|^2$之差：

$$I_{devs} = N(c_A \mid f_A \mid^2 + c_B \mid f_B \mid^2) - N \mid \langle f\rangle \mid^2 \tag{10.87}$$

注意：$|\langle f\rangle|^2$ 小于 $c_A|f_A|^2 + c_B|f_B|^2$。利用$\langle f\rangle$的式(10.79)和类似 $c_A^2 = c_A(1 - c_B)$的表达式，可直接从式(10.87)得到式(10.85)(详见习题 10.3)。

由于原子形状因子的Δk 依赖关系(详见 4.3.2～4.3.4 小节)，漫散射的强度和布拉格峰的强度随Δk 增大而降低。尽管如此，当 A 原子和 B 原子大小不同时，劳厄单调散射的 Δk 依赖关系和布拉格峰的包络不完全相同(参看习题 10.4 的提

示)。预期的具有化学无序合金的衍射花样的大概形状见图 10.14。

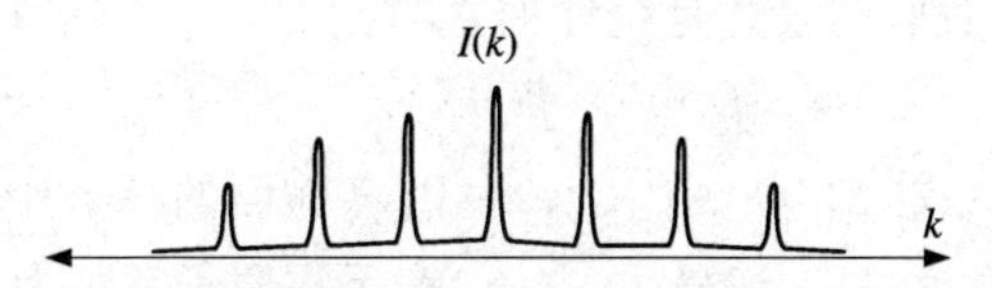

图 10.14　原子形状因子对图 10.13 的散射分布的影响

做这样一个比较是有意义的:比较具有化学无序的合金的漫散射强度的峰形(图 10.14)和具有原子位移无序的晶体的漫散射强度的峰形(图 10.6)。首先考虑 $\Delta k=0$ 时的散射。注意,当 $P_{\text{devs}}(s)$ 源自于原子位移无序时(图 10.5),式(10.49)中的积分为零。然而,当 $P_{\text{devs}}(x)$ 源自于化学无序时,这个积分却是非零的(见式(10.85)和图 10.12)。因此,化学无序引起的漫散射的峰形不同于由原子位移无序产生的漫散射的峰形。原子位移漫散射的强度具有随 Δk 增大的峰形,而化学无序漫散射的强度则随 Δk 降低。当短程关联不存在时,两者都与 Δk 大约呈二次方的关系。

10.3.2　SRO 参数‡*

我们刚才分析了晶体中最大化学无序的情形,包括在第一最近邻的位置上存在不关联的化学占位。偏差晶体的帕特森函数是非常尖锐的(图 10.13),仅在 $x=0$ 处有一个峰。这个尖锐的帕特森函数的傅里叶变换给出了没有特征的衍射强度,仅仅由原子的形状因子决定其形状(图 10.14)。现在考虑原子种类的短程关联效应。这使得帕特森函数除在 $r=0$ 外的较小原子间距处有一些强度。帕特森函数的扩展调制了图 10.14 或者式(10.85)的渐变的漫散射。最后,随着高度的关联,我们得到一块有序的合金,其衍射强度集中在超晶格峰上(详见 6.4.1 小节)。在本小节中,我们再次假设合金中不存在原子位移无序。

我们假设有一块 A-B 二元合金并且做以下的定义[4]:

$N\equiv$晶体中的原子位置数目

$c_{\mathrm{B}}N\equiv$浓度为 c_{B}的 B 原子的数目,而且 $0\leqslant c_{\mathrm{B}}\leqslant 1$

$c_{\mathrm{A}}N\equiv$浓度为 $c_{\mathrm{A}}=1-c_{\mathrm{B}}$的 A 原子的数目

$f_{\mathrm{A}}(m)$、$f_{\mathrm{B}}(m)\equiv$A 或 B 原子在晶体位置 m 的散射因子

与前面的式(10.13)和式(10.44)一样,我们计算的衍射强度是散射因子分布的帕特森函数的傅里叶变换:

$$I=FP(\boldsymbol{r})=F[f^*(\boldsymbol{r})*f(-\boldsymbol{r})] \tag{10.88}$$

$$P(\boldsymbol{r})=\langle f_{\text{at}}^*(\boldsymbol{r})\rangle*\langle f_{\text{at}}(-\boldsymbol{r})\rangle+\Delta f^*(\boldsymbol{r})*\Delta f(-\boldsymbol{r}) \tag{10.89}$$

短程有序(SRO)描述了相邻原子对的关联性,特别是只有几个原子间距的原子对。我们预期:原子间距较短的原子对具有更强的关联,而被隔开 n 个原子的原子间距较长的原子对关联较弱;对原子间距很大的原子,原子种类之间不存在关

联。在数学上，对被第 n 个相邻原子隔开较大距离 $\boldsymbol{r}_n = \boldsymbol{r}_m - \boldsymbol{r}_{m'}$ 的、在位置 m 和 m' 的两个原子，其非关联的表述是统计独立的：

$$\langle f(m)f(m')\rangle = \langle f(m)\rangle\langle f(m')\rangle \quad (\text{大的 } \boldsymbol{r}_n = \boldsymbol{r}_m - \boldsymbol{r}_{m'}) \tag{10.90}$$

当 $\boldsymbol{r}_n$ 大时，利用关系式 $[\Delta f^* * \Delta f](\boldsymbol{r}_n) = 0$。（前面的章节中，在所有的 $\boldsymbol{r} \neq \boldsymbol{0}$ 的场合都用到了这个关系式）。记号 $[*](\boldsymbol{r}_n)$ 表示在原子间距为 $\boldsymbol{r}_n$ 时求卷积。

为了考虑相邻原子之间的短程关联，定义两种条件对概率：

$p_{A|B} \equiv$ A 原子位于 B 原子周围的某一第 n 近邻位置的概率

$p_{B|A} \equiv$ B 原子位于 A 原子周围的某一第 n 近邻位置的概率

对有限的情形，当原子之间具有完全的无序和统计独立时，有

$$p_{A|B}^{\text{dis}}(n) = c_A \quad (\text{除 } n = 0 \text{ 外，其中 } p_{A|B}(0) = 0, p_{B|B}(0) = 1) \tag{10.91}$$

$$p_{B|A}^{\text{dis}}(n) = c_B \quad (\text{除 } n = 0 \text{ 外，其中 } p_{B|A}(0) = 0, p_{A|A}(0) = 1) \tag{10.92}$$

对 SRO 的 X 射线衍射测量，定义和利用沃伦－考利（Warren-Cowley）短程有序参数 $\alpha(n)$ 要比用条件对概率更方便：

$$p_{A|B}(n) \equiv c_A[1 - \alpha(n)] \tag{10.93}$$

$$p_{B|A}(n) \equiv c_B[1 - \alpha(n)] \tag{10.94}$$

$$\alpha(n) = 1 - \frac{p_{A|B}(n)}{c_A} = 1 - \frac{p_{B|A}(n)}{c_B} \tag{10.95}$$

可以在式(10.93)和式(10.94)中使用同一个 $\alpha(n)$，因为用式(10.94)除以式(10.93)，有

$$\frac{p_{B|A}(n)}{p_{A|B}(n)} = \frac{c_B}{c_A} \tag{10.96}$$

$$p_{B|A}(n)c_A = p_{A|B}(n)c_B \tag{10.97}$$

如果两边同时乘以 N，式(10.97)就正确地指出了，晶体中 A-B 原子对的数目等于 B-A 原子对的数目。

每个沃伦-考利短程有序参数 $\alpha(n)$ 的范围是 $-1 \leqslant \alpha(n) \leqslant +1$。将式(10.93)和式(10.94)相加得

$$p_{A|B}(n) + p_{B|A}(n) = (c_A + c_B)[1 - \alpha(n)] \tag{10.98}$$

$$p_{A|B}(n) + p_{B|A}(n) = 1 - \alpha(n) \tag{10.99}$$

其中，利用了 $c_A + c_B = 1$。条件对概率 $p_{A|B}(n)$ 或 $p_{B|A}(n)$ 的范围都是从 0 到 1，所以它们之和的范围可以从 0 到 2。因此，方程(10.99)说明了 $1 - \alpha(n)$ 必定有相同的范围，即从 0 到 2，或者

$$-1 \leqslant \alpha(n) \leqslant +1 \tag{10.100}$$

重要的是，如果一块合金是随机的，即 $p_{A|B}(n) = c_A$，则 $\alpha = 0$（比较式(10.93)）。在 $\alpha < 0$ 的场合，具有化学无序的合金至少在某些 n 值处存在 $p_{A|B}(n) > 0$。$\alpha > 0$ 的场合则对应于同种原子对的偏聚，例如化学不混合的情形。

10.3.3　化学 SRO 的帕特森函数‡*

对 A-B 二元合金产生的布拉格衍射峰，我们已经得到了平均晶体的帕特森函数：

$$[\langle f^*(\boldsymbol{r})\rangle * \langle f(-\boldsymbol{r})\rangle](\boldsymbol{r}_n) = N\,|\,c_A f_A + c_B f_B\,|^2 \tag{10.101}$$

整个晶体的帕特森函数用式(10.102)表达，是两项之和。第一项是 A 原子周围的关联，即存在 Nc_A 与散射强度 f_A 的关联。在这些 A 原子周围，在距离 n 处找到 B 原子的概率为 $p_{B|A}(n)$，找到 A 原子的概率为 $1 - p_{B|A}(n)$。同理，可以写出式(10.102)中 B 原子周围关联的第二项：

$$\begin{aligned}[f^*(\boldsymbol{r}) * f(-\boldsymbol{r})](\boldsymbol{r}_n) = {} & Nc_A f_A^* \{p_{B|A}(n) f_B + [1 - p_{B|A}(n)] f_A\} \\ & + Nc_B f_B^* \{p_{A|B}(n) f_A + [1 - p_{A|B}(n)] f_B\}\end{aligned} \tag{10.102}$$

为了获得式(10.45)中偏差晶体的帕特森函数 $P_{\text{devs}}(\boldsymbol{r}_n)$（从中得到 SRO 的漫散射），用总的帕特森函数减去平均晶体的帕特森函数：

$$P_{\text{devs}}(\boldsymbol{r}_n) = [f^*(\boldsymbol{r}) * f(-\boldsymbol{r})](\boldsymbol{r}_n) - [\langle f^*(\boldsymbol{r})\rangle * \langle f(-\boldsymbol{r})\rangle](\boldsymbol{r}_n) \tag{10.103}$$

式(10.102)减去式(10.101)的展开形式，式(10.103)是

$$\begin{aligned}P_{\text{devs}}(\boldsymbol{r}_n) = {} & Nc_A f_A^* \{p_{B|A}(n) f_B + [1 - p_{B|A}(n)] f_A\} \\ & + Nc_B f_B^* \{p_{A|B}(n) f_A + [1 - p_{A|B}(n)] f_B\} \\ & - N[c_A^2\,|\,f_A\,|^2 + c_B^2\,|\,f_B\,|^2 + c_A c_B (f_A^* f_B + f_B^* f_A)]\end{aligned} \tag{10.104}$$

利用式(10.97)，用 $c_A p_{B|A}(n)$ 代替 $c_B p_{A|B}(n)$：

$$\begin{aligned}P_{\text{devs}}(\boldsymbol{r}_n) = {} & Nc_A f_A^* \{p_{B|A}(n) f_B + [1 - p_{B|A}(n)] f_A\} \\ & + Nf_B^* [c_A p_{B|A}(n) f_A + c_B f_B - c_A p_{B|A}(n) f_B] \\ & - N[c_A^2 |f_A|^2 + c_B^2 |f_B|^2 + c_A c_B (f_A^* f_B + f_B^* f_A)]\end{aligned} \tag{10.105}$$

$$\begin{aligned}P_{\text{devs}}(\boldsymbol{r}_n) = {} & Nc_A |f_A|^2 + Nc_B |f_B|^2 + Nc_A p_{B|A}(n)(f_A^* f_B + f_B^* f_A) \\ & - Nc_A p_{B|A}(n) |f_A|^2 - Nc_A p_{B|A}(n) |f_B|^2 \\ & - Nc_A^2 |f_A|^2 - Nc_B^2 |f_B|^2 - Nc_A c_B (f_A^* f_B + f_B^* f_A)\end{aligned} \tag{10.106}$$

$$\begin{aligned}P_{\text{devs}}(\boldsymbol{r}_n) = {} & Nc_A |f_A|^2 + Nc_B |f_B|^2 - Nc_A p_{B|A}(n) |f_A - f_B|^2 \\ & - Nc_A^2 |f_A|^2 - Nc_B^2 |f_B|^2 - Nc_A c_B (f_A^* f_B + f_B^* f_A)\end{aligned} \tag{10.107}$$

由于 $c_A - c_A^2 = c_A(1 - c_A) = c_A c_B,\ c_B - c_B^2 = c_B(1 - c_B) = c_B c_A$，故

$$\begin{aligned}P_{\text{devs}}(\boldsymbol{r}_n) = {} & Nc_A c_B |f_A|^2 + Nc_B c_A |f_B|^2 - Nc_A c_B (f_A^* f_B + f_B^* f_A) \\ & - Nc_A c_B |f_A - f_B|^2 \frac{p_{B|A}(n)}{c_B}\end{aligned} \tag{10.108}$$

$$P_{\text{devs}}(\boldsymbol{r}_n) = Nc_A c_B |f_A - f_B|^2 \left[1 - \frac{p_{B|A}(n)}{c_B}\right] \tag{10.109}$$

利用沃伦 SRO 参数的定义（式(10.94)），我们得到一个好的结果：

$$P_{\text{devs}}(\boldsymbol{r}_n) = Nc_A c_B\,|\,f_A - f_B\,|^2 \alpha(n) \tag{10.110}$$

比较式(10.110)和式(10.83)（零 SRO 的特殊场合），其中，$\alpha(0) = 1$，而当 $n \neq 0$ 时

$\alpha(n)=0$。

10.3.4 SRO 漫散射强度

为了得到 SRO 漫散射强度，作式(10.110)中帕特森函数的傅里叶变换。以电子为单位，漫散射强度为

$$I(\Delta \boldsymbol{k}) = Nc_{\mathrm{A}}c_{\mathrm{B}} \mid f_{\mathrm{A}} - f_{\mathrm{B}} \mid^2 \sum_n \alpha(n) \mathrm{e}^{-\mathrm{i}\Delta \boldsymbol{k} \cdot \boldsymbol{r}_n} \tag{10.111}$$

式(10.111)的重要结果说明，SRO 合金产生的漫散射强度的形状是沃伦-考利短程有序参数的傅里叶变换。对有化学中心对称的合金，指数函数的正弦部分（即表达式 $\exp(-\mathrm{i}\Delta \boldsymbol{k} \cdot \boldsymbol{r}_n) = \cos(\Delta \boldsymbol{k} \cdot \boldsymbol{r}_n) - \mathrm{i}\sin(\Delta \boldsymbol{k} \cdot \boldsymbol{r}_n)$ 的正弦部分）的平均在式(10.111)中消失了，因而我们得到

$$I(\Delta \boldsymbol{k}) = Nc_{\mathrm{A}}c_{\mathrm{B}} \mid f_{\mathrm{A}} - f_{\mathrm{B}} \mid^2 \sum_n \alpha(n) \cos(\Delta \boldsymbol{k} \cdot \boldsymbol{r}_n) \tag{10.112}$$

式(10.85)的劳厄单调散射的特殊场合是容易复原的。在一个随机的固溶体中，除了 $\alpha(0)$ 外，其余所有的 $\alpha(n)$ 都是零。SRO 参数 $\alpha(0)=1$（其值一直保持不变，因为式(10.95)中 $p_{\mathrm{A|B}}(0)=0$），而 $\cos(\Delta \boldsymbol{k} \cdot \boldsymbol{0})=1$。对这个随机的固溶体，式(10.111)变为

$$I(\Delta \boldsymbol{k}) = Nc_{\mathrm{A}}c_{\mathrm{B}} \mid f_{\mathrm{A}} - f_{\mathrm{B}} \mid^2 \quad (\text{劳厄单调}) \tag{10.113}$$

注意，劳厄单调散射在 k 空间是一个恒量，至少不包括原子形状因子效应和德拜-沃伦因子效应。

10.3.5 各向同性材料[‡*]

各向同性材料包括没有晶体学结构的多晶材料，所以散射是对微晶体所有不同取向的几何平均，即各向同性平均。测量的帕特森函数 $P(\boldsymbol{r})$ 仅仅是 $r \equiv |\boldsymbol{r}|$ 的函数。在球坐标中衍射强度是

$$I(\Delta \boldsymbol{k}) = \int_0^{\infty}\int_0^{\pi}\int_0^{2\pi} \mathrm{e}^{-\mathrm{i}\Delta \boldsymbol{k} \cdot \boldsymbol{r}} P(r) r^2 \sin\theta \mathrm{d}\phi \mathrm{d}\theta \mathrm{d}r \tag{10.114}$$

而径向部分与角度无关：

$$I(\Delta \boldsymbol{k}) = \int_0^{\infty} \left(\int_0^{\pi}\int_0^{2\pi} \mathrm{e}^{-\mathrm{i}\Delta \boldsymbol{k} \cdot \boldsymbol{r}} \sin\theta \mathrm{d}\phi \mathrm{d}\theta\right) r^2 P(r) \mathrm{d}r \tag{10.115}$$

括号中的积分是相因子 $\exp(-\mathrm{i}\Delta \boldsymbol{k} \cdot \boldsymbol{r})$，它是对 $\Delta \boldsymbol{k}$ 和 $\boldsymbol{r}$ 所有方向的平均。各向同性材料具有反演对称性，因此在 $\exp(-\mathrm{i}\Delta \boldsymbol{k} \cdot \boldsymbol{r}) = \cos(\Delta \boldsymbol{k} \cdot \boldsymbol{r}) - \mathrm{i}\sin(\Delta \boldsymbol{k} \cdot \boldsymbol{r})$ 中正弦项相互抵消了，只剩下对角度求平均的问题：

$$\int_0^{\pi}\int_0^{2\pi} \mathrm{e}^{-\mathrm{i}\Delta \boldsymbol{k} \cdot \boldsymbol{r}} \sin\theta \mathrm{d}\phi \mathrm{d}\theta = \int_0^{\pi}\int_0^{2\pi} \cos(\Delta \boldsymbol{k} \cdot \boldsymbol{r}) \sin\theta \mathrm{d}\phi \mathrm{d}\theta \tag{10.116}$$

对球的 4π 球面度求 $\cos(\Delta \boldsymbol{k} \cdot \boldsymbol{r})$ 的积分。把 $\cos(\Delta \boldsymbol{k} \cdot \boldsymbol{r})$ 的平均值记为 $\langle \cos(\Delta \boldsymbol{k} \cdot \boldsymbol{r}) \rangle$：

$$\langle \cos(\Delta \boldsymbol{k} \cdot \boldsymbol{r}) \rangle = \frac{1}{4\pi}\int_0^{\pi}\int_0^{2\pi} \cos(\Delta \boldsymbol{k} \cdot \boldsymbol{r}) \sin\theta \mathrm{d}\phi \mathrm{d}\theta \tag{10.117}$$

被积函数与 ϕ 无关,所以对 ϕ 的积分值是 2π。对 θ 的积分,首先求 $\Delta\boldsymbol{k}$ 与坐标系 $\hat{z}$ 轴重叠的部分,并且注意到

$$\Delta \boldsymbol{k} \cdot \boldsymbol{r} = \Delta k r \cos\theta \tag{10.118}$$

所以式(10.117)变为

$$\langle \cos(\Delta \boldsymbol{k} \cdot \boldsymbol{r}) \rangle = \frac{2\pi}{4\pi}\int_0^{\pi} \cos(\Delta k r \cos\theta) \sin\theta \mathrm{d}\theta \tag{10.119}$$

作三角代换:

$$\xi \equiv \cos\theta \tag{10.120}$$

$$\mathrm{d}\xi \equiv - \sin\theta \mathrm{d}\theta \tag{10.121}$$

$$\langle \cos(\Delta \boldsymbol{k} \cdot \boldsymbol{r}) \rangle = -\frac{1}{2}\int_1^{-1} \cos(\Delta k r \xi) \mathrm{d}\xi = -\frac{1}{2}\frac{1}{\Delta k r} \sin(\Delta k r \xi)\Big|_1^{-1} \tag{10.122}$$

$$\langle \cos(\Delta \boldsymbol{k} \cdot \boldsymbol{r}) \rangle = \frac{\sin(\Delta k r)}{\Delta k r} \tag{10.123}$$

利用式(10.116)中的平均余弦,对 4π 球面度求积分,然后用式(10.115),我们得到各向同性材料的衍射强度:

$$I(\Delta k) = 4\pi\int_0^{\infty} \frac{\sin(\Delta k r)}{\Delta k r} P(r) r^2 \mathrm{d}r \tag{10.124}$$

在 10.4.2 小节将推导这个步骤的逆过程,那时将把 $P(r)$ 从衍射强度 $I(\Delta k)$ 中扣除。对多晶试样,帕特森函数的径向平均是我们期望能够得到的原子位置的最多信息。

10.3.6　多晶的平均 SRO 和单晶体的 SRO*

为了得到以电子为单位的衍射强度,对所有原子求和时,最好的求解是对全部原子外层求和。对多晶试样,其粉末衍射花样是各向同性的,因此是最近邻原子的外层。将式(10.123)代入式(10.112),我们得到

$$I_{\mathrm{eu}}(\Delta k) = N c_{\mathrm{A}} c_{\mathrm{B}} \mid f_{\mathrm{A}} - f_{\mathrm{B}} \mid^2 \sum_{i=0}^{\infty} n_i \alpha_i \frac{\sin(\Delta k r_i)}{\Delta k r_i} \tag{10.125}$$

其中,n_i 是位于第 i 层位置的数目。对 fcc 晶体,$\{n_i\} = \{12,6,24,12,24,8,48,\cdots\}$;而对 bcc 晶体,$\{n_i\} = \{8,6,12,24,8,6,\cdots\}(i \geqslant 1)$。

在实验测量 SRO 时,通常优先选择使用单晶体而不是多晶体,因为 SRO 漫散射强度比较集中,而且与热漫散射的重叠较少。对单晶体,式(10.111)变为

$$I(\Delta \boldsymbol{k}) = N c_{\mathrm{A}} c_{\mathrm{B}} \mid f_{\mathrm{A}} - f_{\mathrm{B}} \mid^2 \sum_l \sum_m \sum_n \alpha(lmn) \mathrm{e}^{-\mathrm{i}l\Delta k_x a_x} \mathrm{e}^{-\mathrm{i}m\Delta k_y a_y} \mathrm{e}^{-\mathrm{i}n\Delta k_z a_z} \tag{10.126}$$

当晶体的单胞有反演对称性时,单晶体产生的 SRO 漫散射强度分解成正弦项和余弦项的乘积。由于镜像对称性的关系,所有的正弦项全部相互抵消:

$$\alpha(l'm'n') = \alpha(-l'm'n') = \alpha(-l'-m'n') = \cdots \tag{10.127}$$

$$I(\Delta \boldsymbol{k}) = Nc_{\mathrm{A}}c_{\mathrm{B}} \mid f_{\mathrm{A}} - f_{\mathrm{B}} \mid^2 \times \sum_{l,m,n} \alpha(lmn)\cos(\Delta k_x r_{xlmn})\cos(\Delta k_y r_{ylmn})\cos(\Delta k_z r_{zlmn}) \tag{10.128}$$

我们看到,SRO 漫散射强度是一个三维傅里叶级数,而 SRO 漫散射是以 Δk_x,Δk_y,Δk_z 为周期的。这帮助我们把 SRO 漫散射从其他强度相当的漫散射源中分离出来,例如温度(热)漫散射。非相干康普顿散射(有时还有荧光)对衍射花样的背底也有贡献。10.3.1 小节后面指出:在 k 空间,原子位移无序漫散射强度的峰形与化学 SRO 漫散射强度的峰形形状不同。值得庆幸的是这两者可以分离。不幸的是,原子位移漫散射与 SRO 漫散射发生相干干涉,而这方面必须要仔细考虑。

在这点上,我们已经假设了原子位移无序和化学 SRO 是无关联的。在这种场合,这两种漫散射产生的波的相位既不相长叠加也不相消叠加。可以分别计算它们的漫散射强度再叠加。不幸的是,这种方便的场合在实际材料中不存在。例如,大原子通常具有大的散射因子,而且引起的相邻原子的位移也是正偏差。化学 SRO 和局域原子位移的关联在衍射波强度中产生了交叉项。这些交叉项不小,而且不必像原子位移无序或者化学 SRO 的强度、单独源自原子位移无序或者化学 SRO。[5]要分离这些效应是困难的,因为通常要求使用单晶体。从漫散射实验中定量测定化学短程有序并不容易,这是专家使用的方法。然而,SRO 的半定量测量通常是可能的,特别是能够控制材料中的 SRO 的场合。

10.4 非晶材料*

10.4.1 一维模型‡

和晶体的原子排列相比,我们对非晶材料的原子排列了解得很少。非晶材料通常含有两种或多种元素,因此,除了原子中心的位置关联外,它们还存在局域的化学关联。这些位置关联和化学关联之间的关系也重要。本小节讨论非晶材料的一维模型,它有帕特森函数和衍射花样分析的解。[6]作为一维模型,它预测的三维非晶结构的细节是较差的,但它定性地描述了衍射强度的特征。该模型仅仅包括一种化学元素,所以预测的衍射花样由位置畸变单独产生。

在模型中,一维非晶材料原子之间的平均间距是 a,但每一相邻原子之间的间距是随机的,服从高斯分布。不像 10.2.2 小节中的热无序高斯模型,间距较大的原子之间的相互间距有更大的不确定性。对某些嵌入化合物的堆垛平面或者其他层状结构，其衍射面被位于随机分布的位置和浓度的原子分隔，这个模型是有用的。该模型也可以用于膜厚控制得不好的人工多层膜。在所有这些材料中，晶面间距有随平面间距离随机长大的成分。

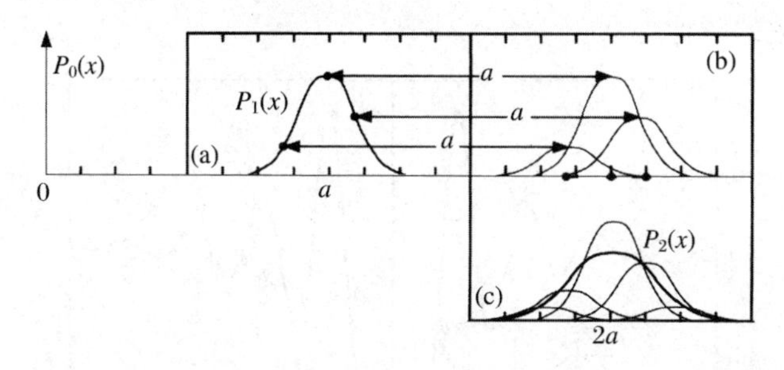

图 10.15　一维非晶固体模型的帕特森函数的构建：(a) 第一近邻原子间距的概率分布；(b) 次近邻原子间距有这样的原子分布：每个原子离第一近邻原子的间距约为 a；(c) 次邻原子间距的综合分布：考虑了第一近邻和次近邻原子的不确定性

下面找出这个模型的帕特森函数 $P(x)$。假设：① 原子之间的间距是统计独立的；② 相邻原子间的间距服从高斯概率分布。在模型中，最近邻原子(1 nn)的间距的概率分布是 $P_1(x)$，其中心大约是平均间距 a：

$$P_1(x) = \frac{1}{\sqrt{\pi}\gamma}\mathrm{e}^{-(x-a)^2/\gamma^2} \tag{10.129}$$

图 10.15 描绘了次近邻原子(2 nn)的间距。相对于位于原点的参考原子(图 10.15(a))，1 nn 的原子具有高斯分布 $P_1(x)$。2 nn 的原子与 1 nn 原子的平均间距为 a。图中的三个箭头标明了中心的位置。在图 10.15(b)中，每个中心的周围有一个分布 $P_1(x)$，是这个原子(相对于左边的 1 nn 原子)的可能位置的特征。这种额外的分布使得 2 nn 原子的间距比 1 nn 原子的间距更加具有不确定性。

2 nn 原子间距的概率分布 $P_2(x)$，可由 $P_1(x) * P_1(x)$得到，但是分布 $P_2(x)$的中心大约在 $2a$。它的宽度，即两个高斯函数的卷积的宽度是$\sqrt{2}\gamma$：

$$P_2(x) = \frac{1}{\sqrt{2\pi}\gamma}\mathrm{e}^{-(x-2a)^2/(2\gamma^2)} \tag{10.130}$$

(除了 x 的偏置外，这一步与热分布模型(图 10.7)的分析完全相同，而且它对检查两个图(用不同方式看待卷积)有帮助。但是现在这两个模型过时了。)用类似的方法得到 3 nn 原子的概率分布 $P_3(x) = P_1(x) * P_1(x) * P_1(x)$，它给出了中心在 $x = 3a$、宽度为$\sqrt{3}\gamma$ 的高斯函数：

$$P_3(x) = \frac{1}{\sqrt{3\pi}\gamma}\mathrm{e}^{-(x-3a)^2/(3\gamma^2)} \tag{10.131}$$

查看式(10.129)、式(10.130)和式(10.131)，根据前面的说明，我们得到任何晶面间距(间距为 n)的分布 $P_n(x)$。总的自关联函数 $P(x)$是所有原子对间距的分布的总和：

$$P(x) = \sum_{n=-\infty}^{\infty} \frac{1}{\sqrt{|n| \pi \gamma}} e^{-(x-na)^2/(|n|\gamma^2)} \tag{10.132}$$

这个帕特森函数的图像见图 10.16。

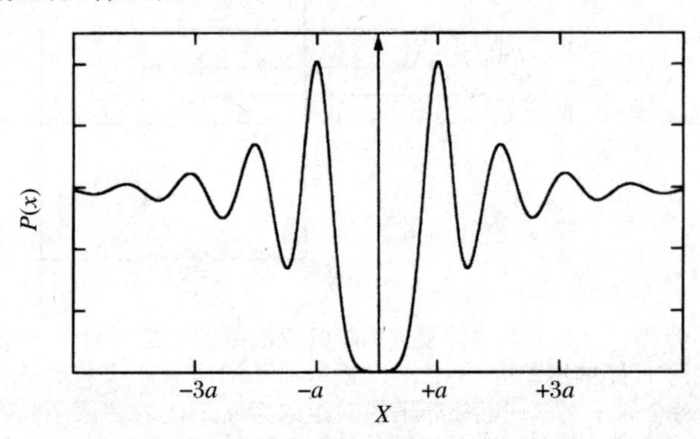

图 10.16　非晶材料($\gamma = a/3$)的一维模型的、式(10.132)的帕特森函数

对 $n=0$ 的情形，应当特别对待。每个独立的原子在理想位置时看到自己，并且与每个原子与其自身的重叠相联的是：不存在位移无序。(方便地，式(10.132)中 $n=0$ 的项实际上是一个 δ 函数。)当 n 较大时，一个原子和它在 $|n|a$ 处第 n 近邻原子的间距的不确性增加。

衍射强度 $I(\Delta k)$ 和式(10.132)中的 $P(x)$ 的傅里叶变换成正比：

$$F[P(x)] = \int_{-\infty}^{\infty} e^{-i\Delta kx} \left[\sum_{n=-\infty}^{\infty} \frac{1}{\sqrt{|n| \pi \gamma}} e^{-(x-na)^2/(|n|\gamma^2)} \right] dx \tag{10.133}$$

当代入 $x' = x - na$ 简化高斯函数时，相因子变成两个因子的乘积，也就是 $\exp(-i\Delta kx')\exp(-i\Delta kna)$，其中第二个因子与 x' 无关①：

$$F[P(x)] = \sum_{n=-\infty}^{\infty} e^{-i\Delta kna} \int_{-\infty}^{\infty} e^{-i\Delta kx'} \frac{1}{\sqrt{|n| \pi \gamma}} e^{-x'^2/(|n|\gamma^2)} dx' \tag{10.134}$$

高斯函数的傅里叶变换是高斯函数(9.48)，并且忽略前面的恒量：

$$I(\Delta k) = \sum_{n=-\infty}^{\infty} e^{-\Delta k^2 |n| \gamma^2/4} e^{-i\Delta kna} \tag{10.135}$$

把上面的求和重新安排成两个几何级数再求值，其中第一个级数包含式(10.135)中“从 $-\infty$ 到 -1”的项：

$$I(\Delta k) = \sum_{n=+\infty}^{+1} e^{(-\Delta k^2 \gamma^2/4 + i\Delta ka)n} + \sum_{n=0}^{\infty} e^{(-\Delta k^2 \gamma^2/4 - i\Delta ka)n} \tag{10.136}$$

这两个几何级数有下面的形式：

① 这是一个方便的结果。移动一个恒量 b，在实空间中 $x' = x - b$，等于在 k 空间增加 $\exp(-i\Delta kb)$ 的倍数。

$$\sum_{n=0}^{\infty} y^n - 1 = \frac{1}{1-y} - 1 \tag{10.137}$$

$$\sum_{n=0}^{\infty} x^n = \frac{1}{1-x} \tag{10.138}$$

式(10.136)变为

$$I(\Delta k) = \frac{1}{1-\exp(-\Delta k^2\gamma^2/4 + \mathrm{i}\Delta ka)} - 1 + \frac{1}{1-\exp(-\Delta k^2\gamma^2/4 - \mathrm{i}\Delta ka)} \tag{10.139}$$

找出公分母并合并各项，上式变为

$$I(\Delta k) = \frac{1-\mathrm{e}^{-\Delta k^2\gamma^2/2}}{1+\mathrm{e}^{-\Delta k^2\gamma^2/2} - 2\mathrm{e}^{-\Delta k^2\gamma^2/4}\cos(\Delta ka)} \tag{10.140}$$

图 10.17 是式(10.140)中 $I(\Delta k)$的图像。在原点处存在一个 δ 函数，周围有一套空间间隔为 $\Delta k \approx 2\pi/a$ 的宽峰。在较大的 Δk 值处，这些峰特别宽和弱。图 10.17 中的曲线标明了式(10.129)中高斯函数的特征宽度 γ。注意，γ 越大，衍射峰对 γ 的非线性灵敏度越高。当 γ 减少到零时，式(10.140)的衍射强度趋向于成为顺序排列的尖锐的布拉格峰(见图 10.17 的下面部分)。在帕特森函数原点处的 δ 函数(式(10.132)中 $n=0$ 的项)使得在大 Δk 处的某些强度变弱。这很容易从图 10.17 的上半部分看到。最后，我们注意到，式(10.140)的衍射强度没有包括原子形状因子效应，它会压制在大 Δk 处的衍射强度。

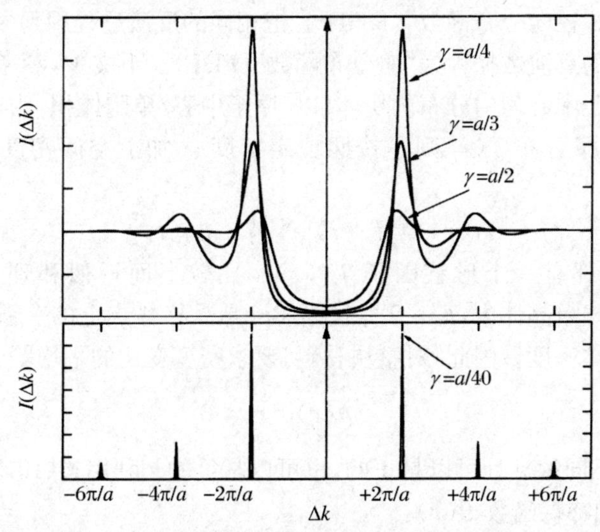

图 10.17　图 10.16(式(10.140))的帕特森函数的衍射强度。下面图形竖直方向的比例是上面图形的 100 倍

图 10.18 是一块实际非晶合金的 X 射线衍射花样。它和图 10.17 中一维材料模型的衍射花样有定性的相似性。然而，图 10.18 中的极大值比图 10.17 中的极大值相互更靠近一些。这是因为三维非晶材料比一条线性原子链的原子对间距更

加丰富。中心大概位于 $2\theta=35^{\circ}$ 的宽化峰附近也存在一个明晰的结构。

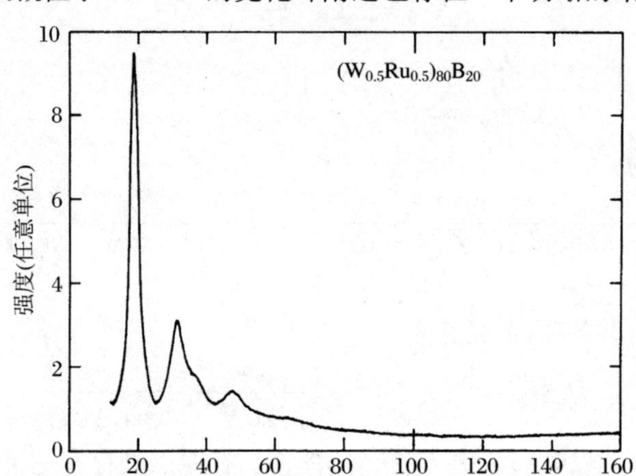

图 10.18　$(W_{0.5}Ru_{0.5})_{80}B_{20}$ 非晶合金的 X 射线衍射花样，辐射源为 Mo K_{α}[7]

10.4.2‡　径向分布函数

下面评估从含有某种衍射原子的材料产生的运动学衍射花样的傅里叶反演得到的空间信息。我们展开了粉末衍射花样的细节，并且介绍了如何从非晶材料的衍射花样中提取“径向分布函数”(RDF)。把相同的反演过程用到多晶材料的粉末衍射花样，其中的反演数据称为“对分布函数”(PDF)。下文中，参考结构不是周期性块体，而是原子中心均匀分布的块体(以[原子中心/单胞体积]为单位，平均密度为 ρ_0)。散射因子分布 $f(\boldsymbol{r})$ 则是按照恒定密度 ρ_0 加上空间密度变量 $\delta\rho(\boldsymbol{r})$ 来分布：

$$f(\boldsymbol{r}) = f_{\text{at}}(\boldsymbol{r}) * [\rho_0 + \delta\rho(\boldsymbol{r})] \tag{10.141}$$

其中，每个原子都有一个形状因子 $f_{\text{at}}(\boldsymbol{r})$。比较上面近似和理想单晶体的式(10.20)。在理想单晶体中，$\rho_0=0$ 并且 $\delta\rho(\boldsymbol{r})$ 是晶格格点上的一系列 δ 函数。而这里，ρ_0 是平均体密度。因此，对整块材料，要求密度变化的平均等于零：

$$\int_{-\infty}^{\infty} \delta\rho(\boldsymbol{r})\mathrm{d}^3\boldsymbol{r} = 0 \tag{10.142}$$

显然，$\delta\rho(\boldsymbol{r})$ 在不同的 $\boldsymbol{r}$ 处可以是正的，也可以是负的。利用式(10.5)的积分，由式(10.141)得到帕特森函数 $P(\boldsymbol{r})$：

$$P(\boldsymbol{r}) = Nf_{\text{at}}^{*}(\boldsymbol{r}) * f_{\text{at}}(-\boldsymbol{r}) * \delta(\boldsymbol{r}) + f_{\text{at}}^{*}(\boldsymbol{r}) * f_{\text{at}}(-\boldsymbol{r}) * \int_{-\infty}^{\infty} [\rho_0 + \delta\rho(\boldsymbol{r}')][\rho_0 + \delta\rho(\boldsymbol{r}+\boldsymbol{r}')]\mathrm{d}^3\boldsymbol{r}' \tag{10.143}$$

式(10.143)的第一项是必需的，因为当没有位移，即 $\boldsymbol{r}=\boldsymbol{0}$ 时，每个原子中心和它自身完全重叠。所有的 N 个散射原子都完全重叠，并且这种重叠比任何位移($\boldsymbol{r}\neq\boldsymbol{0}$)的重叠都强，因为 ρ_0 仅仅是原子中心的平均密度。已知 ρ_0 是一个恒量，展开第二项：

$$P(\boldsymbol{r}) = f_{\mathrm{at}}^{*}(\boldsymbol{r}) * f_{\mathrm{at}}(-\boldsymbol{r}) * \left[N\delta(\boldsymbol{r}) + \rho_0^2\int_{-\infty}^{\infty}\mathrm{d}^3\boldsymbol{r}' + \rho_0\int_{-\infty}^{\infty}\delta\rho(\boldsymbol{r}+\boldsymbol{r}')\mathrm{d}^3\boldsymbol{r}' + \rho_0\int_{-\infty}^{\infty}\delta\rho(\boldsymbol{r}')\mathrm{d}^3\boldsymbol{r}' + \int_{-\infty}^{\infty}\delta\rho(\boldsymbol{r}')\delta\rho(\boldsymbol{r}+\boldsymbol{r}'))\mathrm{d}^3\boldsymbol{r}'\right] \tag{10.144}$$

上式“[ ]”内的第二项含有积分值等于晶体体积 $\mathscr{V}$ 的积分。乘积 $\rho_0\mathscr{V}$ 等于晶体中原子的数目 N。利用式(10.142)得知，式(10.144)“[ ]”内的第三项和第四项的积分等于零。所以，式(10.144)变为

$$P(\boldsymbol{r}) = f_{\mathrm{at}}^{*}(\boldsymbol{r}) * f_{\mathrm{at}}(-\boldsymbol{r}) * \left[N\delta(\boldsymbol{r}) + N\rho_0 + \int_{-\infty}^{\infty}\delta\rho(\boldsymbol{r}')\delta\rho(\boldsymbol{r}+\boldsymbol{r}'))\mathrm{d}^3\boldsymbol{r}'\right] \tag{10.145}$$

定义一个新的函数 $R(\boldsymbol{r})$：

$$R(\boldsymbol{r}) \equiv \frac{1}{N}\int_{-\infty}^{\infty}\delta\rho(\boldsymbol{r}')\delta\rho(\boldsymbol{r}+\boldsymbol{r}'))\mathrm{d}^3\boldsymbol{r}' \tag{10.146}$$

函数 $R(\boldsymbol{r})$是一个材料密度非均匀性的关联函数①。函数 $R(\boldsymbol{r})\mathrm{d}^3\boldsymbol{r}$ 是在离中心原子为 $\boldsymbol{r}$、体积增量为 $\mathrm{d}^3\boldsymbol{r}$ 处找到一个不同原子中心的概率，再减去平均体密度 ρ_0(以[原子中心/单胞体积]为单位)预期的概率。在式(10.145)中用式(10.146)，得

$$P(\boldsymbol{r}) = Nf_{\mathrm{at}}^{*}(\boldsymbol{r}) * f_{\mathrm{at}}(-\boldsymbol{r}) * [\delta(\boldsymbol{r}) + \rho_0 + R(\boldsymbol{r})] \tag{10.147}$$

方程(10.147)是一个非常重要的帕特森函数。为了得到它，首先找出 $\boldsymbol{r}=\boldsymbol{0}$ 时帕特森函数的值，并且把它单独处理，给第一项赋值 $\delta(\boldsymbol{r})$。这个第一项来源于每一个原子中心和它自身的重叠。第二项 ρ_0 是对所有原子的平均，每个原子放在原点，当原子分布移动了一个非零量 $\boldsymbol{r}$ 时，再与另外一个原子重叠。第二项假设了一个恒定的重叠概率(对所有 $\boldsymbol{r}\neq\boldsymbol{0}$，即材料的原子中心均匀分布)。第三项 $R(\boldsymbol{r})$是对这个均匀假设的修正。我们可以在物理的基础上理解它的某些特征。当位移 r 小于一个原子直径时，位于原点的原子中心不能与另外一个原子中心重叠。我们预期：在小的位移 r 时函数 $R(\boldsymbol{r})$是负的，因为重叠的密度小于 ρ_0。在原子密堆积的场合，当 r 约为一个原子直径大小时，重叠密度大于 ρ_0，因此，取这些 r 值的函数 $R(\boldsymbol{r})$应该是正的。然而，当 r 值很大时，与位于原点的原子的所有位置关联消失，所以，重叠的密度是均匀材料的密度 ρ_0，并且函数 $R(\boldsymbol{r})$是零。把 $P(\boldsymbol{r})$代入式(10.12)，得到衍射强度：

$$I(\Delta\boldsymbol{k}) = N\mid f_{\mathrm{at}}(\Delta\boldsymbol{k})\mid^2\int_{-\infty}^{\infty}\mathrm{e}^{-\mathrm{i}\Delta\boldsymbol{k}\cdot\boldsymbol{r}}[\delta(\boldsymbol{r}) + \rho_0 + R(\boldsymbol{r})]\mathrm{d}^3\boldsymbol{r} \tag{10.148}$$

$$I(\Delta\boldsymbol{k}) = N\mid f_{\mathrm{at}}(\Delta\boldsymbol{k})\mid^2\left[1 + \delta(\Delta\boldsymbol{k})\rho_0 + \int_{-\infty}^{\infty}\mathrm{e}^{-\mathrm{i}\Delta\boldsymbol{k}\cdot\boldsymbol{r}}R(\boldsymbol{r})\mathrm{d}^3\boldsymbol{r}\right] \tag{10.149}$$

---

① 在理想晶体中，$R(\boldsymbol{r})$包括由晶体平移分割的 δ 函数的级数。

式(10.149)"[ ]"内的第一项,即 1,是衍射花样中的非结构背底,来源于帕特森函数 $P(\boldsymbol{r})$的尖锐自关联(图 10.17 中原点处的 δ 函数)。第二项是大均匀物体的前向散射。对这种没有晶体周期性的物体,所有波的相位只在前进方向相长叠加。实际上,对一个有一定大小的物体,这一项在 $\Delta\boldsymbol{k}=\boldsymbol{0}$ 附近有一定的宽度,称为"小角散射"。小角散射是 10.5 节的内容。

式(10.149)"[ ]"中的第三项给出了衍射花样的重要结构。有可能这样简化这一项:假设材料中的密度-密度关联是空间各向同性的,即 $R(\boldsymbol{r})$仅仅依赖于$|\boldsymbol{r}|$。然后求出这个积分,因为在 $r=0$ 附近一系列同心壳层的每一层体积是 $4\pi r^2\mathrm{d}r$,利用式(10.124)的结果,得

$$I(\Delta k) = N \mid f_{\mathrm{at}}(\Delta k) \mid^2 \left[1 + \delta(\Delta k)\rho_0 + \int_{r=0}^{\infty} \frac{\sin(\Delta k r)}{\Delta k r} R(r) 4\pi r^2 \mathrm{d}r\right] \tag{10.150}$$

倒转方程(10.150),从实验衍射数据得到各向同性的函数 $R(r)$。为此,我们来辨别对测量衍射数据有贡献、位于透射束附近的项 $\delta(\Delta k)$,并把这一部分从衍射数据中扣除。我们定义归一化或"约化衍射强度"$\mathscr{I}(\Delta k)\equiv I(\Delta k)(N|f_{\mathrm{at}}(\Delta k)|^2)^{-1}$。为今后方便起见,我们把变量改为带撇号的变量:

$$\mathscr{I}(\Delta k') - 1 = \int_{r'=0}^{\infty} \frac{\sin(\Delta k' r')}{\Delta k' r'} R(r') 4\pi r'^2 \mathrm{d}r' \tag{10.151}$$

为了倒转方程(10.151),两边乘以 $\Delta k'\sin(\Delta kr)$并对 $\Delta k'$积分:

$$\frac{1}{4\pi}\int_0^{\infty} \Delta k' \sin(\Delta k r)[\mathscr{I}(\Delta k') - 1]\mathrm{d}\Delta k'$$
$$= \int_{\Delta k=0}^{\infty}\int_{r'=0}^{\infty} \sin(\Delta k r)\sin(\Delta k' r') R(r') r' \mathrm{d}r' \mathrm{d}\Delta k' \tag{10.152}$$

式(10.152)的右边可以看成是从 $R(r')r'$到 k 空间的正傅里叶变换,然后再做一次逆变换回到实空间。虽然在傅里叶正弦变换的归一化时乘上了因子 $\pi/2$,但在经过这两个变换后我们恢复了 $R(r')r'$。仅当 $\Delta k=\Delta k'$和 $r=r'$时,式子的右边是非零的。我们得到

$$R(r) = \frac{1}{2\pi^2 r}\int_0^{\infty} \Delta k \sin(\Delta k r)[\mathscr{I}(\Delta k) - 1]\mathrm{d}\Delta k \tag{10.153}$$

尽管上式中 $R(r)$的信息比较少,因为它是一个径向平均,但 $R(r)$的定义与式(10.146)中 $R(\boldsymbol{r})$的定义完全相同。通常是另外定义一个与 $R(r)$关联的函数 $\mathscr{P}(r)$:

$$R(r) = \mathscr{P}(r) - \rho_0 \tag{10.154}$$

乘积 $\mathscr{P}(r)4\pi r^2\mathrm{d}r$ 是在离某个已知中心原子 r 处、体积为 $4\pi r^2\mathrm{d}r$ 的壳层内找到另外一个原子中心的概率。用"对关联函数"$\mathscr{P}(r)$减去 ρ_0,我们看到,当球壳包含许多原子中心时,径向分布函数 $R(r)$为零,和平均体密度 (以[原子中心/单胞体积]为单位) 所预测的一样。一种理想的均匀材料对所有的 r 都有 $R(r)=0$。当密度比平均密度高时 $R(r)$给出正的 R 值,而当密度比平均密度低时 $R(r)$给出负

的 R 值。

用于 RDF 分析的实验数据应该是一个宽的 Δk 范围内的数据，否则受式(10.153)相关的积分限制将会出现问题。例如，Δk 范围的某个截断将会产生9.2.2小节所提到的人工部分。在对实验条件相似、从类似材料得到的 RDF 做比较时，RDF 中的人工部分是可以接受的。然而更重要的是，扫描 k 空间较宽的范围可以提高 RDF 的空间分辨率。

当获取多晶材料的"对分布函数"(PDF)时，宽的 Δk 范围尤其重要。PDF 分析采用了本小节中描述非晶块体的相同分析步骤。尽管如此，当数据覆盖宽的 Δk 范围和有高的空间分辨率时，对晶体的 PDF 分析更加合理些。这是因为：① 仅仅利用简单的分析就可从几个尖锐的布拉格峰获得精确的面间距；② 通常仅仅存在小的原子局部位移、原子离开平均晶体的位置。注意：布拉格峰的角度给出长距离的平均原子间距。利用小实验室中的设备，可以从非晶材料中得到有用的 RDF 数据(参看图 10.18)[8]。对多晶粉末的 PDF 分析，通常需要用高亮度的同步加速器源的高能 X 射线或者专门中子设备[9]。

径向分布函数包含了能够从含某种化学元素的非晶材料的运动学衍射实验中得到的所有信息。不幸的是，即使已知 $R(r)$也不足以完全表征一种非晶材料的原子结构。$R(r)$是一个二体关联函数，是关于多体空间关联信息的一维部分。下面我们将会认识三体关联，它也详述了键角。然而，三体关联仅仅提供了平面间的信息，而四体关联才是真正需要用来详述三维结构的。四体关联的测量远超出目前任何实验技术的测量能力。因此，一种普遍的方法是：构造一个非晶材料的代表模型，计算 $I(\Delta k)$，并把它和实验结果相比较。

10.4.3　部分对关联函数‡

非晶材料通常含有不止一种化学元素。把式(10.150)推广到合金中含有 n 种不同元素的场合。可以发现

$$I(\Delta k) = N\sum_{i=1}^{n} c_i \mid f_i(\Delta k) \mid^2 + N\sum_{i=1}^{n}\sum_{j=1}^{n} c_i c_j f_i^*(\Delta k) f_j(\Delta k) \times \int_{r=0}^{\infty} \frac{\sin(\Delta k r)}{\Delta k r}\left[\frac{\rho_{ij}(r)}{c_j} - \rho_0\right] 4\pi r^2 \mathrm{d}r \tag{10.155}$$

其中，$c_i(0<c_i<1)$是第 i 种组元的浓度分数，并且忽略相对于直接束为小角度的散射。这里，$\rho_{ij}(r)$是第 j 种原子的平均原子密度(离以第 i 种原子为中心原子的 r 处体积为 $4\pi r^2\mathrm{d}r$ 的球壳内)，ρ_0是材料的总原子密度。我们假设$\{c_i\}$和 ρ_0是已知的。

用一种衍射花样直接倒置式(10.155)是不可能的，就像式(10.150)的情形一样，因为存在 n^2个不同的$\{\rho_{ij}\}$，并且其中的 $n(n+1)/2$ 个是独立的。为了得到唯一的$\{\rho_{ij}\}$，有必要测量至少(在各种 ρ_{ij} 的不同权重条件下)$n(n+1)/2$ 个衍射花

样。在实际中,这通过改变成分$\{c_i\}$或者散射因子$\{f_i\}$来实现。对科学家来说,改变成分可能是最方便的方法,但这样有改变材料局部结构的风险。可通过使用不同类型的辐射来改变散射因子,比如做 X 射线和中子衍射两种实验,或者对成分相同但由不同同位素组成的材料做中子衍射。然而,在目前可供使用的同步辐射源条件下,最好的方法通常是利用反常散射,调节吸收限附近的入射 X 射线的能量来改变独立原子的形状因子(对 $\omega \approx \omega_r$,详见 4.2.1 小节)。

从式(10.155)得到约化 X 射线干涉函数 $\mathscr{I}(\Delta k)$:

$$\mathscr{I}(\Delta k) = \frac{I(\Delta k) - \sum_{i=1}^{n} c_i \mid f_i(\Delta k) \mid^2}{\sum_{i=1}^{n} c_i \mid f_i(\Delta k) \mid^2} \tag{10.156}$$

通过修正背底和合金的平均散射因子,从 X 射线衍射数据获得四个干涉函数 $\mathscr{I}(\Delta k)$,如图 10.19 所示。在图 10.19 中,四种合金的 La 含量相同但第二组元 M 不同。由 f_{Al},f_{Ga} 和 f_{Au} 的差异引起了 ρ_{LaLa},ρ_{LaM} 和 ρ_{MM} 对密度关联的权重不同,造成了四个干涉函数有差别。然而,尽管 f_{Al} 和 f_{Ga} 比 f_{Au} 小得多,但只有合金 $La_{76}Au_{24}$ 的干涉函数与其他三个合金的干涉函数差别较大。

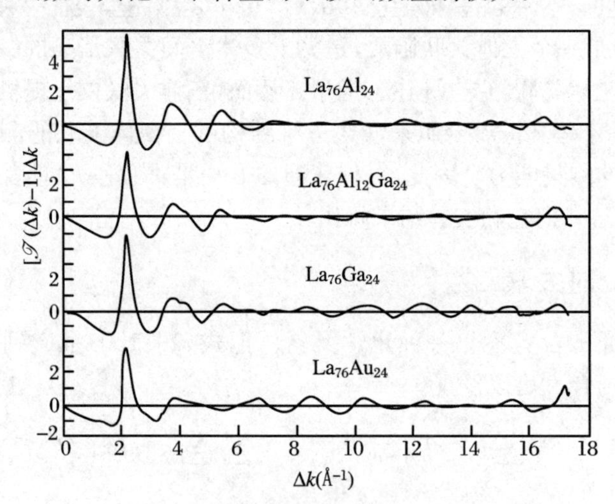

图 10.19　含有 76at.% La 的四种金属玻璃的约化 X 射线干涉函数(乘以 Δk)[7]

通过考虑不同原子的散射因子,可以估计图 10.19 中四个衍射花样的不同原子对的权重。独立的干涉函数可从 La-La,La-M 和 M-M 原子对得到。这个推导过程及其难度超出了本书的范围。用式(10.153)得到的图 10.19 的独立干涉函数的反演,给出了三种不同原子对的径向分布函数,如图 10.20 所示。注意,La-M 原子对的间距最短,其次是 La-La 原子对。假设在热力学上,La 和 M 原子倾向于混合,这提供了这些种类的原子聚集在一起的局域结构。M-M 分径向分布函数阐明了一种趋势:在La基金属玻璃中,M原子相互避开。这可以用合金中这些组元的相对含量较低来给出部分解释。

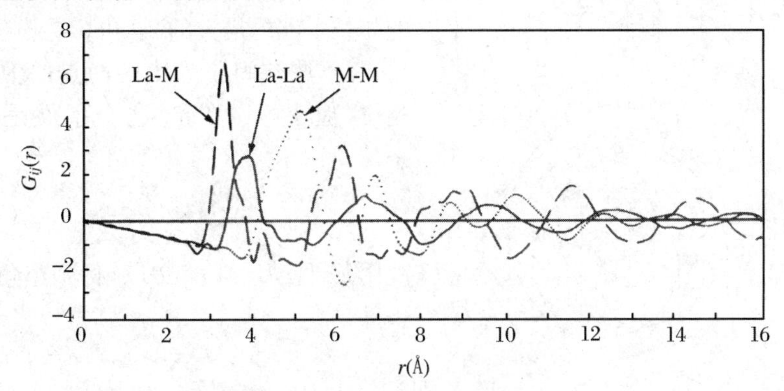

图10.20　从合金$La_{76}Al_{24}$,$La_{76}Ga_{24}$,$La_{76}Au_{24}$导出的三个独立约化分径向分布函数[7]

10.5　小角散射

10.5.1　小角散射的概念

小角散射用于研究长度l在10～3 000 Å范围的结构特征。这种方法对化学成分和密度有变化的试样较为灵敏,但对原子尺寸特征和晶体结构不敏感。小角散射源自于衍射颗粒的形状因子。在6.3.1小节中,衍射波$\psi(\Delta \boldsymbol{k})$分解为结构因子$\boldsymbol{F}(\Delta \boldsymbol{k})$和形状因子$\mathcal{S}(\Delta \boldsymbol{k})$,结构因子涉及整个单胞的相因子之和,而形状因子则包括这些单胞自身的相因子之和:

$$\psi(\Delta \boldsymbol{k}) = \mathcal{F}(\Delta \boldsymbol{k})\mathcal{S}(\Delta \boldsymbol{k}) \tag{10.157}$$

在6.5节中讨论了形状因子引起的效应。简要地说,一个小颗粒的形状因子$\mathcal{S}(\Delta \boldsymbol{k})$提供等效于$k$空间的所有衍射展宽,包括前向散射束。小角散射实验隔离了由颗粒尺寸引起的衍射效应(特别是散射因子分布的空间不均匀性),没有原子位移引起的衍射效应(例如缺陷、应变和热振动)。回顾用$\Delta \boldsymbol{k}$标记的原子位移产生的衍射效应。对向前束,在$\Delta \boldsymbol{k} = \boldsymbol{0}$附近,原子位移效应是可以忽略的。

小角散射可以从连续介质而不考虑任何原子的角度来理解。图4.9表明,当$\Delta \boldsymbol{k}$变为零时,原子各部分的散射相长干涉。对较大的物体也存在类似的相长干涉,但比较靠近向前束。图10.21(a)阐明了这样的事实:在向前方向上,两条射线的路径长度$r_1 + r_2$和$r_1' + r_2'$是相等的,因此,从r_1和r_1'发出的子波没有相差。图

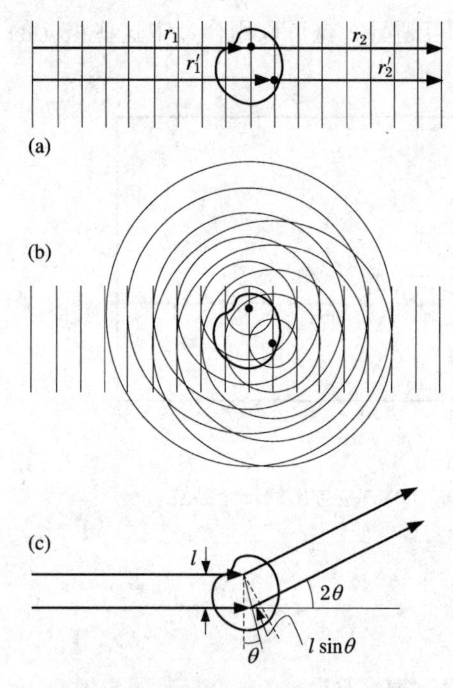

图 10.21 (a)入射束及其在任一物体上的路径长度;(b) 子波构建给出了向前方向所有波的相长叠加;(c) 间距为 l 的两点发出的散射的相位误差几何。参见习题 10.11

10.21(b)也清晰地说明了散射波在向前方向上相长叠加。用图 10.21(c)可以估计波的相长干涉的最大的 2θ 角。寻找这样的 θ 角:其子波被间距为 l 的两点的散射越过相位(但小于 $\lambda/2$)。这个条件是布拉格条件:

$$2l\sin\theta < \frac{\lambda}{2} \tag{10.158}$$

利用条件 $\Delta k = 4\pi\sin\theta/\lambda$,得到小角度时的条件:

$$l\Delta k < \pi \tag{159}$$

典型的小角散射范围是 $0.001 < \Delta k < 0.1$ (Å^{-1}),对应大小是 $3\,000 > l > 30$(Å)的物体。对 $\Delta k < \pi/l$,衍射强度通常是单调改变,没有明晰的峰或特征。

通常假设小角散射的角度分布来源于颗粒的独立散射,即不同颗粒产生的波不存在相长或相消干涉,这有时是正确的。当独立颗粒是随机占位时,这种颗粒间的非相干假设是正确的。在这种场合,k 空间的小角散射的形状是单一颗粒的形状因子强度①。例如,如果这些颗粒有相同的形状因子和取向,则散射具有弱的附属振荡。

当样品含有高密度颗粒时,通常会发生强的小角散射。当颗粒密度大时,颗粒很可能是位置关联的,而这些空间上的关联修改了强度的分布。这种情形类似于液体和理想气体的差别,高密度液体中的分子具有某些局域的位置关联。液体或非晶材料的衍射显示宽的峰,如图 10.17 和图 10.18 所示。图 10.17 表明,当原子间距的不确定性降低,即 γ 变小时,这些峰变得尖锐。对一系列有位置关联的颗粒的小角散射可以有同样期望,因为它们的位置分布变得更加有规律,小角散射强度的峰可以长高。不幸的是,颗粒之间的关联效应通常是很难理解的,因为颗粒的大小或形状不是均一的。

正如 10.5.4 小节所讨论的,小角散射实验实际上测量的是材料的密度-密度的关联,这种关联来源于独立颗粒的效应和它们之间的位置效应。首先,我们介绍两种小角散射数据的标准分析方法,即纪尼埃(Guinier)分析和波罗德(Porod)分析。

① 这类似于在理想气体中原子的散射,原子间的位置非相干性提供了原子形状因子强度。

10.5.2　纪尼埃近似(小 Δk)*

纪尼埃(Guinier)近似是一种小角散射数据的定量分析方法(对小 Δk 有效)。纪尼埃近似是这样得到的:首先考虑具有相同结构因子 $\mathscr{F}(\Delta\boldsymbol{k})$的均匀颗粒的衍射波(6.55),对所有的单胞,

$$\psi(\Delta\boldsymbol{k}) = \mathscr{F}(\Delta\boldsymbol{k})\sum_{\boldsymbol{r}_g} \mathrm{e}^{-\mathrm{i}\Delta\boldsymbol{k}\cdot\boldsymbol{r}_g} \tag{10.160}$$

重新选取坐标系,使其原点位于颗粒的“重心”。为此,定义一套新的单胞坐标系,$\boldsymbol{r}'_g \equiv \boldsymbol{r}_g - \boldsymbol{r}_0$,使得其恒矢量 $\boldsymbol{r}_0$满足:

$$\sum_{\boldsymbol{r}'_g} \boldsymbol{r}'_g = \boldsymbol{0} \tag{10.161}$$

$\boldsymbol{r}'_g$的平均已经平移到了原点①。重写式(10.160),注意,结构因子在小 $\Delta\boldsymbol{k}$ 范围内几乎不变:

$$\psi(\Delta\boldsymbol{k}) = \mathscr{F}(0)\mathrm{e}^{-\mathrm{i}\Delta\boldsymbol{k}\cdot\boldsymbol{r}_0}\sum_{\boldsymbol{r}'_g} \mathrm{e}^{-\mathrm{i}\Delta\boldsymbol{k}\cdot\boldsymbol{r}'_g} \tag{10.162}$$

当 $\Delta\boldsymbol{k}$ 接近零时,类似许多其他小角散射的场合,展开指数项:

$$\psi(\Delta\boldsymbol{k}) = \mathscr{F}(0)\mathrm{e}^{-\mathrm{i}\Delta\boldsymbol{k}\cdot\boldsymbol{r}_0}\sum_{\boldsymbol{r}'_g}\left[1 - \mathrm{i}\Delta\boldsymbol{k}\cdot\boldsymbol{r}'_g - \frac{1}{2}(\Delta\boldsymbol{k}\cdot\boldsymbol{r}'_g)^2\right] \tag{10.163}$$

在中括号内,式(10.163)含有三个求和项。第一个是对数目为 N 的所有单胞求和,其值为 N_0。根据式(10.161),第二个求和是零。为了清楚起见,把 $\boldsymbol{r}'_g$的撇去掉,式(10.163)变为

$$\psi(\Delta\boldsymbol{k}) = \mathscr{F}(0)\mathrm{e}^{-\mathrm{i}\Delta\boldsymbol{k}\cdot\boldsymbol{r}_0}N - \mathscr{F}(0)\mathrm{e}^{-\mathrm{i}\Delta\boldsymbol{k}\cdot\boldsymbol{r}_0}\frac{1}{2}\sum_{\boldsymbol{r}_g}(\Delta\boldsymbol{k}\cdot\boldsymbol{r}_g)^2 \tag{10.164}$$

为了求出式(10.164),我们假设$\{\boldsymbol{r}_g\}$是各向同性分布的。为求各向同性平均 $(\Delta\boldsymbol{k}\cdot\boldsymbol{r}_g)^2$,$\Delta\boldsymbol{k}$ 取向沿着球坐标的 z 轴方向,使得

$$\Delta\boldsymbol{k}\cdot\boldsymbol{r}_g = \Delta k r_g \cos\theta \tag{10.165}$$

$$(\Delta\boldsymbol{k}\cdot\boldsymbol{r}_g)^2 = (\Delta k r_g)^2\cos^2\theta \tag{10.166}$$

式(10.164)的和等于 $\cos^2\theta$ 对 4π 球面度的各向同性平均:

$$\langle\cos^2\theta\rangle = \frac{1}{4\pi}\int_0^{2\pi}\int_0^{\pi}\cos^2\theta\sin\theta\mathrm{d}\theta\mathrm{d}\phi \tag{10.167}$$

$$\langle\cos^2\theta\rangle = \frac{2\pi}{4\pi}\int_0^{\pi}\cos^2\theta\sin\theta\mathrm{d}\theta \tag{10.168}$$

将下面的三角函数代入式(10.168),得

$$\xi = \cos\theta,\quad \mathrm{d}\xi = -\sin\theta\mathrm{d}\theta \tag{10.169}$$

求得式(10.168)的值:

① 幸运的是,我们不用担心 $\boldsymbol{r}_0$的真实值,因为计算式(10.175)的强度时它提供了一个抵消的恒定相位。

$$\langle \cos^2\theta \rangle = -\frac{1}{2}\int_1^{-1} \xi^2 \mathrm{d}\xi = \frac{1}{3} \tag{10.170}$$

在小的 $\Delta \boldsymbol{k}$ 处，衍射波式(10.164)变成(把式(10.170)代入式(10.166)求角度平均$(\Delta \boldsymbol{k} \cdot \boldsymbol{r}_g)^2$)：

$$\psi(\Delta k) = N\mathscr{F}(0)\mathrm{e}^{-\mathrm{i}\Delta \boldsymbol{k}\cdot \boldsymbol{r}_0} - \mathscr{F}(0)\mathrm{e}^{-\mathrm{i}\Delta \boldsymbol{k}\cdot \boldsymbol{r}_0}\frac{1}{2}(\Delta k^2)\left(\frac{1}{3}\sum_{r_g} r_g^2\right) \tag{10.171}$$

再次利用式(10.170)，式(10.171)的求和为

$$\frac{1}{3}\sum_{r_g} r_g^2 = N\langle r_g^2 \rangle \equiv N\frac{1}{3}r_{\mathrm{G}}^2 \tag{10.172}$$

这里，式(10.172)定义了“纪尼埃半径”r_{G}，是 $\boldsymbol{r}_g$ 的方均根值，但是为沿着 z 轴方向投影的平均。纪尼埃半径有时也称为颗粒的“回旋半径”，因为它具有牛顿力学惯性矩相同的形式。重写式(10.171)为

$$\psi(\Delta k) = N\mathscr{F}(0)\mathrm{e}^{-\mathrm{i}\Delta \boldsymbol{k}\cdot \boldsymbol{r}_0}\left(1 - \frac{1}{6}\Delta k^2 r_{\mathrm{G}}^2\right) \tag{10.173}$$

当括号中的第二项小时，做下面的假设：

$$\psi(\Delta k) = N\mathscr{F}(0)\mathrm{e}^{-\mathrm{i}\Delta \boldsymbol{k}\cdot \boldsymbol{r}_0}\exp\left[-\frac{(\Delta k r_{\mathrm{G}})^2}{6}\right] \tag{10.174}$$

小角度的散射强度是

$$\boldsymbol{I}(\Delta k) = N^2 \mid \mathscr{F}(0) \mid^2 \exp\left[-\frac{(\Delta k r_{\mathrm{G}})^2}{3}\right] \tag{10.175}$$

方程(10.175)称为小角散射强度的“纪尼埃近似”。它使得小角散射实验数据可以通过做 $\ln[I(\Delta k)]$- Δk^2 曲线来分析，因为曲线的斜率是 $-r_{\mathrm{G}}^2/3$(常规的是 $k \equiv 2\pi/\lambda$)。

纪尼埃半径与物体大小有关联。典型的是假设一个颗粒形状的模型。模型是一个密度均匀的球体，体积为 $\mathscr{V}$，半径为 R。利用式(10.172)和$\langle r_g^2 \rangle = \langle r^2 \rangle$，求得纪尼埃半径为

$$r_{\mathrm{G}}^2 = 3\langle r^2 \rangle \tag{10.176}$$

$$r_{\mathrm{G}}^2 = 3\frac{1}{\mathscr{V}}\frac{1}{3}\int_0^R r^2 \mathrm{d}\mathscr{V} = \frac{1}{\frac{4}{3}\pi R^3}\int_0^R r^2 4\pi r^2 \mathrm{d}r \tag{10.177}$$

$$r_{\mathrm{G}}^2 = \frac{3}{5}R^2 \tag{10.178}$$

图 10.22 是一个典型的纪尼埃图，是高能球磨得到的 Fe-Cu 纳米晶粒的小角中子散射(SANS)数据。单独的 X 射线衍射分析说明，整个材料是 bcc 相。当球磨后的粉末置于适中的温度退火转变成为 bcc 结构时，存在一种 Cu 原子和 Fe 原子的化学混合。为了得到纪尼埃半径，在 Q 值为 $1.5\sim2.45\ \mathrm{nm}^{-1}$ 的范围内对每一套数据做直线拟合。这些直线的斜率给出样品球磨后及分别在 260 ℃和 350 ℃退火 45 min 后的纪尼埃半径 r_{G}，分别是 0.64，0.57 和 0.97 nm。这些数据说明，在

退火过程中Cu原子在bcc晶体的晶粒边界积聚、偏析，引起晶粒边界变厚。从SANS得到的0.6 nm的纪尼埃回旋半径和纳米相的bcc合金的晶粒边界的量级(约1 nm)是相符合的。晶粒边界的厚度和纪尼埃半径 r_G之间的关系与式(10.178)给出的球形颗粒的关系不同。不过，r_G仍然是比较不同材料的有用参数。

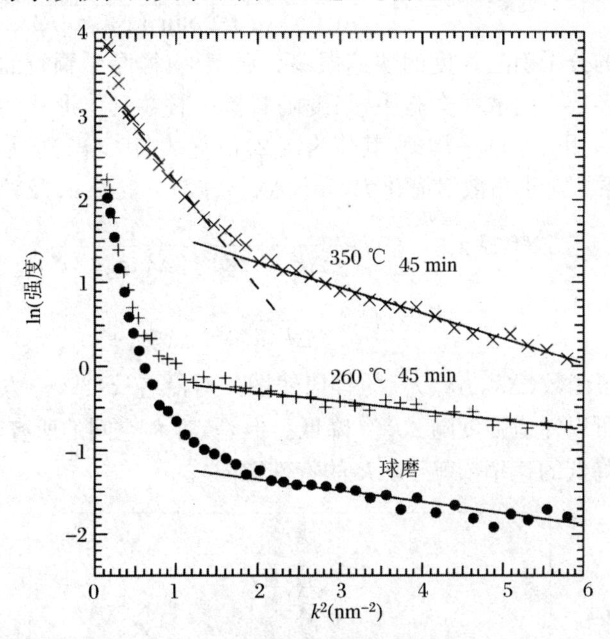

图 10.22 球磨、分别在260 ℃和350 ℃退火45 min的Fe-20%Cu纳米晶粒原子核中子散射纪尼埃曲线；在入射束的右边角度加上外加磁场使样品达到饱和；这允许测量仅为原子核的散射(沿着垂直于磁场方向)；为清晰起见，图中曲线偏斜竖直方向

纪尼埃近似假设 $\Delta\boldsymbol{k}\cdot\boldsymbol{r}$ 是小的，所以，在转换式(10.162)为式(10.163)和再次转换式(10.173)为式(10.174)时，指数项都可以线性化。$\Delta\boldsymbol{k}$ 确实是小的，$\boldsymbol{r}_g$ 可以和颗粒尺寸 l 一样，所以，$\Delta\boldsymbol{k}\cdot\boldsymbol{r}_g$ 可以是级阶一致或更大的(见式(10.159)。只有当 $\Delta\boldsymbol{k}\cdot\boldsymbol{r}_g<1$(这里，$\Delta k$ 定义为 $2\pi/\lambda$)时，指数函数项线性化才是合理的。对更大的 $\Delta\boldsymbol{k}$ 值，则采用另外一种近似。

10.5.3 波罗德(Porod)定律(大的 $\Delta\boldsymbol{k}$)*

衍射强度 $I(\Delta\boldsymbol{k})$是

$$\boldsymbol{I}(\Delta\boldsymbol{k}) = \mathscr{F}^*(\Delta\boldsymbol{k})\mathscr{F}(\Delta\boldsymbol{k})\mathscr{S}^*(\Delta\boldsymbol{k})\mathscr{S}(\Delta\boldsymbol{k}) \tag{10.179}$$

其中，直角棱柱状颗粒的形状因子强度(式(6.124))是

$$|\mathscr{S}(\Delta\boldsymbol{k})|^2 = \frac{\sin^2(\Delta k_x l_x/2)\sin^2(\Delta k_y l_y/2)\sin^2(\Delta k_z l_z/2)}{\sin^2(\Delta k_x a_x/2)\sin^2(\Delta k_y a_y/2)\sin^2(\Delta k_z a_z/2)} \tag{10.180}$$

棱柱状颗粒大小的 x 分量为 $l_x = N_x a_x$，这里，a_x是单胞长度，N_x是沿着 x 方向的单胞数目。注意，式(10.180)中的正弦函数的自变量与式(6.124)中的不同，两者

相差 2π。如果我们定义 z 轴沿着入射波矢的方向，则小角散射测量的是 $\Delta\boldsymbol{k}$ 沿着 $\hat{\boldsymbol{x}}$ 和 $\hat{\boldsymbol{y}}$ 方向的分量(见习题 10.11)。$\Delta\boldsymbol{k}$ 的 $\hat{z}$ 分量接近于零。因此，利用式(6.120)简化式(10.180)：

$$|\mathscr{S}(\Delta\boldsymbol{k})|^2 = N_z^2 \frac{\sin^2(\Delta k_x l_x/2)\sin^2(\Delta k_y l_y/2)}{\sin^2(\Delta k_x a_x/2)\sin^2(\Delta k_y a_y/2)} \tag{10.181}$$

式(10.181)中的分子引起强度的快速振荡。典型地，样品中颗粒的大小和形状不同，所以，在大多数小角散射实验中，强度随着单一颗粒具体形状的振荡不是持续的。对大的 Δk，用分子的平均值(其值为 1/2)简化式(10.181)。从分母得到主要的 Δk 依赖关系。对小角散射简化为 $\sin^2(\Delta k_x a_x/2) = (\Delta k_x a_x/2)^2$，得到

$$|\mathscr{S}(\Delta\boldsymbol{k})|^2 = N_z^2 \frac{1/2}{(\Delta k_x a_x/2)^2} \frac{1/2}{(\Delta k_y a_y/2)^2} \tag{10.182}$$

$$|\mathscr{S}(\Delta\boldsymbol{k})|^2 = 4N_z^2 \frac{1}{(\Delta k_x a_x)^2(\Delta k_y a_y)^2} \tag{10.183}$$

图 10.23 画出了函数 $(\Delta k_x \Delta k_y)^{-2}$ 的等值线图。对沿着 $\hat{\boldsymbol{x}}$(或 $\hat{\boldsymbol{y}}$)方向的变态选择(如 $\Delta k_y = 0$)，可以知道强度随 Δk_x^{-2} 降低。但是，对 k 空间的所有其他方向，强度随 Δk^{-4} 降低(降低的速率依赖于 $\Delta\boldsymbol{k}$ 的特殊取向)。

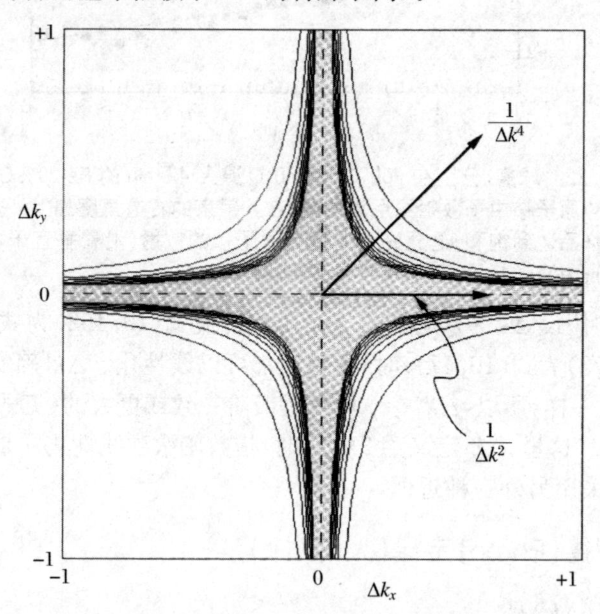

图 10.23　函数 $1/(\Delta k_x^2 \Delta k_y^2)$ 的等值线图；沿着 $\hat{\boldsymbol{x}}$ 和 $\hat{\boldsymbol{y}}$ 方向，函数有依赖于 $\Delta\boldsymbol{k}$ 的变态关系

假设散射颗粒是立方的，边长为 $N_z a$。方程(10.183)给出 k 空间沿着 $\hat{\boldsymbol{x}}+\hat{\boldsymbol{y}}$ 方向的强度是

$$\boldsymbol{I}(\Delta k) = |\mathscr{F}(\Delta k)|^2 4N_z^2 \frac{1}{(\Delta k a/\sqrt{2})^4} \tag{10.184}$$

$$I(\Delta k) = |\mathscr{F}(\Delta k)|^2 16N_z^2 a^2 \frac{1}{V^2 \Delta k^4} \tag{10.185}$$

这里，$V = a^3$ 是单胞体积。注意，颗粒的表面积 S 是

$$S = 6N_z^2 a^2 \tag{10.186}$$

它可用来重写式(10.185)：

$$I(\Delta k) = |\mathscr{F}(\Delta k)|^2 S \frac{8}{3V^2 \Delta k^4} \tag{10.187}$$

如果考虑 $I(\Delta k)$ 与 Δk 在 k 空间沿着其他方向的依赖关系，式(10.185)中的恒量因子是较大的(图10.23给出了证据)。通常假设球形颗粒，分析一个球的形状因子强度，可得到下面的结果：

$$I(\Delta k) = |\mathscr{F}(\Delta k)|^2 S \frac{2\pi}{V^2 \Delta k^4} \tag{10.188}$$

这里，S 是球状颗粒的表面积，并且常规的入射波矢是 $k \equiv 2\pi/\lambda$。

方程(10.188)是 $\Delta k^4 I(\Delta k)$-Δk"波罗德(Porod)图"的基础。这里，对球形颗粒①，并且当 Δk 大时，它应该是一条水平线。波罗德图中曲线的高度可以用来测量颗粒的表面积。更典型地，数目为 $\mathscr{N}$ 的颗粒是嵌在基体中的(基体的散射因子是 $\mathscr{F}_0(\Delta k)V^{-1}$)。本质的想法是：当在基体中嵌入一个颗粒时，颗粒体积大小的基体的形状因子强度被移除，取而代之的是颗粒的形状因子强度(见6.5.3小节)。假设颗粒与位置不存在关联，基体中一系列球形颗粒的小角散射强度是

$$I(\Delta k) = \frac{|\mathscr{F}(\Delta k) - \mathscr{F}_0(\Delta k)|^2}{V^2} \mathscr{N} S \frac{2\pi}{\Delta k^4} \tag{10.189}$$

当已知颗粒和基体之间的散射因子密度差时，可以用波罗德图来求 $\mathscr{N}S$。更典型的是，进行比较性的测量时，一个样品中的颗粒与在另一个样品中的颗粒有系统差。对定量分析有用的做法是，用直接从透射电子显微镜暗场像测量得到的颗粒尺寸来校正实验(见9.5节)。

最后，考虑这个六面体的棱柱状颗粒沿着 k 空间 $\hat{\boldsymbol{x}}$ 方向的 $I(\Delta k)$ 对 Δk^{-2} 的变态依赖关系是有意义的(图10.23)。图10.23中的场合没有显示所期望的那种 $I(\Delta k)$ 对 Δk^{-4} 的依赖关系，因为 $\Delta k_y a_y \ll 1$。当 $a_y \ll \Delta k_y^{-1}$ 时，小角散射技术失去了对颗粒 y 方向的敏感，因为这个方向的强度不随 Δk 改变。当颗粒的某一个线度非常小时，Δk 依赖关系以因子 Δk^2 增加。扁平颗粒具有 $I(\Delta k)$ 正比于 Δk^{-2} 的关系。颗粒的维数可以从 $\ln[I(\Delta k)]$-$\ln(\Delta k)$ 曲线的斜率得到。非整数的斜率已经用于解释颗粒形状的分形特征，或者解释颗粒和基体之间的扩散界面。

10.5.4 密度-密度关联(全部的 Δk)‡*

在上两小节10.5.2和10.5.3中，我们利用衍射波从形状因子的角度分析了

① 以及其他致密的三维物体。

小角散射的强度。本章的主要内容是帕特森函数的发展。原则上，帕特森函数对理解小角散射比纪尼埃分析或者波罗德分析更普遍、有用。这种方法很像10.4节中的径向分布函数，而令人感兴趣的帕特森函数和式(10.143)几乎相同。但是式(10.143)中的第一项是不重要的，因为其δ函数衍射效应延伸到比小角散射测量的Δk范围要大得多的范围。对小角散射，我们更关心式(10.143)中的第二项：

$$P(\boldsymbol{r}) = f_{\mathrm{at}}^{*}(\boldsymbol{r}) * f_{\mathrm{at}}(-\boldsymbol{r}) * \int_{-\infty}^{\infty} [\rho_0 + \delta\rho(\boldsymbol{r}')][\rho_0 + \delta\rho(\boldsymbol{r}+\boldsymbol{r}')]\mathrm{d}^3\boldsymbol{r}' \tag{10.190}$$

其中，ρ_0是平均原子密度，$\delta\rho(\boldsymbol{r})$既有正的也有负的，因此式(10.142)成立。根据式(10.142)，可以用和式(10.145)相同的方法简化帕特森函数：

$$P(\boldsymbol{r}) = f_{\mathrm{at}}^{*}(\boldsymbol{r}) * f_{\mathrm{at}}(-\boldsymbol{r}) * \left[N\rho_0 + \int_{-\infty}^{\infty} \delta\rho(\boldsymbol{r}')\delta\rho(\boldsymbol{r}+\boldsymbol{r}')\mathrm{d}^3\boldsymbol{r}'\right] \tag{191}$$

根据式(10.146)，定义一个径向分布函数：

$$R(\boldsymbol{r}) \equiv \frac{1}{N}\int_{-\infty}^{\infty} \delta\rho(\boldsymbol{r}')\delta\rho(\boldsymbol{r}+\boldsymbol{r}')\mathrm{d}^3\boldsymbol{r}' \tag{10.192}$$

函数$R(\boldsymbol{r})$是材料中密度不均匀性的关联函数。衍射强度是式(10.191)的傅里叶变换：

$$I(\Delta\boldsymbol{k}) = N\,|\,f_{\mathrm{at}}(\Delta\boldsymbol{k})\,|^2\int_{-\infty}^{\infty} \mathrm{e}^{-\mathrm{i}\Delta\boldsymbol{k}\cdot\boldsymbol{r}}[\rho_0 + R(\boldsymbol{r})]\mathrm{d}^3\boldsymbol{r} \tag{10.193}$$

$$I(\Delta\boldsymbol{k}) = N\,|\,f_{\mathrm{at}}(\Delta\boldsymbol{k})\,|^2\left[\delta(\Delta\boldsymbol{k})\rho_0 + \int_{-\infty}^{\infty} \mathrm{e}^{-\mathrm{i}\Delta\boldsymbol{k}\cdot\boldsymbol{r}}R(\boldsymbol{r})\mathrm{d}^3\boldsymbol{r}\right] \tag{10.194}$$

进一步假设$R(\boldsymbol{r})$是各向同性的，根据式(10.114)～式(10.124)，有

$$I(\Delta k) = N\,|\,f_{\mathrm{at}}(\Delta k)\,|^2\left[\delta(\Delta k)\rho_0 + \int_{r=0}^{\infty} \frac{\sin(\Delta kr)}{\Delta kr}R(r)4\pi r^2\mathrm{d}r\right] \tag{10.195}$$

在10.4.2小节已经讨论过式(10.195)的反演。孤立并且删除$\delta(\Delta k)$在$\Delta k = 0$处的峰，得到函数$R(r)$：

$$R(r) = \frac{1}{2\pi^2 r}\int_{0}^{\infty} \Delta k\sin(\Delta kr)\mathscr{I}'(\Delta k)\mathrm{d}\Delta k \tag{10.196}$$

这里，归一化并且没有向前束的强度是$\mathscr{I}'(\Delta k) = I'(\Delta k)[N|f_{\mathrm{at}}(\Delta k)|^2]^{-1}$。函数$R(r)$是关于平均密度为$\rho_0$的均匀合金的过剩密度，而且函数$R(r)$以单胞体积内的原子数目为单位。函数$R(r)4\pi r^2\mathrm{d}r$是平均过剩原子数目(以位于原点的原子为中心、半径为r、厚为$\mathrm{d}r$的球壳内)。

原则上，径向分布函数$R(r)$或者RDF是从小角散射数据中提取实空间信息最直接的方法。正如10.4.2小节结尾所提到的：用RDF方法分析数据时，Δk应当有一个宽的范围，以避免由式(10.196)中积分的限制所引起的问题。为了得到有用信息的$R(r)$(在原子间距宽的范围)，把数据延伸到非常小的Δk的场合通常是重要的。

实际上,对小的 Δk 进行测量的需求所带来的小角散射科学仪器和粉末衍射仪(见第1章)完全不同。小角散射的仪器应用了透射几何,避免了衍射角的精确机械控制。(束线的中止使得向前束不必使用位置灵敏探测器来探测)。仪器设计的中心问题是:避免向前束污染、干扰数据。向前束有几个角度宽化的来源。有准直好的入射束是重要的要求,但准直和强度之间通常需要折中。在小角X射线散射(SAXS)仪器中,要求具备真空的X射线路径,以抑制在前进方向上空气的散射以及所有外来的散射和反射。尽管同步加速器源提供了高强度、准直好的X射线束,但在小实验室也能做质量好的小角散射(SAXS)测量。[10] 小角中子散射(SANS)仪器在中子散射中心很常用,小角中子散射测量(SANS)对研究聚合物和生物材料的介观尺度结构已经变得重要。

10.6 拓展阅读

Cowley J M. Diffraction Physics. 2nd ed. Amsterdam: North-Holland Publishing, 1975.

Barrett C, Massalski T B. Structure of Metals. 3rd ed. Oxford: Pergamon Press, 1980.

Egami T, Billinge S J L. Underneath the Bragg Peaks: Structural Analysis of Complex Materials. Oxford: Pergamon Materials Series, Elsevier, 2003.

Guinier A. X-Ray Diffraction in Crystals, Imperfect Crystals, and Amorphous Bodies. New York: Dover, 1994.

Klug H R, Alexander L E. X-Ray Diffraction Procedures. New York: Wiley-Interscience, 1974.

Krivoglaz M A. Theory of X-Ray and Thermal Neutron Scattering by Real Crystals. New York: Plenum Press, 1969.

Schwartz L H, Cohen J B. Diffraction from Materials. Berlin: Springer-Verlag, 1987.

Warren B E. X-Ray Diffraction. New York: Dover, 1990.

习 题

10.1 本题讲述散射时间对典型的德拜-沃勒因子的影响。考虑同一衍射峰在各种情形下从铁$(110)_{bcc}$发出的衍射。

(1) 晶体中原子热振动的数量级约为10^3 Hz。在下面散射过程中发生了多少次热振动?(a) 一束能量为 10 keV 的 X 射线;(b) 一个具有 100 keV 的电子;(c) 一个速度为 1 000 m/s 的运动中子且被磁性原子(假设半径为10^{-8} cm)的电子散射;(d) 一束能量为 14.4 keV 的 γ 射线被原子核散射持续共振10^{-7} s。(对(a)～(c)的情形,假设散射时间是 1 000 个波峰跨越散射势所需要的时间。)

(2) 在(1)中的四种辐射情形中的德拜-沃勒因子都相等吗?为什么?

10.2 一块铜试样中含有 N 个原子。假设随机选择 $0.1N$ 个铜原子,并将这些铜原子从晶体取出丢弃,取出过程中不影响或干扰其他原子的位置。

以电子为单位,写出漫散射强度的表达式。(注意:以电子为单位时 $f_{Cu}=29$。)

10.3 对一组原子来说,相干横截面积是一个常量。当这些原子的占位无序引起漫散射时,可以测定出其漫散射的强度,它就是总的相干散射与布拉格峰的强度之差。利用$\langle f\rangle$的式(10.79)和类似于 $c_A^2=c_A(1-c_B)$ 的表达式,从式(10.87)推算出式(10.85)的值。

10.4 在一块 A-B 合金中,当不存在化学短程有序时,如果 A 和 B 原子的尺寸不同,证明漫散射的 Δk 依赖关系将和布拉格峰包络的 Δk 依赖关系不相同。假设这两种 Δk 依赖关系都仅仅来自原子形状因子。

(提示:如图 10.12 所示,对 P_{devs},原子形状的卷积仅对与原子自身相似的原子进行卷积积分,其中 P_{avge}包含 $f_A(x)$和 $f_B(-x)$的卷积。)

10.5 利用式(10.111)计算从完美有序的 B2 结构发出的(100)面超晶格衍射的强度。

(提示:考虑 $\alpha(n)$沿着[100]方向的交替变化。)

10.6 在图 10.24 的一维晶体中,A 原子所在的每个位置都带有一条实的垂直线。虚线上的位置表示可随机插入 B 原子的位置,f 是 B 原子所占据位置的分数。

(1) 当 $f=0$ 时,衍射强度是多少?

(2) 当 $f=1$ 时,衍射强度是多少?

(3) 当 $f=0.5$ 时,衍射强度是多少?

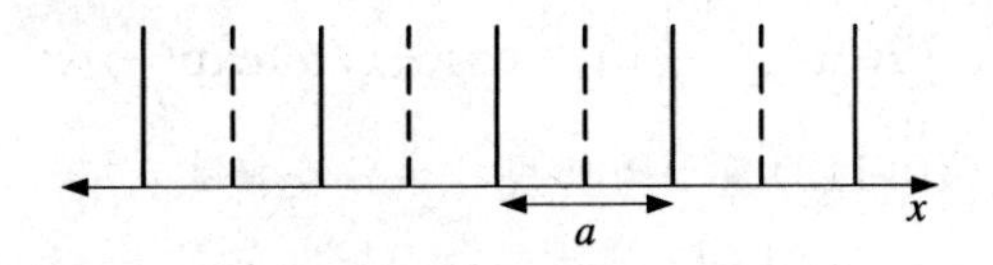

图 10.24　习题 10.6

10.7　利用式(10.124),即

$$I(\Delta k)=\int_0^{\infty}\frac{\sin(\Delta kr)}{\Delta kr}P(r)4\pi r^2\mathrm{d}r \tag{10.197}$$

计算表 10.1 给出的简单立方晶体中最直接的几种原子关联发出的衍射花样图谱(帕特森函数 $P(r)$ 将是原子间距的 δ 函数的级数)。证明衍射峰在 $\Delta k=\sqrt{h^2+k^2+l^2}/a$ 处出现。

表 10.1　习题 10.7 的数据

对	距离	数目
自关联	0	1
第一最近邻	a	3
第二最近邻	$\sqrt{2}a$	6
第三最近邻	$\sqrt{3}a$	4

10.8　(1) 利用具有化学无序的线性晶体合金的散射公式(10.86):

$$I_{\text{total}}(\Delta k)=Nc_{\mathrm{A}}c_{\mathrm{B}}\mid f_{\mathrm{A}}-f_{\mathrm{B}}\mid^2+N\mid\langle f\rangle(\Delta k)\mid^2\sum_h\delta(\Delta k-2\pi h/a) \tag{10.198}$$

证明漫散射的强度和布拉格衍射的强度之和为

$$I_{\text{integ}}(\Delta k)=Nc_{\mathrm{A}}\mid f_{\mathrm{A}}\mid^2+Nc_{\mathrm{B}}\mid f_{\mathrm{B}}\mid^2 \tag{10.199}$$

其中,强度 $I_{\text{total}}(\Delta k)$的范围积分为 Δk(Δk 等于一个倒格子矢量)。为简单起见,假设 Δk 与原子形状因子f之间不存在依赖关系。

(2) 一块合金的积分衍射强度 $I_{\text{integ}}(\Delta k)$是否依赖于A,B原子的空间排列?

10.9　(1) 计算一块一维的A-B合金的短程有序漫散射的强度,其中B组元在合金中占50%。利用下面A,B原子位置之间的关联:

当 x 为 a 的偶数倍时

$$P_{\mathrm{A}}\mid B(x)=\frac{1}{2}[1-\exp(-\beta x^2)]$$

当 x 为 a 的奇数倍时

$$P_{\mathrm{A}}\mid B(x)=\frac{1}{2}[1+\exp(-\beta x^2)]$$

其中,a 是晶格常数。为简单起见,利用连续的表达式

$$P_{\mathrm{A}} \mid B(x) = \frac{1}{2}[1 - \cos(\pi x/a)\exp(-\beta x^2)] \tag{10.200}$$

对所有的 x 值,把式(10.112)变形为傅里叶余弦变换式:

$$I(\Delta k) = N\frac{1}{2}\frac{1}{2}\mid f_{\mathrm{A}} - f_{\mathrm{B}}\mid^2\int_0^\infty \alpha(x)\cos(\Delta kx)\mathrm{d}x \tag{10.201}$$

(2) 当 $\beta=0$ 或 $\beta=\infty$ 时,合金中的化学有序状态发生什么变化? 在这两种极端的情形下,漫散射强度发生什么变化?

10.10　从颗粒尺寸分布(不同颗粒在它们的相互位置之间不存在关联)可以得到小角散射中的波罗德行为有类似于式(10.189)的结果。考虑 9.4.2 小节中的颗粒尺寸分布,其中,假设相干衍射材料的晶粒柱的长度是随机的,那么,柱的长度分布为

$$p(l) = \frac{1}{\langle l\rangle}\exp\left(-\frac{1}{\langle l\rangle}\right) \tag{10.202}$$

式中$\langle l\rangle$是晶粒柱的平均长度。9.4.3 小节推导出了这种长度分布中的一列晶粒柱的原子的自关联函数。这个自关联函数也是一个指数函数,可以写成

$$P(x) = \frac{1}{\langle x\rangle}\exp\left(-\frac{|x|}{\langle x\rangle}\right) \tag{10.203}$$

假设沿着 y 方向的自关联函数也具有类似的形式。某一垂直于 $\hat{\boldsymbol{z}}$ 方向(入射波矢沿着 $\hat{\boldsymbol{z}}$ 方向)的总的帕特森函数就是乘积 $P(x)P(y)$。

证明小角散射的强度(得到的总的帕特森函数的傅里叶变换式)对大的 k 衰减到 k^{-4}。

(提示:$k=\sqrt{k_x^2+k_y^2}$,因此,利用傅里叶变换式的指数 $\exp[-\mathrm{i}(k_x\hat{\boldsymbol{x}}+k_y\hat{\boldsymbol{y}})\cdot(x\hat{\boldsymbol{x}}+y\hat{\boldsymbol{y}})]$很方便。)

10.11　图 10.25 画出了在入射束方向上 $\boldsymbol{r}_1$ 和 $\boldsymbol{r}_1'$两点处散射角为 2θ 的散射。激发出的、沿着 $\boldsymbol{r}_2$ 和 $\boldsymbol{r}_2'$的波有近似相位叠加的波峰,特别是在小的 2θ 角处。

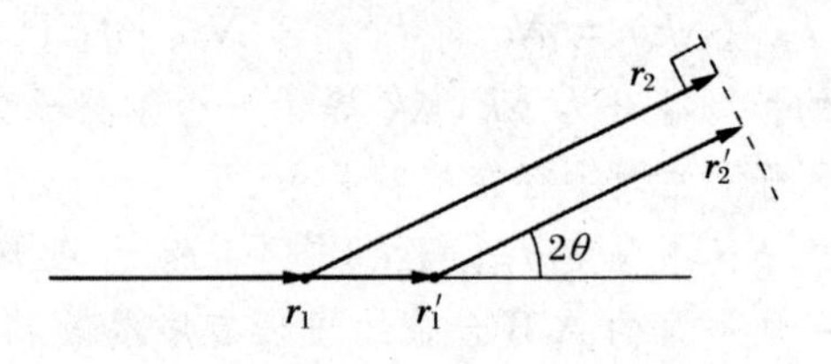

图 10.25　习题 10.11

(1) 当沿着 $\boldsymbol{r}_2$ 和 $\boldsymbol{r}_2'$方向的波的波程相差 $\lambda/2$ 时,找出夹角 $2\theta'$与 $\boldsymbol{r}_1$,$\boldsymbol{r}_1'$之间间距的关系。

(2) 解释为什么(1)的结果说明了小角散射主要测量一个物体(至少是坚实物体)垂直于入射束的宽度。

(提示:参看图 10.23。)

10.12　写出从式(10.75)导出式(10.76)缺省的步骤。

（提示：复习 4.3.3 小节的步骤，特别是使得 $\Delta \boldsymbol{k}$ 与 $\hat{z}$ 在同一直线上的技巧。你将会碰到积分 $\int_{-\infty}^{\infty}(\sin sr)/r\mathrm{d}r$，对 $-s$，0，$+s$，这个积分有不同的值。请问：s 的符号影响强度吗？）

10.13　如果试图通过把某一特定 $\Delta k'$ 值处的散射强度赋予 $r'=2\pi/\Delta k'$ 的尺寸特征，对小角散射数据的解释有时是错误的。为什么这样做是错误的？也就是说，为什么把尺寸为 r' 的散射物体的密度和特定的 $I(\Delta k')$ 联想在一起是天真的想法？

参 考 文 献

Chapter 10 title image conveys the important concept of Fig. 10.3.

[1] Warren B E. X-Ray Diffraction. New York: Dover, 1990:178-193.

[2] Ducastelle F. Order and Phase Stability in Alloys. Amsterdam: North-Holland, 1991: 439-442. This"relaxation energy"is important for the thermodynamics of many alloys.

[3] Rodriguez J A, Moss S C, Robertson J L, et al. Phys. Rev. B, 2006 74: 104115.

[4] Warren B E. X-Ray Diffraction. New York: Dover, 1990, 206-250.

[5] Schwartz L H, Cohen J B. Diffraction from Materials. Berlin: Springer-Verlag, 1987: 407-409.

[6] Cowley J M. , Diffraction Physics. 2nd ed. Amsterdam: North-Holland Publishing, 1975: 152-154.

[7] Williams A. Atomic structure of transition metal based metallic glasses. California: California Institute of Technology, 1981.

[8] Klug H P, Alexander L E. X-Ray Diffraction Procedures. New York: Wiley-Interscience, 1974: 791-859.

[9] Egami T. PDF analysis applied to crystalline materials//Billinge S J L, Thorpe M F. Local Structure from Diffraction. New York: Plenum, 1998: 1-21.

[10] Guinier A. X-Ray Diffraction in Crystals, Imperfect Crystals, and Amorphous Bodies. New York: Dover, 1994: 344-349.

第 11 章　高分辨 TEM 像

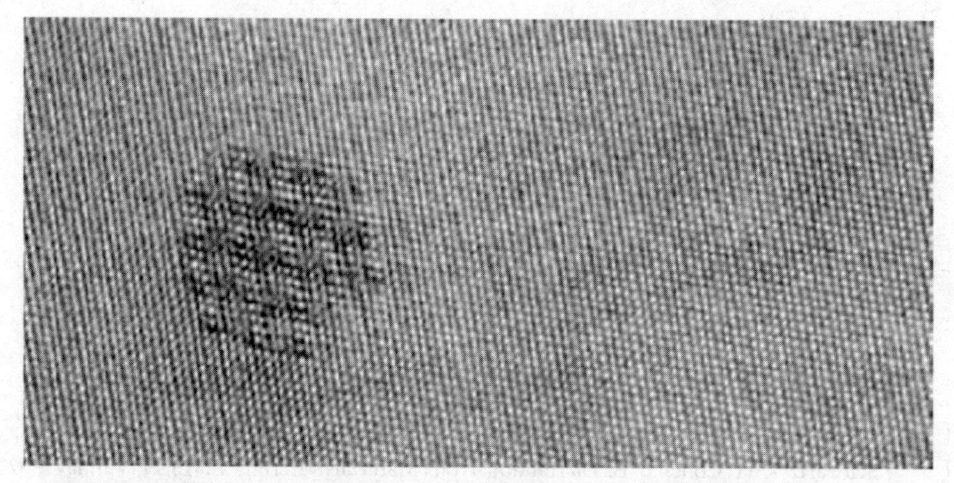

显微镜的空间分辨率是十分重要的。本章通过“高分辨透射电子显微术”的方法介绍了透射电镜获得最高分辨率的理论和技术，并展示了一些应用实例。2.3.5 小节曾指出，HRTEM 像是电子经试样衍射后，电子波函数本身的干涉图像，干涉图像应密切关注波的相位。当采用射线光学方法探讨一些几何图形问题时，HRTEM 成像过程中最重要的是对电子波前相位的深刻理解，以及电子波的相位是如何经试样和物镜而发生变化。试样可视为一种物，它提供了电子波的相位移，有时，它正比于自身的散射势。HRTEM 方法也要求密切关注物镜的操作和显微镜的其他特性。

本章介绍的物理光学理论，借助波的相位移对衍射和显微术进行处理，提出几种精巧的工具和模型。遗憾的是，试样的真实图像很少能够用简单而便捷的透镜或试样的模型进行解释。对能提供材料中原子排列定量信息的 HRTEM，像的计算机模拟通常是必需的。对 HRTEM 像的分析，应进行深思熟虑的计算机程序编辑，本章提供了一个综述，说明程序如何工作和使用。文中还介绍了几个实例，以表明哪种类型的研究课题可以用高分辨成像处理。选择这些实例还说明，HRTEM 像的简单解释是多么真实。

第 12 章描述了“高角环形暗场像”(HAADF)，或称“Z-衬度像”的方法。尽管

HAADF 像给出了原子分辨,但它在原理上与 HRTEM 像不同。HAADF 像采用了相干光形成亚纳米电子束,但被试样散射的光却是非相干的。

11.1　惠更斯原理

11.1.1　连续介质体中各点的子波

本章对电子衍射过程采用了"物理光学"的方法,它是基于物理光学中的惠更斯原理,该原理发展了对光衍射的理解。相对于单个原子散射的电子波的波动力学,物理光学更加经典。物理光学方法使用了散射的子波,但假设散射中心具有连续的分布,明显的处理方式是,在薛定谔方程中,假定势场 $U(\boldsymbol{r}')$等于常数 U,即有

$$\frac{-\hbar^2}{2m}\left(\frac{\partial^2}{\partial x^2}+\frac{\partial^2}{\partial y^2}+\frac{\partial^2}{\partial z^2}\right)\Psi+U\Psi=E\Psi \tag{11.1}$$

该方程有平面波解,将体积 V 归一化后,有

$$\Psi(x,y,z)=\Psi(\boldsymbol{r})=\frac{1}{\sqrt{V}}\mathrm{e}^{\mathrm{i}\boldsymbol{k}\cdot\boldsymbol{r}} \tag{11.2}$$

其中

$$\boldsymbol{k}=k_x\hat{\boldsymbol{x}}+k_y\hat{\boldsymbol{y}}+k_z\hat{\boldsymbol{z}} \tag{11.3}$$

$$\boldsymbol{r}=x\hat{\boldsymbol{x}}+y\hat{\boldsymbol{y}}+z\hat{\boldsymbol{z}} \tag{11.4}$$

$$k=|\boldsymbol{k}|=\sqrt{k_x^2+k_y^2+k_z^2}=\sqrt{\frac{2m(E-U)}{\hbar^2}} \tag{11.5}$$

方程(11.2)是大家熟知的结果,即平面电子波在经过均匀介质时不会受到阻碍。(因离子中心带正电,$U<0$,所以式(11.5)表明,材料中的 k 值比真空中的 k 值稍大。)

4.3.1 小节以整体的形式改写了薛定谔方程。对于散射波 $\Psi_{\mathrm{sc}}(\boldsymbol{r})$,式(4.70)和式(4.71)在弱散射条件下具有精确的解:

$$\Psi_{\mathrm{sc}}(\boldsymbol{r})=-\frac{m}{2\pi\hbar^2}\int_{r'}U(\boldsymbol{r}')\Psi_{\mathrm{in}}(\boldsymbol{r}')\frac{\mathrm{e}^{\mathrm{i}k|\boldsymbol{r}-\boldsymbol{r}'|}}{|\boldsymbol{r}-\boldsymbol{r}'|}\mathrm{d}^3\boldsymbol{r}' \tag{11.6}$$

上式对所有 $U(\boldsymbol{r}')$不等于零的位置进行了积分。式(11.6)是 $U(\boldsymbol{r}')\Psi_{\mathrm{sc}}(\boldsymbol{r})$与薛定谔方程的格林函数 $G(\boldsymbol{r},\boldsymbol{r}')$的卷积(参见式(9.22)),其中

$$G(\boldsymbol{r},\boldsymbol{r}')=-\frac{1}{4\pi}\frac{\mathrm{e}^{\mathrm{i}k|\boldsymbol{r}-\boldsymbol{r}'|}}{|\boldsymbol{r}-\boldsymbol{r}'|} \tag{11.7}$$

格林函数具有从 $\boldsymbol{r}'$点发散的球面子波的形式。对于势函数为常数 U 的均匀介质而言,式(11.6)变成入射波面 $\Psi_{\mathrm{in}}(r)$与球形子波 $R^{-1}\exp(\mathrm{i}kR)$的卷积。

将式(11.2)和式(11.6)联立起来,$U(\boldsymbol{r}')$可写成介质中体积 V 内间隔均匀的各点$\{\boldsymbol{r}_j\}$的 δ 函数之和:

$$U(\boldsymbol{r}') = U = \frac{UV}{N}\sum_{\boldsymbol{r}_j}^{N}\delta(\boldsymbol{r}' - \boldsymbol{r}_j) \tag{11.8}$$

将式(11.8)代入式(11.6),有

$$\Psi_{\mathrm{sc}}(\boldsymbol{r}) = -\frac{UVm}{2\pi N\hbar^2}\sum_{\boldsymbol{r}_j}^{N}\int_{\boldsymbol{r}'}\delta(\boldsymbol{r}' - \boldsymbol{r}_j)\Psi_{\mathrm{in}}(\boldsymbol{r}')\frac{\mathrm{e}^{\mathrm{i}k|\boldsymbol{r}-\boldsymbol{r}'|}}{|\boldsymbol{r} - \boldsymbol{r}'|}\mathrm{d}^3\boldsymbol{r}' \tag{11.9}$$

对于求和中的每一项,对 $\boldsymbol{r}' = \boldsymbol{r}_j$ 的 δ 函数进行积分:

$$\Psi_{\mathrm{sc}}(\boldsymbol{r}) = -\frac{UVm}{2\pi N\hbar^2}\sum_{\boldsymbol{r}_j}^{N}\Psi_{\mathrm{in}}(\boldsymbol{r}_j)\frac{\mathrm{e}^{\mathrm{i}k|\boldsymbol{r}-\boldsymbol{r}_j|}}{|\boldsymbol{r} - \boldsymbol{r}_j|} \tag{11.10}$$

方程式(11.10)表明,经过介质的电子波可描述为入射波面上一个特定的点 $\boldsymbol{r}_j$,每一次发射的单个球形子波 $\exp(\mathrm{i}k|\boldsymbol{r}-\boldsymbol{r}_j|)/|\boldsymbol{r}-\boldsymbol{r}_j|$之和。若式(11.10)中的$\Psi_{\mathrm{in}}(\boldsymbol{r}_j)$是一个平面波,这个描述与式(11.2)略显不同,在式(11.2)中,入射平面波通过均匀介质时,其传播不会受阻。两种描述是等价的,因为它们是薛定谔方程在恒定势场中的两个解。图 11.1 提供了这一合理性:两种描述事实上是相同的。一个典型的子波显示在图 11.1 的左边,右边则显示了由一列散射点发射的子波,这些散射点之间的距离比波长还要短。

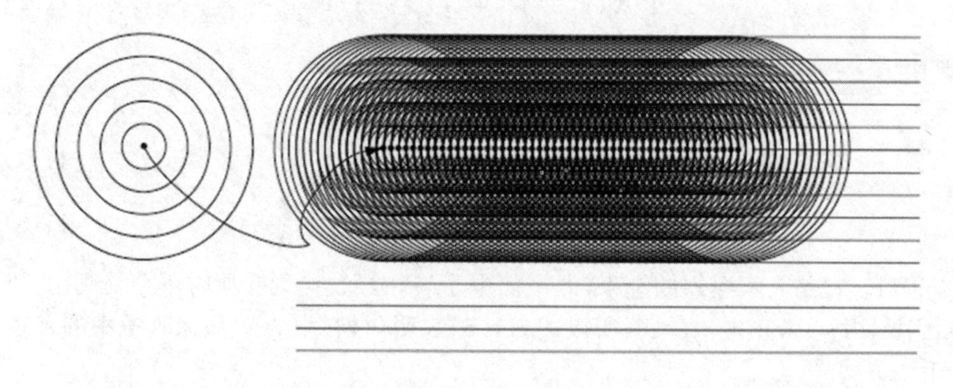

图 11.1　左边:从一点发射的子波。右边:从水平方向一列点同相位发射的子波。注意,由这些平面波提供的干涉效应是何等的富有建设性,这些平面波的波峰显示为直线

图 11.1 中所有散射点被描述为同相位发射,这要求所有散射点都是由同一个入射平面波照射的,沿着一列都具有入射平面波的波面。很明显,在图 11.1 右边,这一列散射点导致的美妙的干涉效应产生了向前的平面波和反射的平面波,它们具有相同的周期性。图 11.1 波的图案,可以被解释为入射波在向前方向无阻碍地传播,或解释为由多个散射点发射的子波的相干叠加,这个平面波的行为被发现在

散射点的附近，称之为“菲涅耳区域”①。

图11.2显示了一列不平行于波面的散射点，考察这些点附近的菲涅耳区域也是很有趣的。假定入射波(未显示)沿竖直方向传播，于是，它的波面在图中水平地前进。每一个散射点与近邻散射点相距的竖直距离是三分之一波长，这就导致入射平面波到达邻近散射点的延迟。仔细考察近邻每个散射点的圆环，可以发现，每个波峰与近邻散射点的波峰相差$2\pi/3$的相位。在菲涅耳区域子波的干涉引起向前散射和反射的平面波，这些波都具有入射平面波的周期性。

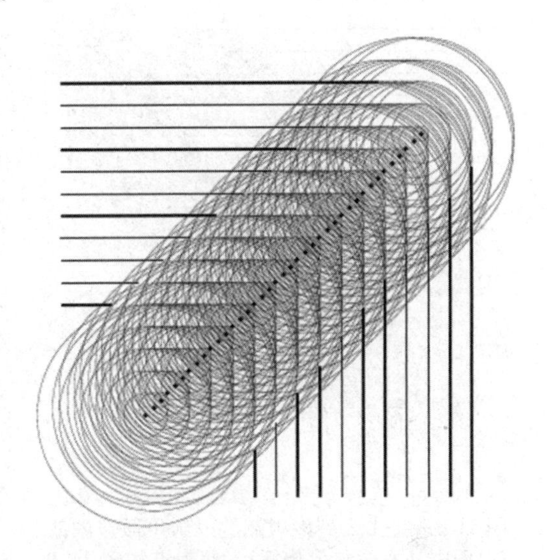

图11.2　相对于图中不断朝上的散射点，子波的发射伴随着相位的延迟。注意，在菲涅耳区域中有一个向前散射的平面波和一个向后反射的平面波

在图11.1和图11.2中，与单列散射点的情形对比，在一个连续介质的反射波会出现什么情况呢？对于一个连续的散射体，可以认为多列散射点取任意角度，于是，入射波似乎会向各个方向反射。然而，多取向的散射点列，反射波将失去干涉效应(参阅习题11.1)。图11.3展示了由图11.2中三列散射点发出的反射平面波干涉效应的丧失。向前散射的平面波保留了它的相干性，因为所有波峰对所有散射点保持相同的相位。因此，入射平面波正如预期的那样，竖直地经过连续介质体传播，而图11.2中的反射波却消失了。

现在，假定我们有一个类似金刚石晶体的透明介质，其原子对光的散射是弹性且相干的。用平面波辐照这个立方金刚石晶体，这样，晶体可以被认为如图11.1和图11.2②中的散射点构成的薄层。金刚石中每一薄层对光散射出微弱的向前传播的平面波，并再一次往下一个薄层散射。散射的重要特征是，每一次散射通常导致相位的延迟，每一个散射波的相位都落后于入射波。在一个连续介质体内，要求每一次散射相位滞后是等同的，这样只要波在介质中每单位长度经历确定数量的散射，相干效应便能持续。相位的滞后减缓了波在金刚石晶体中的传播，因此，

① 然而，当距离远远大于散射点列的宽度时，向外的波不再类似平面波。这个较远的区域称为“夫琅禾费区域”。对于菲涅耳区域和夫琅禾费区域，已发展了独立的数学方法对其光学问题进行处理；而且，在与散射点具有中等长度距离的区域，仅仅处理了一些特殊情况。本章在大多数情况下只关注邻近散射点附近的菲涅耳区域。

② 要维持波为平面波，金刚石晶体尺寸应比波长大，而散射区域应比波长小。

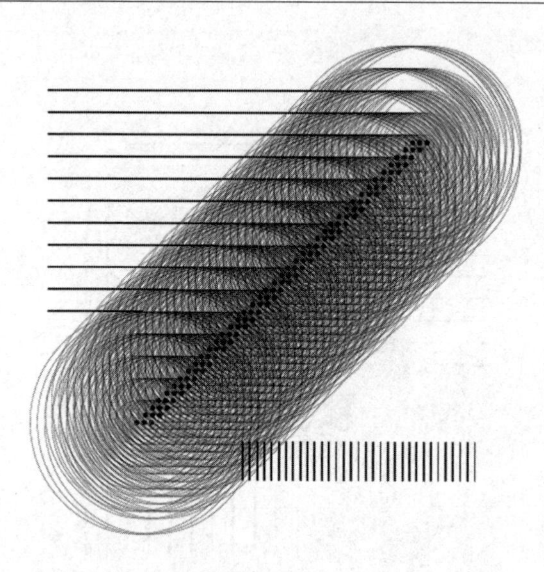

图 11.3　经由三列散射点的入射平面波的散射(图中从底部向上传播)。散射点如图 11.2 所示。注意反射波的消失——一个波的波峰与其他波的波谷重叠

要求金刚石的折射指数大于 1(参阅 2.5.1 小节)。折射指数大于 1 的数值正比于相位滞后的大小,而反比于介质特有的散射长度。对于介质中波的传播,忽略单个散射事件(假定无相位滞后),以及简单地假设波在介质中传播得更慢,通常更为方便。

散射过程中无相位滞后的假设,而不考虑介质中波速的改变,是散射分析一种方便的简化过程,这是在物理光学方法中处理衍射问题的观点,不管波被散射了多少次。这诱发了波处处被散射的假设:

波面上的每一个点产生一个新的球面波。

这一表述就是惠更斯原理。我们已经看到,折射指数的概念允许这一表述,尽管它不适合描述介质中波传播的微观物质图像。

11.1.2　球形波面的惠更斯原理——菲涅耳区

上一小节介绍了介质中平面波散射和传播的惠更斯原理,本小节讨论球形波的惠更斯原理。球形波的几何特征如图 11.4 所示。图中,弧形的散射点位于由左边点源发射的波面上,为体现完整性,图 11.4 的右边显示了聚焦是如何发生的(参阅图 2.33)。

我们忽略图 11.1 中间部分透镜的作用,仅仅考虑左边点源发出的球形波。基于惠更斯原理,入射波面上的每一表面元 dS 产生一个球形子波,在波面外的 P 点贡献振幅 d$\Psi_{sc}(P)$:

$$\mathrm{d}\Psi_{sc}(P) = -\mathrm{i}A(2\theta)\Psi_{in}\frac{\mathrm{e}^{\mathrm{i}kR}}{R}\mathrm{d}S \tag{11.11}$$

惠更斯原理要求过球形波面上所有的 dS 积分:

$$\Psi_{sc}(P) = -\mathrm{i}\int_{\text{波面}} A(2\theta)\Psi_{in}\frac{\mathrm{e}^{\mathrm{i}kR}}{R}\mathrm{d}S \tag{11.12}$$

该方程是球形波的格林函数 $\exp(\mathrm{i}kR)/R$,与入射波平面 $\Psi_{in}(r)$和权重函数

$A(2\theta)$的卷积①。$A(2\theta)$的唯一重要的特性是减小散射角 2θ，这有几个原因，如式(1.54)中的偏振因子。对于球形波的传播，应解释式(11.11)中的前置因子 $-\mathrm{i}$。(正如后面式(11.24)的解释)

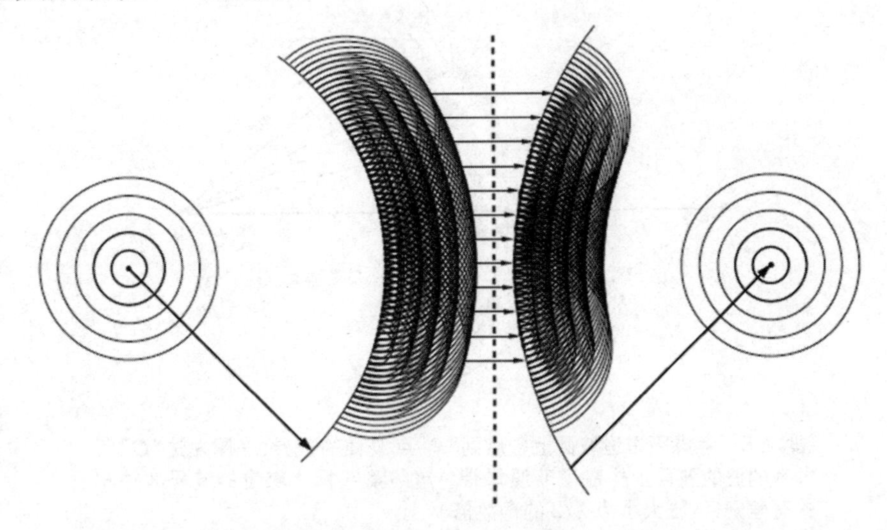

图 11.4　对于发散的球形波(左)和一个会聚的聚焦波面(右)惠更斯原理的应用，垂直虚线处如同一个透镜

方程式(11.12)是对入射波面上所有点的球形子波的发射进行相干求和。因为球形对称，这个积分在离开波源的任何方向都是相同的。在图 11.5 中，距离点波源"O" r 距离处有一波面，考虑从波面到 P 点对所有波程进行计算。显然，波面到 P 点的波程随散射角 2θ 增大，不同的波程相差了各种分数波长，因此，许多子波丧失了干涉效应，使分析变得困难。用惠更斯原理了解球形波传播的技巧采用了"菲涅耳区"，正如图 11.5 中波面的灰色区域。从菲涅耳区的子波发射增加了建设性(或至少部分的建设性)。菲涅耳区边缘被设定为波程相差 $\lambda/2$ 的奇数倍(参阅图 11.5 上部分的标记)。

为了获得 P 点的波，要对从 O 点发出的球形波面各点发射的子波进行相干求和。波面上每一个面元 $\mathrm{d}S$，在 P 点贡献了一个特定相位的波振幅。将 $\mathrm{d}S$ 转换为波程差 $\mathrm{d}R$，因为 $\mathrm{d}R$ 与波的相位差相关联。图 11.6 显示了余弦定律的坐标：

$$R^2 = r^2 + (r_0 + R_0)^2 - 2r(r_0 + R_0)\cos\chi \tag{11.13}$$

对 χ 取微分，注意式(11.13)中 R 仅仅是空间变量，它取决于 χ：

$$2R\mathrm{d}R = +2r(r_0 + R_0)\sin\chi\mathrm{d}\chi \tag{11.14}$$

图 11.6 中的圆环具有面元 $\mathrm{d}S$：

① 在图 11.6 中，$\boldsymbol{r} = (r_0 + R_0)\hat{z} - \boldsymbol{R}$，并在式(11.16)中用 $\mathrm{d}R$ 表示 $\mathrm{d}S$，方程(11.12)将取标准的卷积形式，$h(\chi) = \int_{-\infty}^{\infty} f(\chi - x)g(x)\mathrm{d}x$(式(9.22))。

$$dS = 2\pi r^2 \sin\chi d\chi \tag{11.15}$$

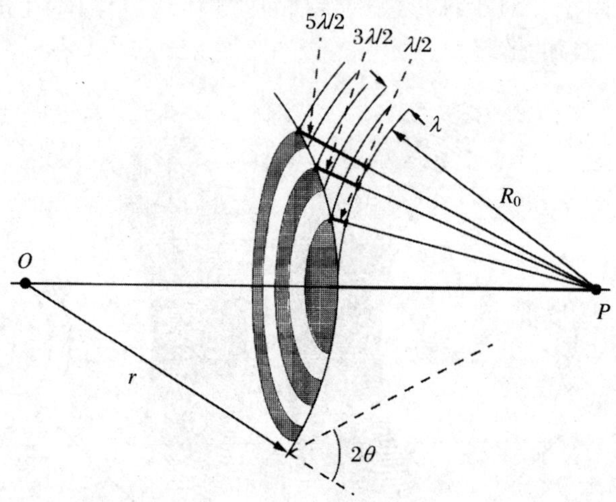

图 11.5　考虑图右边波面上各点到“P”点波程的差异，在图左边“O”点发射的波的波面上构造了菲涅耳带。虚线箭头标注部位的波程与轴向的有差别，波程大小为 $\lambda/2$ 的奇数倍

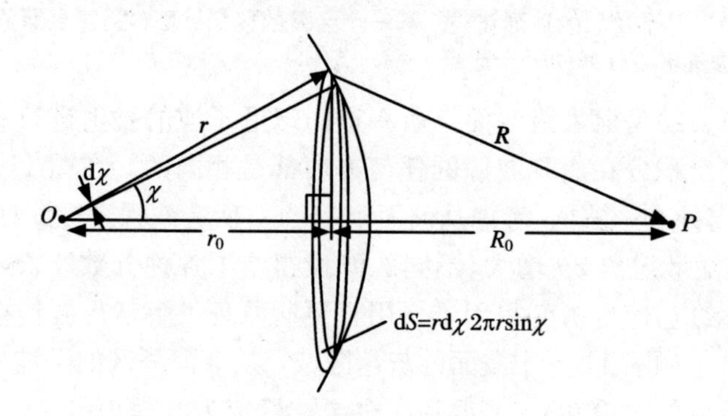

图 11.6　从球形波面对子波求和的几何表示

结合式(11.14)和式(11.15)，dS 和 dR 具有关系：

$$dS = \frac{2\pi r}{r_0 + R_0} R dR \tag{11.16}$$

将式(11.16)代入式(11.11)，使 R 从 R_0 到 R_{max} 整个范围内变化①，可计算出整个波面上发射的子波，于是得到

$$d\Psi_{sc}(P) = -i \frac{2\pi r}{r_0 + R_0} A(2\theta) \Psi_{in} e^{ikR} dR \tag{11.17}$$

入射球面波可写成

① R_{max}的精确值将被证明是不重要的。

$$\Psi_{in}(r) = \Psi_{in}^{0} \frac{e^{ikr}}{r} \tag{11.18}$$

将式(11.18)代入式(11.17)并积分，得 P 点的波振幅 $\Psi_{sc}(P)$ 为

$$\Psi_{sc}(P) = -i\frac{2\pi\Psi_{in}^{0}}{r_0 + R_0}e^{ikr}\int_{R_0}^{R_{max}} A(2\theta)e^{ikR}dR \tag{11.19}$$

式(11.19)的积分可以用第8章中的振幅-相位图来评估。在复平面中，$A(2\theta)\exp(ikR)dR$ 是长度为 $A(2\theta)dR$ 的矢量。若 $A(2\theta)$ 为一常数，从8.5.1小节中可知，振幅-相位图是由许多圈组成的圆，式(11.19)的积分是发散的。假定 $A(2\theta)$ 随着 2θ 的减小而减小，则式(11.19)的积分是收敛的①。因为 $A(2\theta)$ 随着 2θ 的减小而减小，振幅-相位图中连续不断的矢量变得越来越短，于是，振幅-相位图就不是一组圆，而是螺旋形的，正如图11.7所示(也可参阅图8.12)。

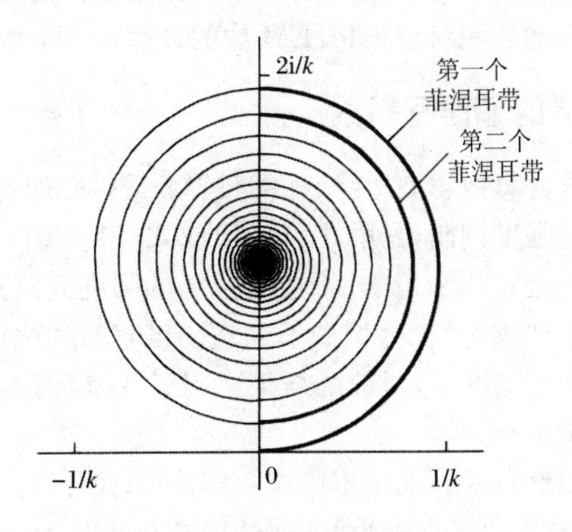

图11.7　式(11.19)积分的振幅-相位图。前两个菲涅耳带(图11.5中定义的)的贡献被注明

图11.17中螺旋的尾端是第一个菲涅耳带振幅一半的长度。因此式(11.19)对所有 R 的积分可以改写成对第一个菲涅耳带 R(R_0 到 $R_0+\lambda/2$)积分的1/2，于是，式(11.19)中的积分变成

$$\int_{R_0}^{R_{max}} A(2\theta)e^{ikR}dR = \frac{1}{2}\int_{R_0}^{R_0+\frac{\lambda}{2}} e^{ikR}dR \tag{11.20}$$

$$= \frac{1}{2}\frac{1}{ik}\left[e^{ik(R_0+\lambda/2)} - e^{ikR_0}\right] \tag{11.21}$$

$$= \frac{1}{2}\frac{1}{ik}e^{ikR_0}(e^{i\pi} - 1) \tag{11.22}$$

$$\int_{R_0}^{R_{max}} A(2\theta)e^{ikR}dR = +\frac{i}{k}e^{ikR_0} \tag{11.23}$$

① 幸运的是，在积分计算中，不需要知道 $A(2\theta)$ 函数的准确形式和 R_{max} 的精确值。

将式(11.23)代入式(11.19)，得到 P 点的总散射波：

$$\Psi_{sc}(P) = \frac{\lambda\Psi_{in}^{0}}{r_0 + R_0}e^{ik(R_0+r)} \tag{11.24}$$

方程(11.24)表明，惠更斯原理应用于球面波波面，在 $r_0 + R_0$ 位置上产生一个新的球面波。由于$(r_0 + R_0)^{-1}$因子的作用，新球面波的强度会减小。这就是球面波的传播过程。现在可以知道，为什么式(11.11)中散射子波需要引入 $+90^\circ$ 的相位——这个相位补偿了整个菲涅耳带平均相位 -90° 的延迟。通过乘以 $1/\lambda$ 对式(11.11)归一化是适合的，因为菲涅耳带在尺度上比 λ 大很多，这使式(11.23)中的积分值更大。

本节唯一的物理结果是，惠更斯原理正确地预测了球面波简单的传播。然而，更重要的是，数学的结果将使 11.2.1 小节中格林函数传播因子的定义成为可能。传播因子与入射波面的卷积对于 HRTEM 像的计算是一个重要的工具。

11.1.3　邻近边缘的菲涅耳衍射

惠更斯原理允许计算散射波边缘、光阑和界面处振幅的变化。“菲涅耳条纹”，是垂直于界面方位的强度调制，是由式(11.1)或式(11.6)中的散射势场 $U(\boldsymbol{r}')$所引起的。本小节对邻近一个平坦的、不透明边缘的强度调制进行计算。这些结果也适用于间断性不太严重的情况(例如不同透明度材料片之间的界面)，尽管这些条纹的强度较弱。通常情况下，目前的结果适用于 TEM 样品中孔洞边缘的条纹，而条纹间距小于孔洞半径。

参阅图 11.8 的几何构图，采用惠更斯原理计算，位于 x_0 处的不透明半平面的边缘将如何影响 P 点处的强度。为此，在透明部分半平面 $x > x_0$(纸平面向后延伸)处放置一个球面波源。子波源半平面的位置与点源 O 相距 r，与观察点 P 相距 R。对于半平面中不同位置的散射子波$(x > x_0, y, z = 0)$，r 和 R 的长度分别是

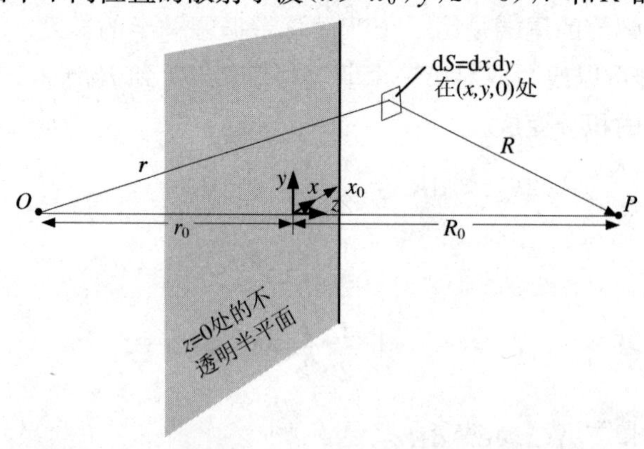

图 11.8　在球面波和观察点 P 之间的一个不透明的半平面(从纸平面往外)

$$r = \sqrt{r_0^2 + x^2 + y^2} \approx r_0\left(1 + \frac{x^2 + y^2}{2r_0^2}\right) \tag{11.25}$$

$$R = \sqrt{R_0^2 + x^2 + y^2} \approx R_0\left(1 + \frac{x^2 + y^2}{2R_0^2}\right) \tag{11.26}$$

现在,需要对式(11.11)中,P 点的子波振幅

$$\mathrm{d}\Psi_{\mathrm{sc}}(P) = -\mathrm{i}A(2\theta)\Psi_{\mathrm{in}}\frac{\mathrm{e}^{\mathrm{i}kR}}{R}\mathrm{d}S \tag{11.27}$$

过透明部分的半平面的所有微分面元进行积分。将入射波表达式(11.18),以及 r 和R 的表达式(11.25)和(11.26)代入式(11.27),过透明半平面的积分是

$$\Psi_{\mathrm{sc}}(P) = -\frac{\mathrm{i}}{2}\Psi_{\mathrm{in}}^0\int_{-\infty}^{\infty}\int_{x_0}^{\infty}\frac{\exp\{\mathrm{i}k[r_0 + (x^2 + y^2)/(2r_0)]\}}{r_0[1 + (x^2 + y^2)/(2r_0^2)]} \times \frac{\exp\{\mathrm{i}k[R_0 + (x^2 + y^2)/(2R_0)]\}}{R_0[1 + (x^2 + y^2)/(2R_0^2)]}\mathrm{d}x\mathrm{d}y \tag{11.28}$$

这里,设置 $A(2\theta)$的平均值为1/2,因为积分无须对它特别关注。继续假设 x 和 y 都小于 r_0 和 R_0,于是,分母中可以将 x 和 y 的平方项略去,而分子中的相位对 x 和 y 很敏感,重新整理得

$$\Psi_{\mathrm{sc}}(P) = -\mathrm{i}\Psi_{\mathrm{in}}^0\frac{\mathrm{e}^{\mathrm{i}k(r_0+R_0)}}{2r_0R_0}\int_{-\infty}^{\infty}\int_{x_0}^{\infty}\exp\left(\mathrm{i}kx^2\frac{r_0 + R_0}{2r_0R_0}\right)\exp\left(\mathrm{i}ky^2\frac{r_0 + R_0}{2r_0R_0}\right)\mathrm{d}x\mathrm{d}y \tag{11.29}$$

在 xy 平面,归一化的距离定义为

$$X \equiv x\sqrt{\frac{r_0 + R_0}{r_0R_0}} \tag{11.30}$$

$$Y \equiv y\sqrt{\frac{r_0 + R_0}{r_0R_0}} \tag{11.31}$$

$$\mathrm{d}x \equiv \mathrm{d}X\sqrt{\frac{r_0R_0}{r_0 + R_0}} \tag{11.32}$$

$$\mathrm{d}y \equiv \mathrm{d}Y\sqrt{\frac{r_0R_0}{r_0 + R_0}} \tag{11.33}$$

采用式(11.30)～式(11.33),重新写出式(11.29):

$$\Psi_{\mathrm{sc}}(P) = \frac{-\mathrm{i}\Psi_{\mathrm{in}}^0\mathrm{e}^{\mathrm{i}k(r_0+R_0)}}{2(R_0 + r_0)}\int_{X_0}^{\infty}\int_{-\infty}^{\infty}\mathrm{e}^{\mathrm{i}kX^2/2}\mathrm{e}^{\mathrm{i}kY^2/2}\mathrm{d}X\mathrm{d}Y \tag{11.34}$$

方程(11.34)对任意的 X_0 没有分析解。两个积分的实部和虚部定义为菲涅耳余弦和正弦积分 $C(X)$和 $S(X)$,于是,式(11.34)可改写成

$$\Psi_{\mathrm{sc}}(P) = \frac{-\mathrm{i}\Psi_{\mathrm{in}}^0\mathrm{e}^{\mathrm{i}k(R_0+r_0)}}{2(R_0 + r_0)}[C(X) + \mathrm{i}S(X)]_{X_0}^{\infty}[C(Y) + \mathrm{i}S(Y)]_{-\infty}^{\infty} \tag{11.35}$$

菲涅耳余弦和正弦积分被放置在同一平面内。然而,通常将这两个菲涅耳积分表示在复平面中一个曲线图上,这个 $C(X) + \mathrm{i}S(X)$的曲线图称为“角螺旋线”

(图 11.9)。

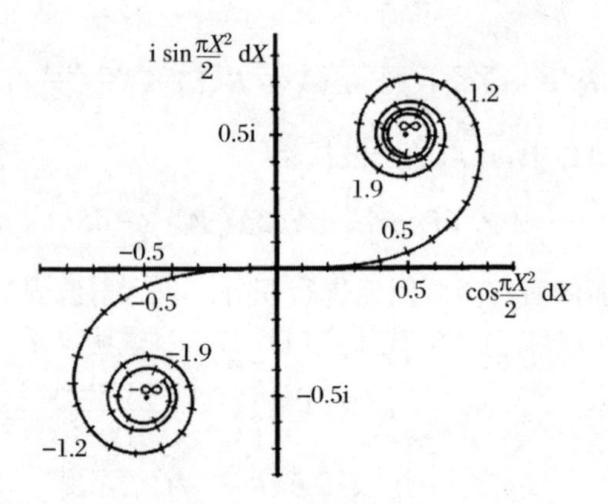

图 11.9　角螺旋线。螺旋线上的点被分割为 0.1 个单位(对于 X)增量(Slater J C, Frank N C. Introduction to Theoretical Physics. New York: McGraw-Hill,1933)。经 McGraw-Hill 公司允许重新复制

采用角螺旋线计算$[C(X)+\mathrm{i}S(X)]_{X'}^{X''}$很容易。首先,设置积分限 X' 和 X'',将其标注在螺旋线上。$-\infty$ 和 $+\infty$ 是螺旋线的端点,分别处于螺旋线左下和右上 $\pm 1/2(1+\mathrm{i})$的位置。例如,要计算式(11.35)中最后一个因子从 $-\infty$ 到 $+\infty$ 的积分,只需求差:$+1/2(1+\mathrm{i})-(-1/2)(1+\mathrm{i})=1+\mathrm{i}$。要计算从 X_0 到∞的第一个积分 $C(X)+\mathrm{i}S(X)$,只需测量图 11.10 中从∞点到螺旋线点 X_0 的直线距离。七个实例显示在图 11.10(a)中。根据这些直线的长度,显然当 $X_0=\infty$ 时,$[C(X)+\mathrm{i}S(X)]_{X_0}^{\infty}$为零,$X_0\approx-1.2$ 时有最大值,$X_0\approx-1.9$ 时有局域最小值。当 X_0 的值负向增长时,积分数值波动约为 $1+\mathrm{i}$,具有$\sqrt{2}$的振幅(图 11.10(b)和习题 11.2)。

图 11.8 中不透明边缘的位置是 x_0,相当于式(11.30)中的 X_0。当不透明边缘位置移动穿过光轴时,P 点的波振幅会有显著改变,如图 11.10(b)所示。当 x_0 为正值且很大时,波强度为零,因为不透明半平面阻碍了所有波的路径,而另一个极端情况是,当 x_0 接近 $-\infty$ 时,不透明半平面完全被移出。对于 $x_0=-\infty$ 的情况,通过估计式(11.35),可得到

$$\Psi_{\mathrm{sc}}(P)=\frac{-\mathrm{i}\Psi_{\mathrm{in}}^{0}\mathrm{e}^{\mathrm{i}k(r_0+R_0)}}{2(r_0+R_0)}(1+\mathrm{i})^2 \tag{11.36}$$

$$\Psi_{\mathrm{sc}}(P)=\frac{\Psi_{\mathrm{in}}^{0}\mathrm{e}^{\mathrm{i}k(r_0+R_0)}}{r_0+R_0},\quad x_0=-\infty \tag{11.37}$$

方程(11.37)表明,当不存在半平面时,P 点的波是一个畅通无阻的球面波。当 X_0 移动恰好穿过光轴(到负 x)时,将产生有趣的效应:亮条纹和暗条纹会交替出现。这种“菲涅耳”条纹图示于图 11.10(b),而实验室的例子显示在图 11.11 和图 2.43 中。若将明锐边缘固定而移动 P,可获得相同的结果,因为这也导致不透明边缘相对于光轴的移动。这便是样品明锐边缘 TEM 像的情况,像就是 xy 平面中所有 P

点波振幅的分布图。

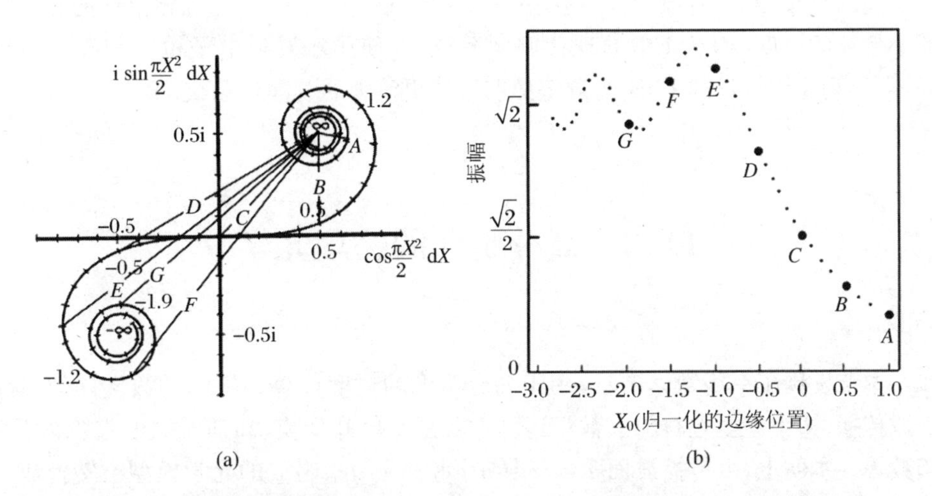

图 11.10　角螺旋线的使用。(a) 七个从 x_0 到 $+\infty$ 的积分($A\sim G$);(b) 图(a)中七个波振幅的示意图,对应于不同边缘位置 x_0 时 P 点的波振幅

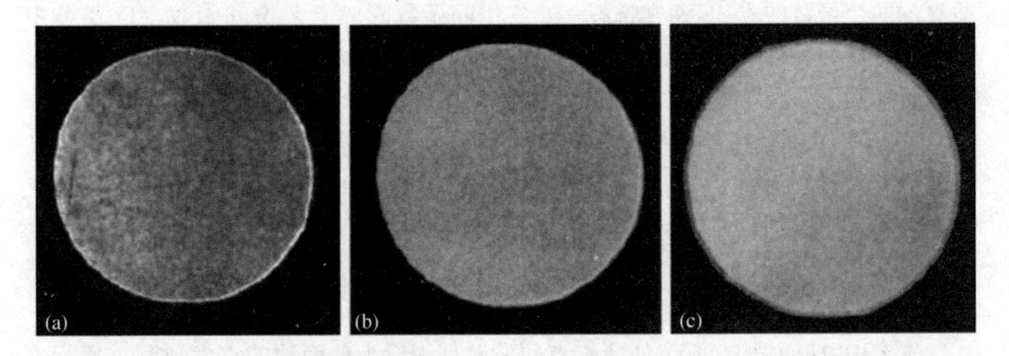

图 11.11　邻近孔洞边缘的菲涅耳条纹。(a) 欠焦条件下显示了一个亮条纹;(b) 聚焦条件下的图像;(c) 过焦条件下呈现出一个明显的暗条纹。注意环状条纹宽度是均一的,说明没有像散(参见图 2.43(d))

菲涅耳条纹的间距和可见度取决于显微镜的聚焦状态①。按照式(11.30),当 $R_0=0$ 时,试样将在 $X=\infty$ 处聚焦。从原理上讲,当试样处于精确聚焦时,不存在菲涅耳条纹。然而,当式(11.30)的分母为零时,图像对仪器的瑕疵高度敏感,这会影响聚焦。例如,在试样孔洞边缘获得最细的均匀的菲涅耳条纹是一个近似校正像散的方法。在欠焦条件下,一组紧紧相隔的菲涅耳条纹出现在孔洞边缘的图像中,或者环绕着一个不透明的颗粒。在 $r_0>R_0$ 的特殊情况下,这些菲涅耳条纹的间距增大,近似等于欠焦量的平方根(参阅习题 11.2(2))。菲涅耳条纹的可见度

① 条纹衬度也依赖于样品上入射波面的曲率,但聚焦效应更容易被观察到。

也依赖于波源的质量(图 11.8 中的 O 点)。若不是点光源,在光轴的位置会有一个明显的分布(或等效地,在不透明边缘 x_0 处有一个分布)。光源相干性的变差将减小条纹的衬度。TEM 中的现代照明系统,如使用场发射电子枪的高亮度点光源,会得到比钨灯丝或 LaB_6 光源等照明系统更清晰的菲涅耳条纹。

11.2　高分辨像的物理光学

本节发展了一组数学工具,用于高分辨像的衬度计算。不同的数学函数对应于波传播、透镜甚至是材料。数学运算主要是傅里叶变换、高斯函数的卷积以及 δ 函数等。本质上,由传播波面 p_R、试样 q_i 和透镜 q_{lens} 组成的光学模型被转换成一个数学模型,即实空间函数(q 和 p)或它们的傅里叶变换(Q 和 P)的乘积或卷积。每一个函数对应于模型的一个部分。为了用更方便的傅里叶变换的乘积替代难以运算的两个函数的卷积,通常选择一个实空间函数或一个 k 空间函数。11.1 节中惠更斯原理的表述诱导了波面传播因子的定义,这是波方程中格林函数的核心。这个传播因子 p_R 将球面波扩展到 R 的距离。透镜函数 q_{lens} 起到了一个相反的作用,其数学形式是将一个平面波会聚到距离为焦距 f 的一点。试样函数 q_i 提供了波面的相位移(和吸收),将在 11.2.3 小节中讨论。11.2 节中提出的这组数学工具,很适合理解高分辨 TEM 图像中透镜缺陷的效应。

11.2.1　波面和菲涅耳传播因子

本节中,球面波波面 r_0 处所有点的发射都假设为球面波的点发射源。实行这一惠更斯原理预示球面波正确地向前传播。实际工作涉及球面波传播因子与入射波面的卷积运算。对于求解薛定谔波动方程,采用格林函数方法是基本的程序。在格林函数的两种情况下,其“影响函数”,即式(11.7)或下面的式(11.38),是由波面上单个点发射的球面波。为计算整个散射波,这一点的响应是过整个波面振幅的卷积,即式(11.6)或式(11.12)。

这里,我们定义格林函数影响函数或(球面波的)“传播因子”为

$$p(R) \equiv \frac{-\mathrm{i}}{R\lambda}\mathrm{e}^{\mathrm{i}kR} \tag{11.38}$$

这个 $p(R)$ 与式(11.12)中波面卷积提供了 P 点的散射波振幅。因为 $R^2 = x^2 + y^2 + z^2$,所以

$$p(x,y,z) = \frac{-\mathrm{i}}{R\lambda}\mathrm{e}^{\mathrm{i}k(x^2+y^2+z^2)/R} \tag{11.39}$$

当在图 11.7 所示的菲涅耳区进行积分时，要获得正确的波强度，必须引入 $1/\lambda$ 因子。正如式(11.24)后面的阐释，当波长 λ 较大而 k 较小时，其相位-振幅的螺旋线较宽，且具有较大的振幅，除非 λ 被归一化。因子 $-\mathrm{i}$ 补偿了菲涅耳积分的相位移（正如式(11.24)之后的解释）。

现在，假定波沿 $\hat{z}$ 方向传播，受小角散射，$z \approx R$，因此，忽略式(11.39)中 $p(x,y,z)$ 对 z 的依赖①，用“菲涅耳传播因子”$p_R(x,y)$ 替代传播因子：

$$p_R(x,y) = \frac{-\mathrm{i}}{R\lambda}\mathrm{e}^{\mathrm{i}k(x^2+y^2)R} \tag{11.40}$$

这个传播因子与波面卷积向前传播到 R 距离的波面。

作为第一个实例，将传播因子应用于入射的球形波面。11.12 节中处理了球形波面函数 $q_{\mathrm{sphr}}(x,y)$ 与传播因子卷积的细节：

$$q_{\mathrm{sphr}}(x,y) = \frac{1}{r}\mathrm{e}^{\mathrm{i}k(x^2+y^2)/r} \tag{11.41}$$

于是，根据式(11.24)，结果为

$$\Psi_{i+1}(x,y) = q_{\mathrm{sphr}}(x,y) * p_R(x,y) = \frac{1}{R+r}\mathrm{e}^{\mathrm{i}k(x^2+y^2)/(R+r)} \tag{11.42}$$

这里，提前采用了 11.2.3 小节的多片层方法，$\Psi_i(x,y)$ 表示入射波，$\Psi_{i+1}(x,y)$ 表示经传播因子运算后的波。

菲涅耳传播因子应用的另一个实例是，考虑由点波源 $q_\delta(x,y)$ 发射的波，这是两个狄拉克 δ 函数的乘积：

$$q_\delta(x,y) = \delta(x)\delta(y) \tag{11.43}$$

变量 x 和 y 是独立的，于是，式(11.40)与式(11.43)中每个 δ 函数做卷积后仍为 $\exp(\mathrm{i}kx^2/R)$ 和 $\exp(\mathrm{i}ky^2/R)$：

$$\Psi_{i+1}(x,y) = q_\delta(x,y) * p_R(x,y) \tag{11.44}$$

$$\Psi_{i+1}(x,y) = \delta(x)\delta(y) * \frac{\mathrm{i}}{R\lambda}\mathrm{e}^{\mathrm{i}k(x^2+y^2)/R} = \frac{\mathrm{i}}{R\lambda}\mathrm{e}^{\mathrm{i}k(x^2+y^2)/R} \tag{11.45}$$

波强度为

$$\Psi_{i+1}^*\Psi_{i+1} = \frac{1}{\lambda^2R^2} \tag{11.46}$$

式(11.43)中的点波源波面与传播因子做卷积后，强度如预期那样减小到 $1/R^2$。因子 λ^{-2} 不能从校正式(11.42)中得到，而是在式(11.41)中令 r 为零获得。在进行 δ 函数卷积这一运算中，要求更巧妙的方法，而不是使用式(11.45)。在以下大多数情况下，忽略菲涅耳传播因子的前置因子，以避免取 δ 函数作为小球形波面限制的麻烦。

---

① 注意 $\exp(\mathrm{i}kz^2/R) \approx \exp(\mathrm{i}kR)$，因为 $\exp(\mathrm{i}kR)\exp(-\mathrm{i}kR) \approx 1$ 这一近似不影响波的强度。

11.2.2　透镜

图 2.33 显示了如何通过相位移的考虑来设计透镜的本质，而这个概念也在阐释惠更斯原理时图 11.4 中得以展示。本小节介绍透镜如何作为数学上的一种相位移器。透镜视为一个二维物体，在 xy 平面提供了相位移。一个焦距为 f 的理想透镜具有相函数：

$$q_{\text{lens}}(x,y) = \mathrm{e}^{-\mathrm{i}k(x^2+y^2)/f} \tag{11.47}$$

在透镜位置，波面的相位发生变化，应乘以 $q_{\text{lens}}(x,y)$。注意，相位移随偏离光轴(如式(11.47)中的 x^2+y^2)的大小以抛物线型增加，这与式(2.23)和旁轴光线的假设是一致的。

法则　透镜和传播因子的运行法则是：

· 透镜(和材料)以 $q(x,y)$ 表示，假定非常薄，它们的作用是使波发生相位移。在实空间透镜(和材料)的位置，物函数与波函数相乘。(透镜的畸变最好在 k 空间参数化，这里，透镜和材料的函数 $Q(\Delta k_x,\Delta k_y)$ 必须是卷积而非乘积。)

· 传播因子以 $p(x,y)$ 表示，使波面沿 $\hat{z}$ 方向行进，单个点的传播是球形波，但整个波面向前传播必须与 $p(x,y)$ 做卷积。(当波面在 k 空间表示为一组衍射束时，传播因子 $p(\Delta k_x,\Delta k_y)$ 在波面上的操作应是乘积而非卷积。)

例 1　考虑经过一个透镜的传播距离为 f 的平面波，其中 f 为透镜的焦距，波 $\Psi_{i+1}(x,y)$ 将被聚焦到一点，最后的波函数是①

$$\Psi_{i+1}(x,y) = \Psi_i(x,y)\, q_{\text{lens}}(x,y) * p_f(x,y) \tag{11.48}$$

为了简化，可忽略式(11.40)中的前置因子，而且仅考虑一维情况。平面波的波阵面在 x 方向没有变化，可表示为因子 1。将式(11.40)和式(11.47)代入式(11.48)，得

$$\Psi_{i+1}(x) = (1\mathrm{e}^{-\mathrm{i}kx^2/f}) * \mathrm{e}^{\mathrm{i}kx^2/f} \tag{11.49}$$

9.13 节中的式(9.23)表明，两个高斯函数的卷积是另一个高斯函数。在相位上宽幅相加，即使它们是复数时也如此。对于式(11.49)，宽幅 σ 为

$$\sigma = \sqrt{\frac{f}{-\mathrm{i}k} + \frac{f}{\mathrm{i}k}} = 0 \tag{11.50}$$

零宽幅的高斯函数是一个 δ 函数，于是式(11.49)变为

$$\Psi_{i+1}(x) = \delta(x) \tag{11.51}$$

正如预期的那样，对于理想透镜，透镜函数使平面波经过透镜后聚焦在一点，该点在透镜后 f 的位置。

例 2　一个点源传播 d_2 的距离到达透镜，穿过透镜后聚焦在 d_1 距离的位置，

---

① 注意式(11.48)在 k 空间的公式：$\Psi_{i+1}(\Delta k) = \Psi_i(\Delta k) * Q_{\text{lens}}(\Delta k) P_f(\Delta k)$。

这种情形如图 2.33 所示，对于传播因子和透镜，可以形式地写成①

$$\Psi_{i+1}(x,y) = q\delta(x,y) * p_{d_2}(x,y)q_{\text{lens}}(x,y) * p_{d_1}(x,y) \tag{11.52}$$

为了简化，仅考虑一维情况，并忽略式(11.40)中传播函数的前置因子，方程(11.52)成为

$$\Psi_{i+1}(x) = \delta(x) * (e^{ikx^2/d_2} e^{-ikx^2/f}) * e^{ikx^2/d_1} \tag{11.53}$$

从公式(2.1)可知，点源经透镜聚焦到一点，左边到右边传播的距离与下式相关：

$$\frac{1}{d_2} = \frac{1}{f} - \frac{1}{d_1} \tag{11.54}$$

将式(11.54)代入式(11.53)，有

$$\Psi_{i+1}(x) = \delta(x) * [e^{ikx^2(1/f-1/d_1)} e^{-ikx^2/f}] * e^{ikx^2/d_1} \tag{11.55}$$

$$\Psi_{i+1}(x) = \delta(x) * e^{-ikx^2/d_1} * e^{ikx^2/d_1} \tag{11.56}$$

正如对式(11.49)和式(11.50)的讨论，第二个卷积是 δ 函数，所以

$$\Psi_{i+1}(x) = \delta(x) \tag{11.57}$$

第二个例子表明，如何通过透镜的相位移并结合传播因子，将一个点光源经透镜传播并聚焦于一点，给定一个满意的透镜公式。

透镜畸变　目前已导出的形式上的公式将用于 11.3.2 小节，以分析非理想的透镜。透镜的缺陷改变了透镜的相位移，相当于在 k 空间作为一个因子与透镜的传递函数相乘。在 k 空间表述的相位传递函数 $\exp[iW(\Delta k)]$的最基本的特征将在 11.3.3 小节中讨论。然而，式(11.47)表示的实空间的透镜函数与 $\exp[iW(\Delta k)]$的傅里叶变换做卷积，可获得真实透镜的函数公式

$$q'_{\text{lens}}(x,y) = e^{-ik(x^2+y^2)/f} * F[e^{-iW(\Delta k)}] \tag{11.58}$$

式(11.58)中，相位传递函数作为 Δk 的函数，涉及入射电子与透镜光轴的夹角。只有当 $W(\Delta k)$为常数时②，才表现为理想透镜的特性。然而，我们预计，球差将导致 $W(\Delta k)$随 Δk 的增大而增大，这个问题的详细评估将放在 11.3.1～11.3.3 小节之中，重点在于如何通过调节 f 使 $q'_{\text{lens}}(x,y)$得到优化。

11.2.3　材料‡

已提出的物理光学方法，波的传播因子、波面，以及透镜的相位传递函数等，都与 11.4 节中介绍的高分辨 TEM 像的计算机模拟很好地相符。考虑电子波沿 $\hat{z}$ 方向传播，经过物体 N 层后的一般表达形式。每经过一层，波面的相位增加一点，而且在同一层中在 x,y 的不同位置(对应于原子列和通道)相位的增量不同。通过一层的相位增量由乘积因子 $q_i(x,y)$确定，$q_i(x,y)$可象征性地表达为 $q_i(x)$

---

① 注意式(11.52)在 k 空间的公式：$\Psi_{i+1}(\Delta k) = \Psi_i(\Delta k)P_{d_2}(\Delta k) * Q_{\text{lens}}(\Delta k) \times P_{d_1}(\Delta k)$，点源函数为 $\Psi_i(\Delta k)=1$。

② 在这种情况下，$\exp(-iW(\Delta k))$是常数 1，它的傅里叶变换是 δ 函数，在式(11.58)中，δ 函数与理想透镜函数 $\exp\{-ik[(x^2+y^2)/f]\}$的卷积，保留理想透镜函数的形式。

或 q_i(对于一层真空,$q_i(x)=1$)。电子波穿过一层再传播到下一层,必须用新的波面函数与传播因子 $p_i(x)$做卷积。经过 N 层后电子波函数的表达式是简单的,方程中间表示了经过零层的波函数,括号下面的数字匹配成对,表明了经过各层后的电子波函数。

$$\psi_{N+1}(x) = q_N(x)\underset{N}{\Big[}\underset{N-1}{\Big[}\cdots\underset{3}{\Big[}q_2\underset{2}{\Big[}q_1\underset{1}{\Big[}q_0 * p_0\underset{1}{\Big]} * p_1\underset{2}{\Big]} * p_2\underset{3}{\Big]}\cdots\underset{N-1}{\Big]} * p_{N-1}(x)\underset{N}{\Big]} \tag{11.59}$$

该方程可替换成在傅里叶空间的形式,其中 $Q(\Delta k)\equiv F^{-1}[q(x)]$,而 $P(\Delta k)\equiv F^{-1}[p(x)]$,传播因子在这个方程中是乘积而非卷积。

$$\psi_{N+1}(\Delta k) = Q_N(\Delta k) * \underset{N}{\Big[}\underset{N-1}{\Big[}\cdots\underset{3}{\Big[}Q_2 * \underset{2}{\Big[}Q_1 * \underset{1}{\Big[}Q_0 P_0\underset{1}{\Big]}P_1\underset{2}{\Big]}P_2\underset{3}{\Big]}\cdots\underset{N-1}{\Big]}P_{N-1}(\Delta k)\underset{N}{\Big]} \tag{11.60}$$

传播因子 $p_i(x)$与式(11.40)中的假定是相同的。换句话说,电子波在层与层之间的传播似乎在真空中传播,每一层都假定极其薄,仅仅提供了一个相位移 $q_i(x)$而没有传播。我们知道真空中传播因子的形式,但材料中 $q_i(x)$的含义是什么?

一般地,$q_i(x,y)$具有下面的形式:

$$q_i(x,y) = \mathrm{e}^{-\mathrm{i}\sigma\phi_i(x,y)-\mu(x,y)} \tag{11.61}$$

指数中的第一项考虑了相位随位置(x,y)的改变,第二项考虑了吸收。这是从薛定谔方程出发用衍射动力学理论对 q 的计算,晶体视为"相栅",将在 13.2.3 小节中提出。

晶体中电子的势能是 $-eV$(由于电子经过正离子核心,电势是负值)。为了保持总能量,晶体中电子的动能必须增加 $+eV$,以补偿负的势能。于是,真空中波矢 χ 是

$$\chi = \sqrt{\frac{2mE_0}{\hbar^2}} \tag{11.62}$$

晶体中的波矢 k 稍大(参阅式(11.5)):

$$k = \sqrt{\frac{2m(E_0 + eV)}{\hbar^2}} \tag{11.63}$$

$$k \approx \sqrt{\frac{2mE_0}{\hbar^2}}\left(1 + \frac{eV}{2E_0}\right) \tag{11.64}$$

$$k \approx \chi\left(1 + \frac{eV}{2E_0}\right) \tag{11.65}$$

因为 $k\neq\chi$,电子波穿过材料时有相位变化。在 t'时刻,波 $\psi(kz-\omega t')$的相位是 $kz-\omega t'$,当波从 z 传播到 $z+\mathrm{d}z$ 时,相位将增加 $k\mathrm{d}z$,平面波 $\psi_z=\exp(\mathrm{i}kz)$变成 $\psi_{z+\mathrm{d}z}=\exp[\mathrm{i}k(z+\mathrm{d}z)]=\psi_z\exp(\mathrm{i}k\mathrm{d}z)$。平面波在材料中从 z 传播到 $z+\mathrm{d}z$ 的平均位势为 $-e\bar{V}$,由式(11.65)中的 k 值给定平面波函数为

$$\psi_z + \mathrm{d}z \approx \psi_z \mathrm{e}^{\mathrm{i}\chi\mathrm{d}z}\exp\left(\mathrm{i}k\,\frac{e\bar{V}}{2E_0}\mathrm{d}z\right) \tag{11.66}$$

第一个指数项是预期的,这是电子波在真空中传播的结果(参阅式(11.38))。倘若我们认识到 $\bar{V}$ 依赖于原子在不同 x,y,z 的位置,则式(11.66)中的第二个指数项便更加有趣。当原子沿 z 方向排成原子列时,位势 $\bar{V}$ 在 x,y 平面是不相同的。我们感兴趣的是,电子通过不同 x,y 位置,经历不同位势 $\bar{V}$ 时是如何传播的。一个平面波传播过厚度 t 后,新的波面是通过对式(11.66)中的指数所有的相位移进行求和(积分):

$$\psi_{z+t} \approx \psi_z e^{i\chi z} \exp\left[\frac{ike}{2E_0}\int_0^t V(x,y,z)dz\right] \tag{11.67}$$

式(11.59)和式(11.60)中的多片层计算方法假定,相位移发生在极薄的片层,而间隔的距离却是 t。极薄片层的相位移和吸收等同于材料中厚度 t 后引起的相位移和吸收。第 n 层的相位移由 q_n 乘以波面函数得到,这里

$$q_n(x,y) = \exp\left[\frac{ike}{2E_0}\int_0^t V(x,y,z)dz\right] \tag{11.68}$$

采用式(11.59)中的 q_n 表示材料中一个薄层的作用。然后,式(11.40)中传播因子的作用是将波面传播 t 距离到下一个薄层。厚度 t 的选择将在11.4节中进一步讨论。当 t 是亚原子尺度时,这种类型的波散射计算肯定是精确的,但在实际中,可以接受大很多的 t 值(消光距离的一部分)。

进一步,我们需要"多片层"的计算机计算程序,这将在11.4节中描述。原则上,这些计算使用了式(11.68)中 q_n 和式(11.40)中 p 的表达式。多片层计算机程序要进行式(11.59)和式(11.60)中的一系列操作运算。其中,入射到第 i 层的波的相位移作为 x 和 y 的函数被计算,波再传播到第 $i+1$ 层,这个过程被反复迭代。在我们更详细讨论这个论题之前,接下来要描述的是,物镜如何改变了电子波面的相位。

11.3　实验高分辨像

11.3.1　失焦和球差

物镜的作用在高分辨电子显微术中是至关重要的。11.3.2小节中将表明,高分辨像的衬度源于电子波经过试样时的相位移。物镜作为改变电子波相位的部件,应被透彻地理解。图2.33和图11.4表明,对于聚焦的电子波,旁轴光线的相位大于中轴光线的相位。如果相位衬度像提供了有意义的信息,相位的增量必须被精准地确定。导致不精确性的原因是磁透镜(2.7.1小节)正的三级球差。球差

系数 C_s 若为正值，则意味着偏离光轴较大角度的光线聚焦在离透镜较近的位置（参阅图 2.37）。聚焦较近表示这些离轴光线因透镜而有较多的相位增量。不幸的是，所有短的螺旋形磁透镜的 C_s 都为正值，特别是螺旋形孔径和极靴间隙较大时如此。然而，通过调整透镜的聚焦，由球差引起的误差可部分得到补偿。通过优化入射光线的角度范围，相位改变范围变得可以接受。角度范围越大，对于被试样衍射的电子而言，其 Δk 能使用的范围也越大。Δk 越大对应于实空间中的距离越小。这时的像具有更高的空间分辨率。然而，由于离焦和球差对 Δk 的依赖不同，通过离焦对球差进行补偿是不完美的。优化的补偿提供了显微镜的分辨率极限，这个分辨率极限的实现，在于仪器的良好状态、好的试样和操作熟练的显微镜工作者。

1. 离焦效应

假定电子从光轴上一点发射，且相对于光轴成很小的角度。这个假定是合理的，因为被考察的区域非常小，衍射角也非常小。首先计算弯曲角 ε 的误差，ε 是光波入射到透镜中半径 $\mathscr{R}$ 的函数。图 11.12 显示了由离焦导致的弯曲角误差 ε_a 的几何构形。由图可见，θ' 是

$$\theta' = \frac{\mathscr{R}}{b} \tag{11.69}$$

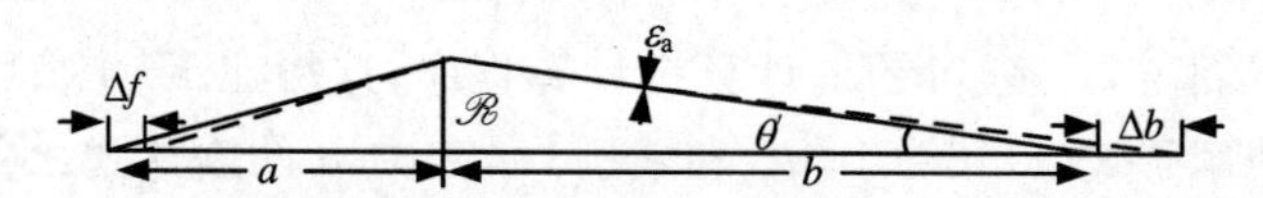

图 11.12　离焦量 Δf 导致的弯曲角误差 ε_a 正比于 $\mathscr{R}$，$\mathscr{R}$ 是沿薄透镜半径的距离

离焦误差 ε_a 与 θ' 角之比等于距离 Δb 与 b 之比，于是

$$\varepsilon_a = \frac{\Delta b \theta'}{b} \tag{11.70}$$

将式(11.69)代入式(11.70)，得

$$\varepsilon_a = \frac{\Delta b \mathscr{R}}{b^2} \tag{11.71}$$

借助于图 11.12 中透镜左边试样处实际离焦量 Δf 来表示 ε_a，回顾公式(2.1)：

$$\frac{1}{f} = \frac{1}{a} + \frac{1}{b} \tag{11.72}$$

当 a 和 b 的偏差都很小时（这时 $\Delta a<0$，$\Delta b>0$），透镜公式是

$$\frac{1}{f} = \frac{1}{a+\Delta a} + \frac{1}{b+\Delta b} \tag{11.73}$$

$$\frac{1}{f} \approx \frac{1}{a}\left(1 - \frac{\Delta a}{a}\right) + \frac{1}{b}\left(1 - \frac{\Delta b}{b}\right) \tag{11.74}$$

$$\frac{1}{f} \approx \frac{1}{a} - \frac{\Delta a}{a^2} + \frac{1}{b} - \frac{\Delta b}{b^2} \tag{11.75}$$

将式(11.72)代入式(11.75)，得

$$\frac{\Delta b}{b^2} \approx \frac{\Delta a}{a^2} \tag{11.76}$$

将式(11.76)代入式(11.71)，得弯曲角误差为

$$\varepsilon_a = -\frac{\Delta a}{a^2}\mathscr{R} \tag{11.77}$$

当物镜在高倍率下工作时，$b \gg a$，而按照式(11.72)，有 $a \approx f$，$\Delta a \approx \Delta f$，于是式(11.77)变为

$$\varepsilon_a = -\frac{\Delta f \mathscr{R}}{f^2} \tag{11.78}$$

2．三级球差效应

图 11.13 显示了由球差导致的弯曲角误差 ε_s 的几何构型。一个完美的透镜将旁轴光线沿实线聚焦，但正数值的球差使光线遵循虚线路径①。从图 11.13 可见，θ 与 ε_s 的关系是

$$\theta = \frac{\mathscr{R}}{a} \tag{11.79}$$

$$\varepsilon_s = \frac{\Delta r}{b} \tag{11.80}$$

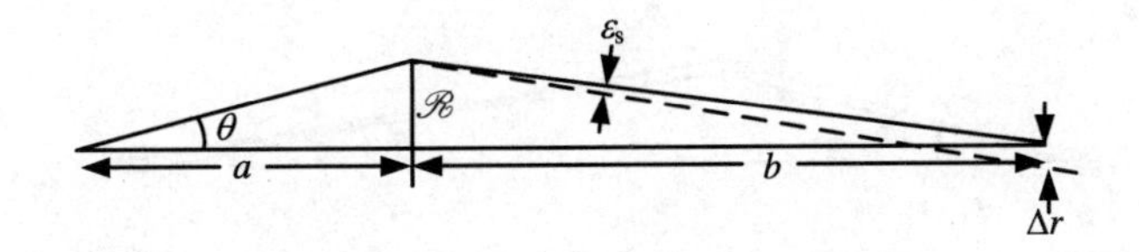

图 11.13　由球差引起的弯曲角的误差 ε_s 正比于 $\mathscr{R}^3$ (见正文)

距离 Δr 正比于球差 $C_s\theta^3$ 和放大倍数 b/a：

$$\Delta r = C_s\theta^3 \frac{b}{a} \tag{11.81}$$

将式(11.81)代入式(11.80)，得

$$\varepsilon_s = \frac{C_s\theta^3 b/a}{b} \tag{11.82}$$

采用式(11.79)中 θ 的表达式，而高放大倍率下 $a \approx f$，则式(11.82)变为

$$\varepsilon_s = C_s \frac{\mathscr{R}^3}{f^4} \tag{11.83}$$

3．离焦对球差误差的补偿

弯曲角的总误差 ε，是离焦引起的 ε_a 和球差引起的 ε_s 之和：

$$\varepsilon = \varepsilon_s + \varepsilon_a \tag{11.84}$$

---

① 比较图 11.12 和图 11.13，立即可见离焦量是如何用于补偿球差的，至少对 $\mathscr{R}$ 上的一条光路是这样。

将式(11.78)中的 ε_a 和式(11.83)中的 ε_s 代入上式,得

$$\varepsilon = C_s \frac{\mathscr{R}^3}{f^4} - \Delta f \frac{\mathscr{R}}{f^2} \tag{11.85}$$

图 11.14 表明,对于适当的聚焦,若两支光线会聚于同一点(黑线),偏离光轴 $\mathscr{R}+\mathrm{d}\mathscr{R}$ 的光线,要比偏离光轴 $\mathscr{R}$ 的光线更加弯曲。然而,由于球差的存在,$\mathscr{R}+\mathrm{d}\mathscr{R}$ 位置的光线与 $\mathscr{R}$ 位置光线相比,因为 ε 总数较大(薄透镜),弯曲程度有点高,而聚焦位置稍近。对于在半径上的每一个增量 $\mathrm{d}\mathscr{R}$,附加的 ε 引起路径的长度变化为

$$\mathrm{d}S = \varepsilon \mathrm{d}\mathscr{R} \tag{11.86}$$

路径长度的误差产生一个相位误差,在 $\mathscr{R}$ 位置上过半径 $\mathrm{d}\mathscr{R}$ 对相位误差的贡献 $\mathrm{d}W$ 是

$$\mathrm{d}W = \frac{2\pi}{\lambda}\mathrm{d}S = \frac{2\pi}{\lambda}\varepsilon \mathrm{d}\mathscr{R} \tag{11.87}$$

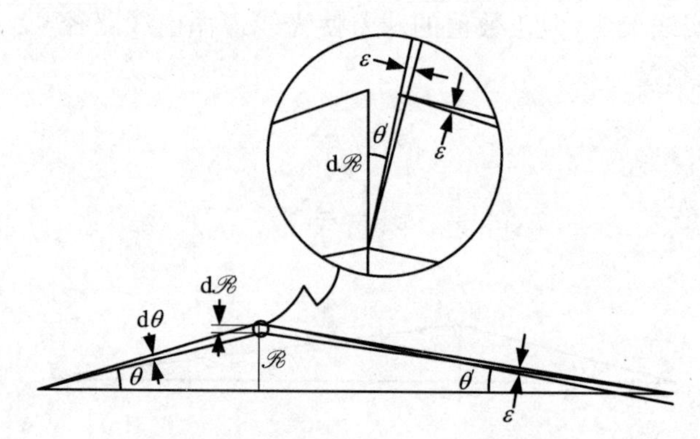

图 11.14　对于具有正球差的透镜,附加的弯曲角 ε 的几何图形

总相位误差通过累积所有额外的相位移而得到,即对 $\mathrm{d}W$ 在 $\mathscr{R}$ 位置的积分。为获得这个积分,需要一个参考相位确定积分下限。假定沿光轴光线的相位为零,于是,式(11.87)的积分范围是从透镜中心到 $\mathscr{R}$ 位置:

$$W(\mathscr{R}) = \frac{2\pi}{\lambda}\int_0^{\mathscr{R}} \mathrm{d}\mathscr{R} \tag{11.88}$$

用式(11.85)的表达式作为被积函数,有

$$W(\mathscr{R}) = \frac{2\pi}{\lambda}\left(\frac{1}{4} C_s \frac{\mathscr{R}^4}{f^4} - \frac{1}{2}\Delta f \frac{\mathscr{R}^2}{f^2}\right) \tag{11.89}$$

当放大倍率很高时,

$$\theta \approx \frac{\mathscr{R}}{f} \tag{11.90}$$

于是

$$W(\theta) = \frac{\pi}{2\lambda}(C_s\theta^4 - 2\Delta f\theta^2) \tag{11.91}$$

因为 $\Delta k = 4\pi\theta_B\lambda^{-1} = 2k\theta_B$(参阅图 6.4),$W(\theta)$中的 θ 是布拉格角 θ_B 的两倍,当 θ

角很小时，$\theta=\Delta k/k$，因此，相位移误差是衍射矢量 Δk 的函数：

$$W(\Delta k)=\frac{k}{4}\left[C_s\left(\frac{\Delta k}{k}\right)^4-2\Delta f\left(\frac{\Delta k}{k}\right)^2\right] \tag{11.92}$$

一个电子波平行于 $\boldsymbol{k}_0+\Delta\boldsymbol{k}$ 传播，聚焦成为 TEM 像时经历了相位移 $W(\Delta k)$。首先假设为获得原子尺度分辨像的理想情况，对于所有的 Δk，若 $W=0$，要求式(11.92)中 $C_s=0$，$\Delta f=0$，所有散射波振幅的相位与透射束相位叠加，衍射衬度会被抑制。事实上，对于 $\Delta f=0$ 和小的 Δk，衍射衬度确实在纳米尺度或更大的尺度上受到抑制①。因此，对于明场像或暗场像，采用一个物镜光阑来增强衍射衬度是有效的。

高分辨 TEM 像要求 Δk 尽可能大，因此，在 $W(\Delta k)$不太小的实际情况下，了解像的衬度是很重要的。对以各种 Δk 散射的波，应由其相位与物镜的传递函数 $Q_{\mathrm{PTF}}(\Delta k)$相乘，其中

$$Q_{\mathrm{PTF}}(\Delta k)=\mathrm{e}^{-\mathrm{i}W(\Delta k)} \tag{11.93}$$

由于函数 Q_{PTF}在 k 空间，而式(11.61)中的试样函数 $q_i(x,y)$在实空间，因此，可以将式(11.93)转换成实空间函数，或者将试样函数 $q_i(x,y)$转换到 k 空间。我们的兴趣在于，透镜如何改变试样中各种周期的衬度，因此，我们采用 k 空间的途径。

11.3.2　透镜和试样

1. 点阵条纹像

一个简单的实例表明，式(11.93)中物镜的相位传递函数 $Q_{\mathrm{PTF}}(\Delta k)$是如何影响高分辨像的。透过试样的电子波函数仅仅由透射束和一个衍射束描述，高分辨像是相位相干像，于是将两束的振幅相加：

$$\psi_{\mathrm{tot}}=\phi_0\left[\mathrm{e}^{\mathrm{i}\boldsymbol{k}_0\cdot\boldsymbol{r}}\mathrm{e}^{\mathrm{i}W(0)}+\mathrm{i}\frac{\Delta z}{\xi_g}\mathrm{e}^{\mathrm{i}(\boldsymbol{k}_0+\boldsymbol{g})\cdot\boldsymbol{r}}\mathrm{e}^{\mathrm{i}W(\boldsymbol{g})}\right] \tag{11.94}$$

透射束相位 $\exp(\mathrm{i}\boldsymbol{k}_0\cdot\boldsymbol{r})$和衍射束相位 $\exp[\mathrm{i}(\boldsymbol{k}_0+\boldsymbol{g})\cdot\boldsymbol{r}]$被物镜的 $Q_{\mathrm{PTF}}(\Delta k)$所改变。透射束和衍射束具有特定的 Δk，所以相位的改变分别是$W(0)$和 $W(\boldsymbol{g})$。注意，对于透射束，$W(0)\equiv 1$，$\exp[\mathrm{i}W(0)]=1$。在第 13 章中，已推导出衍射束的前置因子为 $\mathrm{i}\phi_0\Delta z/\xi_g$，它包括了入射波振幅 ϕ_0 与材料的散射强度增量的乘积。散射强度取决于厚度 Δz 与消光距离 ξ_g 之比，而我们假定 $\Delta z\ll\xi_g$，在像平面，电子波函数的强度通常是 $\psi_{\mathrm{tot}}^*\psi_{\mathrm{tot}}$：

$$I_{\mathrm{tot}}=\phi_0^*\left[\mathrm{e}^{-\mathrm{i}\boldsymbol{k}_0\cdot\boldsymbol{r}}-\mathrm{i}\frac{\Delta z}{\xi_g}\mathrm{e}^{-\mathrm{i}(\boldsymbol{k}_0+\boldsymbol{g})\cdot\boldsymbol{r}}\mathrm{e}^{-\mathrm{i}W(\boldsymbol{g})}\right]$$

① 然而，当散射是非相干或非弹性的(两种情况都可以表征为吸收)时，若 $W=0$，则某些像衬度是可预期的。

$$\times \phi_0\left[\mathrm{e}^{\mathrm{i}\boldsymbol{k}_0\cdot\boldsymbol{r}} + \mathrm{i}\frac{\Delta z}{\xi_g}\mathrm{e}^{\mathrm{i}(\boldsymbol{k}_0+\boldsymbol{g})\cdot\boldsymbol{r}}\mathrm{e}^{\mathrm{i}W(\boldsymbol{g})}\right] \tag{11.95}$$

$$I_{\mathrm{tot}} = |\phi_0|^2\left[1 + \mathrm{i}\frac{\Delta z}{\xi_g}\mathrm{e}^{\mathrm{i}\boldsymbol{g}\cdot\boldsymbol{r}}\mathrm{e}^{\mathrm{i}W(\boldsymbol{g})} - \mathrm{i}\frac{\Delta z}{\xi_g}\mathrm{e}^{-\mathrm{i}\boldsymbol{g}\cdot\boldsymbol{r}}\mathrm{e}^{-\mathrm{i}W(\boldsymbol{g})} + \left(\frac{\Delta z}{\xi_g}\right)^2\right] \tag{11.96}$$

已经假设样品非常薄而散射非常弱,式(11.96)中最后一项是散射的二阶小量,可被略去:

$$I_{\mathrm{tot}} = |\phi_0|^2\left\{1 - \frac{2\Delta z}{\xi_g}\sin[\boldsymbol{g}\cdot\boldsymbol{r} + W(\boldsymbol{g})]\right\} \tag{11.97}$$

$$I_{\mathrm{tot}} = |\phi_0|^2 - |\phi_0|^2\frac{2\Delta z}{\xi_g}[\sin(\boldsymbol{g}\cdot\boldsymbol{r})\cos W(\boldsymbol{g}) + \cos(\boldsymbol{g}\cdot\boldsymbol{r})\sin W(\boldsymbol{g})] \tag{11.98}$$

式(11.98)中较大的第一项来自入射束,第二项正比于散射 $1/\xi_g$,预示衬度为"点阵条纹"。这些条纹与 $\boldsymbol{g}$ 垂直,具有周期 $2\pi/g$。$\sin(\boldsymbol{g}\cdot\boldsymbol{r})$和 $\cos(\boldsymbol{g}\cdot\boldsymbol{r})$两项都提供了相同周期的条纹,但处于相互交替的位置。被观测条纹的精确位置决定于衍射束的相位差 $W(g)$。对于没有离焦($\Delta f=0$)的像,而且 g 值很小的衍射束(小的 Δk),按照式(11.92),相位差接近于零,则式(11.98)中的 $\sin(\boldsymbol{g}\cdot\boldsymbol{r})$项将占优势。另一方面,正如下面要讨论的,显微镜的最佳分辨经常在 $W(g)$接近 $-\pi/2$ 时得到,因此,高分辨像中常常是 $\cos(\boldsymbol{g}\cdot\boldsymbol{r})$项占据主导地位。

当像中仅仅能看到一组条纹时,精确了解条纹的位置不是最重要的。另一方面,仅仅显示一组条纹的像难以提供试样原子结构的更多信息,因为这种信息能够从一个衍射花样中获得(至少当晶体较大时是这样)。一个更具体的 HRTEM 研究领域是观测两个晶体在近原子尺度接触的界面结构。假定可以从两个晶体同时获得晶格条纹,且这两组晶格条纹相互交接,仔细考察界面两边的原子面是否成一条直线是很吸引人的。然而,这样一种解释却太质朴简单,由物镜引起的相位误差 $W(g)$,对两组晶格条纹可能不同,任意一点差异都将影响式(11.98)中 $\cos W(g)$ 和 $\sin W(g)$的权重,于是,从两个晶体获得的两组条纹可能出现不同的位移。要获得界面结构的可靠信息,通常需要对像做进一步分析。

结构像是由几个衍射束获得的高分辨图像。在结构像中条纹交叉处,出现了一组组黑点和白点,正如图 2.3、图 2.23 和图 2.24 所示。然而,由于 $W(\Delta k)$依赖于衍射级数和离焦量的差异,用于成像的每一个衍射的相位误差通常不同。例如,倘若原子列应呈现为白点或黑点,但随着物镜离焦量和试样厚度的变化,黑白点可能发生反演。

2. 弱相位体近似

为了更好地认识高分辨成像的物理过程,考虑式(11.61)中试样在实空间的相位函数 $q_i(x,y)$,该函数也包括吸收。要了解试样如何与物镜的相位传递函数 $Q_{\mathrm{PTF}}(\Delta k)$相互作用,对式(11.61)做傅里叶变换:

$$Q_i(\Delta k_x, \Delta k_y) = \boldsymbol{F}[\mathrm{e}^{-\mathrm{i}\sigma\phi(x,y)}\mathrm{e}^{-\mu(x,y)}] \tag{11.99}$$

弱相位体 WPO 近似地假定试样非常薄,于是 $\sigma\varphi(x,y)$ 和 $\mu(x,y)$ 非常小,因此式(11.99)的指数函数可线性化为

$$Q_i(\Delta k_x,\Delta k_y) = F[(1 - \mathrm{i}\sigma\phi(x,y))(1 - \mu(x,y))] \tag{11.100}$$

同样,可以略去二级小量 $\mathrm{i}\sigma\phi(x,y)\mu(x,y)$,于是

$$Q_i(\Delta k_x,\Delta k_y) = F[1 - \mathrm{i}\sigma\phi(x,y) - \mu(x,y)] \tag{11.101}$$

对各项进行傅里叶变换,由 $F[1]=\delta(\Delta k_x,\Delta k_y)$,有

$$Q_i(\Delta k_x,\Delta k_y) = \delta(\Delta k_x,\Delta k_y) - F[\mu(x,y)] - \mathrm{i}\sigma F[\phi(x,y)] \tag{11.102}$$

透过试样的电子波函数在 k 空间的相位表达式,可以方便地与式(11.93)相位传递函数相乘,给出被"相位函数调制"的电子波函数 $Q_i'(\Delta k_x,\Delta k_y)$:

$$Q_i'(\Delta k_x,\Delta k_y) = \{\delta(\Delta k_x,\Delta k_y) - F[\mu(x,y)] - \mathrm{i}\sigma F[\phi(x,y)]\}\mathrm{e}^{\mathrm{i}W(\Delta k_x,\Delta k_y)} \tag{11.103}$$

图像信息中最重要的参量当然是强度,实空间像的强度是 $q_i'^*(x,y)q_i'(x,y)$。计算互补的 k 空间强度函数 $I_{\mathrm{tot}}(\Delta k_x,\Delta k_y)$,要求对波函数和它的共轭函数的傅里叶变换进行卷积运算,即 $Q_i'^*(\Delta k_x,\Delta k_y)Q_i'(\Delta k_x,\Delta k_y)$:

$$\begin{aligned} I_{\mathrm{tot}}(\Delta k_x,\Delta k_y) = &\{\delta^*(\Delta k_x,\Delta k_y) - F^*[\mu(x,y)] + \mathrm{i}\sigma F^*[\phi(x,y)]\}\mathrm{e}^{-\mathrm{i}W(\Delta k_x,\Delta k_y)} \\ &* \{\delta(\Delta k_x,\Delta k_y) - F[\mu(x,y)] - \mathrm{i}\sigma F[\phi(x,y)]\}\mathrm{e}^{\mathrm{i}W(\Delta k_x,\Delta k_y)} \end{aligned} \tag{11.104}$$

式(11.104)包含了九个卷积。然而,对于薄样品,卷积 $F^*[\mu(x,y)] * F[\mu(x,y)]$,$F^*[\mu(x,y)] * \sigma F[\phi(x,y)]$,$\sigma F^*[\phi(x,y)] * F[\mu(x,y)]$ 和 $\sigma^2 F^*[\phi(x,y)] * F[\phi(x,y)]$ 都是二阶小量,可以略去,保留的五个卷积包含 δ 函数,因此式(11.104)可写为①

$$\begin{aligned} I_{\mathrm{tot}}(\Delta k_x,\Delta k_y) = &\delta(\Delta k_x,\Delta k_y) - F^*[\mu(x,y)]\mathrm{e}^{-\mathrm{i}W(\Delta k_x,\Delta k_y)} \\ &- F[\mu(x,y)]\mathrm{e}^{\mathrm{i}W(\Delta k_x,\Delta k_y)} + \mathrm{i}\sigma F^*[\phi(x,y)]\mathrm{e}^{-\mathrm{i}W(\Delta k_x,\Delta k_y)} \\ &- \mathrm{i}\sigma F[\phi(x,y)]\mathrm{e}^{\mathrm{i}W(\Delta k_x,\Delta k_y)} \end{aligned} \tag{11.105}$$

若晶体为中心对称的,则可设 $F^*[\phi(x,y)] = F[\phi(x,y)]$,$F^*[\mu(x,y)] = F[\mu(x,y)]$,于是

$$\begin{aligned} I_{\mathrm{tot}}(\Delta k_x,\Delta k_y) = &\delta(\Delta k_x,\Delta k_y) - 2F[\mu(x,y)]\cos W(\Delta k_x,\Delta k_y) \\ &+ 2\sigma F[\phi(x,y)]\sin W(\Delta k_x,\Delta k_y) \end{aligned} \tag{11.106}$$

I_{tot} 是实空间强度,式(11.106)中第一项是透射束,位于 $\Delta k=0$ 处,第二项是振幅衬度项,取决于试样的吸收;第三项包含电子波面的相位移,由投影势(参阅式(11.68))提供。而且,正如式(11.98)两束情况下,强度依赖于式(11.92)中相位偏差 $W(\Delta k_x,\Delta k_y)$ 的细节。实际透镜的特性将在下节讨论,但其特性常常被近似地

① 注意:$\delta(\Delta k_x,\Delta k_y)\mathrm{e}^{-\mathrm{i}W(\Delta k_x,\Delta k_y)} = \delta(\Delta k_x,\Delta k_y)\mathrm{e}^{-\mathrm{i}W(0,0)} = \delta(\Delta k_x,\Delta k_y)$。

假定为 $W(\Delta k_x,\Delta k_y)=-\pi/2$，于是 $\cos W(\Delta k_x,\Delta k_y)=0$，而 $\sin W(\Delta k_x,\Delta k_y)=-1$。在多数情况下，认为吸收很小，在式(11.106)中抑制了第二项，方程(11.106)可近似为

$$I_{\text{tot}}(\Delta k_x,\Delta k_y)\approx\delta(\Delta k_x,\Delta k_y)-2\sigma F[\phi(x,y)] \tag{11.107}$$

因此，像的衬度被近似地认为源于电子波透过试样的相位移(正如式(11.68)所引起的)，称这种试样为“弱相位体”或 WPO。这一近似很方便解释高分辨像的衬度来源。然而，不幸的是，一般的样品很少足够薄，以至于物镜的特性不能近似为 $W(\Delta k_x,\Delta k_y)=-\pi/2$。

11.3.3　透镜的特征

1. 透镜的相位偏差

图 11.15 显示了一个特定的透射电镜在各种欠焦量 Δf 下的相位移偏差 $W(\Delta k)$。$\Delta k=0$ 的透射束在所有曲线中的参考相位为零。对于离焦量的最小值，相位偏差 Δk 相当小，约低于 10 nm^{-1}，对应于实空间的距离 $2\pi/\Delta k=0.6$ nm。绝大多数试样具有比 0.6 nm 大的特征，离焦量太小，试样中较大的特征在像中的衬

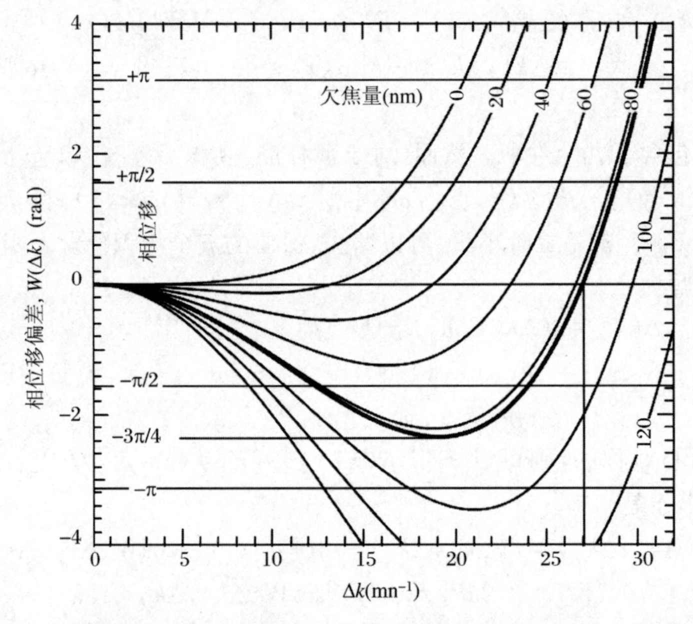

图 11.15　对 Philips EM430 TEM, $C_s=2.3$ mm, $\lambda=0.001\,968$ nm(300 keV 电子)。在各种欠焦条件下，采用式(11.92)计算得到的相位偏差 $W(\theta)$值(单位为 nm)。Scherzer 欠焦量是 −82.4 nm，图中用粗实线表示，该曲线在 $\Delta k'=27$ nm^{-1} 时与 $W(\Delta k)=0$ 相交，由交点可得 Scherzer 分辨率为 $2\pi/\Delta k'$

度会很弱,因为以小 Δk 散射的电子在相位上将与透射束精确地重新组合①。这个事实对于调整电镜使其获得最佳性能是很有帮助的。当精确聚焦时,$\Delta f=0$,像的衬度应"消失",此时,试样的特征也消失②。

在高斯聚焦条件(即 $\Delta f=0$)下,式(11.92)表明,随 Δk 增加,相位偏差以 Δk^4 增加。原则上,对于单个的傅里叶分量,当试样很薄时,仅仅与透射束相互干涉。例如图 11.15 中,$\Delta f=0$,$\Delta k=20\ \mathrm{nm}^{-1}$时,相位移是 $+\pi$,存在一个衍射波与透射束相位干涉失效的情况。即使式(11.106)中像的强度符号改变,但$2\pi/20=0.314$ nm 的空间周期仍对像有贡献。然而,由于相位移为 $+\pi$,0.314 nm 的空间周期不能像较大的周期以相同方式对像有贡献。这一效应类似于改变一个三角形波傅里叶数列中某些项的符号,正如图 11.16 中的点曲线所示,粗实线是同样的傅里叶数列,但数列中有五项由于 $+\pi$ 相位而不同,这种相位偏差的效应会使三角形的锐边模糊。图 11.16 中也显示了由于 $+\pi/2$ 相位而数列中同样有五项相位不同,在这种情况下,边缘模糊的程度稍低。

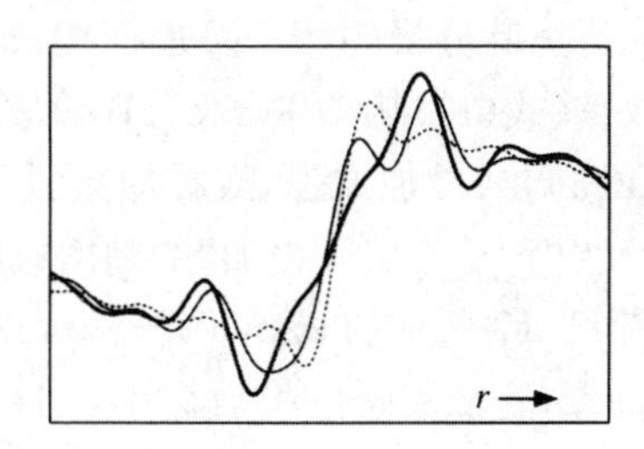

图 11.16　16 项数列:$\sum_{n=1}^{16}\frac{1}{n}\sin(nr+\alpha_n)$。点曲线:$\alpha_n=0$,对所有 n(一个三角形波的傅里叶级数);细实线:$\alpha_n=\pi/2(8\leqslant n\leqslant 12)$,否则,$\alpha_n=0$;粗实线:$\alpha_n=\pi(8\leqslant n\leqslant 12)$,否则,$\alpha_n=0$

2. Scherzer 分辨率

高分辨成像中最重要的问题是获得最高分辨率时的最佳欠焦条件。然而,"最高分辨率"的标准是可商议的。例如,提供一个点物最明锐的像的 $W(\Delta k)$,与提供具有与透射束相位相干的最大的 Δk 的 $W(\Delta k)$是不同的。一个点物有许多空间傅里叶分量,衡量以这些分量获得最明锐的像点,与保持仅仅一个傅里叶分量的相位是不同的问题。

从原理上讲,在每一张单独的像中,选择一个失焦量来优化所有的傅里叶分量是可能的,但这是不现实的。通常的实践是使点分辨率最佳化,这有赖于能在宽 Δk 范围工作的好透镜。考虑如下在像平面上一个波振幅的傅里叶表述:

$$\psi'(x)=\int_{-\infty}^{+\infty}\mathrm{e}^{\mathrm{i}\Delta kx}\mathrm{e}^{\mathrm{i}W(\Delta k)}\mathrm{d}\Delta k \tag{11.108}$$

这个特殊的 $\psi'(x)$是理解点分辨率的一个重要的参量,因为当 $W(\Delta k)=0$ 时,$\exp[\mathrm{i}W(\Delta k)]=1$,式(11.108)的积分是一个狄拉克 δ 函数,即 $\psi'(x)=\delta(0)$。因此,像平面上的强度是一个点,这个理想透镜具有完美的点分辨。$W(\Delta k)=0$,或

① 由于物镜光阑的尺寸限定,明场像和暗场像的分辨率有限,但这些方便的方法对大于原子尺度的结构特征成像仍是一种好的选择。

② 当像散存在时,这种情况不会出现,寻求零衬度的条件是显微镜消像散的一种很好的方法。

为常数，对于具有球差的透镜这个必要条件是不可能的。HRTEM 中通行的方法是选择一个最佳失焦量，将所有 $W(\Delta k)$的值在 Δk 最宽可能的范围能集中围绕于一个常数值。

原来，优化点像的清晰度牵涉到 $W(\Delta k)$相当宽的范围，所以，暂时不考虑单独的相位偏差如何改变相干波振幅的效应。对于薄样品，散射波是通过对投影势的不同傅里叶分量的相干叠加而构成的。对于 δ 函数，傅里叶数列中各项具有相同的权重(式(11.108)中 $\exp[iW(\Delta k)]=1$)，于是，考虑两个相位因子 $\exp(i0)=1$ 和 $\exp(i\alpha)$，或叠加增强，或叠加减弱。图 11.17 显示了 α 角的范围，对 α 角，期望是建设性相干。"相位叠加"的判据被设定为 $\exp(i0)+\exp(i\alpha)$的模数等于 1。由于如图 11.17 所示的 $\exp(i0)+\exp(i2\pi/3)=\exp(i\pi/3)$，这给定 $\alpha=2\pi/3$。相位稍大于 $2\pi/3$，合成矢量的模数会小于 1(相消干涉)，而相位稍小于 $2\pi/3$，模数将大于 1(相长干涉)。

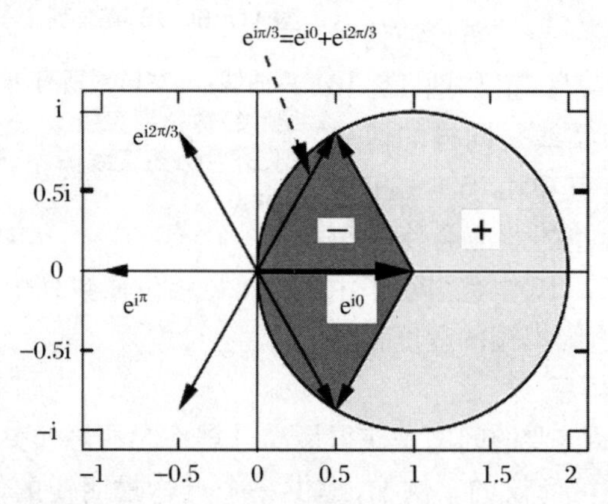

图 11.17　$\exp(i0)+\exp(i\alpha)$是一个矢量，从原点到圆周上一点；由几何关系，知 $\exp(i0)+\exp(i2\pi/3)=\exp(i\pi/3)$；当 $\alpha<2\pi/3$，$\exp(i0)+\exp(i\alpha)$的模数大于 1，但 α 角较大时，发生相消干涉；相长干涉和相消干涉的区域显示在图中阴影部位

再一次考察式(11.92)中物镜的相位移偏差，包含离焦量 Δf：

$$W(\Delta k)=\frac{k}{4}\left[C_s\left(\frac{\Delta k}{k}\right)^4-2\Delta f\left(\frac{\Delta k}{k}\right)^2\right] \tag{11.109}$$

当 Δk 很小时，方程中的第二项，即 Δk 的二次项占优势，而 Δk 较大时，$W(\Delta k)$的性态由 Δk 的四次项主导。$W(\Delta k)$的曲率对于任意的失焦量是相同的，但却随 Δk 的二次项增大。由于曲率的增大，在 $W(\Delta k)$可接受的频带，Δk 较小时具有最宽的 Δk 范围，这与图 11.15 是一致的。当 Δk 较大时，图 11.15 中的曲线显示出迅速的变化。注意，当 Δk 很小时，带有失焦量的相位移偏差是负值。失焦量小于 77.7 nm 时，对于小 Δk，$W(\Delta k)$的最大负值保留在 $2\pi/3$ 之内，因此，可与透射束相位相长叠加。这允许式(11.108)中的傅里叶系数对 $\psi'(x)$的明锐度有贡献(尽管不如 $W(\Delta k)=0$ 时的效果)。相长干涉的判据，即选择 $-2\pi/3<W(\Delta k)<0$，可以通过确定最佳的 Δf 获得，这在实践中是正确的。若在图 11.15 中增大 Δf，使之

超过77.7 nm,式(11.108)的傅里叶级数中的一些中间分量,在$\Delta k = 20\ \text{nm}^{-1}$左右与透射束的叠加是相消的,因此,使$\psi'(x)$宽化。然而,函数$W(\Delta k)$仍小于零,直到一个更大的$\Delta k$,而且这些较大的傅里叶分量的确改善了点的明锐度。这种最优化的细节超出了本书的范围,特别地,若包括下面将描述的对衬度传递函数的抑制。

点分辨的标准判据采用了$-3\pi/4 < W(\Delta k) < 0$(参阅习题11.11)。这个范围通过"最佳"失焦量而获得,最佳失焦量通常称为Scherzer欠焦量:

$$\text{Scherzer 欠焦量} = \sqrt{\frac{3C_s\lambda}{2}} \tag{11.110}$$

在Scherzer失焦量处(图11.15中,82.4 nm),$W(\Delta k)$再次为零时的Δk可由式(11.92)得到。这是在Scherzer失焦条件下维持相位相干性的最大的Δk。在图11.15中,Δk的值为$27\ \text{nm}^{-1}$。这个Δk反演到实空间是一个距离,称为Scherzer分辨率:

$$\text{Scherzer 分辨率} = \sqrt[4]{\frac{C_s}{2}\lambda^3} \tag{11.111}$$

对于图11.15中的实例,Scherzer分辨率是0.23 nm。若理想透镜没有球差,且$C_s = 0$,则Scherzer失焦量为零,根据式(11.111),理论分辨率也为零①。通常情况下,C_s是固定的,取决于透镜极靴的间隙,然而分辨率却随加速电压而改善。若λ较小,则Δk相同的电子波经过透镜具有较小的角度,光路上的球差影响也较小。

若视试样为弱相位体,且不考虑吸收,则式(11.106)表明,相位传递函数最主要的贡献是$\sin W(\Delta k)$,或$\text{Im}\{\exp[\text{i}W(\Delta k)]\}$。这个函数也称为"衬度传递函数",或CTF曲线。仪器的点分辨通常定义为CTF曲线第一个零点对应的Δk值反演到实空间的距离。然而,若失焦量比Scherzer失焦量稍大(直到Scherzer失焦量的$\sqrt{4/3}$倍),则CTF的第一个零点可以被推向更大的k值,且中间没有其他零点。不幸的是,随失焦量进一步增大(在图11.18中超过95 nm),对应于中等大小的Δk(图11.18中约为$20\ \text{nm}^{-1}$),CTF曲线会急速升高,一个新的零点将出现,失焦过度。采用这种CTF拍摄某些周期性非常小的HRTEM像是可能的,但由于CTF曲线较早出现零值,导致中等周期性的像没有衬度,因此这种像不是高逼真度的像,尽管它可以获得高空间频谱的像令人印象深刻。

因为大欠焦量像中短尺度的空间信息是可利用的,而中间尺度的信息包含在近Scherzer欠焦条件下的像中,原则上,可使用不同失焦量获得的像重构一个更精确的透过试样的电子波函数。有时,可以利用计算机分析一系列大尺度失焦条件下获得的像,从中取出短空间尺度的信息,重构更高分辨率的像。电镜的有效点分辨率可采用这一途径得到改善,但要获得有意义的分辨率改善,要求具备更高的

---

① 然而,如12.6.2小节所讨论,当$C_s \to 0$时,其他像差变得重要。

电镜特性知识、对不同像进行精确的记录以及专门的软件。然而，遗憾的是，在 Δk 较大时，电镜的其他缺陷会引起非相干情况。所有的电镜都有一个“信息分辨极限”，它对应于一个 Δk 值，超过它会丧失相干条件。

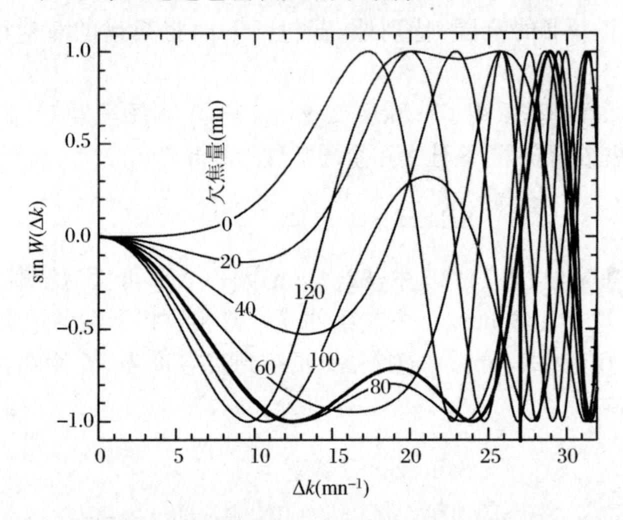

图 11.18　图 11.15 中相同透镜条件下的衬度传递函数(C_s = 2.3 mm，λ = 0.001 968 nm，300 keV 电子)各种欠焦量如图中所示；Scherzer 欠焦量是 − 82.4 nm，标为粗的实曲线

3．信息分辨极限

非相干状况是电镜运行过程中许多因素引起的，诸如电流的波动、色差导致的电子聚焦的宽化，电子枪发射的电子能量的扩展，以及高压的涨落等。所有这些效应对最高的空间频率的影响最严重，而且常常因 Δk 较大时 CTF 的衰减而被特性化。电子束会聚和空间非相干性具有类似有害的影响。此外，物镜光阑的大小在 Δk 较大时也对 CTF 产生抑制作用。许多电镜是这样设计的，以便当 Δk 比 Scherzer 失焦条件下 CTF 第一个零点位置稍大时，这些限制才变得有意义。

图 11.19 表明，焦点的宽化、电子束的倾斜以及电子束的会聚将如何损害 Scherzer 失焦条件下理想的 CTF，显示在图 11.19 中理想的 CTF 相对于光轴有完美的对称性。因失焦量的展宽而得到的 CTF 容易理解，实际上，失焦量展宽源于电子能量的宽化(试样中等离子激发、电子枪、高压的波动)以及失焦本身的宽化(物镜电流的波动)。图 11.19(b)显示了三个接近的失焦量的 CTF。图 11.19(c)是三个 CTF 合成曲线。由曲线可见，当 Δk 较大时，焦点的宽化如何影响了 CTF——正如所预期的，Δk 较大时相位偏差迅速增大(图 11.15)。电子束相对于光轴的倾斜会导致 CTF 的移动，如图 11.19(d)所示。电子束会聚在试样上会引发相关联的电子束倾斜，图 11.19(e)模拟了电子束会聚的作用，这是由三个如图 11.19(d)所示的零点水平移动的 CTF 合成的结果。类似于焦点的展宽，电子束会聚在 Δk 较大时也抑制了 CTF，但对 Δk 的依赖性比焦点的展宽更加突然。

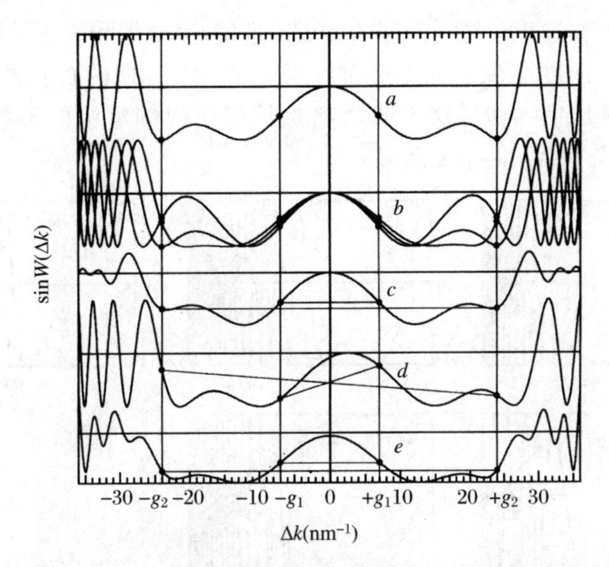

图 11.19　焦点展宽、电子束倾转和会聚对图 11.18 中 Scherzer 失焦条件下 CTF 的影响；(a)、(b)0.93，1.0 和 1.07 倍时 Scherzer 失焦量的 CTF；(c) 三个 CTF 的合成曲线；(d) 电子束倾转 $-\Delta k$；(e) 会聚束的 CTF：(a)和(d)的 $\pm\Delta k$ 之和；此外，四个固定的 Δk 值标注在图中，对应于典型的 $\pm g_1$ 和 $\pm g_2$ 矢量，这些矢量在 HRTEM 像中是很重要的

图 11.19 中在 $\pm g$ 处显示了两对点。假如在这四个 g 矢量中存在有意义的振幅，它们对于像的形成和实验工作者优化成像都具有重要性。图 11.19(a)，(c)和(e)显示了焦点展宽和会聚电子束对于 g_2 空间周期像的畸变，尽管这对 g_1 影响较小。在焦点展宽和会聚电子束两种情况下，像的形貌或许不会有较大的影响。对于图 11.19(d)所示的情况相当不同，注意在四个 $\boldsymbol{g}$ 矢量之间束倾转如何导致相位关系的改变。在束倾转的条件下，实验人员要优化成像，将可能选择远离 Scherzer 失焦量的条件。由于束倾转可能不是故意的，它的大小也可能不为人知，由束倾转获得的图像难于解释，正如图 11.30 将显示的，与没有束倾转的像相比较，这些像包含了不同的特征，束倾转不能用简单的衰减函数来表述。

束会聚的影响和 JEOL 4000EX 电镜(400 kV，$C_s = 1.0$ mm)CTF 的稳定性显示在图 11.20 中。右上端的 CTF 是(Scherzer)失焦条件为 -49.0 nm 时无衰减的 CTF，这个 CTF 也绘制在其他图上，并附加了衰减函数，最终的 CTF 在这些图中以粗线表示①。当 Δk 较大时，束会聚由 0 增至 0.8 mrad 的左边一列的 CTF 衰减明显。当束会聚达到 1.0 mrad 时，第一个交点之后的空间频率几乎都不被物镜所传递。

图 11.20 中间一列显示了离焦的扩展对 CTF 的影响，这种影响常用高斯衰减函数来描述，如 11.4.1 小节所讨论。离焦扩展实际的衰减函数与束会聚的衰减函

① 图 11.20 中横轴的标度不同——第一个交点是常数，约为 0.6 Å^{-1}。

数形状类似，但衰减速度较缓。对于 4000EX 电镜，束会聚和离焦扩展典型的值分别是 0.55 mrad 和 80 Å，这时的 CTF 曲线展示在图 11.20 的右下图中。这个图与它左边的图显得几乎一样。这表明由离焦扩展引起的电镜的不稳定性是限制 JEOL 4000EX 光学性能的主要因素。

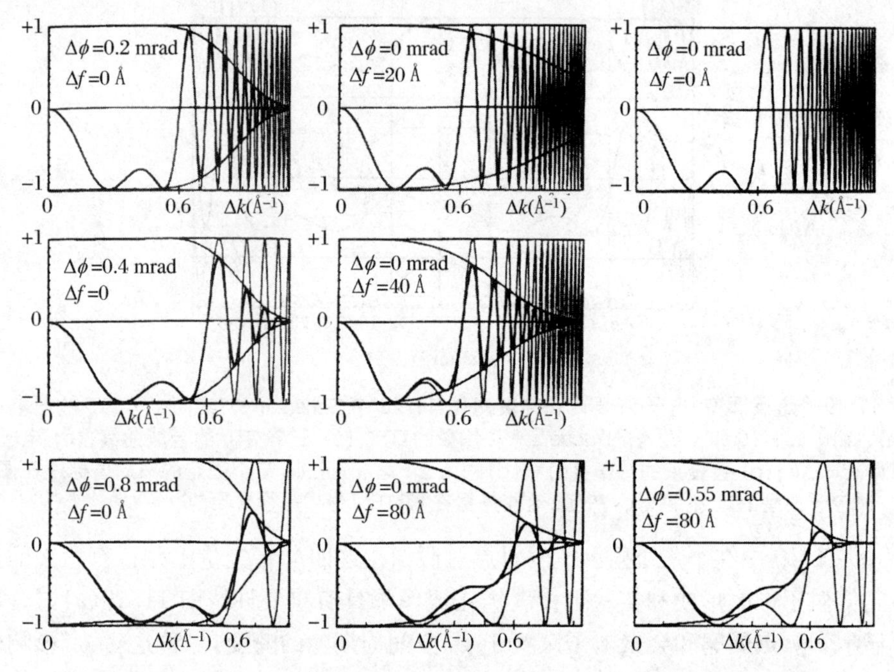

图 11.20　对于 Scherzer 失焦（-49 nm）条件下的 JEOL 4000EX 电镜，400 kV，C_s = 1.0 mm，其 CTF 显示了束会聚（第一列）和离焦扩展（第二列）对光学特性的影响。右上图是无衰减的 CTF，典型的弯曲衰减的 CTF 显示在右下图中

式(11.111)中的 Scherzer 分辨率，通常称为“点分辨率”，出现在图 11.20 中大约 0.6 Å^{-1} 的位置（这里，Δk 被限定没有 2π 因子，于是 Scherzer 分辨率是 $(6\ \text{nm}^{-1})^{-1} \approx 0.167$ nm）。另一个分辨极限，常称为“信息分辨率”，出现在衰减函数为零的位置，即任何相位信息不能被电镜传递，这出现在图 11.20 右下图中约 0.75 Å^{-1} 的位置。

图 11.19(b)和(c)中三个 CTF 的合成有点微妙。电子穿过物镜非常迅速，比透镜改变聚焦的速度更快，因此，图 11.19(b)中具有不同聚焦条件的三条曲线从属于不同的电子，这些电子在不同时间经过透镜。然而对于不同的电子，不能像图 11.19(c)中所示那样简单进行相干求和，因为每个电子波函数仅仅与它本身相干。事实上，通过透镜的每个电子都有一个相位畸变，由图 11.19(b)中每条曲线所给定，具有包括高值 Δk 的振幅。对于每个电子，可得到相干的高频信息，但这些信息在由许多电子形成的像中被消除掉。回顾式(11.98)的 $W(\Delta k)$ 中的变化，在实例中源于聚焦的改变，引起 $\sin(\boldsymbol{g}\cdot\boldsymbol{r})$ 项或 $\cos(\boldsymbol{g}\cdot\boldsymbol{r})$ 项在强度中占有优势。正

如在式(11.98)之后所讨论的,这两个周期分量在不同的物理条件下对像的强度给予了贡献。将它们的强度与相等的权重相结合,其和为 $\sin^2(\boldsymbol{g} \cdot \boldsymbol{r}) + \cos^2(\boldsymbol{g} \cdot \boldsymbol{r}) = 1$,这是一个不含结构信息的恒定的背底。在图 11.19(c)和图 11.20 中,由聚焦扩展得到的衰减函数,近似于物镜为何不能使用具有大 Δk 的傅里叶分量来相干重构观察屏上的电子波函数。这些大 Δk 分量仍然通过了透镜,每个电子都具有一个特殊的振幅和相位,但许多电子的强度之和在像中仅仅形成无特色的、非相干的背底。

近期的发展是色差和球差校正系统(C_c/C_s 校正器),这是一种多透镜的静电4 极-8 极的校正器系统,与 12.6 节中描述的磁性 C_s 校正器有点类似,但它的静电设计也能形成负的色差。[1]正如在图 11.20 中间一列中所看到的,电子的聚焦扩展随着 Δk 的增加剧烈地衰减。具有校正聚焦扩展能力的含义,消除信息极限而使 CTF 最大化,允许较高的空间频率对成像给予贡献,有效地改善分辨率(参阅式(11.122))。参考前面在图 2.45 中对像和探针分辨率的处理,同时校正 C_c 和 C_s 意味着 d_c 和 d_s 线远远地移到右边,在两种情况下 d_{min} 大体上减小,仅通过束流和衍射进行限制。使用 C_c/C_s 校正器,分辨率的限制变成显微镜的电磁稳定性和机械稳定性以及周围环境。电子束与试样的相互作用是一个重要的考虑,因为高强度和亚埃(Å)尺寸的探针可以迅速地破坏许多薄试样。

11.4　高分辨 TEM 像的模拟*

11.2 节中陈述了一种原则,即高分辨 TEM 像的衬度如何依赖于电镜的参数和试样。实际上,借助于原子列对像衬的简单解释,仅适用于一个窄范围的实验条件。缺陷以及复杂晶体结构的可靠解释,一般要求建立结构模型,通过计算机模拟像与实验像匹配。本节描述基于多片层方法的像模拟计算,对此,几个软件包是可利用的。对于衍射矢量 Δk 惯常的表示,不同于本书在高分辨图像中讨论的记法。遵循惯常的表示方法,定义衍射矢量为 $\boldsymbol{k}$(先前是 $\Delta \boldsymbol{k}$)。$\boldsymbol{k}$ 是倒易点阵矢量,具有分量[uvw]。

11.4.1　模拟原则

1. 试样和显微镜

对于像的模拟首先考虑电子束与试样相互作用。基于 11.2.3 小节中讨论的 Cowley 和 Moodie[2]物理光学理论来描述像模拟程序。这种电子束衍射振幅的动力学计算称为“多片层方法”,因为试样的厚度 t 被分割成N 片,每片厚度为 Δz,于

是 $t = N\Delta z$。每片的晶体势场用它的二维投影势来替代，即片层的总势场被投射到 xy 平面。对第一片对入射波面相位的影响进行计算，得到的波函数再通过真空传播到下一片。这个过程被反复进行直到要求的试样厚度。假定 Δz 足够小，这种方法是高度精确的。尽管多片层方法的理论是 20 世纪 50 年代后期创立的，但直到 70 年代才在高分辨像的计算中得到严谨的应用。延迟的原因在于计算机运算速度的限制和显微镜分辨能力不足。如今，计算机运算速度已不是问题，而电镜成像的分辨率通常也小于 0.2 nm，这两方面的进展使高分辨像的模拟进入到广泛使用的技术领域。

像模拟程序的第二个部分是，考虑显微镜的效应，对从多片层计算获得的电子波函数进行修订。在这部分计算中，只考虑物镜的作用，因随后的中间镜和投影镜仅对图像简单放大而不改变像的强度分布。在电子束与试样相互作用的计算中，显微镜的参数只用了加速电压。为了计算的方便，显微镜的参数，诸如物镜光阑尺寸、失焦量、球差，以及仪器的其他效应，对波函数的作用放在后焦面进行处理（在 k 空间，但在试样后）。

2. 计算程序

像的计算通常以入射到试样上单位强度的平面波开始。沿着 z 方向的波矢量、试样以及波面都在 xy 平面，电子波函数应在显微镜的三个位置进行计算：

- 试样出射面；
- 物镜后焦平面；
- 像平面。

像计算过程可分为以下三个步骤：

- 评估从试样厚度为 Δz 的单片层的散射；
- 重复多片层的计算步骤以完成整个试样厚度 t 的计算；
- 基于电镜的特性，修订出射波函数的振幅和相位。

这些过程在图 11.21 中予以说明，像模拟的讨论遵循图中由上至下的过程。

3. 试样参数

像计算的出发点是试样的单胞。对于完整的晶体，原子的类别和它们的坐标常常由结晶学符号，即特定的点阵、晶系、空间群和点阵参数所给定。对于缺陷结构，例如位错或界面，必须采用一个较大的单胞或“超单胞”。这里，空间群对称性为 1，单胞中每个原子的类别和坐标要直接输入，不能由空间群的对称操作生成。例如，在位错情况下，原子的位置可以由弹性形变的计算或原子的计算获得，而这些原子位置是为像模拟而输入的。

点阵参数或沿电子束方向的原子重复位置常被选作片层的厚度 Δz，对于重元素，例如 Au，有时需要采用更薄的片层，以避免在单片层内出现额外的相位变化。模拟可以选取 xy 平面内任意一个原子位置。由于计算采用傅里叶变换，当结构在 x 和 y 方向具有周期性时，计算速度会大大加快。计算的时间会随着单胞尺度的增大而增长，对缺陷单胞的计算，在 x-y 方向大小常为 3～4 nm，包含几千个原子。

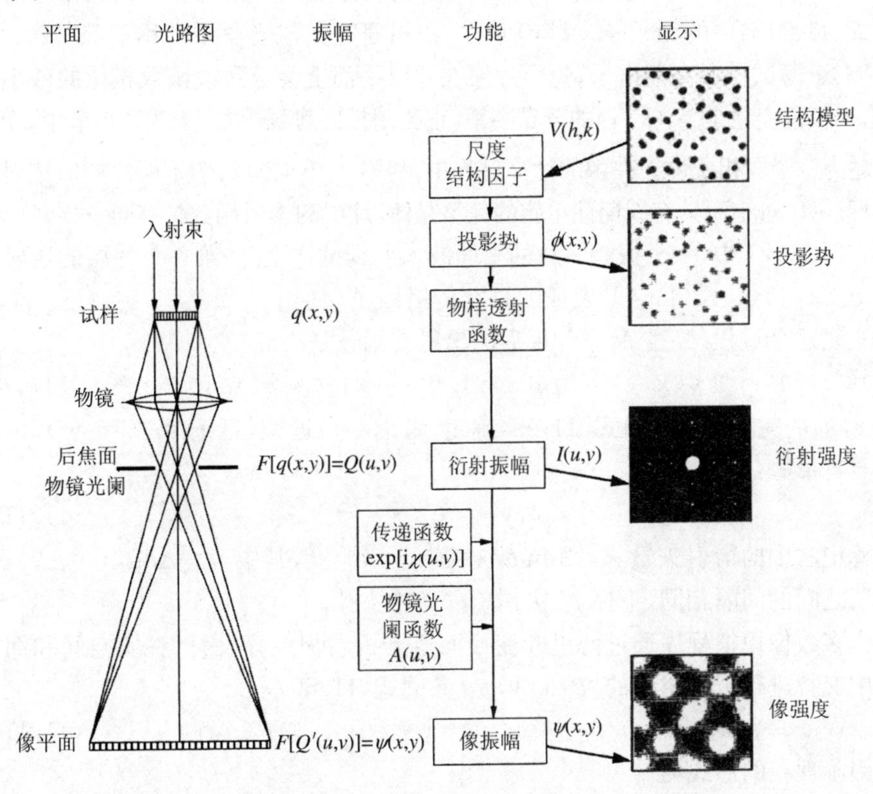

图 11.21　用多片层法计算高分辨像的各个步骤的引导[3]

对式(4.84)中的电子散射因子 f_{el} 归一化，结构因子为

$$\mathscr{F}(\boldsymbol{k}) = \frac{2\pi\hbar^2}{m_e eV}\sum_i f_{el,i}(\boldsymbol{k})e^{-i2\pi\boldsymbol{k}\cdot\boldsymbol{r}_i} \tag{11.112}$$

这里，V 是单胞体积，i 表示单胞中的原子，$\boldsymbol{k}$ 是衍射矢量(先前定义为 $\Delta\boldsymbol{k}$)，其他项具有通常的意义。在多束方法中，$\boldsymbol{k}$ 仅仅取倒易点阵矢量 $\boldsymbol{g}$ 的值①。对以下大多数情况，$\boldsymbol{k}$ 被限定为二维矢量，并在垂直于电子束方向，假定为 z 方向的区域中，用于估算倒易点阵矢量的结构因子。结构因子仅适用于零阶劳厄区的计算，这时，$\boldsymbol{k}$ 矢量[uvw]中的 $w=0$。

式(11.112)的傅里叶变换 $\boldsymbol{F}(u)$ 过片层 z 方向的积分，是单胞的投影势 $\phi_p(x,y)$。对于无吸收的相位体，在厚度上相当于一个单胞的片层的透射函数是式(11.61)：

① 这是模拟单胞的倒易点阵。当缺陷周围的原子位移有意义时，这个计算单胞非常大，允许它包括许多 k 点，近似于完整晶体倒易点阵点之间的漫散射情况。

$$q(x,y) = e^{i\sigma\phi_p(x,y)\Delta z} \tag{11.113}$$

其中,$\sigma \equiv 2\pi m e\lambda \hbar^{-2}$,称为“电子相互作用参量”,标度电子束与试样相互作用的强度。式(11.113)中的因子 $\phi_p(x,y)$常称为“相栅”,类似光学中的称谓(13.2.3 小节)。对于薄试样和高能电子,每个片层在片层平面上会导致波函数相位的微小变化,这个相位变化是 $\phi_p(x,y)$的分布图案,正比于投影势场。在 11.3.2 小节中,相栅被描述为一个弱相位体。在像的计算过程中,将沿 $\hat{z}$ 方向对每个不同片层的透射函数进行计算(对小而具有周期性单胞的完整晶体,片层的透射函数具有同一类型)。

在图 11.21 中,一个振幅一致的平面波入射到试样上,经第一个片层的透射函数是 $q_1(x,y)$,与式(11.40)表征的真空传播因子 $p(x,y)$做卷积,到达下一个片层。重复这个过程,经过 N 个片层后的出射波函数是

$$\Psi_N(x,y) = q_N(x,y)[\Psi_{N-1}(x,y) * p(x,y)] \tag{11.114}$$

$\Psi_N(x,y)$的完整表达式由式(11.59)确定,考虑小角近似,且 $r^2=(x^2+y^2)$,传播因子具有形式:

$$p(x,y) = e^{-i2\pi k r^2/(2\Delta z)} \tag{11.115}$$

目前标记法中的衍射矢量 $k \equiv 2\sin\theta/\lambda = (u^2+v^2)^{1/2}$,其中 $u \equiv \Delta k_x$,$v \equiv \Delta k_y$,假定片层之间的间隔相同,下标 N 从 $p_N(x,y)$中去掉。

大多数像模拟程序通过傅里叶变换而避开了卷积运算,因而在实空间和倒易空间中交替进行。倒空间的 $\Psi(x,y)$是(参阅式(11.60))

$$\Psi_N(u,v) = Q_N(u,v) * [\Psi_{N-1}(u,v)P(u,v)] \tag{11.116}$$

传播因子现在的形式为

$$P(u,v) = e^{i\pi\zeta(u,v)\Delta z} \tag{11.117}$$

$\zeta(u,v)=\lambda k^2$ 是衍射 $\boldsymbol{k}=[uv]$的偏离参量的 z 分量,即$[uv]$是沿电子束方向到埃瓦德球的距离。

相栅近似(例如式(11.67))设定了入射波为平行的平面波,此时 $s=0$。注意到埃瓦尔德球的弧度(弯曲)通过了式(11.117)的传播因子。在像计算中传播因子函数也通常包括束倾斜对晶体倾斜的影响。晶体倾斜导致 $\boldsymbol{k}$ 反向矢量的偏离参量不对称,所以,$\zeta(u,v) \neq \zeta(-u,-v)$。束倾转也导致 $\boldsymbol{k}$ 的相位不对称,这应该包含在传播因子函数中。由于倾斜电子束与理想取向晶体的局域轴成一定角度,并与物镜光轴成一定角度,故束倾斜是一种角度复合效应。一般而言,束倾斜比单独的晶体倾斜对成像系统更加不利。

4. 电镜参数

电镜参数,诸如球差、失焦量以及仪器其他缺陷的影响,被放置于后焦面的波函数 $\Psi(u,v)$中处理(图 11.21),再通过傅里叶变换得到最后物平面的波函数 $\Psi(x,y)$。方程(11.92)给出了由球差 C_s 和失焦量 Δf 引起的相位改变 $W(\Delta k)$。若改变标记方法为 $k \to 2\pi/\lambda$,$|\Delta \boldsymbol{k}| \to 2\pi k$,则 $W(u,v)$为

$$W(u,v) = \pi\lambda k^2\left(\frac{1}{2}\lambda^2 C_s k^2 - \Delta f\right) \tag{11.118}$$

失焦量的一种可能的不同表示方式是，物镜物平面与试样出射面不同而引起的离焦量 Δf。考虑最终的传播因子是从试样的出射面而附加了距离 Δf，物平面上实际的波函数是

$$P_{\Delta f}(u,v) = e^{i\pi\Delta f\lambda k^2} \tag{11.119}$$

这与对式(11.118)中第二项取指数是相同的。后焦面上使用了物镜光阑，光阑函数 $A(u,v)$ 在光阑孔径内等于1，孔径外为零。于是，波函数修改为

$$\Psi'(u,v) = \Psi(u,v)A(u,v)e^{-iW(u,v)} \tag{11.120}$$

其次，入射光线相对于理想平面波的偏离必须被涉及。首先考虑将其归结为聚焦扩展的效应。物镜电流 I 的涨落是焦距扩展的直接诱因。由于色差，入射束的能量宽化也导致焦距扩展，先前将它表述为一个最小的模糊不清的圆盘(式(2.43))。加速电压 V 和灯丝发射电子的热能 E(近似为 1 eV)的变化也引起能量的宽化。这两种因素导致焦平面上高斯分布的扩展(典型的半高宽约为 10 nm)。

假如每个光源在焦点贡献一个高斯分布扩展，将这些高斯分布扩展源求卷积，再将它们的平方项相加(式(9.24))，便得到总的聚焦扩展 Δ(典型的约为几纳米)：

$$\Delta = C_c\left[\frac{\sigma^2(V)}{V^2} + \frac{4\sigma^2(I)}{I^2} + \frac{\sigma^2(E)}{E^2}\right]^{1/2} \tag{11.121}$$

其中，C_c 是色差系数(典型地约为 1 mm)，$\sigma^2(\;)$ 表示括号中各参量的方差。不管是什么光源，聚焦扩展 Δ(典型地约为几纳米)视为高斯衰减函数的宽度：

$$A_{C_c}(u,v) = e^{-\pi^2\Delta^2\lambda^2\Delta k^4/2} \tag{11.122}$$

用以表征图 11.19(b)和(c)中所显示的效应。

束会聚由于入射角的不同而影响像的形成(典型的会聚半角是 0.5 mrad)。类似于聚焦扩展，束会聚导致特征略微不同的像的重叠，模糊了像的细节，降低了分辨率。也类似聚焦扩展，通过在后焦面上以衰减函数 $A_\alpha(u,v)$(有时是贝塞尔函数)①乘以波函数来描述会聚束的作用。

关于衰减函数的这些近似，源于透射束占优的假设，透射束是沿光轴的一个参考相位。对于较厚的强衍射的试样，聚焦扩展和束会聚的作用能否用简单的衰减函数来适当地处理，还是不清楚。但是，当色差很小时，这些函数有时能给出很好的结果，与实际高分辨 TEM 像吻合。后焦面上最终的波函数，包括显微镜的不稳定性和束会聚由下式给定：

$$\Psi'(u,v) = \Psi(u,v)A(u,v)A_{C_c}(u,v)A_\alpha(u,v)e^{-iW(u,v)} \tag{11.123}$$

由 $\Psi'(u,v)$ 的傅里叶变换得到像平面上的波函数 $\Psi'(x,y)$(在图 11.21 中观察屏上)。模拟像强度是

① 这些衰减函数在 k 空间具有有效的光阑，因此，物镜光阑用于改善像的衬度，消除高阶非相干散射引起的背底噪声。

$$I(x,y) = \Psi^{*\prime}(x,y)\Psi'(x,y) \tag{11.124}$$

正如以下的讨论,在高分辨 TEM 实验过程中,对显微镜和试样的许多参数进行量化是可能的,但必须使像模拟过程作为试样厚度、物镜失焦量的函数,包括晶体倾转和束倾转,以了解像的行为,使其与实验像精确地吻合。

11.4.2　像模拟实践

原则上,理论和实践没有差别,但实践是一种真实的近似。重要的是记住像模拟程序采用了快速傅里叶变换(FFT)和周期边界条件,即最初的单胞在 x-y 方向被扩展成垂直于电子束方向的无限大的晶体。对于含有缺陷结构的单胞,程序是计算相同缺陷周期排列的像。FFT 的使用,要求单胞中的原子要与边界上的原子相匹配。如果这不可能,例如晶体与非晶界面,单胞就应足够大,将感兴趣的区域与沿单胞边界出现的反常衬度区隔离开来。使大晶胞尺度与计算速度相适应。

多片层程序利用了数组(典型的是 256×256 或 512×512),它们提供了足够的实空间相栅的采集,这样,波函数不会有快速的变化或不连续性。晶体势场大而变化剧烈的材料对采集相栅要求小的间隔。对于一个特定的数组大小,这减小了可能允许的单胞尺寸。随着原子序数的增加,可允许的尺寸通常减小。按照倒易空间的观点这是容易明白的——原子序数大的材料散射更强。为使所有有意义的电子束包括在内,通常需要使样品倒易阵点到大约 40 nm^{-1}的位置,这个数值可以从符合模拟条件的实验衍射花样中估算出来。以 40 nm^{-1}为例,一个 256×256 的数组在 uv 平面采集四个正方形,允许最小的点与点间距为 0.312 5 nm^{-1},转换到实空间后,输入模型最大的单胞尺寸为 3.2 nm,这足够对许多缺陷和界面结构建立模型。从而,一个比晶体单胞尺寸大很多的计算单胞,会导致模拟单胞的倒易阵点,在通常完整晶体的布拉格衍射点之间。实际上,这些点说明了晶体材料中源于缺陷结构的漫散射,正如在 10.2 节中描述的那样,而漫散射需适当地采样,以获得可信的像衬度。

高分辨 TEM 像计算的许多参数可以直接从实验像和衍射花样中获得。例如,束会聚能根据有衍射花样的圆盘直径直接测量。同样,物镜光阑的半径和位置,可以通过二次曝光将物镜光阑附加在衍射花样上(图 2.27)。衍射花样可用于确定晶体倾转(图 5.24 和图 6.26),这些都可以作为像计算的输入参数。物镜的离焦量、像散和束倾转校正,可以通过试样边缘非晶层的傅里叶变换进行评估,因此,非晶边缘像的记录十分重要。拍摄一组系列聚焦像,即一系列离焦量相差约 5 nm 的像,可大大提高像匹配程序的可靠性。对感兴趣区域试样厚度的评估,采用观察高分辨 TEM 像时的小物镜光阑替代大物镜光阑,这样,在明场像中可以观测到厚度条纹(8.5.2 小节)。重要的是尽可能量化上述变量,减少计算时间,尽量使实验像和计算像相一致,并使像解释可靠性最大化。

11.5　高分辨 TEM 像的实例

11.5.1　纳米结构的像

在很多情况下，对 HRTEM 像进行快速审视，便可以获得可靠的结构信息，而用其他方法是难以实现或不可能的。图 11.22 便是这样的实例。许多催化剂是由纳米金属或纳米合金组成的，附着于氧化物支撑体表面。这张像呈现了 NO 和 CO 反应过程中催化剂的表面。

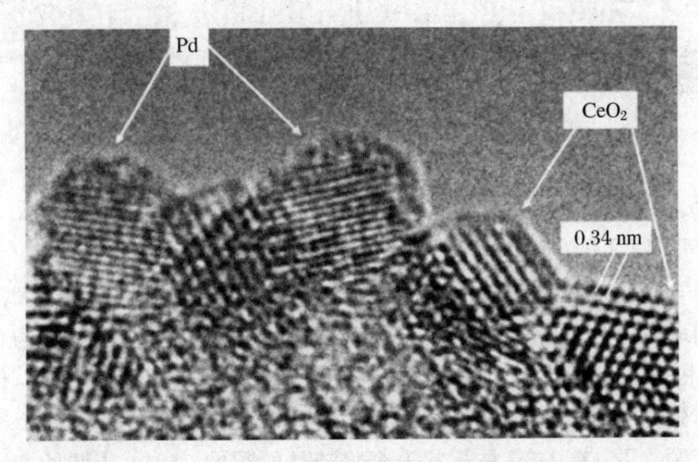

图 11.22　催化剂表面的 HRTEM 像，显示了具有不同形貌和周期结构的二氧化铈和钯纳米颗粒（T. M. Murray 和 J. M. Howe 未发表的研究工作）

催化剂中含有沉积在氧化铝支撑体上的二氧化铈，预期二氧化铈在氧化铝上形成薄膜，钯颗粒在二氧化铈上部形成。然而，图像显示的正好相反，二氧化铈没有浸润在氧化铝表面，而是与钯颗粒并排地靠在一起。常规 TEM 难以获得这种分辨水平的结构信息，因为颗粒太小且靠得太紧密。由于加速 NO + CO 反应被认为与二氧化铈和钯颗粒的界面相关，因此搞清楚钯颗粒是在二氧化铈膜之上还是在二氧化铈颗粒之间，对于理解催化过程和寻求最佳催化剂，是一个基本的信息。在图 11.22 中，铈原子在像中的衬度明显，因为铈原子序数为 58，大大高于氧的 8 号原子序数。二氧化铈的单胞大于钯，较大晶格条纹 0.34 nm 被认定为二氧化铈晶粒。也应注意，二氧化铈纳米晶具有多么明显的小表面。

图 11.23 是一张新颖的纳米结构像，展现了一个单壁碳纳米管中插入的碘化钾。碳纳米管的壁呈现为两条长白线，管内的 KI 形成了晶体结构，与标准立方单

胞尺寸相近。沿图像垂直方向,KI 纳米晶有 1 个、2 个或 3 个钾原子或碘原子,白点呈现出正方形或矩形的阵列。表面能不允许这样薄的晶体在游离状态下形成,但与碳纳米管内壁的相互作用,在能量方面是有利的。仔细观察图像,这些 KI 纳米晶沿碳管延伸到几纳米。要求用像模拟技术来确定 KI 纳米晶的取向,并获得垂直于碳管壁的原子间距[4]。由于 KI 和纳米管壁之间的引力作用,KI 原子之间的间隔被发现是一个有意义的扩展。图 11.23 中的图像不是由一张显微照片得到的,它是由一系列聚焦照片(11.3.3 小节中 Scherzer 分辨率的描述),结合这些照片的傅里叶分量的振幅而重构的像。由像重构技术可获得钾原子更好的衬度,且提供了比单张显微照片更高的空间分辨率。

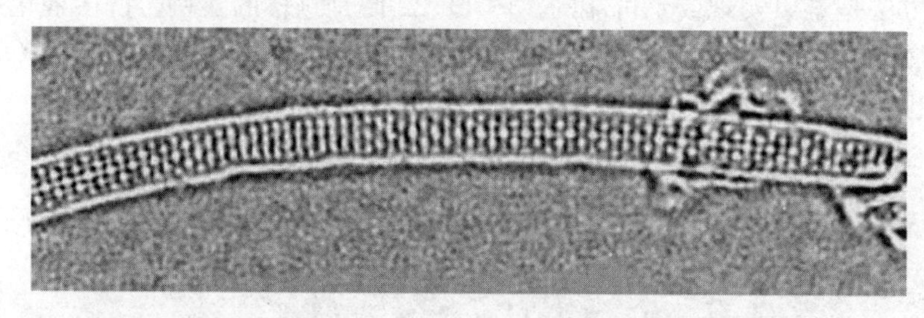

图 11.23　插入 KI 后单壁碳纳米管的 HRTEM 像,管壁碳原子中心的直径是 1.6 nm。重印获得了 R. R. Meyer 等的许可(Science,2000, 289: 449), Copyright 2000 American Association for the Advancement of Science

液晶聚合物能够发展形成多种结构,在空间尺度上比单分子更大。分子群有它们自身的取向,以至吸引支链相互聚集,聚合物分子允许在构象的条件下形成缩聚区,且要求分子保留完整。这些结构初期是用衍射方法进行研究的,但 HRTEM 技术能更有效地鉴别结构中的缺陷,以及处理不同结构而具有相同衍射花样时这样含混的问题。图 11.24 是枝杈状聚合物液晶的图像,图中,脂肪族和芳香族部分被隔开,基于衍射研究,晶体具有 Pm3n 立方对称性,但隔离区呈圆柱状还是球状不是很明显。图 11.24(a)的 HRTEM 像显示出相当大的结构无序,但像的周期部分被选择展示于图 11.24(b)中,这张像与计算机模拟比较后证实,结构单元为球状(基本上形成 A15 结构)。[5]

11.5.2　界面实例

高分辨透射电子显微术(HRTEM)是唯一能确定固态界面处原子排布的技术,例如晶界和相界。首先举四个界面研究的实例,这些实例的合理性是令人感兴趣的,它们阐明了绝大多数从 HRTEM 像获得局部原子结构信息的重要想法。这些是金属合金的实例,但类似情况大量存在于半导体、陶瓷和矿物体系。

在 HRTEM 像中,必须观测界面两侧以确定原子结构,它主要提供二维结构信息,但某些信息可以表征第三维(垂直方向)。本小节中,将界面区域倾转到结晶学低指数方向,诸如$\langle 110\rangle_{fcc}$,$\langle 100\rangle_{bcc}$,$\langle 111\rangle_{bcc}$和$\langle 110\rangle_{hcp}$等,以获得 HRTEM 像。

在多数情况下，像中的白点代表结构中原子列的投影。为了最大限度地观测像的细节，读者应首先看整幅图像，然后沿不同方向观测点列的排布。

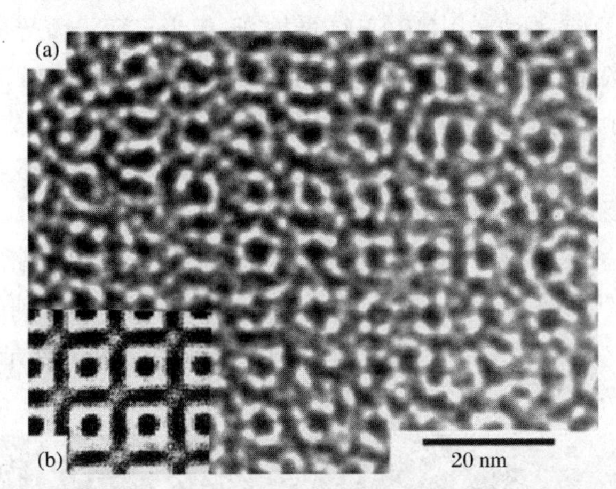

图 11.24　(a) 一个具有 Pm3n 立方结构枝杈状聚合物液晶相的 HRTEM；(b) 经傅里叶滤波后的像，在像强度谱中增强了(200)(210)和(400)峰。重印获得了 S. D. Hudson 等的许可(Science，1997，278：451)，Copyright 1997 American Association for the Advancement of Science

图 11.25 是第一个实例，即 Ti-Al 合金中两晶相界面处的像，因为这种合金是为结构应用而研制的，感兴趣的是了解它的塑性机制，加强界面处位错反应的研究，正如图 11.25 所显示的。界面两侧分别是 α_2 相沉淀物和 γ 相基体，两种物相

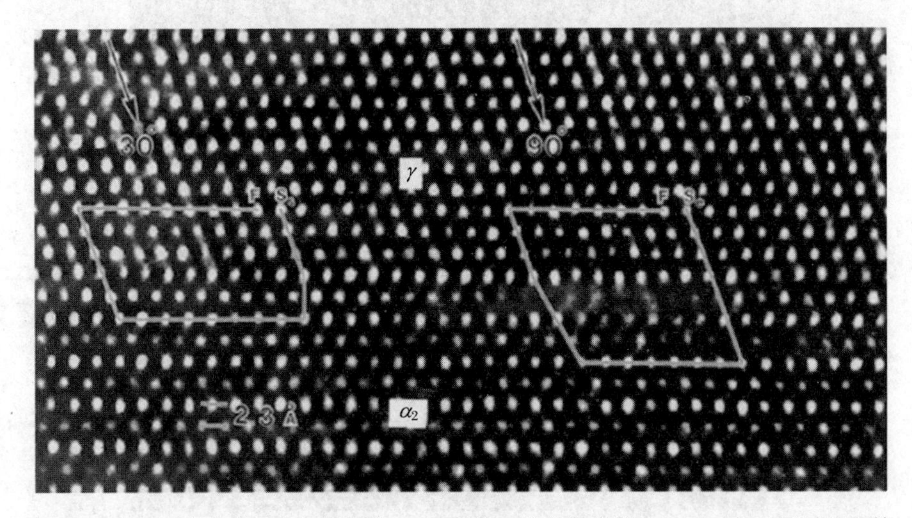

图 11.25　TiAl 合金中 γ/α_2 界面的 HRTEM 像。这是沉淀相 DO_{19} α_2-Ti_3Al(下部)和基体相 $L1_0$ γ-TiAl(上部)的共格界面，两相的密排面相互平行，$\{111\}_\gamma \parallel (0001)_{\alpha_2}$，界面也与密排面平行。在突起部位反向一端，围绕偏位错作出了柏格斯回路。符号 Se，Ss 和 F 分别表示 90°刃型位错和 30°螺旋位错回路的起点和终点[6]

都是化学有序的，横跨界面存在成分和晶格的变化。我们试图寻求界面原子结构的信息（这种化学信息要求了解白点是否表示 Al 原子列，还是富 Ti 的原子列）。

界面动力学的信息也能由 HRTEM 像推断，因为界面沿着界面突起部的通道移动。为了解沉淀物 α_2 相的生长运动学，确定突起部的位错特征是重要的。图 11.25 中绘出两个回路，显示了两侧 90°和倾斜 30°的两个伯格斯矢量，它们与缺口长度相关联，沿着箭头方向扫视更清楚。这些突起部位相距紧密，采用常规 TEM 衍射衬度是很难区别的，但用 HRTEM 容易观察到它们的细节。

图 11.25 的 γ/α_2 共格界面中，界面平直且平行于两晶体低指数密排面（请沿时钟的 3 点或 9 点方向扫视）。图 11.26 显示了一个具有高指数取向（$\{474\}_\gamma$ 惯态面）的 γ/α_2 界面，在横跨界面的短距离内，两相的密排面和方向是共同的，而小间距的原子突起使界面在比较大空间尺度内具有高指数取向。由于这些突起间隔太

图 11.26　在 Ti-Al-Mo 合金中，HRTEM 像显示了沿有序 γ-TiAl 基体和 B2-有序 TiAl 沉淀相共格惯态面 $\{474\}_\gamma$ 的原子小面。界面是沿着 $\langle 110\rangle_{fcc(L1_0)} \parallel \langle 111\rangle_{bcc(B2)}$ 进行观察的[7]

小,用常规电镜不可能分辨它们的应变衬度。HRTEM揭示了界面的原子结构,且显示了原子突起的位错特征。这种像也表明,结构的变化是否过界面的一个或几个平面。图11.26中所示的高指数界面,在扩散相变和马氏体相变,以及半导体和陶瓷材料中也已被观察到,这似乎是相当普遍的情况。

图11.27提供了一个半共格界面的实例,构成界面的两相具有相同的布拉菲点阵,但成分和点阵参数不同。界面是fcc Cu和fcc Ag的密排面{111}。Cu和Ag具有立方-立方的取向关系,但点阵参数相差12%。沿着界面大约九个晶面会出现一个错匹配。界面上的两个位错如箭头所示,倘若沿时钟1点的方位扫视,两个位错明晰可见。

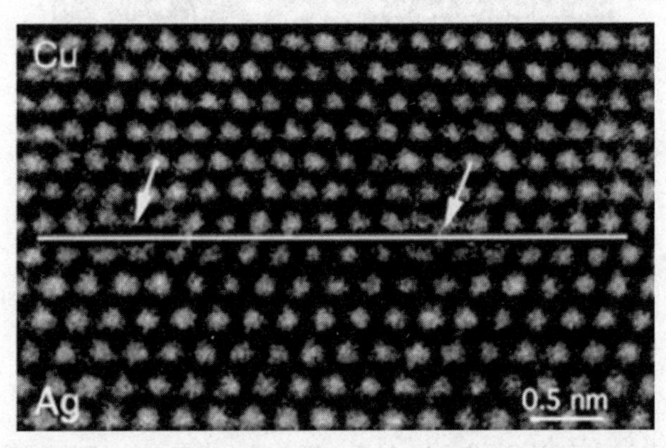

图11.27　Cu和Ag{111}界面⟨110⟩取向的HRTEM像,箭头表示错匹配位错中心[8]

图11.28是最后一个实例,显示了Al-Ge合金中Ge粒子(右边)与Al基体(左边)的非共格界面。fcc Al与dc Ge的点阵参数差异大于30%,但Al和Ge晶体在界面处是与孪晶相关的。Ge的三个晶面与Al的三个晶面相匹配。然而,不像前述的Cu/Ag半共格界面,沿着Al/Ge界面,位错核心区域似乎没有局域的弛豫原子,Al/Ge看来像是非共格结构。要了解横跨界面的原子在其位置上是如何弛豫的,就必须认识图像中的点与原子列投影势的相互关系。

要从HRTEM像中获取最大数量的结构信息,常常应进行大量的像模拟和分析。有时,分析需要比薄试样的制备和HRTEM的拍摄花费更多的时间和精力。然而,在许多情况下,解释是简单的。以图11.25中的TiAl为例,通过仔细观察便可推断,界面处通常具有良好的原子匹配,无论原子列对应黑点或白点都没有关系。另一方面,如果要寻求界面处富Ti和富Al的精确原子列位置和成分,以及凸起处的局域原子畸变,就必须仔细进行界面HRTEM像的模拟,并且要量化电镜和试样的许多参数。另外的途径可以利用像中白点的强度来确定横跨界面的成分梯度。或许局域化学组分与错匹配位错相关联。化学组分的这种测量要求相关知识,即点的强度如何随特殊原子列的组分发生变化,以及强度如何随原子列的精确位置而发生变化。

图 11.28　在 Al-Ge 合金中 Al,Ge 结构非共格界面的 HRTEM 像,沿〈110〉方向观测;请沿时针的 1,9 和 11 点方向扫视[9]

11.5.3　试样和电镜参数*

在对 HRTEM 像进行解释时,必须了解或至少考虑表 11.1 中列举的大多数试样和电镜参数。由制造商提供的几个电镜参数,诸如加速电压、物镜球差系数以及高斯聚焦扩展等等,可以直接用于像模拟程序。其他参数可以被简单地确定。物镜离焦量,可由试样非晶边缘的快速傅里叶变换(FFT)获得(参阅图 11.32 的讨论);束会聚半角,可由衍射花样的圆盘直径直接测定;物镜光阑的半径和位置,则可以通过衍射花样的两次曝光得到(图 2.27)。对 HRTEM 像中的像散也可以量化,但最好是对像进行拍照之前将像散消除。

表 11.1　HRTEM 成像过程中应考虑的试样和电镜参数

试样厚度	晶体取向	曝光时间
物镜聚焦	束倾转	试样漂移
电子束相干性	界面几何	投影问题
束会聚	表面效应	电子束损伤
物镜光阑	薄膜的松弛度	

1. 离焦量

电镜工作时，如何找到 Scherzer 离焦量（或其他聚焦参考条件）？已经知道，存在一个视觉可辨认的电镜聚焦条件——所谓“最小衬度条件”。当 CTF 在一个较宽的空间频谱范围接近于零时，会出现最小衬度情况。最小衬度不在高斯聚焦的位置，而位于离焦量 $\Delta f_{mc} = -0.44\ (C_s\lambda)^{1/2}$ 之处（对于图 11.15 和图 11.18，相当于 30 nm）。例如，当点击在 500～800 放大倍率时，考查一个试样的非晶边缘，可发现衬度最小的条件（像散和倾转都为零）。当物镜聚焦被调整到最小衬度时，像中细节几乎已消失，而非晶边缘显得单调而乏味。对于 JEOL 4000EX 电镜，$\Delta f_{mc} = -18$ nm，一旦发现这个离焦量，就可以简单逆时针拨动物镜聚焦钮响 3 次咔哒声，以达到 Scherzer 离焦量 − 49 nm（因为在最敏感设置时，每个步长使聚焦改变 1 nm）。通常的方法是拍摄一系列聚焦像，每次离焦值增量约几纳米，尽可能有一个较宽的离焦范围以抵消聚焦条件估算的不准确性和试样漂移的影响，以至在一定的离焦值范围内与模拟像相吻合。

为阐明这一点，图 11.29 呈示了由于 JEOL 200CX（200 kV，$C_s = 1.2$ mm）拍摄的非晶 Ge 的一组系列像和相应的傅里叶变换。最小衬度出现在右上图，离焦量为 − 240 Å，注意，当物镜欠焦（负值更大）或过焦时，像中的颗粒度增大。傅里叶变换强度中的白色区域表示空间频谱，由物镜传递到像中。对这台电镜，Scherzer 离焦量是 − 690 Å，Scherzer 离焦条件下的傅里叶变换有一个宽的白色环（参考图 11.20 的右下图）。当离焦量进一步增加（例如 2 490 Å），较高空间频率的信息，即进一步偏离光轴的信息，被电镜所传递。遗憾的是，传递函数中出现了许多零值，被视为空间频率的损失，在这些地方，傅里叶变换强度为暗区。

图 11.29 中圆环形的傅里叶变换强度表明，像散、束倾转和试样漂移都很小。束倾转或像散会引起傅里叶变换强度变成椭圆或强度不对称，而试样漂移会使圆环状 CTF 沿垂直于漂移方向截去一部分。

2. 束倾斜

束倾斜可能是最难校正和量化的电镜参数。对于单晶、晶界和相界，已经表明，电子束倾斜与光轴的角度必须在 1.0 mrad 之内，才能对原子构象进行可靠的解释，特别对大单胞的晶体是这样。尽管束倾斜的影响可以包括在像计算中，但最好在成像之前将束倾斜减至最小。

“电压对中”是使电子束与物镜光轴保持精确一致的标准方法。在这个对中过程中，电子束被聚焦在光轴上（通常使束斑位于荧光屏中心），高压以几千伏的值循环变化波动，或称“摆动”，物镜电流保持常数，于是电镜中像的聚焦上下移动，因为磁透镜的焦距会随着电子能量而改变。当电子束与光轴平行时，光轴上的像在聚焦和离焦的过程中，束斑不会侧向偏移。侧向偏移意味着电子束的聚焦与光轴存在一定的角度。x 方向和 y 方向的束倾斜应分别调整，直到侧向偏移完全消除。

这个过程通常从 30 万倍开始做，并在更高倍率反复进行直到 80 万倍，以获得精确的对中。采用这种方法在日常工作中将束倾斜减小到 1.0 mrad 之内，需要相当的训练和实践。

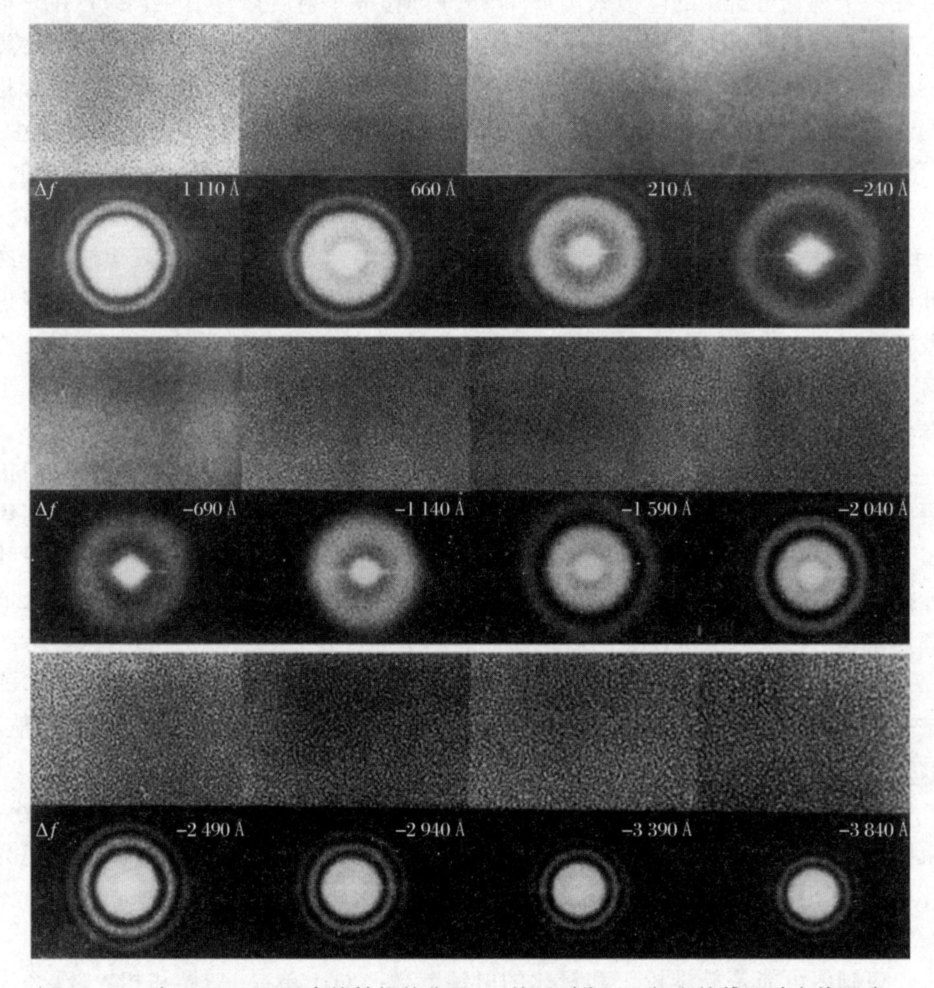

图 11.29　由 JEOL 200CX 电镜拍摄的非晶 Ge 的系列像以及相应的傅里叶变换强度，这组系列像显示了像衬度和衬度传递函数随离焦量增加而出现的变化[10]

为获得束对中要求的精度，一种替代的技术是进行初步的电压对中调整，接着，对入射电子束沿 x 和 y 轴方向都做大小相等、方向相反的倾转。这种操作称为摆动或"摇动"束倾转线圈电流。摇动时，比较薄膜边缘非晶区域的像，直到像对于反向倾转也出现相同形状，例如，增加和减小 x 值时出现的情况。用傅里叶变换检测两个像的相似度可能更容易。采用 CCD 相机和计算机程序，现在更可能实时地自动校正束倾转。

图 11.30 展示了束倾斜效应，这些图像是图 11.25 中 γ/α_2 界面的一系列 HRTEM 模拟像。图 11.30(a)的左上图呈现了 γ/α_2 界面的投影势，界面由实

线标明，γ-TiAl（上部晶体）和 α_2-Ti_3Al（下部晶体）中富 Ti 的原子列被认为是投影势中的亮点。图 11.30(a)显示了在没有束倾斜，试样厚度分别为消光距离 3 000的 1/4,1/2,3/4 和 1 倍条件下的像衬度变化，消光距离 ξ_{000} = 12.8 nm；图 11.30(b)是厚度相同的试样（包括 1/8 消光距离）在界面上具有一级衍射矢量 **g**(10.0 mrad)束倾斜的像；而垂直于界面的一级衍射矢量 **g**(7.2 mrad)的束倾斜，类似的系列像则显示在图 11.30(c)中；11.30(d)所展示的像，是将平行于界面和垂直于界面的衍射矢量的束倾斜相组合而获得的。这些束倾斜是大量级的，一个熟练的显微镜工作者很难获得，但它们说明了束倾斜对异质相界面高分辨像的影

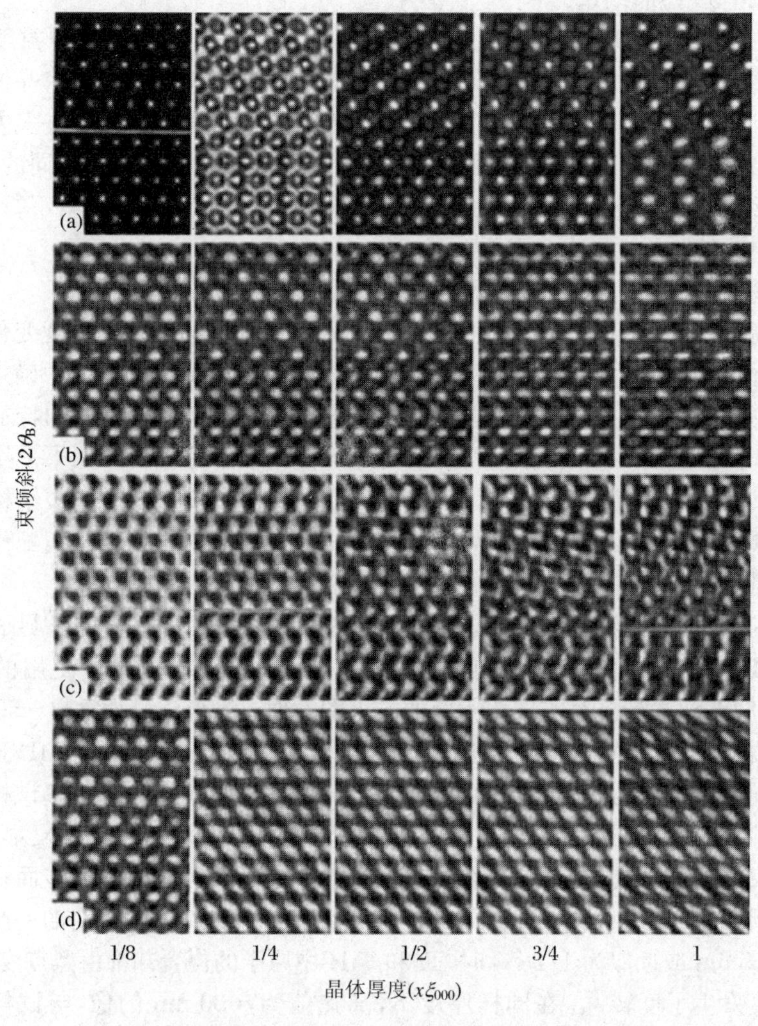

图 11.30　γ/α_2 界面随晶体厚度变化的 HRTEM 模拟像，(a) 无束倾斜；(b) 平行于界面 10.0 mrad 的束倾斜；(c) 垂直于界面 7.2 mrad 的束倾斜；(d) 平行和垂直于界面组合的束倾斜，界面位置由图(a)中的实线标明[11]

响。很明显，平行或垂直于界面的束倾斜大大改变了像的衬度，甚至对仅有 1/8 ξ_{000}消光距离厚度的晶体（约 1.6 nm），例如，1/8 ξ_{000}厚度试样的像应如同弱相位体的像，在明亮背底上显示出黑点。然而，在图 11.30(b)和(d)中，衬度是反演的，在暗背底上出现亮点。进而，对于 TiAl 中成分的有序分布，在间隔的(002)面上通常出现很强的衬度，但对于 1/4 ξ_{000}厚度的试样，垂直于界面的束倾斜和组合的束倾斜的图像中，(002)面的衬度完全不存在。束倾斜的影响也随厚度增大而增大，厚度大于 1/2 ξ_{000}后，图像几乎难以辨认。图 11.30(d)中组合的束倾斜的影响比单独平行或垂直于界面的束倾斜更加严重。注意图 11.30(c)，界面的真实位置已经被几个原子所取代。

另一方面，晶体倾转一个角度类似于图 11.30 的束倾斜，但对像衬度影响较小，至少对厚度小于 1/2 ξ_{000}的晶体是这样。HRTEM 像对束倾斜比对晶体倾转更加敏感。原因是，不像晶体倾转，束倾斜通过物镜以不同角度传送了许多方向相反的布拉格束，正如图 11.19(d)所示，这些方向相反的布拉格束产生不同的相位移，导致反常的像衬。作为一个经验法则，晶体倾转可以忽略，但束倾斜不行。然而，晶体倾斜对较厚的试样十分重要。

3. 系列聚焦

在高分辨像中，没有替代系列聚焦像的方法，系列聚焦是在有厚度变化的试样边缘附近获得的，利用这组系列像，可以从非晶边缘像的傅里叶变换中确定物镜的离焦量，并进而辨别像衬度随试样厚度的变化情况。因为特殊结构的特征会随试样厚度和离焦量而发生系统的改变，系列像的使用便十分重要。如果采用的原子结构模型获得的模拟图像能在离焦和厚度两方面都与实验像相吻合，结构模型便比采用单独一张像匹配的可信度更高。对相界，把界面两边的像衬匹配作为厚度和离焦量的函数，会进一步确信像解释的正确性。

为了阐明系列聚焦和系列厚度的量值，图 11.31 显示了 Ti/TiH 界面一系列 HRTEM 像作为试样厚度（竖向）和物镜离焦量（横向）的函数，使用的电镜是 JEOL 4000EX，电镜条件与图 11.20 的右下图类似。当离焦量为常数 −50 nm 时，随厚度增加，亮点的强度减小。若厚度为 10.5 nm，界面右边的晶体 TiH 显示了两倍的点周期。类似的效应在 13.0 nm 厚度时界面 Ti 边出现。当很多试样的厚度在(1/4～1/2)ξ_{000}范围时，都会出现两倍的点周期，这时，布拉格束强度显著增加，而 000 束强度明显减弱，这使两个方向相反的布拉格束可能相互干涉而在像中产生一个周期，这个周期的间距是同样的布拉格束与 000 束相干周期的一半。当厚度为 15.5 nm 或近似为 1/2 ξ_{000}时，Ti 和 TiH 中原子的位置却都由黑点变成亮点，像的衬度发生了反转①。在同样厚度下，离焦值为 −30 nm 的像，与试样厚度为 8.0 nm、离焦值为 −50 nm 的像非常相似，即原子列呈现为黑点。当试样厚度不断

① 必须清楚地了解物镜的离焦量和试样厚度的一些概念，否则，不可能知道原子列是亮点还是黑点。

增加而超过图 11.31 的范围，在厚度约为 $1\xi_{000}$ 之前，原子位置趋向于维持亮点。随试样厚度进一步增加，原子位置会重新呈现黑点，且黑点和亮点循环变化。由于 HRTEM 像的衬度常常随试样厚度与消光距离之比有规律的变化，因此，对于计算每 $1/8\ \xi_{000}$ 厚度增量的像是可取的，例如，用来描述像衬的总范围。为了绘制强度与厚度相关曲线的结构模型，第一步是确定消光距离 ξ_{000}。

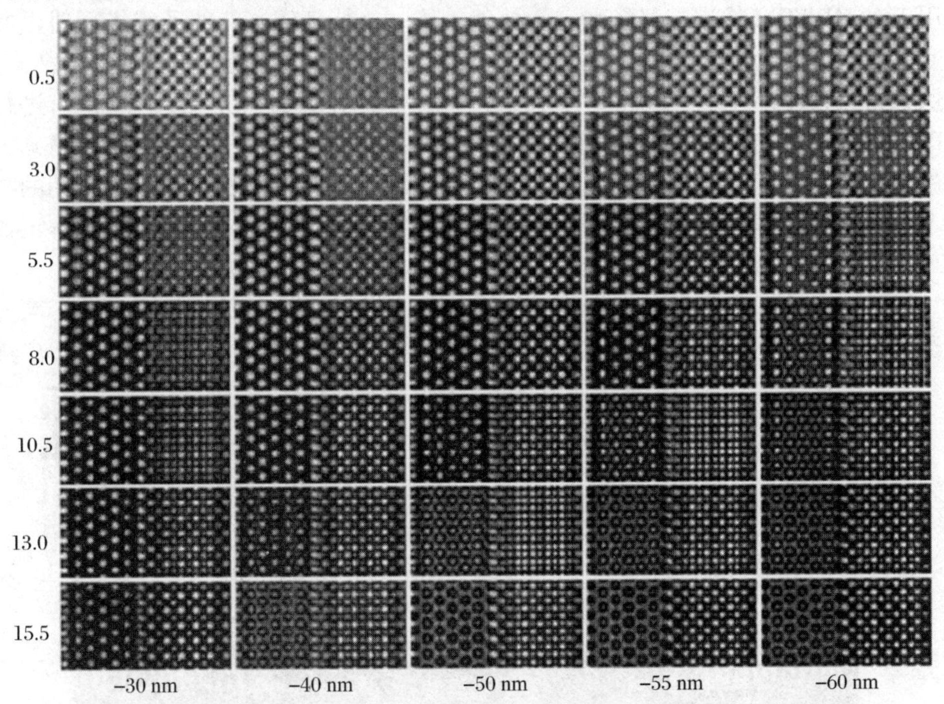

图 11.31　Ti/TiH 界面的 HRTEM 模拟像，晶体厚度的值(竖向，nm)和物镜离焦量的值(横向)，观测方向是 $[0001]_{Ti} \parallel [100]_{TiH}$，消光距离 $\xi_{000TiH} = 30.0$ nm[12]

4．试样厚度

由于 HRTEM 试样非常薄，通常小于一个消光距离，故很难对试样厚度进行测量。会聚束电子衍射(CBED)方法不能用于测量厚度小于一个消光距离的样品，而立体投影/倾转技术在薄样品上也难于实现测量。但将厚度作为一个参数，使实验像与模拟 HRTEM 像获得最佳吻合却并非罕见，当然，最好直接测量厚度。电子能量损失谱(EELS)可用于厚度测量，即通过比较总的等离子激发峰和零损失峰的强度(5.3.2 小节)。利用等离激发平均自由程的知识，吸收厚度的测量是可能的。如果不知道平均自由程，仍可借助于等离激发峰与零损失峰的相对高度来表示厚度。有幸的是，这种技术对非常薄的试样相当有效，所以，EELS 变成 HRTEM 研究中更常规的部分，特别是越来越多的能量过滤器安装在电镜中。厚度测量另一个简单半定量的方法是拍摄 HRTEM 后，插入一个小的物镜光阑套住 000 束，于是在明场像中可观察到厚度条纹，这些厚度条纹可用于估算感兴趣区域的厚度。

11.5.4 HRTEM 的一些特殊方面(事项)*

1. 软件

图像模拟软件(11.4.2 小节)是当前必不可少的,而其他如分析计算程序,可用于对 HRTEM 像进行解释和定量处理。从一个特别感兴趣的区域进行傅里叶变换(FFT)计算,或获得横跨某一特定区域的强度分布曲线是两种更常用的技术。这里,介绍这两种程序的例子。其他常用的程序是在 FFT 上设置一个方框,进行 FFT 的逆变换,获得一幅频率过滤像,或使用一种方式,在一个周期结构中精确定位强度极大值。为了对像进行比较,例如实验像与模拟像的比较,另一种有用的技术是观测它们差别的"残留"部分。许多这些程序被捆绑在一个软件包中[13],正如 11.5.3 小节中所提到的,FFT 能被实时地计算,以校正像散和束倾斜。

图 11.32(a)显示了一张 Cu(100)液晶界面的模拟 HRTEM 像,通过分子动力学硬球模型的模拟确定了原子位置。基于晶体和电镜条件(薄试样、Scherzer 离焦

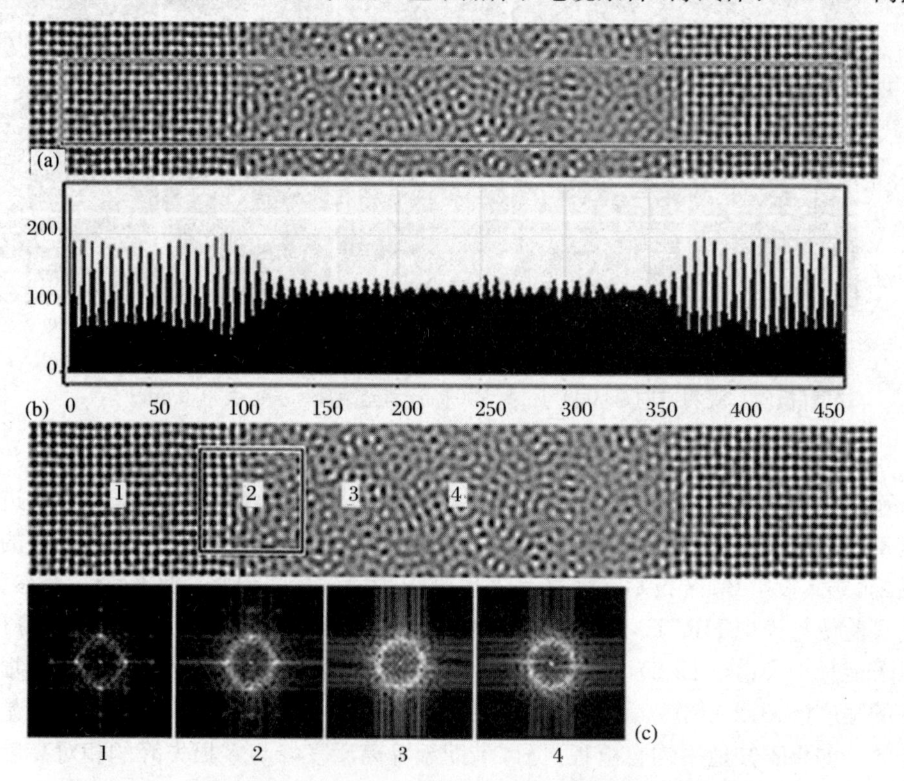

图 11.32 (a) (100)液晶界面的 HRTEM 模拟像,试样厚度为 4 nm,满足 JEOL 4000EX 显微镜的 Scherzer 离焦量;(b) 与之对应的截面强度曲线,显示界面区域的宽度大约为 4 个晶面间距;(c) 与 1~4 对应的四个傅里叶变换强度,这显示了沿界面的空间频谱[14]

量),绘制了图 11.32(b)的强度分布曲线,曲线对应图 11.32(a)的矩形框区域,在竖直方向取强度平均值,可视为横跨界面的密度分布图。强度分布图表明,在晶体(外部)和液晶(内部)两相之间界面区域有约四个面间距的宽度。图 11.32(c)显示了四幅 FFT 衍射图,分布从图像中四个方框(像素:64×64)标注的区域获得。注意区域 2 中同时出现了点和非晶晕环。从区域 2 中获得的晕环是椭圆形的(纵向是主轴,横向为副轴),而区域 3 和 4 的晕环呈圆形。椭圆形花样表明,邻近晶体表面的液晶各向异性,这个微妙的不同特征可通过对 HRTEM 像的视觉观察得到。从 HRTEM 像中的局部区域获得的傅里叶变换强度是有用的,因为它能提供几个纳米尺度样品区域的衍射信息,例如,这对于鉴别微小沉淀相是特别有用的。

2. 仪器设备

一个内置或后置的能量过滤器对 HRTEM 研究是非常有价值的,理由如下:能量过滤器可消除非弹性散射电子,这有利于与 HRTEM 像的模拟更定量地进行比较,因为 HRTEM 像模拟没有考虑非弹性散射;其次,用过滤像除以零损失像,可以产生一张厚度图(5.5.3 小节),这张图可用于对试样的优先减薄和厚度变化进行核对,若等离激发的平均自由程已知,可以对试样的绝对厚度进行测量;最后,使用能量过滤器现在可以在 STEM 模式或成像模式下获得元素的分布图,空间分辨率可达到零点几纳米,因此,有可能获得几乎与 HRTEM 像分辨率相同量级的光谱学组分信息,正如 5.5 节中所描述的①。

近年来,HRTEM 方法变得越来越定量化,这类研究经常揭示了由胶片获得的数字化像的缺点。对于数字数据接收,CCD 相机在很宽的强度范围提供了极好的敏感度和线性响应,像的输出接近实时,且 CCD 相机通常集成在后置的能量过滤器中。在弱电子束曝光时,CCD 相机极高的敏感度对辐照敏感的材料有明显的优势。

仪器设备近期最有意义的进展是球差校正器,它大大减小了物镜的三级球差 C_s。工作原理是,因各级具有不同相位移偏差 $W(\Delta k)$,多级透镜(诸如六级或八级)用作物镜时,球差要好于短的螺形线圈。将这些不同的函数形式结合在一起,有可能使全部 $W(\Delta k)$成为恒定的函数。这部分内容的细节将在 12.6 节中讨论。

3. 试样

在均匀完整晶体的一些区域中,HRTEM 像中的亮点会呈现强度变化(参阅图 11.25 和图 11.26),这种强度变化可能源于试样的非晶表面层,这是制样过程中非故意导致的。由离子减薄仪制备的试样易于引起表面层非晶化和其他损伤,表面氧化物也会因其他原因而形成。图 11.33 的模拟像以 Si 晶粒间界的 HRTEM 为例,说明了试样非晶表面氧化物的影响。右边一组像显示了没有表面氧化物存在时随试样厚度变化的晶粒间界,左边一组像是同样的晶粒间界像,但试样表面覆盖

① 对于 STEM 操作,“HAADF 成像”自然取代 HRTEM,将在第 12 章中讨论。

了一层约 30.6 Å 厚的非晶氧化物。当晶体 Si 比氧化物薄(左上图像,约氧化层厚度的 20%),晶格点阵和晶界特征几乎不可见。只有当晶体厚度与非晶层厚度(30.6 Å)相当时,图像才开始显示出点阵规律。然而,注意到在这个厚度下,某些亮点仍然呈现出反常衬度,很像图 11.25 和图 11.26 的亮点。当需要强度信息时,如确定原子列的组成,将不必要的表面层减至最小是十分重要的。

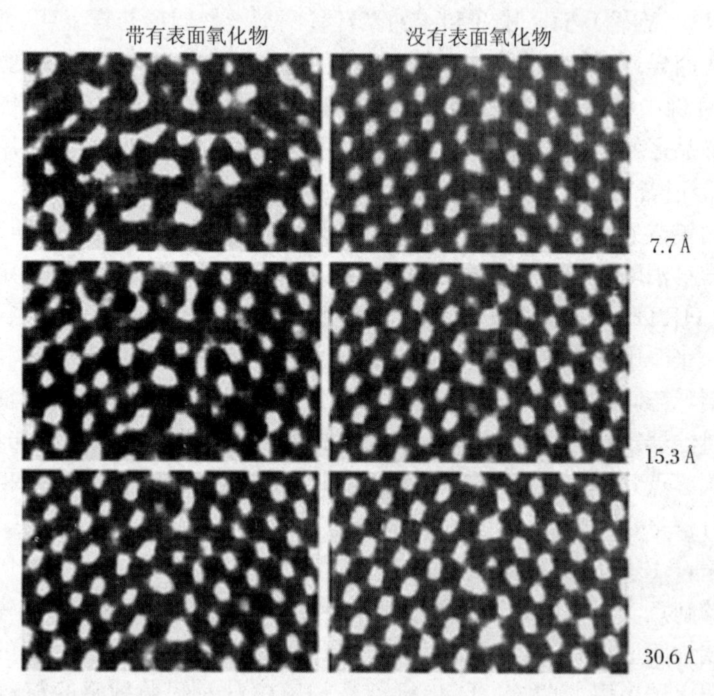

图 11.33　带有表面氧化物的 Si 晶粒间界的计算 HRTEM 像。表面层的厚度是定值 31.44 Å,而晶体的厚度从 8 Å 至 31 Å 变化[15]

纳米颗粒 HRTEM 像中某些通常的假象可能引起学术上的误导。由于场发射电子枪有很高的相干性,使物镜的信息分辨极限大大超越了衬度传递函数的第一个零点,当出自物镜的傅里叶分量通频带中存在明显的 V 形曲线时,可能在辨别小晶粒边界时出现问题。图 11.34 以一种简单的方法阐明了这一点。两个傅里叶分量 ψ_1 和 ψ_2 相加得到强度 $|\psi_1+\psi_2|^2$ 定域在图的中心部位。如果其中一个傅里叶分量,如 ψ_1 被删除,则强度 $|\psi_2|^2$ 具有的条纹很好地展开跨越图的中心。一个更平缓衰减的衬度传递函数,如图 11.20 的右下图所示(0.55 mrad 和 80 Å),会比无衰减的衬度传递函数获得更清晰的边界,无衰减的衬度传递函数对于某些傅里叶分量会突变到零。

因试样倾转的变化,纳米晶 HRTEM 像晶面间距的测量会出现问题,在纳米晶边缘附近也会引起其他问题。为保证晶面间距测定的可靠性,必须使晶体精确沿晶带轴对中。当纳米晶被倾转时,点阵周期和点阵参数的误差通常达到

10%[16-17]。小的完整晶体的HRTEM模拟像已揭示了原子的表面层会出现膨胀,因此接近表面的某些像显示出松弛或弯曲的平面可能是假象。采用精确的技术,使晶体对中良好,只从晶体中心部位的像测量晶面间距,标准的点阵参数的偏差为1%～2%是可能的,超过100个晶体的统计平均可以使平均值改善10%[17]。请注意不要对纳米结构边缘附近的HRTEM像原子位置做过度解释。如果详细的信息很重要,像模拟是必不可少的。

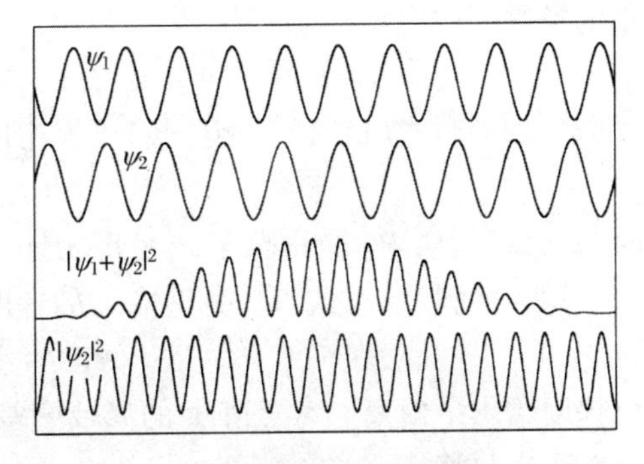

图 11.34　从上到下:频率相近的两个傅里叶分量 ψ_1 和 ψ_2 及其强度之和,以及其中一个被删除后的强度。尽管其中一个分量被删除后周期没有很大变化,但局域化却出现显著的变化

11.5.5　几何相位分析*

1. 参考点阵和偏差

为了量化 HRTEM 像中横跨观测区域应力场的变化,几何相位分析是目前一种流行的技术。一幅 HRTEM 点阵像通过其傅里叶变换的强布拉格衍射来表征。这些强的频率成分与晶体结构投影的平均二维单胞相关联。在傅里叶变换形式中选择两个非共线的倒易点阵矢量(即布拉格衍射),可在 HRTEM 像中有效定义一个二维参考点阵,该点阵能涉及所有的变化。对于一个完整晶体的点阵,其傅里叶变换是由明锐峰组成的频谱,而晶面间距的畸变会在傅里叶变换中产生弥散的强度(10.2节)。由强点阵衍射及相伴的弥散频率共同形成的像能确定结构的局域变化,并可获得局域畸变和应力场的分布图。例如,当与 DigitalMicrograph™ 软件相连接时,一个几何相位分析的程序很容易被利用。这种技术的空间分辨率是纳米量级,而精度却在皮米量级。现用一个实例,对几何相位分析之后的理论做简要的描述。

2. 条纹和位移的相位

一组特定的点阵条纹 $B_g(r)$ 的像是

$$B_g(\boldsymbol{r}) = 2A_g\cos(2\pi\boldsymbol{g}\cdot\boldsymbol{r} + P_g) \tag{11.125}$$

其中,$\boldsymbol{r}$ 是像中的位置,模数 A_g 是这组波矢为 $\boldsymbol{g}$ 的正弦型点阵参数的振幅,相位 P_g 表示原像中条纹的横向偏移。参考像是在傅里叶变换中,通过设置小孔径光阑(掩膜)下 $\pm\boldsymbol{g}$ 位置所获得的布拉格过滤像。

若假定像中的倒易矢量与参考点阵的矢量有差别:

$$\boldsymbol{g} \rightarrow \boldsymbol{g} + \Delta\boldsymbol{g} \tag{11.126}$$

其中,$\Delta\boldsymbol{g}$ 是倒易点阵矢量与参考点阵 $\boldsymbol{g}$ 的差别。于是,由式(11.125)所描述一组

完整的条纹变成

$$B_g(\boldsymbol{r}) = 2A_g\cos(2\pi\boldsymbol{g}\cdot\boldsymbol{r} + 2\pi\Delta\boldsymbol{g}\cdot\boldsymbol{r} + P_g) \tag{11.127}$$

将式(11.125)与式(11.127)相比较，可视相位为位置的函数：

$$P_g = 2\pi\Delta\boldsymbol{g}\cdot\boldsymbol{r} \tag{11.128}$$

这时，常数相位项 P_g 被排除了。因此，倒易点阵矢量 $\Delta\boldsymbol{g}$ 的差异在相位像中产生了一个均一的斜坡，对式(11.128)取 r 的梯度，有

$$\overrightarrow{\nabla P_g}(\boldsymbol{r}) = 2\pi\Delta\boldsymbol{g} \tag{11.129}$$

相位梯度给出了偏离参考点阵 $\boldsymbol{g}$ 的局域偏差 $\Delta\boldsymbol{g}(\boldsymbol{r})$。

在存在位移场 $\boldsymbol{u}$ 的情况下，

$$\boldsymbol{r}\to\boldsymbol{r}-\boldsymbol{u} \tag{11.130}$$

式(11.125)中那组完整条纹变为

$$B_g(\boldsymbol{r}) = 2A_g\cos(2\pi\boldsymbol{g}\cdot\boldsymbol{r} - 2\pi\boldsymbol{g}\cdot\boldsymbol{u} + P_g) \tag{11.131}$$

因此，相对于初始位置，条纹的最大值将由矢量 $\boldsymbol{u}$ 替代，将式(11.131)与式(11.125)比较，得

$$P_g(\boldsymbol{r}) = -2\pi\boldsymbol{g}\cdot\boldsymbol{u} \tag{11.132}$$

常数相位项 P_g 再次被舍弃。

为了构造一个相位像，计算像强度的傅里叶变换频谱，频谱中对应于最大强度值位置的峰被选作点阵矢量 $\boldsymbol{u}$，将一小孔径光阑(掩膜)套住 $\boldsymbol{g}$(不是 $-\boldsymbol{g}$)，进行傅里叶逆变换，获得的复像由下式给定：

$$H_g(\boldsymbol{r}) = A_g(\boldsymbol{r})\mathrm{e}^{\mathrm{i}2\pi\boldsymbol{g}\cdot\boldsymbol{r}+\mathrm{i}P_g(\boldsymbol{r})} \tag{11.133}$$

其中，$H_g(\boldsymbol{r})$是复傅里叶系数，随像中的位置变化。于是，布拉格过滤相位像 $P_g(\boldsymbol{r})$由复像计算得到，关系如下：

$$P_g(\boldsymbol{r}) = \mathrm{Phase}[H_g(\boldsymbol{r})] - 2\pi\boldsymbol{g}\cdot\boldsymbol{r} \tag{11.134}$$

正如式(11.134)所表明，相位像 $P_g(\boldsymbol{r})$的获得，是通过减去了经 5π 重新归一化后的 $2\pi\boldsymbol{g}\cdot\boldsymbol{r}$ 因子。相位像 $P_g(\boldsymbol{r})$在倒易点阵矢量 $\boldsymbol{g}$ 方向给出了位移场 $\boldsymbol{u}(\boldsymbol{r})$的分量。结合两组点阵条纹的信息，矢量位移场能被计算为(提供的倒易点阵矢量 $\boldsymbol{g}_1$ 和 $\boldsymbol{g}_2$ 是不共线的)

$$\boldsymbol{u}(\boldsymbol{r}) = -\frac{1}{2\pi}[P_{g_1}(\boldsymbol{r})\boldsymbol{a}_1 + P_{g_2}(\boldsymbol{r})\boldsymbol{a}_2] \tag{11.135}$$

其中，$\boldsymbol{a}_1$ 和 $\boldsymbol{a}_2$ 是实空间点阵的基矢，该空间与由 $\boldsymbol{g}_1$ 和 $\boldsymbol{g}_2$ 确定的倒易点阵相对应。

3. 几何相位分析实例

几何相位分析已应用于材料中多种缺陷组态的位移场定量研究。例如，Si 中位错周围的位移场测量，应变的金属硅氧化物半导体场效应管中应变分量的测量，与 $PbTiO_3$ 中畴壁相联系的应变场测量，以及 Ge 纳米线中的应变分布图等等。这里，用 Si 中位错为例来说明这种技术[18]。

图 11.35(a)显示了 Si[$1\bar{1}0$]取向中一个位错的 HRTEM 像，计算了 HRTEM

像中$(11\bar{1})$和(111)晶格条纹的相位像，如图 11.35(d)和(e)所示。对于相位计算，基矢是 $\boldsymbol{g}_1=[11\bar{1}]$，$\boldsymbol{g}_2=[111]$，$\boldsymbol{a}_1=\dfrac{1}{4}[11\bar{2}]$和 $\boldsymbol{a}_2=\dfrac{1}{4}[112]$。围绕位错核心区域，相位单调地增加，通过对相位在 2π 范围内规范化，相位从 0 到 2π 有一突变。取 x 轴平行于[220]，y 轴平行于[002]，图 11.36 显示了由式(11.135)计算得到的位移场 $\boldsymbol{u}=(u_x,u_y)$。图 11.36 也显示了采用等熵弹性理论并使用 Si 的弹性常数尝试计算获得的位移场，二者相当吻合。

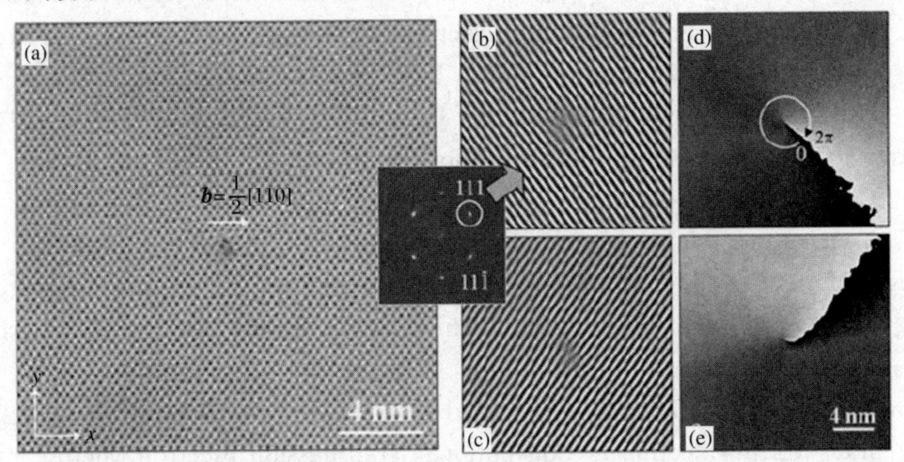

图 11.35　(a) Si 中端点位错的 HRTEM 像，具有伯格斯矢量 $\boldsymbol{b}=\dfrac{1}{2}[110]$；(b)，(c) (111)和$(11\bar{1})$傅里叶过滤获得的点阵条纹；(d)，(e) (111)和$(11\bar{1})$点阵条纹的相位像，从 0 到 2π 范围的色度为灰色

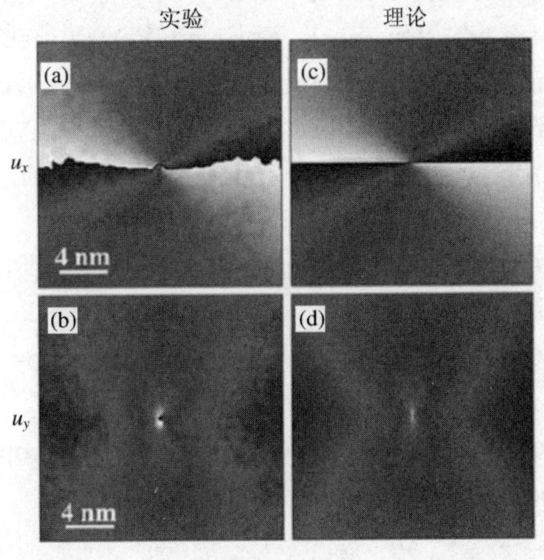

图 11.36　(a)，(b) 基于图 11.35 中的相位像计算得到的实验位移场 $\boldsymbol{u}=(u_x,u_y)$；(c)，(d) 采用非等熵弹性理论计算获得的理论位移场；对于 u_x，灰色色度范围从 0 到 0.192 nm，对于 u_y 是从 −0.271 到 0 nm(晶面间距 $d_{002}=0.271$ nm 和 $d_{220}=0.192$ nm)

11.6 拓展阅读

Amelinckx S, van Dyck D. Diffraction Contrast and High Resolution Microscopy of Structures and Structural Defects// Cowley J M. Electron Diffraction Techniques: Volume 2. Oxford: International Union of Crystallography, Oxford University Press, 1992.

Barry J. Computing for high-resolution images and diffraction patterns// Cowley J M. Electron Diffraction Techniques: Volume 1. Oxford: International Union of Crystallography, Oxford University Press, 1992.

Buseck E R, Cowley J M, Eyring L. High-Resolution Transmission Electron Microscopy and Associated Techniques. Oxford: Oxford University Press, 1988.

Cowley J M. Diffraction Physics. 2nd ed. Amsterdam: North-Holland, 1975.

De Graef M. Introduction to Conventional Transmission Electron Microscopy. Cambridge: Cambridge University Press, 2003.

Grivet P. Electron Optics. Revised by Septier A, translated by Hawkes P W. Oxford: Pergamon, 1965.

Reimer L. Transmission Electron Microscopy: Physics of Image Formation and Microanalysis. 4th ed. New York: Springer-Verlag, 1997.

Russ J C. Computer-Assisted Microscopy: The Measurement and Analysis of Images. New York: Plenum Press, 1990.

Smith F G, Thomson J H. Optics. 2nd ed. New York: John Wiley and Sons, 1988.

Spence J C H. Experimental High-Resolution Electron Microscopy. Oxford: Oxford University Press, 1988.

Thomas G, Goringe M J. Transmission Electron Microscopy of Materials. New York: Wiley-Interscience, 1979.

Williams D B, Carter C B. Transmission Electron Microscopy: A Textbook for Materials Science. New York: Plenum Press, 1996.

习　题

11.1　(1) 在一个由多层堆叠的散射子组成的均匀介质中,证明因式(11.1)的散射波为零(除非 $\Delta k=0$)时,反射波消失。

(2) 证明在这些散射子表面,反射波是可能的。

11.2　(1) 采用图11.9的角螺旋线,绘出波振幅的模数作为 X 的函数图。

(2) 考虑 $r_0=50$ nm 时的情形,对于200 kV 的电子,绘出在一个明锐边缘处,第一和第二个菲涅耳亮条纹间距作为失焦量函数的示意图。

11.3　采用11.2.2小节的方式,证明通过透镜的平面波在距透镜 f 处聚焦。(提示:平面波的相位函数为常数,例如1。)

11.4　一个化学计量比的AuCu合金,符合弱相位体条件的最大厚度应是多少?假定内部势场折射指数引起的相位移是 $\pi/2$ 或更小,Au和Cu的原子势分别为23 V和22 V。

11.5　阐明为什么物镜对试样从欠焦到过焦变化时,菲涅耳条纹由亮条纹变为暗条纹。

11.6　N 束多片层计算的精确性受到片层厚度 Δz 和衍射束 N 的极大影响,请讨论因 Δz 和 N 的不恰当选择所引起的问题,提出建议,为多片层的计算,确保使用正确的 Δz 和 N 值。

参考:Goodman P, Moodie A F. Acta Crystallogr., B Struct. Crystallogr. Cryst. Chem. A, 1974,30:280.

11.7　在Cowley和Moodie的多片层计算方法中,埃瓦尔德球和激发(偏离)参量是怎样的情况?

参考:Cowley J M, Moodie A F. Acta Crystallogr., B Struct. Crystallogr. Cryst. Chem.,1957,10:609.

11.8　Tanaka和Jouffrey详细分析了电子束短暂的和空间的相干性对较小和较大单胞晶体图像衬度的影响,比较由"包络函数"和相干性的"强度和"处理的结果,并讨论400 kV时对于小尺度单胞包络函数方法的合理性。

参考:Tanaka M, Jouffrey B. Acta Crystallogr., B Struct. Crystallogr. Cryst. Chem. A,1984, 40:1143.

11.9　在HRTEM像中,位错中心位置处,轻微的束倾转有什么效应?这种效应对试样厚度敏感吗?

参考:Bourret A, Desseaux J, Renault A. Philos. Mag. A,1982,45(1):1.

11.10　倘若没有假定晶体是中心对称的，试计算弱相位体的衬度，可以忽略吸收。

（提示：结果会有如 $\cos(k_x x + k_y y)$ 的因子。）

11.11　计算物镜 Scherzer 离焦的聚焦条件，这个条件被限定在 $\sin W(\Delta k)$ 不会减低到 -0.71，或等价于 $W(\Delta k)$ 函数中 $W(\Delta k) = (-3/4)\pi$ 为极值。

11.12　物镜的离焦量和球差对于衍射波相位的影响由函数 $W(\Delta k)$ 和 $Q_{\mathrm{PTF}}(\Delta k)$ 描述，分别由式(11.92)和式(11.93)确定。假定球差系数为 1.0 mm，加速电压为 400 kV，试绘出 $\sin W(\Delta k)$ 和 $\cos W(\Delta k)$ 在离焦量为 -50 nm 时的曲线。

11.13　用一个透镜对不透明屏中多狭缝构成的光栅成像，在透镜的后焦平面插入一个光阑，若使光阑如下移动，会产生怎样的图像？

(1) 光阑套住中心点和每一边的第一个衍射点；

(2) 光阑套住中心点和某一边的第一个衍射点；

(3) 光阑套住每一边的第一个衍射点但不套住中心点。

参 考 文 献

Chapter 11 title image of Pb precipitate in Al. Figure reprinted with the courtesy of Dahmen U.

[1] Weissbacker C, Rose H. J. Electron Microsc., 2001, 50: 383.

[2] Cowley J M, Moodie A F. Acta Crystallogr., 1957, 10: 609. Ibid., 1959, 12: 353; 360; 367.

[3] O'Keefe M A. Electron Image Simulation: A Complementary Processing Technique// Hren J J, Lenz F A, Munro E, et al. Proceedings of the 3rd Pfeffercorn Conference on Electron Optical Systems, Ocean City, MD. Illinois: Scanning Electron Microscopy, Inc, 1984: 209-220.

[4] Meyer R R, Sloan J, Dunin-Borkowski R E, et al. Science, 2000, 289: 1324. Figure reproduced with the courtesy of Hutchison J L and the American Association for the Advancement of Science.

[5] Hudson S D, Jung H T, Percec V, et al, Science, 1997, 278: 449. Figure reproduced with the courtesy of Hudson S D and the American Association for the Advancement of Science.

[6] Singh S R, Howe J M, Philos. Mag. A, 1992, 66: 746. Figure reprinted with the Courtesv of Taylor&Francis, Ltd.

[7] Das S, Howe J M, Perepezko J H, Metall. Mater. Trans. A, 1996, 27: 1627. Figure reprinted

with the courtesy of The Minerals, Metals & Materials Society.

[8] Rao G, Howe J M. Wynblatt R. Unpublished research.

[9] Dahmen U, Micros. Soc. Am. Bull., 1994, 24:341. Figure reprinted with the courtesy of Microscopy Society of America.

[10] Figure reprinted with the courtesy of Gronsky R and Acklund D.

[11] Howe J M, Rozeveld S J, Micros J. Res. Tech., 1992, 23:233. Reprinted with the courtesy of Wiley-Liss, Inc.

[12] Tsai M M. Determination of the growth mechanisms of TiH in Ti using high-resolution and energy-filtering transmission electron microscopy. Charlottesville: University of Virginia, 1997. Figure reprinted with the courtesy of Dr. Tsai M M.

[13] Such as Gatan Digital Micrograph TM or NIH Image.

[14] Laird B, Howe J M. Unpublished research.

[15] Kilaas R, Gronsky R. Ultramicroscopy, 1985, 16, 193. Figure reprinted with the courtesy of Elsevier Science Publishing B. V.

[16] Malim J O, O'Keefe M A. Ultramicroscopy, 1997, 68:13.

[17] Tsen S C Y, Crozier P A, Liu J. Ultramicroscopy, 2003, 98:63.

[18] Hytch M J, Putaux J L, Penisson J M. Nature, 2003, 423:270.

第 12 章 高分辨 STEM 和相关成像技术

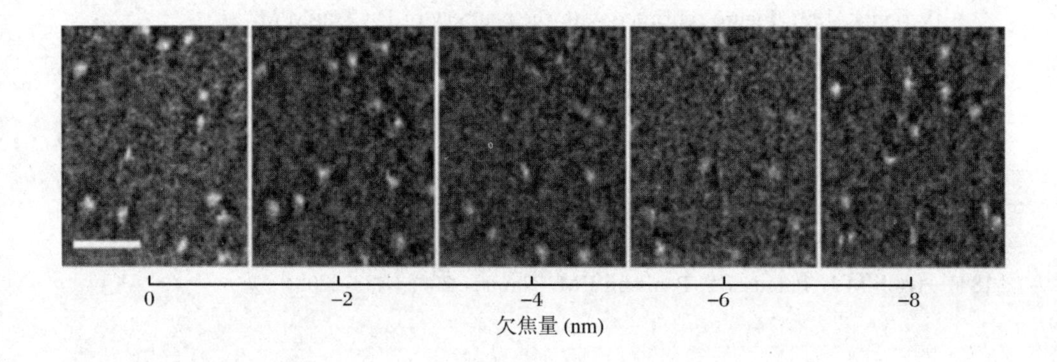

12.1 高角环形暗场像的特征

前一章介绍了以相干弹性散射电子参与的相位衬度成像的 HRTEM 技术。另一种高分辨成像技术如今已被确立且日益流行，名为"高角环形暗场像"，或 HAADF 像(也称为"Z-衬度像")。与 HRTEM 像不同的是，HAADF 像是由非相干弹性散射电子所成的像。正如 4.1.2 小节所描述的那样，对于非相干散射，强度 I 的求和来自单个原子，而不是来自波面的振幅 ψ(参阅式(4.11)和式(4.10))。相位差和干涉对于 HRTEM 成像起支配作用，而与 HAADF 成像无关。每个原子可以认为是独立的散射体，因为由不同原子发射的波的相位之间不存在建设性或破坏性的干涉。借助于原子类别和位置，HAADF 方法的非相干像可以被更直接地解释。

高角环形暗场像是在 STEM 模式下获得的。HAADF 成像的发展紧随着纳米束光学的进展，像的形成是通过一个环形的暗场探测器(图 12.1)来收集高角(75～150 mrad)的弹性散射电子的。一个环形探测器捕获大部分高角电子的强度，是一个效率很高的暗场成像装置。散射角度的量级大于通常的布拉格衍射，而与散射势相关部分的量级小于典型的原子尺度。原子散射势的有效尺寸(通常为

0.01～0.03 nm)，在数量级上也小于现代中等电压场发射 STEM 电子束探针的尺寸(通常 0.15～0.2 nm)。因此，一个竖直的原子列可被理解为试样平面上一个非常细锐的物。像的分辨率是这个物的“δ 函数”与探针电流的空间形态(参看图 12.2)，以及电子经试样传播而导致的束宽化的卷积。然而，由于弹性散射截面较大，可以通过使用薄试样，将束宽化减到最小。在 12.2 节中所描述的所谓“电子通道”也有助于将束宽化降至最小。

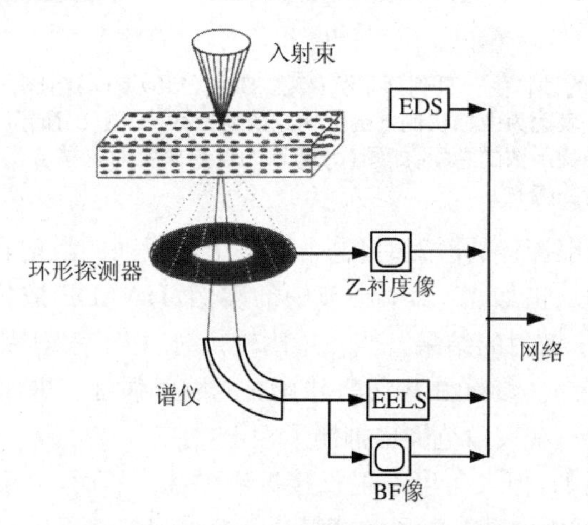

图 12.1　STEM 中为 HAADF 成像而配置的环形探测器和 EELS 谱仪的示意图[1]

HAADF 像分辨率的一个判据是电子探针强度分布的半高宽。物镜使电子枪上电子源的像缩小到试样表面，这个像由物镜像差控制，将电子聚焦在试样上。通过高角度会聚可以形成更细的探针，正如 2.7.5 小节所讨论的①。对于一个由光源再放大所限制的光学系统，Scherzer 分辨极限 d_{Sc} 是

$$d_{\mathrm{Sc}} = 0.43\lambda^{3/4} C_s^{1/4} \tag{12.1}$$

这个分辨极限比由式(11.111)确定的相干像的 Scherzer 分辨率小 30%。

若探针尺寸小于晶体原子列的间距，在探针扫过试样的过程中，原子列便相继呈现出来(图 12.2(c))。每个电子通常被认为限定在一个原子列的横向尺度之内，于是，图像不会受到不同原子列相干干涉的影响——不同的电子不会相互干涉②。随时间的延续，通过对一个个单个电子的探测便可获得一幅原子分辨的成分图，图中每个原子列的强度取决于原子列中原子的平均原子序数(因此称为 Z-衬度像)。这提供了像中成分的敏感性。由于散射是非相干的，HAADF 像的衬度与涉及单

① 另外一种观点是，电子因相干成像成为试样上的一个小物点，这个物点在实空间的大小取决于电子相干地经过物镜时 Δk 的范围。

② 回顾 2.4.2 小节的讨论——不同的电子不能相互干涉，因为它们是费米子，而且，很少在试样上同时出现两个电子。

胞结构因子的波的干涉无关，禁止的衍射或某些缺陷都会呈现，像的解释几乎是直观的。

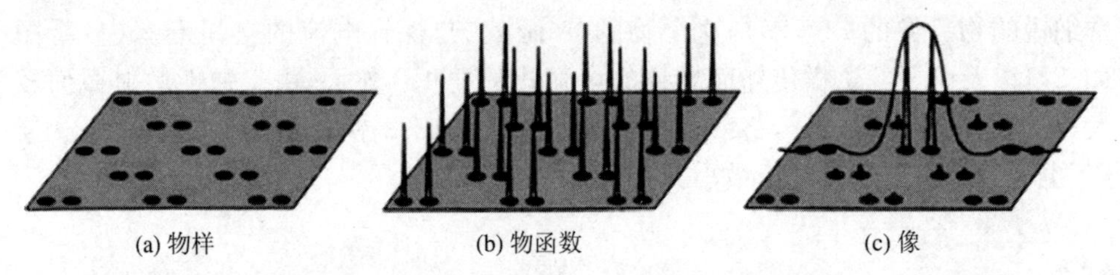

图 12.2 (a)中的试样由一系列原子列(例如 Si 的⟨110⟩取向)组成，于是物体势函数在高角散射下可表达为由加权的 δ 函数构成的物函数，如图(b)所示。实验像可被解释为实验探针与物函数的卷积，如图(c)所示。当用探针对这些 δ 函数扫描时，便生成一幅高角散射的像[2]

当较宽的电子束探针被散射时，电子沿每个原子列的散射在 HAADF 成像过程中也是非相干的。正如 12.3.1 小节中的实例，HAADF 成像的非相干性是在 Δk 比较大的情况下散射的结果。当 Δk 比较大时，相干散射因德拜-沃勒因子而被抑制，热漫散射较大(参阅图 10.6)，并且支配散射强度。进而，将残留的相干散射集中在一起经过一个大角范围也抑制了相干效应。

尽管是非相干的，但大角度散射仍接近于弹性。然而，由于 Δk 较大，它不包含“多声子散射”，试样中高能电子的能量通常会引起多声子(振动量)。[3]高能电子经历大角度散射，弹性的或接近于弹性的，都必须沿原子核附近通过。这种大角度散射被认为是卢瑟福散射，其量值约正比于原子序数的平方，即 Z^2(参阅式(4.107)、式(12.23))。弹性散射电子携带着成分信息而通过这个与 Z 相关的散射截面。最后应提到的是，并非所有的 HAADF 信号原本都是弹性的，非弹性散射也能对 HAADF 像给予较小的贡献，至少 Z 较低的元素是这样，但这个贡献仍然是非相干的。

图 12.1 表明了 HAADF 成像的另一个好处。在进行扫描成像过程中，可以同步地使用 EELS 谱仪采集低角非弹性散射电子，也可以类似地用 EDS 系统同时获取 X 射线谱。高分辨像中的每个像素都可以联系着一个 EELS 谱和一个 EDS 谱，在试样的每个位置同时提供结构、成分和价键的信息，这是了解材料的结构和化学强有力的手段。

HAADF 成像也存在一些弊端：

· 需要用一束强度很高的电子探针对样品区域进行一段时间的扫描，对某些材料而言，污染和辐照损伤是一个严重的问题。

· 轻元素如 B,C 和 N 等的散射截面太小，以至 HAADF 像或 Z-衬度像对原子序数小的材料的成分变化不敏感。

· 如果试样漂移，高分辨原位研究是不可能的。

12.2　沿原子列的电子通道

实际上,入射电子探针在横向方位会聚,而且,尽管在实验中对束倾转进行最小化是一个重点(一个很重要的技术),但探针束绝不可能与原子列完全对中。束会聚和试样对中的这些问题使 HAADF 像的空间分辨率减小。幸运的是,这些影响会因电子通道而得到改善。一种现象是,沿试样竖直方向的原子列中心通过,电子趋向于最大化的存在。本质上,原子中心位置比原子的间隙存在更大引力的正电势,促使高能电子沿着原子列方向运行。

12.2.1　光纤类比

通道的更深入解释可以类比于光在光纤中的传播而用公式描述。回顾式(2.20)的斯涅耳定律,借助波长 λ,在这里重新表达为

$$\frac{\lambda_1}{\lambda_2}=\frac{\sin\theta_1}{\sin\theta_2}\tag{12.2}$$

下面将会看到,沿原子列的电子波长比原子间隙区域的波长短。折射率 n 与 λ 成反比,于是,在原子列处的 n 值大于原子间隙区域的 n 值①。不像图 2.30 中最合适的入射角,图 12.3 原子列中的入射角接近 90°,所以,掠射角 ϕ 接近于零。因为图 12.3 中 $\lambda_2<\lambda_1$,由式(12.2),$\sin\theta_2<\sin\theta_1$。图 12.3 中显示的临界条件为 $\sin\theta_1=1$。由于 $\sin\theta_1$ 不能超过 1,当满足斯涅耳定律式(12.2)时,θ_2 不可能达到或超过临界角。当掠射角小于临界掠射角 ϕ_{crit} 时,界面处总的反射会发生什么情况?电子将反弹回原子列处。

参考式(11.2)和式(11.5),对于均匀势场为 U 的介质中的电子波函数,内部总的反射为

$$\Psi(x,y,z)=\frac{1}{\sqrt{V}}\exp\left[\mathrm{i}\sqrt{\frac{2m}{\hbar^2}(E-U)}\,\hat{\boldsymbol{k}}\cdot\boldsymbol{r}\right]\tag{12.3}$$

其中,由于材料内部是引力势场,$U<0$,因此,运动学能量大于电子总能量 E,而波矢 $k>\sqrt{2mE/\hbar^2}$。图 12.3 中在原子列处的波矢有最大值,即 $k_2>k_1$,因为原子中心位置的势场 U 具有最小值。图 12.3 显示了波面连续性的条件,在原子中心和原子间隙的界面处,波峰是一致的,这导致电子从高折射指数经过低折射指数时波矢偏离表面法线方向(与图 2.30 相反)。当掠射角为临界值 ϕ_{crit} 时,波矢 $\boldsymbol{k}_2$ 沿

① 这是一个类比:当玻璃纤维比空气的折射率大时,光线如何因内部反射而被限制在光学纤维中。

$\hat{x}$ 方向具有最小分量，这与斯涅耳定律相符。

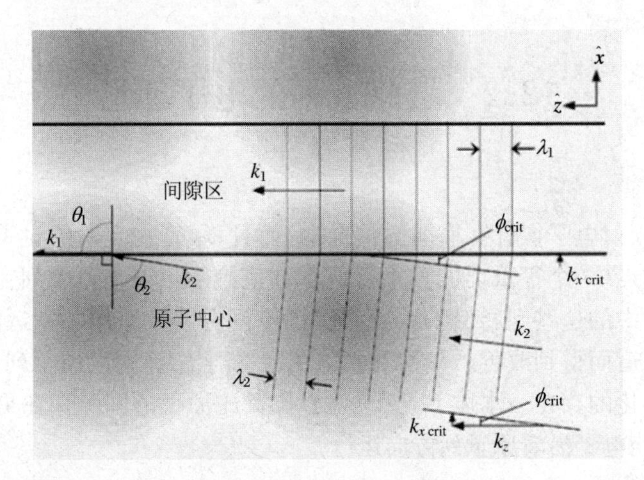

图 12.3　原子列和原子间隙区的波面，显示在这里的临界条件是，原子间隙区的波面与界面法线成 90°

12.2.2　临界角

通过区分薛定谔方程中的空间变量，可容易地计算图 12.3 中的 ϕ_{crit} 或 $k_{x\,crit}$。对于图 12.3 的二维情况，式(11.1)中的电子波函数 $\Psi(x,y)=\psi_x(x)\psi_z(y)$ 满足：

$$\frac{-\hbar^2}{2m}\left(\frac{\partial^2}{\partial x^2}+\frac{\partial^2}{\partial z^2}\right)\psi_x\psi_z+[U_0+U(x)]\psi_x\psi_z=E\psi_x\psi_z \tag{12.4}$$

两边同除以 $\psi_x(x)\psi_z(y)$ 并重新整理，有

$$\frac{-\hbar^2}{2m}\frac{1}{\psi_x}\frac{\partial^2\psi_x}{\partial x^2}+\frac{-\hbar^2}{2m}\frac{1}{\psi_z}\frac{\partial^2\psi_z}{\partial z^2}+U_0+U(x)=E \tag{12.5}$$

$$\frac{-\hbar^2}{2m}\frac{1}{\psi_x}\frac{\partial^2\psi_x}{\partial x^2}+U_0+U(x)-E=\frac{+\hbar^2}{2m}\frac{1}{\psi_z}\frac{\partial^2\psi_z}{\partial z^2} \tag{12.6}$$

$$=-\varepsilon \tag{12.7}$$

因式(12.6)两边是各自的、独立的 x 和 z 变量的函数，两边相等要求两边都为常数，引入常数 $-\varepsilon$，得到式(12.7)。将两边写成各自的方程并重新整理，得

$$\frac{\partial^2\psi_x(x)}{\partial x^2}=\frac{2m}{\hbar^2}[\varepsilon-E+U_0+U(x)]\psi_x(x) \tag{12.8}$$

$$\frac{\partial^2\psi_z(z)}{\partial z^2}=\frac{-2m\varepsilon}{\hbar^2}\psi_z(z) \tag{12.9}$$

在图 12.3 的临界角特殊情况下，原子间隙区中的波函数没有 x 分量，因此，式(12.8)方括号中的因子为零。为方便起见，设间隙区内，$\varepsilon-E+U_0=0$，且和 $U(x)=0$(尽管可以在 U_0 和 $U(x)$之间随意地权衡)，这意味着，两个区域中，$\varepsilon=E-U_0$，而在原子中心的区域，$U(x)<0$。这时，式(12.8)和式(12.9)有明确的解：

$$\psi_x(x) = \frac{1}{\sqrt{V}}\exp\left\{\mathrm{i}\sqrt{\frac{2m}{\hbar^2}[-U(x)]}x\right\} \tag{12.10}$$

$$\psi_z(z) = \frac{1}{\sqrt{V}}\exp\left[\mathrm{i}\sqrt{\frac{2m}{\hbar^2}(E-U_0)}z\right] \tag{12.11}$$

我们先前已经得到式(12.11)，正如式(11.2)和式(11.5)，在原子间隙区 $U(x)=0$ 和临界角的特殊情况下，$\psi_x(x)$的解(12.10)是一个常数，意味着这里没有沿 x 方向的传播。临界角现在可以用原子中心区域波矢的分量进行计算。在临界角情况下，角度是原子中心区域电子波矢的 x 和 z 分量之比：

$$\phi_{\mathrm{crit}} = \frac{k_x}{k_z} = \frac{\sqrt{-2mU(x)/\hbar^2}}{\sqrt{2m(E-U_0)/\hbar^2}} \approx \sqrt{\frac{-U(x)}{E}} \tag{12.12}$$

近似地，$U(x)=-10\ \mathrm{eV}$，$E=200\ \mathrm{keV}$，于是，由式(12.12)，ϕ_{crit}典型的值约为几毫弧度。在实际操作中，对于原子分辨的 HAADF 成像，束倾斜必须精确地控制在几毫弧度之内。

用高性能物镜形成纳米探针束时，临界角是一个重要的考虑因素。若透镜球差较小，要形成探针，需优先选择较大的光阑角 α[①]。较大的 α 允许有较大的 Δk 范围，因此，探针束将聚焦在一个较小的宽度，以改善横向分辨率。当仅有部分电子有效地穿过通道时，这种方法行之有效，直到 α 角超过 ϕ_{crit}。由于有通道电子，横向分辨率被维持，但因部分电子束未能经通道穿过，存在背底“噪声”。若 $\alpha>\varphi_{\mathrm{crit}}$，空间分辨率可以很好地保持，但信噪比变差(遗憾的是，当 $\alpha>\phi_{\mathrm{crit}}$时，诸如 EELS 等谱方式的空间分辨率将更严重受损)。然而，较大的 α 角贡献了其他的好处。12.7.1 小节将表明，用大 α 角时，三维成像是可能的。本质上，用大 α 角场深会变小，为纳米量级的垂直分辨率提供了可能性。

12.2.3　原子列间的隧穿*

按照式(12.10)，我们可以了解到另外一种现象，即限制电子沿原子列向下通行的品质——相邻原子列间的电子隧穿。对于图 12.3 的临界角的情况，隧穿将是严重的，因为电子波通过原子间隙区域是常数，在下一个原子列中仍将出现完整的振幅。倘若掠射角较小，隧穿会受到抑制，但即使 $\phi=0$，隧穿也将发生。当 $\phi=0$ 时，很方便重新权衡 U_0 和 $U(x)$之间的势场，这时，原子列中 $U(x)=0$，与该区域中波矢无 x 分量一致。于是，在原子列之间的间隙区域，$U(x)$变成正电势，这提供了一个势垒，限制了电子波函数到原子列中。势垒穿透问题有如式(12.10)所示的解，因为 $U(x)$为正值，平方根中的值为虚数，消除了指数中的 i。一个衰减的波函数，即量子力学中穿透势垒的标准解为

---

① 参阅图 2.8 对 α 角的定义。在 STEM 模式下，图 2.8 中的光路是从右到左，当 α 较大时，形成较小的探针。

$$\psi_x(x) = \frac{1}{\sqrt{L}}\mathrm{e}^{-\sqrt{2mU/(\hbar^2 x)}} = \frac{1}{\sqrt{L}}\mathrm{e}^{-x/\bar{x}} \tag{12.13}$$

当原子列相距较远(x 较大)时，或在间隙区被一个高的势垒(大的 U)分开，隧穿可以被忽略，然而，当 $U = +10\ \mathrm{eV}$ 时，特征的隧穿长度 $\bar{x} = 0.6\ \text{Å}$。对于通常相距1 Å的原子列，在下一个原子列处隧穿振幅的分量是 $\mathrm{e}^{-1.0/0.6} \approx 0.19$。

接着，我们要计算原子列之间高能电子量子力学隧穿的频率，然后，用电子的隧穿频率除以它的速度得到电子向下运行一个原子列的距离。关键的参量是变换矩阵元$\langle 2|U|1\rangle$，其中，态 1 和态 2 具有 $\phi_x(x)\phi_z(z)$的形式，$\phi_x(x)$和 $\phi_z(z)$是在没有隧穿情况下薛定谔方程的解。$\phi_x(x)$在间隙区具有式(12.13)的形式。然而，分析还有另一个步骤，因为不同原子列中的波函数具有完全相同的能量，这一步骤产生了两个解，这两个解将两个原子列中的波函数混合，而这两个新的解在整个晶体中有恒定的振幅①。这两个解的能量相差$\pm\langle 2|U|1\rangle$。这个积分是间隙区电势 U 范围中波函数后部的叠加：

$$\langle 2 \mid U \mid 1\rangle = \int_0^a \frac{\mathrm{e}^{-x/x}}{\sqrt{a}} U \frac{\mathrm{e}^{-(a-x)/x}}{\sqrt{a}} \mathrm{d}x \tag{12.14}$$

$$= \frac{1}{a}\int_0^a \mathrm{e}^{-a/x} U \mathrm{d}x = \frac{U}{a}\mathrm{e}^{-a/x}\int_0^a \mathrm{d}x \tag{12.15}$$

$$= U\mathrm{e}^{-a/x} \tag{12.16}$$

在式(12.14)中，两个指数后部的叠加使它们相互渗透。注意到其中一个被间隙区域的宽度 a 所抵消。求积是过间隙区的宽度，由 0 到 a，电势是 U。采用式(12.13)中典型的数字，得$\langle 2|U|1\rangle = 1.9\ \mathrm{eV}$。特征的隧穿频率 $\omega = 2\times 1.9\ \mathrm{eV}/\hbar$，而对于 200 kV 的高速电子，特征的隧穿距离是 300 Å。精确的结果相对于原子列之间的距离是指数敏感的，而且我们仅仅考虑了一维的情况。然而，现在我们可以看到，为什么通道将电子限制在一个原子列中是相当有效的，这有利于 HAADF 成像时对原子列的分辨。

然而，对于较厚的试样，当电子穿过试样时，原子列中有更多的高能电子迁移，因此，不同原子列测量的强度不能标度为单个原子列的平均$\langle Z^2\rangle$(Z 是原子序数，参阅式(12.23))。强度测量的困扰也受到束倾斜的影响。

---

① 分析即通常所称的“一阶简并微扰理论”，用于寻求第 13 章中衍射束组合的布洛赫波，在物理化学中也用于求解能量相差$\pm E$ 的键和反键轨道，其中，E 是耦合两个原子态的矩阵元。

12.3　通道电子的散射

12.3.1　通道电子的弹性散射

沿原子列向下运行的高能电子在 z 方向上有许多周期的波函数，电子的波长大大小于原子列之间的间距，但波函数仍然锁定了晶体的周期性。布洛赫波是晶体周期中电子的本征函数，正如后面将要讨论的(参阅图 13.11)，它们随原子的中心位置趋向于最大化或最小化叠加。原子周期性的破坏导致了由这些布洛赫波态的散射，这种周期性的破坏用位移无序或者化学无序来描述，已在第 10 章中讨论。由定义知，高角环形暗场像涉及大散射角和大的 Δk，化学无序可以被忽略，因为它的贡献随 Δk 的增大而减小，另一方面，在 10.2 节中已经表明，位移无序引起的漫散射会随 Δk 的增大而增大，如 $1-e^{-(\Delta k)^2\langle x^2\rangle}$ 所描述。原子尺度无序的差异，能够对 HAADF 像做贡献，而 HAADF 像的衬度可能被用于测量这种类型的无序。然而，本小节只讨论高角电子散射的热效应。

计算晶体中所有原子热振动的系统方法是采用声子分析，因为声子模在固态晶体中具有独立的自由度。对每个角频率为 ω 的声子能量和原子位移可以单独地分析。完整的声子分析是一个复杂的任务，但单独的原子运动的简化爱因斯坦模型可给出运动原子的热能 E_{therm}：

$$E_{\text{therm}} = \frac{1}{2}M\omega^2\langle u^2\rangle \tag{12.17}$$

其中，M 是原子质量，它的均方位移是 $\langle u^2\rangle$①。振动能被量子化为能量间隔 $\hbar\omega$，振动模中的声子数 n 是

$$n = \frac{E_{\text{therm}}}{\hbar\omega} \tag{12.18}$$

继续采用爱因斯坦模型，假定一个质量为 M 的原子经历大角散射而被弹回，其动量为 $p=\hbar\Delta k$，反弹能量是

$$E_{\text{recoil}} = \frac{\hbar^2(\Delta k)^2}{2M} \tag{12.19}$$

从式(12.17)和式(12.19)，可以得到 $(\Delta k)^2\langle u^2\rangle$，这是式(10.59)中德拜-瓦勒因子的核心，$D(\Delta k)=\exp[-(\Delta k)^2\langle u^2\rangle]$②。由式(12.17)和式(12.18)求和得 $\langle u^2\rangle$，

---

① 谐振子用 $\omega=\sqrt{k/M}$ 表示，一个完整的压缩弹簧的势能则为 $E_{\text{therm}}=(1/2)k\langle u^2\rangle$。

② 回顾由于因子 $D(\Delta k)$，相干(布拉格)散射减少，因而热漫散射变成 $1-D(\Delta k)$。

从式(12.19)得到$(\Delta k)^2$,则有关系式:

$$(\Delta k)^2\langle u^2\rangle = 4\frac{E_{\text{recoil}}}{E_{\text{phonon}}}n \tag{12.20}$$

考虑式(12.20)中一些有代表性的数值,对于以 100 mrad 被散射的 200 keV 电子,若$\langle u^2\rangle = 0.03$ Å,$(\Delta k)^2\langle u^2\rangle = 30$,通常 $E_{\text{recoil}} = 0.05$ eV,$E_{\text{recoil}}/E_{\text{phonon}} = 2$,代入式(12.20),则 $n = 4$。尽管可能存在例外(特别是原子质量和$\langle u^2\rangle$有差异时),200 keV的电子常常将遭受大角散射,包含有许多声子的产生和湮灭。

这种分析的另一个重要结果是,当$(\Delta k)^2\langle u^2\rangle \gg 1$ 时,德拜-瓦勒因子 $\exp[-(\Delta k)^2\langle u^2\rangle] \ll 1$,严重地抑制相干散射,证实了 HAADF 为非相干成像的假定。甚至对同一原子列中的原子,散射也是非相干的,可以解释为由单个原子的散射,它们之间无相位关系。

单个原子有它们自己的原子散射因子,其原子散射因子依赖于 Δk。将原子散射因子的强度与前面讨论的热漫散射强度 $1 - e^{-(\Delta k)^2\langle x^2\rangle}$ 相结合,得到高角非相干散射的强度(依赖于 Δk)为

$$I_{\text{HAADF}} = |f_{\text{at}}(\Delta k)|^2[1 - e^{-(\Delta k)^2\langle u^2\rangle}] \tag{12.21}$$

对于较大的 Δk,电子的原子散射因子 f_{at} 接近于式(4.106)确定的卢瑟福散射极限:

$$I_{\text{HAADF}} = \frac{4Z^2}{a_0^2\Delta k^4}[1 - e^{-(\Delta k)^2\langle x^2\rangle}] \tag{12.22}$$

热漫散射强度,即式(12.22)方括号中的因子,当 Δk 很大时接近于 1,于是

$$I_{\text{HAADF}} \approx \frac{4Z^2}{a_0^2\Delta k^4} \tag{12.23}$$

经高角环形暗场成像时材料的典型特征是原子序数 Z,因此称为“Z-衬度像”。

总体而言,用一束细小的入射探针与晶体取向精确一致,原子中心的引力势场引导电子沿原子列运行。近邻原子列间存在隧穿的可能性,这取决于晶体势场的空间变化和电子束倾转。高角散射在很大程度上是由热漫散射的移动无序引起的,这是一个非相干的过程,在一个大的 Δk 范围内与 Δk 无关。散射基本上是弹性的,然而,仅有很小能量损失传给声子。高角弹性散射在卢瑟福散射的限度范围内,会随 Z^2 增大,但随 Δk 增大而迅速减小。

12.3.2　通道电子的非弹性散射*

当入射高能电子为平面波时,芯电子激发的非弹性原子散射因子 $f_{\text{in}}(\Delta k)$已在 5.4.2 小节中被计算,简要地说,能量和动量守恒要求原子芯电子激发、方向的变化,以及入射电子能量视为一个耦合系统。两个电子的相互作用是库仑相互作用,即 $+e^2/|r_1 - r_2|$。式(5.26)和式(5.27)之间的关键步骤是用 r 替代 $r_1 - r_2$,即 $r \equiv r_1 - r_2$。这将相互作用简化为 $+e^2/r$,经傅里叶变换得到标准结果是 $4\pi(\Delta k)^{-2}$。若原子电子的坐标不变,当指数被变换成 $r_1 \equiv r + r_2$ 时,它们的傅里

叶变换将发生变化，替换后的指数中会出现 r_2，后面的这一步骤可被处理为通道电子具有 r_1 的坐标。如果入射电子是通道中的电子，式(5.27)中第二项积分将被恢复。于是，若入射电子被引入通道，或平面波，芯边缘的形状是类似的。库仑相互作用有一个较长的范围，这样，即使通道电子接近原子而不经过原子，芯边缘的形状都将会维持。

关于通道电子引起电子激发的局域化，会立即产生问题，这不是一个简单问题，部分原因是，当通道电子由某原子位置经过一定距离时，其他电子会进行干扰，它们的屏蔽作用将减小相互作用的强度。然而，即使没有这些附加的相互作用，式(5.27)中第一项积分本质上对通道电子和平面波是不同的。若通道电子1未抵达原子电子2，考虑 $r = r_2 - r_1$ 可能的大小。对于远离电离原子的这个通道电子，距离 $r_2 - r_1$ 不会为零，而存在一个最小值。因此，式(5.27)中第一项积分的积分范围，在 $r = 0$ 处有一圆形空白区，这里，库仑势是独有的。库仑势的独有性对式(5.27)中的第一项积分有重要贡献。结果，这个积分的估值不是 $4\pi(\Delta k)^{-2}$，而是一个更小的值(参阅习题12.5)。因此，当通道电子没有靠近被电离的原子时，非弹性原子散射因子有一个减小的振幅。实验证据是，通道电子主要趋向原子列中电离化的原子，去局域化效应显得很小。[4] 对于芯电子激发，EELS 和 EDS 光谱学都具有通道电子的空间分辨特性。

12.4　HAADF 和 HRTEM 成像的比较*

HAADF 成像时，试样对电子的散射是非相干的，但入射电子束具有高度相干性。为了在试样上形成一个很细小的电子探针，一个相干的、高亮度光源是必需的。这是一个光学的挑战，类似于 HRTEM 中相衬像的形成。两种方法的比较可以通过式(11.108)进一步发展。对于 HAADF 成像，从投射到试样上的电子探针振幅 $P(x)$ 开始，设想物镜采用高角离轴光线工作，探针束很细小，则相应于短的空间周期。通过物镜光阑限制某些离轴光线而修改式(11.108)，即用被积函数乘以式(11.120)中的 $A(\Delta k)$ 函数：

$$P(x) = \int_{-\infty}^{\infty} e^{i\Delta kx} e^{iW(\Delta k)} A(\Delta k) d\Delta k \tag{12.24}$$

就理想的 TEM 而论，对理想的 STEM 仪器有 $W(\Delta k) = 0$，且 $A(\Delta k) = 1$。对于相干的 HRTEM 成像，先前已讨论了由式(11.109)中 $W(\Delta k)$ 导致的分辨率损失，通过物镜的离焦而使分辨率最优化是一种途径。然而，在 HAADF 成像过程中，需要相干电子形成探针束，但对于非相干的散射，重要的量是电子束的强度。一旦电

子束形成，就可以忽略相位项，譬如式(12.24)中$|P(x)|$的相位。在非相干成像过程中，采用强度$|P(x)|^2$，它的傅里叶变换是实际透镜的传递函数$T(\Delta k)$，实空间的乘积$|P(x)|^2$，对应于k空间的一个卷积：

$$T(\Delta k) = \int_{-\infty}^{\infty} e^{-iW(\Delta k')} A(\Delta k') e^{iW(\Delta k' - \Delta k)} A(\Delta k' - \Delta k) d\Delta k' \quad (12.25)$$

相干传递函数$e^{iW(\Delta k)}A(\Delta k)$与式(12.25)中的“非相干”传递函数$T(\Delta k)$之间的重要差别是，$T(\Delta k)$是这个相干传递函数的卷积，所以，它趋向于在$k$空间有一个更宽的范围，因此，在相同的透镜特性下，非相干成像的空间分辨率比相干成像的分辨率更好。

与 HRTEM 成像相比，HAADF 成像还具有另一个优点，其分辨率很少受到电镜缺陷的干扰，这种干扰导致相干衬度传递函数中高频的衰减(参阅图 11.19 和图 11.20)。图 11.19 表明不同衬度传递函数(CTF)的相干叠加在Δk较高的区域是如何导致振幅损失的。注意到振幅减弱发生在 CTF 值符号正负变化振荡的区域。CTF 大量的衰减源于透镜电流的波动或电镜高压的涨落。对于单个电子，这种不稳定性在Δk较大时引起相位的差异。然而，每个电子具有一个确定的正值强度，因此，HAADF 成像过程中的非相干散射不会出现波的抵消效应。对于非相干散射，重要的量是探针束中电子分布的强度。所以，HAADF 成像的信息分辨极限高于相干 HRTEM 成像的信息分辨率①。

对于 HAADF 和 HRTEM 像的分辨率，拟从一般原理出发来进行比较。光学中有一个可逆性原理，可为 TEM 和 STEM 提供有用的比较。考虑 STEM 作为 TEM 向后的操作，光源和探测器位置互换，例如，在 STEM 中，透镜放置于试样之前，TEM 中透镜到荧光屏的光路变成 STEM 中透镜和光源的光路。在 STEM 探测器处，往外去的电子基本上是平面波，类似于 TEM 中从光源到试样的入射平面波。可逆性原理可简单表述为：若在 TEM 和 STEM 构造之间交换一个点光源，探测器上的强度将会是相同的，这样一张光路图解是被预期的，即沿点物到点像的光路做反向运行②。在 STEM 中，入射电子聚焦成一个小斑点，要求会聚的光路，类似于 TEM 中，要求大Δk的散射和短空间周期的信息包含在射线之中。正如以上的讨论，HAADF 和 HRTEM 成像模式之间存在一个差别，因为非相干 HAADF 成像分辨率几乎不受物镜相位差的影响。

---

① 这是一个更物理的争论。回顾在讨论 HRTEM 成像时电子波函数自身的相干干涉，特别是在透射束与衍射束之间，要求所有这些电子束精确的相位关系。像是由许多不同电子的干涉构成的，因此，若像具有明锐的细节，所有电子应具有同一相位的衬度条件。对于 HAADF 成像，非相干散射取决于空间中某点一个真实电子的存在，而电子密度对电镜不稳定性造成的电子相位的涨落不敏感。

② 然而，存在一个更强有力的可逆性原理，它使相互交换的光源和探测器之间波的振幅相等(因而相位也相等)，不仅仅是它们的强度。例如，这源于式(4.73)中入射波函数和散射波函数的对称性。

12.5　原子分辨率的 HAADF 成像

12.5.1　离焦效应*

改变物镜聚焦会改变试样表面探针强度的分布。通过图 12.4 中 Si⟨110⟩取向的系列 HAADF 模拟像来阐明离焦效应。接近 Scherzer 离焦值 −700 Å 失焦的中心像时，探针束最集中，类似于一个衍射-限止的艾里（Airy）斑。离焦量较小时，中心峰被展宽；离焦量较大时，中心峰变得尖锐，但更多的强度出现在次极大位置。这些条件将导致有意义的不同的像，两边偏离 Scherzer 离焦值像的衬度被降低，因此，实际操作中容易发现 Scherzer 离焦值。同时注意到，在这些⟨110⟩像中，尽管期望的 Si 哑铃状原子没有被分辨，但认识到原子为明锐的物，人们可以根据亮斑的椭圆形状，推断出至少有两个原子列紧密排布在一起。

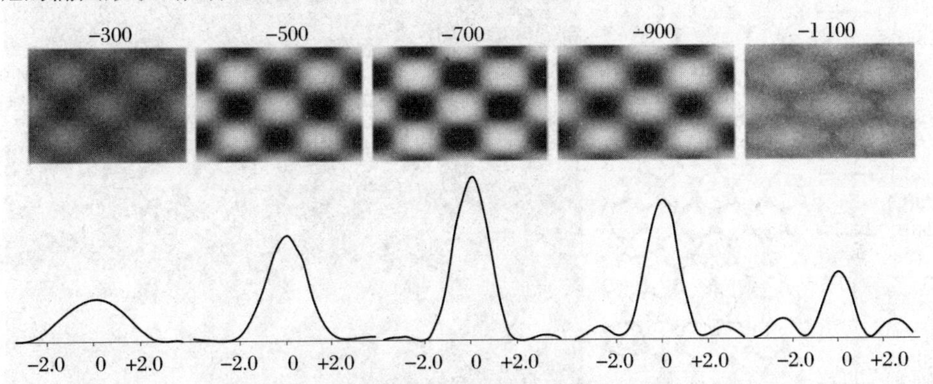

图 12.4　Si⟨110⟩系列离焦模拟像和相应的探针强度曲线（100 kV，$C_s = 1.3$ mm，最佳物镜光阑半角为 10.3 mrad），给出在最佳 Scherzer 离焦量 −69.3 nm 处的探针尺寸是 0.22 nm[2]

细小的探针束有赖于入射束的相干性和扩展的角度。这个细小探针束的横向相干性可认为由向前传播的波与波矢偏离向前方向成 α 角度的波所决定。在这种情况下，横向相干性约为 λ/α①。尽管细小探针束的形成要求波的会聚有相对较大的 α 角（类似于 HRTEM 成像要求较大 Δk 的衍射），但实际上 α 角是 0.01 rad 的量级。因此，具有高能电子的横向相干性仅仅约为 0.1 nm，于是，入射电子波函数具有一个合适的宽度在原子列间行进。图 12.4 的结果也支持较厚的试样。电

① 了解到 $\alpha = \Delta k / k$，将 $\Delta k = 2\pi\alpha/\lambda$ 代入式(10.159)中的 $l\Delta k = \pi$，可以推导出该式。

子经试样传播的更多完整的动力学计算已经表明，在晶带轴取向时，STEM 探针在原子列上形成的强峰具有约 0.1 nm 的宽度，甚至在波进入试样较深时也是如此。在 12.2 节中用了一个简单模型描述了隧穿，而 HAADF 的衬度被描述为源于卢瑟福散射，在有意义的吸收发生之前，这个衬度都会继续存在。而最终，晶体非常厚时不会再有高分辨像。

12.5.2 实验实例

图 12.5 显示了一个 HAADF 成像对于成分敏感的实例。图中，比较了 Ge〈001〉上生长的$(Si_4Ge_8)_{24}$超点阵界面有序结构的〈110〉实验像和模拟像。从图像中可见，每个界面处呈现出不同的有序排列：上部 Si-on-Ge 界面具有 $2\times n$ 的界面有序，混带有 Ge 的 Si 层为{111}面结构，链接进入到下一个 Ge 层，最下部的 Si 层展现出交叉状结构。明显的是，Si 层中存在有大量的 Ge，而 Ge 层中却几乎没有 Si，而且 Si-on-Ge 界面通常比 Ge-on-Si 界面更宽。这些结构特征与应变诱导的界面扩散不相符，表明这是材料在生长过程中化学混合的结果。

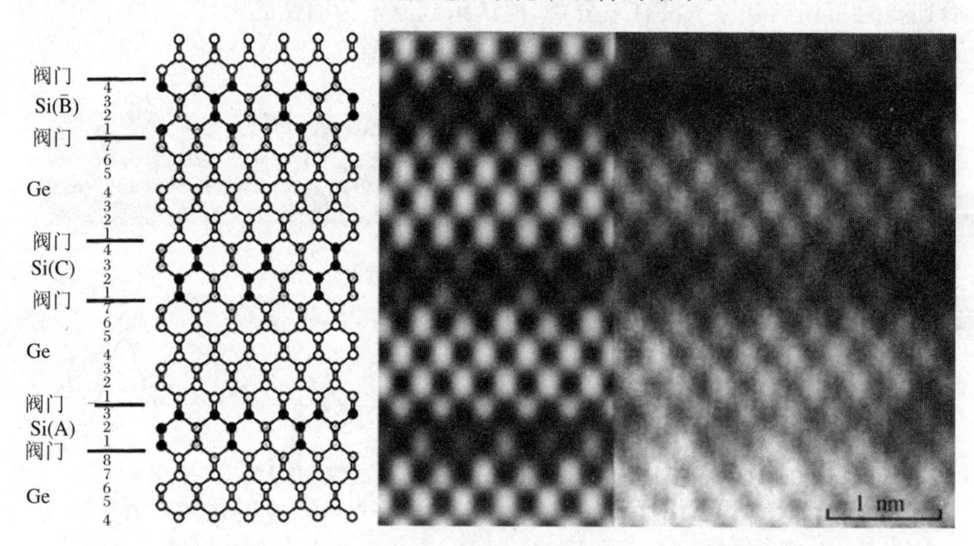

图 12.5　350 ℃条件下，Ge〈001〉上生长的$(Si_4Ge_8)_{24}$超点阵界面有序结构，〈110〉取向的实验像和模拟像，基于原子泵模型的解释。有阴影的圆圈表示合金原子列，实心圆圈为 Si，空心圆圈为 Ge[1]

图 12.6 的 HAADF 像揭示了硅晶体中的单个掺杂原子。因为硅基电子器件变得愈来愈小，掺杂必须提供更高的载流子密度。在较高的掺杂浓度下，掺杂原子形成纳米团簇，抑制了可利用载流子的数量。图 12.6 中显示了非常薄（<5 nm）的锑掺杂 Si 试样，非常平整，没有表面氧化物。试样原子列中仅有如此少的原子，使单个 Sb 原子（$Z=51$）有可能引起 Si 原子（$Z=14$）列的强度发生 25%或更多的改变。因此，图 12.6 对于含有 Sb 的原子列呈现出亮点。很清楚，图像中左边的区域

存在更大量的 Sb 原子掺杂。研究者们已经阐明,纳米团簇会使 Sb-Sb 原子对构成的载流子数量减少,可能包含 Si 的空位。图中只显示了小部分原子对,说明有效载流子浓度有所降低。

图 12.6　Sb 掺杂 Si(左)和未掺杂 Si(右)两部分界面区域的 HAADF 像。左边亮点来自于含有一个或多个 Sb 原子的原子列。右边未掺杂区域没有明亮的原子列。获取该图像使用了 200 keV 电子,探针会聚半角是 10 mrad,环形探测器内角为 50 mrad,探针尺寸约为 0.15 nm。图像已被处理,缓慢变化的背底已被扣除。图像宽幅为 12 nm。图像由 P. M. Voyles 和 D. A. Muller 提供[5]

12.6　透镜像差和像差校正*

12.6.1　采用六极磁透镜校正球差 C_s

2.7.1 小节讨论了物镜的正球差,它对高分辨像的不利影响在 11.3.3 小节的 HRTEM 成像内容里进行了阐明,但式(12.1)表明,STEM 模式下的空间分辨率也类似地受到 C_s 的削弱。C_s 为正值意味着离轴光线相对于近轴光线会聚过度,于是,离轴光线聚焦更靠近磁透镜。原来,构造一个短的螺形线圈不可能消除磁透镜的球差。一个原因是,离轴光线在透镜中滞留了稍长的时间,使其具有更大的偏斜。其他问题来自于短螺形线圈中非理想的磁场分布。例如,远离光轴有更高的 B_z。已经证明,小的、紧凑的透镜具有较强的磁场,能有效地减小 C_s,尽管不能完全消除它。

TEM仪器最近有意义的进展是有可能消除 C_s，用一个“球差校正器”系统串接到物镜上而将球差消除。这个系统使离轴光线发散，补偿因物镜球差引起的离轴光线的过度会聚。

这里描述的 C_s 校正器系统类型，使用了两个六极磁透镜。图12.7已描绘了一个六极透镜中的场和电子受到的力。电子由上穿过纸平面向下运行，受到洛伦兹力 $\boldsymbol{F}_{\text{mag}} = -e\boldsymbol{v}\times\boldsymbol{B}$ 的作用，这里，考虑 $\boldsymbol{B}$ 在纸平面内。基于对称性，电子通过透镜中心时的磁场和作用力都为零，随着半径 r 的增大，电子受力也增大。在 r 最小处，力由对称性允许的 r 的最低幂指数项所支配。因为图12.7中沿水平方向的场和力跨越透镜中心时不改变符号，力不允许为线性项，而只能是二次项，于是，力的增大正比于 r^2，至少当 r 较小时是如此。超过最小 r 的距离，电子在力的作用下加速，经过透镜时发生偏转，偏转程度与 r^2 相关①。偏离的方向和大小显示在图12.7(b)中。

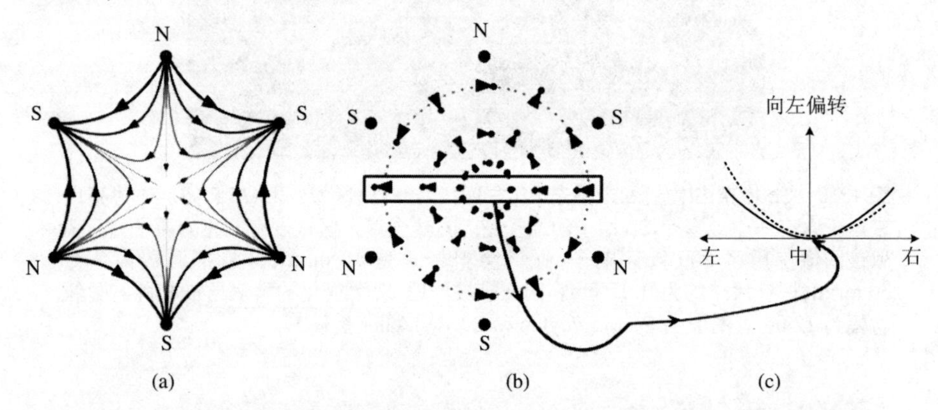

图12.7　(a) 六极磁透镜的磁极和磁场方向，较粗的线表示较高的磁流密度；(b) 电子由纸平面上方向下运行时受到的力，较大的箭头表示较大的力，而箭头顶端的点表示进入虚线圆圈透镜内电子的偏转方向；(c) 一组横跨六极磁透镜中心的电子轨道偏转方向，对应于图(b)中矩形方框内表明的电子；注意到所有电子向左偏转，但从透镜中心向外偏转愈来愈大

图12.7(b)和(c)显示了电子在六级磁场的横向进入点。在透镜中心，场、力和偏转均为零。重要的是，电子不论是从透镜中心的左边还是右边行进，都向左偏转。这反映了六极的对称性。这里，南北极是径向相反的。离透镜中心较远处，向左偏转更大，正如图12.7(c)中实线所描述。使离轴光线向同一方向偏转是很有趣的，但这不能满足 C_s 校正器使光线发散的要求。

除了六极场图外，C_s 校正器还要求一个“长”六极。参考图12.7(b)，可以看

① 回顾距离 $d = at^2/2$ 和 $a = F/m$，其中，a 是加速度，t 是加速的时间。对于通过透镜的所有路径，或至少对某一路径的所有位置，如图12.7(b)所选择的一条路径，时间 t 都被假定为相同的。

到，最左边的电子进入较强磁场区，而最右边的电子进入较弱磁场区。假定六极场在纸平面下方一点具有相同分布，最左边电子经过透镜时将遭受程度不断增大的向左偏转，最右边的电子因进入较弱场内，偏转程度将减小(这些偏转由图 12.7(c)的虚线所描述)，于是导致了发散。电子的路径在透镜中心的左边和右边都向左弯曲，但最左边的电子弯曲程度更大，在左边和右边光线之间形成了发散。离光轴更远的电子发散度更高。这就是补偿物镜正 C_s 过度会聚的本质所在。

尽管单个六极具有负 C_s，但它自身会引起一些畸变。在图 12.7(b)中，注意到电子轨道存在三重畸变，环绕六极中心，电子路径集中在 1，5 和 9 点钟方位。为校正这种畸变，要求第二个六极透镜本质上与第一个相同，但无相位操作，如果两个透镜相距很近，相互交换南北极，将成功消除三重畸变。实际的 C_s 校正系统使用了一个转换透镜系统，该系统由两个常规透镜组成，显示在图 12.8 中。位于中部的转换透镜将第一个六极透镜的出射光线投射到第二个六极透镜上，但光路发生反转。倘若六极透镜不工作，虚线表示了两个转换透镜是如何将左边两束平行光转换为右边的两束平行光的。六极透镜工作时，由 C_s 校正系统导致的光线发散显现在系统右边，以实线表示。采用转换透镜的反转，两个六极相同时，三重畸变会被消除。实际上，C_s 校正系统还要使用额外的透镜。如果系统需要获得 STEM 模式下的微束信息，并安装在照明系统和物镜之间，需要一组透镜来耦合照明系统到第一个六极，其余的透镜将第二个六极出射的光投射到物镜上。

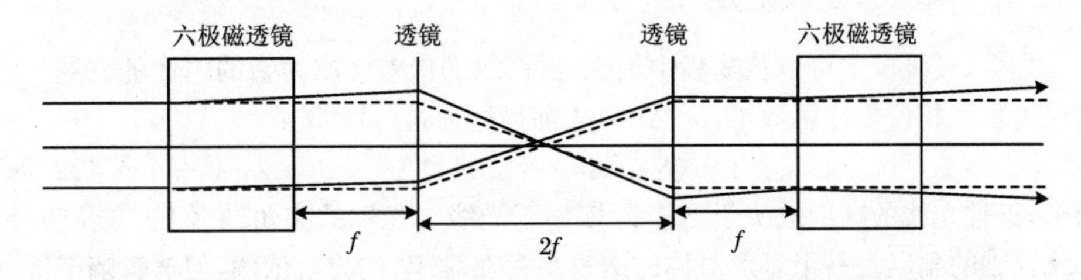

图 12.8　通过双六极 C_S 校正系统的光路。虚线是未使用六极磁透镜时平行光的参考路径。六极磁透镜对光的发散由从左到右的两条实线显示

另一种 C_s 校正系统可能对 STEM 工作更有利，它的设计基于一组四极、八极和四极透镜[6]。C_s 校正系统的双六极设计的概念并非很新，构建这种系统的早期努力不成功，原因是优化系统的所有参数十分复杂①，然而，随着计算机控制和计算机图像识别的发展，优化这种复杂系统如今成为可能。

对 C_s 校正系统任意有效和完整的调整需要一种方法，以表征透镜像差，以及使用这些信息来进行校正。目前有两种途径来识别像差。第一种途径非常适合 HRTEM 成像，使用了衍射信息，正如图 11.29 中每一个相位衬度下面的环形花

① 拥有至少六个透镜，需要六极透镜电流的多重自由度及高度准确性，以补偿机械的不对中。对图 12.8所示的 C_s 校正器，选择最佳透镜电流很不简单。

样。图 11.29 中的像是用沿光轴对中的入射束获得的,使透镜的像差影响降至最低。将电子束倾转偏离光轴,透镜像差在相位衬度像的傅里叶变换中会变得明显。一组这样的衍射花样,通过绕光轴倾转的不同电子束获得的相位衬度像,称为"泽姆林(Zemlin)表"。泽姆林表中图形花样的畸变可用于表征像差[7]。测量像差的第二种途径涉及"Ronchigrams",这是在会聚束电子衍射模式下获得的。不像图 2.21的 CBED 花样,Ronchigram 图采用了大的光阑角,于是衍射盘严重重叠(例如,想象在图 7.34 中 α 角增大 10 倍)。Rinchigram 图中的不同电子束发生相位干涉,并且随聚焦状态发生变化。不同聚焦条件下获得的一组 Ronchigrams 可以表征透镜像差[8]。

泽姆林表中转换信息的方法,或校正球差的一组 Ronchigram 图的透镜电流,要求软件的计算,这大大超出了本书讨论的范围。或许可以证明,C_s 校正的物理透镜的构造,相对于为软件运行的完整算法,在重要性方面是第二位的。如今,商用产品的性能给人以深刻印象,基本上将 C_s 降低至零,甚至还可以使其为负值。点到点的空间分辨率已下降到亚埃尺度,并将继续降低。拥有 C_s 校正的现代(S)TEM,由于分辨率的改善和信号的可利用性增加,现在有可能在 80 kV 条件下观测到石墨烯中轻元素如 N 取代 C 所形成的像。一个原子分辨成像的新纪元已经到来。

12.6.2　高级像差及稳定性‡

如今,三级像差可以从物镜中消除,更高级的像差已成为新的关注的课题。继续讨论物镜相位传递函数 $Q_{\mathrm{PTF}}(\Delta k)$,先前描述为式(11.93):

$$Q_{\mathrm{PTF}}(\Delta k) = \mathrm{e}^{-\mathrm{i}W(\Delta k)} \tag{12.26}$$

通常,近轴光线的畸变取决于 Δk,即依赖于光线与光轴的夹角、它们的方位角,或环绕光轴的角度。一个环形对称的透镜不存在对 W 的方位依赖,但透镜畸变的一般处理要考虑到相位畸变,这取决于 $2\pi m(\phi - \phi_{mj})$,其中,m 是整数,$2\pi m$ 确定球差的旋转(方位)对称性。这里,$2\pi\phi$ 是环绕光轴的方位角,每一种像差用 m 和 j 表征,具有一个角度补偿 $2\pi\phi_{mj}$。$W(\Delta k)$的一般表达式是许多类像差之和:

$$W(\Delta k) = \frac{2\pi}{\lambda}\sum_{m=0}^{j+1}\sum_{j=1}^{\infty}\frac{C_{jm}}{j+1}(\lambda\Delta k)^{j+1}\cos[2\pi m(\phi - \phi_{mj})] \tag{12.27}$$

式(12.27)中的一些要点如下:

· 当 j 较大时,对 Δk 的依赖有更大的幂律,项的类别更多,与 m 构成不同的旋转对称性。

· 式(12.27)中所有的项是实数,因此,没有由透镜引起的吸收(Q_{PTF}没有随 Δk 指数衰减)。

· 所有常数 C_{jm} 具有长度量纲,因此,式(12.27)是无量纲的,这里 λ 是入射电子的波长。

· 旋转补偿 ϕ_{mj}，对于式(12.27)中每一项可能是不同的。

· 由于旋转对称，某些 C_{mj} 明显为零，由 m 表示，与式(12.27)中 Δk 的 $j+1$ 次幂不相符①。

式(12.27)中所有较高阶的项是像差，具有它们自身可辨认的特征。我们已经遇到 C_{10} 和 C_{30}，它们是离焦和三级球差系数。注意到这两个像差具有环形对称性(它们的第二个下标是零)，它们对 Δk 的依赖分别是 $(\Delta k)^2$ 和 $(\Delta k)^4$，由它们的第一个下标确定。一个更完整的像差目录如表 12.1 所示。表中第二列提供了一种标注，可以证明这种标注与最后一列的名称更相符。总的 $W(\Delta k)$ 是所有这些贡献之和，正如式(12.27)所示。然而，如果存在一个非零的 C_{jm} 限制 $W(\Delta k)$ 到 $\pi/4$，相当于 $\Delta k = 7\ \mathrm{nm}^{-1}$，对于 200 keV 电子，这个 C_{jm} 将被列示在第 5 列的范围中[7]。

表 12.1　轴向像差系数

系数	记号	Δk 的幂	方位对称性	$\Delta k = 7\ \mathrm{nm}^{-1}$	球差名
C_{01}	A_0	1	1		像漂移
C_{12}	A_1	2	2	2.0 nm	二重像散
C_{23}	A_2	3	3	0.17 μm	三重像散
C_{34}	A_3	4	4	13 μm	四重像散
C_{45}	A_4	5	5	0.94 nm	五重像散
C_{56}	A_5	6	6	64 nm	六重像散
C_{10}	C_1	2	∞	2.0 nm	离焦
C_{30}	C_3	4	∞	13 μm	球差
C_{50}	C_5	6	∞	64 nm	第五级球差
C_{21}	B_2	3	1	58 nm	轴向慧差
C_{41}	B_4	5	1	1.9 nm	轴向慧差
C_{32}	S_3	4	2	3.3 μm	轴向星形
C_{52}	S_5	6	2		轴向星形
C_{43}	D_4	5	3	1.9 nm	三叶形像差
C_{54}	D_5	6	4		四叶形像差

目前，三级球差能够被消除，C_s 校正系统的讨论和设计集中在降低成像质量的更高级的球差上。随着当前工作的进展，采用优秀的校正器设计，球差 C_5，A_5 和 D_4 可以很快被消除，或者大体上被降至最低。虽然这些球差不能被消除，但技术的发展可以使它们对相位畸变的影响最小化。例如，用校正器消除 C_3，它可平衡残留的 C_5，从而将相位扭曲减至最小。

① 例如，一个二级球差系数 C_{20}，因 $m=0$ 而具有环形对称性，但这与 Δk 具有三次幂依赖不一致，这里，横跨光轴的反转要求改变符号。

减小慧差(形成条纹拖影,有时如彗星形状)通常要仔细调整电镜对中。量化慧差的影响有一些判据,但对中程序是仪器调整的特定方式。

人们花了很大的努力致力于扩展仪器的信息极限,例如,高压系统和透镜电流稳定性的改善正在发展。通过电子束的单色化来降低色差是一种新的进展,入射电子的能量扩展已经从大约 1 eV 减小到 0.1 eV①。样品台的机械稳定性变得愈来愈关键,试样区域要求比过去更好的真空。这些新的性能带来了新的代价。除仪器和维修协议的价格更高外,安装一台现代化 TEM 要求更多地关注减小振动、减小杂散电磁场,以及减小仪器周围的气流扰动。

12.7 C_s 校正像的实例

采用 C_s 校正系统的电镜使材料科学的研究发生了很大的变化,电镜的使用在不断发展,以便从新仪器中获得更多的信息和好处。在 HRTEM 构造的电镜中,C_s 校正系统位于成像透镜系统中试样的下面。运用 11.3.3 小节中的法则,譬如式(11.110),如果 C_s 为零, HRTEM 的最佳分辨率应选择离焦量为零。高分辨可能需要这样的方式,但由于从试样中散射的所有子波的相干重组,衬度减至最小。最小衬度条件对离焦十分敏感,利用这一特性,技术正在不断发展,通过从试样不同高度处的平面来增强衬度。

HRTEM 成像的另一种技术是采用负球差,在某些 C_s 校正器系统中是可能的。在这种情况下,图 11.15 中所有曲线在数值方向上发生了反转,正的离焦量将使空间分辨率优化。式(11.92)中的相位移误差 $W(\Delta k)$会改变符号,因为式中两项都改变了符号。对于正离焦量和负球差 C_s,图 11.15 中 $W(\Delta k)$将随 Δk 先增加,后减小。原理上,Scherzer 分辨率用以前同样的方法获得,然而,衬度上存在差别,它可能对具有小的原子散射因子的轻原子成像十分有利。首先考虑 11.3.2 小节中弱相位体近似的衬度变化,改变 $W(\Delta k)$的符号将改变式(11.107)中第二项的符号。对于弱相位体,当 C_s 和离焦量都改变符号时,原子列的强度会发生反演,尽管为什么会增强衬度不很明显,但的确存在衬度增强的证据[10],这涉及非线性的增强响应,在式(13.114)中没有描述。

安装在电子枪和试样之间的 C_s 校正器系统用于 STEM 模式,这似乎是特别流行的仪器构造。使用这种仪器对材料科学问题的考查实例将在后面介绍。

---

① 这会引起强度的一些损失,但电子的单色化对于改进 EELS 光谱术的能量分辨率具有特别的兴趣。

12.7.1　三维成像

C_s 校正器系统容许电子探针束的大角辐照，这个大角 α 最引人注目的好处是使探针形成较小的束斑尺寸(对于一个高亮度光源来说，这是特别有价值的，但对于使用 C_s 校正器系统的场发射枪，亮度不是一个限制的量)。2.7.5 小节中已经表明，束斑尺寸按 α^{-1}减小。在 STEM 操作模式下，透镜球差设定了 α 的最大值，用 C_s 校正器使其最小化，给定一个直接有利的探针尺寸和空间分辨率。

三维成像是一种新的性能，它是大辐照角 α 的副产品。回顾 2.4.3 小节，景深是物被聚焦成像时的距离范围，景深随 α 角增大而减小。在图 2.28 的光路中，如果想象电子从右边电子源往左边试样返回，对 STEM 操作模式是有用的。图中右边 d 处假定为电子枪，随光阑角增大，左边的 D_1 按 α^{-1}而变小(参阅式(2.15))。

景深使电子束纵向收缩，且电子束尺度可导致进一步收缩到更小尺度。辐照角对纵向分辨率 Δz 的净效应是

$$\Delta z \approx \frac{\lambda}{\alpha^2} \tag{12.28}$$

其中，λ 是电子波长。尽管式(12.28)有点简化，但通过电子物理光学更详细的分析，它是成立的[11]。作为使用 C_s 校正器的一个实例，对 300 keV 电子采用辐照角 $\alpha = 0.02$ rad，式(12.28)预测的纵向分辨率 $d_z = 50$ Å。倘若 C_s 校正器系统进一步减小 C_5 和 C_3，这个纵向分辨率可被预估为 10 Å 的量级。

3D 成像的一个早期实例被显示在图 12.9 中，图像展示了半导体器件中 SiO_2 界面层的五个 Hf 原子。对于微束 3D 成像，这个试样很合适，因为 Hf 原子对电子的散射大大强于镶嵌在一起的非晶 SiO_2。采用 41 个离焦值获得一系列像，聚焦步长为 5 Å，这些二维图像用 volume rendering 软件生成试样的三维模型。图 12.9 仅仅显示该结构的两幅视图。然而，这些信息仍清楚地表明，Hf 原子随机分布在非晶 SiO_2层中，而且不能被限定在界面位置。

12.7.2　高分辨 EELS

如今，电子枪使用单色器，可使能量分辨获得 1 个量级的改善，透射电子能量损失谱能够具有 0.1 eV 量级的分辨率。该性能的改变开启了新型的研究。由于带间跃迁(一般约 1～3 eV)①的低能谱峰可以从零损失峰的极大强峰和它的拖尾中剥离出来，半导体和绝缘体的带隙可由透射 EELS 进行测量。低能谱的特性可以由其他谱仪检测，但 STEM 的测量具有高的空间分辨率。图 12.10 显示了一个单量子点的带间跃迁，一个 CdSe 晶粒的尺寸约为 5 nm。通过对不同尺寸量子点的测量表明，带隙随量子点的尺度发生有意义的变化。

---

① “带间跃迁”涉及电子激发，其中，初始态位于价带，终态位于导带。

图 12.9　不同离焦量的环形暗场显微图像用于 $HfO_2/SiO_2/Si$ 界面的三维重构。重构的两幅视图是平面视图(左)和侧面视图(右);HfO_2(像的左边)和 SiO_2(界面)已用均匀的灰色替换,而 Si 柱被呈现出来;界面处五个 Hf 原子被观测到为黑色棒状。Hf 原子的纵向分辨率小于 15 Å,宽度约为 1 Å[12]

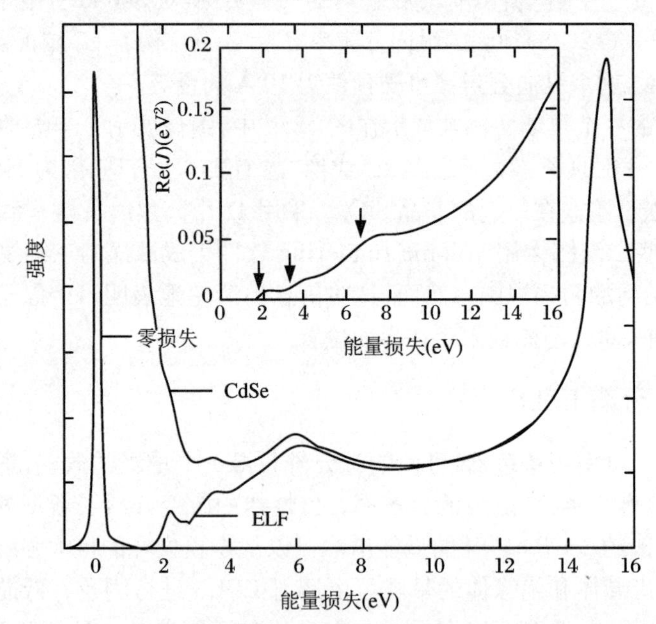

图 12.10　从单个 CdSe 量子点获得的具有高能量分辨率和高空间分辨率的 EELS 谱。强的零损失峰(图中重新标度)及其拖尾已从 CdSe 的实验数据中剥离,给出了量子点的能量损失函数(ELF)。插图显示了带间跃迁强度的实部,表明带隙约为 2 eV[13]

12.8　电子层析术

最近，由于TEM中大量使用计算机控制、数字像的获得以及健全的数据处理，电子层析术变得日益流行。在电子层析术中，通过倾转试样并对每一个倾转方向记录一张像，从而获得一系列的二维图像，这一系列倾转图像应与共同的原点和晶带轴对中，而物样的三维形貌通过数值运算进行重构。

原则上，从任意一组沿不同方向投影获得像，都可以重构电子层析像，但机械和技术的约束，限制了这种可能。最通常的方法是单轴倾转，一般将试样从+70°倾转到-70°，采用1°～3°的步长。假如对中完美，沿样品台旋转轴的分辨率便与图像分辨率相同，但垂直于电子束的分辨率和旋转轴分辨率是由投影的数量决定的。平行于电子束方向的分辨率也受到电镜限定的倾转范围影响。由于TEM试样的倾转一般不能超过180°，观测的像将遭受"缺失的楔形区"数据，在使用傅里叶背投影方法时，三维重构中减少了可分辨频率的范围。改善分辨率一般采用增加最大倾转角和减小倾转步长，而数值处理技术也能对层析术予以改进。特殊样品台的使用，例如多轴倾转（在正交方向同一试样两个倾转系列像）、圆锥形层析术（试样首先被倾转到一个固定角度，然后通过在试样某一平面做完整旋转，并以相同的环形旋转补偿成像），或者绕样品台的轴做360°旋转，也能减小层析图像中数据细节缺失的影响。

TEM中数据自动采集能够补偿倾转过程和图像获取时试样的移动，但系列2D像对共同的原点和旋转轴的对中必须在后面进行。电子层析术的对中和重构数据，可使用许多软件包来进行处理。重构通常采用两步处理过程：首先对图像对中，计算试样定位的误差，常采用图像登记运算，如自动校正误差；接着，采用熟知的过滤背投影技术，将对中的像转换，从一组强度为$I_j(x,y)$的2D图像，转换成强度为$I_j(x,y,z)$的单幅3D图像。这个3D图像的可视度取决于试样结构和（或）采用的成像技术，但层析照片包含了强度的变化，借助于被成像物的性质，可以解释这些强度变化。显示3D数据（或Voxel）的通常方式，包括数据片或以影视呈现的数据截面，或提供物样某一面的特殊强度值，或提供物样的立体构图，该构图是能突出物样或强度范围的彩色示意图。

(S)TEM系统对试样成像提供了大量不同的模式，因此，不同成像模式可以创建层析图像。[14]这些不同模式包括亮场（BF）像、环形暗场（ADF）像、能量过滤（EF）像（低能损失或芯能级损失）、全息显微图像、弱束暗场（WBDF）像和衍射。涉及会聚束的模式包括ADF、高角环形暗场（HAADF）像或空心锥暗场像，以及X

射线能谱。其中，BF 和 EF TEM，以及 STEM 中的 HAADF，可能是最常用的方法。在非晶试样情况下，质量和厚度是占优势的衬度机制，这可以直接而简单地采用 BF TEM 像进行层析图像的重构。对于弱散射物样的相位衬度像，也同样可以按上述方法处理。尽管对晶体材料 BF TEM 的衍射衬度是一个问题，但强衍射衬度仅仅在系列倾转像中的少量图像中存在，所以，这通常也不成问题。另外可选择的是，倾转旋转样品台允许保留一个特殊的在倾转系列中激发的衍射矢量 $\boldsymbol{g}$。对于晶体材料的 3D 成像，非相干信号，例如 HAADF STEM 和 EF TEM 在质量密度或化学成分与像强度之间提供了良好的关系，因为 HAADF 像（或 Z-衬度像）的强度近似正比于 Z^2（式(12.23)），在 200 kV 时内收集角应不小于 40 mrad，从而避免了衍射效应。在某些情况下，HAADF STEM 对高 Z 元素的敏感性会导致低 Z 元素成像的困难，于是，将 BF 或低角 ADF 信号与 HAADF 信号相结合是更合适的。对于任意特殊材料的层析图像的重构，最好的信号选择应基于材料的成分和结构，可利用的样品台和探测器，以及考查的科学目的。电子层析图像已在生命科学中产生了巨大影响。在物理科学中，电子层析像也发现了广泛的用途，如多孔催化剂支撑体上金属纳米颗粒的分布、异质外延半导体界面中位错结构的三维可视性，以及非晶和金属合金晶体中沉淀物的类别和分布的定量化。

最近，采用 HAADF-STEM 和不连续的层析像技术，展示了 Al-Ag 合金中富 Ag 沉淀相的原子分辨层析像，这表明获得 3D 原子分辨是可能的。图 12.11 是该

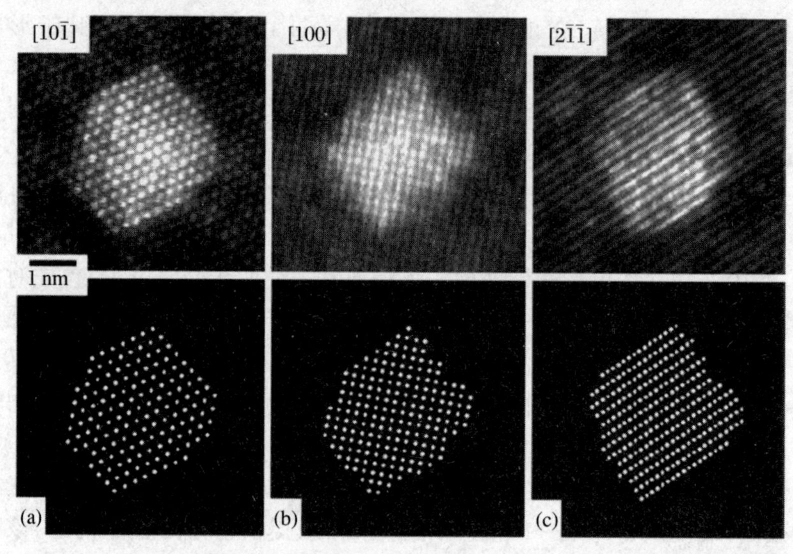

图 12.11　(a)～(c) 沿不同方向得到的 Al-Ag 合金中富 Ag 纳米颗粒的实验数据与 3D 重构像的比较，数据的获得采用了球差校正 HAADF STEM、统计参考数估算理论，以及不连续层析像的结合；上部框图是实验像，下部框图是沿同样带轴 3D 重构像的投影；[2$\bar{1}\bar{1}$]实验像没有用于 3D 重构，但实验像和计算机像相符得很好[15]

项工作的实例。图中，沿不同带轴获得的富 Ag 沉淀相的实验 2D HRTEM 像与沿同样方向的 3D 重构图进行了比较。使用统计方法，作者得出结论，重构图中原子位置错误的概率是 3%，表现出对原子重构的高度自信。

图 12.12 是第二个实例，显示了 Si 片破裂尖端部位位错结构的层析图像，上排是使用高压电镜（HVEM）BF 像重构的图像，下排是用层析图经数字合成的视图。

位错以阴暗色调表示，对应它们的滑移面。破裂尖端部位图示为灰色表面，接近图中间偏左的边缘。注意，这些位错的排列与图 8.42 中 TEM 像的投影相比较，是多么容易识别。

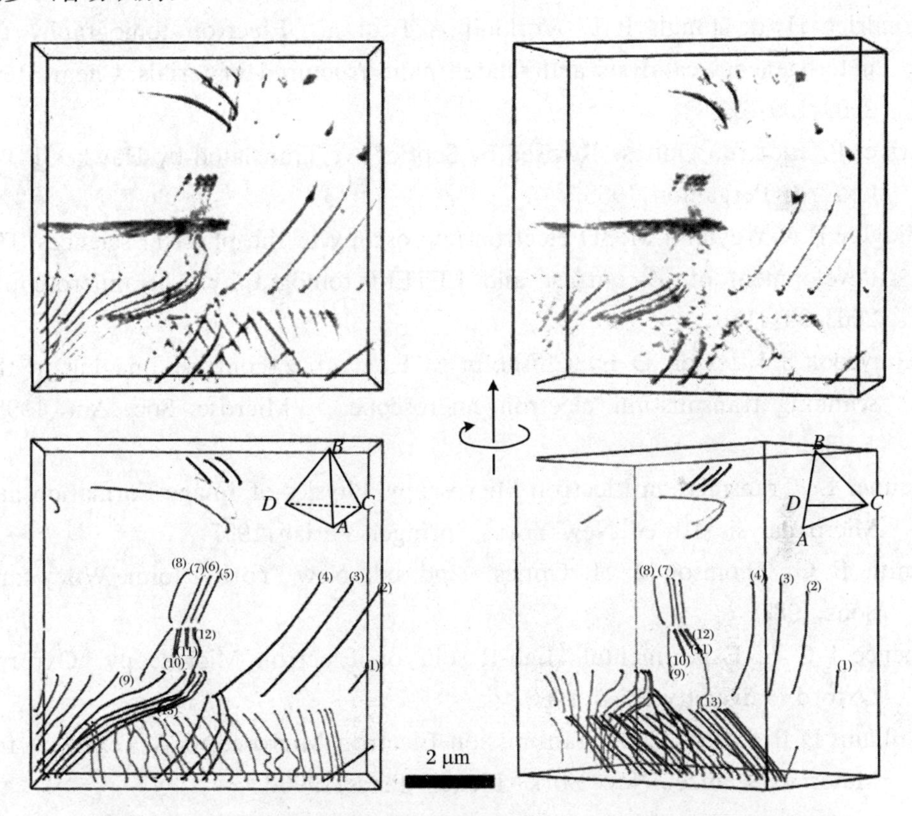

图 12.12　从一个实验倾转系统重构的位错层析图。上面两个框图是实验像，位错的位置被标注在下面两个框图的数字重构图中(数字表示单个位错)。右边框图相对于左边框图做了旋转。取向由四面体 *ABCD* 的投影标明[16]

12.9 拓展阅读

Cowley J M. Diffraction Physics. 2nd ed. Amsterdam: North-Holland, 1975.

De Graef M. Introduction to Conventional Transmission Electron Microscopy. Cambridge: Cambridge University Press, 2003.

Friedrich H, de Jongh P E, Verkleij A J, et al. Electron tomography for heterogeneous catalysts and related nanostructured materials. Chem. Rev, 2009, 109: 613.

Grivet P. Electron Optics. Revised by Septier A; Translated by Hawkes P W. Oxford: Pergamon, 1965.

Midgley P A, Weyland M. 3D electron microscopy in the physical sciences: The development of *Z*-contrast and EFTEM tomography. Ultramicroscopy, 2003, 96: 413.

Pennycook S J, Jesson D E, Chisholm M E, et al. *Z*-contrast imaging in the scanning transmission electron microscope. J. Microsc. Soc. Am, 1995, 1: 234.

Reimer L. Transmission Electron Microscopy: Physics of Image Formation and Microanalysis. 4th ed. New York: Springer-Verlag, 1997.

Smith F G, Thomson J H. Optics. 2nd ed. New York: John Wiley and Sons, 1988.

Spence J C H. Experimental High-Resolution Electron Microscopy. Oxford: Oxford University Press, 1988.

Williams D B, Carter C B. Transmission Electron Microscopy: A Textbook for Materials Science. New York: Plenum Press, 1996.

习 题

12.1 在如下两种情况下，计算 100 keV 的电子经过原子列时电子通道的特征距离：

(1) 原子间隙宽度为0.5 Å,原子列的特征势场为5 eV;

(2) 原子间隙宽度为1.5 Å,原子列的特征势场为20 eV。

12.2　(1) 仿照图12.7的方法,画出电子通过一个四极磁透镜组的磁场线,显示电子路径对轴线的偏离。

(2) 一个四极磁透镜组对离轴光线的偏离会是什么状况?

(3) 如果一个北极强于其他几个极,电子的偏转会是什么状况?

12.3　若一个界面两边的势能不同,对12.2.2小节中的临界角进行分析,假定势能是在最大和最小值之间平滑地变化:

(1) 绘制示意图,表明穿越水平界面时电子波矢应做何改变;

(2) 证明在临界角时仍出现总内反射;

(3) 对这一新问题,解释式(12.12)中 U 的意义。

12.4　借助合适的示意图说明:

(1) 为什么四极球差系数 C_{40} 等于零;

(2) 为什么一级彗差系数 C_{11} 等于零;

(3) 为什么像散上没有这种限制。

12.5　(困难)无屏蔽的库仑势的傅里叶变换给出了因子 $4\pi(\Delta k)^{-2}$,它是弹性散射和非弹性散射中电子散射因子的前置因子。现考虑类似这一结果的情况,即入射电子不是平面波,而是沿着原子列运行的一个电子:

(1) 当一个通道电子未导致原子电子被电离时,按照5.4.2小节的步骤,证明式(5.27)中的第一个积分已被更改;

(2) 积分的较低限制是什么?

(对(1)和(2)的提示:将5.4.2小节中入射电子波函数从 $\exp(\mathrm{i}\boldsymbol{k}_0\cdot\boldsymbol{r})$ 改变为 $\delta(x-x')\delta(y-y')\exp(\mathrm{i}k_0 z)$,不必计算这个积分的数值。)

(3) 对于被屏蔽了的库仑势(4.88),当 r 被限定在 $r=0$ 的附近,而在距离 r_0 之外的空间时,计算被更改的傅里叶变换值。

(提示:在式(4.99)中,通常假定 $r_0=2\pi/\Delta k$,这是局部许可的,尤其是已经说明该假定的弱点。)

参 考 文 献

Chapter 12 title figure shows HAADF images acquired with a C_s-corrected instrument. The images were acquired at different values of defocus as labeled. Together with other measurements and computational support, the images show how that La atoms segregate to sites on the surfaces of an Al_2O_3 crystal, which correspond to defocus values of 0 and − 8 nm. Bar length is 1 nm. After Wang S, Borisevich A Y, Rashkeev S N, et al. Pantelides, Nat. Mat., 2014, 3: 143.

[1] Browning N D, Wallis D J, Nellist P D, et al. Micron, 1997, 28: 334. Reprinted with the courtesy of Elsevier Science Ltd.

[2] Pennycook S J, Jesson D E, Chisholm M E, et al. J. Micros. Soc. Am., 1995, 1: 234. Reprinted with the courtesy of Microscopy Society of America.

[3] Amali A, Rez P. Microsc. Microanal., 1997, 3: 28.

[4] Lupini A R, Pennycook S J. Ultramicroscopy, 2003, 96: 313.

[5] Voyles R M, Muller D A. Private communication. See also Voyles R M, Muller D A. Grazul J L, et al. Nature, 2002, 416: 826.

[6] Krivanek O L, Dellby N, Lupini A R. Ultramicroscopy, 1999, 78: 1.

[7] Uhlemann S, Haider M. Ultramicroscopy, 1998, 72: 109.

[8] Ramasse Q M, Bleloch A L. Ultramicroscopy, 2005, 106: 37.

[9] Müller H, Uhlemann S, Hartel P, et al. Microsc. Microanal, 2006, 12: 442.

[10] Lentzen M. Microsc. Microanal, 2006, 12: 191.

[11] Borisevich A Y, Lupini A R, Pennycook S J. Proc. Natl. Acad. Sci., 2006, 103: 3044.

[12] Benthem K van, Lupini A R, Kim M, et al. Appl. Phys. Lett., 2005, 87: 034104. Reprinted with the courtesy of the American Institute of Physics.

[13] Browning N D, Erni R P, Idrobo J C, et al. Micmsc. Microanal, 2005, 11 (Suppl 2): 1434.

[14] Frank J. Electron Tomography: Methods for Three-Dimensional Visualization of Structures in the Cell. 2nd ed. New York: Springer Science, 2006.

[15] Van Aert S, Batenburg K J, Rossell M D, et al. Nature, 2011, 470: 374.

[16] Tanaka M, Sadamatsu S, Liu G S, et al. Res., 2011, 26: 508.

第 13 章　动力学理论

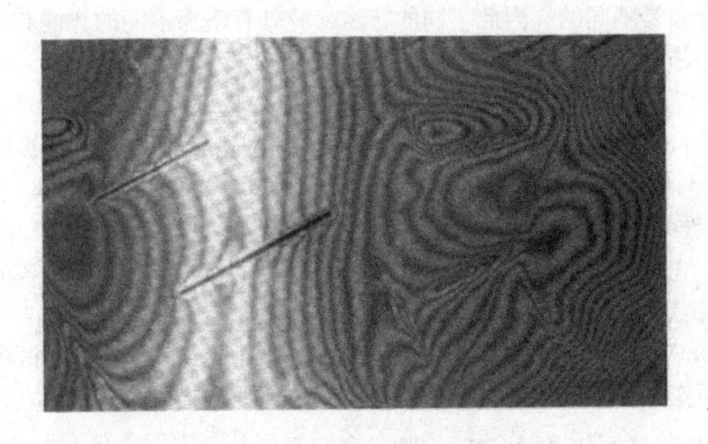

13.1　本 章 综 述

本章求解平移周期性固体,即晶体中高能电子的薛定谔方程。13.2.1 小节从薛定谔方程的贝特(Bethe)处理出发,推导动力学方程(Howie-Whelan-Darwin 方程)。这是本书中数学最密集的部分,本书作者建议初步接触本章的读者按照以下次序阅读:13.3 节、13.2.1 小节和 13.2.3 小节,13.4.1 小节,以及最后的 13.5 节。这些内容提供了动力学衍射理论总的概念。它们讲述了高能电子的波函数受到晶体势的影响,特别是原子排列周期性的势能周期性的影响。它们说明了周期势能够引起高能电子振幅在向前散射波函数和衍射波函数之间向后和向前的(动态)转移①。在准确的劳厄条件下,强衍射($s=0$)波振幅向后或向前转移一次的物理距离就是所谓的"消光距离"。可以证明,消光距离反比于晶体势的傅里叶分量 U_g,

① 这里不再如运动学理论中那样采用名词"转移束",因为电子束在离开样品前已经和衍射束交换了许多次能量。

这里 $\boldsymbol{g}$ 是两个耦合电子束之间的波矢差。

量子力学允许电子波函数用不同的“表象”描述，后者采用了不同的正交基函数组合。“束表象”$\{\Phi(\boldsymbol{g})\}$和“布洛赫波表象”$\{\Psi(\boldsymbol{r})\}$是本章使用的两种表象。读者已经熟悉了束表象的向前波函数 $\Phi_0(\boldsymbol{r})$和衍射波函数 $\Phi_g(\boldsymbol{r})$。它们的振幅 $\phi_0(z)$和 $\phi_g(z)$随样品中的深度 z 而变。在最简单形式下，布洛赫波表象有两个布洛赫波函数：$\Psi^{(1)}(\boldsymbol{r})$和 $\Psi^{(2)}(\boldsymbol{r})$。这是一个进入晶体的电子的方便的表象，因为布洛赫波函数的振幅 $\psi^{(1)}$和 $\psi^{(2)}$在完整晶体中是常数。布洛赫波是无限的周期性晶体的本征函数。虽然不同的布洛赫波具有同样的总能量，但它们在晶胞中的电子密度分布是不同的。因此不同的布洛赫波具有略为不同的势能和动能间的平衡。两个布洛赫波因此具有略为不同的波矢 $k+\gamma^{(1)}$和 $k+\gamma^{(2)}$（两者的平均值为 k）。这些 $\gamma^{(j)}$随晶体势的傅里叶分量 U_g 增加。$\gamma^{(1)}$和 $\gamma^{(2)}$之间的差别引起一项空间周期性：$1/(\gamma^{(1)}-\gamma^{(2)})$，它被证明是向前束和衍射束之间转移振幅的有效消光距离。

衍射束$\{\Phi(\boldsymbol{g})\}$是电子的平面波状态。它们具有的波矢数值上严格相同，虽然方向不同。它们是动量操作 $-\mathrm{i}\hbar\mathrm{grad}$ 的本征函数，这意味着它们是各向同性的无特征空间（恒定势）的薛定谔方程的解。由于晶体具有的周期势远低于电子的能量（例如 200 keV），各个束$\{\Phi(\boldsymbol{g})\}$几乎是晶体的本征函数，但它们的振幅随进入晶体的深度而变。这些束被证明在一个缺陷（例如堆垛层错）的某一地点计算电子散射时是有用的。各个束容易和样品底下各向同性真空中的本征态联系起来，束表象在电子从样品出射面通向显微镜成像透镜时也是需要的。

在这一章中给出动力学理论的现象和工具的简要综述。能够在布洛赫波表象和束表象之间方便地转换是重要的。特别是，我们需要有一种方法用束振幅或布洛赫波振幅表达同一个电子波函数。这一转换用式(13.76)和式(13.77)完成。这个转换矩阵的系数$\{C_g^{(j)}\}$由式(13.140)和式(13.141)给出。它们依赖于消光距离和入射束的倾斜，并经常用偏离参量 s（常常称为“衍射偏差”）定量化。结果显示布洛赫波振幅是最容易在样品顶得出的，因为这里只有一支向前束，并且式(13.77)不依赖于样品厚度（因为 $z=0$）。图 13.17 是得出这些振幅的一个工具“色散面作图法”（类似于埃尔瓦德球作图法）。此法可以快速指出 s 如何影响布洛赫波的振幅。

衍射衬度动力学计算将在本章的后面部分介绍。对于一个有限尺寸的完美晶体，含人感兴趣的是：衍射强度式(13.161)和运动学强度式(8.12)具有同样的数学形式。然而，运动学理论和动力学理论预言的晶体缺陷的衍射衬度却存在若干差异，见 7.3 节和 13.5 节的讨论。Hirsch 等用布洛赫波函数和束计算的堆垛层错衍射衬度的经典结果见 13.7.2 小节。尽管他们的动力学处理相当复杂，但他们扩展得还不够，结果是忽略了层错衍射衬度的最重要的特征——缺乏明场像和暗场像条纹衬度之间的互补性。这种衍射衬度的不对称性来自样品顶和底牵涉的“吸收”

效应。我们在这里讲的吸收包括所有非相干散射过程(高能电子不需要消失),相干性损失就是吸收。考虑吸收时只需要在晶体势增加一个虚部分量。13.7.3小节将定性地介绍此吸收效应。

13.2　周期势中高能电子的数学特征‡*

13.2.1　薛定谔方程‡*

1. 固体中的平均势

在讨论晶体势的周期性之前,考虑固体中平均势能(符号是 U_{00})的效应。该势能来自静电学,并且是吸引力($U_{00}<0$),因为高能电子通过固体时进入了正离子芯。这个势能改变电子在固体中的波矢 $\boldsymbol{k}$。这个波矢和电子在固体中的动能 E_{kin} 通常有如下的关系:

$$\frac{\hbar^2 k^2}{2m} = E_{\text{kin}} \tag{13.1}$$

利用能量守恒可以得出 U_{00} 对电子波矢的效应。当电子进入固体的势场时,它的动能必须从 $\hbar^2\chi^2/(2m)$ 改变到 $\hbar^2k^2/(2m)$,这里 χ 是电子在真空中波矢的值,而 k 是电子在固体中的波矢的值。电子动能的改变等于势能的变化:

$$\frac{\hbar^2}{2m}(\chi^2 - k^2) = U_{00} \tag{13.2}$$

由于平均势能 U_{00} 是负的,电子进入固体时波矢略有增加。而电子失去势能,而获得动能,并且速度稍微增大一点。

恒定的 U_{00} 对电子波矢的影响是直接的,并且同样适用于向前束和衍射束。下面我们在重点讨论晶体势能的周期部分的效应时将把平均势能的效应独立地处理。① 我们得出周期晶体势能的各个傅里叶分量 $\{U_g\}$ 导致振幅从入射平面波(此"束"具有空间的 $\exp(\mathrm{i}\boldsymbol{k}\cdot\boldsymbol{r})$ 形式)转化为各个衍射束(形式为 $\exp[\mathrm{i}(\boldsymbol{k}+\boldsymbol{g})\cdot\boldsymbol{r}]$)。振幅的这个转化发生在电子通过样品的时候,并且可以在遇到晶体缺陷时发生变化。一旦各个波在样品底聚合并且从样品进入真空,就可以直接把波矢振幅从 $|\boldsymbol{k}|$ 转化为 $|\boldsymbol{\chi}|$。此时要保持波函数经过样品/真空界面时连续,为此我们必须匹配波峰,即保证 $\boldsymbol{k}$ 的 x,y 分量与新的 $\boldsymbol{\chi}$ 的 x,y 分量相等,而 k_z 分量改变为不相等的新分量 χ_z。

---

① 平均势是 $\boldsymbol{g}=\boldsymbol{0}$ 时势能的傅里叶分量。因为它和其他傅里叶分量有些不同,我们给它一个特别的记号 U_{00}。以下对 $\boldsymbol{g}$ 求和时没有 U_0 项。

2. 周期势能和波函数

晶体中高能电子的薛定谔方程是

$$-\frac{\hbar^2}{2m}\nabla^2\Psi(\boldsymbol{r})+V(\boldsymbol{r})\Psi(\boldsymbol{r})=E\Psi(\boldsymbol{r}) \tag{13.3}$$

我们期望势能跟随晶体的周期性,因此可以把势能 $V(\boldsymbol{r})$表示为晶体的傅里叶级数。我们期望把电子波函数 $\Psi(\boldsymbol{r})$表达成包括倒格矢$\{\boldsymbol{g}\}$的傅里叶级数也是有用的:

$$V(\boldsymbol{r})=\sum_{\boldsymbol{g}\neq\boldsymbol{0}}U_{\boldsymbol{g}}\mathrm{e}^{\mathrm{i}\boldsymbol{g}\cdot\boldsymbol{r}}+U_{00} \tag{13.4}$$

$$\Psi(\boldsymbol{r})=\sum_{\boldsymbol{g}}\phi_{\boldsymbol{g}}(z)\mathrm{e}^{\mathrm{i}(\boldsymbol{k}+\boldsymbol{g})\cdot\boldsymbol{r}} \tag{13.5}$$

方程(13.5)给出的是 $\Psi(\boldsymbol{r})$的束表象。其中傅里叶系数 $\phi_{\boldsymbol{g}}$依赖于z,因为向前束和衍射束的强度随进入样品的深度而变。我们给出的式(13.5)中的指数函数和式(13.4)中的指数函数是不同的,因为把高能电子的 Ψ 处理成一个向前束 $\exp(\mathrm{i}\boldsymbol{k}\cdot\boldsymbol{r})$和一个衍射束 $\exp[\mathrm{i}(\boldsymbol{k}+\boldsymbol{g})\cdot\boldsymbol{r}]$之和比较方便,把 Ψ 处理成一系列晶格波 $\exp(\mathrm{i}\boldsymbol{g}\cdot\boldsymbol{r})$之和较难,其中,$\boldsymbol{g}$ 值非常大。

3. 芯部数学处理‡*

式(13.3)中的拉普拉斯项是

$$-\frac{\hbar^2}{2m}\nabla^2\Psi=-\frac{\hbar^2}{2m}\left(\frac{\partial^2\Psi}{\partial x^2}+\frac{\partial^2\Psi}{\partial y^2}+\frac{\partial^2\Psi}{\partial z^2}\right) \tag{13.6}$$

利用 $\mathrm{e}^{\mathrm{i}(\boldsymbol{k}+\boldsymbol{g})\cdot\boldsymbol{r}}=\mathrm{e}^{\mathrm{i}[(k_x+g_x)x+(k_y+g_y)y+(k_z+g_z)z]}$,把式(13.5)代入式(13.6),我们得到上式中的第一项是以下两式;

$$\frac{\partial\Psi}{\partial x}=\sum_{\boldsymbol{g}}\mathrm{i}(k_x+g_x)\phi_{\boldsymbol{g}}(z)\mathrm{e}^{\mathrm{i}(\boldsymbol{k}+\boldsymbol{g})\cdot\boldsymbol{r}} \tag{13.7}$$

$$\frac{\partial^2\Psi}{\partial x^2}=-\sum_{\boldsymbol{g}}(k_x+g_x)^2\phi_{\boldsymbol{g}}(z)\mathrm{e}^{\mathrm{i}(\boldsymbol{k}+\boldsymbol{g})\cdot\boldsymbol{r}} \tag{13.8}$$

类似地对 y 做微商,得到

$$\frac{\partial^2\Psi}{\partial y^2}=-\sum_{\boldsymbol{g}}(k_y+g_y)^2\phi_{\boldsymbol{g}}(z)\mathrm{e}^{\mathrm{i}(\boldsymbol{k}+\boldsymbol{g})\cdot\boldsymbol{r}} \tag{13.9}$$

式(13.9)中虽然束振幅 $\phi_{\boldsymbol{g}}(z)$依赖于 z,但高能电子的 $\boldsymbol{g}$ 近似垂直 $\hat{z}$ 轴,因此我们可以设 $g_z=0$。利用式(13.5)得到拉普拉斯项式(13.6)的第三项的如下结果:

$$\frac{\partial\Psi}{\partial z}=\sum_{\boldsymbol{g}}\left[\frac{\partial\phi_{\boldsymbol{g}}(z)}{\partial z}+\mathrm{i}k_z\phi_{\boldsymbol{g}}(z)\right]\mathrm{e}^{\mathrm{i}(\boldsymbol{k}+\boldsymbol{g})\cdot\boldsymbol{r}} \tag{13.10}$$

$$\frac{\partial^2\Psi}{\partial z^2}=\sum_{\boldsymbol{g}}\left[\frac{\partial^2\phi_{\boldsymbol{g}}(z)}{\partial z^2}+\mathrm{i}2k_z\frac{\partial\phi_{\boldsymbol{g}}(z)}{\partial z}-k_z^2\phi_{\boldsymbol{g}}(z)\right]\mathrm{e}^{\mathrm{i}(\boldsymbol{k}+\boldsymbol{g})\cdot\boldsymbol{r}} \tag{13.11}$$

现在我们重写薛定谔方程(13.3),并且把 V 和 Ψ 展开为傅里叶级数。对式(13.3)的三项,我们把拉普拉斯算符项式(13.8)、式(13.9)、式(13.11),势能式(13.4)和动能式(13.2)代入,再乘上 $2m/\hbar^2$,于是式(13.3)变成下式:

$$\sum_{g}\left[(k_x+g_x)^2+(k_y+g_y)^2+k_z^2-\chi^2+\frac{2m}{\hbar^2}U_{00}\right]\phi_g(z)\mathrm{e}^{\mathrm{i}(\boldsymbol{k}+\boldsymbol{g})\cdot\boldsymbol{r}}$$
$$-\sum_{g}\left(2\mathrm{i}k_z\frac{\partial\phi_g}{\partial z}+\frac{\partial^2\phi_g}{\partial z^2}\right)\mathrm{e}^{\mathrm{i}(\boldsymbol{k}+\boldsymbol{g})\cdot\boldsymbol{r}}+\frac{2m}{\hbar^2}\sum_{g'}\sum_{g''\neq 0}\phi_{g'}(z)\mathrm{e}^{\mathrm{i}(\boldsymbol{k}+\boldsymbol{g}')\cdot\boldsymbol{r}}U_{g''}\mathrm{e}^{\mathrm{i}\boldsymbol{g}''\cdot\boldsymbol{r}}$$
$$=0 \tag{13.12}$$

进一步,用式(13.12)乘上 $\exp[-\mathrm{i}(\boldsymbol{k}+\boldsymbol{g})\cdot\boldsymbol{r}]$并对所有 $\boldsymbol{r}$ 积分。这里利用了式(9.33)的正交化关系。除了在指数函数自变量中具有同样因子 $\boldsymbol{k}+\boldsymbol{g}$ 的项之外,求和遍及 $\boldsymbol{g}$ 的所有项之和为零。这样式(13.12)前两个求和中各有一项保留,第三个双重求和号中保留的项多一些,其条件是

$$\boldsymbol{k}+\boldsymbol{g}=\boldsymbol{k}+\boldsymbol{g}'+\boldsymbol{g}'' \tag{13.13}$$

$$\boldsymbol{g}''=\boldsymbol{g}-\boldsymbol{g}' \tag{13.14}$$

当我们注意到能量守恒定律式(13.2)时,式(13.12)的第一项也可能简化:

$$k_x^2+k_y^2+k_z^2-\chi^2+\frac{2m}{\hbar^2}U_{00}=0 \tag{13.15}$$

式(13.12)乘上 $\exp[-\mathrm{i}(\boldsymbol{k}+\boldsymbol{g})\cdot\boldsymbol{r}]$并积分,再用式(13.14)和式(13.15),得到

$$(2k_xg_x+g_x^2+2k_yg_y+g_y^2)\phi_g-2\mathrm{i}k_z\frac{\partial\phi_g}{\partial z}-\frac{\partial^2\phi_g}{\partial z^2}+\frac{2m}{\hbar^2}\left[\sum_{g'\neq g}\phi_{g'}(z)U_{g-g'}\right]=0 \tag{13.16}$$

这里,遍及 $\boldsymbol{g}'$的单求和排除含 U_{00}(材料的平均势能)的项。我们假定 ϕ 随 z 缓慢变化,可以略去式(13.16)中的$\partial^2\phi_g/\partial z^2$。于是对每一个衍射束 $\boldsymbol{g}$,我们有

$$\frac{\partial\phi_g}{\partial z}=\mathrm{i}\frac{k_x^2-(k_x+g_x)^2+k_y^2-(k_y+g_y)^2}{2k_z}\phi_g-\frac{\mathrm{i}2m}{\hbar^2 2k_z}\left[\sum_{g'\neq g}\phi_{g'}(z)U_{g-g'}\right] \tag{13.17}$$

式(13.17)适于向前散射束和每一个衍射束 ϕ_g。方程(13.17)是耦合微分方程大组合中唯一的所有束$\{\phi_g\}$的振幅。衍射束之间的耦合,即每一对 $\boldsymbol{g}$ 束和$\boldsymbol{g}'$束的耦合是由晶体势能的傅里叶分量提供的。这种强度为 $U_{g-g'}$ 的分量具有的频率是成对的这两束的频率之差。方程(13.17)可以根据消光距离 $\xi_{g-g'}$ 的定义(从束 $\boldsymbol{g}$ 散射到 $\boldsymbol{g}'$束)加以简化。得到的结果如下(距离是正时势能为负):

$$\frac{1}{\xi_{g-g'}}=-\frac{2m}{\hbar^2 k_z}U_{g-g'} \tag{13.18}$$

还可以得到"激发偏差"s_g的定义如下:

$$s_g=\frac{k_x^2-(k_x+g_x)^2+k_y^2-(k_y+g_y)^2}{2k_z} \tag{13.19}$$

于是我们把式(13.17)改写为每一个 ϕ_g适用的方程如下:

$$\frac{\partial\phi_g}{\partial z}=\mathrm{i}s_g\phi_g(z)+\sum_{g'\neq g}\frac{\mathrm{i}}{2\xi_{g-g'}}\phi_{g'}(z) \tag{13.20}$$

4. 偏离矢量几何

本部分证明式(13.19)的激发偏差 s_g实际上是6.6节定义的偏离矢量 $\boldsymbol{s}_g$的大

小。读者初读时可以跳过此部分，因为它仅仅确定这一事实。考虑图 13.1 的埃瓦尔德球作图法。图 13.1(a)是 $s=0$ 对称条件的图。图 13.1(b)是入射束波矢 $\boldsymbol{k}_0$ 转过 $\theta+\delta$ 角的图。$\boldsymbol{k}_0$的这个转动是对 $\boldsymbol{k}_0$加上水平矢量$(g_x/2+k_x)\hat{\boldsymbol{x}}$ 的结果($k_x=0$ 时，转动角严格等于 θ)。从图 13.1(b)左侧三角形的锐角 $\theta+\delta$，可见

$$\theta+\delta=\frac{g_x}{2k}+\frac{k_x}{k} \tag{13.21}$$

$\boldsymbol{k}_0$的转动升高了埃瓦尔德球，使它比倒格点 $\boldsymbol{g}$ 高出 s，按照习惯，此时 $s<0$。从图 13.1(b)右侧直角三角形(带锐角 $\theta+\delta$)，得

$$s=-g_x(\theta+\delta) \tag{13.22}$$

将式(13.21)代入式(13.22)，得出

$$s=-\frac{g_x^2}{2k}-\frac{2g_xk_x}{2k}=\frac{k_x^2-(k_x+g_x)^2}{2k} \tag{13.23}$$

方程(13.23)是入射束取向误差的 x 分量对偏离矢量的贡献。y 分量的贡献是独立的。它对 s 有等价的贡献。因此方程(13.19)是偏离矢量的定量表达式。

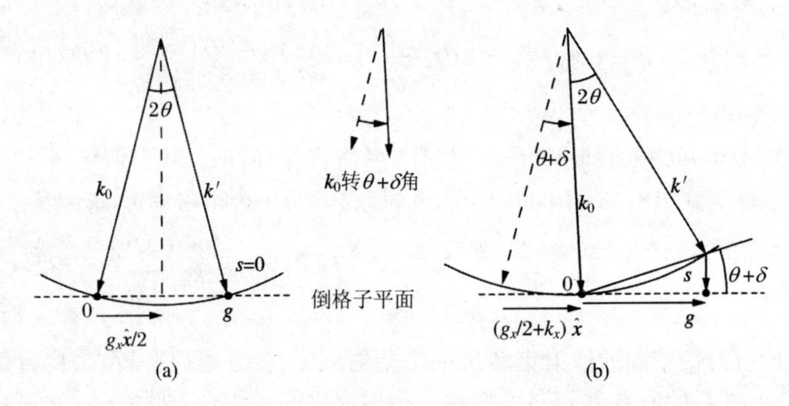

图 13.1　衍射偏差 s 和 k_x 的关联图；(a) $s=0$；(b) k_0转动过 $\theta+\delta$ 角，$s<0$

方程(13.20)是类似的所有$\{\boldsymbol{g}\}$的较大组合中倒数第二重要的一个方程。它们是电子衍射的动力学方程——Howie-Whelan 或 Howie-Whelan-Darwin 方程。方程(13.20)明确地说明：随电子在样品中深度的增加，衍射束振幅 ϕ_g通过s_g和消光距离$\xi_{g-g'}$(这里的消光距离式(13.18)反比于势能的傅里叶分量)依赖于衍射几何。然而明显的是束振幅 ϕ_g 依赖于整套的$\{s_g\}$，因为其他束的振幅$\{\phi_{g'}\}$(式(13.20)右边第二项)依赖于$\{s_{g'}\}$。于是$\{\phi_g\}$的耦合方程的普遍解法一下子变成需要用计算机运算的复杂问题。

动力学方程的另一个数学特点通常在严格的劳厄条件($s_g=0$)下介绍，并且只考虑式(13.20)的第二项：

$$\frac{\partial\phi_g}{\partial z}=\sum_{g'\neq 0}\frac{\mathrm{i}}{2\xi_{g-g'}}\phi_{g'}(z) \tag{13.24}$$

利用式(13.18),改写式(13.24)如下:

$$\frac{\partial \phi_g}{\partial z} = -\frac{\mathrm{i}m}{\hbar^2 k_z}\sum_{g'\neq 0}\phi_{g'}(z)U_{g-g'} \tag{13.25}$$

式(13.25)的形式 $H(g)=\sum_{g'}F(g')G(g-g')$ 牵涉到间断求和,但通常在概念上看成和式(9.22)一样的卷积。方程(13.25)表明了衍射束的深度依赖性,$\partial\phi_g/\partial z$ 是晶体势能傅里叶级数的卷积并且带有全部衍射束的振幅。在不同深度下完成衍射束的卷积(通常利用它们的傅里叶变换相乘),这实际上是动力学衍射多层法计算的一步。

可以完全避免卷积的另一种方法是利用算符的本征函数,如式(13.20)右边所示。这些本征函数就是通过晶体的电子波函数的稳态解即著名的布洛赫函数。布洛赫波方法是 13.4 节中发展的简化的双束动力学理论。我们将用双束动力学理论的简化解来阐述 TEM 中几种典型的缺陷衬度,但在 13.8 节回到普遍的多束问题。

5. 晶体势能的对称性

在许多晶体中,势能式(13.4)在反演操作下不变:

$$V(\boldsymbol{r}) = V(-\boldsymbol{r}) \tag{13.26}$$

$$\sum_{g\neq \boldsymbol{0}}U_g \mathrm{e}^{\mathrm{i}\boldsymbol{g}\cdot\boldsymbol{r}} + U_{00} = \sum_{g\neq \boldsymbol{0}}U_g \mathrm{e}^{-\mathrm{i}\boldsymbol{g}\cdot\boldsymbol{r}} + U_{00} \tag{13.27}$$

傅里叶级数中所有的项都互相正交。要求式(13.27)两边的各个项满足下面的等式,即左边的 $+\boldsymbol{g}$ 项和右边的 $-\boldsymbol{g}$ 项具有相同的 $\mathrm{e}^{+\mathrm{i}\boldsymbol{g}\cdot\boldsymbol{r}}$。所以反演对称性要求:

$$U_g = U_{-g} \tag{13.28}$$

另一个典型假设是晶体势能为实数,即

$$V(\boldsymbol{r}) = V^*(\boldsymbol{r}) \tag{13.29}$$

$$\sum_{g\neq \boldsymbol{0}}U_g \mathrm{e}^{\mathrm{i}\boldsymbol{g}\cdot\boldsymbol{r}} = \sum_{g\neq \boldsymbol{0}}U_g^* \mathrm{e}^{-\mathrm{i}\boldsymbol{g}\cdot\boldsymbol{r}} \tag{13.30}$$

引起势能的傅里叶系数满足以下条件:

$$U_g^* = U_{-g} \tag{13.31}$$

对本章的大部分内容,我们设晶体势能是正的,并且有一个反演中心。在物理上,这意味着晶体是不吸收的和中心对称的。式(13.28)和式(13.31)要求势能的单个傅里叶系数是实数:

$$U_g = U_g^* \tag{13.32}$$

方程(13.28)需要式(13.20)中的消光距离对相等:

$$\xi_{g-g'} = \xi_{g'-g} \equiv \xi_{gg'} \tag{13.33}$$

在特殊条件下,$\boldsymbol{g}$ 或 $\boldsymbol{g}'$ 是向前束(即 $\boldsymbol{g}$ 或 $\boldsymbol{g}'=\boldsymbol{0}$),我们可以写出 $\xi_{gg'}\equiv\xi_g$。

当晶体势能是实数,且有反演中心时,我们可以把式(13.33)代入动力学方程(13.20),得到下式:

$$\frac{\partial \phi_g}{\partial z} = \mathrm{i}s_g\phi_g(z) + \sum_{g' \neq g} \frac{\mathrm{i}}{2\xi_{gg'}} \phi_{g'}(z) \tag{13.34}$$

13.2.2　运动学和动力学理论[‡]

衍射的运动学理论可以从式(13.20)得出。此时只需要把式(13.20)第二项的各个贡献省略,保留一项从入射束散射到 $\boldsymbol{g}$ 束的电子振幅(这是单散射、玻恩第一近似)。于是方程(13.20)变为下式:

$$\frac{\partial \phi_g}{\partial z} = \mathrm{i}s_g\phi_g(z) + \frac{\mathrm{i}}{2\xi_{g-0}} \phi_0(z) \tag{13.35}$$

为了和运动学理论协调,我们还要假设入射束在晶体的各个深度 z 处不衰减,这意味着在整个晶体中 $\phi_0 = 1$,即得出

$$\frac{\partial \phi_g}{\partial z} = \mathrm{i}s_g\phi_g(z) + \frac{\mathrm{i}}{2\xi_g} \tag{13.36}$$

方程(13.5)的建立使衍射束的波矢 $\boldsymbol{k}$ 和向前束波矢严格相差一个倒格矢 $\boldsymbol{g}$。这一方法掩盖了衍射误差的效应,把它放进了 $\phi_g(z)$,为了显示对 s_g 的明确的依赖性,把 ϕ_g 转变为更熟悉的量。新的 $\psi_g(z)$ 允许衍射误差以明显的相因子进入衍射束。从而得到

$$\phi_g(z) = \mathrm{e}^{\mathrm{i}s_g z}\psi_g(z) \tag{13.37}$$

方程(13.37)允许我们把方程(13.36)重写为

$$+\mathrm{i}s_g\mathrm{e}^{\mathrm{i}s_g z}\psi_g(z) + \mathrm{e}^{\mathrm{i}s_g z}\frac{\partial \psi_g}{\partial z} = \mathrm{i}s_g\mathrm{e}^{\mathrm{i}s_g z}\psi_g + \frac{\mathrm{i}}{2\xi_g} \tag{13.38}$$

把式(13.38)两边的第一项相消,得到

$$\mathrm{e}^{\mathrm{i}s_g z}\frac{\partial \psi_g}{\partial z} = \frac{\mathrm{i}}{2\xi_g} \tag{13.39}$$

为了运动学理论格式的完整,我们把消光距离用晶胞的结构因子 $\mathscr{F}_g$ 表达。我们考虑一个立方晶胞(每一边长为 a,体积为 V)的柱体。该柱体和其他柱体聚合在一起。11.1.2 小节证明:波前振幅在菲涅耳带上积分的估值为 $\mathrm{i}/(2\pi k)$。一个晶胞衍射入射波振幅的部分正比于晶胞长度除以消光距离:

$$\frac{\mathrm{i}}{2\pi}\frac{a}{2\xi_{g-0}} = \frac{\mathrm{i}}{2\pi k}\mathscr{F}_g\frac{1}{a^2} \tag{13.40}$$

这里,右边是占据波前面积 a^2 的晶胞衍射的振幅的量,左边额外的 2π 是需要的,因为图 8.1 定义的消光距离是 $2\pi\xi_{g-0}$(图 13.3)。重新调整式(13.40),得到以下关系:

$$\mathscr{F}_g = \frac{\pi V}{\lambda\xi_g} \tag{13.41}$$

它在电子衍射的小角下的应用是正确的。利用式(13.41),把式(13.39)写成间断形式:

$$\Delta\psi_g = \frac{\mathrm{i}\lambda}{2\pi V}\mathscr{F}_g \mathrm{e}^{-\mathrm{i}s_g z} \tag{13.42}$$

这里，$\Delta\psi_g$ 是通过一个晶胞深度 a 后 ψ_g 的变化。把一群相邻柱体中的一个(由 N 个晶胞组成的)衍射子波求和，得到

$$\psi_g(t) = \frac{\mathrm{i}\lambda}{2\pi V}\sum_{j=0}^{N}\mathscr{F}_g \mathrm{e}^{-\mathrm{i}s_g z_j} \tag{13.43}$$

这里的深度 $t = N\Delta z$。比较式(13.43)和式(8.7)，得 $\delta \boldsymbol{r}_g = \boldsymbol{0}$。除了不重要的常数因子以及事实上式(13.43)只处理一维的晶胞柱体外，它们在运动学理论中是同样的方程。

13.2.3　晶体作为相光栅*

13.2.1 小节中薛定谔方程的形式操作掩盖了它的物理内涵。计算电子波前的相位移动给出较清晰的物理观点。为此，本小节的具体做法是作为波峰跟随一个能量为 E_0 的入射电子进入晶体顶的几层平面。当电子的波前通过局域变化的势场时波前反射发生相位的局部移动，并且发展成局域的涟漪，如图 13.2 所示。通过入射波前的这种相位调制可以恢复动力学方程(13.20)的本性。本小节还说明这种调制是如何驱动起始的衍射束的。

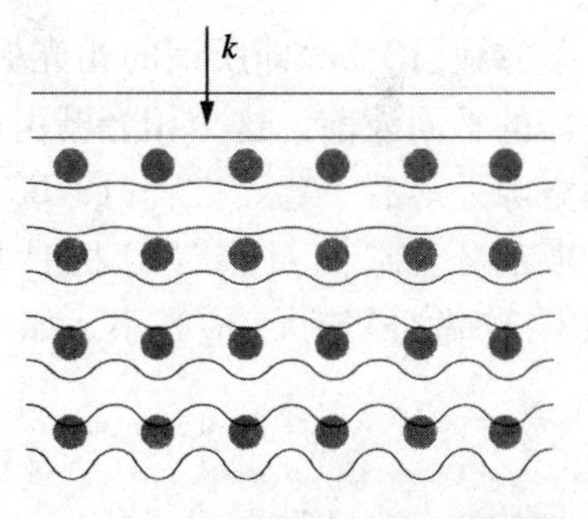

图 13.2　平面波前向下通过周期性吸引势场阵列时的相位移动。通过较强吸引区时移动得略快一些

在 13.2.3 小节，电子波函数 $\Psi(\boldsymbol{r})$ 是一个平面波。它的波矢是 $\boldsymbol{k} = k_z(\boldsymbol{r})\hat{z}$，沿着 $\hat{z}$ 连接。在晶体的 xy 面上的原子如式(13.4)的傅里叶级数那样调制势能。根据能量守恒，晶体势能引起高能电子波矢随晶体中的地点 $\boldsymbol{r}$ 改变如下：

$$\frac{\hbar^2 k_z^2(\boldsymbol{r})}{2m} = E_0 - V(\boldsymbol{r}) = E_0 - U_{00} - U(\boldsymbol{r}) \tag{13.44}$$

$$k_z(\boldsymbol{r}) = \frac{1}{\hbar}\{2m[E_0 - U_{00} - U(\boldsymbol{r})]\}^{\frac{1}{2}} \tag{13.45}$$

$$k_z(\boldsymbol{r}) \approx \bar{k} - \frac{m}{\hbar^2\bar{k}}U(\boldsymbol{r}) \tag{13.46}$$

这里，$U(\boldsymbol{r})$ 是 $V(\boldsymbol{r})$(式(13.4)中的傅里叶级数)的空间变换，并且在晶体的平均势场中定义波矢如下：

$$\bar{k} \equiv \frac{1}{\hbar}\sqrt{2m(E_0 - U_{00})} \tag{13.47}$$

在样品顶高能电子是一个平面波；进入样品不深处，其波函数如下：

$$\Psi(\Delta z)=\frac{1}{\sqrt{V}}\mathrm{e}^{\mathrm{i}k_z(\boldsymbol{r})\Delta z} \tag{13.48}$$

将式(13.46)代入式(13.48)，得到

$$\Psi(\Delta z)=\frac{1}{\sqrt{V}}\mathrm{e}^{\mathrm{i}\bar{k}\Delta z}\exp\left[-\mathrm{i}\frac{m}{\hbar^2\bar{k}}U(\boldsymbol{r})\Delta z\right] \tag{13.49}$$

如果 $U(\boldsymbol{r})$是均匀的，则式(13.49)中两个指数函数的相位因子可以简单相加。然而，由于 $U(\boldsymbol{r})$随位置 x,y,z 变化，我们需要沿不同 x,y 地点的柱体计算式(13.49)的值。其次，还应考虑它随 z 的变化。沿着每一 Δz 增量，有一个特别的 $U(x,y,z)$对高能电子的相位移动提供各自的贡献。所以，需要对晶体中(x,y)处的各个柱体进行积分，得到

$$\Psi(x,y,t)\approx\frac{1}{\sqrt{V}}\mathrm{e}^{\mathrm{i}\bar{k}t}\exp\left[-\mathrm{i}\frac{m}{\hbar^2\bar{k}}\int_0^t U(x,y,z)\mathrm{d}z\right] \tag{13.50}$$

方程(13.50)即所谓的相光栅方程，显示了晶体如何像图 13.2 那样改变通过晶体的平面波前。这个相光栅引起高能电子的波前在离子芯处超前一些，在晶体内空隙处落后一些。方程(13.50)是 11.2.3 小节和 13.8 节中的物理光学方法的重要部分。它们对用计算机计算电子通过晶体的传递过程是有用的。用式(13.50)做分析时，t 应当小。如 t 很小，可以把指数函数展开到一阶近似，得到

$$\Psi(x,y,t)=\frac{1}{\sqrt{V}}\mathrm{e}^{\mathrm{i}\bar{k}t}\left[1-\frac{\mathrm{i}}{2}\int_0^t\frac{2m}{\hbar^2\bar{k}}U(x,y,z)\mathrm{d}z\right] \tag{13.51}$$

此时向前束的波 $\Psi(x,y,t)$经过深度 t 的变化可以从式(13.51)的第二项得出：

$$\frac{\partial\Phi_0(x,y,z)}{\partial z}=-\frac{1}{\sqrt{V}}\mathrm{e}^{\mathrm{i}\bar{k}t}\frac{\mathrm{i}m}{\hbar^2k_z}U(x,y,z) \tag{13.52}$$

利用势场式(13.4)的傅里叶级数表达式和消光距离的定义式(13.18)，得

$$\frac{\partial\Phi_0(\boldsymbol{r})}{\partial z}=\frac{1}{\sqrt{V}}\mathrm{e}^{\mathrm{i}\bar{k}t}\sum_{g\neq0}\frac{\mathrm{i}}{2\xi_g}\mathrm{e}^{\mathrm{i}\boldsymbol{g}\cdot\boldsymbol{r}} \tag{13.53}$$

我们熟悉式(13.53)的右边是衍射子波相位因子的和。它们的振幅正比于入射波的振幅，虽然它们的相位已经移了 $\pi/2$(注意 $\exp(\mathrm{i}\pi/2)=\mathrm{i}$)。势能可以经过平面波式(13.48)波前引起相位的局域移动，我们确定这种改变后得到式(13.53)。U_g(势能的 $\boldsymbol{g}$ 分量)愈大，消光距离(ξ_g)愈小，对应衍射子波 $\exp(\mathrm{i}\boldsymbol{g}\cdot\boldsymbol{r})$的项愈大。换句话说，$U_g$和向前、衍射电子波函数的振幅已经系统地混合。这样的观点扩展到较厚的晶体形成动力学理论的基础，并且和运动学理论中波的干涉概念本质上不同(13.5 节)。

13.3　动力学理论第一方法——束传播

得出动力学方程(13.34)的电子波函数解的一个途经是:解出向前束振幅 ϕ_0 和各个衍射束振幅$\{\phi_g\}$的深度依赖关系。下面说明式(13.34)的一些特点,并利用第 8 章运动学理论熟悉的相位-振幅图。运动学理论没有适当处理过的式(13.34)的新特点是:当 $s_g=0$ 时,如何获得向前束和衍射束的深度关系。在式(13.34)的一个简单场合可以找到重要的耦合现象。设 $s_g=0$,即设为严格的劳厄条件,并且设所有的 $\phi_{g'}=0$,只有 ϕ_g 和 ϕ_0 不等于 0。于是方程(13.34)转化为

$$\frac{\partial \phi_0}{\partial z} = \frac{\mathrm{i}}{2\xi_g}\phi_g(z) \tag{13.54}$$

$$\frac{\partial \phi_g}{\partial z} = \frac{\mathrm{i}}{2\xi_g}\phi_0(z) \tag{13.55}$$

这两个方程的适当解是

$$\phi_0(z) = \cos[z/(2\xi_g)] \tag{13.56}$$

$$\phi_g(z) = \mathrm{i}\sin[z/(2\xi_g)] \tag{13.57}$$

把两个解代入式(13.54)和式(13.55)可以验证。这些解是归一化的,因此 $|\phi_0|^2+|\phi_g|^2=1$,它们还满足晶体顶($z=0$)的边界条件,其中晶体顶没有衍射束,即 $\phi_0(0)=1$,$\phi_g(0)=0$。虽然已经掌握了这些解,检验束振幅 ϕ_0 和 ϕ_g 在小深度增量 Δz 下的变化依然是重要的。在间断形式下,式(13.54)和式(13.55)分别变成

$$\Delta\phi_0 = \frac{\mathrm{i}}{2\xi_g}\phi_g(z)\Delta z \tag{13.58}$$

$$\Delta\phi_g = \frac{\mathrm{i}}{2\xi_g}\phi_0(z)\Delta z \tag{13.59}$$

图 13.3 利用式(13.58)和式(13.59)跟踪向前束和衍射束通过晶体时振幅的变化。开始时 $z=0$ 处有向前电子束的振幅。经过第一层 Δz,向前束的振幅 ϕ_0 的变化可以忽略(如 $\phi_g=0$,式(13.58)为 0)。然而,因为 ϕ_0 强,相位为 i 的小衍射束 ϕ_g 已经从式(13.59)发展起来。随深度的增加这个衍射束的振幅增大,它对 ϕ_0 有了贡献并带有 $\mathrm{i}\times\mathrm{i}=-1$ 的相位符号(电子波函数的某些振幅从 ϕ_0 转化为 ϕ_g 时带有相移 $\pi/2$,某些振幅从 ϕ_g 转化为 ϕ_0 时另外带有 $\pi/2$。)后者的负振幅减小 ϕ_0。衍射束通过消耗 ϕ_0 而不断地增长。深度到达 $\pi\xi_g$ 时 ϕ_0 成为 0。超过这个深度 $\pi\xi_g$,上述过程倒过来进行,虽然在相位-振幅图上附加了 $\pi/2$ 相移。深度超过 $2\pi\xi_g$ 后向前束的强度 $\phi_0^*\phi_0$ 完全恢复,虽然 ϕ_0 的相位移了 π。

向前束和衍射束之间的强度转移和两个频率相同的、耦合的机械振荡器之间

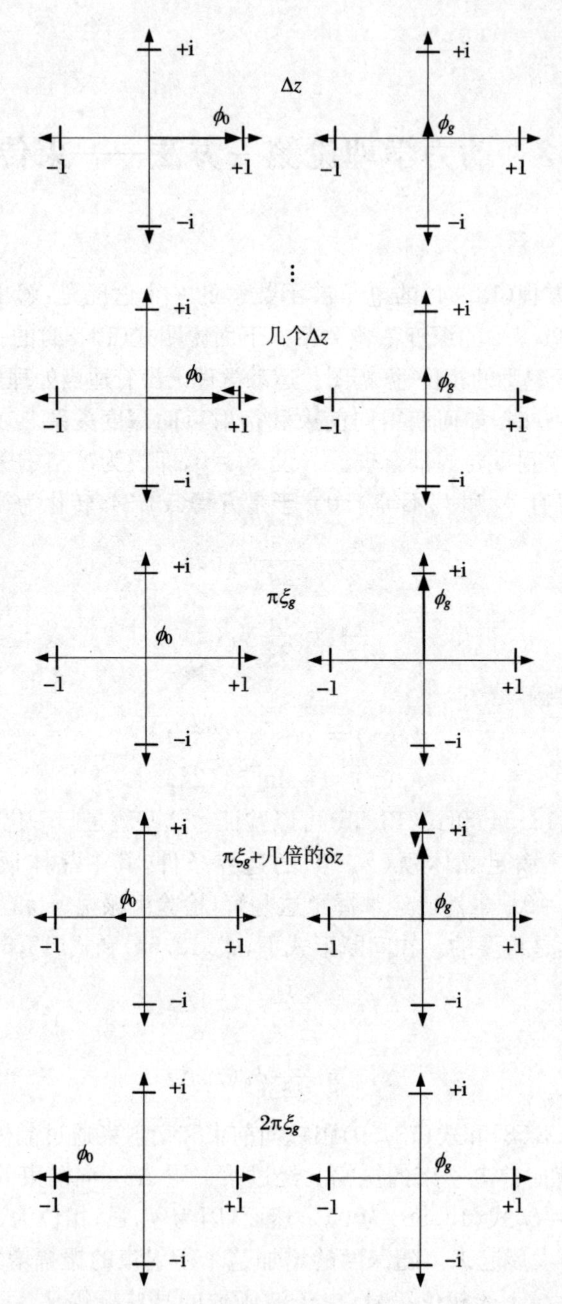

图 13.3　振幅 ϕ_0 和 ϕ_g 从完整晶体顶通过 $2\pi\xi_g$ 深度过程中的变化示意图，在双束近似中假设 $s_g=0$

的位移振幅的交换是极为相同的(见习题 13.6)。动力学中的强度交换有时称为"摆效应"。摆效应是纯动力学效应，因为运动学理论不允许向前束有如此大的强度变化。

耦合机械振荡器　图13.4是一个机械振荡器，它可以把能量从一个摆转移到另一个摆，类似于从一支电子束转移能量到另一支。图13.4的振荡器容易建立，先在两根等长的细绳上悬挂两个重物（做两个摆），用第三根细绳（耦合器）连接两个摆。连接得愈低两个摆的耦合愈强。振荡器动作时举起一重物后松开放下，同时另一重物停留下方。后者被松开后开始从前者吸收能量。此过程继续到所有机械能从一个摆转移到另一个摆。紧接着开始相反的过程。

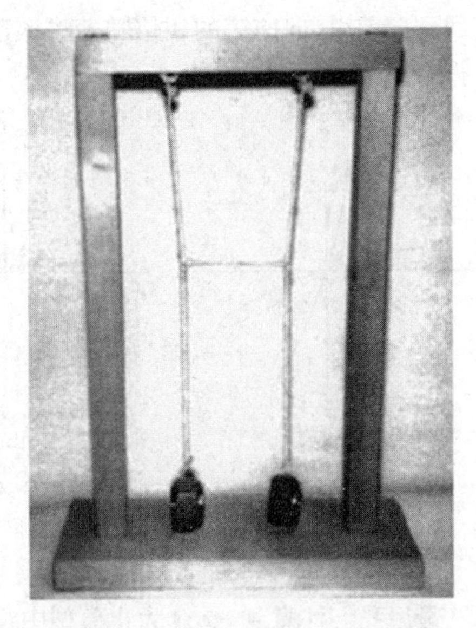

图13.4　一个简单的耦合机械振荡器，用来说明双束动力学衍射过程中能量的转移和沉积

上面我们对动力学方程（具有式(13.58)和式(13.59)的形式）的分析借助于简化的图13.3（满足条件 $s_g=0$）。现在，在 $s_g\neq0$ 条件下对动力学方程进行数值积分，得

$$\Delta\phi_0(z) = \frac{\mathrm{i}}{2\xi_g}\phi_g(z)\Delta z \tag{13.60}$$

$$\Delta\phi_g(z) = \frac{\mathrm{i}}{2\xi_g}\phi_0(z)\Delta z + \mathrm{i}s_g\phi_g(z)\Delta z \tag{13.61}$$

图13.5给出衍射束 ϕ_g 的三个不同的结果，其中的 s_g 分别是小、中、大的情形。如预期的那样，图13.5(a)中小 s_g 的结果使我们回忆起图13.3（$s_g=0$）。当 s_g 小时，衍射强度的振幅在深度 $\pi\xi_g$ 处接近 $+\mathrm{i}$。图13.5(b)中等大 s_g 的结果表明，衍射强度不太强，并且 ϕ_g 的振幅-相位图和图13.3上的直线外形很不相同。图13.5(c)中大 s_g 的结果表明，衍射束强度永远赶不上向前束，并且每经过一个消光距离，相位-振幅图会出现一个近似的小圆。当 s_g 大时，相位-振幅图上环的数目主要由 s_g 决定，而不是由动力学消光距离 ξ_g 决定。当 s_g 大时，我们接近晶体的运动学理论（图7.7，$s\gg0$）的相位-振幅图。当 s_g 小时，消光距离 ξ_g 控制衍射，见图13.3。

在双束动力学理论中，向前束和衍射束的深度依赖性由偏离参量 s_g（入射束相对晶体取向的参量化）和消光距离 ξ_g（材料中周期势场的特征量）决定。在 $s_g=0$ 的特殊条件下，向前束和衍射束的相位在晶体中保持恒定，在复平面的实数轴和虚数轴上收缩、生长（图13.3）。在运动学理论（第8章）中偏离参量 s_g 使每个衍射子波增加深度时相位相对前一子波有小量移动。衍射束在复平面生长和转动由式(13.61)的第二项决定。当 $s_g\neq0$ 时，衍射束不限制在虚轴上。因为衍射束的振幅流回到向前束，向前束的相位随着进入晶体深度而旋转出实数轴。这种集合行为变得更复杂，见图 13.5(b)。

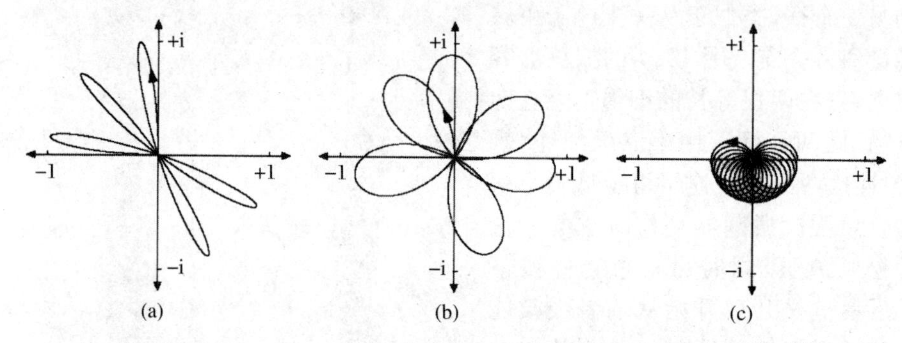

图 13.5　消光距离为 10π 时，数值积分式(13.60)和式(13.61)得到的衍射束 $\phi_g(z)$ 的振幅和相位，图中 s 和 $1/\xi$ 之比不同：(a) $s=0.1/\xi$；(b) $s=1/(2\xi)$；(c) $s=5/(2\varepsilon)$。箭头表示第一环

最后我们注意到，迄今为止模型中没有提到损失电子的概率。实际上，通过晶体的高能电子团的非相干散射从相干的向前束和衍射束波函数引出一些电子。观察到的效应是电子波函数随深度的衰减。定性的处理是把消光距离看成复数。复指数函数中的复数相当于“吸收”，其中的一些效应在 13.7.3 小节中介绍。

13.4　动力学理论第二方法——布洛赫波和色散面‡

13.4.1　衍射束$\{\boldsymbol{\Phi}_g\}$是布洛赫波$\{\boldsymbol{\psi}^{(j)}\}$的拍

1. 拍的物理图像

高能电子通过晶态固体时，电子的波矢受到晶体势场的微扰。迄今为止我们看到两种效应：

· 固体平均吸引势引起的电子动能的轻微升高(式(13.2))。

· 更有趣的是：晶体周期势的傅里叶分量引起电子概率在向前束和衍射束之间的动力学交换。波矢差别为 $\boldsymbol{g}$ 的束被傅里叶分量 U_g 耦合。

本小节用另一种观点观察同样的现象。动力学理论的第二种方法利用拍①的概念。拍图样是衍射束和向前束通过晶体深度时振幅的调制，即向前束和衍射束

① 读者可能对声波的时间拍更熟悉，它们发生在两个频率略有差异的音调的振幅叠加时。两个音调相位协同时声音响，相位不协同时声音衰竭。音调在相位协同和不协同间游荡时听众听到的是带有强度缓慢调制的平均调。这种缓慢调制是拍图样。

电子振幅的动力学交换。拍在一起的真实波在本书中还没有讨论过。然而在固体物理中布洛赫波是知名的。布洛赫波函数是晶体中高能电子的稳态解。它们是无限的平移周期势下薛定谔方程的本征波函数。布洛赫波的振幅$\{\psi^{(j)}\}$是独立于深度 z 的,这是和衍射束振幅$\{\phi_g(z)\}$不同的。两个布洛赫波的重叠提供了束之间拍的周期的(耦合摆)图样。在严格劳厄条件($s_g=0$)下,布洛赫波矢$|\boldsymbol{k}^{(1)}|$和$|\boldsymbol{k}^{(2)}|$的量必须有一点差别。13.4.3 小节介绍了波矢的这种差别如何来自晶体周期势。在本小节将简单设定波矢的差别并检验其后果。

图 13.6 画出了布洛赫波 $\Psi^{(1)}$ 和 $\Psi^{(2)}$,以及束 Φ_0 和 Φ_g。图中两个束的波峰在原子柱的水平位置上相交,其相长干涉形成布洛赫波 1,即 $\Psi^{(1)}$(在图的顶部做了标记)。两个束 Φ_0 和 Φ_g 沿各自的波矢方向以同样的速度前进。根据图 13.6 的对称性,它们的峰交叉的水平位置保持不变。随时间的增加,源自两束的整个波图样在图中直接向下平移。因此布洛赫波 1 维持它的波峰在原子柱体上,即布洛赫波 1 不会把振幅移动到间隙区,间隙区保存着布洛赫波 2 的峰。

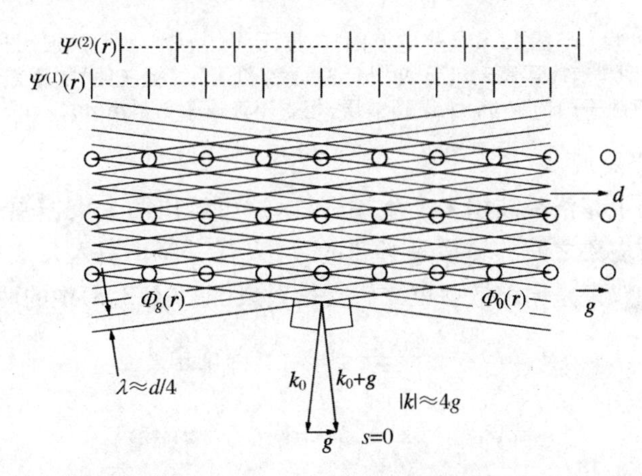

图 13.6　$\Phi_0(\boldsymbol{r})$和 $\Phi_g(\boldsymbol{r})$在 $\boldsymbol{g}=(100)$的双束条件下通过一晶体。其波长近似为原子间距离的 1/4。两个波周期地水平匹配在原子位置。布洛赫波 $\Psi^{(1)}(\boldsymbol{r})$和 $\Psi^{(2)}(\boldsymbol{r})$的峰分别在原子柱或间隙中。图中只画出 $\Psi^{(1)}(\boldsymbol{r})$。随时间的增加,两束波前下移进入或离开原子位置,布洛赫波峰留在同样水平位置

图 13.7(b)画出了布洛赫波 2,即 $\Psi^{(2)}$,在它的左面是 $\Psi^{(1)}$ 的简化图(原图见图 13.6)。随时间的增加,图 13.7(a)和(b)中的波图样直接向下移动。这里的一个重点是:它们的速度略有差异。此时,$\Psi^{(1)}$ 和 $\Psi^{(2)}$ 的垂直次序经过样品厚度发生了改变。图 13.7(c)显示了晶体顶的情况。这里的波图样表现出向前束波峰的相长干涉——灰线或黑线一起对 Φ_0 重合。另一方面,Φ_g 的峰相距$\lambda/2$,因此相消。(显然,样品的最顶处的衍射束不期望有此效应)。布洛赫波 1($\Psi^{(1)}$)的移动速度略高于 $\Psi^{(2)}$。晶体较深处的情况见图 13.7(d)。(又一次,图中波图样只在垂直方向变化)。此时相距 $\lambda/2$ 的波峰应用于 Φ_0,后者由灰线和黑线的相消干涉而消失,而

Φ_g 变强。随着布洛赫波1继续超过布洛赫波2,图13.7(c)的情况重新出现在深度 $2\pi\xi_g$ 处。这个过程在晶体更深处不断重复。

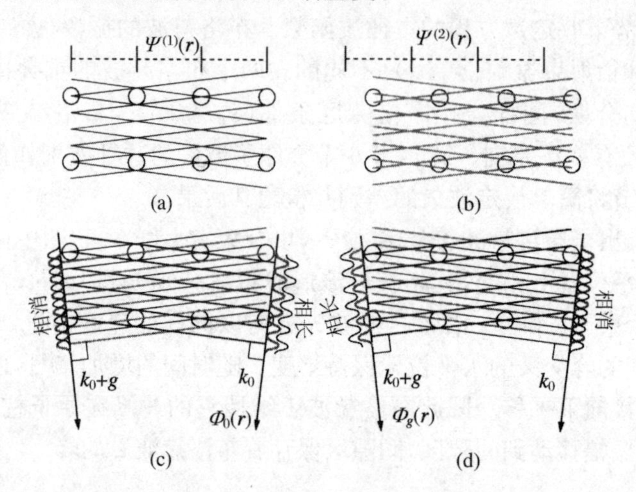

图13.7　(a) 与图13.6同样的波图样,显示 $\Psi^{(1)}$;(b) $\Psi^{(2)}$ 的波图样相对(a)的波图样有水平移动;(c) $\Psi^{(1)}$(细黑线)和 $\Psi^{(2)}$(粗灰线)的覆盖层,相长干涉仅限于向前束 Φ_0;(d) 覆盖层,相长干涉属于衍射束 Φ_g

2. 束和布洛赫波

至少需要两个布洛赫波用来产生拍图样,这可给出两个束振幅。本章进行束表象和布洛赫波表象之间的转换是必要的,可以暂时停止引入公式和记号。双束动力学理论内的双束是向前散射束或一支衍射束(即式(13.5)中的两项):

$$\Phi_0(\boldsymbol{r}) = \frac{\phi_0(z)}{\sqrt{V}}\mathrm{e}^{\mathrm{i}\boldsymbol{k}_0\cdot\boldsymbol{r}}\quad(向前束)\tag{13.62}$$

$$\Phi_g(\boldsymbol{r}) = \frac{\phi_g(z)}{\sqrt{V}}\mathrm{e}^{\mathrm{i}(\boldsymbol{k}_0+\boldsymbol{g})\cdot\boldsymbol{r}}\quad(衍射束)\tag{13.63}$$

这里的波正交归一化于晶体体积 V。两个布洛赫波是

$$\Psi^{(1)}(\boldsymbol{r}) = \frac{\psi^{(1)}}{\sqrt{V}}\mathrm{e}^{\mathrm{i}\boldsymbol{k}^{(1)}\cdot\boldsymbol{r}} = \frac{\psi^{(1)}}{\sqrt{V}}\mathrm{e}^{\mathrm{i}(\boldsymbol{k}+\gamma^{(1)}\hat{z})\cdot\boldsymbol{r}}\quad(布洛赫波1)\tag{13.64}$$

$$\Psi^{(2)}(\boldsymbol{r}) = \frac{\psi^{(2)}}{\sqrt{V}}\mathrm{e}^{\mathrm{i}\boldsymbol{k}^{(2)}\cdot\boldsymbol{r}} = \frac{\psi^{(2)}}{\sqrt{V}}\mathrm{e}^{\mathrm{i}(\boldsymbol{k}+\gamma^{(2)}\hat{z})\cdot\boldsymbol{r}}\quad(布洛赫波2)\tag{13.65}$$

这里我们已经从13.4.3小节期望下面的重要结果,即波矢 $\boldsymbol{k}^{(1)}$ 和 $\boldsymbol{k}^{(2)}$ 与平均 $\boldsymbol{k}$ 略有差异:

$$\boldsymbol{k}^{(1)} = \boldsymbol{k} + \gamma^{(1)}\hat{z},\quad \boldsymbol{k}^{(2)} = \boldsymbol{k} + \gamma^{(2)}\hat{z}\tag{13.66}$$

在图13.7顶部显示的 $\Psi(\boldsymbol{r})$ 的水平变化可以被包括在 Ψ 和 $\boldsymbol{k}$ 内,但是我们目前的兴趣是 Ψ 随 z 的变化。布洛赫波振幅式(13.64)和式(13.65)的 $\psi^{(1)}$ 和 $\psi^{(2)}$ 在样品中是常数,这是布洛赫波表象有效性的关键。如13.3节所述:当样品中有周期势时,振幅 $\phi_0(z)$ 和 $\phi_g(z)$ 随深度变化。如电子是单束或单布洛赫波,这些常数

的模量为1,此时式(13.62)～式(13.65)的归一化保证 $\Psi^*\Psi$ 和 $\Phi^*\Phi$ 在对体积 V 的积分等于1。

双束动力学理论设定双束或双布洛赫波是波函数的一个完整基的集合。所以我们构建双束式(13.62)和式(13.63)作为双布洛赫波式(13.64)和式(13.65)的一般和,并且利用常数权重系数如下:

$$\Phi_0(\boldsymbol{r}) = C_0^{(1)}\Psi^{(1)}(\boldsymbol{r}) + C_0^{(2)}\Psi^{(2)}(\boldsymbol{r}) \tag{13.67}$$

$$\Phi_g(\boldsymbol{r}) = C_g^{(1)}\Psi^{(1)}(\boldsymbol{r})\mathrm{e}^{\mathrm{i}\boldsymbol{g}\cdot\boldsymbol{r}} + C_g^{(2)}\Psi^{(2)}(\boldsymbol{r})\mathrm{e}^{\mathrm{i}\boldsymbol{g}\cdot\boldsymbol{r}} \tag{13.68}$$

这里,衍射束的波矢和向前束的波矢相差 $\boldsymbol{g}$。

3. 归一化

由于两支束具有不同的波矢 $\boldsymbol{k}_0$ 和 $\boldsymbol{k}_0+\boldsymbol{g}$,我们发现对它们按大晶体的体积进行积分时它们是正交归一的。具有波矢 $\boldsymbol{k}^{(1)}$ 和 $\boldsymbol{k}^{(2)}$ 的两个布洛赫波也是正交归一的。因为这是 $C_g^{(1)}\Psi^{(1)}$ 的乘积,它会影响式(13.68)中 $\Phi_g(\boldsymbol{r})$ 的归一化,例如我们可以从一些常数中选择。常规可以设

$$|C_0^{(1)}|^2 + |C_0^{(2)}|^2 = 1,\quad |C_g^{(1)}|^2 + |C_g^{(2)}|^2 = 1 \tag{13.69}$$

因为这些归一化允许单束态,当式(13.64)和式(13.65)的 $\Psi^{(1)}(\boldsymbol{r})$ 和 $\Psi^{(2)}(\boldsymbol{r})$ 为一个电子提供有关态时,式(13.62)和式(13.63)的 $\Phi_0(\boldsymbol{r})$ 和 $\Phi_g(\boldsymbol{r})$ 包含一个电子。以后,当具有特定的形式的系数 $\{C\}$ 时,我们保证

$$|C_0^{(1)}|^2 + |C_g^{(1)}|^2 = 1,\quad |C_0^{(1)}|^2 + |C_g^{(2)}|^2 = 1 \tag{13.70}$$

将式(13.62)、式(13.64)、式(13.65)代入(13.67)以及将式(13.63)、式(13.64)、式(13.65)代入式(13.68),得

$$\frac{1}{\sqrt{V}}\phi_0(z)\mathrm{e}^{\mathrm{i}\boldsymbol{k}_0\cdot\boldsymbol{r}} = \frac{1}{\sqrt{V}}\left[C_0^{(1)}\psi^{(1)}\mathrm{e}^{+\mathrm{i}(\boldsymbol{k}+\gamma^{(1)}\hat{z})\cdot\boldsymbol{r}} + C_0^{(0)}\psi^{(2)}\mathrm{e}^{\mathrm{i}(\boldsymbol{k}+r^{(2)}\hat{z}\cdot\boldsymbol{r}}\right] \tag{13.71}$$

$$\frac{1}{\sqrt{V}}\phi_g(z)\mathrm{e}^{\mathrm{i}(\boldsymbol{k}_0+\boldsymbol{g})\cdot\boldsymbol{r}} = \frac{1}{\sqrt{V}}\left[C_g^{(1)}\psi^{(1)}\mathrm{e}^{\mathrm{i}(\boldsymbol{k}+\boldsymbol{g}+\gamma^{(1)}\hat{z})\cdot\boldsymbol{r}} + C_g^{(2)}\psi^{(2)}\mathrm{e}^{\mathrm{i}(\boldsymbol{k}+\boldsymbol{g}+\gamma^{(2)}\hat{z})\cdot\boldsymbol{r}}\right] \tag{13.72}$$

式(13.71)被 $(1/\sqrt{V})\exp(\mathrm{i}\boldsymbol{k}\cdot\boldsymbol{r})$ 除,式(13.72)被 $(1/\sqrt{V})\exp(\mathrm{i}(\boldsymbol{k}+\boldsymbol{g})\cdot\boldsymbol{r})$ 除以后,得到

$$\mathrm{e}^{\mathrm{i}(\boldsymbol{k}_0-\boldsymbol{k})\cdot\boldsymbol{r}}\phi_0(z) = C_0^{(1)}\psi^{(1)}\mathrm{e}^{+\mathrm{i}\gamma^{(1)}z} + C_0^{(2)}\psi^{(2)}\mathrm{e}^{+\mathrm{i}\gamma^{(2)}z} \tag{13.73}$$

$$\mathrm{e}^{\mathrm{i}(\boldsymbol{k}_0-\boldsymbol{k})\cdot\boldsymbol{r}}\phi_g(z) = C_g^{(1)}\psi^{(1)}\mathrm{e}^{+\mathrm{i}\gamma^{(1)}z} + C_g^{(2)}\psi^{(2)}\mathrm{e}^{+\mathrm{i}\gamma^{(2)}z} \tag{13.74}$$

这里,z 是沿着样品深度的 $\boldsymbol{r}$ 的分量①。布洛赫波和衍射束之间的关系,以及式(13.73)和式(13.74),可以用矩阵记号方便地表达为

$$\begin{bmatrix}\phi_0(z)\\ \phi_g(z)\end{bmatrix} = \begin{bmatrix}C_0^{(1)} & C_0^{(2)}\\ C_g^{(1)} & C_g^{(2)}\end{bmatrix}\begin{bmatrix}\mathrm{e}^{\mathrm{i}\gamma(1)} & 0\\ 0 & \mathrm{e}^{\mathrm{i}\gamma(2)}\end{bmatrix}\begin{bmatrix}\psi^{(1)}\\ \psi^{(2)}\end{bmatrix} \tag{13.75}$$

---

① 式(13.73)和式(13.74)左边的相位因子 $\mathrm{e}^{\mathrm{i}(\boldsymbol{k}_0-\boldsymbol{k})\cdot\boldsymbol{r}}$ 提供了垂直 $\hat{z}$ 轴的振幅调制,如图13.6和图13.7的顶部所示。这些水平调制波峰对设定布洛赫波函数的精确能量是重要的(13.4.3小节)。但是目前我们在寻找束的 z 关系时可以忽略它们。

上式的简化形式是

$$\underline{\boldsymbol{\phi}} = \underline{C}\begin{bmatrix} e^{i\gamma(1)z} & 0 \\ 0 & e^{i\gamma(2)z} \end{bmatrix}\underline{\boldsymbol{\psi}} \tag{13.76}$$

在式(13.76)的两边乘上下面的反转矩阵,可以直接反转以上关系:

$$\underline{\boldsymbol{\psi}} = \begin{bmatrix} e^{-i\gamma(1)z} & 0 \\ 0 & e^{-i\gamma(2)z} \end{bmatrix}\underline{\boldsymbol{C}}^{-1}\,\underline{\boldsymbol{\phi}} \tag{13.77}$$

布洛赫波的振幅形成矢量$\underline{\boldsymbol{\psi}}$,衍射束的振幅形成矢量$\underline{\boldsymbol{\phi}}$。两者中的任何一个都可以用来表示通过固体的高能电子的波函数。一般的规则是:电子的传播最容易被处理成$\underline{\boldsymbol{\phi}}$ 表象,因为布洛赫波在整个晶体中具有恒定的振幅。另一方面,电子与晶体缺陷的交互作用最好处理成与$\underline{\boldsymbol{\phi}}$ 有关,因为束波矢的不同方便于和可变的原子位置协调。衍射束在确定顶表面(全在向前束中)和底表面(需要转送束通过真空到达观察屏)的电子波函数的状态时也是需要的。从布洛赫波表象到束表象的转变按式(13.76)或式(13.77)进行。在式(13.75)～式(13.77)中通过衍射误差 s_g 选出系数$\{C\}$的特定数值,如 13.5 节的式(13.140)和式(13.141)所示。

3. 拍的数学分析

现在说明两个布洛赫波的波矢之间的小差别,即 $\gamma^{(1)} - \gamma^{(2)}$,将产生沿 $\hat{z}$ 轴的空间拍。拍图样是束之间的振幅变化。这些拍的强度有一个 $2\pi/(\gamma^{(1)} - \gamma^{(2)})$的空间周期。为了简单起见,考虑 $C_0^{(1)}\psi^{(1)} = C_g^{(1)}\psi^{(1)} = C_0^{(2)}\psi^{(2)} = 1/2$,以及 $C_g^{(2)}\psi^{(2)} = -1/2$ 时高度对称的特殊场合。这个特殊场合可以转化成 $s_g = 0$。将上述条件代入式(13.75),得

$$\phi_0(z) = \frac{1}{2}(e^{i\gamma^{(1)}z} + e^{i\gamma^{(2)}z}) \tag{13.78}$$

$$\phi_g(z) = \frac{1}{2}(e^{i\gamma^{(1)}z} - e^{i\gamma^{(2)}z}) \tag{13.79}$$

注意这个特殊场合的对称性是:两个布洛赫波同样出现在两支束之中,虽然有一个符号差别(相位差别)。在括号内提出一个对称相位因子后可清楚地看出其深度依赖性:

$$\phi_0(z) = \frac{1}{2}[e^{+i(\gamma^{(1)}+\gamma^{(2)})z/2}][e^{+i(\gamma^{(1)}-\gamma^{(2)})z/2} + e^{-i(\gamma^{(1)}-\gamma^{(2)})z/2}] \tag{13.78}$$

$$\phi_g(z) = \frac{1}{2}[e^{+i(\gamma^{(1)}+\gamma^{(2)})z/2}][e^{+i(\gamma^{(1)}-\gamma^{(2)})z/2} - e^{-i(\gamma^{(1)}-\gamma^{(2)})z/2}] \tag{13.81}$$

$$\phi_0(z) = [e^{+i(\gamma^{(1)}+\gamma^{(2)})z/2}]\cos\left(\frac{\gamma^{(1)} - \gamma^{(2)}}{2}z\right) \tag{13.82}$$

$$\phi_g(z) = [e^{+i(\gamma^{(1)}+\gamma^{(2)})z/2}]i\sin\left(\frac{\gamma^{(1)} - \gamma^{(2)}}{2}z\right) \tag{13.83}$$

后面将看到对于这个 $s_g = 0$ 的特殊场合,$\gamma^{(1)} = -\gamma^{(2)}$,所以方括号中的相位因子等于 1。即使不是这样,向前束和衍射束的强度仍是

$$|\phi_0|^2 = \cos^2\left(\frac{\gamma^{(1)} - \gamma^{(2)}}{2} z\right) \tag{13.84}$$

$$|\phi_g|^2 = \sin^2\left(\frac{\gamma^{(1)} - \gamma^{(2)}}{2} z\right) \tag{13.85}$$

注意两个束的振幅是归一化的：

$$|\phi_0|^2 + |\phi_g|^2 = 1 \tag{13.86}$$

在晶体的最顶处($z = 0$)，式(13.82)和式(13.83)显示：所有电子的振幅在向前束中，因为 $\cos 0 = 1$。随深度的增加，两个布洛赫波改变相互间的相位关系（波矢不同引起，见式(13.76)中的相位矩阵）。这种拍效应引起向前束式(13.78)的相消干涉和衍射束式(13.79)的相长干涉。衍射束随深度增加而增长。这个衍射波的相位移动了 $\pi/2$，见式(13.83)。当深度 $z = \pi/(\gamma^{(1)} - \gamma^{(2)})$ 时，整个强度在衍射束中，但向前散射波（相位相反）随深度的增加而出现（见图 8.1 和图 13.3）。读者可以方便地证明式(13.82)和式(13.83)与图 13.3 的结果是一致的。布洛赫波的拍和束的直接传播给出相同的结果①。在量子力学中可以用不同的表象计算物理量。

13.4.2　晶体周期性和色散面

13.4.1 小节中的拍依赖于 $\boldsymbol{k}^{(1)}$ 和 $\boldsymbol{k}^{(2)}$ 的差异。在本小节中的讨论证明：当 $s_g = 0$ 时，上述差异 $\gamma^{(1)} - \gamma^{(2)}$ 源自晶体的周期性。这些自变量的基础是对称性，它们不能给出 $\boldsymbol{k}^{(1)}$ 和 $\boldsymbol{k}^{(2)}$ 的差异的真实值。在 13.4.3 小节中将计算晶体周期势引起的两个布洛赫波的能量微扰，从而得出 $\boldsymbol{k}^{(1)}$ 和 $\boldsymbol{k}^{(2)}$ 的真实差异。

从图 13.8 开始，画出一个自由电子的允许的波矢或一个恒定、均匀势场中允许的波矢。这些允许的波矢 $\boldsymbol{k}$，在空间均匀地各向同性地分布。它们的长度由电子在均匀固体中的动能 E_{kin} 决定：

$$k = \frac{\sqrt{2mE_{\text{kin}}}}{\hbar} \tag{13.87}$$

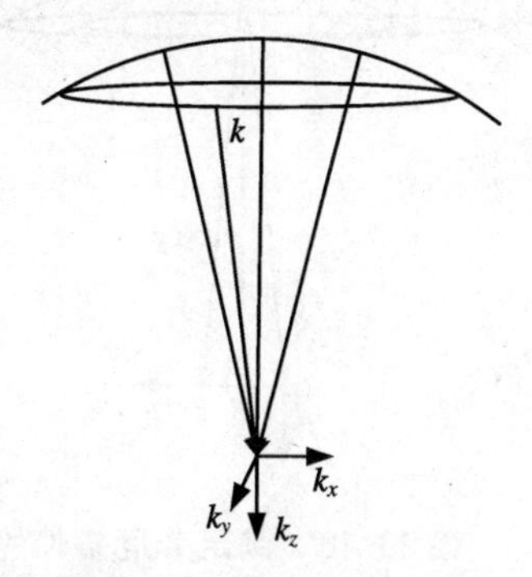

图 13.8　自由电子或恒定均匀势场中的电子被允许的波矢。这些波矢随入射束的倾斜而改变

在图 13.8 中选定倒格子的任意原点，相对此点画出允许波矢的球状轨迹。这个允许波矢确定的电子在它上面具有恒定动能的面称为色散面。

对于自由电子，等价球可以围绕 k 空间的任何其他原点画出。对自由电子，这样的色散面概念是无用的，因为它们的色散面是全部 k 空间。晶体的非均匀势破坏了 k 空间所有点的等价性。在晶体中具有同样总能量的电子具有不同的动能，依赖于它们的 k 矢量的取向和原点。

① 假如布洛赫波具有假想的 $\gamma^{(1)} = \gamma^{(2)}$，拍图样将消失。后面将看到，在周期性晶体中这样的条件不会发生。它仅仅发生在自由空间中或均匀势场中。

晶体具有平移对称性。平移电子波函数一个格子矢量 $\boldsymbol{r}_g$ 并不改变波函数观察到的势能，因此它的动能保持不变。这种任意的格子平移 $\boldsymbol{r}_g$ 移动波的相位为 $e^{i\boldsymbol{k}\cdot(\boldsymbol{r}+\boldsymbol{r}_g)}=e^{i\boldsymbol{k}\cdot\boldsymbol{r}}e^{i\boldsymbol{k}\cdot\boldsymbol{r}_g}$。在格子平移中，如果 $\boldsymbol{k}=\boldsymbol{g}$（$\boldsymbol{g}$ 是倒格子矢量），所有能量将保持不变，因为 $e^{i\boldsymbol{g}\cdot\boldsymbol{r}_g}=e^{i2\pi n}=1$（$n$ 为整数）。对于晶体，如图 13.9 所示，将它的任何倒格子点设为原点都是等价的。然而，不同于自由空间，晶体中只有较少的位置可以设定为倒格子原点。

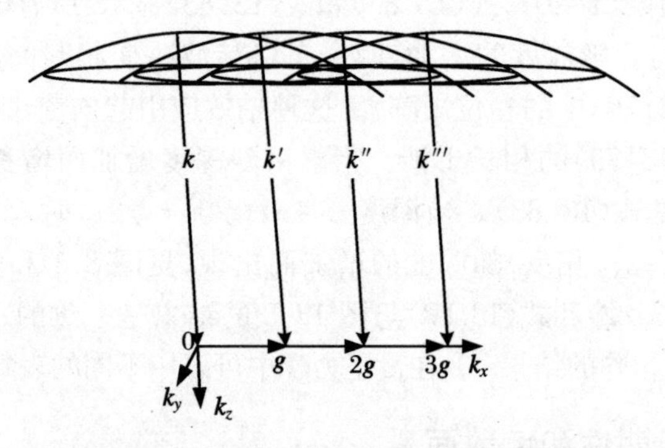

图 13.9　在弱周期势中具有恒定能量的近自由电子（位于 k 空间的等价点）的允许波矢。图中画出了四个等价的波矢。四点的色散面不一定是球状，但由于晶体的平移对称性色散面的形状相同

现在考虑双束动力学理论利用的两个波矢。如图 13.10 所示，两个不同的波矢 $\boldsymbol{k}_0$ 和 $\boldsymbol{k}_0+\boldsymbol{g}$ 具有同样的能量[①]。作图 13.10 时由于选择了高对称性，晶体中的动能必须相同（设定晶体势在 $\pm x$ 具有反演中心）。如果 $\boldsymbol{k}_0$ 是向前波的波矢，劳厄条件当然满足这两个波矢 $\boldsymbol{k}_0$ 和 $\boldsymbol{k}_0+\boldsymbol{g}$ 的关系，即 $\Delta\boldsymbol{k}=(\boldsymbol{k}_0+\boldsymbol{g})-\boldsymbol{k}_0=\boldsymbol{g}$，这是一个倒格子矢量。

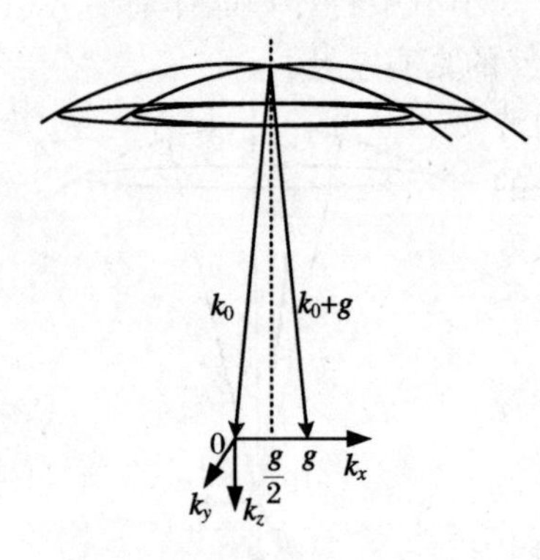

图 13.10　满足劳厄条件的波矢 $\boldsymbol{k}_0$ 和 $\boldsymbol{k}_0+\boldsymbol{g}$

图 13.10 的波矢定义了两个束：向前束和衍射束。它们可以用于严格劳厄条件（$s_g=0$）下的双束动力学理论。下面我们给出能产生这双束的两个布洛赫波。由于严格劳厄条件的高对称性，我们可以正确地猜想每个布洛赫波由权重相同的向前束和衍射束组成：

$$\Psi^{(1)}(\boldsymbol{r})=\frac{1}{\sqrt{2V}}\left[e^{i\boldsymbol{k}_0\cdot\boldsymbol{r}}+e^{i(\boldsymbol{k}_0+\boldsymbol{g})\cdot\boldsymbol{r}}\right]\quad(s=0)\qquad(13.88)$$

$$\Psi^{(2)}(\boldsymbol{r})=\frac{1}{\sqrt{2V}}\left[e^{i\boldsymbol{k}_0\cdot\boldsymbol{r}}-e^{i(\boldsymbol{k}_0+\boldsymbol{g})\cdot\boldsymbol{r}}\right]\quad(s=0)\qquad(13.89)$$

① 读者可以比较图 13.10 和图 6.20 的埃瓦尔德球的构建。

式(13.88)和式(13.89)中的两个束权重相同,这和13.3节中我们的观察是一致的。在那里我们得出,当 $s_g=0$ 时,在一定深度,电子波函数可以描述为一个纯向前束或一个纯衍射束。每一个布洛赫波是一个具有随样品深度不变的恒定振幅的电子态,因此必然由向前束和衍射束两者相等的贡献组成。式(13.89)中的负号保证 $\Psi^{(1)}(\boldsymbol{r})$ 和 $\Psi^{(2)}(\boldsymbol{r})$ 的正交性。

为了更清楚看到 $\Psi^{(1)}(\boldsymbol{r})$ 的空间形式,把它写成更对称的形式,其技巧对式(13.80)中的束用过:

$$\Psi^{(1)}(\boldsymbol{r}) = \frac{1}{\sqrt{2V}}\left[\mathrm{e}^{-\mathrm{i}(\boldsymbol{g}/2)\cdot\boldsymbol{r}}\mathrm{e}^{\mathrm{i}(\boldsymbol{k}_0+\boldsymbol{g}/2)\cdot\boldsymbol{r}} + \mathrm{e}^{+\mathrm{i}(\boldsymbol{g}/2)\cdot\boldsymbol{r}}\mathrm{e}^{\mathrm{i}(\boldsymbol{k}_0+\boldsymbol{g}/2)\cdot\boldsymbol{r}}\right] \tag{13.90}$$

$$\Psi^{(1)}(\boldsymbol{r}) = \frac{2}{\sqrt{2V}}\cos(\boldsymbol{g}\cdot\boldsymbol{r}/2)\mathrm{e}^{\mathrm{i}(\boldsymbol{k}_0+\boldsymbol{g}/2)\cdot\boldsymbol{r}} \tag{13.91}$$

得到的布洛赫波1的电子密度:

$$\Psi^{(1)*}(\boldsymbol{r})\Psi^{(1)}(\boldsymbol{r}) = \frac{4}{2V}\cos^2(\boldsymbol{g}\cdot\boldsymbol{r}/2)\mathrm{e}^{-\mathrm{i}(\boldsymbol{k}_0+\boldsymbol{g}/2)\cdot\boldsymbol{r}}\mathrm{e}^{\mathrm{i}(\boldsymbol{k}_0+\boldsymbol{g}/2)\cdot\boldsymbol{r}} \tag{13.92}$$

$$\Psi^{(1)*}(\boldsymbol{r})\Psi^{(1)}(\boldsymbol{r}) = \frac{1}{V}[1+\cos(\boldsymbol{g}\cdot\boldsymbol{r})] \quad (s=0) \tag{13.93}$$

这里,最后一步利用了三角等式 $\cos^2\theta=(1+\cos 2\theta)/2$。类似地,对布洛赫波2利用 $\sin^2\theta=(1-\cos 2\theta)/2$,得

$$\Psi^{(2)}(\boldsymbol{r}) = -\mathrm{i}\frac{2}{\sqrt{2V}}\sin(\boldsymbol{g}\cdot\boldsymbol{r}/2)\mathrm{e}^{\mathrm{i}(\boldsymbol{k}_0+\boldsymbol{g}/2)\cdot\boldsymbol{r}} \tag{13.94}$$

$$\Psi^{(2)*}(\boldsymbol{r})\psi^{(2)}(\boldsymbol{r}) = \frac{1}{V}[1-\cos(\boldsymbol{g}\cdot\boldsymbol{r})] \quad (s=0) \tag{13.95}$$

布洛赫波函数(13.91)和(13.94)在它们的复指数函数中具有同样的周期性,但它们的相位差异分别为 $\cos(\boldsymbol{g}\cdot\boldsymbol{r}/2)$ 和 $-\mathrm{i}\sin(\boldsymbol{g}\cdot\boldsymbol{r}/2)$。因此两个布洛赫波的强度是式(13.93)和式(13.95),即两者的极大值相互位移的距离是 $r=\pi/g=a_0\pi/(2\pi)=a_0/2$。它是晶体平面间距离的一半。这个位移还可以在图13.7(a)和(b)上看到。电子密度极大值如此小的位移对自由空间或均匀势中的电子能量没有影响。但是电子密度位移晶面间距离的一半在晶体中是重要的,因为最密的电子面位于原子顶或在原子顶之间。

通过量子力学微扰理论,可以计算出的能量的精度比波函数高一个量级。在13.4.3小节中将计算晶体中这些布洛赫波势能的修正值①。这两个布洛赫波函数在原子芯有不同的电荷密度,因而在晶体中有不同的势能。由于它们具有相同的

① 我们在构建布洛赫波式(13.88)、式(13.89)或式(13.91)、式(13.94)时只利用了对称性知识。布洛赫波具有晶体点阵的周期性。这是一个严格的结果,并且是 $\Phi_0(\boldsymbol{r})$ 束和 $\Phi_g(\boldsymbol{r})$ 束线性组合的稳固结果。这里有一个隐藏的假设:$\Phi_0(\boldsymbol{r})$ 和 $\Phi_g(\boldsymbol{r})$ 的相位差是 ±1,而不是带有任意 δ 值的 $\exp(\mathrm{i}\delta)$。解决这个问题的正式途径是找出周期势中薛定谔方程的本征函数。我们将在13.4.4小节中利用一阶退化微扰理论进行讨论。在固体物理中用同样方法计算了近自由电子的能隙。

总能量(如 200.000 keV),于是对它们的动能有互补的修正,从而改变布洛赫态的 k 矢量。具有轻微差别波矢的布洛赫态将产生拍,即向前束和衍射束的振幅调制。

13.4.3 周期势中布洛赫波的能量

下面通过混合自由电子的波函数构建近似的布洛赫波函数 $\Psi^{(1)}(\boldsymbol{r})$ 和 $\Psi^{(2)}(\boldsymbol{r})$。根据严格劳厄条件($s=0$)的对称性,向前束和衍射束给布洛赫波提供了同样的振幅。虽然这些波函数在均匀势中具有相等的势能,但是必须找出它们在晶体中势能的修正值 $\delta U^{(1)}$ 和 $\delta U^{(2)}$。已经得出平均势场 U_{00} 对固体中的电子波矢量 $\boldsymbol{k}$(式(13.2))的影响。下面用标准的量子力学的规定从式(13.4)计算出 $V(\boldsymbol{r})$ 的周期部分的效应:

$$\delta U^{(1)} = \int_V \Psi^{(1)*}(\boldsymbol{r})V'(\boldsymbol{r})\Psi^{(1)}(\boldsymbol{r})\mathrm{d}^3\boldsymbol{r} \tag{13.96}$$

$$\delta U^{(1)} = \int_V \Psi^{(1)*}(\boldsymbol{r})\Psi^{(1)}(\boldsymbol{r})\sum_{\boldsymbol{g}'\neq\boldsymbol{0}} U_{g'}\mathrm{e}^{\mathrm{i}\boldsymbol{g}'\cdot\boldsymbol{r}}\mathrm{d}^3\boldsymbol{r} \tag{13.97}$$

用式(13.93)的电子密度 $\Psi^{(1)*}(\boldsymbol{r})\Psi^{(1)}(\boldsymbol{r})$,得

$$\delta U^{(1)} = \int_V \frac{1}{V}[1+\cos(\boldsymbol{g}\cdot\boldsymbol{r})]\sum_{\boldsymbol{g}'\neq\boldsymbol{0}} U_{g'}\mathrm{e}^{\mathrm{i}\boldsymbol{g}'\cdot\boldsymbol{r}}\mathrm{d}^3\boldsymbol{r} \tag{13.98}$$

$$\delta U^{(1)} = \frac{1}{V}\sum_{\boldsymbol{g}'\neq\boldsymbol{0}} U_{g'}\int_V[1+\cos(\boldsymbol{g}\cdot\boldsymbol{r})]\mathrm{e}^{\mathrm{i}\boldsymbol{g}'\cdot\boldsymbol{r}}\mathrm{d}^3\boldsymbol{r} \tag{13.99}$$

按照正交性,当积分在一个大的体积中进行时,振荡行为导致式(13.99)中的积分消失,除非 $\boldsymbol{g}=\boldsymbol{g}'$,或 $\boldsymbol{g}=-\boldsymbol{g}'$。我们把指数函数写成 $\cos(\boldsymbol{g}'\cdot\boldsymbol{r})+\mathrm{i}\sin(\boldsymbol{g}'\cdot\boldsymbol{r})$就能看出:

$$\begin{aligned}\delta U^{(1)} = \frac{1}{V}\sum_{\boldsymbol{g}'\neq\boldsymbol{0}} U_{g'}\int_V[&\cos(\boldsymbol{g}'\cdot\boldsymbol{r})+\mathrm{i}\sin(\boldsymbol{g}'\cdot\boldsymbol{r})+\cos(\boldsymbol{g}\cdot\boldsymbol{r})\cos(\boldsymbol{g}'\cdot\boldsymbol{r})\\ &+\mathrm{i}\cos(\boldsymbol{g}\cdot\boldsymbol{r})\sin(\boldsymbol{g}'\cdot\boldsymbol{r})]\mathrm{d}^3\boldsymbol{r}\end{aligned} \tag{13.100}$$

对于所有 $\boldsymbol{g}'\neq\boldsymbol{0}$,上式积分号内括号中的第一、二、四项消失。第三项中有两项($\boldsymbol{g}=\boldsymbol{g}'$和 $\boldsymbol{g}=-\boldsymbol{g}'$)的 $L/2$ 势能的周期部分的非零贡献,这里的 L 是晶体沿 $\boldsymbol{g}$ 方向的尺寸。距离乘上垂直它的面积等于晶体的体积 V。此时对于 $\Psi^{(1)}(\boldsymbol{r})$势能的周期部分的平均值是

$$\delta U^{(1)} = \frac{1}{2}(U_g + U_{-g}) \tag{13.101}$$

利用一个平行的自变量可以证明:对于 $\Psi^{(2)}(\boldsymbol{r})$势能的周期部分的平均值是

$$\delta U^{(2)} = -\frac{1}{2}(U_g + U_{-g}) \tag{13.102}$$

傅里叶系数 U_g是负的,所以式(13.101)显示出 $\Psi^{(1)}(\boldsymbol{r})$具有一个比单独从 U_{00}得出的更负的势能。式(13.102)显示 $\Psi^{(2)}(\boldsymbol{r})$有一个更正的势能。我们可以通过画出电子概率密度图来理解为何两个布洛赫波具有相反的符号。图 13.11 分

别画出 $\Psi^{(1)*}(\boldsymbol{r})\Psi^{(1)}(\boldsymbol{r})$，$\Psi^{(2)*}(\boldsymbol{r})\Psi^{(2)}(\boldsymbol{r})$，$V(\boldsymbol{r})$，即式(13.93)、式(13.95)、式(13.4)。注意 $\Psi^{(1)}(\boldsymbol{r})$的电子密度的峰位于带正电的原子芯上，降低了布洛赫波 1 的势能。$\Psi^{(2)}(\boldsymbol{r})$的电子密度集中在正电芯之间的间隙区，并且作为均匀的电子密度在能量上是不利的。这种电子密度在离子芯内和芯外的分布产生三项重要后果。

· 由于总能量守恒(例如电子具有 200.000 keV 能量)，布洛赫波 1 的波矢必须大于布洛赫波 2 的波矢。在束中出现拍和耦合摆。

· 由于布洛赫波 1 有更多振幅在原子芯，它更可能被与原子电子相关的非相干过程散射，即被“吸收”。

· 在用 EDS 和 EELS 进行化学分析时，信号可以被原子，特别是原子柱体加强，方法是控制样品的倾斜，使一个布洛赫波超过另一个布洛赫波。

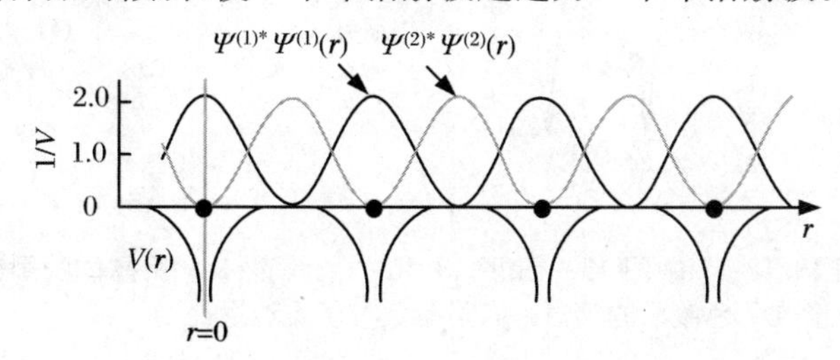

图 13.11　式(13.93)和式(13.95)的两种布洛赫波的电子概率图，显示了其相对于离子芯势的电子密度

下面讨论第一个结果：用来计算用于式(13.64)和式(13.66)中的 $\gamma^{(1)}$。通过 $\Psi^{(1)}(\boldsymbol{r})$的总能量守恒，得(见式(13.2)和式(13.44))

$$\frac{\hbar^2}{2m}[(k+\gamma^{(1)})^2-k^2]=-U_g \tag{13.103}$$

$$\frac{\hbar^2}{2m}(k^2+2k\gamma^{(1)}+\gamma^{(1)2}-k^2)=-U_g \tag{13.104}$$

由于 $\gamma^{(1)}\ll k$，式(13.104)可以简化给出

$$\gamma^{(1)}=-\frac{m}{\hbar^2 k}U_g=\frac{1}{2\xi_g} \tag{13.105}$$

这里，最后的等式使用了消光距离的定义式(13.18)。类似地，从式(13.102)得

$$\gamma^{(2)}=\frac{m}{\hbar^2 k}U_g=-\frac{1}{2\xi_g} \tag{13.106}$$

γ 的方向必须沿 $\hat{\boldsymbol{z}}$ 轴，因为 γ 的任一分量沿 $\hat{\boldsymbol{x}}$ 轴或 $\hat{\boldsymbol{y}}$ 轴将破坏布洛赫波和点阵的相位登记程序(图 13.11)，于是从式(13.91)、式(13.94)、式(13.105)，得出的两个布洛赫波变为

$$\Psi^{(1)}(\boldsymbol{r})=\frac{2}{\sqrt{2V}}\cos(\boldsymbol{g}\cdot\boldsymbol{r}/2)\mathrm{e}^{+\mathrm{i}(\boldsymbol{k}_0+\boldsymbol{g}/2+\gamma^{(1)}\hat{z})\cdot\boldsymbol{r}}\quad(s=0) \tag{13.107}$$

$$\Psi^{(2)}(\boldsymbol{r}) = \mathrm{i}\frac{2}{\sqrt{2V}}\sin(\boldsymbol{g}\cdot\boldsymbol{r}/2)\mathrm{e}^{+\mathrm{i}(\boldsymbol{k}_0+\boldsymbol{g}/2+\gamma^{(2)}\hat{z})\cdot\boldsymbol{r}} \quad (s=0) \tag{13.108}$$

沿布洛赫波函数 $\Psi^{(1)}(\boldsymbol{r})$和 $\Psi^{(2)}(\boldsymbol{r})$的 z 方向的拍图样分别是 $\cos[(\gamma^{(1)}-\gamma^{(2)})z/2]$ 和 $\mathrm{i}\sin[(\gamma^{(1)}-\gamma^{(2)})z/2]$（由式(13.82)和式(13.83)得出）。方程(13.105)包含13.3节内用于直接束传播的相同的消光距离（比较式(13.56)、式(13.57)和式(13.82)、式(13.83)）。因此布洛赫波方法通过的深度行为和图13.3上画的是一样的。

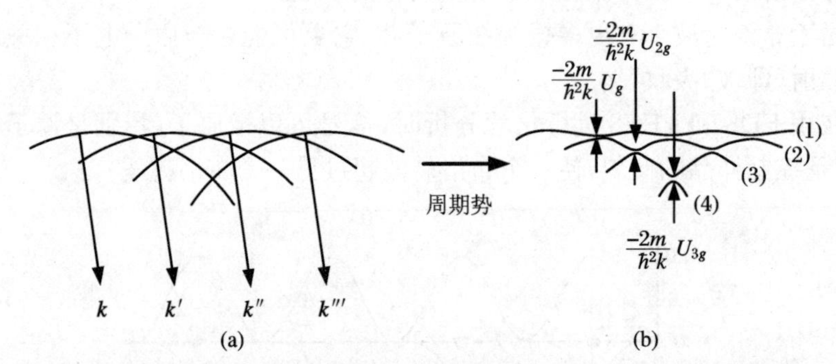

图13.12　(a) 图13.9和图13.10的色散面；(b) 用晶体的周期势修改了色散面的情形。布洛赫波位于右边远处

下面改进图13.9和图13.10中的色散面。如果那里的两个布洛赫波具有不同值的波矢，就不会是相当正确的。在劳厄条件（$s=0$）下，如图13.10所示，式(13.105)～式(13.108)表明，两个布洛赫波 $\psi^{(1)}(\boldsymbol{r})$和 $\psi^{(2)}(\boldsymbol{r})$的波矢分别沿 z 方向每$(2\xi_g)^{-1}$增加或减小。远离劳厄条件时，不发生这种效应，因为晶体的周期势场失去了和布洛赫波的关联性。要改进的图13.9和图13.10上的色散面主要在 $s=0$ 附近，即自由电子球交叉处。这种改进已经画在图13.12(b)上。它表明：在劳厄条件下已没有相等的波矢，原先的交叉处色散面分裂。分裂的色散面意味着两个波矢各和一个衍射斑有关。三种类型的色散面分裂已经标记在图13.12(b)上——注意 U_{ng}和分裂的关系。在13.5节中还将进一步讨论色散面。

13.4.4　一般的双束动力学理论

1. 任意 s_g下布洛赫波的波矢

前面对布洛赫波和色散面的分析只限于最简单的场合，虽然它提供了动力学理论的精华[①]。我们假定劳厄条件（$s_g=0$）严格成立，相等振幅的向前束和一支衍射束联合起来构造式(13.88)和式(13.89)的布洛赫波。当 $s_g\neq0$ 时，图13.10的对称性受到破坏，就不能期望束之间的相等混合。为了包括非零 s_g的效应，我们回到式(13.34)继续我们的双束近似，即从式(13.34)只取两个方程（向前束和衍

① 13.4.1～13.4.3小节的所有 $s=0$ 的结果是13.4.4小节的特殊情形。

射束)：

$$\frac{\mathrm{i}}{2\xi_g}\phi_g(z) = \frac{\partial \phi_0}{\partial z} \tag{13.109}$$

$$\mathrm{i}s_g\phi_g(z) + \frac{\mathrm{i}}{2\xi_g}\phi_0(z) = \frac{\partial \phi_g}{\partial z} \tag{13.110}$$

方程(13.109)和(13.110)是带恒定系数的耦合一阶偏微分方程，并且可以约化为有独立变量 z 的二阶常微分方程。因此期望有如下形式的解：

$$\phi_0(z) = C_0^\gamma \mathrm{e}^{\mathrm{i}\gamma z} \tag{13.111}$$

$$\phi_g(z) = C_g^\gamma \mathrm{e}^{\mathrm{i}\gamma z} \tag{13.112}$$

这里，C_0^γ 是向前束的振幅，C_g^γ 是衍射束的振幅，它们是常数。将式(13.111)和式(13.112)代入式(13.109)和式(13.110)，得

$$\frac{\mathrm{i}}{2\xi_g}C_g^\gamma \mathrm{e}^{\mathrm{i}\gamma z} = \mathrm{i}\gamma C_0^\gamma \mathrm{e}^{\mathrm{i}\gamma z} \tag{13.113}$$

$$\frac{\mathrm{i}}{2\xi_g}C_0^\gamma \mathrm{e}^{\mathrm{i}\gamma z} + \mathrm{i}s_g C_g^\gamma \mathrm{e}^{\mathrm{i}\gamma z} = \mathrm{i}\gamma C_g^\gamma \mathrm{e}^{\mathrm{i}\gamma z} \tag{13.114}$$

直接操作式(13.113)和式(13.114)找出 γ 和比值 C_g^γ/C_0^γ 的解。为了以后推导的方便，这里采取更正式的途径。在消去所有常数相位因子 $\mathrm{i}\mathrm{e}^{\mathrm{i}\gamma z}$ 后，把式(13.113)和式(13.114)整理成矩阵方程：

$$\begin{bmatrix} 0 & \dfrac{1}{2\xi_g} \\ \dfrac{1}{2\xi_g} & s_g \end{bmatrix} \begin{bmatrix} C_0^\gamma \\ C_g^\gamma \end{bmatrix} = \gamma \begin{bmatrix} C_0^\gamma \\ C_g^\gamma \end{bmatrix} \tag{13.115}$$

方程(13.115)是本征值问题的正则形式：本征值为 γ，本征矢量为 $\underline{\boldsymbol{C}}^\gamma$。用常规方法求解得出

$$\begin{bmatrix} -\gamma & \dfrac{1}{2\xi_g} \\ \dfrac{1}{2\xi_g} & s_g - \gamma \end{bmatrix} \begin{bmatrix} C_0^\gamma \\ C_g^\gamma \end{bmatrix} = \begin{bmatrix} 0 \\ 0 \end{bmatrix} \tag{13.116}$$

式(13.116)存在非平凡解的唯一条件是矩阵的行列式为零。由行列式为零得出久期方程为

$$\gamma^2 - \gamma s_g - \frac{1}{4\xi_g^2} = 0 \tag{13.117}$$

从 γ 的二次久期方程得出两个根：

$$\gamma^{(1)} = \frac{s_g}{2}\left[1 + \sqrt{1 + (s_g\xi_g)^{-2}}\right] \tag{13.118}$$

$$\gamma^{(2)} = \frac{s_g}{2}\left[1 - \sqrt{1 + (s_g\xi_g)^{-2}}\right] \tag{13.119}$$

式(13.84)和式(13.85)表明了束强度的长程周期性($2\pi/(\gamma^{(1)} - \gamma^{(2)})$)。方程

(13.118)和式(13.119)提供了 $\gamma^{(1)}$ 和 $\gamma^{(2)}$ 的真实值,包括 $s_g \neq 0$ 时的真实值。考虑式(13.118)和式(13.119)两个极限也是有用的。在大 s_g 极限(相当于运动学理论)下,取二次根的近似值,得到

$$\gamma^{(1)} = s_g + \frac{1}{4s_g\xi_g^2} \tag{13.120}$$

$$\gamma^{(2)} = s_g - \frac{1}{4s_g\xi_g^2} \tag{13.121}$$

$$\gamma^{(1)} - \gamma^{(2)} = \frac{1}{2s_g\xi_g^2} \quad (s_g \gg 1/\xi_g) \tag{13.122}$$

另一个极限在 $s_g = 0$(“纯”动力学理论场合,见 13.4.1～13.4.3 小节)时给出

$$\gamma^{(1)} = \frac{1}{2\xi_g} \tag{13.123}$$

$$\gamma^{(2)} = -\frac{1}{2\xi_g} \tag{13.124}$$

$$\gamma^{(1)} - \gamma^{(2)} = \frac{1}{\xi_g} \quad (s_g = 0) \tag{13.125}$$

解(13.115)的本征矢量等价于在式(13.118)和式(13.119)的两个 γ 值下分别找出各自的 C_g^γ / C_0^γ 比值。重新对式(13.113)变形,容易找出这一比值:

$$\frac{C_g^\gamma}{C_0^\gamma} = 2\gamma\xi_g \tag{13.126}$$

衍射误差 s_g 控制向前束和衍射束中的布洛赫波 $\Psi^{(1)}(\boldsymbol{r})$ 和 $\Psi^{(2)}(\boldsymbol{r})$ 的振幅。首先,把式(13.118)和式(13.119)用到式(13.126),得出

$$\frac{C_g^{(1)}}{C_0^{(1)}} = 2\xi_g\gamma^{(1)} = \xi_g s_g\left[1 + \sqrt{1 + (s_g\xi_g)^{-2}}\right] = \xi_g s_g + \sqrt{s_g^2\xi_g^2 + 1} \tag{13.127}$$

$$\frac{C_g^{(2)}}{C_0^{(2)}} = 2\xi_g\gamma^{(2)} = \xi_g s_g\left[1 - \sqrt{1 + (s_g\xi_g)^{-2}}\right] = \xi_g s_g - \sqrt{s_g^2\xi_g^2 + 1} \tag{13.128}$$

得到单独的系数 $\{C_g^{(1)}, C_0^{(1)}, C_g^{(2)}, C_0^{(2)}\}$ 就可以得出布洛赫波和衍射束(13.75)之间的相互关系。方程(13.127)和(13.128)是关键步骤,但还要和以下两步结合:① 归一化条件;② 样品顶的边界条件。这里所有强度集中在向前束内。原则上这是直截了当的,但是直接处理将导致不好用的代数操作。为了方便,看来需要引进无量纲、带有奇数形式的消光“距离”β:

$$\beta \equiv \operatorname{arccot}(s_g\xi_g) \tag{13.129}$$

$$s_g\xi_g = \cot\beta \tag{13.130}$$

将式(13.130)代入式(13.127)和式(13.128),得到

$$\frac{C_g^{(1)}}{C_0^{(1)}} = \cot\beta + \sqrt{\cot^2\beta + 1} \tag{13.131}$$

$$\frac{C_g^{(2)}}{C_0^{(2)}} = \cot\beta - \sqrt{\cot^2\beta + 1} \tag{13.132}$$

图 13.13 有助于鉴定三角等式。图 13.13(a)说明了如何简化式(13.131)和式(13.132)中的第二项：

$$\frac{C_g^{(1)}}{C_0^{(1)}} = \cot\beta + \frac{1}{\sin\beta} \tag{13.133}$$

$$\frac{C_g^{(2)}}{C_0^{(2)}} = \cot\beta - \frac{1}{\sin\beta} \tag{13.134}$$

借助于图 13.13(b)可以找到其他几何关系，如：

$$\tan(\beta/2) = \frac{1-\cos\beta}{\sin\beta} = \frac{1}{\sin\beta} - \cot\beta \tag{13.135}$$

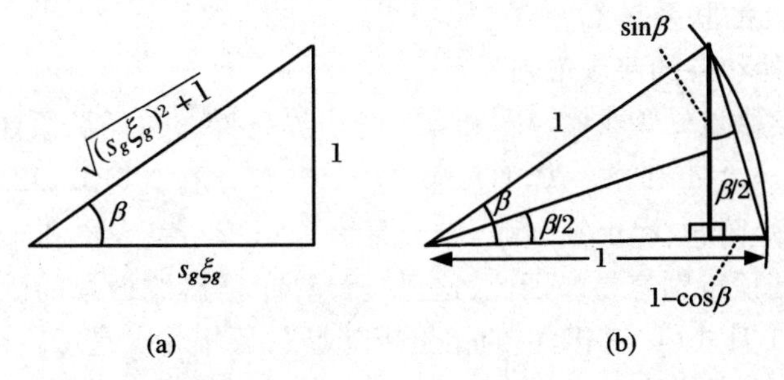

图 13.13　无量纲消光距离 β 的形式处理的两种方便的几何构图

关于 cot(β/2)下面的公式也是有用的：

$$\tan(\beta/2) = \frac{1-\cos\beta}{\sin\beta}\frac{\sin\beta}{\sin\beta} = \frac{\sin\beta(1-\cos\beta)}{1-\cos^2\beta} = \frac{\sin\beta}{1+\cos\beta} \tag{13.136}$$

$$\cot(\beta/2) = \frac{1}{\tan(\beta/2)} = \frac{1}{\sin\beta} + \cot\beta \tag{13.137}$$

比较式(13.135)、式(13.137)和式(13.133)、式(13.134)后，得到

$$\frac{C_g^{(1)}}{C_0^{(1)}} = \cot(\beta/2) \tag{13.138}$$

$$\frac{C_g^{(2)}}{C_0^{(2)}} = -\tan(\beta/2) \tag{13.139}$$

我们需要单独的系数$\{C_g^{(1)}, C_0^{(1)}, C_g^{(2)}, C_0^{(2)}\}$用来构建式(13.75)的矩阵$\underline{C}$。如式(13.70)给出的归一化条件，方程(13.138)和(13.139)对下面的分配是满足的：

$$C_0^{(1)} = \sin(\beta/2),\quad C_0^{(2)} = \cos(\beta/2) \tag{13.140}$$

$$C_g^{(1)} = \cos(\beta/2),\quad C_g^{(2)} = -\sin(\beta/2) \tag{13.141}$$

为了方便，在此重写方程(13.75)，它联系了束表象的振幅和布洛赫波表象的振幅：

$$\begin{bmatrix}\phi_0(z)\\ \phi_g(z)\end{bmatrix} = \begin{bmatrix}C_0^{(1)} & C_0^{(2)}\\ C_g^{(1)} & C_g^{(2)}\end{bmatrix}\begin{bmatrix}e_0^{i\gamma^{(1)}z} & 0\\ 0 & e_0^{i\gamma^{(2)}z}\end{bmatrix}\begin{bmatrix}\psi^{(1)}\\ \psi^{(2)}\end{bmatrix} \tag{13.142}$$

把式(13.140)、式(13.141)的系数代入式(13.142)中的矩阵$\underline{C}$，得

$$\begin{bmatrix}\phi_0(z)\\ \phi_g(z)\end{bmatrix}=\begin{bmatrix}\sin(\beta/2) & \cos(\beta/2)\\ \cos(\beta/2) & -\sin(\beta/2)\end{bmatrix}\begin{bmatrix}e^{i\gamma^{(1)}z} & 0\\ 0 & e^{i\gamma^{(2)}z}\end{bmatrix}\begin{bmatrix}\psi^{(1)}\\ \psi^{(2)}\end{bmatrix} \tag{13.143}$$

现在可以得出用于式(13.77)中的逆变换矩阵$\underline{\boldsymbol{C}}^{-1}$：

$$\begin{bmatrix}\psi^{(1)}\\ \psi^{(2)}\end{bmatrix}=\begin{bmatrix}e^{-i\gamma^{(1)}z} & 0\\ 0 & e^{-i\gamma^{(2)}z}\end{bmatrix}\begin{bmatrix}\sin(\beta/2) & \cos(\beta/2)\\ \cos(\beta/2) & -\sin(\beta/2)\end{bmatrix}\begin{bmatrix}\phi_0(z)\\ \phi_g(z)\end{bmatrix} \tag{13.144}$$

或者

$$\begin{bmatrix}\psi^{(1)}\\ \psi^{(2)}\end{bmatrix}=\begin{bmatrix}e^{-i\gamma^{(1)}z} & 0\\ 0 & e^{-i\gamma^{(2)}z}\end{bmatrix}\begin{bmatrix}C_0^{(1)} & C_g^{(1)}\\ C_0^{(2)} & C_g^{(2)}\end{bmatrix}\begin{bmatrix}\phi_0(z)\\ \phi_g(z)\end{bmatrix} \tag{13.145}$$

容易通过矩阵运算证明$\underline{\boldsymbol{C}}^{-1}\underline{\boldsymbol{C}}=\underline{\boldsymbol{I}}$。显然，$\underline{\boldsymbol{C}}^{-1}=\underline{\boldsymbol{C}}^{\mathrm{T}}$，所以$\underline{\boldsymbol{C}}^{-1}$和$\underline{\boldsymbol{C}}$是实的正交矩阵①，其组元相互的联系是$C_{ij}=C_{ji}^{-1}$。

2．边界条件和束的深度依赖关系

我们还需要一点知识求解$\psi^{(2)}$和$\psi^{(1)}$的边界条件。在样品顶处$z=0$，这里只有向前束，因此$\phi_0=1$和$\phi_g=0$，且$\exp(i\gamma^{(j)}z)=1$。在式(13.142)～式(13.145)中的相位矩阵(矩阵包含$\exp(\pm i\gamma^{(j)}z)$)是恒等矩阵。束表象和布洛赫波表象之间的转换在样品顶特别容易。因此，这里是计算布洛赫波振幅的优越位置。由于样品顶处$\Phi_0=1$且式(13.145)中的相位矩阵是$\underline{\boldsymbol{I}}$，振幅$\psi^{(1)}$是$C_0^{(1)}$。类似地，振幅$\psi^{(2)}$是$C_0^{(2)}$。布洛赫波的这些振幅在整个样品中当然保持为常数。通过无量纲β，衍射误差s_g控制样品中两个布洛赫波的振幅。

我们现在得到了向前束和衍射束及其强度的深度依赖关系的分析表达式。当我们乘以式(13.143)的矩阵时，得到关于$z=0$的下式：

$$\begin{bmatrix}1\\ 0\end{bmatrix}=\begin{bmatrix}\sin(\beta/2)\psi^{(1)}+\cos(\beta/2)\psi^{(2)}\\ \cos(\beta/2)\psi^{(1)}-\sin(\beta/2)\psi^{(2)}\end{bmatrix} \tag{13.146}$$

$\psi^{(1)}$和$\psi^{(2)}$的解是(可以代入式(13.146)进行验证)

$$\psi^{(1)}=\sin(\beta/2) \tag{13.147}$$

$$\psi^{(2)}=\cos(\beta/2) \tag{13.148}$$

这些$\psi^{(1)}$和$\psi^{(2)}$系数在整个样品中都是正确的。可以在式(13.142)中利用它们找出样品全部深度处向前束和衍射束的振幅：

$$\phi_0(z)=\sin^2(\beta/2)e^{i\gamma^{(1)}z}+\cos^2(\beta/2)e^{i\gamma^{(2)}z} \tag{13.149}$$

$$\phi_g(z)=\cos(\beta/2)\sin(\beta/2)e^{i\gamma^{(1)}z}-\sin(\beta/2)\cos(\beta/2)e^{i\gamma^{(2)}z} \tag{13.150}$$

倍角公式是

$$\sin\beta=2\sin(\beta/2)\cos(\beta/2) \tag{13.151}$$

用它来简化式(13.150)，得到

① 事实上，它们是二维旋转矩阵。在$z=0$的样品顶，正交归一的ϕ_0和ϕ_g转动$\beta/2$角，变成正交归一的$\psi^{(2)}$和$\psi^{(1)}$。

$$\phi_g(z) = \frac{1}{2}\sin\beta(e^{i\gamma^{(1)}z} - e^{i\gamma^{(2)}z}) \tag{13.152}$$

从式(13.118)、式(13.119)中 $\gamma^{(1)}$ 和 $\gamma^{(2)}$ 的定义,得到

$$\phi_g = \frac{1}{2}\sin\beta\left\{\exp\left[i\frac{s_g z}{2}(1 + \sqrt{1 + (s_g\xi_g)^{-2}}\right] - \exp\left[i\frac{s_g z}{2}(1 - \sqrt{1 + (s_g\xi_g)^{-2})}\right]\right\} \tag{13.153}$$

应用式(13.80)和式(13.90)中用过的同样技巧,取出共同的相位因子 $\exp(is_g z/2)$,从式(13.153)和式(13.149)中的指数函数项,得到

$$\phi_g = ie^{is_g z/2}\sin\beta\sin\left[\frac{s_g z}{2}\sqrt{1 + (s_g\xi_g)^{-2}}\right] \tag{13.154}$$

用同样的代数知识可以证明

$$\phi_0 = e^{is_g z/2}\left\{\cos\left[\frac{s_g z}{2}\sqrt{1 + (s_g\xi_g)^{-2}}\right] - i\cos\beta\sin\left[\frac{s_g z}{2}\sqrt{1 + (s_g\xi_g)^{-2}}\right]\right\} \tag{13.155}$$

衍射束的强度是

$$\phi_g^*\phi_g = \sin^2\beta\sin^2\left[\frac{s_g z}{2}\sqrt{1 + (s_g\xi_g)^{-2}}\right] \tag{13.156}$$

参照图13.13(a),重写第一个正弦函数:

$$\phi_g^*\phi_g = \frac{1}{1 + s_g^2\xi_g^2}\sin^2\left[\frac{s_g z}{2}\sqrt{1 + (s_g\xi_g)^{-2}}\right] \tag{13.157}$$

3. 有效偏离参量

按顺序这是最后一个定义。把式(13.157)重写为更熟悉的形式,把"有效偏离参量"s_{eff}定义为

$$s_{\text{eff}} \equiv s_g\sqrt{1 + (s_g\xi_g)^{-2}} = \gamma^{(1)} - \gamma^{(2)} \tag{13.158}$$

此时乘积 $s_{\text{eff}}\xi_g$ 是

$$s_{\text{eff}}\xi_g = \sqrt{s_g^2\xi_g^2 + 1} \tag{13.159}$$

利用式(13.158)、式(13.159)和对体积 V 的归一化,式(13.157)的衍射束的强度 I_g 为

$$I_g = \frac{1}{V}\phi_g^*\phi_g(\boldsymbol{r}) = \frac{1}{V(s_{\text{eff}}\xi_g)^2}\sin^2(s_{\text{eff}}z/2) \tag{13.160}$$

在本章中,我们定义 $k\equiv2\pi/\lambda$,而不是 $k\equiv1/\lambda$。(注意正弦函数和幂函数的自变量中都没有 2π 因子)。为了便于和其他结果比较,可以把我们的变量的定义做如下的变化:$s_g\to2\pi s_g$,$\xi_g\to\xi_g/(2\pi)$。于是方程(13.160)变成

$$I_g = \frac{1}{V}\left(\frac{\pi}{\xi_g}\right)^2\frac{\sin^2(\pi s_{\text{eff}}z)}{(\pi s_{\text{eff}})^2} \tag{13.161}$$

这样和式(8.12)的运动学表达式具有同样的形式,式(8.15)已注明此点。

13.5　运动学理论和动力学理论的本质差别

先比较动力学方程(13.161)和运动学方程(8.12)或(6.122)①。虽然它们的数学形式是相同的。但它们的来源基本上是不同的,至少在 s 小的场合。方程(6.122),即运动学理论的衍射强度是通过每个原子发出的球状子波的相加而得到的。方程(13.161)是从布洛赫波函数的拍得出的。这些布洛赫函数是周期势场中薛定谔方程的严格解(本征函数),而衍射束不是这样。

衍射束是均匀势场空间中薛定谔方程的严格解。由于晶体周期势弱,可以期望衍射束解几乎是正确的,至少允许作为晶体的平均势。各个束由晶体势的周期性分量混合而成。*正是这种周期晶体势的衍射束的混合是动力学理论的本质,而运动学理论就不是如此*。尤其是,晶体势的特别的周期性分量 $U_g\exp(\mathrm{i}\boldsymbol{g}\cdot\boldsymbol{r})$把波矢为 $\boldsymbol{k}_0$的入射向前束和波矢为 $\boldsymbol{k}_0+\boldsymbol{g}$ 的衍射束耦合起来。

我们期望通过把 $\Phi_0(\boldsymbol{r})$和几个 $\Phi_g(\boldsymbol{r})$混合成为计算的高能电子的波函数 $\Psi_i(\boldsymbol{r})$:

$$\psi_i(\boldsymbol{r})\approx\Phi_0(\boldsymbol{r})+c_{ig}\Phi_g(\boldsymbol{r})\tag{13.162}$$

此时,可以期望用一阶微扰理论解出耦合系数 c_{ig}:

$$c_{ig}=\frac{\langle\boldsymbol{k}_0+\boldsymbol{g}\mid U_g\exp(\mathrm{i}\boldsymbol{g}\cdot\boldsymbol{r})\mid\boldsymbol{k}_0\rangle}{E_{k_0}-E_{k_0+g}}\tag{13.163}$$

用式(13.62)和式(13.63)容易计算出式(13.163)的分子:

$$\begin{aligned}&\langle\boldsymbol{k}_0+\boldsymbol{g}\mid U_g\exp(\mathrm{i}\boldsymbol{g}\cdot\boldsymbol{r})\mid\boldsymbol{k}_0\rangle\\&\quad=\frac{1}{V}\int_V\phi_g^*\,\mathrm{e}^{-\mathrm{i}(\boldsymbol{k}_0+\boldsymbol{g})\cdot\boldsymbol{r}}U_g\mathrm{e}^{\mathrm{i}\boldsymbol{g}\cdot\boldsymbol{r}}\times\phi_0\mathrm{e}^{\mathrm{i}\boldsymbol{k}_0\cdot\boldsymbol{r}}\mathrm{d}x\mathrm{d}y\mathrm{d}z\end{aligned}\tag{13.164}$$

$$\begin{aligned}\langle\boldsymbol{k}_0+\boldsymbol{g}\mid U_g\exp(\mathrm{i}\boldsymbol{g}\cdot\boldsymbol{r})\mid\boldsymbol{k}_0\rangle&=\phi_g^*\phi_0U_g\frac{1}{V}\int_V1\mathrm{d}x\mathrm{d}y\mathrm{d}z\\&=\phi_g^*\phi_0U_g\end{aligned}\tag{13.165}$$

从式(13.165)可以期望由向前束向衍射束的振幅转变率和晶体势的周期性分量 U_g是匹配的。当这一点确实做到时,式(13.163)的分母不幸为 0。物理上这和振幅在向前束和衍射束之间的大量转移是协调的,但和式(13.162)中的小 c_{ig}是不协调的。这种情况是量子力学中的典型问题,一样地需要用一阶简并微扰理论去解。此时要为系数 c_{ig}建立一个矩阵,找出它的本征值,确定特定衍射条件下的边

① 在衍射物理中名词"kinematical(运动学)"牵涉单独事件,如一次单独的碰撞,而"dynamical(动力学)"表示波离开相互作用区之前有多次相互作用。

界条件。这种做法和 13.4.4 小节中双束场合的做法完全相同。

这里,值得注意的是,虽然式(8.12)中的 s_g 可以达到 0,但式(13.161)中的 s_{eff} 不能达到 0。运动学理论不包括周期势引起的束混合的实质内容,因此式(8.12)和式(13.161)预言的是:样品至少不是很薄时,小 s_g 的其他现象。许多实验利用小 s_g 的值力求衍射强度尽量大。当 s_g 接近 0 时,两个布洛赫波的拍依赖于晶体周期势的强度 U_g,而不是偏离参数 s_g。当 s_g 接近 0 时,运动学的物理判据基本上是不对的。

运动学和动力学理论在 $s_g \gg 1/\xi_g$ 时合并在一起。s_g 大时入射平面波峰和晶体周期性匹配得并不好,入射束也没有被强烈地散射。此时产生一个弱衍射束。一种观点认为:当 $s_g \gg 1/\xi_g$ 时,晶体感觉缺少周期性,更多感到势能是恒定的。由于来自晶体周期性的弱效应,布洛赫波矢具有类似的值。在恒定势中的本征函数是平面波,如入射波和衍射波。当 $s_g \gg 1/\xi_g$ 时,入射波几乎和一个布洛赫波本征函数没有区别,并且只有弱衍射发生。当 $s_g \gg 1/\xi_g$ 时,式(13.122)表明,正比于 $1/(\gamma^{(1)} - \gamma^{(2)})$ 的拍的走向和 $1/s_g$,即和运动学理论中的趋势相同。

当样品厚度远小于消光距离时,运动学理论和动力学理论合并在一起。对非常薄的样品,无限周期势(动力学理论的基础,并且容易得出式(13.164)那样的积分)不再是描述电子衍射的本质的特征。一个非常薄的样品的作用相当于相位光栅,如同在 13.2.2 小节中所讨论的那样,它提供的衍射子波具有运动学理论的相位关系式(13.43)。

利用式(13.158)中重新标度的 s_{eff},许多运动学结果得以恢复,例如式(13.161)或式(8.15)中的强度。厚度轮廓和弯曲轮廓可以通过这种方法预测。许多基于对称性的衍射效应,例如叠栅条纹或应变衬度消失的条件 $\boldsymbol{g} \cdot \boldsymbol{b} = 0$,在运动学和动力学理论中都必须成立。破缺的对称性的例子,例如运动学理论预言的非对称位错衬度在动力学处理中仍能保持。另一方面,从堆垛层错引起的条纹的不对称性在确定它们的内禀或外禀特征是很有效的,但非对称性不能从重新标度的运动学理论获得,并且也不能从 Ashby-Brown 的小的相干沉淀物的黑白衬度获得。不幸的是,堆垛层错条纹和相干沉淀物的黑白衬度明场像和暗场像的不对称性还不能被发展到今天的动力学理论预言。这些不对称性依赖于布洛赫波 1 比布洛赫波 2 被吸收得更多的程度。预言这些不对称性需要把动力学理论扩展到以下场合:相干电子波函数的振幅通过样品时不守恒。

对一般衍射效应的定量计算,动力学理论的另一重要扩展是:把消光距离 ξ_g 转变为复数。具体方法是:改变指数函数。例如,把式(13.112)的衍射束中的 $\phi_g(z) \propto \exp(\mathrm{i}\gamma z)$ 改变成 $\phi_g(z) \propto \exp(\mathrm{i}\gamma' z)\,\mathrm{epx}(-\gamma'' z)$。第二个因子使衍射束随样品深度增加而下降。衰减是一种形式的说法,实际上它可以包括非相干的卢瑟福散射和概率较小的非弹性散射——电子通过样品时电子从布洛赫态移开这一非相干过程。衰减概念已经对大量电子进行了平均。实际上,有一些电子没有被散射，它们全部进入了 $\phi_g(z)$，而其他一些电子已被散射，而对 $\phi_g(z)$ 没有贡献。原则上，有效衰减长度和 γ'' 可以利用第 4 章和第 5 章的散射过程测定。

图 13.14 是 Ti 晶体厚度条纹（和薄样品边缘平行）的一对明场（BF）像/暗场（DF）像。该像是在强双束条件下（$s\approx0$）获得的，见相应的会聚束电子衍射（CBED）图样，$\boldsymbol{g}=[01\bar{1}0]$。图中样品厚度从右到左增加。厚度条纹来自式（13.160）中 z 的变化，因为此处 s 恒定。注意这里 BF 像和 DF 像的严格互补性质，以及厚度条纹衬度如何随厚度而缩减。由于材料和衍射条件已知，可以从消光距离 ξ_g 和厚度条纹的距离计算薄膜的厚度轮廓。吸收长度 ξ_g'（见 13.7.2 小节）可以通过拟合计算的和实验的条纹衬度而得出。

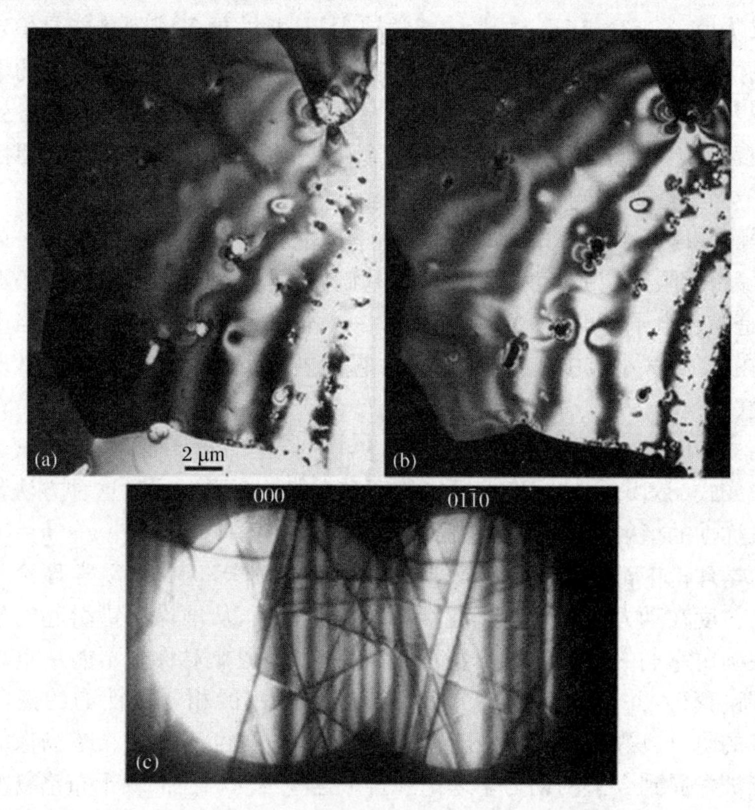

图 13.14　Ti 的 BF 像(a)，在(c)的动力学双束条件下获得 DF 像(b)，其中，$\boldsymbol{g}=[01\bar{1}0]$；晶体缺陷可以用来比较 BF 像和 DF 像中条纹的位置

图 13.15 显示含 θ' 片 Al-Cu 薄膜的弯曲轮廓，这里式（13.160）中的 z 是恒定的，s 在视场范围内是变化的。注意，DF 像中的强度 I_g 是极大值，严格地位于 BF 像左边的暗带。还要注意，BF 相对 $s_g=0$ 的带的衬度并不对称。这些一般的特点可以由运动学理论预测（图 7.15）。但是仍需要包括吸收的动力学理论去理解其他特点，如条纹位置、强度、BF 像和 DF 像的互补性等。

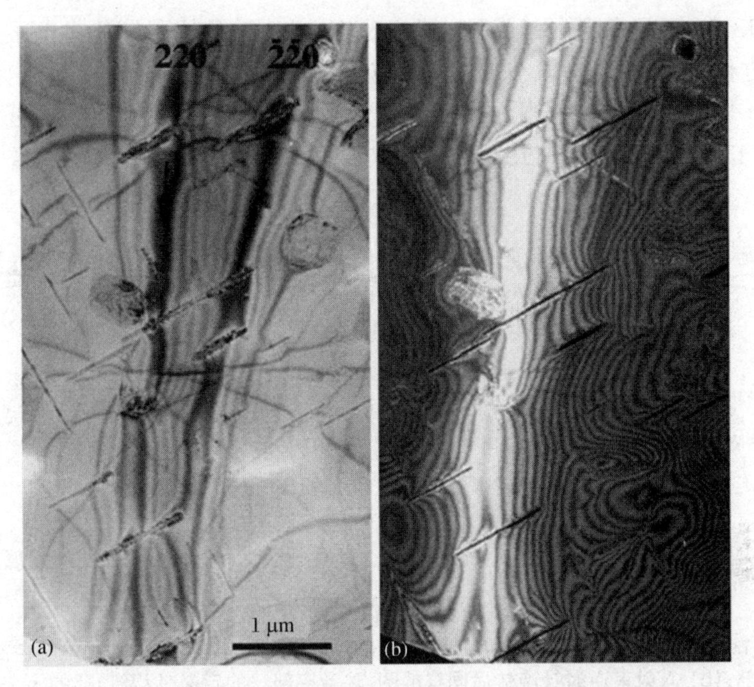

图 13.15　含 θ' 片 Al-Cu 薄膜的{220}弯曲轮廓 BF 像(a)和 DF 像(b)，$g=\langle 220\rangle$，近⟨001⟩晶带轴；注意 θ' 片的衬度如何随 s 显著变化

13.6　双束动力学理论中的衍射偏差 s_g

13.6.1　布洛赫波中的振幅和衍射偏差

已经证明，埃瓦尔德球作图法在分析运动学理论问题时是方便的。它在偏离严格劳厄条件的场合($s\neq 0$)特别有用。埃瓦尔德球作图法的变体对 $s\neq 0$ 的动力学理论是方便的。首先注意图 13.16(a)和图 6.20 的相似性。在两种场合，k 矢量在图顶部连接，并且在底部接触倒格矢。自由电子的色散面(在图 13.10 中表示为球)在图 13.16 中近似为平面。在 7.3.4 小节中定义的偏离矢量 $\boldsymbol{s}$(图 7.25)在图 13.16(b)和(c)中画为：入射束有一个倾斜角 ϕ。由于 ϕ 和 2θ 很小，当矢量 $\boldsymbol{k}_0$ 保持在图 13.16(b)的"**0**-面"上时，矢量 $\boldsymbol{k}_0+\boldsymbol{g}$ 向上提一个距离 s，它标示在图 13.16(b)的顶部。在向下移动图 13.16(b)的 k 矢量一个小距离 s 时，这一点最容易看出，即得到图 13.16(c)。当矢量 $\boldsymbol{k}_0+\boldsymbol{g}$ 接触矢量 $\boldsymbol{g}$ 时，它的顶接触 $\boldsymbol{k}_0+\boldsymbol{g}$ 的色散面("$\boldsymbol{g}$-面")。

图 13.16 必须像图 13.12 那样进行改变，以估计晶体周期势对电子态波矢的影响。方程(13.122)和(13.125)告诉我们：图 13.16 的运动学图适用于大 s 场合，用在小 s 场合是不对的。当样品或入射束被倾斜，使衍射偏差 s_g 改变时，$\gamma^{(1)}$ 和 $\gamma^{(2)}$（式(13.118)和式(13.119)），以及式(13.126)的系数 $\{C_g^{(1)}, C_0^{(1)}, C_g^{(2)}, C_0^{(2)}\}$ 都改变。

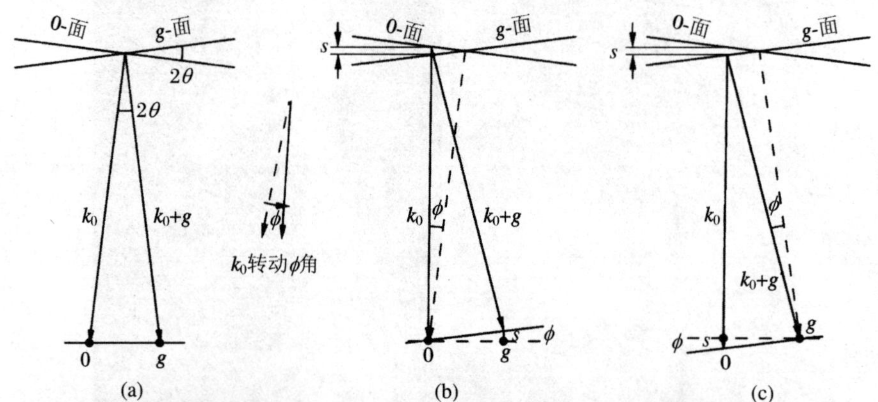

图 13.16　(a) 严格劳厄条件($s=0$)下，埃瓦尔德球作图法得到的自由电子色散面顶部；(b) 入射束逆时针旋转后同样的图，注意底部 s 的定义，以及顶部的 s 矢量；(c) 和图(b)相同，但取向使 g 束成为入射束，上移距离 s 后恢复部分图(b)

理解双束动力学理论衍射衬度的重要一步是：弄清楚构成高能电子总波函数的两个布洛赫波的振幅。在严格劳厄条件下，两个布洛赫波具有相同的比例，但是这个比例随样品或入射束的倾斜而改变。图 13.17 上的色散面构图对半定量地理解 s_g 和两个布洛赫波的振幅 $\psi^{(1)}$ 和 $\psi^{(2)}$ 之间的关系是有用的。从式(13.145)得到的 $\psi^{(1)}$ 和 $\psi^{(2)}$ 是

$$\psi^{(1)} = \mathrm{e}^{-\mathrm{i}\gamma^{(1)}z} C_0^{(1)} \phi_0 + \mathrm{e}^{-\mathrm{i}\gamma^{(2)}z} C_g^{(1)} \phi_g \tag{13.166}$$

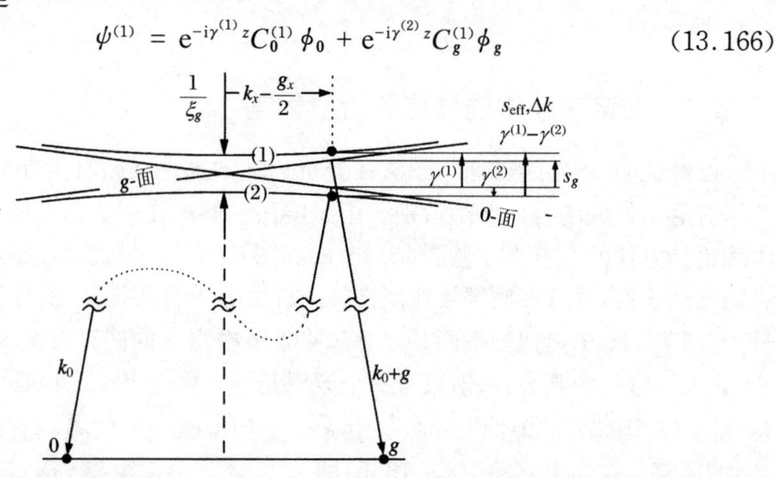

图 13.17　色散面带有特征标记的详图。图的顶部相对底部已经放大。衍射偏差 s_g 正比于距离 $k_x - g_x/2$

$$\psi^{(2)} = \mathrm{e}^{-\mathrm{i}\gamma^{(1)} z} C_0^{(2)} \phi_0 + \mathrm{e}^{-\mathrm{i}\gamma^{(2)} z} C_g^{(2)} \phi_g \tag{13.167}$$

获得 $\psi^{(1)}$ 和 $\psi^{(2)}$ 的方法已在式(13.146)的前面说明。如果我们在样品顶($z=0$)找到 $\psi^{(1)}$ 和 $\psi^{(2)}$ 的比值,该比值在整个样品中应保持不变(因为布洛赫波是晶体的本征态)。在 $z=0$ 的样品顶只有向前束,因此 $\phi_0=1$ 和 $\phi_g=0$。此外,式(13.166)和式(13.167)在 $z=0$ 处的相位因子等于 1。式(13.166)和式(13.167)相除,得到

$$\frac{\psi^{(1)}}{\psi^{(2)}} = \frac{C_0^{(1)}}{C_0^{(2)}} \tag{13.168}$$

利用式(13.140),得到

$$\frac{\psi^{(1)}}{\psi^{(2)}} = \frac{\sin(\beta/2)}{\cos(\beta/2)} = \tan(\beta/2) \tag{13.169}$$

从图 13.13(b),我们有式(13.135):

$$\tan(\beta/2) = \frac{1-\cos\beta}{\sin\beta} = \frac{1}{\sin\beta} - \cot\beta \tag{13.170}$$

比较式(13.169)、式(13.170)和式(13.134)后给出

$$\frac{\psi^{(1)}}{\psi^{(2)}} = -\frac{C_g^{(2)}}{C_0^{(2)}} \tag{13.171}$$

和式(13.128)比较后给出

$$\frac{\psi^{(1)}}{\psi^{(2)}} = -2\xi_g\gamma^{(2)} \tag{13.172}$$

由类似的分析,得出

$$\frac{\psi^{(2)}}{\psi^{(1)}} = \cot(\beta/2) = \frac{C_g^{(1)}}{C_0^{(1)}} = 2\xi_g\gamma^{(1)} \tag{13.173}$$

式(13.172)和式(13.173)做比后得出

$$\frac{\psi^{(1)}\psi^{(1)}}{\psi^{(2)}\psi^{(2)}} = -\frac{\gamma^{(2)}}{\gamma^{(1)}} \tag{13.174}$$

$$\frac{\psi^{(1)}}{\psi^{(2)}} = \sqrt{-\frac{\gamma^{(2)}}{\gamma^{(1)}}} \tag{13.175}$$

式(13.175)中的负号是需要的,因为 $\gamma^{(1)}$ 和 $\gamma^{(2)}$ 的符号不同。

13.6.2　色散面的构建

有两种方法用来找出特定 s_g 下布洛赫波的振幅之比。图 13.17 中的布洛赫波 1(标记为“(1)”)的色散曲线位于布洛赫波 2(标记为“(2)”)的色散面之上。一定的衍射偏差的 x 分量 s_x 确定两个布洛赫波的波矢,它们在图 13.17 的顶部用两个黑点标明。

· 两个布洛赫波的振幅可以通过在图 13.17 中测定标明的 $|\gamma^{(1)}|$ 和 $|\gamma^{(2)}|$,再像式(13.175)那样找出它们之比的平方根。

· 另一种方法是:在图 13.17 中测定标明的 $|\gamma^{(1)}|$(或 $|\gamma^{(2)}|$)和 $1/\xi_g$,按式

(13.172)或式(13.173)的规定(分别乘±2)得到它们的比 $\psi^{(1)}/\psi^{(2)}$。例如在图 13.17 中测定标明的两个布洛赫波的波矢,得出 $\psi^{(1)}/\psi^{(2)}$ 的比为 0.5。

图 13.17 的普遍规则是:如果一个布洛赫波更靠近前向散射的色散面(图 13.17 的"**0**-面")时,它将被激发得更强。考虑入射束倾斜以移动布洛赫波矢(图 13.17 的点(1)和(2))略向左以达到严格的劳厄条件的场合 $s_g=0$。在严格的劳厄条件下,$\gamma^{(1)}=-\gamma^{(2)}$。方程(13.175)表明两个布洛赫波的振幅在 $s_g=0$ 时是相等的。

当布洛赫波矢被送到图 13.17 的右侧远方时,$\gamma^{(2)}$ 变得很小,式(13.175)说明布洛赫波 1 的振幅变弱。此时高能电子振幅的大部分在布洛赫波 2 之中,布洛赫波 2 显著靠近向前束的色散面("**0**-面")。另一方面,当 s_g 改变符号,并且布洛赫波矢被送到图 13.17 的左侧远方时,两个布洛赫波的相对激发强度出现反转。高能电子主要由布洛赫波 1 组成,因为曲线(1)最接近"**0**-面"。

类似地,色散面作图法可以用来确定两个布洛赫波中的向前束和衍射束的振幅。在对称劳厄条件的右侧远方,布洛赫波 1 近似为一支 $\boldsymbol{k}_0+\boldsymbol{g}$ 波矢的衍射束,而布洛赫波 2 可以很好地用波矢为 $\boldsymbol{k}_0$ 的向前束描述。对于反号的 s_g(对称劳厄条件的左侧),图 13.17 表明在向前束和衍射束整体范围内两个布洛赫波的组成部分出现翻转。距离 $\gamma^{(1)}$,$\gamma^{(2)}$ 和 $1/\xi_g$ 可以联合式(13.127)、式(13.128)来估算布洛赫波中各个束的振幅分量。

用于图 13.17 的粗略的定性规则是:衍射条件使各个矢量顶位于中心左侧时,

- $s<0$。
- 向前束主要是布洛赫波 1——布洛赫波 1 主要是向前束。布洛赫波 1 被激发得十分强,因为在样品顶,$\phi_0=1$,$\phi_g=0$。
- 衍射束主要是布洛赫波 2——布洛赫波 2 主要是衍射束。

当衍射条件使各个矢量顶位于图 13.17 中心右侧时,

- $s>0$。
- 向前束主要是布洛赫波 2——布洛赫波 2 主要是向前束。布洛赫波 2 被激发得十分强,因为在样品顶,$\phi_0=1$,$\phi_g=0$。
- 衍射波主要是布洛赫波 1——布洛赫波 1 主要是衍射束。

这些规则在 $-\boldsymbol{g}$ 衍射时翻转。

分析 $s=0$ 的对称场合是有指导意义的。此时,由式(13.129)给出 $\beta=\pi/2$。这样我们可以用式(13.143),以及从 $\beta=\pi/2$ 计算出来的系数,得到两个布洛赫波中向前束和衍射束的分量:

$$\begin{bmatrix}\phi_0(z)\\ \phi_g(z)\end{bmatrix}=\begin{bmatrix}\sin\dfrac{\pi}{4} & \cos\dfrac{\pi}{4}\\ \cos\dfrac{\pi}{4} & -\sin\dfrac{\pi}{4}\end{bmatrix}\begin{bmatrix}e^{i\gamma^{(1)}z} & 0\\ 0 & e^{i\gamma^{(2)}z}\end{bmatrix}\begin{bmatrix}\psi^{(1)}\\ \psi^{(2)}\end{bmatrix}\tag{13.176}$$

$$\begin{bmatrix} \phi_0(z) \\ \phi_g(z) \end{bmatrix} = \frac{\sqrt{2}}{2}\begin{bmatrix} e^{i\gamma^{(1)}z}\psi^{(1)} + e^{i\gamma^{(2)}z}\psi^{(2)} \\ e^{i\gamma^{(1)}z}\psi^{(1)} - e^{i\gamma^{(2)}z}\psi^{(2)} \end{bmatrix} \tag{13.177}$$

它们证实了式(13.78)和式(13.79)。

式(13.177)中有一点值得注意：只有 $\psi^{(1)}$ 或只有 $\psi^{(2)}$，也可以既存在衍射束，又存在向前束，即有 ϕ_0 和 ϕ_g。只有 $\psi^{(2)}$ 存在时，束的强度是 $|\phi_0|^2 = |\phi_g|^2 = 1/2|\psi^{(2)}|^2$。有趣的是，没有 $\psi^{(1)}$ 时，束强度与深度无关。我们需要两个布洛赫波产生拍，使后者(拍)给出束 ϕ_0 和 ϕ_g 的深度依赖性。布洛赫波1的吸收会消除拍图样。

最后我们注意到，图13.17中，色散曲线上的两点和束波矢顶端上的两点，一共四点，是垂直相连的。相同的 k_x 值保证所有的波峰在 x 方向匹配，或者换句话说，动量的 x 分量在跨过晶体-真空界面时守恒。对 y 分量也有类似条件。

13.7　晶体缺陷的动力学衍射衬度

13.7.1　无吸收的动力学衍射衬度

双束动力学理论可以说明TEM像中许多类型的BF像和DF像的衍射衬度。通常最方便的场合是：$s=0$，并且只有一支衍射束。因为这支 g-束和其他衍射束相比足够强。双束动力学理论的最可靠场合是晶体的厚度等于几个消光距离。对很薄的晶体(小于 $0.1\xi_g$)或 $s \gg 1/\xi_g$，有时多束运动学理论比只用两束的动力学理论更可靠。对较厚的晶体($10\xi_g$ 量级)，电子波函数的相关性由于非相干散射的累加效应不断损失，此时为了理解观察到的衬度的某些特点，“吸收”是需要的。本小节处理无吸收的动力学理论衍射衬度。吸收的效应将在13.7.3小节讨论。

考虑一个缺陷从薄晶体的顶延伸到底，如图13.18所示。缺陷可以是线缺陷(如位错)，或面缺陷(如堆垛层错或界面)。我们暂时设缺陷下面的晶体和上面的晶体取向相同，差别仅限于沿活动衍射方向两者之间有一个小的位移。在晶体顶，入射束分解为两个布洛赫波态“$\psi^{(1)} + \psi^{(2)}$”。布洛赫波态事实上也是缺陷下面可以接受的解。布洛赫波函数不直接在缺陷处发生突然的转折或主要的重新排列，因为这样做要花费较多的能量。在缺陷下面的原子位置相对上部晶体发生位移，在两支布洛赫波中的电子密度相对原子芯发生了位移。布洛赫波1原来具有的电子密度位于原子芯(图13.11)，现在相对缺陷下面的原子芯有了位移。图13.19显示一个缺陷引起的位移是 $+a/2\,\hat{x}$ 的特殊场合，这里缺陷下面的两个布洛赫波的角色(相对原子芯)有一个完整的更换。这一位置的更换需要一个波矢的更换，使其中的布洛赫波 2 在缺陷平面之下具有较大的波矢。布洛赫波的拍图样通常也被缺陷改变。

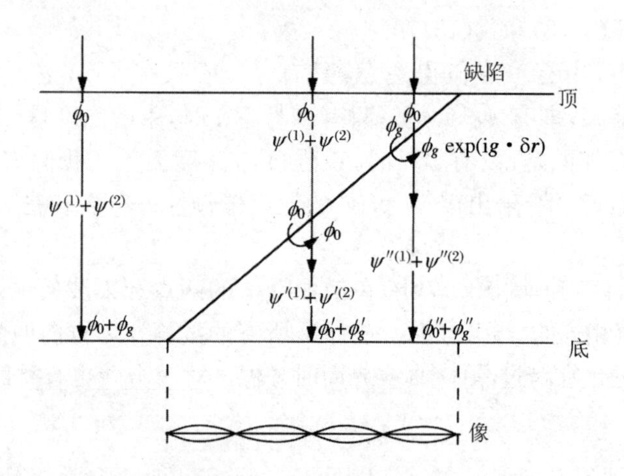

图 13.18　从样品顶延伸到底的缺陷的几何。符号已在文中表述。向前散射波和衍射波向缺陷下的坐标系的转换用环状箭头表示(水平像的宽度是缺陷在 xy 面上的投影宽度)

考虑缺陷严格位于样品一半深度的特殊场合,缺陷引起的位移沿活动衍射方向的一半,即 $a/2$ 并且 $s=0$。在此场合下两个布洛赫波严格更换角色和波矢,如图 13.19 所示。此外,处于这些态之一的一个电子以波矢 $\boldsymbol{k}^{(1)}$ 和 $\boldsymbol{k}^{(2)}$ 两种波矢严格通过同样的距离。晶体的下半部的净效应抵消晶体上半部的拍图样。因此晶体顶的束条件在样品底得以恢复,即只有向前束离开晶体底(无衍射强度)。另一方面,在远离这个缺陷的晶体范围内,有依赖于样品厚度和有效消光距离 ξ_{eff} 的衍射强度。缺陷面高于或低于样品中心时拍的抵消通常是不完全的。缺陷面在中心之外的 ξ_{eff} 整数倍处发生例外。和缺陷相交于这些深度的原子柱相差拍的一个整的

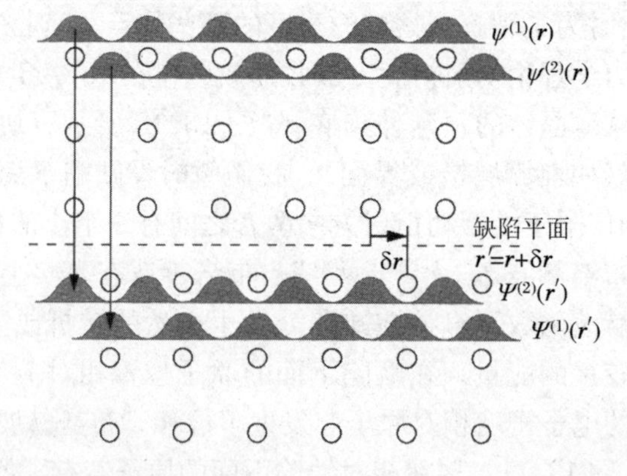

图 13.19　缺陷引起原子柱位移 $+a/2\,\hat{\boldsymbol{x}}$,导致缺陷平面下的布洛赫波更换角色

周期，这意味着它们在其衍射束有同样的强度(这种场合下为零)。倾斜于样品平面的缺陷的衍射强度随缺陷深度而变，引起强度起伏的像。像衬度的起伏(扭摆)数目等于样品厚度(以 ξ_{eff} 为单位)。

缺陷衬度的更普遍的分析需要对跨过缺陷面的布洛赫波的变化进行透彻的分析。我们在 8.11.1 小节和图 8.44 已看到，可以用相位-振幅图上的一个扭折方便地处理缺陷引起的位移。这等于用相位因子，例如 $\exp(\mathrm{i}\alpha)$ 和束相乘，这里 $\alpha \equiv 2\pi \boldsymbol{g} \cdot \delta \boldsymbol{r}$ (见式(8.40))。这一操作包括：分解刚好在缺陷之上的布洛赫波为衍射束，对跨过缺陷的衍射束完成相移(对它乘以一个因子，如 $\exp(\mathrm{i}\alpha)$)，并且把一些束分解为缺陷下面一套新的布洛赫波。这套新布洛赫波随后传播到样品底。图 13.18 画出了所有这些步骤。

沿着图 13.18 中间和右侧原子柱，电子概率在样品底被分解成不同的向前束和衍射束。其差别依赖于两支布洛赫波的拍图样是否已经在缺陷深处产生一个向前束或一个衍射束。当 $s_g = 0$ 时，这个深度振荡带有消光距离 ξ_g 的周期性。衍射衬度，不管是明场像，还是暗场像，都遵循这一周期性，即显示出沿缺陷长度的极大或极小。结果是沿缺陷出现一系列衬度的起伏(扭摆)。扭摆的尺度是布洛赫波沿缺陷线的垂直拍周期的水平投影。扭摆的数目依赖于样品的厚度，在 $s_g \neq 0$ 时，其数目随 s 而增加。对一个面缺陷，扭摆可以形成条纹；对一个位错来说，扭摆像可以是宽度的变化。这种效应可用图 13.20 来说明。这是 Al-Ag-Mg 合金中的若干全位错，标记为 A, B, C, D。E 和 F 也是位错，但它们已处于 $\boldsymbol{g}$ 矢量衬度之外。可以比较这些倾斜缺陷的衬度和图 13.18 的示意图。

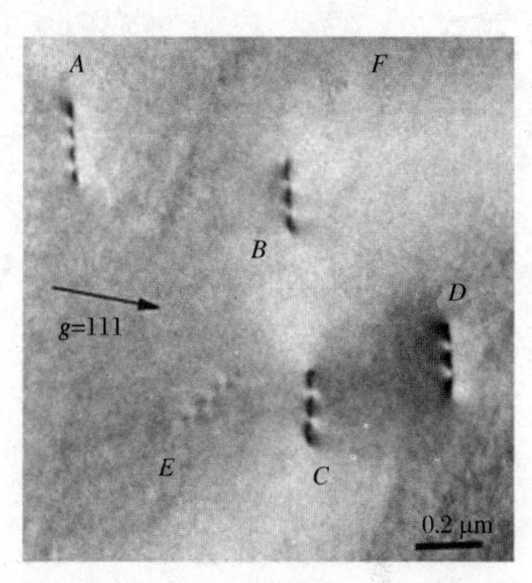

图 13.20　Al-Ag-Mg 合金中的若干倾斜位错，标记为 A, B, C, D，Burers 矢量 $a/2\langle 110\rangle$；双束明场像，$\boldsymbol{g} = \langle 111\rangle$[1]

可以重新画出 8.11.1 小节中的相位-振幅图上的扭折，写出其数学形式，在下一小节中用于描述堆垛层错衬度。在缺陷上面的向前束和衍射束(上标为“a”)为

$$\Phi_0^a(\boldsymbol{r}) = \frac{1}{\sqrt{V}} \phi_0(z) \mathrm{e}^{\mathrm{i}\boldsymbol{k}_0 \cdot \boldsymbol{r}} \tag{13.178}$$

$$\Phi_g^a(\boldsymbol{r}) = \frac{1}{\sqrt{V}} \phi_g(z) \mathrm{e}^{\mathrm{i}(\boldsymbol{k}_0 + \boldsymbol{g}) \cdot \boldsymbol{r}} \tag{13.179}$$

在缺陷下面，衍射束处于新坐标系中。如果缺陷下面的原子移动了 $\delta \boldsymbol{r}$，坐标系也移动 $\delta \boldsymbol{r}$。缺陷下面的向前束和衍射束(上标为“b”)是

$$\Phi_0^b(\boldsymbol{r}) = \frac{1}{\sqrt{V}}\phi_0(z)\mathrm{e}^{\mathrm{i}\boldsymbol{k}_0\cdot(\boldsymbol{r}+\delta\boldsymbol{r})} \tag{13.180}$$

$$\Phi_g^b(\boldsymbol{r}) = \frac{1}{\sqrt{V}}\phi_g(z)\mathrm{e}^{\mathrm{i}(\boldsymbol{k}_0+\boldsymbol{g})\cdot(\boldsymbol{r}+\delta\boldsymbol{r})} \tag{13.181}$$

重新安排缺陷下面的束的相位因子后得到：

$$\Phi_0^b(\boldsymbol{r}) = \frac{1}{\sqrt{V}}[\mathrm{e}^{\mathrm{i}\boldsymbol{k}_0\cdot\delta\boldsymbol{r}}\phi_0(z)]\mathrm{e}^{\mathrm{i}\boldsymbol{k}_0\cdot\boldsymbol{r}} \tag{13.182}$$

$$\Phi_g^b(\boldsymbol{r}) = \frac{1}{\sqrt{V}}[\mathrm{e}^{\mathrm{i}\boldsymbol{k}_0\cdot\delta\boldsymbol{r}}\mathrm{e}^{\mathrm{i}\boldsymbol{g}\cdot\delta\boldsymbol{r}}\phi_g(z)]\mathrm{e}^{\mathrm{i}(\boldsymbol{k}_0+\boldsymbol{g})\cdot\boldsymbol{r}} \tag{13.183}$$

把这些相位因子并入束振幅后得到

$$\Phi_0^b(z) = \mathrm{e}^{\mathrm{i}\boldsymbol{k}_0\cdot\delta\boldsymbol{r}}\phi_0^a(z) \tag{13.184}$$

$$\Phi_g^b(z) = \mathrm{e}^{\mathrm{i}\boldsymbol{k}_0\cdot\delta\boldsymbol{r}}\mathrm{e}^{\mathrm{i}\boldsymbol{g}\cdot\delta\boldsymbol{r}}\phi_g^a(z) \tag{13.185}$$

式(13.184)和式(13.185)的矢量形式是

$$\begin{bmatrix}\phi_0(z)\\ \phi_g(z)\end{bmatrix}^b = \mathrm{e}^{\mathrm{i}\boldsymbol{k}_0\cdot\delta\boldsymbol{r}}\begin{bmatrix}1 & 0\\ 0 & \mathrm{e}^{\mathrm{i}\boldsymbol{g}\cdot\delta\boldsymbol{r}}\end{bmatrix}\begin{bmatrix}\phi_0(z)\\ \phi_g(z)\end{bmatrix}^a \tag{13.186}$$

其逆变换(可以用相乘来验证)是

$$\begin{bmatrix}\phi_0(z)\\ \phi_g(z)\end{bmatrix}^a = \mathrm{e}^{-\mathrm{i}\boldsymbol{k}_0\cdot\delta\boldsymbol{r}}\begin{bmatrix}1 & 0\\ 0 & \mathrm{e}^{-\mathrm{i}\boldsymbol{g}\cdot\delta\boldsymbol{r}}\end{bmatrix}\begin{bmatrix}\phi_0(z)\\ \phi_g(z)\end{bmatrix}^b \tag{13.187}$$

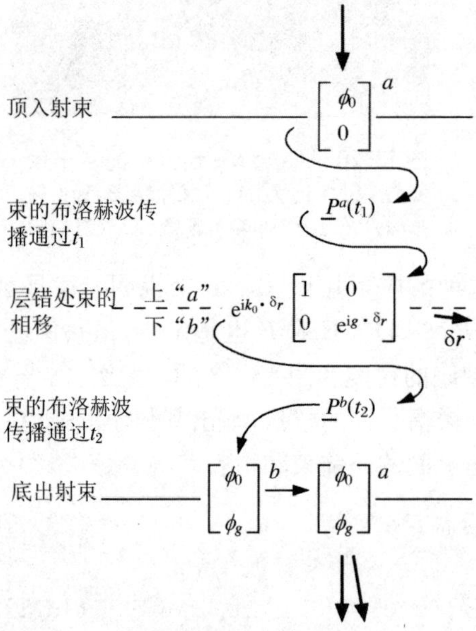

图 13.21　堆垛层错衬度的双束动力学理论流程图，从样品顶到底

利用式(13.186)，可以得出缺陷上面的向前束 $\Phi_0^a(\boldsymbol{r})$ 和衍射束 $\Phi_g^a(\boldsymbol{r})$，并且把它们变换成缺陷下面的坐标系中的束 $\Phi_0^b(\boldsymbol{r})$ 和 $\Phi_g^b(\boldsymbol{r})$。在这一变换之后，可以把束分解为缺陷下面的布洛赫波，并且把电子振幅传播到样品底。

图 13.21 是堆垛层错衬度的动力学理论的各个数学步骤。电子在三个深度——样品顶、层错、底解出束表象。跨过层错的相移可以方便地用束表象完成，如式(13.187)所示。为达到层错，样品顶的各个束用矩阵 $\underline{\boldsymbol{P}}(t_1)$ 传送，类似的矩阵 $\underline{\boldsymbol{P}}(t_2)$ 传送层错处的各个束到样品底。矩阵 $\underline{\boldsymbol{P}}(t_1)$ 的获得是：先把束解为布洛赫波，随后在距离 t_1 处再解为束。$\underline{\boldsymbol{P}}(t)$ 的形式将在下一小节得出。

吸收对上面的论述有重要的补充。我们在上面已假设两个布洛赫波通过晶体时无吸收或吸收相同。然而，我们知道对布洛赫波1的吸收比对布洛赫波2的吸收强。这就改变了两个布洛赫波在深处的平衡，从而改变了电子的向前波函数和衍射波函数之间的平衡。下面我们在给出吸收对层错像的效应的定量介绍之前，下一小节介绍堆垛层错衬度的正式的双束动力学理论。

13.7.2　堆垛层错衬度的双束动力学理论‡*

本小节用双束动力学理论计算堆垛层错的衍射衬度。目标是找出包含一个堆垛层错样品的底面上向前束和衍射束的振幅。本节按照 Hirsch 等人的、目前已经是经典的方法[2]来介绍，但使用的符号和前面的13.4节、图13.11和图13.21一致。

首先的任务是建立工具"布洛赫波传播函数" $\underline{\boldsymbol{P}}(z)$，它使向前束和衍射束通过一段厚度为 z 的完整晶体。在束表象中波函数的矢量表达式是

$$\begin{bmatrix}\phi_0(z)\\ \phi_g(z)\end{bmatrix} \tag{13.188}$$

式(13.145)已经给出把束分解为布洛赫波的矩阵表达式，下面我们把它写成简约形式：

$$\begin{bmatrix}\psi^{(1)}\\ \psi^{(2)}\end{bmatrix}=\begin{bmatrix}e^{-i\gamma^{(1)}z} & 0\\ 0 & e^{-i\gamma^{(2)}z}\end{bmatrix}\underline{\boldsymbol{C}}^{-1}\begin{bmatrix}\phi_0(z)\\ \phi_g(z)\end{bmatrix} \tag{13.189}$$

类似地，式(13.75)和式(13.142)给出了把布洛赫波解成束的表达式，写成简约形式：

$$\begin{bmatrix}\phi_0(z)\\ \phi_g(z)\end{bmatrix}=\underline{\boldsymbol{C}}\begin{bmatrix}e^{i\gamma^{(1)}z} & 0\\ 0 & e^{i\gamma^{(2)}z}\end{bmatrix}\begin{bmatrix}\psi^{(1)}\\ \psi^{(2)}\end{bmatrix} \tag{13.190}$$

把 $[\psi^{(1)},\psi^{(2)}]$ 简单地从式(13.189)替换进式(13.190)，使束转化为布洛赫波，再把它们在同样的 z 深度反转化为束。有可能的，而且更有用得多的是：利用中间的布洛赫波表象传送束跨过距离 z。这一操作可以在束的任一地点开始，因为布洛赫波振幅 $[\psi^{(1)},\psi^{(2)}]$ 和深度无关。最简单的做法是：在 $z=0$ 处，即在样品顶计算 $[\psi^{(1)},\psi^{(2)}]$①。当 $z=0$ 时，式(13.189)中的因子是 $\exp(-i\gamma^{(1)}0)=\exp(-i\gamma^{(2)}0)=1$，于是式(13.189)简化为

$$\begin{bmatrix}\psi^{(1)}\\ \psi^{(2)}\end{bmatrix}=\underline{\boldsymbol{C}}^{-1}\begin{bmatrix}\phi_0(0)\\ \phi_g(0)\end{bmatrix} \tag{13.191}$$

现在从式(13.191)得到了布洛赫波振幅，我们可以用式(13.190)计算深度 z 处的束振幅。把式(13.191)替换进式(13.190)，得到

① 同样的技巧曾用来解式(13.146)中的 C_{ij}。

$$\begin{bmatrix}\phi_0(z)\\ \phi_g(z)\end{bmatrix}=\underline{\boldsymbol{C}}\begin{bmatrix}e^{i\gamma^{(1)}z} & 0\\ 0 & e^{i\gamma^{(2)}z}\end{bmatrix}\underline{\boldsymbol{C}}^{-1}\begin{bmatrix}\phi_0(0)\\ \phi_g(0)\end{bmatrix} \tag{13.192}$$

方程(13.192)完成了把束从零深度(方程右侧)移动到 z 深度(方程左侧)的操作。把式(13.192)写成

$$\begin{bmatrix}\phi_0(z)\\ \phi_g(z)\end{bmatrix}=\underline{\boldsymbol{P}}(z)\begin{bmatrix}\phi_0(0)\\ \phi_g(0)\end{bmatrix} \tag{13.193}$$

这里,我们把布洛赫波传播函数$\underline{\boldsymbol{P}}(z)$定义为

$$\underline{\boldsymbol{P}}(z)\equiv\underline{\boldsymbol{C}}\begin{bmatrix}e^{i\gamma^{(1)}z} & 0\\ 0 & e^{i\gamma^{(2)}z}\end{bmatrix}\underline{\boldsymbol{C}}^{-1} \tag{13.194}$$

利用式(13.194)中的$\underline{\boldsymbol{P}}(z)$,向前束和衍射束可以被带到堆垛层错的深度。下面的步骤是转移它们通过层错,并进一步传送它们到晶体底。

经过层错时束的相移由式(13.186)给出。用上标“a”表示层错上面的束,用“b”表示层错下面坐标系中的束:

$$\begin{bmatrix}\phi_0(t_1)\\ \phi_g(t_1)\end{bmatrix}^b=e^{i\boldsymbol{k}_0\cdot\delta\boldsymbol{r}}\begin{bmatrix}1 & 0\\ 0 & e^{i\boldsymbol{g}\cdot\delta\boldsymbol{r}}\end{bmatrix}\begin{bmatrix}\phi_0(t_1)\\ \phi_g(t_1)\end{bmatrix}^a \tag{13.195}$$

下一步我们取层错下面的束(式(13.195)的左侧),并传送它们到晶体底。我们再用式(13.194)中的$\underline{\boldsymbol{P}}(t_2)$,但已在层错下面的坐标系“b”中:

$$\begin{bmatrix}\phi_0(t)\\ \phi_g(t)\end{bmatrix}^b=\underline{\boldsymbol{C}}\begin{bmatrix}e^{i\gamma^{(1)}t_2} & 0\\ 0 & e^{i\gamma^{(2)}t_2}\end{bmatrix}\underline{\boldsymbol{C}}^{-1}\begin{bmatrix}\phi_0(t_1)\\ \phi_g(t_1)\end{bmatrix}^b \tag{13.196}$$

最后的步骤是:从式(13.196)取$\underline{\phi}^b(t)$,并在原来的坐标系中将它转化为$\underline{\phi}^a(t)$。我们需要回到层错上面晶体的坐标系(上标为“a”),因为这些坐标系中样品顶定义过条件 $\phi_0(0)=1$。(在层错下面晶体的坐标系中,样品“顶”处的入射束是向前束和衍射束的混合束)。这一转变用式(13.187)来完成:

$$\begin{bmatrix}\phi_0(t)\\ \phi_g(t)\end{bmatrix}^a=e^{-i\boldsymbol{k}_0\cdot\delta\boldsymbol{r}}\begin{bmatrix}1 & 0\\ 0 & e^{-i\boldsymbol{g}\cdot\delta\boldsymbol{r}}\end{bmatrix}\begin{bmatrix}\phi_0(t)\\ \phi_g(t)\end{bmatrix}^b \tag{13.197}$$

式(13.197)的左侧是我们寻找的答案。它由式(13.192)(这里设 $z=t_1$)、式(13.195)、式(13.196)和式(13.197)的矩阵和矢量链相乘而得。(这样操作时,我们马上看到固定的相位因子 $\exp(i\boldsymbol{k}_0\cdot\delta\boldsymbol{r})$和 $\exp(-i\boldsymbol{k}_0\cdot\delta\boldsymbol{r})$相消)。布洛赫波传播函数的特殊形式由式(13.143)和式(13.144)的矩阵$\underline{\boldsymbol{C}}$ 和$\underline{\boldsymbol{C}}^{-1}$得出。这些形式以及向前束、衍射束的形式是复杂的。它们通常需要对 $\boldsymbol{g}\cdot\delta\boldsymbol{r},\beta,\Delta k$, t_1和 t_2的每一个组合进行数值计算。当 $s_g=0(\beta=\pi/2)$时,给出(经过一些代数运算)一个重要的特例:

$$\begin{aligned}\phi_0(t) &= \cos[t_1/(2\xi_g)]\cos[t_2/(2\xi_g)]\\ &\quad - e^{i\boldsymbol{g}\cdot\delta\boldsymbol{r}}\sin[t_1/(2\xi_g)]\sin[t_2/(2\xi_g)]\\ \phi_g(t) &= i\sin[t_1/(2\xi_g)]\cos[t_2/(2\xi_g)]\end{aligned} \tag{13.198}$$

$$+\mathrm{e}^{-\mathrm{i}\boldsymbol{g}\cdot\delta\boldsymbol{r}}\cos[t_1/(2\xi_g)]\sin[t_2/(2\xi_g)] \tag{13.199}$$

当 $\boldsymbol{g}\cdot\delta\boldsymbol{r}=2\pi\cdot$ 整数时，我们得到式(13.198)和式(13.190)中的 $\exp(\mathrm{i}\boldsymbol{g}\cdot\delta\boldsymbol{r})=\exp(-\mathrm{i}\boldsymbol{g}\cdot\delta\boldsymbol{r})=1$，所以

$$\phi_0(t)=\cos[t/(2\xi_g)]\quad(\boldsymbol{g}\cdot\delta\boldsymbol{r}=2\pi\cdot\text{整数}) \tag{13.200}$$

$$\phi_g(t)=\mathrm{i}\sin[t/(2\xi_g)]\quad(\boldsymbol{g}\cdot\delta\boldsymbol{r}=2\pi\cdot\text{整数}) \tag{13.201}$$

这些用来表达厚度为 t 的完整晶体的向前束和衍射束 $\phi_0(t)$ 和 $\phi_g(t)$ 的方程(13.200)和(13.201)分别等同于式(13.56)和式(13.57)。因此，当 $\boldsymbol{g}\cdot\delta\boldsymbol{r}=2\pi\cdot$ 整数时层错是看不见的。要看见衍射衬度，要求 $\boldsymbol{g}\cdot\delta\boldsymbol{r}\neq2\pi\cdot$ 整数。在这种场合，层错的深度变化(t_1 的变化)引起布洛赫波的拍图样的变化(导致明场像和暗场像的周期条纹)。

为了完整性，对所有 β 都适用的堆垛层错衬度的表达式是

$$\begin{aligned}\phi_0(t)\mathrm{e}^{-\mathrm{i}s_g t/2}=&\cos(\Delta kt/2)-\mathrm{i}\cos\beta\sin(\Delta kt/2)+\frac{1}{2}\sin^2\beta(\mathrm{e}^{\mathrm{i}\boldsymbol{g}\cdot\delta\boldsymbol{r}}-1)\cos(\Delta kt/2)\\&-\frac{1}{2}\sin^2\beta(\mathrm{e}^{\mathrm{i}\boldsymbol{g}\cdot\delta\boldsymbol{r}}-1)\cos(\Delta kt')\end{aligned} \tag{13.202}$$

$$\begin{aligned}\phi_g(t)\mathrm{e}^{-\mathrm{i}s_g t/2}=&\mathrm{i}\sin\beta\sin(\Delta kt/2)\\&+\frac{1}{2}\sin\beta(1-\mathrm{e}^{-\mathrm{i}\boldsymbol{g}\cdot\delta\boldsymbol{r}})[\cos\beta\cos(\Delta kt/2)-\mathrm{i}\sin(\Delta kt/2)]\\&-\frac{1}{2}\sin\beta(1-\mathrm{e}^{-\mathrm{i}\boldsymbol{g}\cdot\delta\boldsymbol{r}})[\cos\beta\cos(\Delta kt')-\mathrm{i}\sin(\Delta kt')]\end{aligned} \tag{13.203}$$

这里，按照常规[2]，我们已经定义了式(13.158)中的 $\Delta k\equiv s_{\mathrm{eff}}$ 和 t' 如下：

$$\Delta k\equiv\gamma^{(1)}-\gamma^{(2)}=\frac{\sqrt{1+(\xi_g s_g)^2}}{\xi_g}=s_{\mathrm{eff}} \tag{13.204}$$

$$t'\equiv\frac{t_1-t_2}{2} \tag{13.205}$$

为了理解堆垛层错的衍射衬度，需要知道下列参数：① 层错矢量 $\delta\boldsymbol{r}$；② 样品厚度 t；③ 布拉格条件的偏离 s_g(经常用 $s_g=0$ 以保证良好的双束条件)；④ 消光距离 ξ_g；⑤ 衍射矢量 $\boldsymbol{g}$。由于可以在显微镜中建立特殊条件以保证③和⑤，并且可以利用如 CBED 技术保证②和④，我们可以确定材料中的层错矢量，这就是说可以保证①。完成这些条件的特别方法已在 8.12.2 和 8.12.3 小节中介绍。

可以证明式(13.202)和式(13.203)的强度是归一化的，即 $|\phi_0(t)|^2+|\phi_g(t)|^2=1$。因此，明场像和暗场像是互补的。但这是忽略吸收的结果。为了更实际地处理有吸收的晶体，需要一个复数 Δk。在严格的布拉格角 $\beta=\pi/2$，有

$$\Delta k\rightarrow\frac{1}{\xi_g}+\frac{\mathrm{i}}{\xi'_g} \tag{13.206}$$

这里，ξ'_g 是吸收长度。在这种场合，可以把向前束和衍射束的振幅 ϕ_0 和 ϕ_g 分别乘以因子 $\exp(-\pi t/\xi'_g)$ 使它们衰减。典型的 ξ'_g 是 ξ_g 的 10 倍。下一小节将定性讨论

吸收效应。

13.7.3 有吸收的动力学衍射衬度

1. 布洛赫波 1 的吸收和拍的衰减

我们暂时停下来，把双束动力学理论中衍射条件 $s_g=0$ 下两个布洛赫波的结果归纳如下。

布洛赫波 1，$\Psi^{(1)}(\boldsymbol{r})$：

· 电子密度最高处在离子芯(图 13.11)，所以它具有较低的势能、较高的动能，比布洛赫波 2(或真空中的波)有较大的波矢。

· 它和晶体中的电子具有较强的相互作用，所以布洛赫波 1 比布洛赫波 2 有更大的吸收。由于有更大的吸收，不能期望布洛赫波 1 进入晶体的深度达到由平均非弹性散射截面得出的深度。

布洛赫波 2，$\Psi^{(2)}(\boldsymbol{r})$：

· 电子密度最高处在离子芯的间隙中，所以它具有较高的势能、较低的动能，比布洛赫波 1 有较小的波矢。

· 它和晶体中的电子具有较弱的相互作用，所以布洛赫波 2 比布洛赫波 1 有更小的吸收。布洛赫波 2 由于有更小的吸收，进入晶体的深度大于由平均非弹性散射截面得出的值。

13.4.1 小节说明：波矢略有差别($\boldsymbol{k}+\gamma^{(1)}\hat{\boldsymbol{z}}$ 和 $\boldsymbol{k}+\gamma^{(2)}\hat{\boldsymbol{z}}$)的布洛赫波形成的拍可以理解为依赖深度的向前束和衍射束，这是关键。这一拍图样提供了数量不同的衍射束$\{\phi_g\}$(依赖于样品的不同厚度，如用式(13.159)得出的式(13.161)中的详细结果)。这些布洛赫波的拍的深度周期性产生锲状样品的厚度轮廓，如 8.5.2 小节用运动学理论说明的结果。虽然式(8.12)和式(13.161)本质上是相同的，并且预言了相同的行为，但读者需要注意运动学理论的物理解释在更小的厚度下已经不正确了。当厚度接近 10 个消光距离时，式(13.161)也由于非相干散射变得不可靠了。形成拍需要两个布洛赫波，但布洛赫波 1 随样品的深度快速衰减。结果是拍随深度而衰减。考虑 $s=0$ 的特殊场合，两个布洛赫波在样品顶受到相等的激发，但布洛赫波 1 随深度被吸收得快。在这一场合，样品底衍射束的振幅只保留在布洛赫波 2 之中。因而留下的波振幅是样品顶振幅的 1/2，即强度降为 1/4。这一结果已表示在图 8.12，那里 $s=0$ 时条纹之间的距离近似为 ξ_g^{-1}。

两个布洛赫波的吸收的差别对衍射衬度有重要作用。两个布洛赫波的不同的衰减定性地表示在图 13.22 左侧远方、沿着完整晶体的原子柱。必须有两个布洛赫波才能成拍，但在样品深处只有布洛赫波 2 才有足够的振幅。然而，缺陷附近晶体周期势的相移可以把布洛赫波 2 的电子振幅转移到布洛赫波 1，使再次成拍得以实现。

2. 布洛赫波1的吸收和弯曲轮廓的非对称性

弯曲轮廓已在8.6节中讨论，需要图8.13和图8.14来讨论有吸收的动力学理论。运动学的式(8.12)和动力学的式(13.161)提供了定性的类似结果,用来说明带有强度振荡的弯曲轮廓出现在BF像和DF像中[①]。然而,吸收可以使BF像的对称性消失。这一点可以参考图8.14和图13.17,并通过布洛赫波1的强吸收来理解。图8.14说明:在弯曲轮廓的中间有两个$\pm \boldsymbol{g}$衍射,$s<0$。图13.17说明:当$s<0$,并且箭头的顶点位于中心的左面时,大部分向前束由布洛赫波1组成。这个布洛赫波1被严重吸收,所以弯曲轮廓的中心在明场中一般是暗的。如图8.14所示,在$s=0$条件下,$+\boldsymbol{g}$和$-\boldsymbol{g}$衍射位于弯曲轮廓的左面和右面。当$s=0$时,向前束由较多的布洛赫波2组成,被吸收得较少。然而对多数样品衍射很强,并且在明场像中的弯曲轮廓最暗(位置在弯曲轮廓左侧和右侧接近$s=0$处)。进一步离开中心,对$s>0$,向前波由更多的布洛赫波2组成,此时明场像一般比弯曲轮廓内部亮。

另一方面,衍射束源于两个布洛赫波1和2的拍。布洛赫波1和2被相等地激发时,衍射束在$s=0$时最强。衍射强度被期望相对于$s=0$对称,因为对$+s$或$-s$成拍的强度都在降低。例如,可以从图13.15(b)中看到这一现象。当见到这种像时,重要的是确定DF像亮带的准确位置(通过对BF像和DF像中θ'沉淀物位置的观察)。在DF像中的亮带可以确定$s=0$的位置。BF像相对于弯曲轮廓的总的中心是对称的,但不是相对任一个衍射的$s=0$的位置对称。BF像在弯曲轮廓内比弯曲轮廓外不对称地暗,原因是弯曲轮廓内布洛赫波1的比例大。

3. 布洛赫波1的吸收和堆垛层错的非对称性

考虑一个堆垛层错从样品顶倾斜延伸到样品底,如图13.22所示。在一般场合,特别是$s=0$时,两个布洛赫波$\Psi^{(1)}$和$\Psi^{(2)}$在样品顶被激发。如图13.22左边所示:布洛赫波振幅$\Psi^{(1)}$随深度衰减得快。沿着柱1(标在图的顶部)只有布洛赫波$\Psi^{(2)}$到达堆垛层错,并且已沿着柱1接近样品底。层错下面原子的位移使布洛赫峰$\Psi^{(2)}$部分位于原子中心,部分位于原子中心以外。其效应是完成层错面以下坐标系的变换:$\Psi^{(2)} \mapsto \alpha\Psi^{(1)}+\beta\Psi^{(2)}$[②]。两个布洛赫波$\Psi^{(1)}$和$\Psi^{(2)}$的共同存在导致拍的形成,这样层错下面衍射束的振幅$\phi_g$随距离变化,直到样品底。

在图13.22第2列,层错到样品顶或样品底的距离都如此大,使布洛赫波$\Psi^{(1)}$被显著吸收,于是样品底$\Psi^{(2)}$为主。由于缺乏$\Psi^{(1)}$,拍受到压制。此时,从样品中近中心的层错部分得到的衍射衬度是弱的。

在图13.22第3列,晶体中层错上面$\Psi^{(1)}+\Psi^{(2)}$的强拍导致衍射强度随层错深度变化。在层错面下,束振幅ϕ_0和ϕ_g分解为布洛赫波振幅$\psi^{(1)}$和$\psi^{(2)}$。在层错

① 显著强度振荡的距离是难以定量计算的,因为它们依赖于样品弯曲的细节。

② 除以下特例:层错位移是$\delta \boldsymbol{r}=m(2g)^{-1}\hat{\boldsymbol{g}}$,这里$\boldsymbol{g}$是活动衍射,$m$是整数。

下面新的坐标系中，振幅 $\psi^{(1)}$ 和 $\psi^{(2)}$ 随层错处束的相移而变化，并且随层错处束振幅 ϕ_0 和 ϕ_g 而变化。跨过层错的相移对所有层错深度是一样的，但对振幅 ϕ_0 和 ϕ_g 是不一样的。于是层错下面振幅 $\psi^{(1)}$ 和 $\psi^{(2)}$ 随层错的深度而变化。然而，只有 $\Psi^{(2)}$ 通过长距离到达层错下的样品底。在整个长距离中，$\Psi^{(1)}$ 和 $\Psi^{(2)}$ 不再发生拍。在样品底 $\Psi^{(2)}$ 分解为 ϕ_0 和 ϕ_g，依赖于层错深处 ϕ_0 和 ϕ_g 的振幅。重要的是：层错下面晶体中的 $\Psi^{(2)}$ 依赖于层错上面的拍图样。我们从式(13.177)知道：$\Psi^{(2)}$ 提供 ϕ_0 和 ϕ_g 的直到样品底的分量。在样品底没有 $\Psi^{(1)}$，ϕ_0 和 ϕ_g 两者都正比于振幅 $\Psi^{(2)}$（按式(13.177)进行的一点讨论）。所以第 3 列原子柱的向前束和衍射束的强度有相同的图样——它们不互补。上述论据的要点是吸收作用。布洛赫波 1 的吸收破坏了样品顶和底的 BF 像和 DF 像的互补性，并且抑制了中心附近的衬度。

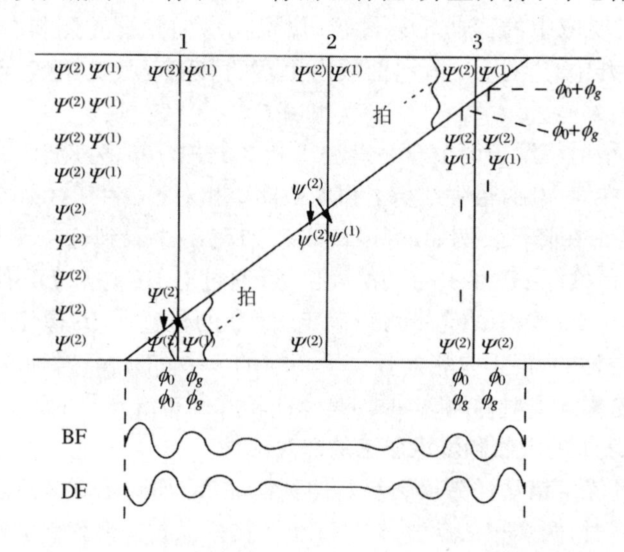

图 13.22 有吸收的材料中堆垛层错的动力学衍射衬度。注意明场和暗场像的衍射衬度并不互补

值得再次观察图 8.58。它显示倾斜的平面状的 hcp γ' 沉淀物具有堆垛层错衬度。在图 8.58(a)的 BF 像中，位移条纹相对薄膜中心是对称的。在图 8.58(b)的 DF 像中条纹的总强度是非对称的，类似于图 13.22。按照前面 8.12.2 小节提出的堆垛层错的规则，这种 γ' 片的相位角等于 $-2\pi/3$，因为在 BF 像中它们的外围条纹都是暗的。类似地，方程(13.202)～(13.205)已用来计算这些 γ' 沉淀物的向前束和衍射束强度（考虑了它们的真实样品厚度、偏离参数、吸收和其他实验条件）。图 13.23 比较了这些计算结果和垂直位移条纹的 BF 像和 DF 像的强度。模拟的和实验的相对强度相互间的符合程度在 90% 以内①。实验像和计算像的比较说

① 实验痕迹中的不规则性大多数来自 TEM 负片中的噪声或尘埃，虽然第一张 DF 条纹中的强度双线是实际效应。

明：BF 和 DF 条纹在薄膜样品底是近似互补的，但在薄膜样品顶部不是互补的，很像图 13.22 的堆垛层错的结果。注意，虽然由于实验条件的差异，定量上有所不同，但在图 8.55 的堆垛层错计算和在图 8.56 及图 8.57 的实验像中都有类似的特点。

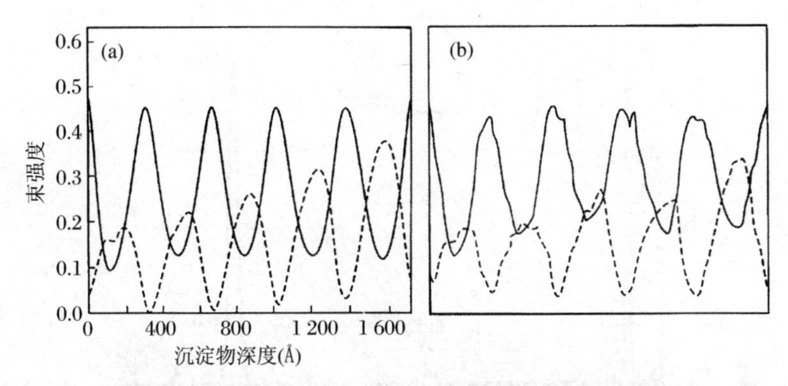

图 13.23　横跨图 8.58 中上面一颗 γ′沉淀物的表面的强度曲线（虚线为 BF，实线为 DF）与沉淀物的底表面深度的函数关系：(a) 计算强度；(b) 实验强度[3]

4．吸收和谱（ALCHEMI）

第 5 章的非弹性散射的处理中忽略了晶体周期性的一些有趣的效应。由于布洛赫波 1 进行的非弹性散射远远超过布洛赫波 2，改变晶体的倾斜（改变 s_g）也就改变了非弹性散射的量，因为倾斜的改变使布洛赫波 1 和波 2 之间的分量发生变化。非弹性散射的事件数目还依赖于衍射条件 s_g，而不仅仅依赖于材料中原子的数目。

原子位置沟道电子微分析（Atom Location by CHanneling Electron MIcroanalysis，ALCHEMI。AL：原子位置；CHE：沟道电子；MI：微分析）实验方法利用了非弹性散射对样品倾斜的敏感性。在简单的方法中利用测量样品发射的 X 射线，可以测定不同原子占据的不同晶格位置。例如，晶体中的原子 A 和 B 占据同一个晶格位置，原子 C 占据另一个晶格位置。取一个衍射 $\boldsymbol{g}$，使它和两个晶格位置的相消干涉有关。例如，衍射可以是 B2 结构超晶格（见图 6.11）的（100）衍射。B2 结构原来的体心立方晶格的体心位置被原子 A 和 B 占据，其顶角位置被原子 C 占据。倾斜样品改变这个（100）衍射的 s_g 符号，主要的布洛赫波可以使电子密度极大值从原子 A，B 上转到原子 C 上。此时特征 X 射线谱也从丰富的原子 A，B 特征线转向丰富的原子 C 特征线。有了这些知识，某些 ALCHEMI 数据就很容易解释。例如在不同的倾斜下，原子 A 和 B 的 X 射线同样地增减（C 的 X 射线强度不变），这就告诉我们原子 B 和 A 占据同一个晶格位置。

图 13.24 是 NiAl-Ti 合金中观察到的这一效应。在合金中添加 Ti 可以增加 NiAl 合金的强度和蠕变阻力。为了理解这一效应，首先需要测定 Ti 占据的是 B2 结构中的 Ni 晶格位还是 Al 晶格位。图 13.24 的 X 射线能谱是[001]取向，样品

在双束条件下(100)超晶格衍射的 $s>0$ 和 $s\ll 0$ 两种情况的结果,两者分别把电子密度集中在(轻)原子 Al 上或(重)原子 Ni 上。两个谱处理后使 Ni K_α 峰强度保持不变,而两个谱中($s\ll 0$)Al K_α 和 Ti K_α 峰同时显著改变。由此可见,Ti 原子位于 Al 原子位置。

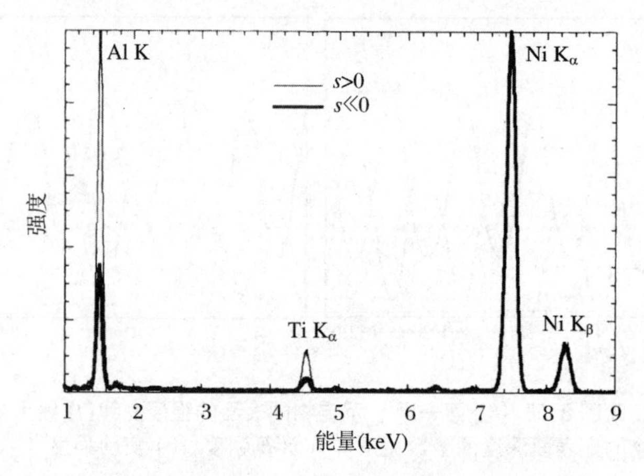

图 13.24 NiAl-4.3%Ti 合金在 $s>0$ 和 $s\ll 0$ 两种情况的 EDS 谱($g=100$)[4]

13.8 电子衍射的多束动力学理论‡*

高分辨 TEM 像形成于向前束和少数低阶衍射束的波的干涉(第 11 章)。HRTEM 不能形成于具有 Δk 大的衍射,因为它们的相位被物镜的球差干扰,它们的衬度被传递函数阻尼(仪器的不稳定性等)。在电子通过样品的实际计算中需要高阶衍射。在中等厚度的样品中,低阶束的电子波的振幅在许多不同阶的束之间来回转移多次,随后在样品底出射。因此,正确的像模拟一般需要动力学方程的一般 n 束解,如式(13.20)或式(13.34),即使在形成像时只用了少数几个低阶束。

为了进一步正式操作,重新写出式(13.34)的矩阵形式是有利的。[5] 在重写式(13.34)时,各个分量是实际衍射波的振幅:

$$\frac{\partial\, \underline{\boldsymbol{\phi}}(z)}{\partial z} = \mathrm{i}\underline{\underline{\boldsymbol{A}}}\underline{\boldsymbol{\phi}}(z) \tag{13.207}$$

矢量$\underline{\boldsymbol{\phi}}(z)$是

$$\underline{\boldsymbol{\phi}}(z) = \begin{bmatrix} \phi_0(z) \\ \phi_g(z) \\ \phi_{2g}(z) \\ \vdots \end{bmatrix} \tag{13.208}$$

其中的分量是衍射束的振幅。矩阵$\underline{\boldsymbol{A}}$是

$$\underline{\boldsymbol{A}} = \begin{bmatrix} 0 & \frac{1}{2\xi_{-g}} & \frac{1}{2\xi_{-2g}} & \cdots \\ \frac{1}{2\xi_g} & s_g & \frac{1}{2\xi_{-g}} & \cdots \\ \frac{1}{2\xi_{2g}} & \frac{1}{2\xi_g} & s_{2g} & \cdots \\ \vdots & \vdots & \vdots & \end{bmatrix} \tag{13.209}$$

矩阵方程(13.207)的正式解是简单的：

$$\underline{\boldsymbol{\phi}}(z) = e^{i\underline{A}z}\,\underline{\boldsymbol{\phi}}\,(z = 0) \tag{13.210}$$

这里，晶体顶入射束的边界条件是

$$\underline{\boldsymbol{\phi}}(z = 0) = \begin{bmatrix} 1 \\ 0 \\ 0 \\ \vdots \end{bmatrix} \tag{13.211}$$

方程(13.210)表明：式(13.211)中的入射束如何牵涉进一套衍射束。现在，有两个合理的方法去发展动力学理论。它们是：

- 建立一个本征值方程

$$\underline{\boldsymbol{A}}\underline{\boldsymbol{C}}^{(j)} = \gamma^{(j)}\,\underline{\boldsymbol{C}}^{(j)} \tag{13.212}$$

本征矢量$\underline{\boldsymbol{C}}^{(j)}$的分量是衍射束的权重和。它们是高能电子的布洛赫波态。13.4 节发展了这种本征方程的最简单场合——双束动力学理论。2×2 矩阵$\underline{\boldsymbol{A}}$给出了二次久期方程，它可以容易地解出来两个 $\gamma^{(j)}$。本征值方法随束的数目 n 的增大而变得困难起来，因为$\underline{\boldsymbol{A}}$变成了 $n \times n$ 矩阵(虽然它的最大元素在对角线附近)。

- 直接用式(13.210)得出

$$e^{i\underline{A}z} = (e^{i\underline{A}\Delta z})^n \tag{13.213}$$

(这里 $z = n\Delta z$)。指数 n 指出算符 $e^{i\underline{A}\Delta z}$ 必须作用于矢量$\underline{\boldsymbol{\phi}}(z = 0)$ n 次，使在深度 z 处产生衍射束振幅。每次操作使深度增加 Δz。

在发展第二种方法时，更方便地是把式(13.213)中的算符写成以下形式：

$$e^{i\underline{A}\Delta z} = e^{i\underline{s}\Delta z}\,e^{i\sigma\underline{U}\Delta z} \tag{13.214}$$

在这里新的矩阵被定义为

$$\underline{s} = \begin{bmatrix} 0 & 0 & 0 & \cdots \\ 0 & s_g & 0 & \cdots \\ 0 & 0 & s_{2g} & \cdots \\ \vdots & \vdots & \vdots & \end{bmatrix} \tag{13.215}$$

$$\underline{U} = \begin{bmatrix} 0 & U_{-g} & U_{-2g} & \cdots \\ U_g & 0 & U_{-g} & \cdots \\ U_{2g} & U_g & 0 & \cdots \\ \vdots & \vdots & \vdots & \end{bmatrix} \tag{13.216}$$

消光距离 ξ_g 和晶体势的傅里叶分量 U_g 的联系(见式(13.18))通过以下恒量建立:

$$\sigma = -\frac{me}{h^2 k} \tag{13.217}$$

式(13.214)中的两个因子是传播函数 $e^{i\underline{s}\Delta z}$ 和相光栅 $e^{i\sigma\underline{U}\Delta z}$。在 13.2.3 小节中已讨论过相光栅。这是衍射束和势场傅里叶分量的卷积,如式(13.25)所示。这个 k 空间的卷积在实空间更容易完成,在实空间它变成了乘法。传播函数比较容易在 k 空间应用。对每一个深度增量 Δz,式(13.213)的直接方法需要一次正向的傅里叶变换和一次傅里叶逆变换。虽然麻烦,这些操作的高性能算法是寻常的。式(13.214)中的直接方法是计算固体中高能电子动力学行为的优良方法。这种方法称为物理光学方法或考利-莫迪(Cowley-Moodie)方法。在 11.2.3 小节中介绍过它的概念,且在 11.4 节中进行过实际处理。

13.9 拓展阅读

Amelinckx S, Gevers R, Van Landuyt J. Diffraction and Imaging Techniques in Materials Science. Amsterdam: North-Holland, 1978.

Cowley J M. Diffraction Physics. 2nd ed. Amsterdam: North-Holland, 1975.

Hirsch P B, Howie A, Nicholson R B, et al. Electron Microscopy of Thin Crystals. Malabar: R.E. Krieger, 1977.

Metherell A J F. Diffraction of Electrons by Perfect Crystals//Valdre U, Ruedl E. Electron Microscopy in Materials Science Ⅱ. CEC Brussels, 1975: 387.

Reimer L. Transmission Electron Microscopy: Physics of Image Formation and Microanalysis. 4th ed. New York: Springer-Verlag, 1997.

Spence J C H, Zuo J M. Electron Microdiffraction. Plenum Press, 1992.

Thomas G, Goringe M J. Transmission Electron Microscopy of Materials. New

York: Wiley-Interscience, 1979.

Williams D B, Carter C. B. Transmission Electron Microscopy: A Textbook for Materials Science. New York: Plenum Press, 1996.

习 题

13.1 (1) 证明 $\gamma^{(1)}$ 和 $\gamma^{(2)}$ 的乘积是一条双曲线的方程。

(2) 证明 $\gamma^{(1)}$ 和 $\gamma^{(2)}$ 的和是一个常量。

(3) 在上面(1)和(2)的结果中,哪个结果对应一个材料参数?哪个对应一个衍射条件?

13.2 证明式(13.93)和式(13.95)的归一化因子是 $1/V$。

13.3 利用狄拉克符号,束$\{|0\rangle, |g\rangle\}$和布洛赫波$\{|1\rangle, |2\rangle\}$在双束动力学理论中存在下列关系:

$$|0\rangle = C_0^{(1)} |1\rangle + C_0^{(2)} |2\rangle \tag{13.218}$$

$$|g\rangle = C_g^{(1)} |1\rangle + C_g^{(2)} |2\rangle \tag{13.219}$$

我们有归一化关系:

$$|C_0^{(1)}|^2 + |C_0^{(2)}|^2 = 1 \tag{13.220}$$

$$|C_g^{(1)}|^2 + |C_g^{(2)}|^2 = 1 \tag{13.221}$$

而布洛赫波是正交的:

$$\langle(1) | (1)\rangle = 1 \tag{13.222}$$

$$\langle(2) | (2)\rangle = 1 \tag{13.223}$$

$$\langle(1) | (2)\rangle = 0 \tag{13.224}$$

$$\langle(2) | (1)\rangle = 0 \tag{13.225}$$

仅从这些关系出发,利用狄拉克符号证明:

(1) $\langle(0)|(0)\rangle = 1, \langle(g)|(g)\rangle = 1$;

(2) 如果$\langle(0)|(g)\rangle = 0$,那么 $C_0^{(1)} * C_g^{(1)} + C_0^{(2)} * C_g^{(2)} = 0$。

13.4 考虑双束动力学理论:

(1) 利用衍射束振幅的表达式

$$\phi_g = \mathrm{i}\mathrm{e}^{\mathrm{i}s_g z/2} \sin\beta \sin\left[\frac{s_g z}{2}\sqrt{1 + (s_g \xi_g)^{-2}}\right] \tag{13.226}$$

和向前束的式(13.155)

$$\phi_0 = \mathrm{i}\mathrm{e}^{\mathrm{i}s_g z/2}\left\{\cos\left[\frac{s_g z}{2}\sqrt{1 + (s_g \xi_g)^{-2}}\right] - \mathrm{i}\cos\beta \sin\left[\frac{s_g z}{2}\sqrt{1 + (s_g \xi_g)^{-2}}\right]\right\} \tag{13.227}$$

证明：

$$|\phi_0|^2+|\phi_g|^2=1 \tag{13.228}$$

(2) 从式(13.142)出发，推导出 ϕ_0 的式(13.155)(即式(13.227))。

13.5 利用 ϕ_g 的表达式(13.154)：

$$\phi_g = \mathrm{i}\mathrm{e}^{\mathrm{i}s_g z/2}\sin\beta\sin\left[\frac{s_g z}{2}\sqrt{1+(s_g\xi_g)^{-2}}\right] \tag{13.229}$$

(1) 计算运动学极限情形，即在 $s_g=s_{\mathrm{eff}}$ 时的 $\mathrm{d}\phi_g/\mathrm{d}z$ 值。

(2) 证明这一结果可以用来产生运动学理论的相位-振幅图。

13.6 设有两个简单的谐振子，每个质量为 m，弹簧系数为 K，用一条弱弹簧将两个谐振子耦合在一起后的弹簧系数为 k，如图 13.25 所示。假设谐振子只做一维的水平运动。

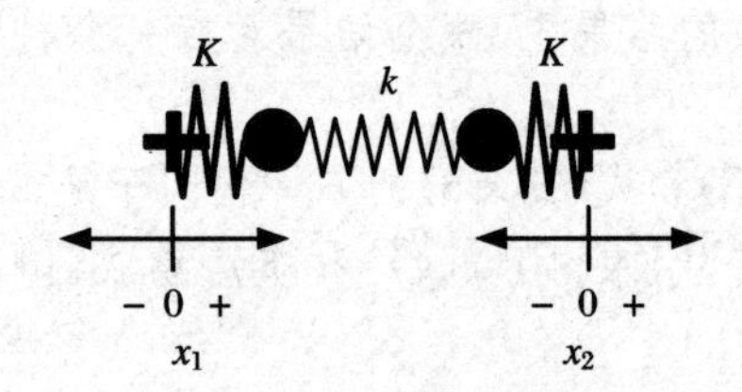

图 13.25 习题 13.6

当两个振子分别位于 $x_1=0$ 和 $x_2=0$ 时，两个振子处于静止状态，三条弹簧的受力都等于零。运动方程 $x_1(t)$ 和 $x_2(t)$ 分别是

$$m\frac{\mathrm{d}^2x_1}{\mathrm{d}t^2}=-Kx_1-k(x_1-x_2) \tag{13.230}$$

$$m\frac{\mathrm{d}^2x_2}{\mathrm{d}t^2}=-Kx_2-k(x_2-x_2) \tag{13.231}$$

(1) 假设方程的解的形式为

$$\begin{bmatrix}x_1(t)\\x_2(t)\end{bmatrix}=\begin{bmatrix}X_1^{(j)}\\X_2^{(j)}\end{bmatrix}\mathrm{e}^{\mathrm{i}\omega^{(j)}t} \tag{13.232}$$

其中，$X_1^{(j)}$ 和 $X_2^{(j)}$ 均为常量，求解 $\omega^{(j)}$ 的两个值。

(提示：求解久期方程中的 $m\omega^2$，并且参阅(4)。)

(2) 在(1)的结果中，哪些项的作用类似于双束动力学理论中的 $\gamma^{(j)}$，$(2\xi_g)^{-1}$ 和 s_g(部分)这三项？

(3) 对从(1)求得的每个 $\omega^{(j)}$ 值，求解出相应的 $X_1^{(j)}$ 和 $X_2^{(j)}$ 值。

(4) 对 $k\ll K$ 的情形，做下列近似：

$$\omega^{(2)}=\sqrt{\frac{K+2k}{m}}\approx\sqrt{\frac{K}{m}}\left(1+\frac{k}{K}\right) \tag{13.233}$$

并求出变量 $x_1(t)$ 和 $x_2(t)$ 耦合之后的拍周期。

(提示：对所求出的解做线性组合：

$$A\begin{bmatrix}X_1^{(1)}\\X_2^{(1)}\end{bmatrix}e^{i\omega(1)t}+B\begin{bmatrix}X_1^{(2)}\\X_2^{(2)}\end{bmatrix}e^{i\omega^{(2)}t}=\begin{bmatrix}x_1(t)\\x_2(t)\end{bmatrix}a \tag{13.234}$$

选择 A 和 B,使得在 $t=0$ 的边界条件满足:

$$\begin{bmatrix}x_1(t=0)\\x_2(t=0)\end{bmatrix}=\begin{bmatrix}1\\0\end{bmatrix} \tag{13.235}$$

其中,a 是振子1的初始位移。

13.7 (1) 利用式(13.198)和式(13.199),推导出BF和DF条件下堆垛层错衬度的一般表达式。

(2) 利用图形化数学软件绘画出,在 $\boldsymbol{g}\cdot\delta\boldsymbol{r}=-2\pi/3$ 情形时(1)中BF和DF的强度 $-t_1$ 关系,包括通过式(13.206)得到的吸收。选取 $\xi_{g'}=7\xi_g$ 且设 $t_1+t_2=10\xi_g$。

(提示:需要改写余弦和正弦函数成为 $\sin x=1/(2\mathrm{i})\times[\exp(-\mathrm{i}x)-\exp(\mathrm{i}x)]$ 和 $\cos x=(1/2)[\exp(-\mathrm{i}x)+\exp(\mathrm{i}x)]$。)

请检验图8.55。

13.8 (难度很大)利用相光栅近似:

$$\psi(x,y,z)=e^{\mathrm{i}\boldsymbol{k}\cdot\boldsymbol{r}}\exp\left[\mathrm{i}\int_0^t\frac{m}{h^2k}V(x,y,z)\mathrm{d}z\right] \tag{13.236}$$

推导出从两个重叠晶体发出的、沿着 x 方向的 $\boldsymbol{g}$ 衍射的叠栅条纹。每个晶体的厚度为 t,且沿 x 方向的势为

$$V_0+V_1\cos(\boldsymbol{g}_1\cdot\boldsymbol{x}) \tag{13.237}$$

$$V_0+V_1\cos(\boldsymbol{g}_2\cdot\boldsymbol{x}) \tag{13.238}$$

(提示:把势写成为平均值为 $\bar{\boldsymbol{g}}$、差值为 $\Delta\boldsymbol{g}$ 的余弦函数的乘积。)

13.9 (难)一个高能电子近似沿[$1\bar{1}1$]方向入射到一块fcc晶体,使得(220)和($20\bar{2}$)衍射满足精确的劳厄条件。

(1) 推导出在晶体中布洛赫波的表达式,包括原子周围的电子密度。

(提示:在等效于式(13.116)的3×3矩阵中,由于几何对称关系,证明对角线上的三个元素是相等的。)

(2) 把这些结果和双束情形中只有(220)衍射的结果相比较。

参考文献

Chapter 13 title figure is an enlargement of Fig.13.15.

[1] Figure reprinted with the courtesy of Dr. Chang Y C.

[2] Hirsch P B, Howie A, Nicholson R B, et al. Electron Microscopy of Thin Crystals. Florida: R. E. Krieger, 1977: 222-242.

[3] Prabhu N, Howe J M. Philos. Mag. A, 1991, 63: 650. Figure reprinted with the courtesy of Taylor & Francis, Ltd.

[4] Wilson A W. Microstructural examination of NiAl alloys. Charlottesville: University of Virginia, VA, 1999. Figure reprinted with the courtesy of Dr. Wilson A W.

[5] Rez P. Private communication of academic course notes.

附　　录
Appendix

A.1　粉末X射线衍射花样的指数标定
Indexed Power Diffraction Patterns

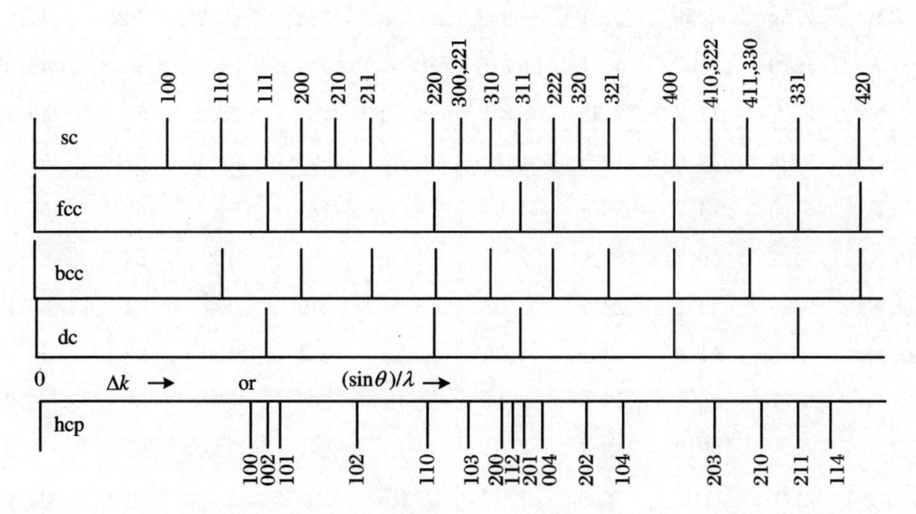

Fig. A. 1　Indices of peaks in powder diffraction patterns from simple cubic, face-centered cubic, body-centered cubic, diamond cubic, and hexagonal close-packed crystals

A.2　特征 X 射线 $K_{\bar{\alpha}}$的质量衰减系数

Mass Attenuation Coefficients for Characteristic $K_{\bar{\alpha}}$ X-Rays

Table A.1　Mass attenuation coefficients for characteristic $K_{\bar{\alpha}}$ X-rays (cm^2/g)

Z	Cr	Co	Cu	Mo	Z	Cr	Co	Cu	Mo
1 H	0.412	0.397	0.391	0.373	23 V	$\overline{74.7}$	325	219	26.0
2 He	0.498	0.343	0.292	0.202	24 Cr	86.8	408	247	29.9
3 Li	1.30	0.693	0.500	0.198	25 Mn	97.5	$\underline{393}$	270	33.1
4 Be	3.44	1.67	1.11	0.256	26 Fe	113	$\overline{57.2}$	302	37.6
5 B	7.59	3.59	2.31	0.368	27 Co	124	63.2	$\underline{321}$	41.0
6 C	15.0	7.07	4.51	0.576	28 Ni	144	73.5	$\overline{48.8}$	46.9
7 N	24.7	11.7	7.44	0.845	29 Cu	153	78.0	51.8	49.1
8 O	37.8	18.0	11.5	1.22	30 Zn	171	87.1	57.9	54.0
9 F	51.5	24.7	15.8	1.63	31 Ga	183	93.4	62.1	57.0
10 Ne	74.1	35.8	22.9	2.35	32 Ge	199	102	67.9	61.2
11 Na	94.9	46.2	29.7	3.03	33 As	219	112	74.7	66.1
12 Mg	126	61.9	40.0	4.09	34 Se	234	120	80.0	69.5
13 Al	155	76.4	49.6	5.11	35 Br	260	133	89.0	75.6
14 Si	196	97.8	63.7	6.64	36 Kr	277	142	95.2	79.3
15 P	230	115	75.5	7.97	37 Rb	303	156	104	85.1
16 S	281	142	93.3	9.99	38 Sr	328	170	113	90.6
17 Cl	316	161	106	11.5	39 Y	358	185	124	$\underline{97.0}$
18 Ar	342	176	116	12.8	40 Zr	386	200	139	$\overline{16.3}$
19 K	421	218	145	16.2	41 Nb	416	216	145	17.7
20 Ca	490	255	170	19.3	42 Mo	442	230	154	18.8
21 Sc	516	269	180	20.8	43 Tc	474	247	166	20.4
22 Ti	$\underline{590}$	291	200	23.4	44 Ru	501	262	176	21.7

Continued

Z	Cr	Co	Cu	Mo	Z	Cr	Co	Cu	Mo
45 Rh	536	280	189	23.3	70 Yb	387	206	142	80.4
46 Pd	563	295	199	24.7	71 Lu	431	229	156	84.0
47 Ag	602	316	213	26.5	72 Hf	425	227	155	86.9
48 Cd	626	329	222	27.8	73 Ta	432	231	158	90.4
49 In	663	349	236	29.5	74 W	457	246	168	93.8
50 Sn	691	364	247	31.0	75 Re	501	268	187	97.4
51 Sb	723	383	259	32.7	76 Os	499	268	184	100
52 Te	740	394	267	33.8	77 Ir	520	278	191	104
53 I	796	425	288	36.7	78 Pt	541	276	188	107
54 Xe	721	440	299	38.2	79 Au	551	295	201	112
55 Cs	760	465	317	40.7	80 Hg	541	273	188	115
56 Ba	570	480	325	42.3	81 Tl	597	331	226	118
57 La	225	507	348	44.9	82 Pb	643	343	235	122
58 Ce	238	535	368	47.7	83 Bi	666	355	244	126
59 Pr	238	565	390	50.7	84 Po	691	370	254	132
60 Nd	251	505	404	53.0	85 At	680	363	248	117
61 Pm	294	400	426	56.3	86 Rn	734	392	267	108
62 Sm	279	440	434	57.8	87 Fr	758	403	277	87.0
63 Eu	309	153	434	60.9	88 Ra	743	398	273	88.0
64 Gd	298	161	403	62.6	89 Ac	739	461	317	90.8
65 Tb	332	180	321	65.8	90 Th	768	406	306	96.5
66 Dy	325	176	362	68.3	91 Pa	738	394	271	101
67 Ho	347	187	129	71.3	92 U	766	420	288	102
68 Er	352	191	132	74.4	93 Np	800	430	314	42.2
69 Tm	386	206	140	77.9	94 PU	760	408	280	39.9

Example Calculate the fraction, I/I_0, of Mo $K_{\bar{\alpha}}$ X-rays transmitted through 0.01 cm of metallic Ag(having density 10.5 g cm^{-2}):

$$I/I_0 = \exp(-26.5\ cm^2\ g^{-1}\ 10.5\ g\ cm^{-3} 0.01\ cm) = e^{-2.78} = 0.062$$

A.3　X 射线的原子(散射)形状因子 Atomic Form Factors for X-Rays

Table A.2 of X-ray atomic form factors, $f_x(s)$, for elements and some ions was obtained from calculations with a Dirac-Fock method by D. Rez, P. Rez, I. Grant, Acta Crystallogr. A50, 481 (1994). The column headings are $s \equiv (\sin\theta)/\lambda$, in units of Å^{-1}. This diffraction vector, s, is converted to the Δk used in the text by multiplicationby 4π.

The tabulated values of $f_x(s)$ are in electron units. Conversion to units of cm is performed by multiplying them by the "classical electron radius," $e^2 m^{-1} c^{-2} = 2.817\,94 \times 10^{-13}$ cm.

A.4　X 射线反常散射的色散校正 X-Ray Dispersion Corrections for Anomalous Scattering

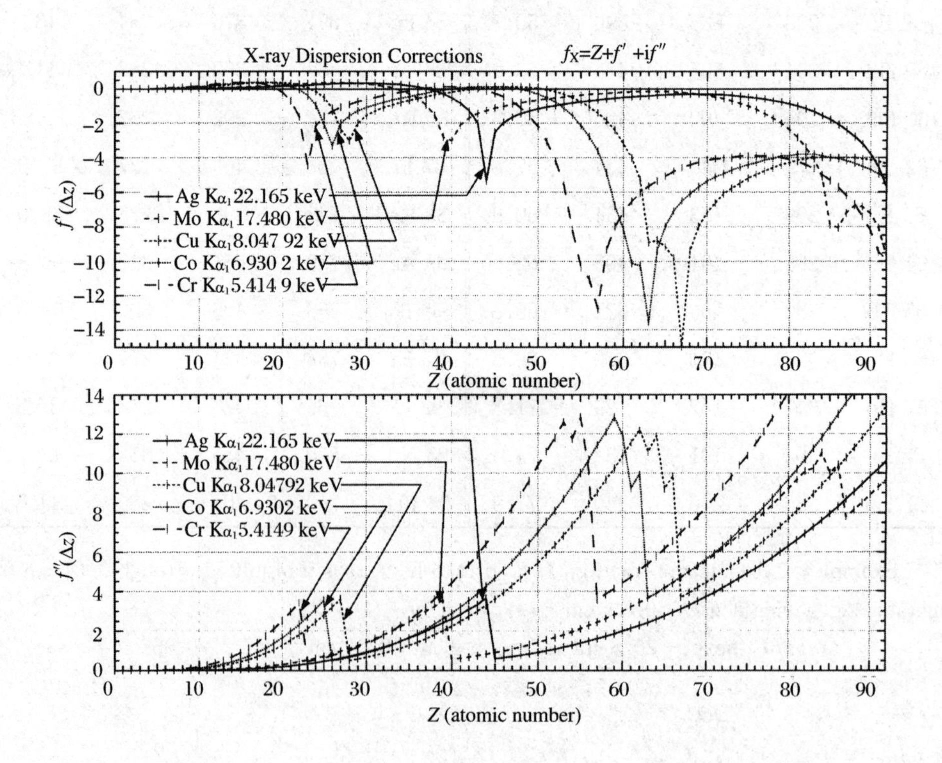

Table A. 2　Atomic form factors for high-energy X-rays

s	0.0	0.05	0.1	0.15	0.2	0.25	0.3	0.35	0.4	0.5	0.6	0.7	0.8	0.9	1.0	1.2	1.4	1.6	1.8	2.0	2.5	3.0	4.0	5.0	6.0
He	2.00	1.96	1.84	1.66	1.46	1.26	1.06	0.89	0.74	0.51	0.35	0.25	0.18	0.13	0.10	0.05	0.03	0.02	0.01	0.01	0.00	0.00	0.00	0.00	0.00
Li^{+1}	2.00	1.98	1.94	1.86	1.76	1.65	1.52	1.40	1.27	1.03	0.82	0.64	0.51	0.40	0.32	0.20	0.13	0.09	0.06	0.04	0.02	0.01	0.00	0.00	0.00
Li	3.00	2.71	2.22	1.90	1.74	1.63	1.51	1.39	1.27	1.03	0.83	0.65	0.51	0.41	0.32	0.21	0.14	0.09	0.06	0.05	0.02	0.01	0.00	0.00	0.00
Be^{+2}	2.00	1.99	1.97	1.93	1.87	1.80	1.73	1.64	1.55	1.37	1.18	1.01	0.85	0.72	0.60	0.43	0.30	0.22	0.16	0.12	0.06	0.03	0.01	0.01	0.00
Be	4.00	3.71	3.07	2.47	2.06	1.83	1.69	1.60	1.52	1.36	1.20	1.03	0.88	0.74	0.62	0.44	0.31	0.22	0.16	0.12	0.06	0.03	0.01	0.01	0.00
B	5.00	4.73	4.06	3.32	2.70	2.27	1.98	1.80	1.68	1.53	1.40	1.28	1.15	1.02	0.90	0.69	0.53	0.40	0.30	0.23	0.13	0.07	0.03	0.01	0.01
C	6.00	5.75	5.12	4.33	3.57	2.96	2.50	2.18	1.95	1.69	1.54	1.43	1.32	1.22	1.12	0.92	0.74	0.59	0.47	0.37	0.22	0.13	0.05	0.02	0.01
N	7.00	6.78	6.18	5.39	4.57	3.83	3.22	2.75	2.40	1.94	1.70	1.55	1.45	1.35	1.27	1.09	0.92	0.77	0.64	0.53	0.33	0.21	0.09	0.04	0.02
O	8.00	7.80	7.25	6.47	5.63	4.81	4.09	3.49	3.01	2.34	1.95	1.72	1.57	1.46	1.38	1.22	1.07	0.93	0.79	0.68	0.44	0.29	0.14	0.07	0.04
O^{-1}	9.00	8.71	7.92	6.89	5.84	4.89	4.10	3.47	2.98	2.32	1.94	1.71	1.57	1.46	1.38	1.22	1.07	0.92	0.79	0.67	0.44	0.29	0.13	0.07	0.04
O^{-2}	10.00	9.59	8.54	7.22	5.96	4.90	4.06	3.42	2.94	2.30	1.93	1.71	1.57	1.47	1.38	1.22	1.07	0.92	0.79	0.67	0.44	0.29	0.13	0.07	0.03
F	9.00	8.82	8.30	7.56	6.71	5.86	5.06	4.36	3.76	2.88	2.31	1.96	1.74	1.59	1.48	1.33	1.19	1.06	0.93	0.81	0.57	0.39	0.19	0.10	0.06
F^{-1}	10.00	9.73	9.02	8.04	6.98	5.98	5.09	4.35	3.74	2.85	2.29	1.95	1.73	1.59	1.48	1.32	1.19	1.05	0.93	0.81	0.56	0.39	0.19	0.10	0.06
Ne	10.00	9.83	9.35	8.65	7.81	6.93	6.09	5.31	4.63	3.54	2.80	2.30	1.97	1.76	1.61	1.42	1.28	1.16	1.04	0.93	0.68	0.49	0.25	0.14	0.08
Na^{+1}	10.00	9.88	9.55	9.03	8.38	7.65	6.90	6.17	5.48	4.30	3.40	2.76	2.31	2.00	1.79	1.53	1.37	1.25	1.14	1.03	0.79	0.59	0.33	0.18	0.11
Na	11.00	10.57	9.76	9.03	8.34	7.62	6.89	6.16	5.48	4.30	3.40	2.76	2.31	2.00	1.79	1.53	1.37	1.25	1.14	1.03	0.79	0.59	0.32	0.19	0.11
Mg^{+2}	10.00	9.91	9.66	9.27	8.76	8.16	7.52	6.86	6.22	5.03	4.05	3.29	2.73	2.32	2.03	1.66	1.46	1.33	1.22	1.12	0.89	0.69	0.40	0.23	0.14
Mg	12.00	11.51	10.48	9.51	8.74	8.08	7.45	6.82	6.20	5.04	4.07	3.30	2.73	2.32	2.03	1.66	1.46	1.33	1.22	1.12	0.89	0.69	0.40	0.24	0.14
Al^{+3}	10.00	9.93	9.74	9.43	9.02	8.53	7.98	7.41	6.83	5.70	4.70	3.87	3.21	2.71	2.33	1.85	1.58	1.41	1.29	1.20	0.98	0.78	0.48	0.29	0.18
Al	13.0	12.44	11.23	10.06	9.16	8.47	7.88	7.32	6.77	5.70	4.72	3.89	3.23	2.72	2.34	1.84	1.57	1.41	1.29	1.20	0.98	0.78	0.48	0.29	0.18
Si	14.00	13.44	12.15	10.78	9.68	8.86	8.24	7.70	7.21	6.25	5.32	4.48	3.76	3.17	2.71	2.08	1.72	1.51	1.37	1.27	1.06	0.87	0.56	0.35	0.22
P	15.00	14.46	13.14	11.63	10.33	9.34	8.60	8.03	7.55	6.68	5.84	5.03	4.29	3.66	3.13	2.37	1.91	1.63	1.45	1.34	1.12	0.94	0.63	0.42	0.27

Continued

s	0.0	0.05	0.1	0.15	0.2	0.25	0.3	0.35	0.4	0.5	0.6	0.7	0.8	0.9	1.0	1.2	1.4	1.6	1.8	2.0	2.5	3.0	4.0	5.0	6.0
S	16.00	15.48	14.18	12.58	11.11	9.93	9.04	8.38	7.86	7.02	6.26	5.51	4.80	4.15	3.58	2.71	2.14	1.78	1.56	1.41	1.18	1.01	0.71	0.48	0.32
Cl	17.00	16.51	15.24	13.60	12.00	10.64	9.58	8.79	8.19	7.31	6.60	5.92	5.25	4.62	4.03	3.08	2.41	1.97	1.69	1.50	1.24	1.07	0.77	0.54	0.37
Cl^{-1}	18.00	17.36	15.76	13.81	12.02	10.59	9.53	8.75	8.16	7.31	6.61	5.93	5.26	4.62	4.03	3.08	2.41	1.97	1.69	1.50	1.24	1.07	0.77	0.54	0.37
Ar	18.00	17.54	16.30	14.66	12.96	11.45	10.23	9.28	8.57	7.58	6.88	6.26	5.65	5.04	4.47	3.47	2.72	2.20	1.85	1.62	1.30	1.12	0.84	0.60	0.43
K^{+1}	18.00	17.65	16.68	15.30	13.77	12.29	10.98	9.91	9.06	7.89	7.13	6.53	5.97	5.41	4.87	3.86	3.05	2.46	2.04	1.75	1.37	1.18	0.90	0.66	0.48
K	19.00	18.21	16.74	15.25	13.74	12.28	10.99	9.92	9.07	7.90	7.13	6.53	5.97	5.41	4.87	3.86	3.05	2.46	2.04	1.75	1.37	1.18	0.89	0.66	0.48
Ca^{+2}	18.00	17.72	16.94	15.78	14.42	13.03	11.72	10.59	9.64	8.27	7.40	6.77	6.24	5.73	5.22	4.24	3.40	2.74	2.26	1.91	1.45	1.23	0.95	0.72	0.53
Ca	20.00	19.09	17.34	15.73	14.31	12.97	11.72	10.60	9.66	8.28	7.40	6.77	6.23	5.72	5.22	4.24	3.40	2.74	2.25	1.91	1.45	1.23	0.95	0.72	0.53
Sc	21.00	20.13	18.36	16.65	15.14	13.74	12.43	11.25	10.24	8.70	7.69	7.00	6.47	5.98	5.51	4.58	3.73	3.03	2.49	2.10	1.54	1.28	1.00	0.78	0.58
Ti^{+4}	18.00	17.81	17.26	16.42	15.36	14.20	13.01	11.88	10.85	9.20	8.05	7.26	6.69	6.22	5.78	4.91	4.08	3.35	2.76	2.31	1.64	1.34	1.04	0.82	0.64
Ti	22.00	21.17	19.41	17.64	16.05	14.58	13.21	11.96	10.86	9.16	8.02	7.25	6.68	6.21	5.76	4.88	4.05	3.32	2.74	2.30	1.64	1.34	1.04	0.83	0.63
V^{+5}	18.00	17.84	17.37	16.63	15.70	14.65	13.54	12.46	11.43	9.70	8.44	7.55	6.92	6.43	6.00	5.19	4.39	3.65	3.03	2.54	1.77	1.41	1.09	0.87	0.69
V	23.00	22.21	20.48	18.66	17.00	15.47	14.03	12.71	11.54	9.67	8.38	7.51	6.90	6.41	5.98	5.15	4.34	3.61	3.00	2.51	1.76	1.41	1.09	0.87	0.68
Cr^{+4}	20.00	19.80	19.23	18.34	17.23	15.98	14.68	13.42	12.25	10.27	8.83	7.84	7.14	6.62	6.19	5.40	4.63	3.91	3.28	2.75	1.90	1.48	1.13	0.91	0.73
Cr	24.00	23.33	21.79	20.02	18.25	16.56	14.97	13.52	12.24	10.19	8.77	7.80	7.12	6.61	6.18	5.38	4.61	3.88	3.25	2.73	1.89	1.48	1.13	0.92	0.73
Mn^{+2}	23.00	22.71	21.87	20.63	19.13	17.52	15.92	14.42	13.06	10.84	9.24	8.14	7.37	6.81	6.37	5.59	4.86	4.15	3.51	2.97	2.04	1.57	1.17	0.96	0.78
Mn	25.00	24.28	22.61	20.76	19.01	17.36	15.81	14.36	13.04	10.85	9.25	8.15	7.38	6.81	6.37	5.59	4.86	4.15	3.51	2.97	2.04	1.57	1.17	0.96	0.78
Fe^{+2}	24.00	23.71	22.89	21.65	20.14	18.51	16.87	15.32	13.89	11.50	9.75	8.51	7.65	7.03	6.55	5.78	5.08	4.39	3.76	3.20	2.20	1.66	1.22	1.00	0.82
Fe	26.00	25.30	23.68	21.83	20.05	18.35	16.75	15.24	13.85	11.51	9.76	8.52	7.65	7.03	6.55	5.78	5.08	4.40	3.76	3.20	2.20	1.66	1.21	1.00	0.82
Co^{+2}	25.00	24.72	23.90	22.67	21.17	19.52	17.85	16.24	14.75	12.22	10.30	8.93	7.96	7.26	6.75	5.96	5.28	4.62	3.99	3.43	2.37	1.77	1.26	1.03	0.86
Co	27.00	26.33	24.75	22.90	21.10	19.37	17.71	16.15	14.70	12.22	10.32	8.94	7.96	7.27	6.75	5.96	5.28	4.62	4.00	3.43	2.37	1.77	1.26	1.04	0.86
Ni^{+2}	26.00	25.72	24.92	23.70	22.20	20.54	18.85	17.20	15.65	12.97	10.91	9.39	8.30	7.52	6.95	6.13	5.46	4.82	4.22	3.65	2.55	1.88	1.31	1.07	0.90

Continued

s	0.0	0.05	0.1	0.15	0.2	0.25	0.3	0.35	0.4	0.5	0.6	0.7	0.8	0.9	1.0	1.2	1.4	1.6	1.8	2.0	2.5	3.0	4.0	5.0	6.0
Ni	28.00	27.36	25.81	23.98	22.16	20.40	18.70	17.09	15.59	12.97	10.92	9.40	8.31	7.53	6.95	6.12	5.46	4.83	4.22	3.66	2.55	1.88	1.31	1.07	0.90
Cu^{+2}	27.00	26.73	25.94	24.74	23.24	21.58	19.86	18.17	16.57	13.77	11.56	9.90	8.69	7.81	7.18	6.29	5.62	5.01	4.42	3.86	2.73	2.01	1.36	1.11	0.94
Cu	29.00	28.38	26.87	25.05	23.22	21.44	19.71	18.06	16.50	13.76	11.57	9.91	8.70	7.82	7.18	6.29	5.63	5.02	4.43	3.87	2.73	2.01	1.36	1.11	0.94
Zn^{+2}	28.00	27.73	26.96	25.77	24.29	22.62	20.89	19.17	17.52	14.60	12.25	10.45	9.11	8.14	7.42	6.46	5.78	5.19	4.61	4.07	2.91	2.14	1.42	1.14	0.97
Zn	30.00	29.40	27.93	26.13	24.30	22.49	20.74	19.05	17.44	14.58	12.25	10.46	9.12	8.14	7.43	6.46	5.78	5.19	4.62	4.07	2.92	2.14	1.42	1.14	0.97
Ga	31.00	30.30	28.67	26.79	24.94	23.19	21.50	19.87	18.30	15.43	13.02	11.09	9.62	8.52	7.71	6.64	5.93	5.35	4.80	4.27	3.11	2.28	1.48	1.18	1.00
Ge	32.00	31.28	29.53	27.50	25.57	23.80	22.15	20.58	19.07	16.25	13.79	11.76	10.17	8.95	8.04	6.84	6.08	5.50	4.97	4.45	3.29	2.43	1.55	1.22	1.03
As	33.00	32.27	30.46	28.30	26.23	24.39	22.74	21.20	19.75	17.01	14.56	12.46	10.76	9.43	8.41	7.06	6.24	5.64	5.12	4.63	3.48	2.59	1.62	1.26	1.07
Se	34.00	33.27	31.44	29.16	26.95	25.00	23.30	21.77	20.35	17.71	15.29	13.17	11.38	9.94	8.82	7.31	6.40	5.78	5.27	4.79	3.67	2.75	1.71	1.30	1.10
Br	35.00	34.29	32.45	30.09	27.75	25.66	23.87	22.30	20.89	18.33	15.98	13.86	12.02	10.50	9.28	7.59	6.58	5.92	5.41	4.94	3.84	2.92	1.80	1.34	1.13
Br^{-1}	36.00	35.12	32.91	30.24	27.73	25.61	23.82	22.27	20.88	18.33	15.99	13.86	12.02	10.50	9.28	7.59	6.58	5.92	5.41	4.94	3.84	2.92	1.80	1.34	1.13
Kr	36.00	35.31	33.47	31.07	28.61	26.38	24.47	22.84	21.41	18.89	16.61	14.53	12.67	11.08	9.77	7.91	6.78	6.06	5.54	5.08	4.01	3.08	1.89	1.39	1.16
Rb^{+1}	36.00	35.44	33.90	31.75	29.41	27.16	25.17	23.44	21.95	19.41	17.19	15.15	13.29	11.67	10.29	8.27	7.01	6.22	5.66	5.21	4.18	3.25	2.00	1.44	1.19
Rb	37.00	35.95	33.91	31.69	29.38	27.16	25.18	23.45	21.95	19.41	17.19	15.15	13.29	11.67	10.29	8.27	7.01	6.22	5.66	5.21	4.18	3.25	2.00	1.44	1.19
Sr^{+2}	36.00	35.53	34.20	32.29	30.10	27.91	25.88	24.08	22.52	19.92	17.72	15.73	13.90	12.25	10.82	8.65	7.26	6.38	5.79	5.33	4.33	3.41	2.11	1.50	1.23
Sr	38.00	36.80	34.47	32.18	30.00	27.88	25.89	24.11	22.54	19.92	17.72	15.72	13.89	12.25	10.83	8.66	7.26	6.38	5.79	5.33	4.33	3.41	2.10	1.50	1.23
Y^{+3}	36.00	35.59	34.44	32.72	30.70	28.59	26.57	24.74	23.12	20.43	18.22	16.27	14.47	12.83	11.37	9.07	7.54	6.57	5.93	5.45	4.47	3.57	2.22	1.56	1.27
Y	39.00	37.82	35.37	32.91	30.65	28.50	26.51	24.70	23.10	20.43	18.23	16.27	14.47	12.83	11.37	9.07	7.54	6.57	5.93	5.45	4.47	3.57	2.22	1.56	1.26
Zr^{+4}	36.00	35.64	34.62	33.08	31.21	29.21	27.23	25.39	23.72	20.95	18.71	16.77	15.01	13.38	11.91	9.51	7.85	6.78	6.07	5.57	4.60	3.72	2.34	1.62	1.31
Zr	40.00	38.85	36.36	33.76	31.37	29.16	27.11	25.27	23.63	20.92	18.72	16.80	15.03	13.39	11.91	9.51	7.85	6.78	6.07	5.57	4.60	3.72	2.34	1.63	1.30
Nb^{+5}	36.00	35.68	34.77	33.37	31.65	29.76	27.84	26.01	24.33	21.48	19.19	17.25	15.51	13.90	12.43	9.97	8.19	7.01	6.23	5.69	4.73	3.87	2.47	1.70	1.35
Nb	41.00	39.97	37.59	34.90	32.30	29.89	27.71	25.78	24.11	21.37	19.18	17.30	15.56	13.95	12.46	9.97	8.19	7.01	6.23	5.69	4.72	3.86	2.46	1.70	1.34

Continued

s	0.0	0.05	0.1	0.15	0.2	0.25	0.3	0.35	0.4	0.5	0.6	0.7	0.8	0.9	1.0	1.2	1.4	1.6	1.8	2.0	2.5	3.0	4.0	5.0	6.0
Mo^{+6}	36.00	35.72	34.90	33.62	32.03	30.25	28.41	26.61	24.93	22.02	19.67	17.71	15.99	14.41	12.94	10.43	8.55	7.26	6.40	5.82	4.84	4.01	2.59	1.77	1.39
Mo	42.00	41.00	38.64	35.89	33.18	30.66	28.39	26.38	24.64	21.82	19.62	17.75	16.06	14.47	12.99	10.45	8.56	7.26	6.41	5.82	4.83	4.00	2.59	1.77	1.38
Ru	44.00	43.06	40.77	37.96	35.09	32.36	29.88	27.68	25.77	22.73	20.43	18.58	16.95	15.44	14.00	11.42	9.35	7.85	6.81	6.11	5.05	4.25	2.84	1.94	1.48
Rh	45.00	44.09	41.84	39.02	36.09	33.28	30.69	28.39	26.39	23.20	20.83	18.96	17.36	15.88	14.47	11.90	9.77	8.17	7.05	6.28	5.15	4.36	2.96	2.03	1.54
Pd^{+2}	44.00	43.46	41.93	39.67	37.02	34.27	31.62	29.22	27.10	23.71	21.22	19.32	17.73	16.28	14.92	12.37	10.21	8.52	7.31	6.46	5.25	4.47	3.09	2.12	1.60
Pd	46.00	45.23	43.18	40.37	37.31	34.31	31.55	29.11	26.99	23.65	21.21	19.32	17.74	16.30	14.93	12.38	10.21	8.52	7.31	6.46	5.25	4.47	3.09	2.12	1.59
Ag^{+2}	45.00	44.46	42.95	40.70	38.03	35.23	32.51	30.01	27.79	24.23	21.63	19.68	18.08	16.67	15.33	12.83	10.64	8.89	7.58	6.66	5.36	4.57	3.22	2.21	1.66
Ag	47.00	46.14	43.97	41.17	38.17	35.22	32.44	29.94	27.73	24.20	21.63	19.68	18.09	16.67	15.34	12.84	10.64	8.89	7.58	6.66	5.36	4.57	3.21	2.21	1.66
Cd^{+2}	46.00	45.47	43.98	41.74	39.06	36.21	33.43	30.84	28.53	24.78	22.05	20.03	18.42	17.02	15.73	13.28	11.08	9.27	7.88	6.88	5.47	4.67	3.34	2.31	1.72
Cd	48.00	47.09	44.81	41.94	38.95	36.03	33.28	30.75	28.49	24.81	22.09	20.05	18.42	17.02	15.72	13.27	11.08	9.27	7.88	6.88	5.47	4.67	3.34	2.31	1.72
In	49.00	47.97	45.52	42.60	39.66	36.80	34.09	31.57	29.28	25.45	22.57	20.43	18.76	17.35	16.07	13.69	11.51	9.66	8.20	7.12	5.59	4.77	3.45	2.42	1.79
Sn	50.00	48.92	46.33	43.29	40.31	37.49	34.83	32.34	30.05	26.12	23.10	20.83	19.09	17.66	16.40	14.08	11.94	10.05	8.53	7.38	5.71	4.86	3.57	2.52	1.86
Sb	51.00	49.90	47.21	44.02	40.95	38.12	35.50	33.05	30.78	26.81	23.67	21.27	19.44	17.98	16.72	14.45	12.34	10.45	8.88	7.66	5.85	4.95	3.68	2.63	1.93
Te	52.00	50.89	48.14	44.81	41.61	38.72	36.11	33.71	31.47	27.50	24.26	21.74	19.81	18.29	17.02	14.79	12.73	10.85	9.23	7.95	5.99	5.05	3.79	2.73	2.01
I	53.00	51.90	49.13	45.69	42.34	39.34	36.70	34.31	32.11	28.17	24.88	22.25	20.21	18.62	17.31	15.11	13.10	11.24	9.60	8.26	6.15	5.14	3.90	2.84	2.09
I^{-1}	54.00	52.69	49.50	45.75	42.28	39.29	36.66	34.30	32.11	28.18	24.88	22.25	20.21	18.62	17.31	15.11	13.10	11.24	9.60	8.26	6.15	5.14	3.90	2.84	2.09
Xe	54.00	52.92	50.14	46.61	43.11	39.99	37.28	34.88	32.70	28.81	25.50	22.78	20.64	18.96	17.61	15.41	13.45	11.61	9.96	8.57	6.33	5.24	4.00	2.95	2.18
Cs^{+1}	54.00	53.09	50.64	47.36	43.92	40.73	37.92	35.46	33.27	29.41	26.10	23.33	21.10	19.33	17.92	15.70	13.78	11.98	10.32	8.90	6.51	5.34	4.09	3.05	2.27
Cs	55.00	53.53	50.61	47.31	43.91	40.74	37.93	35.47	33.27	29.41	26.10	23.33	21.10	19.33	17.92	15.70	13.78	11.98	10.32	8.90	6.52	5.34	4.09	3.05	2.27
Ba^{+2}	54.00	53.21	51.03	48.00	44.67	41.47	38.59	36.07	33.83	29.98	26.69	23.88	21.57	19.72	18.24	15.97	14.09	12.33	10.68	9.23	6.72	5.45	4.19	3.15	2.36
Ba	56.00	54.35	51.13	47.85	44.61	41.48	38.62	36.09	33.84	29.98	26.68	23.88	21.57	19.72	18.25	15.97	14.09	12.33	10.68	9.23	6.72	5.45	4.18	3.16	2.36
La^{+3}	54.00	53.30	51.34	48.54	45.36	42.19	39.28	36.69	34.41	30.53	27.25	24.43	22.06	20.13	18.58	16.25	14.38	12.66	11.03	9.57	6.93	5.57	4.27	3.26	2.45

Continued

s	0.0	0.05	0.1	0.15	0.2	0.25	0.3	0.35	0.4	0.5	0.6	0.7	0.8	0.9	1.0	1.2	1.4	1.6	1.8	2.0	2.5	3.0	4.0	5.0	6.0
La	57.00	55.35	51.98	48.53	45.23	42.10	39.24	36.69	34.43	30.55	27.26	24.43	22.06	20.13	18.58	16.25	14.38	12.66	11.03	9.57	6.93	5.57	4.27	3.26	2.45
Ce^{+4}	54.00	53.37	51.60	49.00	45.97	42.88	39.96	37.33	35.00	31.07	27.79	24.97	22.56	20.56	18.94	16.52	14.66	12.97	11.37	9.90	7.16	5.69	4.36	3.36	2.55
Ce	58.00	56.39	53.05	49.58	46.24	43.06	40.13	37.50	35.17	31.18	27.82	24.93	22.49	20.51	18.90	16.51	14.65	12.96	11.36	9.89	7.16	5.69	4.35	3.36	2.54
Pr^{+3}	56.00	55.31	53.40	50.62	47.41	44.16	41.11	38.37	35.94	31.82	28.38	25.44	22.94	20.89	19.23	16.77	14.91	13.25	11.67	10.20	7.39	5.83	4.44	3.46	2.64
Pr	59.00	57.44	54.29	50.96	47.62	44.33	41.26	38.51	36.05	31.88	28.38	25.40	22.89	20.85	19.21	16.77	14.91	13.24	11.65	10.19	7.38	5.83	4.44	3.46	2.63
Nd^{+3}	57.00	56.32	54.43	51.67	48.45	45.17	42.07	39.25	36.75	32.51	28.98	25.96	23.40	21.28	19.56	17.03	15.16	13.52	11.97	10.51	7.63	5.97	4.52	3.55	2.73
Nd	60.00	58.47	55.34	52.02	48.66	45.34	42.21	39.38	36.86	32.56	28.98	25.92	23.35	21.24	19.54	17.02	15.16	13.52	11.96	10.49	7.62	5.97	4.52	3.55	2.73
Sm^{+3}	59.00	58.34	56.50	53.77	50.56	47.23	44.03	41.09	38.45	33.95	30.22	27.05	24.35	22.10	20.26	17.55	15.63	14.03	12.53	11.10	8.12	6.28	4.68	3.73	2.92
Sm	62.00	60.53	57.46	54.15	50.77	47.39	44.16	41.20	38.55	34.00	30.23	27.02	24.31	22.06	20.23	17.55	15.63	14.03	12.52	11.09	8.11	6.28	4.67	3.74	2.91
Eu^{+3}	60.00	59.35	57.53	54.83	51.63	48.28	45.03	42.04	39.33	34.70	30.87	27.62	24.84	22.52	20.62	17.82	15.86	14.27	12.79	11.38	8.38	6.45	4.76	3.82	3.01
Eu	63.00	61.55	58.52	55.22	51.83	48.43	45.16	42.14	39.42	34.76	30.88	27.59	24.81	22.49	20.59	17.81	15.86	14.27	12.79	11.37	8.37	6.45	4.75	3.82	3.01
Gd^{+3}	61.00	60.36	58.56	55.88	52.69	49.33	46.05	42.99	40.22	35.48	31.54	28.20	25.35	22.96	20.99	18.09	16.09	14.50	13.04	11.65	8.63	6.62	4.84	3.90	3.10
Gd	64.00	62.55	59.41	55.98	52.57	49.20	45.96	42.95	40.21	35.48	31.55	28.21	25.36	22.96	21.00	18.09	16.09	14.50	13.04	11.65	8.63	6.63	4.83	3.91	3.10
Tb	65.00	63.60	60.64	57.37	53.98	50.54	47.20	44.08	41.24	36.33	32.25	28.79	25.84	23.38	21.35	18.36	16.32	14.72	13.28	11.91	8.88	6.81	4.92	3.99	3.19
Dy	66.00	64.63	61.69	58.44	55.06	51.61	48.24	45.08	42.17	37.15	32.97	29.41	26.39	23.85	21.75	18.65	16.54	14.93	13.51	12.16	9.14	7.00	5.00	4.07	3.28
Ho	67.00	65.65	62.75	59.51	56.14	52.69	49.29	46.08	43.13	37.99	33.70	30.06	26.95	24.33	22.16	18.94	16.77	15.14	13.74	12.41	9.39	7.19	5.09	4.15	3.37
Er	68.00	66.68	63.81	60.59	57.23	53.77	50.35	47.10	44.09	38.84	34.45	30.72	27.53	24.83	22.58	19.25	17.00	15.35	13.95	12.64	9.65	7.39	5.18	4.22	3.45
Tm	69.00	67.70	64.86	61.66	58.31	54.85	51.41	48.13	45.07	39.72	35.22	31.39	28.12	25.34	23.03	19.56	17.24	15.55	14.16	12.87	9.90	7.60	5.27	4.30	3.54
Yb	70.00	68.72	65.91	62.73	59.39	55.93	52.48	49.16	46.07	40.60	36.00	32.08	28.73	25.87	23.48	19.89	17.48	15.75	14.36	13.08	10.14	7.81	5.37	4.37	3.62
Lu	71.00	69.70	66.78	63.47	60.11	56.70	53.31	50.04	46.95	41.44	36.77	32.79	29.37	26.45	23.98	20.25	17.73	15.96	14.55	13.29	10.39	8.03	5.47	4.44	3.70
Hf	72.00	70.72	67.74	64.30	60.86	57.44	54.08	50.83	47.76	42.24	37.54	33.51	30.03	27.05	24.51	20.63	18.00	16.17	14.75	13.50	10.64	8.25	5.58	4.51	3.78
Ta	73.00	71.74	68.73	65.19	61.64	58.17	54.81	51.58	48.52	43.01	38.29	34.22	30.70	27.65	25.05	21.03	18.28	16.38	14.94	13.70	10.88	8.47	5.69	4.58	3.85

Continued

s	0.0	0.05	0.1	0.15	0.2	0.25	0.3	0.35	0.4	0.5	0.6	0.7	0.8	0.9	1.0	1.2	1.4	1.6	1.8	2.0	2.5	3.0	4.0	5.0	6.0
W	74.00	72.76	69.74	66.11	62.46	58.92	55.53	52.29	49.24	43.75	39.02	34.93	31.37	28.28	25.61	21.45	18.58	16.60	15.12	13.89	11.11	8.70	5.81	4.65	3.93
Re	75.00	73.78	70.76	67.06	63.31	59.70	56.25	52.99	49.94	44.45	39.72	35.62	32.04	28.90	26.18	21.89	18.89	16.82	15.31	14.08	11.34	8.93	5.94	4.73	4.00
Os	76.00	74.80	71.79	68.04	64.20	60.49	56.98	53.69	50.62	45.12	40.40	36.30	32.70	29.54	26.77	22.34	19.22	17.06	15.50	14.26	11.56	9.16	6.07	4.80	4.07
Ir	77.00	75.83	72.85	69.07	65.14	61.34	57.75	54.40	51.29	45.77	41.05	36.95	33.35	30.17	27.36	22.82	19.57	17.31	15.70	14.44	11.78	9.39	6.21	4.87	4.14
Pt	78.00	76.91	74.08	70.34	66.32	62.35	58.60	55.12	51.93	46.35	41.65	37.58	34.00	30.81	27.97	23.32	19.93	17.57	15.90	14.61	11.99	9.62	6.35	4.94	4.21
Au	79.00	77.94	75.15	71.40	67.32	63.27	59.43	55.87	52.62	46.97	42.25	38.19	34.62	31.43	28.57	23.83	20.32	17.85	16.10	14.79	12.19	9.85	6.50	5.02	4.28
Hg	80.00	78.90	76.03	72.22	68.11	64.06	60.21	56.64	53.36	47.64	42.87	38.79	35.22	32.02	29.15	24.34	20.72	18.14	16.32	14.97	12.38	10.07	6.66	5.10	4.34
Tl	81.00	79.75	76.69	72.88	68.86	64.86	61.02	57.43	54.12	48.31	43.48	39.38	35.80	32.60	29.73	24.86	21.14	18.45	16.55	15.15	12.57	10.29	6.82	5.19	4.41
Pb	82.00	80.67	77.46	73.54	69.52	65.57	61.79	58.21	54.88	49.01	44.10	39.95	36.36	33.17	30.30	25.39	21.58	18.78	16.79	15.34	12.74	10.50	6.98	5.27	4.47
Bi	83.00	81.63	78.28	74.23	70.16	66.23	62.49	58.95	55.63	49.71	44.73	40.53	36.92	33.72	30.85	25.92	22.03	19.12	17.04	15.53	12.92	10.71	7.16	5.37	4.54
Po	84.00	82.61	79.16	74.96	70.79	66.85	63.15	59.65	56.36	50.42	45.37	41.11	37.46	34.26	31.39	26.44	22.48	19.48	17.31	15.73	13.08	10.91	7.33	5.46	4.60
At	85.00	83.63	80.16	75.84	71.51	67.49	63.76	60.29	57.03	51.12	46.04	41.71	38.02	34.79	31.92	26.96	22.95	19.86	17.59	15.94	13.25	11.11	7.52	5.56	4.67
Rn	86.00	84.65	81.18	76.76	72.29	68.14	64.37	60.90	57.67	51.81	46.70	42.32	38.58	35.32	32.43	27.47	23.42	20.25	17.89	16.17	13.40	11.30	7.70	5.66	4.73
Fr	87.00	85.29	81.68	77.45	73.06	68.87	65.03	61.53	58.29	52.46	47.36	42.94	39.14	35.85	32.94	27.97	23.89	20.65	18.20	16.40	13.56	11.49	7.89	5.77	4.80
Ra	88.00	86.11	82.22	78.01	73.76	69.61	65.73	62.18	58.92	53.09	47.99	43.55	39.71	36.38	33.45	28.46	24.35	21.05	18.52	16.65	13.72	11.66	8.08	5.89	4.87
Ac	89.00	87.07	82.98	78.61	74.35	70.24	66.39	62.83	59.56	53.73	48.62	44.16	40.27	36.91	33.96	28.95	24.82	21.47	18.86	16.91	13.88	11.84	8.27	6.01	4.95
Th	90.00	88.07	83.84	79.27	74.93	70.83	67.00	63.46	60.19	54.36	49.25	44.76	40.84	37.44	34.46	29.43	25.29	21.88	19.20	17.18	14.04	12.00	8.46	6.14	5.02
Pa	91.00	89.13	85.04	80.54	76.11	71.84	67.84	64.15	60.79	54.87	49.76	45.29	41.38	37.98	34.99	29.94	25.76	22.31	19.55	17.45	14.20	12.16	8.65	6.26	5.10
U	92.00	90.16	86.08	81.54	77.04	72.70	68.61	64.85	61.43	55.44	50.31	45.83	41.92	38.50	35.50	30.43	26.23	22.73	19.92	17.74	14.36	12.31	8.84	6.40	5.18

A.5　200 keV 电子的原子(散射)形状因子和其他电压原子(散射)形状因子的换算方法

Atomic Form Factors for 200 keV Electrons and Procedure for Conversion to Other Voltages

Electron form factors can be obtained from the X-ray atomic form factors, $f_x(s)$, with the Mott formula (4.13) as:

$$f_{el0}(s) = \frac{1}{s^2}(Z - f_x(s))$$

where the $f_x(s)$ are the values listed in Table A.2. Conversion of $f_{el0}(s)$ to units of Å requires multiplication by the factor given in (4.113):

$$\frac{2me^2}{(4\pi\hbar)^2} = 2.393\,3 \times 10^{-2}$$

where the extra factor of $(4\pi)^{-2}$ originates with the definition $s \equiv (\sin\theta)/\lambda$. ($s$ isconverted to the A k used in the text by multiplication by 4π).

For an incident electron with velocity, v, it is necessary to multiply $f_{el0}(s)$ by the relativistic mass correction factor, γ:

$$\gamma \equiv \frac{1}{\sqrt{[1-(v/c)]^2}}$$

so that:

$$f_{el}(s) = (2.393\,3 \times 10^{-2})\gamma f_{el0}(s)$$

For high-energy electrons of known energy E, the following expression is usually more convenient:

$$\gamma = 1 + \frac{E}{m_e c} \approx 1 + \frac{E(\text{keV})}{511}$$

Form factors for 200 keV electrons are given in the following table. They were derived from the previous table of X-ray atomic form factors, $f_x(s)$, calculated with a Dirac-Fock method by D. Rez, P Rez, I. Grant, Acta Crystallogr. A50, 481(1994). Form factors at other electron energies can be obtained from X-ray form factors by the procedure above.

More conveniently, electron form factors for other accelerating voltages can be obtained from the values in the following table for 200 keV electrons by multiplying by the ratio of relativistic factors. For example, for 100 keV electrons the values in the table should be multiplied by the constant factor:

$$\frac{\gamma_{100}}{\gamma_{200}} = \frac{1 + 100/511}{1 + 200/511} = 0.859$$

Table A.3　Atomic form factors for 200 keV electrons

s	0.0	0.05	0.1	0.15	0.2	0.25	0.3	0.35	0.4	0.5	0.6	0.7	0.8	0.9	1.0	1.2	1.4	1.6	1.8	2.0	2.5	3.0	4.0	6.0
He	0.581	0.569	0.540	0.498	0.448	0.397	0.347	0.302	0.262	0.198	0.152	0.119	0.095	0.077	0.063	0.045	0.033	0.026	0.020	0.017	0.011	0.007	0.004	0.002
Li^{+1}	—	13.54	3.542	1.686	1.030	0.720	0.546	0.436	0.361	0.263	0.202	0.160	0.130	0.107	0.089	0.065	0.049	0.038	0.030	0.025	0.016	0.011	0.006	0.003
Li	4.530	3.885	2.609	1.621	1.047	0.732	0.550	0.436	0.360	0.262	0.201	0.160	0.129	0.107	0.089	0.065	0.049	0.038	0.030	0.025	0.016	0.011	0.006	0.003
Be^{+2}	—	26.75	6.772	3.070	1.773	1.170	0.841	0.641	0.509	0.351	0.261	0.203	0.164	0.135	0.113	0.083	0.063	0.049	0.039	0.032	0.021	0.015	0.008	0.004
Be	4.227	3.895	3.106	2.272	1.614	1.157	0.853	0.652	0.516	0.351	0.259	0.202	0.162	0.134	0.112	0.082	0.063	0.049	0.039	0.032	0.021	0.015	0.008	0.004
B	3.875	3.660	3.123	2.488	1.913	1.457	1.117	0.870	0.691	0.463	0.333	0.253	0.200	0.164	0.136	0.100	0.076	0.060	0.048	0.040	0.026	0.018	0.010	0.005
C	3.438	3.298	2.940	2.479	2.020	1.620	1.295	1.040	0.843	0.575	0.413	0.311	0.243	0.197	0.163	0.118	0.089	0.070	0.057	0.047	0.031	0.022	0.012	0.006
N	3.066	2.970	2.721	2.383	2.024	1.688	1.397	1.155	0.958	0.673	0.490	0.370	0.289	0.232	0.191	0.137	0.103	0.081	0.065	0.054	0.036	0.025	0.014	0.006
O	2.760	2.692	2.512	2.259	1.977	1.699	1.446	1.225	1.039	0.754	0.560	0.427	0.335	0.269	0.221	0.157	0.118	0.092	0.074	0.061	0.040	0.029	0.016	0.007
O^{-1}	—	−9.391	0.250	1.636	1.800	1.659	1.444	1.233	1.046	0.757	0.561	0.427	0.335	0.269	0.221	0.157	0.118	0.092	0.074	0.061	0.040	0.029	0.016	0.007
O^{-2}	—	−21.17	−1.790	1.149	1.697	1.652	1.457	1.244	1.053	0.759	0.562	0.427	0.335	0.269	0.221	0.157	0.118	0.092	0.074	0.061	0.040	0.029	0.016	0.007
F	2.507	2.455	2.322	2.128	1.905	1.676	1.458	1.262	1.090	0.815	0.619	0.479	0.378	0.305	0.250	0.177	0.133	0.103	0.083	0.068	0.045	0.032	0.018	0.008
F^{-1}	—	−9.784	−0.060	1.426	1.682	1.611	1.445	1.264	1.095	0.819	0.620	0.479	0.378	0.305	0.250	0.177	0.133	0.103	0.083	0.068	0.045	0.032	0.018	0.008
Ne	2.295	2.255	2.153	2.002	1.823	1.633	1.448	1.275	1.119	0.860	0.666	0.523	0.418	0.339	0.279	0.198	0.148	0.115	0.092	0.076	0.050	0.035	0.020	0.009
Na^{+1}	—	14.87	4.837	2.918	2.183	1.784	1.516	1.314	1.149	0.893	0.703	0.560	0.452	0.370	0.307	0.219	0.164	0.127	0.101	0.083	0.054	0.039	0.022	0.010
Na	6.593	5.742	4.120	2.916	2.215	1.799	1.521	1.315	1.149	0.892	0.703	0.560	0.452	0.370	0.307	0.219	0.164	0.127	0.101	0.083	0.054	0.039	0.022	0.010
Mg^{+2}	—	27.78	7.781	4.044	2.701	2.045	1.658	1.396	1.203	0.928	0.735	0.592	0.482	0.398	0.332	0.239	0.179	0.139	0.111	0.091	0.059	0.042	0.024	0.011
Mg	7.204	6.544	5.076	3.691	2.714	2.087	1.683	1.407	1.207	0.927	0.734	0.591	0.482	0.398	0.332	0.239	0.179	0.139	0.111	0.091	0.059	0.042	0.024	0.011
Al^{+3}	—	40.84	10.86	5.288	3.317	2.383	1.856	1.519	1.285	0.973	0.768	0.621	0.509	0.423	0.355	0.258	0.194	0.151	0.120	0.098	0.064	0.045	0.026	0.012
Al	8.162	7.461	5.887	4.347	3.195	2.414	1.895	1.543	1.296	0.972	0.766	0.619	0.508	0.423	0.355	0.258	0.194	0.151	0.120	0.098	0.064	0.045	0.026	0.012
Si	8.005	7.467	6.177	4.767	3.597	2.737	2.133	1.712	1.413	1.033	0.803	0.647	0.533	0.445	0.376	0.276	0.209	0.163	0.130	0.106	0.069	0.049	0.028	0.013
P	7.616	7.209	6.191	4.983	3.887	3.016	2.366	1.893	1.550	1.108	0.847	0.678	0.557	0.466	0.395	0.292	0.222	0.174	0.139	0.114	0.074	0.052	0.030	0.014
S	7.185	6.872	6.070	5.056	4.070	3.234	2.574	2.071	1.694	1.196	0.901	0.713	0.583	0.487	0.414	0.307	0.236	0.185	0.148	0.121	0.079	0.055	0.032	0.015
Cl	6.757	6.512	5.875	5.032	4.166	3.389	2.744	2.232	1.834	1.291	0.962	0.753	0.611	0.509	0.432	0.322	0.248	0.195	0.157	0.129	0.084	0.059	0.034	0.015
Cl^{-1}	—	−4.833	4.142	4.721	4.145	3.414	2.765	2.243	1.839	1.291	0.961	0.752	0.611	0.509	0.432	0.322	0.248	0.195	0.157	0.129	0.084	0.059	0.034	0.015
Ar	6.360	6.165	5.652	4.950	4.196	3.489	2.876	2.370	1.964	1.388	1.029	0.798	0.643	0.533	0.451	0.336	0.260	0.206	0.166	0.136	0.089	0.062	0.036	0.016

Continued

s	0.0	0.05	0.1	0.15	0.2	0.25	0.3	0.35	0.4	0.5	0.6	0.7	0.8	0.9	1.0	1.2	1.4	1.6	1.8	2.0	2.5	3.0	4.0	6.0
K^{+1}	—	17.99	7.722	5.470	4.354	3.577	2.966	2.471	2.068	1.479	1.098	0.847	0.678	0.559	0.471	0.350	0.271	0.215	0.174	0.144	0.094	0.066	0.038	0.017
K	12.38	10.57	7.533	5.550	4.381	3.581	2.965	2.469	2.067	1.479	1.098	0.848	0.678	0.559	0.471	0.350	0.271	0.215	0.174	0.144	0.094	0.066	0.038	0.017
Ca^{+2}	—	30.34	10.20	6.245	4.644	3.715	3.062	2.559	2.156	1.562	1.166	0.899	0.716	0.587	0.492	0.364	0.282	0.225	0.182	0.151	0.099	0.069	0.040	0.018
Ca	13.69	12.08	8.870	6.319	4.734	3.745	3.065	2.555	2.152	1.561	1.166	0.899	0.716	0.587	0.492	0.364	0.282	0.225	0.182	0.151	0.099	0.069	0.040	0.018
Sc	12.87	11.55	8.795	6.442	4.880	3.869	3.170	2.649	2.240	1.639	1.231	0.951	0.756	0.617	0.516	0.380	0.293	0.234	0.190	0.157	0.104	0.073	0.042	0.019
Ti^{+4}	—	55.81	15.78	8.264	5.526	4.158	3.326	2.751	2.320	1.706	1.291	1.001	0.796	0.649	0.540	0.395	0.305	0.243	0.198	0.164	0.108	0.076	0.044	0.020
Ti	12.14	11.02	8.617	6.459	4.957	3.956	3.254	2.730	2.318	1.711	1.294	1.003	0.797	0.649	0.541	0.396	0.305	0.243	0.198	0.164	0.108	0.076	0.044	0.020
V^{+5}	—	68.76	18.75	9.421	6.075	4.451	3.499	2.867	2.407	1.771	1.347	1.050	0.837	0.681	0.566	0.412	0.316	0.252	0.205	0.170	0.113	0.080	0.046	0.021
V	11.50	10.53	8.404	6.423	4.993	4.014	3.319	2.797	2.385	1.776	1.352	1.052	0.838	0.682	0.567	0.413	0.317	0.252	0.206	0.171	0.113	0.080	0.046	0.021
Cr^{+4}	—	55.92	15.88	8.373	5.639	4.275	3.447	2.875	2.446	1.828	1.403	1.099	0.877	0.715	0.593	0.430	0.329	0.261	0.213	0.177	0.118	0.083	0.048	0.022
Cr	9.676	8.946	7.373	5.896	4.783	3.965	3.342	2.849	2.449	1.839	1.409	1.101	0.878	0.715	0.593	0.431	0.329	0.262	0.213	0.177	0.118	0.083	0.048	0.022
Mn^{+2}	—	30.55	10.41	6.471	4.891	3.986	3.358	2.875	2.485	1.887	1.458	1.146	0.917	0.748	0.620	0.449	0.342	0.271	0.221	0.183	0.122	0.087	0.050	0.022
Mn	10.40	9.649	7.950	6.270	4.986	4.069	3.401	2.893	2.490	1.885	1.457	1.145	0.917	0.748	0.621	0.449	0.342	0.271	0.221	0.183	0.122	0.087	0.050	0.022
Fe^{+2}	—	30.49	10.36	6.442	4.879	3.991	3.377	2.904	2.521	1.931	1.504	1.189	0.955	0.780	0.648	0.468	0.355	0.281	0.229	0.190	0.127	0.090	0.052	0.023
Fe	9.934	9.26	17.726	6.172	4.958	4.074	3.424	2.926	2.529	1.930	1.502	1.188	0.955	0.780	0.648	0.468	0.355	0.281	0.229	0.190	0.127	0.090	0.052	0.023
Co^{+2}	—	30.42	10.31	6.403	4.857	3.986	3.385	2.924	2.549	1.969	1.544	1.228	0.991	0.811	0.674	0.487	0.369	0.291	0.236	0.196	0.131	0.093	0.054	0.024
Co	9.503	8.899	7.505	6.064	4.916	4.067	3.436	2.949	2.559	1.969	1.543	1.227	0.991	0.811	0.674	0.487	0.369	0.291	0.236	0.196	0.131	0.093	0.054	0.024
Ni^{+2}	—	30.35	10.25	6.357	4.829	3.973	3.387	2.937	2.571	2.001	1.581	1.265	1.025	0.842	0.701	0.506	0.383	0.301	0.244	0.203	0.136	0.097	0.056	0.025
Ni	9.108	8.562	7.290	5.953	4.866	4.051	3.440	2.965	2.583	2.002	1.580	1.264	1.024	0.842	0.701	0.506	0.383	0.301	0.244	0.203	0.136	0.097	0.056	0.025
Cu^{+2}	—	30.28	10.18	6.308	4.795	3.955	3.382	2.943	2.586	2.029	1.614	1.298	1.057	0.871	0.727	0.525	0.397	0.312	0.253	0.209	0.140	0.100	0.058	0.026
Cu	8.744	8.248	7.084	5.839	4.810	4.029	3.436	2.974	2.601	2.030	1.613	1.297	1.056	0.871	0.727	0.525	0.397	0.312	0.253	0.209	0.140	0.100	0.058	0.026
Zn^{+2}	—	30.21	10.12	6.256	4.758	3.932	3.372	2.945	2.597	2.051	1.642	1.329	1.087	0.899	0.752	0.544	0.411	0.323	0.261	0.216	0.144	0.103	0.059	0.027
Zn	8.408	7.955	6.886	5.724	4.749	4.000	3.427	2.978	2.614	2.054	1.642	1.328	1.086	0.899	0.752	0.544	0.411	0.323	0.261	0.216	0.144	0.103	0.059	0.027
Ga	9.936	9.263	7.754	6.238	5.042	4.162	3.516	3.027	2.643	2.074	1.663	1.353	1.112	0.924	0.775	0.563	0.426	0.334	0.269	0.223	0.149	0.106	0.061	0.028
Ge	10.26	9.654	8.217	6.658	5.354	4.369	3.644	3.104	2.691	2.098	1.684	1.375	1.136	0.948	0.798	0.582	0.440	0.345	0.278	0.229	0.153	0.109	0.063	0.029

Continued

s	0.0	0.05	0.1	0.15	0.2	0.25	0.3	0.35	0.4	0.5	0.6	0.7	0.8	0.9	1.0	1.2	1.4	1.6	1.8	2.0	2.5	3.0	4.0	6.0
As	10.25	9.732	8.450	6.961	5.634	4.587	3.797	3.207	2.758	2.130	1.706	1.396	1.157	0.969	0.819	0.600	0.455	0.356	0.286	0.236	0.157	0.113	0.065	0.030
Se	10.11	9.664	8.541	7.163	5.867	4.794	3.960	3.325	2.841	2.170	1.730	1.416	1.177	0.989	0.838	0.617	0.469	0.367	0.295	0.243	0.162	0.116	0.067	0.030
Br	9.85	19.473	8.505	7.264	6.036	4.975	4.119	3.451	2.936	2.221	1.759	1.437	1.196	1.007	0.857	0.634	0.483	0.378	0.304	0.250	0.166	0.119	0.069	0.031
Br^{-1}	—	−1.554	6.972	7.049	6.049	5.005	4.137	3.459	2.939	2.220	1.759	1.436	1.195	1.007	0.857	0.634	0.483	0.378	0.304	0.250	0.166	0.119	0.069	0.031
Kr	9.574	9.251	8.413	7.301	6.156	5.126	4.266	3.578	3.038	2.279	1.793	1.459	1.214	1.025	0.873	0.650	0.496	0.389	0.313	0.257	0.170	0.122	0.071	0.032
Rb^{+1}	—	20.83	10.33	7.768	6.321	5.241	4.378	3.686	3.133	2.343	1.832	1.485	1.233	1.042	0.889	0.664	0.510	0.400	0.322	0.265	0.175	0.125	0.073	0.033
Rb	16.24	13.98	10.28	7.856	6.34	15.240	4.375	3.683	3.132	2.343	1.833	1.485	1.233	1.042	0.889	0.664	0.510	0.400	0.322	0.265	0.175	0.125	0.073	0.033
Sr^{+2}	—	32.96	12.64	8.450	6.574	5.377	4.485	3.783	3.222	2.409	1.876	1.514	1.254	1.059	0.905	0.679	0.522	0.411	0.331	0.272	0.179	0.128	0.075	0.034
Sr	18.09	15.92	11.77	8.611	6.659	5.392	4.480	3.776	3.217	2.408	1.876	1.514	1.254	1.059	0.905	0.679	0.522	0.411	0.331	0.272	0.179	0.128	0.075	0.034
Y^{+3}	—	45.40	15.20	9.289	6.911	5.546	4.598	3.877	3.306	2.474	1.922	1.545	1.276	1.076	0.920	0.692	0.534	0.422	0.340	0.279	0.184	0.131	0.077	0.035
Y	17.52	15.74	12.09	9.009	6.955	5.592	4.623	3.888	3.310	2.474	1.921	1.544	1.276	1.076	0.920	0.692	0.534	0.422	0.340	0.279	0.184	0.131	0.077	0.035
Zr^{+4}	—	58.05	17.91	10.24	7.319	5.751	4.725	3.973	3.387	2.538	1.970	1.579	1.301	1.094	0.936	0.705	0.546	0.432	0.349	0.287	0.189	0.134	0.078	0.036
Zr	16.85	15.34	12.13	9.233	7.184	5.778	4.768	4.005	3.406	2.542	1.968	1.577	1.299	1.094	0.935	0.705	0.546	0.432	0.349	0.287	0.189	0.134	0.078	0.036
Nb^{+5}	—	70.83	20.74	11.28	7.785	5.991	4.868	4.074	3.469	2.601	2.018	1.614	1.326	1.114	0.951	0.718	0.557	0.442	0.357	0.294	0.193	0.137	0.080	0.037
Nb	14.89	13.77	11.34	9.026	7.244	5.921	4.917	4.136	3.516	2.615	2.018	1.611	1.324	1.112	0.950	0.717	0.557	0.442	0.357	0.294	0.193	0.137	0.080	0.037
Mo^{+6}	—	83.70	23.66	12.40	8.301	6.262	5.029	4.183	3.553	2.662	2.066	1.651	1.353	1.134	0.968	0.730	0.568	0.452	0.366	0.301	0.198	0.141	0.082	0.038
Mo	14.31	13.33	11.18	9.044	7.342	6.041	5.037	4.246	3.613	2.688	2.070	1.648	1.350	1.132	0.966	0.730	0.568	0.452	0.366	0.301	0.198	0.141	0.082	0.038
Ru	13.29	12.52	10.76	8.947	7.421	6.201	5.225	4.436	3.794	2.834	2.180	1.727	1.407	1.174	0.999	0.753	0.589	0.470	0.382	0.315	0.208	0.147	0.086	0.039
Rh	12.83	12.13	10.54	8.854	7.416	6.245	5.294	4.515	3.873	2.904	2.236	1.770	1.438	1.197	1.017	0.765	0.598	0.479	0.390	0.322	0.212	0.150	0.087	0.040
Pd^{+2}	—	33.89	13.57	9.366	7.475	6.251	5.319	4.562	3.934	2.970	2.292	1.813	1.471	1.222	1.035	0.778	0.608	0.488	0.398	0.329	0.217	0.154	0.089	0.041
Pd	10.52	10.20	9.388	8.327	7.235	6.227	5.345	4.591	3.956	2.977	2.293	1.813	1.470	1.221	1.035	0.778	0.608	0.488	0.398	0.329	0.217	0.154	0.089	0.041
Ag^{+2}	—	33.78	13.49	9.320	7.465	6.272	5.361	4.619	3.998	3.033	2.347	1.857	1.505	1.247	1.054	0.790	0.618	0.496	0.405	0.336	0.222	0.157	0.091	0.042
Ag	12.02	11.43	10.08	8.626	7.348	6.279	5.387	4.639	4.010	3.036	2.347	1.857	1.504	1.247	1.054	0.790	0.618	0.496	0.405	0.336	0.222	0.157	0.091	0.042
Cd^{+2}	—	33.67	13.40	9.263	7.443	6.279	5.392	4.665	4.053	3.093	2.400	1.901	1.539	1.273	1.075	0.803	0.627	0.504	0.412	0.342	0.227	0.160	0.093	0.043
Cd	12.80	12.16	10.64	8.97	7.535	6.378	5.448	4.689	4.060	3.089	2.397	1.900	1.539	1.274	1.075	0.803	0.627	0.504	0.412	0.342	0.227	0.160	0.093	0.043

Continued

s	0.0	0.05	0.1	0.15	0.2	0.25	0.3	0.35	0.4	0.5	0.6	0.7	0.8	0.9	1.0	1.2	1.4	1.6	1.8	2.0	2.5	3.0	4.0	6.0
In	14.74	13.76	11.60	9.47	7.779	6.500	5.517	4.739	4.105	3.137	2.444	1.942	1.574	1.301	1.096	0.817	0.637	0.512	0.419	0.349	0.231	0.164	0.095	0.044
Sn	15.36	14.41	12.22	9.93	8.071	6.668	5.614	4.801	4.153	3.180	2.488	1.982	1.608	1.329	1.119	0.831	0.647	0.520	0.426	0.355	0.236	0.167	0.097	0.045
Sb	15.55	14.69	12.62	10.33	8.369	6.864	5.736	4.879	4.208	3.222	2.528	2.020	1.642	1.358	1.142	0.845	0.657	0.527	0.433	0.361	0.241	0.170	0.098	0.045
Te	15.55	14.77	12.86	10.64	8.649	7.073	5.878	4.972	4.272	3.263	2.566	2.056	1.675	1.386	1.165	0.860	0.667	0.535	0.440	0.367	0.245	0.174	0.100	0.046
I	15.28	14.60	12.90	10.82	8.878	7.276	6.032	5.081	4.348	3.307	2.601	2.090	1.706	1.413	1.188	0.876	0.678	0.543	0.446	0.372	0.250	0.177	0.102	0.047
I^{-1}	—	4.06	11.66	10.73	8.921	7.307	6.044	5.084	4.348	3.306	2.601	2.090	1.706	1.413	1.188	0.876	0.678	0.543	0.446	0.372	0.250	0.177	0.102	0.047
Xe	14.98	14.38	12.87	10.94	9.067	7.465	6.188	5.199	4.434	3.355	2.636	2.121	1.736	1.440	1.212	0.892	0.689	0.551	0.453	0.378	0.254	0.180	0.104	0.048
Cs^{+1}	—	25.48	14.50	11.30	9.226	7.605	6.320	5.312	4.523	3.408	2.673	2.152	1.764	1.466	1.235	0.909	0.700	0.560	0.459	0.384	0.258	0.184	0.106	0.049
Cs	22.75	19.57	14.61	11.39	9.233	7.600	6.317	5.310	4.523	3.409	2.673	2.152	1.764	1.466	1.235	0.909	0.700	0.560	0.459	0.384	0.258	0.184	0.106	0.049
Ba^{+2}	—	37.22	16.54	11.84	9.431	7.742	6.441	5.419	4.613	3.465	2.711	2.183	1.791	1.491	1.257	0.926	0.712	0.568	0.466	0.389	0.263	0.187	0.108	0.050
Ba	25.20	22.00	16.21	12.06	9.485	7.737	6.430	5.412	4.611	3.466	2.712	2.183	1.791	1.491	1.257	0.926	0.712	0.568	0.466	0.389	0.263	0.187	0.108	0.050
La^{+3}	—	49.34	18.84	12.53	9.694	7.889	6.557	5.521	4.701	3.525	2.752	2.214	1.818	1.516	1.279	0.942	0.724	0.577	0.472	0.395	0.267	0.190	0.110	0.050
La	24.63	21.94	16.70	12.54	9.802	7.939	6.572	5.522	4.698	3.523	2.751	2.214	1.818	1.516	1.279	0.942	0.724	0.577	0.472	0.395	0.267	0.190	0.110	0.050
Ce^{+4}	—	61.69	21.33	13.32	10.01	8.055	6.674	5.619	4.787	3.587	2.794	2.245	1.844	1.539	1.301	0.959	0.736	0.586	0.479	0.400	0.271	0.194	0.112	0.051
Ce	24.06	21.51	16.50	12.46	9.787	7.958	6.612	5.572	4.752	3.572	2.792	2.248	1.847	1.541	1.302	0.959	0.736	0.586	0.479	0.401	0.271	0.194	0.112	0.051
Pr^{+3}	—	49.09	18.65	12.41	9.649	7.907	6.618	5.608	4.799	3.620	2.832	2.281	1.876	1.567	1.324	0.977	0.749	0.595	0.486	0.406	0.275	0.197	0.114	0.052
Pr	23.46	20.761	15.70	11.90	9.478	7.816	6.562	5.571	4.775	3.612	2.832	2.284	1.879	1.568	1.325	0.977	0.749	0.595	0.487	0.406	0.275	0.197	0.114	0.052
Nd^{+3}	—	48.96	18.54	12.33	9.611	7.900	6.635	5.639	4.839	3.662	2.870	2.313	1.904	1.592	1.347	0.994	0.762	0.605	0.494	0.412	0.279	0.200	0.115	0.053
Nd	22.94	20.36	15.50	11.81	9.441	7.813	6.582	5.605	4.816	3.654	2.869	2.316	1.907	1.593	1.347	0.994	0.762	0.605	0.494	0.412	0.279	0.200	0.115	0.053
Sm^{+3}	—	48.69	18.32	12.18	9.520	7.868	6.649	5.684	4.902	3.736	2.939	2.375	1.959	1.641	1.390	1.028	0.788	0.624	0.508	0.424	0.287	0.206	0.119	0.055
Sm	21.98	19.62	15.11	11.61	9.347	7.785	6.600	5.653	4.882	3.729	2.939	2.377	1.961	1.642	1.391	1.028	0.788	0.624	0.509	0.424	0.287	0.206	0.119	0.055
Eu^{+3}	—	48.56	18.21	12.09	9.469	7.845	6.648	5.699	4.927	3.769	2.972	2.405	1.985	1.664	1.411	1.045	0.801	0.634	0.516	0.430	0.291	0.209	0.121	0.055
Eu	21.52	19.27	14.92	11.52	9.297	7.765	6.602	5.670	4.908	3.762	2.971	2.406	1.987	1.666	1.412	1.045	0.801	0.634	0.516	0.430	0.291	0.209	0.121	0.055
Gd^{+3}	—	48.44	18.11	12.01	9.417	7.819	6.643	5.710	4.948	3.799	3.002	2.433	2.011	1.687	1.432	1.062	0.814	0.644	0.524	0.436	0.295	0.212	0.123	0.056
Gd	21.23	19.28	15.29	11.87	9.517	7.886	6.674	5.722	4.952	3.799	3.002	2.432	2.011	1.687	1.432	1.062	0.814	0.644	0.524	0.436	0.295	0.212	0.123	0.056
Tb	20.66	18.59	14.53	11.30	9.172	7.702	6.585	5.686	4.946	3.819	3.029	2.461	2.037	1.711	1.454	1.079	0.827	0.654	0.532	0.442	0.299	0.215	0.125	0.057

Continued

s	0.0	0.05	0.1	0.15	0.2	0.25	0.3	0.35	0.4	0.5	0.6	0.7	0.8	0.9	1.0	1.2	1.4	1.6	1.8	2.0	2.5	3.0	4.0	6.0
Dy	20.25	18.26	14.34	11.19	9.106	7.665	6.570	5.688	4.959	3.843	3.056	2.486	2.061	1.733	1.474	1.095	0.840	0.664	0.539	0.448	0.303	0.218	0.127	0.058
Ho	19.86	17.94	14.15	11.08	9.038	7.626	6.552	5.686	4.968	3.864	3.080	2.511	2.084	1.754	1.493	1.111	0.853	0.675	0.547	0.455	0.307	0.221	0.129	0.059
Er	19.48	17.63	13.97	10.97	8.970	7.584	6.532	5.682	4.975	3.884	3.103	2.534	2.106	1.775	1.512	1.127	0.866	0.685	0.556	0.461	0.311	0.224	0.131	0.060
Tm	19.10	17.33	13.79	10.86	8.901	7.541	6.509	5.674	4.979	3.901	3.125	2.556	2.127	1.795	1.531	1.143	0.879	0.695	0.564	0.467	0.315	0.227	0.133	0.061
Yb	18.75	17.04	13.61	10.75	8.831	7.496	6.484	5.665	4.981	3.916	3.145	2.577	2.147	1.814	1.549	1.159	0.892	0.706	0.572	0.474	0.319	0.230	0.135	0.061
Lu	18.76	17.25	14.04	11.14	9.066	7.618	6.545	5.699	5.006	3.937	3.166	2.597	2.166	1.831	1.566	1.174	0.905	0.716	0.580	0.480	0.323	0.233	0.136	0.062
Hf	18.39	17.09	14.19	11.39	9.277	7.758	6.632	5.754	5.045	3.963	3.188	2.616	2.184	1.848	1.581	1.188	0.917	0.726	0.588	0.487	0.327	0.236	0.138	0.063
Ta	17.99	16.84	14.23	11.56	9.458	7.899	6.731	5.823	5.095	3.994	3.211	2.635	2.201	1.864	1.597	1.202	0.930	0.737	0.597	0.494	0.331	0.239	0.140	0.064
W	17.59	16.57	14.19	11.68	9.608	8.032	6.834	5.900	5.152	4.030	3.236	2.655	2.218	1.880	1.611	1.215	0.942	0.747	0.605	0.500	0.335	0.242	0.142	0.065
Re	17.20	16.28	14.11	11.74	9.729	8.154	6.937	5.982	5.216	4.069	3.264	2.676	2.235	1.895	1.626	1.228	0.953	0.757	0.613	0.507	0.339	0.244	0.144	0.066
Os	16.82	15.99	14.00	11.77	9.824	8.263	7.036	6.065	5.283	4.113	3.293	2.698	2.253	1.910	1.639	1.241	0.965	0.767	0.622	0.514	0.343	0.247	0.146	0.067
Ir	16.39	15.64	13.82	11.74	9.871	8.342	7.121	6.143	5.350	4.160	3.326	2.722	2.271	1.925	1.653	1.253	0.976	0.776	0.630	0.521	0.348	0.250	0.147	0.067
Pt	15.06	14.47	13.04	11.34	9.727	8.339	7.179	6.220	5.426	4.216	3.363	2.747	2.289	1.940	1.666	1.265	0.987	0.786	0.638	0.528	0.352	0.253	0.149	0.068
Au	14.67	14.14	12.83	11.25	9.722	8.380	7.241	6.287	5.491	4.267	3.400	2.773	2.309	1.956	1.679	1.276	0.997	0.795	0.646	0.535	0.356	0.256	0.151	0.069
Hg	15.21	14.64	13.23	11.52	9.895	8.493	7.322	6.351	5.545	4.310	3.435	2.800	2.330	1.972	1.693	1.287	1.007	0.805	0.654	0.541	0.360	0.259	0.153	0.070
Tl	17.81	16.71	14.34	12.01	10.11	8.601	7.391	6.407	5.595	4.354	3.471	2.829	2.352	1.990	1.707	1.298	1.017	0.814	0.662	0.548	0.365	0.262	0.154	0.071
Pb	18.83	17.69	15.13	12.52	10.39	8.752	7.479	6.467	5.644	4.395	3.506	2.858	2.375	2.007	1.722	1.309	1.027	0.822	0.670	0.555	0.369	0.265	0.156	0.072
Bi	19.33	18.24	15.70	12.97	10.69	8.934	7.588	6.537	5.696	4.434	3.540	2.886	2.398	2.026	1.737	1.320	1.036	0.831	0.678	0.562	0.373	0.267	0.158	0.073
Po	19.57	18.55	16.12	13.37	11.00	9.136	7.715	6.619	5.753	4.473	3.573	2.915	2.421	2.045	1.752	1.331	1.045	0.839	0.685	0.568	0.378	0.270	0.160	0.073
At	19.13	18.26	16.11	13.56	11.23	9.331	7.857	6.717	5.821	4.512	3.604	2.942	2.445	2.064	1.768	1.342	1.054	0.847	0.693	0.575	0.382	0.273	0.161	0.074
Rn	18.72	17.96	16.05	13.68	11.42	9.516	8.005	6.824	5.896	4.554	3.635	2.968	2.468	2.084	1.784	1.354	1.063	0.855	0.700	0.581	0.387	0.276	0.163	0.075
Fr	25.81	22.76	17.72	14.13	11.60	9.658	8.128	6.925	5.974	4.600	3.667	2.995	2.490	2.103	1.800	1.365	1.072	0.863	0.707	0.588	0.391	0.279	0.165	0.076
Ra	28.37	25.18	19.26	14.79	11.86	9.799	8.239	7.020	6.053	4.650	3.701	3.021	2.513	2.122	1.816	1.377	1.081	0.871	0.714	0.594	0.396	0.282	0.166	0.077
Ac	28.48	25.67	20.06	15.38	12.20	9.994	8.367	7.114	6.127	4.699	3.735	3.048	2.535	2.142	1.833	1.389	1.090	0.878	0.721	0.600	0.400	0.286	0.168	0.078
Th	28.11	25.68	20.53	15.88	12.55	10.21	8.510	7.216	6.204	4.747	3.769	3.075	2.558	2.161	1.850	1.401	1.099	0.886	0.728	0.606	0.405	0.289	0.170	0.079
Pa	27.33	24.88	19.86	15.49	12.40	10.21	8.571	7.298	6.287	4.812	3.814	3.106	2.582	2.180	1.865	1.412	1.108	0.894	0.734	0.612	0.409	0.292	0.171	0.079
U	26.84	24.52	19.72	15.48	12.45	10.28	8.654	7.379	6.362	4.869	3.856	3.137	2.606	2.199	1.881	1.424	1.117	0.901	0.741	0.618	0.414	0.295	0.173	0.080

so the values for 100 keV electrons are smaller than those in the table.

The column headings in Table A. 3 are $s \equiv (\sin\theta)/\lambda$, in units of $\mathrm{\AA}^{-1}$, $\Delta k = 4\pi s$.

Table A. 3 entries are for 200 keV electrons. The units for all entries are Å. Thecolumn headings are $s \equiv (\sin\theta)/\lambda$, in units of $\mathrm{\AA}^{-1}$. This diffraction vector, s, is converted to the Δk used in the text by multiplication by 4π.

A.6 单晶电子衍射花样的标定:fcc,bcc,dc,hcp Indexed Single Crystal Diffration Patterns:fcc,bcc,dc ,hcp

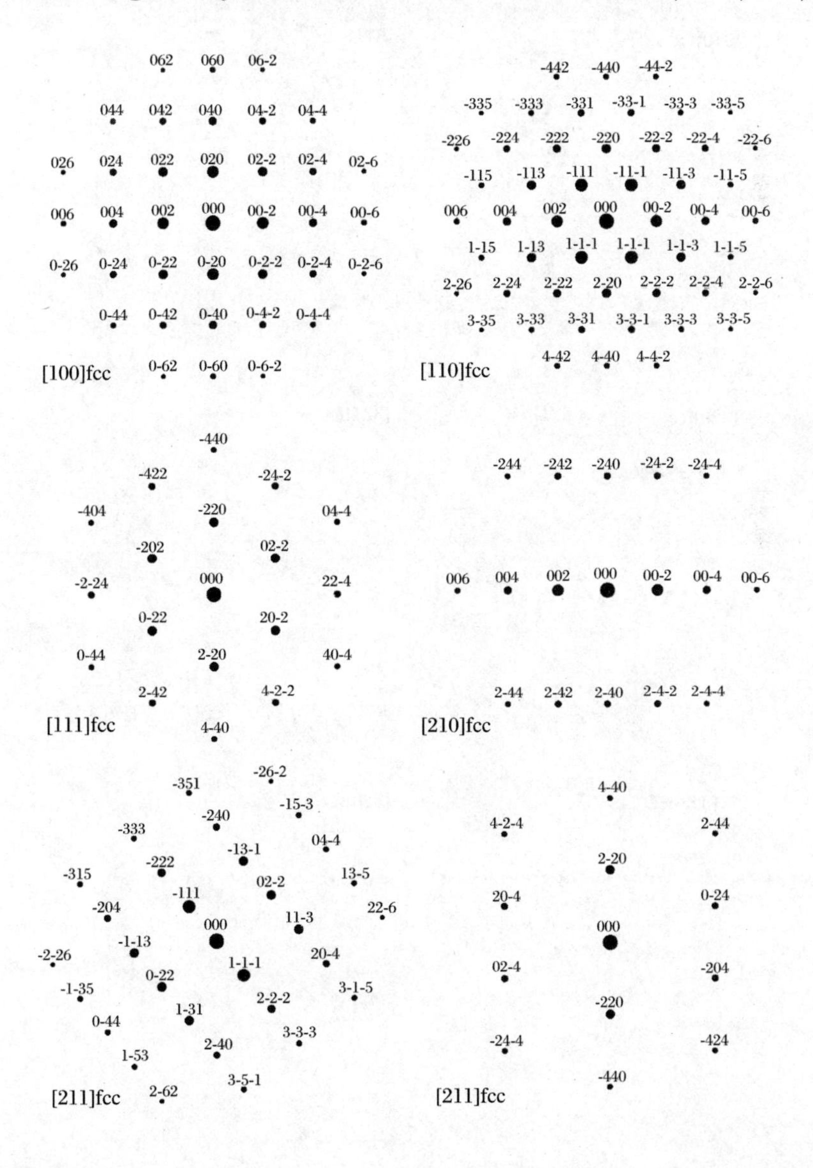

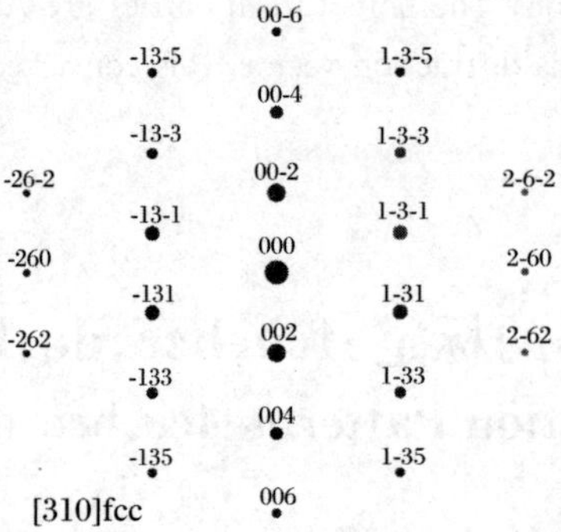

00-6
-13-5　1-3-5
00-4
-13-3　1-3-3
-26-2　00-2　2-6-2
-13-1　1-3-1
-260　000　2-60
-131　1-31
-262　002　2-62
-133　1-33
004
-135　1-35
[310]fcc　006

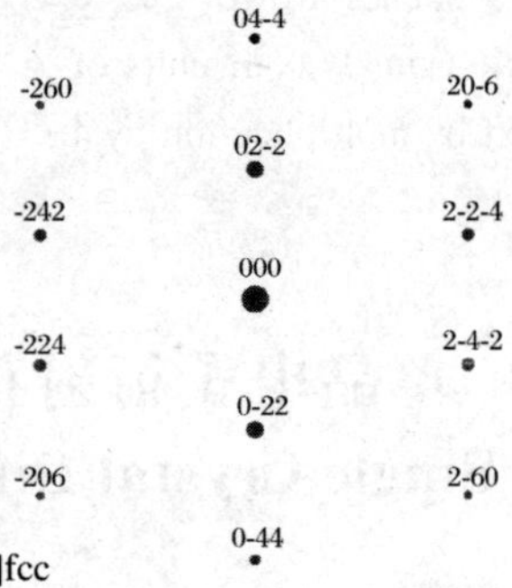

04-4
-260　20-6
02-2
-242　2-2-4
000
-224　2-4-2
0-22
-206　2-60
0-44
[311]fcc

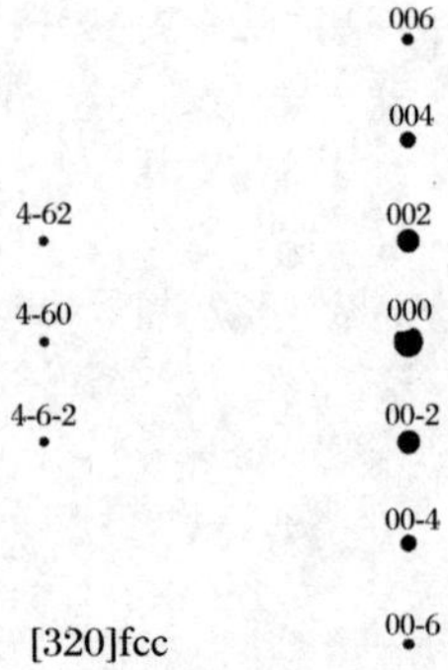

006
004
4-62　002
4-60　000
4-6-2　00-2
00-4
[320]fcc　00-6

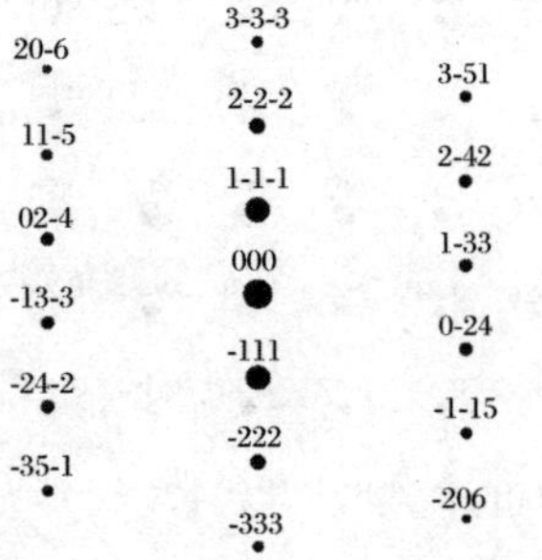

3-3-3
20-6　3-51
2-2-2
11-5　2-42
1-1-1
02-4　1-33
000
-13-3　0-24
-111
-24-2　-1-15
-222
-35-1　-206
-333
[321]fcc

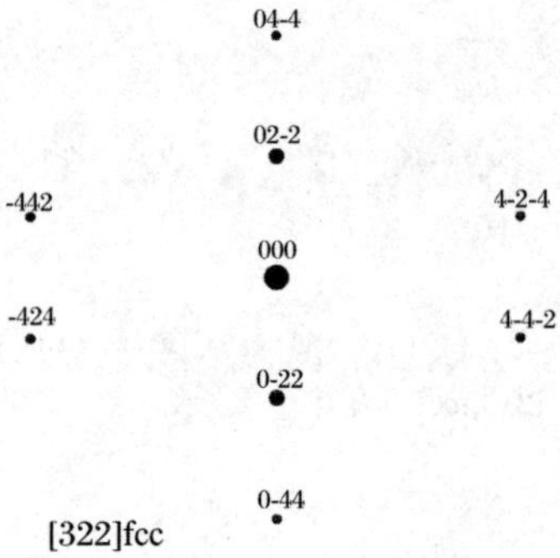

04-4
02-2
-442　4-2-4
000
-424　4-4-2
0-22
0-44
[322]fcc

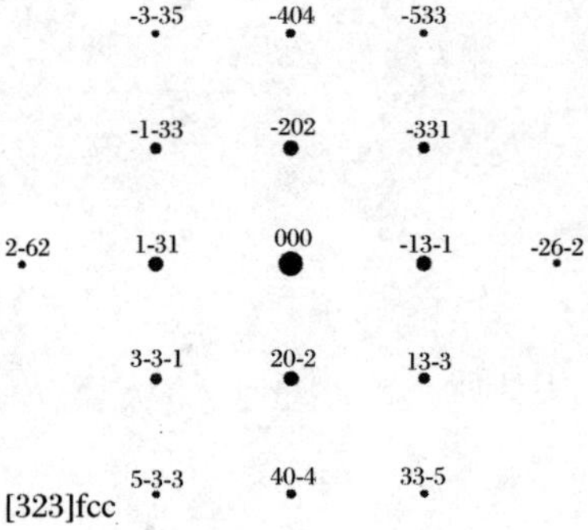

-3-35　-404　-533
-1-33　-202　-331
2-62　1-31　000　-13-1　-26-2
3-3-1　20-2　13-3
5-3-3　40-4　33-5
[323]fcc

0-26 006 026
0-35 0-15 015 035
0-44 0-24 004 024 044
0-53 0-33 0-13 013 033 053
0-62 0-42 0-22 002 022 042 062
0-51 0-31 0-11 011 031 051
0-60 0-40 0-20 000 020 040 060
0-5-1 0-3-1 0-1-1 01-1 03-1 05-1
0-6-2 0-4-2 0-2-2 00-2 02-2 04-2 06-2
0-5-3 0-3-3 0-1-3 01-3 03-3 05-3
0-4-4 0-2-4 00-4 02-4 04-4
0-3-5 0-1-5 01-5 03-5
0-2-6 00-6 02-6

[100]bcc

-22-6 00-6 2-2-6
-11-6 1-1-6
-33-4 -11-4 1-1-4 3-3-4
-22-4 00-4 2-2-4
-44-2 -22-2 00-2 2-2-2 4-4-2
-33-2 -11-2 1-1-2 3-3-2
-440 -220 000 2-20 4-40
-330 -110 1-10 3-30
-442 -222 002 2-22 4-42
-332 -112 1-12 3-32
-334 -114 1-14 3-34
-224 -004 2-24
-226 006 2-26
-116 1-16

[110]bcc

-15-4 14-5
-25-3 04-4 23-5
-35-3 -14-3 13-4 32-5
-45-1 -24-2 03-3 22-4 41-5
-34-1 -13-2 12-3 31-4
-440 -23-1 02-2 21-3 40-4
-541 -330 -12-1 11-2 30-3 5-1-4
-431 -220 01-1 20-2 4-1-3
-532 -321 -110 10-1 3-1-2 5-3-3
-422 -221 000 2-1-1 4-2-2
-523 -312 -101 1-10 3-2-1 5-3-2
-413 -202 0-11 2-20 4-3-1
-514 -303 -1-12 1-21 3-30 5-4-1
-404 -2-13 0-22 2-31 4-40
-3-14 -1-23 1-32 3-41
-4-15 -2-24 0-33 2-42 4-51
-3-25 -1-34 1-43 3-52
-2-35 0-44 2-53
-1-45 1-54

[111]bcc

00-6
-12-5 1-2-5
-24-4 00-4 2-4-4
-12-3 1-2-3
-24-2 00-2 2-4-2
-36-1 -12-1 1-2-1 3-6-1
-240 000 2-40
-361 -121 1-21 3-61
-242 002 2-42
-123 1-23
-244 004 2-44
-125 1-25
006

[210]bcc

-26-2 04-4 22-6
-25-1 03-3 21-5
-240 02-2 20-4
-231 01-1 2-1-3
-222 000 2-2-2
-213 0-11 2-3-1
-204 0-22 2-40
-2-15 0-33 2-51
-2-26 0-44 2-62

[211]bcc

4-40
4-2-4 3-30 2-44
3-1-4 2-20 1-34
20-4 1-10 0-24
11-4 000 -1-14
02-4 -110 -204
-13-4 -220 -314
-24-4 -330 -424
-440

[221]bcc

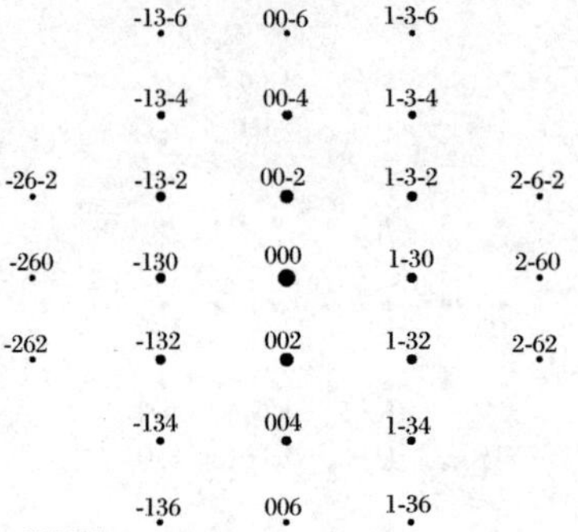

-13-6　00-6　1-3-6
-13-4　00-4　1-3-4
-26-2　-13-2　00-2　1-3-2　2-6-2
-260　-130　000　1-30　2-60
-262　-132　002　1-32　2-62
-134　004　1-34
-136　006　1-36
[310]bcc

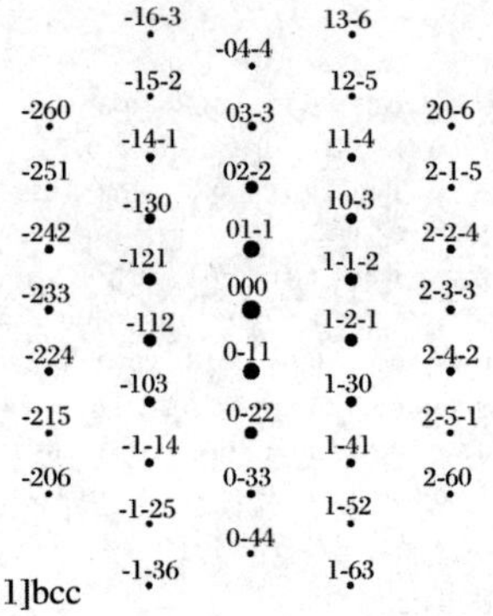

-16-3　13-6
-04-4
-15-2　12-5
-260　03-3　20-6
-14-1　11-4
-251　02-2　2-1-5
-130　10-3
-242　01-1　2-2-4
-121　1-1-2
-233　000　2-3-3
-112　1-2-1
-224　0-11　2-4-2
-103　1-30
-215　0-22　2-5-1
-1-14　1-41
-206　0-33　2-60
-1-25　1-52
0-44
-1-36　1-63
[311]bcc

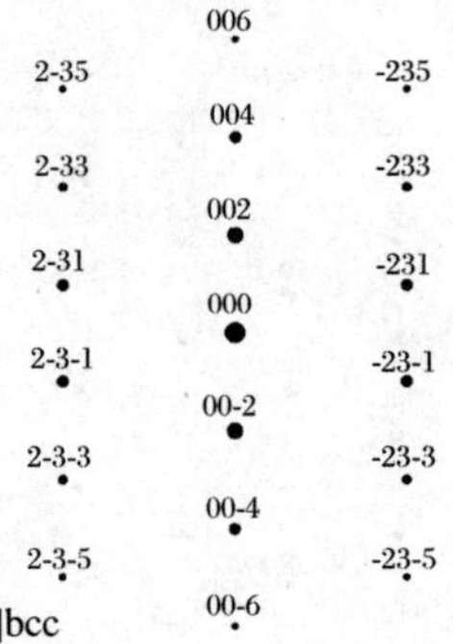

006
2-35　-235
004
2-33　-233
002
2-31　-231
000
2-3-1　-23-1
00-2
2-3-3　-23-3
00-4
2-3-5　-23-5
00-6
[320]bcc

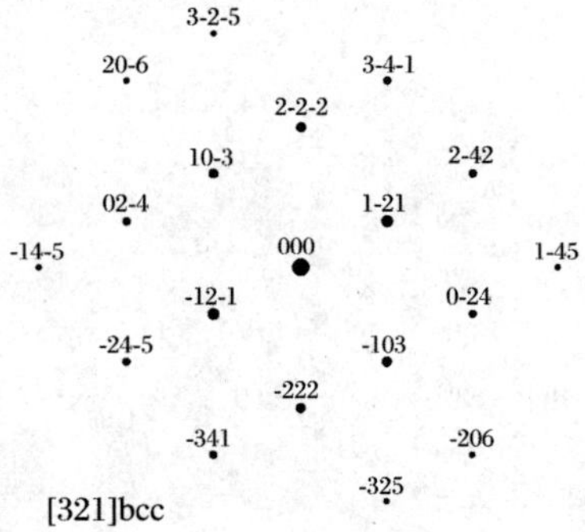

3-2-5
20-6　3-4-1
2-2-2
10-3　2-42
02-4　1-21
-14-5　000　1-45
-12-1　0-24
-24-5　-103
-222
-341　-206
-325
[321]bcc

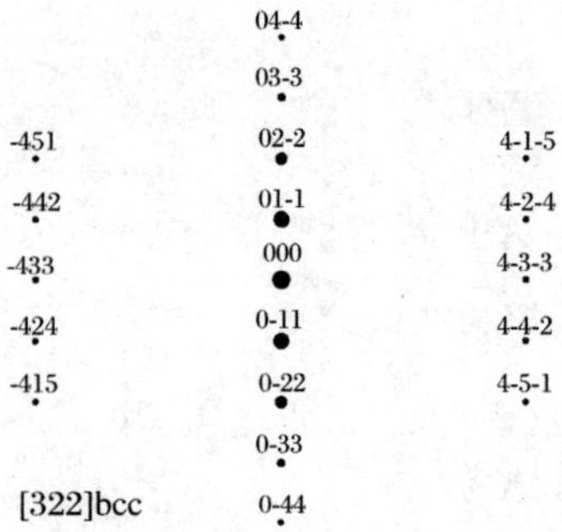

04-4
03-3
-451　02-2　4-1-5
-442　01-1　4-2-4
-433　000　4-3-3
-424　0-11　4-4-2
-415　0-22　4-5-1
0-33
0-44
[322]bcc

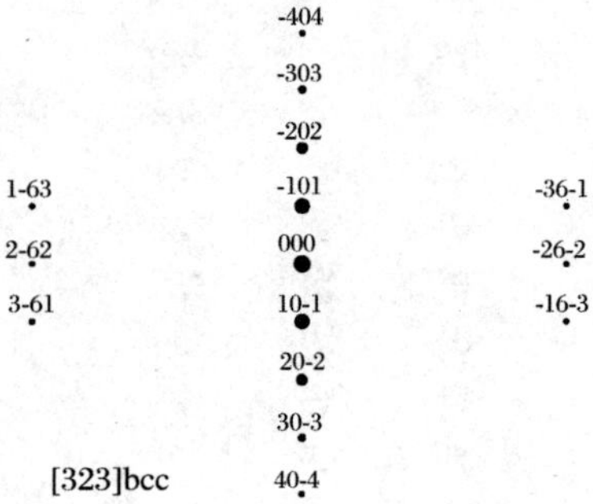

-404
-303
-202
1-63　-101　-36-1
2-62　000　-26-2
3-61　10-1　-16-3
20-2
30-3
40-4
[323]bcc

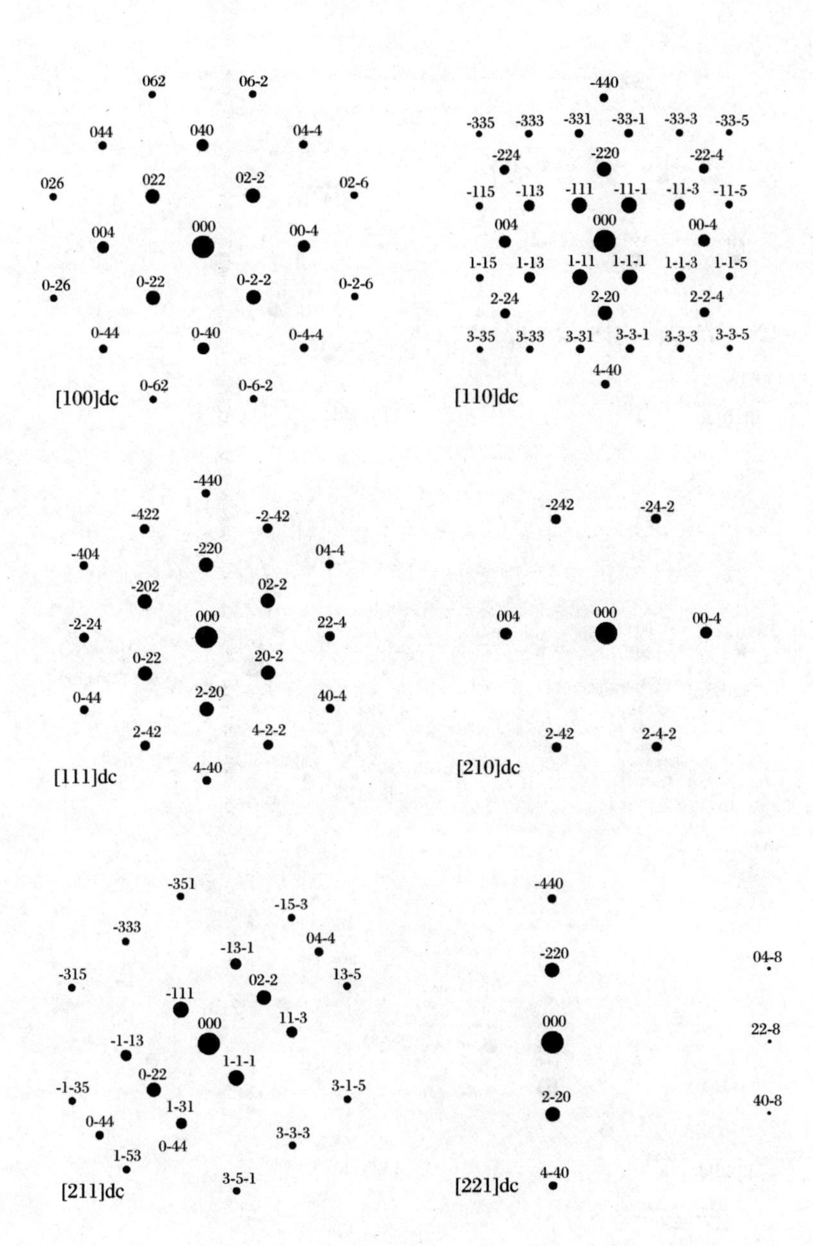
062 06-2
044 040 04-4
026 022 02-2 02-6
004 000 00-4
0-26 0-22 0-2-2 0-2-6
0-44 0-40 0-4-4
0-62 0-6-2
[100]dc
-440
-335 -333 -331 -33-1 -33-3 -33-5
-224 -220 -22-4
-115 -113 -111 -11-1 -11-3 -11-5
004 000 00-4
1-15 1-13 1-11 1-1-1 1-1-3 1-1-5
2-24 2-20 2-2-4
3-35 3-33 3-31 3-3-1 3-3-3 3-3-5
4-40
[110]dc
-440
-422 -2-42
-404 -220 04-4
-202 02-2
-2-24 000 22-4
0-22 20-2
0-44 2-20 40-4
2-42 4-2-2
4-40
[111]dc
-242 -24-2
004 000 00-4
2-42 2-4-2
[210]dc
-351
-15-3
-333
-13-1 04-4
-315 02-2 13-5
-111
000 11-3
-1-13
1-1-1
0-22
-1-35 3-1-5
1-31
0-44
3-3-3
0-44
1-53
3-5-1
[211]dc
-440
-220 04-8
000 22-8
2-20 40-8
4-40
[221]dc

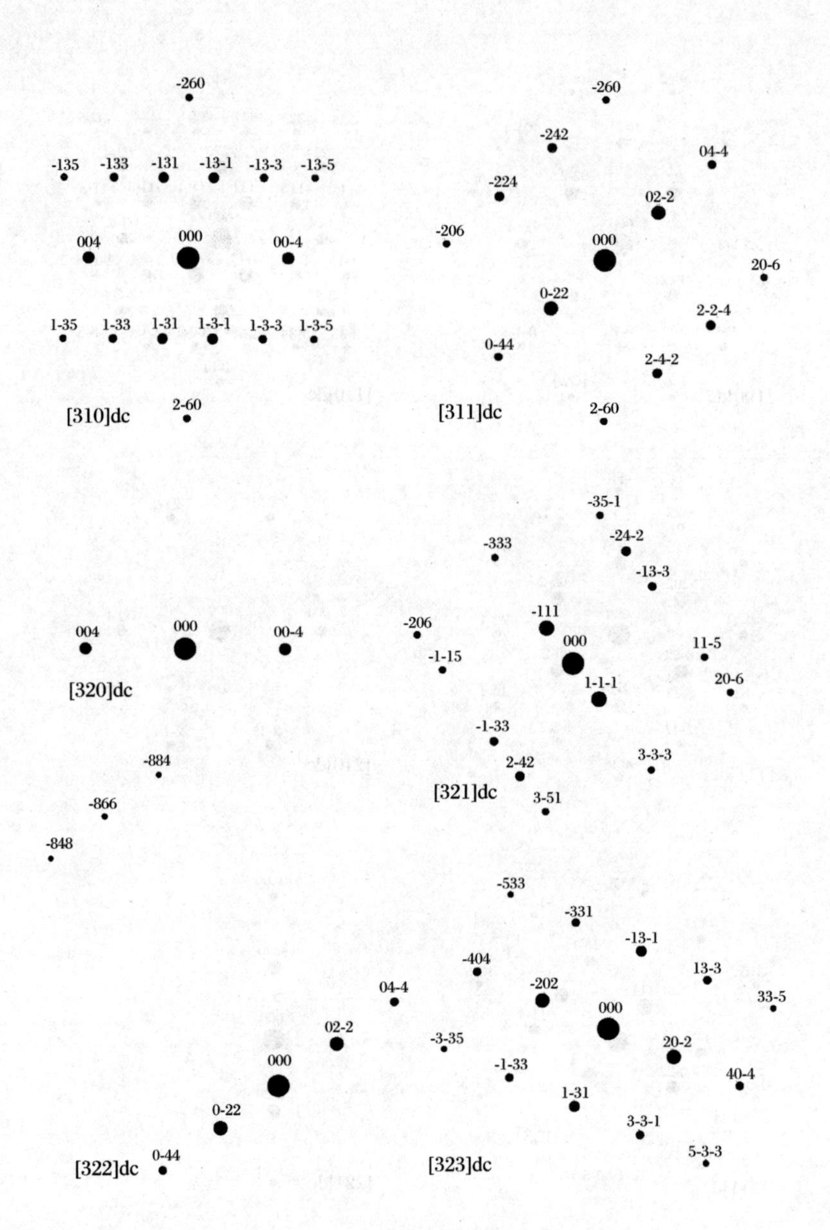
-260
-135
-133
-131
-13-1
-13-3
-13-5
004
000
00-4
1-35
1-33
1-31
1-3-1
1-3-3
1-3-5
[310]dc
2-60
-260
-242
04-4
-224
02-2
-206
000
20-6
0-22
2-2-4
0-44
2-4-2
[311]dc
2-60
004
000
00-4
[320]dc
-35-1
-333
-24-2
-13-3
-206
-111
000
11-5
-1-15
1-1-1
20-6
-1-33
3-3-3
2-42
[321]dc
3-51
-884
-866
-848
04-4
02-2
000
0-22
[322]dc
0-44
-533
-331
-13-1
-404
13-3
-202
33-5
000
-3-35
20-2
-1-33
40-4
1-31
3-3-1
[323]dc
5-3-3

040
-140 -130
-240 030 220
-340 -130 120 310
-440 -230 020 210 400
-330 -120 110 300
-430 -220 010 200 4-10
-320 -110 100 3-10
-420 -210 000 2-10 4-20
-310 -100 1-10 3-20
-410 -200 0-10 2-20 4-30
-300 -1-10 1-20 3-30
-400 -2-10 0-20 2-30 4-40
-3-10 -1-20 1-30 3-40
-2-20 0-30 2-40
-1-30 1-40
0-40

[001]hcp

-400
-3-11 -41-1
-2-22 -300 -42-2
-1-33 -2-11 -31-1 -43-3
-1-22 -200 -32-2
1-44 0-22 -100 -22-2 -34-4
1-33 0-11 -11-1 -23-3
2-44 1-22 000 -12-2 -24-4
2-33 1-11 01-1 -13-3
3-44 2-22 100 02-2 -14-4
3-22 200 12-2
4-33 3-11 21-1 13-3
4-22 300 22-2
4-11 31-1
400

[011]hcp

-400
-300
0-42 -1-21 -200 -32-1 -44-2
1-42 0-21 -100 -22-1 -34-2
2-42 000 -24-2
3-42 2-21 100 02-1 -14-2
4-42 3-21 200 12-1 04-2
300
400

[012]hcp

-400
-300
-1-31 -43-1
-200
-100
1-31 -23-1
000
2-31 -13-1
100
200
4-31 13-1
300
400

[013]hcp

-400
-300
0-41 -200 -44-1
1-41 -100 -34-1
000
3-41 100 -14-1
4-41 200 04-1
300
400

[014]hcp

-400
-3-12 -41-2
-2-24 -300 -42-4
-2-12 -31-2
-1-24 -200 -32-4
-1-12 -21-2
0-24 -100 -22-4
-1-36 0-12 -11-2
000
1-24 -12-4
1-12 01-2
2-36
2-24 100 02-4
2-12 11-2
3-24 200 12-4
3-12 21-2
4-24 300 22-4
4-12 31-2
400

[021]hcp

[023]hcp

[024]hcp

[032]hcp

[100]hcp

[110]hcp

[111]hcp

-440
-330
-402 -311 -220 -13-1 04-2
-3-12 -201 -110 02-1 13-2
-2-22 000 22-2
-1-32 0-21 1-10 20-1 31-2
0-42 1-31 2-20 3-1-1 40-2
3-30
4-40

[112]hcp

-440
-330
-411 -14-1
-220
-110
-2-11 12-1
000
-1-21 21-1
1-10
2-20
1-41 4-1-1
3-30
4-40

[113]hcp

-411 -42-2
-310 -32-3
-2-15 -202 -22-4
-1-14 -101 -11-2
0-26 0-13 000 01-3 02-6
1-12 10-1 11-4
2-24 20-2 21-5
3-23 3-10
4-22 4-1-1

[131]hcp

-244 -242 -240 -24-2 -24-4
-126 -124 -122 -120 -12-2 -12-4 -12-6
006 004 002 000 00-2 00-4 00-6
1-26 1-24 1-22 1-20 1-2-2 1-2-4 1-2-6
2-44 2-42 2-40 2-4-2 2-4-4

[131]hcp

-342 -240 -14-2
-231 -13-1
-324 -222 -120 02-2 12-4
-315 -111 01-1 21-5
-204 -102 000 10-2 20-4
-2-15 0-11 1-1-1 3-1-5
-1-24 0-22 1-20 2-2-2 3-2-4
1-31 2-3-1
1-42 2-40 3-4-2

[211]hcp

-442 -341 -240 -14-1 04-2
-322 -221 -120 02-1 12-2
-202 -101 000 10-1 20-2
-1-22 0-21 1-20 2-2-1 3-2-2
0-42 1-41 2-40 3-4-1 4-4-2

[212]hcp

-440 -432 -34-2 -424 -330 -24-4 -322 -23-2 -314 -220 -13-4 -212 -12-2 -204 -110 02-4 -2-16 -102 01-2 12-6 -1-14 000 11-4 -1-16 0-12 10-2 21-6 0-24 1-10 20-4 1-22 2-1-2 1-34 2-20 3-1-4 2-32 3-2-2 2-44 3-30 4-2-4 3-42 4-3-2 4-40

[221]hcp

040 -143 13-3 030 -133 12-3 0-42 020 21-6 1-42 010 20-6 -113 10-3 2-42 000 2-1-6 -103 1-1-3 3-42 0-10 2-2-6 4-42 0-20 2-3-6 -1-23 1-3-3 0-30 -1-33 1-4-3 0-40

[301]hcp

-136 -134 -132 -130 -13-2 -13-4 -13-6
-135 -133 -131 -13-1 -13-3 -13-5

006 004 002 000 00-2 00-4 00-6

1-36 1-34 1-32 1-30 1-3-2 1-3-4 1-3-6
1-35 1-33 1-31 1-3-1 1-3-3 1-3-5

[310]hcp

A.7　极射赤面投影
Stereographic Projections

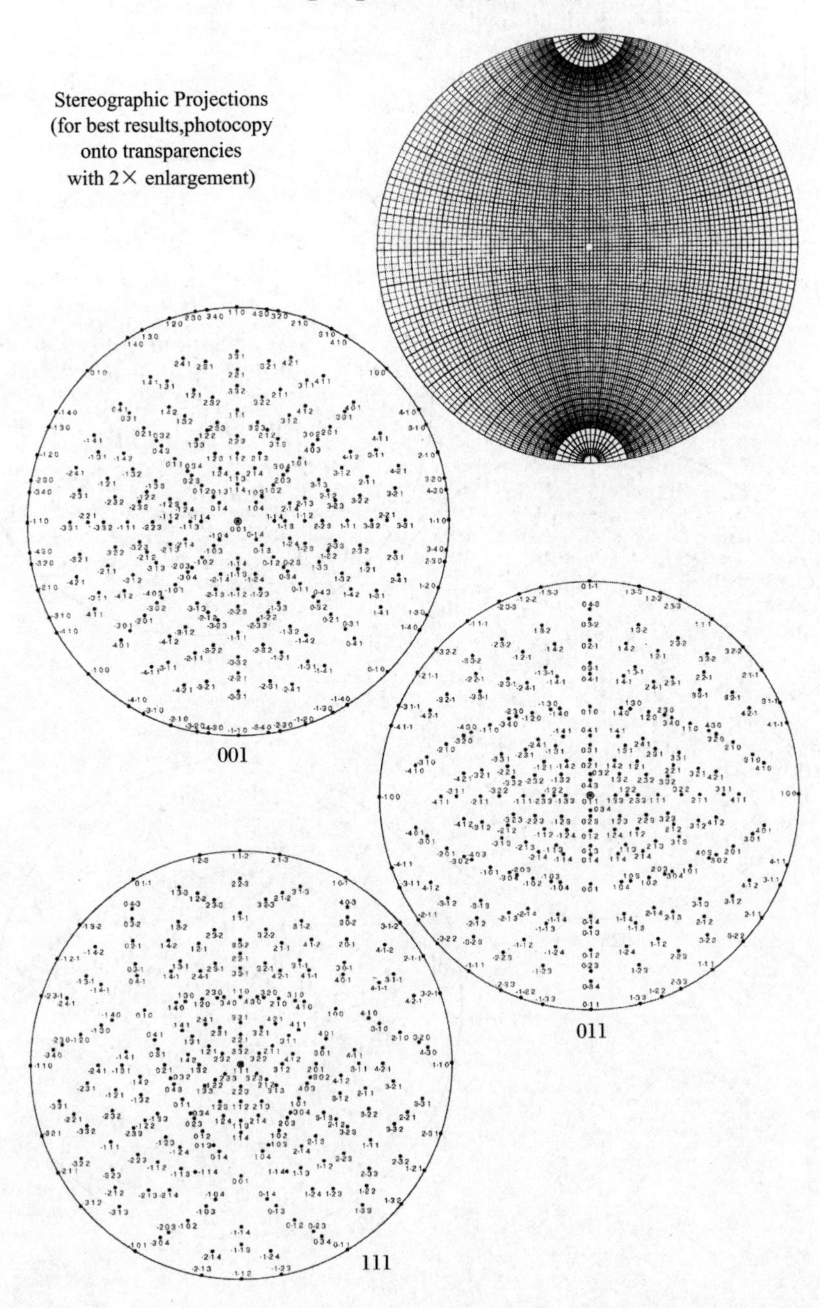

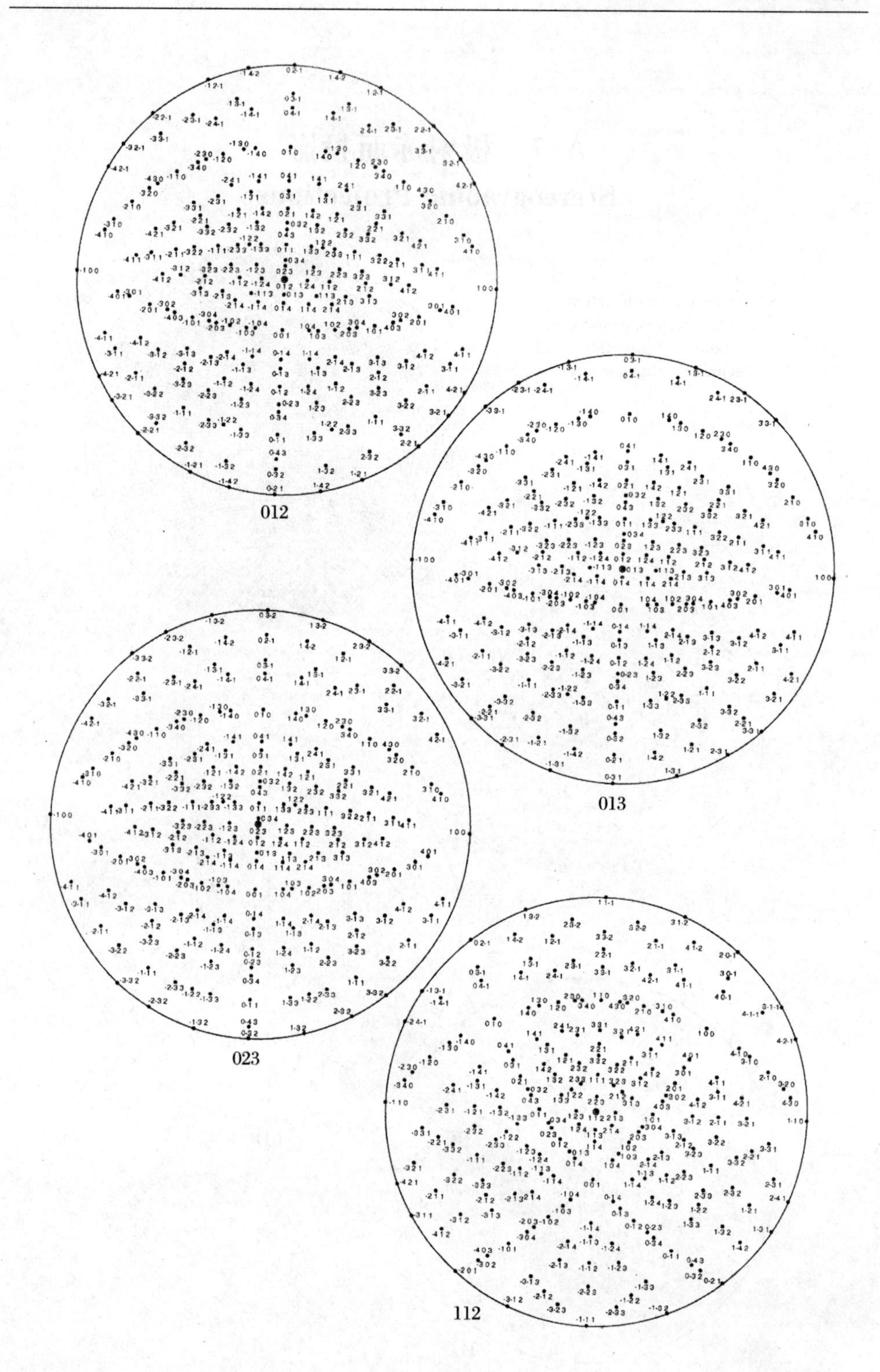

012

013

023

112

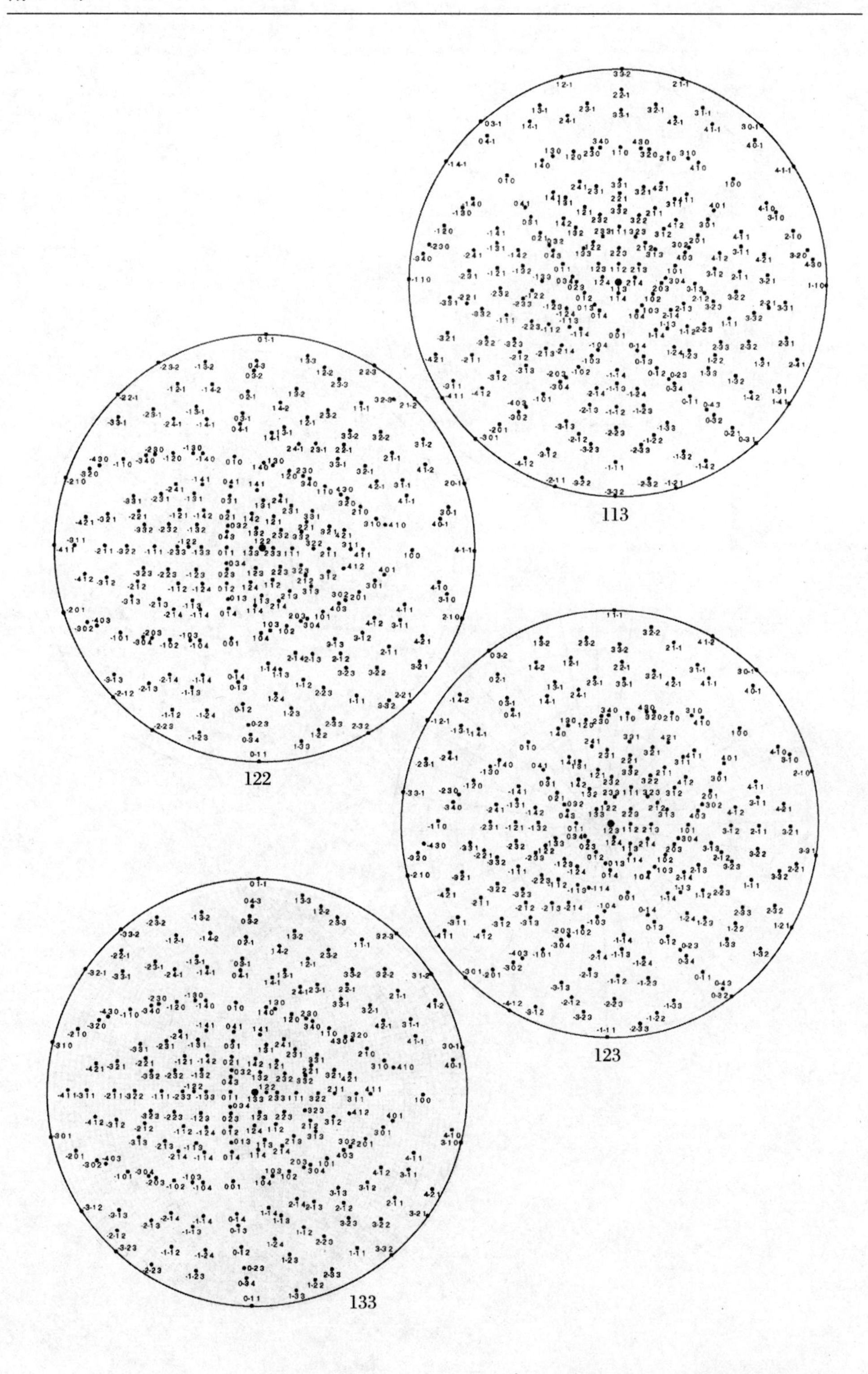

113

122

123

133

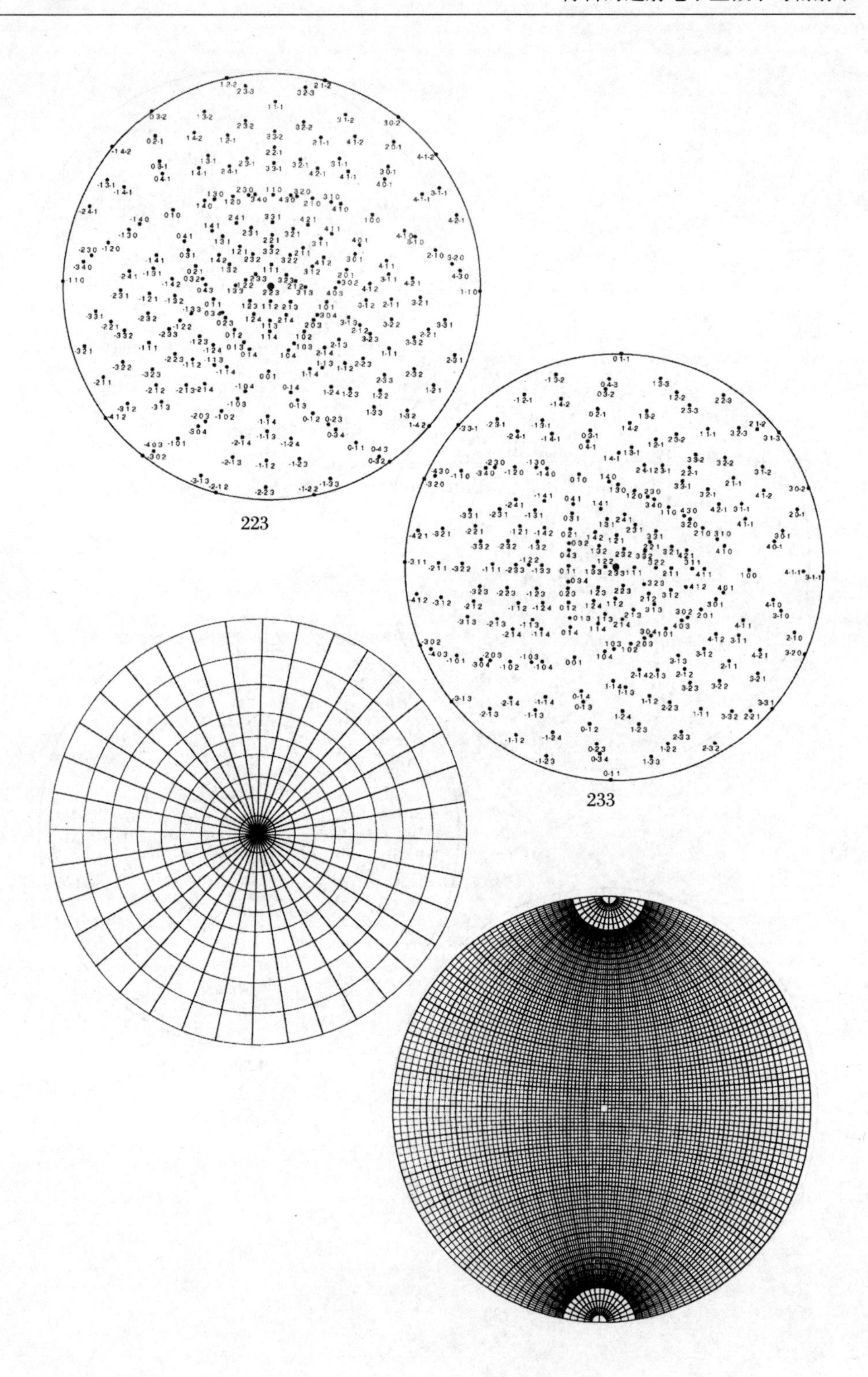

223

233

A.8　傅里叶变换实例
Examples of Fourier Transforms

Specimen function $f(x)$　　　　Fourier transform $\mathscr{F}\{f(x)\}=F(q)$

1. (a) One-dimensional slit

$$f_1(x)=\begin{cases}1 & \text{if } |x|<a/2\\ 0 & \text{if } |x|>a/2\end{cases}$$

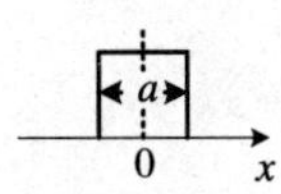

$$F_1(q)=a\,\frac{\sin \pi aq}{\pi aq}$$

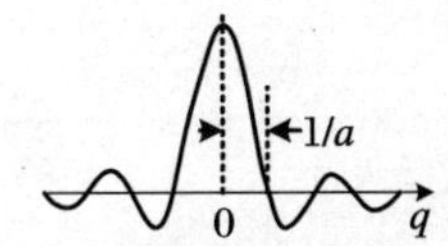

(b) Point source ($a\to 0$)

one-　　　　two-dimensional

$f_1(x)=\delta(x)$　　$f_1(\boldsymbol{r})=\delta(\boldsymbol{r})$

$\int \delta(x)\mathrm{d}x=1$　　$\iint \delta(\boldsymbol{r})\mathrm{d}^2 r=1$

$F_1(q)=1$ (isotropic scattering)

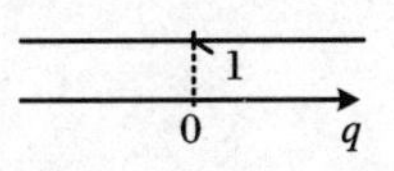

(c) $f_1(x)=\delta(x-b)$

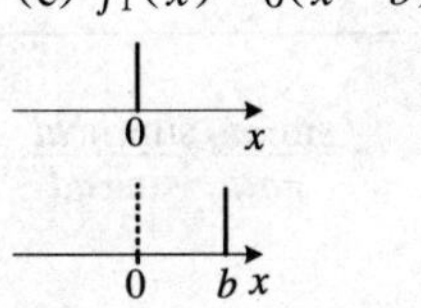

$F_1(q)=\exp(2\pi \mathrm{i} bq)$；$|F_1(q)|=1$

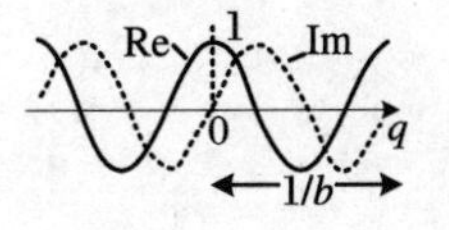

2. Transparent retangle $f_2(x,y)$

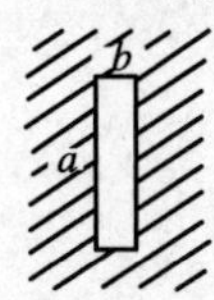

$$F_2(\boldsymbol{q})=ab\,\frac{\sin\pi aq_x}{\pi aq_x}\,\frac{\sin\pi bq_y}{\pi bq_y}$$

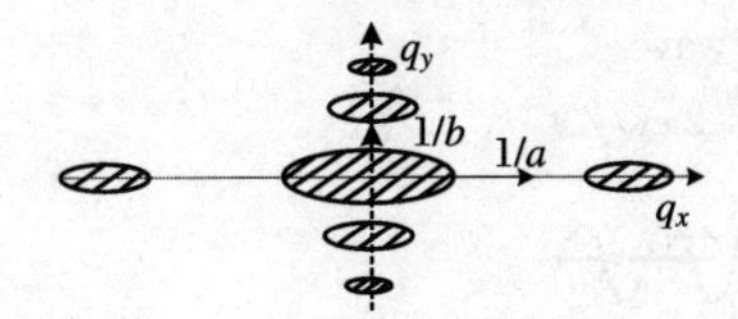

3. Parallelepiped $f_3(x,y,z)$

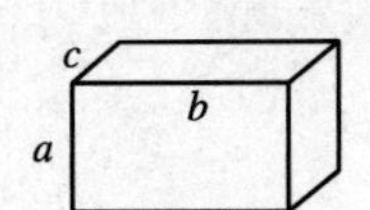

$$F_3(\boldsymbol{q})=abc\,\frac{\sin\pi aq_x}{\pi aq_x}\,\frac{\sin\pi bq_y}{\pi bq_y}\,\frac{\sin\pi bq_z}{\pi bq_z}$$

Continued

Specimen function $f(x)$	Fourier transform $\mathscr{F}\{f(x)\}=F(q)$
4. Circular hole $f_4(\mathrm{r})=\begin{cases}1 & \text{if } \vert r\vert < r\\ 0 & \text{if } \vert r\vert > R\end{cases}$ 	$F_4(q)=\pi R^2\dfrac{J_1(2\pi qR)}{2\pi qR}$ (Airy distribution) 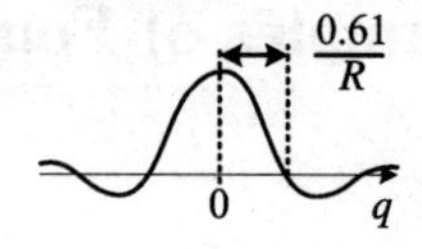
5. Sphere of radius R: $f_5(r)$	$F_5(q)=\dfrac{4\pi}{3}R^3\dfrac{\sin u-u\cos u}{u^3}$; $u=2\pi qR$
6. Gaussian function $f_6(x)=\exp[-(x/a)^2]$ 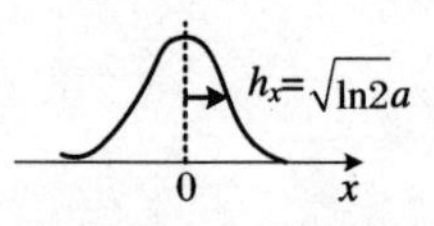	$f_6(q)=\sqrt{\pi}a\exp[-(\pi qa)^2]$ 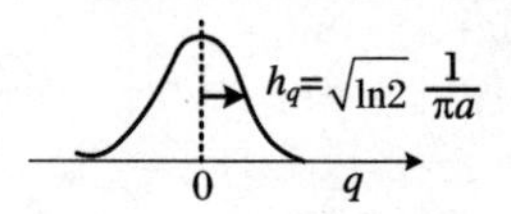
7. One-dimensional point lattice $f_7(x)=\sum_{n=1}^{N}\delta(x-x_n)$	$F_7(q)=\dfrac{\sin\pi qNd}{\sin\pi qd}$
8. N slits of width a $f_8(x)=f_1(x)\otimes f_7(x)$ 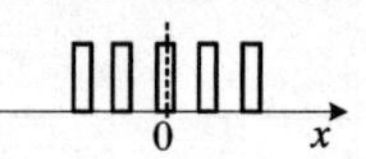	$F_8(q)=F_1(q)\cdot F_7(q)=a\dfrac{\sin\pi aq}{\pi aq}\dfrac{\sin\pi qNd}{\sin\pi qd}$ 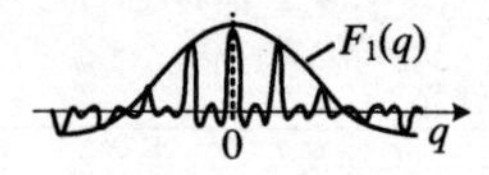
9. Infinite wave $f_9(x)=\cos(2\pi x/\Lambda)$ 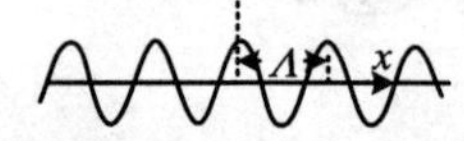	$F_9(q)=\dfrac{1}{2}\delta\left(q\pm\dfrac{1}{\Lambda}\right)$ 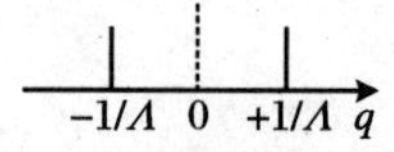
10. Wave packet of width a $f_{10}(x)=f_1(x)\cdot f_9(x)$ 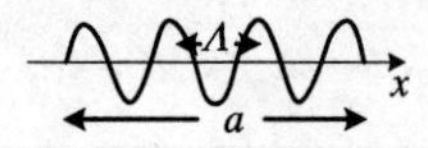	$F_{10}=F_1(q)\otimes F_9(q)$ 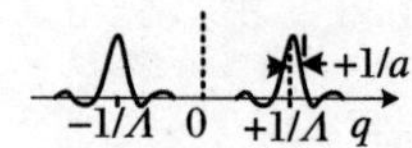

Continued

Specimen function $f(x)$	Fourier transform $\mathscr{F}\{f(x)\} = F(q)$
11. Infinite point row $N \to \infty$ $f_{11} = \sum_{n=-\infty}^{+\infty} \delta(x - nd)$ 0 d x	$F_{11}(q) = \sum_{n=-\infty}^{+\infty} \delta\left(q - \frac{n}{d}\right)$ $-q_4\ -q_3\ -q_2\ -q_1\ 0\ q_1\ q_2\ q_3\ q_4$
12. Infinite periodic function $f_{12} = f_{11}(x) \otimes f_1(x)$ a 0 d x	$F_{11}(q) = F_{12}(q) \cdot F_1(q)$ $= \sum_{n=-\infty}^{+\infty} F_1(q_n)\delta(q - q_n)$ $F_1(q)$ 1/d 0 q 1/a

A.9 波振幅的 Debye-Waller 因子

Debye-Waller Factor from Wave Amplitude

Another approach to calculating the Debye-Waller factor, perhaps simpler than that of Chap. 10, makes use of the phase relationships in the diffracted wave. The instantaneous positions of the atom centers are $\{\boldsymbol{r}_i + \boldsymbol{\delta}_i\}$, and the intensity, $I(\Delta \boldsymbol{k})$, is written as $\psi^* \psi$:

$$I(\Delta \boldsymbol{k}) = \sum_i f_i^* \mathrm{e}^{+\mathrm{i}\Delta \boldsymbol{k}\cdot(\boldsymbol{r}_i + \boldsymbol{\delta}_i)} \sum_j f_j \mathrm{e}^{-\mathrm{i}\Delta \boldsymbol{k}\cdot(\boldsymbol{r}_j + \boldsymbol{\delta}_j)} \tag{A.1}$$

$$I(\Delta \boldsymbol{k}) = \sum_i \sum_j f_i^* f_j \mathrm{e}^{+\mathrm{i}\Delta \boldsymbol{k}\cdot(\boldsymbol{r}_i - \boldsymbol{r}_j)} \mathrm{e}^{+\mathrm{i}\Delta \boldsymbol{k}\cdot(\boldsymbol{\delta}_i - \boldsymbol{\delta}_j)} \tag{A.2}$$

We confine our attention to Bragg peaks where $\Delta \boldsymbol{k} \cdot (\boldsymbol{r}_i — \boldsymbol{r}_j) = 2\pi$ *integer*, so the first exponential in (A.2) is 1:

$$I(\Delta \boldsymbol{k}) = \sum_i \sum_j f_i^* f_j \mathrm{e}^{+\mathrm{i}\Delta \boldsymbol{k}\cdot(\boldsymbol{\delta}_i - \boldsymbol{\delta}_j)} \tag{A.3}$$

We assume the displacements are small, and expand the exponential in (A.3):

$$I(\Delta \boldsymbol{k}) = \sum_i \sum_j f_i^* f_j \left\{1 + \mathrm{i}\Delta \boldsymbol{k} \cdot (\boldsymbol{\delta}_i - \boldsymbol{\delta}_j) - \frac{1}{2}[\Delta \boldsymbol{k} \cdot (\boldsymbol{\delta}_i - \boldsymbol{\delta}_j)]^2\right) \tag{A.4}$$

We simplify further by assuming that the differences, $\boldsymbol{\delta}_i - \boldsymbol{\delta}_j$, average to zero whensummed over all pairs separated by $\boldsymbol{r}_i - \boldsymbol{r}_j$:

$$I(\Delta \boldsymbol{k}) = |f|^2 \sum_i \sum_j \left\{1 - \frac{1}{2}[\Delta \boldsymbol{k} \cdot (\boldsymbol{\delta}_i - \boldsymbol{\delta}_j)]^2\right\} \tag{A.5}$$

From (10.170) the isotropic average of $[\Delta \boldsymbol{k} \cdot (\boldsymbol{\delta}_i - \boldsymbol{\delta}_j)]^2$ is $1/3\ \Delta \boldsymbol{k}^2 (\boldsymbol{\delta}_i - \boldsymbol{\delta}_j)^2$ so:

$$I(\Delta \boldsymbol{k}) = N^2 \mid f \mid^2 \left[1 - \frac{1}{6} \Delta \boldsymbol{k}^2 (\boldsymbol{\delta}_i - \boldsymbol{\delta}_j)^2\right] \tag{A.6}$$

Following Sect. 10.2.2, we assume that the displacements of the atom centers, $\boldsymbol{\delta}_i$ and $\boldsymbol{\delta}_j$ are isotropic random variables with a Gaussian distribution and a characteristicrange, δ. The difference, $\boldsymbol{\delta}_i - \boldsymbol{\delta}_j$, will therefore have an average range of $\sqrt{2}\,\delta$, allowing us to simplify (A.6) as:

$$I(\Delta \boldsymbol{k}) = N^2 \mid f \mid^2 \left(1 - \frac{1}{3} \Delta \boldsymbol{k}^2 \delta^2\right) \tag{A.7}$$

Approximately, the third factor in (A.7) is the exponential function

$$I(\Delta \boldsymbol{k}) = N^2 \mid f \mid^2 \mathrm{e}^{-1/3 \Delta \boldsymbol{k}^2 \delta^2} \tag{A.8}$$

The exponential factor in (A.8) is the Debye-Waller factor. It is essentially the same as (10.59), but with an additional factor of 1/3 in the exponent. The derivation of (10.59) was performed in one dimension, so the $\langle x^2 \rangle$ in (10.59) corresponds to the average value of x^2 along the direction Δk. Equation (A.8) refers to the average of the mean-squared displacement over all directions in space, δ^2. It can be important to specify which average is being reported.

A.10　时变势和非弹性中子散射
Time-Varying Potentials and Inelastic Neutron Scattering

Time-Varying Potentials　Coherent inelastic neutron scattering is a powerful tool for studying the wavelengths and energies of elementary excitations in solids, such as phonons (vibrational waves) and magnons (spin waves). Neutron elastic scattering and neutron diffraction can be understood readily with analogies to X-ray and electron scattering and diffraction, but inelastic neutron scattering, especially coherent inelastic neutron scattering, requires additional concepts. A brief introduction is given here.

Equations (4.82) and (4.83) were presented in the context of electron scattering, but nothing specific to electrons was used in obtaining them from the integral form of the Schrödinger equation. They are repeated here (including the time-dependence of the outgoing wave):

$$\Psi_{\mathrm{scatt}}(\Delta \boldsymbol{k}, \boldsymbol{r}, t) = -\frac{m}{2\pi \hbar^2} \frac{\mathrm{e}^{\mathrm{i}k_{\mathrm{f}} \cdot r - \omega t}}{\mid \boldsymbol{r} \mid} \int V(\boldsymbol{r}') \mathrm{e}^{-\mathrm{i}\Delta k \cdot r'} \mathrm{d}^3 \boldsymbol{r}' \tag{A.9}$$

To use (A.9) for neutron scattering, m denotes the mass of the neutron of course, and we need a potential, $V(\boldsymbol{r})$, appropriate for neutron scattering. For nuclear scattering, we use the "Fermi pseudopotential," which places all the potential at a point nucleus:

$$V_{\mathrm{nuc}}(\boldsymbol{r}) = 4\pi \frac{\hbar^2}{2m} b \delta(\boldsymbol{r}) \tag{A.10}$$

Here b is a simple constant length (although sometimes it is a complex number). For thermal neutrons, the δ-function is an appropriate description of the shape of anucleus①.

The next step is to place independent Fermi pseudopotentials at the positions $\{\boldsymbol{R}_j\}$, of all atomic nuclei in the crystal. We also add one feature essential to inelastic scattering by atom vibrations — we allow the centers of the δ-functions to move with time. Our time-varying potential is:

$$V(\boldsymbol{r},t) = 4\pi\frac{\hbar^2}{2m}\sum_j b_j\delta(\boldsymbol{r}-\boldsymbol{R}_j(t)) \tag{A.11}$$

Substituting (A.11) into (A.9), we note the elegant cancellation of prefactors:

$$\Psi_{sc}(\boldsymbol{Q},\boldsymbol{r},t) = -\frac{e^{i\boldsymbol{k}_f\cdot\boldsymbol{r}-\omega_0 t}}{|\boldsymbol{r}|}\int\sum_j b_j\delta(\boldsymbol{r}-\boldsymbol{R}_j(t))e^{i\boldsymbol{Q}\cdot\boldsymbol{r}'}d^3\boldsymbol{r}' \tag{A.12}$$

In writing (A.12) we made the substitution $\Delta\boldsymbol{k}\to-\boldsymbol{Q}$ because this new symbol and sign are in widespread use for neutron scattering. The integration over the δ-functions of (A.12) fixes the exponentials at the nuclear positions $\{\boldsymbol{R}_j(t)\}$:

$$\Psi_{sc}(\boldsymbol{Q},\boldsymbol{r},t) = -\frac{e^{i\boldsymbol{k}_f\cdot\boldsymbol{r}-\omega_0 t}}{|\boldsymbol{r}|}\sum_j b_j e^{i\boldsymbol{Q}\cdot\boldsymbol{R}_j(t)} \tag{A.13}$$

It is convenient to separate the static and dynamic parts of the nuclear positions:

$$\boldsymbol{R}_j(t) = \boldsymbol{x}_j + \boldsymbol{u}_j(t) \tag{A.14}$$

so by substitution:

$$\Psi_{sc}(\boldsymbol{Q},\boldsymbol{r},t) = -\frac{e^{i\boldsymbol{k}_f\cdot\boldsymbol{r}-\omega_0 t}}{|\boldsymbol{r}|}\sum_j b_j e^{i\boldsymbol{Q}\cdot(\boldsymbol{x}_j+\boldsymbol{u}_j(t))} \tag{A.15}$$

When $\boldsymbol{Q}\cdot\boldsymbol{u}$ is small, we can expand the exponential in (A.15) to obtain:

$$\Psi_{sc}(\boldsymbol{Q},\boldsymbol{r},t) = -\frac{e^{i\boldsymbol{k}_f\cdot\boldsymbol{r}-\omega_0 t}}{|\boldsymbol{r}|}\times\sum_j b_j e^{i\boldsymbol{Q}\cdot\boldsymbol{x}_j}\left\{1+i\boldsymbol{Q}\cdot\boldsymbol{u}_j(t)-\frac{1}{2}[\boldsymbol{Q}\cdot\boldsymbol{u}_j(t)]^2+\cdots\right\} \tag{A.16}$$

Elastic Neutron Scattering Neglecting the time-dependence of the scattering potential, i.e., setting $\boldsymbol{u}_j(t)=\boldsymbol{0}$ in (A.16), we recover the case of elastic scattering. The first term in parentheses in (A.16), the 1, involves only the static part of the structure. We isolate this static term, $\Psi_{sc}^{el}(\boldsymbol{Q},\boldsymbol{r})$, as the elastic part of the scattered wave:

$$\Psi_{sc}^{el}(\boldsymbol{Q},\boldsymbol{r}) = -\frac{e^{i\boldsymbol{k}_f\cdot\boldsymbol{r}-\omega_0 t}}{|\boldsymbol{r}|}\sum_j b_j e^{i\boldsymbol{Q}\cdot\boldsymbol{x}_j} \tag{A.17}$$

Because b is the neutron equivalent to $f(\Delta\boldsymbol{k})$ for the coherent elastic scattering of electrons or X-rays, the further development of neutron diffraction takes the same path that follows (6.18) in Chap. 6.

Phonon Scattering The next term in (A.16), involving $\boldsymbol{Q}\cdot\boldsymbol{u}_j(t)$, gives inelastic scattering. To calculate the inelastically-scattered neutron wavefunction. we first need the motions of all nuclei. For this we use the phonon expression for collective atom motions, $\boldsymbol{u}_j(\omega,\boldsymbol{q},t)$:

① For magnetic scattering, however, an electron spin density is used, and this reflects the shape of the atom. Also, the potential for magnetic scattering has vector character.

$$u_j(\omega, q, t) = \frac{U_j(\omega, q)}{\sqrt{2M_j\omega}} e^{i(q \cdot x_l - \omega t)} \quad (A.18)$$

Equation (A. 18) has a typical form for an elementary excitation in a solid. In particular, this phonon excitation is specified by its combination of wavevector q and frequency ω. The phase factor, $e^{iq \cdot x_j(t)}$, provides the long-range spatial modulationof u_j at all atom positions. This spatial modulation has a"polarization," U_j that identifies the amplitude and direction of atom motions. The nuclear mass, M_j, is essentially the entire mass of the atom centered at R_j. After substitution of (A. 18), the second term in (A. 16) gives an inelastically-scattered wave, $\Psi_{sc}^{inel}(Q, r)$:

$$\Psi_{sc}^{inel}(Q, r, t) = -\frac{i e^{ik_f \cdot r - \omega_0 t}}{|r|} \sum_j \frac{b_j}{\sqrt{2M_j\omega}} [Q \cdot U_j(\omega, q)] e^{iQ \cdot x_j} e^{iq \cdot x_j - \omega t} \quad (A.19)$$

$$\Psi_{sc}^{inel}(Q, r, t) = -\frac{i e^{ik_f \cdot r}}{|r|} e^{-i(\omega_0 + \omega)t} \sum_j \frac{b_j}{\sqrt{2M_j\omega}} [Q \cdot U_j(\omega, q)] e^{i(Q+q) \cdot x_j} \quad (A.20)$$

Equation (A. 20) identifies two important features about the phase of the neutron wave function after coherent inelastic scattering①. First, the neutron wavefunction changes frequency from ω_0 to $\omega_0 + \omega$ because the neutron gains an energy $\hbar\omega$ by annihilating the phonon of frequency ω. The wavevector in the phase factor for the neutron wavelet scattered from R_j is not the same Q as for elastic scattering, but is $Q + q$, equivalent to the momentum difference $\hbar q$. Energy and momentum are conserved, but are transferred between the crystal and the neutron. A spectrometer for inelastic neutron scattering measures the momentum and energy of scattered neutrons, and this may be enough information for the experimenter to deduce the frequencies and wavevectors of the elementary excitations in the sample. There are many additional considerations in such work, of course.

A.11 位错综述 Review of Dislocations

Structure of a Dislocation

A dislocation is the only line defect in a solid. A large body of knowledge has formed around dislocations because their movement is the elementary mechanism of plastic deformation of many crystalline materials. In addition. dislocations in semiconducting crystals are sinks for charge carriers. More than any other experimental technique, TEM has revealed the structures

① Other features that can be identified are the scaling of the phonon scattering intensity, $\Psi_{sc}^{inel*}\Psi_{sc}^{inel}$, with Q^2 and with the factor b^2/M_j. Especially for single crystals, the orientation information $Q \cdot U_j$ is also useful.

and interactions of dislocations.

There are two types of "pure" dislocations. An edge dislocation is the easiest to illustrate. In Fig. A. 2, notice how an extra half-plane of atoms has been inserted in the upper half of the simple cubic crystal. This extra half-plane terminates at the "core" of the edge dislocation line. On the figure is drawn a circuit of 5 × 5 × 5 × 5 atoms. This circuit, known as a "Burgers circuit," does not close perfectly when it encloses the dislocation line. (It does close in a perfect simple cubic crystal, of course, and it also closes perfectly when it is drawn in a dislocated crystal around a region that does not contain the dislocation core.) The vector from the end to the start of the circuit is defined as the "Burgers vector" of the dislocation, $\boldsymbol{b}$. Dislocations are characterized by their Burgers vector and the direction of their dislocation line. The magnitude of the Burgers vector parameterizes the strength of the dislocation—dislocations with larger Burgers vectors cause larger crystalline distortions. The "character" of the dislocation is determined by the direction of the Burgers vector with respect to the direction of the dislocation line. In Fig. A. 2 the Burgers vector is perpendicular to the dislocation line. This is an "edge dislocation".

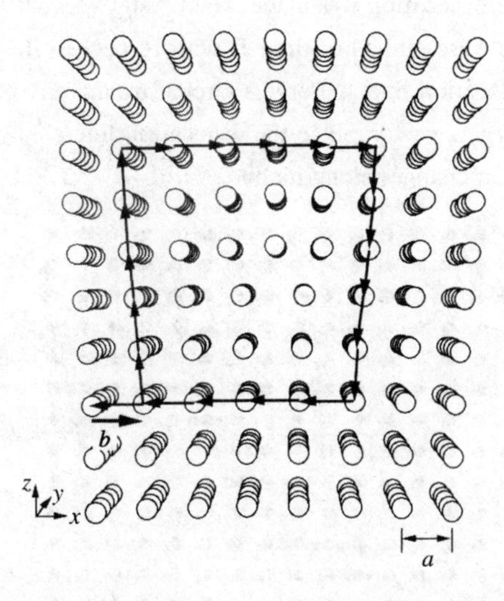

Fig. A. 2　Edge dislocation in a cubic crystal. Dislocation line is parallel to $\hat{y}$, $\boldsymbol{b} = a\langle 100\rangle$, and $\boldsymbol{b}$ is perpendicular to the dislocation line

The other type of "pure" dislocation has its Burgers vector parallel to the dislo-cation line. It is a "screw dislocation," and is illustrated in Fig. A. 3. Around the core of a screw dislocation, the crystal planes form a helix. When we complete a Burgers circuit in the x-y plane in Fig. A. 3, the vector from finish to start lies along $\hat{z}$. For a screw dislocation, $\boldsymbol{b}$ is parallel to the line of the dislocation.

In general, dislocations are neither pure edge dislocations nor pure screw dislocations, but rather have their Burgers vectors at some intermediate angle to the line of their cores. These are "mixed dislocations." Whenever a dislocation line is curved, part of the dislocation must have

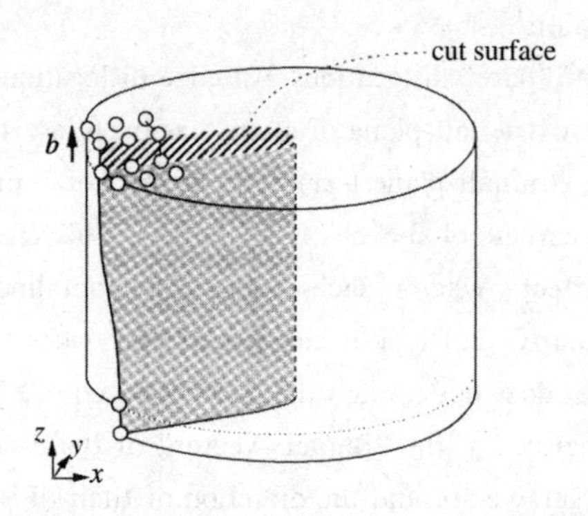

Fig. A. 3 Screw dislocation in a cylinder of cubic crystal. Dislocation line is parallel to $\hat{z}$, $\boldsymbol{b} = a\langle 100 \rangle$, and $\boldsymbol{b}$ is parallel to the dislocation line

mixed character. An example of a curved dislocation line is shown in Fig. A. 4, with labels indicating the pure edge and screw parts. All other parts of the dislocation are of mixed character. Notice how the dislocation was made. The crystal was cut in the lower right corner, and the top (gray) atoms were pushed to the left with respect to the lower (black) atoms. The edge of the cut is the dislocation line. A Burgers circuit around any part of this dislocation line always gives the same Burgers vector. Since the dislocation line changes direction, however, the character of the dislocation changes along its line.

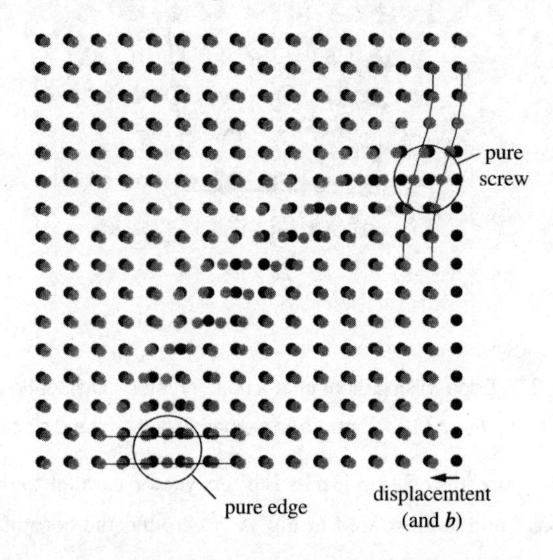

Fig. A. 4 Mixed dislocation in a cubic crystal. Quarter-circle of cut plane is in the lower right. All atoms across the cut are displaced to the left by $\boldsymbol{b}$

A dislocation loop, which is mostly of mixed character, is illustrated in Fig. A. 5. A planar circular cut is made inside a block of material. The atoms across this cut are sheared as shown in the figure. The edge of the cut is the dislocation line. On the left and right edges of this dislocation loop we have edge dislocations (with $\boldsymbol{b}$ of opposite signs). On the front and back, the dislocation loop has pure screw character (again with $\boldsymbol{b}$ of opposite signs). Everywhere else the dislocation has mixed character.

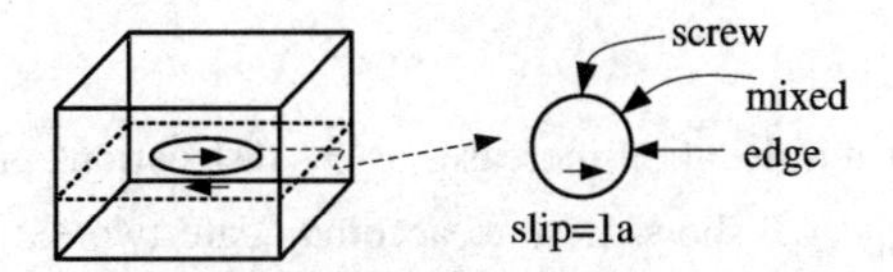

Fig. A.5　Left: dislocation loop in a cube of crystal. All atoms across the cut are displaced to the left by $\boldsymbol{b}$. Right: top view of loop

Strain Energy of a Dislocation (Self Energy)

A dislocation generates large elastic strains in the surrounding crystal, as is evident from Figs. A.2 – A.4. The strain in the material in the dislocation core (usually considered to be cylinder of radius $5b$) is so large that its excess energy cannot be accurately regarded as elastic energy. Sometimes this "core energy" is estimated from the heat of fusion of the crystal. Outside the core region, however, it is reasonable to calculate the energy by linear elasticity theory. It turns out that this total elastic energy in the surrounding crystal is typically an order-of-magnitude larger than the energy of the core region. Approximately, therefore, the energy cost of making a unit length of dislocation line is equal to the elastic energy per unit length of the dislocation.

We have seen how dislocations can be created by a cut-and-shear process. The dislocation line is located at the edge of the cut, and the Burgers vector is the vector of the shear displacement. We seek the energy needed to make the dislocation this way. First note that the cut itself requires no energy, since the atoms across the cut are properly reconnected after the dislocation is made. The energy needed to make the dislocation is the energy required to make the shear across the cut surface. Think of the cut crystal as a spring. An elastic restoring force opposes the shear, and this restoring force is proportional to the shear times the shear modulus, G. The distance of displacement across the cut is b. The elastic energy stored in the crystal is obtained by integrating the force over the distance, x, of shear for 1 cm of dislocation line:

$$E_{\text{elastic}} \propto \int_0^1 \int_0^b Gx\,dx\,dz \tag{A.21}$$

$$E_{\text{elastic}} = Gb^2 K\,(\text{J/cm}) \tag{A.22}$$

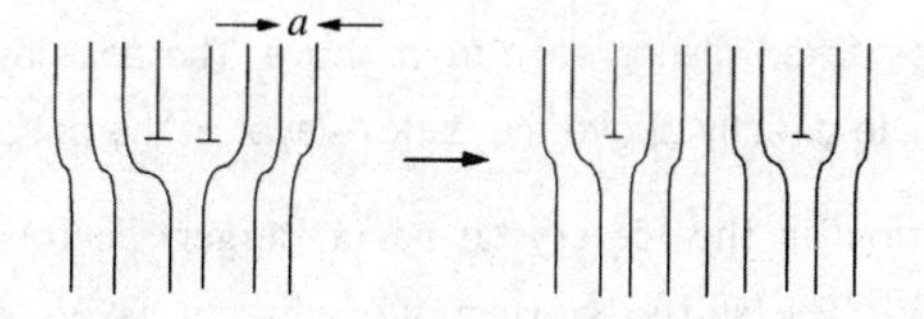

Fig. A.6　Accommodation of the same slip by two dislocations or by one dislocation

Here K is a geometrical constant that depends on the size and shape of the crystal (and somewhat on the dislocation character). Neglecting the smaller core energy, the energy cost of creating a unit length of edge dislocation is the E_{elastic} of (A.22).

Dislocation Reactions

Because the self-energy of a dislocation increases as b^2, dislocations prefer Burgers vectors that are as small as possible. Fig. A.6 shows how to accommodate two extra half-planes with either one dislocation of $b = 2a$, or two dislocations, each of $b = a$. The total elastic energy of a crystal with the two separate, smaller dislocations is half as large, however. Big dislocations therefore break into smaller ones, so single dislocations have the smallest possible Burgers vector. The lower limit to the Burgers vector is set by the requirement that the atoms must match positions across the cut in the crystal. This lower limit is typically the distance between nearest-neighbor atoms. Smaller Burgers vectors are usually not possible, but an exception occurs for fcc and hcp crystals.

Stacking Faults in fcc Crystals

A special dislocation reaction occurs for dislocations on $\{111\}$ planes in fcc crystals. Fig. A.7 shows how the stacking of close-packed planes determines whether the crystal is fcc or hcp.

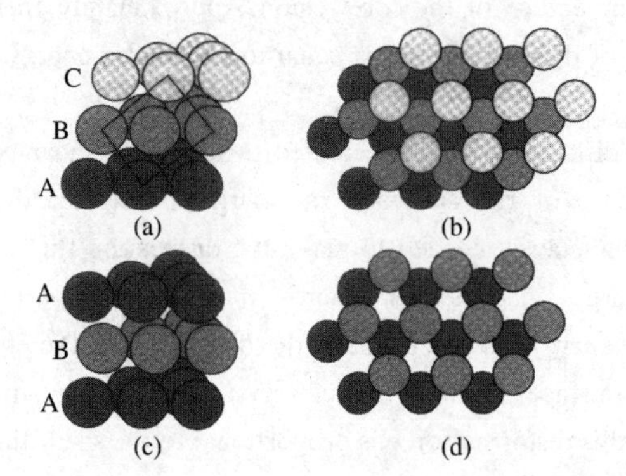

Fig. A.7 (a) fcc stacking of close-packed (111) planes; perspective view of three layers, with the cubic face marked with the square. (b) Stacking of the three types of (111) planes seen from above. The next layer will be an A-layer, and will locate directly above the dark A-layer at the bottom. (c) hcp stacking of close-packed (0001) basal planes; perspective view of three layers. (d) Stacking of the two types of close-packed planes seen from above. The next layer will be an A-layer, and will locate directly above the dark A-layer at the bottom

The "perfect dislocation" in the fcc crystal has a Burgers vector of the nearest-neighbor separation, $\boldsymbol{b} = 1/2\,[110]$. The shifts between the adjacent layers of the fcc structure are smaller than this, however, and we can obtain these shifts by creating a "stacking fault" in the fcc crystal. Specifically, assume that we interrupt the ABCABCABC stacking of the fcc crystal and make a small shift of a {111} plane as: ABCAB | ABCABC. Here we have erred in the stacking by placing an A-layer to the immediate right of a B-layer. The structure is still close packed. but there is a narrow region of hcp crystal (…AB | AB…). This region of hcp crystal need not extend to the edge of the crystal, however. At the boundary of the hcp region we can insert a "Shockley partial" dislocation, which has a Burgers vector equal to the shift between an A- and a B-layer. This shift is a vector of the type: $a/6\langle 112\rangle$.

Consider a specific dislocation reaction for which the total Burgers vectors across the arrow are equal①:

$$a/2[110] \rightarrow a/6[121] + a/6[12\bar{1}] \tag{A.23}$$

The energy, proportional to the square of the Burgers vector, is smaller for the two Shockley partials on the right than the single perfect dislocation on the left, as we verify by calcuating the enereies (A.22):

$$\frac{E_{\text{perfect}}}{E_{2\text{partials}}} = \frac{(KGa^2/4)(1^2 + 1^2 + 0)}{(2KGa^2/36)(1^2 + 2^2 + 1^2)} = \frac{3}{2} \tag{A.24}$$

Equation (A.24) shows that it is energetically favorable for a perfect dislocation in an fcc crystal to split into two Shockley partial dislocations, which then repel each other elastically (as discussed in the next subsection). There is, however, a thin region of hcp crystal between these two Shockley partials (the stacking fault), and the stacking fault energy tends to keep the partials from getting too far apart. Equilibrium separations of Shockley partial dislocations, measured by TEM, are a means of determining the stacking fault energy of fcc crystals. This stacking fault energy is qualitatively related to the free energy difference between the fcc and hcp crystal structures.

Stable Arrays of Dislocations

Look again at the atom positions around the dislocation core in Fig. A.2. Inserting an extra half-plane of atoms in the top half of the crystal causes compressive stresses above, and tensile stresses below the dislocation line. An edge dislocation line, seen on end in Fig. A.8. is marked with a "⊥" symbol. The circles are lines of constant strain.

Dislocations interact with each other through their elastic fields, so groups of dislocations are frequently found in special arrangements. For example, two edge dislocations with the same Burgers vector repel each other when they are situated on the same glide plane. When they are close together, their compression and tensile strains add. The elastic energy increases quadratically with the strain field. It is therefore favorable for the dislocations to move apart as in Fig. A.9 (cf., Fig. A.6), so there is an elastic repulsion

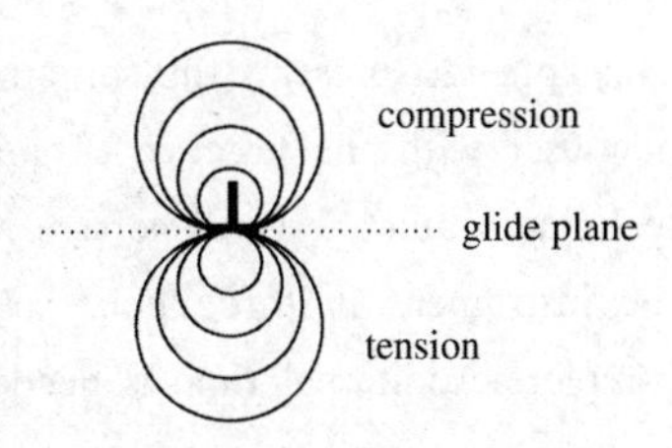

Fig. A.8　Compression and tension fields around an edge dislocation

① The conservation of Burgers vector is equivalent to the fact that a dislocation line cannot terminate in the middle of a crystal, but must extend to the surface or form a loop.

between these two edge dislocations.

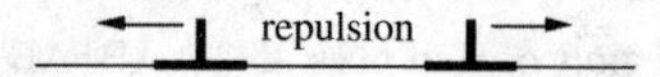

Fig. A.9 Elastic repulsion of two edge dislocations on the same glide plane

The six dislocations on the left of Fig. A. 10 are in a stable configuration, however, since the compressive stress above each dislocation cancels partially the tensile stress below its neighboring dislocation. Perturbing the dislocations out of this linear array increases the elastic energy. The right side of Fig. A. 10 shows in more detail the extra half-planes of the six edge dislocations in a simple cubic crystal. This dislocation array creates a low-angle tilt boundary between two perfect crystals. This particular example is a symmetric tilt boundary. Other types of tilt boundaries are possible, as are twist boundaries comprising arrays of screw dislocations. Arrays of (1-dimensional) dislocations are common at 2-dimensional interfaces between different phases in a material.

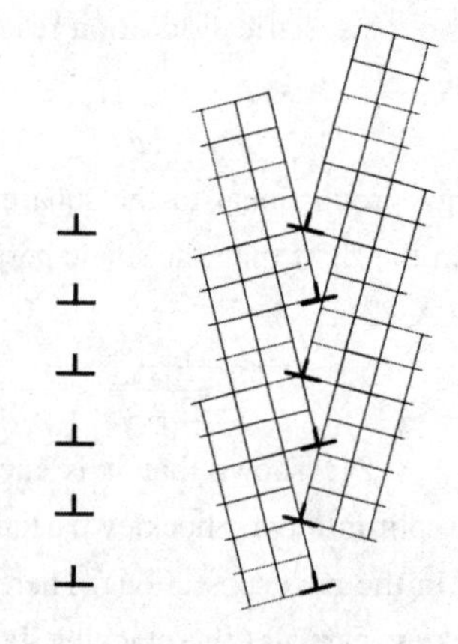

Fig. A. 10 Stable dislocation structure constiuting a small angle tilt boundary

A.12 TEM 实验室训练 TEM Laboratory Exercises

This appendix presents the content of a university laboratory course designed to familiarize the new user with the practice of microscope calibration, conventional diffraction and imaging techniques, and energy-dispersive X-ray spectroscopy. In such a course, students have access to the instrument in three hour sessions. Most laboratory exercises require 3 - 4 sessions to complete. Additional time is needed for instrument startup, data analysis, report writing, and perhaps specimen preparation.

An introduction to the instrument, and the simpler Au and MoO_3 exercises in Laboratory 1, require 2 - 3 sessions. Sample tilting is needed in Laboratory 2 on DF imaging of θ' precipitates, and tilting requires practice. Laboratory 3 on EDS of θ' precipitates is straightforward, and could perhaps be performed before Laboratory 2. Laboratory 4 on dislocations and stacking faults in stainless steel is typical of physical metallurgy research with conventional TEM. The instructor may consider substituting another laboratory on a material more relevant to the research interests of the student.

The authors often modify the laboratories—some variations are given in the Specimen or Procedures sections. Of course the instrument alignment procedures are for a particular microscope, and are found in the microscope manufacturers' manuals. Condensed alignment instructions can be handy references in the laboratory. Please read the manufacturers' manuals, however—they are generally well written and rich in information.

A12.1　实验室训练 1——电镜操作步骤和使用 Au, MoO_3 进行校正

Laboratory 1—Microscope Procedure and Calibration with Au and MoO_3

The principles of operation and alignment of the transmission electron microscope should be covered in the first laboratory session. The Au and MoO_3 exercises are often the first rewarding experiences with a TEM.

1. Camera Constant Determination

Specimen　Polycrystalline Au film evaporated onto a holey carbon film supported on a 200 mesh copper grid. (Such Au samples are available from vendors of microscope supplies.)

Measurements　(a) With the microscope at 200 kV and the specimen in the eucentric position, obtain two focused bright-field (BF) images of the same specimenarea at a medium magnification (~60 k×) using the largest and smallest objective lens apertures. Photograph the corresponding electron diffraction patterns (with a camera length ~100 cm) using the double-exposure technique with the objective aperture in to record also the sizes and positions of the two different objective apertures.

Explain why the size and position of the objective aperture affects the contrast in the image.

(b) Photograph two selected-area diffraction (SAD) patterns (with a camera length of ~100 cm) from the same specimen area using the largest and smallest intermediate apertures. Photograph the corresponding BF images, again using a double exposure with the intermediate aperture in and the obj ective aperture out (and an appropriate magnification) to record the sizes and positions of the intermediate apertures. Also record the objective, intermediate and projector lens currents. Calculate the microscope camera constant (λL) from these results.

Explain why the size of the intermediate aperture affects the appearance of the diffraction pattern.

Procedures for Taking Images and SAD Patterns (written for the JEOL 2000FX)　Starting with a properly aligned TEM in the magnification (Mag) mode, and the specimen in the eucentric position:

- Focus the image using the objective lens (focus) controls.
- Insert the desired SAD aperture and center it.
- Go to the SAD diffraction mode (Diff).

- Remove the objective aperture (if it was in).
- Center the illumination and spread the beam to obtain sharp diffraction spots.
- Focus the spot pattern using the difiraction focus knob. (You can insert the objective aperture and focus the aperture edge to confirm that the spot pattern is in focus.)
- Center the diffraction pattern on the screen using the projector alignment knobs in the right drawer.
- Set the exposure to approximately 1/3 - 1/4 of the full-screen meter reading, and photograph the diffraction pattern. (Alternatively, you may use about 3/4 of the small screen reading as an exposure estimate).
- Insert and center the desired objective lens aperture.
- Return to the magnification (Mag) mode.
- Focus and stigmate the image using the objective lens stigmator controls (stigmation is required only on the first image). Using the meter reading, photograph the image.
- (Repeat for all magnifications and diffraction patterns.)

Taking Double Exposures For double exposures, press the photo button to startthe exposure process, and then press it a second time while the screen is raising. This prevents the film from advancing after the first exposure. When the first exposure is complete, the photo button light comes back on. Press the button again for the second exposure (after setting the desired exposure time).

2. Astigmatism Correction

Specimen Same evaporated Au as above.

Procedures Find a small hole in the holey carbon film that is not covered with gold, i. e., the carbon is exposed around the edge of the hole. Go to a high magnification (~500 k×) so the granular features in the carbon film are visible. (You may want to insert a medium-size objective aperture to increase the contrast from the amorphous carbon. Make sure the aperture is centered!)

View the image on the TV rate camera and correct the astigmatism using the stigmator knobs on the microscope. Remove the TV-rate camera, and use the CCD camera with a simultaneous live FFT display to perform a final correction of the astigmatism. When the astigmatism is corrected, record three images on the CCD in overfocused, minimum contrast, and underfocused conditions. Print these images and their corresponding FFTs, and discuss their features.

3. Rotation Calibration (written for the Philips EM400T)

Specimen Molybdenum trioxide on carbon substrates. (MoO_3 is formed by heating a Mo wire with an oxygen-acetylene torch in air. Carbon substrates supported on 200 mesh copper grids are passed through the smoke to collect the MoO_3 crystals.)

Experimental Measurements (a) Find a small crystallite of MoO_3 with well-defined facets.

With the magnification (M) and diffraction (D) modes, use the double exposure method to record superimposed BF images of the specimen and its corresponding SAD diffraction pattern. Repeat this procedure on the same crystallite for each magnification(intermediate lens current) in the M mode—magnifications of 10, 13, 17, 22, 28, 36, 46, 60, 80 and 100 k× (10 total). (Note: The most common camera lengths are typically 575 and 800 mm.)

(b) Record the currents of the objective, diffraction, intermediate and projectorlenses (P_1 and P_2) for each magnification in the M mode, and for the diffractionpatterns in the D mode, using the display selector knob in the back panel.

Data Analysis (a) Using the superimposed BF/SAD images, graph the magnitude and direction of the image rotation as a function of magnification. Comment on the important features of this plot. The crystallography of the MoO_3 crystal and its relationship to the diffraction pattern are illustrated in Fig. A. 11 for a JEOL 100CX microscope. There are errors in these features in all four references below, so be careful!

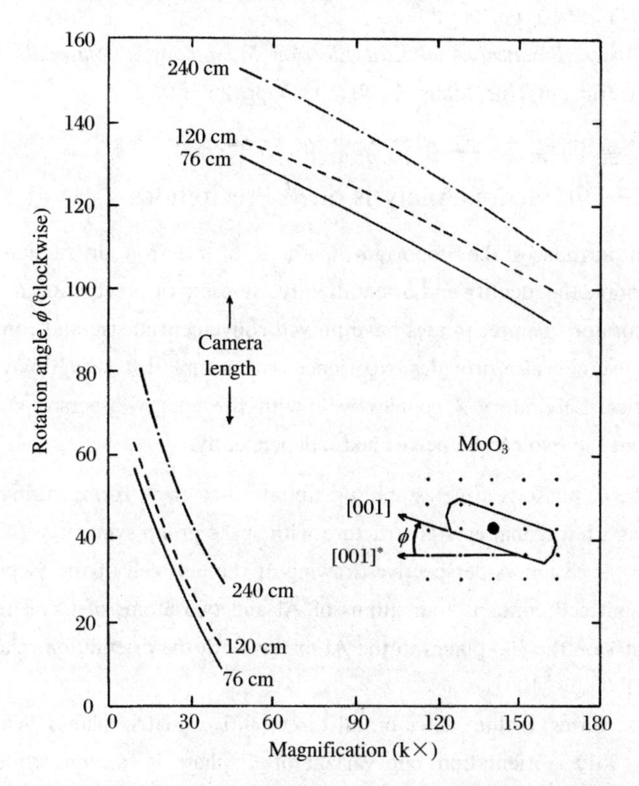

Fig. A. 11 Image rotation calibration of JEOL120CX microscope operated at 120 kV. Note abrupt change in image rotation at 40 k×

(b) Measure the width of the MoO_3 crystal and plot the crystal width as a function of the dial magnification. (A small crystal is required if its edges are to remain in the field of view at high magnification.)

(c) On two separate graphs, plot the objective, diffraction, intermediate and projector lens currents for the magnification (M) and difiraction (D) modes as a function of the dial magnification. Discuss the significance of these graphs for image magnification and accuracy in SAD.

References for Laboratory 1

[1] J. W. Edington, *Practical Transmission Electron Microscopy in Materials Science—1. Operation and Calibration of the TEM* (Philips Technical Library, Eindhoven, Netherlands, 1974).

[2] J. W. Edington, *Practical Transmission Electron Microscopy in Materials Science—2. Electron Diffraction in the Electron Microscope* (Philips Technical Library, Eindhoven, Netherlands, 1974), pp. 11 - 16.

[3] G. Thomas, M. J. Goringe, Transmission Electron Microscopy of Materials (John Wiley and Sons, NY, 1979), pp. 28 - 33.

[4] D. B. Williams, *Practical Analytical Electron Microscopy in Materials Science* (Philips Electron Instruments, Inc. Mahwah, NJ, 1984), pp. 26 - 30.

A12.2 实验室训练 2——θ'沉淀相的衍射分析

Laboratory 2—Diffraction Analysis of θ' Precipitates

This experiment introduces the important methods of electron diffraction and dark-field imaging to determine the identity and orientation relationship of precipitates in a matrix. For an introductory laboratory, θ' precipitates have proved convenient in size and contrast against the Al matrix. This exercise also provides experience with sample tilt, which may require a prior session of practice. Laboratory 2 couples well with the energy-dispersive X-ray analysis in Laboratory 3, but the two can be performed independently.

Background The θ' phase is a metastable precipitate that often forms during aging of Al-Cu base alloys. It has a tetragonal crystal structure with space group symmetry $I4/mmm$ and $a = 0.404$ nm and $c = 0.58$ nm. A perspective drawing of the unit cell of the θ' phase is shown in Fig. A.12. The unit cell contains four atoms of Al and two atoms of Cu. The θ' precipitates form as thin plates on the 100 planes in the Al matrix with the orientation relationship $(001)_{\theta'} \parallel (001)_{Al}$ and $[100]_{\theta'} \parallel [100]_{Al}$.

The θ' phase forms as thin plates on all three $[001]_{Al}$ matrix planes. When a thin foil is viewed along a $\langle 001 \rangle_{Al}$ orientation, one variant of θ' phase is face-on, while the other two variants are edge-on and perpendicular to each another (see Figs. A.12 and 13.15). The Al matrix and each variant of θ' phase produce different diffraction patterns. When all three variants are present within the selected area aperture, all of these diffraction patterns are superimposed. If a small selected area aperture is used, however, it may be possible to obtain diffraction patterns from only one or two variants of precipitate. Figure A.13 shows diffraction patterns for the Al matrix in a $\langle 001 \rangle$ orientation, and two variants of the θ' phase, one face-on

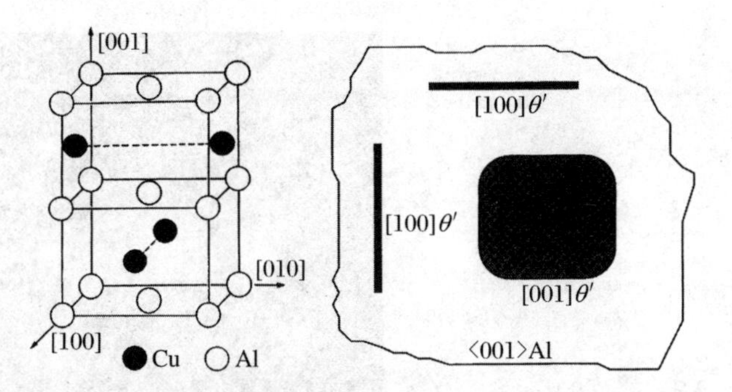

Fig. A. 12　Left: Labeled crystal structure of θ' precipitate. Right: Orientations of three variants of θ' plates in the fcc Al matrix

along $[001]_{\theta'}$, and the other edge-on along $[100]_{\theta'}$. (The diffraction pattern for the third variant of θ' can be obtained by rotating the $[100]_{\theta'}$, pattern on the lower right by 90°.) All three of these patterns can then be superimposed to obtain the composite diffraction pattern in Fig. A. 14. An experimental $\langle 001 \rangle_{Al}$ SAD pattern containing all three precipitate variants (and also double-diffraction spots) is also shown in Fig. A. 14.

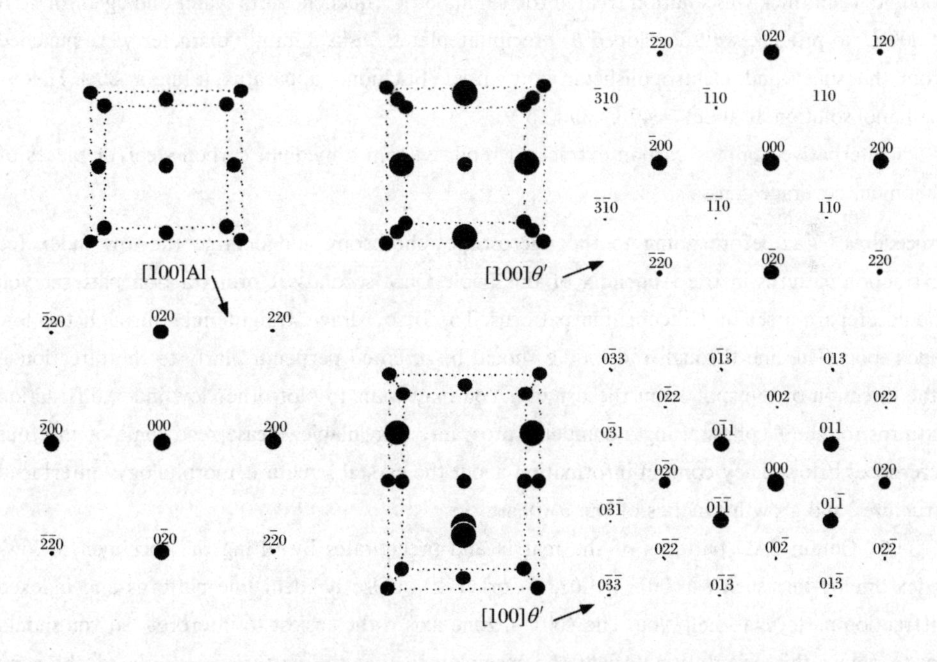

Fig. A. 13　Indexed ⟨001⟩ diffraction patterns from fcc Al matrix (left), and two variants of θ' precipitates within the Al matrix (right)

The different variants of precipitate can be identified by bringing each of the precipitate diffractions labeled 1, 2 and 3 in the composite pattern onto the optic axis within a small objective aperture, and making a dark-field (DF) image.

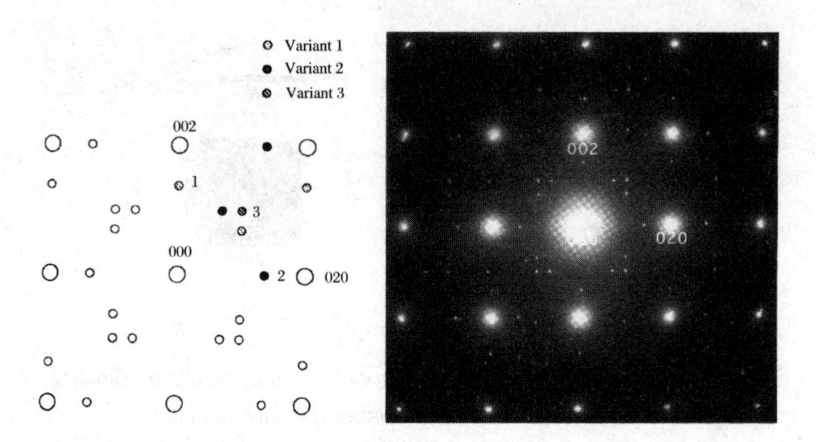

Fig. A.14　Composite diffraction pattern from all three variants of θ' precipitates in Al matrix in [100] zone axis. Left: schematic. Right: experimental SAD

Specimen　Electropolished thin foils of Al-4.0 wt% Cu alloy. A sheet of polycrystalline alloy about 150 μm thick was solution treated for 1 h at 550 ℃, quenchedinto water and aged for 12 h at 300 ℃ to produce well-developed θ' precipitateplates. Disks 3 mm in diameter were punched from the sheet and electropolishedin a twin-jet Fischione apparatus using a 25% HNO_3-methanol solution at about −40 ℃ and 15 V.

(Alternative samples: carbon extraction replicas from a medium carbon steel, or pieces of aluminum beverage cans.)

Procedures　(a) Before going to the microscope, photocopy and enlarge the low index fcc diffraction patterns in the Appendix of this book. On a second set ofdiffraction patterns you should prepare a set of Kikuchi line patterns. To do so, draw straight lines through the low index spots. The line through the spot **g** should be oriented perpendicularly to the direction $\hat{\mathbf{g}}$ (the direction of the spot from the origin). You may want to plot other low-index diffraction patterns for the θ' phase using a computer program, if available. Please read some of the four references below. They contain information about the crystal structure. morphology, interfacial structure, and growth kinetics of the θ' phase.

(b) Obtain SAD patterns of the matrix and precipitates by tilting the specimen to low-index orientations such as $\langle 001\rangle_{Al}$, $\langle 011\rangle_{Al}$ or $\langle 112\rangle_{Al}$. Use Kikuchi line patterns and indexed diffraction patterns to help you. The $\langle 001\rangle_{Al}$ zone axis is the easiest to interpret, so you should try to obtain this orientation. Orient the specimen so that the pattern is exactly on the zone axis. Spread the illumination and take long exposures when photographing diffraction patterns so the faint precipitate spots will be sharp and visible. You might test several different exposures to find the optimal exposure (typically about 1/4 of the automatic exposure reading). Don't forget to focus the diffraction pattern!

(c) To identify the precipitates in the intermediate aperture that contributed to the SAD pattern, photograph the corresponding BF images using the double-exposure technique. You may want to experiment with different size apertures, using a large aperture to obtain a pattern from all three θ' variants, and using a smaller aperture to obtain diffraction patterns from only one or two variants.

(d) Photograph DF images of each of the θ' variants on the three $\{100\}_{Al}$ planes. Do this by tilting the incident beam into the position of the precipitate diffraction spot, so the $-\boldsymbol{g}$ diffraction appears on the optic axis. (Avoid the "amateur mistake.") Also photograph the corresponding diffraction patterns. Record the precipitare diffraction that was used to form the DF image. This can be done by either photographing the beam-stop, or using the double-exposure technique with the objective aperture superimposed on the diffraction pattern for one of the exposures. This record is needed to positively identify each precipitate variant.

(e) Identify the θ' precipitates by fully indexing the diffraction patterns and correlating them to the particle morphologies and orientations in the BF and DF images. Your rotation calibration from the previous lab will be useful here. Also determine the lattice spacings for the θ' phase by using the Al difiraction pattern as a standard, with crystallographic data for this phase provided in the references.

(f) On a $\langle 001 \rangle$ stereographic projection, show the orientation relationship between the θ' precipitate and matrix. Mark most of the low-index poles for the precipitate and matrix phases. Diffraction programs that also plot stereographic projections are very useful for this.

References for Laboratory 2

[1] J. M. Silcock, T. J. Heal, Acta Crystallogr. 9, 680 (1956).

[2] G. C. Weatherly, R. B. Nicholson, Philos. Mag. A 17, 801 (1968).

[3] U. Dahmen, K. H. Westmacott, Phys. Stat. Sol. (a) 80, 248 (1983).

[4] G. W. Lorimer, in Precipitation Processes in Solids (TMS-AIME, Warrendale, PA, 1978), p. 87.

A12.3 实验室训练 3——θ'沉淀相的化学成分分析

Laboratory 3—Chemical Analysis of θ' Preipitates

This laboratory could be pertormed simultaneously with laboratory 2, since it uses the same specimens of θ' precipitates in Al-Cu. The present laboratory demonstrates microbeam chemical analysis with EDS spectroscopy.

Specimen Same electropolished thin foils of A1-4.0 wt% Cu alloy used in Laboratory 2.

Procedures (a) Using the same basic probe conditions as in b below, but with the beam spread over a large area near the edge of the foil, acquire an EDS spectrum with at least 100,000 counts in the Al K_α peak. Assuming this spectrum represents the average alloy composition, use this spectrum to determine the k-factor for Al and Cu.

(b) Obtain EDS spectra from about 6 different edge-on θ' plates using the same probe and counting conditions. Try a small spot size (say 8) for 60 s and work near the edge of the foil,

i. e. ,thin-film conditions. If you need more counts, switch to a larger spot size (maybe 6) or a longer counting time. Use the second or third condenser aperture to obtain a well-defined probe.

(c) Take bright-field images of each θ' plate. Use the double exposure technique to show the size and position of the probe on the plate. Use a magnification of around 100 k×.

(d) Find three edge-on θ' plates in about the same area (same specimen thickness) but with different plate thicknesses. How do their EDS spectra compare?

(e) Choose three plates, one very near the edge of the foil, one slightly further in, and the third even further in. How do their spectra compare and why?

(f) If you have time, obtain three more spectra on the same precipitate in a relatively thin area with spot sizes of 2,4,6 and 8. How does the spot size affect the spectra and why?

(g) If you have time, obtain three spectra along the length of the same precipitate using the same spot size as in (b) above. What causes the variation among the spectra?

(h) If you still have time, use a spot size of 8 and take a composition profile across the precipitate/matrix interface. You will need a high magnification to do this.

References for Laboratory 3

Same as for Laboratory 2.

A12.4 实验室训练 4——缺陷的衬度分析
Laboratory 4—Contrast Analysis of Defects

This experiment gives experience in defect identification using contrast analysis. The defect type, plane and displacement vector as well as the Burgers vectors of isolated perfect dislocations partial dislocations bounding stacking faults will be determined. It is more challenging to attempt a full stacking fault analysis as in Sect. 8. 12. 5.

Specimen Electropolished thin of AISI Type 302 (or 309) fcc stainless steel, annealed and lightly cold-rolled. Disks 3 mm in diameter were punched from the rolled sheet and electropolished in a twin-jet Fischione apparatus using a 10% perchloric acid-ethanol solution at about −5 ℃ and 30 V.

(Alternative samples: Cu-7% Al sample deformed approximately 5% in tension, interfacial dislocations on the θ' plates used in Laboratory 3, misfit dislocations in Si-Ge heterostructures, dislocations in NiAl deformed a few percent in tension.)

Procedures (a) Before going to the microscope, prepare contrast analysis ($\boldsymbol{g}\cdot\boldsymbol{b}$) tables for defect visibility, paying particular attention to low-index orientations such as ⟨110⟩, ⟨100⟩, ⟨112⟩, and ⟨111⟩. Examples of such contrast tables are Tables 8. 2 and 8. 3. The ⟨110⟩ orientation is particularly good for analysis because many different $\boldsymbol{g}$ vectors are available in this orientation. Other microscopists like to start with a ⟨100⟩ orientation, since it is also a convenient starting place for tilting into other zone axes. To identify uniquely the dislocation line direction or Burgers vector, you will need at least two zone axes.

(b) Locate isolated planar defects in the foil (either singly or in groups) and image the same area in a strong two-beam, bright-field (BF) condition, and an axial dark-field (DF) condition with $s = 0$. Try to ensure that the deviation parameter s is identical for the BF and DF images by tilting the foil so that the relevant extinction contour passes through the defect(s) to be analyzed. Record the corresponding SAD patterns. Check the crystallographic orientation on either side of the planar defect. If it is different, record both patterns.

(c) Continue to image the same defect region under other two-beam BF conditions indicated by the contrast tables prepared in a above. Again, pay particular attention to the deviation parameter to ensure that $s \geqslant 0$. Look for evidence of bounding partial dislocations. Record the corresponding SAD patterns.

(d) Using additional diffraction conditions (as identified in your contrast table), image isolated slip dislocations or dislocation pile-ups present in the foil. Record the corresponding SAD pattern.

(e) By trace analysis on an appropriate stereographic projection, identify the defect planes and slip planes. Arrange the data to show the nature of the defects and determine the Burgers vectors of all dislocations.

References for Laboratory 4

[1] J. W. Edington, *Practical Electron Microscopy in Materials Science Volume* 3—*Interpretation of Transmission Electron Micrographs* (Philips Technical Library, Eindhoven, 1975), pp. 10 - 55.

[2] G. Thomas, M. J. Goringe, *Transmission Electron Microscopy of Materials* (John Wiley and Sons, New York, 1979), pp. 142 - 169.

[3] P. B. Hirsch et al., *Electron Microscopy of Thin Crystals* (R. E. Krieger Pub. Co., Malabar, 1977), pp. 141-147, 162 - 193, 222 - 275, 295 - 316.

[4] P. H. Humphrey, K. M. Bowkett, Philos. Mag. 24, 225 (1971).

[5] J. M. Silcock, W. J. Tunstall, Philos. Mag. A 10, 361 (1965).

A.13 基本常数和导出常数
Fundamental and Derived Constansts

Fundamental Constants

$\hbar = 1.0546 \times 10^{-27}$ erg s $= 6.5821 \times 10^{-16}$ eV s

$k_B = 1.3807 \times 10^{-23}$ J/(atom K) $= 8.6174 \times 10^{-5}$ eV/(atom K)

$R = 0.000198$ kcal/(mole K) $= 8.3145$ J/(mole K) (gas constant)

$c = 2.998 \times 10^{10}$ cm/s (speed of light in vacuum)

$m_e = 0.91094 \times 10^{-27}$ g $= 0.5110$ MeV c^{-2} (electron mass)

$m_n = 1.6749 \times 10^{-24}$ g $= 939.55$ MeV c^{-2} (neutron mass)

$N_A = 6.02214 \times 10^{23}$ atoms/mole (Avogadro constant)

$e = 4.80 \times 10^{-10}$ esu $= 1.6022 \times 10^{-19}$ coulomb

$\mu_0 = 1.26 \times 10^{-6}$ henry/m

$\varepsilon_0 = 8.85 \times 10^{-12}$ farad/m

$a_0 = \hbar^2/(m_e e^2) = 5.292 \times 10^{-9}$ cm (Bohr radius)

$e^2/(m_e c^2) = 2.81794 \times 10^{-13}$ cm (classical electron radius)

$e^2/(2a_0) = R$ (Rydberg) $= 13.606$ eV (K-shell energy of hydrogen)

$e\hbar/(2m_e c) = 0.9274 \times 10^{-20}$ erg/oersted (Bohr magneton)

$\hbar^2/(2m_e) = 3.813 \times 10^{-16}$ eV cm^2 $= 3.813$ ev Å^2

Definitions

1 becquerel (B) = 1 disintegration/second

1 Curie = 3.7×10^{10} disintegrations/second

Radiation dose:

1 roentgen (R) = 0.00025 coulomb/kilogram

Gray (Gy) = 1 J/kG

Sievert (SV) is a unit of "radiation dose equivalent" (meaning that doses of radiation with equal numbers of Sieverts have similar biological effects, even when the types of radiation are different). It includes a dimensionless quality factor, Q ($Q \sim 1$ for X-rays, 10 for neutrons, and 20 for α-particles), and energy distribution factor, N. The dose in Sv for an energy deposition of D in Grays (J/kG) is:

$$\mathrm{Sv} = Q \times N \times D \ (\mathrm{J/kG})$$

Rad equivalent man (rem) is a unit of radiation dose equivalent approximately equalto 0.01 Sv for hard X-rays.

1 joule = 1 J = 1 W s = 1 N m = 1 kg m^2 s^{-2}

1 joule = 10^7 erg

1 newton = 1 N = 1 kg m s^{-2}

1 dyne = 1 g cm s^{-2} = 10^{-5} N

1 erg = 1 dyne cm = 1 g cm^2 s^{-2}

1 Pascal = 1 Pa = 1 N m^{-2}

1 coulomb = 1 C = 1 A s

1 ampere = 1 A = 1 C/s

1 volt = 1 V = 1 W A^{-1} = 1 m^2 kg A^{-1} s^{-3}

1 ohm = 1 Ω = 1 V A^{-1} = 1 m^2 kg A^{-2} s^{-3}

1 farad = 1 F = 1 C V^{-1} = 1 m^{-2} kg^{-1} A^2 s^4

1 henry = 1 H = 1 Wb A^{-1} = 1 m^2 kg A^{-2} s^{-2}

1 tesla = 1 T = 10 000 gauss = 1 Wb m^{-2} = 1 V s m^{-2} = 1 kg s^{-2} A^{-1}

Conversion Factors

1 Å = 0.1 nm = 10^{-4} μm = 10^{10} m
1 b (barn) = 10^{-24} cm^2
1 eV = 1.6045 × 10^{-12} erg
1 eV/atom = 23.0605 kcal/mole = 96.4853 kJ/mole
1 cal = 4.1840 J
1 bar = 10^5 Pa
1 torr = 1 T = 133 Pa
1 C(coulomb) = 6.241 × 10^{18} electrons
1 kG = 5.6096 × 10^{29} MeV c^{-2}

Useful Facts

energy of 1 Å photon = 12.3984 keV
$h\nu$ for 10^{12} Hz = 4.13567 meV
1 meV = 8.0655 cm^{-1}
temperature associated with 1 eV = 11600 K
lattice parameter of Si(in vacuum at 22.5 ℃) = 5.431021 Å

Neutron Wavelengths, Energies, Velocities

$E_n = 81.81\lambda^{-2}$ (energy-wavelength relation for neutrons (meV, Å))
$\lambda_n = 3955.4/v_n$ (wavelength-velocity relation for neutrons (Å, m/s))
$E_n = 5.2276 \times 10^{-6} v_n^2$ (energy-velocity relation for neutrons (meV, m/s))

Some X-Ray Wavelengths (Å)

Element	K_α	K_{α_1}	K_{α_2}	K_{β_1}
Cr	2.29092	2.28962	2.29351	2.08480
Co	1.79021	1.78896	1.79278	1.62075
Cu	1.54 1 78	1.54052	1.54433	1.39217
Mo	0.71069	0.70926	0.71354	0.63225
Ag	0.56083	0.55936	0.56377	0.49701

Relativistic Electron Wavelengths

For an electron of energy E (keV) and wavelength λ(Å):

$$\lambda = h\left[2m_e E\left(1+\frac{E}{2m_e c^2}\right)\right]^{-1/2} = \frac{0.3877}{E^{1/2}(1+0.9788\times 10^{-3}E)^{1/2}}$$

$$\text{kinetic energy} \equiv T = \frac{1}{2}m_e v^2 = \frac{1}{2}E\frac{1+\gamma}{\gamma^2}$$

Table A.4 Parameters of high-energy electrons

E(keV)	λ(Å)	γ	v(c)	T(keV)
100	0.03700	1.1957	0.5482	76.79
120	0.03348	1.2348	0.5867	87.94
150	0.02956	1.2935	0.6343	102.8
200	0.02507	1.3914	0.6953	123.6
300	0.01968	1.587	0.7765	154.1
400	0.01643	1.7827	0.8279	175.1
500	0.01421	1.9785	0.8628	190.2
1000	0.008715	2.957	0.9411	226.3

索　引

C

D

E

F

L

M

W

X

Y

后　　记

本书是在吴自勤教授的倡仪和主导下完成的。本书翻译之始，吴教授已达八十高龄，但他仍不辞辛劳，凡事亲力亲为。他与出版社等各方面联系讨论出版事宜，制订出版计划，组织安排书稿的翻译工作；他亲自审阅、校对译稿，参与翻译工作，始终都表现出极高的工作热情，吴教授崇高的敬业精神令人敬佩！然而，当大部分译稿完成之时，吴教授却不幸因病与世长辞。在临终的前一周，他仍孜孜不倦地忘我工作，每天审阅校对书稿，病重住院后，还把书稿带到医院。吴教授说："把这本书翻译过来，它对大家有用。"吴自勤教授为中译本的翻译和出版作出了主要贡献。本书的出版，既是对吴自勤教授在天之灵的告慰，也是对他最好的纪念。

在本书翻译过程中，部分译文的打印和审校得到了林岳博士的帮助，在此表示感谢。

译　者

2016年6月